现代分子生物学技术及实验技巧

第二版

Current Molecular Biology Techniques and Tips

叶棋浓 主编

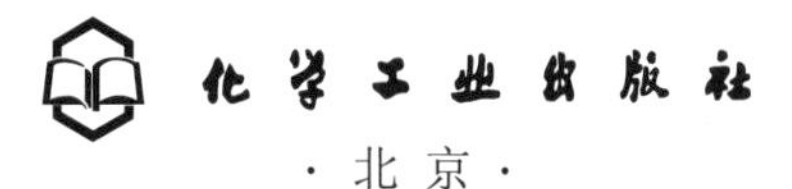

·北京·

内容简介

本书第一版广受读者欢迎。新版延续第一版内容特色，系统介绍现代分子生物学各种传统和新型的实验技术，涵盖核酸提取技术、目的基因的获取及鉴定技术、载体的构建和鉴定、细菌转化与细胞转染技术、外源基因表达的鉴定、报告基因分析、差异基因表达谱分析、蛋白质-核酸相互作用技术、蛋白质-蛋白质相互作用技术、微生物体内同源重组技术、转基因动物技术、基因编辑技术、流式细胞术实验方法、干细胞的分离培养与诱导分化、微 RNA 的构造及实验技术、长链非编码 RNA 研究实验技术、非编码 RNA 数据库及在线分析工具。

新版增加了 CRISPR 基因编辑技术、长链非编码 RNA 研究实验技术等新内容，并对非编码 RNA 数据库及在线分析工具一章进行重写。和第一版一样，实验方案部分强调对实验结果作具体分析，每个实验结果一般附图（照片），图中设阴阳性对照，对照图对实验结果进行详细分析，使读者对实验结果一目了然，还指出了每个技术的难点和解决办法。

本书是生物、医学领域相关实验室的案头实验操作工具书，可供从事生命科学研究的硕士、博士等科技工作者和教学一线教师日常查阅参考。

图书在版编目（CIP）数据

现代分子生物学技术及实验技巧/叶棋浓主编. —2 版. —北京：化学工业出版社，2024.3
（生物实验室系列）
ISBN 978-7-122-44658-9

Ⅰ.①现… Ⅱ.①叶… Ⅲ.①分子生物学-实验 Ⅳ.①Q7-33

中国国家版本馆 CIP 数据核字（2024）第 043751 号

责任编辑：傅四周　　文字编辑：刘洋洋
责任校对：宋　夏　　装帧设计：王晓宇

出版发行：化学工业出版社（北京市东城区青年湖南街 13 号　邮政编码 100011）
印　　装：三河市航远印刷有限公司
787mm×1092mm　1/16　印张 32¼　彩插 8　字数 798 千字　2024 年 7 月北京第 2 版第 1 次印刷

购书咨询：010-64518888　　售后服务：010-64518899
网　　址：http://www.cip.com.cn
凡购买本书，如有缺损质量问题，本社销售中心负责调换。

定　　价：199.00 元

编写人员名单

主　编　叶棋浓

编　者　（以姓氏笔画为序）

丁丽华　王　江　王　健　王友亮　王玉飞

王栋澍　王恒樑　叶华虎　叶棋浓　付　洁

冯尔玲　朱　力　朱　恒　朱娟娟　刘　威

刘　婕　刘雨潇　刘珊珊　苏永锋　苏国富

杜祎萌　李　环　李文龙　李伍举　李丽莉

李宗城　宋秋月　杨昭鹏　邹大阳　应晓敏

张　浩　张　婷　张　毅　张广州　张亚楠

陆启轩　陈立涵　陈垚文　金　蕊　周建光

郑晓飞　胡娟峰　柯跃华　查　磊　袁　静

袁菊芳　徐　淞　徐小洁　程　龙　蔺　静

前　　言

分子生物学是从分子水平对生物学进行研究的科学，现代分子生物学技术的诞生使生命科学的发展得以大力推进，分子生物学技术在生物学、医学、农林业、制药学等多个领域得到了广泛的应用。该技术是目前从事生命科学研究的重要手段，是每个从事这个领域的科技工作者都必须熟练掌握的基本技术。

编写本书的目的在于弥补以往的书籍中对实验结果分析的缺乏，本书强调对实验结果作具体的分析，如需附结果的图或照片，图中要有阴阳性对照等。结合照片分析研究结果，列举实验中经常遇到的问题及可能的解决方法是本书的特色。读者阅读后在实验结果解读和改进实验方法等方面都能豁然开朗。此外，本书在编写的内容上也力求全面，第一到六章包括分子克隆所需的技术，从基因的提取、克隆到目的基因的表达；第七到十三章分别介绍了报告基因分析、差异基因表达谱分析、蛋白质与核酸/蛋白质的相互作用、微生物体内同源重组技术、基因编辑和转基因动物等技术；最后五章则对流式细胞术、干细胞的分离培养与诱导分化技术、微 RNA、长链非编码 RNA，以及非编码 RNA 数据库及在线分析工具进行了介绍。本书适合所有从事生命科学研究的科技工作者、教师和研究生使用。

本书大多由工作在第一线的青年科技工作者和博士研究生撰写，由于时间仓促，加上编者水平有限，书中难免有疏漏和不妥之处，恳请读者指正。

叶棋浓

军事医学研究院生物工程研究所

2024 年 4 月于北京

目　　录

第一章　分子生物学技术概述 …… 1
一、引言 …… 1
二、目的基因的获取 …… 1
三、克隆载体的选择 …… 2
四、载体的转化 …… 2
五、重组子的筛选 …… 3
六、基因表达 …… 4
七、生物工程技术的应用 …… 5
参考文献 …… 6
第二章　核酸提取技术 …… 7
第一节　质粒 DNA 的提取 …… 7
一、引言 …… 7
二、碱裂解法小量质粒提取所需的仪器、材料及基本步骤 …… 8
三、Promega 质粒 DNA 小量提取试剂盒操作程序 …… 9
四、注意事项 …… 9
五、实验结果说明 …… 10
六、疑难解析 …… 10
第二节　基因组 DNA 的提取 …… 12
一、引言 …… 12
二、从植物组织提取基因组 DNA …… 13
三、从动物组织提取基因组 DNA …… 14
四、细菌基因组 DNA 的制备 …… 14
五、用 DNA 提取试剂盒从全血和组织中提取基因组 DNA …… 15
六、注意事项 …… 17
七、实验结果说明 …… 17
八、疑难解析 …… 18
第三节　RNA 的提取 …… 19
一、引言 …… 19
二、实验设计思路和基本步骤 …… 20
三、实验结果说明 …… 24
四、疑难解析 …… 24
参考文献 …… 25

第三章　目的基因的获取及鉴定技术 …… 26
第一节　普通 PCR …… 26
一、普通 PCR 的基本概念和原理 …… 26
二、普通 PCR 技术的实验方法 …… 27
三、疑难解析 …… 32
第二节　实时荧光定量 PCR …… 33
一、实时荧光定量 PCR 的基本概念和原理 …… 33
二、实时荧光定量 PCR 的定量方法 …… 36
三、实时荧光定量 PCR 的实验方法 …… 42
四、实时荧光定量 PCR 技术的应用 …… 47
五、疑难解析 …… 53
第三节　环介导等温扩增法快速检测病原菌 …… 55
一、引言 …… 55
二、环介导等温核酸扩增的原理 …… 57
三、实验设计思路和基本步骤 …… 59
四、实验结果 …… 66
五、疑难解析 …… 69
六、小结 …… 70
参考文献 …… 72
第四章　载体的构建和鉴定 …… 76
第一节　克隆载体 …… 76
一、pBR322 载体 …… 76
二、pUC8——一种 Lac 选择型质粒 …… 78
三、pGEM3Z——克隆 DNA 的体外转录 …… 78
四、柯斯质粒载体 …… 78
第二节　表达载体 …… 79
一、原核表达载体 …… 80
二、真核表达载体 …… 82
第三节　载体构建中的关键工具和步骤 …… 87
一、关键工具 …… 87
二、常规克隆关键步骤 …… 89
三、同源重组克隆关键步骤 …… 91
第四节　载体构建的应用举例 …… 92
一、常规克隆实验材料 …… 92
二、常规克隆实验方法 …… 93
三、同源重组克隆实验材料 …… 97
四、同源重组克隆实验方法 …… 98
五、疑难问题解析 …… 100
参考文献 …… 100

第五章　细菌转化与细胞转染技术 …… 102
第一节　细菌转化 …… 102
一、基本原理 …… 102
二、实验设计思路和基本步骤 …… 103
三、实验结果及分析 …… 104
四、疑难解析 …… 104
第二节　细胞转染 …… 105
一、基本原理 …… 106
二、实验设计和基本步骤 …… 108
三、实验结果及分析 …… 110
四、疑难解析 …… 111
参考文献 …… 112
第六章　外源基因表达的鉴定 …… 113
第一节　Northern Blot …… 113
一、引言 …… 113
二、实验设计思路和基本步骤 …… 113
三、实验结果说明 …… 116
四、疑难解析 …… 117
第二节　RT-PCR …… 117
一、引言 …… 117
二、实验设计思路和基本步骤 …… 117
三、实验结果说明 …… 120
四、疑难解析 …… 120
第三节　Western Blot …… 121
一、引言 …… 121
二、实验设计思路和基本步骤 …… 121
三、实验结果说明 …… 126
四、疑难解析 …… 126
第四节　ELISA …… 127
一、引言 …… 127
二、实验设计思路和基本步骤 …… 129
三、实验结果说明 …… 131
四、疑难解析 …… 131
参考文献 …… 132
第七章　报告基因分析 …… 134
第一节　报告基因的定义和种类 …… 134
一、报告基因的定义 …… 134
二、常用的报告基因 …… 134
第二节　应用报告基因分析基因的转录活性 …… 135

一、实验原理 …… 135
二、实验设计和基本步骤 …… 136
三、实验结果分析 …… 137
四、疑难解析 …… 140
第三节 报告基因在动物活体成像中的应用 …… 140
一、实验原理 …… 140
二、实验设计和基本步骤 …… 142
三、实验结果分析 …… 143
四、疑难解析 …… 143
参考文献 …… 145
第八章 差异基因表达谱分析 …… 147
第一节 基于双向电泳技术的蛋白质组学分析 …… 147
一、引言 …… 147
二、实验基本步骤和注意事项 …… 147
三、双向电泳实验结果说明及疑难解析 …… 154
四、质谱数据分析说明及疑难解析 …… 154
五、结语 …… 159
第二节 基因芯片 …… 160
一、引言 …… 160
二、工作原理 …… 161
第三节 基因芯片的制备 …… 163
一、概述 …… 163
二、探针的选择和制备 …… 163
三、基因芯片基片的选择和准备 …… 165
四、基因芯片的制作 …… 166
第四节 基因芯片的检测 …… 168
一、基因芯片的杂交和数据获取 …… 168
二、基因芯片分析常用的软件和数据库 …… 169
第五节 基因芯片的应用 …… 170
一、基因芯片与病原微生物检测 …… 170
二、基因芯片与肿瘤 …… 172
三、基因芯片与药物研发 …… 174
四、结语 …… 176
参考文献 …… 176
第九章 蛋白质-核酸相互作用技术 …… 178
第一节 凝胶迁移实验 …… 178
一、引言 …… 178
二、实验设计与基本步骤 …… 179
三、实验举例与结果说明 …… 184

四、需要注意的问题 …… 186
第二节 染色质免疫共沉淀技术 …… 187
一、引言 …… 187
二、实验基本步骤 …… 188
三、实验举例 …… 189
四、实验注意事项 …… 192
第三节 RNA 沉降 …… 192
一、实验基本原理 …… 192
二、实验基本思路 …… 192
三、实验举例说明 …… 197
第四节 RIP 实验 …… 198
一、实验基本原理 …… 198
二、实验思路 …… 199
三、注意事项 …… 200
四、实验举例说明 …… 201
参考文献 …… 201
第十章 蛋白质-蛋白质相互作用技术 …… 202
第一节 运用酵母双杂交技术筛选与靶蛋白相互作用的蛋白质 …… 202
一、引言 …… 202
二、实验仪器及材料 …… 203
三、实验设计流程 …… 204
四、实验方法 …… 204
五、实验结果说明 …… 210
六、疑难解析 …… 214
第二节 GST 沉降 …… 214
一、实验基本原理 …… 214
二、实验基本步骤 …… 215
三、实验举例 …… 217
四、实验注意事项 …… 221
第三节 免疫共沉淀 …… 222
一、引言 …… 222
二、实验设计和基本步骤 …… 223
三、实验结果举例 …… 225
四、需要注意的问题 …… 227
第四节 细胞共定位 …… 228
一、引言 …… 228
二、实验设计和基本步骤 …… 228
三、实验结果举例说明 …… 229
四、实验注意事项 …… 230
参考文献 …… 231

第十一章　微生物体内同源重组技术 …… 232
第一节　传统的大肠杆菌体内同源重组方法（RecA 重组系统） …… 232
一、引言 …… 232
二、利用 RecA 重组系统构建痢疾杆菌 *hns* 基因插入突变体 …… 232
三、RecA 重组系统构建突变体的其他方法 …… 235
四、存在的问题和解决方法 …… 236
五、小结 …… 236
第二节　Red/ET 重组系统 …… 237
一、引言 …… 237
二、痢疾杆菌 *hns* 基因缺失突变体的构建 …… 238
三、Red 同源重组技术应用策略 …… 241
四、应用 Gap-Repair 克隆技术构建 pBR322-Red 载体 …… 242
五、Red/ET 重组系统的其他应用 …… 244
六、小结 …… 245
参考文献 …… 245
第十二章　转基因动物技术 …… 247
第一节　转基因动物概述 …… 247
一、转基因动物的概念 …… 247
二、转基因动物的分类 …… 247
三、转基因动物的命名 …… 248
四、转基因动物技术的基本原理 …… 249
五、转基因动物的安全性和伦理学问题 …… 250
六、转基因动物技术的发展概况 …… 251
第二节　显微注射法制备转基因动物 …… 252
一、仪器设备及材料和试剂 …… 252
二、实验动物准备 …… 253
三、转基因动物制备方法 …… 254
四、影响转基因动物产生效率的因素 …… 257
第三节　利用 ES 细胞制备转基因动物 …… 258
一、ES 细胞的研究历史 …… 258
二、ES 细胞的生物学特性 …… 258
三、ES 细胞分离培养的基本方法 …… 259
四、ES 细胞的遗传修饰 …… 263
五、转基因动物制备 …… 270
参考文献 …… 271
第十三章　基因编辑技术 …… 272
第一节　基因打靶技术 …… 273
一、基因打靶技术的原理 …… 273
二、利用同源重组构建基因打靶动物模型的基本步骤 …… 273

三、基因打靶的策略 …… 276
四、基因打靶的生物学意义和应用前景 …… 287
第二节 CRISPR/Cas9 系统 …… 288
一、CRISPR/Cas 系统的简介及其作用原理 …… 288
二、Type Ⅱ CRISPR/Cas9 系统 …… 289
三、CRISPR/Cas9 基因编辑技术的应用举例 …… 291
四、CRISPR/Cas9 基因编辑技术的应用前景 …… 295
第三节 CRISPR/Cas13 系统 …… 296
一、CRISPR/Cas13 系统的介绍 …… 296
二、实验基本步骤 …… 296
三、注意事项 …… 298
四、实验结果说明 …… 298
五、疑难解析 …… 300
参考文献 …… 300
第十四章 流式细胞术实验方法 …… 305
一、引言 …… 305
二、实验方法 …… 308
三、实验结果分析 …… 313
四、流式细胞分析的质量控制 …… 323
参考文献 …… 325
第十五章 干细胞的分离培养与诱导分化 …… 327
第一节 人胎盘来源间充质干细胞的分离培养与纯化 …… 327
一、引言 …… 327
二、材料、试剂与主要仪器设备 …… 328
三、实验方法 …… 329
四、实验结果 …… 332
五、注意事项 …… 337
第二节 小鼠间充质干细胞的分离培养与纯化 …… 338
一、引言 …… 338
二、骨髓法 …… 339
三、密质骨法 …… 339
第三节 人胚胎干细胞的培养 …… 348
一、引言 …… 348
二、实验材料 …… 348
三、实验方法 …… 348
四、注意事项 …… 352
第四节 $CD34^+$ 造血干细胞与 $CD14^+$ 单核细胞向树突状细胞的诱导分化 …… 353
一、引言 …… 353
二、实验材料与方法 …… 354

三、实验结果 …… 357
四、注意事项 …… 359
参考文献 …… 359
第十六章　微 RNA 的构造及实验技术 …… 364
第一节　miRNA 克隆 …… 364
一、材料与设备 …… 365
二、实验方法 …… 365
三、疑难解析 …… 368
第二节　miRNA Northern Blot …… 368
一、材料与设备 …… 368
二、实验方法 …… 369
三、疑难解析 …… 369
第三节　miRNA 原位杂交 …… 370
一、材料与设备 …… 370
二、实验方法 …… 371
三、疑难解析 …… 371
第四节　基于 poly（A）加尾的 miRNA RT-PCR …… 372
一、材料与设备 …… 372
二、实验方法 …… 373
三、疑难解析 …… 374
第五节　miRNA 功能研究 …… 375
一、miRNA 表达检测 …… 375
二、miRNA 功能筛选鉴定 …… 376
三、miRNA 靶基因鉴定 …… 377
四、miRNA 非经典功能 …… 378
第六节　siRNA 的构造及实验研究 …… 379
一、引言 …… 379
二、如何进行 RNAi 实验 …… 381
三、常用 RNAi 实验的基本步骤 …… 384
四、实验结果说明 …… 388
五、疑难解析 …… 389
参考文献 …… 390
第十七章　长链非编码 RNA 研究实验技术 …… 392
第一节　lncRNA 克隆 …… 392
一、材料与设备 …… 393
二、实验方法 …… 393
三、实验注意事项 …… 396
第二节　lncRNA Northern Blot …… 396
一、材料与设备 …… 396

二、实验方法 …… 396
三、实验注意事项 …… 397
第三节　lncRNA 原位杂交 …… 398
一、材料与设备 …… 398
二、实验方法 …… 398
三、实验注意事项 …… 399
第四节　lncRNA 定量检测 …… 400
一、材料与设备 …… 400
二、实验方法 …… 400
三、实验注意事项 …… 400
第五节　lncRNA-蛋白质互作研究技术 …… 401
一、RNA pull-down 鉴定特定 lncRNA 结合的蛋白质 …… 401
二、RIP 鉴定特定蛋白质结合的 lncRNA 免疫沉淀技术 …… 404
三、CLIP 鉴定蛋白质与 lncRNA 的结合位点 …… 405
四、ChIRP 鉴定与 lncRNA 结合的蛋白质/DNA …… 408
参考文献 …… 412
第十八章　非编码 RNA 数据库及在线分析工具介绍 …… 414
第一节　综合性非编码 RNA 数据库 …… 414
一、概论 …… 414
二、非编码 RNA 相关数据库 …… 415
三、小结 …… 425
第二节　miRNA 相关数据库及预测工具 …… 425
一、概论 …… 425
二、miRNA 相关数据库 …… 425
三、miRNA 相关预测工具 …… 434
四、小结 …… 442
第三节　rRNA 相关数据库及预测工具 …… 442
一、概述 …… 442
二、rRNA 相关数据库 …… 442
三、rRNA 相关预测工具 …… 448
四、小结 …… 449
第四节　sRNA 相关数据库及预测工具 …… 450
一、概述 …… 450
二、sRNA 相关数据库 …… 450
三、sRNA 靶标相关预测工具 …… 452
四、小结 …… 454
第五节　siRNA 相关数据库 …… 454
一、概述 …… 454
二、siRNA 相关数据库 …… 454
第六节　tRNA 相关数据库及预测工具 …… 460

一、概述 …… 460
二、tRNA 相关数据库 …… 460
三、tRNA 相关预测工具 …… 470
四、小结 …… 472
第七节　snoRNA 相关数据库及预测工具 …… 472
一、概述 …… 472
二、snoRNA 相关数据库 …… 472
三、snoRNA 相关预测工具 …… 473
四、小结 …… 476
第八节　lncRNA 及 circRNA 相关数据库 …… 477
一、概论 …… 477
二、lncRNA 及 circRNA 相关数据库 …… 477
三、小结 …… 497
参考文献 …… 498

第一章

分子生物学技术概述

一、引言

基因的克隆是将目的基因用体外重组方法插入克隆载体，形成重组克隆载体，通过转化与转染的方式，引入细胞，筛选重组子，经测序验证后，转染至合适的表达细胞，进行稳定表达或瞬时表达，再进行分析和鉴定。下面从基因克隆方法、克隆载体的构建、细胞的转染、瞬时表达与稳定表达细胞克隆的建立、基因表达量分析的方法等方面对分子生物学技术作概述，后续各章分别进行详细介绍。

二、目的基因的获取

目的基因的获取有下面几种方式。①鸟枪法[1]。用限制性内切酶将供体细胞中的DNA切成许多片段，将这些片段分别载入载体，然后通过载体分别转入不同的受体细胞，让供体细胞所提供的DNA（外源DNA）的所有片段分别在受体细胞中大量复制，从中找出含有目的基因的细胞，再用一定的方法把带有目的基因的DNA片段分离出来。用“鸟枪法”获取目的基因的优点是操作简便，缺点是工作量大，具有一定的盲目性。②染色体DNA的限制性内切酶酶解[2]。Ⅱ型限制性内切酶可专一性地识别并切割特定的DNA序列，产生不同类型的DNA末端。若载体DNA与插入的DNA片段用同一种内切酶消化，或靶DNA与载体DNA末端具有互补的黏性末端，可以直接进行连接。③人工体外合成。短的目的基因可在了解DNA一级结构或编码多肽链氨基酸的一级结构的核苷酸序列的基础上人工合成。④用逆转录酶制备cDNA。大多数目的基因是由mRNA合成cDNA得到的。从RNA入手，先从细胞提取总RNA，然后根据大多数真核mRNA含有多聚腺嘌呤［polyadenylic acid，poly(A)］尾的特点，用寡聚dT纤维素柱将mRNA分离出来，以mRNA为模板，在多聚A尾上结合12～18个dT的寡聚dT片段，作为合适的起始引物，在逆转录酶的作用下合成第一条目的DNA链。用碱或RNA酶水解除去mRNA，再用DNA聚合酶，最好是Klenow片段合成第二条DNA链。双链合成后，用S1核酸酶切去发夹结构，即可获得双链cDNA。cDNA用于探针制备、序列分析、基因表达等研究。⑤PCR（聚合酶链式反应）技术[3]。PCR扩增类似于DNA的天然复制过程，其特异性依赖于与靶序列两端互补的寡核苷酸引物。PCR用于扩增位于两段已知序列之间的DNA区段，在由DNA聚合酶催化的一系列合成反应中，使用了两段寡核苷酸作为反应的引物，一般情况下，这两段寡核苷酸引物的序列是互不相同的，并分别与模板DNA进行加热变性。随之，将反应混合物冷却至某一温度，这一温度可使引物与它的靶序列发生退火。此后，退火引物在DNA聚合酶的作用下得到延伸，如此反复进行高温变性、低温退火、中温DNA合成这一循环。由于一轮扩增的产物又充当下一轮扩增的模板，每完成一个循环，就可使目的DNA产物增加1倍。多轮扩增的结果是使目的DNA片段以指数方式迅速积累。一般PCR扩增经过30～35个循环，可将长度

2kb 的 DNA 从原来的 1pg 扩增到 0.5～1μg，这样的产量可以满足大多数分子克隆实验操作的要求。

三、克隆载体的选择

克隆载体的选择要根据下面几个方面：载体容量、合适的克隆位点、载体的稳定性、载体 DNA 制备的难易以及外源基因表达产物的产量、产物特点等。常用的载体有下面几种[4]。①质粒。质粒是细菌染色体外的遗传因子，DNA 呈环状，大小为 1～200kb。在细胞中以游离超螺旋状存在，很容易制备。质粒 DNA 可通过转化引入宿主菌。在细胞中有两种状态：一是“紧密型”；二是“松弛型”。作为载体的质粒应具有分子量小、易转化、含一至多个选择标记的特点。质粒型载体一般只能携带 10kb 以下的 DNA 片段，适用于构建原核生物基因文库、cDNA 库和次级克隆。②噬菌体 DNA。常用的 λ 噬菌体的 DNA 是双链，长约 49kb，约含 50 个基因，其中 50%的基因对噬菌体的生长和裂解宿主菌是必需的，分布在噬菌体 DNA 两端。中间是非必需区，进行改造后组建一系列具有不同特点的载体分子。λ 噬菌体载体系统最适用于构建真核生物基因文库和 cDNA 库。M13 噬菌体是一种独特的载体系统，它只能侵袭具有 *F* 基因的大肠杆菌，但不裂解宿主菌。M13 DNA(RF) 在宿主菌内是双链环状分子，可自主复制，制备方法同质粒。宿主菌可分泌含单链 DNA 的 M13 噬菌体，又能方便地制备单链 DNA，用于 DNA 序列分析、定点突变和核酸杂交。③柯斯(cos) 质粒。cos 质粒是一类带有噬菌体 DNA 黏性末端序列的质粒 DNA 分子，是噬菌体-质粒混合物。此类载体分子容量大，可携带 45kb 的外源 DNA 片段，也能像一般质粒一样携带小片段 DNA，直接转化宿主菌。这类载体常被用来构建高等生物基因文库。

四、载体的转化

引入宿主细胞常用两种方法：①转化，方法是将重组质粒 DNA 或噬菌体 DNA（M13）与氯化钙处理过的宿主细胞混合置于冰上，待 DNA 被吸收后铺在平板培养基上，再根据实验设计使用选择性培养基筛选重组子，通常重组分子的转化效率比非重组 DNA 低，重组后的 DNA 分子比原载体 DNA 分子大，转化困难；②转导，病毒类侵染宿主菌的过程称为转导，一般转导的效率比转化高。实验室最常用的方法是感受态细胞的转化。

1. 感受态细胞的特点[5]

受体细胞处于感受态是转化成功的关键之一。感受态是指细胞处于最适于摄取和容忍外来 DNA 的生理状态。感受态细胞的特点为：

① 细胞表面暴露出一些可接受外来 DNA 的位点（以溶菌酶处理，可促使受体细胞的接受位点充分暴露）；

② 细胞膜通透性增加（用钙离子处理，可使膜通透性增加，使 DNA 直接穿过质膜进入细胞）；

③ 受体细胞的修饰酶活性最高，而限制酶活性最低，使转入的 DNA 分子不易被切除或破坏；

④ 受体细胞本身处于非生长繁殖阶段（即受体细胞染色体相对稳定）；

⑤ 不存在载体的筛选基因，多采用限制酶阴性、修饰酶阳性的大肠杆菌作为受体细胞。

2. 转化

实验室常用的转化方法有下面两种。

（1）化学转化法

在 0℃、$CaCl_2$ 低渗溶液（0.1mol/L）中，细菌菌体细胞膨胀呈球形，DNA 则与 $CaCl_2$ 形成抗 DNase 的羟基-钙磷酸复合物黏附于细胞表面，经 42℃短时间热激处理，促进细胞吸收 DNA 复合物，在丰富培养基上生长数小时后，球状细胞复原并分裂增殖，重组子的基因在被转化的细菌中得到表达，在选择性培养基平板上，可选出所需的转化子[6]。

（2）电转化法

取对数生长期细胞，制备一定浓度的细胞悬液（在低离子浓度状态以 10%甘油制备），4℃条件下，以高压脉冲电击细胞，使细胞摄取外源 DNA，电转化法不需制备感受态细胞，操作简便，适用于各种菌株的转化，其转化率可达 10^9～10^{10} 个转化子每 μg DNA，转化率受电场强度、电脉冲时间长度及 DNA 浓度的影响。该法的缺点是转化细胞受电场作用后活性受到一定的影响[7]。

五、重组子的筛选

在转化过程中，并非每个宿主细胞都被转化，即使获得转化的细胞，也并非都含目的基因，可能含有自身形成环状的载体分子、一个载体与两个外源 DNA 形成的重组子，或插入的非目的基因与载体形成的重组子等。因此，转化后须在不同层次、不同水平上进行筛选，以区别转化子与非转化子、重组子与非重组子，以及鉴定所需的特异性重组子。

1. 根据重组子的遗传学特性筛选（平板筛选）

（1）抗生素平板筛选

克隆载体具有抗生素抗性基因，如 Amp^r、Ter^r、Kan^r 等。外源基因插在抗性基因之外，这个重组子转化入宿主后，宿主就具有了抗生素抗性，因而在含抗生素的培养基中，只有阳性重组子才能生长。但有些单酶切的情况下，连接时有可能出现反向连接或自身环化，所以还需要进行酶切鉴定。

（2）插入失活

把外源 DNA 片段插入载体的选择标记基因中而使此基因失活，丧失其原有的表型特征，此方法叫插入失活。标记基因多为抗生素抗性基因，主要有下面几种。

① 氨苄西林（Ap 或 Amp）抗性基因（*bla*），*bla* 基因可以编码 β 内酰胺酶，可降解 Ap。

② 氯霉素（Cm 或 Cmp）抗性基因（*cat*），*cat* 基因编码氯霉素乙酰转酰基酶，使 Cm 乙酰化而失效。

③ 卡那霉素（Km 或 Kan）抗性基因，Km 抗性基因可以翻译一种能修饰 Km 的酶，阻断 Km 对核糖体的干扰。

④ 四环素（Tc 或 Tet）抗性基因，Tc 抗性基因翻译一种能改变细菌生物膜的蛋白质，防止 Tc 进入细胞后干扰细菌蛋白质的合成。

⑤ 链霉素（Sm 或 Str）抗性基因，Sm 抗性基因翻译一种能修饰 Sm 的酶，抑制 Sm 与核糖体结合。

2. 显色筛选

如果在载体 DNA 上插入 *LacZ*，则会在含有 X-gal 和 IPTG 的培养基中得到蓝色的重组 DNA 分子转化子菌落。由于被转化的基因产物作用于 X-gal 需要较长的时间，观察和确定转化子菌落的培养时间可适当延长。

3. DNA 筛选

（1）凝胶电泳分析

在转化子筛选的基础上，依据有外源 DNA 片段的重组质粒与载体 DNA 之间的大小差别来区分重组子和非重组子。

（2）限制性核酸内切酶酶切分析

从转化菌落中挑选菌落，提取质粒，用限制性核酸内切酶进行酶切，然后通过凝胶电泳分析。

（3）利用 PCR 方法筛选重组子

外源 DNA 两侧序列多数是已知的，通过两侧序列设计引物，经扩增后再进行凝胶电泳分析。

六、基因表达

基因表达分为转录及翻译两阶段，转录是以 DNA（基因）为模板生成 mRNA 的过程，翻译是以 mRNA 为模板生成蛋白质的过程，检测外源基因的表达就是检测特异 mRNA 及特异蛋白质的生成。所以基因表达检测分为两个水平，即转录水平上对特异 mRNA 的检测和翻译水平上对特异蛋白质的检测。转录水平上的检测的主要方法是 Northern 杂交，它是以 DNA 或 RNA 为探针，检测 RNA 链。和 Southern 杂交相同，Northern 杂交包括斑点杂交和印迹杂交。Northern 杂交方法定量准确，但需要较多的 RNA 样品，对于一些难得的材料，很难收集到足够量的标本；对于一些低丰度的基因，用此方法很难检测到；而且此法操作繁琐，周期长。原位杂交可对所要研究的目的基因进行定位和定时研究，但此法操作步骤多，周期长，要想得到理想的结果并非易事。实时定量 PCR 是将目的 mRNA 反转录成 cD-NA，进行实时定量 PCR 扩增，即使模板浓度较低，也能检测。现在常用的实时定量 PCR 技术，其原理是以总 RNA 或 mRNA 为模板进行反转录，然后再经 PCR 扩增。如果从细胞总 RNA 提取物中得到特异的 cDNA 扩增条带，则表明外源基因实现了转录。此法简单、快速，但对外源基因转录的最后确定，还需与 Northern 杂交的实验结果结合。表达蛋白的检测方法有三种：①报告基因检测法，主要通过酶反应来检测；②免疫学检测法，通过目的蛋白（抗原）与其抗体的特异性结合进行检测，具体方法有 Western 杂交、酶联免疫吸附法（ELISA）及免疫沉淀法；③生物学活性的检测。下面就几种常用的方法进行介绍。

1. 实时定量 RT-PCR

实时定量 RT-PCR 技术的步骤如下。①高质量 RNA 的提取：用于 RT-PCR 的 RNA 分离，通常采用异硫氰酸胍/酚/氯仿-异戊醇直接提取或结合 CsCl 超离心分离。注意使用 RNA 酶抑制剂并严格操作，防止 RNA 被降解。②逆转录过程：逆转录体系包括 mRNA、dNTP、RNA 酶抑制剂、引物及逆转录酶，根据酶（MMLV 或 AMV）种类的不同决定反应温度、pH 和时间。值得指出的是，cDNA 合成后剩余的 mRNA 模板在 PCR 中可能会与 cDNA 发生竞争反应。尽管大多数情况下 AMV、MMLV 中内在的 RNA 酶 H 活性足以使剩余的 mRNA 降解，如果逆转录酶缺乏 RNA 酶 H 活性，则必须加入 RNA 酶 H。③引物设计及实时定量 PCR 反应。引物设计一般参照已发表的 Genbank 中的序列，引物长度为 20～30bp，扩增长度为 200bp 左右[8]。

2. 免疫印迹

免疫印迹（Western Blot，WB）是通过聚丙烯酰胺电泳根据分子量大小分离蛋白质后转移到杂交膜上，然后通过一抗/二抗复合物对靶蛋白进行特异性检测的方法。WB 进行蛋白质分析是目前最流行和最成熟的技术之一。根据凝胶电泳的类型，WB 可分为两种。①还原（变性）WB，这是最常用的一类，使用 SDS-PAGE 电泳，主要是用来检测蛋白质的特性、存在与否、蛋白质的同源性以及估计蛋白质的分子量等；②非还原（非变性）WB，主要用来分析蛋白质的结构、保持蛋白质的活性，一般不使用 SDS、DTT 等变性剂。

3. 报告基因

报告基因（reporter gene）是一种编码可被检测的蛋白质或酶的基因，也就是说，是一个其表达产物非常容易被鉴定的基因。把它的编码序列和基因表达调控序列相融合形成嵌合基因，或与其他目的基因相融合，在调控序列的控制下进行表达，从而利用它的表达产物来标定目的基因的表达调控，筛选得到转化体。

4. ELISA

ELISA 的基础是抗原或抗体的固相化及抗原或抗体的酶标记。结合在固相载体表面的抗原或抗体仍保持其免疫学活性，酶标记的抗原或抗体既保留其免疫学活性，又保留酶的活性。在测定时，受检标本（测定其中的抗体或抗原）与固相载体表面的抗原或抗体起反应。用洗涤的方法使固相载体上形成的抗原-抗体复合物与液体中的其他物质分开。再加入酶标记的抗原或抗体，也通过反应而结合在固相载体上。此时固相上的酶量与标本中受检物质的量呈一定的比例。加入酶反应的底物后，底物被酶催化成为有色产物，产物的量与标本中受检物质的量直接相关，故可根据呈色的深浅进行定性或定量分析。由于酶的催化效率很高，间接地放大了免疫反应的结果，使测定方法达到很高的敏感度。ELISA 可用于测定抗原，也可用于测定抗体。在这种测定方法中有三个必要的试剂：①固相的抗原或抗体，即“免疫吸附剂”（immunosorbent）；②酶标记的抗原或抗体，称为“结合物”（conjugate）；③酶反应的底物。根据样本的来源和情况以及检测的具体条件，可设计出各种不同类型的检测方法。

七、生物工程技术的应用

1953 年 Watson 和 Crick 发现了 DNA 双螺旋结构，1973 年 Boyer 开发出基因转移技术，这两项重大科研成果给传统生物工业带来了全新的观点。生物工程技术已不是单纯的研究手段，而是一种有效的生产手段。基因工程技术的研究涉及国民经济的许多领域，包括农业、畜牧业、医药、食品等，给人类带来巨大的经济效益和社会效益。

1. 生物工程技术在医药卫生上的应用

近来人们倾向于把生物技术用作各种炎症、老化症、癌症以及其他疾病发病机制解析的基础技术，并重新进行分子设计，以此研究新的药物。现在人们已经利用基因工程技术生产出干扰素、胰岛素、集落刺激因子、乙肝疫苗等有重要医用价值的生物工程产品。近代生物医学工程科学领域重大的进展和突破之一就是细胞融合杂交及单克隆抗体制备技术。单克隆抗体已应用于生命科学和临床医学研究的各个领域。医药方面，基因工程肽类药物、疫苗研究与生产进展突出。我国已经研究开发的基因工程活性肽和疫苗在三十种以上，其中乙肝干扰素已经投产[9-11]。

2. 生物工程技术在农业上的应用

转基因是现代生物技术取得的一项基因工程新成果，是属于用基因重组来改造生物的技术。具体地讲，它是把人们所掌握的功能基因，如控制产量、抗病虫害的基因（又称外源基因）定向导入现有作物细胞中，使其在宿主作物中稳定遗传或表达，从而创造出转基因作物新品种，它可大幅度地提高作物的产量和质量。动物基因工程研究最突出的技术进步便是转基因动物的培育。现已培育出转基因猪、羊、鸡、兔、牛等多种转基因动物。美国培育的转基因鲤鱼可增产20%～40%，并已进行室外放养。澳大利亚将羊毛主要成分角蛋白的基因导入山羊，繁殖出转基因羊，又用含硫氨基酸的基因工程紫苜蓿喂养羊，可使羊毛增产5%。应用转基因技术，我国已培育出个体大的金鱼、鲤鱼等[12]。

（丁丽华　刘　婕　叶棋浓　编）

参考文献

［1］ Andolfatto P，Davison D，Erezyilmaz D，et al. Multiplexed shotgun genotyping for rapid and efficient genetic mapping. Genome Res，2011，21（4）：610-617.

［2］ 吴乃虎. 基因工程原理（上册）. 北京：科学出版社，2000：312-316.

［3］ Gál J，Schnell R，Szekeres S，et al. Directional cloning of native PCR products with preformed sticky ends（autosticky PCR）. Mol Gen Genet，1999，260（6）：569-573.

［4］ 卢圣栋. 现代分子生物学实验技术. 第2版. 北京：中国协和医科大学出版社，1999：102-105.

［5］ Nishimura A，Morita M，Nishimura Y，et al. A rapid and highly efficient method for preparation of competent *Escherichia coli* cells. Nucleic Acids Res，1990，18（20）：6169.

［6］ Morrison D A. Transformation in *Escherichia coli*：cryogenic preservation of competent cells. J Bacteriol，1977，132（1）：349-351.

［7］ Dower W J，Miller J F，Ragsdale C W. High efficiency transformation of *E. coli* by high voltage electroporation. Nucleic Acids Res，1988，16（13）：6127-6145.

［8］ Heid C A，Stevens J，Livak K J，et al. Real time quantitative PCR. Genome Res，1996，6（10）：986-994.

［9］ Andrew J Pollard. Hepatitis B vaccination. BMJ，2007，335（7627）：950-954.

［10］ Weiner L M，Surana R，Wang S. Monoclonal antibodies：versatile platforms for cancer immunotherapy. Nat Rev Immunol，2010，10（5）：317-327.

［11］ Santin M，Muñoz L，Rigau D. Interferon-γ release assays for the diagnosis of tuberculosis and tuberculosis infection in HIV-infected adults：a systematic review and meta-analysis. PLoS One，2012，7（3）：e32482.

［12］ 傅荣昭. 植物遗传转化技术手册. 北京：中国科学技术出版社，1994.

第二章 核酸提取技术

第一节 质粒 DNA 的提取

一、引言

质粒是独立于染色体以外的双链、闭合、环状 DNA，可自我复制，并传递到子代，一般不整合到宿主染色体上。现在常用的质粒大多数是经过改造或人工构建的，具有 1 个以上的筛选标记（抗性基因）。具有多个限制性内切酶的单一酶切位点，又称为多克隆位点（multiple cloning sites，MCS），便于外源基因的插入[1]。分子量相对较小，多拷贝，转化效率高。重组 DNA 技术中重要的工具是基因工程中的常用载体，如 Invitrogen 公司的 pcDNA3 载体（见图 2-1）。

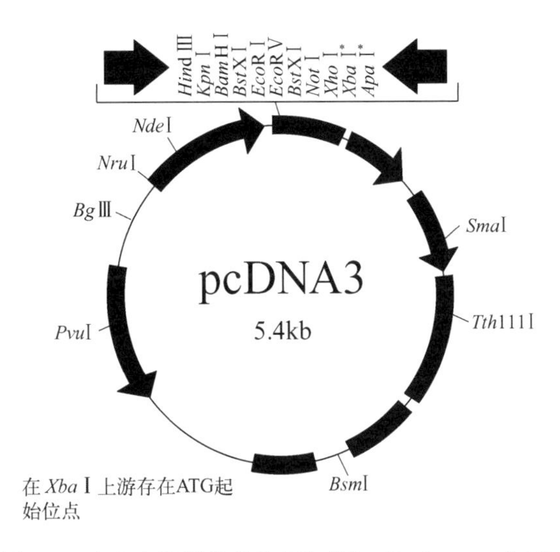

图 2-1 实验室常用的真核表达载体（Invitrogen 公司）

抽提质粒 DNA 常用碱裂解法，它是一种应用最为广泛的制备质粒 DNA 的方法，其基本原理为：在碱性条件（pH12.5）下，线性染色体 DNA 的双螺旋结构解开而变性，质粒 DNA 的氢键虽然断裂，但两条互补链彼此缠绕，紧密结合在一起。当加入乙酸钾恢复至中性时，染色体 DNA 分子难以复性，而质粒 DNA 分子很快复性，离心时，染色体 DNA 与细胞碎片一起被沉淀出来，而质粒 DNA 则留在上清液中，用异丙醇或乙醇沉淀后洗涤，可得到较纯的质粒 DNA[2,3]。纯化质粒 DNA 时通常还利用了质粒 DNA 相对较小及共价闭环两个性质。开始进行克隆时，对于小量制备的质粒 DNA，经过苯酚、氯仿抽提，RNA 酶消化和乙醇沉淀等简单步骤去除残余蛋白质和 RNA，所得纯化的质粒 DNA 已可满足细菌转化、

DNA 片段分离和酶切、常规亚克隆及探针标记等要求，故在分子生物学实验室中常用[4]。要使用特殊纯化的质粒时，可采用氯化铯方法抽提[5]，但该方法比较复杂，对技术要求高，花费时间长，也比较昂贵。碱裂解法通常有大量提取法和小量提取法，其提取原理是一样的，只是提取的体积不同，故本章只介绍小量质粒抽提法。

二、碱裂解法小量质粒提取所需的仪器、材料及基本步骤[3]

1. 仪器

① 恒温摇床。

② 超净工作台。

③ 高压灭菌锅。

④ 高速台式离心机。

⑤ 微量移液器。

2. 材料

（1）LB 液体培养基（1L）

胰蛋白胨 10g，酵母提取物 5g，NaCl 10g。

加去离子水至 800mL 后搅拌，使溶质完全溶解，用 NaOH 调节 pH 值至 7.0，加入去离子水至总体积为 1L，高压蒸汽灭菌 20min。

（2）LB 固体培养基（1L）

在上述 LB 液体培养基（1L）中加入琼脂粉 15g。

（3）溶液Ⅰ

50mmol/L 葡萄糖，25mmol/L Tris·HCl（pH8.0），10mmol/L EDTA（pH8.0）。

高压灭菌后，4℃保存备用。

（4）溶液Ⅱ（现用现配制）

0.2mol/L NaOH，1% SDS。

（5）溶液 Ⅲ（100mL）

5mol/L CH_3COOK 60mL，冰乙酸 11.5mL，水 28.5mL。

配制成的溶液Ⅲ含 3mol/L 钾盐、5mol/L 乙酸（pH4.8）。

（6）氨苄西林（Amp）

用无菌水配制成 100mg/mL 溶液，置－20℃冰箱保存备用。

（7）胰 RNA 酶

将胰 RNA 酶（RNA 酶 A）溶于 10mmol/L Tris·HCl（pH7.5）、15mmol/L NaCl 中，配成 10mg/mL 的浓度，于 100℃加热 15min，缓慢冷却至室温，分装成小份保存于－20℃。

（8）氯仿，乙醇，70%乙醇

3. 基本步骤

① 用灭菌的牙签挑取单菌落放入 5mL LB 液体培养基（含 0.1mg/mL Amp）中，37℃振荡培养过夜。注：加 Amp 的目的是使含 Amp 抗性基因的细菌选择性生长。

② 将 1mL 菌液倒入 1.5mL Eppendorf 管中，10000r/min 离心 1min，去掉上清液，重复两次。沉淀悬于 200μL 溶液Ⅰ中，涡旋使其充分悬浮。

③ 加入 300μL 溶液Ⅱ，混匀（注意动作轻），冰箱 4℃放置 5min。

④ 加入 300μL 溶液Ⅲ，混匀（注意动作轻），冰箱 4℃放置 5min。

⑤ 12000r/min，离心 5min，将上清液移至 1 个新 Eppendorf 管中，注意所取体积（约 600μL）。

⑥ 加入等体积氯仿（约 600μL），混匀（注意动作轻）。12000r/min，4℃，离心 10min，取上清液。

⑦ 上清液中加入预冷的等体积异丙醇，−20℃沉淀 20～30min。

⑧ 12000r/min 离心 15min。

⑨ 去上清液，沉淀加入 500μL 70%乙醇洗涤 2 次（12000r/min 离心 3min）。

⑩ 去掉上清液（注意沉淀勿丢失），室温或真空干燥沉淀。

⑪ 每管中加入 25μL 无菌水和 1μL RNase，37℃溶解质粒 DNA。

上述质粒提取方法提取的质粒量大，但也存在纯度差、毒素多等缺点，而利用试剂盒提取可有效避免上述缺点。下面介绍常见的试剂盒的操作过程。

三、Promega 质粒 DNA 小量提取试剂盒操作程序

① 将 1～1.5mL 过夜培养的细菌菌液加入 1.5mL 离心管中。

② 10000r/min 离心 30s，并弃去上清液。

③ 如有需要，可多次重复步骤①②，以收集更多的细菌菌体。但勿过量，以免影响提取质粒的质量。

④ 加 250μL 重悬液，重悬菌体沉淀。重悬后应该没有细菌团块。

⑤ 加 250μL 细胞裂解液，轻柔颠倒 4～6 次。

不要剧烈振动，以防止基因组 DNA 被剪切。注意不要让反应持续超过 5min。

⑥ 加 350μL 中和缓冲液，立即轻柔颠倒离心管 4～6 次。溶液应该出现絮状物，但不会出现局部沉淀。

⑦ 于 13000r/min 离心 10min。如离心机转速不够可延长离心时间，直至形成紧密的白色沉淀。

⑧ 将步骤⑦离心后得到的上清液转移到上层离心管内。于 6000r/min 离心 1min，并弃去接液管内的液体。

⑨ 向上层离心管内加 650μL 洗液，于 12000r/min 离心 30～60s，并弃去接液管内的液体。

⑩ 重复第⑨步一次。

⑪ 再次于 12000r/min 离心 1min，然后将上层离心管转移到无菌的 1.5mL 离心管中。如不进行该步离心，则无法保证离心柱内的残液被彻底清除。

⑫ 向上层离心管内加 20μL 洗脱缓冲液、去离子水或 TE 溶液，并于室温静置 1min。可根据实验的实际需要决定洗脱液用量。

⑬ 于 12000r/min 离心 1min，1.5mL 离心管内溶液中含有质粒 DNA。

⑭ 提取的质粒 DNA 可直接用于各类下游分子生物学实验，如果不立即使用，请保存于−20℃。

四、注意事项

① 严格控制碱变性的时间，不超过 5min。因为如果质粒处于强碱性环境中的时间过长，可发生不可逆变性，导致限制性内切酶切割困难。

② 在加入溶液Ⅲ后，要充分混匀并置冰上。如未见大量白色沉淀，说明实验失败，应立即重做。

③ 弃上清液时，必须控干即除尽管内的液体，在做最后一步时，应尽量使乙醇挥发干净，因为如残留较多乙醇，以后在做酶切鉴定时，乙醇会使限制性内切酶失活。但此步的时间不宜过长，一般在10～15min，可用滤纸条小心吸净离心管壁上的乙醇液滴以节省时间。

五、实验结果说明

对于提取到的质粒，必须进行质量检测，通常采用下述两种方法进行检测。

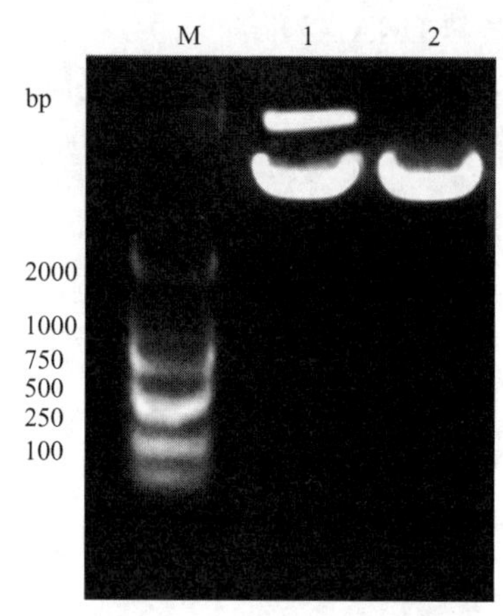

图 2-2 pcDNA3 质粒电泳后凝胶成像
M—DL2000 标记；1—常规抽提法，其中电泳速率较快的条带为超螺旋质粒，而电泳速率较慢的条带为线性质粒，不存在开环质粒 DNA；2—试剂盒小提质粒，只存在超螺旋质粒 DNA

（1）电泳检测

质粒电泳一般有三条带，分别为质粒的超螺旋、线型、开环三种构型。在进行琼脂糖凝胶电泳时，超螺旋DNA 跑得最快，线性 DNA 次之，开环 DNA 最慢。如图 2-2 所示，第 1 泳道是常规小规模抽提制备的质粒，存在两种构型的 DNA，分别为超螺旋和线性 DNA，不存在开环 DNA，说明提取的质粒 DNA 质量较好，没有 DNA 解链；第 2 泳道中是用 Promega 公司的质粒小量抽提试剂盒获得的质粒 DNA，只存在超螺旋的质粒DNA，说明利用 Promega 试剂盒提取的质粒 DNA 质量比常规抽提法获得的质粒 DNA 质量更好，不存在开环和线性 DNA。通常抽提到的质量好的质粒只有或大部分是超螺旋，只有少量开环或线性的，没有染色体DNA 的污染。

（2）吸光值检测

采用分光光度计检测 260nm、280nm 波长的吸光值，若吸光值（260nm）与吸光值（280nm）的比值介于 1.7～1.9 之间，说明质粒质量较好，1.8 为最佳，低于 1.8 说明有蛋白质污染，大于 1.8 说明有 RNA 污染。

六、疑难解析

1. 未提到质粒或质粒得率较低

（1）大肠杆菌老化

涂布平板培养后，重新挑选新菌落进行液体培养。

（2）质粒拷贝数低

由使用低拷贝数载体引起的质粒 DNA 提取量低，可更换具有相同功能的高拷贝数载体。

（3）菌体中无质粒

有些质粒本身不能在某些菌种中稳定存在，经多次转接后有可能造成质粒丢失，因此，不要频繁转接，每次接种时应接种单菌落。另外，检查筛选用抗生素使用浓度是否正确。

（4）碱裂解不充分

使用过多的菌体培养液，会导致菌体裂解不充分，可减少菌体用量或增加溶液Ⅰ、溶液Ⅱ和溶液Ⅲ的用量。进行低拷贝数质粒提取时，可加倍使用溶液Ⅰ、溶液Ⅱ和溶液Ⅲ，可能有助于增加质粒提取量和质粒质量。

（5）溶液使用不当

溶液Ⅱ、溶液Ⅲ在温度较低时可能出现浑浊，应置于37℃保温片刻直至溶解为清亮的溶液才能使用。

（6）吸附柱过载

不同产品中吸附柱的吸附能力不同，如果需要提取的质粒量很大，请分多次提取。若用富集培养基，例如TB或2×YT，菌液体积必须减少；若质粒或宿主菌具有非常高的拷贝数或生长率，则需调整LB培养液的体积。

（7）质粒未全部溶解

尤其是当质粒较大时，洗脱溶解质粒时，可适当加温或延长溶解时间。

（8）乙醇残留

漂洗液洗涤后应离心，尽量去除残留液体，树脂型试剂盒漂洗后应晾干树脂，再加入洗脱缓冲液。

（9）洗脱液加入位置不正确

洗脱液应加在硅胶膜的中心部位，以确保洗脱液会完全覆盖硅胶膜的表面，达到最大洗脱效率。

（10）洗脱液不合适

DNA只在低盐溶液中才能被洗脱，如洗脱缓冲液EB（10mmol/L Tris·HCl，pH8.5）或水。洗脱效率取决于pH。当pH在7.0～8.5之间时有最大洗脱效率。当用水洗脱时，确保其pH在此范围内，如果pH过低可能导致洗脱量低。洗脱时将灭菌蒸馏水或洗脱缓冲液加热至60℃后使用，有利于提高洗脱效率。

（11）洗脱体积太小

洗脱体积对回收率有一定的影响。随着洗脱体积的增大，回收率增高，但产品浓度降低。为了得到较高的回收率，可以增大洗脱体积。

（12）洗脱时间过短

洗脱时间对回收率也会有一定的影响。洗脱时放置1min可达到较好的效果。

2. 质粒纯度不高

（1）混有蛋白质

不要使用过多菌体。溶液Ⅰ、溶液Ⅱ、溶液Ⅲ处理并离心后，溶液应为澄清的，如果还混有微小蛋白质悬浮物，可再次离心去除后再进行下一步骤。

（2）混有RNA

RNaseA处理不彻底，请减少菌体用量或加入溶液Ⅲ之后室温放置一段时间。如果溶液P1已保存6个月以上，请在溶液Ⅰ中添加RNaseA。

（3）混有基因组DNA

加入溶液Ⅱ和Ⅲ后应温和混匀，如果剧烈振荡，可能把基因组DNA剪切成碎片从而混杂在质粒中。如果加入溶液Ⅱ后过于黏稠，无法温和混匀，请减少菌体用量。细菌培养时间过长会导致细胞和DNA的降解，不要超过16h。

（4）溶液Ⅲ加入时间过长

溶液Ⅲ加入后，放置时间不要太长，否则有可能会产生小片段DNA污染。

（5）含大量核酸酶的宿主菌

宿主菌含大量核酸酶，在质粒提取过程中降解质粒DNA，影响提取质粒DNA的完整性，最好选用不含核酸酶的大肠杆菌宿主菌，如 DH5α 和 Top10。

（6）裂解时间过长

加入溶液Ⅱ后裂解时间不应超过 5min。

（7）质粒的二聚体和多聚体形式

这是质粒复制过程中形成的，与宿主菌相关，电泳可检测出。

（丁丽华　刘　婕　叶棋浓　编）

第二节　基因组 DNA 的提取

一、引言

基因组是指一种生物体中的整套遗传信息，一般为一个受精卵或一个体细胞的细胞核中所有 DNA 分子的总和，是一特定生物体的整套（单倍体）遗传物质的总和。基因组的大小用全部 DNA 的碱基对总数表示。每种真核生物的单倍体基因组中的全部 DNA 量称为 C 值（C-Value）。细菌染色体基因组通常仅由一条环状双链 DNA 分子组成，大部分为编码序列，结构基因中没有内含子，也无重叠现象，具有操纵子结构。质粒是某些细菌中独立于染色体外的能自主复制的共价闭合环状双链 DNA。病毒基因组每种病毒核酸只有一种，即 DNA 或者 RNA；病毒核酸的大小差别很大，为 3～300kb；大部分病毒核酸是由一条双链 DNA 或单链 RNA 分子组成的，仅少数 RNA 病毒由几个核酸片段组成。病毒具有操纵子的结构，具有重叠基因的结构。真核病毒基因有内含子，而噬菌体（感染细菌的病毒）基因中无内含子。除逆转录病毒外，所有病毒基因都是单拷贝的。真核生物体细胞内的基因组多为二倍体。基因组远远大于原核生物的基因组，具有多复制起点。基因组中不编码的区域多于编码区域。大部分基因含有内含子，因此，基因是不连续的（断裂基因）。真核细胞基因转录产物为单顺反子。一个结构基因经过转录和翻译生成一个 mRNA 分子和一条多肽链。单一序列为主，存在大量的重复序列。

基因组 DNA 的提取通常用于构建基因组文库、Southern 杂交（包括 RFLP）及 PCR 分离基因等。利用基因组 DNA 较长的特性，可以将其与细胞器或质粒等小分子 DNA 分离。加入一定量的异丙醇或乙醇，基因组的大分子 DNA 即沉淀形成纤维状絮团飘浮其中，可用玻棒将其取出，而小分子 DNA 则只形成颗粒状沉淀附于管壁上及底部，从而达到提取的目的。在提取过程中，染色体会发生机械断裂，产生大小不同的片段，因此，分离基因组 DNA 时应尽量在温和的条件下操作，如尽量减少酚/氯仿抽提、混匀过程要轻缓，以保证得到较长的 DNA。一般来说，构建基因组文库，初始 DNA 长度必须在 100kb 以上，否则酶切后两边都带合适末端的有效片段很少。而进行 RFLP 和 PCR 分析，DNA 长度可短至 50kb，在该长度以上，可保证酶切后产生 RFLP 片段（20kb 以下），并可保证包含 PCR 所扩增的片段（一般在 2kb 以下）。

不同生物（植物、动物、微生物）的基因组 DNA 的提取方法有所不同；不同种类或同一种类的不同组织因其细胞结构及所含成分不同，分离方法也有差异。在提取某种特殊组织的 DNA 时，必须参照文献和根据经验建立相应的提取方法，以获得可用的 DNA 大分子。尤其是组织中的多糖和酚类物质对随后的酶切、PCR 反应等有较强的抑制作用，因此，用富含这类物质的材料提取基因组 DNA 时，应考虑除去多糖和酚类物质。

下面以水稻幼苗（禾本科）、动物肌肉组织和大肠杆菌培养物为材料，介绍几种基因组DNA提取的一般方法。

二、从植物组织提取基因组DNA[6-9]

1. 材料

水稻幼苗或其他禾本科植物。

2. 设备

移液器，冷冻高速离心机，台式高速离心机，水浴锅，陶瓷研钵，50mL离心管（有盖）及5mL离心管和1.5mL离心管，弯成钩状的小玻棒等。

3. 试剂

① 提取缓冲液Ⅰ：100mmol/L Tris·HCl（pH8.0）、20mmol/L EDTA、500mmol/L NaCl和1.5% SDS。

② 提取缓冲液Ⅱ：18.6g葡萄糖、6.9g二乙基二硫代碳酸钠、6.0g PVP，240μL β-巯基乙醇，加水至300mL。

③ 氯仿：戊醇：乙醇（体积比80：4：16）。

④ RNaseA母液（10μg/μL）、液氮、异丙醇、TE缓冲液、无水乙醇、70%乙醇、3mol/L CH_3COONa。

4. 操作步骤

以水稻幼苗或其他禾本科植物为例。

① 在50mL离心管中加入20mL提取缓冲液Ⅰ，60℃水浴预热。

② 水稻幼苗或叶子5～10g，剪碎，在研钵中加液氮磨成粉状后立即倒入预热的离心管中，剧烈摇动混匀，60℃水浴保温30～60min（时间长，DNA产量高），不时摇动。

③ 加入20mL氯仿：戊醇：乙醇（体积比80：4：16）溶液，颠倒混匀（需戴手套，防止损伤皮肤），室温下静置5～10min，使水相和有机相分层（必要时可重新混匀）。

④ 室温下5000r/min离心5min。

⑤ 仔细移取上清液至另一50mL离心管，加入1倍体积异丙醇，混匀，室温下放置片刻即出现絮状DNA沉淀。

⑥ 在1.5mL Eppendorf管（EP管）中加入1mL TE。用钩状玻璃棒捞出DNA絮团，在干净吸水纸上吸干，转入含TE的EP管中，DNA很快溶解于TE。

⑦ 如DNA不形成絮状沉淀，则可在5000r/min条件下离心5min，再将沉淀移入含TE的EP管中。这样收集的沉淀，往往难溶解于TE，可在60℃水浴放置15min以上，以帮助溶解。

⑧ 将DNA溶液3000r/min离心5min，上清液倒入干净的5mL离心管。

⑨ 加入5μL RNaseA（10μg/μL），37℃ 10min，除去RNA（RNA对DNA的操作、分析一般无影响，可省略该步骤）。

⑩ 加入1/10体积的3mol/L CH_3COONa及2×体积的冰乙醇，混匀，－20℃放置20min左右，DNA形成絮状沉淀。

⑪ 用玻棒捞出DNA沉淀，70%乙醇漂洗，再在干净吸水纸上吸干。

⑫ 将DNA重溶解于1mL TE，－20℃保存。

⑬ 取2μL DNA样品用0.7%琼脂糖凝胶电泳，检测DNA的分子大小。同时取15μL

稀释 20 倍，测定 OD_{260}/OD_{280}，检测 DNA 含量及质量。纯的 DNA 情况下：OD_{260}/OD_{280} 的值为 1.8。OD_{260} 反映的是溶液中核酸的浓度，OD_{280} 反映的是溶液中蛋白质或者氨基酸的浓度。样品中如果含有蛋白质及苯酚，OD_{260}/OD_{280} 的值会明显下降。纯 DNA 其 $OD_{260}/OD_{280}\approx 1.8$（>1.9，表明有 RNA 污染；<1.6，表明有蛋白质、酚等污染）。对于纯的样品，只要读出 260nm 的 OD 值即可算出含量。通常以 OD 值为 1 相当于 50μg/mL 双螺旋 DNA。

三、从动物组织提取基因组 DNA[10]

1. 材料

哺乳动物新鲜组织。

2. 设备

移液器、吸头、离心管、高速冷冻离心机、台式离心机、电泳仪、紫外分光光度计、水浴锅等。

3. 试剂

（1）分离缓冲液

10mmol/L Tris・HCl pH7.4，10mmol/L NaCl，25mmol/L EDTA。

（2）其他试剂

10% SDS，蛋白酶 K（20mg/mL 或粉剂），乙醚，酚：氯仿：异戊醇（体积比 25：24：1），无水乙醇及 70%乙醇，5mol/L NaCl，3mol/L CH_3COONa，TE 缓冲液。

4. 操作步骤

① 切取组织 5g 左右，剔除结缔组织，吸水纸吸干血液，剪碎放入研钵（越细越好）。

② 倒入液氮，磨成粉末，加 10mL 分离缓冲液。

③ 加 1mL 10% SDS，混匀，此时样品变得很黏稠。

④ 加 50μL 或 1mg 蛋白酶 K，37℃保温 1～2h，直到组织完全解体。

⑤ 加 1mL 5mol/L NaCl，混匀，5000r/min 离心数秒。

⑥ 取上清液于新离心管，用等体积酚：氯仿：异戊醇（体积比 25：24：1）抽提。待分层后，3000r/min 离心 5min。

⑦ 取上层水相至干净离心管，加 2 倍体积乙醚抽提（在通风情况下操作）。

⑧ 移去上层乙醚，保留下层水相。

⑨ 加 1/10 倍体积 3mol/L CH_3COONa，及 2 倍体积无水乙醇颠倒混合沉淀 DNA。室温下静置 10～20min，DNA 沉淀形成白色絮状物。

⑩ 用玻棒钩出 DNA 沉淀，70%乙醇中漂洗后，在吸水纸上吸干，溶解于 1mL TE 中，−20℃保存。待用。

⑪ 如果 DNA 溶液中有不溶解颗粒，可在 5000r/min 短暂离心，取上清液；如要除去其中的 RNA，可加 5μL RNaseA（10μg/μL），37℃保温 30min，用酚抽提后，按步骤⑨⑩重新沉淀 DNA。

四、细菌基因组 DNA 的制备[11]

1. 材料

细菌培养物。

2. 设备

移液器，EP管，加样器，三角烧瓶，摇床，高速冷冻离心机，台式离心机，水浴锅，电泳仪，紫外分光光度计等。

3. 试剂

（1）CTAB/NaCl溶液

4.1g NaCl溶解于80mL H_2O，缓慢加入10g CTAB，加水至100mL。

（2）其他试剂

LB培养基，氯仿：异戊醇（体积比24：1），酚：氯仿：异戊醇（体积比25：24：1），异丙醇，70% 乙醇，TE，10% SDS，蛋白酶K（20mg/mL或粉剂），5mol/L NaCl。

4. 操作步骤

① 100mL细菌过夜培养液，5000r/min离心10min，去上清液。

② 加9.5mL TE悬浮沉淀，并加0.5mL 10% SDS，50μL 20mg/mL（或1mg干粉）蛋白酶K，混匀，37℃保温1h。

③ 加1.5mL 5mol/L NaCl，混匀。

④ 加1.5mL CTAB/NaCl溶液，混匀，65℃保温20min。

⑤ 用等体积酚：氯仿：异戊醇（体积比25：24：1）抽提，5000r/min离心10min，将上清液移至干净离心管。

⑥ 用等体积氯仿：异戊醇（体积比24：1）抽提，取上清液移至干净离心管中。

⑦ 加1倍体积异丙醇，颠倒混合，室温下静置10min，沉淀DNA。

⑧ 用玻棒捞出DNA沉淀，70%乙醇漂洗后，吸干，溶解于1mL TE，−20℃保存。如DNA沉淀无法捞出，可5000r/min离心，使DNA沉淀。

⑨ 如要除去其中的RNA，可以按本节前面叙述的操作步骤处理。

五、用DNA提取试剂盒从全血和组织中提取基因组DNA[12-14]

1. 从全血中提取DNA

① 溶血。加300μL的肝素或EDTA Na_2抗凝的全血到含900μL红细胞裂解液的1.5mL EP管中，室温静置1min，其间，轻轻颠倒混匀10次。13000～16000*g*离心20s。

② 弃上清液，将管底的白色沉淀用枪头吹散，使白细胞在残留的液体中悬浮。

③ 加300μL的细胞裂解液于EP管中，充分混匀。

④ 加100μL的蛋白质沉淀液于EP管中，充分混匀，13000～16000*g*离心3min。

⑤ 取上清液，加300μL的异丙醇，充分混匀颠倒50次，可见白色絮状沉淀，13000～16000*g*离心1min。

⑥ 弃上清液，加入500μL 70%的酒精，13000～16000*g*离心1min。

⑦ 弃上清液，加入50μL DNA水溶液，充分混匀，65℃下静置5min使DNA完全溶解。

⑧ 紫外分光光度计测定OD_{260}/OD_{280}，比值大于1.8即可。

⑨ 取少量样品跑电泳，琼脂糖凝胶的浓度为0.8%。

2. 从组织中提取DNA

① 取液氮冷冻的叶片2～3片，在液氮冷冻下迅速研磨成粉末。

② 将粉末放入1.5mL离心管中，然后加入缓冲液S 750μL，充分混匀。

③ 将离心管置于65℃水浴中1～2h，水浴过程中温和混匀几次。

④ 取出离心管，每管加入等体积的酚-氯仿（体积比1∶1）溶液600～700μL，混匀后离心，10000r/min，10min。

⑤ 上清液移入另一离心管中，加入等体积的氯仿，混匀后，10000r/min离心6min。

⑥ 将上清液移入另一离心管中，加入0.6倍体积的异丙醇，轻轻混匀，静置一段时间，然后用枪头钩出DNA，并用70%乙醇冲洗2次。

⑦ 钩出的DNA，真空干燥后将其溶于500μL 1×TE中。

⑧ 加入3μL RNA酶溶液，37℃保温1h。

⑨ 加入等体积的酚-氯仿溶液，轻轻混匀后，10000r/min离心6min。

⑩ 取上清液，加入等体积的氯仿，轻轻混匀后，10000r/min离心6min。

⑪ 取上清液，加入1/10倍体积3mol/L乙酸钠，混匀后，加入2倍体积冷的无水乙醇（或95%乙醇）。

⑫ 轻轻混匀静置一会儿后，用枪头钩出DNA，用70%乙醇冲洗2次后，真空干燥。

⑬ 依所提DNA的量加入20～50μL的1×TE溶解DNA。

⑭ 测定DNA的浓度，取少量样品跑电泳，琼脂糖凝胶的浓度为0.8%。

⑮ 样品在4℃下保存备用。

附：提DNA所用试剂配方

a. 1mol/L Tris·HCl（1L：800mL H_2O中加121.1g Tris，用HCl调pH值至8.5后定容至1L，灭菌）。

b. 0.5mol/L $EDTANa_2$ pH8.0（1L：800mL H_2O中加186.1g $EDTANa_2 \cdot 2H_2O$，用NaOH调pH值至8.0，定容至1L）。

c. 10% SDS（2L：在2L热水中缓慢加200g SDS，边加边搅拌，溶解后放室温保存）。

d. 5mol/L NaCl（1L：750mL H_2O中加292.2g NaCl，溶解后定容至1L，灭菌）。

e. 缓冲液S：配1L缓冲液S。

- 100mmol/L Tris·HCl pH8.5。
- 100mmol/L NaCl。
- 50mmol/L EDTA pH8.0。
- 2% SDS。
- H_2O。

f. 100×TE（1L：800mL H_2O中加121.1g Tris，37.2g $EDTANa_2 \cdot 2H_2O$，用HCl调pH值至8.0，定容，灭菌）。

g. 50×TAE（1L：500mL H_2O中加242g Tris，溶解后加100mL 0.5mol/L EDTA和57.1mL冰乙酸调pH至8.0，定容）。

h. 蛋白酶K溶液的配制（用pH8.0的20mmol/L Tris·HCl、2mmol/L $CaCl_2$的缓冲液配制浓度为20μg/μL的蛋白酶K溶液；或用超纯水配制成相同的浓度）。

i. RNA酶（用水溶解RNA酶，终浓度为10mg/mL，煮沸20min，缓慢冷却，分装，−20℃下保存）。

j. 3mol/L CH_3COONa pH5.2（1L：600mL H_2O中加入408.24g $CH_3COONa \cdot 3H_2O$，溶解后，用冰乙酸调pH值至5.2，然后定容至1L，灭菌）。

六、注意事项

1. 样品的收集和保存

尽量使用新鲜的组织材料，采集的样品如果不马上用于提取实验，请置于－20℃或者－70℃温度下存放，其间应避免反复冻融。使用反复冻融或长时间未低温冷藏的样品进行DNA提取时，所提取的DNA片段可能不完整，或收获量低。对于较难破碎细胞壁的细菌和酵母细胞，应尽量收集处于生长对数期的菌体，以取得最佳实验效果。

2. 样品处理方式

样品材料进行破碎（及匀浆）可以提高裂解效率，组织破碎后可以充分与裂解液接触，利于裂解。不同来源的组织材料，根据组织成分的差异，样品处理的方式也有所不同。一般来说，样品的破碎方式，主要有液氮研磨、匀浆和蛋白酶K消化。

（1）细菌及酵母

细菌需要加入溶菌酶（lysozyme）破碎细胞，酵母细胞需要加入溶壁酶（lyticase）破碎细胞壁。

（2）动物组织

一般需要加入蛋白酶K消化组织，无需液氮研磨、匀浆，尽量剪碎即可（如老鼠尾巴，加入蛋白酶K消化1～4h即可）。充分破碎可以减少裂解时间，可使用玻璃匀浆器。

（3）植物组织

必须经液氮研磨破碎。

3. DNA的洗脱

在低盐的条件下，DNA可以很容易地从硅胶膜上洗脱下来，洗脱液采用低盐缓冲液（10mmol/L Tris・HCl，pH8.5）。洗脱液pH值在7.0～8.5之间时，洗脱效率最大，如果用ddH_2O进行洗脱，请保证pH值在此范围内。将洗脱缓冲液65℃预热，进行洗脱，将会提高洗脱效率。

4. DNA检测

纯化到的基因组DNA的OD_{260}/OD_{280}一般会在1.7～1.9之间，电泳检测时，电泳条带跟上样量以及琼脂糖凝胶的浓度有很大关系，纯化到的基因组DNA理想状态下为单一条带，但是往往由于提取过程中操作不当等原因，电泳显示不清晰的成片条带，属于正常现象。

① DNA溶液稀释20～30倍后，测定OD_{260}/OD_{280}比值，明确DNA的含量和质量。

② 取2～5μL在0.7%琼脂糖凝胶上电泳，检测DNA的分子大小。

③ 取2μg DNA，用10单位（U）*Hin*dⅢ 酶切过夜，0.7%琼脂糖凝胶上电泳，检测能否完全酶解（做RFLP，DNA必须完全酶解）。

5. DNA保存和稳定性

DNA分子在碱性条件下可以稳定存在，试剂盒所用洗脱液为pH8.5的缓冲液，可以稳定保存DNA分子。实验室所用ddH_2O的pH值往往小于7.0，长时间保存，DNA容易发生降解。长期保存时，应置于－20℃或－80℃，并且避免反复冻融。

七、实验结果说明

抽提到的基因组DNA一般都要进行凝胶电泳检测，质量好的制品应该只有一条带，表

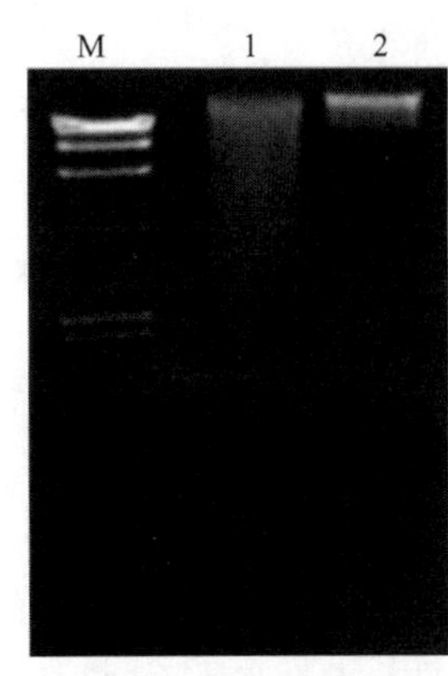

图 2-3 用试剂盒从人血中提取基因组 DNA 的电泳图
M—分子量标记；1—血液基因组 DNA；2—血液基因组 DNA *Eco*RⅠ单酶切产物

明大部分基因组 DNA 是完整的，但往往电泳出现“smear”（弥散）状态，表明基因组 DNA 有断裂现象。图 2-3 是用试剂盒从人血中提取到的基因组 DNA。第 1 道为完整的基因组 DNA 的图谱，可见有点弥散，但大部分还是完整的。第 2 道为用 *Eco*RⅠ单酶切后的电泳图谱，M 为分子量标记。

八、疑难解析[10]

1. 洗脱产物的 DNA 量很少或没有

（1）所提样品材料老化或反复冻融导致基因组 DNA 含量下降

应选择新鲜的样品材料，如新鲜血液、新鲜菌液、刚离体的动物组织或幼嫩的植物组织等，不能立即处理的样品应立刻放入液氮或－70℃低温保存，以免 DNA 降解。

（2）样品破壁或裂解不完全导致基因组 DNA 未充分释放

动植物材料应在液氮中充分研磨匀浆，革兰氏阳性细菌、酵母等破壁较困难的样品应用溶菌酶、酵母破壁酶或机械方式协助破壁，不同样品的细胞破壁方式可参照前面的详细介绍。

（3）样品量过多导致细胞裂解不充分

加样量过多使裂解液和样品混合不均匀，细胞裂解不充分。不同来源样品的加样量请参照详细操作步骤。

（4）DNA 吸附不充分

如在上吸附柱前未加无水乙醇，或用低浓度乙醇代替无水乙醇，则导致 DNA 不能充分沉淀，与硅胶膜吸附不彻底，因此，应在样品裂解后加适量无水乙醇，再上吸附柱，使 DNA 与硅胶膜充分吸附。

（5）DNA 洗脱不适当

洗脱液 pH 过低会降低洗脱效率，应确保洗脱液 pH 值在 7.0～8.5 之间。洗脱体积若小于 30μL，则不易完全浸透硅胶膜，使 DNA 不能全部洗脱下来，因此，洗脱液体积应大于 30μL，同时，如果洗脱液体积过大，超过 200μL，则所得的 DNA 浓度会降低，但 DNA 总量不会减少。洗脱时可将洗脱缓冲液在 65～70℃水浴预热，加入洗脱液后在室温静置 2～5min，可提高洗脱效率，提高基因组 DNA 的产量。

2. 提取的基因组 DNA 有降解

（1）选取的材料不新鲜或反复冻融，采集材料后未及时处理或未低温保存

陈旧血液、老化菌液等不新鲜的材料中，细胞凋亡导致 DNA 降解，或低温保存的样品反复冻融导致细胞破碎，内源核酸酶降解 DNA，因此，应选择新鲜的材料样品，不能及时处理则低温保存，运输过程中亦应使用干冰。

（2）未能有效抑制内源核酸酶的作用

某些 DNase 含量较丰富的动植物组织样品应在液氮中研磨或匀浆，研磨过程中应随时补充液氮，并在样品未完全解冻前即加入含有抑制核酸酶作用的螯合剂的裂解液。

（3）操作过于剧烈，导致 DNA 被机械打断

预处理的样品加入细胞裂解液后，所有操作应尽量柔和，避免振荡、搅拌等剧烈机械力对 DNA 片段的损伤。

3. 提取的基因组 DNA 中有 RNA 污染

（1）实验过程中没有有效使用 RNaseA

应严格按照实验操作要求使用 RNaseA，即加入裂解液的同时加入 20μL RNaseA 溶液，室温放置 10min。

（2）RNaseA 可能失活

RNaseA 须在 −20℃ 下保存，低温保存时 RNaseA 比较稳定，不易失活，但如果反复冻融会导致 RNaseA 降解失活，所以应妥善保存。

4. 提取的基因组 DNA 不能顺利地进行后续实验

（1）样品量过多导致细胞裂解不充分

样品量过多会使裂解液不能快速有效地与样品充分混合，从而导致样品裂解不彻底，残留大量蛋白质、多糖、脂质等杂质，对后续的上吸附柱分离纯化造成影响。应加入适量的样品材料，具体数量请参照详细操作步骤。

（2）DNA 在洗脱前有大量乙醇残留

有机溶剂乙醇可严重抑制内切酶、DNA 聚合酶的活性，而在 DNA 过柱洗涤过程中需使用含有乙醇的漂洗液，因此，在洗脱 DNA 前，一定要充分去除残留的乙醇，可重复离心，或将吸附柱置于室温或 50℃ 温箱中烘干 5～10min，再加洗脱液。

（丁丽华　刘　婕　叶棋浓　编）

第三节　RNA 的提取

一、引言

DNA、RNA 和蛋白质是三种重要的生物大分子，是生命现象的分子基础。DNA 的遗传信息决定生命的主要性状，而 mRNA 在信息传递中起很重要的作用。其他两大类 RNA，rRNA 和 tRNA，同样在蛋白质的生物合成中发挥着不可替代的重要作用。因此，mRNA、rRNA、tRNA 在遗传信息由 DNA 传递到表现生命性状的蛋白质的过程中举足轻重[15]。通常一个典型的哺乳动物细胞约含 10^{-5}μg RNA，其中大部分为 rRNA 及 tRNA，而 mRNA 仅占 1%～5%。在基因表达过程中，mRNA 作为蛋白质翻译合成的模板，编码了细胞内所有的多肽和蛋白质，因此，mRNA 是分子生物学的主要研究对象之一[16]。mRNA 分子种类繁多，分子大小不均一，但多数真核细胞 mRNA 的 3′末端都带有一段较长的多聚腺苷酸链[poly（A）]，可以从总 RNA 中用寡聚（dT）亲和色谱等方法分离出 mRNA。

获得高纯度和完整的 RNA 是很多分子生物学实验所必需的，如 Northern 杂交、mRNA 分离、RT-PCR、定量 PCR、cDNA 合成及体外翻译等。由于细胞内大部分 RNA 是以核蛋白复合体的形式存在的，在提取 RNA 时，要利用高浓度的蛋白质变性剂，迅速破坏细胞结构，使核蛋白与 RNA 分离，释放出 RNA。再通过酚、氯仿等有机溶剂处理、离心，使 RNA 与其他细胞组分分离，得到纯化的总 RNA。所有 RNA 的提取过程中都有五个关键点，即：①样品细胞或组织的有效破碎；②有效地使核蛋白复合体变性；③对内源 RNA 酶的有效抑制；④有效地将 RNA 从 DNA 和蛋白质的混合物中分离；⑤对于多糖含量高的样品还牵涉多糖杂质的有效除去。由于 RNA 样品易受环境因素特别是 RNA 酶的影响而降解，提取高质量的 RNA 样品在生命科学研究中具有相当大的挑战性。目前普遍使用的 RNA 提取法有两种：基于异硫氰酸胍/苯酚混合试剂的液相提取法（即 Trizol 类试剂）和基于硅胶膜特异性吸附的离心柱提取法。本节将重点阐述利用 Trizol 试剂的 RNA 提取方法。

二、实验设计思路和基本步骤

1. 总 RNA 提取

Trizol 试剂中的主要成分为异硫氰酸胍和苯酚，异硫氰酸胍属于解偶联剂，是一类强力的蛋白质变性剂，可溶解蛋白质，主要作用是裂解细胞，使细胞中的蛋白质、核酸物质解聚，并将 RNA 释放到溶液中。苯酚虽可有效地使蛋白质变性，但是它不能完全抑制 RNA 酶的活性，因此，Trizol 中还加入了 8-羟基喹啉、β-巯基乙醇等来抑制内源和外源 RNA 酶。当加入氯仿时，它可抽提酸性苯酚，而酸性苯酚可促使 RNA 进入水相，离心后可形成水相层和有机层，这样 RNA 与仍留在有机相中的蛋白质和 DNA 分离开[17]。

（1）材料、仪器及试剂

① 仪器：恒温水浴装置、冷冻高速离心机、紫外分光光度计、移液器、电泳仪、电泳槽等。

② 试剂：Trizol 提取试剂、0.05％焦碳酸二乙酯（DEPC）、氯仿、异丙醇、75％乙醇、无 RNA 酶的水等。

③ 材料：动植物组织、昆虫细胞、血液等。

（2）样品处理

① 从组织中提取总 RNA。

a. 液氮研磨。组织块直接放入研钵中，加入少量液氮，迅速研磨，待组织变软，再加少量液氮，再研磨，如此三次。

b. 匀浆。按 50～100mg 组织样品加 1mLTrizol 加入 Trizol。另外，组织体积不能超过 Trizol 体积的 10％，否则匀浆效果会不好，用电动匀浆器充分匀浆需 1～2min。

② 从细胞中提取总 RNA。

a. 培养贴壁细胞。不需消化，可直接用 Trizol 进行消化、裂解，Trizol 体积按 $10cm^3/mL$ 比例加入。

b. 悬浮细胞可直接收集、裂解，每 1mL Trizol 可裂解 5×10^6 个动物、植物或酵母细胞，或 10^7 个细菌细胞。

③ 从血液中提取总 RNA。

a. 淋巴细胞提取。取新鲜血液 2mL 加 1mL 3％柠檬酸钠，混匀后 4℃条件下 3000r/min 离心 10min，取血细胞层上浅黄色层即为淋巴细胞。

b. 取 1 个离心管（经 DEPC 水处理）加入淋巴细胞液 150μL，然后加 1mLTrizol。

④ 从昆虫、植物中提取总 RNA。

a. 称取 0.1g 新鲜的样品放入用液氮预冷的研钵中，边加液氮边研磨至细粉状（对于体壁较硬的组织可加入石英砂一起研磨）。

b. 迅速用药匙取研磨好的细粉加入含 1mL Trizol 的离心管中（按 50～100mg 组织加入 1mL Trizol 液），注意样品总体积不能超过所用 Trizol 体积的 10％。

c. 立即用振荡器振荡 2min，使之快速溶解于裂解液之中。

d. 室温裂解 10min，其间不断振荡，让组织充分裂解。

（3）RNA 抽提

① 细胞或组织加 Trizol 后，室温放置 5min，使其充分裂解。

注：此时可放入－70℃长期保存。

② 12000r/min 离心 5min，弃沉淀。

③ 按 200μL 氯仿/1mL Trizol 加入氯仿，振荡混匀后室温放置 15min。

注：禁用旋涡振荡器，以免基因组 DNA 断裂。

④ 4℃ 12000r/min 离心 15min。

⑤ 吸取上层水相，至另一离心管中。

注：千万不要吸取中间界面；若同时提取 DNA 和蛋白质，则保留下层酚相存于 4℃冰箱，若只提 RNA，则弃下层酚相。

⑥ 按 0.5mL 异丙醇/1mL Trizol 加入异丙醇混匀，室温放置 5～10min。

⑦ 4℃ 12000r/min 离心 10min，弃上清液，RNA 沉于管底。

⑧ 按 1mL 75%乙醇/1mL Trizol 加入 75%乙醇，温和振荡离心管，悬浮沉淀。

⑨ 4℃ 8000r/min 离心 5min，弃上清液。

⑩ 室温晾干或真空干燥 5～10min。

注：RNA 样品不要过于干燥，否则很难溶解。

⑪ 可用 50μL H_2O 或 TE 缓冲液溶解 RNA 样品，于 55～60℃，溶解 5～10min。样品放置－70℃保存。

注：H_2O、TE 均须用 DEPC 处理并高压灭菌。

⑫ 总 RNA 定量。RNA 定量方法与 DNA 定量相似，RNA 在 260nm 波长处有最大的吸收峰。OD_{260} 值为 1 时约相当于 40μg/mL 单链 RNA。根据 OD_{260} 可计算 RNA 样品的浓度(mg/mL)：40×OD_{260}×稀释倍数/1000。RNA 纯品的 OD_{260}/OD_{280} 值一般为 1.8～2.0，故根据 OD_{260}/OD_{280} 的值可以估计 RNA 的纯度。若比值较低，说明有残余蛋白质存在。

注：此方法提取的 RNA OD_{260}/OD_{280} 的值在 1.8～2.0 之间。产率估计：1g 动物组织得 1～10μg RNA、10^6 个培养细胞得 5～15μg RNA、1g 植物叶片得 100～200μg RNA、1mL 血液得 3～5μg RNA、1mL 细菌菌液得 2～8μg RNA。组织或细胞量过少，可酌情减少 Trizol 用量；组织或细胞量过多，会引起 DNA 对 RNA 的污染。高蛋白质、高脂肪或高多糖类组织，肌肉组织或块状植物组织等，组织匀浆或液氮研磨后需 4℃ 12000g 离心 10min 去掉不溶物，再进行下面的操作，若顶层有脂肪物，则也需去掉。热天提 RNA，必须戴手套，手是 RNase 的主要来源。组织块用液氮研磨，效果最好。若没有液氮或电动匀浆器，可用手动匀浆器代替，此时组织块不宜过大，且需先用眼科剪刀将组织剪碎，然后再充分研磨。

2. mRNA 的分离与纯化

真核细胞的 mRNA 分子最显著的结构特征是具有 5′端帽子结构（m^7G）和 3′端的 poly（A）尾巴。绝大多数哺乳类动物细胞 mRNA 的 3′端存在 20～30 个腺苷酸组成的 poly(A) 尾，通常用 $poly(A)^+$ 表示。这种结构为真核 mRNA 的提取提供了极为方便的选择性标记。mRNA 的分离方法较多，其中以 oligo(dT)-纤维素柱色谱法最为有效，已成为常规方法。此法利用 mRNA 3′末端含有 poly $(A)^+$ 的特点，在 RNA 流经 oligo(dT) 纤维素柱时，在高盐缓冲液的作用下，mRNA 被特异地结合在柱上，当逐渐降低盐的浓度时或在低盐溶液和蒸馏水的情况下，mRNA 被洗脱，经过两次 oligo(dT) 纤维柱后，即可得到较高纯度的 mRNA。本节将详细介绍 oligo(dT)-纤维素柱纯化 mRNA 的方法。

（1）试剂准备

① 3mol/L 乙酸钠（pH5.2）。

② 0.1mol/L NaOH。

③ 1×上样缓冲液。20mmol/L Tris·HCl（pH7.6）、0.5mol/L NaCl、1mol/L EDTA（pH8.0）、0.1%SLS（十二烷基肌氨酸钠）。配制时可先配制 Tris·HCl（pH7.6）、NaCl、EDTA（pH8.0）的母液，经高压灭菌后按各成分的确切含量，混合后再高压灭菌，冷却至65℃时，加入经65℃温育（30min）的10%SLS至终浓度为0.1%。

④ 洗脱缓冲液。10mmol/L Tris·HCl（pH7.6）、1mmol/L EDTA（pH8.0）、0.05% SDS。

⑤ 无水乙醇、70%乙醇。

⑥ DEPC。

（2）mRNA提取步骤

① 将0.5～1.0g oligo（dT）-纤维素悬浮于0.1mol/L的NaOH溶液中。

② 用经DEPC处理的1mL注射器或适当的吸管，将oligo（dT）-纤维素装柱，装柱体积为0.5～1mL，用3倍柱床体积的DEPC H_2O 洗柱。

③ 使用1×上样缓冲液洗柱，直至洗出液pH值小于8.0。

④ 将RNA溶解于DEPC H_2O 中，在65℃下温育10min左右，冷却至室温后加入等体积2×上样缓冲液，混匀后上柱，立即收集流出液。当RNA上样液全部进入柱床后，再用1×上样缓冲液洗柱，继续收集流出液。

⑤ 将所有流出液于65℃加热5min，冷却至室温后再次上柱，收集流出液。

⑥ 用5～10倍柱床体积的1×上样缓冲液洗柱，每管1mL分部收集，OD_{260} 测定RNA含量。前部分收集管中流出液的 OD_{260} 值很高，其内含物为无poly(A)尾的RNA。后部分收集管中流出液的 OD_{260} 值很低或无吸收。

⑦ 用2～3倍柱容积的洗脱缓冲液洗脱poly(A)$^+$RNA，分部收集，每部分为1/3～1/2倍柱体积。

⑧ OD_{260} 测定poly(A)$^+$RNA的分布，合并含poly(A)$^+$RNA的收集管，加入1/10倍体积的3mol/L CH_3COONa（pH5.2）、2.5倍体积的预冷无水乙醇，混匀，－20℃放置30min。

⑨ 4℃离心，10000g×15min，小心吸取并弃上清液。用70%乙醇洗涤沉淀［注意：此时poly(A)$^+$ RNA的沉淀往往看不到］。4℃离心，10000g×5min，弃上清液，室温晾干。

⑩ 用适量的DEPC H_2O 溶解RNA。

（3）注意事项

① 整个实验过程必须防止RNase的污染。

② 步骤④中将RNA溶液置65℃中温育然后冷却至室温再上样的目的有两个：一个是破坏RNA的二级结构，尤其是mRNA poly(A)$^+$尾处的二级结构，使poly(A)$^+$尾充分暴露，从而提高poly(A)$^+$ RNA的回收率；另一个目的是能使结合的mRNA与rRNA解离，否则会导致rRNA的污染。所以此步骤不能省略。

③ 十二烷基肌氨酸钠在18℃以下溶解度下降，会阻碍柱内液体的流动，若室温低于18℃，最好用LiCl替代NaCl。

④ oligo(dT)-纤维素柱可在4℃储存，反复使用。每次使用前应该依次用NaOH、灭菌ddH_2O、上样缓冲液洗柱。

⑤ 一般而言，10^7 个哺乳动物培养细胞能提取1～5μg poly(A)$^+$RNA，相当于上柱总RNA量的1%～2%。

3. RNA 琼脂糖变性胶电泳分析

RNA 分子是以单链形式存在的，但在局部仍有双链结构形成。这种局部双链结构的干扰，使得在非变性凝胶上对 RNA 分子完整性的鉴定及其分子量大小的检测变得不十分可靠。通过加入乙二醛-二甲基亚砜、氢氧化甲基汞、甲醛等变性剂进行变性处理，使其局部双链变为单链，再进行电泳，RNA 的泳动距离与其片段大小的对数值就形成良好的线性关系，从而可对 RNA 的分子大小及完整性程度作准确的分析。

（1）材料、仪器及试剂

① 已制备的 RNA 样品。

② 10×MOPS：0.4mol/L MOPS、100mmol/L 乙酸钠、10mmol/L EDTA，pH7.0。

③ 电极缓冲液：1×MOPS。

④ 甲醛。

⑤ 去离子甲酰胺。

⑥ 上样缓冲液：0.5g/mL 甘油、1mmol/L EDTA（pH8.0）、2.5g/L 溴酚蓝、2.5g/L 二甲苯青。

⑦ 分子量标准参照物。

⑧ 琼脂糖。

⑨ 无菌双蒸水。

⑩ 水浴锅。

（2）操作方法

① 琼脂糖变性胶的制备。将电泳槽、胶模及样品梳先在 3% H_2O_2 中浸泡 10～30min，然后用无菌、无 RNase 的双蒸水彻底冲洗，干燥备用。

取一个干净的 250mL 三角瓶，加入 40mL 无菌双蒸水和 0.5g 琼脂糖，在微波炉或沸水浴上加热，使琼脂糖彻底融化。

待融化的琼脂糖冷却至 60～70℃时，依次加入 9mL 甲醛、5mL 10×MOPS 缓冲液和 0.5μL 溴化乙锭，轻轻摇动，混合均匀。

将胶模水平放置在桌面上，在一端放上样品梳。

将凝胶溶液倒在胶模上，厚度为 3～5mm，室温放置 30min，使胶完全固化。撕去两端的胶带，将胶模放在样品槽中。加入 1×MOPS 电泳缓冲液，液面高出胶面 1～2mm，从胶上小心拔出样品梳，检查样品孔是否完整。

② 样品处理。取一个 DEPC 处理过的微量离心管，依次加入 10×MOPS 2μL，甲醛 3.5μL，去离子甲酰胺 10μL，RNA 样品 4.5μL，混匀。

将离心管置于 60℃水浴中保温 10min，再在冰上静置 2min。

加入 3μL 上样缓冲液，混匀。

③ 电泳。用 20μL 加样枪将上述样品加到样品孔内。同时加分子量标准参照物作为参照。加样端接负极，另一端接正极。于 7.5V/cm 下电泳，当溴酚蓝泳动至凝胶的 3/4 处时，停止电泳。

紫外检测仪下观察和照相。在紫外检测仪下观察，完整的总 RNA 样品应呈现三条带，即 28S RNA、18S RNA 和 5S rRNA。其中 28S rRNA 条带的亮度应该为 18S rRNA 条带的两倍。反之，说明部分 28S rRNA 已经降解成 18S rRNA。若无清晰条带，则说明样品 RNA 已严重降解；若加样孔内或孔附近有荧光区带，则说明有 DNA 污染。

三、实验结果说明

好的 RNA 的特征有以下几点。

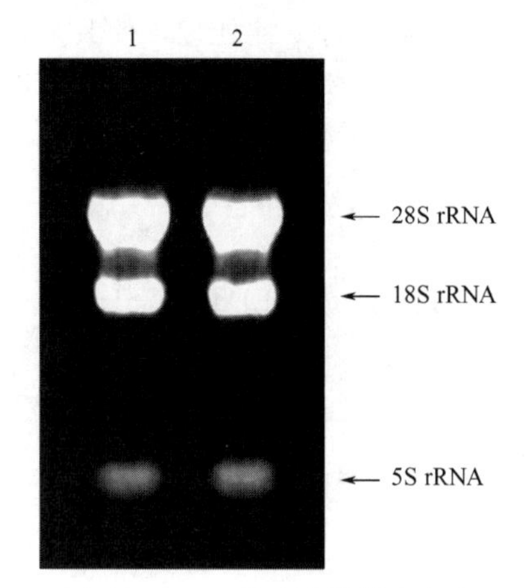

图 2-4 RNA 的琼脂糖凝胶电泳
1—前列腺癌 LNCaP 细胞总 RNA 的电泳；
2—前列腺癌 C4-2 细胞总 RNA 的电泳

① RNA 应该呈现出 3 条 rRNA 条带，分别是 5S rRNA、18S rRNA、28S rRNA 的条带。28S RNA 条带的亮度是 18S rRNA 的两倍，其他比例关系均提示 RNA 有一定程度的破坏。

② 不能有多的带出现。出现多的带有两个可能：一是 DNA 污染带；二是 rRNA 破坏断裂带。

③ rRNA 之间可以看到很淡的、雾蒙蒙的 mRNA 拖带。

以图 2-4 为例，从前列腺癌细胞 LNCaP 和 C4-2 细胞中利用 Trizol 方法提取的总 RNA，通过 1% 的琼脂糖电泳后可见两种细胞中提取的 RNA 都有 5S rRNA、18S rRNA 和 28S rRNA 的条带，其中 28S rRNA 条带的亮度是 18S rRNA 的两倍左右，表明 RNA 提取的质量良好。

四、疑难解析

1. 无 RNA 沉淀

（1）匀浆不完全

匀浆不完全时，基因组 DNA 分子仍然很大，溶液黏稠。变性的蛋白质和基因组 DNA 一起形成絮状凝集物，容易包裹 RNA，使之不能有效地释放到溶液中。

（2）沉淀不完全

从小于 2×10^5 个动物/植物细胞、小于 2mg 动物组织、小于 4mg 植物组织或 RNA 含量低的动物/植物组织中提取 RNA 时，匀浆体积太大，将造成 RNA 过分稀释而不能沉淀下来。当从这样的样品中提取 RNA 时，应按比例减少抽提溶液。

2. 抽提率低

（1）系统超负荷

如果过多增加单位体积内的样品量，将引起系统超负荷。系统超负荷常导致匀浆不完全、单位体积内的 DNA 和蛋白质所占比例增大，使 RNA 不能有效地释放到上清液中。系统超负荷还会导致相分离困难，降低 RNA 沉淀效率。

（2）样品匀浆或裂解不完全

匀浆不完全时，RNA 分子易被蛋白质和基因组 DNA 复合物包裹，不能被有效释放。

（3）RNA 不完全溶解

未溶解的 RNA 丢失。

（4）样品未及时处理或细胞生长过度

样品分离后短时间内细胞内 RNA 酶被激活，细胞生长过度同样会激活细胞内的 RNA 酶，若不及时提取 RNA，大部分 RNA 会被降解。若样品暂时不做 RNA 提取，应立即用液氮冷冻，置－80℃储存。

3. $OD_{260}/OD_{280}<1.65$

① 在分光光度计测量前用水而不是用 TE 缓冲液稀释 RNA 样品。低离子强度和低 pH 溶液会增加 280nm 处的光吸收值。

② 样品匀浆化时所加的 Trizol 量太少。

③ 匀浆化后样品没有在室温下放置 5min。

④ 分离的水样层中污染有苯酚层。

⑤ RNA 没有完全溶解。

4. RNA 降解

① 从动物体取下的组织没有立即进行抽提或冰冻保存。

② 用于抽提的样品，或抽提的 RNA 样品没有存放于－70℃。

③ 细胞经胰酶消化而分散。

④ 水溶液或试管污染有 RNA 酶。

⑤ RNA 在水溶液中呈酸性，易自发水解，应溶于 TE，－20℃以下保存。

5. DNA 污染

① 样品匀浆化时所加的 Trizol 量太少。

② 用于抽提的样品包含有机溶剂（如乙醇、DMSO）、强缓冲液或碱性溶液。

（王　健　周建光　编）

参 考 文 献

[1] 吴建平. 简明基因工程与应用. 北京：科学出版社，2005：47-48.

[2] F. 奥斯伯，R. 布伦特，R. E 金斯顿，等. 精编分子生物学实验指南. 颜子颖，王海林，译. 北京：科学出版社，1998. 16-19.

[3] J. 萨姆布鲁克，D. W. 拉塞尔. 分子克隆实验指南：第 3 版. 黄培堂，等译. 北京：科学出版社，2002：26-27.

[4] 陈德富，陈喜文. 现代分子生物学实验原理与技术. 北京：科学出版社，2006：70-78.

[5] 吴乃虎. 基因工程原理. 北京：科学出版社，2000：195-197.

[6] Milligan B G，Hoelzel A R. Plant DNA isolation in molecular genetic analysis of populations. Oxford：Oxford University Press，1992：143.

[7] Dellaporta S L，Wood J，Hicks J B. A plant DNA minipreparation. Plant Biol Rep，1983，1 (4)：19-21.

[8] Fang G，Hammar S，Grumet R. A quick and inexpensive method for removing polysaccharides from plant genomic DNA. Biofeedback，1992，13 (1)：52-54.

[9] Michiels A，Ende W V，Tucker A M，et al. Extraction of high-quality genomic DNA from latex-containing plants. Analytical Biochemistry，2003，315：85-89.

[10] J. 萨姆布鲁克，D. W. 拉塞尔. 分子克隆实验指南：第 3 版. 黄培堂，等译. 北京：科学出版社，2002：461-469.

[11] F. M. 奥斯伯，R. 布伦特，R. E. 金斯顿，等. 精编分子生物学实验指南. 颜子颖，王海林，译. 北京：科学出版社，1998：37-38.

[12] 许文荣，张锡然，顾可梁. 血液细胞与分子生物学检验进展. 临床检验杂志，2002，20：39-42.

[13] 王龙武，徐克前，罗识奇. 基因组 DNA 提取方法及进展. 上海医学检验杂志，2002，17 (6)：279-281.

[14] 杨泽民，罗少洪，陈耕夫. 三种全血基因组 DNA 提取方法的比较. 中国实用医药，2009，4 (12)：13-14.

[15] Berg J M，Tymoczko J L，Stryer L. Biochemistry. 5th ed. New York：WH Freeman and Company，2002：118-119，781-808.

[16] J. 萨姆布鲁克，D. W. 拉塞尔. 分子克隆实验指南：第 3 版. 黄培堂，等译. 北京：科学出版社，2005.

[17] Chomczynski P，Sacchi N. Single-step method of RNA isolation by acid guanidinium thiocyanate-phenol-chloroform extraction：Twenty-something years on. Nature Prot，2006，1 (2)：581-585.

第三章
目的基因的获取及鉴定技术

上一章介绍了核酸的提取技术（包括基因组DNA、总RNA和质粒的提取），本章着重介绍在获得基因组DNA和总RNA之后，怎样从中获取目的基因。开始的时候，获取目的基因是一件非常烦琐和费时的事情。例如，为了获得细菌的某一保护性抗原基因，得先制备该保护性抗原的抗体，然后用机械法或核酸内切酶消化法将非基因组DNA断裂成小片段，克隆至表达载体，经转化后获得无数的转化子。需对这些转化子逐个用免疫法进行筛选，试想这是多么不容易。因为这完全是盲目的，故称为“鸟枪法”或“散弹法”。后来为了减少筛选重组子的数量，用柯斯质粒和λ噬菌体构建基因文库，这大大减少了对重组子的筛选数量，但对筛选到的阳性重组子需进一步用限制性内切酶消化，再从中筛选出阳性克隆和进行测序，才能获得所需的目的基因。

随着测序技术的飞速发展及人类基因组计划的完成，很多生物的基因组DNA序列都已公布，而且越来越多的DNA序列得以公布，在这种情况下，获得目的基因再也不是一件难事了。用PCR技术就很容易从基因组DNA中扩增出目的基因。故本章着重介绍PCR技术。第一节为普通PCR，第二节为实时荧光定量PCR，第三节为环介导等温扩增法快速检测病原菌。

第一节　普通PCR

1985年，美国PE-Cetus公司人类遗传研究室的Mullis等人发明了聚合酶链式反应（polymerase chain reaction，PCR），Mullis也因此于1993年获得诺贝尔化学奖。该方法是一种对特定的DNA片段在体外进行快速扩增的方法，也是现在分子生物学实验中最常用到的一种方法。本节着重阐述常规PCR实验的基本原理、步骤，在分子克隆、基因表达、检测等方面的应用，及常见问题的解决办法。

一、普通PCR的基本概念和原理

聚合酶链式反应是指在模板DNA、引物和4种脱氧核苷酸存在的条件下，依赖于DNA聚合酶的酶促反应，依据碱基互补配对原理，将待扩增的DNA片段与其两侧互补的寡核苷酸链引物经“变性—退火—延伸”三步反应的多次循环，使DNA片段呈指数扩增[1,2]，具有特异性强、灵敏度高、操作简便、省时等特点。

PCR的基本反应步骤如下。①模板DNA的变性：模板DNA经加热至95℃左右一定时间后，模板DNA双链或经PCR扩增形成的双链DNA解链，成为单链，为下轮引物的退火、延伸、获得新的模板作准备。②模板DNA与引物的退火（复性）：在合适的退火温度下，加热变性后的单链DNA作为模板，与引物按照互补配对原则结合。③引物的延伸：DNA模板/引物结合物在*Taq*DNA聚合酶的作用下，以dNTP为反应原料，靶序列为模板，按照碱基配对原则，合成一条新的与模板 DNA 链互补的半保留复制链。以上过程重复循环，而且每轮 PCR 的新合成链又可作为下次循环的模板。经过 n 次循环，DNA 扩增量按照公式 $Y=(1+X)^n$ 计算。Y 代表 DNA 片段扩增后的拷贝数，X 表示平均每次的扩增效率，n 代表循环次数。平均扩增效率的理论值为 100%，但在实际反应中通常达不到理论值。随着 PCR 产物的逐渐积累，被扩增的 DNA 片段不再呈指数增加，进入平台期（plateau）（见图 3-1）。

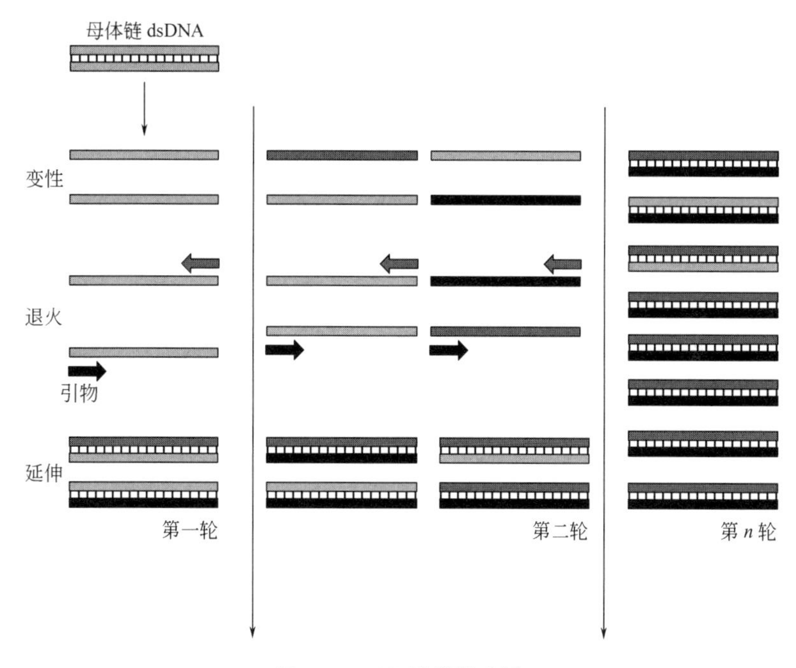

图 3-1 PCR 扩增模式图

在过去的三十多年中，PCR 技术广泛应用于以下领域[3-8]：①医疗领域，如人类遗传病的基因诊断，传染病病原细菌、病毒的检测，以及包括白血病等肿瘤的诊断等；②分子生物学领域，如基因分离、克隆和核酸序列分析等基因组 DNA 或 mRNA 序列的直接测定等基础研究；③法医学领域和环境卫生学领域等。对于普通 PCR 来讲，其平台期产物为被检测对象，由于扩增效率、平台期等多方面的因素，会造成普通 PCR 在定量上的局限性，其在定量方面的应用已经逐渐被实时荧光定量 PCR 技术替代（后续会详细阐明），但是在分子克隆等其他方面仍发挥着无可替代的作用，本章将以 PCR 技术在克隆构建技术中的应用为实例进行详细阐述。

二、普通 PCR 技术的实验方法

克隆构建表达质粒通常包含四个基本步骤：分别获得目标 DNA 和载体 DNA；使用限制性内切酶对目标和载体 DNA 进行切割，产生可以相互连接的末端；通过切割末端连接目标 DNA 和载体 DNA；最后使用连接产物转化细菌等宿主细胞。PCR 技术在目标 DNA 的大量扩增和准确获得过程中扮演着重要的角色，直接决定后续克隆工作的成败。该部分实验中，将以克隆构建表达具有多个剪接体的 RNA 结合蛋白（RNA binding protein with multiple splicing，RBPMS）基因的质粒为例，说明如何利用 PCR 技术从 cDNA 文库中获得目的片段，并为后续克隆构建工作做准备。

1. 实验设计思路和基本步骤

（1）调取基因

① 在 NCBI 网站左栏选择“Gene”，右侧输入关键词“RBPMS”，获得有关 RBPMS 基因的众多序列，选择合适的物种（*Homo sapiens*，人；*Rattus norvegicus*，大鼠；*Mus musculus*，小鼠等）对应的序列。

② 获得关于该基因的所有序列，包括 mRNA 全序列、基因组序列和氨基酸序列等，选择 mRNA 序列。

③ 看编码序列（CDS）对应的核苷酸区域，即为 RBPMS 克隆构建所需的序列（CDS 666-1256），起始核苷酸编码一定为 ATG，最后三位为终止密码子。

（2）设计引物

以 RBPMS 基因的 CDS 序列为模板，设计引物。用作克隆目的的 PCR，因为产物序列相对固定，引物设计的选择自由度较低，但是在此基础上，仍然要尽量遵循下列原则，以获得比较满意的实验结果。

引物设计有 3 条基本原则：引物与模板的序列要紧密互补；引物与引物之间避免形成稳定的二聚体或发夹结构；引物不能在模板的非目的位点引发 DNA 聚合反应（即错配），从而获得非特异性产物。

具体实现这 3 条基本原则需要考虑到诸多因素，如引物长度、产物长度、序列 T_m 值、引物之间或引物与模板非特异性区域之间形成二级结构、在错配位点的引发效率、引物及产物的 G+C 含量等。具体如下。

① 引物长度：15～30bp，常用为 20bp 左右[9]。引物长度通常为 20～25mer。但进行长片段 PCR（long and accurate PCR，LA PCR）时，引物长度应增长为 30～35mer。扩增高 G+C 含量模板时，引物设计在 30mer 以上。

② 引物碱基：G+C 含量以 40%～60%为宜，G+C 太少，扩增效果不佳，G+C 过多，易出现非特异条带。ATGC 最好随机分布，避免 5 个以上的嘌呤或嘧啶核苷酸的成串排列，上下游引物的 G+C 含量不能相差太大[10,11]，引物为 20mer 以下时：$T_m=2℃\times(A+T)+4℃\times(G+C)$；引物为 20mer 以上时：$T_m=81.5+0.41\times(G+C)-600/L$，其中 L 为引物的长度。

③ 避免引物内部出现二级结构，避免两条引物间互补，特别是 3′端的互补，否则会形成引物二聚体，产生非特异的扩增条带。

④ 引物 3′端的碱基应避免出现 3 个以上的连续碱基，如 GGG 或 CCC，否则会使错误引发概率增加，此外，引物 3′端碱基不能与靶序列中间部位发生 3 个碱基以上的互补，否则容易导致错配，结果是特异性产物减少，非特异性产物增多。

⑤ 引物 3′端的末位碱基对 *Taq* 酶的 DNA 合成效率有较大的影响。不同的末位碱基在错配位置导致不同的扩增效率，末位碱基为 AT 的错配效率明显高于其他碱基，因此，应当避免在引物的 3′端使用碱基 AT[12,13]。

⑥ 选择酶切效率较高的酶切位点，并且该酶切位点不包含在目的靶序列中，在固定序列的 5′端增加酶切位点和保护碱基。将引物核酸序列与数据库的其他序列比对，确保无明显的同源性。

⑦ 扩增文库时往往涉及简并引物，简并引物对 PCR 扩增有一定的影响，通常一条引物中简并的碱基不要超过 4 处，如果简并的碱基数过多，则会造成反应体系中有效引物量的相对

减少，此时应适当增加引物的使用量。但引物量过大，容易引起非特异扩增，应加以注意。

（3）优化 PCR 体系

参加 PCR 反应的物质主要有五种，即引物、酶、dNTP、模板和 Mg^{2+}。

① 模板。一般来讲，50μL PCR 反应体系中模板 DNA 推荐使用量：人基因组 DNA，0.1～1μg；大肠杆菌基因组 DNA，10～100ng；λ DNA，0.5～5ng；质粒 DNA，0.1～10ng。对高 G+C 含量的目的片段进行扩增时，在反应液中按 1%～5%（体积分数）加入 DMSO（二甲基亚砜）则可改善扩增结果。

② 引物的纯度和引物量。一般级别的克隆 PCR，对引物纯度没有严格要求。对 10kb 以上的目的片段进行 PCR 时，引物的纯化级别高，则扩增效果好。因此，进行 LA PCR 时，推荐使用 Cartridge 纯化级别以上的引物，而非脱盐纯化级别。每条引物的浓度为 0.1～1μmol 或 10～100pmol，以最低引物量产生所需要的结果为好，引物浓度偏高会引起错配和非特异性扩增，且可增加引物之间形成二聚体的机会。

③ 酶的选择及其浓度。现有市售 PCR 试剂盒可选择的种类非常多，根据实验性质和目的选择适合的 PCR 试剂，通常可以获得满意的结果。各种酶根据可信度、扩增 DNA 长度的能力，以及扩增量等性质来进行选择。如在进行 PCR 克隆、cDNA 文库扩增、变异引入等需要高保真的实验中，需要选择错配率低的高保真酶来完成；需要获得的目的片段较长，如超过 10kbp 时，需要选择针对长片段扩增的酶进行反应；需要通过 PCR 对食品、环境卫生检验时，需要获得一定的扩增量，因此，也需要选择特殊的酶，如 TAKARA 公司的 LA PCR 技术所使用的酶，运用此技术可大量正确地扩增长达 40kb 的 DNA 片段。

④ Mg^{2+} 浓度和 dNTP 浓度。通常根据酶的性质和需要配备在混合物中，实验者一般不需要额外调整。如 TAKARA 公司对于 PCR 扩增开发出十几种酶，对于其性质和要求均有明确的标识，实验者可以根据自己的实验目的和需要进行选择。

（4）优化 PCR 程序

Hot Start PCR（热启动 PCR）是提高 PCR 特异性的最重要方法之一。这种反应可以防止在 PCR 反应第一步骤因引物的错配或引物二聚体的形成而导致的非特异扩增，从而提高目的 DNA 片段的扩增效率。因此，反应程序通常有热启动这一步骤，之后是循环扩增的变性—退火—延伸阶段，再之后是充分的延伸时间，以确保可以进行后续 PCR 产物分析。

根据 PCR 试剂的推荐，现在 PCR 反应程序可以分为两步法（退火和延伸合并为一个温度）和三步法，两者相比并无明显的优劣，可以根据具体实验进行摸索和选择，尤其是使用 T_m 值较高的引物（>72℃）进行 PCR，出现杂带时，可尝试采用 98～68℃的两步法 PCR。此外，扩增长片段 PCR 时，关键之一是设计 30mer 以上的长引物，以增加引物的特异性。而长引物的 T_m 值一般较高，退火温度和延伸温度间的差距较小，当退火温度超过 60℃时，两者就可以设定在同一数值，此时进行两步法 PCR 反应，效果较佳（见图 3-2，每个阶段的时间根据目的片段的长度和选择的试剂盒要求的不同而异）。

此外，实验者可以主要优化退火温度、延伸时间和循环次数三个因素。在 PCR 反应过程中选择退火温度时，一般以（T_m－5)℃起始设置梯度进行优化。延伸时间根据选择的试剂、酶的延伸能力（每分钟的碱基数）和扩增目的片段的长度进行设定，保证有充分的时间延伸。延伸时间过短，目的 DNA 序列不能获得完全延伸，导致假阴性结果。循环数也不宜过多，过多的循环数会引起非特异扩增和突变，一般以 25～30 个循环为佳，最多不超过 35 个循环。

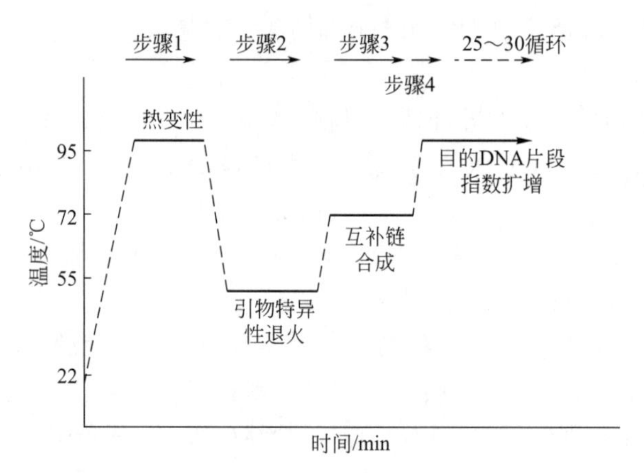

图 3-2 PCR（三步法）步骤

步骤 1：在含有引物、dNTP 及 DNA 聚合酶的反应液中双链 DNA 热变性；

步骤 2：引物与热变性生成的单链 DNA 退火；

步骤 3：在 DNA 聚合酶作用下合成互补链；

步骤 4：扩增的双链 DNA 再次热变性，生成单链 DNA；

步骤 1～4 称为一个循环，如此循环往复 25～30 次

（5）结果检测与分析

① 琼脂糖凝胶电泳和聚丙烯酰胺凝胶电泳。PCR 扩增反应完成之后，需要经过鉴定，确定是否获得目的扩增产物的定性分析和半定量分析。凝胶电泳是检测 PCR 产物常用和最简便的方法，能判断产物的大小，有助于产物的鉴定。凝胶电泳常用的有琼脂糖凝胶电泳（1%～2%）和聚丙烯酰胺凝胶电泳（6%～10%），前者主要用于 DNA 片段大于 100bp 者，后者主要用来检测小片段 DNA。

② 测序分析。PCR 产物电泳后，为了保证产物是真正的目的片段而非假阳性，必须割胶后回收进行测序，测序结果正确是判断克隆成功的金标准。

2. 具体实验步骤

（1）调取基因

根据所需克隆构建的基因，在 http://www.ncbi.nlm.nih.gov/pubmed 网址查询有关序列，选择对应的种属，查看基因的详细信息，如有几种转录子、分别对应什么序列，选择 mRNA（对应外显子），而不要选择基因组序列（既包括内含子又包括外显子）。确定需要克隆的序列。下面以 RBPMS 基因（编码具有多种剪接形式的 RNA 结合蛋白，RNA binding protein with multiple splicing，RBPMS，又名 Hermes，该基因主要有 3 个剪接体，最常见的为剪接体 1）为例，其 CDS 序列见图 3-3（591bp）[14]，介绍引物设计、PCR 反应体系和 PCR 反应程序的优化过程。

（2）设计引物

首先对目的序列进行酶切位点分析，选择序列中不含的酶切位点，设计引物，加入酶切位点。本研究中，引物设计如下，结构为：保护碱基-酶切位点-匹配序列。

RBPpcdh *Xba* Ⅰ：5′-TGCTCTAGA ATGAACAACGGCGGCAAAGC-3′

RBPpcdh *Eco*R Ⅰ：5′-CCGGAATTC GCAGAACTGACGGGACTT-3′

（3）PCR 条件的优化

本研究以 TAKARA 的 PrimeSTAR 高保真酶为例。

CDS序列(66-1256)
ATGAACAACG GCGGCAAAGC CGAGAAGGAG AACACCCCG GCGAGGCCAA CCTTCAGGAG
GAGGAGGTCC GGACCCTATT TGTCAGTGGC CTTCCTCTGG ATATCAAACC TCGGGAGCTC
TATCTGCTTT TCAGACCATT TAAGGGCTAT GAGGGTTCTC TTATAAAGCT CACATCTAAA
CAGCCTGTAG GTTTTGTCAG TTTTGACAGT CGCTCAGAAG CAGAGGCTGC AAAGAATGCT
TTGAATGGCA TCCGCTTCGA TCCTGAAATT CCGCAAACAC TACGACTAGA GTTTGCTAAG
GCAAACACGA AGATGGCCAA GAACAAACTC GTAGGGACTC CAAACCCCAG TACTCCTCTG
CCCAACACTG TACCTCAGTT CATTGCCAGA GAGCCATATG AGCTCACAGT GCCTGCACTT
TACCCCAGTA GCCCTGAAGT GTGGGCCCCG TACCCTCTGT ACCCAGCGGA GTTAGCGCCT
GCTCTACCTC CTCCTGCTTT CACCTATCCC GCTTCACTGC ATGCCCAGAT GCGCTGGCTC
CCTCCCTCCG AGGCTACTTC TCAGGGCTGG AAGTCCCGTC AGTTCTGCTG A

图 3-3　RBPMS 常见的剪接体 1 的 CDS

PCR 反应体系：

5×PrimeSTAR 缓冲液	10μL
dNTP（各 2.5mmol/L）	4μL
上游引物（10μmol/L）	0.5μL
下游引物（10μmol/L）	0.5μL
cDNA 文库	0.5μg
PrimeSTAR 酶（2.5U/μL）	0.5μL
三蒸水补足至	50μL

上述体系分装至四管中，进行退火温度梯度摸索（50℃、52℃、55℃、58℃）。

PCR 程序为：

95℃ 10min

95℃ 20s
梯度 50～58℃ 20s } 28 个循环
72℃ 1min

72℃ 7min

（4）PCR 产物的保存和鉴定

PCR 程序完毕后，PCR 产物应该在适合的条件下保存，如果几小时内能够检测，保存在 4℃，否则应该保存于－20℃，若 4℃保存时间大于 24h，会对 PCR 产物有影响，带形不规则甚至消失。

将 PCR 产物进行琼脂糖凝胶电泳，根据产物大小（约 660bp），选择琼脂糖凝胶的浓度为 1.5%～2%。将条带所在正确位置的胶切胶回收，以上游引物为测序引物，对 PCR 产物进行测序，利用 DNAMAN 软件进行序列比对，判断是否获得正确的目的条带。

3. 实验结果

根据上述的设计和优化条件进行 PCR，特别是试验了不同的退火温度（50～58℃），结果见图 3-4。从图 3-4 中可以看出，阴性对照（用水替代模板，其他成分相同）未扩增出任何条带（少量引物二聚体除外），整个 PCR 反应体系未出现污染，达到了实验预期目的。

在四个退火温度（50～58℃）条件下，均可以获得目的条带，但是在较高退火温度

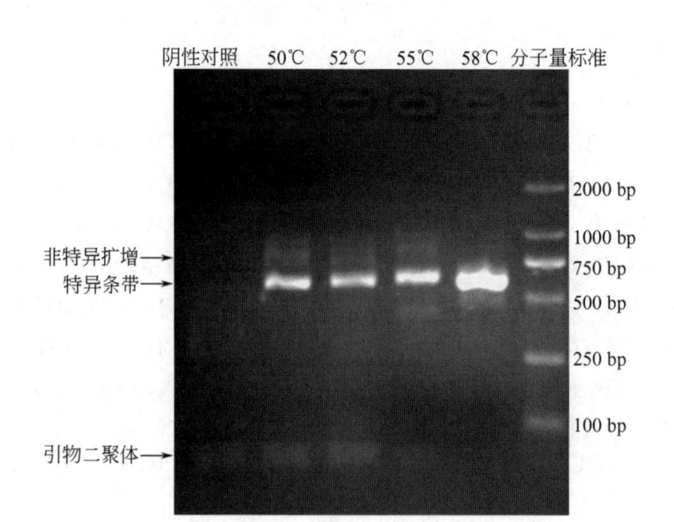

图 3-4 RBPMS基因退火温度优化的琼脂糖电泳图

58℃时，引物二聚体和非特异扩增会消失，特异扩增量增加。因此，本实验退火温度优化结果为58℃是该引物对该基因扩增的最佳退火温度。

三、疑难解析

PCR反应成功与否的关键条件有：①模板DNA的质量；②引物设计的特异性与合成质量；③酶的特性；④PCR程序条件。无法获得预期结果的时候，应从上述环节逐一寻找原因[15,16]。

1. 假阴性，不出现扩增条带

（1）模板

①模板提取过程纯度不理想，含有杂蛋白或混入其他有机溶剂等；②模板中含有*Taq*酶抑制剂；③模板量过少。

（2）引物

①引物质量不理想或者降解。②两条引物的浓度不对称。有些批号的引物合成质量有问题，两条引物一条浓度高，一条浓度低，造成低效率的不对称扩增，对策为：a. 选定一个好的引物合成单位；b. 将配制的引物储存液（10μmol/L）进行琼脂糖凝胶电泳鉴定，检测两条引物是否条带特异、无降解以及亮度大体一致，如果条带特异，但是亮度不均一，则在稀释引物时要平衡其浓度，保证进行PCR扩增的引物浓度相等。③引物应高浓度（100μmol/L）小量分装保存，防止反复冻融，造成降解失效。④引物设计不合理，如引物与模板之间匹配长度不够，或者上下游引物间G+C含量（T_m值）相差太大，造成无法获得特异性目的条带。

（3）PCR程序

①模板变性不彻底，此时需要增加变性时间；②退火温度不合适；③延伸时间不够，每种酶的能力与性质不同，需要根据每种酶的说明书设置合适的延伸时间；④酶是否需要热启动等特殊程序。

2. 假阳性，出现非特异性扩增带或引物二聚体

（1）假阳性

在阴性对照管中出现的PCR扩增条带与目的靶序列条带一致，有时其条带更整齐，亮度更高。

① 引物设计不合适。选择的扩增序列与非目的扩增序列有同源性，因而在进行 PCR 扩增时，扩增出的 PCR 产物为非目的性的序列。靶序列太短或引物太短，容易出现假阳性。需重新设计引物。

② 靶序列或扩增产物交叉污染。可用以下方法解决：a. 操作时应小心轻柔，防止将靶序列吸入加样枪内或溅出离心管外；b. 除酶及不能耐高温的物质外，所有试剂或器材均应高压消毒，所用离心管及进样枪头等均应一次性使用；c. 必要时，在加标本前，反应管和试剂用紫外线照射，以破坏存在的核酸；d. PCR 各试剂成分应该分装，出现假阳性后替换所有试剂。

（2）出现非特异性扩增带或引物二聚体

非特异性条带的出现，主要原因有：①引物设计不合理，有错配或者引物二聚体产生的现象发生；②退火温度过低及 PCR 循环次数过多；③酶的质和量问题，选择性能较好的酶可以避免非特异性扩增，此外，酶量过多有时也会出现非特异性扩增。上述情况的应对措施有：①尝试不同的酶和体系；②降低引物量，适当增加模板量，减少循环次数，可以避免引物二聚体和非特异扩增；③适当提高退火温度或采用两步法。

（3）smear 现象

PCR 扩增有时出现 smear 现象，其原因有如下几种：①酶量过多或酶的质量差；②变性时间过短；③循环次数过多；④延伸时间过长；⑤模板量过多或者 dNTP 浓度过小。

（付　洁　金　蕊　叶棋浓　编）

第二节　实时荧光定量 PCR

一、实时荧光定量 PCR 的基本概念和原理

实时荧光定量 PCR 技术（real-time fluorescence quantitative PCR）是 20 世纪 90 年代由美国 Applied Biosystems 公司推出的[17,18]，其基本原理是在常规 PCR 的基础上添加荧光染料或荧光探针，利用荧光信号积累实时监测整个 PCR 进程。理论上，PCR 过程是按照 2^n（n 代表 PCR 循环的次数）指数的方式进行模板的扩增的。但在实际的 PCR 反应进行过程中，体系中各成分的消耗（主要是由于聚合酶活力的衰减），使得靶序列按线性的方式增长，进入平台期，该平台效应使得同样的初始模板量不能获得同样的终点观测指标。与常规 PCR 相比，最大的优势就是可以实现对 PCR 反应中的初始模板进行定量，克服了 PCR 的平台效应，使定量更灵敏（灵敏度可达单拷贝）（见图 3-5）、更精确和特异（可以进行单个核苷酸的区分），目前已广泛应用于分子生物学研究领域、医学研究领域以及核酸药物的药物评价等领域。

1. SYBR Green Ⅰ 方法

SYBR Green Ⅰ是目前最为常用的荧光染料，其作用原理为：SYBR Green Ⅰ是一种只与双链 DNA 小沟结合的染料，并不与单链 DNA 结合，而且在游离状态不发出荧光，只有掺入 DNA 双链中才可发光，因此，在 PCR 体系中，随着特异性 PCR 产物的指数扩增，每个循环的延伸阶段，染料掺入双链 DNA 中，其荧光信号强度与 PCR 产物的数量呈正相关（见图 3-6）。基于 SYBR Green Ⅰ染料法的荧光定量 PCR 的最大优点是通用性强，适用于所

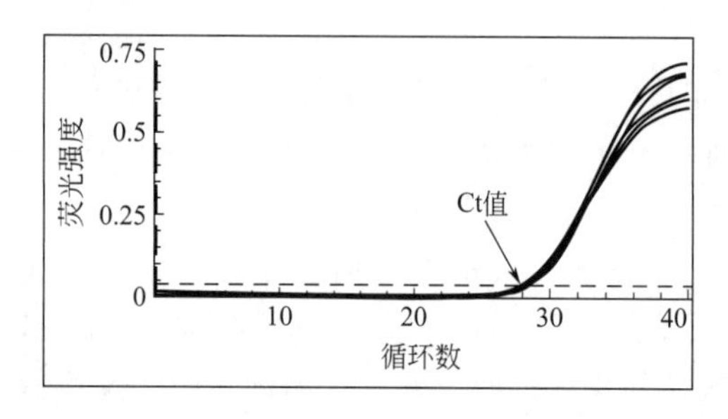

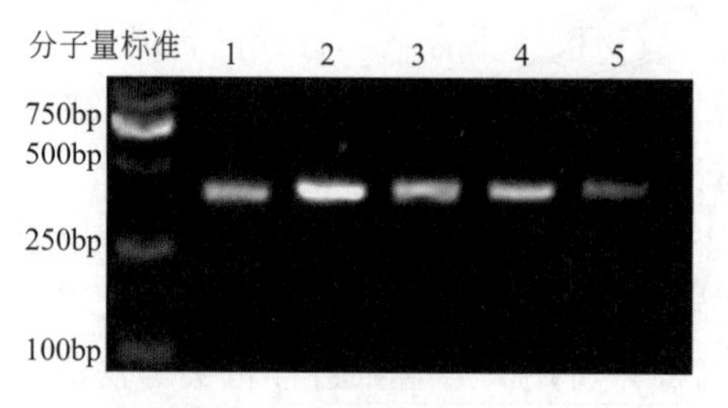

图 3-5　实时荧光定量 PCR 和常规 PCR 在核酸定量中的区别

配制 5 管相同的 PCR 反应体系 1～5 号，进行实时荧光定量 PCR 反应，结束后取 PCR 产物进行琼脂糖凝胶鉴定。实时荧光定量 PCR（左图）：随着循环数的增多，荧光量在跨越阈值线时的交叉点为循环阈值（Ct），该值反映样品的初始量，同样的样品多孔重复，实时荧光定量 PCR 根据样品初始模板量进行定量，给出的 Ct 值是一样的。琼脂糖对 PCR 产物鉴定（右图）：PCR 结束后根据终点产物进行检测，相同的样品经琼脂糖凝胶定量后亮度不同。因此，实时荧光定量 PCR 针对初始量定量较普通 PCR 针对终产物定量更准确、灵敏

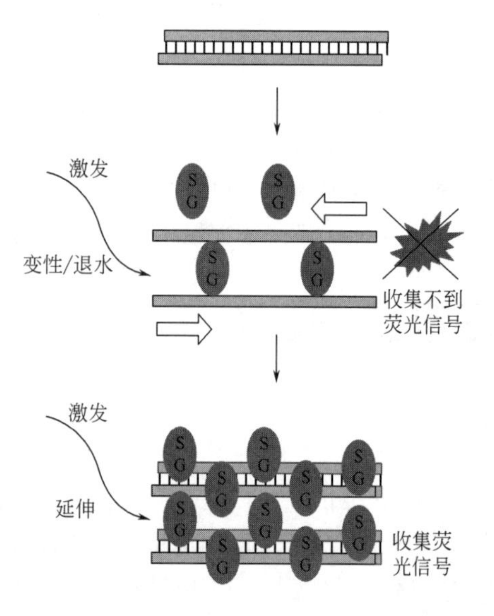

图 3-6　SYBR Green Ⅰ染料工作原理模式图

在 PCR 过程中，SYBR Green Ⅰ（SG）染料只有在延伸阶段形成双链时，才通过和双链 DNA 的小沟结合，在激发情况下发出荧光，在变性和退火的单链状态时，不能发出荧光。荧光量与产物中双链的量呈正相关

有的荧光定量 PCR 反应，同时，其缺点也在于其非特异性。当 PCR 反应中有引物二聚体或者非特异性扩增时，该染料也可以和这些非特异性扩增产物结合，发出荧光，从而干扰对特异性产物的准确定量。但是通过对 PCR 产物的熔解曲线进行分析，非特异性扩增的问题得以解决，从而保证荧光信号的特异性。T_m 值的概念：T_m 为 DNA 解链一半时的温度。不同的双链 DNA 由于其碱基组成不同，长度不同，T_m 值也不同，据此可以判断是否获得同一 PCR 产物（见图 3-7），当非特异峰 T_m＞特异峰 T_m 时，一般为非特异扩增，当非特异峰 T_m＜特异峰 T_m，或者在 72℃左右时，一般为引物二聚体，当然最后要依据琼脂糖电泳的结果进行验证。

2. *Taq*Man 探针法

*Taq*Man 探针方法较 SYBR Green Ⅰ染料法的巨大优势在于其特异性，可以满足单个核苷酸突变的分析，目前也被广泛采用。该方法的设计基于一个基础概念：荧光共振能量转移（fluorescence resonance energy transfer，FRET），即一对适合的荧光物质分别作为能量供体（donor）和能量受体（acceptor），其中供体的发射光谱与受体的吸收光谱重叠，当它们的空间距离≤10nm 时，供体受到激发后产生的荧光能量可以被受体吸收，使得供体发射的荧光强度衰减而受体荧光分子的荧光强度增强。能量传递的效率和供体的发射光谱与受体的吸收光谱的重叠程度、供体与受体的跃迁偶极的相对取向、供体与受体之间的距离等有关。定量 PCR 所涉及的荧光探针和荧光引物的检测与 FRET 原理密切相关。目前，根据 *Taq*Man 探针 3′端标记的荧光猝灭基团的不同分为两种：常规 *Taq*Man 探针和 *Taq*Man MGB 探针。

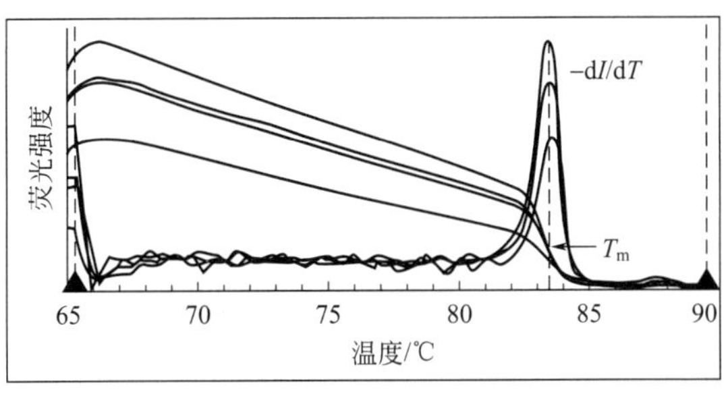

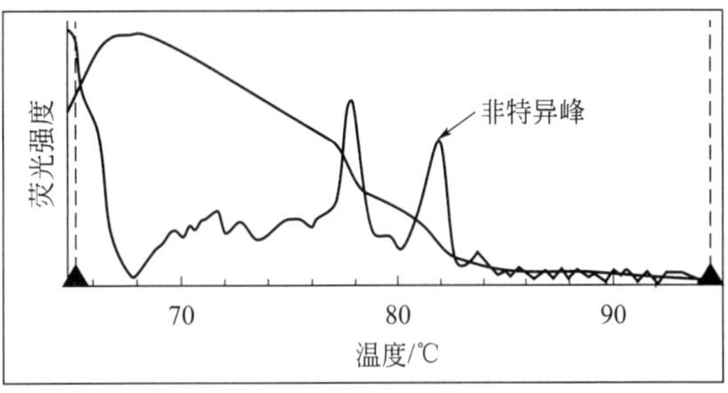

图 3-7 根据熔解曲线分析基于染料法扩增获得荧光信号的特异性

结合有染料的双链 DNA 随温度的升高逐步解链后不再结合染料，因此，荧光强度（纵坐标）随温度（横坐标）的升高而减弱。将温度与荧光强度的变化求导（$-dI/dT$），即得 T_m 值，对应图中的熔解曲线峰图。左图表明产物的特异性，右图熔解曲线分析出现非特异峰，说明有引物二聚体或者非特异扩增，导致定量不准确

（1）常规 *Taq*Man 探针

20 世纪 90 年代，美国 Perkin Elmer（PE）公司开发出了 *Taq*Man 荧光探针定量技术，*Taq*Man 探针的结构为：5′端标记有报告荧光基团（reporter，R），如 FAM（6-羧基荧光素）、VIC 等；3′端标记有荧光猝灭基团（quencher，Q），通常为 TAMRA（6-羧基四甲基罗丹明）（见图 3-8）。基于水解探针的原理，当探针完整时，R 所发射的荧光能量被 Q 吸收，不会检测到荧光，但当 R 与 Q 分开时，如利用合适的 DNA 的 5′-3′核酸外切酶（常用 *Taq* 酶）活性，特异性地切割探针 5′端的荧光基团，游离的 R 远离 Q，打破能量传递，因此，R 的荧光可以被荧光检测系统检测到。因此，当溶液中有 PCR 模板时，该探针与模板退火，即产生了适合于核酸外切酶活性的底物，从而将探针 5′端连接的荧光分子从探针上切割下来，破坏两荧光分子间的 FRET，发出荧光（见图 3-9）。并且每扩增一条 DNA 链，就对应有一个 R 荧光信号，保证了荧光信号的累积与 PCR 产物的产生完全同步，因此，对荧光信号进行检测就可以实时监控 PCR 的过程，准确定量 PCR 的起始拷贝数。

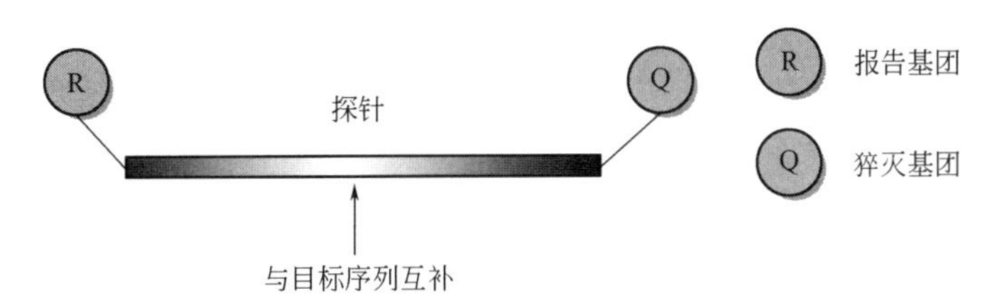

图 3-8 *Taq*Man 水解型杂交探针的结构

常规 *Taq*Man 探针在使用中的问题在于荧光本底偏高，这是因为实际上探针设计时在保证 T_m 较高的情况下有时具有较大的碱基数，使得两端基团距离较远，会导致荧光猝灭不彻底，而且猝灭基团也会产生不同波长的荧光，都会使得本底偏高。

（2）*Taq*Man MGB 探针

针对常规 *Taq*Man 探针荧光猝灭不彻底等造成的本底荧光值较高的问题，2000 年美国 Applied Biosystems 公司开发了一种新的 *Taq*Man 探针——MGB 探针（minor groove binder oligodeoxynucleotide conjugate，MGB-ODN）。这种荧光探针与常规 *Taq*Man 探针相比，有两个主要的不同：一是探针 3′端标记了自身不发光的猝灭荧光分子，以取代常规可发光的 TAMRA 荧光标记，这使荧光本底降低，荧光光谱分辨率得以大大提高；二是探针 3′端另

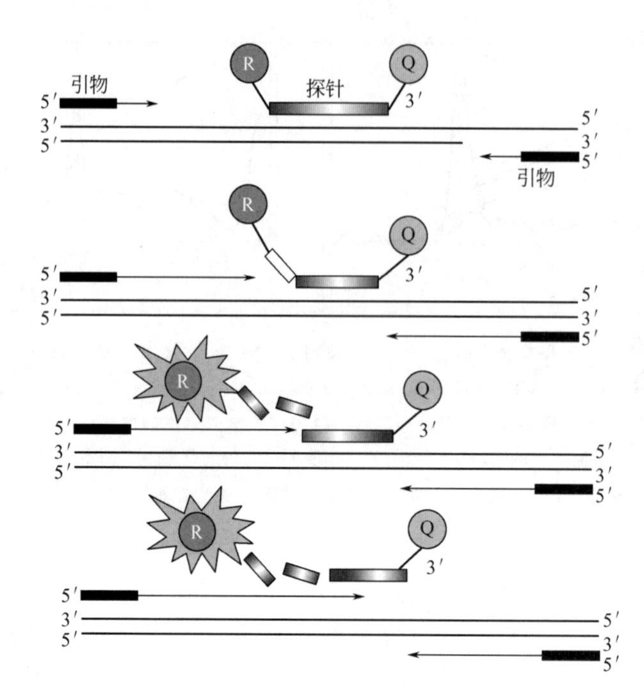

图 3-9　*Taq*Man 探针的工作原理模式图

探针保持完整状态时，R 所发射的荧光能量被 Q 吸收，不会检测到荧光。在 PCR 延伸的过程中，探针被 5′-3′核酸外切酶特异性地切割并释放 5′端的荧光基团，发出荧光信号，荧光量与产物中双链的量呈正相关

结合了 MGB，使得较短的探针可以获得较高的 T_m 值，大大增加了探针的杂交稳定性，使结果更精确，分辨率更高。鉴于 *Taq*Man MGB 探针的上述优势，现在多用于一些较为特殊和复杂的实时荧光定量 PCR 实验，如区分仅有单个核苷酸差异的等位基因的表达水平、微小 RNA（microRNA）定量检测等。

MGB 探针的缺点在于探针设计有一定的难度，一般需要委托专业的公司进行设计并验证效果，探针的合成和双荧光标记成本较高。

综合比较以 SYBR Green Ⅰ为代表的染料法和以 *Taq*Man 为代表的探针法，在实时荧光定量 PCR 的适用过程中各有优劣，前者的优势在于：对 DNA 模板没有选择性，适用于任何 DNA；使用方便，不必设计复杂的探针，引物设计相对容易；比较灵敏，价格便宜。缺点为容易与非特异性双链 DNA 结合，产生假阳性。但可以通过熔解曲线的分析，优化反应条件，前提是对引物特异性要求较高。后者的优势在于：一旦有合适的引物和探针则灵敏度较高，对目标序列具有高特异性，可分辨单个碱基的突变，重复性比较好。缺点在于每次探针和引物的设计只适合一个特定的目标，而且大多需要委托公司进行设计和标记，价格相对较高，并且并不是针对每条靶基因均能找到本底较低的探针。

二、实时荧光定量 PCR 的定量方法

1. 基本概念

常规 PCR 对扩增反应的终点产物进行定性和半定量分析，而实时荧光定量 PCR 技术可以实现对起始模板的准确定量，更灵敏，因此，对于实时荧光定量 PCR 的结果采用两种策略进行定量分析。根据实验目的和需求，分为相对定量和绝对定量两种。

首先阐述一下荧光定量分析的基础，即荧光阈值的设定和循环阈值的获得，这两个参数是正确获得数据及进行定量分析的关键前提（见图3-10）。荧光信号阈值（threshold）通常是指将PCR反应的前15个循环信号作为荧光本底信号（baseline），即样本的荧光背景值和阴性对照的荧光值，一般荧光阈值的缺省设置是3～15个循环的荧光信号的标准偏差的10倍。在特殊情况下，荧光阈值也可手动设置，原则要大于样本的荧光背景值和阴性对照的荧光最高值，同时要尽量选择进入指数期的最初阶段，并且保证回归系数大于0.99，确保获得真正的信号（荧光信号超过阈值）。

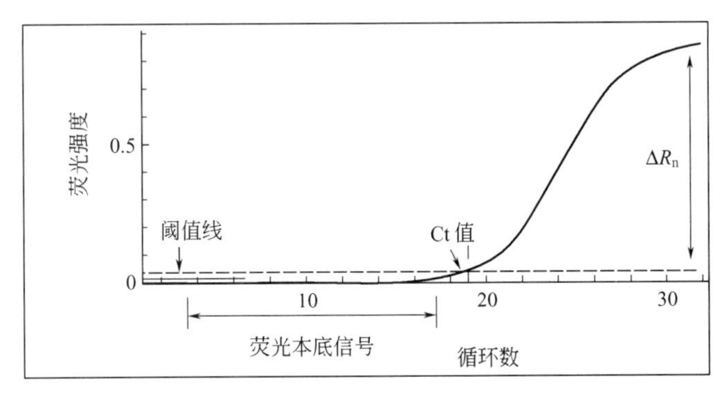

图3-10 阈值线的设定和Ct值的获得

Ct值，也称循环阈值，C代表Cycle（循环），t代表threshold（阈值）。Ct值的含义是：PCR扩增过程中，每个反应管内的荧光信号到达设定的阈值时所经历的扩增循环数。荧光阈值线的设定决定了该次反应中各样品Ct值的大小。Ct值是实时荧光定量PCR对于初始模板进行定量的体现，有如下特点：①如果对同样的样品进行多管重复扩增，由于PCR扩增效率存在差异，相同初始模板量的扩增结果存在很大的差异，使得终点处的产物量不恒定，而Ct值反映的为初始模板量，因此定量结果极具重现性；②模板DNA量越多，荧光信号达到阈值的循环数越少，即Ct值越小，并且Ct值与模板DNA的起始拷贝数成反比。利用已知起始拷贝数的标准品可作出标准曲线（见图3-11）。$\mathrm{Ct}=-A\lg X_0+B$，Slope $(A)=-1/\lg(1+E)$（X_0为初始模板量，A为斜率，B为截距，E为扩增效率）；初始模板量的对数值与循环数呈线性关系，通过已知起始拷贝数的标准品可作出标准曲线，根据样品Ct值，就可以计算出样品中所含的模板量。这样，只要获得未知样品的Ct值，即可从标准曲线计算出该样品的起始拷贝数。需要注明的是，在新的MIQE规范（后续详细介绍）中，Ct这个惯用的名词被重新定义为Cq值（quantification cycle），因此，本章后续部分Ct以Cq代替。

2. 绝对定量

绝对定量方法获得的结果为起始模板数的精确拷贝数，通常利用已知的标准曲线来推算未知样本的量[19]。选择合适的已知拷贝数的标准品，系列稀释后作为模板进行PCR反应。以标准品拷贝数的对数和反应获得的Cq值绘制标准曲线。在同批PCR反应中，可以获得随行未知浓度样品的Cq值，通过标准曲线由未知样品的Cq值推算出其初始拷贝数。

根据绝对定量的原理，标准品的制备是关键步骤。绝对定量的标准品可以是含有和待测样品相同扩增片段的克隆质粒，也可以是含有和待测样品相同扩增片段的cDNA，也可以是体外转录的RNA或者合成的microRNA和siRNA等。虽然标准品和目的基因在序列上有高度同源性，可以保证扩增效率尽量一致，但是也可能存在各种影响因素，因此，在利用绝对定

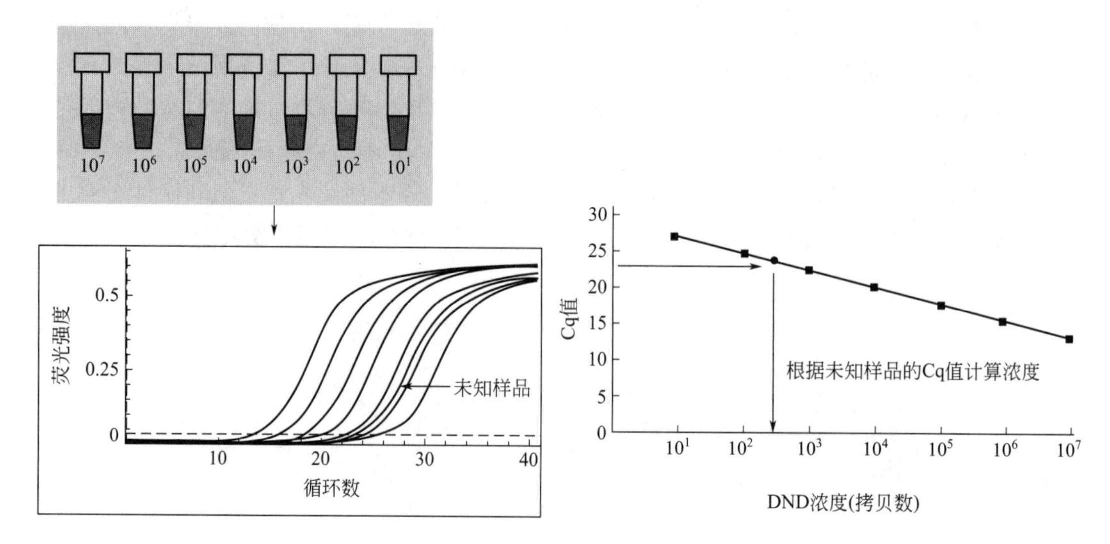

图 3-11　绝对定量标准曲线的制作

将已知浓度的标准品系列稀释，作为初始模板进行 PCR 反应（左图），根据初始模板的浓度和对应的 Cq 值制作标准曲线，得出计算关系式，再根据未知样品的 Cq 值代入公式，得到未知样品的拷贝数

量时，往往需要随行质控样品，保证该批数据的可信性。在一些确定样品基质复杂的情况下，也会采用基因组 DNA 量化等指标，对绝对定量方法进行补充，使其更精确地反映结果。

确定标准品后，需要利用紫外分光光度计或荧光酶标测定其浓度，并结合 DNA 或者 RNA 的分子量，利用阿伏伽德罗公式将其计算成拷贝数：

拷贝数＝$(6.02\times10^{23}$拷贝/mol)×DNA 量(g)/［DNA 长度(bp)×660g/(mol・bp)］

3. 相对定量

在科研领域中，通常不需要获得目的基因的绝对拷贝数，只需要考察经过不同处理的样本目标转录本之间基因的表达差异，因此，相对定量方法在实时荧光定量 PCR 的数据处理应用中更普遍。在绝对定量方法中，标准品是关键因素，而在相对定量方法中，内参基因的选择至关重要[20,21]。内参基因的作用主要有：①用于作为目的基因表达量的参考；②将不同处理组样本核酸抽提过程中的差异进行“归一”校正；③校正 PCR 反应体系中是否存在影响扩增效率的因素，并将其归一。

理想的内参基因应该是不随实验条件改变的内源性基因，在分析中选用一种合适的内参基因对目的基因的表达量进行校正可以提高该方法的灵敏度和重复性[22]。机体细胞中，一些表达量相对恒定的基因被称作看家基因，以往的实时荧光定量 PCR 方法采用公认的内源性看家基因，如 *GAPDH*、*beta-aCqin*、*beta 2-tubulin*，以及 rRNA 基因等作为内参基因。然而，大量的研究结果表明，任何一种内参基因在所有的试验条件下都不是恒定表达的，在不同类型的细胞、在细胞生长的不同阶段，内参基因的表达都是有变化的。此外，上述公认的看家基因甚至会随着实验条件的改变发生巨大的改变，从而影响正确结果的获得。因此，近年对于内参基因稳定性的考察也成为实时荧光定量 PCR 相对定量方法中的一个重要组成部分，有时甚至选择一种以上的基因联合应用作为内参基因，该领域关注的范围包括所有涉及定量 PCR 的物种研究和分析，比如在临床组织标本中，或者植物相关研究领域等，并且有些情况下会推荐两种看家基因联合应用才能够作为最佳的内参基因，以确保研究结果的可信性和科学性[23,24]。因此，在进行实时荧光定量 PCR 时，一定要参考相关文献，选择经过稳定性考察的内参基因作为研究的内参基因，如果没有文献参考，可自己采取至少两种看家基因作为内参基因，以保证获得正确的实验结果信息。简述内参基因稳定性的考察方法：根据实验条件或性质对样品进行分组，对各处理组样品提取 RNA，分别制备成 cDNA，将各处理组获得的 cDNA 进行混合，制备成 cDNA 池，以上述 cDNA 池为模板，对多条待考察的看家基因引物进行扩增，对获得的 Cq 值利用两种软件分析（计算软件有多种，一般两种以上即可，如 geNorm、BestKeeper、NormFinder 等）[25,26]，计算得到各看家基因的稳定性，从而判定最适合的内参基因。

相对定量计算方法有多种，下面介绍两种常见的数据处理方法，Livak 法[27] 和 Pfaffl 法[28]。通常的观点认为标准曲线在绝对定量方法中具有重要的作用，在相对定量中不需要，实际上，标准曲线在相对定量中也需要考察，并起着重要的作用。标准曲线在相对定量和绝对定量中的区别在于：①绝对定量只构建目的基因的标准曲线，而相对定量需要构建目的基因和内参基因两条标准曲线；②绝对定量标准曲线中的标准品需要知道其准确拷贝数，相对定量中的标准品不需要知道具体拷贝数，只需要进行合适的系列稀释即可；③绝对定量中的标准曲线的作用为回算未知样品的浓度，相对定量中的标准曲线用于评价内参基因和目标基因的扩增效率是否一致，并且是否接近或达到 100%。

相对定量中标准曲线的制备：将各处理组样品进行 RNA 提取后，分别制备成 cDNA，将各处理组获得的 cDNA 进行混合，制备成 cDNA 池，根据该 cDNA 池的浓度进行适当的稀释（通常为 5 倍或者 10 倍），以各稀释度标准品作为模板，分别用内参基因引物（和探针）和目标基因引物（和探针）进行扩增，获得两种标准曲线，利用线性拟合后的斜率计算内参基因和目标基因的扩增效率。根据两者的扩增效率，判断是否需要进一步优化实验，改善扩增效率，以及采用何种计算方法。

(1) $2^{-\Delta\Delta Cq}$ 法

$2^{-\Delta\Delta Cq}$（Livak）法的使用前提是目标序列和内参序列的扩增效率相近，且扩增效率接近 100%(100%±5%)。

根据上述方法制备的标准曲线，利用各稀释度下目标基因的 Cq 值与内参基因的 Cq 值相减得到的 ΔCq，与 cDNA 系列浓度作线性拟合，得出各自的直线斜率≤0.1，则为扩增效率相近（见表 3-1）。

表 3-1 判断扩增效率相近的方法举例

cDNA 上样量①/ng	Cq(HBV)	Cq(RPLP0)	ΔCq(HBV−RPLP0)
1000	24.74	19.72	5.02
800	25.41	20.03	5.38
160	27.83	22.78	5.05
32	30.43	25.26	5.17
6.4	33.67	28.2	5.47
斜率	−3.94	−3.91	
E②	1.79	1.80	
$E_{HBV}-E_{RPLP0}$	−0.01		

① 将 cDNA 系列稀释作为模板，分别用 HBV（hepatitis B virus，乙型肝炎病毒）引物和 RPLP0（large ribosomal protein P0）引物进行扩增，并且制备标准曲线，线性拟合后得到斜率 Slope。

② 扩增效率计算公式：$Slope(A)=-1/\lg E$。

一旦确定目标序列和内参序列的扩增效率相近，且扩增效率接近 100%时，可利用

$2^{-\Delta\Delta Cq}$ 公式进行计算，首先，利用内参基因的 Cq 值归一目标基因的 Cq 值：

$$\Delta Cq(实验组)=Cq(实验组目的基因)-Cq(实验组内参基因)$$

$$\Delta Cq(对照组)=Cq(对照组目的基因)-Cq(对照组内参基因)$$

然后，利用校准样本的 ΔCq 值归一试验样本的 ΔCq 值：

$$\Delta\Delta Cq=\Delta Cq(实验组)-\Delta Cq(对照组)$$

最后，计算表达水平比：$2^{-\Delta\Delta Cq}$=表达量的比，即实验组相对于对照组的表达水平的变化值，表 3-2 具体阐明处理数据的过程。

表 3-2 肾脏、肝脏中 *c-myc* 相对于脑组织的表达情况（GAPDH 为内参）

组织	*c-myc* Cq (mean±sd)	GAPDH Cq (mean±sd)	ΔCq *c-myc* Cq－GAPDH Cq	ΔΔCq 实验组 ΔCq－对照组 ΔCq	*c-myc* 相对于脑
脑	30.49±0.15①	23.63±0.09	6.86±0.17②	0.00±0.17	1.0(0.9－1.1)
肾	27.03±0.06	22.66±0.08	4.37±0.10	－2.50±0.10	5.6(5.3－6.0)③
肝	26.25±0.07	24.60±0.07	1.65±0.10	－5.21±0.10	37.0(34.5－39.7)

① 为同一样本重复实验的 Cq 值的标准偏差，可用 Excel 计算得到。

② 计算公式为 $S=(S_1{}^2+S_2{}^2)^{(1/2)}$。

③ 计算公式为 $2^{-\Delta\Delta Cq+s}$ 和 $2^{-\Delta\Delta Cq-s}$，s 为 ΔΔCq 的标准偏差，例如 $2^{-(-2.5+0.10)}=5.3$。

上述数据表明，肾脏中 *c-myc* 的表达量是脑组织中的 5.6 倍，肝脏组织中 *c-myc* 的表达量是脑组织中的 37 倍。

（2）Pfaffl 法

Pfaffl 法适合于任何情况下的相对定量，尤其是无法保证目的基因和看家基因的扩增效率相近的时候，公式如下：相对表达比值=(目的基因扩增效率)$^{\Delta Cq(对照组目的基因Cq值-实验组目的基因Cq值)}$/(内参基因扩增效率)$^{\Delta Cq(对照组内参基因Cq值-实验组内参基因Cq值)}$。

除上述两种定量方法外，还有其他定量方法，下面分别进行简述，详见文献［29］。

4. 其他定量方法

在荧光定量 PCR 近年的发展和应用中，科研工作者和业内专家等不断针对其不足进行改进，如高熔解曲线 PCR、低变性温度下的复合扩增 PCR、数字 PCR 等，均是在经典定量原理上诞生的改良型定量 PCR，在灵敏度、特异性、检测低丰度的模板等方面显示出更强大的优势，下面分别进行简述。

（1）高熔解曲线[30]

LightScanner 高分辨率熔解曲线（high resolution melting，HRM）突变检测/基因分型分析系统由美国 Idaho 公司生产，是世界上第一台利用 HRM 技术对 96 孔板或者 384 孔板 PCR 产物进行基因突变扫描和基因分型的 HRM 仪器。HRM 技术的关键在于用新型染料 LC Green 替代传统染料 SYBR Green Ⅰ。SYBR Green Ⅰ属于不饱和染料，在双链解链过程中会发生重排，无法真实反映 DNA 熔解情况，不适用于需低温解链的样品，而且不能检测异源双链体。而 LC Green 是一种与 DNA 有更强的结合位点、对 PCR 抑制作用很小的饱和染料，可以通过饱和染料监控熔解曲线的变化来反映核酸性质的差异，该方法是进行突变检测和基因分型的迅速、廉价而有效的方法。

HRM 具有如下特点。①灵敏度高，杂合子突变体检测的灵敏度可以达到 100%；②特异性好，HRM 的特异性可以达到 90%～100%，短的扩增子特异性要更高；③不受碱基位点局限，适用范围广，且 38～1000bp 不同来源的样品都可以用于 HRM 分析。

影响 HRM 实验的因素主要有：①引物的设计和引物的位置对于扩增的高效性和熔解特性非常重要，决定了灵敏度和特异性；②要选用高质量的样品，否则对特异性有很大的影响。

（2）低变性温度下的复合扩增[31,32]

要检测癌症患者体细胞分子层面的突变，常常需要在大量野生型 DNA 中辨识低浓度的 DNA 突变。但是，突变检测方法的选择和灵敏度常常限制了鉴定低浓度突变的可靠性。低变性温度下的复合扩增，英文全称 COamplification at Lower Denaturation temperature PCR（COLD-PCR），解决了低含量基因突变检测的一些局限性，可以在 PCR 扩增过程中通过选择合适的变性温度对含有突变位点的序列进行扩增。COLD-PCR 的一个主要属性是富集突变体以便于在 PCR 后直接测序。然而碱基测序仍然是昂贵的选择，通过 COLD-PCR 与 HRM 相结合，可以富集、快速筛查和鉴定低浓度的未知突变。通过 COLD-PCR-HRM 方法进行检测，比常规 PCR-HRM 法的灵敏度提高了 10～20 倍，随后能够通过阳性突变样品的测序，鉴别低含量突变的位点和类型。这大大方便了具有临床意义的潜在低浓度突变的评价。

（3）数字 PCR[33]

数字 PCR（digital PCR，dPCR）在某种程度上被归为继第一代普通 PCR、第二代 qPCR 之后的第三代 PCR，但是因其还是建立在 qPCR 的基础上，所以本章中归为改良型 qPCR。dPCR 是将样品稀释后分配到众多反应孔，使每个反应孔里的样品平均含量小于 1 拷贝。所有反应孔荧光 PCR 扩增，然后计算 PCR 结果有/无的数量，最后通过统计学公式就可以得出初始样品的精确拷贝数。相对于荧光定量 PCR 的绝对定量方法，该方法不需标准曲线，但是却可以在病毒等微生物的检测中更为灵敏和精准（见图 3-12）。数字 PCR（dPCR）与 qPCR 的区别在于：表述方式为拷贝/μL 而不是 Cq；不依赖 PCR 的扩增效率，并且背景信号值更低。

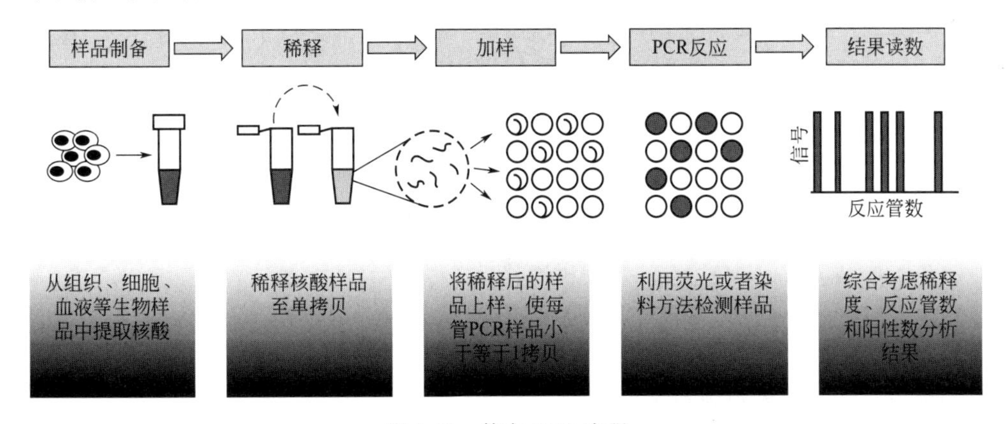

图 3-12　数字 PCR 流程

液滴数字 PCR（droplet digital PCR，ddPCR）是 Bio-Rad 公司在数字 PCR 领域的贡献和改良[34]，目前已获得成熟的应用，该方法的原理是将样品进行微滴化处理——将含有模板的反应体系分成约 2 万个纳升级的微滴。模板随机地分布在所有的微滴中，每个微滴或不含待检核酸靶分子，或者含有一个待检核酸靶分子。经过基于探针的 qPCR 扩增后，对微滴逐个检测，有荧光信号的判读为阳性微滴，没有荧光信号的判定为阴性微滴。软件收集阴阳微滴的数目，然后根据泊松分布原理及阳性微滴的比例算出靶分子的起始浓度。

鉴于数字 PCR 的优势，其研究应用主要体现在以下几个方面。①直接绝对定量研究：用于低载量病原体检测、单细胞基因表达精确定量等研究[35]。②低丰度 mRNA 和稀有

DNA 突变检测：微量病毒载量精确检测；食物中转基因成分精确定量；产前诊断如母亲血清中微量胎儿 DNA 精确分析（<5%），和野生型 DNA 含量>90%的背景下，精确检测稀有突变（0.1%～10%）。③拷贝数变异（copy number variation，CNV）研究：某基因的拷贝数多寡直接影响生物体的表现型、复杂行为以及疾病是否形成，dPCR 可以检测 1.2 倍的拷贝数差异。④基因表达分析（尤其适合低丰度的微小 RNA 检测）：与 qPCR 相比，灵敏度和精确性更高。

三、实时荧光定量 PCR 的实验方法

下文的实例是利用慢病毒方法在 ZR75-1 细胞系中构建 RBPMS 基因过表达的稳定细胞系（751-RBP 为稳定表达 RBPMS 的 ZR75-1 细胞系，751-PCDH 为稳定表达空载体的 ZR75-1 细胞系，作用为 RBPMS 的对照细胞系），收集细胞后提取总 RNA，通过实时荧光定量 PCR 反应鉴定构建 RBP 过表达稳定细胞系是否成功。

1. 实验策略

实验策略见图 3-13。

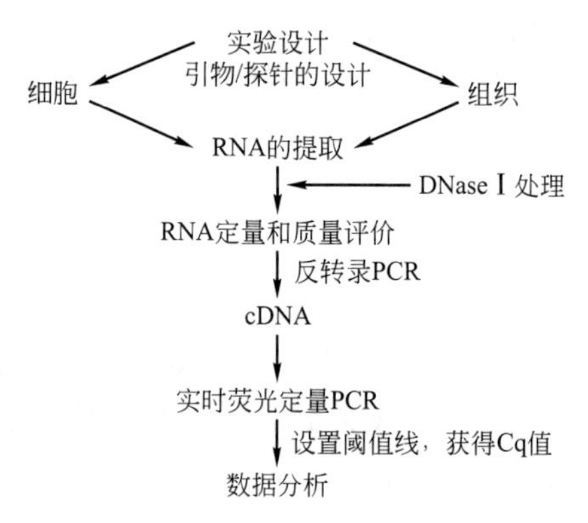

图 3-13 实时荧光定量 PCR 的一般性流程

（1）实时荧光定量 PCR 实验的设计优化

① 靶序列扩增区域的选择。

a. 设计产物长度为 75～200bp，较短的 PCR 产物扩增效率比较长的 PCR 产物扩增效率高，但是也尽量大于 75bp，否则不易与引物二聚体区分。

b. PCR 对靶基因扩增的区域避免具有复杂的二级结构。可以利用在线二级结构模拟网站，如 Mfold 对靶基因二级结构进行模拟。

② 引物和探针的设计。实时荧光定量 PCR 中引物和探针的设计可以对实时荧光定量 PCR 下述方面产生影响：

a. PCR 扩增效率；

b. 特异性的 PCR 产物；

c. 避免基因组 DNA 的扩增污染；

d. 避免对假基因（pseudogenes）的扩增；

e. 使定量更灵敏。

一般实时荧光定量 PCR 引物的设计遵循下面一些原则：

a. 扩增产物长度为 75～200bp；

b. 引物长度一般在 15～25bp 之间；

c. G+C 含量在 50%～65%之间，上下游引物的 T_m 值不能超过 2℃的差异；

d. 避免 3 个 G 或 C 碱基的重复；

e. 避免二级结构的形成，引物自身避免形成二级结构，引物之间避免 3 个碱基以上的互补，避免出现引物二聚体；引物和靶序列扩增片段以外的区域避免出现 3 个以上的互补（特别是发生在引物的 3′端），以防止出现非特异性扩增；

f. 避开内含子，以免基因组 DNA 的污染（见图 3-14、图 3-15）；

g. 最后用比对工具（BLAST）验证引物的特异性。

*Taq*Man 探针的设计要求较高，一般由公司设计合成。但是遵循下面的基本原则：

a. 尽量靠近上游引物；

b. 长度为 30bp 左右，T_m 比引物高 5～10℃；

c. 5′端不要是 G，G 会有猝灭作用，影响定量。

(2) 实时荧光定量 PCR 实验方法的优化

实时荧光定量 PCR 实验初始，需要根据熔解曲线和 PCR 产物的鉴定，进行引物的筛选和合适退火温度的摸索，这对于基于染料的 qPCR 尤其关键。

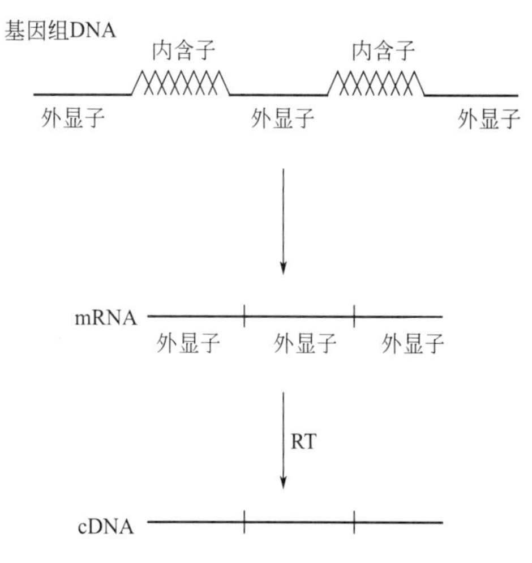

图 3-14　基因组 DNA、mRNA 和 cDNA 的关系

当熔解曲线得到的是特异性的单峰，且批内和批间重复实验 T_m 差别在±2℃，琼脂糖凝胶获得的目的条带大小与理论值相符时，可以判定在该温度下，该引物可以用于后续实验。对于基于探针的 qPCR，虽然无法进行熔解曲线的直观判断，但是也需要经过琼脂糖凝胶确证有特异性条带，以确保荧光值来源于特异性扩增引物。

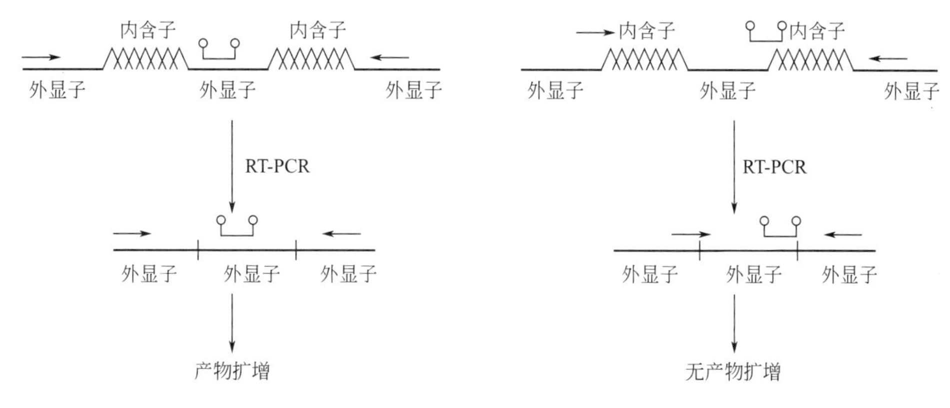

图 3-15　引物和探针的设计位置对 PCR 扩增的影响

→和←代表引物；代表探针

确定引物的适用性后，还要进行退火温度梯度的摸索。因为退火温度偏低，会出现非特异性扩增条带，退火温度过高，会降低特异性 PCR 产物量，甚至无法获得特异性扩增产物，因此，在获得一对引物后，要在理论 T_m 值±5℃进行退火温度梯度的摸索，最佳的退火温度条件下，用该引物扩增获得的 Cq 值最小，Rn (normalized reporter) 是荧光报告基团的荧光发射强度与参比染料的荧光发射强度的比值。ΔRn 是 Rn 扣除基线后得到的标准化结果 (ΔRn=Rn−基线)，该值越大，说明该引物在该条件下的反应性越高，特异性最好。

(3) 利用标准曲线确定 PCR 扩增效率

如前所述，无论是绝对定量，还是相对定量，均应将内参基因和目的基因制备标准曲线，以确定 PCR 对不同基因之间的 PCR 反应效率。在上述优化后的条件下，通过制备标准曲线并经过线性拟合后，相关系数 R^2 要大于 0.980，此外，用 $\text{Slope}(A)=-1/\lg(1+E)$ 公式来计算扩增效率 E，此步可确保内参基因和目的基因有较高效率的扩增，并且为后续定量计算方法的选择奠定基础。

2. 具体实验步骤

以 RBPMS 基因为例。

（1）调取基因

在 NCBI 网站获取目的基因 RBPMS（具有多个剪接体的 RNA 结合蛋白）基因和内参基因 GAPDH（甘油醛-3-磷酸脱氢酶，glyceraldehyde-3-phosphate dehydrogenase）基因的 mRNA 全序列，基因组序列，以及内含子和外显子序列等信息。

（2）设计引物

以 Primer premier 5 软件为例设计引物，并进行引物验证：

① 获取 RBPMS 和 GAPDH 的基因组序列，根据 CDS join 的区段，确定两对引物分别跨越内含子；

② 上下游引物 T_m 值接近；

③ 扩增产物片段合适；

④ 二级结构模拟显示引物与靶 mRNA 无错配，引物自身或者引物之间不形成二聚体。

（3）提取 RNA

① 器皿的处理。a. 在玻璃烧杯中注入去离子水，加入 DEPC，使其终浓度为 0.05%～0.1%（DEPC-H_2O），使塑料制品的所有部分都浸泡到溶液中，在通风柜中 37℃或室温下处理过夜，高温高压蒸汽灭菌 30min。灭菌塑料制品烘烤干燥，置洁净处备用。b. 提取 RNA 过程中用到的玻璃和金属物品 250℃烘烤 3h 以上。c. 实验所用试剂也可用 DEPC 处理，加入 DEPC 至 0.1%浓度，然后剧烈振荡 10min，再煮沸 15min 或高压灭菌以消除残存的 DEPC。

② Trizol 法提取 RNA。以 Invitrogen 公司 Trizol 试剂为例，按照说明书在样品中加入 Trizol 试剂（以 1mL 为例），振荡混匀后加入 200μL 三氯甲烷，剧烈振荡混匀 30s，室温放置 5min；12000r/min，4℃离心 15min；将上清液小心转移到新的 1.5mL 离心管中（取 400μL），注意不要吸取中间层，否则纯度下降，加入等体积的异丙醇，振荡混匀，室温下放置 15min（此步也可 4℃长时间放置，可以适当提高 RNA 得率）；12000r/min，4℃离心 15min；小心弃去上清液，防止 RNA 沉淀丢失；用 70%乙醇漂洗 1 次。12000r/min，室温离心 10min；尽可能彻底地吸走上清液，防止 RNA 沉淀丢失；真空离心干燥 3～5min，或放在室温下使乙醇完全挥发掉；沉淀用 30μL DEPC-H_2O 溶解。

③ DNase 处理。以 Promega DNase 为例，反应体系如下：

RNA 溶液	1～8μL
RQ1 RNase-Free DNase 10×反应缓冲液	1μL
RQ1 RNase-Free DNase	1U/μg RNA

无核酸酶的水补足至 10μL，上述反应体系可呈比例加大。

37℃孵育 0.5h 后利用酚：氯仿抽提和乙醇沉淀的方法去除反应体系中的盐成分和酶等蛋白质，得到纯化的 RNA。

④ RNA 检测。a. 测定样品在 260nm 和 280nm 的吸光值，按 1OD＝40μg/mL RNA 计算 RNA 的产量。OD_{260}/OD_{280} 在 1.8～2.0 之间。b. 进行甲醛变性琼脂糖凝胶电泳，确定 RNA 的完整性和污染情况。

（4）逆转录获得 cDNA

① 逆转录。以 TAKARA 逆转录试剂盒为例（按照说明书操作），2μg RNA 与 0.5μg oligodT_{18}，用 DEPC 水补足至 15.9μL，70℃保温 5min，迅速置于冰上。在上述体系中，加入 5×缓冲液 5μL、RNasin 0.6μL、dNTP 2.5μL、MMLV 1μL，共 25μL 的反转录体系在

42℃反应 1h，95℃保温 5min。

② cDNA 检测。测定样品在 260nm 和 280nm 的吸光值，按 1OD＝40μg/mL cDNA 计算 cDNA 的产量。OD_{260}/OD_{280} 的值应在 1.8～2.0 之间。

（5）实时荧光定量 PCR 的反应体系和程序

① 退火温度优化。以 Fermentas 公司的 SYBR Green Ⅰ 染料为例，按照说明书配制定量 PCR 反应体系。将从 751PCDH 和 751RBP 两种细胞获得的 cDNA 混合（cDNA mix）作为模板，设计引物分别对 RBPMS 和 GAPDH 基因进行扩增，从而优化退火温度条件。

cDNA mix（100ng/μL）	4μL	上游引物（10μmol/L）	2μL
2×SYBR Green Ⅰ mix	40μL	下游引物（10μmol/L）	2μL

水补足至 80μL，上述混合液分装至 4 管中，设置不同的退火温度梯度，进行优化，程序如下：

50℃ 2min；

95℃ 10min；

95℃ 15s；
退火温度梯度 55～65℃，15s；
72℃ 30s；
（以上三步）35 个循环

熔解曲线分析（65～95℃），每 2℃读板 1 次；

72℃ 7min；

程序结束。

② 考察引物扩增效率。根据上述优化后的条件，将 cDNA 混合物系列稀释（400ng/μL、200ng/μL、100ng/μL、50ng/μL）后为模板，分别以 RBPMS 和 GAPDH 两对引物进行扩增，考察扩增效率是否相同，以便选择定量方法。

③ 定量 PCR 扩增及数据分析。分别以 751PCDH 和 751RBP 的 cDNA 为模板，分别用 RBPMS 引物和 GAPDH 引物进行扩增，并设置阴性对照（水为模板）和反转录对照。根据实验获得的 Cq 值进行数据分析。

cDNA（100ng/μL）	1μL	下游引物（10μmol/L）	0.5μL
2×SYBR Green Ⅰ mix	10μL	灭菌水	8μL
上游引物（10μmol/L）	0.5μL		

RBPMS 和 GAPDH 基因的扩增 PCR 程序同上，根据优化结果选择各自最优的退火温度。

3. 实验结果

（1）RNA 质量鉴定

RNA 甲醛变性琼脂糖凝胶电泳分析表明，提取后的 RNA 经过 DNase 处理后，无任何基因组 DNA 污染，并且 28S rRNA、18S rRNA 和 5S rRNA 条带表明 RNA 的完整性（见图 3-16）。

（2）用 RBPMS 和 GAPDH 引物进行退火温度优化的结果

一般从产物的扩增曲线（以 ΔRn 和 Cq 值为考察指标）和特异性（以熔解曲线和琼脂糖凝胶电泳特异性条带为考察指标）两方面判断最优的退火温度。以 GAPDH 扩增曲线的优化结果为例，58℃退火温度条件下，获得的 Cq 值最小，ΔRn 值最大，扩增效率最高（见图 3-17）。熔解曲线分析四个温度下的 T_m 值一致，为单一峰，不存在双峰或不特异峰等现象［见图 3-18(b)］，2%琼脂糖凝胶电泳鉴定也显示在 58℃的产物非常特异，且产物大小和理论值相同［见图 3-18(c)］，因此，GAPDH 引物的退火温度优化结果为 58℃。同样，RBPMS 基因在 52℃

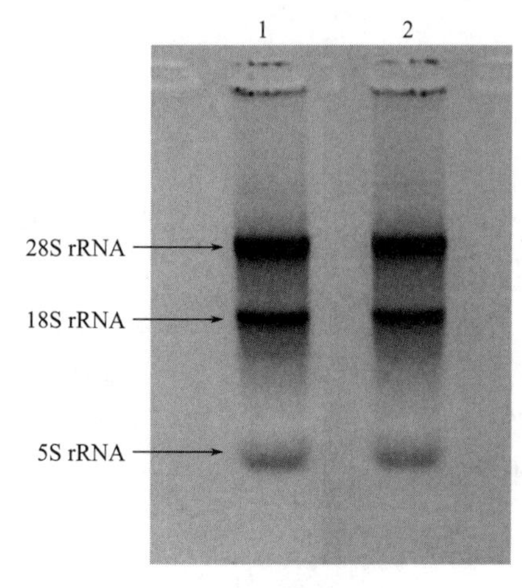

图 3-16 两种细胞系 751PCDH（第 1 道）和 751RBP（第 2 道）中提取 RNA 后的质量鉴定

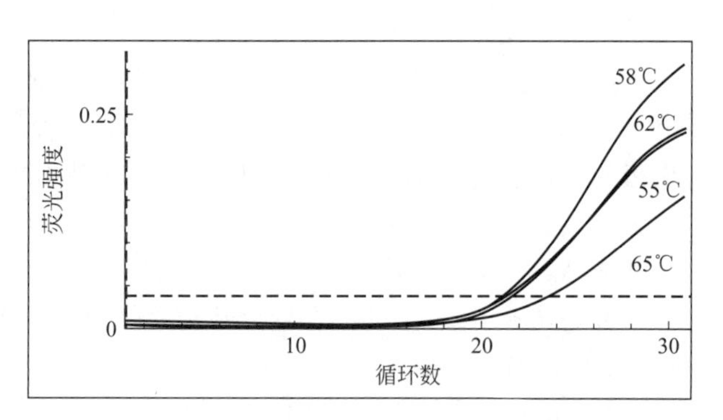

图 3-17 qPCR 优化退火温度（55～65℃）

退火温度时 ΔRn 值最大，Cq 值最小（结果图未给出），熔解曲线分析为特异峰 [见图 3-18(a)]，2%琼脂糖凝胶电泳的产物分析条带单一，且与理论值大小相同 [见图 3-18(c)]，因此，RBPMS 引物的退火温度优化结果为 52℃。

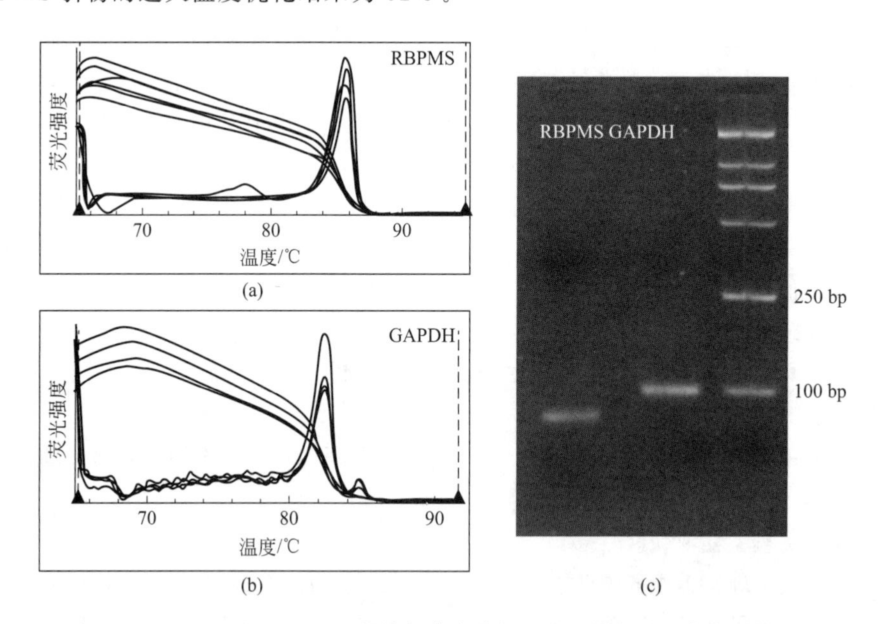

图 3-18 RBPMS 和 GAPDH 的熔解曲线分析和琼脂糖凝胶电泳检测特异性

(3) 针对内参基因 GAPDH 和 RBPMS 引物的扩增效率鉴定

制作标准曲线确定 GAPDH 和 RBPMS 基因的扩增效率是否一致，是否接近 100%，图 3-19 表明，线性拟合后获得斜率，根据公式计算得到两者的扩增效率分别为 95%和 105%，因此，选择 $2^{-\Delta\Delta Cq}$ 方法进行数据分析。

(4) 数据分析

设定阈值线后，根据表 3-2 计算公式，对数值进行分析（见表 3-3 和图 3-20）。

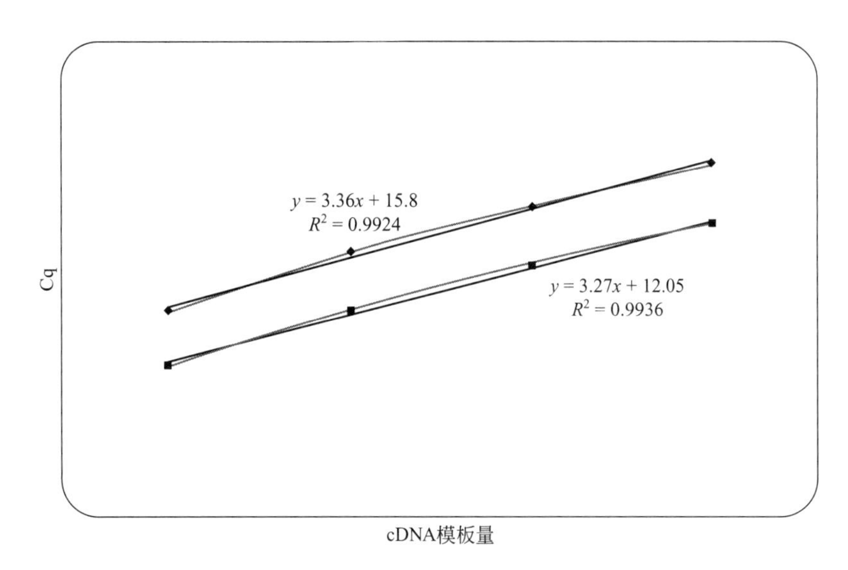

图 3-19　制作标准曲线线性拟合分析 RBPMS 和 GAPDH 引物的扩增效率

表 3-3　以 751PCDH 为对照，研究 751RBP 中 RBPMS 的表达情况（GAPDH 为内参）

组别	GAPDH (mean±sd)	RBPMS (mean±sd)	ΔCq RBP－GAPDH	ΔΔCq ΔCq(RBP)－ΔCq(PCDH)	$2^{-\Delta\Delta Cq}$ (相对于 PCDH 的变化倍数)
751PCDH	23.03±0.10	23.25±0.09	0.22±0.13	0.00±0.13	1.0(0.91－1.09)
751RBP	22.83±0.06	20.66±0.08	(－2.17)±0.10	(－2.39)±0.10	5.2(4.89－5.62)

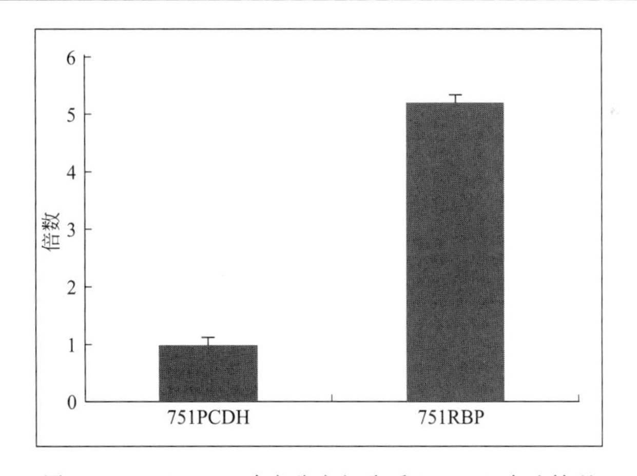

图 3-20　RT-qPCR 确定稳定细胞系 RBPMS 表达情况

图 3-20 中，751PCDH 为 ZR75-1 细胞中 PCDH 对照组 RBPMS 的表达水平，设为 1。751RBP 组为 ZR75-1 细胞中 RBPMS 过表达组的 RBPMS 相对于 751PCDH 的相对表达水平，约为 5 倍，表明构建细胞系成功。

四、实时荧光定量 PCR 技术的应用

目前，实时荧光定量 PCR 在科研、诊断、医疗等众多领域得到广泛的应用，现根据实验目的和定量分析类别将其应用大致划分为三类。

1. 实时荧光定量 PCR 绝对定量的应用领域

绝对定量获得的是样品的绝对拷贝数，通常应用在一些需要精确拷贝数研究和应用方面

的领域，如病毒、病原体的检测，以及药学领域中对一些核酸治疗剂药物的药代动力学评价方面，下面分别简述。

(1) 在病原体拷贝数定量分析中的应用

对于病毒感染性疾病，如乙型肝炎等，经典酶联免疫吸附法（enzyme-linked immunosorbent assay，ELISA）只能对乙型肝炎病毒（hepatitis B virus，HBV）感染者血清中各抗原和抗体相对浓度进行定性与半定量分析，对于患者体内病毒是否处于复制期、病毒复制量等情况，无法做出准确的评估与判断。目前，基于实时荧光定量 PCR 技术的 HBV DNA 病毒检测试剂盒（定量范围 $10\sim10^5$ 拷贝/mL），已经广泛应用于 HBV 患者的诊断和治疗中。根据血清标本中 HBV 的 DNA 拷贝数绝对量的变化[36,37]，可以准确判断患者体内病毒复制能力和传染性强弱，并且可以调整治疗方案。

丙型肝炎病毒（hepatitis C virus，HCV）是 RNA 病毒，载量的确定目前也多用实时荧光定量 PCR 方法进行[38,39]。不同 HCV RNA 定量检测法可用拷贝/mL 和 IU/mL 两种表示方法，两者之间进行换算时，应采用不同检测方法的换算公式，如罗氏公司 Cobas V2.0 的 IU/mL 与美国国家遗传学研究所的 SuperQuant 拷贝/mL 的换算公式是：IU/mL=0.854×拷贝/mL+0.538。HCV 载量的高低与疾病的严重程度和疾病的进展并无绝对相关性，但可作为抗病毒疗效评估的观察指标。

除乙型和丙型肝炎病毒外，国内外公司或科研机构还对包括人类免疫缺陷病毒、结核杆菌、巨细胞病毒、EB 病毒、流感病毒 A、流感病毒 B 等病原体的序列结构均进行比对设计，针对其保守结构设计特异的引物和探针，并经过筛选、验证保证结果的特异性和准确性。科研单位和医院均可以通过市售获得上述基于荧光定量 PCR 技术的定量检测试剂盒，积累大量有关病原体核酸量与感染性疾病发生、发展、治疗和预后之间关系的资料，为人类疾病的诊断和治疗做出巨大的贡献。现以杭州博日科技有限公司乙型肝炎病毒核酸扩增荧光定量检测试剂盒（HBV PCR fluoresence quantitative detection Kit）为例，简要说明操作步骤。

① 检测原理。从人血清或血浆中提取乙型肝炎病毒核酸（HBV DNA），在引物的引导下，以 dNTP 为底物，通过耐热 DNA 聚合酶的酶促作用，对 HBV DNA 进行体外扩增。在体系中采用 *Taq*Man 探针法并结合竞争性内标技术来定量检测人血清或血浆中 HBV DNA 的数量。

② 核酸提取。取待测样本血清或血浆各 100μL，加入 0.5mL 离心管中；加入 100μL DNA 提取液 A 和 5μL 内标（含有适量的非 HBV 基因片段的非传染性 DNA）振荡混匀，13000r/min 离心 10min，吸弃上清液；再加入 25μL DNA 提取液 B，振荡 10s，100℃干浴或沸水浴 10min，13000r/min 离心 10min，保留上清液，样本裂解产物保存在−20℃。

③ PCR 体系和 PCR 反应。设所需要的管数为 n，n=样本数+1 管阴性对照（HBV DNA 阴性的混合血清）+阳性工作标准品［含有特定浓度的 HBV 基因片段的非传染性 DNA，浓度为 $(1\sim5)\times10^7$ 拷贝/mL、$(1\sim5)\times10^6$ 拷贝/mL、$(1\sim5)\times10^5$ 拷贝/mL、$(1\sim5)\times10^4$ 拷贝/mL、$(1\sim5)\times10^3$ 拷贝/mL］，每个 PCR 反应体系的配制如下：HBV PCR 反应液（含有引物、探针和 dNTP）37.7μL，*Taq* 酶 0.3μL，UDG 酶 0.1μL。上述反应液按照 n 份混匀后，以每管 38μL 分装至 200μL PCR 管中，并分别加入阴性对照品、标准品以及提取好的未知样品核酸提取物 2μL。

PCR 反应程序如下：37℃ 5min；94℃ 2min；95℃ 5s；60℃ 40s；并将 95℃ 5s；60℃ 40s 程序重复 40 个循环。

④ HBV 拷贝数定量结果判定。首先，设定阈值线，以基线刚好超过正常阴性对照品扩

增曲线的最高点，且拷贝数＝0 拷贝/mL 为准（即 Cq 值不出现任何数值）；其次，各标准品的 Cq 值均应≤36，否则实验结果视为无效；最后，以 5 个工作标准品的拷贝浓度的对数值为横坐标，以各自对应的 Cq 值为纵坐标拟合标准曲线，标准曲线的拟合度应小于等于－0.980，否则视为定量结果无效。未知样品的 Cq 值要落在上述标准曲线定量范围内，如 Cq 值小于（1～5）$\times10^7$ 拷贝/mL 对应的 Cq 值，应用正常人血清按 10 倍梯度做相应稀释，使其拷贝数落在上述标准曲线定量范围内再重新测定，测定结果应以稀释倍数进行校正，获得未知样品的 HBV DNA 含量拷贝数。

（2）在核酸药物新药开发与评价中的应用

在新药的研发过程中，对新药在生物体内的药物代谢与动力学评价是其研究和申报的重要内容之一。随着生物技术药物研究的迅猛进展，核酸治疗剂在基因治疗中扮演着越来越重要的角色，对其生物安全性、生物分布等研究也是关注的热点之一。目前常见的核酸治疗剂主要有质粒 DNA 疫苗、CpG 免疫佐剂、DNA 寡核苷酸类药物以及可能成为药物的 microRNA 和 siRNA 类药物。在利用实时定量 PCR 技术对质粒 DNA 进行生物学分布的研究中，由于考虑到样品中<10 拷贝很难可靠定量以及存在的各种原因造成的 PCR 抑制效应，美国食品药品监督管理局（FDA）的生物制品评估与研究中心（Center for Biologics Evaluation and Research，CBER）建议 qPCR 对于质粒 DNA 的可靠定量低限（Limit of lower quantification，LLOQ）是每 1μg gDNA 50～100 拷贝（基因组 DNA，genomic DNA，gDNA）[40]。在该类研究中，重要的难点之一就是要确保生物基质效应对目标基因的定量检测的影响是一致的，因此，通常需要在不同生物基质中建立标准曲线，再根据标准曲线对相同生物基质中的目标基因拷贝数进行测定。而各生物基质中的标准曲线的建立又需要一个可以归一的指标，经过实验证明，100ng 的基因组 DNA 较为适合作为这类归一指标[41]。目前该方法已成熟地应用在外源性核酸药物的临床和非临床评价研究中。

以利用荧光实时定量 PCR 技术研究 DNA 疫苗在小鼠体内的生物分布为例，简要展示定量 PCR 技术在该类核酸药物药代动力学评价中的应用。

① 利用标准品，在空白基质中通过制备标准曲线优化 PCR 条件。pUMVC3-Gag 质粒作为荧光实时定量 PCR 绝对定量方法中的标准品，稀释成 10^9 拷贝/μL 作为储存液分装，质粒拷贝数（plasmid copy number，PCN）计算公式：

PCN＝(6.02×10^{23} 拷贝/mol)×DNA 量(g)/[DNA 长度(bp)×660g/(mol·bp)]。

将标准品系列稀释成 10^7～10 拷贝/μL 作为模板，可以设计不同的引物对及浓度，优化不同的退火温度及时间，最终根据标准曲线制备的斜率和拟合度，确定最优条件，最终反应如下。

PCR 反应体系：标准品 1μL（相当于 10^7～10 拷贝），2×SYBR Green Ⅰ PCR 混合物 10μL；引物 10μmol/L 各 0.3μL，ddH_2O 补足 20μL 体系。

PCR 反应程序：50℃，2min；94℃，10min；94℃，30s；56℃，30s；72℃，30s；读板收集荧光数据；从第三步起重复 38 个循环；熔解曲线分析。

② 提取各小鼠组织基因组，在生物基质中制备标准曲线。提取小鼠各组织中的基因组 DNA（gDNA），均稀释至 100ng/μL，在不同组织提取的 gDNA 中进行标准曲线扩增（10^7～10 拷贝），获得各生物基质中的标准曲线用于定量。阴性对照中以 ddH_2O 替代标准品，在无污染且阴性对照 Cq 值大于各标准品产生的 Cq 值时认为结果有效。PCR 反应体系如下。

标准品 1μL（相当于 10^7～10^{10} 拷贝），gDNA 1μL，2×SYBR Green Ⅰ PCR 混合物

10μL；引物 10μmol/L 各 0.3μL，ddH_2O 补足 20μL 体系。

PCR 反应程序同上。

③ 基于各组织中标准曲线对小鼠体内质粒 DNA 分布进行定量。核酸疫苗免疫小鼠，不同时间点解剖，获取不同的组织，提取 gDNA，均稀释至 100ng/μL，PCR 反应体系和程序同上。根据各自程序的标准曲线回算各组织中不同时间点情况下质粒的拷贝数，得到该核酸疫苗在小鼠体内的生物分布图。

（3）在转基因产品中的应用

利用基因工程技术改变基因组构成，将优良的外源基因导入植物、动物或者微生物体内，改造其遗传物质，使其性状、营养价值或品质向人类需要的目标转变，是目前研究的热点之一[42]。虽然转基因产品已经获得上市，但是对于转基因产品的安全性问题一直存在诸多争议，因此，对转基因产品需要进行有效的标识管理，并对其中的外源基因含量加以精确定量和限制，而这均依赖于灵敏准确的基因检测与定量技术。利用新型、灵敏、高通量的实时荧光定量 PCR 方法可以用于测定原始品系中转基因的绝对拷贝数。

进行转基因成分定量分析时，依据所检测的外源目标序列的不同，转基因食品实时荧光定量 PCR 检测水平可分为 4 种：通用序列检测、基因特异性序列检测、结构特异性序列检测和品系特异性序列检测[42,43]。通用序列检测主要是检测调控基因序列（如启动子、终止子等）和抗性标记，最终检测特定转化的靶基因；基因特异性序列是指插入的外源特异性基因内部的一段序列；结构特异性序列则是指插入载体的外源基因间 2 个元件的连接区域序列。由于相同的转基因外源表达载体在转化过程中，可能以 1～2 个或多个拷贝的形式插入不同或相同的植物基因组中，形成具有相同性状的不同转基因品系，上述 3 种检测方式均不能特异性地区分具有相同性状的转基因植物及其品系。

品系特异性序列，即外源插入载体与植物基因组连接的边界序列，由于每一个转基因植物品系都具有这个特异的连接区序列，且该序列为单拷贝，品系特异性检测方法具有较高的特异性和准确性。目前，商品化转基因作物已经陆续建立品系特异性检测方法，如转基因大豆、转基因玉米、转基因马铃薯等[44,45]。但是基于实时荧光定量 PCR 的转基因成分测定方法，通常是以转基因材料的标准品与其对应的非转基因材料按一定的质量比例配制而成，从而获得一系列质量分数的标准品，从而建立标准曲线，对样品进行相对定量检测，因此，除了目前商品化常用的转基因品系（如 MON810 玉米、Bt 玉米、RRS 大豆等），研究者亟需构建获得相应品系的质粒标准品作为实时定量的前提。

以利用商品化 *Taq*Man™ PCR Bt176 定量检测试剂盒为例，简要展示定量 PCR 技术在测定转基因玉米 Bt176 品系转基因含量中的应用[46]。

① 基因组 DNA 的提取。采用北京鼎国有限公司生产的 GMO 基因组 DNA 提取试剂盒提取待测样品中的基因组 DNA，采用紫外分光光度法测定浓度。

② 对试剂盒中 Bt176 玉米含量分别为 0.1%、0.5%、2.0% 和 5.0% 的标准样品和待测样品进行 cry1Ab 和 Zein 实时荧光定量 PCR，*Taq*Man 探针及引物均采用 *Taq*Man™ PCR Bt176 定量检测试剂盒［海康生命科技（深圳）有限公司］。

反应体系：20μL 体系中含 real- time master mix 11.2μL，模板 DNA 4μL（约 200ng）。试剂盒含 4 个浓度标准，同时有内源参照，ddH_2O 为模板作为空白对照。

PCR 反应条件：50℃，2min；95℃，10min；后 40 个循环为 94℃，15s；60℃，1min。

③ 计算方法。根据已知标准样品 ΔCq 值与转基因含量的对数值（lg% GM）得出标准

曲线及回归方程，把未知样品 ΔCq 值代入回归方程，得到未知样品的转基因含量。

2. 实时荧光定量 PCR 相对定量的应用领域

（1）基因表达研究

实时荧光定量 PCR 方法能检测各种组织细胞中基因的表达丰度，从而分析基因的表达调控，监控 mRNA 表达模式。比如，定量分析基因在不同组织中的转录水平；研究各种处理对细胞 mRNA 含量变化的影响；通过比较正常组织与肿瘤早期和良性阶段就可出现的癌基因的 mRNA 含量变化，对于肿瘤的早期诊断和治疗效果及预后的判断进行有效分析[47,48]。具体实例参见实时荧光定量 PCR 技术的应用实例部分。

（2）microRNA 定量分析

microRNA（miRNA）即微小 RNA，对机体在应激、感染、癌症和辐射各方面的调节作用已经得到肯定，并且在临床诊断和治疗中的应用具有巨大的前景。实时荧光定量 PCR 检测系统的出现，对于 microRNA 检测技术和表达量分析有着巨大的优势，2005 年，该技术可以针对成熟 microRNA 进行定量[49]，之后，分别针对成熟 microRNA 分子和前体分子进行定量[50,51]；此外，检测灵敏度高，样品消耗少，仅需 1～10ng 的总 RNA 或 50pg 左右的 microRNA；超宽的线性范围，可跨越 7 个数量级，利用 U6 等内参基因进行分析，在 microRNA 的定量分析中已日益成熟。现有的 microRNA 定量检测试剂盒有 ABI（利用茎环探针技术）、Exiqon（利用锁核酸的特异性引物和 SYBR Green Ⅰ染料法）、Qiagen 公司的试剂盒等[52,53]，其原理各不相同，具体见图 3-21。

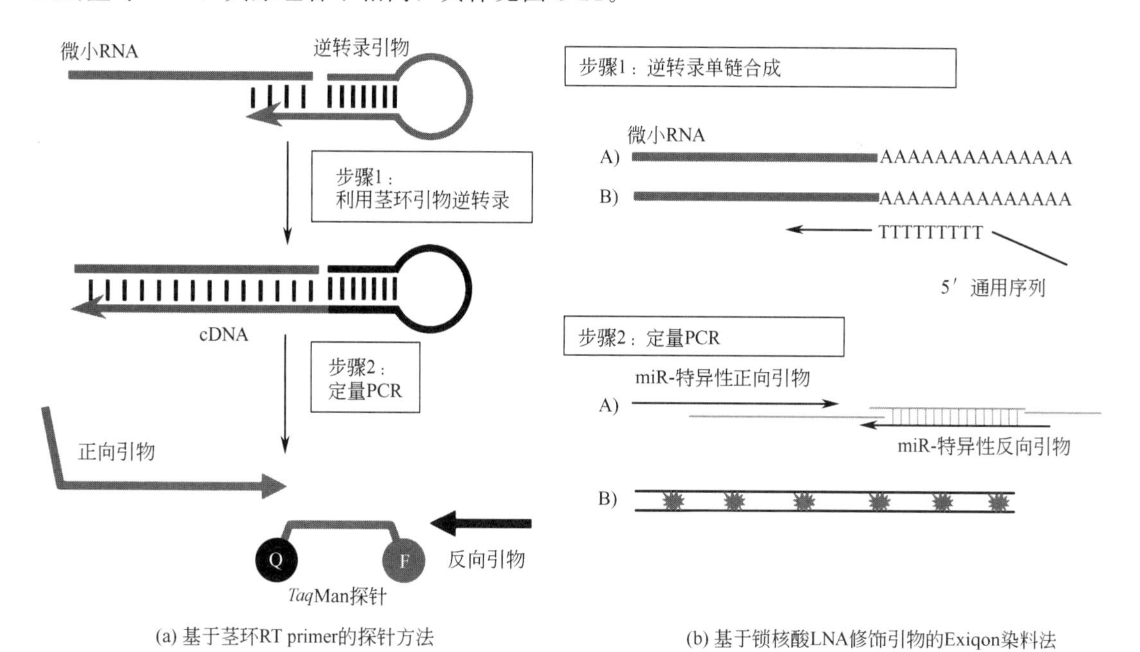

图 3-21 microRNA 的定量分析原理

（a）引自 Nucleic Acid Research V33：e179；（b）引自 microRNA 定量试剂盒（Exiqon）说明书

以鉴定 microRNA 过表达稳定细胞系为例，简要阐述利用 Exiqon 公司的 microRNA 的反转录和定量试剂盒 Exiqon 试剂盒对 microRNA 定量检测的步骤。

① 提取 microRNA。针对单层培养细胞，每 $6cm^2$ 培养皿细胞加 0.7mL QIAzol Lysis Reagent 溶液。上述样品振荡 10s 后室温放置 5min。加入 0.4mL 三氯甲烷溶液，剧烈振荡

15s，室温放置 2～3min。12000*g*，4℃离心 15min。小心将上层水相加入一个新的EP管中，加入 1.5 倍体积的 100%乙醇后吹打混匀，将混合液加入 RNeasy Mini 柱子中，8000*g* 室温离心 15s，弃废液，加入 0.7mL 缓冲液 RWT，8000*g* 室温离心 15s，弃废液，用 0.5mL 缓冲液 RPE 清洗柱子两次，将柱子放入一支新的EP管中，12000*g* 室温离心 1min，晾干柱子 5min，将柱子放入新 EP 管中，加入 30～50μL 无 RNase 水，12000*g* 室温离心 2～3min，收集洗脱液即为 RNA。

② 反转录。取总 RNA 4μL（20ng），加入 5×反应缓冲液 4μL、enzyme mix 2μL、无 RNase 水 10μL，加入 PCR 管中。设置 PCR 仪，42℃ 反应 1h，95℃灭活 5min，利用试剂盒提供的特异反转录引物获得 cDNA。

③ 实时荧光定量 PCR。内参基因 U6 和特异基因 miR-410 引物购自 Exiqon 公司。按下列组分配制 PCR 反应液（20μL 体系）：10μL 2×Quanti Tect SYBR Green Master Mix、1μL cDNA（100ng）、1μL 混合引物（10μmol/L）、8μL DEPC 水。将样品加到实时荧光定量 PCR 的专用 PCR 管中后，设置 PCR 反应条件为：95℃ 15min；94℃ 15s，55℃ 30s，70℃ 30s，45 个循环。完成实时荧光定量 PCR 后对其熔解曲线进行分析。数据按 $2^{-\Delta\Delta Cq}$ 公式计算出基因表达的相对量。

3. 实时荧光定量 PCR 实验的规范化和精细化发展趋势

伴随着定量 PCR 技术的广泛应用，研究者们发现，在实时荧光定量 PCR 实验过程中，考虑到 mRNA 转录的高动力学特性（highly dynamic nature of mRNA transcription），在样品处理过程中以及在后续加样等实验中可能存在变动因素，有许多技术细节会影响实验效果[54,55]，比如是否有合理的实验设计，是否有足够的对照和样品重复量，RNA 样品的质量如何，逆转录实验和定量实验中引物是否最佳，内参基因是否合适，数据分析是否合理等[56,57]。

为了将 qPCR 更严格化，使其更准确地提供实验数据，2009 年，Bustin 等团队建议对以实时荧光定量 PCR 实验为主的相关文章，尽量遵守 MIQE 准则（下段详细阐述），以确保数据的准确、可靠。在此之后，MIQE 的准则得到了业界的论证和支持，如果对于每一步的质控没有达到指标，不能满足 MIQE 准则，便会得出不正确的结论[58,59]。

（1）MIQE（Minimum Information for Publication of Quantitative Real-Time PCR Experiments，实时荧光定量 PCR 实验研究发表最小信息）准则

MIQE 准则是一套在国际上最新推出的指导方针，就评价实时荧光定量 PCR 实验和发表文章时所必需的实验信息提出了最低限度的标准，也提供了一个出版时所要附带的检查表（checklist）[60]。对于实时荧光定量 PCR 流程中的每一步，MIQE 都制定了标准，以便获得可靠和准确的结果。MIQE 是发表实时荧光定量 PCR 实验相关文章时必须提供的基本信息，发表该类文章时是否提供 MIQE 准则，已经逐渐成为杂志对于接收这类文章的基本要求之一。

（2）RDML 和 MIQE 国际标准（定量 PCR 的国际化标准及语言规则）

实时定量 PCR 数据的结构化语言和报告指南（Real-Time PCR Data Markup Language，RDML）[61] 是继 MIQE 之后数据管理和软件方面的研发成果。RDML 是基于 XML 的实时 PCR 数据标记语言，由 RDML 联合会开发出来，这使得 qPCR 数据和 qPCR 仪器及第三方分析软件间、同事和合作者间、试验人员和杂志或公共库间的相关信息直接交换成为可能。笔者在这里也提出了数据相关的指南，并作为公共定量实时 PCR 实验最小量信息（MIQE）的一个子集来保证当报告实验的结果时，包含关键数据信息。RDML 和 MIQE 准则的最终目的是使涉及实时荧光定量 PCR 的实验的整个细节有一个清晰化的流程和框架，并有助于

审稿专家对实验数据进行质控检查，以确保数据的准确性和可靠性。

综上所述，鉴于实时荧光定量 PCR 数据和结果在众多科研领域和医疗领域的重要性，业界专家开始致力于对荧光定量 PCR 实验的规范化、精细化提出要求，和基于荧光定量 PCR 数据管理平台的研发[62]。《科学》杂志就以“qPCR Innovations and Blueprints”为题[63]，介绍了这方面的新发展，也提供了 qPCR 的实验操作指南（从实验设计到分析前样品收集，以及数据处理和结果公布）。文章指出，qPCR 技术能快速获得大量的高质量数据，从而使得微流体（microfluidics）以及微型化技术（miniaturization）成为可能。这种平台是发展高通量和高灵敏度技术（比如数字 PCR 和单细胞分析）的工具，研究人员能利用这些方法解决遗传学和癌症生物学中的难题，获得新的研究和分析检测成果。

五、疑难解析[64]

1. RNA 提取过程中的问题

（1）RNA 提取低得率

① 样品裂解或匀浆处理不彻底。

② 最后得到的 RNA 沉淀未完全溶解。

（2）$A_{260}/A_{280}<1.65$

① 检测吸光度时，RNA 样品不是溶于 TE，而是溶于水。低离子浓度和低 pH 条件下，A_{280} 值会较高。

② 吸取水相 RNA 时混有中间相，导致掺入蛋白杂质。

③ 最后得到的 RNA 沉淀未完全溶解。

（3）提取后琼脂糖电泳鉴定时发现 RNA 降解或者基因组 DNA 污染

① 组织取出后没有马上处理或冷冻。

② 样品或提取的 RNA 沉淀保存于－5～－20℃，未在－60～－70℃保存。

③ 溶液或离心管未经 RNase 去除 RNA 处理。

④ 提取 RNA 后没有经过 DNase Ⅰ处理。

2. 反转录过程中的问题

注意反转录反应要求，RNA 总量在反转录能力范围内。

3. 实时荧光定量 PCR 最常见的问题

① 引物和探针设计不好。

② 交叉污染。

③ 没有设计反转录阴性对照和无模板阴性对照。

④ 内参选择不合适。

⑤ 不能正确设定基线和阈值。

⑥ 扩增效率很差。

⑦ 标准曲线定量范围设置不合理。

4. 实时荧光定量 PCR 常见问题分析

（1）没有 Cq 值

① 循环数不够（但是一般不超过 45 个循环，超过 45 个循环不仅背景值提高，定量也不准）。

② PCR 程序设置不对，检测荧光信号的步骤有误。一般 SG 法采用 72℃ 延伸时采集，

*Taq*Man 法则一般在退火结束时或延伸结束时采集信号。

③ 引物或探针降解。可通过 PAGE 电泳检测引物和探针是否降解。

④ 模板可能降解或上样量不足（但一般不超过 500ng，根据试剂盒说明书即可），对未知浓度的样品应从系列稀释样本的最高浓度做起；避免样品制备中杂质的引入及反复冻融的情况，建议将模板样品小量分装储存，避免反复冻融。

⑤ 引物和探针是否合适（尤其是引物跨越内含子，以确保扩增基因组 DNA；或者上下游引物 T_m 值差别超过 4℃也会影响扩增）。

（2）Cq 值出现过晚

在相对定量中，Cq 值一般控制在 15～25 之间比较好，如果在绝对定量中，对低拷贝数的样品，Cq 值会增大，但是一般不宜超过 40 个循环，否则定量不准确。因此，判断 Cq 值出现过晚是否属于非正常情况，需要根据具体实验设计和目的进行。

① 扩增效率低。引物之间或者引物和探针的比例不合适，需要进行优化；或者引物或探针设计不合适，需要重新设计。

② PCR 程序不合适，改用三步法进行反应，或者优化退火/延伸温度，可以适当降低退火温度；退火/延伸时间过短（可以在推荐的时间条件下延长 10s）。

③ $MgCl_2$ 浓度不合适，增加镁离子浓度等。PCR 各种反应成分的降解或加样量的不足。

④ PCR 产物太长。PCR 产物设计超过 500bp。

（3）标准曲线线性关系不佳（$R^2<0.9$）

① 标准品稀释或者加样存在误差，吸样不准，使得标准品不呈梯度。

② 标准品出现降解。应避免标准品反复冻融，将高浓度 DNA 模板分装，保存于－80℃或－20℃，不要反复冻融。

③ 引物或探针不佳。重新设计更好的引物和探针。

④ 模板中存在抑制物，或模板浓度过高。根据现有商品化荧光定量试剂盒的要求，一般模板量不超过 500ng，以 50～500ng 为宜。

（4）阴性对照扩增有信号

① 引物设计不够优化。应避免引物二聚体和发夹结构的出现。

② 引物浓度不佳。适当降低引物的浓度，并注意上下游引物的浓度配比。

③ 镁离子浓度过高。适当降低镁离子浓度，或选择更合适的试剂盒。

④ 模板有基因组的污染。RNA 提取过程中避免基因组 DNA 的引入，或通过引物设计避免非特异扩增。

⑤ 交叉污染。在所用的试剂中有交叉污染，或操作环境中有气溶胶造成污染，建议对操作环境进行处理，或者更换新的环境、加样器、尖头，以及所有的引物、水、试剂等。

（5）在无逆转录酶对照中有荧光信号值

在 RNA 提取的过程中有基因组 DNA 的污染。

排除基因组 DNA 的污染有两种方法：一种是将提取的 RNA 跑胶鉴定；另一种是在逆转录时设置无逆转录酶对照，即以 RNA 为模板（RT－）与以相等量的 cDNA 为模板（RT＋）进行定量 PCR 扩增比较（见图 3-22）。如果没有基因组污染，以 RNA 为模板的 PCR 反应无扩增信号，如果 RT－样品出现扩增，则表明存在基因组 DNA 污染，需要将 RNA 再次用 DNase Ⅰ处理，并用琼脂糖电泳确定无基因组 DNA 污染。此外，确定定量 PCR 的引物设计跨越内含子。

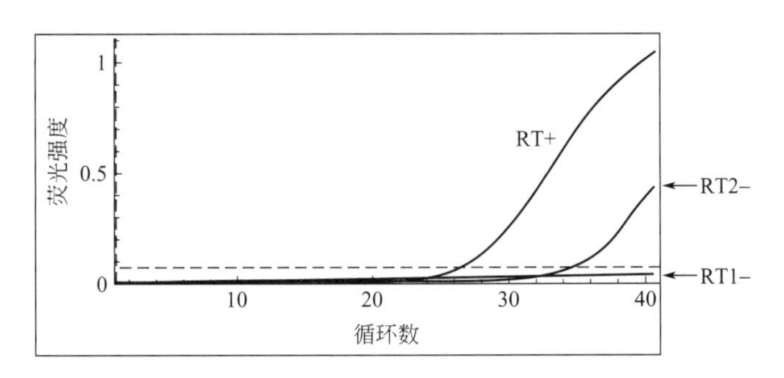

图 3-22 RNA 样品中基因组 DNA 污染的判定

RT1-—无基因组污染下的定量扩增曲线；RT2-—有基因组污染下的定量扩增曲线；RT+—正常样品定量扩增曲线

（6）熔解曲线峰不特异

① 引物设计不够优化。应避免引物二聚体和发夹结构的出现，这是最主要的因素；引物浓度不佳，尤其是涉及引物二聚体存在时，适当降低引物的浓度，并注意上下游引物的浓度配比。

② 离子浓度不合适。适当降低镁离子浓度，或选择更合适的试剂盒，不同试剂盒在该方面的优化能力不同，有些情况下可以通过更换试剂盒改善结果。

③ 模板有基因组的污染。RNA 提取过程中避免基因组 DNA 的引入，或通过引物设计避免非特异扩增。

（7）扩增效率低

该情况适用于针对所有的基因，特别是内参基因仍无法获得较好的扩增信号时，应考虑如下情况。

① 反应试剂中部分成分特别是荧光染料降解。

② 反应条件不够优化。可适当降低退火温度或改为三步扩增法。

③ 反应体系中有 PCR 反应抑制物。一般是加入模板时所引入的，应先把模板适度稀释，再加入反应体系中，减少抑制物的影响。

（8）扩增曲线的异常，比如“S”型曲线

① 参比染料设定不正确（MasterMix 不加参比染料时，选 NONE）。

② 模板的浓度太高或者降解。

③ 荧光染料的降解。

④ 在操作荧光定量 PCR 管时，戴上新的一次性 PE 手套，盖上避免出现任何指纹或者字迹等。

（付 洁 金 蕊 叶棋浓 编）

第三节 环介导等温扩增法快速检测病原菌

一、引言

目前的病原菌检测方法主要有以下几种。

① 传统培养法检测。传统培养法是基于多种细菌间生理、生化指标的不同，利用细菌

的产酸、产气以及生长代谢方面的特征进行选择性培养，在选择性培养的基础上还要根据血清凝集等特性进行区分，再结合病理检查以及摄像图像（例如X线）进行判断；对于一些比较苛刻的病原菌还需要特殊的培养条件。常规使用生理生化、血清型水平鉴定的方法操作比较烦琐，对操作人员的技术水平要求比较高且检测周期长，需要3～20d不等，而且属内种间生化差别不明显。

② 免疫学检测。免疫学检测的方法是基于抗原抗体特异性结合反应的原理，其突出的特点是操作简便迅速，如胶体金试纸仅需要几分钟就可以判读结果，但其最大的缺点是灵敏性不足，通常在10^5CFU/mL，对一些样品中含量极少的病原微生物会发生漏检，不能完全满足致病菌的检测需求。再者，免疫学检测对样本要求单一，只能检测含抗体的样本，对于土壤、水分、食品等不产生抗原抗体的样本则束手无策。

③ 特异基因扩增检测。基因检测是目前发展最为迅速的检测方法，主要包括PCR、实时荧光定量PCR、NASBA、3SR、SDA、LAMP。这些方法都是根据不同病原菌核酸序列的特异性来进行检测的。

PCR即聚合酶链式反应，它利用一对引物和DNA聚合酶在高温变性、低温退火及适温延伸等几步反应组成一个周期，循环进行，使目的DNA得以迅速扩增，然后电泳检测或核酸探针检测。其在核酸检测上的缺点是需热循环，扩增时间长，灵敏度低。

实时荧光定量PCR是指在PCR反应体系中加入荧光基团，利用荧光信号积累实时监测整个PCR进程，最后通过标准曲线对未知模板进行定量分析的方法，相比一般PCR，实时荧光定量PCR在灵敏度上有了较大的提高，而且有效地解决了污染问题，但其需要精密、昂贵的仪器，限制了在病原菌检测方面的广泛应用。

NASBA即依赖于核酸序列的扩增（nucleic acid sequence-based amplification），是由两个引物介导的、连续均一的特异性体外等温扩增核苷酸序列的酶促过程。反应要依赖AMV逆转录酶、RNase H、T7 RNA聚合酶，整个反应在恒温（41℃）条件下进行，1.5～2h即可得到理想的结果。其缺点为：在产物检测上仍需要复杂的后续程序；而且酶非耐热性，只有在RNA链熔解之后才能加入；低温容易导致引物的非特异性相互作用；反应需要加入三种酶，且需要三种酶在同一温度、同一反应体系下被激活。

3SR即自主序列复制（self-sustained sequence replication），反应原理和NASBA相似，反应也依赖于AMV逆转录酶、RNase H和T7 RNA多聚酶。相比NASBA，3SR比较复杂，敏感性不强。NASBA正逐渐取代3SR。

SDA即链替代扩增（strand displacement amplification），它利用限制性内切核酸酶剪切DNA识别位点的能力和DNA聚合酶在缺口处向3′端延伸并置换下游序列的能力，在等温条件下使靶序列呈几何倍数级联扩增。其缺点是仍需要变性的过程，扩增的靶序列不能超过200bp，后续检测复杂。

2000年，日本学者Notomi在《核酸研究》（*Nucleic Acids Res*）杂志上公开了一种新的适用于基因诊断的恒温核酸扩增技术，即环介导等温扩增技术[65]，英文名称为“loop-mediated isothermal amplification，LAMP”，受到了世界卫生组织（WHO）、各国学者和相关政府部门的关注，短短几年，该技术已成功地应用于SARS、禽流感、HIV等疾病的检测中，在2009年甲型H1N1流感事件中，日本荣研化学株式会社（以下简称“荣研公司”）接受WHO的邀请，完成了H1N1环介导等温扩增法检测试剂盒的研制，通过早期快速诊断对防止该病的快速蔓延起到积极的作用。通过荣研公司十多年的推广，环介导等温扩增技术已广泛应用于日本国内各种病毒、细菌、寄生虫等引起的疾病的检测、食品化妆品安全检查及进出口快速诊断中，并得到了欧美国家的认同。该技术的优势除了高特异性、高灵敏度外，操作十分简单，对仪器设备要求低，一台水浴锅或恒温箱就能实现反应，结果的检测也很简单，不需要像PCR那样进行凝胶电泳，环介导等温扩增反应的结果通过肉眼观察白色浑浊或绿色荧光的生成来判断，简便快捷，适合基层快速诊断。

LAMP已经被广泛地应用于生命科学领域中各个方面的DNA或RNA的特异高效扩增。这在很大程度上要归功于它特殊的扩增原理，其扩增目的片段时依赖的是一种具有链置换特性的*Bst* DNA聚合酶（*Bacillus stearothermophilus* DNA polymerase）和四条能够识别靶序列上六个特异区域的引物。靶序列的扩增反应需要在等温条件下进行约1h。

二、环介导等温核酸扩增的原理

60～65℃是双链DNA复性及延伸的中间温度，DNA在65℃左右处于动态平衡状态。因此，DNA在此温度下合成是可能的。利用4种特异引物依靠一种高活性链置换DNA聚合酶，使得链置换DNA合成在不停地自我循环。扩增分两个阶段。

第1阶段为哑铃状模板结构形成阶段，任何一个引物向双链DNA的互补部位进行碱基配对延伸时，另一条链就会解离，变成单链。上游内部引物（FIP）的F2序列首先与模板F2c结合［如图3-23(1)和(2)所示］，在链置换型DNA聚合酶的作用下向前延伸，启动链置换合成。外部引物F3与模板F3c结合并延伸，置换出完整的FIP连接的互补单链［如图3-23(3)和(4)所示］。FIP上的F1c与此单链上的F1为互补结构。自我碱基配对形成环状结构［如图3-23(5)和(6)所示］。以此链为模板。下游内部引物（BIP）与B3先后启动类似于FIP和F3的合成，形成哑铃状结构的单链。迅速以3′末端的F1区段为起点，以自身为模板，进行DNA合成，延伸形成茎环状结构［如图3-23(7)和(8)所示］。该结

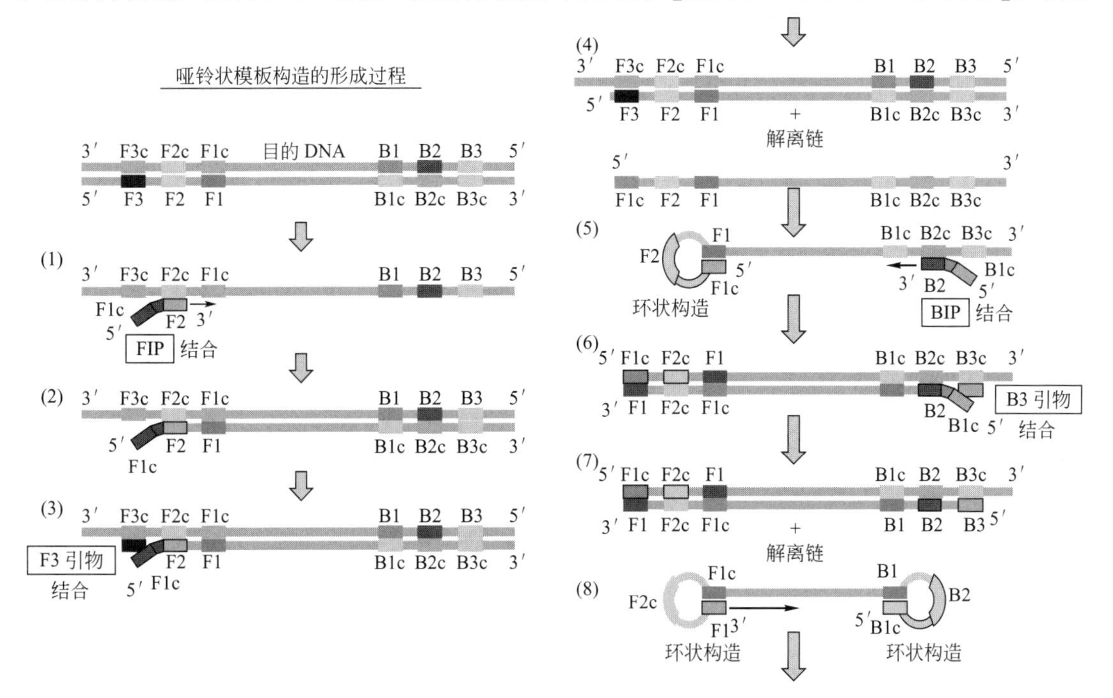

图3-23 哑铃状模板结构的形成过程

构是 LAMP 基因扩增循环的起始结构。

第 2 阶段是扩增循环阶段。以茎环状结构为模板，FIP 与茎环的 F2c 区结合。开始链置换合成，解离出的单链核酸上也会形成环状结构。迅速以 3′末端的 B1 区段为起点，以自身为模板［如图 3-24(8) 所示］，进行 DNA 合成延伸及链置换，形成长短不一的 2 条新茎环状结构的 DNA，BIP 上的 B2 与其杂交［如图 3-24(9) 所示］，启动新一轮扩增，且产物 DNA 长度增加一倍。在反应体系中添加 2 条环状引物 LF 和 LB，它们也分别与茎环状结构结合，启动链置换合成，周而复始［如图 3-24(10) 所示］。扩增的最后产物是具有不同个数茎环结构、不同长度 DNA 的混合物［如图 3-24(11) 所示］，且产物 DNA 为扩增靶序列的交替反向重复序列。

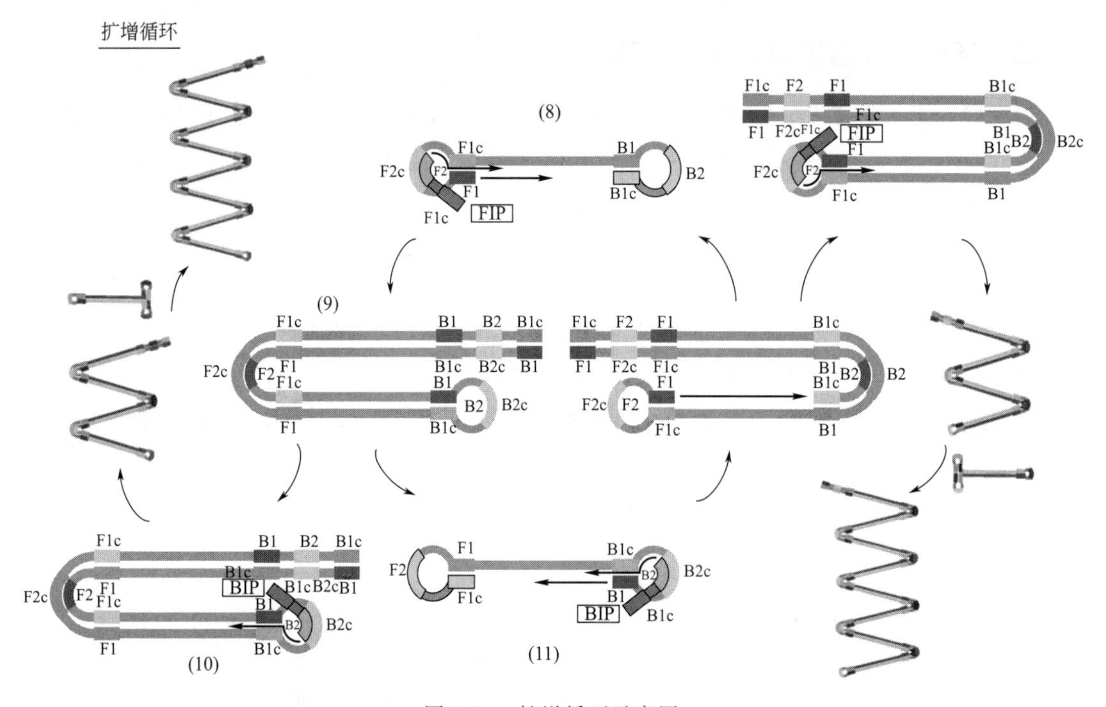

图 3-24 扩增循环示意图

LAMP 反应过程的另外一种表述方式：将模板、*Bst* DNA 聚合酶、引物和其他反应试剂混合后，置于 60～65℃的水浴锅中，反应 1h 左右。

第一步，FIP 的 F2 与其模板的互补序列 F2c 结合，在 *Bst* DNA 聚合酶的作用下，从 F2 的 3′末端开始启动 DNA 合成，合成一条以 FIP 为起始的新的 DNA 单链，并与模板链结合形成新的双链 DNA。而原 DNA 双链中与模板链互补的非模板链将被取代而游离于反应液中。这种取代过程可以解释 LAMP 法并不需要对双链 DNA 进行预变性及进行温度循环。

第二步，以 F3 为起始合成的新链与模板链形成双链。而原合成的以 FIP 为起始的 DNA 单链被置换而脱离，产生一单链 DNA，其在 5′末端 F1c 和 F1 区发生自我碱基配对，形成茎环状结构。

第三步，引物 BIP 的 B2 与模板链 B2c 区互补配对，合成以 BIP 为起始的新链，并与模板链互补，形成 DNA 双链。同时，F 端的环状结构将被打开，外引物 B3 与模板上的 B3c 杂交后，以其 3′末端为起点也开始合成新链，并使以 BIP 为起始的 DNA 单链从模板链上脱离下来，形成以FIP和BIP为两端的单链。因为B1c与B1互补，F1c与F1互补，两端自然发生碱基配对，这条游离于液体中的DNA单链分别在F和B末端形成两个茎环状结构，于是整条链呈现哑铃状结构，此结构即为LAMP的基础结构。

第四步，形成LAMP的基础结构后进入扩增循环。首先在哑铃状结构中，以F1 3′末端为起点，以自身为模板，进行DNA合成延伸。与此同时，FIP的F2与环上的单链F2c杂交，启动新一轮链置换反应，使以F1的3′末端为起点合成的单链脱离模板而解离下来，形成单链。在解离出的单链核酸上也因互补结构的存在而形成环状结构。在环状结构上存在单链形式的B2c，BIP上的B2与其杂交，启动另一轮扩增。经过相同的过程，又形成环状结构。LAMP的终产物为茎环DNA组成的混合物，即含有若干倍茎长度的茎环结构和类似花椰菜的结构。

第五步，反应结束后对扩增产物的检测常使用焦磷酸酶沉淀检测（浊度检测）、荧光检测、凝胶电泳检测、实时检测。

三、实验设计思路和基本步骤

1. 实验设计思路

（1）病原菌特异基因序列的确定

特异基因序列的确定主要通过以下几种方法：①文献资料已经公开的腹泻病原菌特异基因序列，比如副溶血弧菌不耐热溶血毒素基因（*tlh*）是公认的副溶血弧菌特异基因[66～69]；②全基因组序列对比寻找特异基因序列[70]；③利用某种细菌分泌的特异蛋白反推特异基因序列。寻找到特异基因序列后首先在以下三大数据库中进行全库比对，美国的核酸数据库GenBank、欧洲核酸序列数据库EMBL、日本核酸序列数据库DDBJ，以确定此特异序列为这种病原菌所独有，是的话便可以确定为此病原菌的特异基因序列。

（2）LAMP的引物设计

LAMP引物的设计主要是针对靶基因的六个不同的区域，基于靶基因3′端的F3c区、F2c区和F1c区以及5′端的B1区、B2区和B3区等6个不同的位点设计4种引物。

FIP（Forward Inner Primer）：上游内部引物，由F2区和F1c区域组成，F2区与靶基因3′端的F2c区域互补，F1c区与靶基因5′端的F1c区域序列相同。

F3引物：上游外部引物（forward outer primer），由F3区组成，并与靶基因的F3c区域互补。

BIP引物：下游内部引物（backward inner primer），由B1c区和B2区域组成，B2区与靶基因3′端的B2c区域互补，B1c区域与靶基因5′端的B1c区域序列相同。

B3引物：下游外部引物（backward outer primer），由B3区域组成，和靶基因的B3c区域互补。

LAMP引物设计的在线网站为http://primerexplorer.jp/e/，只要导入靶基因就能自动生成成组引物。首先单击浏览按钮，选择靶基因序列文件，靶序列默认的是小于22kb。支持三个类型的文件，普通文本格式（仅含序列）、FASTA格式和GenBank格式文件。然后从下面三个选项中选择参数设定（引物设计条件）条件，一般默认设置即可。基于G+C含量的自动判断，起始的参数是特定的：如果G+C含量小于或等于45%，则选取A+T丰度高的区，如果G+C含量高于60%，则选取G+C丰度高的区，其他情况是标准设定状态。

通过GENBANK等途径获得目的片段序列[71]。在模板两端划分六个区域。因为链的取代反应是限速步骤之一，所以目的片段的大小会影响 LAMP 的反应效率，一般要求目的片段小于 300bp，其中包括 F2 区和 B2 区。登录 Eiken Chemical 公司的在线软件 PrimerExplorer（http://www.primerexplorer.jp/e/）设计引物。设计一对外引物 F3 和 B3，一对内引物 FIP 和 BIP。内引物 FIP 由 F1c、F2（F2c 的互补序列）及中间间隔区组成，BIP 由 B1c、B2（B2c 的互补序列）及中间间隔区组成。中间间隔区可以是-TTTT-，也可以是一些特异性酶切位点。LAMP 反应的开始阶段四条引物都被使用，但在循环阶段则只有内引物被使用。对引物设计的要求是能形成环状结构，这也是 LAMP 不需要进行热循环的关键点。可以这么说：在 LAMP 反应中，引物设计是关键。需要注意以下几个方面：T_m 值、引物末端的稳定性、G+C 含量和二级结构、引物之间的距离。

T_m 值：利用毗邻法计算 T_m 值。对于 G+C 含量丰富或正常的模板，其 T_m 在 60～65℃之间，而 A+T 含量丰富的则在 55～60℃之间。

引物末端的稳定性：F2/B2、F3/B3、LF/LB 的 3′末端和 F1c/B1c 的 5′末端作为 DNA 合成的起点必须有一定的稳定性，自由能应该≤－4kcal/mol（1cal＝4.1868J）。

G+C 含量：一般在 40%～65%，而 50%～60%尤其好。

二级结构：避免引物 3′末端的互补及引物之间形成二聚体。

引物之间的距离：F2 和 B2 之间的距离（LAMP 扩增的区域）在 120～180bp，不能大于 200bp，F2 的 5′端到 F1 的 5′端间距（成环的区域）为 40～60bp，F2 和 F3 的间距为 0～20bp。

（3）反应体系

反应采用 25μL 体系，反应混合物包括各 1.6μmol/L 的 FIP 和 BIP、各 0.2μmol/L 的 F3 和 B3、0.8mol/L 的甜菜碱、10mmol/L 的 $MgSO_4$、1.2mmol/L 的 dNTP、8U 的 *Bst* 大片段 DNA 聚合酶、2μL 20ng/μL 的模板 DNA，如果不用浊度仪检测，还要另加 1μL 的反应指示剂。

（4）检测方法

① 浊度法检测[72,73]（如图 3-25 所示）。LAMP 反应可以直接通过肉眼观察是否有白色的焦磷酸镁沉淀来判断是阳性反应还是阴性反应。反应中形成焦磷酸镁沉淀的反应式如下：

$$(DNA)_{n-1} + dNTP \longrightarrow (DNA)_{n} + P_2O_7^{4-}$$

$$P_2O_7^{4-} + 2Mg^{2+} \longrightarrow Mg_2P_2O_7 \downarrow$$

LAMP 反应中焦磷酸镁沉淀的形成与所产生的 DNA 量之间呈线性关系，并且焦磷酸镁

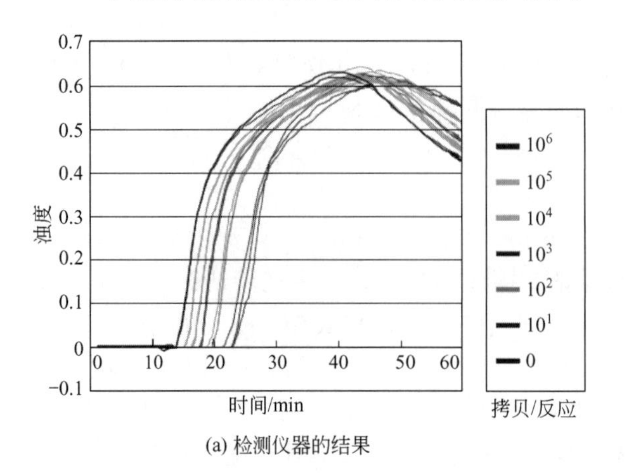

(a) 检测仪器的结果

(b) 实时浊度仪LA-320c

图 3-25 浊度法检测结果图与检测仪器（见彩图）

沉淀在 400nm 处有吸收峰。根据这个原理，日本荣研公司开发出实时浊度仪，可以实时监测反应管里浊度的变化。浊度仪实时检测，适用于实验室实验和 LAMP 反应条件的摸索，优点：灵敏度高，实时检测。缺点：仪器昂贵，不适合现场检测。

② 荧光检测。LAMP 有极高的扩增效率，可在 1h 内将靶序列扩增 10^9～10^{10} 倍，所以当反应液中加入核酸染料 SYBR Green Ⅰ后，在紫外灯或日光下通过肉眼即可进行判定，如果含有扩增产物，反应混合物变绿；反之，则保持 SYBR Green Ⅰ的橙色不变；同时，也可以进行 LAMP 的实时定量检测。研究者进一步改进方法，使其适用于多重检测。同时加入特异的带不同荧光颜色的探针，探针与特异的模板结合，反应结束后加入阳离子聚合物 PEI（只与高分子量的物质结合形成沉淀复合物），与 LAMP 扩增产物形成沉淀，根据扩增产物上结合的特异性探针在紫外光下发射出的颜色，肉眼即可判断结果。因为探针的存在，排除了非特异性扩增的可能。另外一种荧光检测方式是利用金属离子指示剂，比如羟基萘酚蓝和钙黄绿素（见图 3-26）。此荧光检测的方法适用于大规模筛查和基层医疗单位使用，优点：价格低廉。缺点：灵敏度略低。

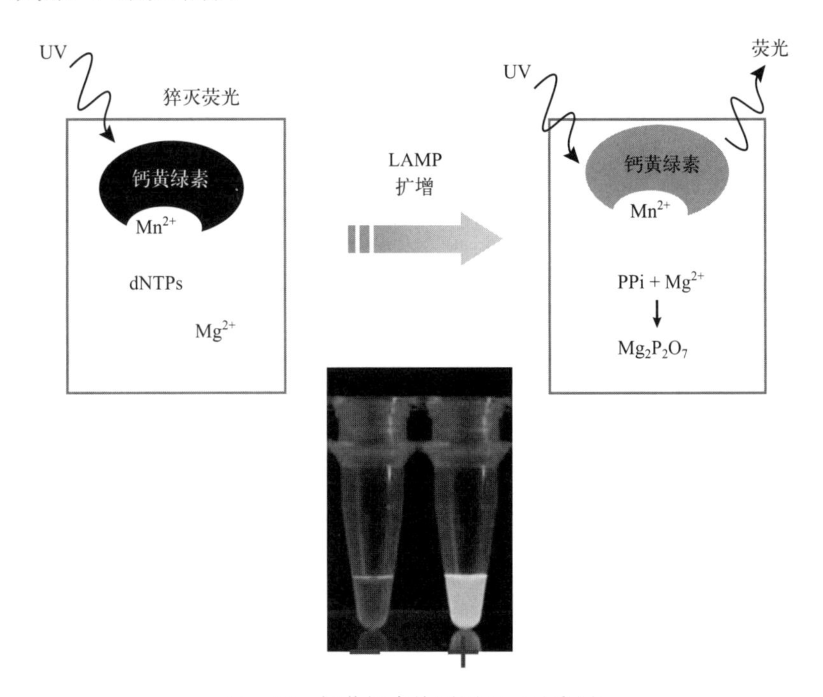

图 3-26　钙黄绿素检测原理（见彩图）

所有的检测方法均要采用不开盖检测，这样能很好地避免扩增产物的污染，强烈不推荐采用电泳的方法检测，这样的话扩增产物暴露于空气中，极易造成假阳性。

2. 基本步骤

下面以 LAMP 法快速检测 NDM-1 基因为例来介绍 LAMP 的基本步骤。

（1）菌株

NDM-1 简介：NDM-1（俗称“超级细菌”）曾在一年内肆虐全球，引起全世界的高度关注。

在世界卫生组织宣布甲型 H1N1 流感大流行结束的第 2 天，即 2010 年 8 月 11 日，英国卡迪夫大学、英国健康保护局和印度马德拉斯大学的 31 位医学研究者在世界权威医学杂志

《柳叶刀》(*The Lancet*)上发表了题目为"*Emergence of a new antibiotic resistance mechanism in India，Pakistan，and the UK：amolecular，biological，and epidemiological study*"的论文。论文提到，在印度的金奈市和哈里亚纳邦分别确诊了44例、26例感染了NDM-1（新德里金属β-内酰胺酶-1，New Delhi metallo-β-lactamase-1）细菌的患者，此外，在英国确诊了37例，在印度和巴基斯坦的其他地区确诊了73例。携带NDM-1基因的细菌能够对包括广谱抗生素碳青霉烯类在内的几乎所有抗生素产生耐药性。论文还警告说，"NDM-1成为全球公共卫生问题的可能性极高"。在短短一年多的时间里，NDM-1在世界范围内都有检测到，其中包括澳大利亚、希腊、加拿大、新加坡、美国、中国、日本、肯尼亚、阿曼等。欧洲疾控中心的检测数据显示，至2011年3月底，欧洲13个国家出现106例超级细菌（NDM-1）病患，并且在英国、法国、德国、瑞典等国出现新病例。数据还显示，106例中的68例在英国，其中25例曾到印度和巴基斯坦旅行。NDM-1在全球的流行情况引起了世界卫生组织（WHO）的注意，并敦促各国采取措施应对NDM-1的传播。

所谓的"超级细菌"其实并不是一个细菌的名称，而是一类对几乎所有的抗生素都有强劲耐药性的细菌的统称。随着时间的推移，"超级细菌"的家族越来越大，包括抗药性金黄色葡萄球菌、耐万古霉素肠球菌、产超广谱酶大肠杆菌、多重耐药铜绿假单胞菌、多重耐药结核分枝杆菌、泛耐药肺炎杆菌、泛耐药绿脓杆菌等。这次发现的是带有NDM-1耐药基因的细菌，是"超级细菌"家族的一个新成员。既然"超级细菌"是早已存在的，为什么这次带有NDM-1基因的"超级细菌"备受关注呢？虽然有人认为是一些制药企业为了自身利益的炒作，但是以下几点也是不争的事实。第一，NDM-1所携带的"金属β-内酰胺酶"连碳青霉烯类抗生素也能分解。碳青霉烯类抗生素的作用方式都是抑制细菌一种酶的作用，从而阻碍细胞壁黏肽的合成，使细菌胞壁缺损，菌体膨胀，致使细菌胞质渗透压改变和细胞溶解而杀灭细菌。哺乳动物无细胞壁，不受此类药物的影响，因而这类药具有对细菌的选择性杀伤作用，对宿主毒性小，又很难被一般的β-内酰胺酶分解，自1979年研制成功以来，一直被当作"最终手段"，当其他的抗菌药无效之后，医生才会用到它。NDM-1的出现使碳青霉烯类药物这道"最终防线"被攻破。第二，是发现带有NDM-1基因的这些细菌，如大肠杆菌等，原本属于耐药情况不是很严重的细菌种类，现在出现了如此严重的耐药性。NDM-1基因大多存在于质粒上，可以在基因水平上从一个菌株转移到另一个同菌属或不同菌属的细菌，从而使细菌拥有传播和变异的惊人潜能，不得不引起了医学界及科学家的特别关注。第三，研究表明，"超级细菌"从印度、巴基斯坦传播至欧洲和美国等国家或地区，说明耐药菌已经在跨洲散播，可能会造成大范围的影响。第四，欧洲一直是抗生素管理比较严格的地区，细菌耐药的情况比其他地区要好，这次在这些国家也出现了超级细菌感染事件，更加剧了公众的紧张感。随着研究的深入，人们又发现了NDM-2、NDM-3、NDM-4、NDM-5，这五种NDM在基因序列上仅相差几个碱基，生物功能一致。

其实在2009年就有关于NDM-1的最早研究，但当时没有引起科学家的注意。2009年，Yong等人从一个瑞典尿路感染的患者体内分离到耐碳青霉烯类的肺炎克雷伯菌05-506，首次发现了NDM-1，由于其基因是一种新的类型，又怀疑是从印度传入的，因此冠上了印度首都"新德里"（New Delhi）之名。通过对Ⅰ型整合子基因库扩增分析发现了三个耐药相关的区域：第一个是基因*CMY-4*，在ISEcP1和*blc*的旁边，以前在Ⅰ型整合子或者ISCR1区域附近没有发现过MBL；第二个是一个包含*arr-2*基因的Ⅰ型整合子，是一个新的红霉素酯酶同工酶基因，其中还有*ereC*、*aadA1*和*cmLA7*，在*qac*和*sul*基因的下游是完整的

ISCR1 基因；第三个就是 NDM-1 基因。这三个基因片段全部位于一段长 180kb 的 DNA 片段上，并且这个片段很容易转移到其他基因中。NDM-1 为分子质量 28kDa 的单体，能水解除了氨曲南以外所有的 β-内酰胺环，它的序列与其他 MBL 的序列相似性很低，最相似的 MBL 是 VIM-1 和 VIM-2，相似度为 23.4%。虽然 NDM-1 在活性位点上也有独特的氨基酸序列，但它在 162 和 166 的位置上有其他 MBL 所没有的额外插入点。因此，NDM-1 并不是 MBL 中的 B1 亚群，在它的活性位点上新型的氨基酸表明 NDM-1 是一个新的结构。与 VIM-2 相比，NDM-1 与大多数头孢类抗生素，尤其是头孢呋辛、头孢噻肟、先锋霉素（头孢噻吩），以及青霉素都具有更强的结合力，但 NDM-1 并不像 IMP-1 或 VIM-2 那样能和碳青霉烯类紧密结合。除肺炎克雷伯菌 05-506 外，在同一患者的分泌物中分离到一株大肠杆菌，其含有的一个 140kb 的质粒中也发现了 NDM-1 基因，因此可以推测，NDM-1 基因在体内可以发生转移，从肺炎克雷伯菌转移到大肠杆菌，或者从大肠杆菌转移到肺炎克雷伯菌。更有意思的是，这两种菌所携带 NDM-1 基因的质粒大小是不相同的，说明在体内复制和插入的时候发生了重新排列，如从更小的质粒上置换或者滚环复制，也可能是从大的质粒上删除了一段基因而形成的。在肠杆菌中，大多数耐药基因都携带着Ⅰ型整合子，通常这些基因是可以移动的，并表现出以基因盒或基因岛的形式不依赖于整合酶而在种间和种内移动。

我国也出现 NDM-1 检出病例，一时间人们谈“超”色变。2010 年 10 月 26 日，中国疾病预防控制中心和军事医学科学院的实验室在对既往收集保存的菌株进行 NDM-1 耐药基因检测时，共检出 2 株 NDM-1 基因阳性细菌。其中，中国疾病预防控制中心实验室检出的 2 株细菌为屎肠球菌，由宁夏回族自治区疾病预防控制中心送检，菌株分离自该区某医院的两名新生儿粪便标本；另一株由军事医学科学院实验室检出，为鲍曼不动杆菌，由福建省某医院送检，菌株分离自该医院的一名住院老年患者标本。由军事医学科学院报道的这株菌就是由军事医学科学院疾病预防控制所传染病控制中心检测到的。

因此，为快速检测到 NDM-1，笔者课题组采用 LAMP 的方法设计了 8 套引物，从中选取了扩增效率最高的一套引物来快速检测 NDM-1，以方便大规模筛查。

在此工作的基础上，为了探明 NDM-1（笔者所用的筛查引物所在位置为 5 种 NDM-1 的相同基因片段，并不能区分 5 种 NDM-1，所以用 NDM-1 表示为其总称）在我国的流行情况，笔者实验室在 2011 年 4 月至 2011 年 12 月期间在全国 11 个城市（济南、南京、广州、昆明、重庆、成都、长春、沈阳、兰州、乌鲁木齐、北京）33 家医院共收集到 2351 份样本，分离出 34 株稳定遗传 NDM-1 基因的细菌，并对这些菌株进行了初步研究，这些菌株都表现出了泛耐药性，但不能确定就是因为存在 NDM-1 基因。这 34 株 NDM-1 阳性菌经过菌种鉴定，发现这些菌全部是条件致病菌，有的就是自然界常见的腐殖菌，这也让笔者对 NDM-1 的来源产生了浓厚的兴趣，是不是 NDM-1 本身就在自然界大量存在？人们滥用抗生素只不过是一个筛选原因，使一些条件致病菌得以有机会“大显身手”？这些问题的回答都需要进行深入的研究，以此来解释这些疑惑。

本实验所用菌株分别是：*Acinetobacter baumannii* XM（with *bla*$_{\text{ndm-1}}$）；*A. baumannii* H949；*A. baumannii* F398；*A. baumannii* B260；*A. baumannii* H18；*Shigella sonnei* 2531；*Shigella flexneri* 4536；*Salmonella enteritidis* 50326-1；*Vibrio carchariae* 5732；*V. parahemolyticus* 5474；*Salmonella paratyphosus* 86423；Enteroinvasive *E. coli* 44825；Enterotoxigenic *E. coli* 44824；Enteropathogenic *E. coli* 2348。

（2）仪器

台式高速离心机，德国Beckman公司；实时浊度仪LA-320c，日本荣研化学株式会社；恒温金属浴，杭州博日科技有限公司；PCR扩增仪，Bio-Rad公司；凝胶成像系统，Bio-Rad公司；分光光度计，NanoDrop ND-1000。

（3）试剂

用于LAMP核酸扩增的试剂盒购自日本荣研化学株式会社，试剂盒主要包括以下成分：20mmol/L Tris·HCl（pH8.8），10mmol/L KCl，10mmol/L $(NH_4)_2SO_4$，0.1%吐温20，0.8mol/L 甜菜碱，8mmol/L $MgSO_4$，1.4mmol/L 各dNTP和8 U *Bst* DNA聚合酶。钙黄绿素（FD）购自日本荣研化学株式会社，总DNA提取纯化试剂盒购自Promega公司，2×*Taq* MIX购自天根生化科技（北京）有限公司，琼脂糖购自AMRESCO公司，引物合成由北京奥科鼎盛生物有限公司完成。

（4）DNA模板的制备

根据之前的工作基础，用Chelex法提取细菌总DNA。方法如下：取500μL细菌悬液，10000*g*离心2min，弃上清液，加入500μL双蒸水，再加入等体积的Chelex法DNA提取液（25mmol/L NaOH，10mmol/L Tris·HCl，1% Triton X-100，1% NP-40，0.1mmol/L EDTA和2%Chelex-100），置于沸水中沸煮10min，转入4℃放置5min后，14000*g*离心2min，上清液即为模板，置−20℃备用。

（5）LAMP反应引物的设计

从NCBI数据库中获得已知的NDM-1基因序列，GenBank登录号：FN396876。NDM-1基因序列：TCAGCGCAGCTTGTCGGCCATGCGGGCCGTATGAGTGATTGCGGCGCGGCTATCGGGGGCGGAATGGCTCATCACGATCATGCTGGCCTTGGGGAACGCCGCACCAAACGCGCGCGCTGACGCGGCGTAGTGCTCAGTGTCGGCATCACCGAGATTGCCGAGCGACTTGGCCTTGCTGTCCTTGATCAGGCAGCCACCAAAAGCGATGTCGGTGCCGTCGATCCCAACGGTGATATTGTCACTGGTGTGGCCGGGGCCGGGGTAAAATACCTTGAGCGGGCCAAAGTTGGGCGCGGTTGCTGGTTCGACCCAGCCATTGGCGGCGAAAGTCAGGCTGTGTTGCGCCGCAACCATCCCCTCTTGCGGGGCAAGCTGGTTCGACAACGCATTGGCATAAGTCGCAATCCCCGCCGCATGCAGCGCGTCCATACCGCCCATCTTGTCCTGATGCGCGTGAGTCACCACCGCCAGCGCGACCGGCAGGTTGATCTCCTGCTTGATCCAGTTGAGGATCTGGGCGGTCTGGTCATCGGTCCAGGCGGTATCGACCACCAGCACGCGGCCGCCATCCCTGACGATCAAACCGTTGGAAGCGACTGCCCCGAAACCCGGCATGTCGAGATAGGAAGTGTGCTGCCAGACATTCGGTGCGAGCTGGCGGAAAACCAGATCGCCAAACCGTTGGTCGCCAGTTTCCATTTGCTGGCCAATCGTCGGGCGGATTTCACCGGGCATGCACCCGCTCAGCATCAATGCAGCGGCTAATGCGGTGCTCAGCTTCGCGACCGGGTGCATAATATTGGGCAATTCCAT。选择其中一段区域设计LAMP引物，LAMP引物设计软件网址为http://primerexplorer.jp/e/，共设计8套引物。

CJXJ1F3：GCATAAGTCGCAATCCCCG

CJXJ1B3：GGTTTGATCGTCAGGGATGG

CJXJ1FIP：CTGGCGGTGGTGACTCACGTTTTGCATGCAGCGCGTCCA

CJXJ1BIP：CGCGACCGGCAGGTTGATCTTTTGGTCGATACCGCCTGGAC

CJXJ1LF：GCATCAGGACAAGATGGGC

CJXJ1LB：TCCAGTTGAGGATCTGGGC

CJXJ2F3：CGTCCATACCGCCCATCT
CJXJ2B3：CGACATGCCGGGTTTCG
CJXJ2FIP：GACCGCCCAGATCCTCAACTGG-TCCTGATGCGCGTGAGT
CJXJ2BIP：TGGTCATCGGTCCAGGCGG-GGGCAGTCGCTTCCAAC
CJXJ2LF1：ATCAACCTGCCGGTCGC
CJXJ2LB1：CCGCCATCCCTGACGAT

SUB12F3：TTTGATCGTCAGGGATGGC
SUB12B3：GCTGGTTCGACAACGCATTG
SUB12FIP：GGCAGGTTGATCTCCTGCTTGAAAAAGGTCGATACCGCCTGGAC
SUB12BIP：CTGGCGGTGGTGACTCACGCAAAAGCATAAGTCGCAATCCCCG

SUB13F3：TGATCGTCAGGGATGGCG
SUB13B3：GCAGCGCGTCCATACC
SUB13FIP：GATCCAGTTGAGGATCTGGGCGAAAAGCGTGCTGGTGGTCGA
SUB13BIP：AAGCAGGAGATCAACCTGCCGAAAAGCCCATCTTGTCCTGATGC

SUB14F3：GGCAGTCGCTTCCAACG
SUB14B3：GCGTCCATACCGCCCAT
SUB14FIP：GGTCATCGGTCCAGGCGGTAAAAAGTTTGATCGTCAGGGATGGC
SUB14BIP：AGACCGCCCAGATCCTCAACTAAAACCTGATGCGCGTGAGTCAC

SUB27F3：TCGATACCGCCTGGACC
SUB27B3：CGCAACCATCCCCTCTTG
SUB27FIP：GCGACCGGCAGGTTGATCTAAAAGATGACCAGACCGCCCAG
SUB27BIP：GTGGTGACTCACGCGCATCAGGAAAAACGCATTGGCATAAGTCGCA

SUB3F3：TGGCGGTGGTGACTCAC
SUB3B3：GCCGGGGTAAAATACCTTGA
SUB3FIP：TGGCATAAGTCGCAATCCCCGTTTTGCATCAGGACAAGATGGGC
SUB3BIP：CAAGAGGGGATGGTTGCGGCTTTTAAGTTGGGCGCGGTTG

SUB30F3：GGACCGATGACCAGACCG
SUB30B3：CAACCATCCCCTCTTGCG
SUB30FIP：GCGTGAGTCACCACCGCCAAAAACCTCAACTGGATCAAGCAGG
SUB30BIP：GCATCAGGACAAGATGGGCGGAAAAAGCTGGTTCGACAACGCAT

经过比较扩增效率，最终选择的引物组合见表3-4。

表 3-4 扩增 NDM-1 基因的 LAMP 和 PCR 引物序列

引物名称	类型	序列(5′-3′)
CJXJ1F3	上游外引物	GCATAAGTCGCAATCCCCG
CJXJ1B3	下游外引物	GGTTTGATCGTCAGGGATGG
CJXJ1FIP	上游内引物	CTGGCGGTGGTGACTCACGTTTTGCATGCAGCGCGTCCA
CJXJ1BIP	下游内引物	CGCGACCGGCAGGTTGATCTTTTGGTCGATACCGCCTGGAC
CJXJ1LF	上游环引物	GCATCAGGACAAGATGGGC
CJXJ1LB	下游环引物	TCCAGTTGAGGATCTGGGC
NDM1-F	PCR 上游引物	CAGCACACTTCCTATCTC
NDM1-R	PCR 下游引物	CCGCAACCATCCCCTCTT

(6) LAMP 反应

25μL 反应混合物各组分的浓度为：20mmol/L Tris・HCl（pH8.8），10mmol/L KCl，10mmol/L $(NH_4)_2SO_4$，0.1%吐温 20，0.8mol/L 甜菜碱，8mmol/L $MgSO_4$，1.4mmol/L 各 dNTP，8U *Bst* DNA 聚合酶，40pmol FIP 和 BIP，5pmol F3 和 B3，模板 2μL。将混合物置于 60～65℃恒温反应 60min。以双蒸水为阴性对照。

(7) LAMP 反应结果检测

实时浊度仪检测：用日本荣研化学株式会社开发出的实时浊度仪 LA-320c，每隔 6s 测定反应管的浊度并绘制成曲线来判断反应的阴阳性。基于钙黄绿素（FD）颜色改变检测：FD 是一种金属离子指示剂，根据反应液中镁离子的变化而呈现出不同的颜色，阴性时为橙色，阳性时为绿色。

(8) 最佳引物的筛选

根据已知的 NDM-1 基因序列设计 8 套 LAMP 引物，在相同条件下进行扩增效率比较，选择扩增效率最高的一组引物序列为最佳扩增引物。

(9) 最佳引物的特异性实验

对筛选出来的最佳引物组合进行特异性实验，主要是利用种属相近的微生物进行特异性实验，本实验重点采用含 NDM-1 基因的鲍曼不动杆菌进行特异性实验。

(10) LAMP 方法与 PCR 方法检测灵敏度比较实验

为了比较 LAMP 方法与 PCR 方法的检测灵敏度，以含 NDM-1 基因的鲍曼不动杆菌为检测对象，提取其总 DNA，定量后将总 DNA 进行 10 倍稀释度稀释，使得最终稀释浓度为 1070ng/μL、107.0ng/μL、10.70ng/μL、1.070ng/μL、107.0pg/μL、10.70pg/μL、1.070pg/μL，0.107pg/μL。两条引物 NDM1-F 和 NDM1-R 用于 PCR 扩增反应。25μLPCR 反应总体积的组成：1μL 模板、各 12.5pmol 引物、12.5μL 2×*Taq* MIX。扩增循环条件为：95℃变性 2min；之后 95℃变性 30s，54℃退火 30s，72℃延伸 25s，共 32 个循环；最后 72℃延伸 7min。取 PCR 产物 10μL，在 1%含 EB 琼脂糖凝胶电泳上 100V 电泳 45min，在凝胶成像系统下照相检测。

(11) 临床样本的模拟实验

将纯化后的含有 NDM-1 基因的鲍曼不动杆菌基因组加入痰液样本、尿液样本、粪便样本中，并 10 倍梯度稀释，分别检测。

四、实验结果

1. 最佳引物筛选实验结果

8 套不同引物在同一反应条件下的反应结果见图 3-27。

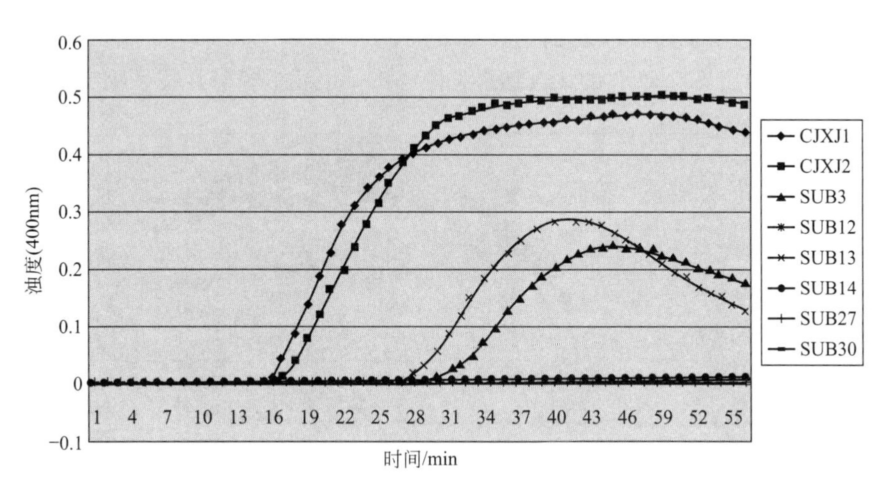

图 3-27 8 套不同引物最佳引物筛选实验结果

结果分析如下。曲线上升表示发生了 LAMP 反应，曲线上升的高低表示了扩增效率的高低。CJXJ1 和 CJXJ2 引物组合含有环引物，其他的引物组合没有环引物，从扩增曲线上可以看出，含有环引物的引物组合在扩增时间和扩增效率上都要比不含环引物的组合好。CJXJ1 和 CJXJ2 的扩增效率基本没有差别，CJXJ1 的扩增效率要稍微高于 CJXJ2，所以选择 CJXJ1 组合为扩增 NDM-1 基因的最佳引物组合。

2. 最佳引物的特异性实验结果

最佳引物的特异性实验结果见图 3-28，用尽可能多的细菌来检验最佳引物的特异性。

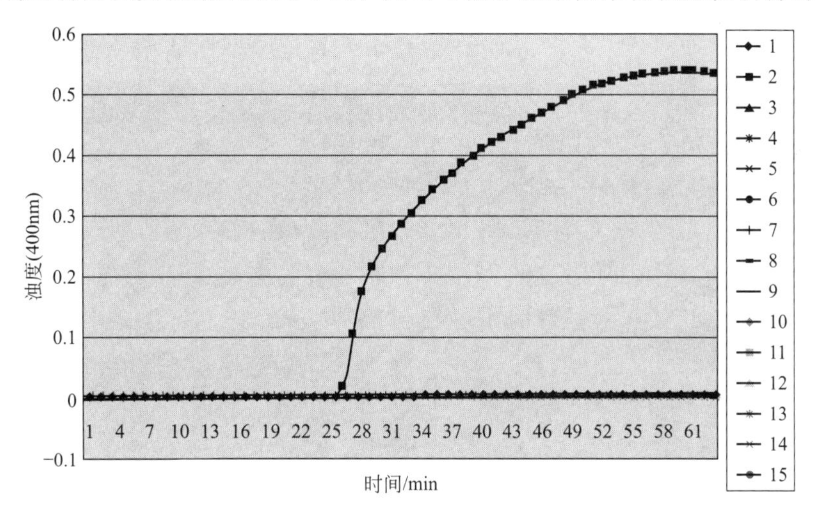

图 3-28 CJXJ1 引物组合特异性实验结果

1—阴性对照（双蒸水）；2—*A. baumannii* XM；3—*A. baumannii* H949；4—*A. baumannii* F398；5—*A. baumannii* B260；6—*A. baumannii* H18；7—*Shigella sonnei* 2531；8—*Shigella flexneri* 4536；9— *Salmonella enteritidis* 50326-1；10—*Vibrio carchariae* 5732；11—*Salmonella paratyphosus* 86423；12—Enteroinvasive *E. coli* 44825；13—Enterotoxigenic *E. coli* 44824；14—Enteropathogenic *E. coli* 2348；15—*Vibrio parahaemolyticus* 5474

结果分析如下。从图中可以看出，只有含 NDM-1 的鲍曼不动杆菌有阳性反应，表明 CJXJ1 引物组合具有良好的特异性。

3. 最佳引物的敏感性及与 PCR 的比较结果

最佳引物的敏感性及与 PCR 的比较结果见图 3-29，引物的敏感性往往决定了引物的优劣。

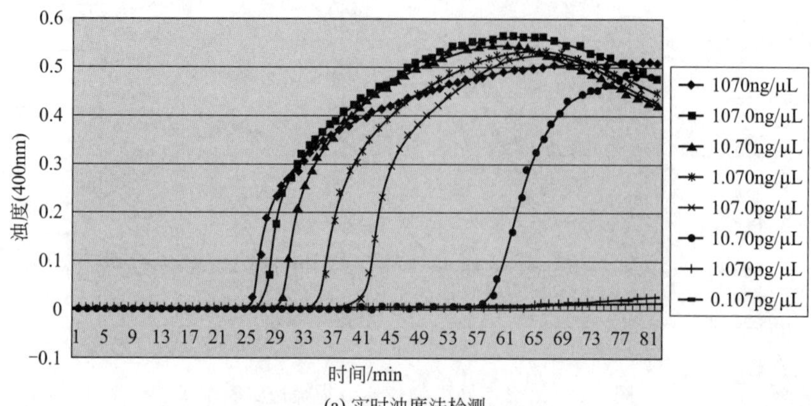

(a) 实时浊度法检测

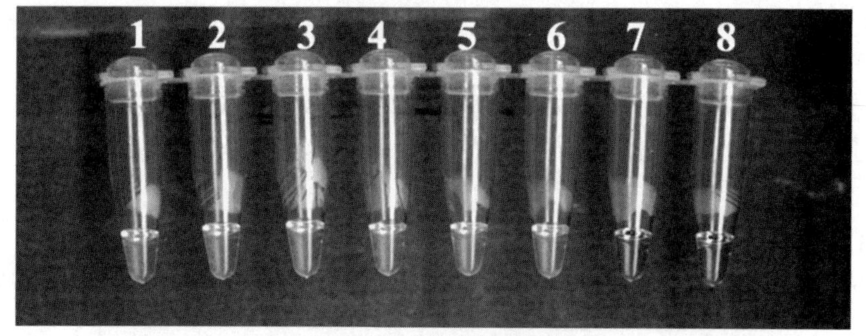

(b) 钙黄绿素荧光染料法检测

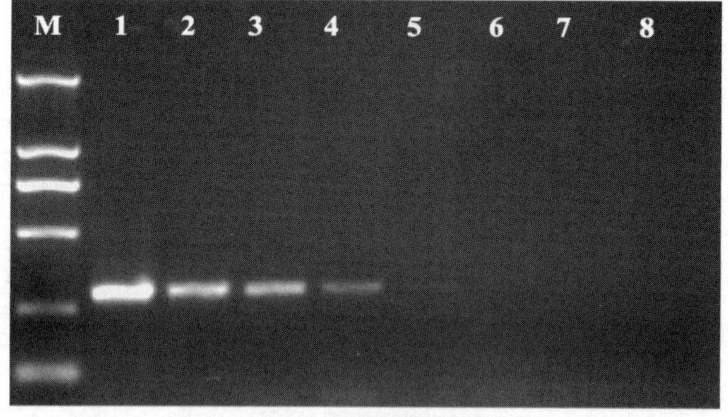

(c) PCR法检测

图 3-29 LAMP 检测敏感性与 PCR 的比较（见彩图）

10 倍梯度稀释的模板浓度：1—1070ng/μL；2—107.0ng/μL；3—10.70ng/μL；4—1.070ng/μL；5—107.0pg/μL；6—10.70pg/μL；7—1.070pg/μL；8—0.107pg/μL

结果分析如下。从实验结果可以看出，LAMP 的最低敏感性为 10.70pg/μL，PCR 的最低敏感性为 1.070ng/μL，说明 LAMP 的敏感性比 PCR 高出 100 倍。

4. 在不同模拟样本中最佳引物的敏感性实验结果

在不同模拟样本中最佳引物的敏感性实验结果见图 3-30。

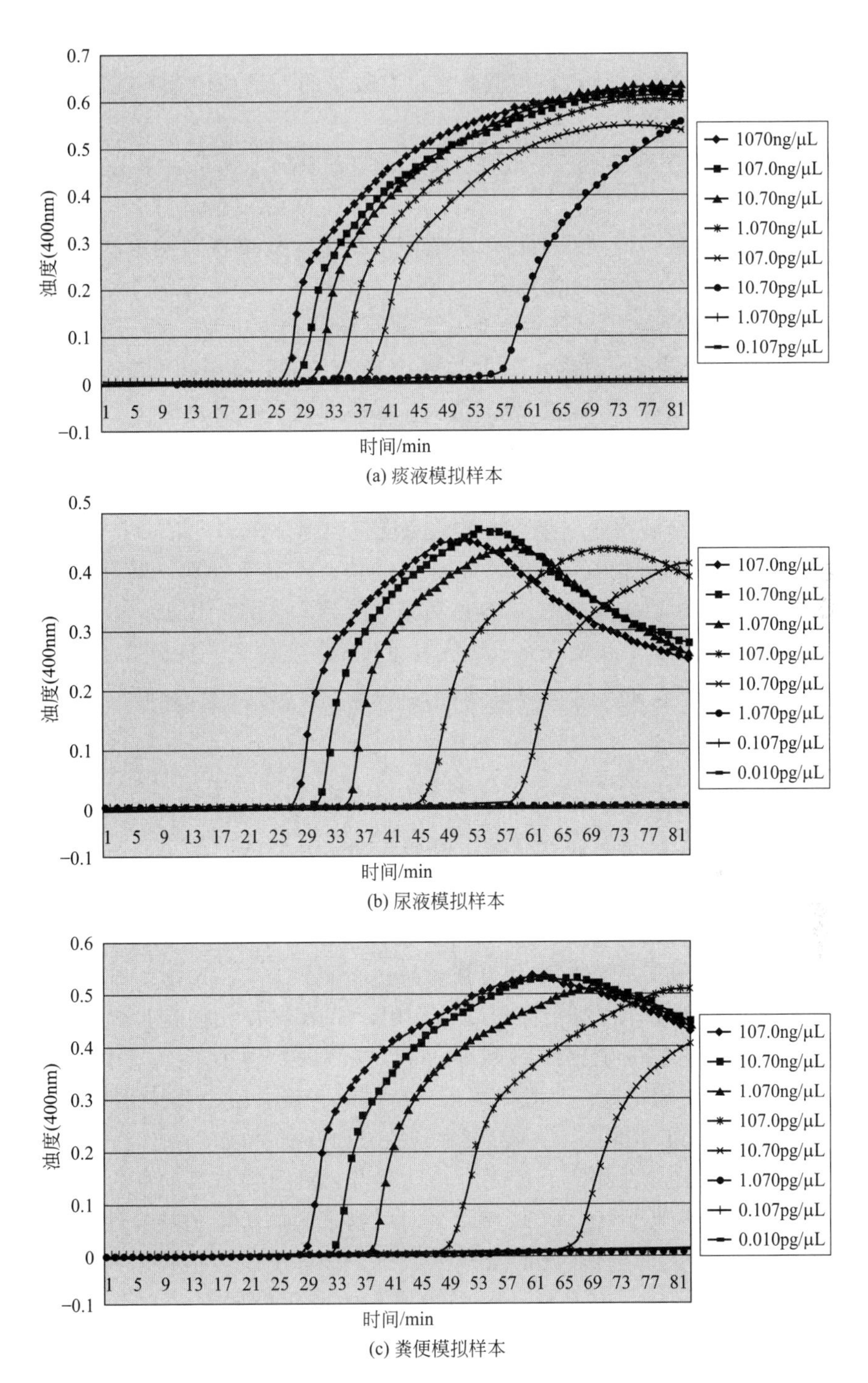

图 3-30　LAMP 法在不同模拟样本中最佳引物的敏感性

结果分析如下。从图中可以看出，在模拟样本中，LAMP 的敏感性并没有下降，说明 LAMP 反应具有良好的稳定性。

五、疑难解析

结合自己的体会，列出实验中可能遇到的问题及可能的解决办法［参考：网上可以查到一些国外公司对一些实验方法列出的疑难解析（trouble shooting）]。

LAMP 技术虽然有众多的优点，但同时它也有很多的不足和注意事项需要去重点考虑，主要有以下几点。

① LAMP 扩增的靶序列很短。一般在 150～300bp 以内，这是由于 LAMP 是链置换合成，故不能进行长链 DNA 的扩增。

② 由于灵敏度高，极易受到污染而产生假阳性结果，故要特别注意严谨操作，要严格执行试剂配制区、加样区、反应区的划分。

③ 对 LAMP 产物的回收测序还很困难，不能像普通 PCR 产物一样直接测序。

④ LAMP 产物不可以用来克隆，因为 LAMP 产物是极其复杂的不规则的扩增混合物。

⑤ 反应温度在 60～65℃范围内均可，请确保仪器的真实温度。建议使用经校正的仪器。

⑥ 加样、分装时应尽量避免产生气泡，反应前注意检查各反应管是否盖紧，以免泄漏污染仪器。

⑦ 反应管冷却至室温后观察结果可有效避免反应产物外逸，建议取出后置室温冷却。

⑧ LAMP 扩增具有特异性好、灵敏度高、时间快、不需要特殊仪器设备等优点。但太高的灵敏度使得其比普通 PCR 扩增更加容易污染，导致假阳性。因此，必须高度重视扩增产物的污染问题，反应过程中和反应完成后应避免开盖。实验室一旦遭受污染，应更换加样环境。强烈建议加样过程在生物安全柜里进行。

六、小结

1. 环介导等温扩增的优势

核酸扩增技术在生命科学领域是非常重要的一种工具，应用于许多方面，例如疾病诊断、基因功能特性的研究等。除了传统的 PCR 方法，现在研究者已经开发出了很多其他的核酸扩增方法，比如 NASBA、3SR、SDA 等。在扩增循环方面，它们有各自的创新点。相比于常规 PCR 利用高温使双螺旋解链变性成单链进行热循环，NASBA 和 3SR 则使用一系列转录和反转录过程来循环，以避免高温变性作用，SDA 则使用限制性内切酶和修饰过的模板来循环扩增。虽然它们的敏感性都很高，可以检测并扩增小于 10 个拷贝的核酸样本，但是它们还有各自需要克服的缺点。技术要求、材料仪器要求、技术本身特异性缺陷等方面严重束缚了这些技术的推广应用。LAMP 则在这些方面有所突破。

LAMP 有比较高的特异性和抗干扰能力，只有当 2 对引物与目的片段的六个区域都匹配上时才能进行扩增。类似于巢式 PCR 使用多对引物来提高扩增的特异性。非目的片段对 LAMP 反应的干扰比较小，这方面比常规 PCR 要强。LAMP 的反应体系比较稳定可靠，在室温下放置 2 周后仍然稳定，并且对于样品中原有的或污染的无关、干扰片段仍然不敏感，而其他核酸扩增技术则无法做到这一点。研究者利用 LAMP 检测脑脊液或血液样本中的布氏锥虫，没有出现使用常规 PCR 时出现的组织或血液样本中的抑制剂干扰反应的现象。同时，LAMP 的敏感性也比较高，可以以单拷贝的基因为模板进行扩增。有研究者报道，使用 LAMP 检测弓形虫速殖子的最低浓度为 2～3 个/mL，但也有研究者报道过更低的拷贝浓度。

LAMP 反应的过程简单快速而且高效[74,75]，能够在 1h 内将单拷贝的基因模板扩增到 10^9 个拷贝，而且这一过程是在 60～70℃的恒温下进行的。这就摆脱了昂贵仪器的束缚。另外，LAMP 结果的检测也无需仪器。这些在一定程度上降低了实验的操作成本。只要引物设计正确，并且完善各种反应条件之后，LAMP 对于样品处理、操作技术和仪器设备的要求都比较低，在野外工作时也能达到。另外，正如上文所述，LAMP 的抗干扰能力较强，使用的样品可以是未经提纯处理的，所以 LAMP 为野外实地开展检测工作提供了很好的技术支持。

2. 环介导等温扩增方法的缺点

灵敏度高，一旦开盖容易形成气溶胶污染，加上目前国内大多数实验室不能严格分区，假阳性问题比较严重，因此，强烈推荐在进行试剂盒的研发过程中采用实时浊度仪，不要把反应后的反应管打开；引物设计要求比较高，有些疾病的基因可能不适合使用环介导等温扩增方法检测。

目前国内基因诊断常采用 PCR 方法，涉及 PCR 仪，该仪器国产和进口的价格不一，便宜的（2～3）万也能买到，贵的二十多万。条件比较好的实验室和机构也有尝试荧光定量 PCR 方法的，该方法技术含量高，必须使用荧光定量 PCR 仪，价格在（20～70）万不等。使用环介导等温扩增技术的产品在临床诊断中是不需要特殊仪器的，但临床使用的成品试剂盒在研发过程中由于涉及引物的选择、引物浓度的调整，及反应温度和时间的优化，需要用一种量化的方式去帮助研究者分析选择数据，因此，推荐使用荣研公司的专利产品 LA-320C 或 LA-500 实时浊度仪。

3. 环介导等温扩增的改进与深化[76～79]

随着 LAMP 的优点逐渐为研究者所熟知，它在越来越多的领域中被使用，包括病毒病原体的检测、细菌病原体的检测、真菌病原体的检测、寄生虫的检测、肿瘤的检测等。当然，不同需求的研究者在使用 LAMP 的时候，针对各自的研究需要对 LAMP 进行不同程度的改进提高及延伸。

① 环状引物。通过增加 2 条环状引物，使 LAMP 的反应时间缩短近一半，提高了检测效率。环状引物结合的区域在 F2-F1 或 B2-B1，以 Fl 到 F2 的方向或是 B1 到 B2 的方向结合。当反应时，所有的茎环区 DNA 序列或与内引物杂交，或者与环状引物杂交，从而加快了反应速率。

② RT-LAMP。LAMP 也同样适用于 RNA 模板，在反转录酶和 DNA 聚合酶的共同作用下，实现 RNA 的一步扩增。研究者利用 RT-LAMP 检测前列腺癌特异抗原（PSA），将一个表达 PSA 的 LNCaP 细胞与 1000000 个不表达 PSA 的 K562 细胞混合，提取 RNA，RT-LAMP 也能够检测得到。

③ 原位 LAMP。2003 年，Maruyama 等将 LAMP 和原位杂交相结合，建立了原位 LAMP（in-situLAMP），用于检测组织细胞中的 *E. coli* O157：H7。将 LAMP 技术和原位杂交技术相结合，研究者想要检测携带一种编码毒素的基因 *stx*2 的大肠杆菌 O157：H7。利用细胞原位固定法，用不同荧光抗体标记大肠杆菌与无 *stx*2 特异基因的细菌混合物，从而区别出携带特异性基因的大肠杆菌。与原位 PCR 相比，温和的渗透性及低的等温条件使得原位 LAMP 对细胞的损伤减小，准确性提高。同原位 PCR 相比，其优点是使用相对较低的温度，可减少对细胞的破坏，有利于同步应用荧光抗体进行细胞鉴定。此外，具有特殊结构的反应产物分子量大，有效地防止向细胞外的泄露，而使用的 DNA 聚合酶也由于分子量小，更容易进入细胞。原位 LAMP 的这些优点大大提高了检测的效率和特异性。2007 年，Ikeda 等报道了在石蜡切片中用原位 LAMP 技术进行点变异检测的研究。

④ 分离单链 DNA。LAMP 的产物可以用于后续实验，如杂交实验，但是单链 DNA 的

杂交效率要明显高于双链 DNA，因而要将茎环状产物适当处理，利于后续反应。研究者从 LAMP 的产物中分离出单链的靶序列，用 *Tsp*R Ⅰ 酶消化 LAMP 的产物，再利用一特殊的引物在断裂处和 3′端杂交并延伸产生一条特异性 DNA，利于进行杂交检测，如 DNA 微阵列技术。反应中所用的 DNA 聚合酶仍为 *Bst* DNA 聚合酶，因其具有链置换活性，可置换出单链 DNA。因为酶的最适温度都为 65℃，所以仍是等温反应。

⑤ 多重 LAMP。有研究者利用多重 LAMP 检测牛巴贝斯虫属寄生虫，分别设计 *Babesia bovis* 和 *B. bige* 的引物，检测灵敏度分别是传统 PCR 方法检测 *B. bovis* 和 *B. bige* 的 10^3 倍和 10^5 倍。

2004 年，Hataoka 等将 LAMP 技术和电泳技术相结合，建立了聚丙烯酰胺凝胶基因芯片，用来检测和分析特异性基因类型。Lam 等发展了一种以聚丙烯酰胺凝胶为基础的微孔 LAMP 反应，可以减少模板和引物的用量，能够检测 1 个 DNA 分子，并且能在 1h 内完成反应。

2006 年，申建维等在检测耐甲氧西林金黄色葡萄球菌时将核酸杂交和 LAMP 技术进行结合，用多重 LAMP 同时扩增金黄色葡萄球菌耐药基因 *meca* 和 *femA*，在反应体系中加入的 2 种不同的荧光探针分别与 *meca* 和 *femA* 基因的扩增产物互补结合，最后检测反应管中的 2 种荧光值。结果该方法的最低检测限为 10CFU/mL，与药敏实验结果相比较，灵敏度为 99.0%，特异度为 90.9%，证明该方法灵敏度高，特异性强，操作简便快速，适用于临床样品的直接快速基因检测。

2004 年，Fukuta 等将免疫捕获和 LAMP 技术相结合，发展了免疫捕获 RT-LAMP 方法（IC/RT-LAMP）来检测菊花的番茄斑点枯萎病毒，发现其比 IC/RT-PCR 灵敏 100 倍。

4. LAMP 产品的开发

因 LAMP 技术具有的特点及其适合在临床及基层进行即时检测（point-of-care testing，POCT），所以，其产生后已经被用来研究开发了多种检测产品，Iturriza-Gomara 等还开发了诺瓦病毒的 LAMP 检测试剂盒。日本 Eiken 公司网站已经开发了包括禽流感、SARS、西尼罗河病毒、牛胚胎性别检测等多种 LAMP 检测产品试剂盒并出售。我国也已有十几种 LAMP 检测试剂盒开发成功并申请了专利。

（袁 静 刘 威 编）

参 考 文 献

[1] Gibbs R A. DNA amplification by the polymerase chain reaction. Anal Chem，1990，62（13）：1202-1214.

[2] Mullis K B. The unusual origin of the polymerase chain reaction. Sci Am，1990，262（4）：56-61，64-65.

[3] Cebula T A，Koch W H. Polymerase chain reaction（PCR）and its application to mutational analysis. Prog Clin Biol Res，1991，372：255-266.

[4] Elnifro E M，Ashshi A M，Cooper R J，et al. Multiplex PCR：optimization and application in diagnostic virology. Clin Microbiol Rev，2000，13（4）：559-570.

[5] Rea S，O'Sullivan S T. The polymerase chain reaction and its application to clinical plastic surgery. J Plast Reconstr Aesthet Surg，2006，59（2）：113-121.

[6] Schrader A J，Lauber J，Lechner O，et al. Application of real-time reverse transcriptase-polymerase chain reaction in urological oncology. J Urol，2003，169（5）：1858-1864.

[7] Van Gelder R N. Cme review：polymerase chain reaction diagnostics for posterior segment disease. Retina，2003，23（4）：445-452.

[8] Kim Y，Flynn T R，Donoff R B，et al. The gene：the polymerase chain reaction and its clinical application. J Oral Maxillofac Surg，2002，60（7）：808-815.

[9] 林万明. PCR技术操作与应用指南. 北京：人民军医出版社，1993.

[10] George H. keller Mark M. Manak. DNA Probes. 1992.

[11] Oligo 软件帮助文件（Oligo. HLP).

[12] 朱平. PCR基因扩增实验操作手册. 北京：中国科学技术出版社，1992.

[13] 郑仲承. 寡核苷酸的优化设计. 生命的化学，2001，21（3）：254-256.

[14] 付洁，王瑜，程龙，徐小洁，张浩，宋海峰，叶棋浓. RBPMS不同剪接体的真核表达和亚细胞定位. 生物技术通讯，2013，1：25-29.

[15] http://www.takara.com.cn/? action=Page&Plat=pdetail&newsid=544&subclass=1.

[16] http://www.takara.com.cn/? action=Page&Plat=pdetail&newsid=227&subclass=1\.

[17] Valasek M A，Repa J J. The power of real-time PCR. Adv Physiol Educ，2005，29（3）：151-159.

[18] Mackay I M. Real-time PCR in the microbiology laboratory. Clin Microbiol Infect，2004，10（3）：190-212.

[19] Dhanasekaran S，Doherty T M，Kenneth J，et al. Comparison of different standards for real-time PCR-based absolute quantification. J Immunol Methods，2010，354（1-2）：34-39.

[20] Nailis H，Coenye T，Van Nieuwerburgh F，et al. Development and evaluation of different normalization strategies for gene expression studies in Candida albicans biofilms by real-time PCR. BMC Mol Biol，2006，7：25.

[21] Nolan T，Hands R E，Bustin S A. Quantification of mRNA using real-time RT-PCR. Nat Protoc，2006，1（3）：1559-1582.

[22] Huggett J，Dheda K，Bustin S，et al. Real-time RT-PCR normalisation；strategies and considerations. Genes Immun，2005，6（4）：279-284.

[23] Fu J，Bian L，Zhao L，et al. Identification of genes for normalization of quantitative real-time PCR data in ovarian tissues. Acta Biochim Biophys Sin（Shanghai），2010，42（8）：568-574.

[24] Chang E，Shi S，Liu J，et al. Selection of reference genes for quantitative gene expression studies in Platycladus orientalis（Cupressaceae）Using real-time PCR. PLoS One，2012，7（3）：e33278.

[25] Pfaffl M W，Tichopad A，Prgomet C，et al. Determination of stable housekeeping genes，differentially regulated target genes and sample integrity：BestKeeper - Excel-based tool using pair-wise correlations. Biotechnol Lett，2004，26（6）：509-515.

[26] Vandesompele J，De Preter K，Pattyn F，et al. Accurate normalization of real-time quantitative RT-PCR data by geometric averaging of multiple internal control genes. Genome Biol，2002，3（7）：RESEARCH0034.

[27] Livak K J，Schmittgen T D. Analysis of relative gene expression data using realtime quantitative PCR and the $2^{-\triangle\triangle CT}$ Method. Methods，2001，25（4）：402-408.

[28] Bustin S A. A-Z of Quantitative PCR. La Jolla：Intl Univ Line，2004：87-120.

[29] Wong M L，Medrano J F. Real-time PCR for mRNA quantitation. Biotechniques，2005，39（1）：75-85.

[30] Wittwer C T，Reed G H，Gundry C N，et al. High-resolution genotyping by amplicon melting analysis using LCGreen. Clin Chem，2003，49（6 Pt 1）：853-860.

[31] Li J，Wang L，Jänne P A，Makrigiorgos G M. Coamplification at lower denaturation temperature-PCR increases mutation-detection selectivity of TaqMan-based real-time PCR. Clin Chem，2009，55（4）：748-756.

[32] Li J，Wang L，Mamon H，et al. Replacing PCR with COLD-PCR enriches variant DNA sequences and redefines the sensitivity of genetic testing. Nat Med，2008，14（5）：579-584.

[33] Hindson B J，Ness K D，Masquelier D A，et al. High-throughput droplet digital PCR system for absolute quantitation of DNA copy number. Anal Chem，2011，83（22）：8604-8610.

[34] White RA，Blainey P C，Fan H C，et al. Correction：Digital PCR provides sensitive and absolute calibration for high throughput sequencing. BMC Genomics，2009，10：116.

[35] Pinheiro L B，Coleman V A，Hindson C M，et al. Evaluation of a droplet digital polymerase chain reaction format for DNA copy number quantification. Anal Chem，2012，84（2）：1003-1011.

[36] Caliendo A M，Valsamakis A，Bremer J W，et al. Multilaboratory evaluation of real-time PCR tests for hepatitis B virus DNA quantification. J Clin Microbiol，2011，49（8）：2854-2858.

[37] Thibault V，Pichoud C，Mullen C，et al. Characterization of a new sensitive PCR assay for quantification of viral

DNA isolated from patients with hepatitis B virus infections. J Clin Microbiol，2007，45（12）：3948-3953.
[38] Ikezaki H，Furusyo N，Ihara T，et al. Abbott RealTime PCR assay is useful for evaluating virological response to antiviral treatment for chronic hepatitis C. J Infect Chemother，2011，17（6）：737-743.
[39] Vermehren J，Kau A，Gärtner BC，et al. Differences between two real-time PCR-based hepatitis C virus（HCV）assays（RealTime HCV and Cobas AmpliPrep/Cobas TaqMan）and one signal amplification assay（Versant HCV RNA 3.0）for RNA detection and quantification. J Clin Microbiol，2008，46（12）：3880-3891.
[40] http://www.fda.gov/ohrms/dockets/dockets/05d0047/05D-0047-EC2-Attach-2.pdf.
[41] Fu J，Li D，Xia S，et al. Absolute quantification of plasmid DNA by real-time PCR with genomic DNA as external standard and its application to a biodistribution study of an HIV DNA vaccine. Anal Sci，2009，25（5）：675-680.
[42] 倪娜，张智勇，李国瑞，等. 实时荧光定量PCR技术在转基因食品检测中的应用研究进展. 内蒙古民族大学学报（自然科学版），2013，28（1）：64-70.
[43] Elenis D S，Kalogianni D P，Glynou K，et al. Advances in molecular techniques for the detection and quantification of genetically modifiedorganisms. Anal Bioanal Chem，2008；392（3）：347-354.
[44] Mano J，Masubuchi T，Hatano S，et al. Development and validation of event-specific quantitative PCR method for genetically modified maize LY038. Shokuhin Eiseigaku Zasshi，2013；54（1）：25-30.
[45] Mano J，Furui S，Takashima K，et al. Development and validation of event-specific quantitative PCR method for genetically modified maize MIR604. Shokuhin Eiseigaku Zasshi，2012；53（4）：166-171.
[46] 李葱葱，王青山，李飞武，等. 用实时荧光PCR方法定量检测Bt176转基因玉米. 吉林农业科学，2007，32（5）：24-27.
[47] Rho J K，Lee T，Jung S I，et al. Qualitative and quantitative PCR methods for detection of three lines of genetically modified potatoes. J Agric Food Chem，2004，52（11）：3269-3274.
[48] Duangmano S，Dakeng S，Jiratchariyakul W，et al. Antiproliferative Effects of Cucurbitacin B in Breast Cancer Cells：Down-Regulation of the c-Myc/hTERT/Telomerase Pathway and Obstruction of the Cell Cycle. Int J Mol Sci，2010，11（12）：5323-5338.
[49] Kim C S，Jung S，Jung T Y，et al. Characterization of invading glioma cells using molecular analysis of leading-edge tissue. J Korean Neurosurg Soc，2011，50（3）：157-165.
[50] Chen C，Ridzon D A，Broomer A J，et al. Real-time quantification of microRNAs by stem-loop RT-PCR. Nucleic Acids Res，2005，33（20）：e179.
[51] Schmittgen T D，Lee E J，Jiang J，et al. Real-time PCR quantification of precursor and mature microRNA. Methods，2008，44（1）：31-38.
[52] Chugh P，Tamburro K，Dittmer D P. Profiling of pre-micro RNAs and microRNAs using quantitative real-time PCR（qPCR）arrays. J Vis Exp，2010，（46）：2210-2214.
[53] http://www.exiqon.com/ls/Documents/Scientific/microRNA-serum-plasma-guidelines.pdf.
[54] http://www.exiqon.com/ls/Documents/Scientific/Universal-RT-microRNA-PCR-product-folder.pdf.
[55] Garson J A，Huggett J F，Bustin S A，et al. Unreliable real-time PCR analysis of human endogenous retrovirus-W（HERV-W）RNA expression and DNA copy number in multiple sclerosis. AIDS Res Hum Retroviruses，2009，25（3）：377-378，author reply 379-381.
[56] Pérez-Novo C A，Claeys C，Speleman F，et al. Impact of RNA quality on reference gene expression stability. Biotechniques，2005，39（1）：52，54，56.
[57] Gutierrez L，Mauriat M，Guénin S，et al. The lack of a systematic validation of reference genes：a serious pitfall undervalued in reverse transcription-polymerase chain reaction（RT-PCR）analysis in plants. Plant Biotechnol J，2008，6（6）：609-618.
[58] Bustin S A，Benes V，Garson J A，et al. The MIQE guidelines：minimum information for publication of quantitative real-time PCR experiments. Clin Chem，2009；55（4）：611-622.
[59] Gingrich J，Rubio T，Karlak C. Effect of RNA degradation on data quality in quantitative PCR and microarray experiments. Bio-Rad Bulletin 5452，2006.
[60] Böhlenius H，Eriksson S，Parcy F，et al. Retraction. Science，2007，316（5823）：367.

[61] Bustin S A, Beaulieu J F, Huggett J, et al. MIQE précis: Practical implementation of minimum standard guidelines for fluorescence-based quantitative real-time PCR experiments. BMC Mol Biol, 2010, 11: 74.

[62] Lefever S, Hellemans J, Pattyn F, et al. RDML: structured language and reporting guidelines for real-time quantitative PCR data. Nucleic Acids Res, 2009, 37 (7): 2065-2069.

[63] qPCR Innovations and Blueprints. LIFE SCIENCE TECHNOLOGIES. DOI: 10.1126/science.opms.p1100058.

[64] Troubleshooting Guide for qPCR and RT qPCR kits (EUROGENTEC).

[65] Notomi T, Okayama H, Masubuchi H, et al. Loop-mediated isothermal amplification of DNA. Nucleic Acids Res, 2000, 28: E63.

[66] 王勇.感染性腹泻预防控制对策与实验室监测的研究. 北京：中国人民解放军军事医学科学院，2007.

[67] 张昕，高永军，冯子健，等. 2008年全国其他感染性腹泻报告病例信息分析. 世界华人消化杂志，2009，17 (32)：3370-3375.

[68] 张道玲，邵长喜. 感染性腹泻病原菌调查分析. 中国自然医学杂志，2005，6 (7)：83.

[69] 聂青和. 感染性腹泻的研究现状. 传染病信息，2007，20 (4)：193-196.

[70] Hénock B N Y, Dovie D B. Diarrheal diseases in the history of public health. Arch Med Res. 2007, 38 (2): 159-163.

[71] Iwamoto T, Sonobe T, Hayashi K. Loop-mediated isothermal amplification for direct detection of Mycobacterium tuberculosis complex, *M. avium*, and *M. intracellulare* in sputum samples. J Clin Microbiol, 2003, 41: 2616-2622.

[72] Mori Y, Nagamine K, Tomita N, et al. Detection of loop mediated isothermal amplification reaction by turbidity derived from magnesium pyrophosphate formation. Biochem Biophys Res Commun, 2001, 289: 150-154.

[73] Nagamine K, Hase T, Notomi T. Accelerated reaction by loop mediated isothermal amplification using loop primers. Mol Cell. Probes, 2002, 16: 223-229.

[74] Ihira M, Yoshikawa T, Enomoto Y, et al. Rapid diagnosis of human herpes virus 6 infection by a novel DNA amplification method, loop-mediated isothermal amplification. J Clin Microbiol, 2004, 42: 140-145.

[75] Kuboki N, Inoue N, Sakurai T, et al. Loop-mediated isothermal amplification for detection of African trypanosomes. J Clin Microbiol, 2003, 41: 5517-5524.

[76] Maruyama F, Kenzaka T, Yamaguchi N, et al. Detection of bacteria carrying the *stx2* gene by in situ loop-mediated isothermal amplification. Appl Environ Microbiol, 2003, 69: 5023-5028.

[77] Mori, Y, Kitao M, Tomita N, et al. Real-time turbidimetry of LAMP reaction for quantifying template DNA. J Biochem Biophys Methods, 2004, 59: 145-157.

[78] Nagamine K, Watanabe K, Ohtsuka K, et al. Loop-mediated isothermal amplification reaction using a nondenatured template. Clin Chem, 2001, 47: 1742-1743.

[79] Parida M, Posadas G, Inoue S, et al. Real-time reverse transcription loop-mediated isothermal amplification for rapid detection of West Nile virus. J Clin Microbiol, 2004, 42: 257-263.

[80] Ikeda S K, Kazuhiko T, Inagaki M, et al. Detection of gene point mutation in paraffin sections using in situ loop-mediated isothermal amplification. Pathology International, 2007, 57 (9): 594-599.

[81] Fukuta S, Ohishi K, Yoshida K, et al. Development of immunocapture reverse transcription loop-mediated isothermal amplification for the detection of tomato spotted wilt virus from chrysanthemum. J Virol Methods, 2004; 121 (1): 49-55.

[82] 申建维，王旭，范春明，等. 多重分子信标环介导等温扩增快速检测耐甲氧西林金黄色葡萄球菌. 中华医院感染学杂志，2006，16 (7)：729-733.

第四章
载体的构建和鉴定

DNA 双螺旋结构的发现和遗传密码的阐明为之后的生命科学研究带来了一场革命，生命科学出现了飞跃式的发展。在这场革命中，最先出现的便是基因克隆。基因克隆包含多种技术，它使得通过操作试管中的细菌来改变基因并将之转回正常的活体生物内成为可能。这项技术的重要性还在于它使人们能够从组成有机体的数百万碱基对中分离得到任意的 DNA 片段。

基因克隆是指将一段 DNA 从有机体原位提取出来，并将之转移到另一个宿主内，如大肠杆菌。然后就可以研究克隆的这段基因，或者这段基因所编码的蛋白质。很多研究可能是要将这段 DNA 转移到另一个有机体内，但是第一步的克隆很多都是在大肠杆菌内实现的。

在弄清楚基因克隆的细节之前，首先应该搞清楚其关键步骤是什么。人们的目的是，将 DNA 切断成碎片并导入一个新的宿主（通常是大肠杆菌）内进行复制，但是不能简单地把 DNA 碎片直接导入到细菌或细胞中，因为它们有可能被降解；即便不被降解，也有可能不会复制，或者当细胞分裂后无法保持传代。为了确保克隆的这段 DNA 能够复制并往下传代，需要将它们导入一个载体中。有了这个载体，就能够保证目的基因每次分裂时都会得到复制，复制时能够保持准确性，以及随着细胞分裂能够传给所有的子细胞。这就需要切断载体并将之与目的基因连接，载体的切开和 DNA 片段的连接都是在酶的参与下完成的。将构建好的重组体导入宿主体内叫作转化。一旦进入宿主体内，它就会复制，并随着细胞分裂向下延续，这就产生了很多原始片段的复制体，也称为克隆[1,2]。

第一节　克隆载体

大部分克隆和表达载体都是与宿主——大肠杆菌联合使用的，大肠杆菌作为质粒宿主的研究已经有许多年的历史了。许多关于基因结构和功能的基础研究都是基于大肠杆菌作为实验材料得以进行的，即使是研究真核生物，也可以采用大肠杆菌来克隆 DNA 序列，构建真核生物基因的重组片段，以研究该基因的功能与表达情况。近年来，基因克隆与分子生物学研究的完美结合极大地推动了基因克隆方面的突破性研究，在研究实践中发展出了大量新的、更为复杂的克隆载体和表达载体[3,4]。

基因克隆中用得最多、最简单的克隆载体是以较小的、来自细菌的质粒为基础的。很多在大肠杆菌中使用的质粒载体都可从公司买到。这些载体能够高效转化，有方便筛选转化的基因或重组体的标记，可以插入较长的 DNA 片段（最大约 8kb）。

一、pBR322 载体

最先研究清楚的载体是 pBR322。尽管 pBR322 不具备最新的克隆载体的某些特征，但这里通过它来描述质粒克隆载体的重要的基本性质。pBR322 的基因图谱和物理图谱揭示了为何这种质粒可以作为大众化的载体，见图 4-1。

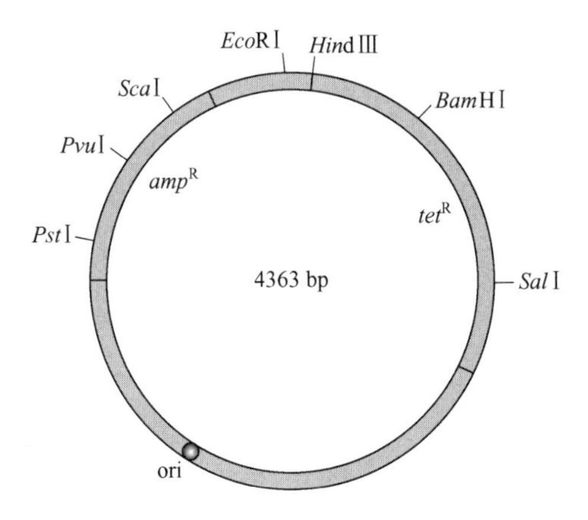

图 4-1　pBR322 质粒图谱

pBR322 的第一个特征是它的大小合适。克隆载体的大小一般应在 10kb 以下，这样可以避免出现诸如 DNA 在纯化过程中被破坏等问题。pBR322 的长度是 4363bp，这意味着载体自身以及它所携带的重组 DNA 会很容易纯化。即使插入的片段长达 6kb，也很容易纯化。

pBR322 的第二个特征是它含有两个抗性基因的位点：氨苄抗性基因位点和四环素抗性基因位点。这两种抗性基因都可以作为筛选标记，每个标记基因都含有可用于克隆实验的独特的限制性位点。当 DNA 片段插入被 *Pst* Ⅰ、*Pvu* Ⅰ 或者 *Sca* Ⅰ 处理过的 pBR322 时，质粒上的氨苄抗性基因会失活；当采用 3 种限制性内切酶（*Bam* H Ⅰ、*Sal* Ⅰ 和 *Hin* dⅢ）中的任何一种酶介导外源片段插入时，均可使四环素抗性失活。如此众多的可用于插入失活的限制性酶切位点意味着 pBR322 可用来克隆多种带有黏性末端的 DNA 片段。

pBR322 的第三个特点是它含有较高的拷贝数。通常情况下，一个转化的大肠杆菌含有约 15 个拷贝，在蛋白质合成抑制剂（如氯霉素）存在的条件下，拷贝数可以达到 1000～3000。这样，便可以通过培养转化的大肠杆菌获得大量的重组 pBR322。

pBR322 作为一种大众化的克隆载体并非偶然。事实上，人们是通过精心设计使得最终构建出的质粒具有预期的特征，这是一项极其复杂的工作。自从第一篇描述 pBR322 用途的文章在 1977 年发表后，人们构建出许多其他基于 pBR322 的质粒克隆载体。

首先成功构建的是 pBR327，它保留了氨苄抗性基因和四环素抗性基因的完整性，但改变了其复制和接合能力。因此，pBR327 在以下两个重要方面不同于 pBR322。

① pBR327 比 pBR322 具有更高的拷贝数，未刺激情况下，它在大肠杆菌中的拷贝数可以达到 30～45。刺激后，这两种质粒的拷贝数都可以增至一千多，因此，两种质粒的初始拷贝数对于刺激后的最终产量影响不大。然而，如果实验的目的是研究克隆基因的功能，那么 pBR327 具有的较高拷贝数可使其在宿主细胞中有更强的适应性。实验中，目的基因的量往往是关键因素，因为克隆基因的量越大，其对宿主细胞的影响就越容易检测到。因此，在研究基因的功能方面，具有更高拷贝数的 pBR327 比 pBR322 更适用。

② pBR327 不具有 pBR322 那样的接合能力，因此，它不能介导自身转移到其他大肠杆菌细胞。这点对于生物屏障很重要，这种屏障可避免重组的 pBR327 的体外逃逸，也避免了由于实验者的粗心使其进入其他细菌。相反，pBR322 可能通过接合进入其他大肠杆菌，尽管这种可能性可以通过 pBR322 的屏障而降低。总之，如果被克隆的基因是有害的，那么 pBR327 能更好地避免该基因产生危害。

当然，pBR327也像pBR322一样，已经不被人们所广泛使用，但是现代的许多质粒载体仍然在沿用它的一些基本特征。这里仅举2个例子来说明。

二、pUC8——一种Lac选择型质粒

pUC8起源于pBR322，尽管它只保留了复制起始位点和氨苄抗性基因。pUC8的氨苄抗性基因的碱基序列已经改变，因而它已不含特殊的限制性位点。pUC8的所有克隆位点呈簇存在于*lacZ'*基因的短片段上。pUC8的图谱和酶切位点见图4-2。

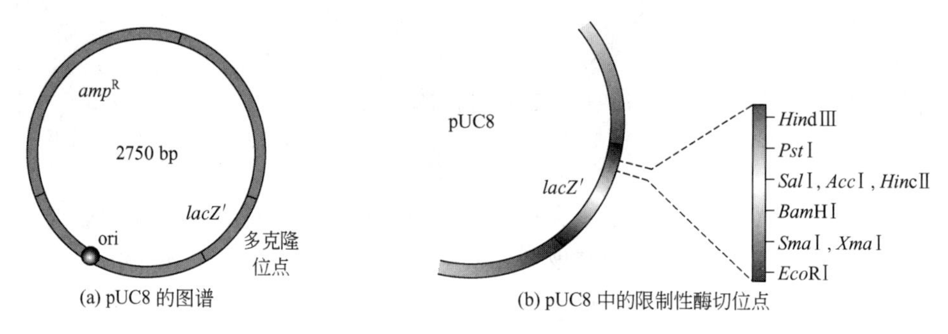

图4-2 pUC8的图谱和酶切位点

pUC8的三个特性使得它成为目前广受推崇的大肠杆菌克隆质粒。第一是偶然性，构建pUC8时通过复制起始的随机突变，使得质粒在增殖之前拥有500～700个拷贝。这样，克隆到pUC8上的DNA可以随着宿主的繁殖而大量获得。第二个特点是只需一步就可以鉴定重组细胞，鉴定方法就是将转化后的细胞涂布在加有X-gal的氨苄抗性平板上。如果是以pBR322和pBR327为载体，重组体的筛选则需要两步，细菌需从一种抗性平板转移到另一种抗性平板。因此，使用pUC8可以节约一半的时间。pUC8的第三个特点在于其限制性位点的成簇。这使得带有两种不同黏末端（如一端是*Eco*RⅠ，另一端是*Bam*HⅠ）的DNA片段可以不增加步骤（如连接）而直接克隆到载体上。pUC8还有一些其他pUC载体具有不同的限制性位点，因而它们可以形成不同的重组体，克隆更多种类的DNA片段。

三、pGEM3Z——克隆DNA的体外转录

pGEM3Z与pUC载体非常相似：含有氨苄抗性基因和*lacZ'*基因，*lacZ'*上含有成簇的限制性位点，其长度与pUC更接近。不同的是，pGEM3Z含有两个短DNA片段，这两个片段都是RNA聚合酶的识别位点。这两种存在于限制性位点两边的启动子序列可介导DNA进入pGEM3Z。有意思的是，如果将重组的pGEM3Z分子与纯的RNA聚合酶放在同一个试管中，会发生插入片段的转录和RNA的复制。转录的RNA可作为杂交探针，也可用来进行RNA的相关研究（如内含子的敲除）以及合成蛋白质。

pGEM3Z以及其他载体所携带的这两个启动子并不是大肠杆菌RNA聚合酶识别的标准序列。其中一个启动子被T7噬菌体编码的RNA聚合酶特异识别，而另一个启动子则被SP6噬菌体的RNA聚合酶特异识别。由于这些RNA聚合酶具有很高的酶活性，常用作体外转录，这种聚合酶每分钟可合成1～2mg RNA。pGEM3Z的图谱和酶切位点见图4-3。

四、柯斯质粒载体[5]

λ噬菌体克隆系统已经被广泛用于构建基因文库。λ噬菌体颗粒的DNA是一条约49kb

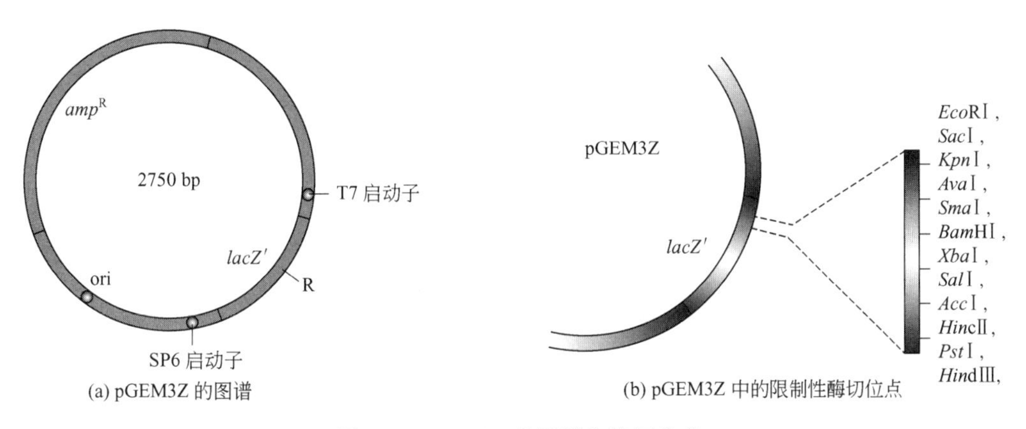

图 4-3 pGEM3Z 的图谱和酶切位点

的线性双链 DNA 分子。其两末端是互补的含有 12 个核苷酸残基的序列，这样的黏性末端就称作柯斯（cos）位点。在正常的复制中，形成一系列含有柯斯位点的、长度为 49kb 的间隔。这种位点对于λ噬菌体头部在体内外的包装极其重要。λ噬菌体包装系统选择 37～52kb 的 DNA 进行包装。柯斯克隆系统利用了柯斯位点，将目的片段对λ噬菌体的基因组进行替换。尽管柯斯质粒的片段非常小，但是整个λ噬菌体颗粒都可以用来包装基因组 DNA。因此，可以利用柯斯质粒来克隆大片段。

柯斯质粒是一种含有λ噬菌体 cos 位点、抗性标记、复制起始位点以及一个或多个限制性位点的小型克隆载体。含有多个克隆位点、原核及真核选择性标记的质粒都可以通过插入 cos 位点而将其转化为柯斯质粒。当 cos 位点在体外被包装进了噬菌体的头部，杂合的柯斯质粒就能高效地被转入大肠杆菌。然而，与λ噬菌体相比，柯斯质粒作为大型质粒在大肠杆菌中复制；因此，柯斯质粒文库以转化的细菌的形式进行筛选和保存。

如果仅仅是克隆 DNA 大片段，那么涉及基因构建和表达的问题就更容易解决了。克隆大片段有以下几点优势：①大片段可由单个的重组克隆隔开；②几个串联的基因可被同样的重组克隆分离开；③基因可被周围基因分支隔开；④分离所插入的克隆时不需要筛选；⑤染色体“行走”实验中，较大的基因组片段可以转变为基因连锁分析。

这里将描述一种构建柯斯文库的方法。含有 cos 位点和氨苄抗性标记的柯斯 DNA 用 *Bam*HⅠ单酶切，用碱性磷酸酶处理以防止自连。大片段 DNA 由高分子量的 DNA 片段切割而来。片段大小超过 10 倍折叠的插入质粒。含有 2 个 cos 位点的分子可以包装进噬菌体颗粒并进一步被转入 recA-E。因此，大肠杆菌降低了重组率而增加了柯斯 DNA 的稳定性。接着，重组质粒非溶原性繁殖。理想的柯斯杂合子含有一个柯斯载体分子和一系列连续插入的外源片段 DNA。然后通过抗性筛选和使用探针来鉴定相应的基因组 DNA 序列，从而构建基因文库。

第二节 表达载体

表达载体（expression vectors）就是在克隆载体基本骨架的基础上增加表达元件（如启动子、RBS、终止子等），使目的基因能够表达的载体，如 pKK223-3。pKK223-3 是一个具有典型表达结构的大肠杆菌表达载体。其基本骨架为来自 pBR322 和 pUC 的质粒复制起点和氨苄西林抗性基因。在表达元件中，有一个杂合 tac 强启动子和终止子，在启动子下游有

RBS位点，其后的多克隆位点可装载要表达的目标基因。

通常情况下，表达载体与克隆载体的不同之处关键在于含有以下三个位点。

① 启动子。启动子是DNA链上一段能与RNA聚合酶结合并起始RNA合成的序列，它是基因表达不可缺少的重要调控序列。没有启动子，基因就不能转录。细菌RNA聚合酶不能识别真核基因的启动子，因此，原核表达载体所用的启动子必须是原核启动子。原核表达系统中通常使用的可调控的启动子有Lac（乳糖启动子）、Tac（乳糖和色氨酸的杂合启动子）、Trp（色氨酸启动子）、T7噬菌体启动子等。

② SD序列。它是在起始密码子上游3～9bp的序列，它与起始密码子之间的距离是影响mRNA转录、翻译成蛋白质的重要因素之一。因此，为了增强蛋白质的表达，表达载体中一般都含有这样一段SD序列。

③ 终止子。在构建表达载体时，为了稳定表达载体系统，防止所克隆的外源基因影响载体的稳定性，一般都在多克隆位点下游插入一段活性很强的转录终止子。

一、原核表达载体

原核表达载体包括大肠杆菌表达载体、枯草芽孢杆菌表达载体和链霉菌表达载体，其中大肠杆菌表达载体是应用得最广泛、发展得最为成熟的表达载体系统。1980年，《科学》杂志上发表了Guarante等的论文，他们建立了以乳糖操纵子、质粒为基础的大肠杆菌表达系统，这一研究奠定了大肠杆菌表达系统的基础。随着分子生物学技术的快速发展，大肠杆菌表达系统不断得到快速发展和完善。与其他表达系统相比，大肠杆菌表达系统遗传背景清楚，培养周期短，目的基因表达水平高，抗污染能力强。这些特点决定了大肠杆菌表达系统在基因和蛋白质表达技术中的重要地位。这里将以大肠杆菌表达系统来介绍一下原核表达系统的表达载体。

大肠杆菌表达系统由宿主菌（即大肠杆菌）和表达载体构成。作为表达载体，首先必须满足克隆载体的基本要求，即具备复制能力、具有合适的酶切位点以及筛选标记，在这些基本骨架的基础上增加一些表达元件，能够将外源基因引入大肠杆菌中。由于质粒适合于大量制备和体外操作，因此，几乎所有的大肠杆菌表达系统都选用通过对天然质粒进行改造过的质粒作为运载外源基因的载体。这些作为表达载体的质粒大小一般在2～50kb范围内，在通常条件下不会在宿主菌间发生转移，整合到染色体上的概率也较低，在遗传上具有较好的稳定性和安全性。理想情况下，大肠杆菌表达载体具有以下特征：①稳定的遗传复制能力，在无选择压力下能稳定地存在于大肠杆菌内；②具有显性的筛选标记；③启动子的转录水平是可以调控的，未激活时本底转录水平较低；④启动子所转录的mRNA能够在适当的位置终止，转录过程不会影响表达载体的复制；⑤具备适用于外源基因插入的酶切位点。可以看出，复制子、筛选标志、启动子、终止子和核糖体结合位点是构成大肠杆菌表达载体的最基本元件[6～8]。

1. GST标签载体

来自GE Healthcare的谷胱甘肽转移酶（GST）基因融合系统是一种表达、纯化和检测大肠杆菌中所产生的GST标签蛋白的多功能系统。系统包括三个主要成分：pGEX质粒表达载体、GST纯化的产品以及一系列GST检测产品。一系列切割GST标签的位点特异蛋白酶则是该系统的补充。GST亲和标签实现了温和的纯化过程，不会影响蛋白质的天然结构和功能。

GST 基因融合系统的优势包括：

① 所有 pGEX 载体带有 tac 启动子，实现化学诱导的高水平表达；

② 温和、非变性的缓冲液成分，以分离活性蛋白；

③ 基于 Glutathione Sepharose™ 填料的亲和色谱产品实现了从微克到克规模样品的一步纯化；

④ 方便的预装柱形式适合单个样品或平行筛选多个重组克隆；

⑤ pGEX 载体上的 PreScission™ 蛋白酶、凝血酶或 Xa 因子识别位点能将目的蛋白从融合产物中切割下来；

⑥ 利用抗-GST 抗体轻松检测融合蛋白。

在天然情况下，GST 以分子质量为 26×10^6 Da 的蛋白质的形式存在，它在大肠杆菌中的表达产物具有完全的酶活。经过鉴定，pGEX 载体的重组日本血吸虫（*Schistosoma japonicum*）GST 的晶体结构与天然蛋白质一致。pGEX 质粒载体将基因或基因片段与 GST 融合后，在细胞内高水平诱导表达。重组蛋白很容易利用 Glutathione Sepharose 填料通过亲和色谱从比如大肠杆菌细胞裂解液中纯化，要么是预装柱，要么是分批纯化。

用位点特异的蛋白酶，可实现目的蛋白与 GST 的切割，此蛋白酶的识别位点位于 pGEX 载体上多克隆位点的上游。GST 标签的切除是在柱中进行的，作为纯化步骤或纯化后离心的一部分。重组蛋白可利用 GST 检测模块中提供的免疫分析来检测，或用抗-GST 抗体通过 Western 印迹法检测，或通过比色分析来检测。

通过将一个基因或基因片段插入某个 pGEX 载体的多克隆位点，可构建出 GST 标签蛋白。载体提供了三种翻译读码框，从 *Eco*R Ⅰ 限制性酶切位点开始。pGEX 载体是为基因或基因片段的高水平细胞内诱导表达而设计的。大肠杆菌中表达产生了标签蛋白，GST 部分在氨基端，目的蛋白在羧基端。目前有 13 个 pGEX 载体，所有载体都有 tac 启动子，用于高水平的化学诱导表达，以及内部的 *lac*1q 基因，在任何大肠杆菌宿主中使用。

9 个载体有扩展的多克隆位点（MCS），含有 6 个限制性酶切位点。扩展的 MCS 有助于从多种市售 λ 载体的文库构建物中获得 cDNA 片段的定向克隆。pGEX-6P-1、pGEX-6P-2 和 pGEX-6P-3 都在 GST 结构域和多克隆位点之间编码了 PreScission 蛋白酶的识别位点，用于位点特异的切割。pGEX-4T-1、pGEX-4T-2 和 pGEX-4T-3 都来自 pGEX-2TK，含有凝血酶的识别位点。pGEX-5X-1、pGEX-5X-2 和 pGEX-5X-3 则是 pGEX-3X 的衍生物，含有 Xa 因子的识别位点。

pGEX-2TK 设计独特，它通过融合产物的体外直接标记，实现了表达蛋白的检测。此载体含有从心肌中获得的 cAMP 依赖蛋白激酶的催化亚基的识别位点。蛋白激酶位点位于 GST 结构域和 MCS 之间。利用蛋白激酶和［γ-^{32}P］ATP 可直接标记表达的蛋白质，用标准的放射测定或放射自显影技术可轻松检测。pGEX-2TK 是 pGEX-2T 的衍生物，它的融合蛋白可用凝血酶来切割。pGEX 载体都提供了三种翻译读码框，从 *Eco*R Ⅰ 限制性酶切位点开始。

为了补充 pGEX 载体，目前还有 GST 载体的测序引物，可立即用于 pGEX 载体中插入的双链 DNA 的测序。多种大肠杆菌宿主菌株可用于 pGEX 载体的克隆和表达。*E. coli* BL21 是一种用于重组蛋白的最优表达的蛋白酶缺陷的冻干大肠杆菌宿主菌株，也可单独购买。

2. His 标签载体

pET-28a-c（＋）载体带有一个 N 端的 His/Thrombin/T7 蛋白标签，同时含有一个可以选择的C端His标签。pET-28 a载体的单一的多克隆位点请参考相应的环状质粒图谱。注意：载体序列是以pBR322质粒的编码规矩进行编码的，所以T7蛋白表达区在质粒图谱上面是反向的。

T7 RNA聚合酶启动的克隆和表达区域在质粒图谱中也被标注了出来。质粒的F1复制子是被定向的，所以在T7噬菌体聚合酶的作用下，包含蛋白质编码序列的病毒粒子能够产生，并启动蛋白质表达，同时蛋白质表达将在T7终止子序列（Cat. No. 69337-3）的作用下终止蛋白质翻译。

二、真核表达载体

在各种表达系统中，最早被采用进行研究的是原核表达系统，这也是目前掌握得最为成熟的表达系统。其优点在于能够在较短时间内获得基因表达产物，而且所需的成本相对比较低廉。但与此同时，原核表达系统还存在许多难以克服的缺点，如通常使用的表达系统无法对表达时间及表达水平进行调控，有些基因的持续表达可能会对宿主细胞产生毒害作用，过量表达可能导致非生理反应，目的蛋白常以包涵体的形式表达，导致产物纯化困难；而且原核表达系统翻译后加工修饰体系不完善，表达产物的生物活性较低。

为克服上述不足，许多学者将原核基因调控系统引入真核基因调控领域，其优点是：①根据原核生物蛋白质与靶DNA间作用的高度特异性设计，而靶DNA与真核基因调控序列基本无同源性，故不存在基因的非特异性激活或抑制；②能诱导基因高效表达，可达10^5倍，为其他系统所不及；③能严格调控基因表达，即不仅可控制基因表达的“开关”，还可人为地调控基因表达量。因此，利用真核表达系统来表达目的蛋白越来越受到重视。目前，基因工程研究中常用的真核表达系统有酵母表达系统、昆虫细胞表达系统和哺乳动物细胞表达系统。

常用的哺乳动物细胞表达载体有SV40病毒表达载体、痘病毒表达载体、逆转录病毒表达载体。常见的哺乳动物表达载体的组成成分有：原核DNA序列、启动子、增强子、剪接信号、终止信号和多聚腺苷酸化信号、筛选标记及真核病毒序列等。

① 原核DNA序列。为了能在大肠杆菌中增殖，得到大量能转染哺乳动物细胞的重组DNA，哺乳动物细胞表达载体中通常有一段原核序列，包括一个能在大肠杆菌中自我复制的复制子，便于挑选含重组DNA的抗生素抗性基因，以及便于把真核序列插入载体的少数单一限制性酶切位点。当具备这些序列以后，外源的真核基因序列可由单一酶切位点插入载体中，形成的重组DNA可在大肠杆菌中增殖，经抗生素筛选后进行DNA提取，即可得到大量所需的哺乳动物细胞表达载体。

② 启动子。真核生物的启动子区域位于TATA区上游100bp到230bp之间，TATA区位于转录起始点上游25～30bp处。启动子的转录效率因细胞而异。因此，需根据宿主细胞的类型选择不同的启动子。

③ 增强子。增强子是使启动子的基因转录效率显著提高的一类顺式作用元件，由多个独立的核苷酸序列组成。它们通常不具有方向性，在位于转录起始点的下游或离启动子很远时仍有活性。许多增强子只能在特定的组织或细胞中起作用，即具有组织细胞的特异性，因此，在构建真核表达载体的时候，应根据宿主细胞来选择增强子。

④ 剪接信号。真核基因由许多内含子和外显子组成。被转录成mRNA前体以后，需通过剪除内含子、连接外显子才能成为成熟的mRNA。一般mRNA拼接需要的基本序列位于

内含子的 5′末端和 3′末端，因此，改变拼接位点 5′末端和 3′末端两侧的外显子序列可能会影响邻近拼接位点的使用效率，在替换外显子时应注意。

⑤ 终止信号和多聚腺苷酸化的信号。转录的终止信号常常位于多聚腺苷酸化位点下游的一段长度为几百个核苷酸的 DNA 区域内。多聚腺苷酸化需要两种序列：位于腺苷酸化位点下游的 GU 丰富区或 U 丰富区和位于腺苷酸化位点上游 11～30 个核苷酸处的一个由 6 个核苷酸组成并高度保守的 AAUAAA 序列。为了保证目的 mRNA 能有效地多聚腺苷酸化，真核表达载体上必须包括多聚腺苷酸化下游的一段序列。最常用的方法是用 SV40 的一段 237bp 长的 *Bam* HⅠ-*Bcl* Ⅰ 限制性片段，含有多聚腺苷酸化的信号。另一种方法是将全长 cDNA 与已组装在表达载体上一个顺式作用因子的部分片段融合，提供多聚腺苷酸化的信号。

⑥ 遗传标记。从成千上万个哺乳细胞中，检测出极少数的含 DNA 重组体的转染细胞，并鉴定已导入的外源 DNA 是哺乳动物细胞基因表达系统的一个关键。

1. 常见的质粒表达载体

（1）pCMVp-NEO-BAN 载体

特点：该真核细胞表达载体分子大小为 6600 碱基对，主要由 CMVp 启动子、兔 β-球蛋白基因内含子、聚腺嘌呤、氨苄西林抗性基因和抗 *neo* 基因以及 pBR322 骨架构成，在大多数真核细胞内都能高水平稳定地表达外源目的基因。更重要的是，由于该真核细胞表达载体中抗 *neo* 基因的存在，转染细胞后，用 G418 筛选，可建立稳定的、高表达目的基因的细胞株。插入外源基因的克隆位点包括 *Sal* Ⅰ、*Bam* HⅠ 和 *Eco* RⅠ 位点。注意在此载体中有两个 *Eco* RⅠ 位点存在。

（2）pEGFP-N1

pEGFP-N1 表达载体中含有绿色荧光蛋白，在 pCMV 启动子的驱动下，在真核细胞中高水平表达。载体骨架中的 SV40 origin 使该载体在任何表达 SV40 T 抗原的真核细胞内进行复制。Neo 抗性盒由 SV40 早期启动子、Tn5 的新霉素/卡那霉素抗性基因以及 HSV-TK 基因的聚腺嘌呤信号组成，能应用 G418 筛选稳定转染的真核细胞株。此外，载体中的 pUC 起始位点能保证该载体在大肠杆菌中的复制，而位于此表达盒上游的细菌启动子能驱动卡那霉素抗性基因在大肠杆菌中的表达。该表达载体 EGFP 上游有多克隆位点，将外源基因插入这些位点，将合成外源基因和 EGFP 的融合基因。借此可确定外源基因在细胞内的表达和/或组织中的定位，亦可用于检测克隆的启动子活性（取代 CMV 启动子）。

pEGFP-N1 载体具有以下几方面的特点：

① 从结构上看，该质粒载体具有很强的复制能力，可以满足随宿主细胞分裂时跟随胞质遗传给新生的子细胞，这是保证目的基因稳定表达的因素之一；

② 含有高效的功能强大的启动子 SV40 和 PCMV，可以使目的基因在增殖的细胞中稳定表达；

③ 具有多克隆位点，便于目的基因的插入；

④ 该载体具有 *neo* 基因，可以采用 G418 来筛选已成功转染了该载体的靶细胞。

这些特殊的结构可以实现目的基因在靶细胞内的稳定表达。

（3）pPICZαA 载体

该载体的信号肽来自酿酒酵母的 α 交配因子（α factor），作为新一代的毕赤酵母表达质粒，它还具有的一个特点是含有博来霉素（zeocin）抗性标记基因，给筛选转化子的工作带来很大的便利。

pPICZαA 的主要特点有以下几点。

① 具有高效可调控的启动子 AOX1（乙醛氧化酶 1）。

② 具有博来霉素抗性标记基因，重组转化子可以直接采用博来霉素进行筛选，即在 YZAD 平板上生长的转化子中，全部都有外源基因的整合，大大简化了重组子的筛选过程。在使用过程中，博来霉素也可以用来筛选含 pPICZαA 载体的大肠杆菌转化子，不必使用另外的抗生素标记，实用而简便。

③ 在 AOX1 启动子序列下游，有供外源基因插入的多克隆位点，多克隆位点下游含有终止序列。

④ 含有分泌信号较强的信号肽 α 交配因子。

pPICZαA 高效分泌表达质粒能在将外源蛋白表达后，对蛋白质进行翻译后修饰处理，从而不仅能提高分泌蛋白的活性，还有利于蛋白质的纯化。

（4）pSV2 表达载体

特点：该表达质粒是以病毒 SV40 启动子驱动在真核细胞内的目的基因进行表达的，克隆位点为 *Hin*dⅢ。SV40 启动子具有组织/细胞的选择特异性。此载体不含 *neo* 基因，故不能用 G418 来筛选、建立稳定的表达细胞株。

（5）CMV4 表达载体

特点：该真核细胞表达载体由 CMV 启动子驱动，多克隆区域酶切位点选择性较多。含有氨苄西林抗性基因和生长基因片段以及 SV40 复制原点和 f1 单链复制原点。但值得注意的是，该表达载体不含有 *neo* 基因，转染细胞后不能用 G418 筛选稳定的表达细胞株。

2. 常见的病毒表达载体

（1）腺病毒表达载体

腺相关病毒（AAVs）简称腺病毒，是一种复制缺陷型细小病毒，其生产性感染需要腺病毒或疱疹病毒的辅助。AAV 无辅助病毒系统（AAV helper-free system）可以生产出无需辅助病毒的重组人血清型 2 型腺相关病毒（AAV-2）。AAV 无辅助病毒系统利用已经明确用于调节 AAV 复制和表达的腺病毒基因产物，并且这些基因产物能通过转染引进宿主细胞。在 AAV 无辅助病毒系统中，生产具有感染性的 AAV 病毒颗粒所需的腺病毒基因产物（例如：E2A、E4 和 VA RNA 基因）大部分由和人 AAV-2 载体 DNA 共转染进细胞的 pHelper 质粒提供，其余的腺病毒基因产物由稳定表达腺病毒 E1 基因的 AAV-293 宿主细胞提供。本系统包括通过改良 HEK293 腺相关病毒生产能力而衍生出的 AAV-293 细胞。通过消除对活的辅助病毒的需求，AAV 无辅助病毒系统提供了一个更安全、更纯净和更便利的替代逆转录病毒和腺病毒的基因传递系统。

野生型 AAV-2 基因组由病毒 *rep* 和 *cap* 基因及位于两侧的包含所有辅助和包装必需的顺式作用元件的反向末端重复序列（ITRs）组成。在 AAV 无辅助病毒系统中，*rep* 和 *cap* 基因从病毒载体中移除并转移到 pAAV-RC 质粒中，AAV-2 ITRs 仍位于病毒载体中。AAV *rep* 和 *cap* 基因的转移允许感兴趣的外源基因插入病毒基因组中。本系统可以容纳最大插入 3kb。

在传统的基因传递系统中，有一个很大的顾虑是通过重组而使病毒野生型恢复。在本系统中，包含 AAV-2 末端重复序列的质粒（pAAV-MCS、pAAV-LacZ 和 pAAV-hrGFP 以及 pAAV-IRES-hrGFP）与包含 *rep*/*cap* 基因的质粒（pAAV-RC）没有任何共同区域，从而阻止通过重组来产生野生型 AAV-2。为了确保这种无共同区域的保持，只用本系统提供的组件是非常重要的。特殊情况下，只能用 pAAV-RC 作为 *rep* 和 *cap* 基因的来源和包含 ITR 的载体进行共转染。

在 AAV 载体生产和 AAV 储存液滴度测定步骤中，AAV 无辅助病毒系统都消除了对野生型腺病毒进行共感染的需求，使本系统成为彻底的无辅助病毒系统。而传统的 AAV 载体滴度测定时，需要野生型腺病毒和 AAV 载体储存液进行共感染。由于细胞类型的不同，进行滴度测定时用腺病毒进行共转染的最佳感染复数（MOI）值也是不同的，通常需要进行优化，这就导致了共转染进行滴度测定的方法变得复杂。在 AAV 无辅助病毒系统中独创了一个新颖的无腺病毒滴度测定方法，去除了对腺病毒进行共感染的需求，而且得出同腺病毒共感染方法相同的结果。

重组腺相关病毒是基因传递和表达的一个重要工具。AAV 无辅助病毒系统具有宿主范围广、高滴度的病毒生产能力和长期的基因转染潜力的特征。AAV 具有广泛的细胞类型感染能力，并且不依赖于宿主细胞活跃的分裂能力。另外，由于本系统不包含任何野生型病毒产品，宿主细胞免疫反应被降至最低，从而允许对具有免疫能力的宿主细胞进行基因传递。对于哺乳动物细胞基因传递策略，高滴度的重组病毒的生产能力是必须顾及的。AAV 无辅助病毒系统可以生产出重组病毒滴度≥10^7 病毒颗粒/mL 的病毒原液（浓缩后可以获得更高的滴度，文献报道浓缩后滴度可达≥10^{12} 病毒颗粒/mL。浓缩及纯化方法见参考文献）。

AAV-2 在复制许可的前提下具有复制到染色体上的能力，所以 AAV-2 在长期基因表达方面有特别重要的价值。缓慢分裂期或非分裂期细胞可以长期保存 AAV-2 基因组于染色体上，并能稳定表达。高速分裂期细胞在细胞复制和分裂后失去染色体上的病毒基因组，并因此失去基因表达能力。病毒整合进基因组也会发生，但是整合事件是罕见的。如果进行极高的复感染或者细胞被感染过并表达腺病毒复制酶，整合事件发生的频率则会增加。

腺相关病毒用于基因传递和表达的优势有以下几点。

① 较高的生物安全级别。AAV-2 是天然缺陷型病毒（生产性感染依赖于几个额外的反式因子），并且目前还没有发现它和任何的人类疾病有关联。在 AAV 无辅助病毒系统中，AAV-2 反向重复（ITR）序列和 *rep*/*cap* 基因分别位于缺少共同序列的单独的质粒上，以阻止生产出重组野生型病毒。这样的特征赋予了作为病毒来源的基因传递和表达系统的 AAV 无辅助病毒系统一个较高的生物安全级别。

② 宿主细胞范围广。腺相关病毒可以感染广泛的哺乳动物细胞，并且已成功应用于人类和非人类蛋白质的表达。和其他病毒来源的各种载体相比，已证明用于具有免疫活性细胞的基因表达时，腺相关病毒载体的效果更好。

③ 高滴度。一般情况下重组 AAV-2 可以生产出≥10^7 病毒颗粒/mL 的高滴度病毒。文献报道病毒原液经浓缩后滴度可达≥10^{12} 病毒颗粒/mL。

④ 宿主细胞活跃的分裂不是感染的必要条件。重组腺相关病毒能感染分裂期和非分裂期细胞。

⑤ 表达出的人类蛋白质可以正确折叠和修饰。因为 AAV 无辅助病毒系统可以传递基因进入宿主人类细胞系，所以利用此系统表达的人类蛋白质可以正确地进行翻译后的修饰和折叠。

⑥ 长期的基因表达潜能。重组 AAV-2 能保存于人类宿主细胞中，保持长期的基因转录潜能。在所有的细胞群中，病毒基因组通常存在于染色体上，一般形成串联体。这些串联体在缓慢分裂或非分裂细胞内稳定存在，在细胞群内长期进行基因转录和表达。然而，在高速

分裂的细胞群内，则会丢失染色体上的AAV基因组。病毒能整合进宿主基因组，导致基因在分裂期细胞内长期表达，但是这是稀有事件。如果使用极高感染复数（MOI）的AAV进行感染或细胞感染过野生型腺病毒并表达腺病毒复制酶，则整合发生的可能性会增加。然而，使用野生型腺病毒来增加整合事件会降低AAV系统的生物安全性。

（2）慢病毒表达载体

慢病毒是逆转录病毒的一种，具有逆转录病毒的基本结构，但也有不同于逆转录病毒的组分和特性，作为基因治疗载体发展起来，已用于转基因动物的制备。

载体的特性如下。

① 基于HIV的病毒载体中包括RSV-5′LTR复合启动子，这使得在293T包装细胞中能够大量表达全长的假病毒质粒。

② 均包含包装、转染、稳定整合所需的遗传信息（cPPT、GAG、LTR）。

③ SV40复制原点以保证慢病毒质粒在包装细胞293T细胞中的稳定表达。

④ pUC复制原点以保证质粒在大肠杆菌中的高拷贝复制。

⑤ 氨苄抗性作为在大肠杆菌中的筛选标记。

⑥ WPRE元件增强CMV驱动的转录子的翻译的稳定性。

⑦ SV40的多腺嘌呤信号使得转录及重组转录子的过程有效地被终止。

⑧ 定位于3′LTR的U6表达盒保证了在大多数细胞株中shRNA能够保守并有效地转录，这种转录依赖于RNA聚合酶Ⅲ。

⑨ CMV启动子保证了高水平表达GFP（荧光报告基因）、新霉素（药物筛选标记），分别用于转染细胞的检测和筛选。

慢病毒包装系统包含pPACK-REV、pPACK-GAG和pVSV-G三个质粒。目前，获取有感染性而无复制能力的慢病毒颗粒的最常用的方法是将慢病毒表达载体和包装质粒同时转入包装细胞中，从而瞬时表达慢病毒表达载体的转录子以及包装所需的蛋白质。在包装细胞中，表达载体中的高效复合启动子CMV/5′LTR（或者RSV/5′LTR）启动表达大量的包装所需的所有功能元件（例如：Psi、RRE和cPPT）。在pKCPACK质粒表达的辅助蛋白的帮助下，表达载体的转录子被高效地包装到VSV-G假病毒颗粒中。48～72h后，测定包装细胞产生的假病毒颗粒浓度，冷藏，待用于后续实验。

为了有效地包装，建议尽量提供优化后的293T包装细胞株，通过引入SV40大T抗原而保证包装细胞产生高滴度的假病毒颗粒。

pPACK包装质粒混合物是pPACK-GAG、pPACK-REV和pVSV-G三个质粒按一定比例混合而成的。pPACK-GAG、pPACK-REV载体包括结构基因（*gag*）、调节基因（*vif*、*gp4*、*rev*和*nef*）和复制基因（*pol*），这些基因编码产生慢病毒所需的蛋白质。pPACK-GAG、pPACK-REV载体中删除了编码病毒包膜蛋白的*env*基因，该基因决定病毒的感染性。pVSV-G载体中通过CMV启动表达疱疹性口炎病毒的包膜糖蛋白（VSV-G）以代替慢病毒的包膜蛋白。VSV-G蛋白假病毒颗粒通过与膜结合后和细胞质膜融合，从而感染哺乳动物细胞或非哺乳动物细胞。

慢病毒表达载体和pPACK包装质粒组成了第三代慢病毒表达系统。基于HIV的表达系统增加了生物安全性，表现在以下几个方面。

① 删除了3′LTR的U3区域的增强子，这保证了质粒转入并整合到宿主细胞的基因组后会自失活。

② 基于 HIV 的表达载体中的 RST 启动子上游的 5′LTR 保证了 Tat 非依赖性的病毒 RNA 的产生，从而降低 HIV-1 病毒中部分基因的表达。

③ 病毒包装、复制和转染所需的基因数量降低到三个，仅包括 *gag*、*pol* 和 *rev*；并且，相关的蛋白质由不同的包装质粒表达，这些质粒缺失包装信号，而且与任何慢病毒表达载体都不具有明显的同源性。pKCVSV-G 表达载体及其他载体都不会产生重组的具有复制能力的病毒。

④ HIV-1 病毒基因（*gag*、*pol* 和 *rev*）都不会出现在包装好的病毒基因组中，因为表达这些基因的包装质粒都缺失包装信号，产生的慢病毒颗粒都不具备复制能力。

假病毒颗粒都只携带表达载体的一个拷贝。尽管具有上述的安全性特性，但是基于 HIV 的表达载体根据 NIH 标准仍然只属于二级生物安全防护水平，因为该系统仍存在潜在的生物安全隐患：HIV 表达载体可能与内源的病毒序列重组，形成可自我复制的病毒；并且存在插入突变的可能性。

（3）逆转录病毒表达载体

人们根据逆转录病毒的一些特性设计出一种复制缺陷型病毒，使其成为能够携带某种特异目的基因的表达载体，即逆转录病毒载体。逆转录病毒载体与其他用于真核表达的载体相比，具有以下优点：①逆转录病毒寄主范围广泛；②逆转录病毒具有强启动子，能够高效稳定地表达外源基因；③具有很高的病毒滴度及转染效率，且不会导致寄主细胞死亡；④对宿主细胞没有毒副作用；⑤可以携带较大的目的基因；⑥只能感染分裂细胞（腺病毒、泡沫病毒除外）；⑦大多数情况下，其携带的基因能够在正常的细胞中转录。

目前，应用的逆转录病毒表达载体主要有四个类型：①辅助病毒互补的逆转录病毒载体；②不需要辅助病毒互补的逆转录病毒质粒载体；③广寄主范围的逆转录病毒载体；④逆转录病毒表达载体。而应用较多的是不需要辅助病毒互补的逆转录病毒质粒载体，这种病毒表达载体是将 *gag*、*pol*、*env* 等三个基因的大部分或全部除去，由于没有 *gag*、*pol*、*env* 三个基因的存在而不能够产生有感染性的病毒颗粒，因此，人们又设计出了一种特殊的包装细胞株。这种包装细胞株能够表达逆转录病毒的全部蛋白质，逆转录病毒载体在整合入宿主基因组后，可以与包装细胞形成的病毒缺失蛋白重组成具有感染能力的病毒颗粒。将收集的病毒颗粒感染靶细胞就可以将目的基因整合到靶细胞染色体上，目的基因得到表达。而目的基因可以通过细胞分裂传给下一代子细胞，永久稳定地表达目的蛋白。

第三节　载体构建中的关键工具和步骤

一、关键工具

1. 载体

基因克隆最常用的载体是质粒，它们是在多种细菌中发现的环状 DNA 分子。质粒上有一个复制起始位点，它可以调控质粒的复制，并确保每个细菌中含有多个拷贝，且能随着细胞的分裂而分配到子细胞中。具体拷贝数取决于质粒的类型。只要目的基因是在一段有复制起始位点的 DNA 分子上，也就是说克隆到质粒上，当质粒被拷贝时，目的基因也就得到拷贝[9]。

用于基因克隆的质粒还有很多其他特性。原始状态的质粒可以很大，有的甚至大于 100kb，但是用于常规基因克隆的质粒通常小于＜10kb，因为较小的质粒易于纯化和操作。

用于克隆的质粒通常包含选择性标记，一般为抗生素抗性基因，这使得可以通过将细菌涂布在具有抗性的琼脂平板上来筛选含有质粒的细菌。这些包含质粒的细菌可以生长，最终形成一个可见的单克隆菌落，这个单克隆中所有的细菌都携带质粒，因为所有不含有质粒的细菌都被抗生素杀死，而无法形成单克隆菌落。

2. 限制性内切酶

克隆基因需要对 DNA 进行位点特异性酶切。虽然 DNA 很容易断裂（比如摇晃就可以很快使 DNA 链断裂），但对于基因克隆，需要以一种准确的、可重复的方式来切断 DNA。利用细菌自然产生的酶就可以做到这点，即使 DNA 在特定碱基序列处断裂。这些酶被称为限制性酶或者限制性内切酶，它们的名称是由其常见的功能衍生而来的[10~12]。

最常用的限制性内切酶之一便是大肠杆菌产生的 *Eco*RⅠ，它的识别序列为 GAATTC，这意味着只要 GAATTC 序列一出现，它就可以切断 DNA。需要注意的是，这个序列是反向重复的，也就是说，无论从 5′到 3′方向还是从 3′到 5′方向阅读该序列，结果是一样的。*Eco*RⅠ将两条链都切断，并产生一个错开的末端，这就是所谓的黏性末端。用限制性酶处理 DNA 所产生的 DNA 片段通常称作限制性片段。

目前已经鉴定、表达并纯化出很多种限制性内切酶，它们的性能各不相同，各自可以识别不同的序列，这样的特征对于基因克隆都是有用的。

3. DNA 连接酶[13,14]

上边介绍了切断 DNA 分子的方法，接下来将介绍一下如何将切断的 DNA 片段连接成一个新的分子，这个新的分子被称为重组体。当 DNA 分子被限制性内切酶如 *Eco*RⅠ等切开时，就会产生黏性末端，当两个具有相同黏性末端的分子相遇时，互补碱基之间的氢键就会使这两个分子相互接近，这也是为什么这些分子被称作“含有黏性末端”。由于“黏性末端”并不是一个很稳定的结构，两个分子也很快就会再次疏远，因此，在基因克隆时，需要这两个分子之间能够共价连接，形成具有稳定结构的连接体。把能够促成这个过程的酶称作 DNA 连接酶。

欲使两个带有黏性末端的 DNA 片段通过氢键结合在一起，需要两个双链 DNA 分子上均含有缺口，而 DNA 连接酶可以修复这些单链缺口，它可以催化一条 DNA 链的 5′端磷酸和另一条链的 3′端羟基形成磷酸二酯共价键。当然这个过程还需要能量的参与。最常用的 DNA 连接酶是 T4 连接酶，这是一种名为 T4 的噬菌体所产生的蛋白质。T4 连接酶可以 ATP 作为能量来源。

4. 同源重组酶[15,16]

将切断的 DNA 分子重组起来除了利用上述的 T4 连接酶外，还可以利用来源于噬菌体的同源重组酶。噬菌体蛋白 Redα/Redβ 和 RecE/RecT 可以发挥同源重组作用，其在基因工程中具有非常重要的地位。Redα 或者 RecE 具有 5′→3′双链 DNA（double-stranded DNA，dsDNA）核酸外切酶活性，首先将 dsDNA 分子从 5′端开始进行降解，使 DNA 分子的 3′末端变成单链悬突，或者使较短的 dsDNA 底物形成一个 ssDNA 分子。ssDNA 退火蛋白 Redβ 或者 RecT 与暴露的 ssDNA 结合形成复合物，防止 ssDNA 分子被降解，并且该复合物会在 Redβ 或者 RecT 的介导下寻找同源序列，最终完成 DNA 重组。

同源重组酶无碱基序列特异性，利用其自身的同源重组系统，能够高效地介导 35～50bp 短同源臂之间的重组。利用 PCR 扩增使目的 DNA 片段携带与载体克隆位点处相同的短同源臂，就可以实现载体与片段的重组。同源重组酶介导的DNA同源重组能够对靶标DNA分子进行快速、精准、高效修饰，不受限制性内切酶识别位点和DNA分子大小限制，已发展成为一种新型的基因工程技术。

5. PCR扩增反应[17]

PCR是在能够做热循环的机器（即PCR仪）上完成的。这种仪器的固体金属块上可以放置能够进行PCR的一次性薄壁塑料管或者特制的96孔板。仪器所进行的反应是程序化的，可以在不同的温度下孵育并进行反复循环。现代的机器能够运用压电加热和冷却系统，使得反应温度可以快速而且非常精确地变化，并不断地进行温度替换。一个典型的PCR反应体系由以下几个部分组成：一定量的DNA模板、DNA合成的原料dNTP、引物以及*Taq*聚合酶。

PCR反应中每个循环包括三个步骤：第一步，温度上升至92℃，使得两条DNA双链解离；第二步，温度降低到适合引物结合的温度，这个温度通常比引物的熔点低5℃，并且根据引物的不同而发生改变；第三步，温度上升到72℃，因为此时*Taq*聚合酶可以发挥最大功效，反应需要在72℃维持一段时间，以便*Taq*聚合酶将新合成的DNA延伸完毕。这些步骤需重复30次左右，这期间DNA就会被大量复制，从而获得大量的扩增产物。

二、常规克隆关键步骤

1. 设计引物

PCR引物是短的寡脱氧核苷酸，或者低聚物，被用来和PCR目标扩增物序列互补结合。这些合成的DNA通常是15～25核苷酸长度，同时含有50%～60%的G+C内含物。因为每个PCR引物会与目标序列的不同单链互补结合，引物序列彼此不能互补。事实上，需要特别注意的是，引物序列不能形成聚合结构，或者形成发夹环。3′端一定要和目标配对，以有效启动多聚合作用。引物5′端可能含有和目标序列并不互补的序列，如限制性内切酶酶切位点或者启动子也一起包含在PCR产物中。

DNA双链中，一半分子呈单链而另一半分子呈双链时的温度被称为该复合物的T_m。因为分子间存在大量的氢键，高G+C含量DNA具有比低G+C含量DNA高的T_m。通常情况下，G+C含量可单独用来预测DNA双链的T_m，但是，具有相同G+C含量的DNA双链体也可能有不同的T_m值。计算T_m的公式为：$T_m=4(G+C)+2(A+T)$。

2. PCR扩增

（1）金属离子

氯化镁是PCR中DNA聚合酶的重要辅助因子，它的浓度对于每个引物来说必须进行优化。在PCR中，自由态的镁离子作为酶辅因子是必要的，所以总的镁离子浓度必须超过总dNTP的浓度。一个典型的例子是1.5mmol/L氯化镁添加到存在0.8mmol/L总dNTPs的PCR中。

（2）底物和底物类似物

对于常规PCR，dNTPs的摩尔比值保持平衡，比如，每个dNTP 200μmol/L。DNA聚合酶聚合dNTPs的效率比较高，当修饰的底物作为补充成分时，聚合酶也能将其聚合。地高辛-dUTP、生物素-11-dUTP、dUTP、c7deaza-dGTP和荧光标记的dNTPs均可作为

DNA 聚合酶的底物。

(3) 缓冲液和盐

要根据 DNA 聚合酶而选择优化的 PCR 缓冲液浓度、盐浓度和 pH。含有 *Taq* DNA 聚合酶的 PCR 缓冲液包含 50mmol/L KCl 和 10mmol/L Tris·HCl，pH 为 8.3。

(4) 增溶剂

使用 PCR 增溶剂可以用来增加产物产量、提高扩增效率和 PCR 扩增的特异性。尽管某些增溶剂有利于促进扩增，但是并不可能对每个引物都有作用，因此，每次都要对结合中的增溶剂进行实证分析。

(5) PCR 反应管

PCR 必须在具有良好热交换性质的容器内进行。通常情况下，PCR 在 10～100μL 的反应体积下进行，并且在热循环过程中，在封闭的反应管内需要避免蒸发/冷凝的过程，因此，可以采用矿物油封闭反应管。

(6) PCR 循环数

PCR 扩增在 25～30 个循环后，其产物产量的增长不是线性的，存在平顶曲线效应，该效应发生在产物积累的指数增长后的 PCR 反应期。这可能是由产物降解、反应物耗损、产物抑制、非特异性产物竞争等因素引起的。通常建议运行最少的循环数来检测希望的特异性产物；因为如果循环数过多，将会产生大量的非特异性产物。

3. 酶切

见本节“一、关键工具 2. 限制性内切酶”介绍部分。

4. 连接

连接是指将质粒和目的基因的限制性片段与 T4 连接酶一起混合，一个酶切后的质粒分子与一个酶切后的 PCR 产物片段发生连接，环化形成一个新的重组的分子。通过调整实验条件，可以有利于形成这种新的重组体。在稀释溶液中，载体分子两个末端自连的概率高于两个不同分子之间。连接反应中可以提高 DNA 片段的浓度，通常与载体片段的分子比为 3∶1（也就是说，DNA 为载体分子数的三倍），来增加正确重组体形成的概率。

5. 转化

基因克隆的最后一步就是将新的重组体导入大肠杆菌体内，这个过程叫作转化，包含两步。首先要将重组的 DNA 导入细菌内，接下来由于这是一个低效的过程，需要筛选出含有质粒的细菌。有一些细菌如淋病奈瑟球菌可以从环境中接纳 DNA，它们被称为具有自然转化的能力。而大肠杆菌不具备这种能力，大肠杆菌细胞需要被特殊的途径处理后才能使它们接纳 DNA。有两种基本的方法将 DNA 导入大肠杆菌中：化学转化和电转化。

6. 鉴定

连接和转化实验后，需要鉴定质粒中是否含有要插入的基因片段。通常情况下可以通过两种方式来完成。①对长出的克隆子直接进行 PCR 或提取质粒后再进行 PCR。这两者的模板制作方法，前者是挑出克隆子至 100μL 的水中，然后在沸水中煮沸 10min 即可，后者是将克隆子接种到 3～5mL 的培养基中，提取质粒。然后再用目的基因的特异性引物或者载体的通用引物进行 PCR 扩增，如果出现合适大小的条带，说明筛选到正确的克隆子。②对克隆子进行提质粒，然后进行酶切鉴定。在采用上述方法提取出克隆子中所包含的质粒后，采用酶切载体时所使用的两个限制性内切酶对质粒进行酶切，如果切下来的片段中除了含有质粒外，还包含另一个合适大小的片段，一般认为构建是成功的。

7. 测序

在初步鉴定后，还需要对载体进行进一步测序，以确定目的片段是否正确地插入至载体中，以及是否发生了点突变等。在过去十多年中，传统测序方法已经被自动测序所取代。现代的自动测序是采用四种荧光染料，每一种针对一个 dNTP。带有 A 的终止链由一种荧光染料所标记，带有 T 的终止链由第二种染料标记，带有 G 的终止链由第三种染料标记，带有 C 的终止链由第四种染料标记。使用四种不同的荧光染料标记，在单管中它能出现四个测序反应，在聚丙烯酰胺凝胶中的一个泳道加入一种反应混合物。荧光检测器扫描分离的条带，四个不同的荧光标记物之间辨别并翻译成为一个颜色可读的色谱峰：A 绿色，T 红色，G 黑色，C 蓝色。多数情况下，单次运行的自动测序在普通实验室的研究最多可读取约 600bp。

三、同源重组克隆关键步骤

同源重组是存在于生物界的普遍生理现象，从噬菌体、细菌到真核生物都能发生同源重组现象[18,19]。从宏观上来看，它有助于增加生物体的变异程度，进而推动物种的进化；从微观上来看，它有利于细胞对内部问题基因的修复[20]。近年来，国内外生物学家将同源重组的方法延伸应用到基因克隆中，形成了同源重组克隆方法。

同源重组克隆又称为无缝克隆技术，该技术可在重组酶的作用下，只需一步反应，便可将片段克隆到任何线性化的载体中的任意位置从而得到重组质粒。相对常规克隆方法，同源重组克隆法具有简单、快速、高效、多片段组装和定向克隆等优点，可不受载体和待插入片段酶切位点的限制构建表达载体，其独特的非连接酶依赖体系，极大地降低了载体自连背景，阳性率可达 95%以上。该方法只需要简单的 PCR 扩增就可以制备目的片段，不需要内切酶、连接酶和磷酸化酶制备目的片段，简单且连接过程只需要 15min，极大地简化了实验步骤。

1. 设计引物

引物设计原则：插入片段扩增引物 5′端分别引入与线性化克隆载体两端一致的 15～25bp 序列，使扩增后的插入片段 5′和 3′最末端分别带有和线性化克隆载体两末端对应一致的同源序列。多端重叠区域之间的 GC 含量以 40%～60%为佳，且 T_m 值需要保持一致且＞60℃。

插入片段正向扩增引物设计公式：

5′-上游载体末端同源序列＋基因特异性正向扩增引物序列-3′

插入片段反向扩增引物设计公式：

5′-下游载体末端同源序列＋基因特异性反向扩增引物序列-3′

2. PCR 扩增

见本节“二、常规克隆关键步骤 2. PCR 扩增”介绍部分。

3. 制备线性化载体

① 酶切法：见本节“一、关键工具 2. 限制性内切酶”介绍部分。

② 反向 PCR 扩增：在载体上选取合适的克隆位点，在该位点设计反向互补引物，对原始载体进行反向 PCR 扩增，使用 *Dpn* Ⅰ 消化扩增产物即可得到线性化载体。

4. 载体片段使用量

载体最适用量一般在10～100ng，载体和片段的摩尔比为1∶1至1∶10，片段小于200bp时，片段用量可增加到载体的5倍。多片段连接时各片段之间摩尔比为1∶1。

5. 片段重组

重组体系由重组酶、线性化克隆载体、目的片段组成，在50℃条件下反应15min。多片段或长片段克隆，可延长反应时间，但最长不超过60min。

6. 转化

见本节“二、常规克隆关键步骤5. 转化”介绍部分。

7. 鉴定

见本节“二、常规克隆关键步骤6. 鉴定”介绍部分。

8. 测序

见本节“二、常规克隆关键步骤7. 测序”介绍部分。

第四节 载体构建的应用举例

定向克隆要求该质粒被两个限制性内切酶切开，且末端不能有互补碱基，同时，克隆的DNA片段末端能够与载体双酶切后的末端发生碱基互补，同源重组DNA片段的5′和3′最末端需分别带有和线性化克隆载体两末端对应一致的同源序列。

一、常规克隆实验材料

1. 溶液

① ATP（10mmol/L）。如果连接缓冲液含有ATP，在连接反应中不用加ATP。

② 乙醇。

③ 苯酚∶氯仿（1∶1，体积比）。

④ 乙酸钠（3mol/L，pH5.2）。

⑤ TE（pH8.0）。

2. 酶

T4 DNA连接酶、限制性内切酶。

3. 核酸

载体DNA（质粒）、目的DNA片段。

4. 载体

pFlag-TEM载体，其多克隆位点如图4-4所示。

··········tcactgattaagcattgg tct aga taa ctg cag taa ggg cga att cca gca cac tgg cgg ccg tta
Xba Ⅰ *Pst* Ⅰ *Eco*R Ⅰ *Bst*X Ⅰ

cta gtg gat ccg aga gct cca att cgc cct ata gtg agt cgt att a
Spe Ⅰ *Bam*H Ⅰ *Sac* Ⅰ

图4-4 pFlag-TEM载体的多克隆位点

5. 待克隆的目的片段

WASH 基因序列：

ATGACTCCTGTGAGGATGCAGCACTCCCTGGCAGGTCAGACCTATGCCGTGCCCCTCATCCAGCCAGAC
CTGCGGCGAGAGGAGGCCGTCCAGCAGATGGCGGATGCCCTGCAGTACCTGCAGAAGGTCTCTGGAGAC
ATCTTCAGCAGGATCTCCCAGCGGGTAGAGCAGAGCCGGAGCCAGGTGCAGGCCATTGGAGAGAAGGTC
TCCTTGGCCCAGGCCAAGATTGAGAAGATCAAGGGCAGCAAGAAGGCCATCAAGGTGTTCTCCAGTGCC
AAGTACCCTGCTCCAGAGCGCCTGCAGGAATATGGCTCCATCTTCACGGGCGCCCAGGACCCTGGCCTG
CAGAGACGCTCCCGCCACAGGATCCAGAGCAAGCACCGCCCCCTGGACGAGCGGGCCCTGCAGGAGAAG
CTGAAGTACTTTCCTGTGTGTGTGAGCACCAAGCCGGAGCCCGAGGACGATGCAGAAGAGGGACTTGGG
GGTCTTCCCAGCAACATCAGCTCTGTCAGCTCCTTGCTGCTCTTCAACACCACCGAGAACCTGTACAAG
AAGTATGTCTTCCTGGACCCCCTGGCTGGTGCTGTAACAAAGACCCATGTGATGCTGGGGGCAGAGACA
GAGGAGAAGCTGTTTGATGCCCCCTTGTCCATCAGCAAGAGAGAGCAGCTGGAACAGCAGGTCCCAGAG
AACTACTTCTATGTGCCAGACCTGGGCCAGGTGCCTGAGATTGATGTTCCGTCCTACCTGCCTGACCTG
CCCGGCATTGCCAACGACCTCATGTACAGTGCCGACCTGGGCCCCGGCATTGCCCCCTCTGCCCCTGGC
ACCATTCCGGAACTGCCCACCTTCCACACTGAGGTAGCCGAGCCTCTCAAGGCAGACCTACAAGATGGG
GTACTAACAGCACCACCACCACCCCCACCGCCCCCACCACCTCCCCCAGCTCCTGAGGTGCTGGCCAGT
GCATCCCCACTCCCACCCTCAACCGCGGCCCCTGTAGGCCAAGGCGCCAGGCAGGACGACAGCAGCAGC
AGCGCGTCTCCTTCAGTCCAGGGAGCTCCCAGGGAAGTGGTCGACCCCTCCGGTGGCCGGGCCACTCTG
CTAGAGTCCATCCGCCAAGCTGGGGGCATCGGCAAGGCCAAGCTGCGCAGCGTGAAGGAGCGAAAGCTG
GAGAAGAAGAAGCAGAAGGAGCAGGAGCAAGTGAGAGCCACGAGCCAAGGTGGGGACTTGATGTCGGAT
CTCTTCAACAAGCTGGTCATGAGGCGCAAGGGCATCTCTGGGAAAGGACCTGGGGCTGGTGAGGGGCCC
GGAGGAGCCTTTGCCCGCGTGTCAGACTCCATCCCTCCTCTGCCGCCACCGCAGCAGCCACAGGCAGAG
GAGGACGAGGACGACTGGGAATCGTAG

二、常规克隆实验方法

1. 设计引物

根据载体多克隆位点中的酶切位点和目的基因片段内部的酶切位点，设计了 *Eco*RⅠ（*GAATTC*）和 *Spe*Ⅰ（*ACTAGT*）作为双酶切位点，合成引物如下：

上游引物 5′→3′：GATC *GAATTC* CA ATGACTCCTGTGAGG

下游引物 5′→3′：GATC *ACTAGT* CTACGATTCCCAGTCG

说明：两条引物中的 GATC 均为保护性碱基。正向引物中 *Eco*RⅠ酶切位点后的 CA 是为防止移码而加入两个碱基，ATGACTCCTGTGAGG 为目的基因前 15 个 bp。反向引物中 *Spe*Ⅰ酶切位点后 CTACGATTCCCAGTCG 为目的基因序列中最后 16bp 的反向互补序列。

通常情况下，上下游引物合成的量均为 2OD。使用时，先配制 100μmol/L 的储存液，加入的去离子水为 2000/碱基个数，单位为 μL。在本例中，上游引物加入的水为 2000/27=74.1μL，下游引物加入的水量为 2000/26=76.9μL。然后，在 100μL 去离子水中加入上下游引物各 1μL，形成 10×引物缓冲液。

2. PCR 扩增

反应体系为 50μL，各组分为：

引物	5.0μL	*Taq* 酶(5U/μL)	0.3μL
10×PCR 缓冲液	5.0μL	模板(10ng/μL)	1μL
dNTP(各 2.5mmol/L)	5.0μL	H_2O	加至总体积为 50μL

PCR 反应条件为：

预加热	95℃	5min		
加热	95℃	30s	30 个循环	
退火	58℃	30s		
延伸	72℃	1.5min		
延伸	72℃	10min		
保存	4℃	30min		

退火温度根据引物的 T_m 值而定，延伸时间根据待扩增片段的长度（1min/1000bp）而定。本例中，退火温度为 58℃，待扩增片段长度约为 1500bp，故延伸时间为 1min40s。

3. DNA 电泳

用于 DNA 分离，选择的凝胶基质是琼脂糖，尽管丙烯酰胺有时使用，那是针对小的 DNA 片段。DNA 样品（小量制备）装入孔中，缓冲液浸没琼脂糖凝胶板的一端。当施加电场，DNA 片段迁移到阳（+）极。越小的 DNA 片段，迁移越快，由于琼脂糖凝胶具有分子筛的效果，不同长度（大小）的 DNA 片段，可被分离成离散频段。DNA 条带是通过用溴化乙锭染色，并在紫外光下观察的。常见的做法是同时跑一个 DNA 标记，可以比较估计目的片段的大小。

4. 切胶回收

采用试剂盒进行，主要步骤如下。

① 柱平衡。向吸附柱中（吸附柱放入收集管中）加入平衡液，12000r/min 离心 1min，倒掉收集管中的废液，将吸附柱重新放回收集管中。(请使用当天处理过的柱子。)

② 将单一的目的 DNA 条带从琼脂糖凝胶中切下（尽量切除多余部分）放入干净的离心管中，称取质量。

③ 向胶块中加入等倍体积的溶胶液（如凝胶 0.1g 则加入 100μL 溶液），50～70℃水浴放置，其间不断翻转离心管，以确保胶块充分溶解，直至胶块完全溶解。

④ 将上一步所得的溶液加入一个吸附柱中（吸附柱放入收集管中），室温放置 2min，12000r/min 离心 30s，倒掉收集管中的废液，将吸附柱放回收集管中。

⑤ 向吸附柱中加入 600μL 漂洗液，12000r/min 离心 30s，倒掉废液，将吸附柱放回收集管中。

⑥ 重复操作步骤⑤。

⑦ 将吸附柱放回收集管中，12000r/min 离心 2min，尽量除尽漂洗液。将吸附柱置于室温放置数分钟，彻底晾干，防止残留的漂洗液影响下一步实验。

⑧ 将吸附柱放到一个新的离心管中，向吸附膜中间位置悬空滴加适量去离子水（不少于 30μL），室温放置 2min。12000r/min 离心 2min，收集 DNA 溶液。

5. 双酶切

反应体系为：

待酶切的 DNA 片段	适量体积（总量不超过 1μg）
10×酶切缓冲液	2μL
酶 1（以 *Eco*RⅠ为例）	1μL
酶 2（以 *Spe*Ⅰ为例）	1μL
H_2O	加至总体积为 20μL

6. 切胶回收

同上。

7. 连接反应

吸取合适量的 DNA 到无菌的 0.5mL 离心管中，如下所示。

A 管和 D 管：载体 30fmol（约 100ng）

B 管：外源性插入片段 30fmol（约 10ng）

C 管和 E 管：载体 30fmol（约 100ng）+外源性插入片段 30fmol（约 10ng）

F 管：超螺旋载体 3fmol（约 10ng）

连接反应中质粒载体和插入 DNA 片段的摩尔比应约为 1∶1，最后的 DNA 浓度应约为 10ng/μL。

① 在 A 管、B 管和 C 管中加入

10×连接酶缓冲液	1.0μL	10mmol/L ATP	1.0μL
T4 连接酶	0.1U	H_2O	至 10μL

② 在 D 管和 E 管中加入

10×连接酶缓冲液	1.0μL	H_2O	至 10μL
10mmol/L ATP	1.0μL	无连接酶	

孵育反应混合物，16℃过夜或 20℃ 4h。

8. 连接产物的转化

(1) 大肠杆菌感受态的制备与转化和氯化钙的使用[21]

大约在 50 年前就发明了这个方法，用于制备感受态细菌，利用这种感受态细菌每微克超螺旋质粒 DNA 就会产生 5×10^6～2×10^7 个转化克隆。

方法如下。

① 从在 37℃已培养 16～20h 的平板中挑取单个菌落（直径 2～3mm），接种于含有 100mL SOB 培养基（LB 可以使用）的 1L 烧瓶中。在 37℃培养 3h，在剧烈搅拌下，监测细菌培养物的生长。一般情况下，1OD_{600} 大约含有 10^9 个细菌/mL。

② 吸取细菌到无菌的、一次性的、冰冷的 50mL 的聚丙烯管中。冰上孵育 10min。

③ 4℃，2700*g*（4100r/min）离心 10min。

④ 轻轻地弃去上清液，倒置在干净的纸上 1min，使得剩余的培养基流尽。

⑤ 加入 30mL 冰冷的 $MgCl_2$-$CaCl_2$ 溶液，重悬细菌。

⑥ 4℃，2700*g*（4100r/min）离心 10min。

⑦ 轻轻弃去上清液，倒置在干净的纸上 1min，使得剩余的培养基流尽。

⑧ 加入 2mL 冰冷的 0.1mol/L 的氯化钙（或 TFB），通过旋涡振荡，重悬细菌。

当准备感受态细菌时，解冻 10mL 的等分试样的 $CaCl_2$ 储备溶液，并用 90mL 纯净水稀释至 100mL。通过 Nalgene 过滤器（0.45μm 孔径）过滤灭菌的溶液，然后冷却到 0℃。

对于多株大肠杆菌，标准的 TFB 可以用来代替氯化钙，且具有同等或更好的效果。

⑨ 在这一点上，要么按照以下的步骤⑩到⑯直接转化，要么等分分配，冻结在 −70℃中。包括适当的阳性对照和阴性对照。

⑩ 直接转化氯化钙处理过的细菌，用冷枪头吸取 200μL 的感受态细胞悬液到一个无菌、17mm×100mm 的 EP 管中。在 10μL 或更小的体积中加入的 DNA 不要超过 50ng。轻轻地混匀，冰浴 30min。

⑪ 转化的管放入 42℃的循环水浴中，热激 90s，不要摇晃 EP 管。

⑫ 迅速转移至冰浴中，1～2min。

⑬ 加入 800μL SOC 培养基到每个管中，在 37℃下，孵育培养 45min，使细菌复苏，以表达抗生素抗性标记的质粒。

⑭ 将适量（200μL/90mm 板）转化感受态细胞转移到含有 20mmol/L 的硫酸镁和适当抗生素的琼脂 SOB 培养基上。

⑮ 培养平板放置于室温至液体被吸收。

⑯ 将平板倒置，在 37℃下培养。单克隆菌落应该出现在 12～16h。

（2）大肠杆菌的电转[22]

电转的感受态细菌用生长培养至对数中期的细菌，在低温下多次清洗细菌。然后悬浮在含有甘油的低离子强度的溶液中。细菌暴露在很短的高压脉冲放电过程中，DNA 转化进去。

方法如下。

① 从一个新鲜的琼脂平板上接种大肠杆菌单菌落到含有 50mL LB 培养基的烧瓶中。孵育培养过夜，在 37℃（转速 250r/min 的旋转振荡器）下培养。

② 接种两等份的 25mL 隔夜细菌培养物到含有 500mL 培养基的 2L 瓶中（500mL LB 培养基事先预热）。在 37℃（转速 300r/min 的旋转振荡器）下培养，每 20min 测 OD_{600} 值。

③ 当培养物的 OD_{600} 达到 0.4 时，迅速将烧瓶转移到冰水浴中 15～30min。旋涡振荡，确保均匀冷却。准备下一个步骤，将离心管放在冰-水浴中。

④ 将细菌倒入冷却的离心管中，4℃、1000*g*（2500r/min）离心 15min 集菌。倒出上清液，加入 500mL 冰冷的纯净水重悬细菌。

⑤ 在 4℃下集菌，4℃、1000*g*（2500r/min）离心 20min。倒出上清液，加入 250mL 冰冷的 10%甘油重悬细菌。

⑥ 在 4℃下集菌，4℃、1000*g*（2500r/min）离心 20min。倒出上清液，加入 10mL 冰冷的 10%甘油重悬细菌。

⑦ 在 4℃下收集菌，4℃、1000*g*（2500r/min）离心 20min。小心地倒出上清液，用巴斯德吸管连接到真空管以除去缓冲液的残余水滴，用 1mL 冰冷 GYT 培养基重悬沉淀。

⑧ 测量 1∶100 稀释的细菌悬液的 OD_{600} 值。用 GYT 培养基稀释细菌悬液，将细胞稀释到 2×10^{10}～3×10^{10} 个/mL 的浓度。（$1.0OD_{600}$=大约 2.5×10^{8} 个/mL）

⑨ 吸取 40μL 的悬浮液到冰冷的电击杯中（0.2cm 间隙）并测试放电时是否发生电弧放电（请参阅下文第⑯步）。如果是这样，再次用冰冷的 GYT 培养基洗涤细胞悬浮液的剩余部分，以确保细菌悬浮液的导电率足够低（$<$5mS/cm）。

⑩ 要立即使用电感受态细胞，直接进入步骤⑫。否则，在－70℃下储存细菌。对于存储，取细菌悬液 40μL 分装到无菌的冰冷的 0.5mL 离心管中，并转移至－70℃冰箱。

⑪ 要使用冷冻的电转感受态细菌，取出该管置于室温下，直到细菌悬液解冻，然后转移到冰浴中。

⑫ 吸取 40μL 新鲜的（或解冻）电转感受态细胞入冰冷的无菌 0.5mL 离心管中。将细胞置于冰上，将适当数量的电穿孔比色皿放在一起。

⑬ 加入 10pg～25ng 的 DNA 到 1～2μL 容积的每个管里，在冰上孵育 30～60s。包括所有适当的阳性对照和阴性对照。

⑭ 设置电装置提供的电容 25μF、2.5kV 和 200Ω 电阻的电脉冲。

⑮ 用移液器将 DNA/细胞混合物倒入冷电比色皿。抽吸该溶液，以确保细菌和 DNA 的混合物悬浮在试管的底部。擦干反应杯外侧的水分。将电击杯放入电穿孔设备中。

⑯ 按照上面的设置按下按钮，一次 4～5ms，电场强度为 12.5kV/cm，该设置可长期保存。

⑰ 尽可能快地进行脉冲后，拆下电比色皿，在室温加入 1mL 的培养基。

⑱ 细菌转移到一个 17mm×100mm 或 17mm×150mm 的聚丙烯管中，在 37℃摇床中复苏培养 1h。

⑲ 可涂布不同体积的电穿孔细菌的菌液（每 90mm 板多达 200μL）到含 20mmol/L $MgSO_4$ 和适当的抗生素的 SOB 琼脂培养基上。

⑳ 平板存放在室温下直至液体被吸收。

㉑ 将平板倒置，37℃恒温培养箱培养 12～16h。

9. 结果的判读

每个连接反应的稀释液转化感受态大肠杆菌的结果如表 4-1 所示。作为对照，可以用已知的超螺旋质粒 DNA 来检测转化效率。

表 4-1 实验结果

编号	DNA	连接酶	估计长出的克隆数
A	载体	+	0(少于 F 管的 $1/10^4$)
B	插入片段	+	0
C	载体和插入片段	+	比 A 管和 D 管多 10 倍左右
D	载体	−	0(少于 F 管的 $1/10^4$)
E	载体和插入片段	−	有一些,但比 C 管少
F	未酶切的载体	−	$>2\times10^5$

10. 阳性克隆的鉴定

采用 PCR 法鉴定阳性克隆。用枪头挑出克隆，置于 100μL 水中，煮沸，可以吸取 2μL 作为模板，进行 PCR 扩增。

11. 测序

将鉴定为阳性的克隆送公司测序，测序引物为载体的通用引物。

三、同源重组克隆实验材料

此处以酶切法制备线性化载体为例。

1. 酶

同源重组酶、限制性内切酶。

2. 核酸

载体 DNA（质粒）、目的 DNA 片段。

3. 载体

pcDNA3-FLAG 载体，其多克隆位点如下：

.... acccaagctgccacc atg gac tac aag gac gac gat gac aag gga cct aag ctt ggt acc gag ctc gga tcc act agt

*Hin*dⅢ *Kpn*Ⅰ *Bam*HⅠ

aac ggc cgc cag tgt gct gga att ctg cag ata tcc atc aca ctg gcg gcc gct cga gca tgc atc tag agg gcc cta ttc

*Eco*RⅠ *Xho*Ⅰ *Xba*Ⅰ

4. 待克隆的目的片段

TP53 基因序列：

ATGGAGGAGCCGCAGTCAGATCCTAGCGTCGAGCCCCCTCTGAGTCAGG
AAACATTTTCAGACCTATGGAAACTACTTCCTGAAAACAACGTTCTGTCCCC
CTTGCCGTCCCAAGCAATGGATGATTTGATGCTGTCCCCGGACGATATTGA
ACAATGGTTCACTGAAGACCCAGGTCCAGATGAAGCTCCCAGAATGCCAG
AGGCTGCTCCCCCCGTGGCCCCTGCACCAGCAGCTCCTACACCGGCGGC
CCCTGCACCAGCCCCCTCCTGGCCCCTGTCATCTTCTGTCCCTTCCCAGA
AAACCTACCAGGGCAGCTACGGTTTCCGTCTGGGCTTCTTGCATTCTGGG
ACAGCCAAGTCTGTGACTTGCACGTACTCCCCTGCCCTCAACAAGATGTTT
TGCCAACTGGCCAAGACCTGCCCTGTGCAGCTGTGGGTTGATTCCACACC
CCCGCCCGGCACCCGCGTCCGCGCCATGGCCATCTACAAGCAGTCACAG
CACATGACGGAGGTTGTGAGGCGCTGCCCCCACCATGAGCGCTGCTCAG
ATAGCGATGGTCTGGCCCCTCCTCAGCATCTTATCCGAGTGGAAGGAAATT
TGCGTGTGGAGTATTTGGATGACAGAAACACTTTTCGACATAGTGTGGTGG
TGCCCTATGAGCCGCCTGAGGTTGGCTCTGACTGTACCACCATCCACTAC
AACTACATGTGTAACAGTTCCTGCATGGGCGGCATGAACCGGAGGCCCAT
CCTCACCATCATCACACTGGAAGACTCCAGTGGTAATCTACTGGGACGGA
ACAGCTTTGAGGTGCGTGTTTGTGCCTGTCCTGGGAGAGACCGGCGCAC
AGAGGAAGAGAATCTCCGCAAGAAAGGGGAGCCTCACCACGAGCTGCCC
CCAGGGAGCACTAAGCGAGCACTGCCCAACAACACCAGCTCCTCTCCCC
AGCCAAAGAAGAAACCACTGGATGGAGAATATTTCACCCTTCAGATCCGTG
GGCGTGAGCGCTTCGAGATGTTCCGAGAGCTGAATGAGGCCTTGGAACT
CAAGGATGCCCAGGCTGGGAAGGAGCCAGGGGGGAGCAGGGCTCACTC
CAGCCACCTGAAGTCCAAAAAGGGTCAGTCTACCTCCCGCCATAAAAAAC
TCATGTTCAAGACAGAAGGGCCTGACTCAGACTGA

四、同源重组克隆实验方法

1. 设计引物

根据载体序列、载体多克隆位点中的酶切位点和目的片段序列，设计了 *Bam*HⅠ（*GGATCC*）和 *Eco*RⅠ（*GAATTC*）作为双酶切位点，合成引物如下：

上游引物 5′→3′：TGGTACCGAGCTC *GGATCC* ATGGAGGAGCCGCAGTCA

下游引物 5′→3′：GTGATGGATATCTGCA *GAATTC* TCAGTCTGAGTCAGGCCC

说明：上游引物中的 TGGTACCGAGCTCGGATCC 为载体上游末端同源序列，下游引物中 GTGATGGATATCTGCAGAATTC 为载体下游末端同源序列；ATGGAGGAGCCGCAGTCA 为目的基因前 18bp，反向引物中 *Eco*RⅠ酶切位点后 TCAGTCTGAGTCAGGCCC 为目的基因序列中最后 18bp 的反向互补序列。

通常情况下，计算扩增引物退火温度时，只需计算基因特异性扩增序列的 T_m 值，引入的同源序列及酶切位点不应参与计算。

2. PCR 扩增

反应体系为 50μL，各组分为：

引物	5.0μL	*Taq* 酶(5U/μL)	0.3μL
10×PCR 缓冲液	5.0μL	模板(10ng/μL)	1μL
dNTP(各 2.5mmol/L)	5.0μL	H_2O	加至总体积为 50μL

PCR 反应条件为：

预加热 95℃ 5min

加热 95℃ 30s ⎫
退火 58℃ 30s ⎬ 30 个循环
延伸 72℃ 1.5min ⎭

延伸 72℃ 10min

保存 4℃ 30min

退火温度根据引物的 T_m 值而定，延伸时间根据引物的长度（1min/1000bp）而定。本例中，退火温度为58℃，引物长度为1182bp，故延伸时间为1.5min。

3. 双酶切

反应体系为：

待酶切的载体	适量体积（总量不超过1μg）
10× 酶切缓冲液	2μL
酶1（以 *Eco*RⅠ为例）	1μL
酶2（以 *Bam*HⅠ为例）	1μL
H_2O	加至总体积为20μL

注意：同源重组克隆仅需要对载体双酶切，DNA片段不需要进行酶切。

4. DNA电泳

同本节“二、常规克隆实验方法3. DNA电泳”介绍部分。

5. 切胶回收

同本节“二、常规克隆实验方法4. 切胶回收”介绍部分。

6. 重组反应

吸取适量的DNA到无菌的0.5mL离心管中，如下所示：

A管和D管：载体30fmol（约100ng）

B管：外源性插入片段30fmol（约10ng）

C管和E管：载体30fmol（约100ng）+外源性插入片段30fmol（约10ng）

F管：超螺旋载体3fmol（约10ng）

重组反应中质粒载体和插入DNA片段的摩尔比应为约1∶1，最后的DNA浓度应为约为10ng/μL。

① 在A管、B管和C管中加入2 × Mix重组酶5μL，加 H_2O 至10μL。

② 在D管和E管中加入 H_2O 至10μL，无连接酶。

50℃、15min条件下进行重组反应。推荐在PCR仪等温控比较精确的仪器上进行反应。

7. 重组产物的转化

同本节“二、常规克隆实验方法8. 连接产物的转化”介绍部分。

8. 结果的判读

每个重组反应的稀释液转化感受态大肠杆菌的结果如表4-2所示。作为对照，同常规克隆使用已知的超螺旋质粒DNA来检测转化效率。

表4-2　实验结果

编号	DNA	重组酶	估计长出的克隆数
A	载体	+	0(比F管低 10^4 倍)
B	插入片段	+	0
C	载体和插入片段	+	比A管和D管多20倍左右
D	载体	−	0(比F管低 10^4 倍)
E	载体和插入片段	−	少许，明显比C管少
F	未酶切的载体	−	$>2\times10^5$

9. 阳性克隆的鉴定

采用PCR法鉴定阳性克隆。用枪头挑出克隆，置于100μL水中，煮沸，可以吸取2μL

作为模板，进行 PCR 扩增。

10. 测序

将鉴定为阳性的送公司测序，测序引物为载体的通用引物。

五、疑难问题解析

1. 不长菌落或者菌落极少

① 引物设计不正确。

② 感受态转化效率低。

③ 线性化载体和插入目的片段扩增产物使用量不足/过量或者比例不佳。

④ PCR 产物未纯化或紫外照射时间过长。

⑤ 线性载体和插入片段不纯，抑制反应。

⑥ 平板抗生素使用错误或浓度过高。

2. 多数克隆不含插入片段或含有不正确的插入片段

① PCR 产物混有非特异扩增产物。

② 克隆载体线性化不完全。

③ 反应体系中混入了相同抗性的质粒。

3. 菌落 PCR 无目的条带

① 引物不正确。

② PCR 体系或程序不合适。

③ 重组失败。

4. 菌落 PCR 正确，但测序结果无信号

建议使用载体通用引物或至少使用一条通用引物进行菌液 PCR，避免特异性引物造成假阳性结果。

（柯跃华　王玉飞　张　婷　叶棋浓　编）

参 考 文 献

[1] Dale J W，Park S T. Molecular Genetics of Bacteria. 4th ed. Chichester：Wiley Blackwell，2004.

[2] Backman K. The advent of genetic engineering. Trends in biochemical sciences，2001，26（4）：268-270.

[3] Hines J C，Ray D S. Construction and characterization of new coliphage M13 cloning vectors. Gene，1980，11（3-4）：207-218.

[4] Mandel M，Higa A. Calcium-dependent bacteriophage DNA infection. Journal of molecular biology，1970，53（1）：159-162.

[5] Hohn B. In vitro packaging of lambda and cosmid DNA. Methods in enzymology，1979，68：299-309.

[6] de Boer H A，Comstock L J，Vasser M. The tac promoter：a functional hybrid derived from the trp and lac promoters. Proceedings of the National Academy of Sciences of the United States of America，1983，80（1）：21-25.

[7] Guzman L M，Belin D，Carson M J，et al. Tight regulation，modulation，and high-level expression by vectors containing the arabinose PBAD promoter. J Bacteriol，1995，177（14）：4121-4130.

[8] Cohen S N，Chang A C，Boyer H W，Helling R B. Construction of biologically functional bacterial plasmids in vitro. Proceedings of the National Academy of Sciences of the United States of America，1973，70（11）：3240-3244.

[9] Rothstein R J，Lau L F，Bahl C P，Narang S A，Wu R. Synthetic adaptors for cloning DNA. Methods in enzymology，1979，68：98-109.

[10] Pingoud A，Fuxreiter M，Pingoud V，et al. Type Ⅱ restriction endonucleases：structure and mechanism. Cellular

and molecular life sciences：CMLS，2005，62（6）：685-707.

[11] Roberts R J，Vincze T，Posfai J，et al. REBASE—restriction enzymes and DNA methyltransferases. Nucleic acids research，2005，33（Database issue）：D230-232.

[12] Helling R B，Goodman H M，Boyer H W. Analysis of endonuclease R-EcoRI fragments of DNA from lambdoid bacteriophages and other viruses by agarose-gel electrophoresis. Journal of virology，1974，14（5）：1235-1244.

[13] Lehman I R. DNA ligase：structure，mechanism，and function. Science，1974，186（4166）：790-797.

[14] Deng G，Wu R. An improved procedure for utilizing terminal transferase to add homopolymers to the 3′ termini of DNA. Nucleic acids research，1981，9（16）：4173-4188.

[15] Murphy K C. Phage recombinases and their applications. Adv Virus Res，2012，83：367-414.

[16] Court D L，Sawitzke J A，Thomason L C. Genetic engineering using homologous recombination. Annu Rev Genet，2002，36：361-388.

[17] Mullis K B. The unusual origin of the polymerase chain reaction. Scientific American，1990，262（4）：56-61，64-65.

[18] Amunugama R，Fishel R. Homologous recombination in eukaryotes. Prog Mol Biol Transl Sci，2012，110：155-206.

[19] Tsubouchi H，Argunhan B，Iwasaki H. Biochemical properties of fission yeast homologous recombination enzymes. Curr Opin Genet Dev，2021，71：19-26.

[20] Wright W D，Shah S S，Heyer W D. Homologous recombination and the repair of DNA double-strand breaks. J Biol Chem，2018，293（27）：10524-10535.

[21] Hanahan D. Studies on transformation of *Escherichia coli* with plasmids. Journal of molecular biology，1983，166（4）：557-580.

[22] Calvin N M，Hanawalt P C. High-efficiency transformation of bacterial cells by electroporation. J Bacteriol，1988，170（6）：2796-2801.

第五章
细菌转化与细胞转染技术

现代分子生物学在研究基因的功能方面已经取得了巨大的进展，在研究过程中，都免不了将携带目的基因的质粒DNA导入细菌或细胞中，进而在细菌或细胞中扩增或者表达以研究这些基因的功能。通常将质粒导入细菌称为转化，而将质粒导入细胞称为转染，转化和转染技术成为了分子生物学实验室会经常用到的基本实验技术。然而质粒DNA并不能凭借自己的能力进入细菌或细胞内，需要创造特殊的环境或者借助特殊的方法。本章就质粒的转化和细胞的转染做扼要介绍，在阐述基本技术原理和步骤的基础上，显示了实验结果的图片，并对图片进行详细分析，希望能给初学者带来帮助和参考。

第一节　细菌转化

转化是指将质粒导入细菌中，以扩增质粒或在细菌内表达质粒所携带的基因。通常通过化学转化法或电击转化法将携带抗性基因的质粒导入处于感受状态的细菌中，然后将菌液涂布在具有抗性的琼脂平板上，以筛选携带目的质粒的细菌。

一、基本原理

1. 化学转化

用简单的盐溶液鸡尾酒法洗涤大肠杆菌能够使其处于感受态，在这种状态下，DNA分子可以进入细菌。其原理是细菌处于0℃、$CaCl_2$低渗溶液中，细菌细胞膨胀呈球形。DNA可黏附于细胞表面，经42℃短时间热激处理，促进细胞吸收DNA复合物。将细菌放置在非选择性培养基中保温一段时间，促使在转化过程中获得的新的表型（如Amp抗性等）得到表达，然后将此细菌培养物涂在含有抗生素等（如氨苄西林）的选择性培养基上[1,2]。

对于每微克超螺旋质粒DNA，这种简单而有效的方法通常能够产生10^5～10^6个大肠杆菌的转化克隆，这对于常规的工作如扩增质粒已经足够了。然而当可能得到的每一个克隆都相当重要时，例如cDNA文库的构建，较高的转化效率则是必需的，人们一直努力提高转化的效率，包括使用不同的试剂制作感受态细胞、收集处于不同生长周期的细胞、优化热激的温度和时间等，也取得了一些进展[3,4]。但其基本原理是一样的，本节仅就常规的感受态细胞的制作和转化进行阐述。

2. 电击转化

当大肠杆菌暴露在电荷中时，其细胞膜会不稳定而被诱导形成短暂的孔洞，用于转化的DNA分子可由该孔进入细胞。将少量的菌液和DNA复合物置于连接电极的特质小杯内进行电击可以得到理想的转化效率。大肠杆菌的细胞很小，因此，导入DNA所需的电场强度较高（12.5～15kV/cm）。电击转化的效率与温度有关，最好在0～4℃进行，在室温中电击，转化效率可降低至百分之一甚至更多[5,6]。

与化学转化法相比，电击转化具有更高的转化效率，通过优化各种参数包括电场的强度、电脉冲长度、DNA的浓度和电击缓冲液的组成，能够获得每微克DNA超过10^{10}个转化子的转化效率。当DNA浓度较高时（1～10μg/mL），并且电脉冲的持续时间和强度使仅有30%～50%的细菌存活时，可以达到最高的转化效率，可有80%的存活细菌被转化。当DNA浓度较低时（约10pg/mL），也可获得较高的转化效率，此时，大多数的转化菌是由单一的质粒分子进入一个细菌形成的。而在高浓度DNA时，转化菌则是由一个以上的质粒分子共转化所形成的[7]。

二、实验设计思路和基本步骤

1. 制备感受态细胞

（1）用于化学转化的感受态细胞的制备

① 活化菌液。将大肠杆菌菌种以1%的比例接种于10mL无抗性LB液体培养基中，37℃振荡培养过夜。

② 将活化的菌液以1%的比例接种于50mL无抗性LB液体培养基中，37℃振荡扩大培养，当培养液开始出现浑浊后，每隔20～30min测一次OD_{600}，至OD_{600}=0.6左右，停止培养。

③ 将培养液转入离心管中，在冰浴放置10min，4℃下5000r/min离心10min。

④ 弃上清液，用5mL冰预冷的0.1mol/L $CaCl_2$溶液轻轻悬浮菌体至均匀，冰上放置30min。

⑤ 4℃下5000r/min离心10min。

⑥ 弃上清液，用5mL冰预冷的0.1mol/L $CaCl_2$溶液轻轻悬浮菌体至均匀，冰上放置片刻后即制成感受态细胞悬液。

⑦ 以上制好的感受态细胞悬液可在冰上放置，24h内直接用于转化实验，也可加入终浓度为25%的灭菌甘油，混匀后，分装于1.5mL离心管中，每管100μL感受态细胞悬液，置−70℃条件下保存，但使用新鲜制备的感受态细胞可获得较高的转化效率。目前国内有很多商业化的感受态细胞出售，例如天根、全式金、经科宏达等，都能获得很好的转化效率，不一定需要自己制备。

（2）用于电击转化的感受态细胞的制备

① 活化菌液。将大肠杆菌菌种以1%的比例接种于10mL无抗性LB液体培养基中，37℃振荡培养过夜。

② 转移5mL活化的菌液至500mL LB中，37℃下振荡培养2～6h，当培养液开始出现浑浊后，每隔20～30min测一次OD_{600}，至OD_{600}=0.6左右，停止培养。

③ 置于冰上冷却15min。

④ 4℃，5000r/min离心10min，弃上清液。

⑤ 用50mL灭菌的冰水重悬细胞，先用涡旋仪或吸液管重悬浮细胞于少量体积灭菌水中（几毫升），然后将50mL灭菌水全部加入。

⑥ 按照步骤④离心，小心弃去上清液。

⑦ 再用50mL灭菌的冰水重悬浮细胞，离心，弃上清液。

⑧ 用25mL灭菌的、冰冷后的10%甘油重悬浮细胞。

⑨ 按照步骤④离心，小心弃去上清液（沉淀可能会很松散）。

⑩ 用10%甘油重悬浮细胞至最终体积为25mL。

⑪ 制备好的感受态细胞悬液可在冰上放置，24h内可直接用于转化实验，或者分装于1.5mL离心管中，每管100μL感受态细胞悬液，置-70℃条件下保存。

2. 转化

(1) 化学转化

① 冰水中解冻感受态细胞，解冻后加入适量的质粒DNA或连接产物，轻轻摇匀，冰上放置30min。

② 于42℃水浴中热激90s，然后迅速在冰上冷却2min。

③ 加入700μL无抗性LB液体培养基，于37℃摇床培养40min使受体菌恢复正常生长状态并使转化体产生相应抗性。

④ 取出菌液，3000r/min离心5min，在超净台里弃去大部分上清液，剩余100μL重悬后均匀涂布于含相应抗生素的琼脂平板表面，倒置放于37℃孵箱内12～16h，即可见细菌克隆形成。

(2) 电击转化

① 冰上解冻电击感受态细胞，添加适量DNA，混匀后冰上放置约10min。

② 转移DNA/细胞混合物至冷却后的2mm电穿孔容器中，注意不要产生气泡。

③ 对电穿孔容器进行电击（200Ω，25μF，2.5kV）。

④ 立即添加500μL LB至电穿孔容器中。

⑤ 37℃摇床培养细胞40min至1h。

⑥ 3000r/min离心5min，在超净台里弃去大部分上清液，剩余100μL重悬后均匀涂布于含适当的抗生素的琼脂平板表面，倒置放于37℃孵箱内12～16h，即可见细菌克隆形成。

三、实验结果及分析

$CaCl_2$法转化1ng pCDNA3.1质粒DNA至DH5α感受态细胞后，涂布氨苄抗性的平皿，37℃孵箱培养14h。转化结果见图5-1(a)，pCDNA3.1质粒含有氨苄抗性，因此，平皿上可见白色的菌落形成。这些菌落的细菌内都表达了pCDNA3.1质粒所携带的氨苄抗性基因，因此，具有抗药性，平皿中菌落数目的多少代表转化效率的高低。用不含质粒的生理盐水做转化的阴性对照的细菌由于不能表达抗性基因而不能在含有抗生素的平皿上生长［见图5-1(b)］。为了进一步证实长出的菌落含有pCDNA3.1质粒，随机挑取图5-1(a)的两个菌落至LB培养基中，37℃培养12h，提取质粒，琼脂糖凝胶电泳鉴定质粒［见图5-1(c)］，泳道1为用于转化的质粒pCDNA3.1，泳道2和3为从随机挑取的两个菌落所提取的质粒，泳道4为未转化质粒的感受态细菌的阴性对照。由图可见，1、2、3泳道的质粒大小相同，均为pCDNA3.1质粒，表明质粒pCDNA3.1已成功转化至感受态细胞DH5α。电击转化的结果分析同$CaCl_2$转化法，在此不再重复。

四、疑难解析

1. 平皿无菌落形成

① 用于转化的DNA是否降解，可通过琼脂糖凝胶电泳验证。

② 用于转化的感受态细胞是否失效，可重新制作感受态细胞并转化。

③ 质粒抗性是否弄混，检查质粒抗性。

④ 涂板时，玻璃棒未冷却到室温。

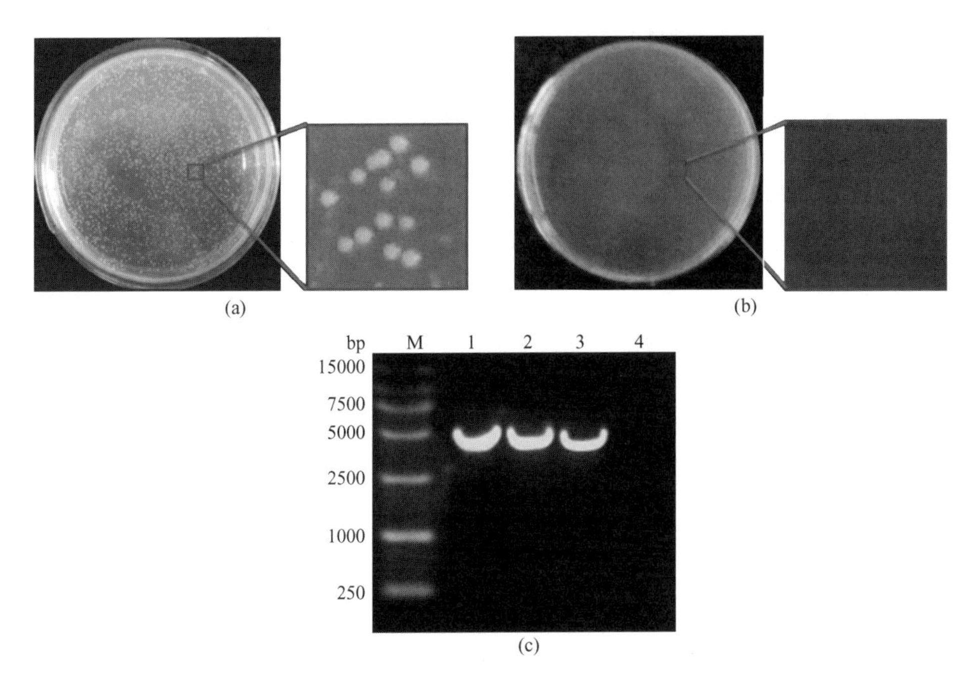

图 5-1　质粒 pCDNA3.1 转化 DH5α 感受态细胞

(a) pCDNA3.1 质粒转化 DH5α 感受态细胞，可见白色菌落形成；(b) 涂布不含质粒的感受态细胞，平板上无菌落形成；(c) 从 (a) 图的平板随机挑取菌落所提质粒的电泳图，泳道 1 为用于转化的质粒 pCDNA3.1，泳道 2 和 3 为从 (a) 中随机挑取的两个菌落所提取的质粒，泳道 4 为阴性对照

2. 菌落太多，无法挑取单克隆

涂板时，可将菌液稀释，吸取少量涂板。

3. 菌落分布不均匀

涂板不均匀导致菌落分布不一均匀。

4. 平板上有杂菌（菌落大小、形态和颜色不一致，差异较大）

① 抗生素过期。

② 制备的琼脂平板过程中，在琼脂粉溶液温度过高的情况下加入抗生素致其失效。

③ 平板放在 37℃时间过长导致抗生素失效。

④ 可能由于用于制备感受态细胞的菌株被污染，可以进行单菌落分离以去除杂菌。

5. 转化效率低的解决方案

① 适度提高用于转化的 DNA 量，或通过琼脂糖凝胶电泳确定质粒的形态，超螺旋结构的质粒会获得较高的转化效率。

② 重新制作感受态细胞或购买高效率的感受态细胞。

③ 涂板时，玻璃棒冷却到室温。

④ 用电击转化法可获得较高的转化效率。

第二节　细胞转染

为了研究 DNA 在哺乳动物细胞内的表达和功能，通常要进行转染实验，即将 DNA 导入细胞内，用于转染的技术可以归纳为三类：生化方法转染、物理方法转染，以及病毒介导的转染。生化方法转染包括二乙氨基乙基（DEAE）-葡聚糖介导的转染、磷酸钙介导的转染以及阳离子脂质体介导的转染；物理方法包括显微注射法、电穿孔法和基因枪法；病毒介导的转染常用的则包括腺病毒感染和逆转录病毒感染两类。

随着 RNAi 现象的发现和 RNA 研究的兴起，越来越多的分子生物学实验需要将 RNA 导入细胞，RNA 转染用到的转染方法和技术与 DNA 转染的方法和技术类似。

一、基本原理

1. 化学转染法

（1）DEAE-葡聚糖法[8]

DEAE-葡聚糖是最早应用于哺乳动物细胞的转染试剂之一，DEAE-葡聚糖是阳离子多聚物，它与带负电的核酸结合后接近细胞膜而被摄取，用 DEAE-葡聚糖转染成功地用于瞬时表达的研究，但用于稳定转染却不是十分可靠。

（2）磷酸钙法[9,10]

磷酸钙法是磷酸钙共沉淀转染法，因为试剂易取得，价格便宜而被广泛用于瞬时转染和稳定转染的研究，先将 DNA 和氯化钙混合，然后加入 PBS 中慢慢形成 DNA 磷酸钙沉淀，最后把含有沉淀的混悬液加到培养的细胞上，通过细胞膜的内吞作用摄入 DNA。磷酸钙似乎还通过抑制血清中和细胞内的核酸酶活性而保护外源 DNA 免受降解。

（3）阳离子脂质体法[11,12]

阳离子脂质体和带负电荷的核酸结合后形成复合物，当复合物接近细胞膜时被内吞成为内体进入细胞质，随后 DNA 复合物被释放进入细胞核内，至于 DNA 是如何穿过核膜的，其机制目前还不十分清楚。阳离子脂质体法具有较高的转染效率，不但可以用于转染其他化学方法不易转染的细胞系，而且还能转染从寡核苷酸到人工酵母染色体不同长度的 DNA，以及 RNA 和蛋白质。此外，脂质体体外转染同时适用于瞬时表达和稳定表达，与以往不同的是，脂质体还可以介导 DNA 和 RNA 转入动物和人的体内，用于基因治疗。

2. 物理方法

（1）显微注射法[13,14]

用显微操作将 DNA 直接注入靶细胞核，操作复杂，多用于工程改造或转基因动物的胚胎。

（2）电穿孔法[15]

电穿孔靠脉冲电流在细胞膜上打孔而将核酸导入细胞内，导入的效率与脉冲的强度和持续时间有关。这种方法常用来制备转基因动物，但却不适用于需要大量转染细胞的研究。

（3）基因枪法[16]

基因枪依靠携带了核酸的高速粒子而将核酸导入细胞内，这种方法适用于培养的细胞和在体内的细胞。

3. 病毒介导法

（1）逆转录病毒[17]

逆转录病毒通过侵染宿主细胞将外源基因整合到染色体中以达到稳定转染的效果，一般用于特定的宿主细胞、难转染的细胞和原代细胞等，但携带的基因不能太大，而且需考虑安全因素。

（2）腺病毒[18]

腺病毒通过侵染宿主细胞将外源基因瞬时转染到宿主细胞内，一般用于难转染的细胞，需考虑安全因素。

4. 瞬时转染和稳定转染

将DNA或RNA导入细胞的方法还可以分为瞬时转染和稳定转染。其中，RNA的稳定转染一般是通过将RNA对应的DNA序列或前体DNA序列构建到DNA表达载体，转染细胞后，进行稳定克隆的筛选，其实也属于DNA稳定转染。

瞬时转染的DNA不整合到宿主染色体中，虽然可以达到高水平的表达，但通常只持续几天，一般在转染后24～72h内分析结果。稳定转染指外源质粒DNA整合到宿主细胞染色体上，使宿主细胞可长期表达目的基因及蛋白。需要在瞬时转染的基础上对靶细胞进行筛选，建立稳定的细胞系，筛选时根据不同基因载体中所含有的抗性标记选用相应的药物，最常用的真核表达基因载体的标记物有潮霉素（hygromycin）、嘌呤霉素（puromycin）和新霉素（neomycin）等。筛选得到的细胞可稳定表达目的蛋白，可以用于蛋白质的扩增和富集，或者得到稳定沉默特定基因的细胞株。

5. 影响转染效率的因素

质粒转染进入细胞的效率高低往往是实验成败的决定因素。不同转染试剂有不同的转染方法，但大多大同小异。转染时应参考具体转染试剂推荐的方法，但也要注意，因不同实验室培养的细胞性质不同，质粒定量的差异，操作手法上的差异等，其转染效果可能不同，应根据实验室的具体条件来确定最佳转染条件。主要考虑以下因素。

（1）转染试剂

不同细胞系的转染效率通常不同，但细胞系的选择通常是根据实验的需要，因此，在转染实验前应根据实验要求和细胞特性选择适合的转染试剂。每种转染试剂都会提供一些已经成功转染的细胞株列表和文献，通过这些资料可选择最适合实验设计的转染试剂。当然，最适合的是高效、低毒、方便、廉价的转染试剂。

（2）细胞状态

一般低的细胞代数（＜50）能确保基因型不变。最适合转染的细胞是经过几次传代后达到指数生长期的细胞，细胞生长旺盛，最容易转染。细胞培养在实验室中保存数月和数年后会经历突变、总染色体重组或基因调控变化等。这会导致和转染相关的细胞行为的变化。也就是说，同一种系的细胞株，在各实验室不同培养条件下，其生物学性状发生不同程度的改变，导致其转染特性也发生变化。因此，如果发现转染效率降低，可以试着转染新鲜培养的细胞以恢复最佳效果。

（3）细胞培养物

健康的细胞培养物是成功转染的基础。不同细胞有不同的培养基、血清和添加物。高的转染效率需要一定的细胞密度，一般的转染试剂都会有专门的说明。推荐在转染前24h培养细胞，这将使细胞正常代谢，增加对外源DNA摄入的可能。一定要避免细菌、支原体或真菌的污染。

（4）细胞密度

细胞密度对转染效率有一定的影响。不同的转染试剂，要求转染时的最适细胞密度各不相同，即使是同一种试剂，也会因不同的细胞类型或应用而异。转染时过高或者过低的细胞密度会导致转染效率降低，甚至表达水平偏低。因此，如果选用新的细胞系或者新的转染试剂，最好能够进行优化实验，并为以后的实验建立一个稳定的方法，包括适当的接种量和培养时间等等。阳离子脂质体具有微量的细胞毒性，往往需要更高的铺板密度或者更多的悬浮细胞数，有的要求细胞90%汇片，而有些多胺或者非脂质体的配方则要求在40%～80%之间，总之是尽量在细胞最适的生理状态下转染，以求最佳的转染效果。不同的实验目的也会影响转染时的铺板密度，比如研究细胞周期相关基因等表达周期长的基因，就需要较低的铺板密度，所以需要选择能够在较低铺板密度下进行转染的试剂。一般转染时贴壁细胞的密度为50%～90%，但这个需要参考所选转染试剂的说明书。

(5) DNA质量

DNA质量对转染效率影响非常大。一般的转染技术（如脂质体等）基于电荷吸引原理，如果DNA不纯，如带少量的盐离子、蛋白质、代谢物污染都会显著影响转染复合物的有效形成及转染的进行，但对GenEscort系列转染试剂的影响不大。德国QIAGEN公司提供的超纯质粒抽提试剂盒能达到很高的纯度效果，可以保证提取的DNA质量。此外，对一些内毒素敏感的细胞（如原代细胞、悬浮细胞和造血细胞），QIAGEN还提供可去除内毒素污染的质粒抽提试剂盒，在质粒抽提过程中有效去除脂多糖分子，保证理想的转染效果。但如果使用GenEscort转染试剂，一般不需要这么高的DNA质量要求。当使用GenEscort转染试剂时，即使采用传统的酚-氯仿沉淀方法纯化质粒，仍然可达到非常好的转染效果，但所用的质粒量比试剂盒纯化方法的DNA用量大一些。

(6) 血清

血清曾一度被认为会降低转染效率，老一代的转染方法往往要求转染前后洗细胞或者在无血清培养基的条件下转染，但有些对此敏感的细胞如原代细胞会受到损伤，甚至死亡，导致转染效率极低。不过转染产品配方几经革新后的今天，对于主流的转染试剂来说，血清的存在已经不会影响转染效率，甚至还有助于提高转染效率。血清的存在会影响DNA-转染复合物的形成，但只要在DNA-转染复合物形成时用无血清培养基或PBS来稀释DNA和转染试剂就可以了，在转染过程中是可以使用血清的。不过要特别注意：对于RNA转染，如何消除血清中潜在的RNase污染是值得关注的。胎牛血清（FCS）经常用到，便宜一点的有马血清或牛血清。血清是一种包含生长因子及其他辅助因子的不确切成分的添加物，对不同细胞的生长作用有很大的差别。血清质量的变化直接影响细胞生长，因此，也会影响转染效率。

(7) 抗生素

细胞培养过程中往往会添加抗生素来防止污染，但是这些添加剂可能对转染造成麻烦。比如青霉素和链霉素，就是影响转染的培养基添加物。这些抗生素一般对于真核细胞无毒，但有些转染试剂增加了细胞的通透性，使抗生素可以进入细胞。这可能间接导致细胞死亡，造成转染效率低。目前，转染试剂因为全程都可以用有血清和抗生素等添加剂的完全培养基来操作，非常方便，避免了污染等麻烦。

(8) 氮磷比（N/P）

N/P是转染效率的关键（为了换算方便，一般以DNA/转染试剂质量比表示），在一定的比例范围内，转染效率随N/P呈比例增加，之后达到平值，但毒性也随之而增加，因此，在实验之前应根据推荐比例，确定本实验的最佳转染比例。

二、实验设计和基本步骤

为了获得较高的转染效率，首先应该根据细胞类型和文献报道选择合适的转染试剂，尽可能考虑影响转染效率的因素，在合适的条件下进行。目前，分子生物学实验室使用较多的是阳离子脂质体法，以 Invitrogen 公司的 Lipofectamine 2000 为例，介绍转染实验的基本操作步骤。该试剂可用于转染贴壁细胞和悬浮细胞，可用于转染 DNA 和 RNA。

1. 基本操作步骤

以 24 孔板为例。

① 转染前一天，将细胞接种于 500μL 不含抗生素的培养基中，使其在转染时细胞密度达到 60%～80%。

② 按以下要求配制转染液。

a. 用 50μL 无血清培养基稀释 1μg DNA，轻轻混匀。

b. 用 50μL 无血清培养基稀释 2μL Lipofectamine 2000 转染试剂，室温孵育 5min，务必在 25min 内进行下一步操作。

c. 将上两步稀释的 DNA 和 Lipofectamine 2000 混合（总体积为 100μL），轻轻混匀，室温放置 20min。

③ 将上述的混合液加入细胞中，轻轻摇匀，转染 4～6h 后可更换培养基。如果是瞬时转染，可在 37℃ 培养 24～96h 后检测基因表达情况或进行相关分析。

2. 稳定克隆的筛选

① 如果是稳定转染，目的是筛选稳定克隆，转染后可按以下步骤操作（以携带 G418 抗性为例）。

a. 转染后 48h 加入合适浓度的 G418（将在后续步骤中讲述如何确定合适的 G418 浓度），如果不能确定合适的浓度，可以将转染的细胞消化后传至多个孔，加入不同浓度的 G418。

b. 根据细胞不同的生长状态，培养 2～4 周，根据细胞情况每隔 2～3d 换液一次，维持 G418 的浓度。

c. 2 周后一般会有克隆形成，待克隆大小长至肉眼可见时，用接种环或滤纸吸附单克隆至 96 孔板，继续培养，随着细胞的增殖逐渐扩大培养至 24 孔板、12 孔板、6 孔板，当细胞较多时可取部分细胞鉴定目的 DNA 是否表达。

② 合适浓度的 G418 的确定。

a. 细胞培养。取待测培养细胞，制备成细胞悬液，按等量接种入多孔培养板中，培养 6h 左右开始加药。

b. 制备筛选培养基。G418 浓度在 100～1000μg/mL 范围内确定几个梯度，比如先做 100μg/mL、400μg/mL、800μg/mL、1000μg/mL 这几个浓度，按梯度浓度用培养基稀释 G418 制成筛选培养基。

c. 加 G418 筛选。吸除培养孔中的培养基，PBS 洗涤一次，每孔中加入不同浓度的筛选培养基。

d. 换液。根据培养基的颜色和细胞生长情况，每 3～5d 更换一次筛选培养基。

e. 确定最佳筛选浓度。筛选 10～14d 内能够杀死所有细胞的最小 G418 浓度即为最佳筛选浓度。在第一轮就筛选出最佳 G418 浓度的可能性不大，最有可能的是出现这种情况：用某一浓度 G418 的量在筛选 14d 后还不能杀死细胞，而用下一个梯度的 G418 的量在 10d 前就看不到活细胞了。假如是 400μg/mL 不能杀死细胞，而 800μg/mL 在第 5 天就杀死了所有的细胞，则可以再用 500μg/mL、600μg/mL、700μg/mL 进一步筛选，以确定最佳筛选浓度。

三、实验结果及分析

本实验在293T细胞中使用Lipofectamine 2000转染试剂分别转染绿色荧光蛋白（EGFP）表达载体pEGFP-C和羟基荧光素（FAM）标记的siRNA。

pEGFP-C质粒含有EGFP基因的编码序列，进入细胞后会启动EGFP基因的转录和翻译，最终表达EGFP蛋白，荧光显微镜可以观察EGFP蛋白的表达和定位。转染后24h观察，如图5-2(a)、图5-2(b)所示，约一半的细胞表达EGFP蛋白，因此，转染效率为50%，如果在48h或更长的时间观察，可能会有更多的细胞表达EGFP蛋白，荧光的强度可能更强。此外，还可以观察到EGFP蛋白为全细胞表达，细胞内的分布较均匀。

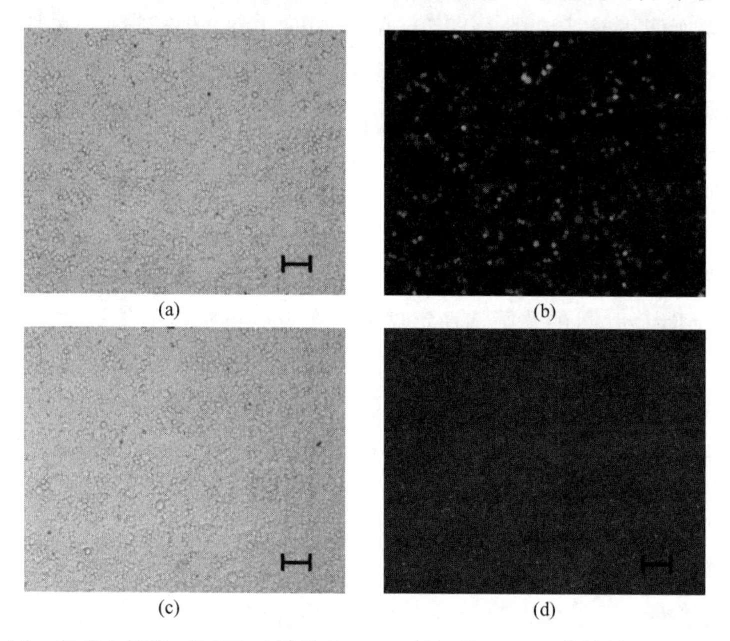

图5-2　细胞中转染pEGFP-C质粒和FAM标记的siRNA的效果图（见彩图）
(a)，(b)：293T细胞转染绿色荧光蛋白（EGFP）表达载体pEGFP-C。(a)为转染后24h明场照片，(b)为同一个视野的荧光照片，图中发出绿色荧光的细胞为转染并表达EGFP蛋白的细胞，EGFP蛋白为全细胞分布。(c)，(d)：293T细胞转染羟基荧光素（FAM）标记的siRNA。(c)为转染后48h明场照片，(d)为同一个视野的荧光照片，图中含有点状绿色荧光的细胞为转染FAM标记的siRNA的细胞，FAM标记的siRNA为细胞内点状分布。标尺为100μm

siRNA是在RNA干涉过程中人工体外合成的小片段RNA，由约20个碱基对组成，进入细胞后被输送到RISC（RNA-induced silencing protein complex，RNA诱导沉默复合体），siRNA作为引导序列引导RISC与同源性的mRNA结合，解旋酶催化mRNA与siRNA的正义RNA链相互交换，siRNA的反义链与同源mRNA结合后，核酸酶在mRNA与siRNA反义链所形成的双链区的5′起始端下游7～10个核苷酸处（也就是双链区靠近中间位置）切断mRNA，使mRNA降解，从而达到抑制靶基因表达的目的[19]。siRNA具有操作简便、转染效率高、对细胞或者组织的毒副作用小、可大规模制备等优点，FAM标记的siRNA能够观察siRNA是否进入细胞内、在细胞内的定位以及转染效率。如图5-2(c)、图5-2(d)所示，转染后24h可见FAM标记的siRNA在细胞内为点状分布，约70%的细胞内有点状荧光，提示siRNA的转染效率约为70%。

四、疑难解析

1. 转染效率低

（1）细胞状态差或不恰当的细胞密度

建议接种生长状态良好的细胞，按转染试剂要求的最适密度接种细胞。

（2）优化转染条件

例如优化阳离子脂质体试剂和 DNA 的量。

（3）DNA-阳离子脂质体试剂复合物在存在血清的条件下形成

建议在复合体形成时不要使用血清。

（4）转染体系中可能存在抑制剂

建议不要在用于制备 DNA-阳离子脂质体复合物的培养基中使用抗生素、EDTA、柠檬酸盐、磷酸盐、RPMI、硫酸软骨素、透明质酸、硫酸葡聚糖或其他硫酸蛋白多糖。

（5）阳离子脂质体试剂冻结

建议不要使用冻结的或储存温度低于 4℃ 的阳离子脂质体试剂。

（6）质粒纯化的问题

建议使用转染级的质粒纯化试剂盒。

（7）可更换不同公司或不同货号的转染试剂，也可改变转染的方法

例如一般病毒感染均能获得较高的转染效率。

2. 细胞死亡率高

（1）DNA 量太高

建议：作一个剂量-反应曲线以确定最佳的 DNA 量。在转染中加入阳离子脂质体试剂，因为单独的 DNA 也会对细胞生长有一个基础的影响。

（2）阳离子脂质体试剂量太高

建议：作一个剂量-反应曲线以确定最佳的阳离子脂质体试剂的量。在剂量-反应转染中加入 DNA，因为单独的阳离子脂质体试剂也只对细胞生长有一个基础的影响。

（3）在转染过程中使用抗生素

建议：在转染过程中不要使用氯霉素、青霉素或链霉素，因为阳离子脂质体试剂使细胞更敏感。

（4）细胞太少

建议：作一个剂量-反应曲线以确定每个转染过程中最佳的细胞数量。根据实验所要求的效率调整细胞数量。

（5）阳离子脂质体试剂氧化了

建议：不要过分搅动或振荡阳离子脂质体试剂，这可能会形成阳离子脂质体试剂的过氧化物。

（6）对于稳定转染，筛选抗生素加入太快或浓度太高

建议：在加入筛选性抗生素前至少要在不含 G418 的培养基中培养 48h，使细胞表达抗性基因。

（7）可更换不同公司或不同货号的转染试剂

3. 转染重复性不好

（1）转染时的融合度波动

建议：进行不同批次的转染时保持所有的转染参数恒定，如融合度、传代次数和生长时间相等。

（2）在培养过程中细胞发生变化

建议：如果可能，使用经选择的转染效率较高的亚系细胞；如果可能，用新融化的细胞进行实验。

（程　龙　蔺　静　叶棋浓　编）

参考文献

[1] Cohen S N, Chang A C, Hsu L. Nonchromosomal antibiotic resistance in bacteria: genetic transformation of *Escherichia coli* by R-factor DNA. Proc Natl Acad Sci USA, 1972, 69 (8): 2110-2114.

[2] Oishi M, Cosloy S D. The genetic and biochemical basis of the transformability of *Escherichia coli* K12. Biochem Biophys Res Commun, 1972, 49 (6): 1568-1572.

[3] Hanahan D. Studies on transformation of *Escherichia coli* with plasmids. J Mol Biol, 1983, 166 (4): 557-580.

[4] Hanahan D, Lane D, Lipsich L, et al. Characteristics of an SV40-plasmid recombinant and its movement into and out of the genome of a murine cell, Cell, 1980, 21 (1): 127-139.

[5] Zimmermann U. Electric field-mediated fusion and related electrical phenomena. Biochim BiophysActa, 1982, 694 (3): 227-277.

[6] O'Callaghan D, Charbit A. High efficiency transformation of *Salmonella typhimurium* and *Salmonella typhi* by electroporation. Mol Gen Genet, 1990, 223 (1): 156-158.

[7] Steele C, Zhang S, Shillitoe EJ. Effect of different antibiotics on efficiency of transformation of bacteria by electroporation. Biotechniques, 1994, 17 (2): 360-365.

[8] McCutchan J H, Pagano J S. Enchancement of the infectivity of simian virus 40 deoxyribonucleic acid with diethylaminoethyl-dextran. J Natl Cancer Inst, 1968, 41 (2): 351-357.

[9] Graham F L, van der Eb A J. Transformation of rat cells by DNA of human adenovirus 5. Virology, 1973, 54 (2): 536-539.

[10] Graham F L, van der Eb A J. A new technique for the assay of infectivity of human adenovirus 5 DNA. Virology, 1973, 52 (2): 456-467.

[11] Felgner P L, Gadek T R, Holm M, et al. Lipofection: a highly efficient, lipid-mediated DNA-transfection procedure. ProcNatlAcadSci USA, 1987, 84 (21): 7413-7417.

[12] Mannino R J, Gould-Fogerite S. Liposome mediated gene transfer. Biotechniques, 1988, 6 (7): 682-690.

[13] Graessmann A, Graessmann M, Mueller C. Microinjection of early SV40 DNA fragments and T antigen. Methods Enzymol, 1980, 65 (1): 816-825.

[14] Graessmann M, Graessmann A. Microinjection of tissue culture cells. Methods Enzymol, 1983, 101: 482-492.

[15] Wong T K, Neumann E. Electric field mediated gene transfer. Biochem Biophys Res Commun, 1982, 107 (2): 584-587.

[16] Kartha K K, Chibbar R N, Georges F, et al. Transient expression of chloramphenicol acetyltransferase (CAT) gene in barley cell cultures and immature embryos through microprojectile bombardment. Plant Cell Rep, 1989, 8 (8): 429-432.

[17] Vanin E F, Kaloss M, Broscius C, et al. Characterization of replication-competent retroviruses from nonhuman primates with virus-induced T-cell lymphomas and observations regarding the mechanism of oncogenesis. J Virol, 1994, 68 (7): 4241-4250.

[18] Morin J E, Lubeck M D, Barton J E, et al. Recombinant adenovirus induces antibody response to hepatitis B virus surface antigen in hamsters. Proc Natl Acad Sci USA, 1987, 84 (13): 4626-4630.

[19] Fire A, Xu S, Montgomery M K, et al. Potent and specific genetic interference by double-stranded RNA in *Caenorhabditis elegans*. Nature, 1998, 391 (6669): 806-811.

第六章

外源基因表达的鉴定

第一节　Northern Blot

一、引言

Northern 印迹杂交（Northern Blot）是通过检测 RNA 表达水平来检测基因表达的方法[1,2]，通过 Northern Blot 可以检测到细胞在生长发育的特定阶段或者胁迫或病理环境下特定基因的表达情况，如 Northern Blot 被大量用于检测癌细胞中原癌基因表达量的升高及抑癌基因表达量的下降，器官移植过程中免疫排斥反应造成某些基因表达量的上升，Northern Blot 还可用来检测目的基因是否具有可变剪切产物或者重复序列[3]。1977 年由斯坦福大学 James Alwine、David Kemp 和 George Stark 发明了 Northern Blot[4]。

分析基因的表达有很多种不同的方法，除 Northern Blot 外，还有 RT-PCR、基因芯片、RNA 酶保护实验等[3]。基因芯片常和 Northern Blot 一起使用，但通常情况下，Northern Blot 的灵敏度要好于基因芯片实验，而基因芯片的优势在于它可在一次实验中同时反映出几千个基因表达量的变化[5]。与定量 PCR 的高灵敏度相比，Northern Blot 显然要逊色不少，但 Northern Blot 较高的特异性可以有效地减少实验结果的假阳性。Northern Blot 实验中一个主要的问题是存在 RNA 的降解，所以 Northern Blot 中所有的实验用品都需要经过除去 RNA 酶的过程，如高温烘烤、DEPC 处理等。同时，Northern Blot 中的很多实验用品如甲醛、EB、DEPC、紫外灯等对人体都有一定的伤害[6]。

Northern Blot 的优势在于它可检测目的片段的大小、是否有可变剪切出现、可允许探针的部分不配对性，杂交过后的膜经过一定的处理除去探针后还可保存很长时间供再次杂交使用。

二、实验设计思路和基本步骤

Northern Blot 首先通过电泳的方法将不同的 RNA 分子依据其分子量大小加以区分，然后通过与特定基因互补配对的探针杂交来检测目的片段。Northern Blot 中最为常用的电泳胶是含有甲醛的琼脂糖凝胶，甲醛可以减少 RNA 的二级结构，电泳完成后，胶可经过 EB 染色后在紫外光下检测 RNA 的质量[6]。Northern Blot 中探针的序列需要和检测目的基因的序列互补配对，探针可以是 DNA、RNA 或者其他的寡聚核苷酸，但最小的长度必须大于 25bp，体外合成的 RNA 探针可以采用更高的退火温度来减少背景中的噪声。探针一般采用 ^{32}P 或者地高辛来进行标记。杂交过后，可采用 X 胶片显色的方法来检测信号。

1. RNA 样品的制备

请见第二章第三节 RNA 的提取。

2. RNA 甲醛变性凝胶电泳

(1) 材料、器具及试剂

① 器具。移液器、离心机、水浴摇床、X 光胶片、摇床、杂交袋、Whatman 3MM 滤纸、普通滤纸、硝酸纤维素膜或尼龙膜、托盘、玻璃板、封口膜、1000g 重物、吸水纸、暗盒、保鲜膜、手术刀片、水平凝胶电泳槽、稳压电泳仪、微波炉、紫外凝胶成像系统等。

② 材料。已制备的 RNA 样品。

③ 试剂。

a. 5×MOPS(甲醛变性胶)电泳缓冲液:内含 0.1mol/L MOPS、40mmol/L 乙酸钠。

b. 5mmol/L EDTA,pH7.0,用 DEPC 水配制,室温避光保存,使用时稀释 5 倍。

c. 甲醛。

d. 去离子甲酰胺。

e. 甲醛变性凝胶加样缓冲液:内含 0.5g/mL 甘油、1mmol/L EDTA (pH8.0)、2.5g/L 溴酚蓝和 2.5g/mL 二甲苯青,用 DEPC 水配制,高压灭菌后备用。

f. 琼脂糖。

g. 20×SSC:在 800mL 水中溶解 175.3g 氯化钠,88.2g 柠檬酸钠,用 HCl 调节 pH 至 7.0,加水定容至 1L,高压灭菌。

h. 2×SSC 和 6×SSC:用 20×SSC 稀释得到。

(2) RNA 甲醛变性凝胶电泳

① 将核酸电泳槽、凝胶板及样品梳子用 3% 的 H_2O_2 浸泡 10~30min,然后用灭菌无 RNase 的双蒸水彻底冲洗,干燥备用。

② 凝胶板的制备。将核酸电泳槽凝胶板两端的开口用透明胶带封住(对于免封胶电泳装置可直接将凝胶板放置于凝胶槽中),水平地放在桌面上。在凝胶板的一端放上样品梳,距底板 0.5~1mm,以便加入琼脂糖后形成完好的加样孔。

③ 配制 23mL 甲醛变性凝胶。取一个干净的 250mL 三角瓶,加入 0.336g 琼脂糖和 20mL 灭菌双蒸水,在微波炉或沸水浴中加热使琼脂糖彻底熔化,冷却至 60~70℃时,依次加入 5mL 5×MOPS(甲醛变性胶)电泳缓冲液、5.5mL 的甲醛和 0.5μL 溴化乙锭,轻轻摇动混合均匀。

④ 将凝胶溶液倒在凝胶板上(要在通风橱内进行),厚度为 3~5mm,室温放置 30min,使胶完全固化。

⑤ 撕去两端的胶带,将凝胶板放在样品槽中,加入 1× 的 MOPS 电泳缓冲液,液面高出胶面 1~2mm,从胶上小心拔出样品梳,检查样品孔是否完整。

⑥ 甲醛变性凝胶 RNA 样品处理。取一个 DEPC 处理过的微量离心管,依次加入 RNA 样品 4μL、5×MOPS 2.5μL、甲醛 3.5μL 和去离子甲酰胺 10μL,混匀。将离心管置于 65℃水浴中保温 10min,再迅速将离心管静置冰上冷却 2min。加入 3μL 甲醛变性凝胶加样缓冲液,混匀。

⑦ 用微量移液器将上述样品加到样品孔内,以加样端接负极,另一端接正极,于 7.5V/cm 电压下电泳,当溴酚蓝泳动至凝胶的 3/4 距离时,停止电泳。紫外检测仪下观察并用凝胶成像系统成像。

3. RNA 样品的转膜(虹吸印迹法)

① 在完成电泳后,凝胶用 DEPC-H_2O 淋洗除去甲醛,然后置于 2×SSC 中浸泡

15～30min。

② 将凝胶用刀片切割，切掉未用掉的凝胶边缘区域，把含有变性RNA片段的凝胶转至玻璃平皿中。

③ 在一个大的玻璃皿中放置一个小玻璃皿或一叠玻璃作为平台，上面放一张Whatman 3MM滤纸，倒入20×SSC缓冲溶液，使液面略低于平台表面，当平台上滤纸湿透后，用玻棒赶出所有的气泡。

④ 将硝酸纤维素膜或尼龙膜切割成与凝胶大小一致，用去离子水浸湿后转入20×SSC缓冲液浸泡0.5h。注意不能用手直接接触硝酸纤维素膜或尼龙膜。

⑤ 凝胶置于平台上湿润的Whatman 3MM滤纸中央，滤纸和凝胶之间不能有气泡。

⑥ 将硝酸纤维素膜或尼龙膜放在凝胶上，注意不要再使其移动，赶出气泡，做好记号。

⑦ 尼龙膜上覆盖另一层Whatman 3MM滤纸（用20×SSC缓冲溶液预先浸湿），再次赶出气泡后加上纸巾、玻板、重物，使尼龙膜上的RNA发生毛细转移，时间需6～18h，纸巾湿后应更换新的纸巾。

4. RNA固定

取下硝酸纤维素膜或尼龙膜，浸入6×SSC缓冲溶液中，5min后取出晾干，放在两层滤纸中间，于80℃真空炉中烘烤0.5～2h。烘干的膜用塑料袋密封，4℃保存备用。

另外，可以用紫外交联照射的方法将RNA固定在尼龙膜上，一般是将湿润的尼龙膜置于一张干的滤纸上，在波长254nm处按照1.5J/cm^2的剂量照射1min45s。具体操作应参照仪器的使用说明。

5. 杂交

（1）探针标记（此工作可与膜转移同一天进行）

用于核酸杂交的分子探针的标记物有同位素、生物素、地高辛、荧光素等。其中，同位素是目前国内外研究中应用最多的一类探针标记物，因其具有灵敏度高、特异性强、杂交本底低等优点。而且，其曝光时间可以随意调节，以获得最佳曝光效果。

① 同位素标记探针。常将放射性同位素如^{32}P连接到某种脱氧核糖核苷三磷酸（dNTP）上作为标记物，然后通过切口平移法标记探针。反应条件如下：

水	14μL	α［^{32}P］dCTP（50μCi）	2.5μL
OLB	5μL	大肠杆菌聚合酶K片段	1U
BSA（10mg/mL）	1μL	混匀，4℃过夜，次日再加	
DNA（30～50ng）	2μL	大肠杆菌聚合酶K片段	1U
100℃×5min，37℃×10min，4℃×5min		0.5h后加入终止液	50μL

② 离心柱分离探针。

a. 柱的制备。取消毒过的蓝吸头，将小玻璃珠或玻璃纤维放入吸头，堵住出口，将混匀的Sephadex G50（中号）移入吸头至满。取1.5mL Eppendorf管，剪去盖，放入10mL离心管中。将蓝吸头插入Eppendorf管，可自制一套圈或用一垫圈套于蓝吸头前部，以保证吸头尖距1.5mL管底部1～2cm。1600*g*离心4min，弃去1.5mL管中的TE液，再用100μL TE液加入小柱，离心，如此反复两次平衡柱子。

b. 分离。用镊子取出原1.5mL管，取一新的1.5mL管放入10mL离心管，插上平衡过的小柱。将标记的探针液加入小柱，1600*g*离心4min，小心取出1.5mL管，将分离得到的探针移入一标记过的1.5mL管，盖紧盖子。

（2）探针变性

用 10mmol/L EDTA 将探针稀释 10 倍，90℃热处理稀释探针 10min 后，立即放置于冰上 5min。短暂离心，将溶液收集到管底。

（3）杂交

将硝酸纤维素膜或尼龙膜在 2×SSC 中浸湿，以防碎裂，然后放入杂交袋中，四周封口，剪去一角注入 10mL 预杂交液，挤去气泡，封口，置此袋于 40℃水浴摇床中摇晃预杂交 3h。取出袋，拭干，剪去一角，将变性了的探针加入，挤去气泡，封口。为防止含同位素的探针泄漏，外再封一杂交袋。置此袋于 40℃水浴摇床中摇晃杂交过夜。

（4）洗膜

取出袋，拭干，剪去一角，将杂交液注入 50mL 管中，存于 4℃冰箱，以备再用。剪去袋的四周，置此袋于 2×SSC/0.1%SDS 液中，取出膜，晃洗于此液。移膜入新的 2×SSC/0.1%SDS 液中，于 50℃中晃洗 0.5h，如此重复一次。

（5）曝光

取出膜封于杂交袋中。在暗室中打开片盒，放 X 光胶片于增感屏上，再放上膜，盖上盒，将片盒存于－70℃冰箱中。1d 后冲片，视显影强弱缩短或延长曝光时间。

6. 注意事项

① 为了抑制 RNA 酶的活性，所有用于 Northern 印迹的溶液，均须用经 DEPC 处理过的无菌去离子水配制。DEPC 是一种致癌剂，须小心操作。

② RNA 极易被环境中存在的 RNA 酶降解，因此，须特别警惕 RNA 酶的污染。

三、实验结果说明

以图 6-1 来解释 Northern Blot 的实验结果。为了研究乙烯雌酚对于低氧条件下乳腺癌细胞中基因转录水平的调控作用，乳腺癌 MDA-MD435 细胞分别处于低氧或同时用乙烯雌酚处理的条件下及对照条件下，通过 Trizol 方法提取不同条件下 MDA-MD435 细胞的总 RNA，按照

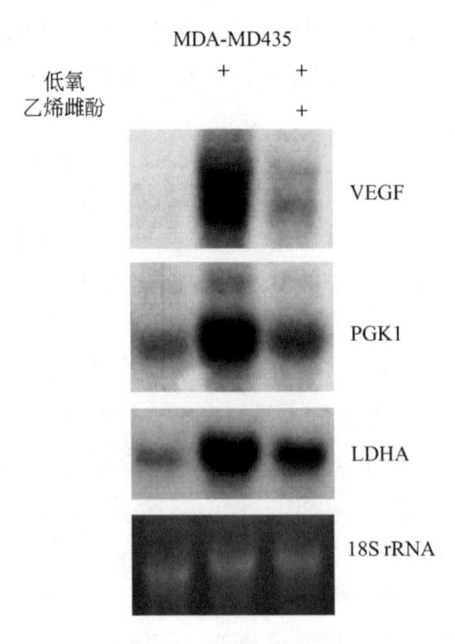

图 6-1 Northern Blot 分析 MDA-MD435 细胞在低氧或低氧同时用乙烯雌酚处理后的基因表达水平

Northern Blot 的方法将转移至尼龙膜上的总 RNA 和 VEGF（血管内皮生长因子）、PGK1（磷酸甘油酸酯激酶）、LDHA（乳酸脱氢酶）的 cDNA 探针进行杂交并放射自显影。其中 18SrRNA 作为内参对照。实验结果表明，在低氧作用下，VEGF、PGK1、LDHA 的转录水平明显增强，而乙烯雌酚能够抑制这种效应。

四、疑难解析

如表 6-1 所示。

表 6-1　疑难解析

问题	可能原因	建议
低灵敏度	探针标记效率低	通过与标记的对照 DNA 进行比较,确定探针的标记效率。放大反应体系和延长孵育时间均可增加探针产量 确保模板被加入标记反应液之前已经完全变性
	待杂交的 RNA 丰度低	提高 RNA 质量,杂交膜不要多次使用
	杂交液里的探针浓度低	增加探针浓度,延长显色时间
高背景	杂交效率低	重新计算杂交温度 在预杂交和杂交过程中勿使膜干燥 使用塑料杂交袋的时候,将气泡排尽后封闭杂交袋

（王　健　周建光　编）

第二节　RT-PCR

一、引言

RT-PCR 是 reverse transcription PCR 的简称，中文译作“逆转录聚合酶链式反应”，是将 RNA 的反转录（RT）和 cDNA 的聚合酶链式扩增（PCR）相结合的技术[7]。首先经反转录酶的作用从 RNA 合成 cDNA，再以 cDNA 为模板，扩增合成目的片段。RT-PCR 技术灵敏而且用途广泛，提供了一种分析基因表达的快速灵敏的方法。RT-PCR 用于对表达信息进行检测或定量。另外，这项技术还可以用来检测基因表达差异或不构建 cDNA 文库克隆 cDNA[7,8]。RT-PCR 比其他包括 Northern Blot、RNase 保护分析、原位杂交及 S1 核酸酶分析在内的 RNA 分析技术更灵敏，更易于操作。作为模板的 RNA 可以是总 RNA、mRNA 或体外转录的 RNA 产物。无论使用何种 RNA，关键是确保 RNA 中无 RNA 酶和基因组 DNA 的污染。用于反转录的引物可视实验的具体情况选择随机引物、oligo(dT) 及基因特异性引物中的一种。对于短的不具有发卡结构的真核细胞 mRNA，三种都可。

RT-PCR 可以一步法或两步法的形式进行。在两步法 RT-PCR 中，每一步都在最佳条件下进行。cDNA 的合成首先在逆转录缓冲液中进行，然后取出 1/10 的反应产物进行 PCR[9]；在一步法 RT-PCR 中，逆转录和 PCR 在优化的条件下，在一只管中顺次进行[10]。

二、实验设计思路和基本步骤

1. 反转录酶的选择

（1）Moloney 鼠白血病病毒（MMLV）反转录酶

有强的聚合酶活性，RNA 酶 H 活性相对较弱。最适作用温度为 37℃。

（2）禽成髓细胞瘤病毒（AMV）反转录酶

有强的聚合酶活性和 RNA 酶 H 活性。最适作用温度为 42℃。

（3）*Thermus thermophilus*、*Thermus flavus* 等嗜热微生物的热稳定性反转录酶

在 Mn^{2+} 存在下，允许高温反转录 RNA，以消除 RNA 模板的二级结构。

2. 合成 cDNA 引物的选择

（1）随机六聚体引物

当特定 mRNA 由于含有使反转录酶终止的序列而难于拷贝其全长序列时，可采用随机六聚体引物这一不特异的引物来拷贝全长 mRNA。用此种方法时，体系中所有 RNA 分子全部充当了 cDNA 第一链模板，PCR 引物在扩增过程中赋予所需要的特异性。通常用此引物合成的 cDNA 中 96%来源于 rRNA。

（2）oligo(dT)

oligo(dT) 法是一种对 mRNA 特异的方法。因绝大多数真核细胞 mRNA 具有 3′端 poly(A) 尾，此引物与其配对，仅 mRNA 可被转录。由于 poly(A) RNA 仅占总 RNA 的 1%～4%，故此种引物合成的 cDNA 比随机六聚体作为引物得到的 cDNA 在数量和复杂性方面均要小。

（3）特异性引物

最特异的引物方法是用含目标 RNA 的互补序列的寡核苷酸作为引物，若 PCR 反应用两种特异性引物，第一条链的合成可由与 mRNA 3′端最靠近的配对引物起始。用此类引物仅产生所需要的 cDNA，导致更为特异的 PCR 扩增。

3. 实验步骤

（1）材料、仪器及试剂

① 仪器。PCR 仪、电泳仪和电泳槽。

② 试剂。目前试剂公司有多种 cDNA 第一链试剂盒出售，其原理基本相同，试剂主要包括以下成分：

oligo（dT）18：相当于 mRNA 引物；

AMV（MMLV）：逆转录酶；

dNTP：脱氧核苷酸；

RNase inhibitor：RNA 酶抑制剂；

RT-PCR 缓冲液；

$MgCl_2$：2 价镁离子。

③ 材料。RNA 或 mRNA。

（2）两步法 RT-PCR

① 第一步：逆转录反应。

RNA：1μg；

oligo（dT）18：0.05μg/μL，4μL；

混匀，短暂离心，70℃ 5min；

立即冰水浴，稍离心后添加下列试剂。

MMLV 5×缓冲液：8μL；

dNTP：10mmol/L，2μL；

RNase 抑制剂：40U/μL，1μL；

MMLV：5U/μL，2μL；
DEPC水补充至总体积40μL，混匀，离心，42℃ 60min，95℃ 10min，4℃保存。
② 第二步：PCR反应。
总体积20μL。
*Taq*DNA聚合酶10×缓冲液：2μL；
$MgCl_2$：25mmol/L，1.2μL；
dNTP：10mmol/L，0.2μL；
上游引物10pmol/μL，0.3μL；
下游引物10pmol/μL，0.3μL；
cDNA模板X（1～10μL）；
*Taq*酶：2.5U/μL，0.3μL；
DEPC水：补充至20μL；
混匀，97℃，5min，立即冰水浴，混匀。
PCR仪参数设定：
95℃ 5min预变性；
94℃ 30s变性；
55℃ 40s退火，退火温度需要在实验中进行调整；
72℃ 60s延伸，延伸时间需要根据扩增的DNA片段长度进行调整；
28～36个循环；
72℃ 7min终末延伸；
4℃保温。
电泳。
（3）一步法RT-PCR
1pg～5μg的RNA：*X*μL；
5×RT-PCR反应缓冲液：10μL；
dNTP混合物：10mmol/L 1μL；
特异性基因下游引物50pmol；
特异性基因上游引物50pmol；
$MgCl_2$：25mmol/L，2μL；
AMV反转录酶：5U/μL，1μL；
Taq DNA聚合酶：5U/μL，1μL；
RNase抑制剂：40U/μL，1μL；
DEPC水加至终体积50μL。
PCR仪参数设定：

45℃	30min	
94℃	3min	预变性
94℃	30s	变性
37～65℃	30s	复性退火
72℃	45s～5min	延伸

28～36个循环（变性、退火、延伸）；

72℃　　　　　　5min　　　　终末延伸

4℃保温。

三、实验结果说明

下面以两步法 RT-PCR 的方法为例，分析 *SPON2* 基因在不同肿瘤细胞系中转录水平的差异。利用 Trizol 方法提取不同肿瘤细胞 RNA，经过反转录后获得 cDNA 链。以 cDNA 产物为模板，利用 *SPON2* 特异性引物进行 PCR 扩增，半定量分析 *SPON2* 在不同细胞中的转录水平，其中 β-actin 作为一种内参对照。PCR 产物通过琼脂糖凝胶电泳分析，发现在 LNCaP、C4-2 和 C4-2B 三种细胞中 *SPON2* 的转录水平最高，在 DU145、Hela、MCF-7 细胞中的转录水平较低，而在 BPH 和 PC3 细胞中 *SPON2* 的转录水平最低（见图 6-2）。

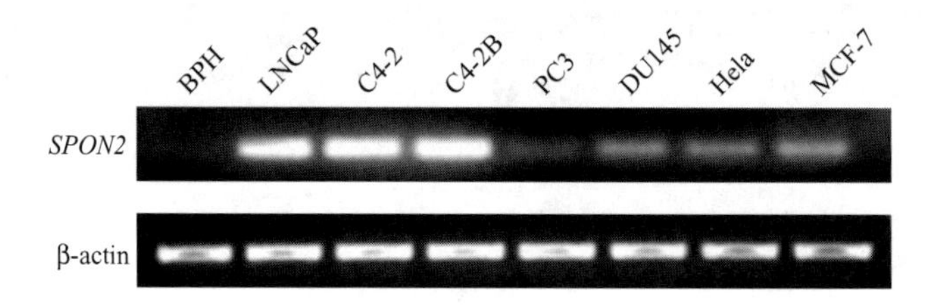

图 6-2　RT-PCR 方法分析 *SPON2* 基因在不同的肿瘤细胞中的转录水平

四、疑难解析

如表 6-2 所示。

表 6-2　疑难解析

<table>
<tr><th>常见问题</th><th>可能原因</th><th>解决方案</th></tr>
<tr><td rowspan="5">RT-PCR 灵敏度：在琼脂糖凝胶分析中看到少量或没有 RT-PCR 产物</td><td>RNA 被降解</td><td>在用来验证完整性之前先在变性胶上分析 RNA
使用良好的无污染技术分离 RNA
在将组织从动物体取出后立刻处理</td></tr>
<tr><td>RNA 中包含逆转录抑制剂</td><td>通过乙醇沉淀 RNA 除去抑制剂。用 70%（体积分数）乙醇对 RNA 沉淀进行清洗。可以加入糖原（0.25～0.4μg/μL）以帮助小量样品 RNA 的恢复
逆转录抑制剂包括：SDS、EDTA、甘油、焦磷酸钠、亚精胺、甲酰胺和胍盐
将对照 RNA 同样品混合，同对照 RNA 反应比较产量以检验抑制剂</td></tr>
<tr><td>用于合成 cDNA 第一链的引物没有很好退火</td><td>确定退火温度适合引物。对于随机六聚体，建议在反应温度保温之前先在 25℃保温 10min
对于基因特异性引物（GSP），可以试一下其他 GSP，或换用 oligo（dT）或随机六聚体确定 GSP 是反义序列</td></tr>
<tr><td>起始 RNA 量不够</td><td>增加 RNA 量</td></tr>
<tr><td>RNA 模板二级结构太多</td><td>将 RNA 和引物在不含盐及缓冲液的条件下变性/退火
提高逆转录反应温度
注意：不要在>60℃时使用 oligo（dT）引物，选择一个在反应温度可以退火的 GSP
对于>1kb 的 RT-PCR 产物，保持反应温度≤65℃</td></tr>
</table>

续表

常见问题	可能原因	解决方案
RT-PCR 特异性：在琼脂糖凝胶分析中观察到非预期条带	模板的 G+C 含量太高	对于 G+C 含量>50%的模板，使用 PCRx Enhancer Solution
	镁离子浓度太低	从 1mmol/L 到 3mmol/L，间隔 0.5mmol/L 进行一系列反应，确定对于每个模板和引物对的最佳镁离子浓度
	引物和模板非特异性退火	在第一链合成中使用 GSP，而不是随机引物或 oligo(dT)。使用允许高温 cDNA 合成的 GSP
	RNA 中沾染了基因组 DNA	使用扩增级 DNase Ⅰ 处理 RNA。使用没有逆转录的对照反应检测 DNA 污染
PCR 忠实性：PCR 在产物序列中引入了错误的脱氧核苷酸	聚合酶忠实性低	使用带有校正活性的热稳定聚合酶
	循环数太多	降低循环数

（王　健　周建光　编）

第三节　Western Blot

一、引言

Western Blot 中文一般称为蛋白质免疫印迹。它是分子生物学、生物化学和免疫遗传学中常用的一种实验方法。一般认为蛋白质印迹的发明者是美国斯坦福大学的乔治·斯塔克（George Stark）。在尼尔·伯奈特（Neal Burnette）于 1981 年所著的《分析生物化学》（*Analytical Biochemistry*）中首次被称为 Western Blot[11]。

蛋白免疫印迹一般由凝胶电泳、样品的印迹和免疫学检测三个部分组成。第一步是做 SDS 聚丙烯酰胺凝胶电泳，使待测样品中的蛋白质按分子量大小在凝胶中分成条带。第二步把凝胶中已分成条带的蛋白质转移到一种固相支持物上，用得最多的材料是硝酸纤维素膜（NC 膜）和 PVDF 膜，蛋白质转移的方法多用电泳转移（转移电泳），它又有半干法和湿法之分。第三步是用特异性的抗体检测出已经印迹在膜上的所要研究的相应抗原。免疫检测的方法可以是直接的和间接的。现在多用间接免疫酶标的方法，在用特异性的第一抗体杂交结合后，再用酶标的第二抗体［碱性磷酸酶（AP）或辣根过氧化物酶（HRP）标记的抗第一抗体的抗体］杂交结合，再加酶的底物显色或者通过膜上的颜色或 X 线底片上曝光的条带来显示抗原的存在[12,13]。该技术被广泛应用于蛋白质表达水平的检测中。

二、实验设计思路和基本步骤

1. 蛋白样品制备

蛋白样品制备是 Western Blot 的第一步，更是决定成败的关键步骤。使用适当的裂解液裂解贴壁细胞、悬浮细胞或组织样品。对于某些特定的亚细胞组分蛋白，例如细胞核蛋白、细胞质蛋白、线粒体蛋白等需要选择不同的裂解缓冲液和提取方案。

蛋白样品提取的总体原则和注意事项如下：

① 尽可能提取完全或降低样本复杂度，只集中于提取目的蛋白（通过采用不同提取方

法或选择不同的试剂盒产品);

② 保持蛋白质处于溶解状态(通过裂解液的 pH、盐浓度、表面活性剂、还原剂等的选择);

③ 提取过程防止蛋白质降解、聚集、沉淀、修饰等(低温操作,加入合适的蛋白酶和磷酸酶抑制剂);

④ 尽量去除核酸、多糖、脂质等干扰分子(通过加入核酸酶或采取不同的提取策略);

⑤ 样品分装,长期于-80℃中保存,避免反复冻融。

(1) 裂解液的配制

① RIPA 缓冲液(radio immuno precipitation assay buffer,放射免疫沉淀测定缓冲液)。

150mmol/L NaCl(氯化钠);

1.0% NP-40 或 Triton X-100;

0.5% 脱氧胆酸钠(sodium deoxycholate);

0.1% SDS(sodium dodecyl sulphate,十二烷基硫酸钠);

50mmol/L Tris,pH7.4。

② NP-40 缓冲液。

20mmol/L Tris·HCl,pH8;

150mmol/L NaCl;

10% 甘油(glycerol);

1% NP-40;

2mmol/L EDTA(乙二胺四乙酸)。

全蛋白、胞质蛋白、膜蛋白通常选择 NP-40 或 RIPA 缓冲液。

细胞核蛋白需要使用 RIPA 缓冲液。

(2) 细胞裂解操作方法

① 培养的细胞经预冷的 PBS 漂洗 2 次,裂解液中加入蛋白酶和磷酸酶抑制剂。

② 吸净 PBS,加入预冷的裂解液,用细胞刮子刮取贴壁细胞,将细胞及裂解液温和地转移至预冷的微量离心管中,4℃摇动 30min。

③ 4℃离心 12000r/min,10min。

④ 轻轻吸取上清液,转移至新预冷的微量离心管中,置于冰上,即为蛋白质样本,弃沉淀。

(3) 组织裂解

① 用灭菌预冷的工具分离目的组织,尽量置于冰上以防蛋白酶水解。

② 将组织块放在圆底的微量离心管或 Eppendorf 管中,加入液氮冻结组织于冰上均质研磨,长期不用可保存于-80℃。

③ 每 5mg 加入约 300μL 预冷的裂解液,冰浴匀浆后置于 4℃摇动 2h,裂解液体积与组织样本量有适当比例(最终的蛋白质浓度至少达到 0.1mg/mL,理想的蛋白质浓度应为 1~5mg/mL)。

④ 4℃ 12000r/min 离心 10min,轻轻吸取上清液,转移至新预冷的微量离心管中,置于冰上,即为蛋白质样本。

2. 蛋白质定量

通过 Bradford 法、Lowry 法或 BCA 法(均有商品化试剂盒可选择,操作简单,需分光光度计或酶标仪）定量，用小牛血清白蛋白（BSA）作标准曲线。如果裂解液中有 NP-40 或其他表面活性剂，则推荐使用 BCA 法。三种方法或产品的比较见表 6-3。

表 6-3　三种方法或产品的比较

方法	原理	灵敏度	缺点	优点
Lowry 法	蛋白质在碱性溶液中肽键与 Cu^{2+} 螯合，形成蛋白质-铜复合物，还原酚磷钼酸，产生蓝色化合物，蓝色深浅与蛋白质浓度呈线性关系	25～250μg/mL	专一性较差，干扰物质多（如 Tris 缓冲剂、蔗糖、硫酸铵、巯基化合物、酚类、柠檬酸等），标准曲线的直线关系不特别严格	应用广泛
Bradford 法	考马斯亮蓝 G-250 与蛋白质结合呈蓝色，在波长 595nm 有吸收峰，在一定的范围内与蛋白质的含量呈线性关系	1～5μg/mL	易受强碱性缓冲液、TritonX-100、SDS 等去污剂的影响；标准曲线有轻微的非线性；不同蛋白质测定时有较大的偏差	操作简便迅速，消耗样品量少
BCA 法	BCA 法基于双缩脲原理，碱性条件下蛋白质将 Cu^{2+} 还原成 Cu^{+}，BCA 螯合 Cu^{+} 作为显色剂，产生蓝紫色并在 562nm 有吸收峰，Cu^{+} 与蛋白质呈剂量相关性	0.5～20μg/mL	可受螯合剂、高浓度还原剂的影响	不易受一般浓度去污剂的干扰；抗干扰能力强

BCA 测定方法如下。

① 标准曲线的绘制：取一块酶标板，按照表 6-4 加入试剂。

表 6-4　试剂加入方法

项目	0	1	2	3	4	5	6	7
蛋白质标准溶液/μL	0	1	2	4	8	12	16	20
去离子水/μL	20	19	18	16	12	8	4	0
对应蛋白质含量/μg	0	0.5	1.0	2.0	4.0	6.0	8.0	10.0

② 根据样品数量，按 50 体积 BCA 试剂 A 加 1 体积 BCA 试剂 B(50∶1）配制适量 BCA 工作液，充分混匀。

③ 各孔加入 200μL BCA 工作液。

④ 把酶标板放在振荡器上振荡 30s，37℃放置 30min，然后在 562nm 下比色测定。以蛋白质含量（μg）为横坐标，吸光值为纵坐标，绘出标准曲线。

⑤ 稀释待测样品至合适浓度，使样品稀释液总体积为 20μL，加入 BCA 工作液 200μL，充分混匀，37℃放置 30min 后，以标准曲线 0 号管作参比，在 562nm 波长下比色，记录吸光值。

⑥ 根据所测样品的吸光值，在标准曲线上即可查得相应的蛋白质含量（μg），除以样品稀释液总体积（20μL），乘以样品稀释倍数即为样品实际浓度（单位：μg/μL）。

3. 蛋白质电泳

（1）SDS-PAGE 样品处理

蛋白质样品和 5×上样缓冲液混合后，100℃沸水中煮 5～10min。

（2）SDS-PAGE

① 安装垂直板电泳装置。

② 配制 SDS 聚丙烯酰胺凝胶（见表 6-5）。

表 6-5 SDS 聚丙烯酰胺凝胶的组成

成分	12%分离胶(10mL)	10%分离胶(10mL)	5% 浓缩胶(4mL)
30% Acr:Bis	4.0mL	3.3mL	0.67mL
1.5mol/L Tris·HCl(pH8.8)	2.5mL	2.5mL	
1mol/L Tris·HCl(pH6.8)			0.5mL
ddH_2O	3.2mL	3.9mL	2.69mL
10% AP	0.2mL	0.2mL	0.1mL
10% SDS	0.1mL	0.1mL	40μL

凝胶浓度和蛋白质分离范围见表 6-6。

表 6-6 凝胶浓度和蛋白质分离范围

蛋白质分子量/($\times10^3$)	凝胶浓度/%
4～40	20
12～45	15
10～70	12.5
15～100	10
25～200	8

注意事项如下。

a. 一定要将玻璃板洗净，最后用 ddH_2O 冲洗，将与胶接触的一面向下倾斜置于干净的纸巾上晾干。

b. 分离胶及浓缩胶均可事先配好（除 AP 及 TEMED 外），过滤后作为储存液避光存放于 4℃，可至少存放 1 个月，临用前取出室温平衡（否则凝胶过程产生的热量会使低温时溶解于储存液中的气体析出而产生气泡，有条件者可真空抽吸 3min），加入 10% AP 及 TEMED。

c. 灌入 2/3 的分离胶后应立即用 0.1%的 SDS 封胶，封胶后切记勿动。待胶凝后将封胶液倒掉，将玻璃板倒立放置片刻控净。

d. 灌好浓缩胶后 1h 拔除梳子，注意在拔除梳子时宜边加水边拔，以免有气泡进入梳孔使梳孔变形。拔出梳子后用 ddH_2O 冲洗胶孔两遍以去除残胶，随后用 0.1%的 SDS 封胶。若上样孔有变形，可用适当粗细的针头拨正；若变形严重，可在去除残胶后用较薄的梳子再次插入梳孔后加水拔出。30min 后即可上样，凝固时间长有利于胶结构的形成，因为肉眼观察的胶凝时，其内部分子的排列尚未完成。

③ 上样。一般为 20～30μg 蛋白量。

④ 电泳。在冰浴中进行以降低温度。浓缩胶 80V，分离胶 120V，2h 左右。

4. 转膜

（1）半干式电转

① 精确测量分离胶的大小，按尺寸剪取一张硝酸纤维素膜和六张滤纸。

② 硝酸纤维素膜用三蒸水浸润后，在转移液中浸泡 10min。

③ 取下胶板，小心去除一侧玻璃板，根据预染分子量标准（marker）定位去除浓缩胶和分离胶无样品部分。

④ 在半干式电转移槽中由阳极到阴极按下列顺序依次安放：3 张转移液浸湿的滤纸，硝酸纤维素膜，凝胶，3 张转移液浸湿的滤纸。

⑤ 接通电源，每张膜恒流 50mA，转移 2h。

(2) 湿转电转

① 浸泡硝酸纤维素膜。将硝酸纤维素膜平铺于去离子水面，靠毛细作用自然吸水后再完全浸入水中10min以排除气泡，随后取出浸泡入转移液中。PVDF膜则在甲醇中浸泡2min以后转入转移液中。将滤纸也浸入转移液中。不要将硝酸纤维素膜直接浸泡在转移液中，易使膜皱折。

② 将胶卸下，保留(30～100)kDa或分子量范围更广些的胶，左上切角，在转移液中稍稍浸泡一下，按滤纸、膜、胶和滤纸的顺序装好，注意用玻棒逐出气泡。

③ 电转槽用去离子水淋洗晾干，加入1000mL电转液。将胶平铺于海绵上，滴加少许电转液，再次驱赶气泡，封紧后放入电转槽，注意膜在正极一侧。降温，将电泳槽置于冰水混合物中。恒流100mA过夜，或200mA，4h。注意不同蛋白质的要求不同，需要根据自己的经验调整电流大小和转膜时间。

5. 封闭及杂交

(1) 封闭

将膜从电转槽中取出，分别用去离子水与PBST或TTBS稍加漂洗，浸没于封闭液中缓慢摇荡1h。必要时可先用丽春红染色(2%乙酸，0.5%丽春红的水溶液)观察蛋白质条带，再用去离子水和TTBS将丽春红洗脱后封闭，如用蛋白质标记则可省略此步。

(2) 一抗结合

杂交袋杂交。

① 将滤膜放入杂交袋中，尽量减少口袋容量。

② 加入足量稀释的一抗。

③ 杂交袋封严后，置4℃水平摇动过夜。

(3) 洗膜

取出滤膜，用PBST或TTBS漂洗膜后再浸洗三次，每次5～10min。

(4) 结合二抗

根据一抗来源选择合适的二抗，根据鉴定方法选择HRP或AP标记的抗体，按相应比例稀释(1∶1000～1∶10000)，室温或4℃轻摇1h。

(5) 洗膜

二抗孵育结束后，用PBST或TBST漂洗膜后再浸洗三次，每次5～10min。

封闭液与抗体稀释液均为含5%脱脂奶粉的PBST或TBST，临用时取200mL PBST或TBST加入10g脱脂奶粉即为封闭液。

(6) 发光鉴定

一般使用辣根过氧化物酶HRP-ECL发光法或碱性磷酸酶AP-NBT/BICP显色法。

① HRP-ECL发光法。将A、B发光液按1∶1的比例混合。膜用去离子水稍加漂洗，滤纸贴角吸干，反贴法覆于A、B混合液滴上1min左右，置于保鲜膜内固定于片盒中，迅速盖上胶片，关闭胶盒，根据所见荧光强度曝光。取出胶片立即完全浸入显影液中1～2min，清水漂洗一下后放在定影液中至底片完全定影，清水冲净晾干，标定分子量标准，进行分析与扫描。

② AP-NBT/BICP显色法。每片NBT/BICP可溶解于30mL水中，使用前将一片分装在30个EP管中，每张3cm×9cm的膜取1mL即可。将PBST或TTBS洗涤过的膜用去离子水稍加漂洗，滤纸贴角吸干，反贴法覆于NBT/BICP溶液液滴上，并用不透明物体(如

报纸）遮挡光线，显色 20s 后每 10s 观察一次，至条带明显或有本底出现时将膜揭起置去离子水中漂洗后放滤纸上晾干即可观察与扫描。

背景深浅与一抗的质量及二抗的量有关，当然如果曝光时间长达 0.5h，出现背景是正常的。

三、实验结果说明

下面通过 Western Blot 来分析一种 4E-BP1 蛋白分子在不同前列腺癌细胞中的表达谱。为了研究 4E-BP1 蛋白在前列腺癌不同细胞系中的表达水平，提取不同细胞的蛋白质并通过 Western Blot，用 4E-BP1 的特异性抗体检测其在不同细胞系中的表达，其中 β-actin 蛋白作为内参对照。实验表明，4E-BP1 蛋白的表达水平在 LNCaP、C4-2 和 C4-2B 和 PC3 细胞中高表达，而在 DU145 细胞中的表达水平相对较低（见图 6-3）。

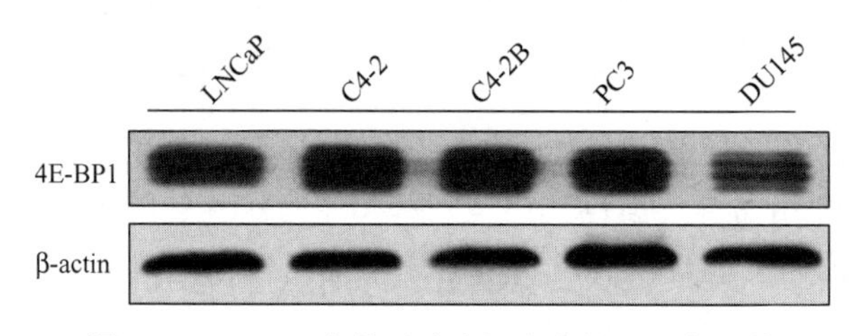

图 6-3　4E-BP1 在前列腺癌细胞中的基因表达谱

四、疑难解析

如表 6-7 所示。

表 6-7　疑难解析

问题	可能原因	验证或解决办法
背景高	膜没有完全均匀湿透	使用 100% 甲醇浸膜 5～10min
	洗膜不充分	增加洗液体积和洗涤次数
	阻断不充分	增加封闭液孵育时间，或者提高温度选择合适的封闭试剂（脱脂奶粉、酪蛋白等）
	二抗浓度过高	降低二抗浓度
	检测过程中膜干燥	保证反应液的量充足，避免出现干膜现象
	曝光过度	缩短曝光时间
	抗体与阻断蛋白有交叉反应	检测抗体与阻断蛋白的交叉反应性，选择无交叉反应的封闭剂。洗涤液中加入 Tween-20 可减少交叉反应
没有阳性条带，或者阳性条带比较弱	抗体结合不充分	增加抗体浓度，延长孵育时间
	酶失活	直接将酶和底物进行混合，如果不显色则说明酶失活了。选择在有效期内、有活性的酶联物
	标本中不含靶蛋白或靶蛋白含量太低	设置阳性对照，如果阳性对照有结果，但标本没有则可能是标本中不含靶蛋白或靶蛋白含量太低。可考虑增加标本上样量解决靶蛋白含量低的问题
	试剂不匹配	一抗与组织种属，一抗与二抗或/和底物与酶系统之间不匹配。通过设置内参照可以验证二级检测系统的有效性

续表

问题	可能原因	验证或解决办法
没有阳性条带，或者阳性条带比较弱	一抗失效	选择在有效期内的抗体，选择现配现用的工作液
	HRP 抑制剂	所用溶液和容器中避免含有叠氮化钠
	膜没有完全均匀湿透	使用 100%甲醇浸透膜
	靶蛋白分子质量小于 10kDa	选择小孔径的膜，缩短转移时间
	转移时间不够	对于厚的胶以及高分子量蛋白质需要延长转移时间
	抗体活性降低	选择在有效期内的抗体，工作液现配现用，避免长时间放置
	封闭过度	减少封闭剂的量或缩短时间，换用不同封闭剂类型
	曝光时间过短	延长曝光时间
条带位置不对，或有非特异性条带	二抗的非特异性结合	增加一个对照，即不加一抗，其他操作过程不变，即可验证背景是否有二抗系统来源。选择其他二抗（特异性更强的，只针对重链的）
	一抗的特异性不够	使用单克隆或者亲和纯化的抗体，保证抗体的特异性
	蛋白质降解	使用新鲜制备的标本，并使用蛋白酶抑制剂
	存在二聚体或多聚体	增加蛋白质变性时间及强度
	抗体浓度过高	降低抗体（一抗、二抗）浓度，可以减少非特异性条带
	蛋白质上样量过大	降低上样量
	封闭剂中有聚集体	使用前过滤封闭试剂
	HRP 耦联二抗中有聚集体	过滤二抗试剂，去除聚集体
	HRP 含量过高	降低酶联二抗的浓度

（王　健　周建光　编）

第四节　ELISA

一、引言

ELISA 是酶联免疫吸附实验（enzyme-linked immunosorbent assay）的简称。它是一种特殊的试剂分析方法，是在免疫酶技术（immunoenzymatic techniques）的基础上发展起来的一种新型免疫测定技术。1971 年，瑞典学者 Engvail 和 Perlmann、荷兰学者 Van Weerman 和 Schuurs 分别报道将免疫技术发展为检测体液中微量物质的固相免疫测定方法，自此以后，该方法发展十分迅速，目前已被生物学和医学科学的许多领域广泛使用[14,15]。

ELISA 的基本原理有三条：

① 抗原或抗体能物理性地吸附于固相载体表面，可能是蛋白质和聚苯乙烯表面间的疏水性部分相互吸附，并保持其免疫学活性；

② 抗原或抗体可通过共价键与酶连接形成酶结合物，而此种酶结合物仍能保持其免疫学和酶学活性；

③ 酶结合物与相应抗原或抗体结合后，可根据加入底物的颜色反应来判定是否有免疫反应的存在，而且颜色反应的深浅是与标本中相应抗原或抗体的量呈正比例的，因此，可以

按底物显色的程度显示实验结果。

一方面由于ELISA法是建立在抗原与抗体免疫学反应的基础上的，因而具有特异性；而另一方面又由于酶标记抗原或抗体是酶分子与抗原或抗体分子的结合物，它可以催化底物分子发生反应，产生放大作用，正因为此种放大作用而使本法具有很高的敏感性。因此，ELISA法是一种既敏感又特异的方法。常用的ELISA可以分为以下五大类：①直接ELISA；②间接ELISA；③夹心ELISA；④竞争ELISA；⑤竞争抑制ELISA。其他的ELISA都隶属于这五类ELISA或由这五类ELISA组合衍生而来。

1. 直接ELISA

其方法是将抗原按一定的比例稀释好包被到固相载体上，然后加入稀释好的特异性的酶标抗体，孵育后加入底物显色并判读结果。直接ELISA操作很简单，步骤也比较简练，但是其应用范围还是非常有限的，一个重要的原因是这种ELISA中只经过了一步信号放大(酶的放大)，所以其灵敏度不是很高，另外，其测定的对象也非常有限，只能测定酶标记的分子。

2. 间接ELISA

间接ELISA与直接ELISA不同的是间接ELISA中与包被好的抗原结合的是非酶标抗体，另外再引入第二种抗体（即二抗）。二抗是经过酶标的，它可以与第一种抗体特异性结合，最后加入底物显色并判读结果。由于二抗一般为多抗，一个一抗分子上可以结合多个二抗分子，同时，一个二抗分子上可以标记上多个酶分子，所以当待测抗体为多抗时，信号经过两步放大，最终提高了检测的灵敏度。另外，由于二抗制备比较容易，而且很早就开始商品化，所以操作者不需要将一抗进行酶标，大大缩减了工作量。在检测抗体的效价、血清的效价以及单克隆抗体的筛选过程中，间接ELISA都是非常重要的实验过程，在临床诊断中，间接ELISA也是检测标志性抗体的重要手段。

3. 夹心ELISA

夹心ELISA总体上可以分为两种，直接夹心ELISA和间接夹心ELISA。直接夹心ELISA又分为双抗体夹心ELISA和双抗原夹心ELISA。双抗体夹心ELISA的方法是将第一种抗体（捕获抗体）包被在固相载体上，封闭后加入待检抗原，温育后加入第二种抗体(检测抗体)，捕获抗体和检测抗体可以是针对不同表位的两种单抗，也可以是针对同一抗原的一种单抗与一种多抗，但是检测抗体需要经过酶标。双抗原夹心ELISA的原理和操作与双抗体夹心ELISA基本相同，不同的是包被的是抗原，待检对象是抗体，然后加入酶标抗原，再加底物显色。对于双抗体夹心ELISA，待检对象必须包括两个或者两个以上的表位，否则检测抗体无法与待检抗原结合，例如半抗原和小分子抗原都是不能用双抗体夹心ELISA检测的。对于双抗原夹心ELISA，其操作与间接ELISA基本相同，但利用特异性的抗原代替酶标二抗，所以特异性比间接法更好。另外，由于间接ELISA中使用的二抗一般只能识别IgG，而双抗原夹心ELISA中任何类似的免疫球蛋白都可以被检测出，因此，双抗原夹心ELISA比间接ELISA也更灵敏。间接夹心ELISA是基于两种不同种属来源的抗体的夹心ELISA，其原理是将一种种属来源的特异性抗体包被于固相载体上（作为捕获抗体），封闭，加入待检抗原，温育，洗涤后加入另一种种属来源的特异性抗体（非酶标，作为检测抗体），最后加入酶标二抗（特异性识别检测抗体），再加底物显色。与直接双抗夹心ELISA相比，间接夹心ELISA中引入了特异性识别检测抗体的酶标二抗，相当于整个体系的信号增加了一步放大系统，于是最终的结果比直接双抗夹心ELISA更灵敏。同时，由于间接夹心 ELISA 中的酶标二抗仅能识别检测抗体，而不能识别捕获抗体，所以体系的特异性也得到了保障。

4. 竞争 ELISA

本法首先将特异性抗体吸附于固相载体表面，经洗涤后分成两组：一组加酶标记抗原和被测抗原的混合液；而另一组只加酶标记抗原，再经孵育洗涤后加底物显色，这两组底物降解量之差，即为所要测定的未知抗原的量。这种方法所测定的抗原只要有一个结合部位即可，因此，对小分子抗原如激素和药物之类的测定常用此法。

5. 竞争抑制 ELISA

预先将抗原包被在固相载体上，实验时加入稀释好的待检抗原（或抗体），然后依次加入特异性的抗体以及此抗体对应的酶标二抗。待检标本中的抗原（或抗体）就和预制备体系中固相载体上结合的抗原（或抗体）竞争结合特异性的抗体（或固相载体上结合的抗原）。洗掉被竞争的特异性抗体，最后加底物显色。最终显色的结果与待检抗原（或抗体）量成反比。

二、实验设计思路和基本步骤

不管是哪一种 ELISA，它的操作都由以下几种基本的操作组合而成：①将抗原或抗体吸附到固相载体上；②加入待检样品以及后续试剂；③温育；④洗涤去掉游离未结合的反应物；⑤加入酶检测底物；⑥结果的判读。

下面将列举几种常用的 ELISA 实验方法。

1. 试剂及器材

（1）试剂

① 包被缓冲液（pH9.6，0.05mol/L 碳酸盐缓冲液）：Na_2CO_3 1.59g；$NaHCO_3$ 2.93g；加蒸馏水至 1000mL。

② 洗涤缓冲液（pH7.4，0.15mol/L PBS）：KH_2PO_4 0.2g；$Na_2HPO_4 \cdot 12H_2O$ 2.9g；NaCl 8.0g；KCl 0.2g；Tween-20 0.5mL；加蒸馏水至 1000mL。

③ 稀释液：牛血清白蛋白（BSA）0.1g；加洗涤缓冲液至 100mL。

④ 终止液（2mol/L H_2SO_4）：178.3mL 蒸馏水中逐滴加入浓硫酸（98%）21.7mL。

⑤ 底物缓冲液（pH5.0 磷酸柠檬酸）：0.2mol/L Na_2HPO_4（28.4g/L）25.7mL；0.1mol/L 柠檬酸（19.2g/L）24.3mL；加蒸馏水 50mL。

⑥ TMB（四甲基联苯胺）使用液：TMB（10mg/5mL 无水乙醇）0.5mL；0.75% H_2O_2 32μL；底物缓冲液（pH5.5）10mL。

⑦ ABTS 使用液：ABTS 0.5mg；3% H_2O_2 2μL；底物缓冲液（pH5.5）1mL。

⑧ 抗原、抗体和酶标记抗体。

⑨ 正常人血清和阳性对照血清。

（2）器材

聚苯乙烯塑料板（简称酶标板）40 孔或 96 孔、ELISA 检测仪、4℃冰箱、37℃孵育箱等。

2. 实验步骤

实验步骤见表 6-8。

表 6-8 实验步骤

步骤	间接法(测抗体)	双抗体夹心法(测抗原)	竞争法(测抗原)	竞争抑制性测定法(测抗原)
1	包被抗原:用包被缓冲液稀释抗原至最适浓度,取0.1mL加于微反应板每个凹孔中,4℃过夜或37℃水浴2~3h	包被抗体:用包被缓冲液稀释特异性抗体球蛋白至最适浓度(1~10μg/mL),每凹孔加0.1mL,4℃过夜,或37℃水浴3h	包被特异性抗体:同左	包被抗原:同左
2	洗涤:移去包被液,凹孔用洗涤缓冲液洗3次,每次5min	同左	同左	同左
3	加被检标本:每凹孔加入一定量的稀释的被检血清0.1mL,37℃,作用1~2h	每凹孔加入0.1mL用稀释缓冲液稀释的含抗原的被检标本,37℃作用1~2h	分2组,一组加酶标记抗原和被检抗原混合液0.1mL,另一组只加酶标记抗原液0.1mL,37℃作用1~2h(混合液可制作成不同稀释度)	分2组,一组加参考抗体和被检抗原混合液0.1mL,另一组加参考抗体与等量稀释剂0.1mL,37℃作用1~2h
4	洗涤:重复2	洗涤:重复2	洗涤:重复2	洗涤:重复2
5	加入酶结合物:每凹孔加入稀释缓冲液稀释的酶结合物0.1mL,37℃作用1~2h	加入0.1mL用稀释缓冲液稀释的酶标记特异性抗体溶液,37℃作用1~2h或由预实验确定作用时间	—	各加入0.1mL抗参考抗体的酶标抗体,37℃作用1~2h
6	洗涤:重复2	洗涤:重复2	—	洗涤:重复2
7	加入0.1mLTMB底物溶液,室温作用30min	同左	同左	同左
8	终止反应:每凹孔加2mol/L H_2SO_4 0.05mL	同左	同左	同左
9	观察记录结果:目测或用酶标比色计于450nm测定OD值	同左	用酶标比色计于450nm测定a、b两组OD值,并求出a、b两组OD值的差数	同左

3. 注意事项

① 正式实验时，应分别以阳性对照与阴性对照控制实验条件，待检样品应做一式两份，以保证实验结果的准确性。有时本底较高，说明有非特异性反应，可采用羊血清、兔血清或BSA等封闭。

② 在ELISA中，进行各项实验条件的选择是很重要的，其中包括以下几点。

a. 固相载体的选择。许多物质可作为固相载体，如聚氯乙烯、聚苯乙烯、聚丙酰胺和纤维素等。其形式可以是凹孔平板、试管、珠粒等。目前常用的是40孔聚苯乙烯凹孔板。不管何种载体，在使用前均可进行筛选：用等量抗原包被，在同一实验条件下进行反应，观察其显色反应是否均一，据此判明其吸附性能是否良好。

b. 包被抗体（或抗原）的选择。将抗体（或抗原）吸附在固相载体表面时，要求纯度要好，吸附时一般要求pH在9.0~9.6之间。吸附温度、时间及其蛋白量也有一定的影响，一般多采用4℃，18~24h。蛋白质包被的最适浓度需进行滴定，即用不同的蛋白质浓度

(0.1μg/mL、1.0μg/mL 和 10μg/mL 等）进行包被后，在其他实验条件相同时，观察阳性标本的 OD 值。选择 OD 值最大而蛋白量最少的浓度。对于多数蛋白质来说，通常为 1～10μg/mL。

c. 酶标记抗体工作浓度的选择。首先用直接 ELISA 法进行初步效价的滴定（见酶标记抗体部分）。然后再固定其他条件或采取“方阵法”（包被物、待检样品的参考品及酶标记抗体分别为不同的稀释度）在正式实验系统里准确地滴定其工作浓度。

d. 酶的底物及供氢体的选择。对供氢体的选择要求是价廉、安全、有明显的显色反应，而本身无色。有些供氢体［如 OPD（邻苯二胺）等］有潜在的致癌作用，应注意防护。有条件者应使用不致癌、灵敏度高的供氢体，如 TMB 和 ABTS 是目前较好的供氢体。底物作用一段时间后，应加入强酸或强碱以终止反应。通常底物作用时间以 10～30min 为宜。底物使用液必须新鲜配制，尤其是 H_2O_2 在临用前加入。

三、实验结果说明

SPON2 双夹心 ELISA 检测方法。

① 标准品按一定比例稀释，先用棋盘滴定法进行预实验，以确定包被抗体、结合抗体，以及结合抗体辣根过氧化物酶（HRP）标记的抗抗体的工作浓度；

② 用碳酸盐包被缓冲液稀释包被抗体，置于酶联板中每孔 100μL，4℃包被过夜；

③ 用 ELISA 洗涤缓冲液洗酶联板 3 次；

④ 每孔加入 ELISA 封闭液 100μL，37℃反应 2h；

⑤ 按一定比例用 ELISA 封闭液梯度稀释标准品，每孔加 100μL 于酶联板中，37℃反应 2h；

⑥ 用 ELISA 洗涤缓冲液洗酶联板 3 次；

⑦ 按一定比例用 ELISA 封闭液稀释结合抗体，每孔 100μL 置于酶联板中，37℃反应 2h；

⑧ 用 ELISA 洗涤缓冲液洗酶联板 3 次；

⑨ 按一定比例用 ELISA 封闭液稀释结合抗体的 HRP 标记的抗抗体，每孔 100μL 置于酶联板中，37℃反应 2h；

⑩ 用 ELISA 洗涤缓冲液洗酶联板 3 次；

⑪ 每孔加入 100μL 可溶性 TMB 单组分底物溶液，避光 15～20min；

⑫ 加入 ELISA 中止液（每孔 100μL）中止反应；

⑬ 读取每孔 450nm 光吸收读数，减去空白对照后，取对数，与标准品浓度的对数拟合线性关系；

⑭ 检测血清样品时，重复②～⑬步操作，将检测读数代入标准曲线公式，乘以血清稀释倍数，即得血清浓度。

四、疑难解析

1. 显色极浅或不显色

① 漏加底物成分、底物失效、底物配制浓度计算错误；

② 整个 ELISA 过程中存在抗原或抗体不匹配；

③ 整个 ELISA 过程中样品稀释过度；

④ 稀释体系错误，如使用含蛋白质成分的缓冲液稀释后包被。

2. 全板阳性

① 酶标抗原或抗体浓度过高，尝试降低浓度；

② 使用的封闭试剂不正确，或者未封闭；

③ 酶标抗原或抗体与体系中其他试剂有结合；

④ 底物被酶标抗原或抗体污染。

3. 不均匀显色

① 酶标板质量问题，重新检测酶标板均一性；

② 包被或加样过程中有部分孔漏加、少加等情况，可能是操作者不细心，也可能是移液器漏气；

③ 加样时移液器打入太多气泡；

④ 选购的酶标板不正确，可能误选其他用途的板子；

⑤ 温育过程中板子叠放过厚；

⑥ 加样或稀释过程中试剂没有充分混匀，或稀释梯度计算错误；

⑦ 洗板失误，部分孔未加洗涤液或洗涤液加入去垢剂后未充分混匀，或洗涤过程中带入气泡。

4. 显色过快

① 酶标抗原或抗体浓度过高；

② 某一试剂浓度过高。

5. 显色过慢

① 酶标抗原或抗体浓度过低，或者标记效率低，或者标记后免疫活性受影响；

② 试剂被污染，如 HRP 酶标记的抗原或抗体被叠氮钠污染；

③ 反应温度过低；

④ 底物缓冲液 pH 不正确。

6. 背景深

① 酶标抗原或抗体浓度过高；

② 抗体的非特异性结合；

③ 抗原或抗体不纯；

④ 二抗的种属交叉识别。

（王　健　周建光　编）

参 考 文 献

[1] Alberts B, Johnson A, Lewis J, et al. Molecular biology of the cell, 5th ed. Garland Science, Taylor & Francis Group, 2008: 538-539.

[2] Kevil C G, Walsh L, Laroux F S, et al. An improved, rapid northern protocol. Biochem and Biophys Research Comm, 1997, 238: 277-279.

[3] Schlamp K, Weinmann A, Krupp, M, et al. BlotBase: A northern blot database. Gene, 2008, 427 (1-2): 47-50.

[4] Alwine J C, Kemp D J, Stark G R. Method for detection of specific RNAs in agarose gels by transfer to diazobenzyloxymethyl-paper and hybridization with DNA probes. Proc Natl Acad Sci USA, 1977, 74 (12): 5350-5354.

[5] Taniguchi M, Miura K, Iwao H, et al. Quantitative assessment of DNA microarrays - comparison with northern blot analysis. Genomics, 2001, 71 (1): 34-39.

[6] Streit S, Michalski C W, Erkan M, et al. Northern blot analysis for detection of RNA in pancreatic cancer cells and tissues. Nature Protocols, 2009, 4 (1): 37-43.

[7] Bustin S A. Absolute quantification of mRNA using real-time reverse transcription polymerase chain reaction assays. J Mol Endocrinol, 2000, 25 (2): 169-193.

[8] Schmittgen T D，Zakrajsek B A，Mills A G，et al. Quantitative reverse transcription-polymerase chain reaction to study mRNA decay：comparison of endpoint and real-time methods. Anal Biochem，2000，285（2）：194-204.

[9] RT-PCR Two-Step Protocol. MIT. Retrieved 12 December 2012.

[10] High transcript tools onestep kit. Biotools. Retrieved 12 December 2012.

[11] Burnette WN. Western blotting'：electrophoretic transfer of proteins from sodium dodecyl sulfate-polyacrylamide gels to unmodified nitrocellulose and radiographic detection with antibody and radioiodinated protein A. Analytical Biochemistry，1981，112（2）：195-203.

[12] Towbin H，Staehelin T，Gordon J. Electrophoretic transfer of proteins from polyacrylamide gels to nitrocellulose sheets：procedure and some applications. Proceedings of the National Academy of Sciences USA，1979，76（9）：4350-4354.

[13] Renart J，Reiser J，Stark G R. Transfer of proteins from gels to diazobenzyloxymethyl-paper and detection with antisera：a method for studying antibody specificity and antigen structure. Proceedings of the National Academy of Sciences USA，1979，76（7）：3116-3120.

[14] Engvall E，Perlman P. Enzyme-linked immunosorbent assay（ELISA）. Quantitative assay of immunoglobulin G. Immunochemistry，1971，8（9）：871-874.

[15] Van Weemen B K，Schuurs A H. Immunoassay using antigen-enzyme conjugates. FEBS Letters，1971，15（3）：232-236.

第七章
报告基因分析

报告基因，由于其易于检测的特点，常用于实时定量检测细胞活动和生理化学物质的变化情况，并且具有实时、非侵入、可靠、易检测、可重复、高敏感、可用于大规模检测等优点，因此，在植物基因工程、动物基因表达调控、分子显影影像学、启动子活性分析、基因转移分析、信号转导通路研究、受体功能鉴定、细胞毒性检测、生物大分子的相互作用、药物开发的生物筛选等诸多领域都有广泛的应用[1~6]。

第一节　报告基因的定义和种类

一、报告基因的定义

报告基因（report gene）是指一组编码易被检测的蛋白质或酶的基因，把报告基因的编码序列和基因表达调节序列融合，或与其他目的基因融合，在调控序列的控制下进行表达，通过检测报告基因的表达产物来“报告”目的基因的表达调控。

作为报告基因，在遗传选择和筛选检测方面必须具有以下几个条件：①已被克隆或全序列已被测定；②表达产物在受体细胞中不存在，在被转染细胞中无相似的内源性表达产物；③其表达产物容易被检测到。在转基因、基因转录分析以及药物筛选等领域，由于报告基因具有灵敏度高、检测方便等特点，已被广泛应用。

二、常用的报告基因

包括荧光素酶（luciferase）、氯霉素乙酰转移酶（CAT）、β-半乳糖苷酶（β-gal）、分泌性人胎盘碱性磷酸酶（SEAP）和绿色荧光蛋白（GFP）等。

荧光素酶基因来源于萤火虫 *Photinus pyralis*[7,8]。该基因编码一个 61kDa 的酶，在 ATP、氧气和 Mg^{2+} 存在的条件下氧化 D-荧光素，产生的荧光产物可进行定量测定（见图 7-1）。荧光素酶分析法极为迅速、简单，而且比较廉价、敏感，具有较宽的线性范围[9,10]。

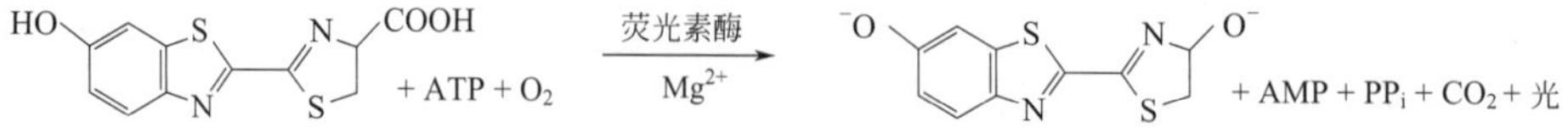

D-荧光素（HO, S, N, COOH） + ATP + O_2 —(荧光素酶, Mg^{2+})→ 产物（^{-}O, S, N, O^{-}） + AMP + PP_i + CO_2 + 光

图 7-1　荧光素酶催化 D-荧光素产生荧光产物

氯霉素乙酰转移酶可以催化氯霉素的乙酰化，其乙酰基团由乙酰 CoA 或由商品分析试剂盒中的 *n*-丁酰 CoA 提供。可通过多种方法检测乙酰化的氯霉素，例如放射自显影和闪烁计数仪检测 ^{14}C 标记的反应底物，非放射性方法包括 ELISA 法和利用荧光标记的氯霉素底物、以 TLC 为基础的方法[11]。

β-半乳糖苷酶（β-gal）催化 β-半乳糖的水解，用于标准 β-gal 分析的底物，包括 5-溴-4-

氯-3-吲哚-β-D-半乳糖苷（X-gal）和邻硝基苯-β-D-半乳吡喃糖苷（ONPG），反应生成黄色的产物邻硝基酚，可以用分光光度计进行定量检测，β-gal 通常用于荧光素酶报告基因和 CAT 报告基因的内部对照[12]。

分泌性人胎盘碱性磷酸酶（SEAP）的一个重要优点是报告蛋白能够分泌到培养基中，不需要使细胞裂解就可以检测蛋白质的活性。

绿色荧光蛋白（GFP）是从水母中分离到的一种 28kDa 的蛋白质，GFP 含有经氧化和紫外或蓝光激发后能发出绿光的一个内肽生色团，所发出的光通常在完整细胞中就可以进行检测[13]，用其分析报告基因的表达十分简单，被称为“活细胞的分子探针”。各种报告基因的优缺点见表 7-1。

表 7-1　各种报告基因的优缺点

报告基因	优点	缺点
荧光素酶	简单，灵敏度高	检测仪器较贵
氯霉素乙酰转移酶(CAT)	真核细胞没有背景表达	具有放射性，操作复杂，线性范围窄
β-半乳糖苷酶(β-gal)	简单	细菌、血清等内源活性高
分泌性人胎盘碱性磷酸酶(SEAP)	分泌性报告基因	肿瘤等细胞内可能有内源活性
绿色荧光蛋白(GFP)	不需要底物，亚细胞定位	背景荧光较高

第二节　应用报告基因分析基因的转录活性

一、实验原理

真核基因的表达调控是一个复杂的多级调控过程，包括染色质水平、转录水平、转录后水平和翻译后水平等。染色质水平的调控包括组蛋白修饰、染色质重构等，转录水平的调节由顺式作用元件（即 DNA 序列）和反式作用因子（即转录因子）共同参与，二者通过直接或间接的相互作用调节基因的转录起始频率来调节基因的转录水平。转录后水平调节包括 RNA 剪接、micro RNA 调节。基因的翻译后修饰包括泛素化、SUMO 化、乙酰化、糖基化、磷酸化、甲基化、NEDD8 修饰等，各种翻译后修饰的机制及功能各不相同。

基因转录水平的调控在基因的表达调控过程中发挥着重要的作用，是影响基因表达水平的关键因素。因此，研究基因转录水平的调节机制一直就是基因表达调控研究领域的热点。研究一个基因的转录调节一般包括研究该基因启动子的活性、调节该基因的转录因子的活性和参与调节的转录共调节因子的活性。当对一个启动子开展分析时，主要目的是定量该启动子的强度，往往需要将启动子克隆到外源载体上，为了区分来源于转染启动子的转录物和来源于内源基因的转录物，通常将启动子融合到异源基因的编码序列上。由于受到转染效率和启动子可能较弱的限制，启动子通常需要和报告基因融合，以达到简便、快速、高效检测启动子强度的目的。检测一个转录因子对某段启动子的调节时，将含有该启动子调节的报告基因载体和转录因子共转染细胞，通过检测报告基因的水平评价转录因子的功能，既能够定性地反映转录因子是否调节该启动子，又可以定量地评估转录因子的活性高低。如果与启动子共转染的是转录共调节因子，也可以通过检测报告基因的水平判断转录共调节因子的性质和活性。

目前，有很多商业化的报告基因载体可用于基因的转录活性分析，例如 Promega 公司的 PGL 系列载体。

二、实验设计和基本步骤

真核基因的转录调节包括启动子、转录因子、共调节因子三个组分，转录因子和转录共调节因子又称为反式作用因子，启动子为顺式作用元件。因此，研究基因的转录调节通常包括以下三种情况：①基因启动子的活性分析；②转录因子的活性分析；③转录共调节因子的活性分析。检测转录活性，一般需要同时转染一个内参报告基因作为内参，内参报告基因可以是海肾荧光素酶表达载体，也可以是 β-半乳糖苷酶的表达载体，在此，以 β-半乳糖苷酶作为内参报告基因。

1. 基因启动子的活性分析

(1) 准备质粒

将需要研究的基因的启动子构建到报告基因载体上，一般位于报告基因编码序列的 5′端；如果需要研究不同长度的启动子的活性，就将不同长度的启动子构建到报告基因载体上。

(2) 接种细胞

接种细胞至 24 孔板，如果是大规模的筛选实验，可用 96 孔板或 384 孔板。

(3) 转染

接种细胞 24h 后，待细胞密度达到 70%～80%时，将含有不同长度的启动子的报告基因载体和内参报告基因共转染细胞，一般需要设置不含启动子的报告基因空载体作为阴性对照，同时以含全长启动子的报告基因载体为阳性对照。

(4) 细胞裂解

24h 后收集细胞，也可根据实验需要调整收集细胞的时间。弃去细胞培养基，PBS 洗一遍，每孔加入 100μL 报告基因裂解缓冲液，室温摇床孵育 15min，−70℃放置 2h 或过夜。

(5) 活性测定

拿出 24 孔板，室温融化，吸出孔内的液体（含细胞），振荡 10min，4℃离心 15min，转速为 12000r/min，吸取上清液至一新的 EP 管内。吸取 10μL 上清液至 20μL 荧光素酶底物中，微孔发光检测仪测量荧光素酶活性。吸取 30μL 上清液加入 50μL 含 ONPG 和 β-巯基乙醇的缓冲液中，37℃放置，直到变成黄色，OD_{420nm} 读取吸光值（见图 7-2）。

2. 转录因子的活性分析

(1) 准备质粒

将含有转录因子结合位点的启动子构建到报告基因载体上。

(2) 接种细胞

接种细胞至 24 孔板，如果是大规模的筛选实验，可用 96 孔板或 384 孔板。

(3) 转染

接种细胞 24h 后，待细胞密度达到 70%～80%时，转染如下质粒：含有启动子的报告基因载体＋过量表达或敲低转录因子的载体＋内参报告基因。

(4) 细胞裂解和活性测定

方法同前。

3. 转录共调节因子的活性分析

转录共调节因子一般通过与转录因子直接或间接相互作用发挥转录调节的功能。

(1) 准备质粒

将含有转录共调节因子调节位点的启动子构建到报告基因载体上。构建转录共调节因子和相应的转录因子的过量表达或敲低载体。

(2) 接种细胞

接种细胞至24孔板，如果是大规模的筛选实验，可用96孔板或384孔板。

(3) 转染

根据不同的实验目的，可设计不同的转染方案。

① 研究转录共调节因子的功能，细胞表达内源的转录因子，需要转染：转录共调节因子的过量表达或敲低载体+含有启动子的报告基因载体+内参报告基因。

② 研究转录共调节因子的功能，细胞不表达相应的转录因子，还需要转染转录因子表达载体。需要设置转录共调节因子和转录因子的空白对照。

③ 转录共调节因子发挥功能是否通过该转录因子。需要转染：转录共调节因子的过量表达或敲低载体+转录因子的敲低载体+含有启动子的报告基因载体+内参报告基因。需要设置转录共调节因子和转录因子的空白对照。

(4) 细胞裂解和活性测定

方法同前。

三、实验结果分析

1. 基因启动子的活性分析

以分析雌激素受体α（estrogen receptor alpha，ERα）基因的启动子为例，首先将全长(2803bp)和不同截短突变体的ERα启动子(293bp、693bp、1057bp、1537bp、2019bp)构建到报告基因载体pGL3-basic上[见图7-2(a)]。将上述载体和空载体(0bp)分别转染乳腺癌细胞MCF7，同时共转内参报告基因载体，24h后收细胞，检测活性，从图中[见图7-2(b)]可以得出以下结论：①293bp的ERα启动子已经具有较强的活性，可能是由于此段区域具有基本转录复合体结合的区域；②293bp至693bp是一段转录增强区域，可能有转录增强因子结合这段区域发挥功能；③1057bp转录活性较高，而1573bp转录活性较低，因此，推测1057bp至1537bp是一段转录抑制区域，可能有转录抑制因子结合这段区域并发挥转录抑制作用；④2019bp和2803bp转录活性均与1537bp水平相当，推测1537～2803bp之间无转录调节区域。

2. 转录因子的活性分析

以转录因子ERα为例，ERα蛋白通过结合雌激素(E2)募集到下游基因的启动子上，调节这些基因的表达，*pS2*基因为ERα的下游基因，构建*pS2*启动子调控的报告基因载体pGL3-*pS2*，此外，还需要构建ERα的表达载体。

将ERα表达载体和空载体分别转染293T，同时共转染pGL3-*pS2*和内参报告基因载体，即①ERα表达载体的空载体+pGL3-*pS2*+内参报告基因载体；②ERα表达载体+pGL3-*pS2*+内参报告基因载体，各两个孔。转染后加入雌激素(E2)，24h后收细胞，检测活性。由于293T细胞无内源的雌激素受体，在不转染ERα的情况下，加入E2不改变*pS2*启动子的活性(见图7-3左边的柱图)。转染ERα后，转录活性明显升高，特别是加入E2后，转

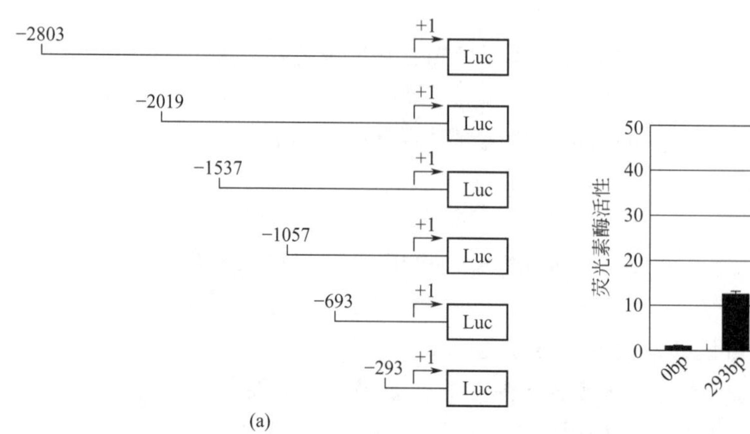

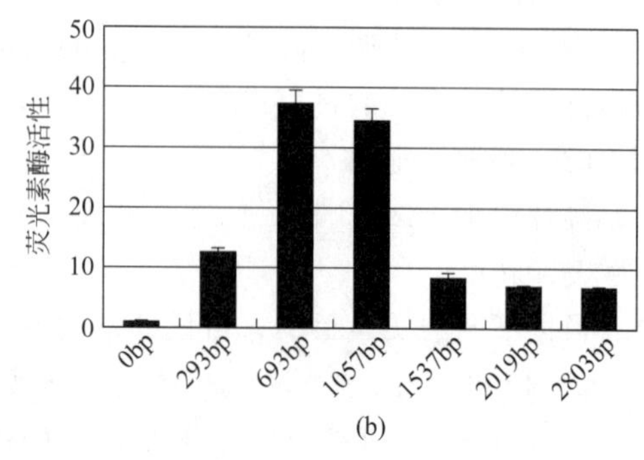

图 7-2 ERα 启动子截短突变体的构建及活性分析

（a）ERα 启动子截短突变体示意图，其中“＋1”代表转录的起始位置，“－2803”、“－2019”、“－1537”、“－1057”、“－693”和“－293”代表距转录起始位置的 5′端的 2803bp、2019bp、1537bp、1057bp、693bp 和 293bp 的位置，上述启动子片段均分别构建在荧光素霉报告基因（Luc）的 5′端；（b）分别将上述启动子转染 MCF7 细胞，检测荧光素酶活性

录活性升高到空载体的 6～7 倍，提示 ERα 结合 E2 后，募集到 *pS2* 启动子上，提高 *pS2* 启动子的活性（见图 7-3 右边的柱图）。

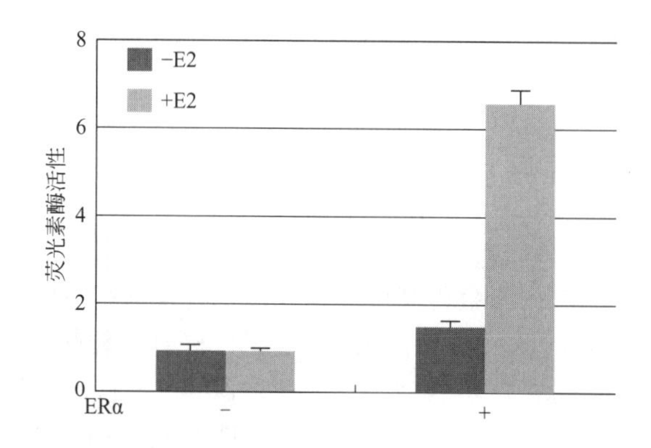

图 7-3 ERα 调节 *pS2* 启动子的活性

293T 细胞共转染 ERα 表达载体、pGL3-*pS2* 和内参报告基因载体，加入 E2（10nmol/L），24h 后收细胞，检测活性。左边的柱子对应的细胞中没有转染转录因子 ERα，右边的柱子对应的细胞中转染了 ERα

3. 转录共调节因子的活性分析

转录因子发挥功能受到转录共调节因子的调控。以 FHL2 和 ERα 为例[14]，要证明 FHL2 是 ERα 的转录共调节因子，包括三部分工作：首先需要在细胞内明确 FHL2 对 ERα 转录活性的调节，可以通过检测含雌激素应答元件（ERE）调控的报告基因的活性来确定；其次是证明 FHL2 抑制 ERE 报告基因的活性依赖于 ERα；最后还需要证明 FHL2 与 ERα 存在直接或间接的相互作用，并募集到 ERα 下游基因的启动子上。本章将讲述前两部分的实验设计及结果分析，第三部分将在蛋白质相互作用章节详细阐明。

可以利用两种细胞系明确 FHL2 对 ERα 转录活性的调节，一种是 ERα 阳性的细胞，如

T47D，由于有内源的ERα，只需转染FHL2的表达载体或空载体、含雌激素应答元件（ERE）调控的报告基因和内参报告基因，加入E2刺激24h，收集细胞，检测活性。如图7-4(a)左边柱图所示，加入E2后，ERE-Luc的活性明显升高，更重要的是，转染FHL2的活性明显低于对照组［见图7-4(a)右边柱图］，说明FHL2能够抑制ERE-Luc的活性。另一种细胞是ERα阴性的细胞，例如MDA-MB-231细胞，在不转染ERα表达载体的情况下，ERE的活性很低，E2不能刺激其活性，而且FHL2不调节转录活性，转染ERα后，ERE的活性明显升高，加激素后活性进一步升高，更重要的是，FHL2能够抑制ERE的活性，此外，本实验也证实FHL2抑制ERE的活性依赖于ERα［见图7-4(b)］。

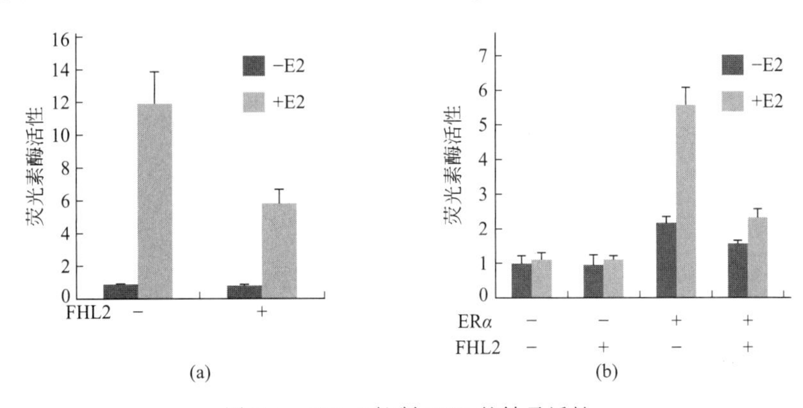

图7-4　FHL2抑制ERE的转录活性

(a) T47D细胞转染FHL2的表达载体、含雌激素应答元件（ERE）调控的报告基因和内参报告基因，无酚红培养基饥饿处理24h后，加入E2刺激24h，收集细胞，检测ERE活性；(b) MDA-MB-231细胞转染ERα和FHL2的表达载体、含雌激素应答元件（ERE）调控的报告基因和内参报告基因，加入E2刺激24h，收集细胞，检测ERE活性

为了进一步明确FHL2抑制ERE的活性是否依赖于ERα，可以通过敲低T47D细胞内源的ERα进行研究，如图7-5所示，在不转染ERα siRNA、过量表达FHL2的情况下，ERα转录活性低于对照组，转染ERα siRNA后，细胞内ERα表达水平降低，ERE的活性明显降低，E2刺激的倍数也显著降低，更重要的是，FHL2抑制ERE活性的功能也大大降低了，上述结果充分说明FHL2抑制ERE的转录活性，并且抑制作用依赖于ERα。

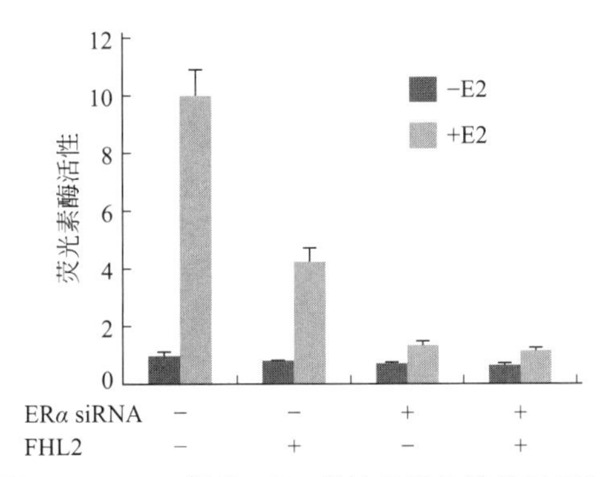

图7-5　FHL2调节ERE的转录活性依赖于ERα

T47D细胞转染FHL2的表达载体、ERα siRNA表达载体、含雌激素应答元件（ERE）调控的报告基因和内参报告基因，加入E2刺激24h，收集细胞，检测ERE的活性

四、疑难解析

1. 分析转录活性时，以β-gal为内参报告基因，检测β-gal时发现，随着时间延长β-gal数值降低

β-gal以ONPG为作用底物，发生生色反应，使溶液变为黄色，随着ONPG的耗尽，黄色又会渐渐褪去，因此，以β-gal为内参报告基因，需要及时用Na_2CO_3终止反应，并检测OD值。

2. 转录活性结果不稳定

由于转录活性的高度灵敏性，实验中很小的细节都可能影响结果的稳定性。例如细胞的转染效率、质粒的浓度和纯度、操作不当等。因此，给出以下建议：

① 实验设置复孔，结果中标出平均值和标准差；

② 选择状态好的细胞进行转染实验；

③ 用于转染的质粒最好同时提取，以避免批次间的差异；

④ 实验过程中，在手法上对每个样品的操作尽量保持一致，避免由操作导致结果不稳定。

3. 分析转录因子转录活性时，细胞内转染报告基因空载体和转录因子，发现转录因子对报告基因空载体就有活性

可能是由于报告基因空载体本身序列含有转录因子的作用位点，转录因子可以作用于远离启动子的增强子或抑制子而发挥功能，例如Promega公司的报告基因载体pGL3载体序列就包含了很多转录因子的结合位点，因此，Promega公司新开发了pGL4系列载体，对载体本身的序列进行了改造，尽可能地去除了内在的转录因子作用位点。此外，如果载体本身的转录因子作用位点不可避免，可以在转录活性检测时增加报告基因空载体的对照。

4. 分析转录因子转录活性时，转录因子存在猝灭现象

转录因子发挥功能是非常高效的，很少量的转录因子就能发挥非常高的转录调节作用，如果转染的转录因子量太高，细胞内合成过多的转录因子，可能导致转录因子过多占用基因转录中的“资源”，影响基因的转录和结果的可靠性。因此，最好先检测细胞内源的转录因子表达水平，在此基础上通过转染适当提高转录因子的水平，也可以通过剂量效应分析合适的转染剂量。此外，可以通过siRNA敲低内源转录因子对结果进行验证。

5. 检测荧光素酶活性时，数值衰变太快

普通的荧光素酶半衰期较短，可以换成Promega公司的Steady-Glo系列产品。

第三节 报告基因在动物活体成像中的应用

一、实验原理

1. 动物活体成像

动物活体成像一般是指动物体处于活体状态下，在细胞和分子水平上应用多种成像模式对各种生物行为进行定性和定量分析研究的一种技术。一般多用于小鼠和大鼠等小动物，因此也称为小动物活体成像。与传统的体外成像或切片相比，活体成像有着诸多优点：①可以在同一个体反复多次获得一系列数据，消除个体差异，不需要杀死动物，节省人力物力；②可以动态观察实验结果，并得到直观的图像，结果一目了然；③能够非侵入式地检测活体内特异的生物学行为，最大限度地模拟人体内的生理病理状态[15]。

目前，小动物活体成像模式主要包括同位素成像（isotopes）、X射线成像（X-ray）、生物发光成像（bioluminescence）和荧光成像（fluorescence）等。同位素成像是利用放射性同位素作为示踪剂，对研究对象进行标记，并进行活体成像的一种微量分析方法，属功能显像，包括正电子发射断层成像技术（positron emission tomography，PET）和单光子发射断层成像技术（single photon emission computed tomography，SPECT）两种形式。X射线是一种高能量且穿透性很强的射线。它对不同物质的穿透性由射线强度、频率、阻挡物质与射线作用程度、阻挡物质密度及大小等因素共同决定。生物发光成像和荧光成像都是基于报告基因的原理，通过检测生物发光产生的光信号和荧光产生的光信号监测被标记动物体内分子及细胞等的发展进程，以及进行相关的生物、药物治疗研究[15~18]。几种方法的优缺点和适用范围都有所不同（见表7-2）。

表7-2　不同成像模式比较

成像模式	优点	缺点	应用领域
放射性同位素成像	极其灵敏，不影响被标记物的体内行为，无背景噪声	相对低的空间分辨率，放射损伤，设备价格昂贵	抗体、肽等的体内成像，药物体内代谢等
X射线成像	穿透性强，直接定位成像	波长很短，易被吸收，电离辐射损伤，低空间分辨率	骨组织、血管相关研究，肿瘤骨转移研究，体内解剖学成像等
生物发光成像	灵敏度高，背景噪声低，安全方便，高通量	波长短，穿透力差，细胞构建耗时费力，底物使用成本高	基因表达，细胞、病毒和细菌示踪等
荧光成像	灵敏度高，操作简单，标记对象广泛	低空间分辨率，较强的背景噪声，信噪比低	基因表达，蛋白质和小分子、细胞、病毒和细菌示踪等

2. 基于报告基因的生物发光和荧光

生物发光产生于荧光素酶与底物荧光素发生生化反应并产生的光信号，在体外通过成像系统可直观检测到光信号的产生及变化，从而对小动物体内肿瘤的生长及转移、免疫反应、特定基因的表达等诸多生物过程进行实时直观的监测。荧光发光成像技术是采用特定的荧光蛋白（绿色荧光蛋白、红色荧光蛋白等）或外源性荧光基团（如菁染料、量子点、镧系元素）进行标记，在特定波长的光源照射下释放出光子，从而发光。区别于生物发光成像技术的是，荧光标记基团本身就是一个生物发光系统，其激发荧光是一个特异性的独立过程，无需协同因子、底物和其他基因产物的介导。生物发光成像和荧光成像在动物活体成像中的应用包括以下几个方面[19]。

（1）活体肿瘤标记技术

经报告基因标记的肿瘤细胞接种小鼠，通过观察报告基因显示肿瘤的定位及变化是肿瘤分子生物学研究常用的方法。绿色荧光蛋白（GFP）和萤火虫荧光素酶（Luc）是目前应用较广的动物活体成像生物标记。GFP受蓝、紫光照射可自发地发出绿色荧光，其信号强度高，易于被捕获，且GFP不需底物，对组织、细胞均无毒副作用，故在肿瘤生长、药效评价和基因治疗等方面都得到了广泛的应用。GFP的缺点在于发射波长较短，穿透力稍差，对显示深部肿瘤及微小病灶存在一定的局限性。以Luc标记的细胞较GFP更适合于深部组织肿瘤及远处转移微小病灶的研究。

（2）示踪细胞

生物发光对标记少量细胞（5～300个/视野）较灵敏，荧光对标记细胞数量大于300

个/视野较灵敏。有文献报道，利用生物发光技术检测到的细胞数量最少可至3个/视野[20]，鉴于生物发光检测的高灵敏度，生物发光被用于示踪细胞。示踪细胞指在不同时间点对细胞存活状态及分布走向进行观察，有报道显示，可示踪的细胞包括造血干细胞、心肌干细胞、神经干细胞、免疫细胞等[21,22]。有研究将荧光素酶标记的造血干细胞移植入脾及骨髓，可用于实时监测活体动物体内干细胞造血过程的早期事件及动力学变化[23]。

（3）标记细菌及病毒

利用细菌荧光素酶基因可以分别标记革兰氏阳性细菌和革兰氏阴性细菌。用标记好的细菌侵染活体动物，观测细菌在动物体内的繁殖部位、数量变化及对外界因素的反应，再通过活体动物成像技术对已标记细菌在活体内对药物的反应进行观察，并对比实验数据进行系统研究，筛选出药物最佳剂量、给药浓度及时间，还可观察、记录药物不同剂量对活体的毒副作用。

（4）标记基因及转基因动物模型

活体成像技术可以从影响基因表达的各个不同的层面进行基因研究，可应用于某种疾病的基因表达、转基因动物实验以及基因治疗等。在VEGFR2-Luc转基因小鼠体内标记胚胎细胞[24,25]，在发育的过程可动态监测到小鼠体内VEGFR2发光信号逐渐降低，至小鼠出生后VEGFR2表达的发光信号消失。同样，研究者可根据研究方向，将靶基因、靶细胞、病毒及细菌进行荧光素酶标记后转入动物体内，形成研究所需的各种小动物疾病模型，包括肿瘤、免疫系统疾病、感染疾病模型等。在基因治疗方面，可将一个或多个感兴趣的基因及其产物安全而有效地传递到体内靶细胞，再通过某种荧光素酶观察目的基因是否在实验动物体内持续地特异性表达或是抑制，这也是包括肿瘤等多种疾病综合治疗的一个新热点、新领域。

二、实验设计和基本步骤

以报告基因标记肿瘤细胞，再将肿瘤细胞接种小鼠，通过观察荧光的定位、强弱以研究肿瘤细胞的致瘤能力、转移部位和生长速率等。以荧光素酶报告基因标记小鼠乳腺癌细胞4T1为例。

1. 获得4T1-Luc稳定细胞系

可以在4T1细胞中稳定转染荧光素酶报告基因表达载体（例如Promega公司的pGL4载体），也可以从ATCC、PE等公司购买细胞系，但是价格一般都比较昂贵。

2. 接种小鼠

由于4T1细胞为小鼠乳腺癌细胞，接种到普通BALB/c小鼠即可，如果需要接种人乳腺癌细胞（例如MDA-MB-231），则需要选择免疫缺陷小鼠，如BALB/c裸鼠或NOD/SCID小鼠。由于不同的接种途径导致肿瘤形成和转移的位置不同，根据实验目的的不同可选用不同的接种途径。

① 原位接种，5～6周龄小鼠脂肪垫接种细胞悬液，接种细胞量为2×10^6；

② 尾静脉注射，5～6周龄小鼠尾静脉注射细胞悬液，接种细胞量为1×10^6；

③ 左心室注射，5～6周龄小鼠左心室注射细胞悬液，接种细胞量为1×10^5。

3. 观察成像

接种细胞后可根据实验需要在不同时间通过活体成像仪观察发光，小鼠腹腔注射（以体重计）150μg/g的D-荧光素，15min后麻醉并固定于活体成像仪，设置仪器的灵敏度和曝光时间并拍照。

三、实验结果分析

1. 脂肪垫接种细胞的结果分析

取 2 只 BALB/c 小鼠，分别在第二对右侧脂肪垫接种 2×10^6 4T1-Luc 细胞或不含细胞的 PBS 对照，接种细胞后第 4 周进行活体成像观察，如图 7-6 所示，左侧小鼠为对照组，无明显发光信号，右侧小鼠接种了 4T1-Luc 细胞，可见右侧胸部一圆形发光信号，中间信号较强，四周较弱，这部分信号就是形成肿瘤的 4T1-Luc 细胞所发出的，说明接种部位有肿瘤形成。

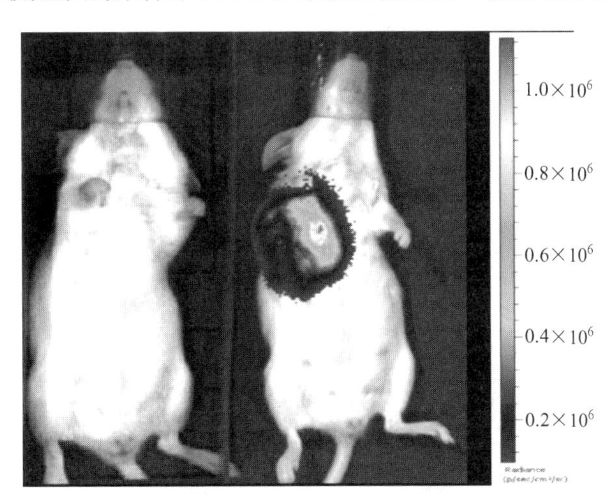

图 7-6 脂肪垫接种 4T1-Luc 细胞 4 周后成像（见彩图）

两只小鼠分别在第二对右侧脂肪垫接种 4T1-Luc 细胞（右）或不含细胞的 PBS（左），接种细胞后第 4 周进行活体成像观察，彩色部分表示生物发光信号，蓝色代表信号较弱，红色代表信号较强

2. 尾静脉注射细胞的结果分析

取 2 只 BALB/c 小鼠，分别经尾静脉注射含 1×10^6 个 4T1-Luc 细胞的悬液或不含细胞的 PBS 对照，细胞随血液进入各个器官。接种细胞后第 5 周进行活体成像观察，如图 7-7 所示，左侧小鼠为对照组，无明显发光信号，右侧小鼠接种了 4T1-Luc 细胞，可见右侧胸部有一较强发光信号，左侧胸部有较弱信号，由于 4T1-Luc 细胞尾静脉注射后会发生肺转移，这两部分信号提示右肺和左肺有 4T1-Luc 细胞定植并形成肿瘤，这两部分信号就是形成肿瘤的 4T1-Luc 细胞所发出的。

3. 左心室注射细胞的结果分析

取 2 只 BALB/c 小鼠，分别经左心室注射含 1×10^5 个 4T1-Luc 细胞的悬液或不含细胞的 PBS 对照，细胞随血液进入各个器官。接种细胞后第 5 周进行活体成像观察，如图 7-8 所示，左侧小鼠为对照组，无明显发光信号，右侧小鼠接种了 4T1-Luc 细胞，可见右侧胸部、左腿和右腿均有发光信号，由于 4T1-Luc 细胞左心室注射后会发生肺转移和骨转移，这些信号提示右肺和双侧腿骨有 4T1-Luc 细胞定植并形成肿瘤，这些信号就是形成肿瘤的 4T1-Luc 细胞所发出的。

四、疑难解析

1. 没有检测到生物发光信号

① 接种的细胞是否有发光。可在体外培养的细胞中加入 D-荧光素，在活体成像仪中观

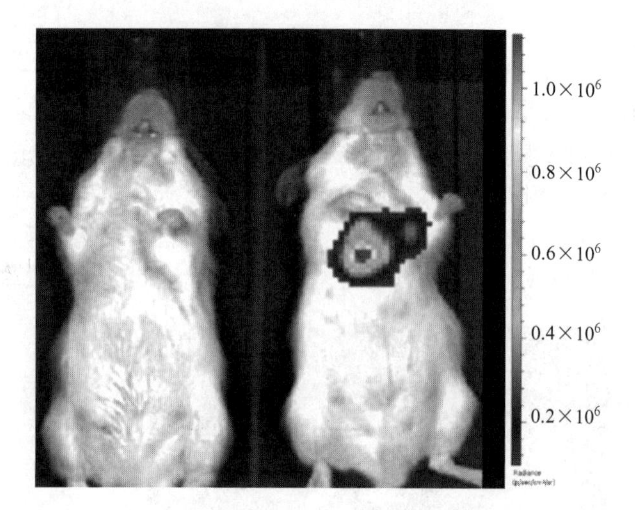

图 7-7 尾静脉接种 4T1-Luc 细胞 5 周后成像（见彩图）

两只小鼠分别经尾静脉接种 4T1-Luc 细胞（右）或不含细胞的 PBS（左），接种细胞后第 5 周进行活体成像观察，彩色部分表示生物发光信号，蓝色代表信号较弱，红色代表信号较强

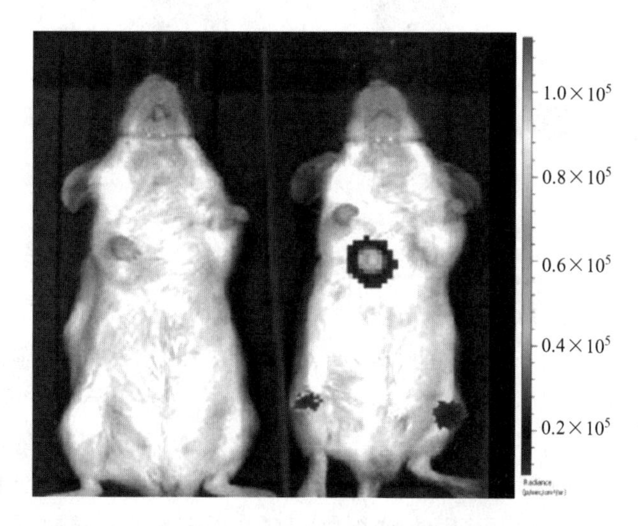

图 7-8 左心室接种 4T1-Luc 细胞 5 周后成像（见彩图）

两只小鼠分别经左心室接种 4T1-Luc 细胞（右）或不含细胞的 PBS（左），接种细胞后第 5 周进行活体成像观察，彩色部分表示生物发光信号，蓝色代表信号较弱，红色代表信号较强

察是否有光信号。

② 小鼠体内是否有肿瘤形成。可通过小动物 PET 检测活体小鼠是否有肿瘤形成，也可处死后解剖查找肿瘤灶。

③ 确保接种的细胞状态良好。

2. 生物发光信号弱

① 增加成像仪的灵敏度，延长曝光时间。

② 小鼠毛发会影响检测灵敏度，可脱毛之后再检测。

③ 部分公司出售的 D-荧光素半衰期短、稳定性低，可更换为半衰期长、稳定性高的产品，配制后分装避光保存于－20℃。

④ 检查成像仪的型号和使用时间，目前应用较多的是 Caliper 公司生产的活体成像仪，其中 Lumina Ⅱ代比 Lumina Ⅰ代有更高的灵敏度。

3. 无法根据发光信号定位肿瘤位置

① 可结合 X 线摄像判断肿瘤的位置。

② 处死小鼠后解剖，观察发生肿瘤的位置。

（程　龙　蔺　静　叶棋浓　编）

参 考 文 献

[1] Alam J, Cook J L. Reporter genes: application to the study of mammalian gene transcription. Anal Biochem, 1990, 188 (2): 245-254.

[2] Stevani C V, Oliveira A G, Mendes L F, et al. Current status of research on fungal bioluminescence: biochemistry and prospects for ecotoxicological application. Photochem Photobiol, 2013, doi: 10.1111/php.12135. [Epub ahead of print].

[3] Caro E, Castellano M M, Gutierrez C. A chromatin link that couples cell division to root epidermis patterning in Arabidopsis. Nature, 2007, 447 (7141): 213-217.

[4] Cohen B, Ziv K, Plaks V, et al. MRI detection of transcriptional regulation of gene expression in transgenic mice. Nat Med, 2007, 13 (4): 498-503.

[5] Loening A M, Wu A M, Gambhir S S. Red-shifted Renillareniformis luciferase variants for imaging in living subjects. Nat Methods, 2007, 4 (8): 641-643.

[6] Massoud T F, Gambhir S S. Molecular imaging in living subjects: seeing fundamental biological processes in a new light. Genes Dev, 2003, 17 (5): 545-580.

[7] Ow D W, D E Wet J R, Helinski D R, et al. Transient and stable expression of the firefly luciferase gene in plant cells and transgenic plants. Science, 1986, 234 (4778): 856-859.

[8] de Wet J R, Wood K V, DeLuca M, et al. Firefly luciferase gene: structure and expression in mammalian cells. Mol Cell Biol, 1987, 7 (2): 725-737.

[9] Hastings J W. Chemistries and colors of bioluminescent reactions: a review. Gene, 1996, 173 (1 Spec No): 5-11.

[10] Vopálensky V, Masek T, Horváth O, et al. Firefly luciferase gene contains a cryptic promoter. RNA, 2008, 14 (9): 1720-1729.

[11] Gorman C M, Moffat L F, Howard B H. Recombinant genomes which express chloramphenicol acetyltransferase in mammalian cells. Mol Cell Biol, 1982, 2 (9): 1044-1051.

[12] Serebriiskii I G, Golemis E A. Uses of lacZ to study gene function: evaluation of beta-galactosidase assays employed in the yeast two-hybrid system. Anal Biochem, 2000, 285 (1): 1-15.

[13] Prasher D C, Eckenrode V K, Ward W W, et al. Primary structure of the Aequorea victoria green-fluorescent protein. Gene, 1992, 111 (2): 229-233.

[14] Xiong Z, Ding L, Sun J, et al. Synergistic repression of estrogen receptor transcriptional activity by FHL2 and Smad4 in breast cancer cells. IUBMB Life, 2010, 62 (9): 669-676.

[15] 杨丽华，沈星凯，符丹，等. 小动物活体成像技术在肿瘤研究中的应用. 宁波大学学报，2013，26 (4)：115-118.

[16] Rosenthal E L, Kulbersh B D, King T, et al. Use of fluorescent labeled anti-epidermal growth factor receptor antibody to image head and neck squamous cell carcinoma xenografts. Mol Cancer Ther, 2007, 6 (4): 1230-1238.

[17] Garcia T, Jackson A, Bachelier R, et al. A convenient clinically relevant model of human breast cancer bone metastasis. Clin Exp Metastasis, 2008, 25 (1): 33-42.

[18] Tavazoie S F, Alarcón C, Oskarsson T, et al. Endogenous human microRNAs that suppress breast cancer metastasis. Nature, 2008, 451 (7175): 147-152.

[19] 李珂，赵光，高春芳，等. 小动物活体成像技术的应用进展. 实用医药杂志，2012，29 (1)：81-82.

[20] Daadi M M, Davis A S, Arac A, et al. Human neural stem cell grafts modify microglial response and enhance axonal sprouting in neonatal hypoxic-ischemic brain injury. Stroke, 2010, 41 (3): 516-523.

［21］ Gondi C S，Veeravalli K K，Gorantla B，et al. Human umbilical cord blood stem cells show PDGF-D-dependent glioma cell tropism in vitro and in vivo. Neuro Oncol，2010，12（5）：453-465.

［22］ Hata N，Shinojima N，Gumin J，et al. Platelet-derived growth factor BB mediates the tropism of human mesenchymal stem cells for malignant gliomas. Neurosurgery，2010，66（1）：144-156.

［23］ Rehemtulla A，Taneja N，Ross B D. Bioluminescence detection of cells having stabilized p53 in response to a genotoxic event. Mol Imaging，2004，3（1）：63-68.

［24］ Cheong S J，Lee C M，Kim E M，et al. Evaluation of the therapeutic efficacy of a VEGFR2-blocking antibody using sodium-iodide symportermolecular imaging in a tumor xenograft model. Nucl Med Biol，2011，38（1）：93-101.

［25］ Yamanaka Y，Ralston A. Early embryonic cell fate decisions in the mouse. Adv Exp Med Biol，2010，695：1-13.

第八章

差异基因表达谱分析

第一节 基于双向电泳技术的蛋白质组学分析

一、引言

蛋白质组（proteome）一词，是蛋白质（protein）与基因组（genome）两个词的组合，意指一种细胞乃至一种生物体的基因组编码的全部蛋白质。蛋白质组学（proteomics）[1] 是指应用大规模蛋白质分离和鉴别技术，研究细胞或生物体表达的全部蛋白质的特征（包括蛋白质的表达水平、翻译后修饰、蛋白质与蛋白质相互作用等），从而获得关于疾病发生、细胞代谢等过程的整体而全面的认识。

自人类基因组计划启动以来，基因组学（genomics）研究获得了蓬勃发展，在基因和疾病的相关性方面为人类提供了海量数据。然而，事实上，很多疾病并不是基因改变所造成的。虽然不同细胞在不同生理或病理状态下基因组不会改变，基因的表达方式却错综复杂，所表达的蛋白质的种类和数量也不尽相同。由于蛋白质是基因功能的最终实施者，对蛋白质的研究将为阐明生命现象的本质提供最为直接的证据。

目前，蛋白质组学的研究方法大致有两类：基于凝胶的双向电泳技术（two-dimensional electrophoresis，2-DE）联合 MALDI-TOF/TOF 质谱鉴定方法和基于液相色谱的多维蛋白鉴定技术（MudPIT）策略。这两类方法各有其优缺点，侧重不同，所以这些方法都在使用。基于凝胶的 2-DE 电泳方法是蛋白质组学研究的经典方法，这一方法重复性好，能够直观展示蛋白质的等电点、分子量、相对丰度等信息[1]。与之相对，基于多维液相色谱的 MudPIT 方法普遍具有自动化、灵敏度好、分辨率高等优点，单次实验即可鉴定蛋白质数量超过 3000 个。同时有研究报道，上述两种方法在低丰度蛋白质鉴定方面的能力也互为伯仲。因此，这两种方法互为补充才能获得更加全面的结果。本章将针对第一种策略进行简要阐述。

二、实验基本步骤和注意事项

目前关于双向电泳技术的资料已经较多，此处仅简要介绍较为重要的设备、试剂及步骤，更为具体详细的实验步骤可参考网络或 GE/Bio-Rad 公司的《双向电泳操作手册》。

1. 设备及试剂

（1）设备

等电聚焦仪及垂直电泳槽：GE 公司 Ettan™ IPGphor™ 系列电泳仪，或伯乐（Bio-Rad）公司 PROTEAN™ 系列电泳仪；

三恒（恒流、恒压、恒功率）电源：国外各大公司及国内产品均可；

台式高速冷冻离心机：SIGMA 公司 3K30 型；

超声破碎仪：SONICS公司 VC 750 型；

质谱仪：布鲁克公司 UltraFlex™ Ⅲ MALDI-TOF/TOF；

恒温水浴箱、扫描仪、脱色摇床、涡旋振荡器：国外各大公司及国内产品均可。

提示：由于双向电泳实验步骤分为等电聚焦与垂直电泳两部分，可以采购不同厂家的仪器进行搭配，以降低成本并达到较好的效果。国产恒温水浴箱价格低廉，但使用寿命略短。

提示：MALDI-TOF/TOF 质谱仪因其单个蛋白质的鉴定成本相对低廉，较为适用于本章所述的基于凝胶的蛋白质组学体系。而对于未经双向电泳分离的多蛋白质混合样本，则应选用其他质谱仪，如 Thermo、AB 公司的高分辨质谱仪。

（2）试剂

尿素（配裂解液及水化液用）：Sigma 公司电泳级；

尿素（配平衡缓冲液用）：Amresco 公司超纯级；

硫脲、DTT（二硫苏糖醇）、IAA（碘代乙酰胺）及 CHAPS：Amresco 公司蛋白质组学级；

蛋白酶抑制剂：罗氏（Roche）公司 cOmplete™ mini 不含 EDTA 的片剂；

丙烯酰胺、SDS、过硫酸铵、甘氨酸、Tris 碱、DNA 酶、RNA 酶、考马斯亮蓝 G-250、碳酸氢铵：Amresco 公司超纯级；

胰酶：罗氏（Roche）公司，经过修饰的测序级胰酶。

提示：双向电泳实验中试剂的纯度要求较高（特别是尿素与丙烯酰胺），请读者切记不要使用低纯度试剂，以免造成实验失败或影响后续的质谱数据分析（质谱费用远高于试剂费用，不必在试剂上节约成本）。

提示：此处列出的试剂大部分为 Amresco 公司试剂，是由于其价格较为便宜，如果读者经费较为充足，可选用其他公司的试剂，例如相同纯度级别的 Sigma 公司或 Promega 公司产品。

提示：由于双向电泳第一个步骤等电聚焦需要高电压（8000～10000V），在样本制备时应将溶液中的离子浓度控制在最低限度。例如，蛋白酶抑制剂选用不含 EDTA 的产品。

提示：某些双向电泳实验可能还需要特殊试剂，例如促溶试剂 SB 3-10、ASB14 及磷酸酶抑制剂等，请检索相关文献采购。

2. 实验步骤

样本制备是双向电泳实验成功与否的决定性因素，而实验设计却是整个研究是否有意义的决定性因素。双向电泳实验设计与其他分子生物学实验一样，对照的设定至关重要。对于实验设计本章不再赘述，将主要讨论双向电泳实验步骤的相关注意事项。

（1）样本制备

① 样本制备原则。

a. 应尽量使所有待分析的蛋白质全部处于溶解状态（包括多数疏水性蛋白），且制备方法应具有可重现性。

b. 应防止在样品制备过程中发生蛋白质化学修饰或降解。

c. 应完全去除样品中的核酸和其他干扰物质。

d. 应尽量去除起干扰作用的高丰度或无关蛋白质，从而保证待分析蛋白的可检测性。

② 蛋白质抽提简述。

a. 细胞破碎。主要分为以下三类方法：机械法（超声波法、高压法、机械匀浆法），化学法（去污剂法、酶裂解法），物理法（液氮研磨法、循环冻融法、渗透法、玻璃珠破碎法）。

提示：细胞破碎方法需要根据样本选择。一般来说，细胞比较容易破碎；细菌所需方法相对剧烈；真菌和植物样本最难破碎。从发表的文献看，超声破碎方法最为常用。

b. 去除杂质。样本中常见的杂质主要包括：盐分及带电离子、去污剂、核酸、多糖、脂质、酚类。其中核酸可以使用核酸酶进行消化，其他杂质通常可以通过蛋白质沉淀再复溶的方法去除。此类方法推荐使用三氯乙酸（TCA）-丙酮沉淀法或使用商品化的样品纯化试剂盒，例如 GE 公司的 2-D Clean-Up 试剂盒，或 Bio-Rad 公司 ReadyPrep™ 2-D Cleanup 试剂盒。

提示：如果样品浓度较低，沉淀复溶时可以减少所用溶解液的体积，从而同时达到样品浓缩的效果。其他常用浓缩方法还有透析与超滤。

③ 样品制备方法举例。此处以模式生物大肠杆菌的蛋白质样品制备为例，简要介绍样本制备的步骤及注意事项。

a. 转接细菌于 100mL 新鲜 LB 培养基中，37℃培养至 $OD_{600}=3.0$；

b. 在 4℃下，6000g 离心 10min 收集 50mL 菌体；

c. 用冰预冷的低盐 PBS（3mmol/L KCl，1.5mmol/L KH_2PO_4，68mmol/L NaCl，9mmol/L NaH_2PO_4）清洗菌体 4 次；

d. 细胞沉淀重悬于 5mL 裂解液［7mol/L 尿素（电泳级），2mol/L 硫脲，4% CHAPS，1% DTT］中，加入半片蛋白酶抑制剂；

e. 冰浴超声 8min（脉冲 2s，停 2s，最大功率的 25%）；

f. 超声后，加入 0.2mg RNaseA、50U 的 DNase 和 50μL IPG 缓冲液（pH3～10）；

g. 于室温孵育 1h 后，40000g 离心 30min 去除不溶性沉淀；

h. 取上清液，测定蛋白质浓度，按每管 600μg 分装，－70℃保存备用。

提示：此例是按照考马斯亮蓝染色所需样本量分装为每次使用一管样本，从而避免反复冻融造成样本降解。银染所需样本量约为 100μg。

提示：对于考马斯亮蓝染色，样本收集的量需要预实验确定，最佳的收集量应使最终蛋白质样品的浓度介于 3～10μg/μL 之间。由于后续双向电泳的载样体积有限制（18cm 胶条仅 340μL），蛋白质浓度不宜过低；过高的蛋白质浓度则可能会造成蛋白质的集聚或沉淀，影响某些蛋白质的溶解。

提示：由于玻璃的导热性要优于塑料管，超声过程应尽量使样品位于 10mL 薄壁玻璃小烧杯中，且应将烧杯四周以冰水混合物（不仅是冰）环绕。如果样本较为珍贵，需减少溶解体积（如 1mL）时，可用塑料管，此时应加大脉冲之间的间隔（如停 6s），以使样品充分冷却。此处反复强调冰水、冷却的原因是超声过程会产热，尿素在 37℃以上会水解成异氰酸盐，使蛋白质发生人为的氨甲酰化修饰。

提示：超声后加入的 RNaseA 和 DNase 量不宜过多，否则会在双向电泳中形成可见的蛋白点或条带（如过多的 RNaseA 会在碱性区域形成横向条带）。

提示：蛋白质样本浓度的测定推荐使用 GE 或 Bio-Rad 专门为双向电泳设计的定量试剂盒。常规的 Bradford 方法和 BCA 方法对双向电泳裂解液成分的耐受性较差，如欲采用其他方法，请先核实裂解液成分（如高浓度尿素和 DTT）是否会干扰蛋白质定量。

（2）双向电泳

① 双向电泳技术原理。双向电泳也常被称为二维电泳，其利用蛋白质的两种不同属性，力图在两次独立的分离步骤中将蛋白质分开[1]：第一向（维）——等电聚焦（isoelectric focusing，IEF)，是根据蛋白质的等电点（pI）不同将蛋白质分离；第二向（维）——SDS-聚丙烯酰胺凝胶电泳（SDS-PAGE)，是利用蛋白质的分子量大小不同将它们分离。理论上讲，如果凝胶的尺寸足够大，双向电泳所得结果的每一个斑点都对应着样品中的单一蛋白质。实际操作中，可以在一次常规实验（18cm 胶条）中分离出上千种蛋白质，并且各种蛋白质的等电点、分子量和表达的丰度信息都能得到，这也是双向电泳与液相色谱-质谱联用方法相比的优点所在。简而言之，如果蛋白质的理论等电点/分子量与双向电泳实验得到的等电点/分子量存在明显差异，就可以推断这些蛋白质可能发生了翻译后修饰，如蛋白质成熟剪切会改变其分子量，而磷酸化或乙酰化则会改变其等电点。双向电泳能够非常直观地呈现出各种蛋白质表达丰度信息，这些信息对于合成生物学具有重要意义：如果需要导入外源基因改造某一物种，可依据双向电泳所鉴定出来的高丰度蛋白质编码基因的转录调控区及密码子使用等信息进行人工改造，从而使外源基因的表达在宿主中显著提高。

② 双向电泳方法举例。此处续前文，仍以模式生物大肠杆菌样品为例，简要介绍双向电泳（18cm IPG 胶条）的步骤及注意事项。

a. 取出分装好的冻存样品，加入 1.7μL 与胶条 pH 范围匹配的 IPG 缓冲液，补足水化液至终体积 340μL，涡旋混匀，室温放置 30min（每隔 10min 振荡一次)，15℃、40000g 离心 30min。

b. 如图 8-1 所示，吸取上清液平铺在 18cm 标准型胶条槽中，将胶条缓慢地从酸性端一侧剥去 IPG 胶条的保护膜，胶面朝下，先将 IPG 胶条阳性端朝胶条槽的尖端方向放入胶条槽中，慢慢放下胶条，避免生成气泡。注意要使水化液浸湿整个胶条，并确保胶条两端与电泳槽两端的电极接触。

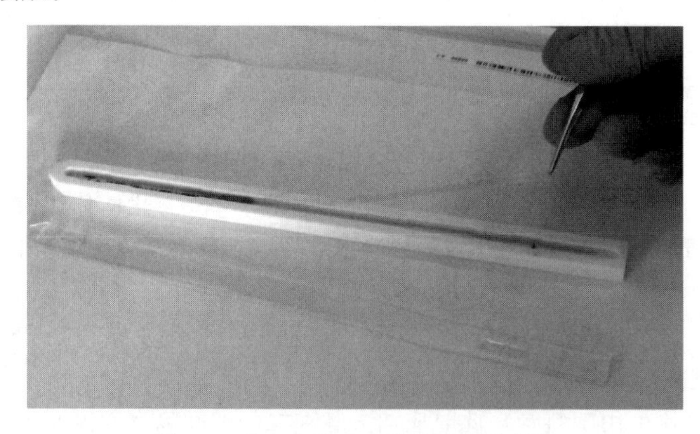

图 8-1 双向电泳 IPG 胶条操作示意图

c. IPG 胶条上覆盖适量（约 1.6mL）矿物油，盖上盖子。

d. 将胶条槽的尖端背面电极与 IPGphor 仪器的阳极平台接触；胶条槽的平端背面电极与 IPGphor 仪器的阴极平台接触。

e. 设置 IPGphor 仪器运行参数：运行温度 20℃，IPG 胶条被动吸涨的时间（4h）以及小电压主动水化时的电压（30V）和时间（8h)。

f. 水化结束后，将胶条取出，胶面向上放入 24cm 等电聚焦电泳槽中。如图 8-2 所示，分别在胶条的两端垫上用纯水湿润过的厚滤纸片（Paper Wicks，GE 公司)，将电极压好，保证充分接触，覆盖适量的矿物油，盖上盖子。

g. 设置 IPGphor 仪器运行参数：运行温度 20℃，等电聚焦电压梯度及相应时间（300V

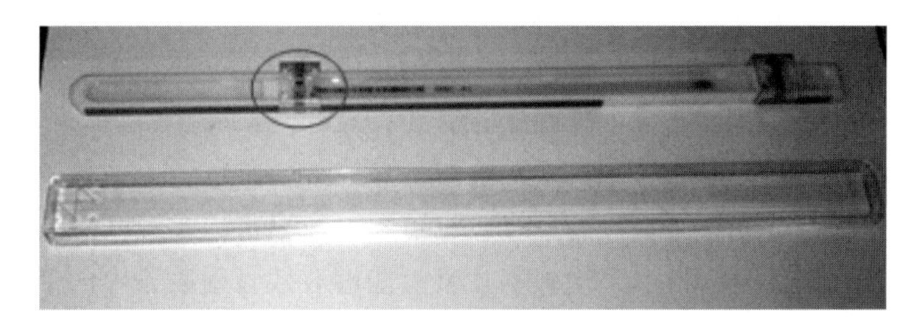

图 8-2 更换 IPG 胶条电泳槽操作（滤纸片与电极放置）示意图

梯度升压 1h；600V 梯度升压 1h；1000V 梯度升压 1h；8000V 梯度升压 1h；8000V 恒压约 8h)，开始等电聚焦。

h. 等电聚焦结束（总计聚焦 60kV·h）后，将胶条取出，置于含 1% DTT 的平衡缓冲液［50mmol/L Tris·HCl（pH8.8)，6mol/L 尿素（超纯级)，30% 甘油，2% SDS，痕量溴酚蓝］中缓慢摇动，平衡 15min；随后，将其置于含 2.5% IAA 的平衡缓冲液中缓慢摇动，平衡 15min。

i. 配制浓度为 12.5%的 SDS-PAGE 胶，在上端加满经加热熔化的低熔点琼脂糖溶液（1%低熔点琼脂糖，溶于电泳缓冲液)，取出平衡好的胶条，经电泳缓冲液快速淋洗后迅速放入琼脂糖中，使胶条紧贴 SDS-PAGE 胶的上缘，注意避免在胶条和胶面之间产生气泡。待琼脂糖凝固后进行 SDS-PAGE 电泳。

j. 恒功率方式电泳，4℃循环水浴冷却。先在每块胶 5mA 条件下电泳 1h 后，再将电流加大至每块胶 8mA 条件下电泳 1h，随后每块胶 8.5W 恒功率电泳至溴酚蓝刚刚迁移出凝胶底部。

k. 电泳结束前配制胶体考马斯亮蓝 G-250 染色液（0.1% G-250，34% 无水甲醇，17% 硫酸铵，3% 磷酸)，将凝胶与玻璃板剥离后，浸泡在染色液中缓慢摇动，染色过夜。

l. 第二天更换脱色液（1%乙酸)。缓慢摇动脱色至背景清晰后进行图像扫描。扫描参数选择：透射扫描，光学分辨率为 400dpi，对比度与亮度采用软件自动默认值。凝胶扫描后用保鲜膜包裹，4℃保存备用。

提示：当样品含有盐离子等污染物时，等电聚焦的电压可能达不到设定值（8000V)。对于这种情况，可以使用商品化的纯化试剂盒（如 GE 或 Bio-Rad 公司）对样品进行纯化后，再进行等电聚焦。具体操作步骤请参见试剂盒说明书。

提示：注意样品离心温度为 15℃，而不是常规实验中的 4℃，原因是尿素在低温时会析出，影响蛋白质的溶解性。

提示：胶条的选择原则如下：样品复杂度高（如真核细胞样品)，宜选择窄梯度长胶条（如 pH4～7、24cm 结合 pH6～11、24cm)；样品复杂度低（如免疫共沉淀或 Pull-down 实验后的样品)，选择宽梯度短胶条（如 pH3～10、7cm）即可。总体来说，胶条长度越长，pH 范围越小，分辨率越高。

提示：不同长度的胶条，样品载量不一样，所用水化电泳槽也不一样，因而所用样品的体积和总蛋白含量不同，常用参数如下：7cm 胶条 125μL/100μg；18cm 胶条 340μL/600μg；18cm 胶条 450μL/1mg。样品总量是根据细菌样品中的蛋白质种类估算的，对于复杂样品可上浮 50%，较为简单的样品可以酌情减少。过多的蛋白质不能进入胶条，而且有可能在最后的胶图中造成横向拖尾条纹。

提示：本方法对传统方法进行了改进，水化步骤包含了被动水化过程和主动水化过程，目前认为小电压主动水化有助于蛋白质进入胶条内。因此，笔者选用了样品槽进行水化，而不是水化托盘（没有电极，只能进行被动水化）。

提示：水化后更换电泳槽的步骤可以提高电泳图像的清晰度，主要原因包括：水化过程中，可能有一部分蛋白质没有完全被胶条吸收，更换电泳槽可以消除未进入胶条的样品溶液对等电聚焦的影响；更换电泳槽后，增加的滤纸片能够有效吸附胶条中的杂质离子。但此方法增加了一次操作，因而整个实验的时间安排较为严格。一般来说，需早上进行水化，12h后，更换等电聚焦电泳槽，第二天上午进行平衡，下午进行 SDS-PAGE 电泳，染色过夜。

提示：通常等电聚焦电泳仪设定运行温度为 20℃，因此，等电聚焦过程应保持室内温度与之相差不大。当室内湿度较大，且存在温差时，等电聚焦仪的表面会形成冷凝水，从而导致电压异常，干扰等电聚焦。建议运行等电聚焦期间开启房间空调除湿降温，避免形成冷凝水。

提示：虽然等电聚焦的完成常常以总计聚焦参数（kV・h）为终止阈值。但理论上来说，如果等电聚焦的电流在长时间内不再发生变化，聚焦即可终止。原因是：等电聚焦开始后，各种蛋白质会迁移到其等电点所对应的 pH 区域内，从而变成中性分子。这样，体系的电阻越来越大，在恒定的电压下，电流就会越来越小。

提示：由于等电聚焦和 SDS-PAGE 电泳系统不同（主要区别在于 SDS 的加入），需在等电聚焦结束后进行平衡。胶条的平衡过程中，DTT 的作用是使蛋白质的二硫键还原，IAA 的作用是使上一步还原出的自由巯基以及多余的自由 DTT 发生烷基化反应。因此，这两个平衡步骤不能颠倒。如果使用考马斯亮蓝染色，IAA 的烷基化过程可以省略，需注意此处的处理方式决定了后期质谱数据查询时的参数设置［如果使用 IAA，在质谱查询时需选择蛋白质修饰方式为半胱氨酸的氨乙酰化（carbamidomethyl)］。平衡过程时间如果太短，蛋白质没有被 SDS 充分包裹，容易产生拖尾条纹。

提示：SDS-PAGE 凝胶浓度选择 12.5%是为了兼顾复杂样品中大部分蛋白质（分子量 10000～100000）的分离效果。如果读者有特殊应用需求，可以自行调整凝胶浓度，以获得目标蛋白质的最佳分离效果。

提示：由于双向电泳通常使用的 SDS-PAGE 凝胶较大（约 18cm×20cm），电泳过程中必须注意散热问题。因此，建议选用恒功率的方式进行电泳，电泳过程的产热与功率成正比，恒功率电泳能够保证热量产生恒定，有利于散热。电泳过程中，循环水浴不可中断。

提示：此处使用的是胶体考马斯亮蓝染色方法，优点是可以长时间脱色，且蛋白点不会褪色，因而背景较为清晰。传统灵敏的银染方法（戊二醛增敏）与质谱不兼容，新发展的质谱兼容性银染方法灵敏度虽然比考马斯亮蓝高，但不如传统银染好。

（3）图像分析

目前，GE 或 Bio-Rad 公司推出的双向电泳图像分析软件都有了很大的改进，读者可按照说明书进行软件操作，不再赘述，仅探讨几个关键技巧。

提示：蛋白点的识别。以 GE 公司 ImageMaster 软件为例（后续更新版本或其他软件可能会在界面显示中呈现不同的选项），蛋白点识别有三个参数［光滑度（Smooth）、最小面积阈值（Min Area）、严谨值（Saliency)］。其中第一个参数（光滑度）越大，蛋白点边界越圆润；第二个参数（最小面积阈值）的设定主要用于去除小的杂质斑点（如染色剂颗粒等）；第三个参数（严谨值）反映了蛋白点与周围背景之间的对比度。蛋白点识别的原则是通过调整这三个参数，最大限度地区分真正的蛋白染色点与胶图上的杂质及背景。图 8-3 中列出了常用的参数设置[2]，仅供参考。

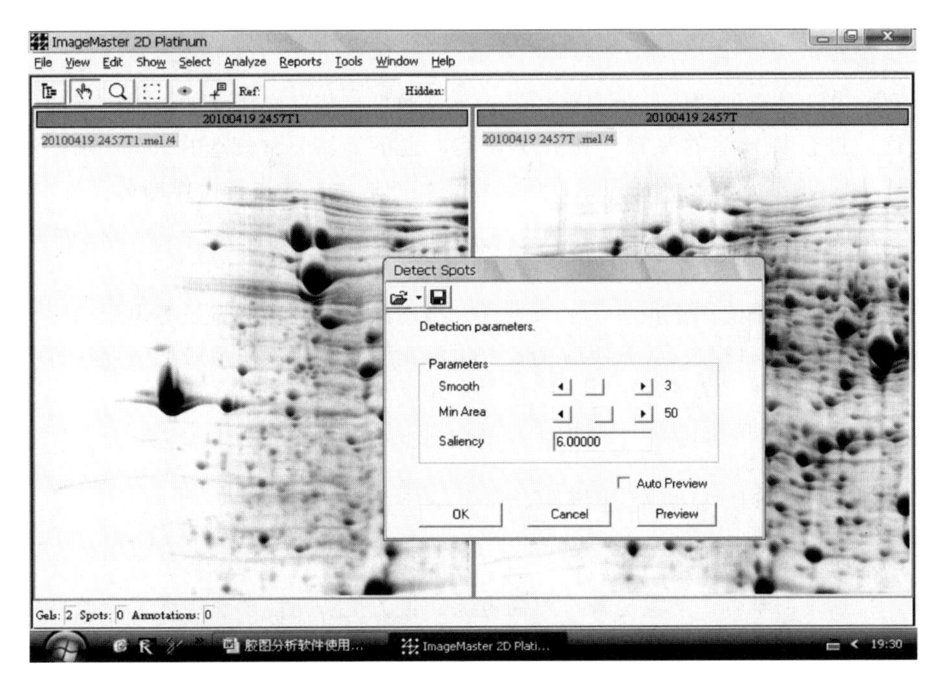

图 8-3　软件识别蛋白点的参数设置

提示：蛋白点配对。软件自动配对的依据是胶图上蛋白点的坐标与胶图边界或已设定的标志性配对点（landmark）之间的距离。因此，可以先手工设定几个标志性的蛋白点配对，然后再利用软件自动配对功能对胶图进行匹配分析。由于软件错配现象无法避免，最后还需对蛋白点配对情况进行仔细梳理校对。

提示：差异点选取。一般来说，可按照蛋白点相对丰度 Vol%进行表达量分析。如果后续蛋白点切取不使用机械完成，建议读者在软件（可利用软件注释功能）和纸质双向电泳图上同时标记差异点，方便后续手工取点过程。

（4）胶内酶切

近年来，固定化酶反应器（IMER）胰酶酶解方法发展很快，这种技术能够快速有效地酶解蛋白质（约 1min），已经应用于基于液相色谱-质谱的蛋白质组学分析。但由于双向电泳分离的蛋白质都已被固定在 SDS-PAGE 凝胶中，还无法应用这种快速酶解方法，目前常用的蛋白质酶解方法还是胶内酶切（in-gel digestion）。以胰酶为例，步骤如下：

① 用干净的剪刀将 200μL 移液器吸头修剪至孔径为 1.5mm 左右；

② 将 SDS-PAGE 凝胶放置于背景为明亮白光的环境中，利用吸头戳取差异蛋白点；

③ 在进口 PCR 管中加入 50μL 脱色液（25mmol/L NH_4HCO_3，50%乙腈），将用吸头戳取出的蛋白点放入 PCR 管中，室温静置 30min 使蛋白点脱色，至少更换脱色液 2 次，直至胶块无色透明；

④ 用移液器吸去脱色液，置于真空离心浓缩干燥仪中抽干，至胶块变为白色颗粒状；

⑤ 将 3μL 胰酶溶液（10ng/μL，25mmol/L NH_4HCO_3）加到胶块颗粒上，4℃吸胀 1h，再加入 3μL 25mmol/L NH_4HCO_3 溶液覆盖胶块，置于 37℃恒温培养箱中倒置消化约 13h；

⑥ 吸取 1μL 胰酶消化产物至新的 PCR 管中，送交质谱中心检测。

提示：胰酶倒置消化的优点是胶块能够悬浮在溶液中，更容易与溶液接触反应。

提示：胰酶溶解分装后，可在－20℃冰箱保存一个月，但应当尽量避免反复冻融。

(5) 质谱分析

由于双向电泳分离到的差异蛋白点较多，且其属性可能存在较大的差别，因此，针对每个蛋白点逐一进行特异性的参数调整并不现实，也不经济。常规蛋白点的 MALDI-TOF/TOF 质谱检测目前非常成熟，按照生产厂家设定好的通用方法进行操作即可。

三、双向电泳实验结果说明及疑难解析

影响双向电泳结果的因素很多，一般来说，横向条纹与样品制备及等电聚焦相关；纵向条纹与 SDS-PAGE 电泳相关。GE/Bio-Rad 公司的《双向电泳操作手册》中列举了很多可能遇到的问题及解决方法，下文根据笔者的实际操作经验，列举了最为常见的几种问题及其最可能的产生原因（见图 8-4）。由于笔者水平有限，此处可能存在一些纰漏，仅供读者参考。

四、质谱数据分析说明及疑难解析

清晰的双向电泳图谱是成功的前提，但仅是成功的一半，质谱分析的重要性往往会被研究者忽视，特别是初学者。前文提及，双向电泳的最大优势是能够直观地展示蛋白质的等电点、分子量，因此，结合蛋白点的上述信息，对质谱结果进行深入分析往往能够获得更多有用的信息。

1. MALDI-TOF/TOF 质谱原理

质谱技术，简而言之，就是待测物的质荷比（m/z）检测技术。质谱仪就是一类能使物质粒子（原子、分子或分子碎片）携带电荷，并通过适当的电场、磁场将其按照质荷比分离，并检测强度后进行分析的仪器。质谱仪通常主要包含：离子源（使待测分子带电）、质量

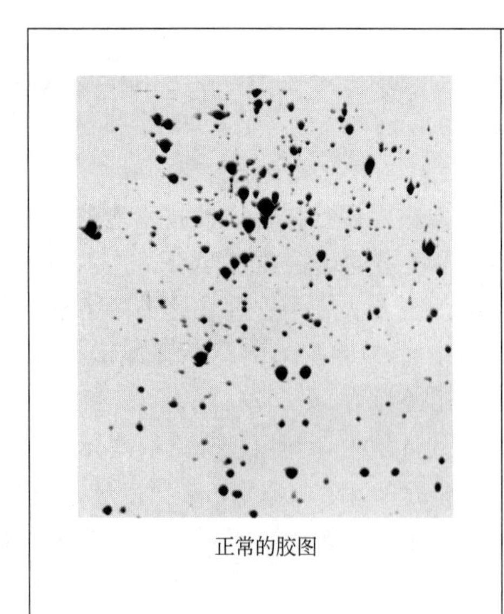

正常的胶图

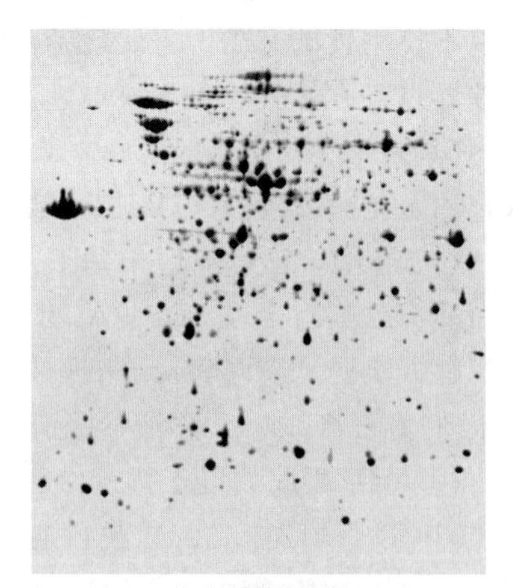

存在问题的胶图

问题：很多蛋白点呈现串联珠状[3]。
原因：制备样品过程加热，如果存在尿素或SDS，会对蛋白质进行化学修饰，改变蛋白质等电点。

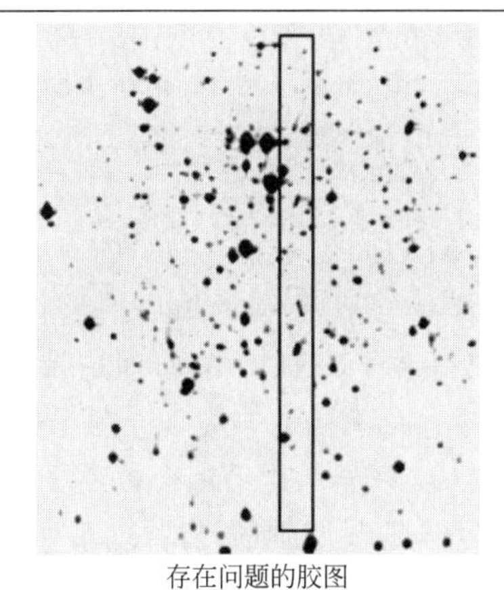 存在问题的胶图 问题：纵向呈现一列突起状。 原因：转移到SDS-PAGE胶面时，胶面与IPG胶条间存在小颗粒杂质或小气泡(大气泡形成喇叭状纵条)。	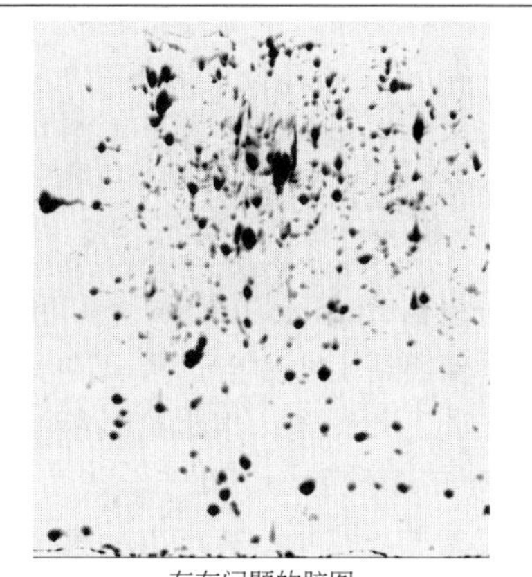 存在问题的胶图 问题：整个胶面不规则扭曲。 原因：凝胶过程不均匀，例如渗漏或凝胶过快。
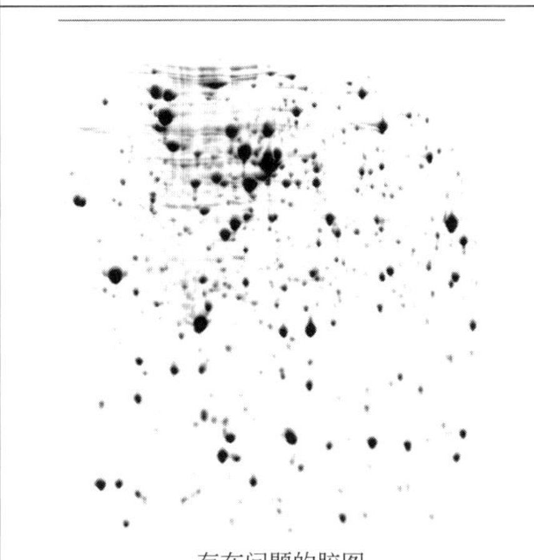 存在问题的胶图 问题：在高分子量酸性区域有横纹。 原因：样品制备过程中，核酸消化不彻底。	 存在问题的胶图 问题：纵向有小段区域横纹。 原因：矿物油较少，等电聚焦后期尿素结晶析出，阻碍蛋白质迁移。
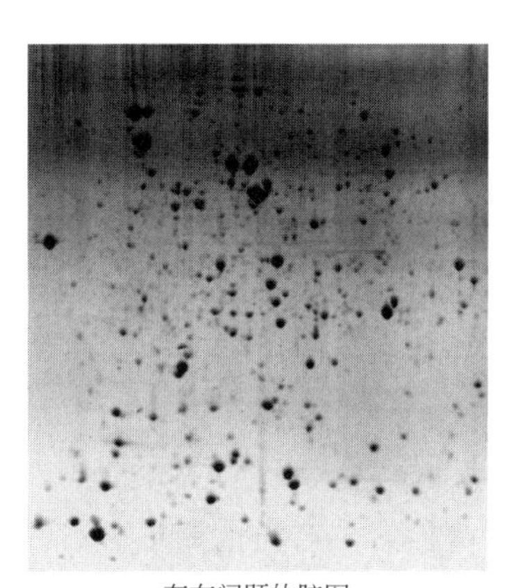 存在问题的胶图 问题：胶图上部背景很深。 原因：需要换新鲜的SDS-PAGE电泳缓冲液，清洗电泳槽。	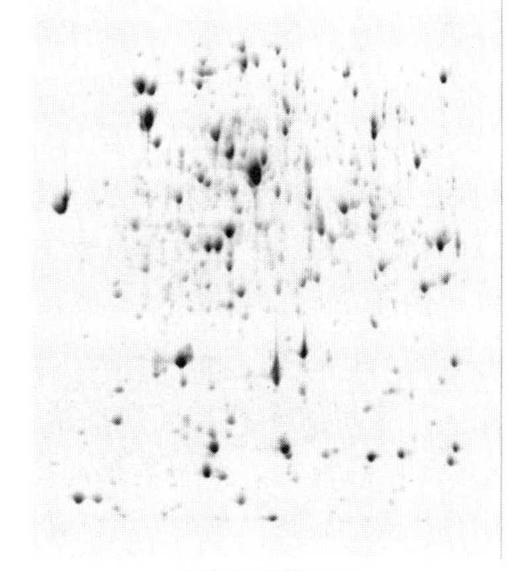 存在问题的胶图 问题：蛋白点呈现纵向虚化拖尾。 原因：SDS-PAGE电泳缓冲液中的SDS含量不足。

图 8-4　双向电泳常见问题及可能的常见原因

分析器以及检测器。在离子源方面，基质辅助激光解吸附离子化（matrix-assisted laser desorption/ionization，MALDI）和电喷雾离子化（electrospray ionization，ESI）是蛋白质组研究中最为常用的两种离子化方式，其中前者与双向电泳技术联用较多，下文将重点介绍此类质谱仪的原理及数据分析。

MALDI-TOF/TOF 仪器主要由两部分组成：MALDI 源和飞行时间（time of flight，TOF）质量分析器。MALDI 的原理是用激光照射样品与基质形成的共结晶薄膜，基质从激光中吸收能量传递给生物分子，从而使生物分子获得质子。TOF 的原理是带电离子在电场作用下加速飞过飞行管道，根据到达检测器的飞行时间不同而被检测。需要指出的是，在 MALDI-TOF/TOF 仪器中，用于分析的样品分子（或原子）几乎都会被离子化为单电荷分子（或原子）离子，因此，其产生的谱图中很少会出现多个质谱峰对应同一个分子（或原子）离子的情况，更容易解析，非常适合应用于肽指纹图谱（peptide mass fingerprinting，PMF）分析，后者广泛应用于早期的蛋白质组学（双向电泳）研究。

肽指纹图谱是对蛋白质经酶解后所得多肽混合物进行质谱分析的方法。由于每种蛋白质的氨基酸序列（一级结构）都不同，蛋白质被特定的蛋白酶水解后，产生的肽碎片序列也各不相同，所对应的肽段混合物的质量数组合亦具有特征性，所以称之为指纹图谱，可用于蛋白质的鉴定。通过对质谱分析所得到的蛋白质酶解肽段质量数组合与多肽蛋白数据库中成千上万种蛋白质的理论酶解肽段质量数组合进行比较，寻找具有与实验检测到的指纹图谱相似的理论蛋白质指纹谱，吻合度具有统计学显著意义的结果即可判断为待测蛋白质的序列。

近年来，基于双向电泳的蛋白质组学研究领域发表的文章，逐渐趋向于使用串联质谱与 PMF 结合的分析结果。串联质谱就是在完成 PMF 分析后，再从谱图中选择丰度较高的部分肽段离子进行高能碰撞裂解（collision-induced dissociation，CID），对肽段裂解后产生的氨基酸碎片进行类似 PMF 的质量数组和分析，进而检索肽段理论裂解数据库，解析所选择的肽段的氨基酸序列。这样，通过氨基酸序列及肽段组合两个层面上数据的相互印证，能够大大提高蛋白质鉴定的准确性。本章介绍的 MALDI-TOF/TOF 质谱仪中的第一个 TOF 检测器是用于 PMF 分析的；第二个 TOF 检测器是用于进行串联质谱分析的；在这两个 TOF 检测器之间，是用于碎裂 PMF 选定离子（母离子）的高能碰撞室。

提示：由于 PMF 检测的每一种肽段质量数可能对应多种氨基酸组合，且不能确定氨基酸的排列顺序，因此，需要在同一次实验中检测到很多种不同肽段的质量数才能够确保这种方法的准确性。常规来说，对于分子量较大的蛋白质，酶解产生的肽段种类较多，使用 PMF 就可以准确鉴定；但是对于分子量较小的蛋白质，使用 PMF 方法就很难鉴定了。

2. MALDI-TOF/TOF 质谱数据检索方法

目前，常用的质谱数据检索软件是基于互相关分析算法的 SEQUEST 软件，和基于概率打分算法的 Mascot 软件。近年来，中国科学院计算技术研究所开发的 pFind 软件也引起了广泛的关注，其鉴定效率和准确性不断提升，已经处于国际领先地位。出于传统应用的考虑，仍以 Mascot 软件为例，介绍数据库检索的参数设置。

质谱数据可以在 Mascot 软件的官方网站[4]免费检索，双向电泳蛋白点的 PMF 结果和串联质谱结果的查询页面及常用参数设置如图 8-5 所示。

从图 8-5 中可以看出，两种搜索界面所需设定的参数大多相似。各项参数的含义如下：Your name 和 Email，在线查询需要填写个人信息，如果读者拥有 Mascot 授权版本，运行本地化（In-house）查询则可不填；Database，选择要查询的数据库；Enzyme，蛋白质酶切

MASCOT Peptide Mass Fingerprint

Your name
Email
Search title
Database(s)
SwissProt
NCBInr
contaminants
cRAP
Enzyme Trypsin
Allow up to 1 missed cleavages
Taxonomy ...... Escherichia coli
Fixed modifications Carbamidomethyl (C)
Acetyl (K)
Acetyl (N-term)
Acetyl (Protein N-term)
Amidated (C-term)
Amidated (Protein C-term)
Ammonia-loss (N-term C)
Biotin (K)
Biotin (N-term)
Carbamyl (K)
Carbamyl (N-term)
Carboxymethyl (C)
Display all modifications
Variable modifications Oxidation (M)
Protein mass kDa
Peptide tol. ± 0.2 Da
Mass values MH+ Mr M-H-
Monoisotopic Average
Data file 浏览...
Query NB Contents of this field are ignored if a data file is specified.
Decoy
Report top AUTO hits
Start Search ...
Reset Form

(a) PMF 检索界面

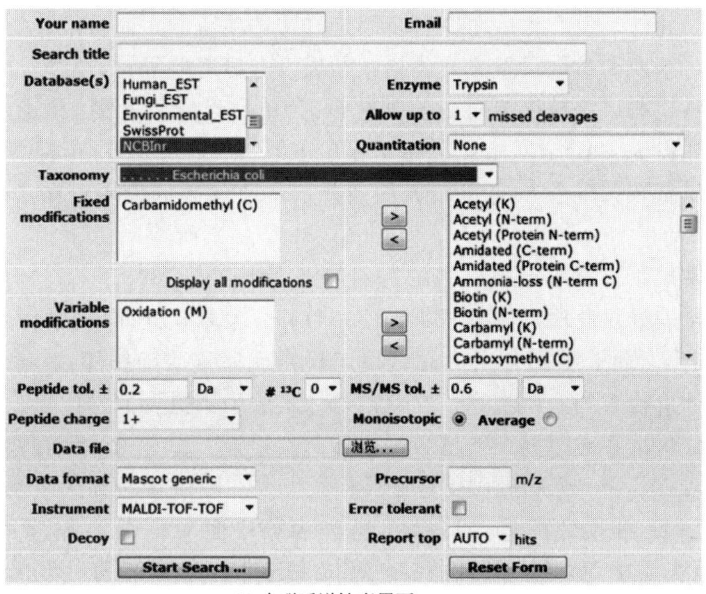

(b) 串联质谱检索界面

图 8-5 Mascot 检索界面及常用参数设置

时所用的酶，常规为胰酶；Allow up to [ ] missed cleavage，可能存在的漏切位点数，由于胰酶对切割位点前后不同氨基酸组合的酶切效率不同（如 KD、KE、KK 或 KR 不易被切开），因此，可能存在未完全酶解的肽段，通常设置为 1；Taxonomy，物种分类，根据样本来源选择相应的物种，如果样本物种没有在此列表中明确列出，可选择亲缘关系最相近的物种或上级分类目录；Fixed modifications，固定修饰，来源于双向电泳的样本一般都经过了

IAA 平衡的过程，因而选择 Carbamidomethyl（C），即前文提及的半胱氨酸（括号中的 C）的氨乙酰化；Variable modifications，可变修饰，由于双向电泳的操作过程暴露于空气中，因而选择 Oxidation（M），即甲硫氨酸（括号中的 M）氧化；Peptide tol. ±，肽段检测误差，质谱实测值与理论值之间的误差，可根据仪器的性能调整；MS/MS tol. ±，串联质谱中碎片离子的检测误差；Peptide charge，肽段所带电荷数，如前文所述，MALDI-TOF/TOF 仪器产生的离子绝大多数只带一个正电荷；Monoisotopic /Average，分子量计算使用单同位素质量或平均同位素质量，蛋白质鉴定选择 Monoisotopic 单同位素峰即可；Data file，需上传的数据文件，能够被软件识别的质谱数据文件格式有多种，请参阅网站帮助文件，网址 http://www.matrixscience.com/help/data_file_help.htmL。

提示：从前文质谱原理及此处检索参数的设置都可以看出，欲进行蛋白质组学研究，必须首先获得生物样品的基因组序列。如果没有对应的基因组序列，就没有蛋白质概念翻译和理论酶解，获得的质谱数据就无法解析。当然，在测序技术飞跃发展的今天，完成一个全新基因组测定也非难事，但还是要提醒读者：基因组数据是蛋白质组学研究的基础。

提示：如果使用 Mascot 授权版本运行本地化检索，可以进行批量检索，十分方便。另一个优点是可以利用自己测序得到的基因组构建本地化数据库进行检索——这样即使基因组数据未收录于公共数据库，也可进行蛋白质组学研究。还可以利用 6 个转录读码框（open reading frame，ORF）的全部概念翻译蛋白自行构建虚拟数据库进行查询，通过这种检索方式将有可能发现有功能的假基因或未注释的新蛋白质。

提示：如果读者在双向电泳过程中没有进行 IAA 平衡步骤，请不要选择半胱氨酸氨乙酰化为固定修饰。此外，也有很多研究者将固定修饰选项留空，而将半胱氨酸氨乙酰化加入可变修饰列表中，这两种参数设置方式的检索结果没有显著差异。

提示：分子量检测误差按照绝对分子质量 Da 为单位设定，事实上，使用相对的分子量偏差更为准确，如设为 30ppm。其中 ppm（百万分之一）是指误差值与肽段分子量的比值，这样就允许分子质量较大的肽段容忍较大的误差值。此参数的设置可参考仪器的性能适当调整。

提示：由于常规蛋白质鉴定中质谱的检测范围为 1000～5000Da，分子质量较小，这种情况下同位素质量差异对肽段的影响较小，使用单同位素峰检索即可。检索参数中还有一项 Decoy，前文未列出，此选项的含义为是否设定检索反库（肽随机库），通常在大规模质谱数据检索时用于评价检索的假阳性率。在双向电泳实验中不需要选择此项。

提示：强烈建议读者对每一个质谱数据进行两次检索[2]：首先，针对样品物种基因组进行检索；随后，对 NCBInr 全部蛋白质库进行检索。第一种检索的数据库容量较小，统计学阈值低，且同源蛋白的冗余度低，适合汇总为表格；而对比两种检索的结果差异（如 NCBInr 库得分值明显大于物种分类检索），可以发现非样本来源的污染，保证数据的准确性。笔者就是通过这种方式鉴别了实验过程中添加的 RNA 酶蛋白点及外源导入的抗生素抗性蛋白点。

3. MALDI-TOF/TOF 质谱数据检索结果分析

如果读者进行质谱检测时选择了串联质谱方式，建议在数据检索时将 PMF 数据与串联质谱数据合并后，进行上文的串联质谱（MS/MS Ion Search）查询。查询结果如图 8-6 所示。

图 8-6 中给出了几个比较重要的信息位置。建议读者点选方框中设定的方式（Protein Summary）展示结果。由于查询使用的是串联质谱方式，网站默认是使用 Peptide Summary

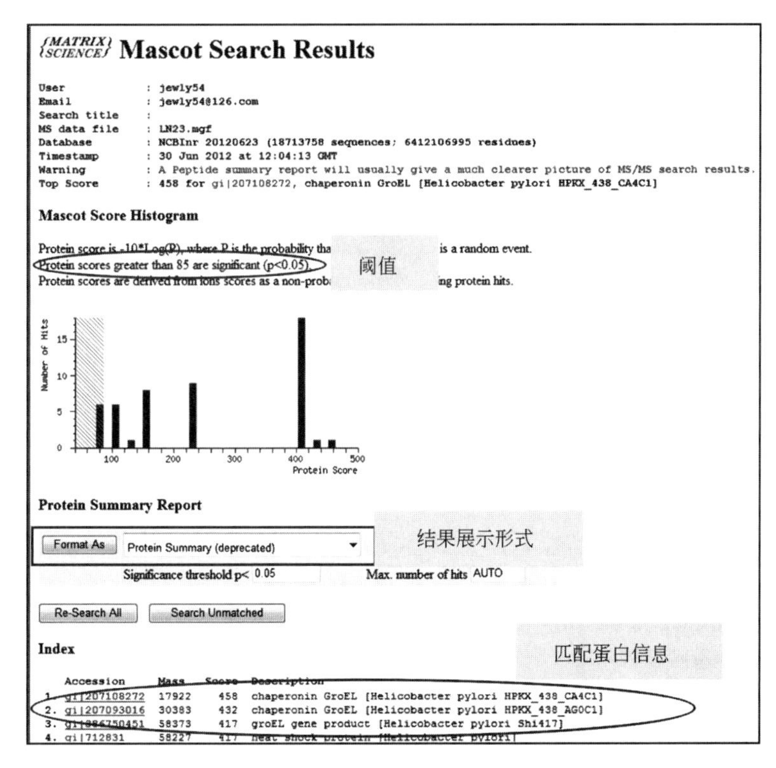

图 8-6　Mascot 检索结果界面信息

形式展示结果的，这种方式不能显示 PMF 数据查询结果。相应地，其检索阈值与匹配蛋白的得分值（Score）也与图中显示不一致（两者都会降低）。

提示：从图中可以看出，一个质谱数据的查询结果，会匹配到多个同源蛋白质。这些蛋白质的得分值相差不大，造成这些同源蛋白质分值差异的主要原因是其分子量的差异，即匹配同样的串联质谱数据，分子量越小的蛋白质得分越高。因此，不能简单地选择得分值最高的条目，而是应根据样本的物种来源选择相应的蛋白条目信息。

在匹配蛋白信息处，每个蛋白质都可以点击获得更为详细的信息，以得分第二的蛋白质为例，打开后如图 8-7 所示。图中椭圆框标注了常用的一些信息，这些信息是评价质谱结果可靠性及发表文章所需的重要数据[2]。

提示：图中方框中的信息常被忽略。事实上，结合此处信息及双向电泳胶图上的蛋白质实测分子量信息，可以获得一些有用的提示。例如，本例中，从图 8-7 中可以看出，匹配的肽段主要集中在蛋白质的 C 端，暗示人们这个蛋白质很有可能在成熟的过程中被切割截短了。如果此蛋白点在双向胶图中的实测分子量位置也相应地比理论分子量小很多，那么就可以推断这个蛋白点很可能是一个剪切后的形式。

五、结语

双向电泳技术正逐步成为实验室常规实验技术，目前网络中关于双向电泳的资料很多，故许多原理及技术细节此文没有列出，烦请读者自行检索查阅。本章主要结合笔者的操作心得撰写，关注于一些实验中容易忽略的问题，难免存在疏漏和不足，欢迎大家批评指正，也希望能与大家不断交流进步！

（朱　力　王恒樑　编）

图 8-7 匹配蛋白的详细信息

第二节 基因芯片

一、引言

基因芯片（gene chip）是生物芯片的一种，也叫作 DNA 芯片（DNA chip）、DNA 微阵列（DNA microarray），所用的探针为寡核苷酸或互补 DNA（cDNA）。其原理来源于 Southern 提出的核酸杂交理论[5]，传统的印迹杂交可以看作是其雏形。

1. 诞生的背景

人类基因组草图完成后，伴随而来的是海量的基因信息，基因组计划由此进入后基因组时代，生物学研究的重点也开始转为基因功能的研究。面对庞大的信息，传统的研究方法显得捉襟见肘，根本无法满足现代研究的要求。建立一种能够高通量精确分析基因的技术显得尤为重要。

科学家们受到计算机芯片集成化特点的启发，提出了基因芯片的概念，将多种核酸固定在固相载体上，与待分析样本进行杂交，从而确定样本中核酸序列和特性。Affymetrix 公司于 20 世纪 90 年代初率先开展了生物芯片技术的研究[6]，首次采用光导原位合成技术，经十步合成 1024 肽的阵列，并与用荧光素标记的单克隆抗体相互作用，通过荧光显微镜检测反应结果。1995 年，美国斯坦福大学研制成功了第一块以玻璃为载体的基因芯片。用高速机械手将 cDNA 点样到预处理的玻璃上，以检测相应基因的表达量，由于芯片面积小而密度高，仅用 2μL 的杂交体积即可检测来源于细胞的 2μg 总 mRNA，应用双色荧光杂交检测到拟南芥（*Arabidopsis thaliana*）45 个基因的表达差异。自此以基因芯片为代表的生物芯片技术得到了迅猛发展，在生命科学领域发挥了重要的作用，作为一个技术平台，已广泛应用于基因图谱绘制、基因表达谱分析、功能基因组学研究、疾病诊断、药物筛选、环境监测等多个领域[7]。基因芯片技术是继大规模集成电路之后又一具有深远意义的科学技术革命[8]。

2. 基本概念

基因芯片又称 DNA 芯片、DNA 微阵列，是将大量特定的已知的 DNA 序列有序地固定在固相载体上，然后与经过标记的待测样品进行杂交，通过检测系统对杂交信号进行扫描分析，继而得到大量与基因功能有关的信息。

3. 分类和基本特点

根据基因芯片的制备方法和应用范围的不同，基因芯片被分为许多类型。根据固相支持物的不同，分为无机（玻璃、硅片、陶瓷等）芯片和有机（聚丙烯膜、硝酸纤维素膜、尼龙膜等）芯片。根据芯片上所用探针的不同，分为寡核苷酸芯片和 cDNA 芯片。根据芯片点样方式的不同，可分为原位合成芯片、微矩阵芯片（分喷点和针点）和电定位芯片 3 类。根据用途的不同，分为基因表达芯片和基因测序芯片、诊断芯片、指纹图谱芯片。

在微生物检测、食品安全性检测等很多领域都有应用基因芯片技术，该技术具备传统的研究方法所无法比拟的优点，例如高通量、平行化、自动化、微量化等等。

4. 发展趋势

基因芯片技术采用了生物学和信息学领域最新的研究成果，发展至今，已在多个领域中呈现出广阔的应用前景。芯片实验室概念的提出和实施更是让人充满遐想，它是生物分析集成化的终极目标，是国内外研究的热点。基因芯片技术的建立得益于人类基因组计划的实施，同时又为人类基因组计划中基因功能的诠释提供技术保证，在进入后基因组时代的今天，基因芯片技术必将得到更广阔的发展。

二、工作原理

基因芯片检测最基本的原理仍是基于碱基互补的核酸分子杂交，这点和传统的 Southern 印迹法、Northern 印迹法相同。Southern 印迹法和 Northern 印迹法是将待检测的样本固定到膜上，再用标记的探针进行杂交，与这种方法相反，基因芯片可以看成反向的杂交技术，把大量已知序列的基因探针有序地固定到固相载体上，芯片中的每个点代表着某个特定基因，然后将样本中的总的靶基因进行标记后与芯片进行杂交反应，从而实现对基因序列及功能进行大规模和高通量的研究，见图 8-8。

1. 芯片构建

基因芯片的制备方法大致可以分为原位合成法和点样法两大类，由于原位合成技术受到专利和大规模设备的限制，在大多数实验室，还是多采用点样法。

点样法又称合成后交联，是指利用手工或自动点样装置将寡核苷酸链探针、cDNA 探针或基因组 DNA 点在经特殊处理的载体上，包括接触法和喷墨法两种主要方法，步骤包括载体的准备、基因探针的制备、点样、点样后处理、图像获取和结果分析等，比较适合于研究单位根据需要自行制备点阵规模适中的基因芯片。

原位合成主要采用了 Affymetrix 公司于 1991 年发明的光指导并行合成法，这种方法结合了 DNA 固相化学合成技术和照相平版印刷技术，在载体（玻璃片、金属片、硅胶片、各

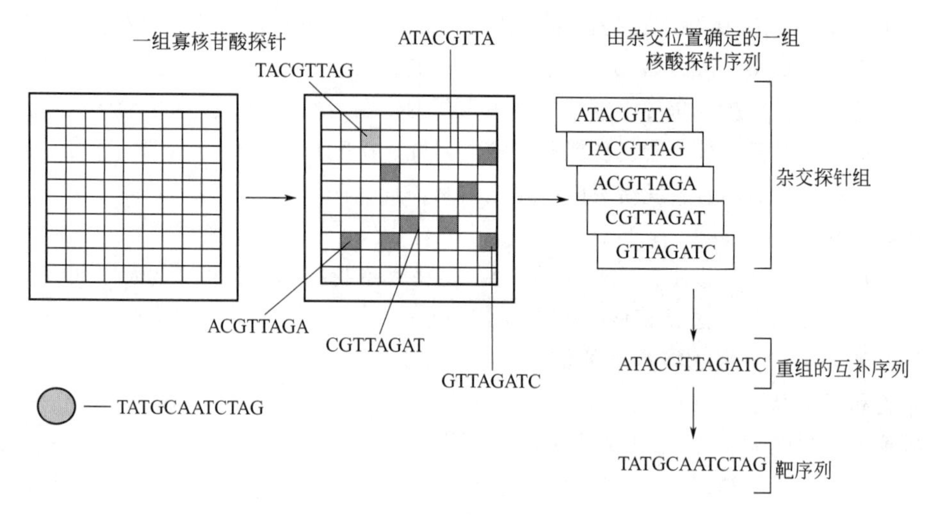

图 8-8 基因芯片工作原理

种有机高分子制作的薄膜等）表面合成寡核苷酸探针，适合于商品化、规模化的高密度基因芯片制备和应用领域。

2. 样品制备

生物样本有时是非常复杂的生物分子复合体，需要将其进行特定的处理，对于 DNA 和 mRNA 来说，如果样本量大，纯度高，可以直接进行标记反应，如果样本量较少，可以先进行 PCR 扩增。为了获得基因的杂交信号，必须对目的基因进行标记。标记的方法有荧光标记法、生物素标记法、核素标记法等。目前使用最普遍的是荧光标记法，样品的标记在扩增或反转录过程中加入标记物。

过去的几年里，已经建立了多种让处理后的样本尽量忠实于原始样本的方法，目前已经可以进行真核生物单细胞水平的基因表达分析。但是任何技术本身都不是完美的，不可避免地会导致标记后的样本与原始样本的真实性有出入，所以实验对照的选择和实验设计的优化显得尤为重要。

3. 生物反应

在杂交反应中，标记的靶分子通过序列互补与固定的探针进行杂交，因此，合适的杂交条件非常重要，杂交涉及对芯片进行封闭以降低杂交背景，将已标记的靶分子加样到芯片上，使其在特定温度下与互补序列退火反应，最后洗涤芯片除去未结合或微弱结合的杂交分子。若想获得低背景的可靠芯片数据，需要对每一步进行评估和优化。另外，在杂交时，对杂交温度、杂交时间、样品浓度等的选择和优化也较为重要。在实验前可以通过预实验来优化杂交反应的各种条件，以期建立可靠的、重复性强的杂交平台。

4. 结果检测和分析

样品在被测定前，首先要经过消化，使待测组织细胞中的 DNA 或 RNA 释放出来，在经过适当的扩增后，以荧光标记物标记，放入基因芯片自动孵育装置中，由其自动控制反应的时间、温度以及缓冲液的配比等反应条件，进行杂交。

杂交完成后，要对基因芯片进行“读片”，即应用激光共聚焦荧光扫描显微镜，对基因芯片表面的每个位点进行检测。

检测结合到芯片表面位点的样品片段的荧光标记，而待测样品中未与芯片上探针结合的荧光标记物则悬浮于溶液中，由于不在聚焦平面上，而不被检测。

样品与探针的错配是影响杂交反应结果的重要因素，但由于样品与芯片上的探针正确配对时产生的荧光信号要比错配时强得多，通过对信号强度的分析，就可以区分正确与错误的配对。

基因芯片经过杂交后，将芯片放入扫描仪中进行扫描，现多用激光共聚焦扫描仪。在芯片实验的过程中采用的是双色荧光法，分别发射不同波长的激光进行扫描，扫描后得到的灰度值经过处理后，可以根据信号值的高低加上不同的虚拟色彩。

在进行下一步数据处理之前，特别是多种荧光染料标记的多组数据进行比较之前，需要对基因表达数据进行标准化处理。常用的标准化方法有两种荧光信号的校正、引入外参和内参进行校正。

标准的数据分析步骤必须包括数据的预处理，它包括处理系统产生的误差，背景校正，数据的过滤、标记和加权，缺失值的处理，数据的转换等等。在分析基因芯片结果时，散点图是在数据分析中常用的一种方法，该法形象、简单、直观。聚类分析的方法在分析具有相似表达模式的基因时也常常用到，利用它可以研究某些基因共同的调控元件、共同的生物功能或者共同的细胞起源。

基因芯片的数据分析填充了数据库，这些数据库又为后来的分析提供便利，在利用数据库时，可以遵循 MIAME 规则，MIAME 规则的使用有利于规范数据库的使用和提高数据分析的准确性。

第三节 基因芯片的制备

一、概述

基因芯片的制作方法主要有两大类，原位合成法和直接点样法。

原位合成法是将合成的已知序列的寡核苷酸探针集成在固相载体上，这种技术的产生和发展与寡核苷酸高度密集合成技术、照相平板印刷技术以及激光共聚焦技术密切相关。Affymetrix 公司于 1991 年运用半导体照相平板技术，在 $1cm^2$ 左右的玻片上原位合成了数万条寡核苷酸片段，创造了世界上第一张原位合成的芯片。

直接点样法主要有两种方法：接触式点样和非接触式点样。前者在普通的实验室使用较多，主要通过点样笔在基片表面进行点样。

直接点样法和原位合成法各有优缺点，直接点样法的优点在于其实现起来方便快捷，技术和设备经济，探针的种类和长度不受限制等，但是其点样密度不如原位合成法高。原位合成技术由于受到专利保护和设备昂贵的限制，仅仅局限于个别商业化的芯片生产厂家使用，这里介绍的芯片制备主要是指直接点样法制备芯片。

二、探针的选择和制备

基因芯片上的探针主要有三种：互补的 DNA 序列（cDNA）、寡核苷酸序列和基因组 DNA 探针。前两种主要用于基因表达谱的研究，基因组 DNA 探针主要用于比较基因组杂交的研究，下面详细论述三种探针的制备方法。

1. cDNA 探针的制备

cDNA 基因芯片的探针类型主要是长的 DNA 片段（0.1～2.5kb），主要来自各种 cDNA 文库中的 cDNA 克隆。cDNA 克隆的一种来源是 IMAGE（integrated molecular analysis of genome expression，基因组及其表达的整合分子分析），是由欧美地区的四家科研机构于 1993 年共同发起的，旨在通过共享 cDNA 克隆库而达到最终发现每个基因的目的。目前克隆数量已达到七千多万，包括八百多个人类的文库和一百多个动物的文库，序列信息存在于 NCBI 的 dbEST 中，可以直接下载使用。

对于很多实验来讲，需要自己构建 cDNA 文库，这里简要地叙述一下一般 cDNA 文库的构建方法。

（1）RNA 的提取和纯化

高质量的 RNA 样品对后续的实验来讲异常重要，一般多采用 Affymetrix 公司推荐的 QIAGEN RNA 纯化系列的试剂盒，尤其是采样时可以选用 QIAGEN 的 RNAlater RNA 稳定试剂，它可以保护收集到的样品中的 RNA 不被降解，对于样品收集和携带非常方便。

（2）合成 cDNA 的第一链

以 mRNA 为模板，通过反转录合成互补的单链 cDNA，通常有两种方法，第一种是 oligo（dT）引导的 cDNA 合成法，oligo（dT）由 12～20 个脱氧胸腺嘧啶核苷酸组成，可以与 mRNA3′端的 poly（A）尾结合，进行反转录，由于其不受样本中其他种类的 RNA 的干扰，这种方法得到的 cDNA 的数量和复杂性方面较为单一，但是其合成的长度较低，有时会缺乏 mRNA5′末端的重要序列信息，在反转录真核细胞时，经常用到这种方法；第二种方法是随机引物法，随机引物是人工合成的四种碱基随机组合的，长度为 6～10bp 的寡核苷酸片段的混合物，随机引物可以同时结合模板的多个位点或者多个模板序列，所以合成效率高，覆盖率较广，能够更有效地反映 mRNA 的全长的序列信息，克服了 oligo（dT）引物的缺点，但是对样品纯度要求较高，如果样品纯度不高，反转录后容易混杂不需要的信息，影响对结果的分析和判断。

（3）双链 cDNA 的转换合成

第一步反应所得的产物为 mRNA 和互补的 cDNA 杂合的双链分子，需要转换为双链的 cDNA 才能进行下一步实验，一般采用自身引物合成法和链置换法来合成双链的 cDNA，利用自身引物合成后，需要用 S1 来处理发卡环的单链部分，而 S1 极易消化降解双链的 DNA，所以使用这种方法需要较为谨慎，链置换法合成的效率高，但是它有一个固有的缺点，无法获得 mRNA5′末端的重要序列信息。

（4）cDNA 克隆

将合成的 cDNA 双链克隆到载体上，并导入相应的宿主细胞中，是文库构建的最后一步，为了提高片段与载体的连接效率，通常可以在片段两端进行接头处理。

2. 寡核苷酸探针的制备

当基因组序列已知时，通常使用特异性的寡核苷酸作为探针，制备这种探针也有两种方法，一种是传统的固相化学合成法制备探针，然后将其点在基片上，或者直接在芯片的基片上合成，后一种方法就是之前提到的原位合成法，两种方法各有优缺点，可以根据实验室条件自行选择。

常用的寡核苷酸探针有 3 种：①特定序列的单一寡核苷酸探针；②较短的简并性较高的成套寡核苷酸探针；③较长而简并性较低的成套寡核苷酸探针。多用^{32}P 标记寡核苷酸探针，如：①通过 T4 噬菌体多核苷酸激酶催化的磷酸化反应标记合成的寡核苷酸探针，在合成寡核苷酸时其 5′端缺少一个磷酸基，因而易用 T4 噬菌体多核苷酸激酶进行磷酸化反应，而将 α-^{32}P 从 [γ-^{32}P] ATP 转移至其 5′端，这种磷酸化反应最多能使每一寡核苷酸分子中掺入一个^{32}P 原子；②用大肠杆菌 DNA 聚合酶Ⅰ Klenow 片段标记合成的寡核苷酸探针，其比活性更高，每一寡核苷酸分子可带有若干个放射性原子，放射性比活度可高达 2×10^{10} 计数/(min·mg)。

值得一提的是，现在有专门的公司提供设计、合成好的全基因组寡核苷酸探针组，例如被 QIAGEN 公司收购的 Operon 公司是世界上较为专业的 DNA 合成公司，该公司提供包括酵母基因组、人类基因组、小鼠基因组、疟原虫基因组和肺结核杆菌基因组的寡核苷酸探针组。

3. 基因组 DNA 探针的制备

基因组 DNA 探针直接来自细胞核组织中的基因组 DNA，将基因组 DNA 经限制性内切酶片段化后，建立细菌的人工染色体库（BAC）或酵母的人工染色体库（YAC），随后，以此为基础，可以建立 BAC 基因组文库微阵列和 YAC 基因组文库微阵列。

三、基因芯片基片的选择和准备

1. 基片的选择

基片，又称载体，选用的材质都是经过处理的硅片、玻璃片、瓷片或者聚丙烯膜、硝酸纤维素膜、尼龙膜等等。基片发展到现在，使用的主要有五种，它们都具有不同的特性：氨基片、醛基片、环氧基片、3D 结构片和聚赖氨酸片。基片的选择主要是从增加特异性和降低背景两方面考虑的。

在成熟的商业化芯片中，用膜和载体作为基片较为常见。用于杂交的膜常用的就是带正电荷的尼龙膜，其优点在于与核酸的结合能力强，无需包被，可反复杂交，特别是最新推出的杂交膜，与传统膜相比，结合能力更高，而且克服了背景高和非特异结合等缺点。但是尼龙膜本身表面性质不均一以及易卷曲、样品易扩散，限制了它的应用范围。

除了早期所用的尼龙膜外，现在人们越来越青睐经过化学修饰的玻片，它具有很多其他载体不具备的优点，例如可以耐受高温高离子强度，杂交体积小，杂交背景低，点样密度大，可使用双荧光系统，可对多个样本进行平行处理等等。

随着生物技术和材料科技的发展，会出现越来越理想的载体供人们选择，这些载体可以满足人们不同方面的要求。

2. 基片的准备

将制备好的探针固定到基片上是制备基因芯片必不可少的一步，通常来说，探针和基片的结合是物理吸附和化学偶联共同作用的结果，探针分子既可以与基片上的活性基团发生化学反应生成新的共价键（化学偶联），也可以通过离子键与基片结合（物理吸附）。

为了增加探针与基片的固定率，通常需要对基片进行修饰，目前常见的基片修饰有氨基修饰、醛基修饰、巯基修饰、异硫氰修饰、环氧树脂修饰等，下面简单地介绍一下氨基修饰和醛基修饰。

（1）氨基修饰

利用含有氨基的硅烷化试剂与玻片表面的自由羟基结合，在玻片表面生成一层硅烷分子，进而实现对玻片表面的氨基化。修饰后的玻片携有带正电荷的自由氨基，它可以和

DNA 分子中带负电荷的磷酸基团之间产生相互作用，从而达到固定的目的。

材料：APS（3-aminopropyltrimethoxysilane，3-氨丙基三甲氧基硅烷），95%丙酮溶液，30%乙醇钠溶液，普通的载玻片（75mm×25mm），干燥剂。

步骤如下：

① 将干净玻片放到乙醇钠溶液中超声清洗 20min；

② 在含 0.3%APS 的 95%丙酮溶液中洗涤 2min；

③ 丙酮洗涤，每次 5min，重复 6 次；

④ 室温干燥，放于 4℃备用。

（2）醛基修饰

经过 1%的 APS 处理的基片，再进行醛基修饰，这样醛基就会和氨基反应，生成比较稳定的 Schiff 碱。醛基修饰的基片可以很好地与 cDNA 探针以及寡核苷酸探针结合。

材料：APS，戊二醛，95%丙酮溶液，普通的载玻片（75mm×25mm），干燥剂，PBS 溶液，氮气。

步骤如下：

① 干净的 1%APS 修饰后的基片浸入 95%的丙酮溶液中超声振荡清洗 5min；

② 双蒸水超声振荡清洗 5min，2 次，3.5%戊二醛 PBS 溶液（pH7.0）浸泡，50℃，2h；

③ 双蒸水超声振荡清洗 5min，2 次；

④ 95%的丙酮溶液中超声振荡清洗 2min；

⑤ 置于充满氮气的干燥皿中备用。

四、基因芯片的制作

基因芯片的制作方式分为直接点样和原位合成法。

1. 直接点样

（1）点样针简介

接触式点样技术所用仪器主要包括点样头和点样针，两者一般配合使用，现主要对现有的接触式点样技术及其优缺点进行简单的介绍。

① 平头狭缝针。以 Telechem 的 Stealth 系列点样针为代表，钢针与点样头上的孔之间采用间隙配合，针尾有方形限位块。点样过程中，不需使用弹簧，依靠针自身的重力下落，因而能够在包括丙烯酰胺凝胶表层和硅晶片等脆性表面在内的多种基体上点样。更为重要的是：点样过程中，针和孔之间会形成一层气垫，几乎没有摩擦，避免钢针磨损和润滑剂的使用。

② 镊子和开叉针。镊子点样由斯坦福大学的 Brown 及其同事开发，样品在毛细作用下被吸入镊子，然后利用足够的冲击力将样品从镊子点到玻片上，其成本低廉且利于在实验室中操作，但是冲击力会使镊子针尖碰弯而影响使用，需要定期修复。开叉针的点样原理类似于平头的狭缝针，主要不同在于针尖为尖头状，需要一定的冲击力来完成点样，因此，使用寿命不长。

直接点样法所用的点样针还有实心针、毛细管笔等。这里不再赘述。

（2）点样环境的控制

点样时环境的温度、湿度及洁净程度都会对芯片的点样效果产生影响。环境温度的变化会影响点样针上样品的挥发速率，同时，DNA 样品的黏度和密度也会发生改变，最终造成基因芯片的不均一。制备生物芯片时，必须保证点样空间内洁净无尘，否则，会影响芯片的质量和后续的分析等。通常将点样仪放置在超净间中，而对于一般的实验室研究，现有的点样仪一般均配有 HEPA 防尘过滤装置，它通过 HEPA 滤膜对点样仪内部的空气进行过滤而保持较高的洁净度。

（3）点样后处理

点样后处理的目的简单来说有 3 个：增强探针与基片的结合；洗去未结合探针，减少非特异杂交；封闭基片上游离的活性基团，减少非特异吸附。这里简单介绍一下一般玻片的点样后处理：在水合后紫外交联，室温晾干，洗涤剂洗涤，双蒸水洗涤，室温晾干，封闭液封闭，双蒸水洗涤后室温晾干。

2. 原位合成法

（1）原位光蚀刻合成

寡聚核苷酸原位光蚀刻合成技术是由 Affymetrix 公司开发的[6]，采用的技术原理是在合成碱基单体的 5′羟基末端连上一个光敏保护基。合成的第一步是利用光照射使羟基端脱保护，然后一个 5′端保护的核苷酸单体连接上去，这个过程反复进行，直至合成完毕。使用多种掩盖物能以更少的合成步骤生产出高密度的阵列，在合成循环中探针数目呈指数增长。某一含 n 个核苷酸的寡聚核苷酸，通过 $4n$ 个化学步骤能合成出 4^n 个可能结构。例如：一个完整的十核苷酸通过 32 个化学步骤，8h 可能合成 65536 个探针[6]。

目前，美国 Affymetrix 公司已有同时检测 6500 个已知人类基因的 DNA 芯片，并且正在制备含 500000～1000000 个寡核苷酸探针的人类基因检测芯片。该公司每月投入基因芯片研究的经费约 100 万美元。该产品不仅可用于基因表达分析和基因诊断等，而且在大规模药物开发方面也具有诱人的前景。

目前，用于分子诊断的 DNA 芯片不仅已可用于检测艾滋病病毒基因，还可用于囊性纤维化（CF）、乳腺癌、卵巢癌等疾病相关基因的基因诊断[9]。

鉴于光蚀刻设备技术复杂，只能由专业化公司生产，加之成本高及合成效率不高的问题，因此，有待进行以下研究：①对光蚀刻技术进行改进，提高合成效率；②开发新的原位合成技术，如喷印合成技术，该技术既能进行原位合成，又能进行非原位合成。

（2）光导原位合成法

光导原位合成法是在经过处理的载玻片表面铺上一层连接分子（linker），其羟基上加有光敏保护基团，可用光照除去，用特制的光刻掩膜（photolithographic mask）保护不需要合成的部位，而暴露合成部位，在光作用下去除羟基上的保护基团，游离羟基，利用化学反应加上第一个核苷酸，所加核苷酸的种类及在芯片上的部位预先设定，所引入的核苷酸带有光敏保护基团，以便下一步合成。然后按上述方法在其他位点加上另外三种核苷酸，完成第一位核苷酸的合成，因而 n 个核苷酸长的芯片需要 $4n$ 个步骤。每一个独特序列的探针称为一个“feature”，这样的芯片便具有 $4n$ 个“feature”，包含了全部长度为 n 的核苷酸序列。

这种原位直接合成的方法无须制备处理克隆和 PCR 产物，但是每轮反应所需设计的光栅则是主要的经费消耗。运用这种方法制作的芯片密度可高达 10^6 探针/cm^2，即探针间隔为 5～10μm，但只能制作Ⅱ型 DNA 芯片。

（3）原位喷印合成

芯片原位喷印合成的原理与喷墨打印类似，不过芯片喷印头和墨盒有多个，墨盒中装的是四种碱基等液体而不是炭粉。喷印头可在整个芯片上移动，并根据芯片上不同位点探针的序列需要将特定的碱基喷印在芯片上的特定位置。该技术采用的化学原理与传统的DNA固相合成一致，因此，不需制备特殊的化学试剂。

第四节　基因芯片的检测

当荧光染料被激发光激发后，便会产生荧光光子，荧光的强弱代表了荧光化合物的含量，因此，可以用光探测器对产生的荧光进行定量检测，以确定荧光化合物的含量，从而计算出DNA或RNA的含量。

生物芯片的扫描是指将与目标DNA（或RNA）杂交后，或与目标抗原、抗体或受体等目标靶分子反应结合后的生物芯片上成千上万个点阵的生物反应结果阅读出来，转变成可供计算机处理的数据。根据生物芯片所使用的标记物不同，相应的信号检测方法有放射性同位素法、生物素标记法、荧光染料标记法等[10]。

目前，基因芯片最普遍采用的标记和检测法是荧光法，相应的检测装置主要有激光共聚焦显微镜、CCD相机、激光扫描荧光显微镜、激光共聚焦扫描仪等。

基因芯片检测系统可以分为硬件系统和软件系统两个部分，由于常用的基因芯片检测系统采用扫描的方式得到图像，因此又称为基因芯片扫描仪。

一、基因芯片的杂交和数据获取

在杂交反应中，标记的靶分子与固定探针杂交互补，为了真实地反映所测样本基因的水平，寻找合适的杂交条件尤为重要。优化杂交条件（最小化非特异性杂交，最大化特异性信号），优化洗涤条件，仔细设置扫描参数，认真完成信号点定位、强度值提取和背景值估计等后续的图像处理过程，这些工作对于得到较好的结果来讲都非常重要。

1. 基因芯片的杂交

杂交前首先进行封闭以降低杂交背景，封闭后加入已标记的靶分子，在特定温度下互补退火，最后洗涤去除未结合的杂交分子。

（1）封闭

杂交前，对样本进行处理，避免样本中标记的核酸分子与芯片上的探针发生非特异结合，消除杂交反应的荧光背景。封闭时根据基片包被的化学性质采取相应的封闭方法。封闭完成后，将双链的DNA芯片煮沸变性，用于后续的杂交反应。寡核苷酸芯片上的探针是单链的，不需要煮沸变性。

（2）杂交

T_m 是双链DNA分子中有一半发生解链的温度，为了获得最优的数据，设计的所有探针序列要有相似的 T_m 值，从而优化最佳的杂交条件。

杂交液也可以影响杂交效率，常用的杂交液有很多种，在第一次实验时尽量遵循生产厂家的建议，一般来讲，杂交液也含有高浓度的盐、去垢剂、促进剂和缓冲剂。常见的组分包括氯化钠、柠檬酸钠、二硫苏糖醇（DDT）、EDTA、鲑鱼精DNA。

杂交时间也是一个非常关键的因素，杂交时间取决于反应物的相对浓度，探针与样本的杂交反应符合一级反应动力学规律，即高丰度转录本与探针的杂交速率快，而低丰度RNA需要更长时间。实际上，杂交反应通常过夜以保证达到平衡状态。

杂交完成后，需要对芯片进行洗涤除去未结合的靶分子和不完全匹配序列。对于标准的生物芯片，最初的洗涤应该在探针 T_m 值所决定的条件下进行，一般与杂交反应的严谨条件相同，严谨洗涤之后，需进行低严谨洗涤，大体积的洗涤较为有利，洗涤的不均匀和不充分容易造成高背景和不均一背景。

2. 基因芯片的数据获取

生物芯片扫描仪利用光源激发样本分子上的荧光素，然后对其进行检测，扫描时，荧光强度随杂交强度而变，通过扫描测量与固定化探针结合的标记靶分子的数量。

再一次强调，数码图像代表“原始数据”，芯片上每个点的荧光强度的定量和每个靶分子的表达水平的计算都是基于此原始数据的。

根据激发类型和检测技术的不同，扫描仪主要分为两类：激光扫描仪和电荷耦联装置扫描仪。

（1）激光扫描仪

探测装置比较典型。方法是将杂交后的芯片经处理后固定在计算机控制的二维传动平台上，并将一物镜置于其上方，由氩离子激光器产生激发光，经滤波后通过物镜聚焦到芯片表面，激发荧光标记物产生荧光，光斑半径为 5～10μm。同时，通过同一物镜收集荧光信号，经另一滤波片滤波后，由冷却的光电倍增管探测，经模数转换板转换为数字信号。通过计算机控制传动平台在 *X-Y* 方向上步进平移，DNA 芯片被逐点照射，所采集的荧光信号构成杂交信号谱型，送计算机分析处理，最后形成 20μm 像素的图像。这种方法分辨率高、图像质量较好，适用于各种主要类型的 DNA 芯片及大规模 DNA 芯片杂交信号检测，广泛应用于基因表达、基因诊断等方面的研究。

（2）光电耦合器（CCD）扫描仪

光电耦合器（CCD）芯片扫描仪通过一次扫描激发待测样本中的大部分区域，激发光源多采用高压汞灯等光源，可以通过多个滤光片选择多种特定波长，以满足激发不同荧光的需要。这种方法的缺点是样品收到的激发光可能会不够均匀一致，优点是能同时对整张芯片进行扫描，扫描速率相对来讲比 PMT 激光扫描仪快，一般不超过 2min。其特点是扫描时间短，灵敏度和分辨率较低，比较适合临床诊断用。

（3）光纤传感器

将 DNA 芯片直接做在光纤维束的切面上（远端），光纤维束的另一端（近端）经特制的耦合装置耦合到荧光显微镜中。光纤维束由 7 根单模光纤组成。每根光纤的直径为 200μm，两端均经化学方法抛光清洁。化学方法合成的寡核苷酸探针共价结合于每根光纤的远端，组成寡核苷酸阵列。将光纤远端浸入到荧光标记的靶分子溶液中，与靶分子杂交，通过光纤维束传导来自荧光显微镜的激光（490urn），激发荧光标记物产生荧光，仍用光纤维束传导荧光信号返回到荧光显微镜，由 CCD 相机接收。

这种方法快速、便捷，可实时检测 DNA 微阵列的杂交情况，而且具有较高的灵敏度，但由于光纤维束所含的光纤数目有限，不便于制备大规模 DNA 芯片，有一定的应用局限性。

二、基因芯片分析常用的软件和数据库

在目前许多基因芯片的数据库中，一般存有基因序列信息、样本信息、实验操作信息、数据提取信息。还有一些大的数据库可以实现数据的提交、管理、基本的检索等等。下面简要介绍一下常用的数据库。

1. Array Express 数据库

2003 年，欧洲生物信息学研究所（European Bioinformatics Institute，EBI）建立了 Array Express 数据库，它是 MIAME 原则支持的数据库。到 2023 年 8 月，Array Express 已有 2396198 个实验和 10345649 个数据[11]。储存的实验覆盖了二百多个不同物种的研究，最大的数据组包括了人、小鼠、拟南芥、酵母和小鼠实验样本。

2. Gene Expression Omnibus（GEO）

Gene Expression Omnibus（GEO）建于 1999 年，是目前最大的公开基因表达数据库，可以通过美国国家生物技术信息中心（National Center for Biotechnology Information，NCBI）网站进行访问。这个数据储存库和数据仓含有来自单通道和双通道的芯片检测 mRNA、miRNA、基因组 DNA（CGH、ChIP-chip 和 SNP）和蛋白丰度的数据，以及非芯片技术的基因表达系列分析（SAGE）、肽质谱分析和各种形式的大规模平行测序技术。到 2008 年 4 月，GEO 中已有 8308 个系列实验记录和 214400 个样本记录[12]。

3. 其他数据库

除了上面提到的数据库之外，还有很多数据储存库和数据仓是公开的，表 8-1 中列出了其中的一部分。

表 8-1 其他数据库

数据库名	特征功能比较	网址
PaGenBase	提供从多种生理条件下的序列基因表达图谱中鉴定出的 11 种模式生物的模式基因数据库下载	http://bioinf. xmu. edu. cn/PaGenBase/index. jsp
EpoDB	利用多种组学技术(包括基于抗体的成像技术、基于质谱的蛋白质组学、转录组学和系统生物学)绘制细胞、组织和器官中所有人类蛋白质的图谱	http://www. cbil. upenn. edu/EpoDB/
GeneExpressDatabase(GXD)	实验室小鼠基因表达数据库	http://www. informatics. jax. org/menus/expression_menu. shtml
GermOnline	提供多物种细胞周期、种系发生等相关信息和基因芯片表达数据	http:www. germonline. org
HumanGeneExpressionIndex(HuGEIndex)	可以通过正常人组织中基因的表达谱全面理解人的基因的相关功能	http://hugeindex. org/
StanfordMicroarrayDatabase(SMD)	存储芯片实验原始和标准化数据和相关图片,具有数据检索、分析和可视化功能	http://genome-www. stanford. edu/microarray/

第五节 基因芯片的应用

一、基因芯片与病原微生物检测

抗生素出现之后，病原微生物的治疗取得了革命性的进展，但是伴随而来的耐药问题的出现，这使得感染性疾病的治疗日益复杂，非致病菌和条件致病菌引起的感染越来越多，所以对病原微生物快速明确的诊断有利于合理的治疗方案的实施。

1. 在病毒研究中的应用

（1）基因的多态性

由于有些病毒具有较高频率的突变，致使人们对其突变机制、致病机制及抗药机制的研究难度增加。将基因芯片用于此方面的研究可以充分发挥其高通量、高信息量的优势。

（2）病毒的分型

流感病毒感染是肺损伤相关死亡的最常见原因，鉴于基因芯片具有高通量、高信息量、快速、样品用量少、成本低、用途广泛等优点，世界上许多国家和地区都已着手进行基因芯片的研制和开发工作。我国也研制了多种高通量检测呼吸道病毒及流感病毒的基因芯片试剂盒，操作简便，同时对于患者而言，可节省许多检测费用，具有重要的现实意义。

（3）病毒感染对宿主细胞基因表达的影响

感染人巨细胞病毒 HCMV 后，宿主细胞的基因表达水平有所改变，利用基因芯片可以检测到 mRNA 的细微变化，利用基因芯片检测到的变化，有助于对病毒致病机制的进一步研究。

（4）药物作用下病毒基因的表达情况

Chambers 等（1999）[13] 首次使用寡核苷酸芯片对人巨细胞病毒 HCMV 的当时几乎所有已知的开放阅读框进行药物作用下表达情况的检测，勾画出了 HCMV 基因组中即早基因、早期基因、早晚基因和晚期基因的阶段性表达图谱。利用病毒 DNA 芯片，在基因组水平上快速、平行地分析基因表达，通过病毒基因表达对药物敏感性的动力学观察了解药物的作用机制，可以用于药物筛选和临床治疗。

（5）病毒感染的诊断

对那些遗传变异较频繁的病毒进行诊断时，经典血清学方法、现代免疫学技术和分子生物学方法的工作程序复杂，不利于快速诊断，而 PCR 技术因其高灵敏度非特异产物增多，也容易导致临床诊断错误。因此，在 PCR 基础上，再利用基因芯片特异性高的特点，通过平行分析 PCR 扩增产物来快速、准确地鉴别多种病原体，可用于高通量、大规模的病毒检测。

2. 在细菌研究中的应用

基因芯片诊断病原菌的原理是基于细菌的 16S rRNA 基因的高度保守性。16S rRNA 是细菌生命的标志，该基因高度保守且进化速度缓慢，被称为细菌的活化石，目前，几乎所有已知细菌的 16S rRNA 基因的碱基序列已被测定并存入基因库[14]。

传统的细菌培养需要复杂的营养条件，所需的培养法耗时较长。在 PCR 基础上的病原检测系统的应用，大大缩短了诊断时间，使那些不能培养或很难培养的微生物也得到快速诊断。但仍存在各种缺陷，如混合感染、产生耐药菌株等，用传统的基因诊断法也难以解决。基因芯片技术可用于细菌菌种鉴定、细菌耐药性研究以及细菌感染的诊断。应用基因芯片诊断病原菌的原理是基于细菌的 16S rRNA 基因的高度保守性。Gingeras 等（1998）[15] 首次利用高密度寡核苷酸阵列对分枝杆菌菌种和结核分枝杆菌耐利福平基因 *rpoB* 进行突变。结果表明，高密度寡核苷酸点阵不仅可以用于测序，而且还可以通过聚类分析等统计学手段直接鉴定分枝杆菌菌种。其检测结果不仅敏感度高于传统方法，且操作简单，重复性好，并提高了诊断效率。

基因芯片技术为病原微生物的研究提供了一个快速、准确、大规模平行处理样品的技术平台，可用于病原微生物的鉴定和分型、基因组测序，以及发现致病基因、病原微生物与宿主之间的关系以及寻找药物靶基因等方面的研究。但基因芯片也有其不足之处。DNA 芯片上原位合成探针难免有错误的核苷酸掺入及混入杂质，使整个杂交背景增高、特异性降低；另外，昂贵的扫描仪器亦是限制基因芯片推广应用的重要因素。目前，国外正在致力于这些问题的解决与研究，国内也有研究者正在积极地开展该项研究工作。

二、基因芯片与肿瘤

1. 肿瘤相关基因的检测

（1）已发现的肿瘤相关基因

基因差异表达的检测、癌基因的激活和抑癌基因的失活是肿瘤发生过程中的关键因素。癌基因的激活有多种形式，其中，基因表达产物 mRNA 增加是其重要形式之一。据估算，人类基因组中的 10 万个基因有 10% 在一个细胞中表达，然而，传统的方法（Northern 杂交、RT-PCR 和原位杂交）不能在 mRNA 水平对大规模的基因表达进行检测。基因芯片不仅能分析大规模的基因表达，还可以监测基因的变化。

Sgroi 等报道，DNA 芯片结合激光捕获显微切割技术用于乳腺癌浸润期和转移期及正常细胞的基因表达谱的差异研究，结果被定量 PCR 和免疫组化所证实。基因差异表达不仅有助于早期发现瘤细胞 3 万个基因与正常基因的区别，而且还有助于了解肿瘤的发生、浸润、转移和药敏。

李瑶等[16] 用基因表达谱芯片对正常肝和肝癌组织基因表达的差异进行研究，将 4096 条人 cDNA 的扩增产物制备成表达谱芯片，提取正常肝和肝癌组织的 mRNA 经 RT-PCR 逆转录成 cDNA，制备成探针，与表达谱芯片进行杂交扫描分析，结果发现两种组织中有基因差异表达，筛选出差异表达的基因共 903 条，其中 109 条基因表达上调，794 条基因表达下调。随后 Lau 和 Shirota 等也应用 cDNA 微阵列芯片对肝癌基因差异表达进行了研究，也得出了类似的结果。

美国毒物化学研究所和国家环境健康科学研究所在一张玻片上建立了 8700 个小白鼠 DNA 的表达谱芯片用于肝癌的研究，我国也已成功研制出能检出 41000 种基因表达谱的芯片。

肿瘤转移是大多数肿瘤患者死亡的原因，尽管原发病灶可手术切除，但转移瘤很难根治并且容易复发，因此，了解肿瘤的转移机制十分重要。肿瘤转移也是一个多阶段、多基因参与的复杂过程，不仅不同的肿瘤有不同的转移方式，而且同一肿瘤也有不同的转移方式，基因表达谱的分析有助于人们了解肿瘤转移的分子机制。基因芯片已广泛用于肿瘤的研究，有关用于研究肿瘤转移相关基因的芯片的研究还在进一步探索中。

（2）发现肿瘤新基因

用 cDNA 微阵列技术通过比较组织细胞基因的表达谱差异，可以发现新的可能致病基因或疾病相关基因。Gress 等[17] 从胰腺癌细胞株 PATU、胰腺癌组织、慢性胰腺炎及对照胰腺组织的每个文库中随机选出 20736 个 cDNA 克隆制备成芯片，然后与标记以上组织来源的 mRNA 的 cDNA 探针杂交，发现在胰腺癌中存在 129 个新序列和 97 个 EST（expression sequence tags，表达序列标签），其中有参与增加糖酵解作用的基因，有参与细胞结构和骨架改变或转录翻译机制的基因，有参与恶性表型的基因等多个肿瘤形成机制中起作用的新基因，首次提出了胰腺癌恶性表型形成的可能致病基因或疾病相关基因。

Kato 等[18] 在研究肝细胞癌的潜在发病机制时，cDNA 微阵列发现了一条新的人类基因 *MARKL1*，其表达下调与 Tcf/LEFI 活性下降有关。该基因在肝内转录表达 3529 个核苷酸，其中 2256 个核苷酸均有一个开放读码框架，编码 752 个与人类 MAPK3 同源的氨基酸。

所测的 8 例 HCC 患者中 *MAPKL1* 表达水平显著升高。这些患者均可见到 teta-caterin 核积聚现象。这提示 *MAPKL1* 在肝癌的发病过程中起着某种作用。

2. 基因突变及基因多态位点检测

肿瘤细胞的基因突变和基因多态性是肿瘤分子的重要特征之一，以往研究多态性和突变多采用 PCR-SSCP、手工或自动测序、连锁分析等方法，这些方法都需经过电泳环节，不利于大规模、低消耗和自动化的要求。DNA 芯片技术可大规模地检测和分析 DNA 的突变和多态性。Wang 等应用高密度基因芯片对 2.3Mb 人类基因的 SNP（single nucleotide polymorphism，单核苷酸多态性）进行筛查，确定了 3241 个 SNPs 位点，显示出大规模鉴定人类基因型的可能。Januchowski 等采用含有 96600 个寡核苷酸探针的微阵列，研究了遗传性乳腺癌和卵巢癌相关基因 *BRCA1* 可能发生的突变[19]，结果 15 例患者样品中检测到 14 例有基因突变，包括点突变、插入与缺失等突变，而在 20 个对照样品中检出 8 个 SNPs，同时没有出现 1 例假阳性。结果表明，DNA 芯片技术能够快速准确地扫描大量基因，适用于大量患者标本的检测。因此，DNA 芯片提供了一个新的检测基因突变的技术。

1997 年，Erlich 和 Eversole 等合作研制 DNA 芯片作为一种工具（Affymetrix 公司第 2 个商业化 DNA 芯片）监测和肿瘤相关的 *p53* 基因全长编码序列，一般认为 50%以上的肿瘤患者该基因会发生突变。

3. 肿瘤的基因型分类

目前，肿瘤的分类仍主要依靠肿瘤形态学，但这种方法难以区分一些组织病理学表现相似而临床转归和治疗效果可能有着显著差别的肿瘤。基因芯片技术可帮助研究人员对数千种基因进行同时观察，以确定正常组织和肿瘤组织中哪些基因活化、哪些高度活化、哪些处于静止状态，利用这些变化可对肿瘤进行基因型分类。

Golub 等将基因芯片技术应用于人类急性白血病，成功地区分出急性髓细胞性白血病（AML）和急性淋巴细胞性白血病（ALL），预期这类方法还能区分出新的白血病种类。Alizadeh 等将一种大多数正常细胞和恶性淋巴细胞表达的 18000 条基因制备成“淋巴芯片”（lymipochip），用于分析淋巴细胞恶性肿瘤的基因表达，特别是弥漫性大 B 细胞性淋巴瘤、滤泡型淋巴瘤和慢性淋巴细胞白血病，以期对淋巴瘤重新分类，结果显示，不仅上述 3 种淋巴瘤具有明显不同的基因表达构型，而且还发现了弥漫性大 B 细胞性淋巴瘤有 2 个亚型，这些亚型反映了患者对治疗反应的差异，对于揭示此类肿瘤明显不同的预后具有重要意义。

近年来，研究人员还应用微阵列芯片技术对结肠癌、乳腺癌及其他肿瘤进行了基因分型研究，建立了多种癌症相关基因表达谱芯片（详见表 8-2），为肿瘤分类提供强有力的工具。

表 8-2　癌症相关基因表达谱芯片（CRGEC）

分　类	芯片型号	芯片点数
肝癌相关基因表达谱芯片	LiverC-16S	1626
	LiverC-16D	3252
	LiverC-9.5NS	954
	LiverC-9.5ND	1908
肺癌相关基因表达谱芯片	LungC-7.3S	737
	LungC-7.3D	1474

三、基因芯片与药物研发

药物的研究和开发通常有两种途径，早期的方法是应用模型动物或活体细胞进行筛选的方法，通过化合物直接作用于模型动物或活体细胞，确认其对疾病表型的反应。这种直接通过生物系统进行药物筛选的方法是非常有效的。它的缺点是很难给出清晰的药物分子作用机制和毒性机制。现代药物筛选则首先确定药物所作用的生物靶分子，然后通过结构生物学的方法，设计出一系列对靶分子具有抑制和激活等作用的化合物分子，通过高通量的靶分子活性检测方法快速找出与所选靶分子特异性强、作用效率高的化合物。然后对其再进行生物体代谢毒理分析和临床试验，这种方法能够给出清楚的针对疾病过程药物的分子作用机制。但是，生物体是一个十分复杂的分子网络体系，仅仅针对少数几个靶分子来筛选化合物很难对药物的效率、特异性、代谢能力和毒性等进行客观综合的评价。在药物筛选的初期在确定生物活性的同时，能够对其毒性和化合物的体内代谢过程进行评估，不仅可缩短药品的研发周期，节约大量的研究资金，同时能够研制出更为有效和安全的药物。

1. 芯片在药物开发和评价中的应用

基因芯片的一个重要应用是检测生物体中不同基因的表达水平，基因芯片可以通过比较不同个体或物种之间以及同一个体在正常和疾病状态下基因表达的差异，寻找和发现新的基因，研究发育、遗传、进化等过程中的基因功能，揭示不同层次上多基因协同作用的生命过程。这一方面有助于研究人类重大疾病如癌症、心血管病等相关基因及其相互作用机制。同时，在药物研究方面，通过检测药物作用对生物体中基因表达水平的影响，从整个生物体系的层次上，研究药物对基因调控和表达网络的影响，从而获得药物的分子机制和药物对不同生物分子途径的作用。基因表达芯片将为研究化学药物对细胞或组织中不同基因的相互作用提供一个高效的工具。虽然许多疾病具有相似的表型，其分子的机制可能相差很远。在肿瘤相关基因组中，基因转录和表达水平将会产生很大的差异。基因芯片可以方便地在整个基因组上扫描确定癌细胞中表达异常的基因，对于肿瘤细胞进行分类和治疗、寻找新的药物作用靶点是十分有价值的。

Gray 等把基因芯片药物设计和组合化学集成在一起，针对 Cdc28p 的活性位点设计新的化学抑制剂，检测了它们在基因组水平上对生物体的影响，获得二类结构。

杜克（Duke）大学人类基因组中心的 Roses 教授，用基因芯片技术鉴定了一种引起肌萎缩侧索硬化病（LouGehrig 病）的基因，鉴定出一种载脂蛋白 E（apoE）是引起该病的一个主要基因因子。这一新的药物靶点的发现为新的化学药物的设计提供指导。现在人们已经清楚地认识到在细胞内药物和蛋白质的相互作用（包括特异性和非特异性的相互作用）将会改变细胞体系的基因动态表达水平。

表达型基因芯片的应用将使新药物的发现更为有效、安全和快捷，特异性强，降低制药厂对新药物投资的风险。Affymetrix 公司[6] 已经开始制作一个把所有已知的 EST 序列制备在一个每 $1cm^2$ 含 100 万种探针的高密度基因芯片上，这不仅有利于基因功能的研究，而且能寻找新的基因，同时，为诊断标志物、药物分子机制和作用、药物代谢、安全评价（临床试验前）等方面提供功能更为强大的手段。

2. 基因多态性与药物的应用

人类基因组计划完成的图谱仅仅包含了一组特定个体的完整的基因序列。个体与个体之间的基因组 DNA 有千分之几的差别。人们相信这种差别决定了个体对于疾病的易感性和对于特定药物的代谢能力的差异。

单核苷酸多态位点 SNPs 是一种最重要的 DNA 水平的差异，单核苷酸多态性（SNP）是一种二等位基因（基因组内特定核苷位置上存在两种不同的碱基），国际上许多大的制药公司都在建立人类基因组多态库。SNP 计划首先希望鉴别出已知基因编码区的 cSNP，并寻找出 cSNP 对基因功能的影响。中国人基因多态性的研究也已经启动。在通过 FDA 的批准并进入市场以前，大部分药品要进行数以千计的患者长达五年甚至更长时间的安全性研究以及临床检验。但是，它们仍然会引起十分严重和不可预测的不良反应。根据《美国医学学会杂志》1998 年发表的研究报告，在 1994 年大约有 220 万患者对药物产生不良反应，其中 106 万人死亡。基因型与药物有效性的关系是药物基因组学的一个重要研究内容。药物的研究和开发正在从一种药物适用于所有人群的时代，转变成根据基因组的差异开发出适用于某一个体或人群的个体化药物。一个全新的医疗和药物的概念将会出现在世人面前，基因芯片将为这一变革提供手段。在发达国家中已经开发出一些可以检测个体与药效关系的基因检测试剂，并已用于临床。瑞典的 Gemini Gemomocs AB 公司开发了一种基因检测试剂来决定是否采用 ACE 抑制剂进行治疗，ACE 抑制剂是高血压治疗中应用较广的药物。根据美国国家卫生院统计，在美国，每年约有 2400 个儿童和成人死于急性淋巴性白血病，adversetopurine 是一种特效药，但是，有 10%～15%的儿童对于该种药物的代谢太快或太慢。代谢太快则正常的剂量就不可能获得好的疗效，而代谢太慢则药物可能积蓄导致死量，产生过大的毒性。为此，应用一种基于基因检测的 TPMT 技术，可以判断患者是否可以采用 adversetopurine 治疗，并为患者选择适合的化疗药物的剂量。但对于大部分毒性很大的其他肿瘤化疗药物，目前尚无测试方法。随着基因芯片技术的飞速发展以及人们对于 SNP 功能认识的加深，近 20 年国际上先后启动了多个大规模的人类基因组遗传变异测序项目，获得了海量的变异数据。

Affymetrix 公司在 1999 年生产出 Gene Chip® HuSNP™ Mapping Assay 基因芯片，可以同时检测覆盖 22 条常染色体及 X 染色体的 1500 个已知位点 SNPs，为分析 SNPs 提供了便捷的方法。Wang 等应用凝胶测序法和高密度基因芯片，对 2.3Mb 人类基因的 SNP 进行筛查。确定了 3241 个 SNPs 位点，其中 2227 个位点用来构建基因图。在此基础上，发展了一种可以用于同时检测 500 个人类 SNPs 的基因芯片，显示了大规模鉴别人类基因型的可能性。

有研究人员用高密度芯片在 75 个非洲和北欧居民的 28Mb 的基因序列中获得了 1480 个等位基因，对人类基因中 SNP 的性质、图像以及频率进行了系统和全面的扫描，并寻找它们与血压异常性疾病的关系。芯片鉴别出 874 个人类 SNPs。其中 22%用 DNA 测序方法进行确认，检出 SNP 的最低平均等位频率为 11%。其中在编码区 SNPs（cSNPs）有 387 个，54%会导致蛋白质序列的变化，可引起蛋白质变化的 SNPs 占总 SNPs 的 38%。应用个体的基因信息档案来为该特定患者群体确定最佳的药物将会成为现实。基因组的变异和缺失能够引起人类一些疾病或提高人们对于某些疾病的易感性。检测这类基因突变将开发出新的基因药物，通过基因药物的治疗来弥补人类基因组中的缺陷。通过基因芯片可以快速地检测和确定致病微生物的基因，鉴别不同亚型或突变株的病毒和细菌，分析和检测外源性基因组。特别是寻找确认病菌耐药基因将有利于帮助人们合理用药和合理治疗，开发新的抗耐药菌株的新药。

Troesch 等应用基因芯片对具有重要临床价值的分枝杆菌（包括结核分枝杆菌及非典型分枝杆菌）的所有基因型进行检测。分枝杆菌在人体中能引起肺结核，通常用药物作为第一治疗方案。基因芯片可鉴别出抗利福平的分枝杆菌种群。他们用基因芯片从 27 个具不同临床表现的患者的 70 株分枝杆菌中分离出 15 种抗利福平的菌株。这为用基因芯片诊断分枝杆菌感染以及指导用药提供了有效的方法，对于研制新型的检测试剂、寻找高效的靶分子以及开发新一代药物具有重要的价值。

3. 基因芯片在中药研究中的可能应用

中药是我国人民通过长期的实践和经验总结创造的，被证明是十分有效的传统药物。从分子水平上弄清中药的作用机制及其代谢过程是目前我国中药研究面临的一个重要问题。中药的功效一般认为是多靶点和多种机制协调共同作用的结果。通过分离和分析中药的有效化学成分，应用化学药物研究的方法研究其分子作用过程，能够发现一些重要的化学药物。然而，生物体中基因并不是独立地发挥作用的。生物体不同基因形成一个相互作用的复杂网络，对单个基因位点的作用可能对另外的基因表达产生影响。目前，常规的生物化学和分子药理学分析和研究方法是很难搞清像中药复方这样复杂的机制的。中医中药的研究应该从生物整体系统的角度出发，把分子水平的研究和中医中药的辩证思维方法相结合，才能从根本上解决这一难题。药物基因组学和基因芯片为人们从基因网络的层次上分析整个生物体系提供了一个重要的平台。基因芯片可以对细胞整体基因组的情况进行分析，使人们能够通过分析和研究药物对生物体基因组的作用，从而有可能寻找多基因作用位点及其对生物体中基因网络的调控作用，从分子水平上寻找出调节体内阴阳平衡的分子机制，为验证传统的中药理论提供可能的途径。设想用生物芯片进行中药研究的过程包括：首先，选择一个模型生物（如酵母）体系，它有明确的基因序列，已有较多的基因表达数据库，并力图按照中医的理论对基因的网络及其功能进行分类、分析和解释；然后，建立每一味中药对酵母细胞作用引起的分子表达谱的改变，通过细胞内基因网络对该药物的反应，进行对比和分析，从分子水平上确定该味药物的性质，建立基于酵母细胞的单味中药的基因表达谱数据库，争取把单味中药的药性与其对基因的作用机制相对应，并据此来划定每一味中药的性质；最后，研究不同单味药物的组合作用，不同的复方配伍对生物体基因表达谱的作用，从而确定中药整体的作用机制。争取通过上述研究和资料积累，从传统的中医中药理论出发，从生物体基因网络与中药相互作用的角度，建立现代的中医中药理论。

四、结语

当前，基因芯片数量呈几何级数增长，功能也日益完善，但价格却大大降低。基因芯片作为生物芯片的代表，其发展目标同生物芯片的目标一样，是“芯片实验室”（Lab-on-chip），也即将整个生化检测分析过程缩微到芯片上。“芯片实验室”通过微细加工工艺制作的微滤器、微反应器、微泵、微阀门、微电极等已实现对生物样品从制备、生化反应到检测和分析的全过程，而且实验过程趋于自动化，从而极大地缩短了检测和分析时间，节省了实验材料，而且又降低了人为主观因素的影响，大大提高了实验的客观性。

（李　环　邹大阳　编）

参考文献

[1] Görg A, Obermaier C, Boguth G, et al. The current state of two-dimensional electrophoresis with immobilized pH gradients. Electrophoresis, 2000, 21 (6): 1037.

[2] Zhu L, Zhao G, Stein R, et al. The proteome of *Shigella flexneri* 2a 2457T grown at 30℃ and 37℃. Mol Cell Proteomics, 2010, 9 (6): 1209-1220.

[3] 胡威，朱力，商娜，等. 细菌蛋白质组双向电泳中“串联珠”现象初探. 军事医学，2011，35 (1): 48-53.

[4] http://www.matrixscience.com/.

[5] Gabig M, Wegrzyn G. An introduction to DNA chips: principles, technology, applications and analysis. Acta Biochim Pol, 2001, 48 (3): 615-622.

[6] Yanagawa B, Taylor L, Deisher T A, et al. Affymetrix oligonucleotide analysis of gene expression in the injured heart. Methods Mol Med, 2005, 112: 305-320.

[7] Zhu T. Global analysis of gene expression using GeneChip microarrays. Curr Opin Plant Biol, 2003, 6 (5): 418-425.

[8] Jain K K. Applications of biochips: from diagnostics to personalized medicine. Curr Opin Drug Discov Devel, 2004, 7 (3): 285-289.

[9] Ragoussis J, Elvidge G. Affymetrix GeneChip system: moving from research to the clinic. Expert Rev Mol Diagn, 2006, 6 (2): 145-152.

[10] Heber S, Sick B. Quality assessment of Affymetrix GeneChip data. OMICS, 2006, 10 (3): 358-368.

[11] https://www.ebi.ac.uk/biostudies/

[12] Arteaga-Salas J M, Zuzan H, Langdon W B, et al. An overview of image-processing methods for Affymetrix GeneChips. Brief Bioinform, 2008, 9 (1): 25-33.

[13] Chambers J, Angulo A, Amaratunga D, et al. DNA microarrays of the complex human cytomegalovirus genome: profiling kinetic class with drug sensitivity of viral gene expression. J Virol, 1999, 73 (7): 5757-5766.

[14] 付建，黄胜斌，陈磊，等. 基因芯片技术在细菌学研究中的应用进展. 湖北农业科学，2009，48 (7)：1765-1768.

[15] Gingeras T R, Ghandour G, Wang E, et al. Simultaneous genotyping and species identification using hybridization pattern recognition analysis of generic Mycobacterium DNA arrays. Genome Res, 1998, 8 (5): 435-448.

[16] 李瑶，裘敏燕，吴超群，等. 用基因表达谱芯片研究人正常肝和肝细胞癌中差异性表达的基因. 遗传学报，2000，27 (12)：1042-1048.

[17] Gress T M, Müller-Pillasch F, Geng M, et al. A pancreatic cancer-specific expression profile. Oncogene, 1996, 13 (8): 1819-1830.

[18] Kato T, Satoh S, Okabe H, et al. Isolation of a novel human gene, MARKL1, homologous to MARK3 and its involvement in hepatocellular carcinogenesis. Neoplasia, 2001, 3 (1): 4-9.

[19] Januchowski R, Zawierucha P, Andrzejewska M, et al. Microarray-based detection and expression analysis of ABC and SLC transporters in drug-resistant ovarian cancer cell lines. Biomed Pharmacother, 2013, 67 (3): 240-245.

第九章

蛋白质-核酸相互作用技术

第一节 凝胶迁移实验

一、引言

凝胶迁移实验（electrophoretic mobility shift assay，EMSA）是一种研究DNA结合蛋白和其相关的DNA结合序列相互作用的技术，可用于定性和定量分析。这一技术最初用于研究DNA结合蛋白，目前已用于研究RNA结合蛋白和特定的RNA序列的相互作用。其原理是：将纯化的蛋白质、细胞粗提液和^{32}P同位素或生物素标记的DNA或RNA探针一同保温，在非变性的聚丙烯凝胶电泳中，分离复合物和非结合的探针。DNA复合物或RNA复合物比非结合的探针移动得慢。当检测如转录调控因子一类的DNA结合蛋白时，可用纯化蛋白、部分纯化蛋白或细胞核抽提液。竞争实验中采用含蛋白结合序列的DNA或RNA片段、寡核苷酸片段（特异）和其他非相关的片段（非特异），来确定DNA或RNA结合蛋白的特异性。在竞争的特异片段和非特异片段存在的情况下，依据复合物的特点和强度来确定特异结合（见图9-1）。

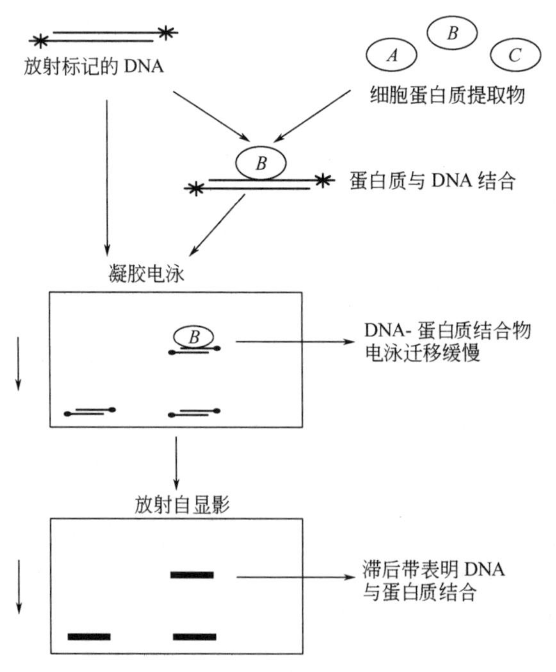

图9-1 EMSA实验基本原理

标记的DNA由于与同一种细胞蛋白结合，在凝胶电泳中的移动速率变慢，放射自显影中呈滞后的条带

二、实验设计与基本步骤

EMSA实验根据探针标记的不同分为放射性与非放射性凝胶迁移两种。下面分别介绍两种方案的具体操作步骤。

1. 放射性凝胶迁移的基本步骤

(1) 所需材料与试剂

① 制胶试剂。10×TBE、40%聚丙烯酰胺、50%甘油、ddH_2O、TEMED、10% AP。

② 核抽提试剂。

缓冲液A(储存于4℃)

Hepes (pH 7.9)	10mmol/L	DTT(新鲜配制)	1mmol/L
KCl	10mmol/L	PMSF(新鲜配制)	0.5mmol/L
EDTA	0.1mmol/L		

缓冲液B(储存于4℃)

0.5mol/L EDTA溶解于PBS(pH 7.4)

缓冲液C(储存于4℃)

Hepes (pH 7.9)	20mmol/L	DTT(新鲜配制)	1mmol/L
NaCl	0.4mol/L	PMSF(新鲜配制)	1mmol/L
EDTA	1mmol/L		

③ 一般试剂。10×EMSA/Gel-Shift结合缓冲液、poly (dI∶dC)、6×上样缓冲液、非标记竞争性寡核苷酸(cold oligonucleotides)、待标记探针、T4多聚核苷酸激酶缓冲液(10×)、无核酸酶水、[γ-^{32}P] ATP (3000 Ci/mmol at 10mCi/mL)、T4多聚核苷酸激酶、2×封闭液、5×洗液、平衡液(equilibration solution)。

④ 结合反应膜(binding-membrane)。

(2) 基本步骤

① 探针的标记。

a. 如下设置探针标记的反应体系:待标记探针(1.75pmol/μL) 2μL,T4多聚核苷酸激酶缓冲液(10×) 1μL,无核酸酶水5μL, [γ-^{32}P] ATP (3000Ci/mmol at 10mCi/mL) 1μL,T4多聚核苷酸激酶(5~10U/μL) 1μL,总体积10μL。

按照上述反应体系依次加入各种试剂,加入同位素后,涡旋混匀,再加入T4多聚核苷酸激酶,混匀。

b. 使用水浴或PCR仪,37℃反应10min。

c. 加入1μL探针标记终止液,混匀,终止探针标记反应。

d. 再加入89μL TE,混匀。此时可以取少量探针用于检测标记的效率。通常标记的效率在30%以上,即总放射性的30%以上标记到了探针上。为实验简便起见,通常不必测定探针的标记效率。

e. 标记好的探针最好立即使用,最长使用时间一般不宜超过3d。标记好的探针可以保存在−20℃。

② 探针的纯化。通常为实验简便起见,可以不必纯化标记好的探针。在有些时候,纯化后的探针会改善EMSA的电泳结果。如需纯化,可以按照如下步骤操作。

a. 对于100μL标记好的探针,加入1/4体积即25μL的5mol/L乙酸铵,再加入2体积即200μL的无水乙醇,混匀。

b. 在－70℃至－80℃沉淀 1h，或在－20℃沉淀过夜。

c. 在 4℃，12000～16000*g* 离心 30min。小心去除上清液，切不可触及沉淀。

d. 在 4℃，12000～16000*g* 离心 1min。小心吸去残余液体。微晾干沉淀，但不宜过分干燥。

e. 加入 100μL TE，完全溶解沉淀。标记好的探针最好立即使用，最长使用时间一般不宜超过 3d。标记好的探针可以保存在－20℃。

③ 抽提核蛋白。

a. 收集细胞，PBS 洗细胞一次，将细胞刮下收集于 1.5mL 离心管中，1000*g* 离心 2min，吸去上清液，加入 1mL 缓冲液 B。

b. 加入 160μL 缓冲液 A，重悬沉淀，冰浴 20min。

c. 加入含 2.5% NP-40 的缓冲液 A，涡旋 10s，4℃、5000*g* 离心 5min。

d. 吸去上清液，加入 40μL 缓冲液 C，4℃涡旋 25min，4℃、18000*g* 离心 5min。

e. 吸取 2μL 上清液，采用 Bradford 法测蛋白质浓度，其余储存于－80℃。

④ EMSA 胶的配制。

a. 准备好倒胶的模具。可以使用常规的灌制蛋白电泳胶的模具，或其他适当的模具。最好选择可以灌制较薄胶的模具，以便于干胶等后续操作。为得到更好的结果，可以选择可灌制较大 EMSA 胶的模具。

b. 按照如下配方配制 20mL 4%的聚丙烯酰胺凝胶（注意：使用不同比例的 Acr∶Bis 对结果影响不大）。

TBE 缓冲液（10×）1mL

ddH_2O 16.2mL

39∶1 单丙烯酰胺/双丙烯酰胺（0.4g/mL）2mL

80%甘油 625μL

10% AP（过硫酸铵）150μL

TEMED 10μL

c. 按照上述次序加入各个溶液，加入 TEMED 前先混匀，加入 TEMED 后立即混匀，并马上加入制胶的模具中，避免产生气泡，并加上梳齿。如果发现非常容易形成气泡，可以把一块制胶的玻璃板进行硅烷化处理。

⑤ EMSA 结合反应。

a. 如下设置 EMSA 结合反应。

阴性对照反应：

无核酸酶水 7μL

EMSA/Gel-Shift 结合缓冲液（5×）2μL

细胞核蛋白或纯化的转录因子 0μL

标记好的探针 1μL

总体积 10μL

样品反应：

无核酸酶水 5μL

EMSA/Gel-Shift 结合缓冲液（5×）2μL

细胞核蛋白或纯化的转录因子 2μL

标记好的探针 1μL

总体积 10μL

探针冷竞争反应：

无核酸酶水 4μL

EMSA/Gel-Shift 结合缓冲液（5×）2μL

细胞核蛋白或纯化的转录因子 2μL

未标记的探针 1μL

标记好的探针 1μL

总体积 10μL

突变探针的冷竞争反应：

无核酸酶水 4μL

EMSA/Gel-Shift 结合缓冲液（5×）2μL

细胞核蛋白或纯化的转录因子 2μL

未标记的突变探针 1μL

标记好的探针 1μL

总体积 10μL

Super-shift 反应：

无核酸酶水 4μL

EMSA/Gel-Shift 结合缓冲液（5×）2μL

细胞核蛋白或纯化的转录因子 2μL

目的蛋白特异抗体 1μL

标记好的探针 1μL

总体积 10μL

b. 按照上述顺序依次加入各种试剂，在加入标记好的探针前先混匀，并且室温（20～25℃）放置 10min，从而消除可能发生的探针和蛋白质的非特异性结合，或者让冷探针优先反应。然后加入标记好的探针，混匀，室温（20～25℃）放置 20min。

c. 加入 1μL EMSA/Gel-Shift 上样缓冲液（无色，10×），混匀后立即上样。注意：有些时候溴酚蓝会影响蛋白质和 DNA 的结合，建议尽量使用无色的 EMSA/Gel-Shift 上样缓冲液。如果对于使用无色上样缓冲液在上样时感觉到无法上样，可以在无色上样缓冲液里面添加极少量的蓝色上样缓冲液，至能观察到蓝颜色即可。

⑥ 电泳分析。

a. 用 0.5×TBE 作为电泳液。按照 10V/cm 的电压预电泳 10min。预电泳的时候如果有空余的上样孔，可以加入少量稀释好的 1×的 EMSA 上样缓冲液（蓝色），以观察电泳是否正常进行。

b. 把混合了上样缓冲液的样品加到上样孔内。在多余的某个上样孔内加入 10μL 稀释好的 1×的 EMSA/Gel-Shift 上样缓冲液（蓝色），用于观察电泳进行的情况。

c. 按照 10V/cm 的电压电泳。确保胶的温度不超过 30℃，如果温度升高，需要适当降低电压。电泳至 EMSA/Gel-Shift 上样缓冲液中的蓝色染料溴酚蓝至胶的下缘 1/4 处，停止电泳。

d. 剪一片大小和 EMSA 胶大小相近或略大的比较厚实的滤纸。小心取下夹有 EMSA 胶的胶板，用吸水纸或普通草纸大致擦干胶板边缘的电泳液。小心打开两块胶板中的上面一块（注：通常选择先移走硅烷化的那块玻璃板），把滤纸从 EMSA 胶的一侧逐渐覆盖住整个

EMSA 胶，轻轻把滤纸和胶压紧。滤纸被胶微微浸湿后（大约不足 1min），轻轻揭起滤纸，这时 EMSA 胶会被滤纸一起揭起来。把滤纸侧向下，放平，在 EMSA 胶的上面覆盖一层保鲜膜，确保保鲜膜和胶之间没有气泡。

e. 干胶仪器上干燥 EMSA 胶。然后用 X 线片压片检测，或用其他适当的仪器设备检测。

2. 非放射性凝胶迁移的基本步骤

放射性凝胶迁移与非放射性凝胶迁移的步骤区别主要在探针的标记这一步，通常使用生物素标记探针。

（1）所需试剂与材料

TdT 酶

Hybond-N+尼龙膜

发光底物

缓冲液A（储存于 4℃）	终浓度
Hepes（pH 7.9）	10mmol/L
KCl	10mmol/L
EDTA	0.1mmol/L
DTT（新鲜配制）	1mmol/L
PMSF（新鲜配制）	0.5mmol/L

缓冲液 B（储存于 4℃）

0.5mol/L EDTA 溶解于 PBS（pH 7.4）。

缓冲液 C（储存于 4℃）	终浓度
Hepes（pH 7.9）	20mmol/L
NaCl	0.4mol/L
EDTA	1mmol/L
DTT（新鲜配制）	1mmol/L
PMSF（新鲜配制）	1mmol/L

缓冲液Ⅰ（储存于室温）	终浓度
Tris（pH 7.5）	0.1mol/L
NaCl	1mol/L
$MgCl_2$	2mmol/L

缓冲液Ⅱ（pH 7.5）（储存于室温）	终浓度
马来酸	100mmol/L
NaCl	150mmol/L

缓冲液Ⅲ（储存于室温）	终浓度
Tris（pH 9.5）	100mmol/L
NaCl	100mmol/L
$MgCl_2$	50mmol/L

Blocking Buffer（储存于 4℃）

缓冲液Ⅰ含有 0.3%Tween-20，0.3%Triton X-100，5%BSA。

洗脱液

缓冲液Ⅱ含有 0.3%Tween-20。

20×SSC（pH 7.0）	配制 1L
NaCl	175.3g
柠檬酸钠	88.2g
10×结合缓冲液（储存于－20℃）	
Tris（pH 7.5）	0.1mol/L
KCl	0.5mol/L
DTT	10mmol/L

poly（dI∶dC）（储存于－20℃）

poly（dI∶dC）溶解于 TE（pH 7.5），配制为 1mg/mL。体积根据用量可自行调节。

SA-HRP（储存液储存于－20℃，工作液储存于 4℃）

SA-HRP 溶解于 50%PBS（pH7.2）和 50%甘油，配制为 1mg/mL。体积根据用量可自行调节。

5×TBE

5×TdT 反应缓冲液（储存于－20℃）（pH 7.2）	
二甲胂酸钠	0.5mol/L
$CoCl_2$	10mmol/L
TCEP	1mmol/L
Biotin-N4-CTP（储存于－20℃）	
Biotin-N4-CTP	50mmol/L
Tris（pH 7.5）	10mmol/L
EDTA	1mmol/L

（2）基本步骤

① 生物素标记探针。

a. 按如下顺序加入反应物，温和混匀，切勿涡旋。

超纯水	25μL
5×TdT 反应缓冲液	10μL
探针（1μmol/L）	5μL
Biotin-N4-CTP	5μL
TdT（2U/μL）	5μL

37℃反应 30min

b. 加入 2.5μL 0.2mol/L EDTA 终止反应。

c. 加入 50μL 酚∶氯仿，短暂涡旋，15000*g* 离心 2min，保留上层水相，－20℃保存。

d. 结合反应前等体积混合两条标记引物，90℃退火引物，并自然冷却至 4℃，待用。

② 抽提核蛋白。同放射性凝胶迁移方法。

③ 配制非变性聚丙烯酰胺凝胶。同放射性凝胶迁移方法。

④ EMSA 结合反应。

a. 按如下顺序加入反应物，温和混匀（20μL 体系）。

ddH_2O	—
10×结合缓冲液	2μL
poly（dI∶dC）	1μL

核蛋白粗提物	4～10μg（温和混匀）
生物素标记的探针	0.5μL

室温反应 20min，加入 6×上样缓冲液（TAKARA）4μL，上样 10～20μL，100V 电泳至溴酚蓝于 2/3 处。

b. 电转前将尼龙膜浸泡于 0.5×TBE 至少 10min。

以预冷的 0.5×TBE 为电转缓冲液，100V 转胶于尼龙膜上，45min。

c. UV BOX 下，以贴近膜的一面面向紫外光源，以 254nm 激发光交联 15min。

d. 加入 25mL 封闭液，以约 70r/min 在脱色摇床上封闭 30min。

e. 将 SA-HRP 以 1∶(30000～50000) 稀释于 12mL 封闭液，脱色摇床 70r/min 作用 20min（洗膜过程全部在脱色摇床上进行，100～140r/min）。

f. 缓冲液Ⅱ 25mL 洗 5min；洗脱液 25mL 洗 15min；缓冲液Ⅲ 25mL 洗 5min×2 次。

g. 2×SSC（含 0.1% SDS），5min×2 次；0.1% SDS in 1×SSC，10min×2 次；0.5×SSC（含 0.1% SDS），5min×2 次。

h. 将膜用滤纸稍微吸干，加入以 1∶20 稀释的发光反应液（宁波奥唯），作用 1～5min，将尼龙膜封于保鲜膜中（避免褶皱和气泡的产生），暗室曝光 1～5min，检测信号。

三、实验举例与结果说明

1. 放射性凝胶迁移举例

（1）实验目的

研究转录因子 NFAT3 对雌激素受体 ERα 与雌激素应答元件 ERE 结合的影响。

（2）实验材料

乳腺癌细胞 ZR75-1，低渗缓冲液、高盐缓冲液、透析缓冲液、低离子强度凝胶混合物、EMSA 反应缓冲液（购于 Sigma 公司）。

（3）实验步骤

① 细胞核提取物制备的步骤。离心收集 6×10^8 细胞，转移至 50mL 离心管中，PBS 洗涤，4℃ 2000r/min 离心 10min，重悬细胞于低渗缓冲液中（快速），2000r/min 离心 10min，置冰上 10min。玻璃匀浆器缓慢抽提匀浆（25 次左右），台盼蓝染色，镜下观察裂解细胞数＞90%后 4000r/min 20min 离心，弃上清液，先后加入低盐缓冲液和高盐缓冲液洗，15000r/min 离心 45min，加入 20mL 透析液，在透析袋中透析 16h，15000r/min 离心 45min，0.5mL 小离心管分装，浸入液氮中速冻，－80℃保存。

② 探针的标记。

a. 寡核苷酸的合成。合成两对单链寡核苷酸 A 与 B 和 C 与 D，A 与 B 互补，C 与 D 互补。A 的序列为 ERE 的部分序列，（A 为 5′-AGCTCTTTGATCAGGTCACTGTGACCTGACTTT-3′），寡核苷酸 C 为寡核苷酸 A 的点突变体，即寡核苷酸 A 中的 GGTC 突变成 GTAC（C 为 5′-AGCTCTTTGATCAGTACACTGTGACCTGACTTT-3′）。寡核苷酸的量均按 1μg/μL 加入灭菌水，两条寡核苷酸单链等量混合，95℃加热 4min，逐渐冷却 30min。

b. 寡核苷酸按如下程序进行标记：合成的寡核苷酸 DNA 2μL，未标记的三种 dNTP（dATP，dTTP，dGTP）各 2μL，DNA 聚合酶Ⅰ大片段 5U×1μL，缓冲液 2μL；标记的 α-^{32}PdCTP 2μL，水 9μL，加入未标记的 dCTP 2μL，混匀后 80℃灭活 5min，加入水 400μL、5mol/L 乙酸铵 240μL 及冰乙醇（100%）750μL 混匀，置于－20℃ 10h，12000r/min 离心

20min，沉淀加 500μL 80%乙醇漂洗 2 次，离心（12000r/min，20min），弃上清液，室温干燥。已标记的探针加 250μL TE，4℃保存，未标的探针 dCPT 加 5μL TE（用于 50 倍的冷探针竞争），再经灌胶、加样、电泳及曝光后观察结果。

（4）结果分析

转录因子 NFAT3 对雌激素受体 ERα 与 ERE 序列结合的影响[1] 见图 9-2。

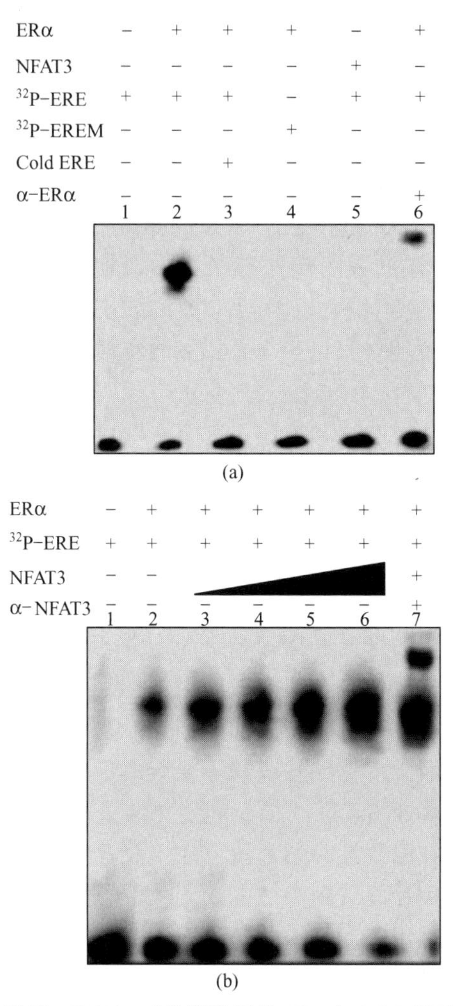

图 9-2　转录因子 NFAT3 对雌激素受体 ERα 与 ERE 序列结合的影响

图 9-2(a) 中，图片的最下面一排为未结合的游离探针，若该泳道有结合条带，则其对应的游离探针会减弱（如第 2 泳道所对应下方的游离探针较其他泳道弱）；第 1 泳道为只加了标记同位素的 ERE 探针，因此仅能看到下方的游离条带；第 2 泳道为加入同位素标记的 ERE 探针与体外翻译得到的 ERα 蛋白，除了下方的游离条带外，可见上方有迁移（shift）条带，说明该 ERE 序列能够与 ERα 蛋白结合；第 3 泳道为加入冷探针（Cold ERE）、ERE 探针与体外翻译得到的 ERα 蛋白，由于冷探针为未标记的寡核苷酸，其浓度为已标记寡核苷酸探针的 100 倍，能够竞争结合 ERα 蛋白，标记的 ERE 探针不能与 ERα 蛋白结合，因此未见迁移条带；第 4 泳道为加入第二对寡核苷酸探针即点突变的探针和体外翻译得到的 ERα 蛋白，突变的探针不能与 ERα 蛋白结合，因此未见迁移条带；第 5 泳道为加入标记的 ERE 探针与 NFAT3 蛋白，由于 NFAT3 蛋白不能直接与 ERE 探针结合，因此未见迁移条带；

第 6 泳道为加入标记的 ERE 探针、体外翻译的 ERα 蛋白以及 ERα 特异性抗体，结果显示，在比迁移条带更靠上的位置有单一的超迁移（supershift）条带，说明 ERE 探针能与更大的 ERα 抗原-抗体复合物结合，因此，该条带比迁移条带更靠上。

图 9-2(b) 中，图片的最下面一排为未结合的游离探针，可见随着上面一排结合条带的浓度加大，其对应泳道的下方游离探针浓度依次减小；第 1 泳道为只加了标记同位素的 ERE 探针，因此仅能看到下方的游离条带；第 2 泳道为加入同位素标记的 ERE 探针与体外翻译得到的 ERα 蛋白，除了下方的游离条带外，可见上方有迁移条带，说明该 ERE 序列能够与 ERα 蛋白结合；第 3～6 泳道为加入同位素标记的 ERE 探针、体外翻译得到的 ERα 蛋白，以及不同剂量的 NFAT3 蛋白后，可见随着 NFAT3 蛋白浓度逐渐加大，上方的迁移条带越来越浓，说明 NFAT3 蛋白能够增加 ERE 序列与 ERα 蛋白的结合；第 7 泳道为加入标记的 ERE 探针、体外翻译的 ERα 蛋白、NFAT3 蛋白以及 NFAT3 特异性抗体，结果显示，在比迁移条带更靠上的位置有单一的超迁移条带，说明 ERE 探针能与更大的 ERα 蛋白-NFAT3 蛋白-NFAT3 抗体复合物结合，因此，该条带比迁移条带更靠上。

结论：图 9-2(a)、(b) 说明转录因子 NFAT3 能够增加 ERα 蛋白与 ERE 序列的结合。

2. 非放射性凝胶迁移

除探针标记方法与放射性凝胶迁移不同，其余步骤以及结果的分析均与放射性凝胶迁移一致。

四、需要注意的问题

① 凝胶迁移实验在理论上很简单也很快速，但要成功地进行凝胶迁移实验，需要优化一些参数，这主要受结合蛋白的来源和探针结合位点特点的影响。以下是需要优化的因素：抽提液的制备（核酸酶和磷酸酶污染会使探针降解），结合蛋白的浓度，探针的浓度，非特异性探针的浓度，缓冲液的配方和 pH，聚丙烯凝胶电泳的特点和电泳条件，保温时间和温度，载体蛋白，是否有辅助因子（比如锌或镉等金属离子或激素）。

② 目的 DNA 的长度应小于 300bp，以有利于非结合探针和蛋白质-DNA 复合物的电泳分离。双链合成的寡核苷酸和限制性酶切片段可在凝胶迁移实验中用作探针。如目的蛋白已被鉴定，则应用短的寡核苷酸片段（约为 25bp），这样结合位点可和其他因子的结合位点区别开。长的限制性酶切片段可用于对推定的启动子/增强子区域内的蛋白结合位点定位。随后可用 DNaseⅠ印迹对蛋白结合的特异区域在 DNA 序列水平上作出分析。

③ 对每一个特定的结合蛋白和探针，所用的纯化蛋白、部分纯化蛋白、粗制核抽提液需作优化，一般所用纯化蛋白的量在 20～2000ng 间，可将蛋白质∶DNA 的等摩尔比调整为蛋白质的摩尔数是 DNA 的 5 倍。用粗制核抽提液，需要 1～20μg 蛋白质形成特异的复合物。所加入反应的探针的量是 50000～200000cpm ^{32}P-标记的探针（高特异活性），反应体积为 1～5μL。这相当于 10～50fmol 的 DNA 探针。探针应保存在－20℃以防止降解，在合成或标记后 1～2 个星期内必须使用。无论是探针或是结合蛋白应避免多次冻融。

④ 加样样品液中的色素会导致不稳定复合物的解离，应用不含考马斯亮蓝和二甲苯蓝的加样样品液。当带型不紧密出现拖尾时，表明复合物存在解离。凝胶必须完全聚合，以避免带型拖尾。如复合物不进入凝胶则表明所用的蛋白质或探针过量，或盐的浓度过量，不适用于这一反应。在含抽提液的带中不含游离探针或复合物，但只含探针的带中有探针表明抽提物有核酸或磷酸酶污染，应在抽提液中和结合反应中加入相应的抑制剂。

第二节　染色质免疫共沉淀技术

一、引言

染色质免疫共沉淀技术（chromatin immunoprecipitation assay，ChIP）是研究体内DNA与蛋白质相互作用的方法。它的基本原理是在活细胞状态下固定蛋白质-DNA复合物，并将其随机切断为一定长度范围内的染色质小片段，然后通过免疫学方法沉淀此复合体，特异性地富集目的蛋白结合的DNA片段，通过对目的片段的纯化与检测，获得蛋白质与DNA相互作用的信息（见图9-3）。该技术不仅可以鉴定某转录因子与启动子的直接和间接结合作用，而且可以半定量或定量（real time-PCR）测定转录因子与DNA结合的丰度。在传统的X-ChIP基础上发展的N-ChIP用于研究组蛋白的共价修饰与基因表达的关系，另外，利用ChIP的衍生技术，可以检测在某一特异启动子上转录因子间的相互作用（RE-ChIP），可以检测有RNA剪接作用的蛋白质与mRNA的结合作用（RNA immunoprecipitation），还可以筛选某些特异的启动子序列（ChIP on ChIP）。由此可见，随着ChIP的进一步完善，它必将会在基因表达调控研究中发挥越来越重要的作用。

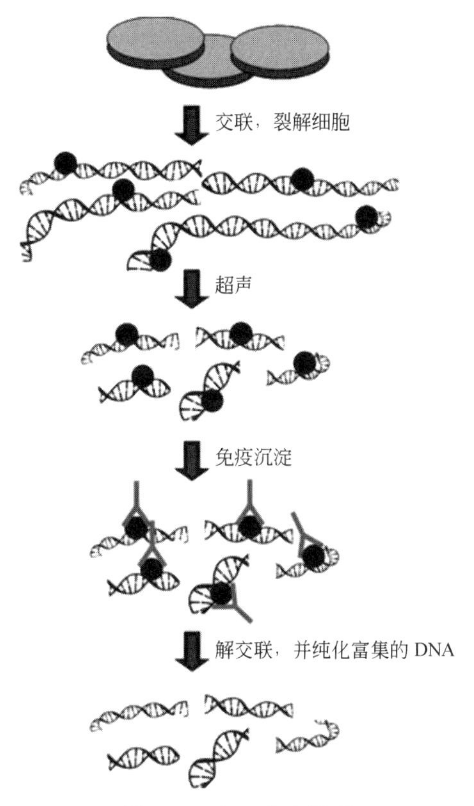

图9-3　ChIP基本原理

ChIP技术的优点是：可以在体内进行反应；在给定的检验细胞环境的模式下得到DNA相互关系的简单影像；使用特异性修正抗体鉴定与包含一个特异性后转录修正的蛋白质相关的位点；直接或者间接（通过蛋白质与蛋白质的相互作用）鉴别基因组与蛋白质的相关位点。

缺点是：需要一个特异性蛋白质抗体，有时难以获得；为了获得高丰度的结合片段，必须实验演示胞内条件下靶标蛋白质的表达情况；调控蛋白质的基因的获取可能需要限制在组织来源中。

二、实验基本步骤

1. 所需仪器与耗材

Vibra Cell 超声破碎仪（Sonic Material Inc）、冷冻离心机（Eppendorf 公司）、蛋白 A 琼脂糖凝胶 4B 珠子（GE）、鲑精 DNA（单链 DNA ssDNA）、Qiaquick PCR 提纯试剂盒（Qiagen）、Cocktail 蛋白酶抑制剂（Roche）等。

2. 试剂及配制

37%的多聚甲醛；

裂解缓冲液：1%SDS，5mmol/L EDTA，50mmol/L Tris·HCl（pH 8.1），蛋白酶抑制剂混合物；

稀释缓冲液：1% Triton X-100，2mmol/L EDTA，150mmol/L NaCl，20mmol/L Tris·HCl（pH 8.1），蛋白酶抑制剂混合物；

TSEⅠ：0.1% SDS，1% Triton X-100，2mmol/L EDTA，20mmol/L Tris·HCl（pH 8.1），150mmol/L NaCl；

TSEⅡ：0.1% SDS，1% Triton X-100，2mmol/L EDTA，20mmol/L Tris·HCl（pH 8.1），500mmol/L NaCl；

缓冲液Ⅲ：0.25mol/L LiCl，1% NP-40，1%脱氧胆酸盐，1mmol/L EDTA，10mmol/L Tris·HCl（pH 8.1）；

TE 缓冲液：Tris·HCl（pH 8.0），1mmol/L EDTA；

稀释缓冲液：1% SDS，0.1mol/L $NaHCO_3$。

3. 操作步骤

（1）细胞的甲醛交联与超声破碎

① 取出 1 平皿细胞（10cm 平皿），加入 270μL 37%甲醛，使得甲醛的终浓度约为 1%（培养基共有 10mL），37℃孵育 10min。

② 终止交联。加甘氨酸至终浓度为 0.125mol/L。加 500μL 2.5mol/L 甘氨酸于平皿中。混匀后，在室温下放置 5min 即可。

③ 吸尽培养基，用冰冷的 PBS 清洗细胞 2 次。细胞刮刀收集细胞移入 1mL 冰冷 PBS 中，4℃条件下 3000r/min 离心 5min 收集细胞。

④ 倒去上清液。按照细胞量，加入 SDS 裂解缓冲液。使得细胞终浓度为每 200μL 含 2×10^6 个细胞。这样每 100μL 溶液含 1×10^6 个细胞。

⑤ 超声破碎。超声处理 3 次，每次 15s，4℃，14000*g* 离心 10min，收集上清液。

⑥ 取少量超声破碎后的上清液，DNA 电泳检测超声效果。超声后的 DNA 片段应均匀分布于 500～1500bp，以 700～800bp 居多。

⑦ 取超声上清液 20μL 作为 Input 组分，加入洗脱缓冲液 80μL 进行稀释。

（2）除杂及抗体哺育

① 剩余的超声处理液以 1∶10 稀释（例如 300μL 加 2.7mL 洗脱缓冲液），一部分做实验，其余保存于－80℃。

② 1mL 稀释液加入 20μL 正常预免疫小鼠血清、蛋白 A 琼脂糖凝胶 4B 珠子［45μL 50%上清液置入 10mmol/L Tris・HCl（pH 8.1），1mmol/L EDTA］和 2μg 鲑精 DNA 进行免疫清洗 2h，离心取上清液。

③ 加入针对目的蛋白的特异性抗体，4℃孵育过夜。

（3）免疫复合物的沉淀及清洗

① 加入蛋白 A 琼脂糖凝胶 4B 珠子 45μL 和 2μg 鲑精 DNA，4℃孵育 1h，离心去上清液取沉淀。

② 依次用 1mL TSEⅠ、TSEⅡ、缓冲液Ⅲ和 TE 缓冲液洗涤免疫复合物沉淀各 1 次，每次 10min。

③ 清洗完毕后，开始洗脱。用 100μL 洗脱缓冲液洗脱珠上的蛋白质-DNA 复合物，室温下颠转 15min，静置离心后，收集上清液。重复洗涤一次。

④ 解交联。洗脱液中加入 2μL RNaseA（0.5mg/mL）以及 5μL 蛋白酶 K（20mg/mL）置于 65℃水浴中 6h，间隔摇晃以分离蛋白质-DNA 复合物。

⑤ 分离后的 DNA 片段经 Qiaquick PCR 提纯试剂盒提纯后，−20℃保存。

（4）PCR 分析

比较传统的做法是半定量 PCR。但是现在随着荧光定量 PCR 的普及，大家也越来越倾向于使用荧光定量 PCR 了。引物和探针通常可以使用定量 PCR 仪上的软件设计，或者使用在线设计软件。

三、实验举例

染色质免疫共沉淀技术分析大鼠大脑皮质神经元中 p53 蛋白与 *p21* 基因启动子的结合。

1. 材料

原代培养大脑皮质神经元来自出生后 24h 以内的 Sprague Dawley 大鼠的乳鼠，乳鼠由北京大学医学部实验动物科学部提供。Neurobasal 培养基和 B27 无血清添加剂（美国 Gibco 公司）；Kainate（英国 Tocris Cookson 公司）；兔抗大鼠 p53 多克隆抗体（美国 Santa Cruz Biotechnology 公司）；Protein A-Agarose（瑞士 Roche 公司）；蛋白酶抑制剂 cocktail（瑞士 Roche 公司）。*p21* 基因启动子中含 p53 RE1 的 DNA 片段的引物为：上游引物 5′-CTCAGC-CTCAGAGGGTACCTGC-3′，下游引物 5′-CCTTCACCTGGTACATATCAC-3′。预期扩增产物长度为 367bp。含 p53 RE2 的 DNA 片段引物为：上游引物 5′-GACTGGATGGT-TCAGGAGCTGG-3′，下游引物 5′-CTGGCCTAGGTTACAGGAGACCC-3′。预期扩增产物长度为 419bp。

2. 实验步骤

（1）原代培养大脑皮质神经元染色质的分离

弃培养基，每 10cm 培养皿加入 1%甲醛/PBS 10mL，37℃孵育 10min，弃去。用预冷 PBS 洗细胞两次，加入 5mL 预冷 PBS，刮取细胞至离心管中，1000r/min 离心 5min，弃上清液。按每 10cm 培养皿细胞用 200μL 量 SDS 裂解缓冲液（含蛋白酶抑制剂 cocktail）重悬细胞沉淀，冰上孵育 10min。将液体平均分配到 3 个洁净离心管中至 200μL/管，备用。

（2）超声破碎

用 Vibra Cell 750 超声破碎仪（20%输出功率，超声 20 次，7s/次）将染色质打断成

200～1000bp，每2次超声间隔9s，超声10次后停顿1min，冰上操作。4℃、13000r/min离心10min，将上清液移至新离心管中，合并两个同一处理组细胞染色质超声上清液至400μL/管。

（3）超声剪切效果检测

向200μL超声破碎后的染色质中加入8μL 5mol/L NaCl，振荡混匀，65℃孵育4h解交联。4℃、12000r/min离心10min。转移上清液至一新EP管，加入等体积酚：氯仿，振荡混匀，冰浴5min，4℃、10000r/min离心5min。转移上清液于另一EP管中，加入2倍体积无水乙醇，振荡混匀，室温放置10min，4℃、12000r/min离心8min收集沉淀的核酸。沉淀加1mL 70%乙醇，4℃、12000r/min离心5min，弃上清液，晾干。沉淀加水溶解，1%琼脂糖凝胶电泳鉴定DNA片段大小。

（4）染色质中非特异性抗体的清除

用含蛋白酶抑制剂cocktail的ChIP稀释缓冲液10倍稀释细胞超声裂解物上清液，取出1%留作内参，－20℃保存待用，余下的平均分配至两试管中，分别为加Normal IgG组（阴性对照）与加p53抗体组。向加抗体组内加入80μL蛋白A琼脂糖凝胶4B珠子与1.6μL 10mg/mL鲑鱼精DNA，4℃混悬30min，以捕获染色质中的非特异性抗体。短暂离心沉淀蛋白A琼脂糖凝胶4B珠子（1000r/min，1min），收集上清液。

（5）染色质免疫沉淀

向上述已清除非特异性抗体的染色质中（加抗体组）加入5μg p53抗体，4℃混悬过夜。阴性对照组不加p53抗体或加入正常兔IgG抗体，4℃混悬过夜。次日，向加抗体组与阴性对照组分别加入80μL蛋白A琼脂糖凝胶4B珠子与1.2μL 10mg/mL鲑鱼精DNA，4℃混悬2～3h，捕获抗原-抗体复合物。然后4℃，3000r/min离心3min，沉淀珠子，仔细移除上清液，依次用1mL低盐洗涤液（1次）、高盐洗涤液（1次）、氯化锂洗涤液（1次）、TE缓冲液（2次）清洗珠子，每次5min，4℃混悬，然后3000r/min离心3min，弃上清液，此时得到的沉淀即为蛋白A琼脂糖凝胶4B珠子-抗体-抗原-DNA复合物。

（6）抗体-抗原-DNA复合物的洗脱

向上述蛋白A琼脂糖凝胶4B珠子-抗体-抗原-DNA复合物中加入250μL新鲜配制的洗脱缓冲液，短暂涡旋混匀，然后室温混悬15min，离心，将上清液移至一新管中。重复洗脱一次，合并洗脱液。总量约为500μL。

（7）DNA的去交联及DNA纯化

向合并的洗脱液中加入5mol/L NaCl 20μL，65℃解交联4h。内参也同时解交联。解交联后，加入10μL 0.5mol/L EDTA，20μL 1mol/L Tris·HCl（pH 6.5）及1μL 20mg/mL蛋白酶K，45℃孵育1h。等体积酚：氯仿抽提，两倍体积无水乙醇沉淀DNA，1mL 70%乙醇漂洗，12000r/min离心5min，弃上清液，空气中晾干，50μL三蒸水溶解。

（8）聚合酶链式反应（PCR）检测

取1/10上述纯化DNA作模板进行PCR。扩增体系为25μL，反应体系中含有5μL DNA模板，25pmol上、下游引物，10mmol/L dNTPs 0.5μL，10×缓冲液2.5μL，*Taq* DNA聚合酶（2.5U/μL）0.5μL。扩增条件：94℃预变性1min，94℃变性30s，55℃退火30s，72℃延伸30s，执行28个循环后，进行72℃，4min的终末延伸。PCR产物经1%琼脂糖凝胶电泳分离，EB染色后，观察分析结果。

3. 结果分析

(1) 琼脂糖凝胶电泳鉴定不同超声条件下DNA片段大小

为得到合适大小的DNA片段，摸索了各种超声波破碎条件，包括固定超声时间为3s，改变超声次数［见图9-4(a)］和固定超声次数为20次，改变每次超声时间［见图9-4(b)］。最终确定了超声波破碎条件：20%输出功率，超声20次，每次7s，每2次超声间隔9s。在此超声条件下，DNA断裂成200～1000bp。

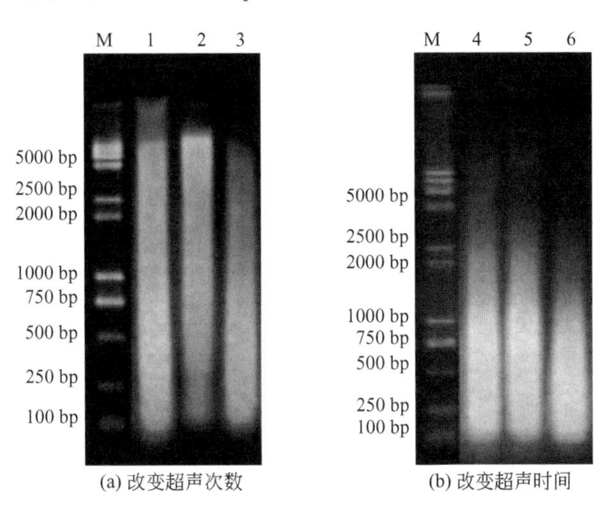

(a) 改变超声次数　(b) 改变超声时间

图9-4　超声优化图

M—探针；1—3s×8次；2—3s×12次；3—3s×16次；4—3s×20次；5—5s×20次；6—7s×20次

(2) p53抗体免疫沉淀DNA模板的PCR扩增结果

以p53抗体免疫沉淀的染色质片段提取的DNA为模板，PCR分别扩增含有p53 RE1与RE2的*p21*基因启动子区DNA片段。结果显示，对照组，上述两种靶DNA片段均未见扩增条带；而KA处理后，含有p53 RE1的DNA片段（367bp）被扩增出来［见图9-5(a)］；而未见含有p53 RE2的DNA片段扩增条带（419bp）［见图9-5(b)］。上述结果说明，p53抗体沉淀的染色质中含有367bp DNA片段（含有p53 RE1），这也证明KA处理后神经元内p53与*p21*基因启动子中p53 RE1结合增加。

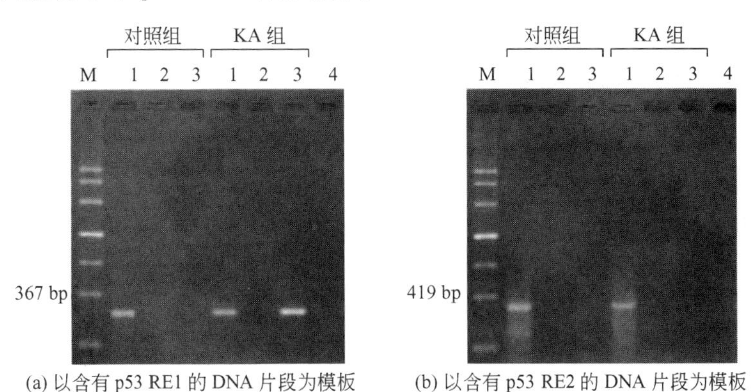

(a) 以含有p53 RE1的DNA片段为模板　(b) 以含有p53 RE2的DNA片段为模板

图9-5　免疫沉淀染色质的PCR分析

M—探针；1—内参；2—无抗体；3—p53抗体；4—ddH_2O（无模板）

四、实验注意事项

① 甲醛可以将蛋白质交联到 DNA 上。交联结果的好坏取决于对交联时间的把握。建议样品交联的时间一般为 2～30min。过度交联会减少抗原的结合性和超声断裂的效率，抗原决定簇也会被掩盖。

② 超声裂解细胞悬液可以将 DNA 均一地打断成 200～1000bp 的片段。不同的细胞系需要不同的超声时间才能达到最优效果。交联细胞一般要通过时间梯度的超声来选择最优超声条件。

③ 超声后的染色质应立刻冻入液氮中或者储存于－70℃，可储存 2 个月，避免多次反复冻融。

④ 样品之所以加入 RNaseA 是因为高浓度 RNA 会在使用 PCR 纯化试剂盒时干扰 DNA 的纯化，采用蛋白酶 K 处理可使相邻肽段剪切成含羧基基团的芳香族氨基酸和脂肪族氨基酸。蛋白质和 DNA 之间的交联通过 DNA 的纯化被打断。

⑤ 在对免疫复合物进行沉淀及清洗时，如果观察到背景很高，可以增加清洗次数。

第三节 RNA 沉降

一、实验基本原理

RNA 沉降（pull-down）主要是检测蛋白质与 RNA 之间的相互作用。首先把已知序列的 RNA 做好标记（例如 biotin），依靠这个标记将 RNA 固定到某珠子（beads）上，再和含有蛋白质的物质，例如细胞裂解物共孵育，之后去掉未与 RNA 作用的上清液。收集从珠子上洗下来的蛋白质，如果蛋白质是未知的，则要去做质谱鉴定；如果想知道是不是某蛋白质，则要做 Western Blot 鉴定。

二、实验基本思路

研究蛋白质与 RNA 之间的相互作用，大致有两种思路：①将 RNA 耦联于珠子以富集与之相互作用的蛋白质；②用蛋白特异的抗体去免疫沉淀蛋白质，再通过提取蛋白复合体中的 RNA，利用 qRT-PCR 等方法以检测与之相互作用的 RNA。

1. RNA 耦联珠子以富集与之相互作用的蛋白质

此处介绍高碘酸盐耦联法[2]。

（1）RNA-高碘酸盐反应

① 配制以下反应体系。

500 pmol RNA（100 个碱基的 RNA 15μg，25 个碱基的 RNA 4μg）

40μL 1mol/L CH_3COONa　pH＝5.0

20μL 0.1mol/L 高碘酸盐（溶于水且新鲜配制）

补水至 400μL。

② 室温，置于旋转仪上孵育 1h（反应管外包裹铝箔纸）。

③ 加 80μL 1mol/L CH_3COONa（pH＝5.0），再加 1mL 100%无水乙醇，－20℃，静置 1h。在此期间，开始准备珠子。

④ 4℃，12000r/min 离心 10min，70%乙醇洗一次后干燥；将干燥好的 RNA 沉淀用 100μL CH_3COONa（0.1mol/L）重悬。

（2）准备珠子

① 将 100μL 乙二酸去异烟肼琼脂糖珠（含 50%上清液）在 10mL 离心管中洗涤，10mL 0.1mol/L CH_3COONa（pH=5.0）洗 3 次，每次 4℃，3000r/min，5min，弃上清液。

② 用 200μL 0.1mol/L CH_3COONa（pH=5.0）重悬样品。

（3）RNA-珠子结合反应

① 将之前准备好的 300μL 珠子加入高碘酸盐处理好的 RNA 中。

② 4℃置于旋转仪上避光结合过夜（反应管外包裹铝箔纸）。

③ 4℃，3000r/min 离心 5min，去上清液，用 1mL 2mol/L NaCl 洗 2 次，然后将样品移至 1.5mL EP 管，4℃，3000r/min 离心 5min，弃上清液。

（4）接下来，可选方案 1 或方案 2

方案 1 如下。

① 洗 RNA 结合的珠子。

a. 用 1mL 缓冲液 D 洗 3 次，4℃，3000r/min 离心 5min，弃上清液。

b. 100μL 缓冲液 D 重悬。

缓冲液 D 配方（20mL）：	400μL	HEPES
	2mL	KCl
	4μL	EDTA
	20μL	DTT
	1.2mL	甘油
	20μL	酶抑制剂

用超纯水补足 20mL。

② RNA-蛋白质结合反应。

a. 准备 500μL RNA 样品反应体系。

300μL 缓冲液 D

100μL 目的蛋白（10～15μg/μL）

100μL RNA 结合的珠子

肝素（100μg/μL 储存液稀释至终浓度 2.5～5.0μg/μL）

加酶抑制剂，按 1∶1000 加。

b. 摇晃混匀。

c. 旋转仪上孵育 4h（4℃）。

d. 4℃，3000r/min 离心 5min，尽可能弃去上清液。

e. 1mL 缓冲液 D 洗 3 次，每次置于旋转仪上 5min，去上清液。

f. 加入 50μL 2×SDS 上样缓冲液，煮样 10min，进行 Western Blot。

方案 2 如下。

① 洗 RNA 结合的珠子

a. 用 1.0mL 缓冲液 B，4℃ 3000r/min 离心 5min，弃上清液。

b. 100μL 缓冲液 B 重悬。

缓冲液 B 配方：	5mmol/L	HEPES（pH 7.9）

1mmol/L	$MgCl_2$
0.8mmol/L	乙酸镁

② RNA-蛋白质结合反应。

a. 准备 500μL RNA 样品反应体系。

50μL 10×结合缓冲液

100μL 目的蛋白（10～15μg/μL）

100μL 结合了 RNA 的珠子

肝素（100μg/μL 储存液稀释至终浓度 2.5～5.0μg/μL）

加酶抑制剂，按 1∶1000 加

补水至 500μL。

b. 轻轻摇晃离心管，于旋转仪上孵育 30min（室温）。

c. 4℃，3000r/min 离心 5min，尽可能弃去未结合的蛋白质混合物。

d. 缓冲液 B 洗 5 次（1mL），4℃，3000r/min 离心 5min，弃上清液。

e. 加入 50μL 2×SDS 上样缓冲液，煮样，进行 Western Blot。

2. 生物素-磁珠耦联法

（1）实验原理

使用体外转录法标记生物素 RNA 探针，然后与胞质蛋白提取液孵育，形成 RNA-蛋白质复合物。该复合物可与链霉亲和素标记的磁珠结合，从而与孵育液中的其他成分分离。复合物洗脱后，通过 Western Blot 实验检测特定的 RNA 结合蛋白是否与 RNA 相互作用。

（2）需要的试剂

1mg/mL 亮抑酶肽（leupepin）（1000×）：亮抑酶肽 10mg，ddH_2O（灭菌）10mL，分装 10 管，－80℃保存。

1mg/mL 抑酶肽（aprotinin）（1000×）：抑酶肽 10mg，ddH_2O（灭菌）10mL，分装 10 管，－80℃保存。

1mg/mL 胃酶抑素（pepstatin）（1000×）：胃酶抑素 10mg，甲醇 10mL，分装 10 管，－80℃保存。

1mol/L HEPES（pH 7.5，100mL）：HEPES 23.83g，ddH_2O 80mL，KOH 调 pH 至 7.5，加 ddH_2O 至 100mL。

1mol/L HEPES（pH 7.9）：HEPES 23.83g，ddH_2O 80mL，5mol/L KOH 调 pH 7.9，加 ddH_2O 至 100mL。

0.5mol/L EDTA（100mL）：EDTA·Na_2·$2H_2O$ 18.61g，ddH_2O 80mL，滴加 NaOH 至溶解（pH 7.6），加 ddH_2O 至 100mL，高压灭菌。

5×TBE	1000mL	500mL
Tris 碱	54g	27g
硼酸	27.5g	14g
加 ddH_2O 至	1000mL	500mL
高压灭菌		

1mol/L KCl	200mL	100mL
KCl	14.91g	7.455g
加 ddH_2O 至	200mL	100mL

高压灭菌

1mol/L $MgCl_2$

$MgCl_2$（$MgCl_2 \cdot 6H_2O$）9.53g（20.3g）

加 ddH_2O 至	100mL	
高压灭菌		
缓冲液 A（适用于胞质蛋白）	10mL	
1mol/L HEPES（pH7.9）	100μL（10mmol/L）	
1mol/L KCl	100μL（10mmol/L）	
1mol/L $MgCl_2$	15μL（1.5mmol/L）	
加 ddH_2O 至	10mL	
临用前加入蛋白酶抑制剂（按 1∶1000 加）		
溶液 A	1mL	10mL
2mol/L NaOH	50μL	500μL（0.1mol/L）
5mol/L NaCl	10μL	100μL（50mmol/L）
ddH_2O	940μL	9400μL
DEPC	1μL	10μL（0.1%）
高压灭菌		
溶液 B	1mL	10mL
5mol/L NaCl	20μL	200μL（100mmol/L）
ddH_2O	979μL	9790μL
DEPC 水	1μL	10μL（0.1%）
高压灭菌		
2×结合和洗脱缓冲液	1mL	10mL
1mol/L Tris·HCl（7.5）	10μL	100μL（10mmol/L）
0.5mol/L EDTA（8.0）	2μL	20μL（1mmol/L）
5mol/L NaCl	400μL	4000μL（2mol/L）
DEPC 水	588μL	5880μL
高压灭菌		
2×TENT 缓冲液（加水补足体积）	1mL	10mL
1mol/L Tris·HCl（8.0）	20μL	200μL（20mmol/L）
0.5mol/L EDTA（8.0）	4μL	40μL（2mmol/L）
5mol/L NaCl	100μL	1000μL（500mmol/L）
DEPC 水	855μL	8550μL
Triton X-100	10μL	100μL
高压灭菌		

（3）实验步骤

① 胞质蛋白提取。100mm 培养皿（6×10^6 个细胞），去培养基→PBS 洗 2 次→沉淀用 0.5mL 胰蛋白酶消化，加入 PBS 2mL，反复吹打收集细胞，转移至 EP 管，3000r/min 离心 2min，弃上清液，PBS 重复洗 1 次。加入 100μL 缓冲液 A，吸打混匀，冰浴 15min。加入缓冲液 A（含 2.5% NP-40）12.5μL，轻缓颠倒混匀 6 次，4℃，4000r/min 离心 5min，上清液用于胞质蛋白分析。

② 探针标记。Promega 试剂盒，Maxiscript T7 试剂盒，#1312。

a. 2.5mmol/L NTP 混合物。

10mmol/L GTP	20μL	10mmol/L ATP	20μL
10mmol/L UTP	20μL	10mmol/L CTP	12μL

10mmol/L Bio-11-CTP（Enzo life sciences，#42818）8μL

b. 体外转录反应。

	热探针	冷探针
线性化 DNA（0.5μg/μL）	2μL	2μL
ddH_2O	6μL	6μL
5×缓冲液	4μL	4μL
NTP 混合物（2.5mmol/L）	4μL	
RNAsin（40U/μL）	1μL	1μL
100mmol/L DTT	2μL	2μL
10mmol/L NTP		各 1μL
T7 聚合酶（20U/μL）	1μL	1μL
37℃，1h		
DNase Ⅰ（20U/μL）	1μL	1μL
37℃，15min		

c. 探针纯化。

标记混合液 20μL

结合液 PN 200μL（10 倍体积）

上纯化柱，12000r/min 离心 30s→弃流出液

漂洗液 PE 500μL

12000r/min 离心 30s→弃流出液

漂洗液 PE 500μL

12000r/min 离心 30s→弃流出液；12000r/min 离心 2min→弃流出液

洗脱液 EB 50μL

12000r/min 离心 2min→收集流出液

③ 沉降。

a. 珠子处理。

10mg/mL 珠子 50μL

磁架吸附 1～2min→弃液体→从磁架取下 EP 管

溶液 A 50μL

磁架吸附 1～2min→弃液体→从磁架取下 EP 管

重复 2～3 次

溶液 B 50μL

磁架吸附 1～2min→弃液体→从磁架取下 EP 管

1×结合和洗脱缓冲液 50μL

磁架吸附 1～2min→弃液体→从磁架取下 EP 管

1×结合和洗脱缓冲液/TENT 缓冲液 50μL

混匀→冰浴备用

b. 蛋白质 Pull-Down。

	Hot	Cold
蛋白质溶液（2μg/μL）	20μL	20μL
2×TENT	25μL	25μL
生物素-RNA	5μL（hot）	5μL（cold）
	30℃或室温，轻摇 1h	
上步预处理的珠子	10μL	10μL
	30℃或室温，轻摇 30min～1h	
PBS（预冷）	100μL	
	清洗 2 次	

c. 煮样，进行 Western Blot。

3. 通过免疫沉淀蛋白以富集与之相互作用的 RNA

① 取 6 盘已经长满细胞的 10cm 皿。

② DEPC 处理的 PBS 洗 3 遍，10mL/遍。最后用 4mL PBS 刮下细胞，并将细胞吹散。

③ 将细胞转移至 5mL 离心管中，2000r/min 离心 5min，弃上清液。

④ 加入 2mL（根据细胞量确定）免疫共沉淀缓冲液，吹匀细胞。冰上裂解 20～30min，这期间用 1mL 枪和 2.5mL 注射器将细胞裂解液吹散，使反应充分进行。

⑤ 将细胞裂解液转移至 2 个 2mL EP 管中，12000r/min 最高转速离心 20min 后取上清液。

⑥ 开始准备 protein A/G 珠子，取 100μL 珠子于 1.5mL EP 管中。用免疫共沉淀缓冲液洗 3 遍，再加入 100μL 免疫共沉淀缓冲液，将珠子均匀悬浮其中。

⑦ 将准备好的珠子与第⑤步中的上清液混合，4℃旋转 1h。

⑧ 离心后，吸出液体，将液体平均分到 2 个 EP 管中，分别加入 4μg 抗体和正常 IgG，并都加入 2μL RNase 抑制剂，混匀，4℃，旋转过夜。

⑨ 准备 100μL 珠子，方法同⑥，加入 5μL RNase 抑制剂（可选）。

⑩ 将⑨中的珠子每管加入 26μL。4℃反应 1.5h。

⑪ 用免疫共沉淀缓冲液洗珠子，洗 5 遍。

⑫ Trizol 提取 RNA。

三、实验举例说明

采用生物素-RNA 沉降实验寻找 MEG3 相互作用蛋白：MEG3 是一种 lncRNA，在细胞增殖中发挥了关键的作用。为了进一步研究 MEG3 通过与哪种蛋白质相互作用而发挥作用，笔者采用了 RNA 沉降实验寻找 MEG3 相互作用蛋白[3]。

1. pcDNA3.0-MEG3 和 pcDNA3.0-MEG3（antisense）载体构建

为了进行生物素-RNA 沉降实验，首先将 MEG3 和 MEG3（antisense）分别构建到表达载体中用于以后的体外转录实验。采用质粒 pcDNA3.0 作为表达载体用于载体的构建，其中 pcDNA3.0-MEG3 是将 RT-PCR 扩增得到的人肝癌癌旁组织样本 MEG3 全长 cDNA 定向克隆到 pcDNA3.0 的 *Kpn* Ⅰ 和 *Xho* Ⅰ 的酶切位点中，经测序鉴定；pcDNA3.0-MEG3（antisense）是将 MEG3 全长 cDNA 反向插入载体 pcDNA3.0 的 *Kpn* Ⅰ 和 *Xho* Ⅰ 的酶切位点中，经测序鉴定。

2. 体外转录

分别将 pcDNA3.0-MEG3 和 pcDNA3.0-MEG3（antisense）质粒线性化，并纯化，采

用 Promega 的体外转录试剂盒进行体外转录实验。获得体外转录模板后用 Ambion 试剂盒纯化转录产物，转录产物经分光光度计测定其浓度和纯度，均合格。

3. 生物素-RNA 沉降实验

将体外转录的带有生物素修饰的 RNA——生物素-MEG3、生物素-MEG3（antisense）与 SK-Hep-1 总细胞蛋白裂解液孵育，然后与结合有链霉亲和素的珠子孵育，用于捕获蛋白复合体，经洗涤后去除非特异性结合蛋白，所得到的蛋白质样品采用 SDS-PAGE 电泳分离，银染结果如图 9-6 所示。

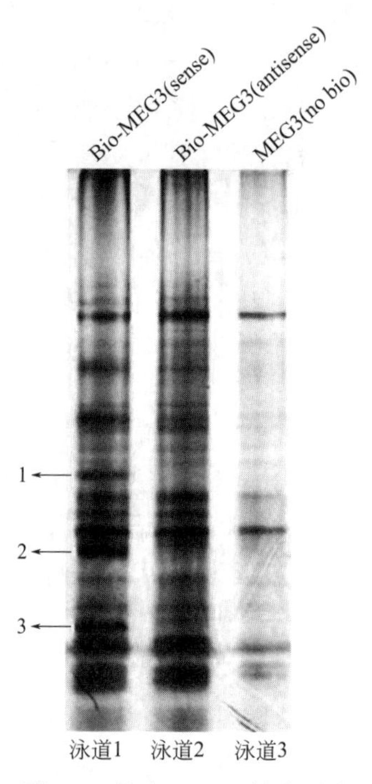

图 9-6　筛选 MEG3 结合蛋白

结果说明如下。泳道 1：生物素标记的 MEG3 结合蛋白条带；泳道 2：生物素标记的 MEG3 反义链结合蛋白条带；泳道 3：阴性对照无生物素标记的 MEG3 结合蛋白条带。条带 1、2、3 是 MEG3 与 MEG3 反义链和阴性对照相比差异性结合蛋白。此结果说明箭头所指的三个蛋白质能与 MEG3 结合，对这三种蛋白质进一步鉴定后便可知 MEG3 可与何种蛋白质相互作用。

第四节　RIP 实验

一、实验基本原理

RNA 结合蛋白免疫沉淀技术（RIP，RNA immunoprecipitation）主要是检测蛋白与 RNA 之间的相互作用，用于分析与 RNA 结合蛋白相关的核酸，利用针对 RNA 结合蛋白的抗体，从细胞提取物中捕获与蛋白质相结合的 RNA，再通过 qPCR、芯片或测序技术对这些 RNA 进行鉴定。

二、实验思路

1. 细胞裂解液获取

（1）单层细胞或者贴壁细胞

用冷 PBS 清洗培养皿或培养瓶中的细胞两次；加入冷 PBS 后用细胞刮将细胞刮下来，收集至离心管；1500r/min，4℃离心 5min，弃上清液，收集细胞；用与细胞等体积的 RIP 裂解液重悬细胞，吹打均匀后于冰上静置 5min；每管分装 200μL 细胞裂解液，贮存于－80℃。

（2）悬浮细胞处理

先收集细胞再计数，然后清洗裂解。

（3）组织样品处理

冷 PBS 清洗新鲜切下的组织三次；加入冷 PBS 后，用匀浆器或其他细胞分离设备使组织分散为单个细胞，计数；1500r/min，4℃离心 5min，弃上清液，收集细胞；用与细胞等体积的 RIP 裂解液重悬细胞，吹打均匀后置于冰上静置 5min；每管分装 200μL 细胞裂解液，贮存于－80℃。

2. 磁珠的准备

（1）实验前准备

离心管、磁力架、冰盒、RIP 洗脱缓冲液（置于冰上）、抗体（置于冰上）、涡旋振荡器、移液器（放于超净台照射 30min）、DEPC 水。

（2）磁珠准备过程

① 重悬磁珠。

② 标记实验所需的离心管、样品包括目的样品、阴性对照与阳性对照。

③ 吸取 50μL 重悬后的磁珠悬液于每个离心管。

④ 每管加入 500μL RIP 洗脱缓冲液，涡旋振荡。

⑤ 将离心管置于磁力架上，并左右转动 15°使磁珠吸附成一条直线，去上清液，重复一次。

⑥ 用 100μL 的 RIP 洗脱缓冲液重悬磁珠，加入约 5 μg 相应抗体于每个样品中。

⑦ 室温孵育 30min。

⑧ 将离心管置于磁力架上，弃上清液。

⑨ 加入 500μL RIP 洗脱缓冲液，涡旋振荡后弃上清液，重复一次。

⑩ 加入 500μL RIP 洗脱缓冲液，涡旋振荡后置于冰上。

3. RNA 结合蛋白免疫沉淀

（1）准备工作

冰盒、360°旋转仪、RIP 洗脱缓冲液、0.5mol/L EDTA、RNase 抑制剂（置于冰上）。

（2）RNA 结合蛋白免疫沉淀实验过程

① 准备 RIP 免疫沉淀缓冲液。

② 将上步的离心管放磁力架上，去上清液，每管加入 900μL RIP 免疫沉淀缓冲液。

③ 迅速解冻第一步制备的细胞裂解液，14000r/min，4℃离心 10min。吸取 100μL 上清液于上一步的磁珠-抗体复合物中，使得总体积为 1mL。

④ 4℃孵育 3 h 至过夜。

⑤ 短暂离心，将离心管放在磁力架上，弃上清液。

⑥ 加入 500μL RIP 洗脱缓冲液，涡旋振荡后将离心管放在磁力架上，弃上清液，重复清洗 6 次。

4. RNA 纯化

(1) 实验前准备

移液器、吸头、离心管紫外照射 30min，喷 DEPC 水以除 RNA 酶，盐溶液Ⅰ、盐溶液Ⅱ、RIP 洗脱缓冲液、蛋白酶 K、10%SDS、沉淀促进剂置于冰上，无 RNase 的乙醇、氯仿、异戊醇、DEPC 水置于冰上，离心机预冷，冰盒。

(2) RNA 纯化过程

① 准备蛋白酶 K 缓冲液，每个样品需 150μL。

② 用 150μL 蛋白酶 K 缓冲液重悬上述磁珠-抗体复合物。

③ 55℃孵育 30min。

④ 孵育完之后，将离心管置于磁力架上，将上清液吸入一新的离心管中。

⑤ 于每管上清液中加入 250μL RIP 洗脱缓冲液。

⑥ 于每管加入 400μL 苯酚：氯仿：异戊醇（体积比 125：24：1），涡旋振荡 15s，室温下 14000r/min 离心 10min。

⑦ 小心吸取 350μL 上层水相，吸入另一新的离心管。

⑧ 于每管加入 400μL 氯仿，涡旋振荡 15s，室温下 14000r/min 离心 10min。

⑨ 小心吸取 300μL 上层水相，吸入另一新的离心管。

⑩ 每管加入 50μL 盐溶液Ⅰ，15μL 盐溶液Ⅱ，5μL 沉淀促进剂，850μL 无水乙醇（无 RNase），混合，−80℃保持 1h 或过夜。

⑪ 14000r/min，4℃离心 30min，小心去上清液。

⑫ 用 80%乙醇冲洗一次，14000r/min，4℃离心 15 min，小心去上清液，空气中晾干。

⑬ 10～20μL DEPC 水溶解，−80℃保存，通过 qPCR、芯片或测序技术对这些 RNA 进行鉴定。

三、注意事项

① RIP 试验需要注意防止 RNA 与蛋白质非特异性结合，避免 RNA 蛋白质结合被破坏，避免外源 RNase 污染。

② 选择适合做 RIP 的抗体：先进行免疫沉淀或者 Western Blot，测试抗体可以与目标 RBP 结合。另选一个能与抗原其他表位结合的抗体，稀释抗体成浓度梯度，进行免疫沉淀测试。4℃过夜孵育抗体与 RIP 裂解液。确定抗体类型与 Protein A/Protein G 匹配。

③ 当进行蛋白酶 K 消化时，确保水浴温度应设置在 55℃左右，长期在 65℃以上孵育会导致蛋白酶 K 失活。

④ 做 RIP 的时候和珠子孵育的裂解物的浓度确定：需要注意 50μL 珠子对应的是一个反应，一般推荐一个反应是 100μL 裂解上清液（2×10^7 个细胞加入 100 μL RIP 裂解缓冲液得到），所以只需要在裂解前计数一下，并按括号中的比例加入裂解缓冲液，后续 100μL 裂解上清液就是一个反应的蛋白质用量。不建议通过裂解后测蛋白质浓度的方法进行配比。

⑤ 理论上，可以采用能分别抽提核质蛋白的蛋白抽提试剂盒先分离样本，再进行 RIP 实验。但需要特别注意的是所用试剂盒中的试剂不能有 RNase 和 DNase，以及要能与下游的抗体珠子孵育兼容。

⑥ RIP 做完得到 RNA 序列，做后续检测，常见的用 real time qRT-PCR。如果对照的目的是保证两个样品间加入的细胞量一致或者进行定量，理论上说，使用 input 作为判别，计算不同样品上样量的差异。如果对照的目的是看 IgG 以及目的抗体富集的非特异性 mRNA 的量的话，那么可以找一个确定不会与目的抗体结合的 RNA 片段设计引物进行 qPCR，用来看 IgG 以及目的抗体拉下来的背景情况。RIP 可以看成是普遍使用的染色质免疫沉淀 ChIP 技术的类似应用，但由于研究对象是 RNA-蛋白质复合物而不是 DNA-蛋白质复合物，RIP 实验的优化条件与 ChIP 实验不太相同（如复合物不需要固定，RIP 反应体系中的试剂和抗体绝对不能含有 RNA 酶，抗体需经 RIP 实验验证等等）。

四、实验举例说明

采用 RIP 实验证明长链非编码 RNA MIR99AHG 和蛋白 ANXA2 结合[4]：

检测 ANXA2 抗体与 MIR99AHG 特异性结合，IgG 作为阴性对照。PCR 验证检测 MIR99AHG 的相对富集，证实了 ANXA2 可与 MIR99AHG 结合（图 9-7）。

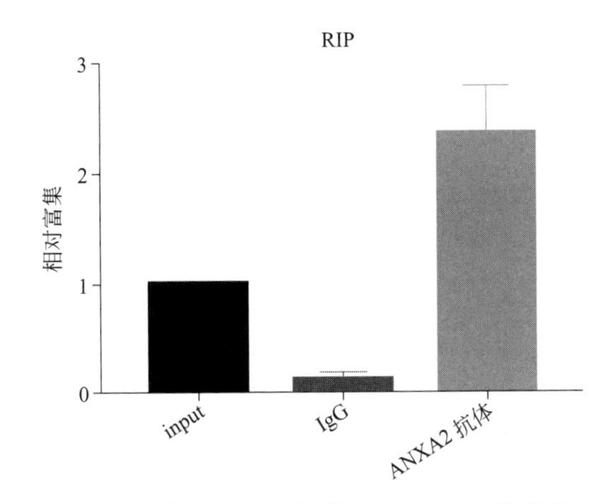

图 9-7　用 ANXA2 抗体进行 RIP 实验验证 ANXA2 能结合 MIR99AHG

（徐小洁　叶棋浓　杜祎萌　编）

参考文献

[1] Zhang H，Xie X，Zhu X. Stimulatory Cross-talk between NFAT3 and Estrogen Receptor in Breast Cancer Cells. J Biol Chem，2005，280（52）：43188-43197.

[2] Nachmani D，Gutschner T，Reches A，et al. RNA-binding proteins regulate the expression of the immune activating ligand MICB. Nat Commun，2014，5：4186.

[3] 朱娟娟. 长非编码 RNA MEG3 在肝癌细胞中功能及分子机制的初步研究. 合肥：安徽医科大学，2014.

[4] 李洪. 拷贝数缺失相关长非编码 RNA-MIR99AHG 抑制肺腺癌恶性进展的机制研究. 南京：南京医科大学，2019.

第十章

蛋白质-蛋白质相互作用技术

第一节 运用酵母双杂交技术筛选与靶蛋白相互作用的蛋白质

一、引言

蛋白质是生命活动的最重要执行者，蛋白质生物活性的发挥需要蛋白质之间的相互作用，蛋白质相互作用贯穿于生命活动的各个方面，诸如基因的表达调控，细胞的信号转导，抗原抗体、配体和受体的结合，病毒的侵入和细胞代谢的调节等，因此，蛋白质相互作用的研究已成为生命科学领域的热点。研究蛋白质的相互作用首先需要找到相互作用的蛋白质，寻找相互作用的蛋白质分子有很多方法，最常见的有酵母双杂交以及质谱分析。酵母双杂交是 1989 年由美国科学家 Fields 等人提出的[1]，不需要特殊的设备，操作相对简单，技术难度低，且真实模拟了蛋白质在体内的相互作用，因此，为很多实验室所应用[2~5]。

酵母双杂交的基本原理是基于转录因子对其下游靶基因的激活依赖于其分子内部的两个结构域：DNA 结合结构域（DNA binding domain，DBD）和转录激活结构域（activation domain，AD）。将这两个结构域分开后，转录因子就会失去转录激活功能，而再通过某种方式将这两个结构域连接起来，又会恢复激活功能[6]。因此，设计者将已知的蛋白质（称为靶蛋白）与转录因子 GAL4 的 DBD 结构域融合，再将某一细胞或组织的 cDNA 插入 GAL4 的 AD 结构域下游，另外，在酵母细胞的基因组中插入了报告基因 *Ade*、*HIS 3*、*MEL 1*、*lacZ*，在这些报告基因的启动子区含有能与 GAL4 DBD 结合的序列，当诱饵蛋白与文库中的未知蛋白 X 结合之后，GAL4 AD 被拉至 DBD 周围，从而发挥对报告基因特异的转录激活作用（见图 10-1）；这些报告基因如 *Ade*、*HIS 3* 编码的蛋白质为腺嘌呤和组氨酸合成所必需，可以通过缺陷型培养基筛选出来，*MEL 1*、*lacZ* 分别编码 α-半乳糖苷酶和 β-半乳糖苷酶，可分别分解其底物 X-α-gal（5-bromo-4-chloro-3-indoly-α-D-galactopyranoside，5-溴-4-氯-3-吲哚-α-D-吡喃半乳糖苷）和 X-β-gal（5-bromo-4-chloro-3-indoly-β-D-galactopyranoside，5-溴-4-氯-3-吲哚-β-D-吡喃半乳糖苷）而呈现蓝色，从而进一步确认蛋白质的相互作用，见图 10-1。

酵母双杂交系统也经历了不断完善的过程，和第二代系统相比，第三代系统将诱饵蛋白表达质粒进行了改进，即将其质粒上的在大肠杆菌中的筛选标记基因由氨苄西林（ampcillin）抗性改为卡纳霉素（kanamycin）抗性，便于文库质粒（氨苄抗性）的分离；同时，在酵母 AH109 细胞中插入了 *MEL 1* 报告基因，该基因编码 α-半乳糖苷酶，该酶能够分泌至细胞外，非常有利于检测，只需将其底物 X-α-gal 涂于琼脂平板上，将酵母细胞在其上轻轻划线，观察颜色变化即可；此外，还多了 *Ade* 报告基因，其编码腺嘌呤合成酶，当其被激活后，宿

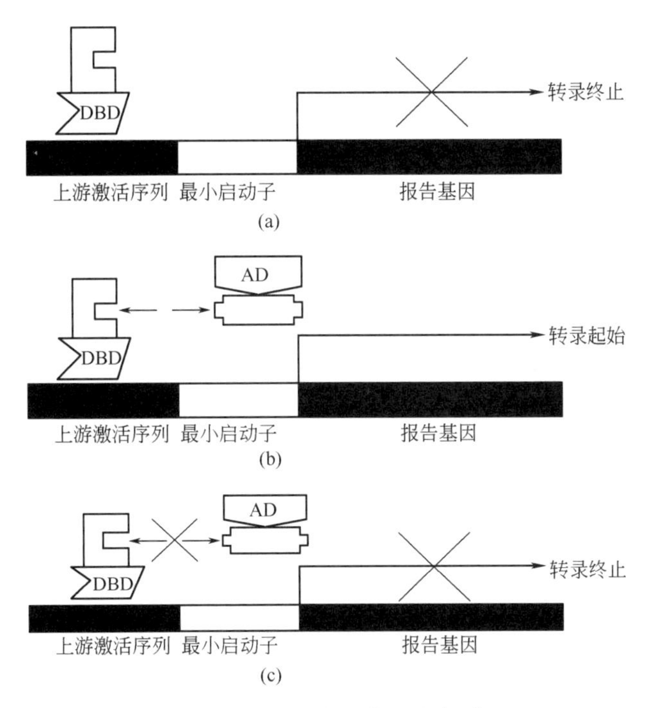

图 10-1　酵母双杂交作用基本原理

(a) GAL DNA 结合结构域（DBD）与诱饵蛋白形成的融合蛋白虽然能够与报告基因启动子区域内的上游激活序列（UAS）结合，但是由于没有转录激活活性，报告基因的转录不能发生；(b) 当 GAL DNA 结合结构域（DBD）与诱饵蛋白形成的融合蛋白与文库分子和 GAL DNA 转录激活结构域（AD）形成的融合蛋白相互作用后，将文库分子和 GAL DNA 转录激活结构域（AD）形成的融合蛋白募集至报告基因启动子区域内的上游激活序列周围，GAL DNA 转录激活结构域对报告基因的启动子发挥转录激活作用，激活报告基因的转录；(c) 如果 GAL DNA 结合结构域（DBD）与诱饵蛋白形成的融合蛋白不能够与文库分子和 GAL DNA 转录激活结构域（AD）形成的融合蛋白相互作用，报告基因（reporter gene）的启动子不能够被激活，报告基因的转录不能发生

主细胞能够在不含腺嘌呤的营养缺陷型培养基中生存，而不能够激活该报告基因表达的酵母 AH109 细胞不能合成腺嘌呤，不能在腺嘌呤的营养缺陷型培养基中生存，这样，大大减少筛选过程中出现的假阳性。

二、实验仪器及材料

1. 实验仪器

高速离心机（根据需要配有 500mL、50mL 圆柱形塑料离心管，温度根据需要也可调节）、常规微型离心机（用于离心 1.5mL 离心管）、洁净工作台、pH 计、水浴锅、温度计、恒温培养箱、摇床、150mm 塑料培养皿、100mm 玻璃培养皿、500mL 三角烧瓶、500mL 塑料离心管、涂棒、酸处理的玻璃珠。

2. 实验材料

(1) 实验所需的质粒

酵母诱饵表达载体 pGBKT7（含编码 GAL4 DBD 结构的序列以及筛选标记基因 *trp*）、酵母文库表达载体 pGADT7（含编码 GAL4 AD 结构的序列以及筛选标记基因 *leu*）、pCL1

质粒（含有编码 GAL4 DBD 和 AD 结构的序列以及筛选标记基因 *leu*）、pVA3（编码人 p53 第 72～390 位氨基酸，该片段能够与 pTD1-1 质粒编码的 SV40 大 T 抗原片段结合，同时编码筛选标记基因 *trp*）、pTD1-1（含有编码人 SV40 大 T 抗原第 86～708 位氨基酸的 cDNA 序列，以及筛选标记基因 *leu*）、pLamin（含编码 Lamin A 的 cDNA 序列以及筛选标记基因 *trp*）。在实验中，pCL1 质粒以及 pVA3 和 pTD1-1 质粒的共转染均能够激活报告基因 *HIS 3* 和 *MEL 1* 的表达，可作为实验的阳性对照；而 pVA3 和 pLamin 质粒的共转染不能够激活报告基因，作为实验的阴性对照。

（2）实验所需的化学试剂

酵母细胞株 AH109、大肠杆菌菌株 DH5α、质粒大量提取试剂盒、胶回收试剂盒、YPDA 培养基（包含或不包含琼脂粉，分别用于配制半固体或者液体培养基）、SD/-Trp、SD/-Trp/-Leu、SD/-Trp/-Leu/-Ade/-His 氨基酸缺陷型酵母培养基（包含或不包含琼脂粉，分别用于配制半固体或者液体培养基）、抗 GAL4 DBD 抗体、X-*α*-gal（可被半乳糖苷酶分解呈现蓝色）、*N*,*N*-二甲基甲酰胺、鲑精 DNA、*β*-巯基乙醇，3-AT（3-amino-1,2,4-triazole，3-氨基-1,2,4-三唑，为 *HIS 3* 编码产物的抑制剂，*HIS 3* 编码产物咪唑甘油磷酸脱水酶为组氨酸合成所必需）、藤黄节杆菌酶（Zymolyase）、DMSO、PEG 3350、CH_3COOLi、甘油等。

三、实验设计流程

酵母双杂交实验流程参见图 10-2。

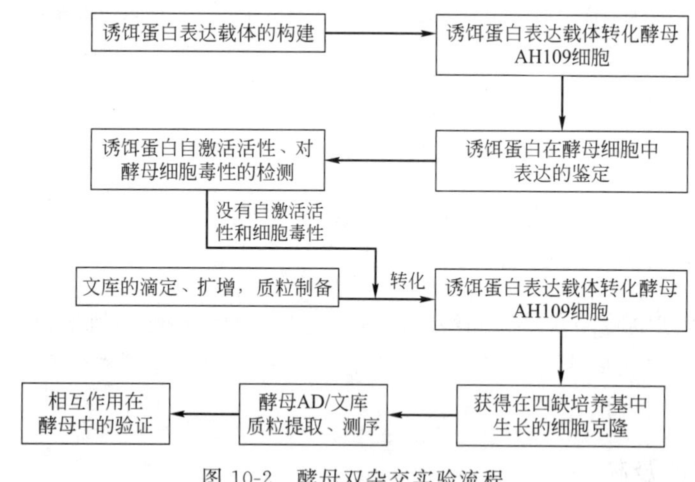

图 10-2 酵母双杂交实验流程

四、实验方法

1. 实验所需各试剂的配制

（1）YPDA 液体培养基/营养琼脂培养基

将 YPDA 培养基粉末溶于相应体积的去离子水中，将其 pH 调节至 6.5，121℃高压灭菌 15min，液体培养基冷却至室温后于 4℃保存，含琼脂粉的培养基倒入平板后于 4℃保存。

（2）SD/-Trp、SD/-Trp/-Leu、SD/-Trp/-Leu/-Ade/-His 液体培养基/营养琼脂培养基

将各氨基酸缺陷型培养基粉末溶于相应体积的去离子水中，将其 pH 调节至 5.8，121℃高压灭菌 15min，液体培养基冷却至室温后于 4℃保存，含琼脂粉的培养基倒入平板后于

4℃保存，如果需要在某种氨基酸缺陷型琼脂培养基中加入一定浓度的3-AT，则在培养基冷却至50℃左右时加入3-AT，混匀，再倒平板。

(3) X-α-gal溶液及其琼脂平板

将X-α-gal溶解于DMF（*N*,*N*-二甲基甲酰胺）溶液中至终浓度为20mg/mL，于－20℃避光保存。X-α-gal SD/营养缺陷型平板的制备：配制1L需要的SD/营养缺陷型培养基（含1.5%琼脂粉）并高压灭菌，冷却至55℃左右，加入1mL X-α-gal，混匀，倒平板，4℃避光保存；或者将X-α-gal稀释至4mg/mL，取100μL在预先倒好的10cm SD/营养缺陷型平板中，用涂棒涂匀。

(4) 酵母质粒提取相关溶液

酵母质粒提取孵育缓冲液：1.2mol/L山梨醇，100mmol/L pH 7.4磷酸盐缓冲液，溶Zymolyase (2.5mg/mL)；酵母质粒提取裂解缓冲液：2% Triton X-100，1% SDS，100mmol/L NaCl，10mmol/L Tris·HCl (pH 8.0)，1mmol/L EDTA (pH 8.0)。

2. 酵母冻存

取适量的酵母细胞培养液加入经高压灭菌的75%甘油至甘油浓度为25%，混匀，－70℃保存。

3. 诱饵蛋白表达载体的构建

根据编码诱饵蛋白的cDNA序列分析其限制性酶切图谱，结合诱饵蛋白表达载体的多克隆位点选择合适的酶切位点，并根据GAL4 DBD序列的相位设计含有该酶切位点的诱饵蛋白cDNA序列特异的上下游引物，根据实际需要以文库cDNA或者以其他含有该cDNA序列的质粒为模板，PCR扩增后用常规的分子生物学方法将其克隆入载体，以公司提供的诱饵蛋白表达载体的上游测序引物进行测序反应，经测序正确后进行后续实验。

4. 酵母的小量转化

(1) 酵母细胞的活化

在制备酵母感受态细胞之前，先将保存于－80℃的AH109细胞取出，用灭菌的枪头取少量冰冻的细胞于YPDA营养琼脂平板上划线（轻轻划线，不要将琼脂划破），将其于培养箱中30℃倒置培养。

(2) 酵母细胞感受态的制备

3～4d后取出平板，挑取几个克隆于1mL YPDA液体培养基中，用涡旋器振荡将其混匀，取少量接种至5mL YPAD培养液中，在摇床中30℃、200r/min过夜培养，实验操作步骤如图10-3。

酵母转化效率的计算：从上述的酵母重悬液中取少量分别稀释10倍、100倍、1000倍（稀释倍数设为a）制备一定体积的重悬液（体积设为b），取100μL（涂平板的体积设为c）涂于合适的氨基酸缺陷型营养琼脂平板，记录各平板中克隆的形成数量（设为d），转化酵母所用的质粒质量（μg）设为e，按下面公式计算转化效率（克隆/μg，以每μg DNA计）：$abd/(ce)$。

5. 诱饵蛋白在酵母细胞中表达的鉴定

将含诱饵蛋白的表达载体以及对照空载体转化酵母细胞AH109后，将其涂于SD/-Trp营养琼脂平板中，在30℃生长3～4d后，用枪头挑取几个克隆于1mL SD/-Trp液体培养基中，涡旋器振荡混匀，接种于5mL SD/-Trp液体培养基中，30℃培养1～2d，待培养液浑浊后，3000r/min离心5min，吸弃上清液，余下步骤按图10-4进行。

在 30mL YPAD 中加入适量过夜培养的细胞，混匀，取出少量测 OD_{600} 值，使其 OD 值在 0.2～0.3 之间

↓

30℃振荡培养 4h 左右，取出少量测 OD_{600} 值，使 OD_{600} 值在 0.4～0.6 之间（3h 左右测一次，防止培养过度，影响转化效率）

↓

将细胞收集于 50mL 离心管中，4℃、3000r/min 离心 5min

↓

尽量吸干培养液，加入 20mL ddH_2O 重悬细胞

↓

3000r/min 离心 5min

↓

配制 1×TE CH_3COOLi 混合液（10×TE：10×CH_3COOLi：H_2O=1：1：8）

↓

用配制好的 1×TE CH_3COOLi 混合液 350μL 重悬细菌

↓

将保存于－20℃的鲑精 DNA 取出，沸水浴 15min，立即放入冰中 3～5min，使其完全变性

↓

每管中加入 10μL 鲑精 DNA+0.1μg 质粒+100μL 感受态，混匀

↓

配制 1×TE：CH_3COOLi：PEG 混合液（10×TE：10×CH_3COOLi：50%PEG=1：1：8）

↓

每管中加入上述混合液 600μL，涡旋器振荡 10s

↓

30℃摇菌 45min

↓

加入 DMSO 70μL 混匀（移液器吹打，不能涡旋）

↓

42℃热激 20min

↓

冰浴 2min

↓

离心 3000r/min、5min

↓

弃上清液，加入 100μL 1×TE 混匀涂板（一缺 SD/-Trp）

↓

将平板倒置于培养箱中，30℃培养 3～4d

图 10-3 实验步骤

6. 诱饵蛋白在酵母细胞中自激活活性的鉴定

自激活活性是指诱饵蛋白由于自身具有转录激活活性，当其在酵母 AH109 细胞中表达后，就会激活报告基因如 *Ade*、*HIS 3*、*MEL 1* 等，这会严重干扰后续的筛选过程。

方法如下：将构建成功的表达诱饵蛋白的质粒与阳性对照质粒（具有自激活活性的质粒，或者用 pVA3+pTD1-1 共转），各取 0.1mg 转化 AH109，涂于 SD/-Trp/-Ade/-His/X-α-gal 琼脂平板（共转化的阳性对照组涂于 SD/-Trp/-Leu/-Ade/-His/X-α-gal），30℃生长 3～5d 后，观察诱饵蛋白质粒转化组是否变蓝以及是否能在 SD/-Trp/-Ade/-His/X-α-gal 平板中生长。

加入 20μL 裂解缓冲液悬浮细菌
(2%SDS 100mmol/L DTT，60mmol/L Tris pH 6.8)
↓
加入经酸处理的玻璃珠，比液面稍低，煮 2min
↓
加入 1μL 0.2mol/L PMSF
↓
涡旋器振荡 20s，置冰浴>20s
↓
重复上一步 5～6 次
↓
加入 30μL 裂解缓冲液，涡旋器振荡 20s
↓
沸水煮 3min，10000r/min 离心 10min
↓
取上清液，加入等体积的 2×SDS，进行 SDS-PAGE 蛋白电泳
↓
电泳结束后，用半干转移仪将蛋白质转移至硝酸纤维素膜，用抗 GAL4 DBD 抗体进行 Western Blot 反应，观察诱饵蛋白与 GAL4 DBD 形成的融合蛋白有无表达

图 10-4 实验步骤

7. 诱饵蛋白毒性的检测

诱饵蛋白有毒性的话，酵母细胞生长特别缓慢，因此，在筛选文库之前，需检测诱饵蛋白对酵母细胞生长是否有影响。

方法如下：分别将无诱饵蛋白表达的酵母表达载体以及表达诱饵蛋白的载体转化 AH109 细胞，涂于 SD/-Trp 平板，30℃生长 3～5d 后，观察两组平板中细胞的生长情况，诱饵蛋白如果具有毒性，转化形成克隆的体积会显著小于空载体转化细胞的体积。

8. 诱饵文库滴定、扩增，文库复杂度检测

(1) 文库滴定

将文库菌液置于冰上，等待其融化；轻轻颠倒混匀，取 1μL 至 1mL LB 中，轻轻混匀，该稀释液命名为 A ($1:10^3$)；从稀释液 A 中取出 1μL 至 1mL LB 中，轻轻混匀，该稀释液命名为 B ($1:10^6$)；从 A 中取出 1μL 至 50μL LB 中，混匀，涂于 LB/amp 平板中；从 B 中分别取出 50μL 和 100μL 涂于 LB/amp 平板中。将平板倒置，于 37℃培养 18～20h，或者于 30～31℃培养 36～48h，根据文库稀释液在平板中长出的菌落数计算平板的滴度，即：每毫升含有多少个细菌 (CFU/mL)，对稀释液 A 而言，文库滴度=集落形成数$\times 10^3 \times 10^3$；而对于稀释液 B 而言，文库滴度=集落形成数$\times 10^3 \times 10^3 \times 10^3$/倒平板所用的体积。

(2) 文库的扩增

首先根据文库的容量计算所需的 150mm 平板数量，通常每个 150mm 平板可生长 2×10^4 个细菌集落，扩增 3 倍于库容量的菌液，比如一个文库的库容量为 2×10^6，总计需筛选 $3\times 2\times 10^6$ 个集落，则需要 $3\times 2\times 10^6/(2\times 10^4)=300$ 块平板。

再根据文库的滴度计算所需要的文库菌液：如文库的滴度为 6×10^8/mL，需要 $3\times 2\times 10^6/(6\times 10^8)=10$μL 菌液。

再计算所需的 LB/amp 体积，每块平板涂 150μL，300 块平板共需 45mL LB。

将 10μL 菌液加入 45mL LB 中，混匀，涂平板，37℃培养 18～30h。每个平板中加入 5mL LB/甘油 (25%)，用细胞刮子将所有的细菌集落轻轻刮下，注意不要将琼脂刮下，将

所有扩增的文库菌液混于一个大的三角烧瓶中并混匀；取1/3体积的菌液（相当于3L过夜培养的细菌，可于4℃放置2周）用于质粒制备，余下部分可取1mL分装于1.5mL EP管中，−70℃保存，用于今后文库的扩增；余下部分可分装于50mL试管中，−70℃保存，用于质粒的制备。为了提高质粒的产量，可以用无amp的LB刮下菌落，将所有的菌液集中于一个三角烧瓶中，30～31℃、200r/min培养2～4h，再加入甘油至25%，余下步骤相同。

（3）文库复杂度的检测

在文库滴度测定中，从文库稀释液A转化的平板中随机挑取10个克隆，提取质粒，以其为模板，用CLONTECH公司提供的扩增插入片段的一对特异引物进行PCR反应，将PCR产物进行1%琼脂糖凝胶电泳，观察各条带大小的差异，若插入的大小不一，说明文库的复杂度比较好。

9. 文库转化

按图10-5所示操作步骤进行。

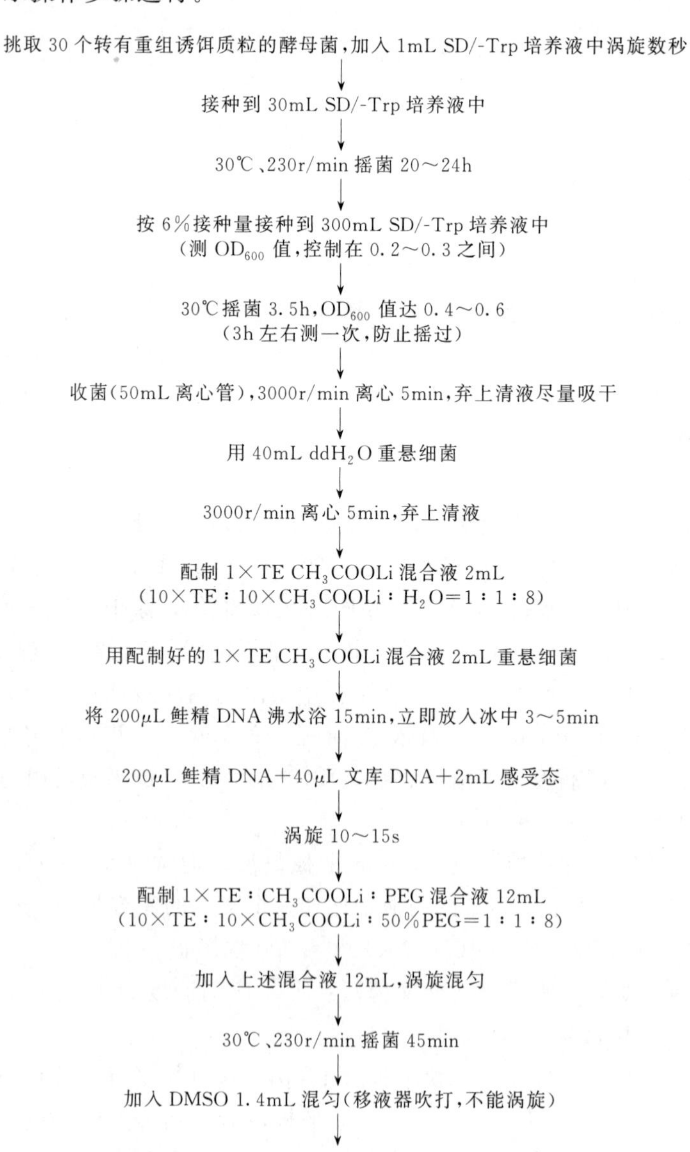

42℃热激，25min 间隔 5min 混匀一次
↓
冰浴 2min
↓
3000r/min 离心 5min，弃上清液
↓
15mL 1×TE 悬浮
↓
分别取 2μL、4μL 至 100μL SD/-Trp/-Leu 100mm 琼脂平板中，计算酵母转化效率；
其余各取 300μL 涂于 50 块 SD/-Trp/-Leu/-His/-Ade 琼脂平板中，倒置于培养
箱中 30℃培养 4 周左右

图 10-5　操作步骤

10. 假阳性的去除

由于生长在四缺培养基中的酵母细胞中可能含有几个 AD/文库质粒，因此，待转化的酵母细胞在 SD/-Trp/-Leu/-His/-Ade 琼脂平板中生长四周左右后，挑取呈白色、圆润的细胞在 SD/-Trp/-Leu 琼脂平板中划线 2～3 次（用于分离不同的 AD/文库质粒），在 30℃生长 4～6d 后，可以观察到蓝白不一的克隆，挑取蓝色克隆在 SD/-Trp/-Leu/-His/-Ade/X-α-Gal 平板中划线，30℃生长 4～6d 后挑取生长旺盛且呈蓝色的克隆，并继续在 SD/-Trp/-Leu/-His/-Ade 平板中划线，在 30℃生长 4～6d 后，可挑取部分克隆于 SD/-Leu 液体培养基中培养，提取质粒，余下部分用封口膜密封，可于 4℃保存 4 周左右。

11. 酵母质粒的提取

按图 10-6 所示操作步骤进行。

取培养过夜的酵母菌 2mL，13000r/min 离心 10s，弃上清液
↓
加入 20μL 裂解液（冰上操作）
↓
37℃水浴 20min
↓
加入 200μL 酵母裂解液，涡旋器振荡 2min
↓
再加入适量玻璃珠（玻璃珠略低于液面）、100μL 氯仿、100μL Tris 饱和酚
↓
涡旋器振荡 2min
↓
14000r/min 于 4℃离心 5min
↓
将上清液转移至一干净的 1.5mL 离心管中，加入等体积的中和液（提质粒试剂盒中的即可，
主要用于降低溶液中的 pH，增加质粒与吸附柱的结合能力）
↓
室温静置 5min
↓
12000r/min 离心 1min
↓
加入 700μL 洗液洗柱子 2 次
↓
换新的 1.5mL 离心管，加入预热的 50μL 0.1×TE
↓
12000r/min 离心 2min
－20℃保存或者直接转化大肠杆菌感受态细胞 DH5α

图 10-6　操作步骤

12. 相互作用在酵母中的验证

将提取的文库质粒与表达诱饵蛋白的质粒以及文库质粒与空载体 pGBKT7 共转化酵母细胞 AH109，分别涂于 SD/-Trp/-Leu/-His/-Ade 以及 SD/-Trp/-Leu 平板中 30℃生长 4～6d，挑取 SD/-Trp/-Leu 平板中的克隆在 SD/-Trp/-Leu/X-α-gal 平板中划线，30℃生长数小时后观察颜色变化，在 SD/-Trp/-Leu/-His/-Ade 平板中生长旺盛并在 SD/-Trp/-Leu/X-α-gal 平板中呈蓝色的克隆即为阳性克隆，在实验中需同时共转染 pTD1-1＋pVA3 作为阳性对照，pTD1-1＋pLamin3 作为阴性对照以排除实验中出现的疏漏并进一步确认实验结果。

13. 阳性质粒的测序，通过 NCBI Blast 分析去除相位不正确的质粒

根据 Invitrogen 公司提供的文库质粒载体 pGADT7 的序列信息，分别设计上游和下游测序引物，以便对筛选的质粒中插入的靶基因 cDNA 片段进行测序，将序列在 NCBI 网站进行基因同源性分析（BLAST）后得到某一基因的 Genebank 号并打开该基因的介绍网页，根据测到的基因序列与 GAL4 AD 序列的融合位置并结合其在基因编码区自起始密码子 ATG 后的相位分析得到的基因序列是否与 GAL4 AD 序列进行了正确的融合，剔除错误融合的质粒，将相位正确的序列进行后续分析，如将其克隆至真核表达载体转染细胞进行免疫共沉淀分析等后续研究。

五、实验结果说明

下面以人组蛋白 H2A、H2B、H3、H4 作为诱饵蛋白从乳腺组织文库中筛选其相互作用蛋白为例进行说明。

1. 组蛋白 H2A、H2B、H3、H4 酵母诱饵表达载体的构建

组蛋白 H2A、H2B、H3、H4 编码蛋白的 cDNA 经 PCR 扩增、酶切后与经同样酶切处理的酵母诱饵表达载体 pGBK-T7 连接，用菌液 PCR 方法筛选阳性克隆，提取质粒，用 H2A、H2B、H3、H4 各自的引物进行扩增（见表 10-1），各质粒均扩增出大小为 300bp 左右的片段，提示各 cDNA 片段均正确插入 pGBK-T7 载体（由于组蛋白 cDNA 片段较小，双酶切鉴定后切出的条带特别弱，故用 PCR 扩增的方法进一步鉴定），结果见图 10-7，为进一步分析插入的各 cDNA 片段有无突变，对各重组质粒进行测序分析，将测序结果在 NCBI 网站进行同源性分析，发现各 cDNA 片段与其对应的组蛋白编码区 cDNA 同源性均为 100%，表明没有发生点突变。

表 10-1 用于构建组蛋白 H2A、H2B、H3、H4 诱饵表达载体的各组引物

组蛋白	引 物
H2A	上游：5′-ccggaattcatgtctggac gtggcaag-3′
	下游：5′-cgcggatccttacttgcccttagctttgt-3′
H2B	上游：5′-ccggaattc atgcctgaac cagtcaaatc-3′
	下游：5′-cgcggatcctcacttggagctggtatac-3′
H3	上游：5′-ccggaattc atggctcgta caaagcaga-3′
	下游：5′-cgcggatcc ttaagcacgttctccacgt-3′
H4	上游：5′-ccggaattcatgtctgggcgaggtaaag-3′
	下游：5′-cgcggatcctcaaccgccgaaaccataaa-3′

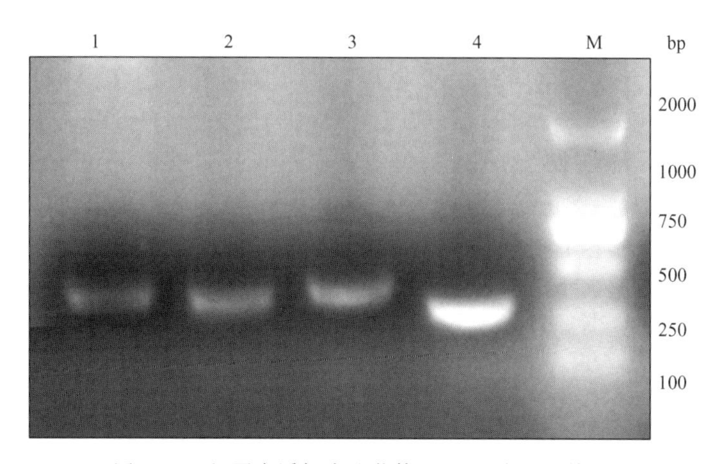

图 10-7　组蛋白诱饵表达载体 PCR 鉴定的电泳图

1～4—H2A、H2B、H3、H4 cDNA PCR 扩增条带；M—DL2000 标准分子量

2. 组蛋白 H2A、H2B、H3、H4 对酵母细胞毒性的检测

分别将无诱饵蛋白表达的酵母表达载体以及表达组蛋白 H2A、H2B、H3、H4 诱饵蛋白的载体转化至酵母 AH109 细胞中，涂于 SD/-Trp 平板，30℃生长 3～5d 后，发现与空载体相比，转化 H2B 诱饵表达载体的酵母细胞克隆体积非常小，而转化 H2A、H3、H4 诱饵表达载体的酵母细胞克隆体积相似，说明 H2B 诱饵蛋白能显著抑制酵母细胞的生长，不适合进行下一步的筛选实验。

3. 组蛋白 H2A、H2B、H3、H4 在酵母细胞中的表达

用 CH_3COOLi 介导法将各组蛋白诱饵表达载体转化酵母细胞 AH109，每种组蛋白载体各提 3 组质粒分别转化，转化后的酵母细胞在营养缺陷型 SD/-Trp 琼脂平板中生长，结果发现，H2A、H3、H4 表达载体转化的酵母在平板上均长出克隆，而 H2B 载体转化的酵母细胞则没有克隆长出，实验同时设 pGBK-T7 载体以及 pGBK-p53 片段的载体转化酵母 AH109 细胞作对照。将长出的不同平板中的克隆转接至 SD/-Trp 液体培养基中培养，进一步提取蛋白质，进行蛋白质电泳，用 DBD 抗体进行 Western Blot 反应，结果见图 10-8，可见空载体转化的酵母细胞表达了分子量约为 20000 的 GAL4 分子 DBD 结构域片段，在阳性对照转化的细胞中可见 DBD 与 p53 片段的融合，H2A 和 H2B 的细胞未见任何表达条带，H4 转化的 3 组酵母细胞中有 2 组表达了分子质量约为 30kDa 的蛋白质，与预期相符，H4 含 104 个氨基酸，分子质量约为 11kDa，GAL4 DBD 分子质量约为 20kDa，二者融合分子质量约为 30kDa。

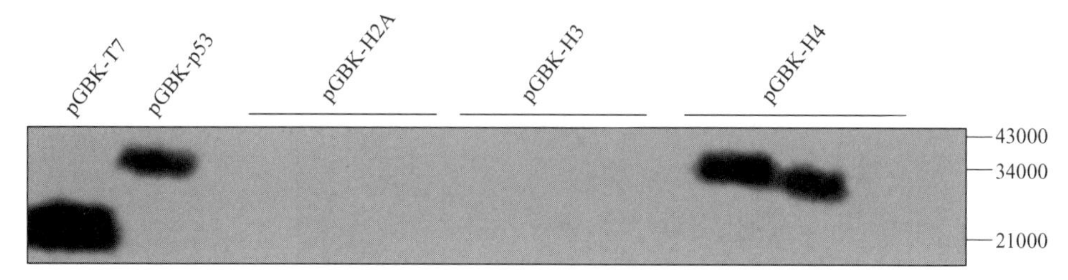

图 10-8　各组蛋白诱饵表达载体在酵母细胞中的表达

4. 组蛋白 H4 自激活能力的检测

(1) 组蛋白 H4 转化的酵母 AH109 细胞在营养缺陷型 SD/-Trp/-Leu/-His/-Ade 琼脂平

板中生长能力的检测

用 CH_3COOLi 介导法在酵母细胞中分别转化 3 组质粒：组蛋白 H4 诱饵表达载体＋pGAD-T7、p53 诱饵表达载体＋pGADT7-T（阳性对照）、p53 诱饵表达载体＋pGADT7-LaminA（阴性对照）。将转化后的每组酵母细胞取一半涂于 SD/-Trp/-Leu 琼脂平板，一半涂于 SD/-Trp/-Leu/-His/-Ade 琼脂平板中，3d 后发现这三个转化组均能在 SD/-Trp/-Leu 平板中生长，而在四缺培养基中只有阳性对照组出现酵母细胞克隆，阴性对照和组蛋白诱饵表达载体转化组均无细胞克隆出现（见图 10-9）。

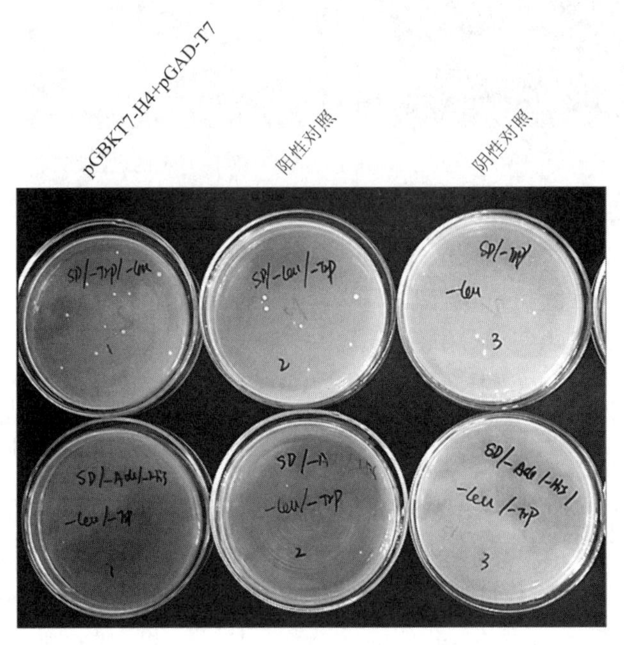

图 10-9　组蛋白 H4 转化的酵母 AH109 细胞在营养缺陷型琼脂平板中的生长情况（见彩图）

（2）X-α-gal 实验

分别从 SD/-Trp/-Leu 双缺琼脂平板中挑取上述三组转化的酵母细胞克隆，轻轻在含 X-α-gal 的 SD/-Trp/-Leu 双缺琼脂平板上划线，于 30℃培养，3h 后，从图 10-10 可以看出

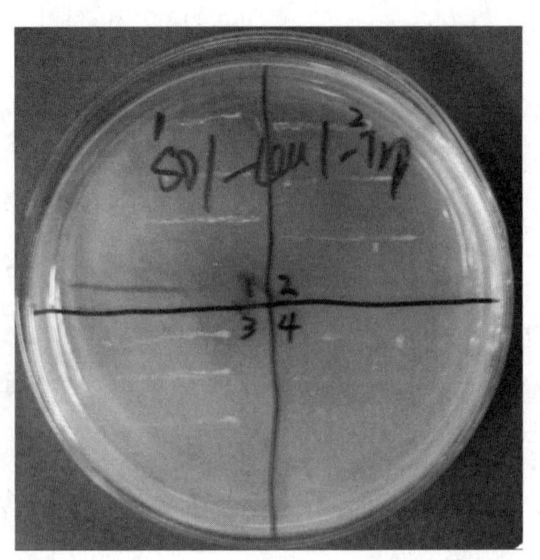

图 10-10　X-α-gal 实验（见彩图）

1—组蛋白 H4 转化的酵母 AH109 细胞；2—阳性对照；3—阴性对照；4—无酵母细胞的空白对照

阳性对照的细胞划线处出现很明显的蓝色，而阴性对照和组蛋白诱饵表达载体转化的细胞周围均无蓝色出现，说明组蛋白 H4 在酵母细胞中不能发挥自激活活性，可以进行后续的双杂交筛选工作。

5. 乳腺文库的滴定

根据四、实验方法 8.(1) 文库滴定，在 A 平板中共长出 400 个克隆，B 平板长出 20 个克隆，C 平板大约有 40 个克隆，根据公式，该文库的滴度大约为：4×10^8 个克隆/mL。

6. 胎肝文库的扩增

根据文库的说明书，该文库的库容量为 1.5×10^6，总计需筛选 $3\times1.5\times10^6$ 个集落，则需要 $3\times1.5\times10^6/(2\times10^4)=225$ 块平板。

再根据文库的滴度计算所需要的文库菌液：如文库的滴度为 4×10^8，需要 $3\times2\times10^6/(4\times10^8)=15\mu L$ 菌液。

再计算所需的 LB/amp 体积，每块平板涂 150μL，300 块平板共需 45mL LB。

将 15μL 菌液加入至 45mL LB 中，混匀，涂平板，37℃培养 18～30h。用于质粒的制备。

7. 文库复杂度的检测

从文库稀释液 A 转化的平板中随机挑取 10 个克隆，提取质粒，以其为模板，用 CLONTECH 公司提供的扩增插入片段的一对特异引物进行 PCR 反应（上游引物序列为 5′-CTATTC GATGATGAAGATACCCCACCAAACCC-3′；下游引物序列为 5′-GTGAACTT-GCGGGGTTTTTCAGTATCTACGAT-3′），将 PCR 产物进行 1%琼脂糖凝胶电泳，可以见到文库中含有大小不同的 cDNA 片段，说明文库的复杂度比较好，见图 10-11。

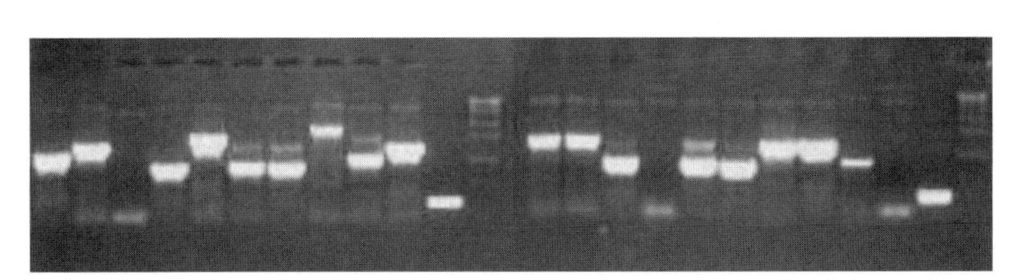

图 10-11 人乳腺文库复杂度的检测

8. 文库的筛选

在已经转化组蛋白 H4 的酵母 AH109 细胞中，按照四、实验方法 9. 文库转化，将胎肝文库质粒转化至酵母细胞中，涂至 SD/-Trp/-Leu/-Ade/-His 营养缺陷型平板中，于 30℃培养 20d 左右，共有 35 个克隆生长，再取其少量于 SD/-Trp/-Leu/-Ade/-His 营养缺陷型平板中划线，结果共有 27 个克隆生长，将这些克隆接种至 SD/-Leu 液体培养基中于 30℃振荡培养，待培养液浑浊，提取质粒，共提取到 21 个质粒，分别将这些质粒与 H4 诱饵蛋白表达质粒以及空载体质粒共转染酵母 AH109 细胞，结果有 4 个质粒与空载体质粒共转染酵母 AH109 细胞后，酵母细胞能够在 SD/-Trp/-Leu/-Ade/-His 营养缺陷型平板中生长，表明它们自身具有激活报告基因的功能，不能对其进一步分析；5 个质粒与 H4 诱饵蛋白表达质粒以及空载体质粒共转染的酵母 AH109 细胞均不能在 SD/-Trp/-Leu/-Ade/-His 营养缺陷型平板中生长，表明这 5 个质粒为假阳性质粒；12 个质粒与 H4 诱饵蛋白表达质粒共转染的酵母细胞在四缺培养基中可以生长，而与空载体质粒共转染的酵母 AH109 细胞则不能在四缺培养基中生长。随后对这 12 个候选质粒进行了测序分析（以下结果略）。本次从人乳腺文库中成功筛选到了与组蛋白 H4 相互作用的蛋白质，为组蛋白 H4 的调控研究提供了新的线索。

六、疑难解析

在具体实验中，有些细节需要注意。

① 在文库滴定前，倒的 LB 营养琼脂平板应当在室温干燥 2～3d 或者在 30℃干燥 3h 再进行滴定实验。若平板表面有水滴，会导致菌落涂得不均匀。

② 在文库扩增中要将 LB 营养琼脂平板倒得厚一些，以保证待扩增的细菌较好的营养条件，还要注意使平板保持水平，以保证各菌落能够均一地生长。

③ 酵母转化效率太低。用新鲜活化的酵母细胞；重新提取待转化质粒；再将感受态细胞热休克和冰浴之后，离心、去除上清液，加入 YPDA 培养基，30℃、230r/min 振荡培养 1h，1000*g* 离心 5min 后去除上清液，再加入 TE 溶解后涂平板，这样，酵母细胞经过回复后转化效率会提高。

④ 诱饵蛋白具有自激活活性。可将诱饵蛋白进行缺失突变，去掉具有转录激活活性的区域再进行筛选或者在筛选时在 SD/-Trp/-Leu/-Ade/-His 营养缺陷型琼脂平板加入合适浓度的 3-AT，使诱饵蛋白自身转化的酵母细胞不能在此培养基中生长，而只有当诱饵蛋白与候选质粒编码的蛋白质发生相互作用后才能激活 *HIS 3* 报告基因，使酵母细胞生长。

⑤ 诱饵蛋白对酵母细胞有毒性。将诱饵蛋白表达载体换为表达水平较低的载体，或者进行缺失突变分析，去除对细胞有毒性的片段。

⑥ 筛选到的阳性克隆特别多。培养基可能不正确或者诱饵蛋白有微弱的自激活活性，在 SD/-Trp/-Leu/-Ade/-His 营养缺陷型琼脂平板加入合适浓度的 3-AT。

⑦ 筛选到的酵母克隆在四缺平板中生长缓慢，需要 20～30d 才能长为较合适的克隆，酵母培养时要在培养箱中加水，防止培养基蒸发，否则阳性克隆会干死。

⑧ 酵母质粒提取过程中有时产量太低，转化的 DH5α 不能在氨苄抗性的 LB 平板中生长，此时可考虑在质粒提取时，在裂解液中加入 P3（普通质粒提取试剂盒中的溶液），然后再将其转移至质粒提取的纯化柱子中；在用 TE 洗脱质粒时可将 TE 加热至 50℃左右以提高洗脱效率。

⑨ 在对筛选到的质粒克隆进行共转染验证时，注意要同时共转染阴性对照组和阳性对照组，同时将候选质粒分别与诱饵蛋白质粒以及空载体质粒或者无关蛋白质粒共转染以充分确定候选质粒编码的蛋白质与诱饵蛋白在酵母细胞中的相互作用，减少对后续工作的干扰。

（张　浩　陈立涵　蔺　静　叶棋浓　编）

第二节　GST 沉降

一、实验基本原理

GST 沉降（pull-down）是体外用于检测蛋白质与蛋白质之间相互作用的实验方法，可以验证两个已知蛋白质的相互作用或者筛选与已知蛋白质相互作用的未知蛋白质。GST 沉降方法的基本原理是：利用重组技术将探针蛋白与 GST（glutathione S transferase，谷胱甘肽 S 转移酶）融合，融合蛋白通过 GST 与固相化在载体上的 GTH（glutathione，谷胱甘肽）亲和结合。因此，当与融合蛋白有相互作用的蛋白质通过色谱柱时或与此固相复合物混合时就可被吸附而分离。如果一开始待检蛋白就和 GST-融合探针蛋白与 GTH 琼脂糖珠一起共同孵育，经离心收集洗脱复合物，洗涤后再加入过量 GTH 获得相互作用蛋白的复合物，那么这种方法则称为 GST 沉降（见图 10-12）。GST 沉降方法的优点是敏感，对混合物中的所有蛋白质均“一视同仁”，也可用于受体功能的鉴定。缺点是 GST 有可能影响融合蛋白的空间结构，另外，蛋白质浓度对实验也有一定的影响。

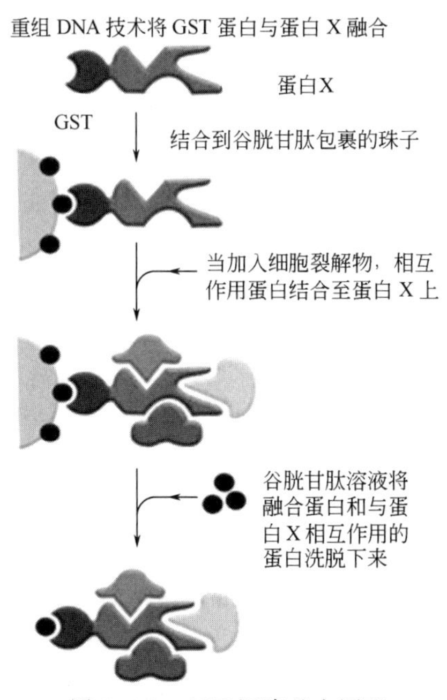

图 10-12 GST 沉降基本原理

二、实验基本步骤

GST 沉降按照需要检测蛋白质来源的不同，分为两个原核表达蛋白之间的 GST 沉降分析，一个原核表达蛋白与一个真核表达蛋白之间的 GST 沉降分析，以及一个为原核表达蛋白一个为体外翻译获得蛋白之间的 GST 沉降分析。下面依次介绍这几种情况。

1. 两个原核表达蛋白之间的 GST 沉降分析

两个蛋白质要求分别带有不同的标签，如 A 蛋白若构建在 pGEX-KG 载体上，表达 GST-A，那么 B 蛋白则可构建在 pET-28a 上，表达 His-B。

（1）主要试剂与材料

NaCl，KCl，Na_2HPO_4，KH_2PO_4，IPTG，PMSF，cocktail，苯甲脒（Benzamidine），GST 琼脂糖珠，Ni-NTA 珠子。

2×pre-TGEM 配方：

Tris 8.0 1mol/L	40mL	$MgCl_2$ 1mol/L	10mL
甘油	400mL	NP-40	2mL
EDTA 0.5mol/L	4mL	加 ddH_2O 至	1L

A 液配方：

2×pre-TGEM	50mL	ddH_2O	46.1mL
NP-40	0.9mL	0.2mol/L PMSF	500μL
5mol/L NaCl	3mL	苯甲脒	100μL
1mol/L DTT	100μL		

B液：100mL A液+4mL 5mol/L NaCl。

（2）基本步骤

① GST蛋白的表达与纯化。

a. 活化菌。接种5mL菌加入250mL LB中（含有氨苄西林1∶1000），30℃培养约6h，至OD_{600} 0.5～0.6时，加入0.1mmol/L IPTG，20℃培养大约10h。

b. 收菌，5000r/min离心20min。

c. 15mL B液（每300mL培养物）+1.5μL溶菌酶（100μg/mL），冰上裂解15min。

d. 4℃间断超声破碎（预先冰浴30min）。

e. 预平衡GST琼脂糖珠。A液洗4次，每次体积为珠子的3倍，3000r/min离心2min，弃上清液。

f. 将超声破碎的菌液10000r/min离心15min，收集离心后上清液。

g. 将平衡好的GST琼脂糖珠加入收集好的离心后上清液中，4℃结合3～4h。

h. 将结合完毕的离心管3000r/min离心2min，去上清液，将珠子转移到1.5mL管中3000r/min离心2min，去上清液。

i. 用B液1mL洗3次，每次10min。

j. 加入100μL A液，4℃保存。

② His融合蛋白的表达与纯化。

a. 将表达融合蛋白的质粒转入BL21DE3中，挑单克隆于5mL LB培养基中，37℃摇菌过夜。第二天，5mL菌加入250mL LB中（含氨苄西林1∶1000），30℃培养约6h，至OD_{600} 0.5～0.6时，加入0.1mmol/L IPTG，20℃培养大于10h。

b. 其余步骤均与GST融合蛋白表达与纯化的步骤一致，唯一不同在于2×pre-TGEM配方不同，其配方中不含EDTA。

③ 体外蛋白质结合分析。

a. 将结合有GST融合蛋白的谷胱甘肽琼脂糖凝胶（Glutathione Sepharose）4B悬浮在500μL A液中，加入20～30μL含有其他蛋白的溶液，如纯化好的His融合蛋白溶液，同时采用结合有GST空蛋白的谷胱甘肽琼脂糖凝胶4B平行操作作为对照。

b. 在水平摇床上，晃动4h。

c. 离心（3000r/min，2min），吸去上清液，注意不要扰动底层的琼脂糖凝胶。

d. 加入500μL A液对琼脂糖凝胶进行洗涤。注意加入A液时要贴壁加，不要直接冲击琼脂糖凝胶，随后轻柔晃动，使琼脂糖凝胶重悬即可。

e. 低速离心（3000r/min，2min）吸去上清液，注意不要扰动底层的琼脂糖凝胶，重复洗涤2～3次。

f. 吸干琼脂糖凝胶上方的水层后，加入20～30μL 2×蛋白电泳上样缓冲液，沸水浴4min，冻存于−20℃。

g. 做SDS-PAGE和Western Blot检测另一个蛋白质。

2. 一个原核表达蛋白与一个真核表达蛋白之间的GST沉降分析

（1）原核表达蛋白的表达与纯化同前

（2）真核融合蛋白B的获得

① 将编码B蛋白的碱基序列克隆到编码标签蛋白（如HA、myc或Flag）的真核表达载体上，进行细胞转染，48h后，收集细胞，进行裂解。

② 加入 500μL 裂解液（可用免疫共沉淀缓冲液），4℃放置 30min。

③ 吹打收集至 1.5mL EP 管，超声破碎。13000r/min，15min，4℃离心取上清液，留取 30μL 作为输入量。

④ 取 30～50μL 纯化好的 GST 融合蛋白溶液，同时采用结合有 GST 空蛋白的谷胱甘肽琼脂糖凝胶 4B 平行操作作为对照，加入离心好的上清液中，4℃色谱柜旋转结合 4h。

⑤ 4℃ 下 3000r/min 离心 3min，去上清液。用 IP 缓冲液洗 4 次，第一次 10min，后三次各 30min，珠子用等体积 2×SDS 轻轻混匀后，－20℃保存或煮 10min 后离心，跑 SDS PAGE，做 Western Blot 检测。

3. 一个为原核表达蛋白一个为体外翻译获得蛋白之间的 GST 沉降分析

（1）原核表达蛋白的表达与纯化同前

（2）体外翻译

按 Promega 公司提供的说明在以下体系中转录、翻译目标蛋白。

40μL TnT T7 Quick master Mix（含兔网织红细胞提取液、反应缓冲液、RNA 聚合酶、RNA 酶抑制剂、不含甲硫氨酸的氨基酸混合液），2μL [^{35}S] -甲硫氨酸（试剂盒中的母液），2μg 重组质粒，用无核酸酶的水调至总体积为 50μL，30℃保温 90min，得到^{35}S 标记蛋白。

（3）结合

取上述吸附有 GST 融合蛋白的琼脂糖凝胶小颗粒 10μL（约含目标蛋白 10μg）和 10μL 体外翻译产物加入 0.5mL 结合缓冲液中，4℃结合 3h。

（4）洗脱

3000r/min 离心，4℃，5min，弃上清液液。用上述结合缓冲液洗琼脂糖凝胶小颗粒 3 次，每次 10min，弃上清，洗脱未结合的蛋白质。

（5）SDS-PAGE 电泳

向上述洗脱完毕的琼脂糖凝胶小颗粒加入 2×SDS 上样缓冲液 10μL，煮沸 10min，进行 SDS-PAGE 电泳。

（6）显影

凝胶干燥仪干燥后，用 X 光胶片曝光显影。

三、实验举例

1. 两个原核表达蛋白之间的 GST 沉降分析

（1）实验目的

验证人微管相关蛋白 1 轻链 3 亚型 B（microtubule-associated protein 1 light chain 3，LC3B）与自噬相关蛋白 ATG4B 在体外的直接相互作用。LC3B 主要参与哺乳动物细胞自噬体的形成。通过 LC3B-Ⅰ/LC3B-Ⅱ蛋白水平的变化可以间接判断自噬是否发生。ATG4B 是一种半胱氨酸蛋白酶，在细胞发生自噬的过程中，通过与 LC3B 相互作用、剪切和去脂作用调节 LC3B 蛋白的脂化修饰[7]。

（2）实验材料

大肠杆菌 *E. coli* DH5α、Rossetta（DE3）菌种、pGEX-KG 质粒、pET-28a 质粒（实验室保存质粒），DNA 电泳凝胶回收试剂盒、DNA 分子量标记、蛋白分子量标记购自 Tiangen 公司，限制性内切酶购自 TaKaRa 公司。GST 琼脂糖亲和珠（GST beads）、Ni-NTA 珠购自 Pharmacia 公司。His 标签鼠单克隆抗体及 HRP 标记羊抗鼠二抗购自 Sigma 公司。

（3）实验步骤

pGEX-KG-LC3B 与 pET-28a-ATG4B 原核表达载体的构建如下。

① 人 LC3B 和 ATG4B 基因编码区序列的扩增。以人乳腺文库为模板，根据 NCBI 人 LC3B 和 ATG4B 编码序列合成引物。LC3B 上游引物：5′-CGGGATCCATGCCGTCGGAGAAGACCT-TCA-3′；LC3B 下游引物：5′-CGGAATTCTTACACTGACAATTTCATCC-3′。ATG4B 上游引物：5′-CGGGATCCATGGACGCAGCTACTCTGACCTAC-3′；ATG4B 下游引物：5′-CG-GAATTCTCAAAGGGACAGGATTTCAAAGTC-3′。利用 PCR 技术扩增目的基因编码序列，条件如下：95℃预变性 5min，95℃变性 30s、58℃退火 30s、72℃延伸 45s，共 30 个循环，72℃再延长 7min。以 10g/L 琼脂糖 DNA 胶检测 PCR 产物，并用 DNA 胶回收试剂盒回收目的片段。结果显示，获得与 LC3B 预期片段大小（约 400bp）和 ATG4B 预期片段大小（约 1100bp）一致的 PCR 产物（见图 10-13）。

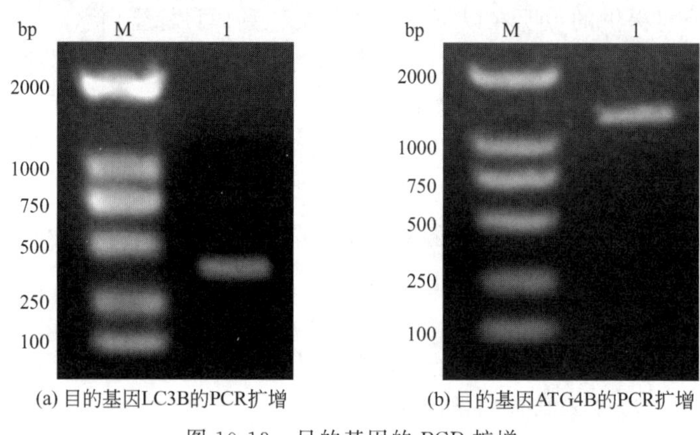

(a) 目的基因LC3B的PCR扩增　(b) 目的基因ATG4B的PCR扩增

图 10-13　目的基因的 PCR 扩增

M—DNA 分子量标记（DL2000）；1—退火温度在 60℃时的 PCR 产物

② 重组质粒的构建及原核表达鉴定。用限制性内切酶 *Bam*HⅠ、*Eco*RⅠ（37℃）双酶切 LC3B 的 PCR 产物及载体 pGEX-KG；用 *Bam*HⅠ、*Eco*RⅠ（37℃）双酶切 ATG4B 的 PCR 产物及载体 pET-28a（＋），直接胶回收 PCR 产物，酶切载体经 DNA 胶检测后回收。酶切产物和载体经 T4 DNA 连接酶 16℃连接 4h。将连接产物转化大肠杆菌 DH5α，挑选单克隆并提质粒，将 *Bam*HⅠ和 *Eco*RⅠ双酶切鉴定正确的质粒送北京博迈德生物公司测序。酶切鉴定结果显示，pGEX-KG-LC3B 可切出 2 条长度分别约为 5000bp 和 400bp 的条带，且相应的 pGEX-KG 空载体经酶切只见大片段，符合预期结果（见图 10-14），表明人 LC3B 基因的编码序列成功插入载体 pGEX-KG 上游的多克隆位点中。pET-28a-ATG4B 可切出 2 条长度分别约为 5000bp 和 1100bp 的条带，且相应的 pET-28a 空载体经酶切只见大片段，符合预期结果（见图 10-14），表明人 ATG4B 基因的编码序列成功插入载体 pET-28a 上游的多克隆位点中。DNA 测序结果表明目的片段与已知序列完全一致，且无突变发生。

③ 重组质粒 pGEX-KG-LC3B 和 pET-28a-ATG4B 的小量诱导表达鉴定。将重组质粒 pGEX-KG-LC3B 和 pET-28a-ATG4B 分别转化 Rossate 菌，挑克隆并摇菌，加入 IPTG 37℃小量诱导，收集诱导前后的菌体经 SDS-PAGE 鉴定和 Western Blot 检测，结果表明 GST-LC3B（见图 10-15）和 His-ATG4B 融合蛋白表达正确（见图 10-16）。

④ 利用 GST-琼脂糖 4B 亲和珠对 GST-LC3B 进行纯化，考马斯亮蓝染色鉴定结果显示，GST-琼脂糖 4B 亲和珠纯化效果较好，获得一定纯度的 GST-LC3B 融合蛋白［见图 10-17(a)］。

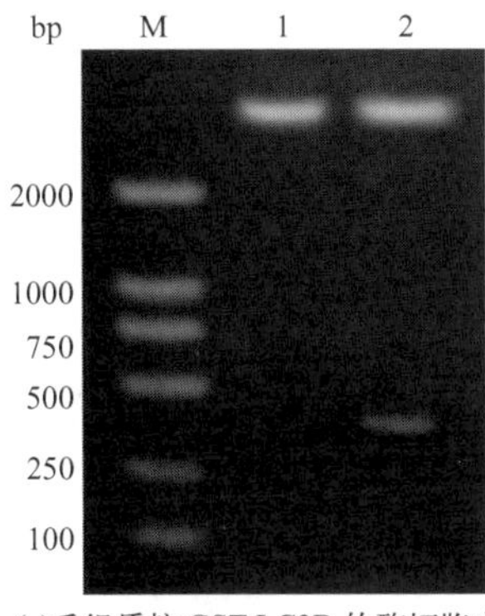

(a)重组质粒 GST-LC3B 的酶切鉴定
M—DNA分子量标记；1—pGEX-KG空载体+*Bam*HⅠ+*Eco*RⅠ；2—pGEX-KG-LC3B+*Bam*HⅠ+*Eco*RⅠ

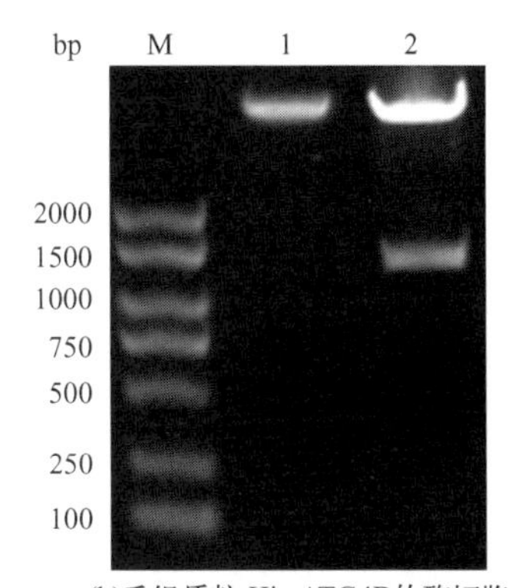

(b)重组质粒 His-ATG4B的酶切鉴定
M—DNA分子量标记(BM 2000)；
1—pET28a(+)空载体+*Bam*HⅠ+*Eco*RⅠ；
2—pET-28a(+)-ATG4B+*Bam*HⅠ+*Eco*RⅠ

图 10-14　重组质粒的酶切鉴定

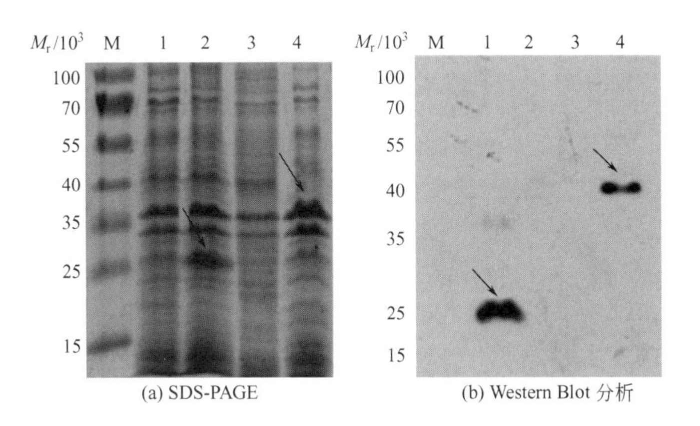

图 10-15　GST-LC3B 融合蛋白的 SDS-PAGE 和 Western Blot 分析

M—蛋白分子量标记；1—Rossate（pGEX-KG 空载体）诱导前；2—Rossate（pGEX-KG 空载体）诱导后；3—Rossate（pGEX-KG-LC3B）诱导前；4—Rossate（pGEX-KG-LC3B）诱导后；箭头所示位置为表达的相应蛋白条带

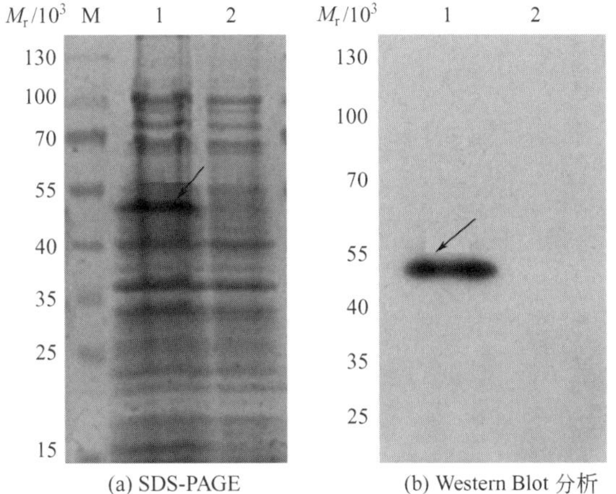

图 10-16　pET-28a（＋）-ATG4B 融合蛋白的 SDS-PAGE 和 Western Blot 分析

M—蛋白分子量标记；1—Rossate［pET-28a（＋）-ATG4B］诱导前；2—Rossate［pET-28a(＋)-ATG4B］诱导后；箭头所示位置为表达的相应蛋白条带

利用 Ni-NTA 亲和珠纯化 His-ATG4B 融合蛋白，考马斯亮蓝染色结果显示 His-ATG4B 融合蛋白纯化成功［见图 10-17(b)］。

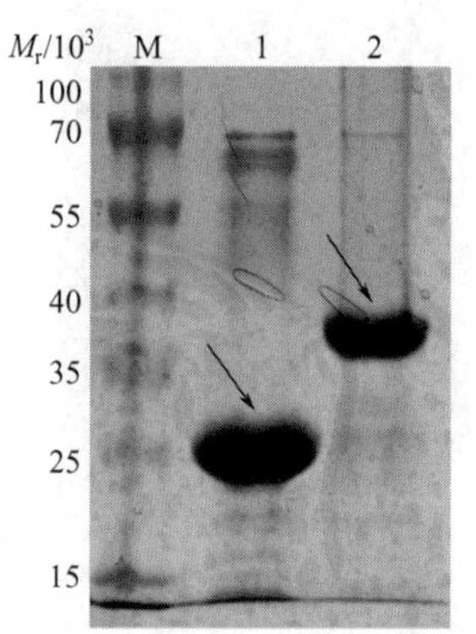

(a) 纯化的GST-LC3B融合蛋白的SDS-PAGE分析
M—蛋白分子量标记；1—GST空载体蛋白；2—GST-LC3B融合蛋白

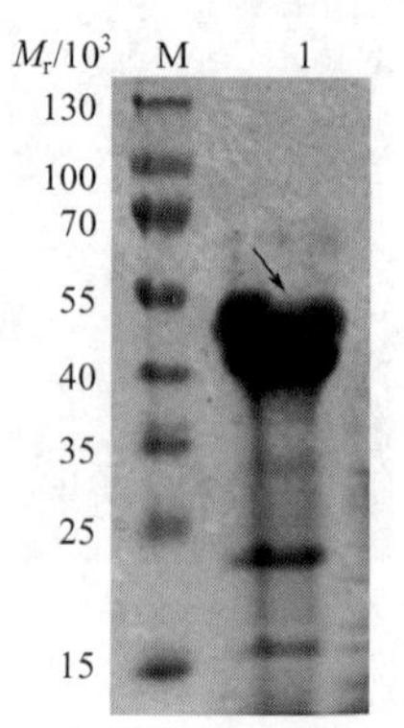

(b) 纯化的His-ATG4B融合蛋白的SDS-PAGE分析
M—蛋白分子量标记；1—His-ATG4B融合蛋白

图 10-17　纯化的融合蛋白的 SDS-PAGE 分析

⑤ GST 沉降分析。为证实 GST-LC3B 蛋白和 His-ATG4B 蛋白在体外的直接相互作用，用咪唑将 His-ATG4B 蛋白从 Ni-NTA 柱洗脱下来，与 GST 及 GST-LC3B 纯化珠子 4℃ 旋转结合 3～4h，收集珠子经 Western Blot，利用 His 标签鼠单克隆抗体 αm-His（1∶5000）及 HRP 标记羊抗鼠二抗 αm（1∶2000）进行检测，结果显示，在符合 ATG4B 蛋白（Mr）大小为 47000 左右的位置显示出特异性条带（见图 10-18），而 GST 空载体蛋白在同一位置无此条带，说明 LC3B 蛋白与 ATG4B 蛋白能在体外特异地相互作用。

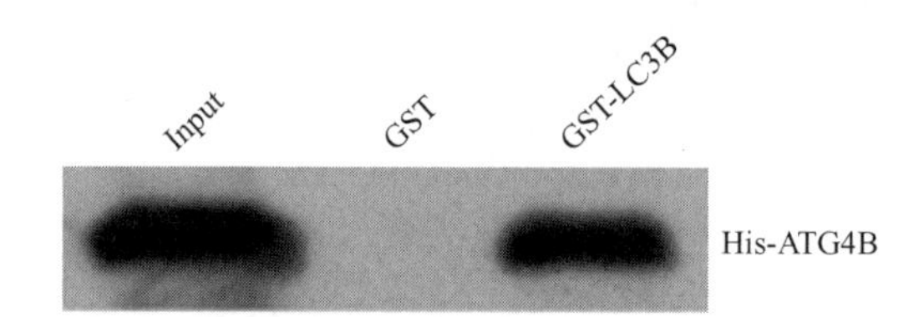

图 10-18　GST pull-down 检测 ATG4B 蛋白和 LC3B 蛋白的相互作用

2. 一个为原核表达蛋白一个为体外翻译获得蛋白之间的 GST 沉降分析

（1）实验目的

检测 LRP16 与 p65 各功能表位片段在体外的直接相互作用[8]。

（2）实验材料

大肠杆菌 Top10 感受态购自天根生物技术有限公司；真核表达载体 pcDNA3.1-p65（用于 PCR 扩增）、pcDNA3-flag 质粒及 DNA 电泳凝胶回收试剂盒购自 Qiangen 公司；限制性内切酶购自 TaKaRa 公司；T 载体试剂盒、质粒提取试剂盒、体外转录翻译试剂盒购自 Promega 公司；DNA 分子量标记购自广州东盛生物科技有限公司；蛋白质分子量标记购自北京普利莱基因技术有限公司。

（3）实验步骤

① p65 功能表位基因片段的基因克隆及测序。用设计的引物以 pcDNA3.1-p65 为模板进行 PCR 扩增，用 0.8%琼脂糖凝胶电泳检测，观察到 5 条明亮的特异性条带，片段大小与预期扩增片段相一致。pGEM-T-p65（1-372）、pGEM-T-p65（1-312）、pGEM-T-p65（1-286）、 pGEM-T-p65（307-551）、pGEM-T-p65（285-551）质粒经 *Bam*HⅠ/*Xho*Ⅰ双酶切的产物，插入质粒 pcDNA3-flag 构建成重组质粒 pcDNA3-flag-p65（1-372）、pcDNA3-flag-p65（1-312）、pcDNA3-flag-p65（1-286）、pcDNA3-flag-p65（307-551）、pcDNA3-flag-p65（285-551），将重组质粒进行 *Bam*HⅠ/*Xho*Ⅰ酶切分析，酶切后用 0.8%琼脂糖凝胶进行电泳分析，分别得到目的片段（与预期片段大小一致）及载体片段，如图 10-19 所示。

② LRP16 与 NF-κB/p65 亚基体外相互作用及相互作用表位分析。为验证 LRP16 与 p65 的体外相互作用，将 pGEX-6P-1（单纯 GST）与 pGEX-6P-1-LRP16（GST-LRP16）融合蛋白表达载体转化大肠杆菌 Top10，并于 20℃用 0.1mmol/L IPTG 诱导表达 10h，离心收集菌体并裂解［裂解液：40mmol/L Tris・HCl（pH 7.5），150mmol/L NaCl，1mmol/L EDTA，0.5% NP-40，10%甘油，1mmol/L DTT，0.4mmol/L PMSF，2μg/mL 亮抑酶肽（leupeptin），2μg/mL 抑蛋白酶肽（aprotinin），5mg/L 溶菌酶］，冰上孵育 30min，超声破菌 5min，离心去除不可溶解部分后，取上清液与谷胱甘肽琼脂糖珠于室温下孵育 30min，收获谷胱甘肽琼脂糖珠。采用 SDS-PAGE 检测原核表达蛋白（见图 10-20）。

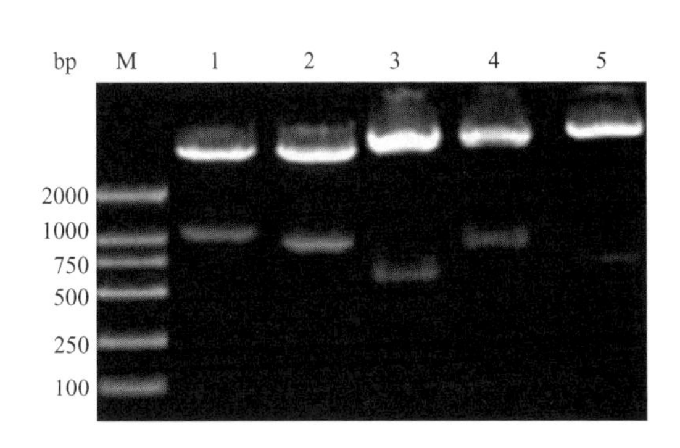

图 10-19 *Bam*HⅠ/*Xho*Ⅰ双酶切鉴定重组质粒

M—DNA 分子量标记；1—pcDNA3-flag-p65（1-312）；2—pcDNA3-flag-p65（285-551）；3—pcDNA3-flag-p65（1-286）；4—pcDNA3-flag-p65（1-372）；5—pcDNA3-flag-p65（307-551）

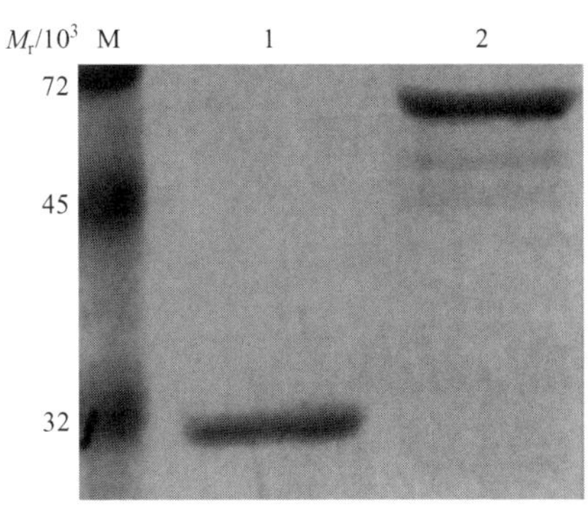

图 10-20 在大肠杆菌中表达的融合蛋白 GST、GST-LRP16

M—标准蛋白；1—GST；2—GST-LRP16

p65 的 5 个缺失体蛋白由兔网织红细胞系统（TNT 系统，购自 Promega 公司）体外转录翻译获得，翻译过程掺入 ^{35}S 标记的蛋氨酸（购自 Amersham Pharmacia 公司）；将 ^{35}S 标记的 p65 缺失体蛋白与细菌表达的 GST 或 GST-LRP16 蛋白在室温条件下共孵育 1h，用裂解液洗脱珠子 6 次，加入含 SDS 的上样缓冲液，100℃条件下处理 5min，进行 SDS-PAGE（胶浓度为 10%），电泳干胶后进行放射自显影。每个转录翻译蛋白取 2μL 做 Input（见图 10-21）。为研究 LRP16 与 p65 亚基的相互作用表位，构建了 p65 的一系列缺失体，通过 GST 沉降方法检测 LRP16 与 p65 的相互作用表位。放射自显影结果显示，p65 的 N 端 1～286 位氨基酸残基缺失导致其与 LRP16 的相互作用能力完全丧失；相反，p65 的 1～286 位、1～312 位、1～372 位氨基酸残基片段仍然保持与 LRP16 的结合能力（见图 10-22），而与单独的 GST 没有结合能力。

四、实验注意事项

① 菌液 OD 值小于 1 即可。

② 诱导时间最好做一个梯度，2～6h；IPTG 浓度也可做梯度。

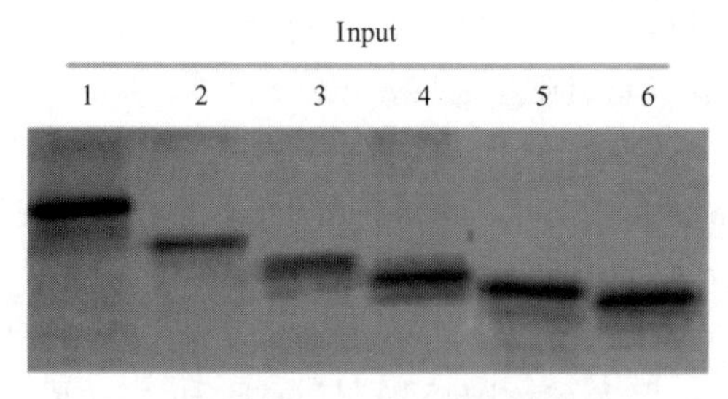

图 10-21　通过体外转录翻译产生的 p65 缺失体蛋白

1—p65；2—p65（1-372）；3—p65（1-312）；

4—p65（1-286）；5—p65（285-551）；6—p65（307-551）

	GST	GST-LRP16					
p65	+	+	+	−	−	−	−
p65(1-372)	−	−	+	−	−	−	−
p65(1-312)	−	−	−	+	−	−	−
p65(1-286)	−	−	−	−	+	−	−
p65(285-551)	−	−	−	−	−	+	−
p65(307-551)	−	−	−	−	−	−	+

图 10-22　GST pull-down 验证 LRP16 与 p65 相互作用表位

③ 诱导温度适当摸索，如 24℃、30℃。

④ 超声条件可视实际情况改变，只要使细菌裂解充分即可，即菌液清亮不黏稠。

（徐小洁　叶棋浓　编）

第三节　免疫共沉淀

一、引言

免疫共沉淀（co-immunoprecipitation）是以抗体和抗原之间的专一性作用为基础的用于研究蛋白质相互作用的经典方法，是确定两种蛋白质在完整细胞内生理性相互作用的有效方法。其原理（见图 10-23）是：当细胞在非变性条件下被裂解时，完整细胞内存在的许多蛋白质-蛋白质间的相互作用被保留了下来。如果用蛋白质 X 的抗体免疫沉淀 X，那么与 X 在体内结合的蛋白质 Y 也能沉淀下来。这种方法常用于测定两种目标蛋白质是否在体内结合；也可用于确定一种特定蛋白质的新的作用搭档。

其优点为：

① 相互作用的蛋白质都是经翻译后修饰的，处于天然状态；

② 蛋白质的相互作用是在自然状态下进行的，可以避免人为的影响；

③ 可以分离得到天然状态的相互作用的蛋白质复合物。

其缺点为：

① 可能检测不到低亲和力和瞬间的蛋白质-蛋白质相互作用；

② 两种蛋白质的结合可能不是直接结合，而可能有第三者在中间起桥梁作用；

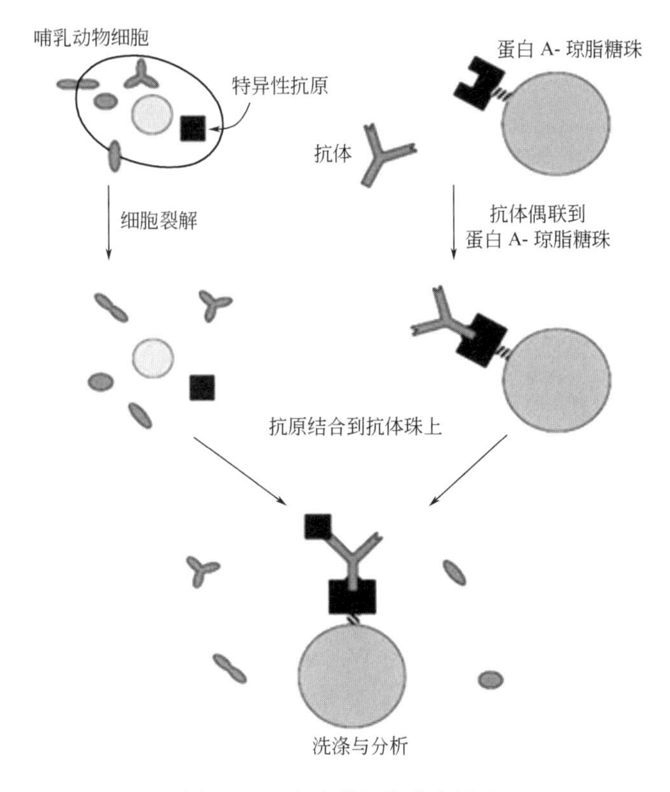

图 10-23　免疫共沉淀基本原理

③ 必须在实验前预测目的蛋白是什么，以选择最后检测的抗体，所以，若预测不正确，实验就得不到结果，方法本身具有冒险性。

二、实验设计和基本步骤

1. 需要的设备

4℃离心机，4℃旋转仪，超声仪。

2. 准备的试剂

① 预冷 PBS。

② IP 缓冲液，分低、中、高盐三种配方：

IP 缓冲液	高	中	低
1mol/L Tris（pH 8.0）	8mL	8mL	8mL
5mol/L NaCl	40mL	20mL	10mL
NP-40	4mL	2mL	0.5mL
0.5mol/L EDTA	4mL	4mL	4mL
H_2O	344mL	366mL	377.5mL

③ 其他 1mmol/L DTT、蛋白酶抑制剂（1∶1000）现加。

3. 实验设计

免疫共沉淀可分为检测目的蛋白为两种外源蛋白、一种外源蛋白和一种内源蛋白、两种内源蛋白三种情况。

（1）两种外源蛋白的免疫共沉淀

即两种蛋白质均由真核细胞表达获得，其基本步骤如下。

① 两种待检测相互作用的蛋白质 X、Y，分别构建在带不同标签的真核表达载体上，如带 Flag 标签的 pcDNA3.1（Flag-X）、带 Myc 标签的 pXJ-40（Myc-Y）上，将其共转染 293T 细胞。

② 24～48h 取出样品，去培养基，1mL PBS 洗。

③ 用 0.5mL PBS 吹下细胞，再用 0.5mL PBS 吸出残余细胞至同一管，3000r/min 离心 3min，去上清液。

④ 低浓度 IP 缓冲液 0.5mL（含 0.5μL 蛋白酶抑制剂和 0.5μL 1mol/L DTT）混匀细胞，冰上放置 30min，用注射器吹打细胞至少 5 次或超声破碎（将 DNA 破坏），12000r/min、4℃离心 10min。

⑤ 取上清液，取 30μL 至另一管中加等体积 2×SDS 作 Input，－20℃保存。

⑥ Flag/Myc 珠子用 1mL 低浓度 IP 缓冲液平衡 4 次，去上清液，用相同体积的低浓度 IP 缓冲液混匀珠子。

⑦ 取 30μL 珠子至④上清液中，于 4℃结合 4h 以上。

⑧ 3000r/min 4℃离心 3min，去上清液。用低浓度 IP 缓冲液洗 4 次，4℃旋转洗 10min，3000r/min、4℃离心 3min 收集珠子，用等体积 2×SDS 轻轻混匀后－20℃保存或与 Input 同时煮 10min 后离心，进行 SDS-PAGE 与 Western Blot 分析或质谱分析。

（2）一种外源蛋白和一种内源蛋白的免疫共沉淀

即一种蛋白质为外源表达获得，另一种蛋白质为细胞内所有。其基本步骤如下。

① 将一种待检测蛋白质构建在带标签的真核表达载体上，如带 Flag 标签的 pcDNA3.0（Flag-X），带 Myc 标签的 pXJ-40（Myc-X）或带 HA 标签的 pcDNA3.0（HA-X），将其转染 293T 细胞。

② 24～48h 取出样品，去培养基，1mL PBS 洗。

③ 0.5mL PBS 吹下细胞，再用 0.5mL PBS 吸出残余细胞至同一管，3000r/min 离心 3min，去上清液。

④ 用低浓度 IP 缓冲液 0.5mL（含 0.5μL 蛋白酶抑制剂和 0.5μL 1mol/L DTT）混匀细胞，冰上放置 30min，用注射器吹打细胞至少 5 次或超声破碎（将 DNA 破坏），12000r/min、4℃离心 10min。

⑤ 取上清液，取 30μL 至另一管中加等体积 2×SDS 作 Input，－20℃保存。

⑥ Flag/Myc/HA 珠子用 1mL 低浓度 IP 缓冲液平衡 4 次，去上清液，用相同体积的 IP 缓冲液混匀珠子。

⑦ 取 30μL 珠子至④上清液中，于 4℃结合 4h 以上。

⑧ 3000r/min 4℃离心 3min，去上清液。用低浓度 IP 缓冲液洗 4 次，4℃旋转洗 10min，3000r/min、4℃离心 3min 收集珠子，用等体积 2×SDS 轻轻混匀后－20℃保存或与 Input 同时煮 10min 后离心，进行 SDS-PAGE、Western Blot 分析或质谱分析。

（3）两种内源蛋白的免疫共沉淀

即两种蛋白质均为生理状态下细胞内源蛋白，其基本步骤如下。

① 细胞去培养基，1×PBS 洗一遍，1mL 1×PBS 收集细胞，3000r/min 离心 3min，弃上清液。

② 用 0.5mL 低浓度 IP 缓冲液重悬，冰浴 30min，超声破碎，12000r/min 离心 10min，取上清液 30μL 作 Input，约 420μL 上清液进行免疫沉淀。

③ 50μL 蛋白质 A 或 G 封闭 1h，3000r/min 离心 2min，取上清液。

④ 加入抗体：4μg（20μL）或 Normal IgG（1μL），4℃结合 4h 或过夜。

⑤ 加入蛋白质 A 或 G 50μL，4℃结合 1h。

⑥ 低浓度 IP 缓冲液洗 4 次（后 3 次每次 30min），3000r/min 离心 2min，弃上清液。

⑦ 加裂解液（2×SDS）30μL，沸水煮 10min，进行 SDS-PAGE 与 Western Blot 分析或质谱分析。

三、实验结果举例

1. 两种外源蛋白之间的免疫共沉淀

（1）实验目的

CGI-27（comparative gene identification-27），编码 297 个氨基酸，在各种组织中均有表达。三维晶体结构分析发现，CGI-27 与微生物中的一类血红素铁非依赖的膜外儿茶酚双加氧酶（Lig B）具有很高的相似性，由 9 个 α 螺旋包裹着 7 个 β 折叠组成，但关于 CGI-27 功能的研究还比较少。本实验拟研究哺乳动物细胞内 CGI-27 蛋白与 ERα 之间是否存在相互作用。

（2）材料

人胚胎肾细胞 293T，pcDNA3-Flag 载体、pcDNA3-HA 载体；细胞转染试剂 LipofectAMINE 2000（Invitrogen 公司）；辣根过氧化物酶偶联的抗 Flag、HA 抗体购自 Sigma 公司。Flag-Agarose、HA-Agarose 购自 Sigma 公司。

（3）实验步骤

① 带 Flag 标签的人 CGI-27 全长基因重组载体的构建。采用 PCR 法，以人乳腺文库为模板，扩增出 CGI-27 全长（CGI-27）。将酶切后回收的 CGI-27-FL 片段分别与 pcDNA3-Flag 载体连接，挑取连接转化产物进行菌落 PCR 鉴定，对菌落 PCR 鉴定阳性的克隆再进行双酶切鉴定，酶切鉴定正确的克隆送检测序，测序正确后，将 pcDNA3-Flag-CGI-27 重组载体用于转染实验。

② 带 HA 标签的人 ERα 全长基因重组载体的构建。采用 PCR 法，以人乳腺文库为模板，扩增出 ERα 全长（ERα）。将酶切后回收的 ERα 片段与 pcDNA3-HA 载体连接，挑取连接转化产物进行菌落 PCR 鉴定，对菌落 PCR 鉴定阳性的克隆再进行双酶切鉴定，酶切鉴定正确的克隆送检测序，测序正确后，将 pcDNA3-HA-ERα 重组载体用于转染实验。

③ Flag-CGI-27 与 HA-ERα 重组质粒的共转染。用不含双抗、含 100mL/L 胎牛血清的 DMEM 培养基将 293T 细胞接种于 6cm 皿中，接种量以转染时细胞密度达到 80% 为宜，培养 24h 后进行转染，转染前 1h 换液。将 4μL VigoFect 与 196μL NaCl 混合，静置 5min，再将两种总量为 10μg 的重组质粒用 NaCl 补足至 200μL，然后将上述 2 种溶液轻轻混合，吹打数次，室温放置 15min，然后将混合液加入已接种细胞的 6cm 皿中，并以同样的方法转染空 Flag 载体作为对照（见图 10-24），置于 37℃、50mL/L CO_2 条件下常规培养，4～6h 后进行换液。

④ 免疫共沉淀检测 Flag-CGI-27 与 HA-ERα 蛋白之间的相互作用。培养 24～48h 后去培养基，1mL PBS 洗。0.5mL PBS 吹下细胞，再用 0.5mL PBS 吸出残余细胞至同一管，3000r/min 离心 3min，去上清。IP 缓冲液 0.5mL（含 0.5μL 蛋白酶抑制剂和 0.5μL 1mol/L DTT）混匀细胞，置冰上 30min，用注射器吹打细胞至少 5 次或超声破碎（将 DNA 破坏），12000r/min、4℃离心 10min。取上清液，取 30μL 至另一管中加等体积 2×SDS 作输入量，

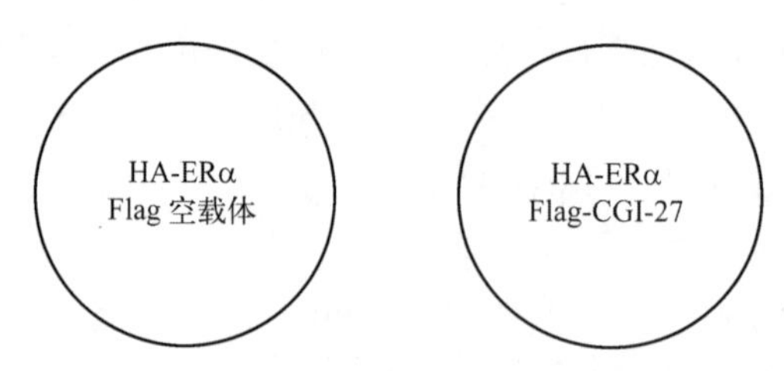

图 10-24 Flag-CGI-27 与 HA-ERα 重组质粒的共转染

−20℃保存。本实验中，Flag 珠子用 1mL IP 缓冲液平衡 4 次，去上清液，用相同体积的 IP 缓冲液混匀珠子。取 30μL 珠子至离心好的上清液中，于 4℃结合 4h 以上。3000r/min、4℃离心 3min，去上清液。用 IP 缓冲液洗 4 次，4℃旋转洗 10min，3000r/min、4℃离心 3min 收集珠子，用等体积 2×SDS 轻轻混匀后−20℃保存或与输入量同时煮 10min 后离心，进行 SDS-PAGE，用抗 HA 抗体做 Western Blot 分析。

（4）结果分析

结果发现，与空载体对照相比，共转 Flag-CGI-27 和 HA-ERα 后可检测到特异的 ERα 蛋白条带，说明 CGI-27 与 ERα 在哺乳动物细胞内存在特异的相互作用。Western Blot 结果如图 10-25 所示。

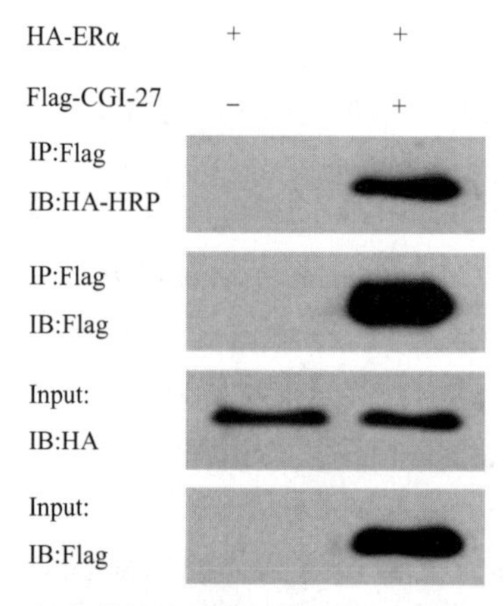

图 10-25 免疫共沉淀检测 CGI-27 与 ERα 的相互作用
IP—即免疫共沉淀；IB—即免疫印迹

结果分析如下。

① IP: Flag/IB: HA-HRP——用 Flag 珠子富集，HA-HRP 抗体反应，若只有转 FLAG-CGI-27 的样品有条带，则说明 FLAG-CGI-27 与 HA-ERα 能够特异地结合。

② IP: Flag/IB: Flag——用 Flag 珠子富集，Flag-HRP 抗体反应，若转 Flag-CGI-27 的样品有条带，则说明 Flag 珠子将复合物成功地富集下来。

③ Input/IB: HA——反映细胞裂解液中 ERα 蛋白的表达情况，因为两个皿中均转染了 HA-ERα，因此，两个样品均能出现条带。

④ Input/IB: Flag——反映细胞裂解液中 CGI-27 蛋白的表达情况，因为两个皿中仅有一个皿转染了 Flag-CGI-27，因此，仅有该皿对应的样品能出现特异的条带。

2. 两种内源蛋白之间的免疫共沉淀

（1）实验目的

HPIP 是 2000 年 Abramovich C 以 PBX1 作为诱饵，利用酵母双杂交技术从胎儿肝脏

cDNA 文库中筛选得到的。因而，这个蛋白质被命名为造血相关的 PBX 相互作用蛋白质（hematopoietic PBX-interacting protein，HPIP）。研究发现，HPIP 能够与雌激素受体 ERα 相互作用，参与调控乳腺癌的发生与发展。本实验拟研究在生理条件下，HPIP 与 ERα 之间是否存在相互作用[9]。

（2）材料

既表达内源 HPIP 又表达 ERα 的细胞系，如乳腺癌细胞系 MCF-7。蛋白质 A 珠子、蛋白质 G 珠子购自 Sigma 公司。

（3）实验步骤

① 细胞去培养基，1×PBS 洗一遍，1mL 1×PBS 收集细胞，3000r/min 离心 3min，弃上清液；0.5mL IP 缓冲液重悬，冰浴 30min，超声破碎，12000r/min 离心 10min，取上清液 30μL 做 Input，约 420μL 上清液进行免疫沉淀。

② 50μL 蛋白质 A 或 G 封闭 1h，3000r/min 离心 2min，取上清液，分为两份。一份加入兔抗人-HPIP 抗体 4μg 或 Normal IgG（一般用正常兔血清 1μL），4℃结合 4h 或过夜。加入蛋白质 A 或 G 50μL，4℃结合 1h。

③ IP 缓冲液洗 4 次（后 3 次每次 30min），3000r/min 离心 2min，弃上清液。加裂解液（2×SDS）30μL，沸水煮 10min，进行 SDS-PAGE 与 Western Blot，分别用 ERα 和 HPIP 进行反应。

（4）结果分析

结果显示，Western Blot 能检测到细胞裂解物中有内源 HPIP（见 Input，IB: α-HPIP）、ERα 表达（Input，IB: α-ERα）；更重要的是，用 ERα 抗体免疫沉淀所富集的复合物中能够检测到 HPIP 蛋白，且 Western Blot 中出现的条带与总蛋白中的 HPIP 蛋白条带位置一致，说明 HPIP 和 ERα 之间确实存在相互作用。Western Blot 结果如图 10-26 所示。

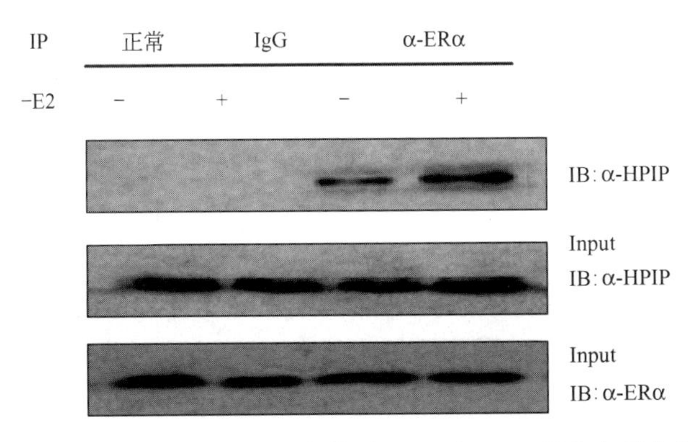

图 10-26　Western Blot 检测生理条件下 HPIP 与 ERα 蛋白之间的相互作用

四、需要注意的问题

① 细胞裂解采用温和的裂解条件，不能破坏细胞内存在的所有蛋白质-蛋白质相互作用，多采用非离子变性剂（NP-40 或 Triton X-100）。每种细胞的裂解条件是不一样的，通过经验确定。不能用高浓度的变性剂。细胞裂解液中要加各种酶抑制剂，如商品化的 cocktail。

② 使用明确的抗体，可以同时使用几种抗体。

③ 使用对照抗体。单克隆抗体：正常小鼠的 IgG 或另一类单抗；兔多克隆抗体正常兔 IgG。

④ 在免疫共沉淀实验中要保证实验结果的真实性，应注意以下几点：

a. 确保共沉淀的蛋白质是由所加入的抗体沉淀得到的，而并非由于外源非特异蛋白单克隆抗体的使用，有助于避免污染的发生；

b. 要确保抗体的特异性，即在不表达抗原的细胞溶解物中添加抗体后不会引起共沉淀；

c. 确定蛋白质间的相互作用是发生在细胞中的，而不是由于细胞的溶解才发生的，这需要进行蛋白质的定位来确定。

（徐小洁　叶棋浓　编）

第四节　细胞共定位

一、引言

共定位（colocalization）一般是针对两个蛋白质的亚细胞分布（定位）而言的，即同时标记细胞内两种蛋白质分子。如果要研究的两个对象在胞内分布有重叠，那么至少为两者可能存在的相互作用提供了一个必要条件。主要实验方法为荧光法，即细胞免疫荧光，最后通过激光共聚焦显微镜来观察细胞内被荧光抗体所标记的抗原（研究对象）的胞内定位。

二、实验设计和基本步骤

1. 所需器材与试剂

一抗、不同颜色标记的二抗，4%多聚甲醛固定液，TritonX-100，封闭液（羊血清），4′,6-二脒基-2-苯基吲哚（4′,6-diamidino-2-phenylindole，DAPI），PBS缓冲液，荧光显微镜。

2. 实验设计思路

为了直接观察目标蛋白在细胞内的具体定位以及能与哪些蛋白质相互作用，可以通过对目标蛋白和能与之相互作用的蛋白质进行免疫荧光染色，激光共聚焦显微镜下观察两者的荧光是否有重叠。

3. 基本步骤

① 将贴壁培养的细胞弃去细胞培养基，PBS洗1遍，4%甲醛固定30min。

② 弃去甲醛，用PBS洗2～3遍，每次10min。

③ 加入0.5%的TritonX-100+1%羊血清，放于冰上通透10min。

④ 正常阻断血清1∶20倍稀释，室温封闭30min，抑制IgG的非特异性结合。阻断血清必须选择与二抗同一种属的正常血清。

⑤ 去掉正常血清，直接加入一抗，37℃孵育1h或4℃过夜。抗体浓度需经实验确定。

⑥ 含有1%羊血清的PBS洗3遍，每次10min。

⑦ 加入荧光素标记的二抗，37℃，孵育1h。(从此步开始均需避光)。

⑧ 含1%羊血清的PBS洗3遍，每次10min，最后用滤纸吸干。

⑨ 4′,6-二脒基-2-苯基吲哚（4′,6-diamidino-2-phenylindole，DAPI）染色（核染色）：把染剂直接滴在盖玻片上，200μL，5min，稀释度1∶1000。

⑩ 含1%羊血清的PBS洗3遍，每次5min，最后用滤纸吸干。

⑪ 90%甘油（PBS配制）封片。

⑫ 激光扫描共聚焦显微镜或荧光显微镜下观察，或于4℃避光保存。

三、实验结果举例说明

1. 两个外源蛋白的细胞共定位

(1) 实验目的

Sema4C 是Ⅳ型（跨膜型）脑信号蛋白家族成员，在神经系统发育过程中对轴突导向起着重要的调节作用；GIPC 蛋白在蛋白质流动、内吞作用和受体聚集方面发挥重要作用。本实验拟观察人 Sema4C 蛋白与人 GIPC 蛋白在细胞中是否具有共定位现象[10]。

(2) 材料

人胚肾 293T 细胞；*Taq* 酶、DNA 分子量标记、T4 DNA 连接酶、限制性内切酶（TaKaRa 生物工程有限公司）；转染试剂 LipofectAMINE2000（Invitrogen 公司）；Wizard-PCR 产物纯化试剂盒（Promega 公司）；荧光定位载体 pEGFPN1/C1（绿色荧光标签）、pDsRed-C1（红色荧光标签）购自 Clontech 公司；DAPI 购自 Sigma 公司。

(3) 实验步骤

① 带绿色荧光标签的人 Sema4C 全长基因重组载体的构建。采用 PCR 法，以人 Sema4C 基因的 cDNA 质粒为模板，扩增出 Sema4C 全长（Sema4C-FL）。将酶切后回收的 Sema4C-FL 片段与 pEGFPN1 载体连接，挑取连接转化产物进行菌落 PCR 鉴定，对菌落 PCR 鉴定阳性的克隆再进行 *Hin*dⅢ/*Kpn* Ⅰ 双酶切鉴定，酶切鉴定正确的克隆送检测序，测序正确后，将 pEGFPN1-Sema4C-FL 重组载体用于转染实验。

② 带红色荧光标签的人 GIPC 基因重组载体的构建。以人 GIPC 基因的 cDNA 质粒为模板，PCR 扩增出该基因的全长后通过酶切和连接的方法连接到 pDsRedC1 载体中。挑取连接转化产物，对菌落 PCR 阳性克隆再进行 *EcoR* Ⅰ/*Bam* HⅠ 双酶切鉴定，酶切鉴定正确的克隆送检测序，测序正确的 pDsRedC1-GIPC 重组载体用于转染实验。

③ 人 Sema4C 和 GIPC 基因的细胞内共定位。将编码 Sema4C 全长基因的 pEGFPN1-Sema4C-FL 重组质粒连同编码 GIPC 全长基因的 pDsRedC1-GIPC 重组质粒按标准转染步骤共转染至六孔板内培养的 293T 细胞中，质粒总量为 4μg/孔，36～48h 后于激光共聚焦显微镜下分别观察绿色荧光蛋白和红色荧光蛋白的表达情况，并用 DAPI 复染细胞核。结果显示，EGFPN1-Sema4C-FL 全长定位于质膜，细胞质中也有表达，但不存在于细胞核内［见图 10-27(a)］；融合红色荧光蛋白的 GIPC 主要在细胞质中呈斑块状簇样分布，而在细胞核内不表达［见图 10-27(b)］。经 DAPI 复染细胞核后将照片叠加，可见表达绿色荧光蛋白的 Sema4C 可同表达红色荧光蛋白的 GIPC 融合成黄色，这说明 GIPC 和 Sema4C 在细胞内具有共定位现象［见图 10-27(c)、(d)］。

2. 两个内源蛋白的细胞共定位

(1) 实验目的

雌激素受体 ERα 蛋白在雌激素信号通路中发挥重要作用；肿瘤转移相关蛋白（MTA1）基因是最受关注的肿瘤转移相关基因之一，它通过调控一系列与浸润转移有关的蛋白质，在癌细胞侵袭和转移过程中发挥重要作用。本实验拟观察人 ERα 蛋白与人 MTA1 蛋白在细胞中是否具有共定位现象[11]。

(2) 材料

雌激素受体（ER）阳性乳腺癌 MCF-7 细胞；一抗：兔抗人 ERα 多克隆抗体购自 bio-world 公司，小鼠抗人 MTA1 单克隆抗体购自 Santa Cruz 公司；二抗：山羊抗小鼠和山羊

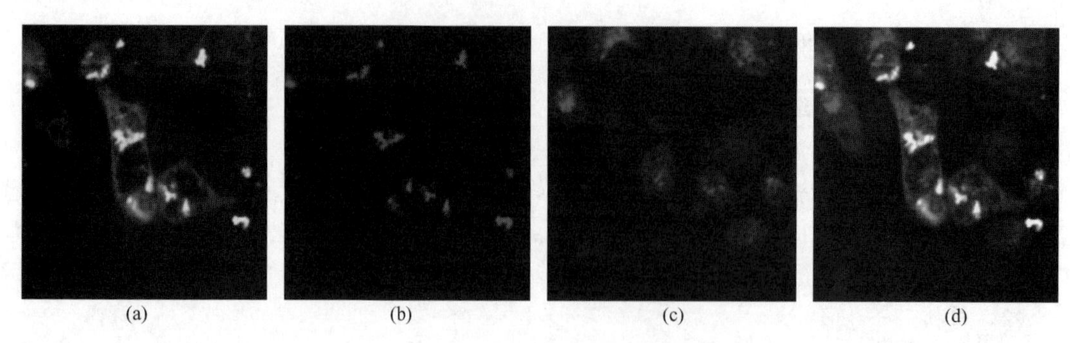

图 10-27 Sema4C 全长与 GIPC 全长在 293T 细胞中的荧光共定位（见彩图）
将 pEGFPN1-Sema4C-FL 和 pDsRedC1-GIPC 共转染到 293T 细胞，36h 后激光共聚焦显微镜观察结果；其中，(a) 为 pEGFPN1-Sema4C-FL，(b) 为 pDsRedC1-GIPC，(c) 为 DAPI 复染，(d) 为前三者图片相互叠加的结果

抗兔抗体购自 Invitrogen 公司；胎牛血清购自 Clontech 公司；羊血清购自北京中杉公司；Triton-X-100 购自 BBI 公司。

(3) 实验步骤

① 细胞培养。MCF-7 细胞系培养于含 10%胎牛血清、100U/mL 青霉素和 100mg/mL 链霉素的 DMEM 培养基中，37℃，5% CO_2。将细胞铺于含有玻璃盖片的 12 孔板中，细胞浓度约为 1×10^5 个/mL。

② 细胞免疫荧光。常温加入 4%的多聚甲醛固定细胞 10min，PBS 漂洗 10min，3 次。荧光染色：固定细胞中加入 0.1%的 Triton-X-100，在常温下对细胞膜进行透化 10min，弃掉液体。室温羊血清封闭 30min。滴加 ERα 和 MTA1 混合一抗，37℃孵育 2h，PBS 冲洗 10min，3 次。滴加山羊抗小鼠、山羊抗兔混合二抗，室温反应 1h，PBS 冲洗 10min，3 次。加 DAPI 核染料，反应 5min，90%甘油封片。置激光共聚焦显微镜下扫描观察（见图 10-28），ERα 在细胞内呈现红色荧光，MTA1 在细胞内呈现绿色荧光，DAPI 标记的细胞核呈蓝色，两者共定位于细胞质和细胞核。

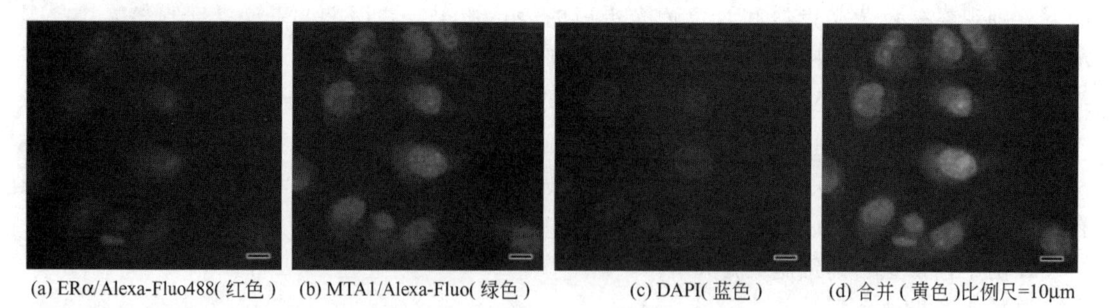

图 10-28 ERα 和 MTA1 在乳腺癌 MCF-7 细胞内共定位（见彩图）

四、实验注意事项

① 所用的一抗必须是来自不同种属动物的两种特异性抗体（例如：A 抗体为多克隆抗体，来自家兔；B 抗体为单克隆抗体，来自小鼠）。

② 两种二抗所带荧光素的发射光不应重叠，且尽量远离，通常可以选择 FITC 和 TRITC、Alex488 和 TRITC、FITC 和 Cy5，或 Cy3 和 Cy5 等组合。通常情况下，染色时两种一抗可

以同时孵育，然后可以同时孵育两种二抗。但当染色结果一种颜色非常弱，而另一种颜色比较强时，应考虑先孵育颜色较弱的二抗。其他步骤同免疫荧光单标记。

③ 洗涤要充分，尽量去除非特异性荧光信号。细胞经荧光染色后可能会产生自发荧光，可用 PBS 取代一抗作为对照，以区分自发荧光和阳性结果。

④ 加适量正常兔血清可封闭某些细胞表面免疫球蛋白 Fc 受体，降低和防止非特异性染色。

⑤ 细胞活性要好，否则易发生非特异性荧光染色。

⑥ 为了不将细胞压扁，盖玻片与载玻片之间的介质多用甘油与 PBS 混合液（9∶1）封片，甘油还有抗荧光猝灭的作用。同时还应注意封片时避免产生气泡。

⑦ 可用指甲油将盖玻片四周封片。

⑧ 为防止荧光猝灭，可在介质中加入抗氧化剂 DABCO（100mg/mL），室温密封可保存 6 个月；或加苯二胺（100mg/mL），−20℃，保存 2～3 周。

（徐小洁　叶棋浓　编）

参 考 文 献

[1] Fields S, Song O. A novel genet ic system to detect protein-protein interact ion. Nature, 1989, 340: 245-247.

[2] Zhang H, Xie X Y, Zhu X D, et al. Stimulatory cross-talk between NFAT3 and estrogen receptor in breast cancer cells. J Biol Chem, 2005, 280: 43188-43197.

[3] Lim J, Hao T, Shaw C. A protein -protein interaction network for human inherited ataxias and disorders of Purkinje cell degeneration. Cell, 2006, 125: 801-814.

[4] Raimundas R, Kestutis S. A novel human protein is able to interact with hepatitis B virus core deletion mutant but not with the wild-type protein. Virus Research, 2009, 146: 130-134.

[5] Zhou J L, Qiao X, Xiao L. Identification and characterization of the novel protein CCDC106 that interacts with p53 and promotes its degradation. FEBS Letters, 2010, 584: 1085-1090.

[6] Keegan L, Gill G, Ptashne M. Separation of DNA bind from the transcription activating function of eukaryotic regulatory protein. Science, 1986, 231: 699-704.

[7] 黄蓉，徐小洁，等. 人自噬相关基因 LC3B 原核表达载体的构建及活性检测. 2010 细胞与分子免疫学杂志，2014，49（6）：829-832.

[8] 李小雷，伍志强，马晓星，等. GST pull-down 体外研究 LRP16 与 NF-κB/p65 相互作用的功能表位. 生物技术通讯，2011，22（5）：623-626.

[9] Wang X, Yang Z, Zhang H, et al. The estrogen receptor-interacting protein HPIP increases estrogen-responsive gene expression through activation of MAPK and AKT. Biochim Biophys Acta, 2008, 1783 (6): 1220-1228.

[10] 吴燕，吴海涛，刘淑红，等. Sema4C 及其相互作用蛋白 GIPC 的亚细胞定位及荧光共定位研究. 生物技术通讯，2008，19（3）：332-335.

[11] 刘芙蓉，李彦姝，张红艳，等. 激光共聚焦扫描显微镜观察 ERα 和 MTA1 在乳腺癌细胞内的共定位. 电子显微学报，2011，30（3）：244-247.

第十一章

微生物体内同源重组技术

基于限制性内切酶和连接酶体系的DNA重组技术在分子生物学和遗传学操作中发挥着不可替代的作用，但在限制性内切酶的使用过程中却常常受到酶切位点的限制，并且大片段的DNA在体外操作存在困难。同源重组技术突破了酶切位点的限制，在靶序列两翼序列已知的条件下，就可以在体内对染色体DNA或者质粒进行敲除、敲入、替换、突变、克隆等传统DNA重组技术无法做到的复杂的基因操作。

这里主要介绍两大类体内同源重组技术，包括依赖RecA的大肠杆菌内源性重组系统和不依赖RecA的重组系统[1~3]。

第一节　传统的大肠杆菌体内同源重组方法（RecA重组系统）

一、引言

在大肠杆菌和痢疾杆菌等细菌中，内源性的同源重组机制是由RecA（进化中一段非常保守的侵入蛋白）和RecBCD（一个多功能的分子量较大的酶，它是由RecB、RecC和RecD组成的复合体）相互作用发动的。其中，RecBCD蛋白具有ATP依赖的外切酶Ⅴ和解旋酶活性，它能够与双链切口结合，解开DNA，并在Chi位点附近产生单链DNA；RecA能够与RecBCD产生的单链DNA结合，从而介导同源序列间重组的发生[4]。由于RecBCD具有核酸外切酶Ⅴ的活性，能够使导入细胞内的线性DNA片段降解，因此，利用该系统进行基因敲除的第一步工作就是将重组用片段克隆到一个环状质粒上。将质粒携带的片段通过同源重组整合到染色体上，这有两种途径：一种方法是将整个质粒序列整合到宿主染色体上，通过一次重组破坏基因的功能；另外一种方法首先是将与目的基因两翼同源的打靶序列克隆到质粒上，该打靶序列之间携带一选择性标记。经过两次同源重组，目的基因即被敲除。

二、利用RecA重组系统构建痢疾杆菌*hns*基因插入突变体

*hns*基因表达的H-NS是一种重要的类核相关蛋白，在革兰氏阴性菌中普遍存在，能够调控大量基因的表达[5]。基于RecA重组系统的痢疾杆菌基因插入突变体构建的基本原理是利用同源重组将自杀质粒整合到染色体上的目的基因内部，从而使目的基因失活。首先扩增一段*hns*基因的序列作为同源区连接到自杀质粒上，构建重组的自杀质粒。自杀质粒只有在S17-1等含有编码*pir*基因的λ原噬菌体的宿主菌中才可以复制并存活，因而选择S17-1λpir作为供体菌，通过接合转移将重组自杀质粒导入目的菌株2457T中[6]。在RecA重组系统的作用下，将自杀质粒整合到*hns*基因C端的保守区内，从而使*hns*失活。

1. 实验材料

（1）引物

引物 P1、P2 用于扩增 *hns* 内部一段长为 253bp 的片段；引物 P3、P4 用于扩增 *hns* 基因全长序列；引物 P5、P6 用于插入突变体的验证。各条引物的序列如下。

P1：5′-ACTTGAAACGCTGGAAGA-3′

P2：5′-CCAGGTTTTAGTTTCGCC-3′

P3：5′-TTTGCCTGATGTTATTCTG-3′

P4：5′-GTTACTTCTTAATGCCCATC-3′

P5：5′-AAGCGGGTAAATGACTGC-3′

P6：5′-CCAGTAACCTTGCCATCC-3′

（2）所用到的菌株和质粒

所用到的菌株和质粒见表 11-1。

表 11-1　本实验所用的菌株和质粒

菌株和质粒	备　注
菌株	
DH5α	大肠杆菌，用于质粒的克隆和保存
S17-1λpir	大肠杆菌，用于自杀质粒 pXL275 的克隆和保存
2457T	痢疾杆菌福氏 2a 毒株，Nal^r
2457Thns$^-$	2457T 的 *hns* 插入突变体，Nal^r、Cm^r
质粒	
pXL275	自杀质粒，用于构建重组质粒，Cm^r
pMD18-T	pUC18 衍生质粒，用于连接扩增得到的 *hns* 片段，Ap^r
pMDhns	插入了 *hns* 片段的 pMD18-T，Ap^r
pXLhnsI	插入了 *hns* 片段的 pXL275，Cm^r，用于缺失突变体的构建

2. 重组自杀质粒 pXLhnsI 的构建

将 PCR 扩增到的 *hns* 内部片段（两端分别含 *Bam*HⅠ和 *Sal*Ⅰ酶切位点）与 pMD18-T 载体以 T4 DNA 连接酶连接约 2h，用蓝白斑法筛选阳性克隆。挑取阳性转化子（白斑），用 *Bam*HⅠ+*Sal*Ⅰ双酶切鉴定后，回收酶切片段，与经过同样酶切的 pXL275 连接过夜。挑取阳性克隆用 *Bam*HⅠ+*Sal*Ⅰ双酶切，将鉴定正确的重组质粒命名为 pXLhnsI，测序正确后电击转化入 S17-1λpir。

3. 痢疾杆菌 *hns* 基因插入突变体的构建与验证

将 pXLhnsI/S17-1λpir 与 2457T 按 1∶1 固相交配，37℃培养 5h，然后用新鲜 LB 液体培养基洗下菌体，依次稀释 10 倍、100 倍和 1000 倍，涂布于含 Cm+Nal 的 LB 平板上。从该平板上筛选同源重组后的突变体。质粒 pXLhnsI 通过同源重组整合至野生型 2457T 痢疾杆菌中。将获得的插入突变体命名为 2457Thns-。痢疾杆菌 *hns* 基因插入突变体的构建过程见图 11-1。

自杀质粒通过同源重组整合到痢疾杆菌 2457T 染色体上后，能够在氯霉素抗性的 LB 平板上生长，而没有整合到染色体上的 pXLhnsI 将由于不能在新的宿主中复制而丢失。笔者对氯霉素抗性的单菌落先用 P3 和 P4 全长引物扩增，引物 P5 和 P6 来扩增 *hnsBC* 片段（图 11-2）。

结果如图 11-3 所示，从平板上挑取的 20 个克隆中有 12 个没有扩增出 *hns* 全长序列，

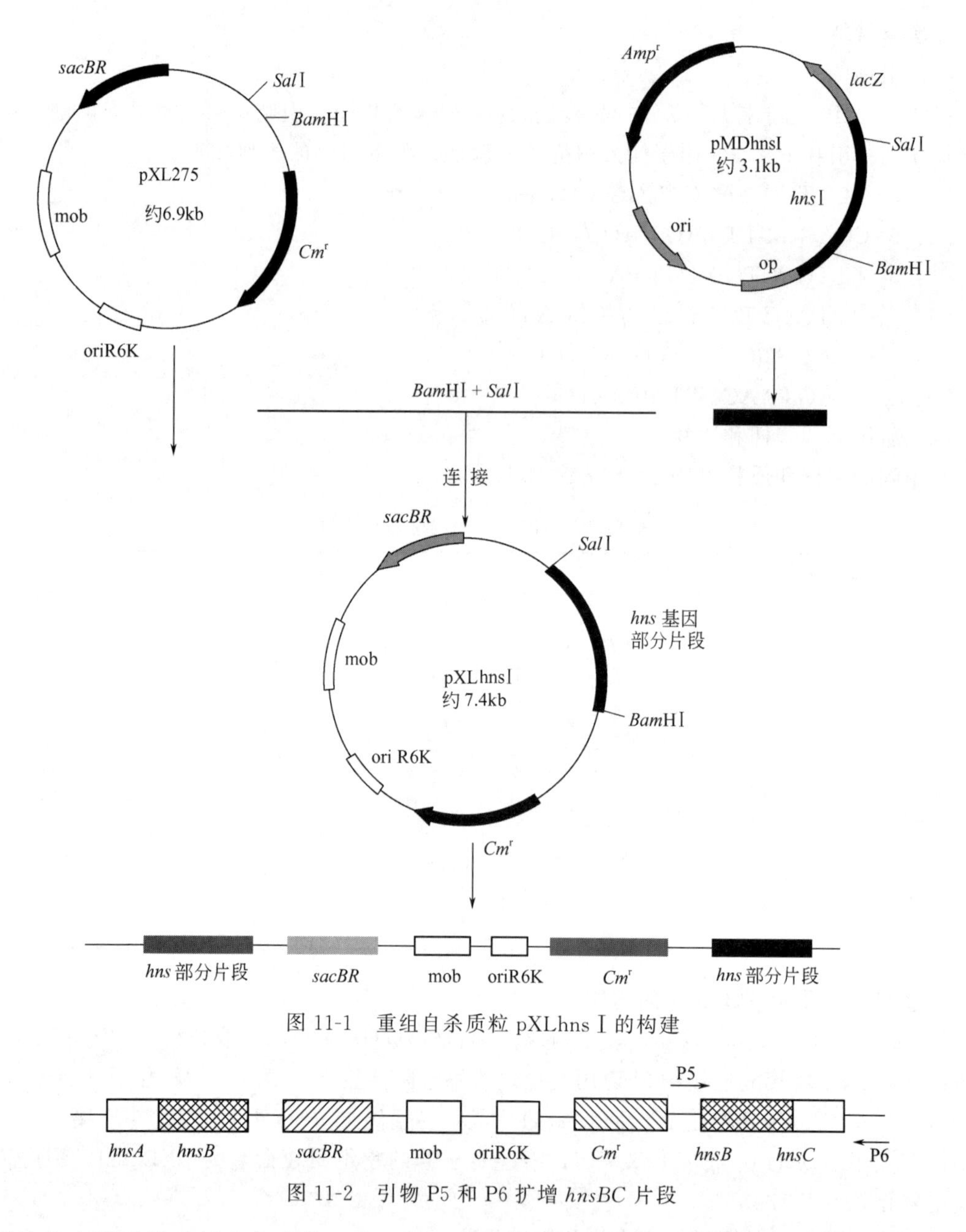

图 11-1 重组自杀质粒 pXLhnsⅠ的构建

图 11-2 引物 P5 和 P6 扩增 *hnsBC* 片段

说明这些克隆可能是插入突变体。由于插入突变后，在染色体上将有两个拷贝的 *hns* 基因部分片段，用引物 P5 和 P6 扩增 *hnsBC* 片段（见图 11-2）来进行验证。结果在挑选的 8 个克隆中均扩增出了 725bp 的片段（见图 11-4），与预期的结果一致。将获得的 PCR 片段克隆到 pMD18-T 载体，经测序后发现，外源片段是在 *hns* 基因内部第 103 个氨基酸后插入的。

实验过程中使用的 pXL275 质粒的自杀性来源于其有缺陷的 R6K 复制子，这个复制子只有在 *pir* 基因编码的 π 蛋白存在的情况下才能行使功能，因此，该质粒只有在 S17-1 等含有编码 *pir* 基因的 λ 原噬菌体的宿主菌中才可以复制并存活。S17-1λpir 染色体上整合有 RP4 质粒的衍生物，当含有 pXL275 的 S17-1λpir 与受体菌混合交配时，它便提供一反式作用元件与自杀质粒上的 mob 区相作用，促进接合转移的发生，但是发生转移的只是载体部分，S17-1λpir 染色体上 RP4 质粒整合区并不转移到受体菌中[6]。

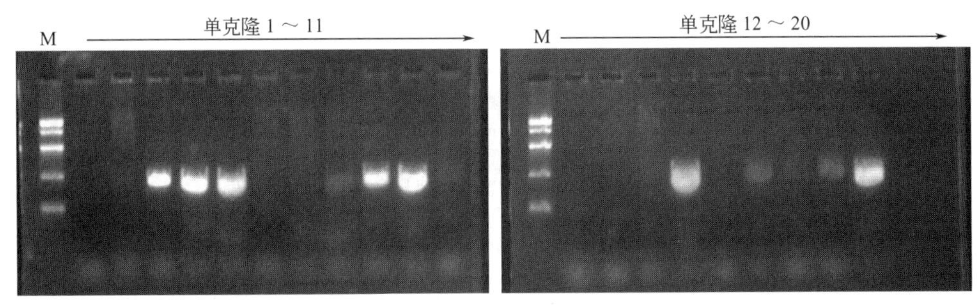

图 11-3 *hns* 全长序列的 PCR 扩增

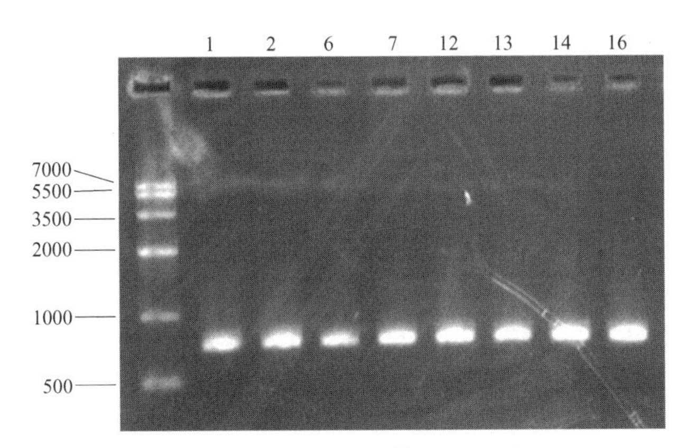

图 11-4 *hns* 插入突变体的 PCR 验证

三、RecA 重组系统构建突变体的其他方法

在上述实验中使用的自杀载体是一个条件性复制型载体，只能在供体菌中复制而不能在受体菌中复制。实际上，它也可以应用二次重组法来构建相应的缺失突变体。通过接合转移，自杀质粒整合于细菌的染色体上而形成部分二倍体菌株。整合于染色体上的自杀质粒又可以发生第二次同源重组，第二次重组的结果会有两种可能：一是把目的基因敲除，通过抗性基因的筛选，就可以筛选到二次重组子（即基因敲除的缺失突变体）；另一种情况是回复为原始的分子状态[7]。对于二次重组子的筛选，主要是利用了 pXL275 自杀质粒上的 *sacBR*。*sacBR* 由编码果聚糖蔗糖酶的 *sacB* 基因和它的顺式作用元件 *sacR* 组成。果聚糖蔗糖酶能够催化蔗糖水解成果聚糖，后者对多数革兰氏阴性菌来说是一种致死性的有毒化合物。因此，只有那些二次重组成功的突变株才能够在含蔗糖的培养基上生长，而仅发生一次重组的菌株由于 *sacB* 基因的表达而不能在含蔗糖的培养基上存活[8]。

除了自杀质粒之外，温度敏感型质粒也可以应用在基于 RecA 重组系统的基因敲除中。首先，同样要构建一个敲除质粒，这个载体质粒包含温度敏感型的复制起点，然后在抑制生长的温度下进行第一步的同源重组，即在靶点区插入一个新质粒。对第一步产物进行鉴定后，通过 RecA 的作用产生最终的重组子，并将温度调回到允许复制的温度来确证这些重组子已经丢失了温度敏感区（见图 11-5）。

图 11-5 显示了 RecA 依赖两次重组策略的大体框架。在进行重组之前，先要构建一个载体质粒。它包括以下部分：①选择和反选择基因；②同源区（1kb 或更长）；③温度敏感起始区；④*recA* 基因。在第一步重组结束后，携带目的基因的载体质粒插入到靶质粒中构

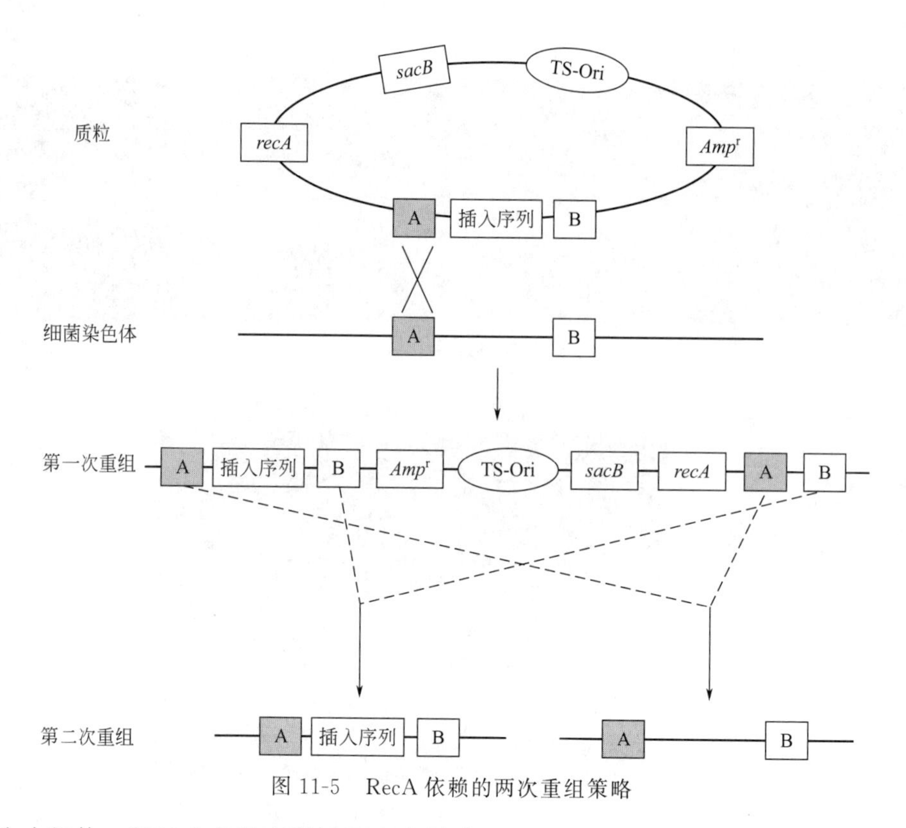

图 11-5 RecA 依赖的两次重组策略

建了一个中间体。通过改变温度激活了温度敏感区，并且施加反选择压力在第二步使中间体拆分（同样使用 *secB* 基因，原理同上），拆分后的中间体破坏了靶质粒的骨架，其中也包括 *recA* 基因，携带目的产物的宿主回复到了 *recA* 型，因此，限制了重组框而使目的产物的遗传稳定性得到保证[9]。重组的结果会有两种可能：一种是把目的基因敲除，通过反向筛选标记基因的筛选，就可以筛选到二次重组子（即基因敲除的缺失突变株）；另一种情况是回复到初始的分子状态。

四、存在的问题和解决方法

应用 RecA 系统进行的同源重组，存在实验周期长、效率低的缺点。因此，同源臂的设计，筛选标记基因的选择是实验成功的关键。RecA 系统要求有较长的同源臂，并且应尽量选用最适合目的菌株的抗性筛选标记。在重组克隆的筛选中，常会有获得相应抗性但实际上没有正确重组的假阳性克隆，需要增加筛选量并通过 PCR、测序等手段排除假阳性。在使用 RecA 系统进行两次重组敲除基因的过程中，*sacB* 基因会由于自身突变或其表达的改变，产生具有蔗糖抗性的假阳性菌落，因此，必须要注意蔗糖抗性阳性菌落的筛查和鉴定。另外，第二次同源重组时回复突变率即重新形成野生株的比率也很高，因此，提高筛选量是很有必要的。

五、小结

利用 RecA 进行的同源重组为研究微生物基因的功能奠定了重要的技术基础，但是该系统具有较大的不足之处。首先是需要较长的靶基因同源臂，且必须构建具有靶位点的打靶质粒。另外，RecA 重组发生概率很低，很难获得所需要的重组子。

第二节　Red/ET 重组系统

一、引言

除了第一节中介绍的 RecA 系统之外，大肠杆菌中的 RecF 系统可在 *recBC* 基因突变时替代其介导重组，但重组效率只有 RecA 系统的 1%[10]。这二者发生同源重组的条件都比较苛刻。RecA 介导的同源重组所需的同源臂要 1kb 左右，这就需要寻找合适的酶切位点以构建合适的打靶载体，不仅需要在胞外操作，有可能引入突变，而且目的基因的敲除还要经过两步重组/拆分，效率较低。

不同于大肠杆菌内源性重组系统，依赖于 Rac 噬菌体的 ET 重组系统和基于缺陷型 λ 噬菌体的 Red 重组系统，能利用线性 DNA 分子进行体内同源重组，同源臂也缩短到 30～50bp，不再需要通过多个步骤事先建立携带长同源臂的打靶载体[11]。由于这两种重组系统有相同的重组机制，所以也将这二者统称为 Red/ET 重组系统[12]。

在 λRed 重组系统中，λ 噬菌体基因的 Red 区段包括 3 个基因，即 *exo*、*bet* 和 *gam*，它们分别编码 Exo、Beta 和 Gam 三种蛋白质：Exo 是一个 5′-3′的核酸外切酶；Beta 编码一种单链结合蛋白，它结合到由 Exo 外切产生的 3′末端单链上[13,14]；Gam 蛋白可以抑制大肠杆菌体内表达的 RecBCD 核酸外切酶活性，使体内的外源 DNA 不被降解[15]。而在 RecET 系统中，由 RecE/RecT 行使 Exo/Beta 的相应功能，事实上，RecE/RecT 完全可以替代 Exo/Beta。Red/ET 重组的原理如图 11-6 所示。

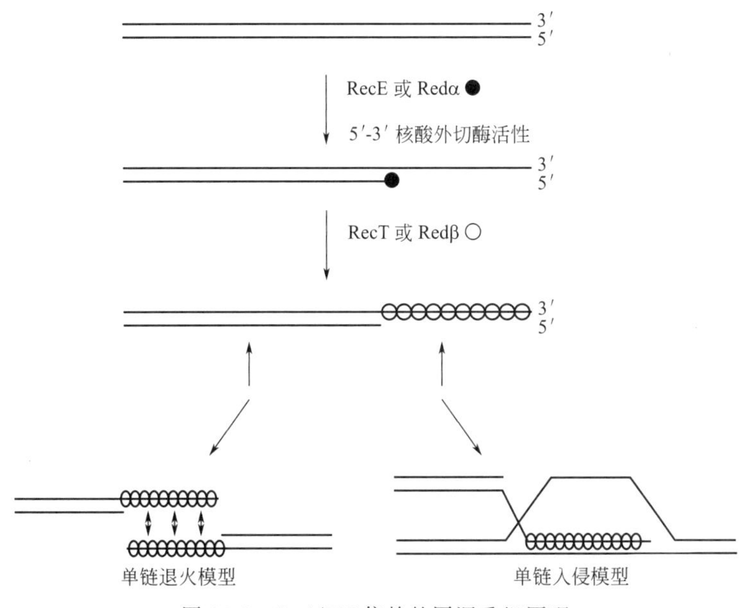

图 11-6　Red/ET 依赖的同源重组原理

首先，该系统表达的 Gam 蛋白与宿主菌表达的 RecBCD 核酸外切酶相结合，抑制其对外源 DNA 的降解作用。然后，λ 外切核酸酶（Exo）结合到外源线性 DNA 片段的末端，连续降解 5′末端链，留下 3′单链尾巴。紧接着 Beta 蛋白与单链 DNA 3′突出末端结合成丝状体，此后，重组机制可分为两种：若另一同源序列为单链 DNA，Beta 蛋白介导互补单链

DNA 退火，完成重组过程，这一机制称为单链退火模型；若参与重组的另一同源序列为没有断裂的双螺旋 DNA 链，单链 DNA 在 Beta 蛋白等的作用下侵入双链 DNA，形成三链结合，这一机制称为链侵入（strand invasion）模型[16]。

二、痢疾杆菌 *hns* 基因缺失突变体的构建[17]

在上一节中，介绍了利用 RecA 重组系统构建 *hns* 插入突变体的实例。与 RecA 重组系统相比，λRed 重组系统更适合用于缺失突变体的构建。在这里简要介绍利用 Red/ET 重组系统构建 *hns* 基因缺失突变体。

1. 实验材料

（1）引物

引物 K1：5′-GCGTCGACGTGTAGGCTGGAGCTGCTTC-3′

引物 K2：5′-CCAAGCTTATGGGAATTAGCCATGGTCC-3′

引物 H1：5′-CGGGATCCTTTGCCTGATGTTATTCTG-3′

引物 H2：5′-GCGTCGACGTTACTTCTTAATGCCCATC-3′

引物 H3：5′-CCAAGCTTTAGCCAGGAATGTAAGGA-3′

引物 H4：5′-CCCTCGAGAATAAAGTTGGCTGGAGT-3′

引物 K1 和 K2 用于扩增 *kan* 抗性基因，上游引物和下游引物中分别加入 *Sal* Ⅰ和 *Hin*dⅢ酶切位点。引物 H1 和 H2 用于扩增 *hns* 5′同源臂，上游引物和下游引物中分别加入 *Bam*HⅠ和 *Sal* Ⅰ酶切位点；引物 H3 和 H4 用于扩增 *hns* 3′同源臂，上游引物和下游引物中分别加入 *Hin*dⅢ和 *Xho*lⅠ酶切位点。

（2）所用到的菌株和质粒

实验所用的菌株和质粒见表 11-2。

表 11-2 本实验所用的菌株和质粒

菌株和质粒	备注
菌株	
DH5α	大肠杆菌，用于质粒的克隆和保存
2457T	痢疾杆菌福氏 2a 毒株，Nal^r
2457T(*hns*::*kan*)$^-$	含 *kan* 基因的 2457T 的 *hns* 缺失突变体，Nal^r、Kan^r
2457TΔ*hns*	2457T 的 *hns* 缺失突变体，Nal^r
质粒	
pKD46	温度敏感型，含受阿拉伯糖启动子调控的 *exo*、*bet* 和 *gam* 基因，Amp^r
pMD18-T	pUC18 衍生质粒，用于连接扩增得到的 *hns* 片段，Amp^r
pKD4	含有两边带有 FRT 位点的卡那霉素抗性基因，Km^r
pCP20	温度敏感型，编码能够识别 FRT 位点的 FLP 重组酶，Amp^r、Cm^r
pET-22(b)	用于连接 PCR 得到的抗 *kan* 的基因，构建 pETkan 质粒

2. 线性打靶 DNA 的构建

在大肠杆菌中，基于 Red 重组系统的打靶基因一般为线性 DNA 片段，其两端与靶基因两侧翼的序列同源，大小为 40～60bp。但实际上，在痢疾杆菌中，提高同源臂的长度能明显提高重组效率，这可能是因为 Gam 蛋白在痢疾杆菌中不能完全抑制 RacBCD 的外切酶活性。

在本实验中，两端的同源臂设计为 500～800bp 以提高重组效率。

首先，以 pKD4 为模板，用引物 K1 和 K2 扩增出大小为 1495bp 且两侧带有 FRT 位点（位点特异性重组位点）的卡那霉素抗性基因，5′末端带有 *Sal* Ⅰ 酶切位点，3′末端为 *Hin*d Ⅲ酶切位点。经 *Sal* Ⅰ 和 *Hin*d Ⅲ 双酶切，连接于经过相同酶切的 pET-22（b）载体，验证正确后命名为 pETkan。同时，用引物 H1 和 H2、H3 和 H4 扩增出待敲除基因的上下游同源臂。其中，上游同源臂 5′末端带有 *Bam* H Ⅰ 酶切位点，3′末端为 *Sal* Ⅰ 酶切位点；下游同源臂 5′末端带有 *Hin*d Ⅲ 酶切位点，3′末端为 *Xho* Ⅰ 酶切位点。将上下游同源臂 PCR 产物连接到 pMD18-T 载体，测序正确后，再将其以相应的酶切割后，分步连接到 pETkan 载体上。经酶切验证并测序正确后，用 *Bam* H Ⅰ 和 *Xho* Ⅰ 双酶切，经胶回收试剂盒回收，便可获得两侧同源臂为 500～800bp 的线性打靶 DNA（见图 11-7）。为获得高浓度的打靶基因，以回收片段为模板，PCR 扩增出打靶基因，再次以胶回收试剂盒回收，便可以很容易地获得浓度高达 300ng/μL 的线性打靶 DNA 片段；而且由于回收后的片段纯度很高，几乎不存在由于质粒模板本身具有筛选重组子的抗药性基因而带来的假阳性，从而使阳性克隆的比例大大增加。

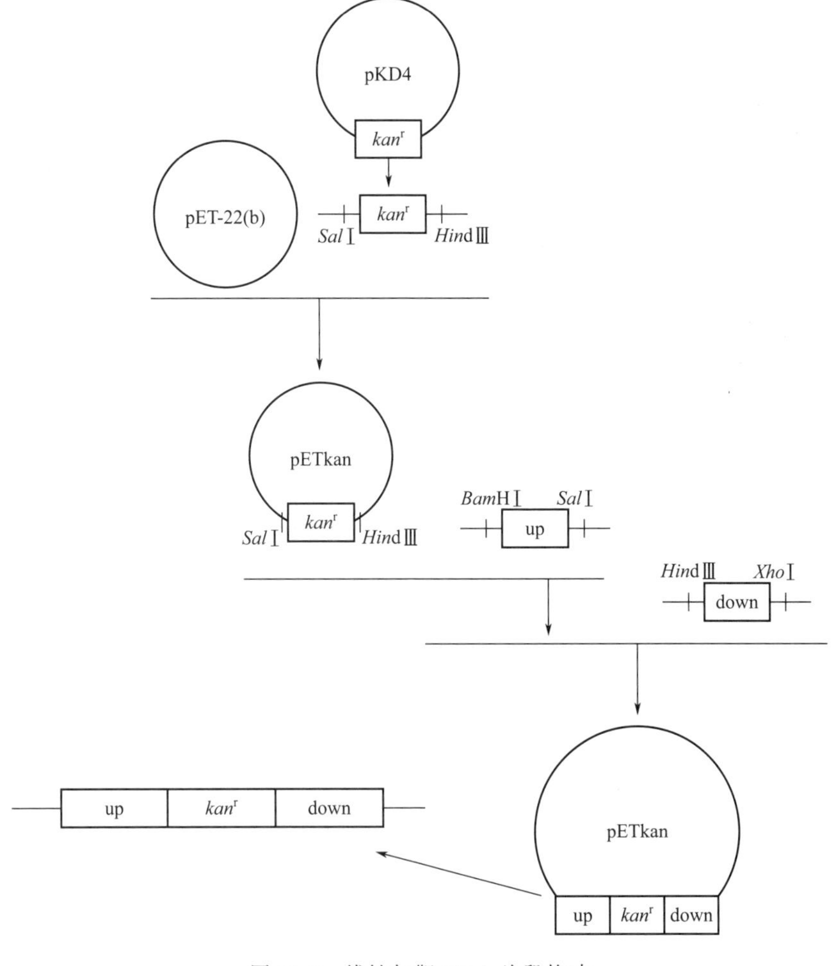

图 11-7　线性打靶 DNA 片段构建

（1）痢疾杆菌 2457T 缺失突变体的构建

将 2457T/pKD46 制备成电击感受态，线性打靶 DNA 浓度在 300～500ng/mL 时进行电击转化，在含卡那霉素的LB平板上筛选阳性克隆并以PCR的方法进行验证，将得到的阳性转化子于42℃培养12h以上，以去除pKD46质粒。结果显示，每300ng线性DNA片段可以产生5～200个转化子，其中阳性重组率均达到90%以上。

（2）痢疾杆菌2457T缺失*hns*突变体卡那霉素抗性基因的去除与验证

① 卡那霉素抗性基因的去除。质粒pCP20表达的FLP重组酶能够识别卡那霉素抗性基因两侧34bp的FRT位点，通过位点特异性重组将中间的抗性基因去除，仅在作用位点处留下一个单拷贝FRT位点。位点特异性重组依赖于小范围同源序列的联会，重组也只发生在同源序列的短序列范围内，需要相应的重组酶。其重组是发生精确的切割、连接反应，两个DNA分子之间不进行对等的交换，有时是一个DNA分子插入整合到另一个DNA分子上，所以也被称作插入重组。同时，这个过程也是可逆的，因此，选择由FLP蛋白识别的FRT位点实现不含抗性基因的“无痕”敲除（见图11-8）[18]。

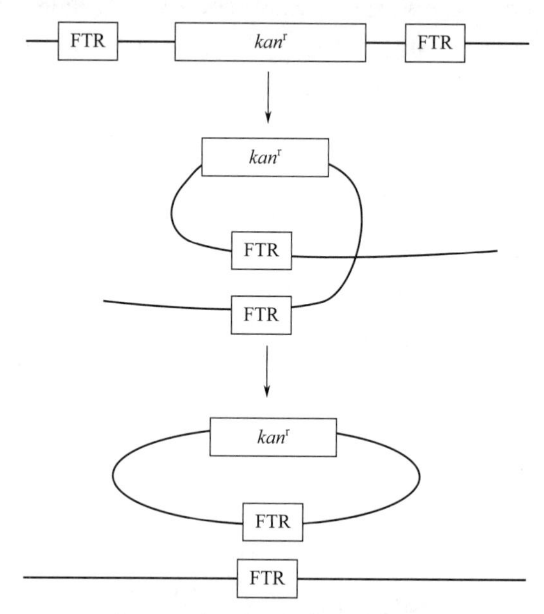

图11-8 卡那霉素抗性基因的去除

将pCP20电击转化入kan^r的突变体株中，于30℃筛选到的kan^sCm^r菌株就是去除了卡那霉素抗性基因的突变体，再将其在42℃培养12h左右以消除温度敏感型质粒pCP20，这样获得的突变体不仅敲除了相应的基因，而且细胞内仅残留34 bp的FRT位点。

② 卡那霉素抗性基因去除的验证。将获得的阳性菌株于37℃振荡培养过夜，取3μL过夜菌作为模板，以5′同源臂正向引物和3′同源臂反向引物配对做PCR进行验证（见图11-9）。

图11-9中显示，第3泳道中，2457T为模板扩增出1.9k左右的片段，而图中第2泳道显示目的基因被卡那霉素抗性基因置换后扩增出3.0kb左右的片段，图中第4泳道抗性基因去除后的突变体则扩增出了1～1.5kb的片段，这与预期结果完全一致。

3. 问题及解决方法

当Red/ET系统在大肠杆菌中使用时，同源臂长度在50～60bp时，有较高的重组效率，但当该系统在痢疾杆菌等其他细菌中应用时，重组效率却不太高。在上述实验中可以发现，延长同源臂的长度可以明显提高重组效率，这可能是由于痢疾杆菌中Red重组系统中的Gam蛋白未能有效地抑制RecBCD蛋白的外切核酸酶Ⅴ活性。将同源臂延长至500～800bp，

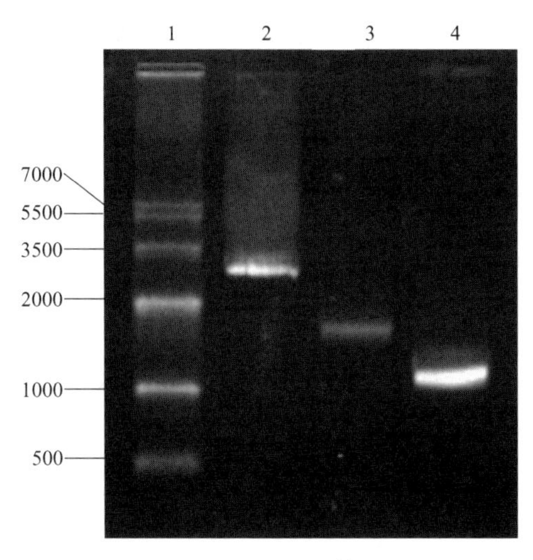

图 11-9　*hns* 基因缺失突变体的 PCR 验证

1—DNA 分子量标记；2—2457T（*hns*::*kan*）；3—2457T；4—2457TΔ*hns*

并且每 300ng 线性 DNA 片段可以产生 5～200 个转化子，其中阳性克隆重组率均达到 90% 以上，尽管这增加了实验步骤，但是大大减小了后期筛选的工作量，是行之有效的。

三、Red 同源重组技术应用策略

目前，Red 体内重组技术进行基因工程操作的策略主要包括以下四种[12]，如图 11-10 所示。一步筛选策略的结果是在发生重组的位置保留了筛选标记基因。利用筛选-反向筛选策略可以实现基因置换，用特定序列代替目标序列，常用的反向筛选标记基因有 *sacB*、*tetR*、*rpsL* 等。筛选-位点特异性重组策略是通过位点特异性重组酶的作用将筛选标记基因删除，但在重组分子上留下 34bp（FTR 位点）或 36bp（LoxP 位点）的特殊序列，这是一种去除选择标记基因的有效方法。在筛选-限制性内切策略中，利用限制性内切酶切割重组子后，再将其连接，不仅可将筛选标记基因删除，而且可以保留一个单一的酶切位点。

早期的 RecET 重组系统是将 *recE*、*recT* 基因整合到宿主菌的染色体上，这样的菌株有 DY330、DY331 等[11]。后来构建的 RecET 重组系统都是可转移的 RecET 重组系统，是将 *recE*、*recT* 基因克隆到质粒上。可转移的 ET 重组系统的发展主要经历了由 pBAD24-trecET 质粒到 pBAD-ETγ 质粒再到 pGETrec 质粒的改进过程。pBAD24-trecET 是最早的可转移 RecET 系统，只能在 RecBCD 蛋白缺陷的菌株中实现线性片段的同源重组[19]。pBAD-ETγ 是将 λRed 系统的 *gam* 基因整合到 pBAD24-trecET 质粒上，抑制 RecBCD 的表达，从而允许线性 DNA 与目的片段的重组，可在 *recBC*$^+$ 菌株中进行[19]。pGETrec 是目前国际上应用最多的携带 RecET 重组系统的质粒，该质粒中的 *recE*、*recT* 和 *gam* 基因都受阿拉伯糖启动子 pBAD 的严格调控，解决了 pBAD-ETγ 质粒上 *gam* 基因组成型表达造成 RecBCD 过度抑制的问题[20]。

Red 重组系统也以两种形式存在：一种是整合在大肠杆菌染色体上的不可转移的重组系统；另一种是可转移的 Red 重组质粒。不可转移的 Red 重组系统用一个缺陷型原 λ 噬菌体实现了外源线性 DNA 在 *E. coli* 细胞中与体细胞 DNA 重组，这种重组又称作 Court 重组。Court 重组策略分为三步：第一步，合成含同源臂的引物，利用 PCR 扩增获得侧翼与靶基

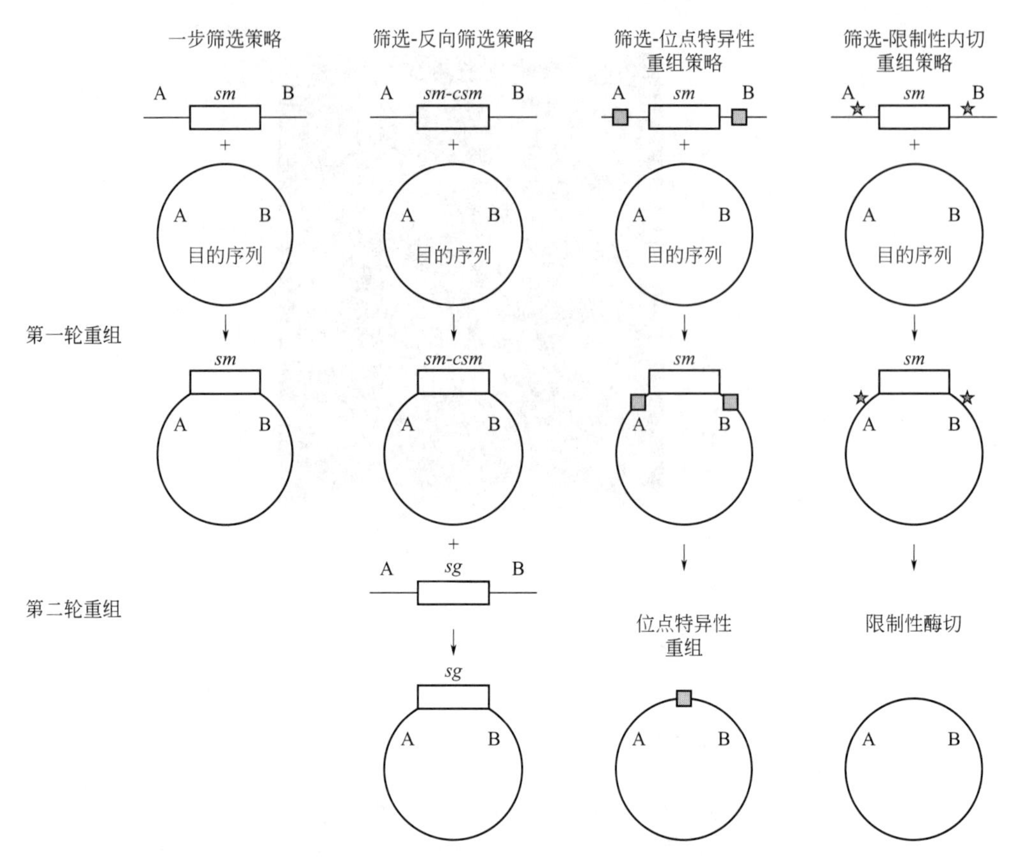

图 11-10 Red 同源重组技术应用策略

sm—筛选标记；*csm*—反筛选标记；*sg*—特定基因；A 和 B—同源序列

因有同源序列的线性 DNA 片段；第二步，诱导宿主细胞表达 Exo、Bata 和 Gam 蛋白并制备成感受态细胞，然后与 PCR 扩增获得的线性 DNA 片段混合电转化；第三步，线性 PCR 产物与宿主靶基因的同源序列发生替换，完成重组。可转移的 Red 重组质粒最常用的是 pKD46，它含有包括 *gam* 基因在内的整套 Red 系统，利用可转移的 Red 重组质粒完成的重组又称 Wanner 重组。Wanner 重组方案简述如下：第一步，合成含靶基因同源序列的引物，PCR 扩增获得抗生素抗性基因作为替换序列片段；第二步，把含辅助质粒 pKD46 的目标细胞制备成感受态细胞，电转化抗生素抗性基因片段；第三步，抗性基因与靶基因同源重组；第四步，去除 pKD46 和其他辅助质粒。

四、应用 Gap-Repair 克隆技术构建 pBR322-Red 载体[21]

重组工程可以将 DNA 序列直接克隆或亚克隆到线性质粒载体上而无需限制性内切酶和 DNA 连接酶。几乎细菌染色体、质粒的任何区域都可以克隆到一个合适的载体上，Gap-Repair（缺口修复）克隆技术的精确性允许基因与载体上启动子、翻译信号等调节因子进行融合。在这个过程中，线性打靶分子是一个以质粒骨架为模板的 PCR 产物，它包括一个选择标记基因（*sm*）和一个复制起点（ori）。用于 PCR 的寡核苷酸引物应当包括同源区域（A 和 B），这个同源区域能够明确地界定出所要克隆或亚克隆的 DNA 位置，由于这个选好的区域能够通过同源重组准确地拷贝进质粒的骨架中，将打靶片段的“缺口”补全，这个过程被称为“Gap-Repair”（见图 11-11）。携带 p15A 和 ColE1 类型复制子的质粒已经成功地应用在 Gap-Repair 克隆工作中，携带 pSC101 类型复制子的质粒不能产生重组质粒。以 ColE1 类型复制子的高拷贝质粒 pBluescript 或 pUC 为载体可以从 BAC 包含的基因组 DNA 中亚克隆得到长度为 20～30kb 的 DNA 片段，以低拷贝质粒 pBR322 为载体亚克隆得到的 DNA 片段长度可以达到 80kb。

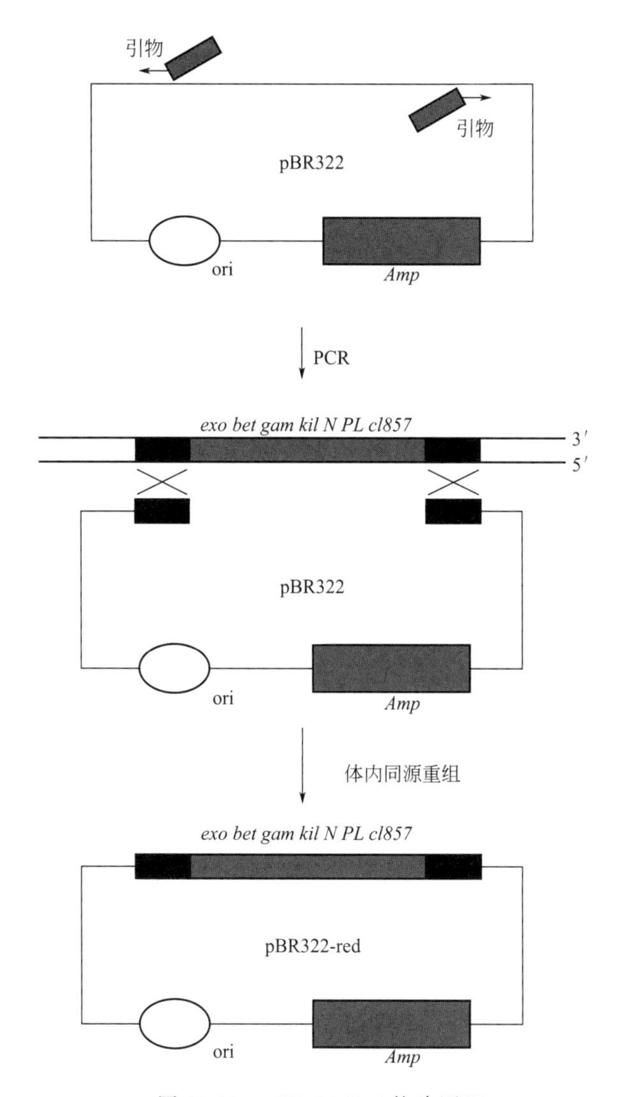

图 11-11　pBR322-Red 构建原理

1. 线性打靶序列的构建

为了从大肠杆菌染色体上直接亚克隆 Red 重组酶基因及调控元件，首先要设计合适的同源臂。第一条同源臂位于 λ 噬菌体 *exo* 基因下游，第二条同源臂位于阻遏基因 *Cl 857* 启动子 PL 上游，两条同源臂中间包含了 6.7kb 的 λ 噬菌体左向操纵子基因和调控元件。引物如下：

P1：5′-AGTGCTATTATAGGCCCATCCGCGTTAGTGAAAGCAGATGCGTCGCG-GTGCATGGAGC-3′

P2：5′-ACAACCTCCTTAGTACATGCAACCATTATCACCGCCAGAGGTGCCTGA-CTGCGTTAGC-3′

通过 PCR 反应将上述同源臂加载到线性 pBR322 打靶载体的两侧。线性 pBR322 打靶载体保留了一个 Amp 抗性筛选标记和复制起点，总长度为 3181bp。

2. 体内亚克隆

将上述线性 pBR322 打靶载体电击转化进入 DY330 菌株中。42℃诱导 15min，线性打靶载体通过同源重组捕获染色体上 6.7kb 含有 Red 重组系统的目的基因，在体内形成环形 pBR322-Red 重组分子。利用 Amp 抗性进行筛选。提取质粒 DNA，用外源片段内部引物进行鉴定（见图 11-12），鉴定引物如下。

P3：5′-TAGCAATTCAGATCTCTCACC-3′

P4：5′-CCAGTTCTGCCTCTTTCTC-3′

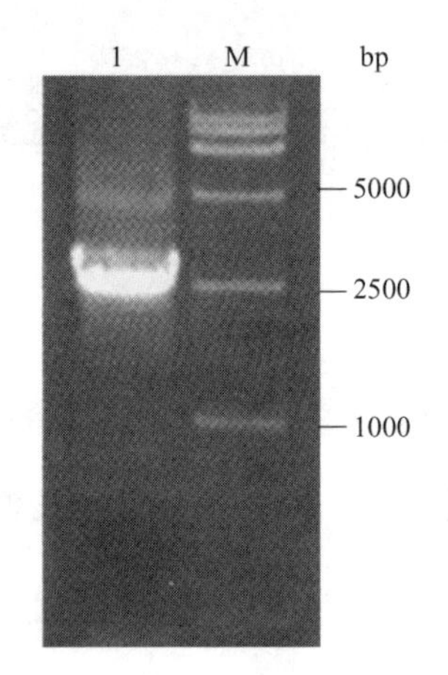

图 11-12 PCR 鉴定重组分子的结果

1—PCR 产物；M—DNA 分子量标记

由于引物 P3、P4 处于目的片段内部，对应的 PCR 产物大小约为 2.5kb。如果发生了重组，那么在提取的质粒 DNA 中则可以扩增这个片段。从图 11-12 中可以看到，P3、P4 在提取的 DNA 中扩增出了 2.5kb 左右的片段，与预期一致。通过测序可以最终确认该结果是正确的。

3. 存在的问题和解决的方法

Gap-Repair 克隆的优势在于捕获的目的基因完全忠实于模板，保真性极高。而且可以克隆少则 20～30kb、长则 80kb 的片段，这是 PCR 等传统方法基本无法实现的。有时在获得抗生素抗性的转化子中，部分质粒不携带目的基因。这种情况往往与线性载体末端序列中存在 5 个碱基以上的重复序列引起的一种线性载体自连有关。去除这些重复序列将显著提高含目的基因转化子的比例。由于从细菌染色体上直接克隆可能打断染色体，造成菌体死亡，以致筛选到的阳性克隆数量很少，这时候可选择直接将含有目的片段的外源 DNA 片段与线性质粒载体共转化进宿主中，从而获取目的基因，线性质粒载体的末端应与外源 DNA 片段末端含有相同的一段短的同源臂序列。

五、Red/ET 重组系统的其他应用

在上文中举例介绍了 Red/ET 重组系统在基因敲除和基因克隆中的应用。除此之外，Red/ET 重组系统还可用于染色体或质粒上的基因敲入、替换、突变等操作，原理和方法和前文所介绍的大致相同，只需要替换特定序列和同源臂即可，这里不再赘述。对于外源质粒也可以通过共转化的方式，应用 Red/ET 重组系统进行各种基因工程操作。甚至可以应用在

真核细胞中，实现点突变、基因敲除等复杂操作。实验证明，在大肠杆菌中利用 Red 系统，单链 DNA 同样可以产生重组，且重组效率比双链 DNA 显著增高[22]。单链重组技术不依赖 RecA，也不需要 Exo 和 Gam 蛋白，只需 Beta 蛋白和 30～40bp 的同源臂即可完成重组。如果将同源臂延长至 70～75bp，则能显著提高重组效率。

六、小结

以 Red 重组系统为基础的基因敲除是重要的基因敲除技术方法之一，对研究微生物基因的功能具有重要的促进作用。因为它与传统的基因敲除方法（基于 RecA 的重组系统）相比，重组效率明显提高，而且此方法利用线性打靶 DNA，不需构建打靶质粒，因此实验周期大大缩短。大多数人认为利用 Red 重组系统进行基因敲除的优越之处在于所用同源臂可以短至 30～50bp，因此，可以用 PCR 的方法一步获得线性打靶 DNA，不必依赖于酶切连接等传统的基因工程手段，但实际情况并非如此。由于多数细菌感受态细胞的转化效率都要比大肠杆菌低得多，而且线性 DNA 片段的转化效率一般比质粒转化效率要低得多，因此，认为 Red 重组系统应用于大肠杆菌以外的微生物中时效率往往不如想象的理想。尽管如此，Red 系统的重组效率比传统的依赖于 RecA 的重组效率要高很多，而且由于线性 DNA 片段本身不能稳定地存在于细胞内，很好地解决了阳性克隆的筛选问题，因此，Red 重组系统依然是相当有效的敲除方法。但到目前为止，此系统还是主要应用于大肠杆菌的基因整合和敲除中。Red 重组系统除了在大肠杆菌中实现基因敲除、基因整合以及对任意大小的 DNA 分子进行精确修饰外，还可用其修饰细菌人工染色体，构建基因敲除小鼠实验中的打靶质粒，进行直接克隆和亚克隆。相信随着研究工作的深入，该系统必将普遍应用于多数菌株基因功能的研究，为后基因组时代的功能基因组计划的成功实施提供一种新的工具和思路。

（王栋澍　冯尔玲　编）

参 考 文 献

[1] Friedman D I, et al. Bacteriophage lambda: alive and well and still doing its thing. Curr Opin Microbiol, 2001, 4 (2): 201.

[2] Costantino N, et al. Enhanced levels of lambda Red-mediated recombimants in mismatch repair mutants. Proc Natl Acad sci USA, 2003, 100 (26): 15748.

[3] Angrand PO, et al. Simplified generation of targeting constructs using ET recombination. Nucleic Acids Res, 1999, 27 (17): e16.

[4] Dabert P, et al. Gene replacement with linear DNA fragments in wild-type *Escherichia coli* enhancement by Chi sites. Genetics, 1997, 145: 877.

[5] Schroder O, et al. The bacterial regulatory protein H-NS - a versatile modulator of nucleic acid structures. Biol Chem, 2002, 383: 945-960.

[6] Herrero M, et al. Transposon vectors containing non-antibiotic resistance selection markers for cloning and stable chromosomal insertion of foreign genes in gram-negative bacteria. J Bacteriol, 1990, 172: 6557-6567.

[7] Julio S M, et al. DNA adenine methylase is essential for viability and plays role in the pathogenesis of *Yersinia pseudotuberculosis* and *Vibrio cholerae*. Infect Immun, 2001, 69 (12): 7610-7615.

[8] Gay P, et al. Cloning structural gene *sacB*, which codes for exoenzyme levan-sucrase of *Bacillus subtilis*: expression of the gene in *Escherichia coli*. J Bacteriol, 1983, (153): 1424-1431.

[9] Payne C, et al. Manipulating large genomicclones via in vivo recombination in bacteria. J Hum Hypertens, 1999, 13 (12): 845-848.

[10] Emmerson P T, et al. Recombination deficient mutants of *Escherichia coli* K12 that map between *thyA* and *argA*.

Genetics，1968，60（1）：19.

［11］ Yu D，et al. An efficient recombination system for chromosome engineering in *Escherichia coli*. Proc Natl Acad Sci USA，2000，97（11）：5678-5983.

［12］ Muyrers J P，et al. Techniques：Recombinogenic engineering-new options for cloning and maniputating DNA. Trends Biochem Sci，2001，26（5）：325-331.

［13］ Muniyappa K，et al. The homologous recombination system of phage λ Pairing activies of β protein. J Biol Chem，1986，261（16）：7472-7478.

［14］ Passy S I，et al. Rings and filaments of protein from bacteriophage λ suggest a superfamily of recombination proteins. Proc Natl Acad sci USA，1999，96（8）：4297-4284.

［15］ Karu A E，et al. The gamma protein specified by bacteriophage λ. Structure and inhibitory activity for the RecBC enzyme of *Escherichia coli*. J Biol Chem，1975，250（18）：7377-7387.

［16］ Poteete A R，et al. What makes the bacteriophage λRed system useful for genetic engineering：Molecular mechanism and biolosical fuction. FEMS Microbiol Lett，2001，201（1）：9-14.

［17］ 葛堂栋，冯尔玲，晏本菊，等. 痢疾杆菌酸抗性系统相关基因缺失突变体的构建. 生物技术通讯，2005，15（5）：488-491.

［18］ Datsenko K A，et al. One-step inactivation of chromosomal genes in *Escherichia coli* K-12 using PCR products. Proc Natl Acad Sci USA，2000，97（12）：6640-6645.

［19］ zhang Y，et al. A new logic for DNA engineering using recombination in *Escherichia coli*. Nat Genet，1998，20（2）：123.

［20］ Narayanan K，et al. Efficient and precise engineering of 200 kb beta-globin human/bacterial artificial chromosome in *E. coli* DHB10B using an inducible homologous recombination system. Gene Ther，1999，6（3）：442.

［21］ 李山虎，洪鑫，于梅，等. Gap-Repair 方式建立一种基于 pBR322-Red 的新型重组工程系统. 遗传学报，2005，32（5）：533-537.

［22］ Swaminathan S，et al. Rapid engineering of bacterial artficial chromosomes using oligonucleotides. Genesis，2001，29：14.

第十二章

转基因动物技术

第一节 转基因动物概述

一、转基因动物的概念

随着遗传工程技术的快速发展以及基因组学研究的不断深入，利用遗传工程技术和胚胎工程技术在动物胚胎期对基因组进行改造，在动物个体水平观察基因的功能、调控、转录、翻译以及生物大分子物质在体内的功能及活性是最佳研究途径。因而，人们应用各种技术手段，将外源基因导入动物体内，使之整合到动物的染色体上，这样外源基因就能随着细胞的分裂而增殖，并在动物体内得到表达，且能够稳定遗传给后代，最终形成可供生命科学研究和其他目的所用的新型动物品系。这类动物被称为转基因动物（transgenic animals），也被称为遗传工程动物（genetically engineered animals）[1]。

二、转基因动物的分类

转基因动物最初通过显微注射技术获得，由于有外源基因的引入、表达和遗传，转基因动物因此而得名。然而，随着转基因技术特别是遗传操作技术的发展，人们不仅可将外源基因整合到动物基因组上，而且还可对动物本身的基因组进行随机和精细化操作，以研究基因的功能及表达调控，这类动物也被称为转基因动物。基于此，有学者建议，根据改变动物基因组的手段以及方式，将转基因动物分为以下三大类[1,2]。

（1）转基因动物

利用显微注射、病毒载体、精子介导基因、脂质体介导等方式，将目的基因（通常指外源基因）导入早期胚胎并整合到动物基因组上而产生的动物称为转基因动物。其最显著的特点是在动物基因组上加入了外源基因。此类动物也就是传统意义上的转基因动物。

（2）靶向突变动物（target mutant animals）

随着胚胎干细胞（embryonic stem cells，ES细胞）、细胞核移植和诱导性多能干细胞（induced pluripotent stem cells，iPS）技术的不断成熟，人们可先在细胞水平上对目标基因进行精细化操作（包括敲入、敲除、点突变等），再利用修饰后的细胞生产胚胎和动物。该类动物的遗传改变是已知且明确的，因而被统称为靶向突变动物。

需要指出的是，人们在早期通过包括ENU、电离辐射等途径制备了大量随机突变的动物个体。然而由于该类动物的突变位点并不清楚，有学者将其归为突变动物，也有学者将其称为转基因动物。

（3）染色体工程动物（chromosomally engineered animals）

用重组酶Cre/loxP系统和同源重组技术等，使目的染色体片段发生缺失、重复、易位和倒位等改变，导致染色体重排，利用该技术制备的遗传修饰动物被称为染色体工程动物。

三、转基因动物的命名

转基因（包括定点突变）动物的大量出现促使人们对转基因动物的命名标准化。早在1992年，美国国家研究委员会（NRC）组织权威专家成立了转基因动物标准命名委员会，制定并发表了转基因动物的命名指南，2000年，该委员会对指南进一步作了修订。目前，该指南已成为国际上转基因动物命名的通行原则。

1. 转基因动物命名规则

（1）符号

转基因符号由四部分组成，均以罗马字体表示：Tg（YYY）###Zzz。

其中Tg代表转基因；（YYY）表示插入的材料；###即由研制实验室制定的数字；Zzz为实验室明码。

① 在最初的指南中，Tg后面还有一个大写的字母，表示转基因的插入方式，如H代表同源重组；经逆转录病毒载体感染的插入以R表示；非同源插入如显微注射以N表示。现在，转基因动物的命名省略了该字母，但在较旧的资料中或非小鼠转基因动物的命名中还可能见到。

②（YYY），括号内的信息是插入DNA的基因符号，插入片段标识是由研究者确定的能表明插入基因显著特征的符号。插入基因通常以字母表示，也可包含数字、上下标、空格及标点等符号，标识一般不超过六个字符。如果插入基因为人的基因，用大写字母；如果插入基因为小鼠的基因，第一个字母大写，其他字母小写；不用斜体字。如果插入序列源于已经命名的基因，应尽量在插入标识中使用基因的标准命名或缩写，但基因符号中的连字符应省去。

在第1版指南中，括号内允许以双字母缩写表示插入的其他信息，其中包括：

An	匿名序列	Rp	报告基因序列
Ge	基因组序列	Sn	合成序列
Im	插入突变	Et	增强子捕获构件
Nc	非编码序列	Pt	启动子捕获构件

在第2版指南中，这些缩写字母已不再使用，而相关的信息可在有关出版物和资料库的描述性解释中获得。

③“###”和“Zzz”分别代表实验室指定序号（laboratory-assigned number）及实验室注册代号（laboratory code）。实验室指定序号是由实验室对插入基因及其稳定遗传确证后给予的特定编号，通常不超过5位数字。而且插入片段标识的字符与实验室指定序号的数字位数之和不能超过11。实验室注册代号是对从事转基因动物研究生产的实验室给予的特定符号。

（2）转基因动物命名实例

Tg（AMYlC）1Mm：意思是整合了人α-淀粉酶基因的转基因小鼠，由M. Meiler实验室（Mm）首先构建成转基因小鼠。

Tg（S100β）5.12Rhr：表示整合了小鼠S100β神经多肽基因的转基因小鼠，由R. Heeves实验室（Rhr）获得的首建谱系5.12动物。

Tg（TCF3/HLF）1Mlc：表示该转基因小鼠整合了人的转录因子3和人肝白血病因子

基因的融合基因，是由 M. L. Cleary 实验室（Mlc）产生的第一个转基因谱系。

（3）转基因符号的缩写

转基因符号可以缩写，即去掉插入片段标识部分，例如 TgN（GPDHIm）1 Bir 可缩写为 TgN 1 Bir。一般在文章中第一次出现时使用全称，以后再出现时可使用缩写名称。

2. 定点突变小鼠命名规则

定点突变可将突变基因标在等位基因右上角作为基因符号，上标的等位基因以 *tm*＃*Zzz* 的形式显示。其中，*tm* 为定点突变之意；＃表示编号，由产生突变的实验室确定；*Zzz* 为实验室记名码。等位基因符号采用斜体。

另外，对于以化学和辐射引起的随机突变动物，也采用类似的方式表示，只是省略字母 t。而乙基亚硝基脲（ethylnitrosourea，ENU）诱导的突变，有时也用 *Enu*＃ 表示。

$En\ 1^{tm/(Otx2)wrst}$：表示 *En 1* 基因编码区被 *Otx 2* 基因取代的敲入突变，由 W. Wurst 实验室（Wrst）研制。

另外，使用 Cre/loxP 系统制备的转基因动物，当打靶载体定点敲入引起突变时，敲入动物也使用 *tm* 原则进行命名，而由敲入动物交配生产的可遗传的动物则保留亲本名称，但需要在其后加一个小数点和序号。

$Tfan^{tm1Lrsn}$：表示 loxP 位点插入 *Tfan* 基因的定点突变。

$Tfan^{tm1.1Lrsn}$：表示 $Tfan^{tm1Lrsn}$ 小鼠与 Cre 转基因小鼠交配后产生的可稳定遗传的基因敲除动物。

四、转基因动物技术的基本原理

转基因动物研究是一种在分子水平、细胞水平和活体动物水平的综合研究体系，它是遗传学、分子生物学、细胞生物学、生殖生理学、发育生物学、实验动物学等学科的理论和技术的综合应用。这一体系首先在分子水平实现对动物基因进行修饰，然后在活体动物的不同层次（分子、细胞、组织、器官和系统）分析基因功能和表型效应。

另外，就转基因动物的研究过程而言，可分为三个阶段：一是目的基因研究，即克隆基因，分析基因的结构并在体外或其他系统中进行功能分析；二是转基因动物制备研究，即利用不同的遗传修饰策略，结合最有效的转基因方法，在动物水平上完成基因组的修饰和改造；三是转基因动物新品系培育研究，即按照育种程序进行转基因动物的选育和建系，进一步培育符合设计的遗传工程动物。

1. 转基因的细胞学原理

细胞（包括生殖细胞）的生长发育都包括 4 个时期，分别为 G_1 期、S 期、G_2 期、M 期。正常情况下，细胞的生命活动循 G_1—S—G_2—M 的路线运转。S 期为 DNA 合成期，M 期为有丝分裂期，M 期结束到 S 期开始之前为 G_1 期，S 期结束到有丝分裂期（M 期）开始之前为 G_2 期。

卵母细胞在 MⅡ期时，核膜破裂，染色质凝集形成染色体；同时，MⅡ期的卵母细胞无核膜的时间明显长于有丝分裂 M 期的细胞，所以此时期的卵母细胞可作为基因导入的受体。基于此，有研究报道显示，给 MⅡ期的卵母细胞注射载体（包括逆转录病毒载体），可获得转基因动物。

在以细胞核移植技术为基础的转基因动物制备中，人们发现，先将供核细胞的周期调整到 G_0 期（如采用血清饥饿法），再进行注射，胚胎发育能力和效率明显提高。

此外，在精子介导基因转移的研究中，充分洗涤精浆及精子表面的一些阻止因子，精子结合外源DNA的能力明显增强，转基因动物的生产效率显著提高。

2. 转基因的胚胎学原理

哺乳动物的受精生物学研究显示，精子进入成熟卵细胞后，头部膨大形成雄原核；同时，卵子排出第二极体，形成雌原核；然后雌雄原核融合，形成受精卵；受精卵随后进入周期性卵裂。显然，外源基因在受精卵及其以前整合到基因组中，理论上，动物的全身组织都获得了一致的遗传修饰。而如果外源基因在受精卵以后（即2-细胞胚胎期以后）整合到基因组上，产生的动物只能是嵌合体，甚至不能遗传给后代（嵌合体动物的生殖系未发生改变）。因此，在进行显微注射时，处于雌、雄原核期的受精卵是理想选择。虽然雄原核注射是最常用的途径，也有人认为同时给雌雄、原核注射，能提高转基因动物的生产效率。

禽类动物的生殖不同于哺乳动物，主要表现在三个方面：一是多精子受精；二是受精后雄原核很快被脂层包裹；三是受精卵在产道中持续分裂，待卵产出后已发育到60000个细胞的囊胚期。因此，无法像哺乳动物那样对雄原核注射。而人们在对禽类进行转基因操作时，一般选择在刚产出蛋（即未孵蛋）的胚盘进行注射。

鱼类的转基因是将外源基因注射到Ⅴ期卵母细胞核中，注射了外源基因的卵母细胞在体外成熟、受精，然后获得转基因鱼，但卵母细胞能够在体外条件下完全成熟的鱼类只有金鱼、斑马鱼和青鱼等少数几种。对于其他鱼类，通用的方法是把外源基因注入细胞质，注射在第一次卵裂前进行。与哺乳动物不同的是，鱼受精卵的发育是在体外进行的，无需进行胚胎移植，由此简化了转基因的程序。

3. 转基因动物制备的分子生物学原理

无论是显微注射法，还是反转录病毒载体法等生物学方法，目的都是要把外源基因导入细胞或胚胎，但是，外源基因的整合和表达却难以预测。有研究认为，外源DNA依靠细胞内核酶修复系统将其整合进入基因组，因而整合是随机的。由于整合的随机性，不仅可能导致内源基因的重排、缺失、移位等突变的产生，而且外源基因的表达也很难控制。

外源基因进入细胞后，细胞将启动自身的防御系统，如胞内核酸酶降解外源基因；如果核酸酶未完全降解外源基因，细胞还会启动外源基因甲基化系统以控制其表达。另外，甲基化的外源基因在分裂过程中不稳定，经多次分裂后，外源基因可能被降解或丢失，从而影响转基因效率。

此外，外源基因整合后，当受体基因中含有转基因的同源序列时，转基因与内源基因的表达会同时受到抑制，这种现象称为共抑制，一般发生在转基因与同源的内源基因之间或两个相同的转基因之间。

五、转基因动物的安全性和伦理学问题

转基因动物于20世纪80年代首先在小鼠上获得成功。到目前为止，科学家们不仅在转基因技术上有了更多的创新性发展，而且生产的转基因动物每年甚至呈几何级数增长。利用转基因动物，人们在基因及功能研究、人类疾病动物模型、动物抗逆性育种、改善动物产品的产量和质量、减少动物排泄物对环境污染以及生物制药等领域取得了巨大的进步。但是，也必须看到，转基因动物本身的安全性问题，以及由此带来的潜在风险。

首先，外源DNA的引入将涉及外源基因的安全性、基因载体的安全性、转基因过程的安全性等问题，可能对宿主动物自身及其生活环境产生影响；此外，外源基因插入可能导致

的插入突变、基因异位表达、基因表达产物等，也可能对动物产生一定的危害。如在转基因动物制备过程中，经常出现死胎、胎儿肥大、早期流产、成年后表型和解剖学异常等[2,3]。

其次，转基因动物食品也可能存在安全隐患。转基因动物食品中有可能出现一些在常规育种中不曾遇到过的新组合、新性状，人们对这些新组合、新性状可能影响人类健康和生态环境的认识还缺乏知识和经验。比如，转基因动物食品是否有毒性、是否引发过敏反应、是否有过高的激素含量，以及转入基因中抗性基因是否会水平转移至肠道微生物或上皮细胞，从而对人体产生不利影响[2,3]。

最后，转基因技术通过对生物甚至人类的基因进行相互转移，突破了传统的界、门的规定，转基因动物具有普通物种不具备的优势特征，通过基因漂移，会破坏野生近缘种的遗传多样性。由于转基因动物使得包括人类基因在内的外源性基因转移到多种动物体内，并使之遗传下去，一旦这些动物逃逸出实验室或限养圈，则其所携带的外源基因可能进入人类赖以生存的自然界中经过长期进化而形成相对稳定的基因库，并对人类自身的生存环境造成难以预测的破坏。另外，转基因动物是在短时间内创造出来的，可能引起社会上一部分人的惊恐和反对。

总之，转基因技术的发明是生命科学史上一次伟大的革命。然而，任何一种新技术的开发和利用都带有风险性。在面对一项新的科学技术时，应该积极地去利用它，对其加以调控，使其向着为人类服务的方向发展。就转基因动物而言，当务之急是制定出一套切实可用的转基因安全性评价体系，确定转基因风险的责任承担机制，建立一套科学透明的指导转基因技术应用的方针。

六、转基因动物技术的发展概况

转基因动物被认为是遗传学中继连锁分析、体细胞遗传和 DNA 重组之后的第四代技术，随着显微注射技术的不断完善、ES 细胞系和基因打靶技术的建立、克隆技术和体细胞打靶技术的逐渐成熟、诱导型潜能干细胞技术以及 Cre/loxP 重组系统的广泛应用，转基因动物技术已成为生命科学中发展最快的分支之一。到目前为止，每年制备的转基因动物有成百上千种，有关转基因研究的论文数量直线上升。

转基因动物技术兴起于 20 世纪 70 年代，而真正引起学术界轰动的是 1982 年 Palmiter 等报道获得的超级“硕鼠”，作者将大鼠生长激素基因插入到金属硫蛋白启动子下游，注射到小鼠受精卵的雄原核内，获得了表达大鼠生长激素且体型巨大的转基因小鼠。1985 年，Smithies 等建立了 ES 细胞基因打靶技术，首先在 β 球蛋白位点上进行基因打靶，获得基因敲除小鼠。1987 年，英国 Roslin 研究所成功研制 α-抗胰蛋白酶转基因绵羊，乳汁中分泌 α-抗胰蛋白酶，含量高达 30mg/L。这标志着利用转基因技术生产生物药品在实践上是可行的。1995 年，Ramirez-Solis 等用重组酶 Cre/loxP 系统首先成功制作染色体重排小鼠。2000 年，McCreath 等用体细胞基因打靶技术和核移植技术获得克隆绵羊，乳汁中分泌 α-抗胰蛋白酶含量高达 650μg/mL，这一技术突破了在大家畜中未能建立 ES 细胞系的难题，将体细胞基因打靶技术和克隆技术结合起来，实现大动物的基因改造。2006 年，日本学者 Takahashi 等利用转录因子异位表达将小鼠皮肤成纤维细胞转化为诱导性多能干细胞（induced pluripotent stem cells，iPS）。2009 年，中国科学院动物研究所的周琪教授和上海交通大学的曾凡一教授联合在《自然》（*Nature*）上发表关于通过四倍体补偿技术，获得了来源于 iPS 细胞的嵌合体小鼠“小小”，进一步宣布了 iPS 细胞确实具有等同于 ES 细胞的发育潜能。这些技术无论是在基础研究还是在产业化方面都具有诱人的应用前景[1,4]。

我国的转基因动物研究始于20世纪80年代初期，中国科学院率先成功地制作了人β-珠蛋白基因、大肠杆菌*galk*和*gpt*基因、牛或人生长激素基因等转基因小鼠，在转基因鱼、兔和大动物的克隆方面也取得了成功，在国际上首先将人生长激素基因转移到金鱼受精卵中，为培育高产优质和具有抗性的鱼类开拓了新途径。2001年，科技部资助南京大学建立了“国家遗传工程小鼠资源库”，专门用于研究、开发、收集、保存和供应遗传工程小鼠，形成资源共享的公共服务平台。

鉴于转基因动物技术的迅猛发展以及转基因动物的广泛应用，本章将重点介绍目前成熟的转基因动物制备技术以及新发展起来的转基因动物技术。

第二节 显微注射法制备转基因动物

显微注射就是借助光学显微镜的放大作用，直接把DNA注射到动物早期胚胎、胚胎干细胞、体细胞或卵母细胞中，然后生产动物个体。经过显微注射DNA发育而成的动物中，有少数整合了被注射的DNA分子，成为转基因动物。

一、仪器设备及材料和试剂

1. 设备

最简单的微注射系统需要倒置显微镜、显微操作仪和一个拉针仪，可用拉制合适的微注射针头。除此之外，由Eppendorf和Zeiss开发的Pizo系统，能有效辅助注射针穿过透明带，从而减少注射过程对胚胎的损伤。最好把微注射的设备安放在专用的房间里，靠近细胞培养设备。另外，显微镜与微操作仪都应该放在减震台或防震的桌子上。

2. 实验材料及试剂

(1) 器械与试剂

① 器械。手术器械、毛细玻璃管、注射管（GD-1：1×9mm）、砂轮、1mL注射器及针头、塑料平皿（直径35mm、55mm）、喷壶、酒精灯、乳胶管等。

② 试剂。矿物油（胚胎级；Sigma）、孕马血清促性腺激素（PMSG）、人绒毛膜促性腺激素（HCG）、M2培养基（Sigma）、M16培养基（Sigma）、麻醉剂、透明质酸酶（Sigma）、PBS缓冲液、70%乙醇、PCR检测用试剂等。

(2) 胚胎采集系统的组装及玻璃针管的制备

① 胚胎采集系统组装材料。吸嘴、乳胶管、空气滤器、采卵管（1mm玻璃管）依次连接，用于胚胎采集、转移、移植等。

② 固定针的制作（显微操作时固定胚胎）。a. 拉针。持卵针的外径一般为80～120μm，内径15～20μm。b. 断针。断持卵针有两种方法：一种是用小砂轮断针；另一种是在煅烧仪上断针。经过一段时间的操作，发现使用煅烧仪断针，针的内径易控制，针断口也较整齐。用小砂轮断针不易掌握力度，前期成功率低，对于初学者使用煅烧仪水平断针的方法好些。c. 烤针。将断好的针口与玻璃球调整到一个水平面上，离开玻璃球一段距离，调整温度，使电热丝发红，直至针缩到15μm时停止，针口必须平滑。d. 弯针。针可以在煅烧仪上弯，也可以在小酒精灯上进行。用酒精灯弯针操作简单，但弯针角度不易控制。经过一段时间的摸索，发现在煅烧仪上弯针弯出的针长度、角度可以控制，显微操作时容易调节。弯针时，将玻璃

管调到玻璃球上面但不接触玻璃球，然后通电加热玻璃球直到微红，手持一根细玻璃管，用管的末端下压针的末端，使玻璃管弯到25°～30°时停止。

③ 原核注射针的制作。Eppendorf公司有预先拉制好的微注射针头，用塑料螺旋固定在Leitz微注射针头架上，取下即可使用。使用拉针仪在实验室中自行拉制的微注射针头最好使用硼硅酸盐玻璃的毛细管，直径90mm。这样拉制的毛细玻璃管外径为1.2mm，管壁为0.13mm，毛细管的全长有一个直径0.1mm的细丝状物依附于它的内壁，它可使样品溶液到达微注射器的尖部。好的注射针距离针尖50μm处直径应为10～15μm甚至更小，针尖直径小于1μm。同固定针的制作方法，用煅烧仪将注射针的前端弯成25°～30°。

二、实验动物准备

实验用小鼠的准备是整个实验的首要条件，要成功和高效地生产基因工程动物，必须获得大量的着床前胚胎和大量的假孕受体，并根据实验需要实施合理的动物育种计划，对动物的品系、年龄和数量进行调整。此外，还必须确保动物健康，将动物饲养在无特定病原体（SPF）的环境中是理想的选择。下面以显微注射方法制备转基因小鼠为例，阐述转基因实验动物的准备。

1. 实验小鼠品系的选择

制备转基因鼠，动物房内至少要维持足够数量的四群不同种类的鼠，它们是：①用于交配产生转基因用胚胎的供体雌鼠；②繁殖力正常的同品系雄鼠；③用于假孕和代乳的受体鼠（雌鼠）；④用于交配产生假孕鼠的结扎雄鼠。

（1）供体鼠的选择

供体雌鼠和雄鼠品系的选择决定了受精卵的遗传背景（同基因性和同质性）。供体雌鼠除了需要考虑其遗传背景外，还需要了解卵的产出数量和质量。常用的有近交系（C57BL/6J，FVB）和杂交一代小鼠。由于C57BL/6J和DBA/2小鼠的基因组测序已经完成，所以近年来多选择使用C57BL/6J小鼠和C57BL/6J与DBA/2繁殖的杂交F1代小鼠。使用杂交F1代是为了避免近交退化，改善单纯近交系产卵的质量和数量，克服近交系繁殖力低下的缺点，从而增强转基因动物的生命活力，其子代的产出量、动物的饲养及其世代的繁殖效率都有所提高。杂交F1代小鼠可以由以下近交系获得：C57BL/6J×SJL，C57BL/6J×CBA/J，C3H/HeJ×C57BL/6J，C3H/heJ×DBA/2J和C57BL/6J×DBA/2J等。供卵小鼠选择3～5周龄的小鼠。

（2）正常雄鼠的选择

雄鼠的选择最好符合两个原则，一是精子的活力高，二是与供体雌鼠同品系。雄鼠必须达到性成熟和体成熟，且处于繁殖力最旺盛的时期。雄鼠一般56日龄达到性成熟，90日龄达到体成熟。近交系雄鼠可用6～8个月，杂交F1雄鼠可用1年。雄鼠在用于交配前最好单笼饲养一周，因为混合饲养的雄鼠会受到同窝优势雄鼠的影响，抑制睾酮的合成和精子的生成。种雄鼠在应用前先与雌鼠进行一周试配，确定其良好的繁殖能力后再用于胚胎生产，连续3次未使雌鼠成功受精的雄鼠应淘汰。雄鼠在两次交配之间应休息4～7d，以保证受精率。

（3）假孕鼠的选择

假孕雌鼠应选择母性好、产仔率高的品系。8～12周龄，体重在25～35g之间的小鼠最为理想。最好选择与供体雌鼠毛色不同的品系，以便确认移植出生的幼鼠确实来自供体胚胎。远交系CD-1或ICR和杂交F1均可用作受体鼠。

假孕雌鼠的挑选主要有三种方法。①随机配对法。在雄鼠笼中放入1～2只雌鼠，在非同步群体中，平均每天将有10%～20%的雌鼠处在发情期，因此，进行配对的雌鼠总数应该是胚胎移植所需数目的5～10倍。次日，将有阴栓的雌鼠挑出留用，其他依然留在雄鼠笼中。②发情筛选法。即每天取发情期的雌鼠交配。发情标志为雌鼠阴道壁粉红、水肿、湿润。通常，筛选的发情鼠将有50%左右交配成功。③激素诱导法。即通过超排处理来诱导雌鼠发情，然后与结扎雄鼠交配，但此法胚胎移植后的妊娠率明显低于自然交配的雌鼠，因此，此法只是最后的选择。以上三种方法交配成功的假孕鼠若未用于胚胎移植，一般交配后8～11d返回发情期。

如果受体鼠到达预产期当天尚未生产则应进行剖宫产，这种情况可能是由于移植到受体内的胚胎只有少数发育到期，导致胎儿较大，母鼠生产困难。

此外，为确保转基因小鼠出生后的存活率，可在假孕母鼠合笼前1～2d正常交配几只母鼠，以作为转基因小鼠的代乳鼠（如转基因小鼠在生产时，母体死亡）。代乳鼠应该是成功哺育过一窝幼鼠的母鼠。

（4）结扎雄鼠的选择

雄性能力强的品系都可用作结扎鼠，但一般与假孕雌鼠品系相同。雄鼠在5周时进行结扎手术，术后休养2周，再进行1周的配种实验，确保雄鼠具有良好的性行为且不具有生殖能力后方可用于实验。结扎雄鼠通常使用1年。与正常雄鼠一样，结扎雄鼠也应该有见栓记录，连续几次不交配的雄鼠应该淘汰。

2. 供体小鼠的超排

以性成熟的雌性小鼠为供卵鼠，先腹腔注射5～10IU孕马血清促性腺激素（PMSG），48h后再注射5～10IU人绒毛膜促性腺激素（HCG），然后让雌鼠与种鼠合笼交配，12h后检查阴栓，有阴栓的雌鼠表示交配成功。

3. 结扎雄鼠的制备

选用4～5周龄以上生育能力正常的雄性小鼠，称重并麻醉。用70%乙醇喷洒小鼠的腹部，再用绵纸擦干净，将腹部被毛剪掉。用剪刀在髂前上棘水平线剪开1cm的切口，沿着膀胱侧壁可将输精管提出（不要把睾丸与附睾提出体外），将输精管与血管分离，分别把两侧输精管烫断，如图12-1所示，缝合肌肉与皮肤，将小鼠睾丸复位，把小鼠放置在热台上，待苏醒后放回笼中单独饲养。

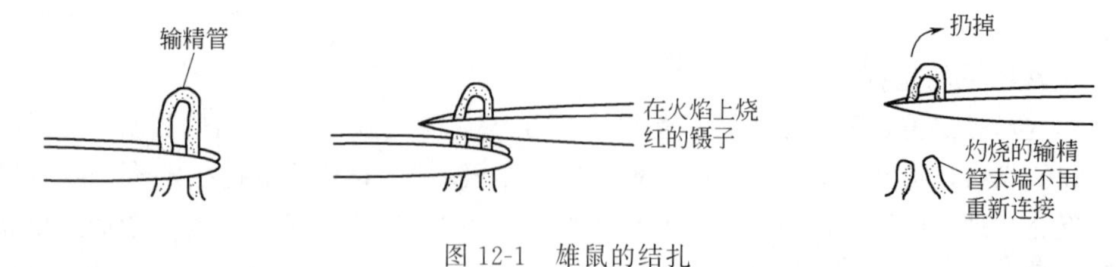

图12-1 雄鼠的结扎

三、转基因动物制备方法

1. 显微注射DNA的准备

（1）注射基因的构建

一般来说，作为转基因用的外源基因至少应当包括两部分：①结构基因（structural gene），即要在转基因动物体内表达的基因或使动物体内自身基因不表达的突变基因；②侧翼序列

(flanking sequence)，含有表达所需的各种调控元件（regulatory element)。在通常情况下，为了便于检测，还需要引入报告基因（reporter gene）或报告序列（reporter sequence)。

① 目的基因的选择。a. 选用目的基因的基因组片段。由于基因组 DNA 具有目的基因表达所需的全套调控元件，在转基因动物中表达的可能性更大，也是目前最常采用的方式。b. 选用目的基因的 cDNA 序列。尽管目前有成功的报道，但由于基因内非编码序列对表达的调控作用，单纯 cDNA 的转基因动物，外源基因有时可能不表达，或只有较弱水平的表达。c. 选用报告基因为目的基因。如选用 *cat* 基因等，其目的实际上是研究基因的调控元件。

② 调控元件的选择。a. 选用具有较高表达活性的强启动子。一般情况下，需要先删除目的基因的天然启动子，然后将强启动子序列甚至包括增强子序列和目的基因拼接成融合基因，经体外（细胞水平）检测表达正确后，再用于转基因研究。根据研究目的的不同，融合基因可分为三种：融合基因具有高表达活性而组织特异性较差，其研究目的主要是观察增强外源基因在体内表达时的生理学效应；融合基因既有高表达活性又有组织特异性，其目的是观察基因在局部组织中的作用；融合基因在乳腺等分泌型器官中的表达，用于基因产品的制备。b. 选用目的基因的天然启动子序列。选择纯天然目的基因的启动子只需要目的基因携带足够长度的侧翼序列即可。侧翼序列的长度因基因的不同而不同，一般上游－500～0bp之间即含有决定基因表达组织特异性的调控元件，但事实上，真核基因调控的机制十分复杂，一些基因的调控元件可能在远离结构基因几至十几千碱基对的区域，因此，选择侧翼序列的长度要根据具体情况来定。当用携带天然启动子的基因来进行转基因时，目的基因基本可以反映其天然行为，因此，这类转基因工作常用于基因结构与基因功能的研究。

③ 报告基因或报告序列的选择。在转基因研究中，由于转基因和内源基因的同源性较高，给转基因检测带来了困难。如果将目的基因和报告基因或报告序列拼接起来，则可以通过检测报告基因或报告序列在转基因动物中的表达情况，判断目的基因是否存在。这不但使检测变得容易，而且准确性也相应提高。

(2) 注射用 DNA 的分离与纯化

① 原核载体序列的影响。虽然原核克隆载体对注射基因的整合频率没有明显的影响，但是由于真核系统对原核序列的防御作用，往往导致转基因在生殖细胞系中的表达受到抑制。因此，在显微注射之前，必须对质粒载体序列中获得的基因构件进行纯化，才能消除载体序列所产生的潜在影响。

② DNA 构件的长度。小鼠转基因 DNA 构件的长度仅仅受克隆方法与处理方式的限制，较大的 DNA 用于小鼠转基因的范围越来越广，几百个千碱基对的 BAC DNA 和 PAC DNA 都曾使用过，而且使用 1000kb 以上的 YAC DNA 也有成功的报道。

③ DNA 的纯化。影响原核显微注射的最关键因素之一是 DNA 纯度。即使痕量的试剂残留也可能会对合子造成损害。由于 DNA 纯化过程非常重要，而且各个研究室所使用的方法也不尽相同。一种简单可行的方法是质粒提取使用 Qiagen 公司的质粒提取试剂盒，然后酶切、纯化。纯化采用低熔点琼脂糖胶（使用质量较好的低熔点胶）电泳分离，切取相应长度的 DNA 片段，最后用 Qiagen 公司的胶回收试剂盒或电泳槽纯化的方法进行回收、纯化。需要注意的是，所有的水都使用超纯水，无论是洗涤还是配制溶液，最后溶解 DNA 的 TE 溶液要求配制十分精确，最好使用胚胎注射用的商品化 TE 缓冲液。

2. 胚胎的准备

颈部脱臼处死有阴栓的供体小鼠，剪开腹部皮肤和肌肉，暴露腹腔，剪下输卵管置于

200μL 的 M2 液滴中，在体视镜下撕开输卵管壶腹部，让包裹着颗粒细胞的卵丘细胞流出。然后将卵丘细胞移入含有透明质酸酶（80IU/mL）的 M2 液滴中处理 2～3min，待颗粒细胞脱落，将受精卵在 M2 液滴中洗涤 4～5 遍，清洗后移入 80μL M16 培养液中，置于 37℃、5%CO_2 的培养箱中培养。

3. 显微注射

（1）原核注射时间

受精卵的发育阶段可以通过 HCG 注射时间、光照周期和采卵时间控制。通常在原核核膜消失前进行注射，最佳注射时间可持续 3～5h。如果原核小且不清楚，可以将 HCG 注射时间提前；反之，若原核已有融合趋势，可以延后 HCG 注射时间。

（2）注射基因浓度

一般为 3μg/mL，若是有毒性的基因可适当降低注射浓度。若两种（或多种）转基因共注射，多数情况下两种基因构件能够共同整合到基因组的相同位点上，也可以获得携带其中一种基因的转基因小鼠。需要注意的是，即使是两种不同的 DNA 分子也要在同种注射液中混合，每种基因构件的最终浓度为正常浓度的一半。如果两种基因构件的大小差别很大，必须注意计算混合液的浓度，保持单位体积内各种构件分子的数量大致相同。

（3）显微注射过程

将含有待注射的受精卵的培养液滴放在载玻片上，注射针吸入待注射 DNA，调整好固定针和注射针的位置，用固定针将受精卵固定在合适的位置（对受精卵伤害最小的位置），将注射针小心地刺入原核，原核膨胀后撤出注射针。对下一个受精卵进行同样的操作，直至一碟受精卵注射结束。此过程必须小心谨慎，才可以确保注射后胚胎的成活率及转基因阳性率。胚胎在体外操作时间不宜过长，一般以 20min 为限，所以每次注射的胚胎数要根据自己的注射速度来决定，确保在 20min 内完成。操作者的熟练程度将会显著影响注射效果。注射后的胚胎至少要用 M16 培养液在 37℃、5%CO_2 培养箱中培养 30min 后才可以移植，可以当天移植也可以第二日移植二细胞胚。

4. 胚胎移植

将注射后的胚胎移植至交配第三天的假孕母鼠输卵管中，二细胞胚可经输卵管移行到子宫，着床后正常发育。具体操作是将见栓的受体小鼠麻醉，背部距离中线 1cm 处剪毛、消毒、开口，用镊子夹取卵巢脂肪垫，取出卵巢，连接输卵管，用脂肪镊固定脂肪垫，在显微镜下找到输卵管开口。用移卵管吸取注射后经培养成活的受精卵，吸取方法如图 12-2 所示。受精卵、气泡、液体相互间隔，形成四段液体（其中一段液体中包括排列致密的受精卵）和三个气泡的混合结构。除较长的那段液体外，其余的液体大致 1cm，气泡 0.2cm 左右。将移植管口插入输卵管口，轻轻地将移植管内的液体吹入（见图 12-3），看到输卵管壶腹部膨大并清晰地看到三个气泡，即移植成功。将卵巢连同输卵管放回腹腔，缝合肌肉和皮肤。

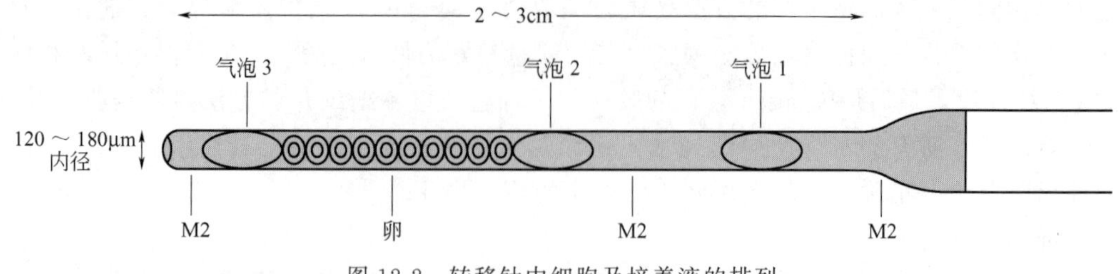

图 12-2　转移针中细胞及培养液的排列

以上介绍的是输卵管伞部移植，也可以采用输卵管壁剪口移植，即找到输卵管的膨大部，在其上端（靠近伞部位置）剪口，将受精卵移入输卵管膨大部（见图 12-4）。

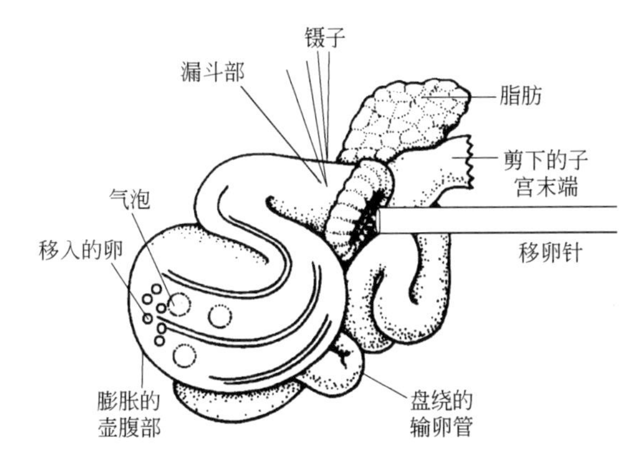

图 12-3　输卵管伞部移植

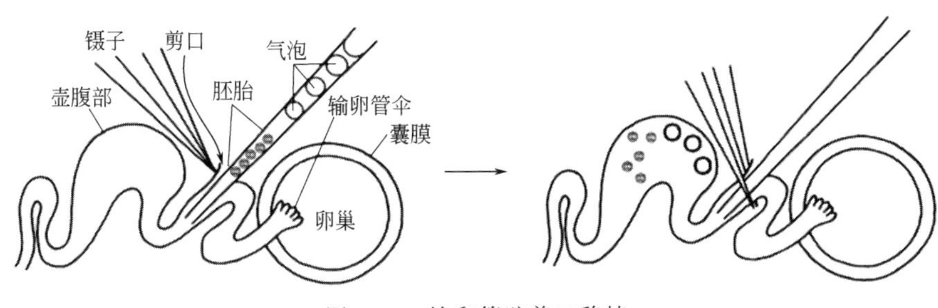

图 12-4　输卵管壁剪口移植

四、影响转基因动物产生效率的因素

1. DNA 样品的纯度

在纯化 DNA 样品时，要选用满足转基因要求的方法，对纯化好的样品要进行纯度鉴定，具体方法是：在 200 倍以上的显微镜下检测不到颗粒性杂质；或将注射 DNA 样品的受精卵培养 24～36h，根据卵的存活和分裂情况判断 DNA 样品中有害物质的污染程度。

2. 缓冲液组分

多采用 5～10mmol/L 的 Tris·HCl（pH 7.4～7.5）、0.1～0.25mmol/L EDTA 作为缓冲液。EDTA 浓度太高，毒性增加，影响受精卵的存活；但 Brinster 等认为，去除 EDTA 也会降低受精卵的存活率和 DNA 的整合率。

3. DNA 浓度

转基因整合的最佳 DNA 浓度为 1.5～2ng，研究表明，降低 DNA 浓度到约 0.2ng，多数的原代小鼠以单拷贝发生整合。但是，低浓度 DNA 产生原代转基因小鼠的效率显著降低。如果浓度过高，会对合子产生毒性，并且易出现多拷贝串联转基因序列，而这样的序列容易发生沉默，影响转基因的表达。

4. DNA 结构

转基因小鼠一般通过注射线性 DNA 而获得，而且其整合到基因组的频率比环性 DNA 要高。研究发现，大的 DNA 构件（如 BAC DNA 和 YAC DNA）的线性结构和环性结构具有相似的整合效率。但环性DNA在整合之前可能会发生随机线性化，这可能会导致DNA分子在某个位点发生断裂，并由此造成转基因功能的丧失。

实际上，除了上述因素外，还有很多影响转基因阳性率的因素，如显微注射技术的熟练程度、动物原核的清晰程度、使用的转基因设备和结果的偶然性等。

第三节 利用ES细胞制备转基因动物

自Evans和Kaufman于1981年从延迟着床的胚胎中分离出小鼠胚胎干细胞（embryonic stem cell，ES细胞）以来，分离各种动物的ES细胞成为国内外研究的热点。ES细胞具有发育全能性，能参与形成包括生殖腺在内的各种组织，因而是生殖生物学、再生生物学、转基因动物研究的基础材料和重要手段。到目前为止，利用ES细胞生产的克隆动物、转基因动物、人类疾病模型动物已有大量报道；此外，ES细胞在细胞分化研究、细胞与细胞相互关系研究以及再生医学等领域也显示出了广阔的应用前景。本节主要介绍利用ES细胞生产转基因动物的基本原理、基本方法和研究进展。

一、ES细胞的研究历史

ES细胞是从早期胚胎内细胞团（inner cell mass，ICM）或原始生殖细胞（primordial germ cells，PGC）中分离出来的具有发育全能性的一种未分化细胞，最早由Evans和Kaufman于1981年首先在小鼠上分离获得。此后，研究人员又相继利用不同方法、不同来源的细胞，在多种动物上建立了ES细胞系。如1983年Axeirod采用微滴培育法从小鼠晚期囊胚中成功获得了小鼠ES细胞系；Wobus于1984年以原代小鼠胎儿成纤维细胞（primary mouse embryonic fibroblast，PMEF）作为饲养层建立了ES细胞系。近年来，科学家们在仓鼠、猪、牛、羊、兔、水貂等动物上获得了ES细胞或类ES细胞。人ES细胞于1994年首次在ICM中分离成功；Shamblott进一步从5～9周龄胎儿的PGC中分离得到了人ES细胞，并证实该细胞具有全能性。

研究人员在体细胞中异位表达转录因子获得了诱导性多能干细胞（induced pluripotent stem cell，iPS）[5]。iPS细胞在细胞形态、生长特性、干细胞标志物表达等方面与ES细胞非常相似，而且在DNA甲基化方式、基因表达谱、染色质状态、形成嵌合体动物等方面也与ES细胞几乎完全相同。也就是说，iPS细胞和ES细胞具有相同的分化潜能。人、猕猴、大鼠、猪、犬、牛、马等动物的iPS细胞已经相继建立。与ES细胞相比，iPS细胞最大的优势是对起始细胞类型没有要求，因而在人类身上没有伦理等问题。

二、ES细胞的生物学特性

1. 全能性（totipotency）

干细胞是指那些同时具有自我更新能力和产生分化细胞能力的细胞。按照干细胞的发育潜能可分为三类：全能干细胞、多能干细胞和单能干细胞。单能干细胞（unipotent stem cell）：也称“专能干细胞”，只能定向分化成一种或两种密切相关的细胞类型，如神经干细胞、造血干细胞。多能干细胞：具有分化出多种细胞组织的潜能。全能干细胞（totipotent stem cell，TSC）：具有形成完整个体的分化潜能，能被诱导分化成全部器官组织，如受精卵。

ES细胞属于全能干细胞，不仅具有自我更新能力，而且具有形成人和动物个体所有类型细胞的多向分化潜能，在细胞替代治疗、基因治疗、发育生物学研究、药理及毒理学、转基因动物等研究领域中具有独特的作用和优越性。

2. 体内外分化

在无饲养层细胞或 LIF 培养条件下，ES 细胞可自发分化为胚胎结构，可见到内胚层和外胚层、卵黄囊、神经细胞、上皮细胞、管结构和软骨、心肌和血岛。在特定的体外培养条件下，能分化形成肌肉细胞、造血细胞、神经胶质细胞等各种细胞系。尽管其体外分化机制和途径与体内胚胎细胞不完全相同，但基因表达顺序及分子水平相似，是研究体细胞决定与分化机制的良好模型。

当将 ES 细胞注射到同基因或免疫抑制宿主体内时，可形成软骨、腺体组织、上皮细胞(包括分泌上皮和角质化上皮)、畸胎瘤。当将 ES 细胞注射到囊胚腔时，可能掺入胚胎的所有组织中（包括生殖嵴)。由于 ES 细胞可掺入生殖嵴，且保留其遗传特性，该特性也是利用 ES 细胞制备转基因动物的基础。

3. 遗传稳定性

ES 细胞在分化过程中，可以完整地体现原有的生理特点和结构组成，即基因能够得到完全表达，具有稳定的遗传性能。因此，在骨髓移植、肌肉和皮肤等的修复医学领域有广阔的应用前景。另外，也可在体外对 ES 细胞进行遗传操作，如外源基因插入、内源基因突变，选择遗传修饰后仍然具有 ES 细胞特征的修饰细胞，通过核移植或囊胚腔注射，以制备转基因动物个体或基因缺失、突变或过量表达的杂合个体或纯合个体，实现基因功能及表达调控机制的研究。

三、ES 细胞分离培养的基本方法

“多莉”羊是基于体细胞核移植获得的世界首例克隆动物。但是，体细胞的体外增殖能力以及遗传修饰效率明显低于 ES 细胞。因此，ES 细胞的分离培养仍然是生命科学研究领域的基础和热点。当 ES 细胞建系后，利用体外培养的 ES 细胞以及 ES 细胞相对更高（相对于其他体细胞）的基因操作效率，形成遗传修饰的 ES 细胞，最后将其注射到囊胚腔，并借助 ES 细胞可掺入后代动物生殖系统的特征，获得稳定遗传的转基因动物。鉴于此，首先介绍动物 ES 细胞的基本制备方法。

1. 利用动物胚胎分离 ES 细胞

（1）小鼠 ES 细胞

小鼠 ES 细胞的分离方法基本成熟。首次得到小鼠 ES 细胞的 Evans 将延迟着床的胚胎培养于 STO 细胞饲养层上，得到小鼠 ES 细胞系。其具体操作是，手术切除受精后 2.5d 的小鼠卵巢，同时注射激素，干扰子宫环境，使胚胎延迟着床，回收未着床胚胎，培养于 STO 细胞饲养层上，几天后即可得到 ES 细胞克隆。

Martin 等以免疫外科法剥离小鼠囊胚滋养层细胞，分离得到内细胞团（ICM），再将 ICM 置于 STO 细胞饲养层上（培养基为小鼠 PSA-1 ES 细胞条件培养基），也得到小鼠 ES 细胞；Axelord 等用微滴法得到小鼠 ES 细胞系；Kaufman 等用单倍体延迟着床小鼠囊胚建立了同源二倍体 ES 细胞系；Wobus 等用原代小鼠成纤维细胞作饲养层建立了小鼠 ES 细胞系；Smith 等使用大鼠肝细胞条件培养基作为分化抑制物建立了小鼠 ES 细胞系。

除囊胚外，Dhhaise 等将 52 枚 8-细胞小鼠胚胎消化成单个卵裂球，培养于小鼠原代成纤维细胞饲养层上，所用培养基为含 10%胎牛血清、10%新生犊牛血清和 0.1mmol/L 的 β-

巯基乙醇的DMEM/F12，培养5d即形成干细胞集落，将细胞集落消化传代，最终建立了ES细胞系——MSB1。将MSB1注入重症联合免疫缺陷（SCID，severe combined immuno-deficiency）小鼠，形成的畸胎瘤包含三个胚层分化物；以该细胞为供核生产的囊胚产出了活体后代（1雄、1雌，但雄性个体无生殖能力）。Tojo等也用同样的方法从杂交小鼠（C57BL/6×DBA/2）的8-细胞胚得到了ES细胞。

（2）大鼠ES细胞

目前，公认最成功的大鼠ES细胞系是RESC-01和RES-DA1，分别由Iannaccone等从PVG近交系大鼠以及Kawase等从DA大鼠分离获得，采用的方法与小鼠相似，细胞均来自囊胚的ICM，且两者的饲养层细胞均为大鼠胎儿成纤维细胞。进一步的研究证实，大鼠ES细胞同时表达SSEA-1、AKP、Oct-4和IL-6等细胞标记，与小鼠ES细胞相似。

（3）猪ES细胞

猪囊胚ICM在STO或PMEF饲养层上的附着和增殖能力明显优于猪胎儿成纤维细胞饲养层。但Strojek等和Vasilev等的研究发现，胚胎发育阶段、培养基种类、饲养层细胞都可能影响猪ES细胞的分离，其中前植囊胚的不同发育阶段是影响猪ES细胞分离的限制性因素，作者通过对不同发育阶段的前植囊胚的比较研究发现，10日龄囊胚最适合用于分离猪ES细胞，而6～7日龄胚胎在培养过程中极易死亡，ICM克隆获得率极低，但10日龄胚胎分离的ES细胞更容易出现分化。

（4）牛ES细胞

牛ES细胞分离最成功的报道来自Sims，作者采用低密度培养法，即以BRL（buffalo rat liver）条件培养基同时添加胰岛素、转铁蛋白、亚硒酸钠以及5%胎牛血清，培养6～10d，得到15个ES细胞系。将ES细胞进行核移植得到659枚重构胚，卵裂率为70%，囊胚率为24%；最后移植34枚重构胚给27头假孕母牛，13头妊娠并产出4头犊牛。Ito等进一步比较了牛体内和体外生产胚胎以及桑葚胚卵裂球和囊胚ICM分离ES细胞的效果，结果显示，无论是体内还是体外生产的胚胎，只能从囊胚的ICM获得ES细胞。而Mitalipova报道，从致密桑葚胚分离的牛ES细胞已传至150代，且仍然表达SSEA-1、SSEA-3、SSEA-4和c-kit等胚胎干细胞标志。

（5）羊ES细胞

最先得到绵羊ES细胞的报道来自Tsuchiya研究小组，作者采用免疫外科法分离8～9d绵羊囊胚ICM，培养于STO细胞饲养层，得到2个类ES细胞系并传至4代。而Tillmann等的报道显示，以胎牛肝成纤维细胞作饲养层分离得到的绵羊ES细胞可传至20代，而相同方法得到的山羊ES细胞可传40代。

（6）兔ES细胞

Graves等将兔的前植囊胚ICM培养于STO饲养层细胞，得到了ES细胞，体外传代培养1年，细胞仍保持未分化状态，具有正常的二倍体核型，且能形成包含三胚层分化物的胚体。此后，Niemann等将ICM培养于PMEF饲养层细胞上，建立了9个兔ES细胞系。Schoonjans等将兔ES细胞注入囊胚，获得了包括整合到生殖系在内的嵌合体兔子。

2. 利用体细胞制备诱导型潜能干细胞

利用胚胎制备ES细胞因涉及胚胎损毁而容易导致伦理学问题。如果能够利用体细胞制备ES细胞，不仅可克服胚胎损毁等问题，而且也能有效解决干细胞移植引起的免疫排斥等障碍。最初，人们通过核移植途径获得胚胎，再从胚胎分离ES细胞。2006年，由体细胞制备ES细胞获得重大技术突破，日本学者Takahashi和Yamanaka将多种转录因子同时导入已分化的小鼠皮肤成纤维细胞，获得了与ES细胞基因表达特征和分化潜能类似的多能干细胞，被命名为诱导性多能干细胞（induced pluripotent stem cells，iPS）[5]。随后，其他研究人员相继证实了该技术的可行性，并且提出了各种优化操作手段，以提高iPS的生产效率、安全性。Takahashi和Yamanaka仅在iPS问世6年后即获得诺贝尔奖，iPS巨大的潜在应用价值被认为是人类生命科学新的里程碑。

2009年，中国科学院动物研究所的周琪教授和Boland课题组分别在《自然》报道，利用iPS细胞成功制备嵌合体小鼠，进一步证实iPS细胞确实具有等同于ES细胞的发育潜能[6,7]。

（1）利用体细胞核移植制备ES细胞

在2006年以前，人们一直在探索利用体细胞制备ES细胞，包括利用成熟卵母细胞内容物、早期胚胎细胞内容物，希望利用这些物质实现体细胞重编程，但进展不大。“多莉”羊的出生以及克隆技术的发展，催生了以体细胞核移植为基础的ES细胞制备技术。其过程是将体细胞（主要包括胎儿成纤维细胞、卵丘细胞、成体上皮细胞等）注射到去核的成熟卵母细胞，利用成熟卵母细胞环境及核重序因子，完成体细胞重编程，并形成重构胚胎，再利用重构胚胎的细胞分离ES细胞。

（2）在体细胞中异位表达转录因子制备iPS

Takahashi等于2006年通过比较小鼠胚胎成纤维细胞与ES细胞的差异表达基因，利用逆转录病毒介导候选基因感染小鼠胚胎成纤维细胞，最后发现，同时转染*Oct3/4*、*Sox2*、*c-Myc*和*Klf4*（简称OSMK）4个基因，即可实现体细胞重编程。与此同时，美国学者Thomson等利用几乎相似的手段，筛选出的另一诱导因子组合*Oct3/4*、*Sox2*、*Nanog*和*Lin28*（简称OSNL），实现了人成纤维细胞的重编程[5]。此后，其他科学家利用相同的因子组合实现了人、猕猴、大鼠等不同物种的多种体细胞的重编程[8~15]。目前，OSMK因子组合已成为iPS细胞诱导的经典方法。当然，利用*Sox2*、*Klf4*和*c-Myc*的家族同系物作为代替组合，也被证实是有效的。

研究表明，*Oct4*具有维持ES细胞自我复制和促进ES细胞分化的双重功能，是维持细胞多能性的重要分子；缺失*Oct4*基因的ES细胞将自发分化为滋养层细胞，过表达*Oct4*基因的ES细胞将向原始内胚层细胞分化。*Sox2*的表达虽然不局限于多能性细胞，但在早期胚胎发育和抑制分化中发挥着重要的作用；进一步的研究发现，Sox2通常作为Oct4的协作因子对ES细胞中的下游靶基因进行调控，因此，Sox2是维持多能性的必需因子。*c-Myc*是一种原癌基因，也是Lif/STAT3和Wnt信号通路的主要下游基因，对干细胞的多能性维持和自我更新发挥调控作用。*Klf4*具有癌基因和抑癌基因的双重特性。

*Nanog*的转录受*Oct4*和*Sox2*的共同调节，同时又协同*Oct4*和*Sox2*共同调控许多靶基因，而这些靶基因产物多是对发育至关重要的转录因子。过表达*Nanog*可以维持*Oct4*的表达，抑制ES细胞分化。OSNL转录因子组合同样获得了人的iPS细胞，说明*Nanog*可代替*Klf4*和*c-Myc*的重编程作用。Klf4通过抑制*p53*实现细胞增殖调控，而p53是*Nanog*的负调控因子，所以重编程过程中，Klf4可能起到活化*Nanog*的作用。*Lin28*是细胞发育的负调控基因，在人和小鼠分化的ES细胞中，*Lin28*表达下调。

（3）提高iPS效率的优化方法

OSMK因子组合是最早成功诱导iPS的经典方法，但其效率通常不到0.01%，且在诱导 30d 左右才有克隆出现。为了提高 iPS 的诱导效率，研究人员进行了大量尝试，并取得了明显的成效。目前，至少有以下几种途径被证实能有效提高 iPS 诱导效率。①增加转录因子。有研究者比较了 6 种转录因子（Oct4、Sox2、c-Myc、Klf4、Lin28、Nanog）和 4 种转录因子（Oct4、Sox2、c-Myc、Klf4）对人上皮细胞形成 iPS 的诱导效果。作者首先构建了上述转录因子的慢病毒表达载体，然后按两种组合分别转染人上皮细胞（起始转染细胞总量均为 1×10^5 个），24h 后转染细胞转移至铺好小鼠胚胎成纤维细胞的培养瓶中，用人胚胎干细胞标准培养基（80% DMEM/F12 培养液、20%的血清替代物、1mmol/L L-谷氨酸、0.1mmol/L β-巯基乙醇、1%的非必需氨基酸）培养，10d 后更换为条件培养基培养。结果，在转入 4 种因子的细胞中，培养 12d 可见克隆形成，而在转入 6 种因子的细胞中，7d 即形成克隆；4 种因子诱导形成的 iPS 细胞集落为（16±3)个，6 种因子诱导形成的 iPS 细胞集落为（166±6)个，后者为前者的 10.4 倍[9]。进一步检测发现，这些 iPS 都表达人胚胎干细胞的标志基因，如碱性磷酸酶、SSEA-3、SSEA-4、Tra-1-60、Tra-1-81 基因等；同时，iPS 形成拟胚体后，能检测到三个胚层所特有的基因都有表达，说明这些细胞具有形成人类胚胎三个胚层的多能性。Mali 等在 OSMK 的因子组合中同时表达 SV40 大 T 抗原，能显著提高成纤维细胞产生 iPS 的效率，而且 iPS 细胞提前 1～2 周产生。②添加某些药物。研究发现，DNA 甲基转移酶抑制剂和组蛋白脱乙酰化酶抑制剂亦可提高重编程效率，尤其是组蛋白脱乙酰化酶抑制剂——丙戊酸（valproic acid，VPA）可以提高重编程效率超过 100 倍[10]；Huang 等发现在添加 VPA 的 Oct4 和 Sox2 两种转录因子的诱导体系中，重编程也可以进行，说明小分子化合物不仅可以提高诱导重编程的效率，还可以替代某个诱导因子来进行重编程[11]。③阻断 *p53* 的信号通路。2009 年，《自然》报道，5 个科研小组同时发现，通过阻断抑癌基因 *p53* 的信号通路，即使是在没有 c-Myc 的情况下也可将皮肤细胞转化为 iPS 细胞，且成功率较 OSMK 因子组合提高 10%左右。其机制可能与肿瘤发生机制相似，即 *p53* 降低细胞的重编程，抑制 *p53* 的表达，可导致细胞的永生化。④选择不同类型的细胞。现已证实，终末分化的小鼠 B 细胞、小鼠肝脏细胞、胃上皮细胞、胰岛 β 细胞以及人皮肤组织中的角化细胞等都可转化为 iPS 细胞[9,10]。但是，与皮肤成纤维细胞相比，脂肪干细胞更容易转变为 iPS 细胞，且所转变的 iPS 细胞安全性更高，可望利用脂肪干细胞培育人体所需的各种器官；Aasen 等报道利用逆转录病毒将 Oct4、Sox、Klf4 和 c-Myc 转录因子的基因导入人角化细胞，产生 iPS 细胞的效率比人成纤维细胞的效率至少提高 100 倍，而且明显缩短了产生 iPS 细胞的时间；神经干细胞或前体细胞由于其本身高表达 *Sox2*，因而只需要 Oct4 或 Oct4+Klf4 即可诱导为 iPS 细胞。

（4）提高 iPS 安全性的有效方法

目前人们对采用的 iPS 诱导方法在两个方面存在安全性顾虑：一是转录因子主要依靠逆转录病毒（包括慢病毒）介导，病毒的基因序列将随机整合到基因组，同时可能导致插入突变（insertional mutagenesis）；二是 *c-Myc* 是原癌基因，且 Klf4 也有一定的致癌能力，iPS 的成瘤性需要重视；此外，逆转录病毒介导的外源性基因会在 iPS 中持续性高表达，使诱导分化无法进行。为此，Nakagawa 等尝试了只用 Oct4、Sox2 和 Klf4 3 个因子，成功获得了 iPS，虽然诱导效率显著降低，但得到 iPS 细胞的质量和多潜能性较好，且 iPS 后代小鼠在出生 100d 后没有肿瘤形成[14]。也有科研小组利用混合 microRNA（miR-291-3p、miR-294 和 miR-295）取代 c-Myc，将其混入油脂可以顺利穿过成纤维细胞的细胞膜进入细胞中，其他 3 种转录因子的基因仍由逆转录病毒载入，观察发现，microRNA 也可以替代转录因子发挥诱导功能，提高重编程效率。Stadtfeld 等利用腺病毒载体运输 Oct4、Sox2、Klf4 和 c-Myc 4 种转录因子基因成功获得无病毒整合的 iPS（Adeno-iPS）细胞；Okita 等采用 2 种质粒分别携带 Oct4、Sox2、Klf4 3 种转录因子基因和 c-Myc 转录因子基因共转染人或小鼠的体细胞，并使之诱导成为 iPS 细胞，检测发现并无质粒整合进入 iPS 细胞基因组中，即获得了在基因组水平无转录因子整合的 iPS 细胞[12]；Frank 等采用带有 Cre/loxP 系统的病毒载体诱导 iPS，此系统可将整合到 iPS 基因组中的 4 种外源转录因子及病毒基因成分完全剔除，因而获得了完全没有病毒基因组的来源于帕金森患者成纤维细胞的 iPS；而 Knut 等人使用含有转座子系统的病毒载体也成功获得了完全没有病毒基因组的来源于人胚胎成纤维细胞的 iPS。这些无病毒基因组成分的 iPS 诱导成功为其临床实际应用奠定了基础。

（5）化学诱导的多能干细胞

目前已证实，联合利用小分子化合物 BIX-201294（G9a 组蛋白甲基转移酶抑制剂）和 BayK8644（一种钙激动剂），加上 Oct4 和 Klf4 两个转录因子可以成功诱导小鼠胚胎成纤维细胞形成 iPS 细胞[11,13]。2013 年，北京大学邓宏魁教授团队利用七个小分子组合，成功地将小鼠体细胞重编程为 iPS，命名为 CiPS（化学诱导的多能干细胞）；并且证明 CiPS 可以整合到包括性腺的三胚层内所有的器官当中，是完全重编程的，实现了无外源基因参与的、完全由小分子化合物诱导的细胞重编程[15]。

（6）iPS 的鉴定和筛选

在 Takahashi 和 Yamanaka 的研究工作中，使用了 Fbx15 这一多能性标志分子的表达对转染后的细胞进行筛选。但是，得到的 iPS 细胞尽管能形成畸胎瘤和嵌合体小鼠胚胎，但不能形成成年的嵌合体小鼠，而且没有生殖系转移的能力，说明这些 iPS 细胞有一定的多潜能性，但与严格定义上的多潜能性细胞还有区别。为了得到真正具有多潜能性的 iPS 细胞，几个不同的科研小组运用了更好的筛选系统，以 Oct4 或 Nanog 来替代 Fbx15 的表达。因为 Oct4 和 Nanog 在 ES 细胞的自我更新和多潜能性的维持中都起着关键作用。激活 Oct4 和 Nanog 的内源位点与细胞的多潜能性状态有着更直接且紧密的相关性。利用 Oct4 或 Nanog 的报告基因系统，几个科研小组应用 Yamanaka 因子诱导 iPS 细胞，几乎同时得到了既能够高效嵌合成年小鼠，又可参与形成生殖系细胞的 iPS 细胞，并通过嵌合体小鼠的繁殖得到了 iPS 细胞衍生的后代小鼠。

四、ES 细胞的遗传修饰

1. ES 细胞基因打靶

基因打靶包括替代和插入两种，其理论基础都是同源重组。所谓替代，是指基因组上的一段序列被设计好的另一段序列所替代，其方法是在打靶载体两个同源臂之间包含替代序列，当打靶载体与基因组进行同源重组时，基因组上同源臂之间的序列被载体序列替换。插入则是在基因组的特定位点整合外源基因片段，其方法是在打靶载体同源臂之间包含外源基因片段，而两个同源臂在基因组上又前后相连，当同源重组发生时，外源基因片段即定点插入基因组，且基因组的原始序列并未缺失。

（1）打靶载体的构建及影响因素

① 优化同源臂，提高打靶效率。打靶载体同源臂与 ES 细胞基因组序列的一致性是影响打靶效率的重要因素。特别是对于来源于不同亚系动物的 ES 细胞，在构建打靶载体时，要充分考虑亚系之间基因组的微小差异。如小鼠，目前的 ES 细胞主要源于 129 品系，因此，

打靶载体的同源臂序列最好用129品系小鼠的基因组序列。有研究显示，虽然在不考虑亚系动物基因组微小差异的前提下，也能实现ES细胞打靶，但其效率比与基因组完全匹配的同源臂低4～5倍。

同源臂长度是影响打靶效率的另一个重要因素。通常而言，打靶序列与靶基因之间有4～10kb的同源，加上1kb以上的不同源序列最为有利，而大于10kb的同源序列反而会降低打靶效率。

另外，打靶位点的基因组序列特征也会明显影响打靶效率及准确性。目前，在ES细胞打靶研究中，内含子是构成打靶载体同源臂的主要部分，而内含子中常包含重复序列。由于重复序列可能在基因组中多处存在，因而重组效率将明显提高，但重组是否发生在预期位点，需要鉴定筛选。此外，也有人提出以富含AT的区域作为打靶位点更为有利，其理由是该区域容易发生DNA解链，从而增加同源重组的机会。还有学者认为，将打靶载体与其他DNA分子共同注入ES细胞，可提高打靶效率，其原理是细胞内存在更多的DNA片段，将最大化激活细胞的DNA修复机制，实现打靶载体重组。

最后，在构建打靶载体时，还需要全面分析靶基因的转录、mRNA剪接以及翻译产物。如中靶细胞是否在mRNA剪接过程中产生新的转录产物；靶基因与标记基因是否可能形成融合蛋白，尤其当标记基因无自身的启动子或poly A等信号时更是如此。

② 利用正负筛选基因提高打靶效率。筛选基因打靶载体的目的是希望通过同源重组实现对特定基因进行研究，但也可能是随机整合。为此，人们提出了以正负筛选的方法进行鉴别。所谓正筛选，即在打靶载体上引入抗性基因（如新霉素基因——neo^{R}、潮霉素基因——$hygromycin^{R}$、嘌呤霉素基因——$puromycin^{R}$等），只要打靶载体整合到细胞基因组上，中靶细胞即对相应的抗生素具有抗性。而负筛选则是在同源臂的外侧加上一个负选择基因（常用的如HSV的*tk*基因），当打靶载体以同源重组的方式实现特定位点整合时，*tk*基因被重组掉而不会留在中靶细胞的基因组中；当打靶载体以随机的方式整合到基因组上时，*tk*基因也同时整合到细胞基因组中。由于*tk*基因对9-(1,3-二羟基-2-丙氧甲基）鸟嘌呤敏感，随机整合的中靶细胞可被该化合物杀死，同源重组的中靶细胞因无*tk*基因而对该化合物具有抗性，以此可鉴别同源重组和随机整合的中靶细胞。

目前，负筛选基因也选用白喉毒素A、*Hprt*、*gpt*、蓖麻毒素基因等。通过正负筛选系统，中靶细胞的筛选效率可提高几倍、几十倍甚至上百倍。

此外，也有学者采用无启动子的正选择基因富集中靶细胞。其原理是，根据要操作的靶基因的表达特征精确构建打靶载体，只有当正筛选基因正确地按内源基因启动子方向插入时才会表达；同理，也可构建无poly A的正选择基因打靶载体。通过上述操作方式，中靶细胞的富集可提高几十倍到上百倍。

（2）ES细胞基因打靶的基本操作过程

① ES细胞的培养基。通常ES细胞可在含15%胎牛血清（56℃灭活30min）和0.1mmol/L β-巯基乙醇的高葡萄糖DMEM（加入谷氨酰胺和碳酸氢钠，不加HEPES）培养基中培养。需要注意的是，胎牛血清要选择胚胎干细胞级，因为该级别的血清是经过严格筛选并证实可维持ES细胞处于未分化状态的。

② 胎儿成纤维细胞制备。ES细胞在胎儿成纤维细胞饲养层上培养更有利于细胞的自我更新和维持未分化状态，因此，在ES细胞培养过程中，通常需要制备胎儿成纤维细胞饲养层。基本过程如下（以小鼠为例）：无菌条件下，取受精后14～17d的胎儿，去除内脏和四

肢，用PBS冲洗，用剪刀将胚胎捣碎；每个胚胎加3～5mL 0.05%胰酶-EDTA消化液（NaCl 8g/L、KCl 0.4g/L、葡萄糖1.0g/L、$NaHCO_3$ 0.4g/L、EDTA-Na_2 0.22g/L、胰酶0.05%），4℃过夜消化；在不晃动沉淀的情况下尽量吸掉消化液，并在37℃环境下继续消化30min；加入培养基（含10%胎牛血清和0.1mmol/L β-巯基乙醇的高葡萄糖DMEM），用吸管反复吹打；自然沉降较大的组织块1～2min，同时计数悬液中的细胞并接种。

当成纤维细胞用作饲养层时，待细胞铺满后，用丝裂霉素C（10μg/mL）处理1h，并用含高糖的DMEM充分洗涤3次，最后加入ES细胞培养液。也可用照射的方法处理成纤维细胞，而且照射比丝裂霉素更好，因为其中没有丝裂霉素残留，照射剂量通常为3000rad。

当成纤维细胞衰老后，不能作为饲养层细胞。通常成纤维细胞可培养10～15代而不会衰老。

③ ES细胞的传代培养。ES细胞建系后，可在体外培养，其过程与正常细胞系相似。但必须在ES细胞集落外周未出现分化的内胚层细胞之前进行传代。

④ ES细胞电转移。ES细胞转染通常采用电转移方法。在ES细胞传代后2d，更换新鲜培养基，换液4h后即可进行电转移。首先消化ES细胞，制成10^7～10^8个/mL，用800V/cm和200μF的条件进行电转移，电转移处理后，尽快重新接种。在此过程中有两点需要注意：一是打靶载体的浓度最好不要超过5nmol/L；二是电转移后细胞操作要轻柔，不要离心。

（3）中靶细胞集落的筛选和鉴定

① 中靶ES细胞集落的筛选。电转移后的ES细胞先培养于饲养层细胞上，同时，培养基中加上相应的抗生素（抗生素的种类及浓度视打靶载体中的抗性基因而定），待ES细胞形成集落后，挑取集落转移到24孔板（前一天已接种上饲养层细胞），同时用含有抗性的培养基培养。每隔3～5d，用胰酶消化各孔，重新转移到新孔中，不需要加入新的饲养层细胞。如此重复2～3次，直到ES细胞铺满整个孔。此时，可收集细胞，用于DNA提取做分子检测、用于囊胚注射制作转基因动物，或者冻存。

② 中靶ES细胞的分子鉴定。在得到中靶细胞的DNA后，通常先进行PCR做初步鉴定，最后再采用Southern Blot进行鉴定。方法为常规分子生物学技术，在此不再赘述。

2. ES细胞条件性基因打靶

利用ES细胞制备遗传修饰动物为基因表达调控及功能研究提供了有效的手段。但是，在前面叙述的ES细胞打靶过程中，无论是通过敲入（knock-in）还是敲出（knock-out）所制备的小鼠，由于所有细胞基因组上都存在基因的缺失/突变，往往引起严重的发育缺陷或胎儿死亡，不利于在发育后期阶段基因功能的分析。即使发育完整的突变体小鼠，表型分析也常遇到两个困难问题：一是所有个体细胞基因的突变，很难将异常表型归于哪一类细胞或组织；二是很难排除在成熟动物上由发育缺陷所引起的异常表型。另外，由于广泛应用*neo*和HSV-*tK*作为正负选择系统，发生同源重组的细胞基因组中总留有外源的选择标记（如*neo*）基因；该基因可能影响相邻基因的表达，不利于对突变表型的精确分析。

为了克服上述问题，研究人员又采用了新的技术途径，简单地说，即对基因表达进行时空调控。所谓时间调控，是指在特定需要的时间范围内，诱导外源基因表达或调控内源基因表达；而空间调控，则是控制基因在机体的特定组织中表达或失活，从而实现在不对机体产生重大影响（如威胁到动物生命）的前提下，精细化阐明基因的功能。

目前，基因表达的时空调控主要通过三种技术手段得以实现：一是诱导型表达载体的应用；二是利用组织细胞特异性表达基因的启动子控制外源基因在特定组织中表达；三是基于

Cre/loxP 系统建立的时空表达调控机制。

（1）利用诱导型表达载体调控基因表达

1982 年，Karin 等人研究了人金属硫蛋白（metallothionein）基因及其相关序列，发现该启动子需要在 Zn^{2+}（$ZnSO_4$）的作用下才能启动下游基因的表达。由此，研究人员构建了含金属硫蛋白-Ⅱ型（MT-Ⅱ）启动子的可诱导型载体。此后，人们又发现了多个在特定条件下才能表达的基因，并开发了基于这些基因启动子特点的诱导型真核表达载体，如热休克蛋白启动子可在高温下被诱导，另一些基因的表达需要糖皮质激素诱导等等。除了 MT-Ⅱ启动子外，目前运用较多的还包括受四环素调节的 Tet-on 和 Tet-off 基因表达系统，以及受 RU486 调控的表达系统。将目的基因插入到这些表达系统，再整合到 ES 细胞（包括随机整合和定点整合），并制备转基因动物，即使目的基因表达产物可能对胚胎或动物个体产生不利影响，但由于基因表达可通过诱导物质进行调控，从而避免了胚胎死亡等不利事件的发生。

（2）利用组织特异性启动子调控基因表达

就遗传物质 DNA 而言，机体所有组织细胞中的遗传物质是完全一致的，但不同组织细胞中的基因表达却有差异。出现这种差异的是启动子与细胞内环境相互作用的结果，即通常所说的组织特异性表达，如 *K15* 仅在皮肤组织的真皮细胞中表达。因此，当需要研究某些基因在真皮细胞中的表达调控和功能时，即可将该基因插入到 *K15* 基因的启动子下游并整合到 ES 细胞，最后得到的转基因动物仅在真皮细胞中表达外源基因，而其他组织则不表达该基因。

（3）利用 Cre/loxP 系统调控基因表达

通过对细菌、噬菌体和酵母整合酶系统的研究，人们开发了 DNA 序列重排的有效工具。其中，噬菌体的 Cre/loxP 系统以及啤酒酵母的 FLP-FRT 系统，是研究较为深入并被广泛应用于动物遗传操作的重要手段，是条件性基因打靶、诱导性基因打靶、时空特异性基因打靶策略的技术核心。这里重点介绍 Cre/loxP 重组系统。

Cre/loxP 重组系统是从 P1 噬菌体中分离得到的。其中，Cre 是引起重组的意思，loxP 意为交换的位点。也就是说，当 Cre 重组酶存在时，如果 DNA 分子上有两个 loxP 识别位点，即可导致 DNA 发生重排。

Cre 重组酶是一种位点特异性重组酶，是由 343 个氨基酸组成的单体蛋白质，大小约 38000。它不仅具有催化活性，而且与限制酶相似，能识别特异的 DNA 序列，即 loxP 位点，使 loxP 位点间的基因序列被删除或重组。Cre 重组酶活性不需要借助任何辅助因子，并可作用于线形、环状甚至超螺旋 DNA 等多种结构的底物。

loxP 序列包含两个 13bp 的反向重复序列和中间 8bp 的间隔序列，13bp 的反向重复序列是 Cre 酶的结合区域，8bp 的间隔序列决定了 loxP 的方向。其序列如下：

5′-ATAACTTCGTATA-GCATACAT-TATACGAAGTTAT-3′

3′-TATTGAAGCATAT-CGTATGTA-ATATGCTTCAATA-5′

Cre 重组酶介导的两个 loxP 位点间的重组既可在分子内发生，也可在两个分子间进行（见图 12-5）。重组过程是一个动态的、可逆的过程，可以分为三种情况：

① 如果两个 loxP 位点位于一条 DNA 链上，且方向相同，Cre 重组酶能有效切除两个 loxP 位点间的序列；

② 如果两个 loxP 位点位于一条 DNA 链上，但方向相反，Cre 重组酶能导致两个 loxP 位点间的序列倒位；

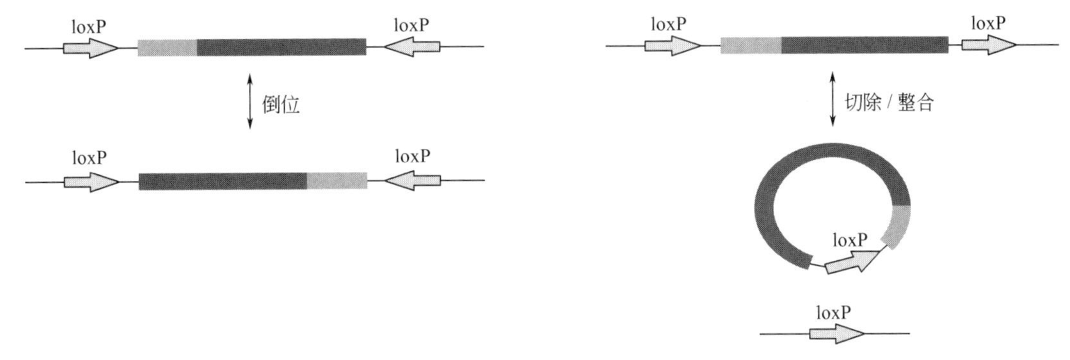

图 12-5　Cre/loxP 介导的基因重组

左侧为两个 loxP 位点位于一条 DNA 链上，但方向相反，Cre 重组酶将导致两个 loxP 位点间的序列倒位；
右侧为两个 loxP 位点位于一条 DNA 链上，且方向相同，Cre 重组酶将切除两个 loxP 位点间的序列；
当带有 loxP 位点的质粒转染细胞时，也能与细胞染色体中的 loxP 位点发生重组

③ 如果两个 loxP 位点分别位于两条不同的 DNA 链或染色体上，Cre 酶能介导两条 DNA 链的交换或染色体易位。

重组既可在分子内发生，又可在分子间发生，但分子间效率比分子内效率低，并产生染色体易位。Cre 重组酶不同于其他重组酶，对目的片段构象无太多要求，也即与质粒结构（超螺旋、有缺口或线形）无关。

另外，Cre 不仅可以识别 loxP 的 2 个 13bp 的反向重复序列和 8bp 的间隔区域，而且当一个 13bp 的反向重复序列或者 8bp 的间隔区发生改变时，仍能识别并发生重组。利用这一特点，人们在构建载体时可以根据需要改造 loxP 位点序列（图 12-6），以用于特定的基因突变或修复。需要指出的是，改造后的序列将可能影响重组效率（升高或降低），其影响程度需要实验证实。

TACCG　(lox71)　　　T　(lox511)　　　CGGTA　(lox66)

5′- ATAACTTCGTATA - GCATACAT - TATACGAAGTTAT - 3′

图 12-6　已证实可提高重组效率的 loxP 突变位点

上列为 loxP 突变位点，下列为 loxP 的自然序列

基于 Cre/loxP 的基因打靶需要分两步来进行。首先，通过常规基因打靶在 ES 细胞基因组的靶位点上装上两个同向排列的 loxP 序列，并以中靶的 ES 细胞产生带 loxP 标记的小鼠。然后，通过将 loxP 标记小鼠与 Cre 转基因鼠杂交（也可以其他方式向小鼠中引入 Cre 重组酶），产生靶基因发生特定方式（如特定的组织特异性）修饰的条件性突变小鼠。在 loxP 标记的小鼠中，虽然靶基因的两侧已各装上了一个 loxP，但靶基因并没有发生其他的变化，故 loxP 标记小鼠的表型仍同野生型的一样。但当它与 Cre 转基因小鼠杂交时，产生的子代中将同时带有 loxP 标记靶基因和 *cre* 基因。*cre* 基因表达产生的 Cre 重组酶就会介导靶基因两侧的 loxP 间发生切除反应，结果将一个 loxP 和靶基因切除。这样，靶基因的修饰是以 *cre* 的表达为前提的。*cre* 的表达特性决定了靶基因的修饰特性，即 *cre* 在哪一种组织细胞中表达，靶基因的修饰就发生在哪种组织细胞；而 *cre* 的表达水平将影响靶基因在此种组织细胞中进行修饰的效率。所以只要控制 *cre* 的表达特异性和表达水平就可实现对小鼠中靶基因修饰的特异性和控制其修饰程度。

Cre/loxP 系统既可以在细胞水平上用 Cre 重组酶表达质粒转染中靶细胞，通过识别

loxP 位点将抗性标记基因切除，又可以在个体水平上将重组杂合子小鼠与 Cre 转基因小鼠杂交，筛选子代小鼠就可得到删除外源标记基因的条件性敲除小鼠。或者将 *cre* 基因置于可诱导的启动子控制下，通过诱导表达 Cre 重组酶而将 loxP 位点之间的基因切除（诱导性基因敲除），实现特定基因在特定时间或者组织中的失活（见图 12-7）。

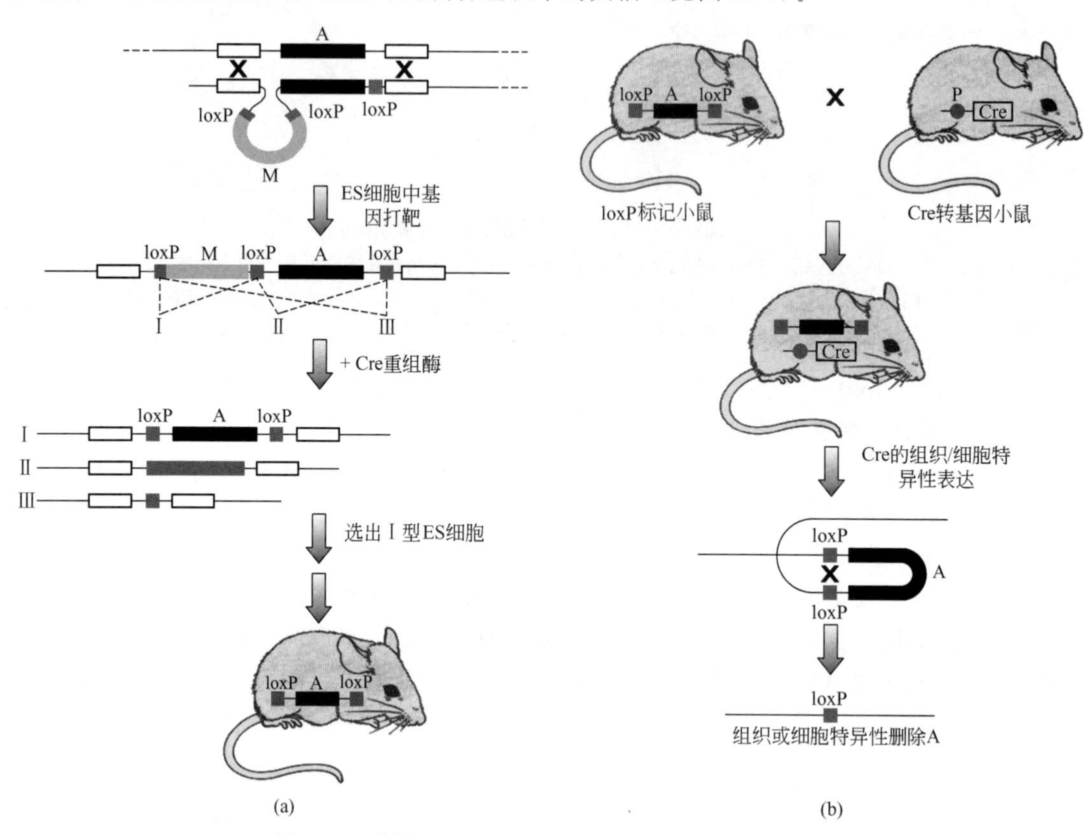

图 12-7 利用 Cre/loxP 系统实现基因表达的时空调控

（4）联合使用 Cre/loxP 及其他途径实现基因表达调控

Cre/loxP 系统为基因操作提供了有效的手段，但对于较复杂、更精细的遗传改变，还需要多种手段联合使用。目前，应用较多的联合手段包括与四环素调控系统联合使用，与酵母 FLP-FRT 系统联合使用。

① 与四环素调控系统联合使用。四环素调控包含两个互补系统，分别为 tTA 依赖和 rtTA 依赖，又被称为 Tet-Off（tTA 依赖）系统和 Tet-On（rtTA 依赖）系统。在这两个系统中，四环素控制转录因子 tTA 或 rtTA 与启动子 Ptet 的结合，从而调节下游基因的表达。所不同的是，tTA 与启动子 Ptet 的结合是不需要四环素的，四环素阻碍两者之间的相互作用；而 rtTA 与启动子 Ptet 的相互结合只有在四环素或者其衍生物多西环素（强力霉素）存在的情况下才会发生，没有四环素或者多西环素时，两者不发生相互作用。

采用该系统进行条件性基因敲除时，首先将受特异性启动子调控的 tTA 以及受 Ptet 启动子调控的 Cre 重组酶同时转入小鼠体内，利用该转基因小鼠与带 loxP 位点的转基因小鼠进行交配，子代小鼠将在特定组织和器官中表达 tTA，tTA 再与 Ptet 结合并激活下游 Cre 重组酶表达，借助 Cre 重组酶实现特定基因在特定组织器官中的敲除；如果子代小鼠出生时持续给予四环素，tTA 将不能结合 Ptet，Cre 重组酶无法表达，基因敲除因此不会发生。而

rtTA 系统与上述情况正好相反，在不用四环素时，基因敲除不发生，只有给予四环素时，才会导致特定基因在特定部位的敲除。因此，该系统可以对靶位点的剔除或修饰进行时间和空间的二维调控（见图 12-8）。

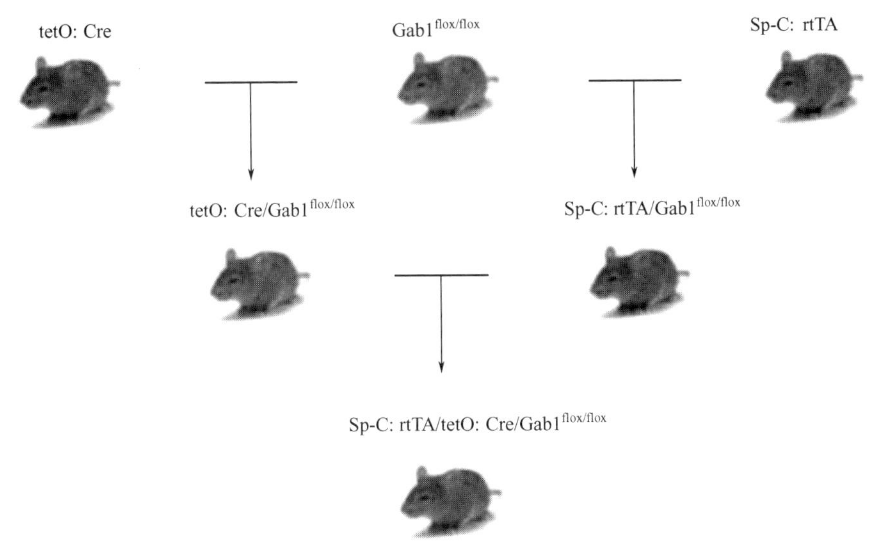

图 12-8　Cre/loxP 与四环素系统共同调控基因表达

② 与 Flp-Frt 系统联合使用。Flp-Frt 的作用途径与 Cre/loxP 基本相似，也是基于整合酶识别特异性位点并进行剪切，从而实现基因重组的。所不同的是，在 Flp-Frt 系统中，整合酶为来源于酵母的 Flp，识别位点为 Frt。当两种重组系统联合使用时，可分别利用不同的重组酶进行剪切，从而使控制手段更为多样和精细。在打靶载体中同时引入 loxP 位点和 Frt 位点，首先在利用中靶 ES 细胞生产嵌合体小鼠时，可利用 Flp 将其中的外源基因 *neo* 敲除，消除 *neo* 基因可能带来的不利影响，进而再利用该小鼠与携带 Cre 重组酶的转基因小鼠交配，达到对靶基因表达的时空调控（见图 12-9）。

（5）Cre/loxP 重组系统的其他应用

如前所述，Cre/loxP 重组系统因 loxP 的方向性不同而产生不同的重排效果。因此，该系统除了用于基因敲除（包括条件性敲除）外，还可通过下列途径制备转基因动物。

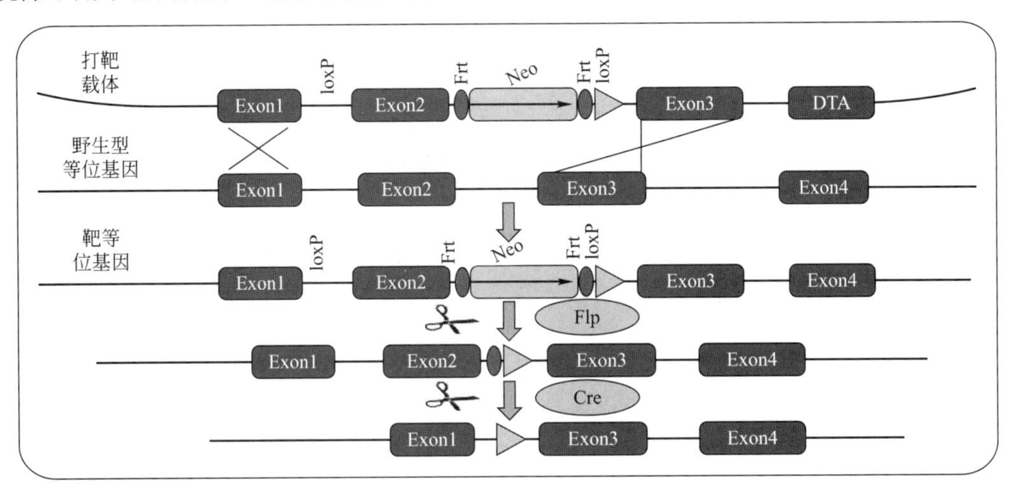

图 12-9　联合使用 Cre/loxP 和 Flp-Frt 精细调控基因表达

① 内外源基因的激活。转基因的主要目的是对转入基因进行准确、高效的操作。人们对结构基因进行删除操作的目的是了解该基因的反向效应，但有时也需要了解转入基因开启后的特定效应，即在特定时间或条件下对该基因进行开启，了解基因的正向效应。相关研究同样可以使用Cre/loxP系统得以完成，如可在特定的内源基因启动子和起始密码子之间插入一个带有两个同向loxP位点的终止序列，制备该基因失活的转基因动物；然后同特定组织内表达*cre*基因的动物杂交，在该组织内将终止序列删除，使目的基因得以表达。

② 基因敲入。首先利用同源重组技术，在ES细胞基因组上人为构建一个loxB位点；然后注入带有一个loxP位点的外源基因表达载体，在Cre酶的作用下将外源基因整合到基因组的loxB位点上。此种重组是双向的，尽管整合效率较低，但可作为定点整合的一个重要手段。

③ 染色体易位。在不同染色体上分别构建一个loxP位点，经Cre重组酶的作用可使两条染色体上的loxP位点重组，产生不同染色体上片段的交换。在这种交换过程中可以产生一种含有两个着丝粒的一条染色体，进而产生染色体易位。

（6）Cre小鼠和loxP小鼠的信息查询和利用

Cre/loxP系统是条件性基因打靶、诱导性基因打靶、时空特异性基因打靶策略的技术核心，广泛应用于发育生物学、遗传学、基因功能及表达调控研究。目前，人们利用该技术已制备了上万种转基因动物。如前所述，这些带有loxP位点或Cre的转基因小鼠，也可作为其他不同研究的工具。如在肝组织中特异性表达Cre的转基因小鼠，理论上可用于研究所有表达基因对肝组织的影响，而只需要制备携带loxP位点的靶基因的转基因动物。

基于Cre/loxP的广泛用途，Andreas Nagy将已成功开发的Cre转基因小鼠和携带loxP位点的转基因小鼠汇编成册，并实时更新。

五、转基因动物制备

在得到遗传修饰的ES细胞后，制备转基因动物的过程就变得相对简单了。即将ES细胞注射到囊胚腔，注射胚移植到代孕母鼠体内，对子代进行检测，嵌合体子代鼠与野生型小鼠杂交，筛选得到杂合子小鼠，杂合子小鼠再进行互交，最后即可得到纯合子打靶小鼠。利用ES细胞制备转基因动物的基本过程见图12-10。

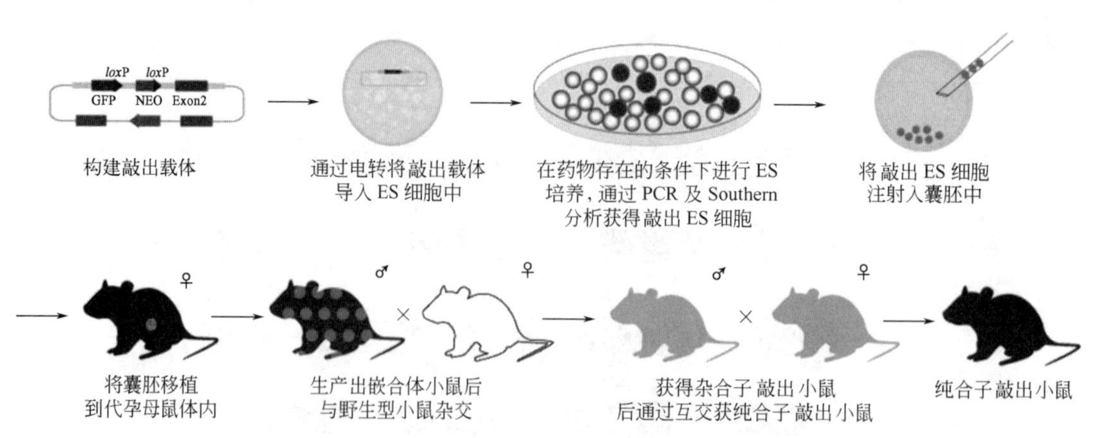

图12-10 利用ES细胞制备转基因动物的基本过程

（叶华虎 张广州 李文龙 袁菊芳 胡娟峰 编）

参考文献

[1] 卡尔 A.平克尔特. 转基因动物技术手册. 劳为德译. 北京：化学工业出版社，2004.

[2] 方喜业，邢瑞昌，贺争鸣. 实验动物质量控制. 北京：中国标准出版社，2008.

[3] 许建香，李宁. 转基因动物生物安全研究与评价. 生物工程学报，2012，28（3）：267-281.

[4] 安德拉斯·纳吉，玛丽娜·格特森斯坦，克里斯蒂娜·文特斯藤. 小鼠胚胎操作实验手册. 孙青原，陈大元，译. 第3版. 北京：化学工业出版社，2006.

[5] Takahashi K，Yamanaka S. Induction of pluripotent stem cells from mouse embryonic and adult fibroblast cultures by defined factors. Cell，2006，126（4）：663-676.

[6] Zhao X Y，Li W，Lv Z，et al. iPS cells produce viable mice through tetraploid complementation. Nature，2009，461（7260）：86-90.

[7] Boland M Y，Hazen Jennifer L，Nazor Kristopher L，et al. Adult mice generated from induced pluripotent stem cells. Nature，2009，461（7260）：91-94.

[8] Zhao T B，Xu Y. Immunogenicity of induced pluripotent stem cells. Nature，2011，474（7350）：212-215.

[9] Wernig M，Meissner A，Foreman R，et al. In vitro reprogramming of fibroblasts into a pluripotent ES-cell-like state. Nature，2007，448（7151）：318-324.

[10] Yu J，Vodyanik M A，Smuga-Otto K，et al. Induced pluripotent stem cell lines derived from human somatic cells. Science，2007，318（5858）：1917-1920.

[11] Huang F D，Maehr R，Guo W，et al. Induction of pluripotent stem cells by defined factors is greatly improved by small-molecule compounds. Nat Biotechnol，2008，26（7）：795-797.

[12] Okita K，Nakagawa M，Hyenjong H，et al. Generation of mouse induced pluripotent stem cells without viral vectors. Science，2008，322（5903）：949-953.

[13] Shi D，Caroline D，Tae D J，et al. Induction of pluripotent stem cells from mouse embryonic fibroblasts by Oct4 and Klf4 with small-molecule compounds. Cell Stem Cell，2008，3（5）：568-574.

[14] Yamanaka K，Nakagawa M，Hyenjong H，et al. Generation of mouse induced pluripotent stem cells without viral vectors. Science，2008，322（5903）：949-953.

[15] Hou P，Li Y，Zhang X，et al. Pluripotent stem cells induced from mouse somatic cells by small-molecule compounds. Science，2013，341（6146）：651-654.

第十三章
基因编辑技术

随着人体基因图谱的绘成、基因组计划的完成以及后基因组时代的到来，基因功能的研究逐渐成为分子生物学乃至生命科学的研究重点。研究一个基因在体内究竟发挥什么作用，最直接的方法就是在被研究的模式生物基因组中修饰这个基因。基因编辑技术是指对目标基因进行敲除、插入或替换等操作，而使操作对象获得新的特征或功能的技术，其快速发展为生物学研究开启了新纪元。

基因打靶（gene targeting）技术是20世纪80年代发展起来的一项重要的分子生物学技术，是一种定向改变细胞或者生物个体遗传信息的体内诱变方法，通过对生物个体遗传信息的定向改变，使修饰后的遗传信息在生物个体内遗传。基因打靶技术是在细胞水平或整体水平的自然状态下研究特定基因功能的重要手段，为了解生物体正常发育及疾病发生发展机制提供了非常有用的工具。美国科学家马里奥・卡佩基（Mario R. Capeechi）、奥利弗・史密斯（Oliver Smithies）和英国科学家马丁・埃文斯（Martin J. Evans）因基因打靶技术的开创性研究而获得了2007年度诺贝尔生理学或医学奖。

基因打靶基于同源重组技术，效率极低（10^{-6}～10^{-9}），极大地限制了其应用，直到人工核酸内切酶（engineered endonuclease，EEN）出现，这一现状彻底改变。基于人工核酸内切酶的基因编辑技术主要分为三代：第一代是指锌指核酸酶技术（zinc finger endonuclease，ZFN），第二代是类转录激活因子效应物核酸酶（transcription activator-like effector nuclease，TALEN），第三代是CRISPR/Cas9［clustered regularly interspaced short palindromic repeats（CRISPR）/CRISPR-associated（Cas）9］系统。与前两代技术相比，CRISPR/Cas9主要是基于细菌的一种获得性免疫系统改造而成，特点是制作简单、成本低、作用高效。CRISPR/Cas13是CRISPR/Cas家族中目前发现的唯一靶向ssRNA的编辑系统。与Cas9仅在DNA水平编辑和靶向清除基因功能不同，Cas13是具有特异性识别并切割RNA功能的新型CRISPR相关蛋白。自2012年CRISPR/Cas9被用作基因编辑工具以来，基因编辑技术在全球范围内呈现出蓬勃发展的态势，新技术、新成果、新应用层出不穷，在医疗、农业、能源、材料与环境等领域不断拓展应用。CRISPR/Cas13系统可应用于分子诊断及RNA编辑中，该系统在肿瘤的诊断与治疗中也被证实具有广阔的发展前景。法国科学家埃曼纽尔・卡彭蒂耶（Emmanuelle Charpentier）和美国科学家詹妮弗・杜德纳（Jennifer A. Doudna）因在基因编辑技术方面做出的卓越贡献获得了2020年度诺贝尔化学奖。此外，2016年的单碱基基因编辑技术（base editor，BE）和2019年的引导编辑技术（prime editors，PE）的问世更是将基因编辑技术推向了新高潮。

下面将着重介绍基因打靶技术、CRISPR/Cas9系统和CRISPR/Cas13系统。

第一节 基因打靶技术

一、基因打靶技术的原理

基因打靶技术是建立在基因同源重组技术和胚胎干细胞（embryonic stem cells，ES）技术基础上的一种分子生物学技术。基因同源重组是指外来的含已知序列的DNA片段通过同源关系与受体细胞基因组的相应片段发生交换、产生重组，并在受体细胞染色体上形成有活性的基因的过程。基因打靶就是通过同源重组将外源基因定点整合入靶细胞基因组上某一确定的位点，以达到定点修饰改造染色体上某一基因的目的的一项技术。它克服了随机整合的盲目性和危险性，是一种理想的修饰、改造生物遗传物质的方法。这项技术的诞生可以说是分子生物学技术上继转基因技术后的又一革命。

胚胎干细胞是指当受精卵分裂发育成囊胚时内细胞团的细胞，具有向各种组织细胞分化的潜能，能在体外培养并保留发育的全能性。在体外进行遗传操作后，将它重新植回小鼠胚胎，它能发育成胚胎的各种组织。1970年，Stevens作为先驱者成功分离了小鼠畸胎瘤细胞，并将其作为模式体系研究胚胎细胞的全能性[1]。随后，Brinster等证实ES细胞可以整合入宿主囊胚并分化成多种正常的成年组织[2~4]。1981年，Evans和Martin等分别从正常小鼠囊胚中分离了ES细胞[5,6]，将ES细胞通过显微注射引入囊胚，发现新引入的ES细胞可以分化为成体的各种组织并整合入生殖系统。胚胎干细胞的分离和体外培养的成功奠定了基因打靶技术的基础。

Capecchi和Smithies都首先预见到新的遗传物质可以通过同源重组引入哺乳动物细胞的基因组，并对基因进行特异性修饰和改造。1980年，Capecchi发现用玻璃针将DNA直接注射入细胞核可显著提高基因转移的效率[7]。Smithies等提出了同源重组可能用于修复突变基因的概念，于1985年报道了在白血病患者细胞中实现人工打靶载体和细胞内β-球蛋白基因间的同源重组[8]。Capecchi等随后证明利用同源重组可以修复细胞内有缺陷的抗性基因[9]。1987年，Capecchi等利用同源重组技术在小鼠胚胎干细胞中分别对次黄嘌呤磷酸转移酶（Hprt）进行了改造[10,11]。Capecchi等发展了一种称为“正负筛选”的策略，使中靶胚胎干细胞克隆数富集3～10倍[12]。1989年，4种经过种系遗传的基因敲除小鼠先后诞生，开创了遗传学发展的新纪元[13~16]。

二、利用同源重组构建基因打靶动物模型的基本步骤

基因打靶的技术要点如下。①基因打靶载体的构建：把目的基因和调控序列等与内源靶序列同源的序列都重组到带标记基因的载体上；②打靶载体的导入：用电穿孔和显微注射等方法将打靶载体导入受体细胞内；③同源重组子的筛选：用选择性培养基筛选打靶成功的重组阳性细胞；④将重组阳性细胞转入动物胚胎，产生基因打靶动物，并进行形态观察和分子生物学检测（见图13-1）。

1. 基因打靶载体的构建

基因打靶载体的选择和设计是基因打靶的关键环节，因其目的不同而异。在设计打靶载体时，既要考虑到提高基因同源重组和阳性中靶细胞筛选的效率，又要注意载体的转染效率。一个典型的打靶载体包括靶基因同源序列、外源目的基因、筛选标记（包括正筛选标记基因

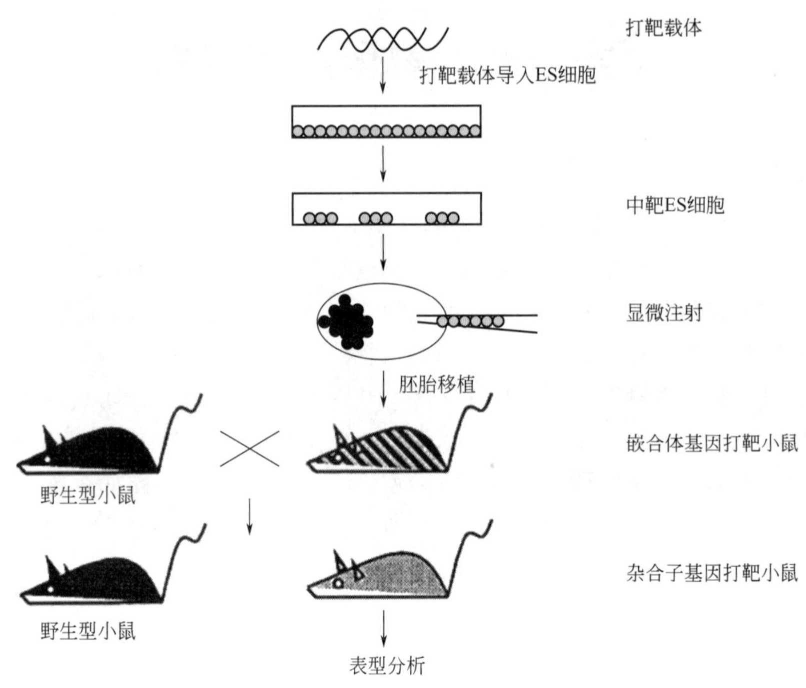

图 13-1 小鼠基因打靶基本流程

和负筛选标记基因）和质粒基本骨架四个部分。通常可以用作正筛选标记基因的如：利用G418筛选的新霉素磷酸转移酶基因（*neo*）、利用次黄嘌呤（HAT）筛选的次黄嘌呤磷酸核糖转移酶基因（*Hprt*）、利用荧光显微镜和流式细胞仪筛选的荧光蛋白如GFP基因等。用作负筛选标记基因的如：利用6-巯基鸟嘌呤（6TG）筛选的次黄嘌呤磷酸核糖转移酶基因（*Hprt*）、利用6-巯基黄嘌呤（6TX）筛选的胸腺嘧啶激酶（*tk*）基因等。其中正筛选标记除了具有基因整合筛选功能外，还可以破坏靶基因的功能，负筛选标记用来对抗随机整合的非同源重组，起到富集中靶细胞克隆的目的。目前已经发展了用于不同目的的多种打靶载体，如用于基因敲除的置换型和插入型载体，筛选效率较高的无启动子打靶载体，实现条件基因打靶的条件打靶载体，引入精细突变的几种打靶载体，用于大片段删除的Cre/loxP载体、实现随机基因剔除的基因诱捕载体等。研究者应根据自己的目的设计和构建合适的基因打靶载体。

2. ES细胞的获得

基因打靶所使用的受体细胞一般为小鼠的ES细胞，即小鼠的胚胎干细胞，在1981年由英国剑桥大学的Evans和Kaufman首先分离培养成功[5,6]。小鼠胚胎干细胞是从着床前胚胎（孕3～5d）内细胞群分离的细胞，因为ES细胞是利用小鼠囊胚内细胞团中的多潜能细胞建立的，在体外白血病抑制因子（LIF）可维持其多潜能未分化的状态，ES细胞有利于各种体外操作，具有发育成胚系各种组织的能力。常用的小鼠种系是129及其杂合体，因为这类小鼠具有自发突变形成畸胎瘤和畸胎肉瘤的倾向，是基因打靶的理想实验动物。而其他遗传背景的胚胎干细胞系也逐渐被发展应用。除了小鼠胚胎干细胞外，大鼠、兔、猪、鸡等的胚胎干细胞也有使用。

3. 打靶载体的导入

将重组载体通过一定的方式导入同源的胚胎干细胞中，使外源DNA与胚胎干细胞基因组中相应部分发生同源重组，将重组载体中的DNA序列整合到内源基因组中，从而得以表达。外源DNA导入的方式主要有显微注射法、电穿孔法、精子载体法、脂质体包装法、磷酸钙沉淀法和逆转录病毒法等。显微注射命中率较高，但技术难度较大，电穿孔命中率比显微注射低，但便于使用。电穿孔法操作简单，结果稳定，可适用于多种细胞，是基因打靶最常用的方法，主要的过程是：胚胎干细胞与打靶载体混合后放入样品杯，将样品杯置入电场中，在电场的作用下可使细胞膜的结构暂时松动，并产生微小的孔洞，打靶载体经孔洞进入细胞内。电脉冲对细胞的电穿孔是瞬间的可逆现象，一般不会对细胞造成损伤。逆转录病毒载体法利用某些病毒与组织细胞间特异的亲和力，可用于时空特异性基因打靶。

4. 中靶细胞的筛选和鉴定

由于基因转移的同源重组自然发生率极低，如何从众多细胞中筛出真正发生了同源重组的胚胎干细胞非常重要。重组载体导入胚胎干细胞后，外源基因与靶细胞DNA可发生同源重组或非同源重组，同源重组自然发生频率较低，动物细胞的重组概率为$10^{-2}\sim10^{-5}$，植物细胞的重组概率为$10^{-4}\sim10^{-5}$，必须从众多细胞中筛出真正发生了同源重组的靶细胞，这就需要在打靶载体上加入选择系统，目前常用的方法是正负筛选法（positive and negative selective system，PNS）、标记基因的特异位点表达法以及PCR法。其中应用最多的是PNS法。

PNS法的原理是体外构建打靶载体时，在靶基因的同源序列之间插入新霉素抗性基因（*neo*）作为正筛选标记，在同源序列的3′端插入单纯疱疹病毒胸腺嘧啶激酶基因（HSV-*tk*）作为负筛选标记。打靶载体导入细胞后，随机整合会使*neo*基因与HSV-*tk*基因同时整合至基因组中，HSV-*tk*基因的表达产物能以核苷酸类似物（GANC、FIAU）为底物，将其代谢成对细胞有毒性的产物，从而杀死随机整合的细胞。同源重组细胞仅有位于同源序列之间的*neo*基因整合，在药物G418和GANC的双重筛选下仍能存活。该系统主要是通过杀死随机整合细胞而浓缩同源重组子克隆，达到从大量随机整合的细胞中筛选到同源重组子克隆的目的。

筛选出G418和GANC抗性细胞克隆后需用PCR方法进一步鉴定。进行PCR鉴定时，先设计一对引物，其一端以打靶细胞染色体基因组DNA的特定基因座为模板，另一端以载体上导入的外源基因为模板，对筛选细胞的染色体DNA进行特异PCR扩增，这样可保证扩增后的片段为同源重组产生的特殊片段。然后对经PCR鉴定的克隆用Southern杂交产生特殊带谱的方法来进一步确定同源重组克隆，即中靶细胞。

5. 基因打靶嵌合体小鼠的获得

通常情况下，遗传修饰的中靶ES细胞通过显微注射被引入受体囊胚的内细胞团中。这些ES细胞必须整合入生殖系统，才能使修饰过的遗传信息传递到子代小鼠。为了快速获得基因打靶小鼠，一些研究小组采用四倍体囊胚补偿技术，将通过电融合获得的只能发育为胎盘组织的小鼠四倍体囊胚用于中靶ES细胞的显微注射，ES细胞在这样的环境中能利用其全能性发育为一个完整的个体，从而直接获得基因突变的杂合子小鼠。2007年，Poueymirou等报道了将中靶ES细胞通过激光辅助注射到8细胞期的小鼠胚胎中，此时受体胚胎的内细胞团还没有形成，使得中靶ES细胞更具竞争力。通过这种方法获得的F0代小鼠几乎完全由中靶ES细胞发育而来，并100%能经过生殖系统将突变基因遗传给F1代小鼠。这种改良的显微注射方法不受ES细胞品系的限制，显著提高了中靶ES细胞的整合效率，大大缩短了基因打靶小鼠研制的周期[17]。

6. 基因打靶小鼠的获得

同源重组常常发生在一对染色体中的一条染色体上，要得到稳定遗传的纯合体基因敲除模型，嵌合体基因打靶小鼠需要进行至少两代遗传。通过观察杂合子或纯合子基因打靶小鼠的生物学性状的变化，从而了解目的基因变化前后对小鼠的生物学性状的改变，达到研究目的基因的目的。

三、基因打靶的策略

1. 完全基因敲除

完全基因敲除是使小鼠所有细胞基因组上都产生靶基因的缺失或突变，导致体内所有细胞中靶基因活性丧失。研究某一非看家基因的功能时，通常采用此策略。利用同源重组的原理设计置换型载体，将靶基因关键的外显子破坏或将靶基因完全缺失。在 ES 细胞中进行基因敲除时，最常用的是使用 PNS 载体。借助于阳性选择标记基因插入靶基因关键的外显子中，或通过同源重组删除靶基因最重要的功能区域，实行靶基因的完全敲除（见图 13-2）。

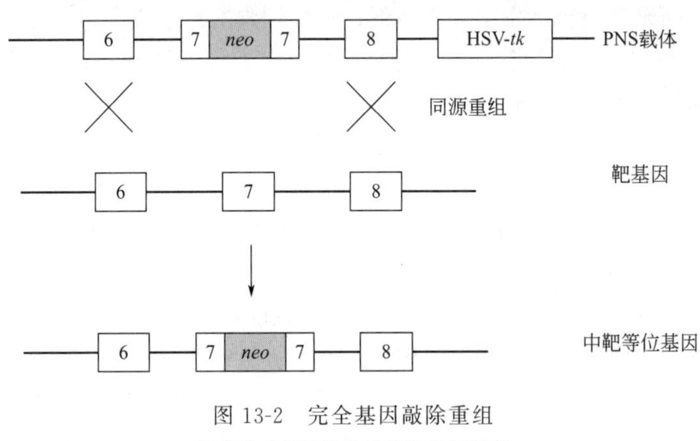

图 13-2 完全基因敲除重组

数字代表靶基因外显子的基因序列

在小鼠中进行的完全基因敲除揭示了许多基因在个体发育和相关疾病发生过程中的功能及其机制，但由于完全的基因敲除在生殖细胞引入了基因突变，在分析表型时会出现很多限制，如：①有些功能重要的基因其突变常常会造成胚胎的过早死亡，使得无法研究该基因在胚胎发育晚期和成年期的功能；②对于组织或器官特异性表达的基因，在小鼠所有器官组织中，该基因的缺失常常会给其特定组织中的功能研究带来不确定的影响；③某些基因在不同的细胞类型中执行不同的功能，完全基因敲除会导致突变小鼠出现复杂的表型，使研究者在分析表型时很难确定异常的表型是由一种细胞引起的或者是由几种细胞共同引起的；④利用完全基因敲除小鼠，很难对靶基因在特定细胞特定时间内的功能进行系统的了解；⑤许多疾病，包括大部分肿瘤是由体细胞突变导致的，利用完全基因敲除技术无法构建因为体细胞突变引起的人类疾病小鼠模型。Cre/loxP 和 Flp/Frt 定位重组系统的应用使得研制特定组织器官或特定细胞条件基因敲除小鼠成为可能。

2. 条件性基因敲除

条件性基因敲除法可定义为将某个基因的修饰限制于小鼠某些特定类型的细胞或发育的某一特定阶段的一种特殊的基因敲除方法。它实际上是在常规基因敲除的基础上，利用 Cre 重组酶介导的位点特异性重组技术，在对小鼠基因修饰的时空范围上设置一个可调控的“按钮”，从而使对小鼠基因组修饰的范围和时间处于一种可控状态。利用 Cre/loxP 或来自酵母的 Flp/Frt 系统可以研究特定组织器官或特定细胞中靶基因灭活所导致的表型。

Cre/loxP 和 Flp/Frt 位点特异重组酶是由细菌或酵母所编码、可识别特异靶位点并在其上催化断裂和重接从而产生精确的 DNA 重组的一类酶。根据序列相似性，重组酶可分为整合酶家族（Int 家族，integrase family）和转化酶家族（resolvase-invertase family）。Cre 重组酶是 P1 噬菌体 *cre* 基因所编码的一个 38000 的蛋白质，属于 Int 家族，它可识别 P1 基因组上由 34bp 核苷酸序列构成的称为 loxP 的特异靶位点，并根据 loxP 的方向性，可在 DNA 分子上介导三种不同的重组事件：①同相位点之间序列的缺失；②插入序列；③两个反向位点之间序列的颠倒。Cre 重组酶所催化的是一个可逆的重组事件，重组的程度与重组酶的表达水平相关。在位点特异重组反应的任何阶段上，不需要任何辅助因子参与，该特点使 Cre/loxP 位点特异重组酶系统成为可在各类种属上进行任意 DNA 操作的有用工具。

通过常规基因打靶在基因组的靶位点上装上两个同向排列的 loxP，并用此两侧装接上 loxP 的 ES 细胞产生“loxP floxed”小鼠，然后通过将“loxP floxed”小鼠与 Cre 转基因鼠杂交，产生靶基因发生特定方式修饰的条件性基因修饰小鼠。在“loxP floxed”小鼠中，靶基因的两侧虽已各插入了一个 loxP，但靶基因并没有发生其他的变化，所以“loxP floxed”小鼠的表型仍同野生型一样。当它与 Cre 转基因小鼠杂交时，产生的子代中将同时带有“loxP floxed”靶基因和 *cre* 基因。*cre* 基因表达产生的 Cre 重组酶就会介导靶基因两侧的 loxP 间发生切除反应，结果将一个 loxP 和靶基因切除（见图 13-3）。靶基因的切除是以 Cre 重组酶的表达为前提的，Cre 重组酶的表达特性决定了靶基因的切除特性，即 Cre 重组酶在哪一种组织细胞中表达，靶基因的切除就发生在哪种组织细胞，而 Cre 重组酶的表达水平将影响靶基因在此种组织细胞中进行修饰的效率。所以只要控制 Cre 重组酶的表达特异性和表达水平就可实现对小鼠中靶基因修饰的特异性和控制其修饰程度[18,19]。

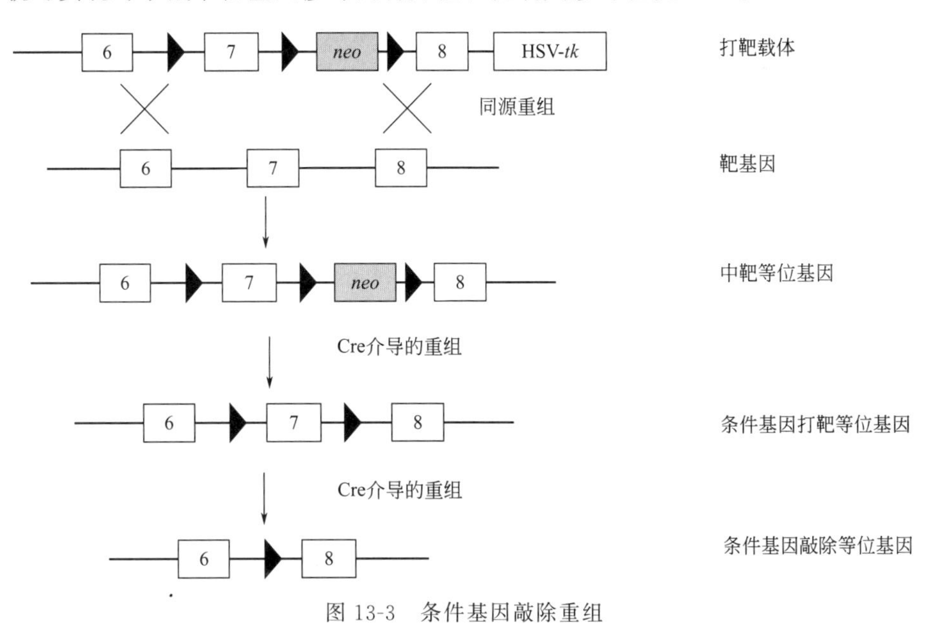

图 13-3　条件基因敲除重组

数字代表靶基因外显子的基因序列，黑色三角形代表 loxP 序列

3. 诱导性基因敲除

诱导性基因敲除也是以 Cre/loxP 系统为基础，利用控制 Cre 重组酶表达的启动子的活性或所表达的 Cre 重组酶活性具有可诱导的特点，通过对诱导剂给予时间的控制，利用 *cre* 基因定位表达系统中载体的宿主细胞特异性和将该表达系统转移到动物体内的过程在时间上

的可控性，从而在“loxP floxed”动物的特定发育阶段或特定组织细胞中实现对特定基因进行遗传修饰目的的基因敲除技术。可以通过对诱导剂给予时间的预先设计的方式来对动物基因突变的时空特异性进行人为控制，以避免出现死胎或动物出生后不久即死亡的现象。常见的几种诱导类型如下：四环素诱导型、干扰素诱导型、激素诱导型、病毒介导型。

（1）四环素诱导型

四环素系统（tet-system）利用两类转基因小鼠实现对基因剔除的时空调控：一类转基因小鼠的表达受组织特异性启动子调控的四环素转录激活蛋白（Tet transcriptional activator，tTA）控制，tTA 由四环素阻遏蛋白（Tet repressor，Tet R）的结构基因和单纯疱疹病毒编码 VP16 的 C 端 130 个氨基酸的基因片段融合而成；另一类转基因小鼠中 Cre 重组酶由含有四环素抗性操纵子（Tet resistance operon，Tet O）和 CMV 基本启动子调控的四环素应答元件（Tet response element，TRE）控制。这些转基因鼠与条件基因打靶小鼠进行交配，子代小鼠如果服用四环素（Tet）或者多西环素（doxycycline），由于 Tet 或者多西环素与 Tet R 的高亲和性，tTA 蛋白构型改变，不能结合 Tet O，引起 TRE 下游 *cre* 基因的转录阻断。如果在发育某个阶段停止服用 Tet 或多西环素，则 tTA 即可激活 TRE，引起 TRE 下游 *cre* 基因在特异性组织中转录并表达，Cre 就可以介导位点特异性重组，从而实现对靶位点的剔除或修饰，进行时间和空间二维方向上的调控[20,21]。Shockett 和 Schatz 在四环素系统的基础上进行改造，构建了反式四环素系统（reverse tet-system）。改造后的四环素转录激活蛋白 rtTA 只有在配体多西环素存在时才能结合 Tet O，因此，该系统和传统的四环素系统相反，平时 *cre* 基因是不表达的，需要时可以用多西环素来激活 *cre* 基因的表达[22]。

（2）干扰素诱导型

小鼠体内参与抵抗病毒感染等过程的干扰素诱导蛋白 Mxl 在正常情况下不表达，但其启动子具有干扰素应答特性。在 IFN-α、IFN-β 或人工合成的双链 RNA 多聚次黄嘌呤-多聚胞嘧啶（pI-pC）等诱导剂的作用下，Mxl 基因可在许多组织细胞中活化。因此，携带 Mxl-Cre 的条件基因打靶小鼠可用干扰素来诱导 Cre 重组酶介导的重组。由于 Mxl 启动子主要在肝脏和免疫相关组织器官中表达，该系统只能用于在相关组织器官中进行条件基因敲除的研究[23]。

（3）激素诱导型

为探讨雌激素诱导 Cre 重组酶活性，实现可诱导的时空特异性基因打靶的目的，研究人员首先构建了一种 Cre 重组酶活性依赖于雌激素的融合蛋白 Cre-ER，即在 Cre 的 C 端加上了雌激素受体（ER）的配体结合域。当有雌激素存在时，融合蛋白 Cre-ER 才有 Cre 重组酶活性[24]。考虑到内源性雌激素的持续存在，又对人 ER 第 521 位的氨基酸进行了点突变（Gly-Arg），所获突变型 ER（ERT）不与雌激素结合，只能与外源的人工合成的他莫昔芬配体结合，而不能与内源激素结合，而且他莫西芬也不会与内源激素受体结合。CMV 启动子调控下的 Cre-ERT 转基因小鼠，在服用他莫西芬后，Cre 介导的重组在肝脏、脾脏等组织中发生，在某些组织中的重组效率可以达到 100%[25]。

（4）病毒介导型

严格地说，腺病毒介导的 *cre* 基因表达系统（Ad-*cre* 表达系统）并不属于诱导系统的范畴。因为在该系统中，控制 *cre* 基因表达的启动子没有可诱导的特性，其表达产物 Cre 重组酶活性也无此特性。但是，它也具有诱导基因突变的时间可人为控制和可避免因基因突变过早而致死胎等优势。在 Ad-*cre* 表达系统中，如果采用具组织细胞特异性或具可诱导特性的启动子来控制 Cre 重组酶的表达，或其表达的 Cre 重组酶活性具有可诱导的特性，由其介导的基因突变同样具有时空特异性和可诱导的特性。另外，因为腺病毒可以感染多种组织细胞（无论细胞分裂与否），该病毒在基因表达和基因治疗中的应用已很普遍，便于推广应用，所以，人们在用腺病毒作为 *cre* 基因转移和表达的载体方面也做了一些工作。

将重组逆转录病毒携带的 *cre* 基因通过直接注射引入小鼠体内，*cre* 基因在体内的瞬时表达同样具有一定的时空特异性，这和逆转录病毒注射的时间和注射部位有关。构建的逆转录病毒介导的 Cre 重组酶载体在其 3′端 LTR 的 U3 区插入 lox 511（loxP 的突变体）序列，在逆转录病毒感染细胞后，逆转录病毒将以 3′端 LTR 为模板复制成含有两个 LTR 的前病毒，导致两个 lox 511 间的 Cre 编码区可被 Cre 重组酶删除，这样的逆转录病毒载体具有了自我剪切的功能，可实现对 Cre 重组酶的负调控，最大限度地缩短 Cre 重组酶在体内或细胞内存在的时间，减少了 Cre 重组酶的细胞毒性作用[26]。有研究者构建了慢病毒介导的 Cre 重组酶表达载体，这种载体不仅具有自我剪切的功能，而且，慢病毒介导的 Cre 可在更广泛的细胞类型如终末分化细胞、非分裂细胞中表达[27]。基因治疗用逆转录病毒载体的研究和应用，为 *cre* 基因在小鼠体内的瞬时或短期表达提供了越来越多的选择。采用这种病毒介导 *cre* 基因表达的方法最大的优点就是简单，但缺点也是显而易见的，那就是 *cre* 基因的表达调控太不精确了。此外，病毒感染可能引起的并发症也会干扰表型分析。

4. 精细突变打靶策略

在基因组中引入精细的突变可以避免在重组位点留下外源的选择性标记，从而使人们可以对基因的功能进行更为精确的研究。另外，基因打靶的目的之一就是要建立疾病的动物模型，有些疾病的发生是由基因的点突变引起的，因此，就需要建立精细点突变的动物模型。引入精细突变的策略主要有以下几种。

（1）“打了就走”法

打了就走（Hit and Run）策略，也称进退策略[28]，这一方法包括两次同源重组。第一步（Hit），首先构建含有 *neo* 基因、HSV-*tk* 基因正负两种选择性标记及所需突变序列的插入型打靶载体，用插入型载体进行同源重组，这样会在靶位点插入带有突变的基因组序列以及载体骨架，载体骨架上带有两个筛选标记（如正筛选标记基因 *neo* 和负筛选标记基因 *tk*）。第二步（Run），随后插入的重复序列区将自发进行第二次染色体内同源重组，将标记基因、载体序列和一个拷贝的同源序列切除，仅留下一个拷贝的带理想突变的靶基因，然后可用负选择标记基因 *tk* 的丧失来筛选染色体内同源重组的细胞（见图 13-4）。“打了就走”法的不足之处是：第一，此过程中第二步染色体内的同源重组无法精确地控制，可能会导致失去携带突变的同源序列，而留在基因组中的仍是未修饰的内源片段；第二，整个过程需要采用两种培养基，分别进行先后两次筛选；第三，无法同时引进多个突变位点。

（2）双置换法

最早又被称为“In-Out”法，采用两步基因打靶的方法。第一步，用含有 *Hprt* 基因的打靶载体转染 *Hprt* 阴性（$Hprt^-$）ES 细胞，*Hprt* 基因两侧是靶基因的同源序列。通过在 HAT 培养基中筛选并用 PCR 进行基因组分析，筛选发生同源重组、*Hprt* 基因整合到基因组中的阳性克隆。第二步，用只携带突变同源序列的打靶载体转染第一步获得的 *Hprt* 阳性（$Hprt^+$）ES 细胞。同源重组发生后，突变序列整合入基因组，*Hprt* 被置换出来。$Hprt^-$ 细胞可在 6-GT 培养基上筛选并用 PCR 进行分析[29]（见图 13-5）。这种方法的优点在于，第一步获得的 $Hprt^+$ ES 细胞，除了可用于产生普通的基因剔除小鼠外，更可作为将不同突变引入靶基因的基础。

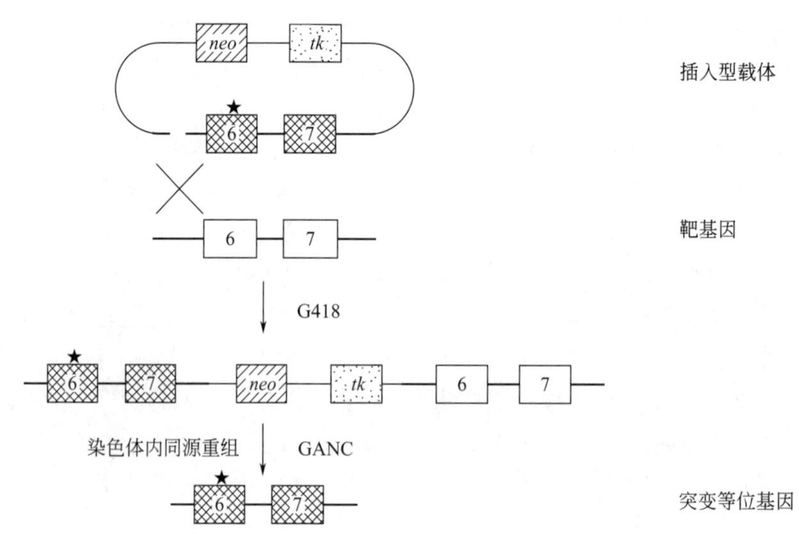

图 13-4 “打了就走”法引入精细突变
数字代表靶基因外显子的基因序列，精细突变用星号表示

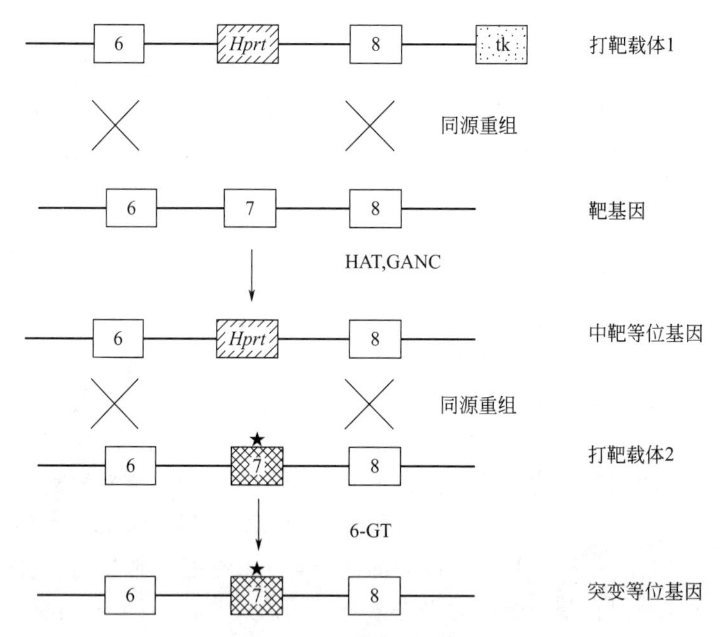

图 13-5 双置换法引入精细突变
数字代表靶基因外显子的基因序列，精细突变用星号表示

(3) 标记和置换法

标记和置换（Tag and Exchange）的策略与双置换法有许多共同之处。此方法需构建两个打靶载体，进行两步同源重组。第一个打靶载体是含 HSV-*tk* 和 *neo* 基因的置换型载体，两个选择基因均位于同源区内。转染细胞用 G418 筛选 *neo* 阳性重组克隆。第二步构建含有突变目的基因的打靶载体，此载体导入 *neo* 阳性重组克隆再进行重组，将选择标记基因切除，实现染色体靶基因的定点突变。然后用 GANC 筛选第二次发生同源重组的克隆[30]（见图 13-6）。此方法能更精确地引入突变，以研究基因突变在个体水平的意义。另有一种类似于“选择与标记”的双置换法，其唯一的不同之处在于：第一步所用的打靶载体不是单纯地

将 *neo* 和 HSV-*tk* 基因插入靶基因同源序列中，而是在标记基因插入的同时缺失了一段同源序列[31]。这样更有利于在靶基因中引入多位点突变。

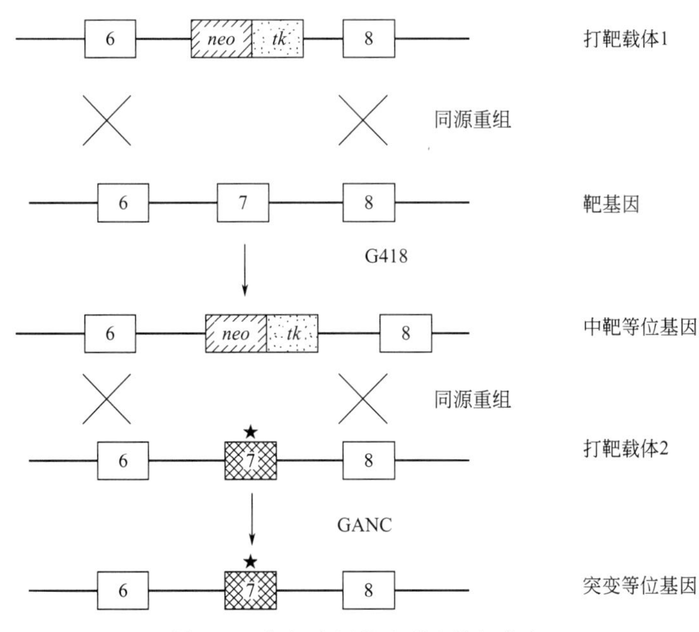

图 13-6 标记和置换法引入精细突变

数字代表靶基因外显子的基因序列，精细突变用星号表示

（4）Cre/loxP 系统介导的策略

应用 Cre/loxP 系统将精细突变导入基因组的策略如下。在置换型的打靶载体中，正负筛选标记基因两侧各放置一个 loxP 序列，并被置于靶基因的内含子中。携带精细突变的外显子位于载体一侧的同源臂上。经过同源重组和突变的鉴定后（如利用新产生的酶切位点来鉴定），通过转染将 Cre 重组酶表达质粒导入中靶 ES 细胞，使 Cre 重组酶在 ES 细胞中短暂表达，这样就导致了 loxP 位点特异性重组而将 loxP 之间的 DNA 序列切除，仅余下一个 loxP，获得无筛选基因的突变[32,33]（见图 13-7）。

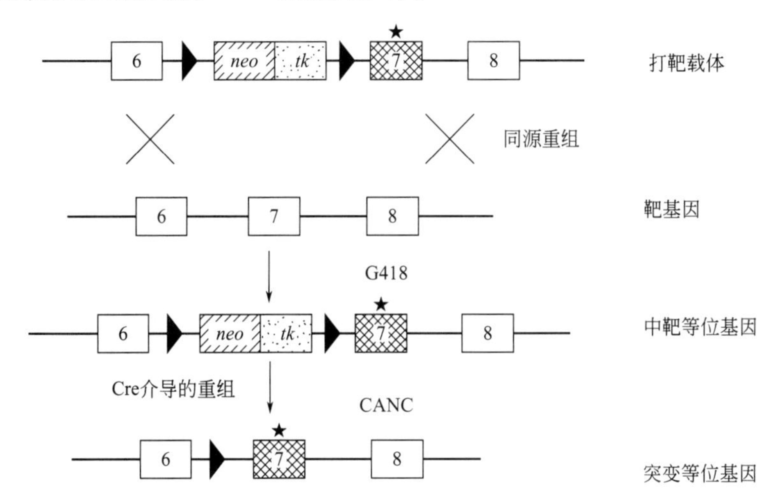

图 13-7 应用 Cre/loxP 系统引入精细突变

数字代表靶基因外显子的基因序列，黑色三角形代表 loxP 序列，精细突变用星号表示

5. 利用随机插入突变进行基因敲除

用常规方法进行基因敲除，需要针对靶位点在染色体组文库中筛选相关的染色体组克隆，耗费大量的时间和人力。利用基因捕获可以建立一个携带随机插入突变的 ES 细胞库，无需筛选染色体组文库和构建特异载体，能更快速有效地进行小鼠染色体组的功能分析[34]。典型的基因捕获载体包括一个无启动子的报告基因，通常是 *neo* 基因。*neo* 基因插入 ES 细胞染色体组中，并利用捕获基因的转录调控元件实现表达，表达的 ES 克隆可以很容易地在含 G418 的选择培养基中筛选出来（见图 13-8）。从理论上讲，在选择培养基中存活的克隆应该 100%地含有中靶基因。用基因捕获法在单次实验中可以获得数以百计的带有单基因敲除的 ES 克隆。中靶基因的信息可以通过筛选标记基因侧翼 cDNA 或染色体组序列分析来获得。此方法的缺点是只能剔除在 ES 细胞中表达的基因。单种的细胞类型中表达的基因数目约为 10^4，现在的基因捕获载体从理论上来讲应能剔除所有在 ES 细胞中表达的基因，因此，在 ES 细胞中进行基因捕获还是大有可为的。用基因捕获法进行基因剔除的缺点是无法对基因进行精细的遗传修饰。

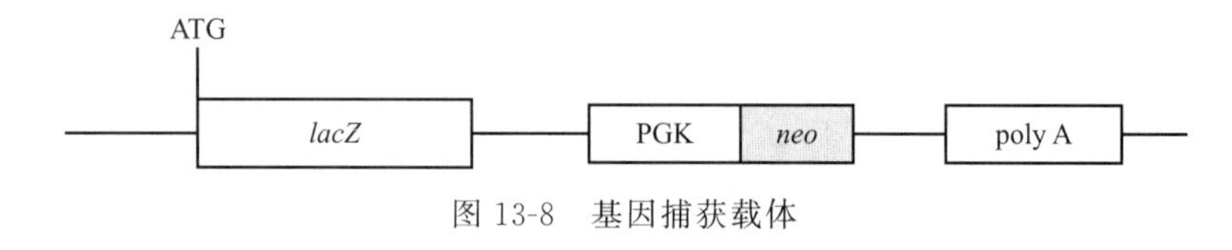

图 13-8 基因捕获载体

6. 人工核酸内切酶技术

20 世纪 80 年代末诞生了第一例基因敲除的小鼠模型，使人们看到了对复杂的基因组进行定点修饰的新曙光。遗憾的是，在随后二十余年的时间里，基因组靶向修饰技术仅限于能够在小鼠、果蝇等极少数几个物种中实现。近几年，人工核酸内切酶（engineered endonuclease，EEN）技术的出现与完善使这个梦想逐步变成了现实。

EEN 是指通过基因工程的方法，将特定的 DNA 结合蛋白跟特定的核酸内切酶相互融合构建而成的一种人造蛋白，它目前主要包括 3 种类型：锌指核酸酶（zinc-finger nuclease，ZFN）、类转录激活因子效应物核酸酶（transcription activator-like effector nucleases，TALEN），以及 CRISPR/Cas 系统。EEN 主要包含两个结构域：一个是 DNA 结合结构域，用来特异识别并结合特定的 DNA 靶序列；另一个是 DNA 切割结构域，用来切割 DNA 靶序列，造成 DNA 双链断裂（double-strand break，DSB）。

（1）锌指核酸酶技术制备靶向修饰动物

锌指蛋白（zinc finger protein，ZFP）是真核生物中普遍存在的基因转录调控因子，在细胞分化、胚胎发育等方面起重要作用。1985 年首次在非洲爪蟾转录因子 TFⅢA 中发现[35]。锌指（zinc finger，ZF）结构是构成 ZFP 结构域的基本单元。它是一种广泛存在于多种蛋白质中的蛋白基序（motif），是由多个半胱氨酸与组氨酸和锌离子螯合组成的四面体结构，能够介导蛋白质与核酸、小分子或其他蛋白质的特异相互作用。Zn^{2+} 是保持锌指结构和功能必不可少的因素，它能促使肽段折叠成稳定的锌指结构，并使其能与特异核酸位点结合，该稳定结构保证了锌指功能的有效性[36]。C2H2（Cys2 His2）型锌指是应用最为广泛的一类，每个锌指基序大约由 30 个氨基酸组成，每个锌指结构域中 8 位和 13 位的半胱氨酸以及 26 位和 30 位的组氨酸非常保守，它们可以络合锌离子。因此，这种类型的锌指结构域被称为 C2H2，其中一对 Cys 和一对 His 与 Zn^{2+} 形成配位键，Zn^{2+} 被围绕并处于中心位置，形成稳定的指头状结构，折叠成 ααβ 结构，通过 α 螺旋伸入 DNA 大沟中，与 DNA 相应的碱基特异性结合。锌指基序上的 α 螺旋的第－1～＋6 位残基与 DNA 位点的特异性有关[37]。对含有多个 C2H2 型锌指基序的蛋白质来说，在连续的两个锌指结构间存在着高度保守的连接子。每个锌指蛋白结构识别相连续的 3 个碱基，将 3～6 个锌指蛋白结构相连接，可识别 DNA 上相连续的 9～18 个碱基，不同的锌指蛋白可识别同一序列，但亲和性不同。保持 C2H2 锌指的基本骨架不变，替换锌指其他位点的氨基酸残基就可以产生不同序列特异性的锌指基序，这些基序串联在一起就可以形成与长 DNA 序列结合且具有特定靶向性的锌指蛋白 ZFPs。锌指蛋白也可以和不同的功能性结构域如酶、转录激活因子、转录抑制因子等连接，形成具有不同功能的嵌合融合蛋白，例如锌指核酸酶（ZFN）[38,39]、锌指转录激活因子（zinc finger transcriptional activators，ZFA）[40]、锌指转录阻遏因子（zinc finger transcriptional repressors，ZFR）[41]、锌指甲基化酶（zinc finger methylases，ZFM）[42]。

锌指核酸酶是各类人工锌指蛋白中用途最为广泛的一种，由一个 DNA 识别域和一个非特异性核酸内切酶构成，其中，DNA 识别域（锌指蛋白）赋予特异性，在 DNA 特定位点结合，而非特异性核酸内切酶赋予剪切功能。已公布的从自然界筛选的和人工突变的具有高特异性的锌指可以识别所有的 GNN 和 ANN 以及部分 CNN 和 TNN 三联体。多个锌指可以串联起来形成一个锌指蛋白组，识别一段特异的碱基序列。与锌指蛋白组相连的非特异性核酸内切酶（*Fok* Ⅰ）是来自海床黄杆菌的一种 IIS 型限制性内切酶，只在二聚体状态时才有酶切活性，每个 *Fok* Ⅰ单体与一个锌指蛋白组相连，构成一个 ZFN，识别特定的位点。这两个位点在 DNA 双链上的距离（5～7bp）和方向符合一定的要求时，两个 *Fok* Ⅰ切割结构域可形成二聚体的活性形式，使 DNA 在特定位点产生双链断裂，细胞可通过非同源末端连接（non-homologous endjoining，NHEJ）或同源重组（homologous recombination，HR）等方式修复双链断裂。

NHEJ 是 DNA 损伤自发修复的一种方式。体内 DNA 发生 DSB 时，细胞将断裂产生的两个 DNA 末端直接连接起来，其间有可能发生小片段的 DNA 缺失与插入（indel），进而造成基因破坏（gene disruption）。应用 NHEJ 策略时，也可以通过分析 ZFN 在 DNA 双链上造成的黏性末端，引入一段人工合成的具有相同末端的短序列（如通过细胞的共转染），使得发生末端连接修复时将这一短序列连接到基因组中。这样就可以在特定位点插入外源标记基因或者功能元件。NHEJ 诱发的 indel 可通过特异识别切割错配区段的 CEL-Ⅰ、T7 核酸内切酶Ⅰ等进行阳性检测，也可通过检查 ZFN 靶位点附近原有的限制性内切酶位点是否丢失来进行阴性筛选。

同源重组介导修复，是通过引入含有 DSB 两侧各一段同源臂的外源模板 DNA，基于 HR 机制实现对靶位点的定点修饰（基因突变或基因校正，gene correction），或者引入带有各种报告基因或其他功能元件的基因插入（gene addition）。同源介导修复的另一个重要用途是实现基因敲入（knock-in）和基因校正。若随 ZFN 提供的同源 DNA 模板在同源臂中包含了其他基因片段，或者包含 ZFN 靶位点附近的突变基因的野生型等位形式，便可以通过同源置换的方式将它们引入基因组（见图 13-9）。在没有 ZFN 作用的条件下，修复的效率仅为 0.001%，ZFN 的定点识别和切割作用能将其提升至 18%，充分表明 ZFN 可大大提高同源重组的效率。

如果同时使用两组 ZFN（两对共 4 个 ZFN 单体，分别识别 2 个不同的位点），在 DNA 双链上相距不远的位置造成两个 DSB，在 DNA 修复过程中，两侧的序列直接连接而丢失中

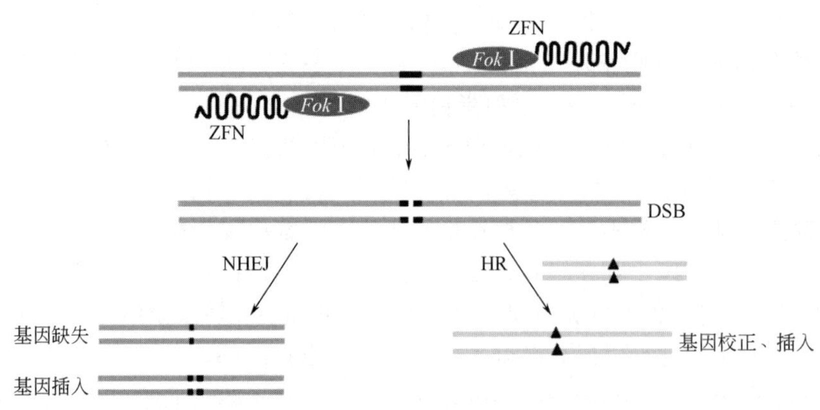

图 13-9 ZFN 介导的基因修饰

间的区段，可能造成一个或多个基因的缺失突变，以及染色体的大片段删除。这是 NHEJ 的一种特殊情况和应用方法，在人类培养细胞中已实现了最长达 15Mb 的大片段删除[43]。

ZFN 能够对靶基因进行定点断裂和基因敲除，显著提高同源重组效率，是一种高效的新型基因打靶技术，迄今已在黑长尾猴、大鼠、线虫、小鼠、中国仓鼠、非洲爪蟾、斑马鱼、果蝇、海胆、家蚕、拟南芥、烟草、玉米、大豆等模式生物或经济物种的细胞或胚胎中，以及包括 iPS 细胞在内的人体外培养细胞系中成功地实现了内源基因的定点突变，其中果蝇、斑马鱼、大鼠等物种还获得了可以稳定遗传的突变体，这为在新的物种中实现基因打靶带来了希望。

作为一种新兴的基因组定点修饰工具，ZFN 正受到越来越多的关注。特别是在一些难以通过传统方法实现基因打靶的模式物种、经济物种或培养细胞系中，ZFN 有可能发挥不可替代的作用。同时，ZFN 定点修饰在基因治疗上也具有诸多独特的优势，有可能发展成为这一领域的一个重要手段。不过，目前 ZFN 技术仍然存在着一些有待解决和发展的问题，主要包括以下几个方面。

① 设计和筛选具有高效率、高特异性的 ZFN 仍然存在一些技术障碍。目前尚无法实现对任意一段序列均可设计出满足要求的 ZFN，也还做不到在每一个基因或其他功能性染色体区段都能够顺利找到适合的 ZFN 作用位点。

② ZFP 对基因组的非特异性识别是导致脱靶的主要原因，ZFN 对非特异性位点的切割导致细胞毒性和基因毒性，这严重地制约了 ZFN 的广泛应用。对于基因治疗等对 ZFP 特异性要求很高的应用，需要发展更高特异性的 ZFP。

③ 设计一个特异性的 ZFP 还很费时费力，这极大地增加了使用 ZFP 的成本。

（2）TALEN 技术制备靶向修饰动物

类转录激活因子效应物（transcription activator like effectors，TALE）首先是在植物病原菌黄单胞菌上发现的，能特异性地结合到 DNA 上，在该病原菌感染过程中对植物基因进行调控。每个 TALE 含有一个位于中央的重复区域，该区域由通常为 33～35 个氨基酸的数量可变的重复单元组成。这种重复序列结构域负责识别特异性的 DNA 序列。每个重复序列基本上都是一样的，除了两个可变的氨基酸，即重复序列可变的双氨基酸残基（repeat-variable diresidues，RVD）。TALE 识别 DNA 的机制就在于 DNA 靶点上的一个核苷酸被一个重复序列上的 RVD 识别[44,45]。

TALE 蛋白的这种特殊的 DNA 结合结构域跟产生双链断裂的内切核酸酶（如 *Fok* Ⅰ核

酸酶结构域）融合就构成了 TALEN。TALEN 的 DNA 结合结构域能够在一个较大的识别位点进行高精确度的定向结合。TALEN 被定义为异源二聚体分子（两单位的 TALE DNA 结合结构域融合到一起，形成一单位的催化性结构域），能够切割两个相隔较近的序列，从而使得特异性增强。TALEN 产生的 DSB 能够激活细胞内固有的非同源末端连接（NHEJ）或同源重组（HR）机制。细胞可以通过 NHEJ 修复 DNA，在此修复过程中或多或少地删除或插入一定数目的碱基，造成移码，形成目标基因敲除突变体。当通过 TALEN 产生 DSB 后，若能提供同源修复模板，细胞可通过同源重组的方式修复 DNA，因此，可以对内源 DNA 做更精细的操作，如点突变（磷酸化位点）、保守区域替换、N 端或 C 端加标记（GFP、HA、Flag）等[46] ［见图 13-10(a)］。如果同时使用两组 TALEN（4 个 TALEN 单体），在 DNA 双链上造成两个 DSB，则有可能在 DNA 修复过程中，两侧的序列直接连接而丢失中间的区段，就可能造成一个或多个基因的缺失突变，以及染色体的大片段删除和基因倒位。若在两条 DNA 双链上分别造成一个 DSB，在 DNA 修复过程中则有可能引起染色体易位［见图 13-10(b)］。与 ZFN 相比，TALEN 具有以下优点。

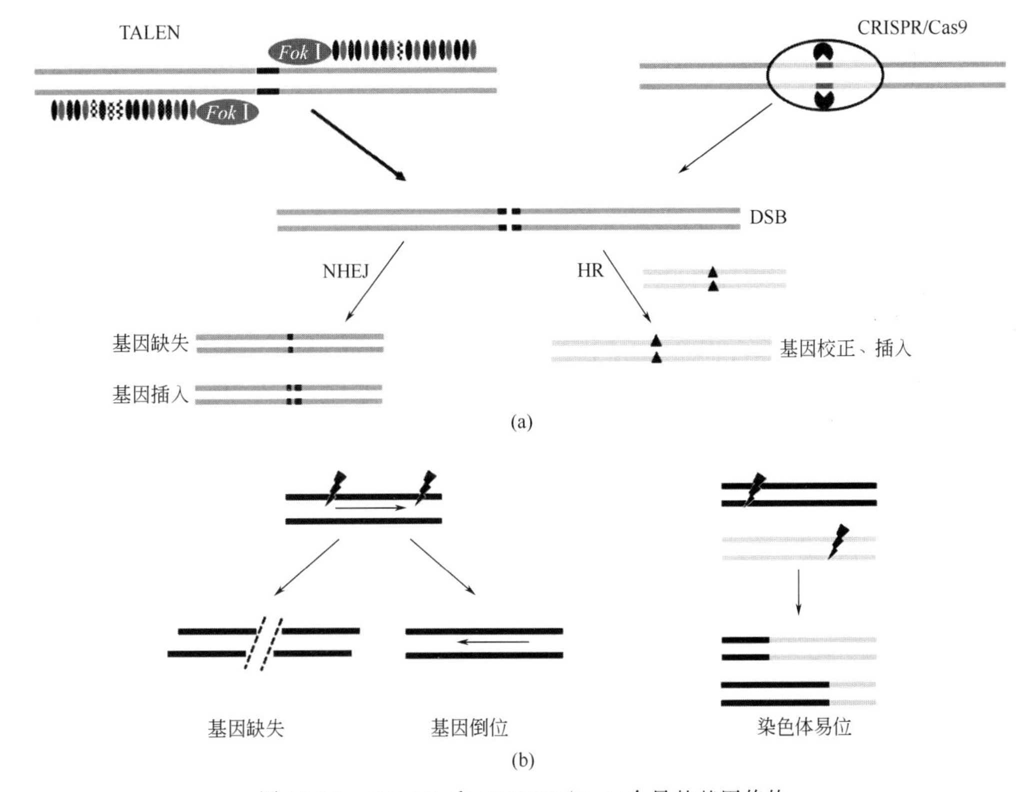

图 13-10　TALEN 和 CRISPR/Cas9 介导的基因修饰

① ZFN 技术是由 Sangamo 公司开发并由 Sigma 公司获得专利的技术。这就导致了很多公司不能应用 ZFN 技术进行基因修饰工作，而 TALEN 技术则不受专利的限制。

② ZFN 技术的每一个锌指识别 3 个连续碱基，尽管有上百个锌指模块存在，但是仍然不能代表每个可能的序列。因此，在靶位点找到适合的锌指酶识别序列并不容易。研究人员不得不开发出方法来鉴定锌指模块可靶向的目的基因内部的序列。TALEN 技术克服了常规的 ZFN 方法不能识别任意目标基因序列，以及识别序列经常受上下游序列影响等问题，而具有与 ZFN 相等或更好的活性。

③ 锌指结构域的另一个缺点在于当和 *Fok* Ⅰ核酸酶融合从而形成 ZFN 时，偶尔会发生脱靶切割和产生毒性。脱靶切割部分是由于锌指结构域的非特异性结合，锌指模块需要大量优化才能实现特异性基因打靶。*Fok* Ⅰ必须形成二聚体才能具有活性，需要两个结合相邻位点的锌指结构域切割双链 DNA。当两个锌指结构域在细胞中表达时，同源二聚体和异源二聚体通过 *Fok* Ⅰ结合域的结合而形成，但是只有异源二聚体具有所需的特异性。同源二聚体的存在提高了非特异切割的水平。与 ZFN 相比，TALEN 的毒性低，脱靶情况少，成功率可达 90%以上。

TALEN 技术理论上适用于任意物种，对于那些尚无成熟的基因修饰技术的物种尤为重要。一个物种能否采用 TALEN 技术实现基因修饰主要取决于两个因素：一是是否有有效的方法把 TALEN 导入该物种的细胞或卵/胚胎；二是该物种的种质细胞/生殖细胞的基因组是否能够有效地受到 TALEN 的作用，从而产生突变，并且把突变传递到下一代。

① TALEN 靶位点的选择。TALEN 应用的首要问题是靶位点的选择。由于 TALEN 中的 *Fok* Ⅰ核酸酶结构域以二聚体的形式起作用，TALEN 结合位点（或称 TALE 结合位点）也需要成对选择。这样，一个完整的 TALEN 靶位点（或简称靶点）就包含一个左侧 TALE 结合位点及其 0 位的 T 碱基和一个右侧 TALE 结合位点及其 0 位的 T 碱基，以及它们之间的间隔序列。其中，左、右两侧的 TALEN 单侧靶点（即 TALEN 结合位点）也可称为“半位点”。TALEN 单侧靶点（即半位点）及其 0 位的 T 碱基的结构通式为：5′-T(N)*n* N-3′。一般遵从如下的原则选择靶点。

a. 半位点的方向。TALE 蛋白是自 N 端到 C 端识别并结合 DNA 单链的，方向是从 5′端到 3′端。为了便于 *Fok* Ⅰ结构域形成二聚体，TALEN 靶点中左、右两侧半位点的单链方向必须是相反的，即一个半位点设计在正义链上，另一个半位点则需设计在反义链上。

b. 半位点的长度。单侧靶点最好控制在 11～16bp（即 $n=11\sim16$；这里并不包括 0 位的 T），这样既能保证靶向的特异性，也不需要太多的构建步骤。

c. 0 位碱基必须为 T。

d. 末位碱基。单侧靶点 3′端的最后一个碱基尽量选择 T（因为天然存在的 TALE 家族蛋白的靶序列中末位为 T 的占大多数）。

e. 间隔序列的选择。TALE 重复序列与 *Fok* Ⅰ切割结构域之间相连接的氨基酸残基数为 60 个左右，因此，间隔序列的碱基数最好控制在 12～21bp。同时，如果计划用酶切的方法检测 TALEN 的活性与效率，还需要在间隔序列中找到一个单一的限制性内切酶位点，并且尽量让这个酶切位点位于间隔序列的中间位置。

② TALEN 表达载体的构建。TALEN 技术应用的关键步骤之一是 TALEN 表达载体的构建。天然 TALE 蛋白 DNA 结合结构域的核心部分一般由 1.5～33.5 个基本重复单元串联而成，其中每个单元包含 34 个左右的氨基酸残基。每个重复单元中第 12 位和第 13 位的氨基酸残基为重复可变双残基（RVD），它决定了该单元识别 DNA 碱基的特异性。常用的 RVD 包括 NI（Asn Ile）、HD（His Asp）、NG（Asn Gly）和 NN（Asn Asn），分别对应识别碱基 A、C、T 和 G。为了保证靶点在整个基因组中存在唯一性，靶序列一般会选择大于 10bp。这样就要求 TALE 含有至少 9.5 个重复单元，编码这一重复结构的核苷酸长度就会大于 1kb，并且序列的重复性很强。构建识别特定 DNA 序列的 TALE 是 TALEN 技术中的一个关键步骤。目前，除了可以选择全序列人工合成这一昂贵的方法之外，通过分子克隆途径人工构建 TALE 的方法主要包括四大类。a. 基于 Golden Gate（GG）克隆的方法：根据

单体的不同来源可分为基于 PCR 的 GG 法（GG-PCR）[47] 和传统的基于质粒载体的 GG 法（GG-Vector）[48]；b. 基于连续克隆组装的方法：包括限制性酶切-连接法[49]、单元组装法[50] 和 idTALE 一步酶切次序连接法[51]；c. 基于固相合成的高通量方法：包括 FLASH[52] 和 ICA[53]；d. 基于长黏末端的 LIC 组装方法[54] 等。

基于 ES 细胞及同源重组的传统基因打靶技术制备基因修饰动物模型的花费较大，过程较长，且基因的修饰是在 ES 细胞中进行的，目前仅限于能够在小鼠、果蝇等极少数几个物种中实现。ZFN 和 TALEN 能够识别并结合指定的基因序列位点，并高效精确地切断。随后，细胞利用天然的 DNA 修复过程来实现 DNA 的插入、删除和修改，这样研究人员就能够随心所欲地进行基因组编辑。ZFN 和 TALEN 结合了原核注射的制备周期短和基因打靶技术的定点修饰的特点，而且可以应用到近乎所有真核生物物种中。在动物基因修饰模型的建立中，只需把 ZFN 和 TALEN 质粒转录为 mRNA，将 mRNA 导入受精卵中，可在子代中直接获得杂合子基因修饰动物，极大地降低了成本，缩短了实验周期（见图 13-11）。

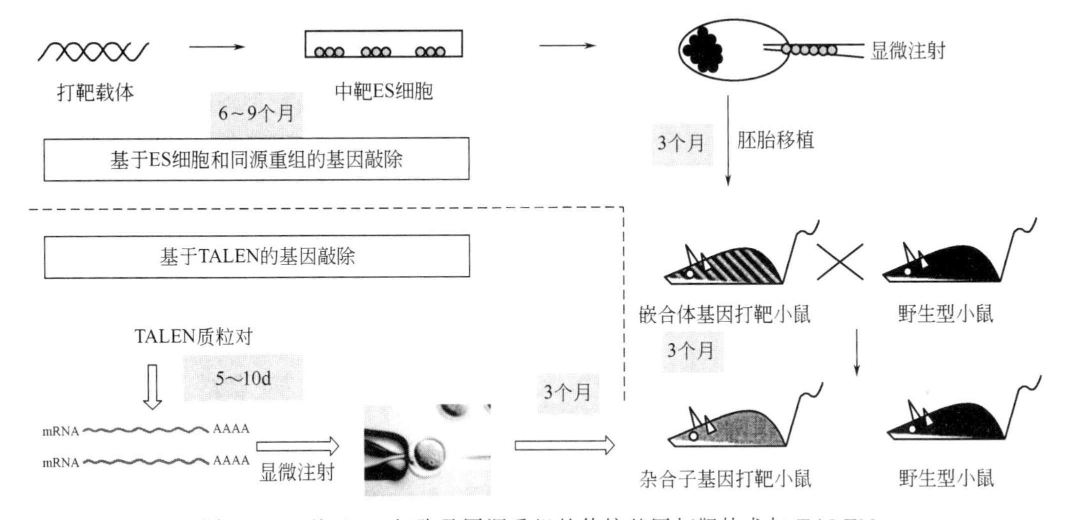

图 13-11　基于 ES 细胞及同源重组的传统基因打靶技术与 TALEN 介导的基因打靶技术对比

四、基因打靶的生物学意义和应用前景

1. 基因功能的研究

随着人类基因组计划的顺利实施，基因功能的研究成为后基因组时代的主要科学任务。基因打靶可以实现细胞或动物特定靶基因功能的改变，而具有其他方法难以比拟的直接性和有效性。利用基因打靶获得特定基因被修饰的细胞，可以在细胞水平上研究基因修饰对细胞发育和调控及免疫细胞作用的影响；获得基因修饰模式生物可以在动物整体水平上了解某些基因在体内的具体作用。另外，胚胎发育是非常复杂的生命现象，在这一过程中包含着许多生理、生化的复杂变化，尤其是要考察某一基因对某一组织器官发育的影响，用传统的研究方法很难进行观察研究。基因打靶为这一领域的研究提供了理想的方法。

2. 建立人类疾病的动物模型

人类疾病动物模型对病理研究及临床治疗非常重要。自发或诱变病理模型的获得需漫长的时间，应用转基因技术，外源基因在基因组中的随机整合可能带来不确定的表型。基因打靶技术在很大程度上克服了上述不足。利用基因打靶获得基因修饰模式生物可以在动物整体水平上进行一系列相关表型和机制的分析，并发展相应的人类疾病动物模型，从而全面理解人类基因的各种生理和病理功能，以便进一步发现有重要作用和应用价值的新基因和新蛋白质，为人类疾病的机制研究、诊断和防治奠定基础。

3. 用于疾病的基因治疗

通过基因打靶技术将正常基因引入病变细胞中，取代原来异常的基因或对缺陷基因进行精确改正，使修复后的细胞表达正常蛋白质，不再表达错误产物，是一种理想的基因治疗策略。可通过基因打靶技术敲除多余的、过量表达的、影响正常生理功能的基因以达到治疗目的。另外，还可以敲除引起组织器官移植排斥的基因，以培育能够用于人类器官移植的动物。

4. 用于改造生物和培育新的生物品种

采用基因打靶技术可以克服传统转基因的随机整合现象，消除外源基因整合位点和拷贝数的不确定性，从而避免整合位点效应对内源基因和外源基因表达的负面影响。基因打靶技术还可利用靶位点全套的表达调控元件以实现动物基因的时空特异性表达。所以在实际生产中，在全面理解某些有重要应用价值的基因功能的基础上，利用基因打靶技术定向改变动物的某些遗传性状，可以生产品质优良、分泌药物和用于器官移植的特种动物。例如，可以将抑制动物生长发育或其他对动物不利的基因敲除，以培育性状更为优良的畜禽品种；也可将能够编码人类药物的基因定点整合入动物特异性启动子下或其他不影响动物本身重要基因表达的特定部位，以培育能够在哺乳动物乳腺或家禽输卵管分泌药物的畜禽品种。虽然目前基因打靶技术仍然主要应用于动物模型的建立，但对于大型哺乳动物基因打靶成功的一些报道展示了基因打靶技术应用于动物育种、动物反应器和异种器官移植的美好前景。

第二节 CRISPR/Cas9 系统

一、CRISPR/Cas 系统的简介及其作用原理

1987 年，Ishino 等首先在 K12 大肠杆菌的碱性磷酸酶基因下游发现串联间隔重复序列，随后发现这种间隔排列的串联重复序列广泛存在于细菌与古菌中[55]。2000—2002 年，Mojica 与 Jansen 等将这种间隔排列的串联重复序列命名为成簇规则分散短回文序列（clustered regularly interspaced short palindromic repeats，CRISPR）[56,57]。同年，Makarova 等通过对原核生物基因组中保守基因的系统性研究，预测 CRISPR 与嗜热细菌及古菌的 DNA 修复系统有关[58]。2005 年，三个课题组均发现 CRISPR 的间隔序列（spacer）与宿主菌的染色体外的遗传物质高度同源，推测它可能是细菌对抗外源 DNA 入侵的一种保护机制[59-61]。随后，Makarova 等通过分析 CRISPR 和 Cas 基因，提出 CRISPR/Cas 系统（CASS）是一种防御噬菌体和质粒入侵机制的假设，其功能类似于真核生物的 RNA 干扰（RNAi）系统[62]。2011 年，Makarova 等通过对 CRISPR/Cas 系统的序列和结构进行比较，揭示 Cas 蛋白之间存在同源性，并首次披露 CRISPR/Cas 系统的分子机制[63]。同年，Makarova 等进一步分析了 CRISPR/Cas 系统和 Cas 蛋白之间的进化关系，并将该系统分为三种主要类型：Type Ⅰ、Type Ⅱ 和 Type Ⅲ。2013 年，张锋课题组通过设计两种不同的 Type Ⅱ CRISPR/Cas 系统来诱导人和小鼠细胞内源基因组位点的精确切割，将多个指导序列编码成单个 CRISPR 阵列，同时编辑了哺乳动物基因组内的几个位点，并证明 RNA 引导的基因编辑技术存在广泛适用性[64]。

CRISPR 中的高度可变间隔序列主要来源于噬菌体或是质粒，长度范围在 21～72bp，不同的 CRISPR 基因座包含的间隔序列的数量差异很大，从几个到几百个不等。CRISPR 中的重复序列长度范围在 21 ～ 48bp，序列并非严格保守，甚至在同一个细菌内的不同 CRISPR 基因座的重复序列也有不同，但它的 5′端和 3′端部分为保守序列，分别为 GTTT/g 和 GAAAC。重复序列里还包含部分回文结构，转录出的 RNA 能形成稳定且保守的二级结构，可能在与 Cas 蛋白结合形成核糖核蛋白复合物的过程中发挥重要作用[57,65-67]。通常在临近 CRISPR 基因座的区域还包含一组保守的蛋白编码基因，被称为 Cas 基因，它们编码的蛋白质包含核酸酶、聚合酶、解旋酶以及与核糖核酸结合的结构域[58]。这些 Cas 蛋白与 CRISPR 转录出的 RNA 结合形成核糖核蛋白复合物协同行使 CRISPR/Cas 系统的免疫功能。

由于 Cas 基因多样性异常丰富，研究人员考虑到多个因素，根据参与蛋白与识别机制的不同，将 CRISPR/Cas 系统分为三种不同类型。Type Ⅰ 系统包含 6 个蛋白，数量最多，也最复杂，其中 Cas3 蛋白最具特征性，具有解旋酶和核酸酶功能，在 CRISPR 干扰阶段发挥主要作用[68]。Type Ⅱ 系统的主要特征是包含一个标志性的 Cas9 蛋白，参与 crRNA 的成熟以及降解入侵的噬菌体 DNA 或是外源质粒[69]。Cas9 蛋白包含两个功能结构域，一个在 N 端，有类似于 Ruc 核酸酶的活性，一个在中部，有类似 HNH 核酸酶的活性。Type Ⅲ 系统包含特征性的 Cas10 蛋白，其具有 RNA 酶活性和类似于 Type Ⅰ 的 cascade（抗病毒防御的 CRISPR 相关复合物）功能，主要参与 crRNA 的成熟和剪切入侵的外源 DNA。目前发现 Type Ⅲ 有两种亚型：Type Ⅲ A 和 Type Ⅲ B。激烈热球菌的 CRISPR/Cas 系统属于 Type Ⅲ A 型，它干扰的靶标是 mRNA；表皮葡萄球菌 CRISPR/Cas 系统属于 Type Ⅲ B 型，它的干扰靶标是 DNA，与 Type Ⅰ 和 Ⅱ CRISPR/Cas 系统相同。三种类型的 CRISPR/Cas 系统的分布有所不同。Type Ⅰ 系统在细菌和古菌中都有发现；Type Ⅱ 系统仅存在于细菌中；Type Ⅲ 系统大多存在于古菌中，只有少数的细菌是 Type Ⅲ 型[70]。

CRISPR/Cas 系统的作用原理可以大致分为四个阶段。第一阶段为噬菌体侵染，噬菌体或质粒的外源 DNA 进入细胞。第二阶段为 CRISPR 的高度可变间隔区的获得，由特定的 Cas 蛋白从外源 DNA 序列获得间隔序列，并将其整合到细菌基因组的 CRISPR 位点上。这些间隔序列被同向重复序列所分隔，以确保 CRISPR 系统对自身序列与外源序列的识别。第三阶段为 CRISPR 基因座的表达，CRISPR 转录为 pre-crRNA 初级转录本，然后经过不同的加工过程形成成熟 crRNA。第四阶段为 CRISPR/Cas 系统活性的发挥或者是对外源遗传物质的干扰，不同机制指导 Cas 核酸内切酶对外源 DNA 序列的识别与降解。

二、Type Ⅱ CRISPR/Cas9 系统

Cas9 的蛋白结构包括由 α-螺旋组成的识别区（REC）、由 HNH 结构域和 RuvC 结构域组成的核酸酶区以及位于 C 端的 PI 结构域组成的 PAM（protospacer adjacent motif，前间隔序列邻近基序）结合区（图 13-12）。HNH 为单个结构域，而 RuvC 分为 3 个亚结构域：

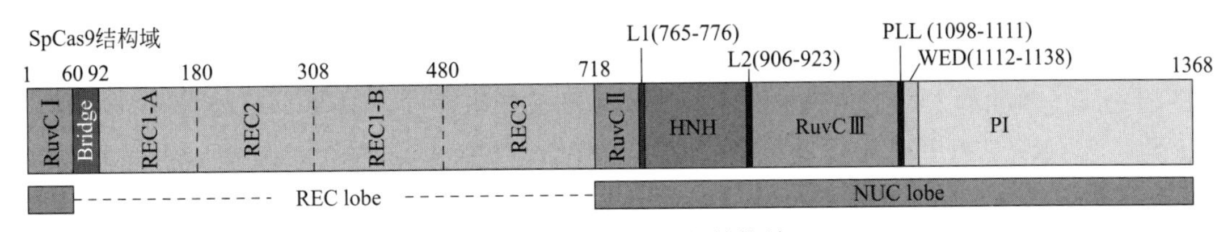

图 13-12 Cas9 蛋白的结构域

RuvCⅠ位于蛋白的N端，RuvCⅡ/Ⅲ位于HNH结构域的两侧。RuvC与HNH可分别对gRNA的DNA互补链与非互补链进行切割，产生平末端的DNA双链断裂。在REC识别区中的一个富含精氨酸的α-螺旋负责与RNA-DNA异源二聚体的3′端8～12个核苷酸的结合。Cas9与靶DNA的识别依赖于tracerRNA：crRNA复合体以及位于靶位点下游的PAM序列。RNA-Cas9复合体沿外源入侵DNA进行扫描，当遇到PAM序列且DNA序列可与crRNA互补配对形成一个R环时，Cas9蛋白将分别利用HNH与RuvC结构域对DNA的互补链与非互补链进行切割，形成DNA的双链断裂。在嗜热链球菌中，PAM序列多数为5′-NGG。

CRISPR/Cas9系统的基因编辑技术的基本原理为将tracrRNA∶crRNA设计为引导RNA，引导RNA包含位于5′端的靶DNA的互补序列以及位于3′端的tracrRNA∶crRNA的类似序列，利用靶DNA的互补序列来定位需编辑的位点，利用tracrRNA∶crRNA的类似序列与Cas9结合，如图13-13所示。该技术仅设计引导RNA就可实现对含有PAM序列的任一靶DNA序列进行敲除、插入或定点突变等修饰。由于具有设计操作简单、编辑效率高、通用性好等优势，CRISPR/Cas9基因编辑技术得到非常广泛的应用。

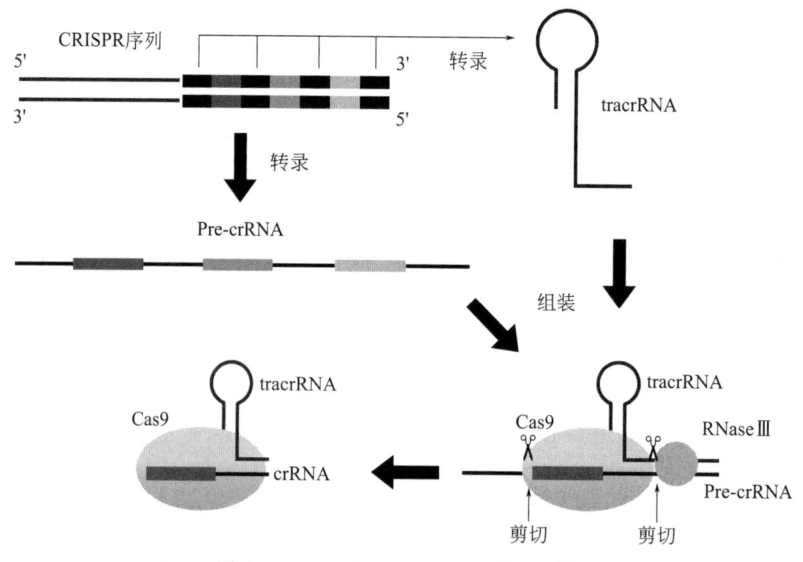

图13-13 CRISPR/Cas9系统的组装

在具体实验设计中，影响CRISPR/Cas9系统的关键因素主要有以下三点。①引导RNA的选择。引导RNA的设计十分关键，对Cas9的活性与效率具有显著的影响。目前，大多数研究将与靶DNA互补的crRNA与tracrRNA融合为一条单独的引导RNA（single guide RNA，sgRNA），与早期的将crRNA与tracrRNA单独表达，设计为双引导RNA的方法相比，sgRNA具有更快的编辑速度。sgRNA中所包含的tracrRNA长度的设计也是需要考虑的因素之一。目前，大多数研究将sgRNA设计为100 nt左右，包含位于5′端20 nt的DNA互补区、crRNA以及位于3′端70～80 nt的tracrRNA。②靶DNA序列的设计。靶DNA设计时，首先要考虑必须在3′端含有PAM序列，其次还需根据所用的启动子的特性进行选择。比如，依赖RNA聚合酶Ⅲ的U6启动子和T7启动子需要转录起始位点分别为G和GG，当使用这些启动子时，sgRNA靶序列就会限制为$GN_{16\sim19}NGG$或$GGN_{15\sim18}NGG$。为了减少这些限制，一般有两种方法：一是不考虑启动子带来的限制，在sgRNA 5′端的第一个或前两个核苷酸为错配序列；二是直接在sgRNA 5′端加上额外的G或GG。目前的研究表明，这两种方法都能获得有活性的 sgRNA，但编辑效率有所下降。研究人员开发了可用于靶序列设计的软件或网站，比如，CRISPR Design Tool、ZiFiT Target Software 等，可参考用于基因组编辑 CRISPR/Cas9 系统的靶序列设计[71,72]。③Cas9 与 gRNA 的表达。在设计好合适的 sgRNA 后，就要考虑如何将 Cas9 与 sgRNA 导入到目的细胞中。在人工培养的哺乳动物细胞中，可通过电穿孔或脂质体介导的转染等方法将质粒 DNA 导入细胞中，使 Cas9 与 sgRNA 进行瞬时表达。同时，慢病毒感染技术也已用于哺乳动物细胞中，从而组成型表达 Cas9 与 sgRNA。此外，体外转录的 RNA 可直接注射导入斑马鱼、果蝇或小鼠的胚胎细胞中，纯化的 Cas9 蛋白与 sgRNA 复合体也可直接注射到蛔虫体内。在小麦、水稻、高粱、烟草和拟南芥等植物中，Cas9 也可通过聚乙二醇介导的原生质体转化或农杆菌介导的转化得以成功应用[71]。许多研究表明，Cas9 与 sgRNA 的瞬时表达足以介导有效的基因组编辑。在一些瞬时转染效率较低的细胞中，虽然慢病毒介导的 Cas9 与 sgRNA 的组成型表达可能会提高感染效率，增强基因组的编辑效率，但也有可能会增加脱靶的概率[71,73]。此外，由于 Cas9 蛋白来源于肺炎链球菌等细菌，若在真核细胞中表达，还需在 Cas9 蛋白 N 端与（或）C 端加上真核细胞的核定位信号（nuclear localization signal，NLS），将蛋白质定位到细胞核内才能介导基因组编辑。

三、CRISPR/Cas9 基因编辑技术的应用举例

利用 CRISPR/Cas9 基因编辑技术，以人肝癌细胞 HepG2 为对象，构建组蛋白去乙酰化酶 HDAC6 敲除的稳定细胞系。

1. 构建表达载体

以张锋课题组使用的 lentiCRISPRv2 载体为模板，构建 HDAC6 的 sgRNA 表达载体。载体示意图如图 13-14 所示，包含 hSpCas9 和嵌合引导 RNA 两个表达盒。载体上包含两个 *Bsm*BⅠ酶切位点，载体酶切后，一对退火的寡核苷酸可以插入到单独引导 RNA 的支架中，构成同时包含 SpCas9 和 sgRNA 的表达载体。寡核苷酸的设计基于 20 bp 的靶位点序列，同时靶位点的 3′端需为 NGG 的 PAM 序列。

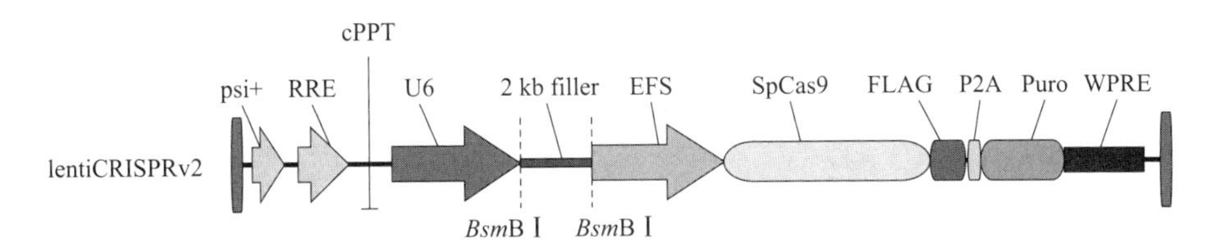

图 13-14　lentiCRISPRv2 载体示意图

靶位点序列的设计除 3′端的 PAM 序列为 NGG 外，还应尽量选择在基因的编码区（CDS）并靠近翻译起始位点，且靶位点序列应全部位于同一外显子上，以防靶位点序列被内含子隔开而不能被识别。HDAC6 基因共有 30 个外显子，翻译起始位点（ATG）位于第 3 个外显子，考虑上述所有因素，在此外显子内寻找的靶位点序列为 5′-…CCTCAACCG-GCCAGGATTCCACC…-3′，此靶位点的 PAM 序列为正义链 5′端的 CCT，即反义链 3′端的 AGG。为了便于理解，利用反义链序列进行后续的讲解，即 5′-…GGTGGAATCCTGGC-CGGTTGAGG…-3′。此外，考虑到载体酶切后黏性末端的序列，应在正义链的 5′端加 CACCG 序列，在反义链的 5′端加 AAAC 序列，3′端加 C 序列，而 PAM 序列不包含在此序列中，故合成的寡核苷酸序列示意图如图 13-15 所示。

Oligo 1 ⟶ 5'- CACCGNNNNNNNNNNNNNNNNNNNN -3'
Oligo 2 ⟶ 3'- CNNNNNNNNNNNNNNNNNNNNCAAA -5'

图 13-15 寡核苷酸合成序列示意图

需要注意的是，如果靶位点序列以G碱基开始，我们只需在正义链的5′端加CACC序列，在反义链的5′端加AAAC序列，3′端无需再额外加序列。以上述HDAC6的靶位点序列为例，开头的碱基为G，因此，我们需要合成的寡核苷酸序列如图13-16所示。

Oligo 1 ⟶ 5'- CACCGGTGGAATCCTGGCCGGTTG -3'
Oligo 2 ⟶ 3'- CCACCTTAGGACCGGCCAACCAAA -5'

图 13-16 HDAC6 靶位点寡核苷酸合成序列

① 利用*Bsm*BⅠ-v2（NEB R0739）限制性内切酶线性化lentiCRISPRv2载体，配制反应体系于55℃下反应1h，体系如下：

5μg	lentiCRISPRv2 载体质粒
3μL	*Bsm*BⅠ-v2
5μL	10×NEBuffer™ r3.1
xμL	ddH_2O
50μL	总计

② 载体酶切完成后，需将线性化的载体DNA片段跑胶回收纯化，具体步骤参考第四章第四节。需要注意的是，lentiCRISPRv2载体在酶切位点*Bsm*BⅠ之间插入了约2kb的无关片段，酶切后应出现两条条带，较大一条位于约11kb的位置，较小一条位于约2kb的位置，较大的一条DNA片段为线性化后的载体。

③ 将合成的寡核苷酸进行退火，体系如下：

2μL	Oligo1（100μmol/L）
2μL	Oligo2（100μmol/L）
2μL	10×T4 连接缓冲液（NEB）
14μL	ddH_2O
20μL	总计

将配制好的反应体系放于PCR仪中进行退火，反应条件为：37℃、30min；95℃、5min；然后以5℃/min的速度降至25℃。

利用ddH_2O或EB将退火好的寡核苷酸以1∶200的比例进行稀释，用于后续的连接反应。

④ 利用T4 DNA连接酶（NEB M0202）将退火的寡核苷酸和线性化载体进行连接，配制反应体系于16℃下反应2h，或室温反应30min。具体反应体系如下：

xμL	第②步得到的经*Bsm*BⅠ消化的载体（50ng）
2μL	第③步得到的稀释好的寡核苷酸
2μL	10×T4 连接缓冲液
1μL	T4 DNA 连接酶
xμL	ddH_2O
20μL	总计

⑤ 将连接产物转化至DH5α感受态细胞中，具体步骤参考第四章第四节。需要注意的是，

慢病毒表达载体包含长末端重复序列（LTR），必须在重组缺陷细菌中进行转化。

⑥ 对平板长出的克隆进行 PCR 和测序鉴定，得到构建完成的包含 Cas9 和 HDAC6 sgRNA 的慢病毒表达载体，命名为 lentiCRISPR-HDAC6-sgRNA。具体步骤参考第四章第四节。

2. 慢病毒的包装与感染

将 293T 细胞接种在 6 孔板内，过夜培养，第二天待密度为 50%～70%时进行转染。将 PAX2、VSVG 和 lentiCRISPR-HDAC6-sgRNA 质粒混合，加入无血清无双抗的 DMEM 溶液中，振荡混匀。继续加入 13.5μL Megatran 1.0 转染试剂，振荡混匀。室温静置 10min，将上述混合物滴加到种有 293T 细胞的 6 孔板中，继续培养。具体步骤参考第五章第二节，配制体系如下：

2μg	lentiCRISPR-HDAC6-sgRNA 质粒
1.5μg	PAX2 质粒
1μg	VSVG 质粒
x μL	无血清无双抗 DMEM
200μL	总计

细胞培养 48～72h 后，收集病毒上清液。此处以肝癌细胞系 HepG2 为目的细胞，取 300μL 病毒上清液滴加到种有密度约为 60%的 HepG2 细胞的 6 孔板中，培养 24h 后换成新鲜的培养基，再次滴加 300μL 病毒上清液进行二次感染，继续培养 24h 后换成带有嘌呤霉素（Puro）的 DMEM 培养基进行筛选。加药约 1 周后，存活的细胞带有 Puro 抗性，即成功感染慢病毒的细胞。

3. 单克隆细胞的获取及基因组 DNA 的鉴定

带有 Cas9 和 HDAC6 sgRNA 的慢病毒进入细胞后，Cas9 就会在靶位点附近进行随机切割，由于随机性很大，需要对靶位点附近的 DNA 序列进行测序鉴定，确认是否得到了理想的切割方式。

利用有限稀释法或流式细胞术将细胞分选为单个细胞，种于 96 孔板中，确保每孔中只有单个细胞。待上述细胞增殖到足够的细胞数后，收取部分细胞，提取基因组 DNA。由于序列发生切割的位置位于靶位点上下游 200bp 左右之间，需要将此区域的序列扩增出来，查询 HDAC6 的基因组序列，设计 PCR 引物序列如图 13-17 所示。

Oligo 1 ⟶ 5'- CGGAGTTTGGAAGGCTGTGGAGAAT -3'
Oligo 2 ⟶ 5'- CAGTGCTTCAGCCTCAAGGTTCAGA -3'

图 13-17 HDAC6 基因组的鉴定引物

利用上述引物配制体系进行 PCR 反应，反应产物经琼脂糖凝胶电泳检测回收后，连接 pMD™-18T（TaKaRa 6011）载体，连接产物转化涂板，待平板长出克隆后，挑取约 20 个克隆进行测序，鉴定 DNA 序列的切割情况。

PCR 反应体系：

25μL	2×Gflex PCR 缓冲液
1μL	Oligo1（10μmol/L）
1μL	Oligo2（10μmol/L）
x μL	基因组 DNA（100ng）
1μL	Tks Gflex DNA 聚合酶（TaKaRa R060Q）
50μL	总计

PCR 反应条件：

94℃ 1min 预变性

98℃ 10s ⎫
60℃ 15s ⎬30 个循环
68℃ 30s ⎭

68℃ 5min

需要注意的是，细胞内发生的 DNA 切割有可能只发生在一条链上，而另一条链仍然为野生型。即便两条链同时发生了切割，也要观察缺失的碱基数量是否为 3 的倍数，如果碱基缺失数正好为 3 的倍数，就会导致氨基酸只是缺少了有限的几个，而没有发生移码突变，蛋白质的功能很可能没有受到影响，实验失败。因此，在对单克隆细胞进行鉴定时，需要多选择一些菌落进行测序，确保基因组发生的所有变化都能被观察到。对不同单克隆细胞进行测序后，发现了理想的单克隆细胞，DNA 双链同时被切割，且碱基缺失数不为 3 的倍数。测序结果如图 13-18 所示。

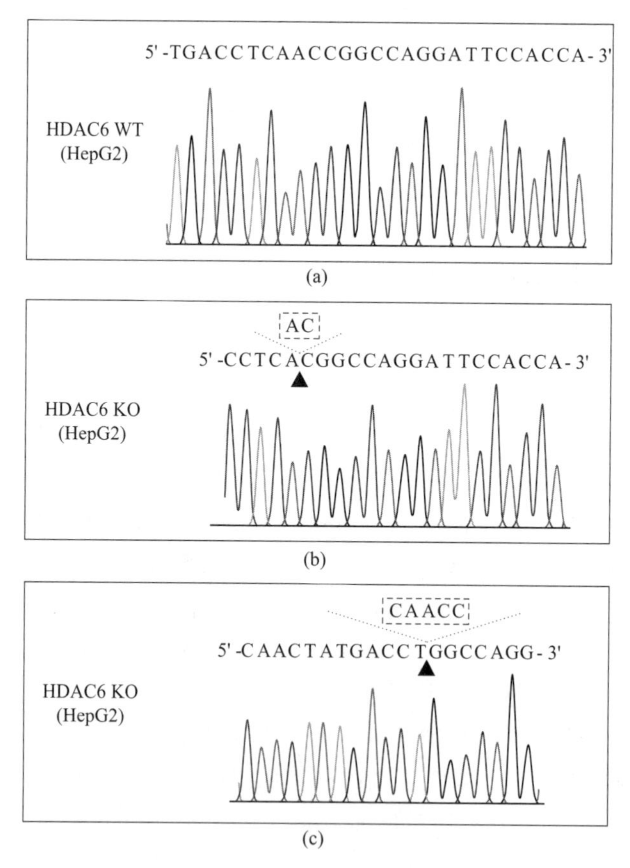

图 13-18 HDAC6 敲除 HepG2 细胞的基因组测序结果

(a) HepG2 WT 细胞序列；(b) HDAC6 敲除细胞的正义链序列；(c) HDAC6 敲除细胞的反义链序列。

"▲"表示碱基缺失的位置

4. Western blot 检测 HDAC6 蛋白表达情况

收取部分 HepG2 野生型细胞和 HDAC6 敲除细胞，加入 RIPA 裂解后，进行 SDS-PAGE 凝胶电泳，检测 HDAC6 蛋白的表达情况。具体步骤参考第六章第三节。结果如图 13-19 所示，

HepG2野生型细胞中可以检测到HDAC6蛋白的表达，而在HDAC6敲除的细胞中，不能检测到HDAC6蛋白的表达，说明基于CRISPR/Cas9基因编辑技术的HDAC6敲除细胞系构建成功。

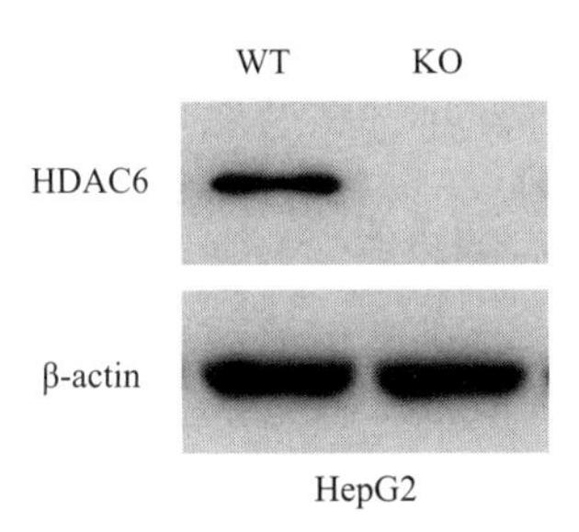

图13-19　HDAC6敲除的HepG2细胞的鉴定

四、CRISPR/Cas9基因编辑技术的应用前景

CRISPR/Cas9介导的基因编辑技术以其简单、高效的优势在细菌、病毒、动物和植物中广泛应用，在多个领域中已展现出巨大的应用潜力，包括疾病筛查和治疗、农作物育种、生物技术产品研发和能源与环境等领域。

1. 疾病治疗

当前基因编辑技术在疾病治疗中的应用主要包括癌症、心血管疾病、遗传性疾病、神经退行性疾病和染色体疾病等的治疗。早在2013年，中国科学院李劲松团队利用CRISPR/Cas9技术在小鼠受精卵中纠正了小鼠白内障显性基因突变，完成了遗传疾病的校正性治疗实验研究[74]。2014年，张锋团队成功利用CRISPR/Cas9技术构建了模拟癌症突变的小鼠模型[75]。2017年，杨辉团队和胡家志团队通过CRISPR/Cas9-sgRNA靶向染色体上的重复序列对小鼠胚胎进行染色体编辑，成功将染色体删除，为治疗唐氏综合征提供了可能[76]。2019年邓宏魁团队、陈虎团队和吴昊团队合作利用CRISPR/Cas9技术对人体造血干细胞进行基因编辑，并在动物模型中实现重建造血系统，使之产生了抵御艾滋病和白血病的能力[77]。虽然基因编辑技术在疾病治疗领域开展了很多研究，取得了令人瞩目的成绩，但大部分工作尚处于实验动物阶段，受限于技术本身存在的脱靶、安全和伦理等问题，基因编辑技术在疾病治疗中还有很长的路要走。

2. 农作物育种

基因编辑技术在农作物育种中的应用主要包括小麦、水稻、玉米、大豆、西红柿、马铃薯等的基因功能和性状改良研究，可用于筛选优势性状、设计和改造品种、提高产量和品质等。2014年，高彩霞团队利用基因编辑技术在六倍体小麦中对MLO基因的3个拷贝同时进行突变，使小麦对白粉病有了光谱抗性，该成果入选了《麻省理工科技评论》2016年十大技术突破技术[78]。2018年，高彩霞团队和许操团队合作利用CRISPR/Cas9技术对天然耐盐碱和抗细菌疮痂病的野生番茄进行了人工驯化，在保留其对盐碱和疮痂病天然抗性的前提下，将产量和品质性状精准导入了野生番茄[79]。2020年，钱前团队利用CRISPR/Cas9技术创造出茎秆变粗且抗折力增强的水稻新品种[80]。美国科迪华农业技术公司利用CRISPR/Cas9技术创制出高产糯玉米新品种，且已经过三年田间试验验证了产量的提升[81]。由此可见，基因编辑技术在农作物改良和育种方面具有重大的应用前景。

3. 工业微生物改造

基因编辑技术为工业微生物的改造与模式微生物设计提供了高效和便利的工具，在生物燃料、化学品、新材料和医药产品等方向提供了新选择。2015 年，丹麦 Jochen Forster 团队利用 CRISPR/Cas9 技术对单倍体酵母菌株和二倍体酵母菌株两类重要工业酵母的基因完成了高效编辑[82]。2018 年，美国 Keasling 团队利用 CRISPR/Cas9 技术对酿酒酵母进行改造，使用改造后的酵母生产的啤酒酒花风味更浓烈[83]。同年，中国科学院温廷益团队发展了一种 CRISPR/Cas9 辅助多重基因组编辑方法，为酵母的基因工程和合成生物学研究提供了一个有效的工具[84]。因此，基因编辑技术为工业微生物改造领域带来了活力，提供了思路，应用前景广阔。

第三节 CRISPR/Cas13 系统

一、CRISPR/Cas13 系统的介绍

CRISPR 是细菌 DNA 中普遍存在的一段间隔 20～40bp 的短回文重复序列。当外源病毒或噬菌体入侵细菌时，CRISPR 相关蛋白 Cas 通过将入侵病毒或噬菌体的特定 DNA 序列整合至 CRISPR 结构的间隔序列中，并对该外来序列产生永久性“记忆”，当再次感染时，能快速识别并发挥核酸内切酶功能，摧毁病毒和噬菌体[85,86]。CRISPR 与 Cas 简称为 CRISPR/Cas 系统，其中的 CRISPR/Cas9 由于具有强大的基因编辑功能，已应用于分子诊断、遗传病的治疗、癌症的细胞治疗等领域[87,88]。与 Cas9 仅在 DNA 水平编辑和靶向清除基因功能不同，Cas13 是具有特异性识别并切割 RNA 功能的新型 CRISPR 相关蛋白[89-91]。Cas9 具有碱基识别偏好性，限制了其运用范围，并导致编辑效率下降，而 Cas13 对目标基因的侧翼序列没有要求，可以靶向任何 RNA 序列。

CRISPR/Cas13 是 CRISPR/Cas 家族中目前发现的唯一靶向 ssRNA 的编辑系统。Cas13 与 CRISPR RNA（crRNA）结合后，形成一个由 crRNA 引导的 RNA 靶向效应复合物。在 crRNA 的引导下，Cas13 结合靶 RNA，激活 HEPN 结构域，特异性水解靶单链 RNA（single-stranded RNA，ssRNA），同时激活其非特异性的切割活性，继续切割其他的非靶单链 RNA（single-stranded RNA，ssRNA）。

二、实验基本步骤

1. 特异性靶 crRNA 的设计

登录 https://cas13design.nygenome.org，根据靶基因的编码序列，预测靶基因的 crRNA 序列，并选择得分最高的 crRNA 序列。

2. 合成设计的 crRNA 序列

根据设计的 crRNA 序列，化学合成 crRNA 的 DNA 模板的两条互补单链。

3. 配制反应体系

退火合成的 crRNA 的 DNA 单链，按照下列用量配制反应体系。

crRNA 的 DNA 单链 1	2μg
crRNA 的 DNA 单链 2	2μg
5mol/L NaCl	1μL

ddH$_2$O 45μL
总体积 50μL
将上述反应体系置于95℃水浴5min，缓慢降温退火，使两条DNA单链退火为DNA双链。

4. 酶切 lentiCRISPR/Cas13d 载体

载体 2μg
10×缓冲液 3μL
Xho Ⅰ 1μL
*Hin*dⅢ 1μL
ddH$_2$O 23μL
总体积 30μL
37℃水浴2～3h，利用胶回收试剂盒回收酶切后的载体。

5. 连接

利用无缝连接试剂盒，将DNA双链和酶切后的载体在下述体系中连接。
2×Seamless cloning Mix 1μL
线性化 lentiCRISPR/Cas13d 2μL
退火后编码 siRNA 的 DNA 2μL
50℃水浴15 min。

6. 转化

① 将50μL感受态细胞于冰上解冻。
② 取上述连接产物加入感受态细胞中混匀，冰浴30min。
③ 42℃水浴90s，快速转移至冰浴中2min。
④ 加700μL LB培养基，37℃振荡培养1h。
⑤ 3000/min离心5min，弃上清液，用100μL培养基重悬细胞后将细胞涂到含氨苄抗性的LB琼脂平板表面，将平板置于室温2min。
⑥ 将平皿倒置于37℃培养12～16h。

7. 阳性克隆鉴定

挑取5～10个克隆测序，利用载体上的引物进行测序鉴定。

8. 慢病毒的包装

① 将293T细胞接种于6cm平板，24h后转染细胞，转染时细胞密度为50%～70%。
② 将1μg lentiCRISPR/Cas13d-sgDNA、0.5μg psPAX2、0.5μg VSVG（addgene＃8454），加入200μL不含血清双抗的DMEM中，振荡混匀，加入10μL MegaTran 1.0转染试剂，再次振荡混匀，室温静置10min。
③ 将上述混合物加到种有293T细胞的6cm平板中；37℃温箱培养，48h后收集上清液过滤。

9. 细胞感染

① 取300μL病毒上清液滴加到准备好的密度约为60%的目的细胞培养基中，24 h后换液。
② 24h后，再次滴加上述300μL病毒上清液，进行二次感染。

10. 稳定细胞系筛选

上述感染细胞在感染48h后，加嘌呤霉素培养7～10d，筛选表达Cas13d-sgDNA的阳性细胞。

11. qRT-PCR（逆转录实时定量 PCR）鉴定稳定细胞系

（1）总 RNA 的提取

收集上述细胞，用 1×PBS 洗一次，加入 1mL TRIZOL，室温放置 5min。加入 200μL 氯仿，振荡混匀后室温放置 15min。12000r/min 离心 10min 后，吸取上层水相至另一离心管中，加入 0.5mL 异丙醇，室温放置 10min。12000r/min 离心 10min，弃上清液，加入 75% 乙醇，4℃、8000r/min 离心 5min，弃上清液，室温晾干。随后用 50μL DEPC 水溶解 RNA。

（2）反转录

取总 RNA 2μg，与 1μL 50μmol/L 的随机引物混匀，70℃解链 5min，自然冷却至室温，加入逆转录酶、dNTP、RNA 酶抑制剂及逆转录缓冲液，补水至体积为 25μL，将上述两混合物混匀，42℃、60min 逆转录，95℃、5min 使逆转录酶失活，从而得到 25μL cDNA，得到逆转录 cDNA 的第一链。

（3）实时定量 PCR 检测目的基因表达

将得到的 cDNA 与 SYBR Green Mix、上下游引物和下游引物混合，进行实时定量 PCR，利用 $2^{-\Delta\Delta Ct}$ 公式计算目的基因的表达量。

12. Western 印迹鉴定稳定克隆

① 收取上述细胞，加入含有蛋白酶抑制剂的裂解液，加入等体积的上样缓冲液，沸水煮 10min，进行 SDS-PAGE 电泳。

② 电泳结束后将蛋白质转至硝酸纤维素膜上，5%脱脂奶粉室温封闭 1h，特异性抗体室温孵育 1h，TBST 洗膜 3 次，每次 7min。

③ 再用辣根过氧化物酶偶联的羊抗兔 IgG 孵育 1h，TBST 洗膜 3 次，每次 7min；化学发光法显色 5min。

三、注意事项

1. 合理设置阴性对照

为了排除 sgRNA 非特异性影响，需要设置合适的阴性对照。选择阴性对照时，需要进行同源比较，确保与所要研究的生物的基因组没有同源性。

2. 提高慢病毒的感染效率

① 选择对数生长期的 293T 细胞包装慢病毒，保证病毒的滴度。

② 利用新鲜的慢病毒感染目的细胞，尽量不选择冻存过的慢病毒。

3. 选择对数生长期和未污染的细胞进行稳定细胞系的筛选

健康的细胞培养物和严格的操作能确保感染的效率，健康的细胞感染效率较高。

四、实验结果说明

肿瘤抑制因子野生型 p53 在细胞稳态中起着核心作用，突变的 p53 具有致癌性。p53 R280K 位点突变（p53-R280K）促进不同癌症的发生和发展。利用 CRISPR/Cas13d 系统敲低 MDA-MB-231 细胞中 R280K 突变的 p53 和 ZR75-1 细胞中野生型的 p53。Cas13d（CasRx）是 Cas13 家族成员，是一种新型的 CRISPR/Cas 蛋白成员。

1. sgRNA 的设计和合成

根据 p53 和 p53-R280K 的 CDS 编码序列，利用 http://www.rgenome.net/cas-designer/网

站预测并选择靶序列，靶向 p53 的 sgDNA 序列为 5′-ATGGAGGAGCCGCAGTCAG-3′，靶向 p53-R280K 的 sgDNA 序列为 5′-CCTGTCCTGGGAAAGACCGGCGCAC-3′。

2. lentiCRISPR/CasRx-p53/p53-R280K 表达载体的构建

根据上述设计的序列，合成互补的 DNA 双链，退火后连接到 lentiCRISPR/CasRx 表达载体，并筛选阳性克隆。

3. lentiCRISPR/CasRx-p53/p53-R280K 慢病毒的包装

将 293T 细胞接种于 6cm 平板，24h 后转染细胞，转染时细胞密度为 50%～70%；1μg lentiCRISPR/CasRx-p53 或 p53-R280K、0.5μg psPAX2、0.5μg VSVG（addgene ＃ 8454）加入 200μL 不含血清双抗的 DMEM 中，振荡混匀，加入 10μL MegaTran 1.0 转染试剂，再次振荡混匀；室温静置 10min；将上述混合物加到种有 293T 细胞的 6cm 平板中；37℃温箱培养，48h 后收集上清液并过滤。

4. 细胞感染和稳定细胞系的筛选

取 300μL 病毒上清液分别滴加到准备好的密度约为 60%的 ZR75-1 和 MDA-MB-231 细胞培养基中，24h 后换液；24h 后，再次滴加上述 300μL 病毒上清液，进行二次感染；细胞在感染 48h 后，加嘌呤霉素培养 7～10d。

5. qRT-PCR 鉴定稳定细胞系

提取总 RNA 并进行反转录，实时定量 PCR 检测 p53 和 p53-R280K 的表达。

分别将 ZR75-1 的 CasRx-p53 和 MDA-MB-231 的 CasRx-p53-R280K 稳定细胞系接种至 6 孔板，并按照图 13-20 转染野生型和突变体 p53，24h 后提取总 RNA 进行 qRT-PCR。结果显示，与对照相比，CasRx-p53 特异性抑制内源性 p53 的表达，且对外源的 p53-R280K 没有影响；CasRx-p53-R280K 特异性抑制内源性 p53-R280K 的表达，且对外源的野生型 p53 没有影响。

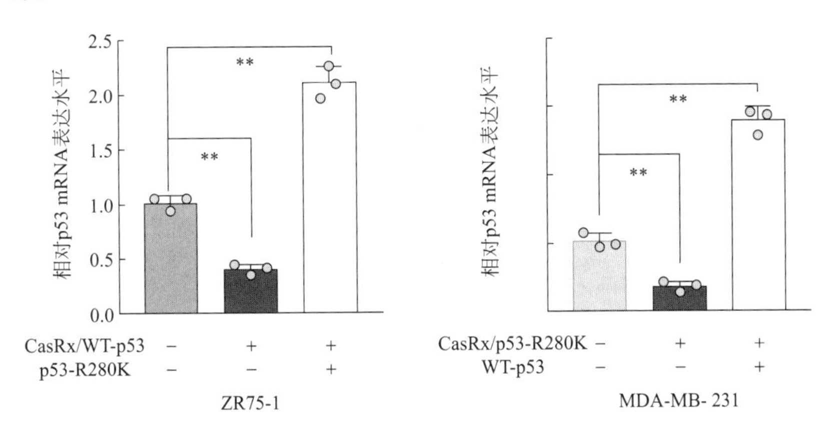

图 13-20 实时定量 PCR 检测 CasRx-p53/p53-R280K 对内源性野生型 p53 和 R280K p53 表达的影响

6. Western 印迹鉴定稳定克隆

收取上述细胞，分别利用 p53 抗体检测野生型和突变体 p53 的表达。

分别将 ZR75-1 的 CasRx-p53 和 MDA-MB-231 的 CasRx-p53-R280K 稳定细胞系接种至 6 孔板，并按照图 13-21 转染野生型和突变体 p53，24h 后提取总蛋白进行 Western 印迹。结果显示，与对照相比，CasRx-p53 特异性抑制内源性 p53 的表达，且对外源的 p53-R280K 没有影响；CasRx-p53-R280K 特异性抑制内源性 p53-R280K 的表达，且对外源的野生型 p53 没有影响。

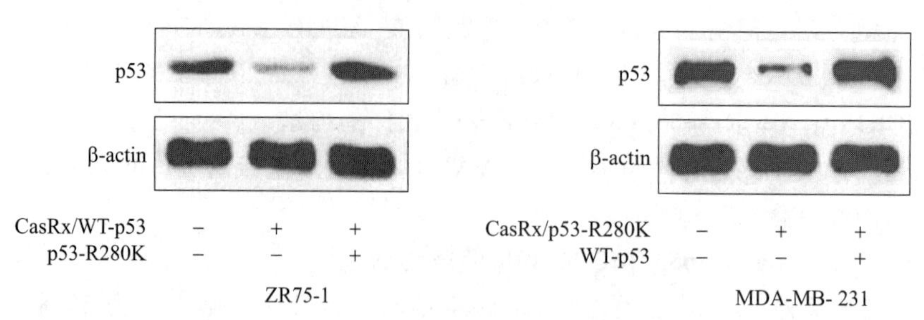

图 13-21 Western 印迹检测 CasRx-p53/p53-R280K 对内源性野生型 p53 和 R280K p53 表达的影响

五、疑难解析

1. 未成功筛选到表达 CasRx 的稳定细胞系

① 慢病毒感染效率低：包装的慢病毒滴度较低或经过冻融，导致慢病毒的感染效率较低。

② 嘌呤霉素浓度太高：不同的细胞系对嘌呤霉素的耐受浓度不同，因此，应该首先筛选不同细胞系的嘌呤霉素培养细胞。

2. 筛选的稳定细胞系未敲低靶基因

① 培养基中嘌呤霉素浓度太低，导致未表达 Cas13 表达载体的细胞存活。

② 接种的靶细胞密度太高：如果细胞密度太高，嘌呤霉素不能有效杀死未感染的细胞。

（王友亮　丁丽华　刘　婕　张亚楠　叶棋浓　编）

参 考 文 献

[1] Stevens L C. The development of transplantable teratocarcinomas from intratesticular grafts of pre-and postimplantation mouse embryos. Developmental biology, 1970, 21: 364-382.

[2] Brinster R L. The effect of cells transferred into the mouse blastocyst on subsequent development. The Journal of experimental medicine, 1974, 140: 1049-1056.

[3] Mintz B, Illmensee K. Normal genetically mosaic mice produced from malignant teratocarcinoma cells. Proceedings of the National Academy of Sciences of the United States of America, 1975, 72: 3585-3589.

[4] Papaioannou V E, McBurney M W, Gardner R L, et al. Fate of teratocarcinoma cells injected into early mouse embryos. Nature, 1975, 258: 70-73.

[5] Evans M J, Kaufman M H. Establishment in culture of pluripotential cells from mouse embryos. Nature, 1981, 292: 154-156.

[6] Martin G R. Isolation of a pluripotent cell line from early mouse embryos cultured in medium conditioned by teratocarcinoma stem cells. Proceedings of the National Academy of Sciences of the United States of America, 1981, 78: 7634-7638.

[7] Capecchi M R. High efficiency transformation by direct microinjection of DNA into cultured mammalian cells. Cell, 1980, 22: 479-488.

[8] Smithies O, Gregg R G, Boggs S S, et al. Insertion of DNA sequences into the human chromosomal beta-globin locus by homologous recombination. Nature, 1985, 317: 230-234.

[9] Thomas K R, Folger K R, Capecchi M R. High frequency targeting of genes to specific sites in the mammalian genome. Cell, 1986, 44: 419-428.

[10] Thomas K R, Capecchi M R. Site-directed mutagenesis by gene targeting in mouse embryo-derived stem cells. Cell, 1987, 51: 503-512.

[11] Doetschman T, Gregg R, Maeda N, et al. Targetted correction of a mutant HPRT gene in mouse embryonic stem cells. Nature, 1987, 330: 576-578.

[12] Mansour S L, Thomas K R, Capecchi M R. Disruption of the proto-oncogene int-2 in mouse embryo-derived stem

cells：a general strategy for targeting mutations to non-selectable genes. Nature，1988，336：348-352.

[13] Koller B H，Hagemann L J，Doetschman T，et al. Germ-line transmission of a planned alteration made in a hypoxanthine phosphoribosyltransferase gene by homologous recombination in embryonic stem cells. Proceedings of the National Academy of Sciences of the United States of America，1989，86：8927-8931.

[14] Thompson S，Clarke A R，Pow A M，et al. Germ line transmission and expression of a corrected HPRT gene produced by gene targeting in embryonic stem cells. Cell，1989，56：313-321.

[15] Zijlstra M，Li E，Sajjadi F，et al. Germ-line transmission of a disrupted beta 2-microglobulin gene produced by homologous recombination in embryonic stem cells. Nature，1989，342：435-438.

[16] Thomas K R，Capecchi M R. Targeted disruption of the murine int-1 proto-oncogene resulting in severe abnormalities in midbrain and cerebellar development. Nature，1990，346：847-850.

[17] Poueymirou W T，Auerbach W，Frendewey D，et al. F0 generation mice fully derived from gene-targeted embryonic stem cells allowing immediate phenotypic analyses. Nature biotechnology，2007，25：91-99.

[18] Lakso M，Sauer B，Mosinger B，et al. Targeted oncogene activation by site-specific recombination in transgenic mice. Proceedings of the National Academy of Sciences of the United States of America，1992，89：6232-6236.

[19] Rajewsky K，Gu H，Kuhn R，et al. Conditional gene targeting. The Journal of clinical investigation，1996，98：600-603.

[20] Gossen M，Bujard H. Tight control of gene expression in mammalian cells by tetracycline-responsive promoters. Proceedings of the National Academy of Sciences of the United States of America，1992，89：5547-5551.

[21] St-Onge L，Furth P A，Gruss P. Temporal control of the Cre recombinase in transgenic mice by a tetracycline responsive promoter. Nucleic acids research，1996，24：3875-3877.

[22] Shockett P E，Schatz D G. Diverse strategies for tetracycline-regulated inducible gene expression. Proceedings of the National Academy of Sciences of the United States of America，1996，93：5173-5176.

[23] Kuhn R，Schwenk F，Aguet M，et al. Inducible gene targeting in mice. Science，1995，269：1427-1429.

[24] Feil R，Brocard J，Mascrez B，et al. Ligand-activated site-specific recombination in mice. Proceedings of the National Academy of Sciences of the United States of America，1996，93：10887-10890.

[25] Brocard J，Warot X，Wendling O，et al. Spatio-temporally controlled site-specific somatic mutagenesis in the mouse. Proceedings of the National Academy of Sciences of the United States of America，1997，94：14559-14563.

[26] Silver D P，Livingston D M. Self-excising retroviral vectors encoding the Cre recombinase overcome Cre-mediated cellular toxicity. Molecular cell，2001，8：233-243.

[27] Pfeifer A，Brandon E P，Kootstra N，et al. Delivery of the Cre recombinase by a self-deleting lentiviral vector：efficient gene targeting in vivo. Proceedings of the National Academy of Sciences of the United States of America，2001，98：11450-11455.

[28] Hasty P，Ramirez-Solis R，KrumLauf R，et al. Introduction of a subtle mutation into the Hox-2. 6 locus in embryonic stem cells. Nature，1991，350：243-246.

[29] Moore R C，Redhead N J，Selfridge J，et al. Double replacement gene targeting for the production of a series of mouse strains with different prion protein gene alterations. Bio/technology（Nature Publishing Company），1995，13：999-1004.

[30] Askew G R，Doetschman T，Lingrel J B. Site-directed point mutations in embryonic stem cells：a gene-targeting tag-and-exchange strategy. Molecular and cellular biology，1993，13：4115-4124.

[31] Wu H，Liu X，Jaenisch R. Double replacement：strategy for efficient introduction of subtle mutations into the murine Col1a-1 gene by homologous recombination in embryonic stem cells. Proceedings of the National Academy of Sciences of the United States of America，1994，91：2819-2823.

[32] Reichardt H M，Kaestner K，Tuckermann J，et al. DNA binding of the glucocorticoid receptor is not essential for survival. Cell，1998，93：531-541.

[33] Huppert S S，Le A，Schroeter E H，et al. Embryonic lethality in mice homozygous for a processing-deficient allele of Notch1. Nature，2000，405：966-970.

[34] Gossler A，Joyner A L，Rossant J，et al. Mouse embryonic stem cells and reporter constructs to detect developmentally regulated genes. Science，1989，244：463-465.

[35] Miller J, McLachlan A D, Klug A. Repetitive zinc-binding domains in the protein transcription factor Ⅲ A from Xenopus oocytes. The EMBO journal, 1985, 4: 1609-1614.

[36] Lee M S, Gippert G P, Soman K V, et al. Three-dimensional solution structure of a single zinc finger DNA-binding domain. Science, 1989, 245: 635-637.

[37] Wolfe S A, Nekludova L, Pabo C O. DNA recognition by Cys2His2 zinc finger proteins. Annual review of biophysics and biomolecular structure, 2000, 29: 183-212.

[38] Mani M, Smith J, Kandavelou K, et al. Binding of two zinc finger nuclease monomers to two specific sites is required for effective double-strand DNA cleavage. Biochemical and biophysical research communications, 2005, 334: 1191-1197.

[39] Miller J C, Holmes M C, Wang J, et al. An improved zinc-finger nuclease architecture for highly specific genome editing. Nature biotechnology, 2007, 25: 778-785.

[40] Blancafort P, Chen E I, Gonzalez B, et al. Genetic reprogramming of tumor cells by zinc finger transcription factors. Proceedings of the National Academy of Sciences of the United States of America, 2005, 102: 11716-11721.

[41] Snowden A W, Zhang L, Urnov F, et al. Repression of vascular endothelial growth factor A in glioblastoma cells using engineered zinc finger transcription factors. Cancer research, 2003, 63: 8968-8976.

[42] McNamara A R, Hurd P J, Smith A E, et al. Characterisation of site-biased DNA methyltransferases: specificity, affinity and subsite relationships. Nucleic acids research, 2002, 30: 3818-3830.

[43] Lee H J, Kim E, Kim J S. Targeted chromosomal deletions in human cells using zinc finger nucleases. Genome research, 2010, 20: 81-89.

[44] Boch J, Scholze H, Schornack S, et al. Breaking the code of DNA binding specificity of TAL-type Ⅲ effectors. Science, 2009, 326: 1509-1512.

[45] Boch J, Bonas U. Xanthomonas AvrBs3 family-type Ⅲ effectors: discovery and function. Annual review of phytopathology, 2010, 48: 419-436.

[46] Joung J K, Sander J D. TALENs: a widely applicable technology for targeted genome editing. Nat Rev Mol Cell Biol, 2013, 14: 49-55.

[47] Zhang F, Cong L, Lodato S, et al. Efficient construction of sequence-specific TAL effectors for modulating mammalian transcription. Nature biotechnology, 2011, 29: 149-153.

[48] Morbitzer R, Elsaesser J, Hausner J, et al. Assembly of custom TALE-type DNA binding domains by modular cloning. Nucleic acids research, 2011, 39: 5790-5799.

[49] Sander J D, Cade L, Khayter C, et al. Targeted gene disruption in somatic zebrafish cells using engineered TALENs. Nature biotechnology, 2011, 29: 697-698.

[50] Hwang W Y, Fu Y, Reyon D, et al. Heritable and precise zebrafish genome editing using a CRISPR-Cas system. PloS one, 2011, 8: e68708.

[51] Li L, Piatek M J, Atef A, et al. Rapid and highly efficient construction of TALE-based transcriptional regulators and nucleases for genome modification. Plantmolecular biology, 2012, 78: 407-416.

[52] Reyon D, Tsai S Q, Khayter C, et al. FLASH assembly of TALENs for high-throughput genome editing. Nature biotechnology, 2012, 30: 460-465.

[53] Briggs A W, Rios X, Chari R, et al. Iterative capped assembly: rapid and scalable synthesis of repeat-module DNA such as TAL effectors from individual monomers. Nucleic acids research, 2012, 40: e117.

[54] Schmid-Burgk J L, Schmidt T, Kaiser V, et al. A ligation-independent cloning technique for high-throughput assembly of transcription activator-like effector genes. Nature biotechnology, 2012, 31: 76-81.

[55] Ishino Y, Shinagawa H, Makino K, et al. Nucleotide sequence of the iap gene, responsible for alkaline phosphatase isozyme conversion in *Escherichia coli*, and identification of the gene product. J Bacteriol, 1987, 169 (12): 5429-5433.

[56] Mojica F J, Diez-Villasenor C, Soria E, et al. Biological significance of a family of regularly spaced repeats in the genomes of Archaea, Bacteria and mitochondria. Mol Microbiol, 2000, 36 (1): 244-246.

[57] Jansen R, Embden J D, Gaastra W, et al. Identification of genes that are associated with DNA repeats in pro-

karyotes. Mol Microbiol，2002，43 (6)：1565-1575.
[58] Makarova K S，Aravind L，Grishin N V，et al. A DNA repair system specific for thermophilic Archaea and bacteria predicted by genomic context analysis. Nucleic Acids Res，2002，30 (2)：482-496.
[59] Bolotin A，Quinquis B，Sorokin A，et al. Clustered regularly interspaced short palindrome repeats (CRISPRs) have spacers of extrachromosomal origin. Microbiology (Reading)，2005，151 (Pt 8)：2551-2561.
[60] Mojica F J，Diez-Villasenor C，Garcia-Martinez J，et al. Intervening sequences of regularly spaced prokaryotic repeats derive from foreign genetic elements. J Mol Evol，2005，60 (2)：174-182.
[61] Pourcel C，Salvignol G，Vergnaud G. CRISPR elements in Yersinia pestis acquire new repeats by preferential uptake of bacteriophage DNA，and provide additional tools for evolutionary studies. Microbiology (Reading)，2005，151 (Pt 3)：653-663.
[62] Makarova K S，Grishin N V，Shabalina S A，et al. A putative RNA-interference-based immune system in prokaryotes：computational analysis of the predicted enzymatic machinery，functional analogies with eukaryotic RNAi，and hypothetical mechanisms of action. Biol Direct，2006，1：7.
[63] Makarova K S，Aravind L，Wolf Y I，et al. Unification of Cas protein families and a simple scenario for the origin and evolution of CRISPR-Cas systems. Biol Direct，2011，6：38.
[64] Cong L，Ran F A，Cox D，et al. Multiplex genome engineering using CRISPR/Cas systems. Science，2013，339 (6121)：819-823.
[65] Godde J S，Bickerton A. The repetitive DNA elements called CRISPRs and their associated genes：evidence of horizontal transfer among prokaryotes. J Mol Evol，2006，62 (6)：718-729.
[66] Deveau H，Garneau J E，Moineau S. CRISPR/Cas system and its role in phage-bacteria interactions. Annu Rev Microbiol，2010，64：475-493.
[67] Kunin V，Sorek R，Hugenholtz P. Evolutionary conservation of sequence and secondary structures in CRISPR repeats. Genome Biol，2007，8 (4)：R61.
[68] Sinkunas T，Gasiunas G，Fremaux C，et al. Cas3 is a single-stranded DNA nuclease and ATP-dependent helicase in the CRISPR/Cas immune system. EMBO J，2011，30 (7)：1335-1342.
[69] Garneau J E，Dupuis M E，Villion M，et al. The CRISPR/Cas bacterial immune system cleaves bacteriophage and plasmid DNA. Nature，2010，468 (7320)：67-71.
[70] Terns M P，Terns R M. CRISPR-based adaptive immune systems. Curr Opin Microbiol，2011，14 (3)：321-327.
[71] Nishimasu H，Ran F A，Hsu P D，et al. Crystal structure of Cas9 in complex with guide RNA and target DNA. Cell，2014，156 (5)：935-949.
[72] Sander J D，Joung J K. CRISPR-Cas systems for editing，regulating and targeting genomes. Nat Biotechnol，2014，32 (4)：347-355.
[73] Hsu P D，Scott D A，Weinstein J A，et al. DNA targeting specificity of RNA-guided Cas9 nucleases. Nat Biotechnol，2013，31 (9)：827-832.
[74] Wu Y，Liang D，Wang Y，et al. Correction of a genetic disease in mouse via use of CRISPR-Cas9. Cell Stem Cell，2013，13 (6)：659-662.
[75] Platt R J，Chen S，Zhou Y，et al. CRISPR-Cas9 knockin mice for genome editing and cancer modeling. Cell，2014，159 (2)：440-455.
[76] Zuo E，Huo X，Yao X，et al. CRISPR/Cas9-mediated targeted chromosome elimination. Genome Biol，2017，18 (1)：224.
[77] Xu L，Wang J，Liu Y，et al. CRISPR-edited stem cells in a patient with HIV and acute lymphocytic leukemia. N Engl J Med，2019，381 (13)：1240-1247.
[78] Wang Y，Cheng X，Shan Q，et al. Simultaneous editing of three homoeoalleles in hexaploid bread wheat confers heritable resistance to powdery mildew. Nat Biotechnol，2014，32 (9)：947-951.
[79] Li T，Yang X，Yu Y，et al. Domestication of wild tomato is accelerated by genome editing. Nat Biotechnol，2018.
[80] Cui Y，Hu X，Liang G，et al. Production of novel beneficial alleles of a rice yield-related QTL by CRISPR/Cas9. Plant Biotechnol J，2020，18 (10)：1987-1989.

[81] Gao H, Gadlage M J, Lafitte H R, et al. Superior field performance of waxy corn engineered using CRISPR-Cas9. Nat Biotechnol, 2020, 38 (5): 579-581.

[82] Stovicek V, Borodina I, Forster J. CRISPR-Cas system enables fast and simple genome editing of industrial *Saccharomyces cerevisiae* strains. Metab Eng Commun, 2015, 2: 13-22.

[83] Denby C M, Li R A, Vu V T, et al. Industrial brewing yeast engineered for the production of primary flavor determinants in hopped beer. Nat Commun, 2018, 9 (1): 965.

[84] Wang L, Deng A, Zhang Y, et al. Efficient CRISPR-Cas9 mediated multiplex genome editing in yeasts. Biotechnol Biofuels, 2018, 11: 277.

[85] Shalem O, Sanjana N E, Hartenian E, et al. Genome-scale CRISPR-Cas9 knockout screening in human cells, Science, 2014, 343: 84-87.

[86] Wang T, Birsoy K, Hughes N W, et al. Identification and characterization of essential genes in the human genome, Science, 2015, 350: 1096-1101.

[87] Sanchez-Rivera F J, Jacks T. Applications of the CRISPR-Cas9 system in cancer biology, Nat Rev Cancer, 2015, 15: 387-395.

[88] Shi J, Wang E, Milazzo J P, et al. Discovery of cancer drug targets by CRISPR-Cas9 screening of protein domains, Nat Biotechnol, 2015, 33: 661-667.

[89] Liu L, Li X, Ma J, et al. The Molecular Architecture for RNA-Guided RNA Cleavage by Cas13a, Cell, 2017, 170: 714-726 e10.

[90] Gootenberg J S, Abudayyeh O O, Kellner M J, et al. Multiplexed and portable nucleic acid detection platform with Cas13, Cas12a, and Csm6, Science, 2018, 360: 439-444.

[91] Wessels H H, Mendez-Mancilla A, Guo X, et al. Massively parallel Cas13 screens reveal principles for guide RNA design, Nat Biotechnol, 2020, 38: 722-727.

第十四章

流式细胞术实验方法

一、引言

1. 定义

流式细胞术（flow cytometry，FCM）是一种可以快速、准确、客观，并且能够同时检测快速直线流动状态中的单个细胞的多项物理及生物学特性，加以分析定量的技术，同时可以对特定群体加以分选。

流式细胞仪（flow cytometer）是集激光技术、电子物理技术、光电测量技术、电子计算机技术、细胞荧光化学技术、单克隆抗体技术为一体的一种新型高科技仪器。

2. 流式细胞术的特点

（1）检测速率快，分析样本量大

在极短时间内可分析大量细胞，这是流式细胞仪不同于其他细胞分析仪器的主要特点，只要标本中的细胞数量足够，流式细胞仪能以每秒成千上万个细胞的速率进行测量，测量的细胞总数可达数千、数万乃至数百万个。

（2）可同时分析单个细胞的多种特征

使用不同荧光素标记的单克隆抗体或荧光染料对细胞进行多色荧光染色，通过流式细胞分析，可获得单细胞的多种信息，使细胞亚群的识别、计数更为准确。

（3）强大的分选功能

在分析的同时可以对特定群体加以分选。

3. 流式细胞仪的特点

（1）可检测的样本种类多样[1,2]

可检测各种细胞（如来自外周血的细胞、细针穿刺骨髓液和肺泡灌洗液的细胞、实体组织分离洗脱下来的细胞、悬浮或贴壁培养的细胞）、微生物、人工合成微球等。通过技术改进，目前还可以检测血清、血浆、培养上清液、细胞裂解液等样品。样本主要为单细胞悬液（天然，机械研磨/消化），浓度范围为 $5\times10^5\sim1\times10^7$ 个/mL，0.5～1mL，300 目筛网过滤。

（2）检测范围广

细胞物理参数方面：细胞大小，细胞颗粒度，细胞表面积，核质比，DNA 含量与细胞周期，RNA 含量，蛋白质含量等。

不同的细胞功能：细胞表面/细胞质/细胞核的特异性抗原，细胞活性，细胞内/外的细胞因子，激素结合位点、细胞受体，蛋白磷酸化，pH，钙离子浓度、细胞膜电位及线粒体膜电位等。

4. 流式细胞仪的基本原理

流式细胞仪的基本结构包括 4 部分[2]（见图 14-1）：①液体流系统：流动室及液流驱动系统；②光学系统：激光光源、分光镜、滤片及散射光和荧光探测器；③数据处理系统：计算机工作站，信号检测、存储、显示、分析系统；④分选系统：压电晶体、液流成滴、加电系统、偏转系统等。流式细胞仪检测时需将待测细胞制成单细胞悬液，以保证细胞逐个地通过受检，然后稳定地流动，依次经过喷嘴，恒定通过激光束的焦斑区，被功率恒定的激光束激发而产生散射光和激发荧光。散射光包括前向角散射光（forward scatter，FSC）和侧向角散射光（side scatter，SSC）（见图 14-2）。FSC 反映了被测细胞的大小，细胞直径越大，FSC 信号越强。SSC 提供了细胞表面状况、胞内精细结构和胞质颗粒性质的信息，SSC 信号越强，细胞内颗粒越多（见图 14-3）。散射光和荧光是 FCM 中区分不同细胞类型的依据。根据 FSC、SSC 两个参数，可将细胞初步分群。又因不同类型的细胞结合的荧光染料的质和量不同，其激发荧光波长也不同，故经荧光染料处理后，可在物理参量相似的细胞群中再进一步区分细胞亚群（亚型）。在此基础上还可以根据有关参数把所需细胞亚群从整个样品中分选出来。流式细胞仪还可以对分析中的目的细胞进行分选提取，它是通过分离含有单细胞的液滴而实现的。在流动室的喷嘴上安装有超高频的压电晶体，可以产生高频振荡，使液流断裂为均匀的液滴，待测细胞就包含在液滴之中。将这些液滴充上正电荷或负电荷，当带电液滴通过电场，在电场的作用下发生偏转，然后落入相应的收集器之中，从而实现细胞分选。流式细胞仪的分选速率从以往的 5000 个/s 提高到现在的 25000 个/s。

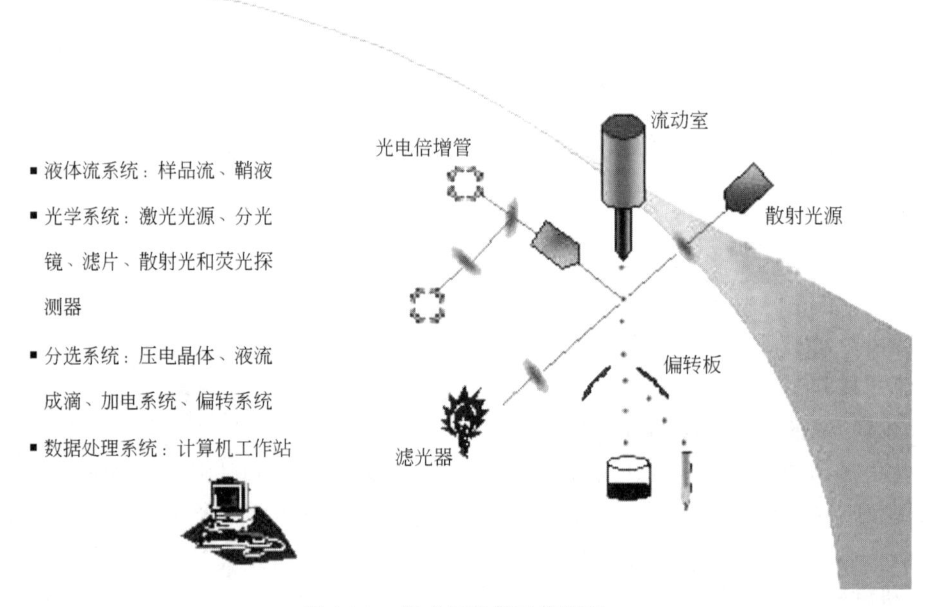

图 14-1 流式细胞仪工作原理

FSC、SSC 两个参数可将细胞初步分群，以红细胞溶解后的外周全血细胞散射光实验图谱为例进行说明（见图 14-4）。FSC 反映了被测细胞的大小，SSC 提供了细胞表面状况、胞内精细结构和胞质颗粒性质的信息，SSC 信号越强，细胞内颗粒越多，由图 14-4(b) 细胞涂片染色结果可见，中性粒细胞中的颗粒多，可在图 14-4(a) 散射光点图中找到相应位置；淋巴细胞内颗粒少，细胞体积小，在散射光点图中的最下方；单核细胞胞内颗粒程度居中，细胞体积也居于中性粒细胞和淋巴细胞之间，在散射光点图中的中间部位。

5. 荧光信号原理

流式细胞仪测定常用的荧光染料有多种，它们的分子结构不同，激发光谱和发射光谱也

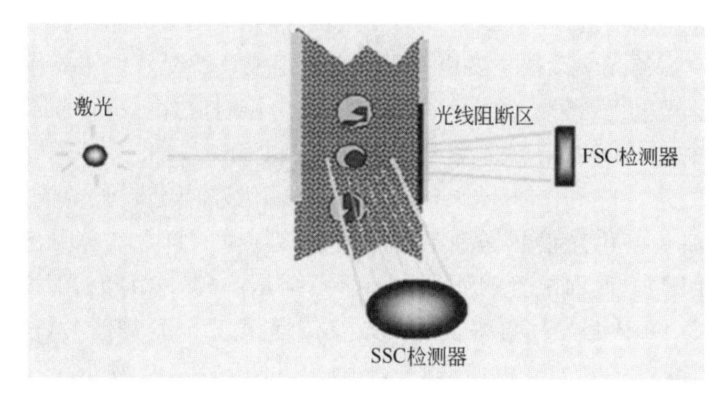

图 14-2 前向角和侧向角散射光检测原理

当细胞颗粒通过聚集的激光束时，激光向各个方向散射。与激光束方向同轴的称为前向角散射光信号（FSC）。与激光束垂直的称为侧向角散射光信号（SSC）

侧向角散射光信号检测器检测细胞颗粒度及胞内细胞器

入射光源

前向角散射光信号检测器检测细胞相对大小及其表面积

图 14-3 前向角散射光（细胞相对大小及其表面积）和侧向角散射光（细胞颗粒度及细胞内细胞器的相对复杂性）

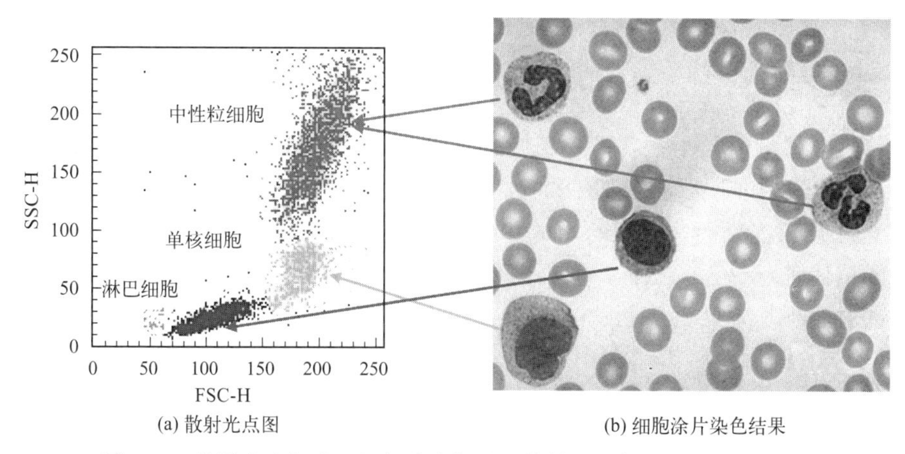

(a) 散射光点图　　(b) 细胞涂片染色结果

图 14-4 外周全血细胞（红细胞溶解后）散射光双参数点图（见彩图）

各异，选择荧光染料时必须依据流式细胞仪所配备的激光光源的发射光波长（如氩离子气体激光管，它的发射光波为488nm，氦氖离子气体激光管发射光波长为633nm）。488nm激光光源常用的荧光染料有FITC（异硫氰酸荧光素）、PE（藻红蛋白）、PI（碘化丙啶）、CY5

（花青素）、preCP（叶绿素蛋白）、ECD（藻红蛋白-得克萨斯红）等。

流式细胞流动室后的光学系统主要由多组滤光片组成，滤光片的主要作用是将不同波长的荧光信号送到不同的光电倍增管。滤光片主要有三类：长通滤片（long-pass filter，LP）——只允许特定波长以上的光线通过；短通滤片（short-pass filter，SP）——只允许特定波长以下的光线通过；带通滤片（band-pass filter，BP）——只允许特定波长的光线通过。不同组合的滤片可以将不同波长的荧光信号送到不同的光电倍增管（PMT）（见图 14-5），如接收绿色荧光（FITC）的 PMT 前面配置的滤光片光学系统是：600DLP 滤光片将合适的光波转到 550DLP 滤光片，550DLP 滤光片再将合适的光波传递至 525BP 滤光片，525BP 波长的荧光信号送到 L1 号通道绿色荧光的光电倍增管（FL1 FITC PMT）。另外，575BP 滤光片也可以接收到由 LP600 滤光片转来的光波，并将 BP575 荧光信号送到 L2 号通道橙红色荧光的光电倍增管（FL2 PE PMT）。同样原理，接收红色荧光（PC5 或 APC）的 PMT 前面配置的滤光片是 710DLP 和 675BP。各种荧光信号由各自的光电倍增管（PMT）接收并转变为电信号后存储在流式细胞仪的计算机硬盘或软盘内。

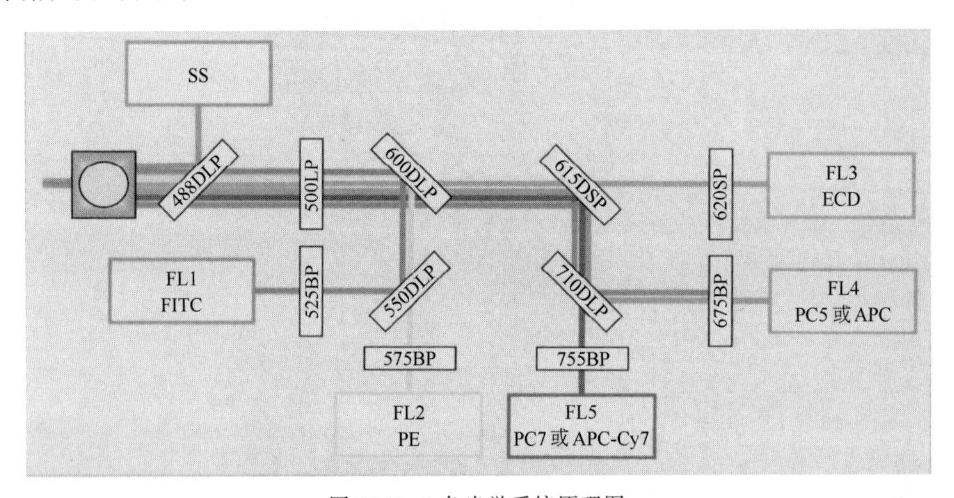

图 14-5　5 色光学系统原理图

二、实验方法

流式细胞仪检测的样本主要是单细胞悬液，血液、骨髓和体液细胞标本最为合适，对于组织标本，需制备成单细胞悬液才能进行流式细胞分析。对适宜的细胞样本进行免疫荧光染色，免疫荧光染色也是进行流式细胞免疫分析的关键步骤，可以使用不同荧光素标记的单克隆抗体进行双色、三色、四色甚至十色以上的多色分析。去除干扰细胞后，为了使标本的保存时间延长，可以采用适当的方式固定细胞，使用校准后的流式细胞仪进行样本检测[3,4]。

1. 实验所需设备及试剂

（1）生物样本

可用于流式细胞仪检测的样本种类多种多样，包括各种细胞（如外周血细胞、骨髓细胞、灌洗液细胞、实体组织分离洗脱下来的细胞、悬浮或贴壁培养的细胞）、微生物、人工合成微球等，以及血清、血浆、培养上清液、细胞裂解液等。

如果检测样本为实体组织，可以用物理化学（直接浸泡洗脱、机械研磨/消化）方法等将其制备成单细胞悬液 5×10^5～5×10^7 个/mL，并在上机前用 300 目筛网过滤[3,4]。

（2）试剂及缓冲液

① 含 0.1%NaN_3 的 PBS（pH 7.2～7.4）作为清洗缓冲液。

② 多聚甲醛。溶于含 0.1%NaN_3 的 PBS，配制成 4%的多聚甲醛溶液，调整 pH 在 7.2～7.4，并用 0.22μm 的滤膜过滤后置于棕色瓶中 2～8℃保存。使用时，用 PBS 稀释为 0.1%～2.0%浓度的应用液。应用液 2～8℃存放，可使用 1 周，是常用的固定液，用于标本在分析前进行灭活。使用含有固定液成分的商品化裂解液时，无需再重复使用多聚甲醛缓冲液。

③ 溶血素。使用与仪器匹配的溶血素（内含固定液），并严格按照使用说明和注意事项进行操作。如果使用没有固定作用的溶血素（如氯化铵和低渗缓冲液等），染色后标本需要保存在 4℃，并在 1h 内完成上机检测。

④ 次氯酸钠。分析纯，有效氯浓度为 5%～10%。用于设备消毒，尤其是在设备维修和保养前给予严格消毒。

⑤ 定量微球。用于淋巴细胞亚群的绝对计数。常用的商品化荧光微球包括 Flow-Count（Beckman-Coulter）、FCSC Count Standard（Flow Cytometry Standards Corporation）和 TruCount（Becton Dickinson）等。

⑥ 抗凝剂和采集容器。首选乙二胺四乙酸盐（EDTA-K2/EDTA-K3）抗凝真空管进行标本采集，亦可采用肝素钠抗凝或枸橼酸钠抗凝（ACD）的真空管进行采集，EDTA 盐抗凝标本在室温下稳定保存 12～24h，超过 30h 的 EDTA 盐抗凝标本中粒细胞可能会减少，肝素钠或枸橼酸钠抗凝标本可稳定保存至 48h。如果标本用血细胞分析仪同时进行白细胞计数和分类，则应该选择 EDTA 盐作为抗凝剂。

（3）其他实验设备

① 普通低速离心机。实验要求为 300*g*，相当于 1000～1500r/min，可调节转速和时间，能离心 12mm×75mm 的 5mL 试管。

② 涡旋混匀器或涡旋振荡器。

③ 固定或可调节的加样器及相应加样头若干：20μL、50μL、100μL、200μL、250μL、450μL、1mL。

2. 实验设计

（1）免疫荧光染色

① 标本与抗体孵育。适量体积（50～100μL）全血标本加入适量直标抗体（10～20μL），温和振荡后室温（15～25℃）避光孵育 20～30min。

② 裂解红细胞。裂解红细胞的方法与使用的溶血素有关，裂解时间和方法按照所用溶血素的说明书进行操作。加入溶血素后温和振荡，置室温避光孵育 10min。

③ 离心。离心洗涤的方法与溶血素有关，按照所用溶血素的说明书进行操作。一般选择 300*g* 离心 5min，弃上清液；加入 2～3mL 清洗缓冲液，300*g* 离心 5min，弃上清液；加入 0.5mL 的 1%多聚甲醛反复混匀。置 2～8℃直至数据分析。

单平台绝对计数法在裂解红细胞后，不要离心洗涤，并在上机检测前向待测标本中加入定量荧光微球。

④ 染色后标本保存。制备好的标本在上机分析前在 4～10℃下避光保存，并在 24h 内上机检测，检测前混匀细胞。

推荐使用商品化组合抗体的体外诊断试剂。如实验室自己准备组合单抗，要求在每次实验前新鲜配制。组合抗体中每一种抗体都需要分别滴定以明确其噪声与阳性信号的最佳分离滴度，并检测作为组合抗体使用和作为组合抗体的成分之一单独使用的平均荧光强度和阳性率，其可比性需在均值±2SD之内。

（2）对照标本

① 同型对照。同型对照是使用与一抗相同种属来源、相同亚型、相同剂量和相同的免疫球蛋白亚型的免疫球蛋白，用于消除由于抗体与细胞非特异性结合而产生的背景染色。同型对照是真正意义上的阴性对照，它不但可以用来设定流式细胞仪的电压，而且还可以帮助省去烦琐的重组细胞因子竞争封闭步骤，降低成本。

在流式细胞仪上样前，染色方式如下。样本管：一抗＋样本；同型对照管：同型对照＋样本。

a. 选择同型对照方法：一般选择与一抗相同种属来源、相同亚型和亚链、相同荧光标记的抗体，比如抗人的 CD56 FITC 标记的抗体，成分是鼠 IgG1，那么它的同型对照应该是 FITC 标记的鼠 IgG1。注意同型对照的成分跟它的名称是相同的。

如果抗体的组合形式是纯化的一抗＋荧光标记的二抗，那么应该选择一抗的同型对照。比如 CD86 的纯化抗体，成分是鼠 IgG1，它的同型对照是纯化的鼠 IgG1，它的二抗是 PE 标记的抗小鼠 IgG1。那么染色方式如下。

样本管：纯化的 CD86＋PE 标记的抗鼠 IgG1（二抗）＋样本；

同型对照管：纯化的同型对照＋PE 标记的抗鼠 IgG1（二抗）＋样本。

如果没有找到适合的同型对照，在保持来源相同、荧光标记相同、免疫球蛋白类别相同的条件下，那么优先选择的顺序应该是亚链不同—亚型不同—相同类别。比如，某种抗体的来源是鼠 IgG2a。如果在同型对照表里面找不到完全相同的同型对照，那么优先选择相同荧光标记的鼠 IgG2a 为同型对照。如果也没有找到鼠 IgG2a，那么优先选择相同荧光标记的鼠 IgG2b 作为同型对照。如果最后还是没有找到鼠 IgG2b，那么选择相同荧光标记的鼠 IgG2 作为同型对照。

b. 需要使用同型对照的情况：首次进行的流式实验。检测的标志在胞内的流式实验，比如胞内细胞因子、趋化因子和信号蛋白等。使用不常见的标志或者特异性不高的标志的流式实验，根据同型对照可以判断阳性细胞的位置，一些特异性不高的抗体，如多抗，非特异性结合非常多，使用同型对照可排除假阳性。研究人员对流式非常熟悉又使用常用的表面标志做流式实验，一般可以不使用同型对照。

② 针对方法学的阳性对照。监测流式细胞仪上机分析前的环节是否出现问题。包括裂解是不是完全、是不是染色效果很差。当裂解红细胞不完全或染色效果差，包括阳性对照在内的所有标本都会出现结果偏差，所以这时阳性对照如果不好，就提示上机前的染色环节出现问题。每次上机时都需要作阳性对照。阳性对照可以用全血标本来作，也可以用商品化荧光微球试剂。

③ 评价试剂的阳性对照。检测新批号试剂和当前批号试剂的染色效率是否出现问题。当怀疑试剂出现问题时，采用该试剂与已知可接受性能批号的试剂同时操作，进行验证。更换试剂前后使用顺序。阳性对照可以是全血标本，也可以是冻干淋巴细胞。

（3）流式细胞仪的质量控制

① 验证和调整光路及规范光路设置。

a. 电压和增益。在每次开机时，首先采用荧光微球光路质控品设置和调整仪器光学检测通道的电压和增益，确保其处于厂家或实验室根据特定的实验状态所设定的可接受范围内，并且保持每次开机时仪器性能稳定，对荧光抗体或全血标本最适合。

b. 峰值及变异系数。调整散射光峰和荧光峰，使之置于相应通道的同一狭小范围内，要求所有光学检测通道所使用的光学参数和荧光参数均为均质峰，其变异系数应符合所用流式细胞仪的技术要求。

c. 仪器设置的标准化。连续 5d 上机测定荧光微球在每个光学检测通道的平均通道数和变异系数（CV%），每天共测定 4 次，然后计算出这些参数的均数（x）及标准差（SD），以 $x\pm 2SD$ 为可接受范围。当出现偏差时，应查找和解决问题，再进行光路的重新调整。维持上述的仪器设置条件，用于后续的仪器敏感性和荧光补偿设置的监测。

② 调整荧光分辨率。

a. 光路电压。采用未加直标抗体但经溶血素裂解的新鲜全血标本调整光电倍增管（PMT）电压。未染色淋巴细胞的自发荧光应完全在阴性区域，所使用的检测通道内荧光直方图的淋巴细胞阳性率＜2%，双荧光散点图内的未染色细胞位于散点图的左下象限内。

保持与检测临床标本时相同的 PMT 电压设置，用已知相对荧光强度的荧光微球上机测定，如仪器厂商提供的标准品。通过连续 5d、共 20 次的重复测定得到每一种荧光微球的可接受平均荧光强度范围。要求每一种荧光微球的平均荧光强度检测值，其相关系数应≥0.98。在仪器 PMT 电压不变的情况下，各种荧光微球的荧光线性、平均荧光强度差异应保持不变。荧光线性图的绘制遵从制造商的建议。

b. 弱表达和自发荧光。评价标准品或校准品或细胞对弱表达荧光与自发荧光的区分能力。

c. 峰间变异系数。确定峰间最小的可接受数据，监测此差异并校正任何日常偏差。流式细胞仪应使每个荧光检测通道都能将弱表达峰和自发荧光峰区分开，每月进行一次或按照仪器制造商的推荐周期执行。

③ 调整荧光补偿。当采用两种及以上抗体组合方案进行淋巴细胞亚群分析时，或当光学检测通道的电压及增益发生变动时，或当仪器维修保养后，都需要进行荧光补偿调整。

a. 荧光补偿试剂。选择与最强荧光信号相匹配的补偿试剂。三色抗体组合分析时，通过含有荧光微球或细胞补偿颗粒的 4 个单标记标本管调整补偿，包括无直标抗体标本管、仅含 FITC 直标抗体阳性标本管、仅含 PE 直标抗体阳性标本管、仅含第三种直标抗体阳性标本管。四色抗体组合分析时，需要在三色抗体组合分析的基础上，增加仅含第四种直标抗体阳性标本管。

b. 三色组合方案的荧光补偿。三色抗体组合分析时，补偿应按适当的顺序进行，依次为 FITC、PE 和第三种荧光。将不应该是两种荧光抗体双阳性的细胞群调整到相应的直角荧光象限中，使双阳象限中无荧光重叠。避免过度补偿，以防将双阳性细胞错误地识别为单阳性细胞。

c. 四色组合方案的荧光补偿。按照操作说明书执行，避免过度补偿。可以采用手工方式，也可以采用软件自动补偿方式。

（4）标本质量

① 标本目视观察。可观察到的标本问题常见有两种类型：一是变性或损坏的标本，这需要立即弃之；二是在标本处理过程中出现错误操作，这需要进行进一步评价。错误操作问

题需要记录下来，这对标本的处理、分析以及结果的解释都很有帮助。

② 溶血。严重溶血的标本应该放弃检测，所有可能破坏标本完整性的异常情况均应密切观察，并且记录下来，以利于后续的处理、分析和结果解释。

③ 凝血。即使是很小的血凝块也会引起血液中某些成分的选择性丢失或改变，凝血的标本尽可能弃用。

④ 温度极限。如果标本是通过长距离的路程送到实验室的，标本就有可能暴露在非允许储存温度的环境中，所以接到标本后应确认标本是否过热或过冷。即使其他所有的鉴定标准都正常，也应记录下来，以利于后续的处理、分析和结果解释。

⑤ 标本保存时间及储存条件。可接受的标本最长保存时间取决于抗凝剂的种类、溶血剂、储存条件及细胞浓度。实验室应该根据使用的抗凝剂和溶血剂，确定可接受的标本最长保存时间。实验室应选择适当的保存环境以及溶血方法，使保存标本的检测结果与新鲜标本之间没有明显差别。原则上，标本采集后应该立即检测，但是实际操作中往往无法做到。不能立即检测的标本应该保存于室温（18～25℃）环境中。后续的标本处理和免疫染色应严格按照试剂说明书进行。

⑥ 标本处理方法。采用全血溶血法，以便尽可能地回收所有的白细胞。但对于慢性肝病或高脂血症等患者的标本，由于脂质代谢异常红细胞渗透脆性下降，溶血素常常无法完全裂解红细胞，需要采用密度梯度离心法。但需要注意的是，密度梯度离心法使用密度梯度或冗长的离心步骤，容易导致特殊亚群的不均匀丢失。

标本处理的步骤越多，细胞丢失就越多。而这种丢失在白细胞分类中的比例是不均等的。对于全血标本，溶血后不能洗涤，这可以使标本处理的步骤减到最少。

（5）性能评估

① 准确度。通过将自己实验室的检测结果与参考实验室的检测结果进行比对获得。

② 特异度。每个实验室需要就流式细胞术检验结果与参考方法（如免疫荧光染色法）检验结果的偏差，建立实验室内部可接受的偏差率。推荐可接受偏差率为5%，每3个月进行一次特异性检测。

③ 灵敏度。依赖于单抗滴度、仪器最佳性能状态的建立与仪器校准、检测细胞数量和细胞进样速率等。抗体滴定的测试、新使用抗体的平行测定都是需要的，并要求做好相应的文件记录。

④ 精密度。用于衡量单份标本荧光染色的可重复性和仪器的可重复性。推荐使用正常外周血。荧光染色的可重复性要求对同一份标本测定≥10次，并以均数（x）及标准差（SD）表示，以$x \pm 2SD$作为允许波动范围。仪器可重复性的检测要求对同一份染色标本进行≥3次的测定，要求检测结果在$x \pm 2SD$的范围内。

每个实验室需要建立评价准确度、特异度、灵敏度和精确度的办法和标准。

（6）验证可接受的标本活力

染色过程中产生假阳性的主要原因是没有活力的细胞的干扰，因此，每个实验室都应该建立一套方法来评估经过处理和染色后的标本活力。当标本放置超过24h后或出现肉眼可见的细胞坏死征象（如细胞碎片增多、标本浑浊等）时，需要检测染色后的标本活力。

① 标本混匀。为了避免不同血细胞沉降速率引起的人为误差，标本在上机前应充分混匀。

② 取样代表性判断。染色标本的光散射特征出现异常时，考虑与取样的代表性有关，因

为反应染色细胞大小和密度差异的光散射特性会影响相对细胞沉降速率。

③ 取样代表性验证。通过比较同一标本充分混合后的分析结果与放置一段时间后（相当于标本分析的最长预期时间）的分析结果，来验证取样是否均一，以充分混匀的标本的分析结果为准。

三、实验结果分析

FCM 与单克隆抗体结合，对细胞表面和细胞内抗原、癌基因蛋白及膜内受体的定量检测取得很大进展，并广泛应用于临床医学，克服了普通免疫学方法难以准确定量的不足。在临床医学研究中，应用最为广泛的是流式细胞免疫表型分析，FCM 可以进行淋巴细胞亚群分析，可同时进行一种或几种淋巴细胞表面亚群分析，将不同的淋巴细胞亚群区分开来，并计算出它们相互间的比例。通过对患者淋巴细胞各亚群数量的测定，了解淋巴细胞的分化功能，鉴别新的淋巴细胞亚群。更重要的是，研究大多数疾病的特异性淋巴细胞亚群或某些细胞表面标志的存在、缺乏、过度表达等，对一些疾病，如免疫性疾病、感染性疾病、肿瘤等的诊断、治疗、免疫功能重建和器官移植监测等有重要的临床意义[5]。

1. 淋巴细胞亚群分析

在免疫应答过程中，各亚群的数量和功能发生异常时，就导致机体免疫紊乱，并产生病理变化。通过对患者细胞亚群数量的测定来监控患者的免疫状态，指导治疗。FCM 根据淋巴细胞表面标志的不同来检测各淋巴细胞亚群。

淋巴细胞主要包括 T 淋巴细胞（$CD3^+$），B 淋巴细胞（$CD19^+$），NK 细胞（$CD16^+CD56^+$）。其中，B 淋巴细胞（$CD19^+$）与体液免疫有关；T 淋巴细胞（$CD3^+$）与细胞免疫有关；总 T 淋巴细胞和总 B 淋巴细胞可以用来判断某些免疫缺陷和自身免疫性疾病；NK 细胞（$CD16^+CD56^+$）行使免疫监控功能，能够介导对某些肿瘤细胞和病毒感染细胞的细胞毒性作用。根据 CD4、CD8 的表达，T 淋巴细胞又分为 T 辅助/诱导细胞（Th）（$CD3^+CD4^+$）和 T 抑制/细胞毒性细胞（Ts）（$CD3^+CD8^+$）。Th/Ts 比值评价那些自身免疫失调或被怀疑是免疫失调或已知患有免疫缺陷的人的免疫状态，此外，这一比值还可用来监测骨髓移植患者，以免患者受到急性移植物抗宿主病（GVHD）的攻击。Th/Ts 比值升高：自身免疫性疾病［类风湿性关节炎、系统性红斑狼疮（SLE）］；Th/Ts 比值降低：病毒感染、恶性肿瘤、再生障碍性贫血。下文用双色淋巴细胞亚群分析试剂检测样本的方法（以 CD3 FITC/CD4 PE 单克隆抗体试剂为例）进行实验。

（1）试剂

首先使用荧光素标记的单克隆抗体 CD45 FITC/CD14 PE 试剂（A）对样本进行标记，用于淋巴细胞的反向设门、淋巴细胞门内各种细胞或碎片的计数；再使用同型对照试剂（B）鼠 IgG1 FITC/IgG2a PE 标记样本作为同型对照；试剂（C）CD3 FITC/CD4 PE 用于鉴别成熟 T 淋巴细胞（$CD3^+$）和辅助/诱导性 T 淋巴细胞亚群（$CD3^+CD4^+$），并与单核细胞（$CD3^-$ $CD4^+$）区别。

（2）淋巴细胞设门

“设门”是伴随数据的图形化分析而产生的，它是指在细胞分布图中指定一个范围或一片区域，对其中的细胞进行单参数或多参数分析。“门”的形状可包括矩形门、圆形门、多边形门、任意形状门和四象限门。如图 14-6 所示的散点图，根据淋巴细胞的 FSC 和 SSC 的特点设门：FSC 反映了细胞的大小，淋巴细胞的个体较小；SSC 提供了细胞表面状况、胞内精细结构和胞质颗粒性质的信息，SSC 信号越强，细胞内颗粒越多，而淋巴细胞内颗粒少。所以淋巴细胞的特点是细胞体积小，细胞内颗粒少，所以将具有此类特点的细胞设定为红色，并把它们圈起来，圈起来的区域即为本次检测所设的“门”。在荧光散点图中仅对门内的淋巴细胞进行免疫表型分析，可避免绝大部分其他细胞的干扰。另外，还有“反向设门（back gating)”，应用于 FSC/SSC 散点图中细胞群间相互重叠的情况，可以根据被标记细胞的免疫荧光特点，在荧光散点图中标记待测细胞群，然后根据标记细胞群的颜色指示在 FSC/SSC 散点图中找到该群细胞，然后再作进一步分析，见图 14-7。图 14-7 所示的红色区域是标记 FITC 的 CD45 细胞，把 CD45 的荧光信号达到一定强度的、同时 SSC 信号较弱，也就是胞内颗粒少的细胞群圈起来设门，然后再对门内的细胞作进一步分析。

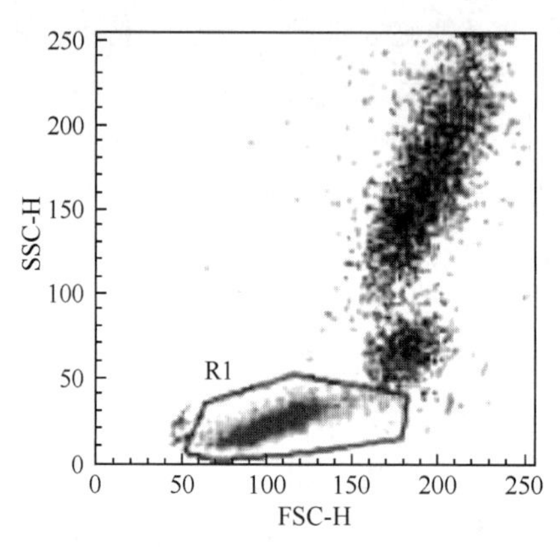

图 14-6　FSC/SSC 设门散点图指定条件设门（见彩图）

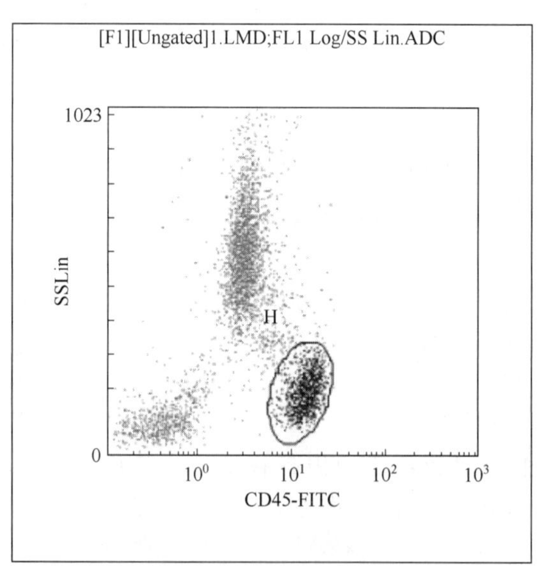

(F1)[Ungated] 1.LMD：FL1 Log/SS Lin

Region	Cells/	Number	%Gated	*X*-Mean	Y
ALL	7050	10794	100.00	152	5
H	1374	2104	19.49	14.6	1

图 14-7　淋巴细胞设门（见彩图）

检测A试剂标记的样本，软件自动获取数据，并根据各种细胞CD45、CD14的表达水平，反向设门，如果淋巴细胞与其他细胞、细胞碎片分离较好，软件自动设定出淋巴细胞的光散射门，而且可以计算出门内细胞的比例。如果门内淋巴细胞的比例≥95%，标本中98%的淋巴细胞都被包括在内，则获取的数据最为准确、可靠。但是，临床患者的标本有时很难达到这个标准，当门内单核细胞的比例>3%时，软件可根据细胞群的分布特点，自动缩小淋巴细胞门的范围，使淋巴细胞的比例增高，单核细胞、粒细胞、细胞碎片等减到最少。根据白细胞的光散射（SSC/FSC）和CD45、CD14的表达量，可将其分为淋巴细胞、单核细胞和粒细胞三类。淋巴细胞的SSC最小，CD45表达最强，图14-7的结果显示，CD45的阳性细胞比例为19.49%；粒细胞的SSC最大，CD45表达比淋巴细胞稍低，CD14不表达；单核细胞的SSC介于淋巴细胞与粒细胞之间，CD14阳性。血液中的嗜碱性粒细胞、体积小的中性粒细胞和单核细胞可与淋巴细胞重叠，嗜酸性粒细胞的SSC最大，CD14和CD45呈低表达，但这两类细胞一般不在此分类。此种白细胞分类的目的主要是比较各类细胞在门内的比例，一般不单独用于临床诊断。

在淋巴细胞门设定后，获取白细胞的总数一般应≥10000个，淋巴细胞总数≥2000个，否则影响结果的准确性，见图14-7数据中的“Number”结果，总细胞数为10794个，门内细胞数为2104个。

（3）同型对照

在测定A试剂标记的样本设定淋巴细胞门后，测定B试剂标记的相同样本，主要评价非抗原特异性结合，尤其是Fc受体的结合水平。一般以此管的阴性细胞群画出十字线。FITC发黄绿色荧光，PE发橙红色荧光。根据荧光的强弱将其分为暗的（阴性）和亮的（阳性）染色。在FITC/PE的散点图中，将细胞表型分为Q3（双阴性）、Q2（双阳性）、Q1（PE染色阳性）和Q4（FITC染色阳性）四个部分（见图14-8）。

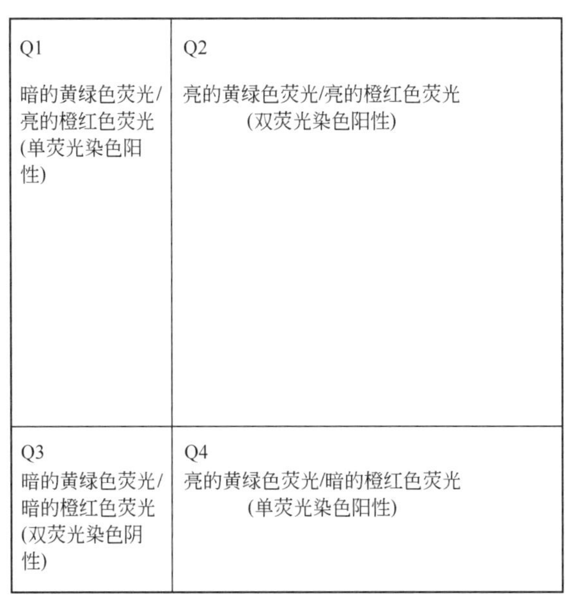

图14-8 淋巴细胞免疫表型分析的阳性与阴性细胞比例统计象限分析

（4）淋巴细胞表型结果分析

分别用试剂CD45-FITC、CD3-PC5、CD4-PE标记同一样本，经流式细胞仪检测后，以

CD45-FITC 荧光强度和 SSC 细胞颗粒度小为限定条件设门，也就是设定分析区（见图 14-7），设定本次分析结果的文件为 F1（File 1），收集细胞的流速为高速（H），也可标记为未设定流速（Ungated），列表模式数据（List Mode Data，LMD），横坐标/纵坐标分别为：FL1 Log/SS Lin-ADC。[F1] [Ungated] 1. LMD：FL1 Log/SS Lin：本次分析结果的文件 F1，经高流速收集细胞（H）[也可不标记收集细胞的流速（Ungated）]，以列表模式报告检测数据（LMD），L1 荧光通道（FL1）检测到的荧光值的对数为横坐标，侧向角细胞颗粒度的函数（Lin）为纵坐标。分析区（Region）内每微升样本收集的细胞数目（Cells/）、预先设定收集的细胞数目（Number）、门内细胞的百分比（%Gated）、细胞平均荧光强度的算术平均数（Mean）、x 轴细胞平均荧光强度的算术平均数（X-Mean）。图 14-7 的结果分析表明，样本中每微升样本共可收集的细胞数目为 7050 个，其中门内的细胞数目为 1374 个。预先设定需要收集的细胞数目为 10794 个，其中门内细胞数目为 2104 个。收集到的总细胞的相对计数结果为 100%，门内细胞相对计数结果为 19.49%。总细胞的平均荧光强度为 152，其中门内细胞的平均荧光强度为 14.6。列表模式数据 List Mode Data（LMD），高流速（H）（一般的检测用低流速，误差小）。

图 14-9、图 14-10、图 14-11 为经不同荧光标记的细胞在分析区的检测结果。其中，图 14-9 和图 14-10 为单参数分析的直方图，图中 x 轴代表荧光信号或散射光信号的强度，以通道表示，图 14-9 直方图中的 x 轴以 CD3-PC5 表示，图 14-10 直方图中的 x 轴以 CD4-PE 表示；y 轴代表该通道内出现具有相同光信号特性细胞的频度，一般为相对细胞数，而非绝对细胞数。图 14-11 为多参数分析的散点图，x 轴、y 轴分别代表不同通道荧光信号或散射光信号的强度，x 轴代表 CD4-PE 荧光信号或散射光信号的强度，y 轴代表 CD3-PC5 荧光信号或散射光信号的强度。图 14-9 的检测结果表明，CD3$^+$ 的相对计数结果为 70.8%，也就是

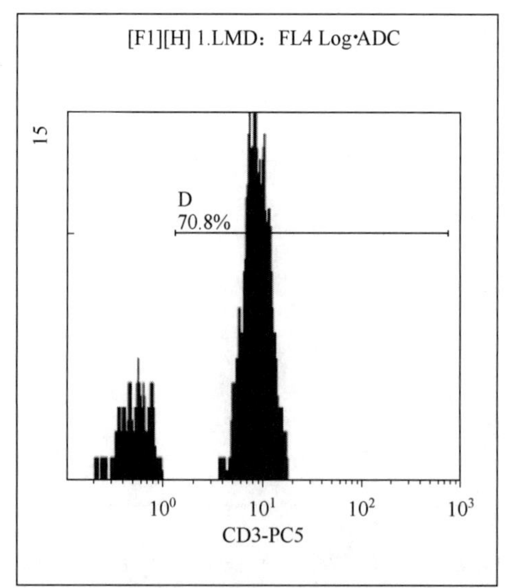

(F1)[H] 1.LMD：FL4 Log

Region	Cells/	Number	%Gated	X-Mean	Y
ALL	1374	2104	100.00	6.67	#
D	973	1490	70.82	9.21	#

图 14-9 CD3$^+$ 相对计数结果

图中 D 区 CD3 阳性细胞的相对计数结果。图 14-10 的检测结果表明，CD4^{+}的相对计数结果为 45.5%，也就是图中 C 区 CD4 阳性细胞的相对计数结果。图 14-11 的检测结果使用四象限分析法进行分析，象限分析图见图 14-8，象限 Q1 代表 CD3^{+}CD4^{-}，CD3^{+}CD4^{-}的相对计数结果为 25.4%；象限 Q2 代表 CD3^{+}CD4^{+}，CD3^{+}CD4^{+}的相对计数结果为 45.2%；象限 Q3 代表 CD3^{-}CD4^{-}，CD3^{-}CD4^{-}的相对计数结果为 29.3%；象限 Q4 代表 CD3^{-}CD4^{+}，CD3^{-}CD4^{+}的相对计数结果为 0.1%。下面将图 14-11 多参数分析的散点图的结果与图 14-9、图 14-10 直方图中的结果进行比较，图 14-11 中 CD3 阳性细胞的相对计数结果由 CD3^{+}CD4^{-}（象限 Q1 或 F1）和 CD3^{+}CD4^{+}（象限 Q2 或 F2）组成，也就是 25.4%与 45.2%之和为 70.6%，与图 14-9 CD3^{+}的相对计数结果 70.8%基本一致。图 14-11 中 CD4 阳性细胞的相对计数结果由 CD3^{+}CD4^{+}（象限 Q2 或 F2）和 CD3^{-}CD4^{+}（象限 Q4 或 F4）组成，也就是 45.2%与 0.1%之和为 45.3%，与图 14-10 CD4^{+}的相对计数结果 45.5%基本一致。图 14-11 中的 F2 象限数据为 CD3^{+}CD4^{+}的检测结果。

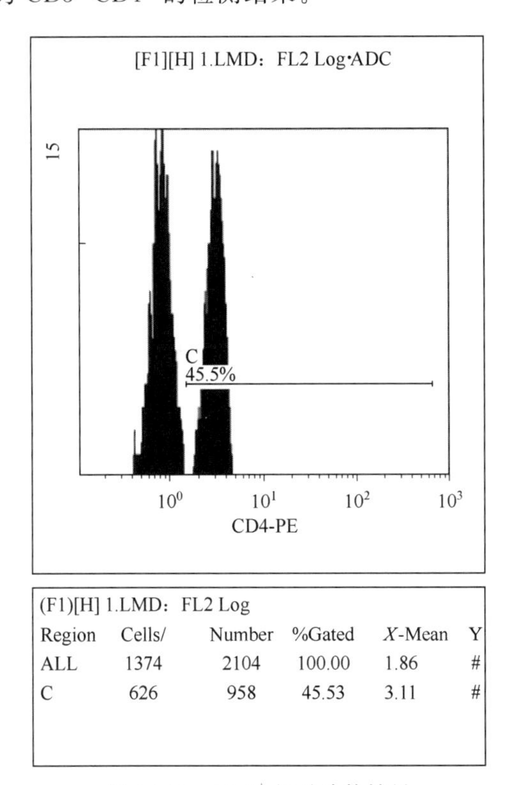

(F1)[H] 1.LMD：FL2 Log

Region	Cells/	Number	%Gated	*X*-Mean	Y
ALL	1374	2104	100.00	1.86	#
C	626	958	45.53	3.11	#

图 14-10　CD4^{+}相对计数结果

CD3^{+}、CD4^{+}、CD8^{+}和/或 CD19^{+}淋巴细胞百分数和绝对计数可用于帮助估计移植器官后抵抗已知或未知疾病的免疫能力，并监测淋巴细胞水平。例如，确定 CD3^{+}、CD4^{+}、CD8^{+}和/或 CD19^{+}淋巴细胞的不正常程度，在诊断和/或预测白细胞计数偏低的患者所患未知疾病上会有所帮助。器官（肾脏、心脏、肝脏和肺）移植术后记录的不断变化的 CD3^{+}、CD4^{+}、CD8^{+}和/或 CD19^{+}淋巴细胞百分数表明，测量 T（CD3^{+}、CD4^{+}、CD8^{+}）淋巴细胞和/或 B（CD19^{+}）淋巴细胞可能会在协助监测以上细胞群体上发挥作用。

2. HLA-B27 筛选试剂

HLA-B27 是Ⅰ类主要组织相容复合物（MHC）分子。Ⅰ类 MHC 分子是在几乎所有人

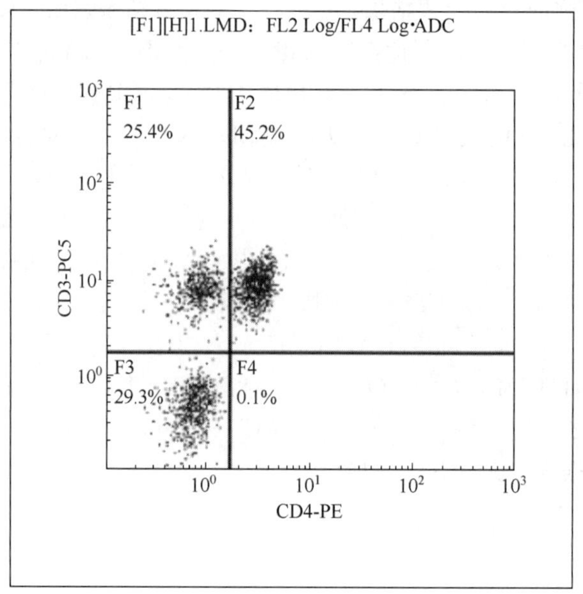

(F1)[H] 1.LMD：FL2 Log/F14 Log

Region	Cells/	Number	%Gated	X-Mean	Y
ALL	1374	2104	100.00	1.86	6
F1	349	534	25.38	0.88	8
F2	622	952	45.25	3.11	9
F3	402	616	29.28	0.78	0
F4	1	2	0.10	3.5	0

图 14-11　CD4-PE/CD3-PC5 检测结果四象限分析散点图

类有核细胞和血小板表面都表达的糖蛋白。HLA-B27 抗原的表达和强直性脊柱炎（AS），一种脊柱骨骼肌肉系统的慢性炎症性疾病，以及其他的一些风湿性疾病（Reiter's 综合征，急性前葡萄膜炎和炎性肠病）的发生密切相关。HLA-B27 测试已经被作为 AS 显像的常规方法，因为 90%的 AS 患者有 HLA-B27 表面抗原的表达，而只有 8%的正常人体有表达。HLA-B27 筛选试剂使用定性双色直接免疫荧光方法快速标记红细胞被溶解的全血（LWB）样本中的 HLA-B27 抗原，通过流式细胞仪检测 HLA-B27 抗原的表达。

抗 HLA-B27 异硫氰酸荧光素（FITC）/CD3 藻红蛋白（PE）单克隆抗体试剂标记样本，以校准微球校准仪器，设定捕获大于总共有 15000 个细胞或者 2000 个 T 淋巴细胞，对制备好的样本进行检测。用 HLA-B27 检测专用软件进行分析。因为表达 HLA-B27 抗原的有核细胞主要是 T 淋巴细胞，这类细胞的特点是细胞小，细胞颗粒度低，将满足此类条件的细胞标记为红色，见图 14-12；再将在 L2 荧光通道（FL2）检测的 CD3 荧光信号达到一定强度，同时细胞体积较小（FSC）的细胞群圈定设门，进一步确定设门的正确性，见图 14-13。检测门内细胞 HLA-B27 阳性的平均荧光强度，与判别界值比较，大于或等于此值为 HLA-B27 阳性，否则为 HLA-B27 阴性（见图 14-14，图 14-15）。判别界值是根据用于 HLA-B27 FITC/CD3 PE 试剂瓶上的后缀而设定的，在图 14-14 中标记为绿色，作为判定阴阳性的判别界值。图 14-14 的横坐标为 L1 荧光通道（FL1）检测的平均荧光强度值，纵坐

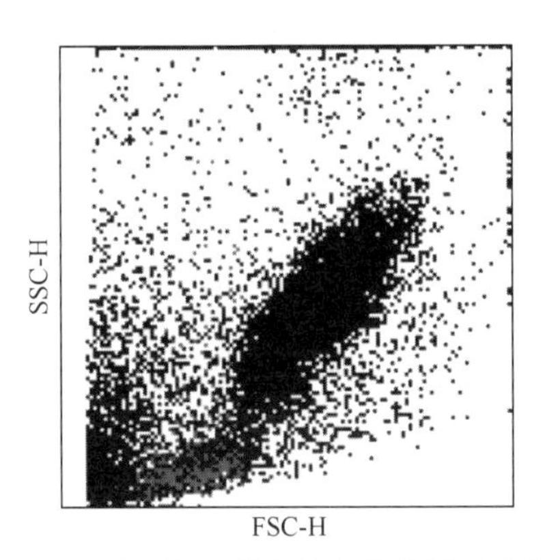

图 14-12　FSC/FL2 散点图上设定门（见彩图）

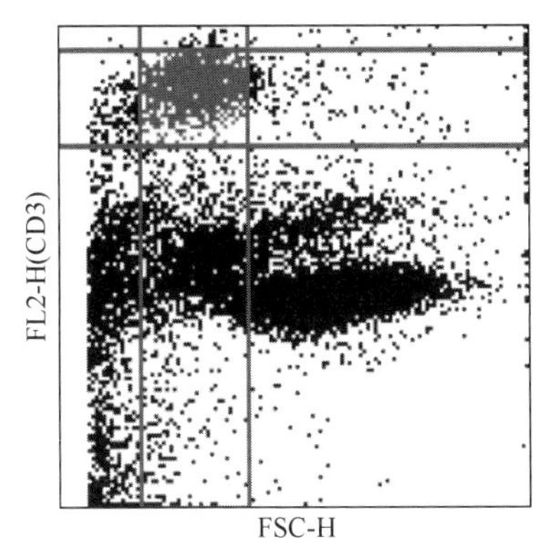

图 14-13　测前向角散射光和 CD3 PE 的散点图（见彩图）

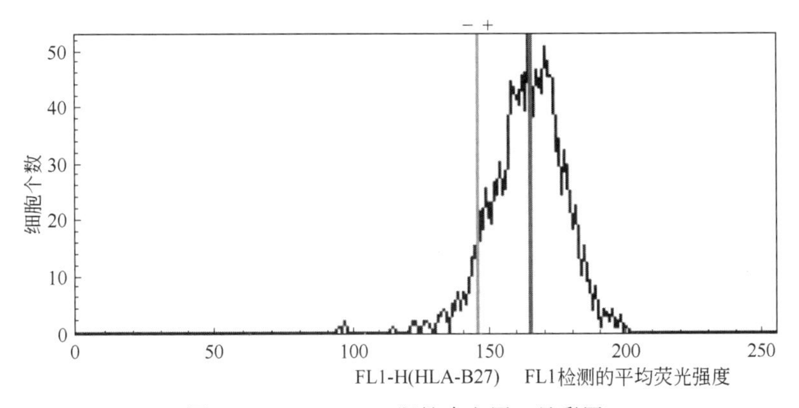

图 14-14　HLA-B27 阳性直方图（见彩图）

标为细胞个数，样本荧光强度中值标记为红色线。

质量控制方面，推荐在每次使用 HLA-B27 系统时，使用已知 HLA-B27 阳性和阴性的对照样本进行染色和上样，以此作为系统质量控制的检测手段。HLA-B27 阳性和 HLA-B27 阴性个体的结果在图 14-15 中进行了举例说明，红色线作为判定阴阳性的判别界值，按照试剂标定的值设定，黑色线为检测样本的中值，中值与界值比较，大于界值的为阳性样本，小于界值的为阴性样本。HLA-B27 检测软件能够识别出 $CD3^+$ T 淋巴细胞。在 CD3 阳性和 CD3 阴性细胞群之间必须要有足够的间隔（软件对此进行了限定）。如果错误地设定了门选，会显示一条质量控制信息。HLA-B27 抗体和其他若干种 HLA-B 抗原发生交叉反应，

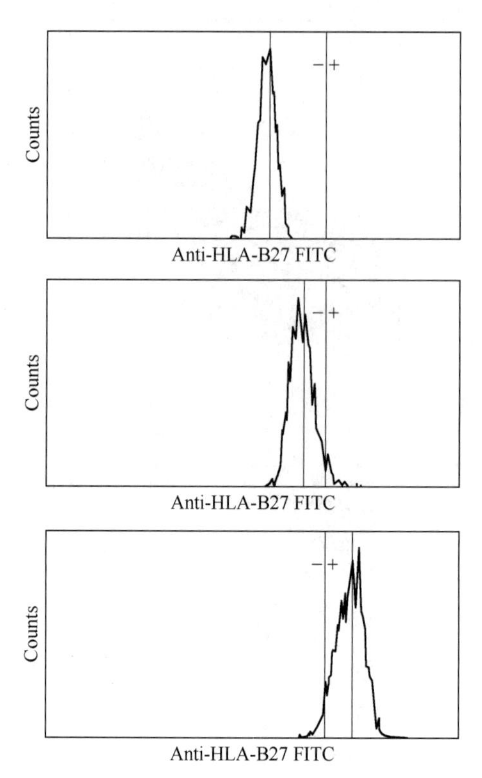

图 14-15 HLA-B27 阴性、阳性临床样本检测结果（见彩图）

最常见的是和 HLA-B7 抗原反应。HLA-B7 阳性样本在 FITC/FL1 检测器中的平均荧光强度值因此可能落在 HLA-B27 阳性样本的范围之内，导致假阳性的结果。因此，必须目测前向角散射光和 CD3 PE 的散点图（见图 14-13）以确定仪器已经正确设定了 T 淋巴细胞门。

BD HLA-B27 实验室报告如表 14-1 所示。

表 14-1 BD HLA-B27 实验室报告

负责人：CW　　流式细胞仪：FAVSCalibur（E0344）

操作员：RS　　软件：HLA-B27 v4.0

样本名称：HLA/42/T2/G5/L/C	
样本 ID：P30782	
获取日期：周五，2005 年 8 月 15 日 7：59pm	
分析日期：周五，2005 年 8 月 15 日 7：59pm	
数据文件名称：HLA/42/T2/G5/L/C02.01	
实验室报告名称：HLA/42/T2/G5/L/C02.lab	
微球批次 ID：16036/141	
试剂批次 ID：17616：144	
获取细胞颗粒数：15000	
门内细胞颗粒数：1731	
预设 FL1 标记参考界值：144	样本 FL1 中值：158
结论：HLA-B27 阳性样本	

3. 白血病/淋巴瘤免疫分型

白血病是一类高度异质性的造血系统恶性肿瘤性疾病，又称淋巴瘤。骨髓中的原始/幼稚细胞无限制地增殖，且不能分化成熟，导致白血病细胞迅速累积，引起正常造血功能抑制和衰竭。根据白血病细胞所表达的细胞的种系抗原，用 FCM 结合单克隆抗体可检测白血病细胞表面的免疫标志，客观地了解细胞的来源和分型。免疫分型对其诊断、治疗及预后判断有重要意义。FCM 可通过检测这种抗原组合，利用荧光密度来判断白血病细胞，预测白血病的复发，并指导临床用药，控制病情。FCM 因其灵敏度高、快速、定量的特点而能精确检测白血病的免疫分型[6,7]。

免疫表型分析所用试剂：CD3-FITC，CD19-PE，HLA-DR-FITC，CD45-PerCP，CD10-FITC，CD34-PE，CD38-FITC，CD13-PE，CD7-FITC，CD5-PE，CD14-FITC，CD33-PE，CD20-FITC，CD22-PE，CD16＋56-PE，IgG1-FITC，IgG1-PE，IgG2-PerCP。样本为肝素抗凝的骨髓液，按照实际说明加入荧光抗体进行标记，常规溶血，PBS 洗涤，甲醛 PBS 固定后上机检测。每日测定前使用标准荧光微球校准仪器。先利用校准标准样品，调整仪器，使在激光功率、光电倍增管电压、放大器电路增益调定的基础上，0 和 90 散射的荧光强度最强，并要求变异系数为最小；选定流速、测量细胞数、测量参数等，在同样的工作条件下测量样品和对照样品；同时选择计算机屏上数据的显示方式，从而能直观地掌握测量进程。流式细胞仪进行检测时，不以 FSC/SSC 设门，因为 FSC/SSC 设门分析最大的缺点是不能将原始/幼稚细胞与正常成熟细胞群完全分开。利用造血系统细胞 CD45 表达量与细胞分化程度的高度相关性，现今国际上多采用 CD45/SSC 设门。CD45 是人白细胞共同抗原，在 CD45/SSC 细胞点状图上，可根据不同细胞 CD45 表达的荧光强度和细胞内颗粒的密度将原始/幼稚细胞、淋巴细胞、单核细胞、中性粒细胞、有核红细胞和细胞碎片区分开，这样就特异地分析了原始/幼稚细胞的免疫表型而不受正常成熟细胞的干扰，大大增加了白血病免疫分型的准确性。每一样品检测 10000 个细胞，使用相对应的分析软件。

下面对图 14-16 的检测结果进行分析，以 CD45/SSC 设门，将靶标细胞进行分类（见图 14-16：990705-ZZL.001，990705-ZZL 是检测样本的文件名，001 是文件中各检测结果的编号），IgG1-FITC/IgG1-PE 抗体做阴性同型对照（见图 14-16：990705-ZZL.001），与阴性同型对照相比，在相同位置的结果即为阴性，不在相同位置的结果即为阳性。分别以不同组合对 CD7、CD5、CD10、CD19、HLA-DR、CD13、CD34、CD38、CD14、CD33、CD20、CD22、CD3、CD16-56 进行检测，见图 14-16：990705-ZZL.002～008。各检测结果见图 14-16，分别为：990705-ZZL.002 是 $CD7^-CD5^-$，003 是 $CD10^+CD19^+$，004 是 $HLA\text{-}DR^+CD13^-$，005 是 $CD34^-CD38^+$，006 是 $CD14^-CD33^-$，007 是 $CD20^-CD22^+$，008 是 $CD3^-CD16+56^-$。综合图 14-16，990705-ZZL.002～008 的检测结果为：$CD7^-$，$CD5^-$；$CD10^+$，$CD19^+$；$HLA\text{-}DR^+$，$CD13^-$；$CD34^-$，$CD38^+$；$CD14^-$，$CD33^-$；$CD20^-$，$CD22^+$；$CD3^-$，$CD16^+56^-$。表达强阳性的抗体有 $CD10^+$，$CD19^+$，$HLA\text{-}DR^+$，$CD38^+$；表达阴性的抗体有：$CD7^-$，$CD5^-$，$CD13^-$，$CD34^-$，$CD14^-$，$CD33^-$，$CD20^-$，$CD3^-$，$CD16+56^-$。通过对结果的综合分析确认此样本为 B 型淋巴细胞白血病。

FCM 进行白血病免疫分型获得的肿瘤细胞信息量很大，抗原表达有时很混乱，需要通过大量的文献检索，系统分析，分清楚每一例白血病型别，如：T 淋巴细胞白血病（T-ALL）、B 淋巴细胞白血病（B-ALL）、T/B 混合型淋巴细胞白血病（T/B-ALL）、伴有淋系抗原的急性髓细胞白血病（Ly^+-AML）、伴有髓系抗原的急性淋巴细胞白血病（My^+-ALL）、混

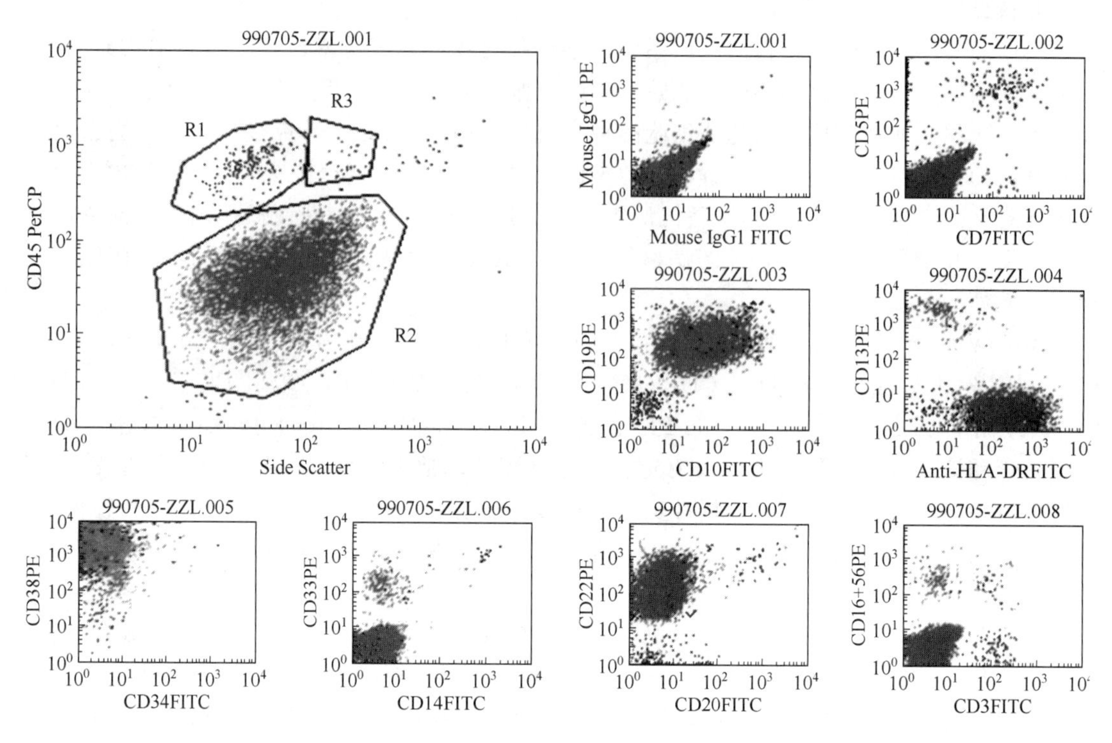

图 14-16 白血病患者骨髓液检测结果（见彩图）

合型白血病（MAL）等等。流式细胞仪检测评判标准：要每次计数 10^4 个细胞以上，CD45/SSC 设门识别原始/幼稚细胞，荧光阳性判断 CD34、HLA-DR≥20%，淋系标志≥30%，髓系标志≥20%。依据抗原交叉表达者及混合型白血病分型，欧洲 AL 免疫分型协作组提出了一套计分方法（EGIL 积分标准），见表 14-2[7]，原则为胞质和胞膜 CD3、胞质 CD79a、胞质 MPO 为系列特异性最高的标志，分别给予最高分——2 分；参照欧洲 AL 免疫分型协作组 EGIL 积分标准，未分化型：每一系列（T、B、髓细胞）的积分均≤2；单纯型：要求 T、B 或髓细胞某一系列积分≥2，其他系列积分为 0；变异型：某一系列（T、B、髓细胞）积分≥2，其他系列积分<2，即 Ly^+-AML、My^+-ALL；混合型：要求 2 个或 2 个以上系列积分≥2。

表 14-2 EGIL 计分法

计分	B 系	T 系	髓系
2	Cyt CD79a CD22 Cyt IgM	CD3 m/cyt Anti TCR α/β Anti TCR γ/δ	Anti MPO Anti lysozyme
1	CD19 CD10 CD20	CD2 CD5 CD8 CD10	CD13 CD33 CD65s

续表

计分	B系	T系	髓系
0.5	Tdt CD24	Tdt CD7	CD14 CD15 CD64 CD117

目前对复杂系列抗原表达的白血病认识还不够深入，诊断不统一。除了从文献资料方面对数据进行分析，还应该综合临床、细胞遗传学与分子遗传学进行分析。诊断时要非常慎重，不要轻易地下结论。必须首先排除正常细胞的干扰：①建议采用多参数分析（双色标记、三色标记、四色标记）及CD45/SSC设门法。②注意抗原/抗体的多元性，例如CD10，当$CD10^+CD19^+$时为幼B细胞，$CD10^+CD13^+$时为成熟粒细胞，$CD10^+CD17^+$时可见于T-ALL；对于CD7抗原，当$CD3^+CD7^+$时为T淋巴细胞，$CD7^+CD34^+$时为髓系或T系造血祖细胞。③出现1个或2个膜标志的交叉表达，建议做胞质抗原的检测，胞质抗原更具特异性。

在流式细胞免疫表型分析数据的解释与分析中，通常应全面考虑，参考更多的资料，尤其是显微镜下形态学的改变，这在白血病与淋巴瘤的诊断中尤为重要，仅单纯地依靠免疫表型分析，有时很难做出正确的诊断。

四、流式细胞分析的质量控制

流式细胞分析可以通过多参数检测各种细胞的免疫表型、细胞周期和DNA倍体等多种性质，从双参数到六参数以上分析外周血细胞、骨髓细胞和组织细胞的细胞膜、细胞质和细胞核等多种抗原成分，设计临床多种疾病的诊断、治疗与预后等诸方面。流式细胞检测结果的影响因素也是多种的，如样本与试剂制备、单克隆抗体、免疫荧光染色方法、对照设置、流式细胞仪校准、流式细胞数据的获取与分析等。只有充分了解这些影响并做好严格的质量控制，才能保证其实验结果的准确、可靠。

1. 样本与试剂准备

免疫表型分析的样本如血液、骨髓、体液等必须当天采集，6h内进行免疫荧光染色；特殊实验，如循环活化血小板检测应在采血后立即染色与固定。所使用的抗凝剂、缓冲液、红细胞溶解液、固定剂等必须符合标准，如血液、骨髓的抗凝采集管，最好使用EDTA或枸橼酸钠真空采血管。用于稀释、洗涤细胞的缓冲液应经$<0.2\mu m$孔径的滤膜过滤，并含有0.1%牛血清白蛋白，以减少颗粒的干扰和单克隆抗体的非特异性吸附。

组织样本制备单细胞悬液应经研磨后过滤，不用酶进行消化和乙醇固定，避免破坏或改变抗原结构，可采用机械法，目前广泛使用的半自动机械法单细胞制备仪比较适合制备组织单细胞悬液。

单克隆抗体与细胞的结合依赖于两者合适的比例，细胞过多或抗体浓度过低、过高都可影响免疫表型分析。分析血细胞免疫表型时，应计数血液白细胞的数量。一般调整白细胞数在$(1\sim10)\times10^9$个/L，用$100\mu L$血标本，加红细胞溶解液2mL、单克隆抗体$20\mu L$（可参考试剂说明书），如果白细胞数$<1\times10^9$个/L，用$200\mu L$血标本，加红细胞溶解液4mL、单克隆抗体$20\mu L$，如果白细胞数$>(1\sim10)\times10^9$个/L，血液应用PBS稀释至白细胞数为

$(1\sim10)\times10^9$ 个/L 再进行染色。

2. 单克隆抗体试剂

(1) 准确性

准确性通常指测量结果趋近于真值的程度。准确性标准品和/或质控品主要用于检测细胞膜抗原表达检测试剂、方法、过程、数据分析等过程的质量控制。对于能标示靶值的准确样品，如某些免疫分析测定用国际标准品或国家标准品，检测结果与标示值相比应在90.0%～110%；很多生物样品因其复杂性，不能准确标示靶值，只能标示出其靶值范围，准确性测定只要在靶值范围内即可。FCM 用于准确性检测的样品多为细胞制品，一般只标注靶值范围，如 CD-Chenx 系列质控品（多为人外周血经防腐剂处理后的制品）、Cyto-Trol（冷冻干燥人淋巴细胞）等，所以准确样品的测定结果只要在靶值范围内即为符合规定。

(2) 灵敏度

灵敏度是指与非特异性或阴性对照染色相比，能够被流式细胞仪检出的最低荧光染色强度。灵敏度依赖于单克隆抗体的滴度、单克隆抗体与细胞的比例、适合的仪器设置和校准等。应了解每一种单克隆抗体的灵敏度。

(3) 精密度

用单克隆抗体试剂检测单一样本，重复测定 20 次以上。正常外周血、骨髓、培养细胞系和质控品等可用于精密度的测定。同一精密度样品需分 20 次分别进行细胞染色，流式细胞仪计数，再进行精密度分析，同一精密度样品 20 次计数结果应不高于 10.0%。

3. 免疫荧光染色方法

依据分析目的的不同选用不同的免疫荧光染色法，间接免疫荧光染色已较少用；直接免疫荧光包括单色至四色以上分析，双色以上分析较为常用，现已可达十色以上分析，但临床尚未应用。单色免疫荧光多用于单克隆抗体特异性较高、单一细胞群的抗原检测，如红细胞膜 CD55 或 CD59 测定。血液淋巴细胞免疫表型至少应用双色分析，白血病与淋巴瘤的免疫分型、淋巴细胞免疫亚群绝对计数、造血干/祖细胞计数等复杂免疫表型宜采用三色或四色分析。在多色免疫表型分析的荧光素标记单克隆抗体组合时，应注意不同单克隆抗体彼此间有无干扰，最好采用同一品牌的试剂，因为不同品牌的荧光素标记单克隆抗体的生产工艺和标记的荧光色素等有差异，可干扰免疫反应和影响流式细胞仪测定时的颜色补偿，产生假阳性或假阴性结果。组合的多色标记单克隆抗体的荧光信噪比，对靶细胞的结合强度应该与未组合时相同。

血液或骨髓免疫荧光染色后的溶血处理，溶血/免洗一般用于细胞绝对计数，其他的免疫表型分析应尽可能溶血后洗涤 1 次，减少红细胞碎片和背景荧光的干扰。

4. 对照设置

流式细胞分析免疫表型必须设置各种对照，包括阳性对照（positive control）、阴性对照（negative control）、正常对照（normal control）、同型对照（isotype control）、空白对照（blank control）等。设置对照的目的是避免各种因素可能造成的假阳性或假阴性反应。

(1) 阳性对照

检查已知阳性标本能够用所测条件与方法确定为阳性，如 CD3 单克隆抗体检测正常人血液 T 淋巴细胞的阳性率一般应＞60%，若明显低于此值，则有可能是单克隆抗体的质量与浓度、荧光染色条件、流式细胞仪的状况等存在问题。阳性对照达不到要求时，不能进行临床试验。

（2）同型对照

与单克隆抗体相同的、未免疫小鼠的免疫球蛋白亚类，若使用直接免疫荧光染色法，同型对照也应标记荧光色素，如 IgG1-FITC、IgG2a-PE 等。同型对照主要考虑了细胞的自发荧光、Fc 受体介导的荧光色素与免疫球蛋白分子的比值（F/P 比值）应该相同为最佳，这对准确设定阴性细胞与阳性细胞的界标有重要意义，切忌使用与单克隆抗体不匹配的同型对照，最好为同一实验室、采用相同工艺或方法制备的产品。

（3）空白对照

仅以缓冲液，如 PBS、HEPS 缓冲液等替代单克隆抗体进行实验，其余条件与阳性对照或同型对照相同。空白对照主要用于观察细胞和缓冲液中所包含物质的自发荧光。由于一般标本细胞的自发荧光极弱，又已做同型对照，免疫表型分析时可以免做空白对照。

（4）正常对照

用近期无感染、未使用任何药物的健康人的标本（如血液）作为对照。对一种新的单克隆抗体（如 CD19-FITC），在使用前进行对照实验，可了解其性质、效价等特性是否符合实验要求。例如，正常对照血小板 CD41 阳性百分率应至少＞95％，平均荧光强度（MFI）比同型对照强 5～10 倍，若正常对照出现异常结果，需要对整个系统进行检查。

（5）阴性对照

用已知不表达某种抗原的细胞作为样本检测，应该出现阴性结果的对照实验。阴性对照实验可以避免单克隆抗体的纯度不够或特异性差等因素造成的假阳性结果。如血小板无力症Ⅰ型患者，由于其血小板缺乏 CD41 和 CD61，可作为最好的阴性对照。测定血小板膜 CD41 时，方法同正常对照，只是将正常人血液替换为血小板无力症患者的，血小板无力症Ⅰ型患者血小板膜 CD41 的阳性百分率＜5％。

（6）自身对照

待测标本为混合细胞（如血液或骨髓）时，若检测其中一种细胞的免疫表型，则其他细胞可作为对照。例如，测定外周血中白血病细胞的髓过氧化物酶（MPO），白血病细胞为阴性，成熟中性粒细胞应呈阳性（阳性对照），成熟淋巴细胞为阴性（阴性对照），可以准确地判断白血病细胞 MPO 为阴性。此种自身对照可能比外加阴性对照或阳性对照更可靠，尤其是在细胞内抗原分析时更是如此。

5. 流式细胞数据的获取与分析

流式细胞仪获取细胞的各种检测数据时，若仪器各项性能指标均合格，可以获取数据。由于标准荧光微球与实际标本中的细胞有差异，流式细胞仪的一些参数常需要作适当的改变，包括光散射和荧光信号获取的 PMT 电压，放大值、荧光补偿值等，使混合细胞群（如血液和骨髓）的各类细胞在散点图中的分布正常后，才能获取数据。获取细胞的总数一般设定为 10000 个，但所分析的目的细胞数量不应小于 2000 个。若实验中收集的细胞总数为 10000 个时，不能获取 2000 个以上的目的细胞，则应加大获取细胞总数，设定收集的细胞总数超过 10000 个，直至获取的目的细胞数达到 2000 个；或收集细胞的条件设定为只获取 2000 个以上的目的细胞，不设定收集的细胞总数。

（李丽莉　杨昭鹏　编）

参　考　文　献

[1]　闫虹．流式细胞术的临床应用．医学检验与临床，2008，19（5）：4-6．

[2] 王建中. 临床流式细胞分析. 上海：上海科技出版社，2005：8-30.

[3] BD FACSCalibur 流式细胞仪操作手册. Becton-Dickinson 公司.

[4] Cytomics FC500 流式细胞仪操作手册. 贝克曼库尔特公司.

[5] 刘涛，张巍，王凤阳，等. 流式细胞仪在免疫学研究中的应用. 动物医学进展，2008，29（3）：102-105.

[6] Catovsky D，Mayutese E. The classif ication of acute leukemias. Leukemia，1992，6（2）：1.

[7] Casanovas R O，Slimane F K，Garand R，et al. Immunological classification of acute myeloblastic leukemia：relevance to patient outcome. Leukemia，2003，17（3）：515.

第十五章

干细胞的分离培养与诱导分化

干细胞是具有自我更新和向各种细胞分化的能力的原始细胞，是形成生命机体各组织器官的起源细胞。人类个体发育过程的实质就是干细胞的自我更新和增殖分化的过程。就目前而言，干细胞分为胚胎干细胞和成体干细胞。胚胎干细胞是最原始、可分化程度最高的细胞。在一定的条件下，它可以分化成机体各种细胞，甚至可以采取核移植的方法，利用自体体细胞分化成各种细胞。而成体干细胞是人出生以后，各器官自行保留、能再生的细胞。这种干细胞只能定向分化为一种组织或几种组织的细胞，不具有全能性。成体干细胞在越年轻的机体，含量越丰富，可分化程度越高。成体干细胞的种类很多，如造血干细胞、间充质干细胞、神经干细胞等。近年来，随着干细胞技术的不断深入研究，以干细胞为手段进行相关的临床治疗已取得了令人振奋的成果，为人类疾病的治疗打开了全新的思路。本章提供了不同干细胞的分离培养与诱导分化方法。

第一节　人胎盘来源间充质干细胞的分离培养与纯化

一、引言

间充质干细胞（mesenchymal stem cell，MSC）是最早自骨髓中分离出来的一类具有多向分化潜能及自我更新能力的组织干细胞，来源于胚胎发生期的中胚层，在体内和体外特定条件下可向成骨细胞、软骨细胞、脂肪细胞、肌细胞、肌腱细胞、肝细胞甚至神经胶质细胞分化[1,2]。此外，MSC易从骨髓中分离纯化，并进行有效的体外扩增，这些特性使其被发现后，迅速成为在细胞治疗、基因治疗中有效发挥作用的理想工程细胞，以及组织工程尤其是骨或软骨组织损伤修复中重要的种子细胞。但是由于骨髓间充质干细胞的来源具有局限性，其在应用方面受到很大的限制。为此，寻找合适的MSC来源成为研究的焦点。

以往有研究者从包括骨、软骨、肌肉、肌腱等组织中分离出具有干祖细胞特性的间充质细胞[3~5]，这些组织有一个共同的特征，就是来源于胚胎发育期的中胚层。人类胚胎发育先后经历受精、卵裂、胚泡形成与植入、三胚层分化、器官发育等复杂过程[6]。胚泡植入子宫后，胚外中胚层来源的间充质不断分化为结缔组织和血管，与其表面的细胞滋养层共同构成三级绒毛干，进而形成大量绒毛，胚胎借此完成与母体的物质交换。细胞滋养层与胚外中胚层合称绒毛膜，从密绒毛膜（chorion frondosum）和母体子宫基蜕膜（decidua basalis）共同组成胎盘[7~10]。胎盘是由间质、血管及滋养细胞组成的，它起源于胚胎发育期的胚外中胚层。由胚外中胚层发育而来的胎儿附属物还包括胎膜和脐带，均含有大量的间充质成分，提示胎盘中存在间充质干细胞成分。因此，人们设想，在胚胎发育时期，胚外中胚层的多能干细胞可能有少量的未被招募发生分化，而以静止形式存在于胎盘组织中。

笔者课题组在以往研究的基础上，利用酶消化法和灌流法从人胎盘组织中成功分离出MSC，胎盘MSC在形态上与骨髓MSC类似，为典型的成纤维细胞样，并呈漩涡状生长。体外扩增至20代，细胞形态不发生明显改变。胎盘MSC表达类似于骨髓MSC的表面标志，如间质细胞标志SH2/CD105、SH3、SH4/CD73、CD90/Thy21、CD166，主要组织相容性复合物HLA-ABC，整合蛋白家族CD49e、CD29，透明质酸盐受体CD44等，不表达造血细胞表面标志CD34、CD45、CD14、HLA2DR和内皮细胞表面标志vWF、Flk21、CD31、KDR等，同时也不表达共刺激分子CD80、CD86、CD40L等[11~16]。胎盘来源的MSC还可表达某些胚胎干细胞表面标记SSEA24、TRA-1-60、TRA-1-81，提示胎盘来源MSC可能是非常原始的细胞群，比成体干细胞具有更广泛的自我更新和多系分化能力[17~20]。用RT-PCR的方法检测胎盘MSCm RNA的表达，可观察到干细胞标记基因*Oct*24、*Rex*21及造血/内皮细胞相关基因*HOXB*4、*GATA*22、*CBFβ*、*flt*21及器官特异性基因*renin*、*nestin*、*GFAP*、*amylase*等的表达[21~24]。

胎盘MSC的巨大优势在于：①胎盘在胎儿娩出后作为“废弃物”，来源丰富，取材几乎不受限制；②与捐献骨髓或采集动员外周血相比，供者无痛苦，污染机会少；③细胞增殖能力较强，具有MSC作为造血微环境调控造血与免疫的特性；④易于规模化扩增，可用于规模化建库储备。胎盘MSC作为MSC的新来源，具有巨大的临床应用价值。下面就如何从人胎盘组织中分离纯化MSC说明如下。

二、材料、试剂与主要仪器设备

1. 材料与试剂

（1）实验材料

经产妇同意后，在无菌条件下，取经阴道或剖宫产分娩的健康足月产新生儿的成熟胎盘组织（标本来源于北京中西医结合医院妇产科）。

（2）试剂及耗材

① 分离培养胎盘MSC的主要试剂。Percoll细胞分离液（Sigma）、Mesen Cult™ MSC培养基（Stem Cell）、胎牛血清（FBS，Stem Cell）、DMEM培养基及IMDM培养基（Gibco）。

② 一般生物学特性检测试剂。

a. 流式细胞术检测MSC表面标志的相关抗体。鼠抗人直标单克隆抗体CD34-PE、CD73-PE、CD166-PE、HLA-DR-FITC（PharMingen）、CD45-FITC（BD）、CD105-FITC（SEROTEC）、UEA-1-FITC（VECTOR）。鼠抗人CD29、CD44抗体（PharMingen），FITC标记的二抗（Santa Cruz）。

b. MSC细胞周期分析的主要试剂。RNaseⅠ（TaKaRa）、碘化丙啶（PI，Sigma）。

③ 多向分化特性鉴定。

a. MSC诱导分化试剂。地塞米松、消炎痛（吲哚美辛）、胰岛素、IBMX、抗坏血酸磷酸盐、β-磷酸甘油、转铁蛋白、亚硒酸钠、BSA、丙酮酸盐钠（Sigma），TGF-β_1（PharmTech）。

b. 染色试剂。油红O、硝酸银、硫代硫酸钠、Alcian blue（Sigma）、碱性磷酸酶染色试剂盒（北京中山生物公司）。

c. DNA引物（上海生工生物工程公司）。

基因	引物	大小/bp
β2-微球蛋白	上游引物:5′-CTCGCGCTACTCTCTCTCTCTTTCTGG-3′ 下游引物:5′-GCTTACATGTCTCGATCCCACTTAA-3′	335
骨桥蛋白	上游引物:5′-GTGCCATACCAGTTAAACA-3′ 下游引物:5′-CTTACTTGGAAGGGTCTCT-3′	169
过氧化物酶体增殖物激活受体-γ2(PPAR-γ2)	上游引物:5′-TGTCAGTACTGTCGGTTTC-3′ 下游引物:5′-AATGGTGATTTGTCTGTTG-3′	241
胶原蛋白Ⅱ(collagen-Ⅱ)	上游引物:5′-AGTGGAGACTACTGGATTGA-3′ 下游引物:5′-AGTGTACGTGAACCTGCTAT-3′	394

d. 分子生物学试剂。总 RNA 提取试剂盒 TRIZOL（Gibco BRL）、AMV 反转录试剂盒、DNA *Taq* 聚合酶、DL2000 分子量标记（TaKaRa）。

2. 主要仪器设备

生物净化工作台（北京中化生物技术研究所 X90-3），离心机（Beckman），细胞培养箱（Forma），流式细胞仪（Coulter EPICS XL，BD），倒置显微镜、照相机（Olympus），荧光显微镜、数码相机（Nikon），电动离心涂片机（郑州医疗器械厂），细胞培养板、细胞培养瓶（Costar），低温高速离心机（Sigma），PCR 仪（Perkin-Elmer），电泳仪（BIO-RAD）。

三、实验方法

1. 胎盘 MSC 分离培养

在无菌条件下将胎盘小叶剪下，用 PBS 缓冲液充分冲洗胎盘小叶，去除胎盘中残留的血液。再将胎盘小叶剪成 $1cm^3$ 大小的组织块，加入含有 0.25%胰酶的 PBS 缓冲液，在 37℃孵育 15min，将组织块用铜网过滤，同时用注射器芯研磨。收集过滤后的液体用密度梯度离心法分离单个核细胞，洗涤后用 MesenCult™ MSC 专用培养基悬浮所获得的细胞，按 8000 个/cm^2 接种于六孔板，37℃、5%CO_2 全湿条件下培养 24～48h，换液去除未贴壁悬浮细胞，继续培养，每隔 3～4d 换液一次。待早期散在细胞形成克隆后，将各克隆挑出，用 MSC 培养基（含 10%经筛选 FBS 低糖 DMEM）分别培养，1∶3 或 1∶4 传代，3 代以上的细胞用于实验。

2. 胎盘 MSC 的一般生物学特性检测

（1）形态学观察

3 代以后形态均一的 MSC，5×10^4 个/孔接种于六孔板，瑞式-吉姆萨染色，于倒置显微镜下观察形态特点。

（2）流式细胞术鉴定表面标志

取第 3 代细胞，流式细胞术检测表面标志。消化收集细胞，计数后取 5.5×10^6 个，分装 11 管；PBS 洗一次，1500r/min 离心 10min；弃上清液，残留 100～200μL，吹打混匀细胞；加入 PE 标记的 CD14、CD29、CD31、CD34、CD54、CD73、CD80、CD86、CD166、HLA-ABC 抗体和 FITC 标记的 CD44、CD45、CD105、HLA-DR、UEA-1 抗体各 10μL，设一管为空白对照；4℃，避光反应 30min；PBS 洗一次，1500r/min 离心 10min；直标细胞弃上清液，加入 200μL PBS 吹打混匀细胞，200μL 1%多聚甲醛固定，置 4℃待测，3d 内上流式细胞仪检测。

（3）细胞周期的分析

消化收集细胞约 1×10^6 个，PBS 洗一次，加入 70%的乙醇固定，4℃待测。检测时，先离心去乙醇，PBS洗一次，加入RNase Ⅰ 500U，37℃反应30min，PBS洗一次，加入碘化丙啶（PI，终浓度为50μg/mL）1mL，室温避光反应20min，上机检测细胞DNA含量。

（4）生长曲线的绘制及对数生长期倍增时间的测定

取对数生长期细胞，消化计数，用MSC培养基制成细胞悬液（2×10^4个/mL），0.5mL/孔于24孔板中培养。每天取3复孔，台盼蓝染色计数活细胞数，计算平均值，连续观察6d。以培养时间为横轴，细胞数为纵轴，绘制细胞生长曲线。Patterson公式计算细胞在对数生长期的倍增时间，即$T_d=T\lg2/\lg(N_t/N_0)$。其中T_d为倍增时间，h；T为细胞由N_0增至N_t所用的时间，h；N为细胞数。

3.胎盘MSC的多向分化特性

（1）成脂肪诱导

① 诱导体系。3代以上细胞，按1×10^5个/孔接种于六孔板，标准培养基培养24h后换用含10%经筛选FBS的DMEM-HG，并加入地塞米松至终浓度1μmol/L、消炎痛200μmol/L、IBMX 0.5mmol/L、胰岛素10μg/mL，每3天半量换液，共诱导2周。

② 油红染色鉴定脂滴形成。诱导细胞去培养基后PBS洗一遍，加入12%中性甲醛溶液固定5min，加入油红O染液染色30min，60%甲醛脱色数秒，镜下观察。

③ RT-PCR检测成脂肪细胞特异性产物PPAR-γ_2的表达。

（2）成骨诱导

① 诱导体系。3代以上细胞，1×10^5个/孔接种六孔板，标准培养基培养24h后换用含10% FBS的DMEM-HG并加入地塞米松至终浓度0.1μmol/L、抗坏血酸磷酸盐50μmol/L、β-磷酸甘油10mmol/L，每3天半量换液，共诱导2～4周。

② 碱性磷酸酶染色鉴定成骨细胞形成。按100mmol/L Tris·HCl（pH9.5）、100mmol/L NaCl、50mmol/L $MgCl_2$配制缓冲液Ⅲ，将BClP/NBT和缓冲液Ⅲ按1∶100体积比配制工作液。诱导2周，细胞去培养基后PBS洗一遍，直接加入12%中性甲醛溶液固定5min，或细胞消化计数，调整浓度至1×10^6个/mL，取10μL悬液1200r/min×2min离心，涂片后加入12%中性甲醛溶液固定5min。向固定细胞中滴加适量工作液，置暗处显色30min左右，PBS冲洗终止反应，镜下观察。

③ Von Kossa染色鉴定骨结节形成。诱导4周，细胞去培养基后PBS洗一遍，加入4%多聚甲醛溶液固定10min，去离子水洗3次，每次5min，加入5%$AgNO_3$溶液，于强光下反应30min，去离子水彻底清洗，5%$Na_2S_2O_3\cdot5H_2O$水溶液处理5min以去除多余的银，充分水洗。

④ RT-PCR检测成骨细胞特异性产物骨桥蛋白（osteopontin）的表达。

（3）成软骨诱导

① 诱导体系。3代以上细胞，于尖底试管中900g低速离心，使细胞形成微团，加入含2.5%经筛选FBS的DMEM-HG，并加入胰岛素、转铁蛋白、亚硒酸钠至终浓度6.25μg/mL、BSA 1.25μg/mL、丙酮酸钠1mmol/L、抗坏血酸磷酸37.5μg/mL、TGF-β1 50ng/mL，每3天半量换液，连续培养2周。

② Alcian blue染色鉴定成软骨细胞。诱导2周后，细胞去培养基后PBS洗一遍，将细胞团轻轻打散，离心涂片，4%多聚甲醛溶液固定15min，PBS洗3次，加入Alcian blue染色液孵育30min，然后用0.1mol/L HCl洗5min。

③ RT-PCR检测成软骨细胞特异性产物Collagen-Ⅱ的表达。

（4）RT-PCR方法

① 总RNA的提取。消化收获各组细胞（1×10^6），离心弃上清液，置Eppendorf管中；加入1mL Trizol，混匀静置5min，加入200μL氯仿，室温放置5min，12000r/min×15min，4℃离心；吸取含RNA的上层水相，加入500μL异丙醇，室温放置10min，如上离心；加入75%乙醇1mL，充分洗涤沉淀，如上离心，弃上清液；真空干燥后，重悬于30μL 0.1%DEPC水中，1.5%琼脂糖凝胶电泳检测提取的RNA。

② 总RNA逆转录反应（应用AMV逆转录试剂盒）。

反应体系：50μL

5×缓冲液	10μL	oligo（dT）	4μL
总RNA	10μL	AMV（逆转录酶）	2μL（10U）
dNTP混合物（2.5mmol/L）	10μL	ddH_2O	12μL
RNase抑制剂	2μL		

反应条件：室温放置10min，42℃反应1h；99℃，灭活AMV逆转录酶5min，冰浴2min，置−20℃备用。

③ PCR反应。等量的cDNA模板置于Eppendorf管中，加入不同的扩增引物，于PCR仪中进行反应；以β_2-微球蛋白（β_2-microglobulin）为内参，比较各产物的表达量；反应产物进行1.5%琼脂糖凝胶电泳，观察结果并扫描照相。

4. 胎盘MSC相关细胞因子的表达检测

取2×10^6个生长状态良好的PDMSCs，采用Trizol（Invitrogen公司，美国）法提取RNA，分光光度计测量提取RNA的浓度，参照RNA反转录cDNA试剂盒（Takara公司，日本）的使用说明书，配制逆转录反应体系，将RNA反转录为cDNA。参照SYBR Green detection试剂盒（Applied Biosystems公司，加拿大）的使用说明，配制PCR体系，相关细胞因子引物序列由上海英骏生物合成，以GAPDH为内参，荧光定量PCR仪（Applied Biosystems公司，加拿大）进行扩增检测，以$2^{-\Delta Ct}$方法计算细胞因子的相对表达量。胎盘MSC相关细胞因子检测引物序列见表15-1。

表15-1　胎盘MSC相关细胞因子检测引物序列

基因	引物序列
GAPDH	上游5′-ATGGGGAAGGTGAAGGTCG-3′ 下游5′-TAAAAGCAGCCCTGGTGACC-3′
IL-3	上游5′-AACACACTTAAAGCAGCCAC-3′ 下游5′-TTTACAGAACGCATCAGCAA-3′
IL-6	上游5′-GTAGCCGCCCCACACAGACAGCC-3′ 下游5′-GCCATCTTTGGAAGGTTCAGG-3′
LIF	上游5′-AACAACCTCATGAACCAGATCAGGAGC-3′ 下游5′-ATCCTTACCCGAGGTGTCAGGGCCGTAGG-3′
G-CSF	上游5′-AGCTTCCTGCTCAAGTGCTTAGAG-3′ 下游5′-TTCTTCCATCTGCTGCCAGATGGT-3′
GM-CSF	上游5′-GTCTCCTGAACCTGAGTAGAGACA-3′ 下游5′-AAGGGGATGACAAGCAGAAAGTCC-3′
M-CSF	上游5′-TTGGGAGTGGACACCTGCAGTCT-3′ 下游5′-CCTTGGTGAAGCAGCTCTTCAGCC-3′
FL	上游5′-TGGAGCCCAACAACCTATCTC-3′ 下游5′-GGGCTGAAAGGCACATTTGGT-3′

续表

基因	引物序列
SCF	上游 5′-CTCCTATTTAATCCTCTCGTC-3′ 下游 5′-TACTACCATCTCGCTTATCCA-3′
SDF-1	上游 5′-TGTAGATTCGCCCAGTTTCAGC-3′ 下游 5′-AAGTCAGAGCCAAAAGAAGCAGC-3′
VEGF	上游 5′-GGCGCACAGTCCAAAATACAAA-3′ 下游 5′-CAGCCTGGGCAATATAGCAAGAC-3′
Integrinα5	上游 5′-CTAGGCATCACCTGTGCCATACC-3′ 下游 5′-CAGTGACCAGTTCATCAGATTCATC-3′
Integrinβ1	上游 5′-CCAGGACCAAAGGGACAGAAAG-3′ 下游 5′-TTCACCAGGTTCACCAGGATTG-3′
ICAM-1	上游 5′-CATCGACAAGGCTGGCTACACG-3′ 下游 5′-GACAGTTGCAGGCCTTTTCTTC-3′
ICAM-2	上游 5′-CAGAGCCGGGGACAAGAGAAG-3′ 下游 5′-CCGAGGTGGGAGGACAGGAG-3′
ICAM-3	上游 5′-ACTCCCTGCACATCCCCAACTG-3′ 下游 5′-CTTCCCCCTCCCCAAACCTGT-3′
VCAM-1	上游 5′-TTGGGACAGATAGAAGGGATGG-3′ 下游 5′-TGGGCGCAGATAGAAACAGTG-3′

四、实验结果

1. 胎盘 MSC 的形态学观察

通过上述培养方法，约 3d 镜下可见散在贴壁细胞，呈纺锤形的典型的成纤维细胞状，7～10d 形成放射状克隆，挑出各克隆分别培养。其中 6 个生长速率快，约 1 周形成致密的贴壁细胞层，纯化培养至 3 代后，用于细胞生物学特性检测。培养过程中，发现这种细胞的形态相对均一，增长速率快，贴壁速率快，易被胰酶消化，传代至 15 代以上，其形态及生长特点亦无明显改变（见图 15-1）。其他克隆的生长速率相对缓慢，并且随着传代次数的增加，细胞逐渐老化，失去分化能力。

2. 胎盘 MSC 表面标志流式动态结果

流式细胞仪检测细胞表面标志，动态观察第 3、6、9、12、15 代细胞，无明显改变。不表达造血细胞表面标志，即 CD14（单核细胞表达）、CD31（血管内皮细胞表达）、CD34（HSPC 及内皮细胞表达）、CD45（白细胞表达）、HLA-DR（MHC-Ⅱ类分子）、CD54（细胞间黏附分子 1）、CD80（T 细胞、B 细胞和树突状细胞表达）、CD86（树突状细胞、单核细胞、T 细胞和 B 细胞表达）持续阴性，CD29 和 CD44（基质细胞表达）、CD73（即 SH-3、4）、CD105（即 SH-2）、HLA-ABC（MHC-Ⅰ类分子）、CD166（间质细胞表达）和 UEA-1（内皮细胞的表达）持续为阳性（见图 15-2）。

3. 胎盘 MSC 细胞周期分析

测定第 3 代和第 6 代 MSC 的 DNA 含量，分析细胞周期，G_0/G_1 期、G_2/M 期和 S 期所占比例分别为 96.66%、96.35%、0.09%、1.11%和 3.25%、2.54%。结果提示体外培养的人胎盘 MSC 具有典型的干细胞增殖特点，即只有少数细胞处于活跃的增殖期（0.09%、1.11%），大部分的细胞处于静止期（96.66%、96.35%）（见图 15-3）。

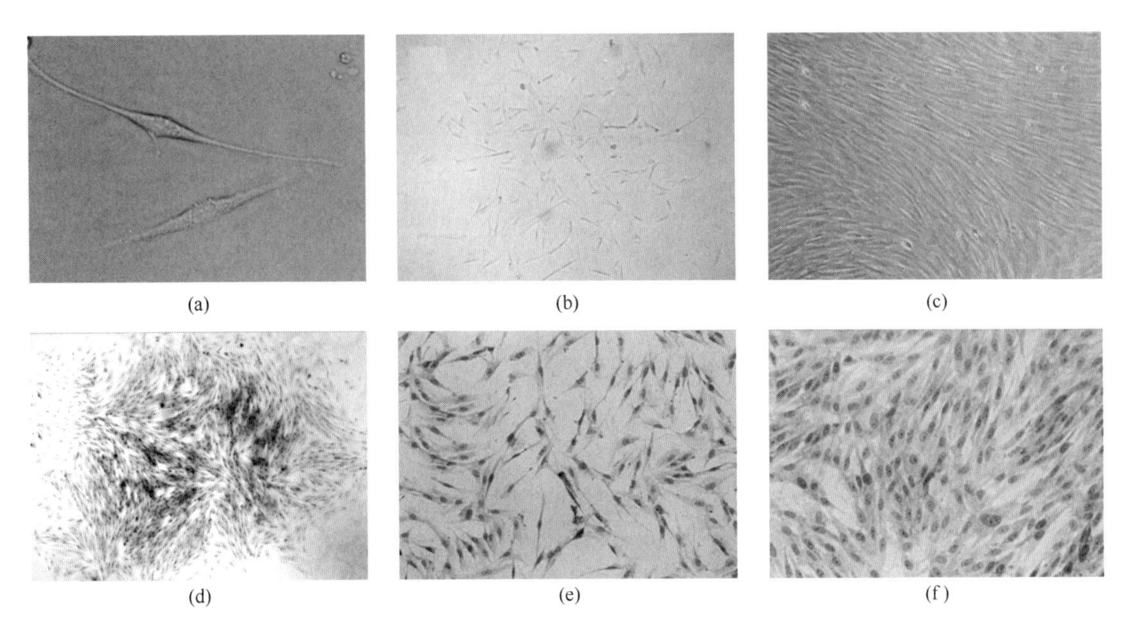

图 15-1　经密度梯度离心分离胎盘贴壁细胞的形态特点（见彩图）
培养 3d 后可见散在的贴壁细胞［(a)、(b)］，7～10d 形成克隆（d），经筛选克隆形成致密贴壁细胞（c），瑞氏吉姆萨染色[(d)、(e)、(f)]

4. 胎盘 MSC 生长曲线的绘制及对数生长期倍增时间

每天进行细胞计数绘制 MSC 细胞生长曲线，计算倍增时间。由细胞生长曲线可以看出，细胞在 2～4d 处于指数生长期。根据公式计算出第 5 代 MSC 在指数生长期的倍增时间为 22.6h（见图 15-4）。

5. 胎盘 MSC 向脂肪细胞诱导分化

在含 10% FBS 的高糖 DMEM 中，加入地塞米松 1μmol/L、消炎痛 200μmol/L、IBMX 0.5mmol/L、胰岛素 10μg/mL，在该成脂肪诱导体系中培养 3d，细胞由成纤维细胞样逐渐收缩变短，成为立方形或多角形；连续培养 7d，镜下可见细胞内有微小脂滴出现，随着时间的延长，脂滴逐渐增大融合，培养 2 周时，可见融合成团的脂滴充满整个细胞。诱导 2 周后用油红 O 染色，可见细胞内产生的脂肪被特异性染成红色（见图 15-5）。

6. 胎盘 MSC 向成骨细胞诱导分化

在含 10% FBS 的高糖 DMEM 中，加入地塞米松 0.1μmol/L、抗坏血酸磷酸盐 50μmol/L、β-磷酸甘油 10mmol/L，在该成骨诱导体系中培养 1 周，细胞形态明显改变，由成纤维细胞样变为多角形，类似神经元细胞，细胞周边出现长丝状突出，向周围延伸。培养 2 周以上，细胞基质矿化物逐渐出现，形成多层小结结构，培养 4 周以上，可见明显的钙化结节。诱导 2 周后，原位及离心涂片碱性磷酸酶染色，呈强阳性反应，达到 95%以上，而对照组则大部分为阴性，约 5%显示为弱阳性。成骨诱导 2 周，细胞基质中就可见钙沉积，逐渐出现的矿化物至 4 周时已形成钙化结节。von Kossa 染色可将骨结节中沉积的钙染成黑色，诱导组可见大量的黑色骨结节，有明显的立体结构，而对照组在任何时间都没有阳性反应（见图 15-6）。

7. 胎盘 MSC 向软骨细胞诱导分化

诱导 2 周后将细胞微团打散涂片，Alcian blue 染色可见Ⅱ型胶原形成细胞外基质呈蓝色，

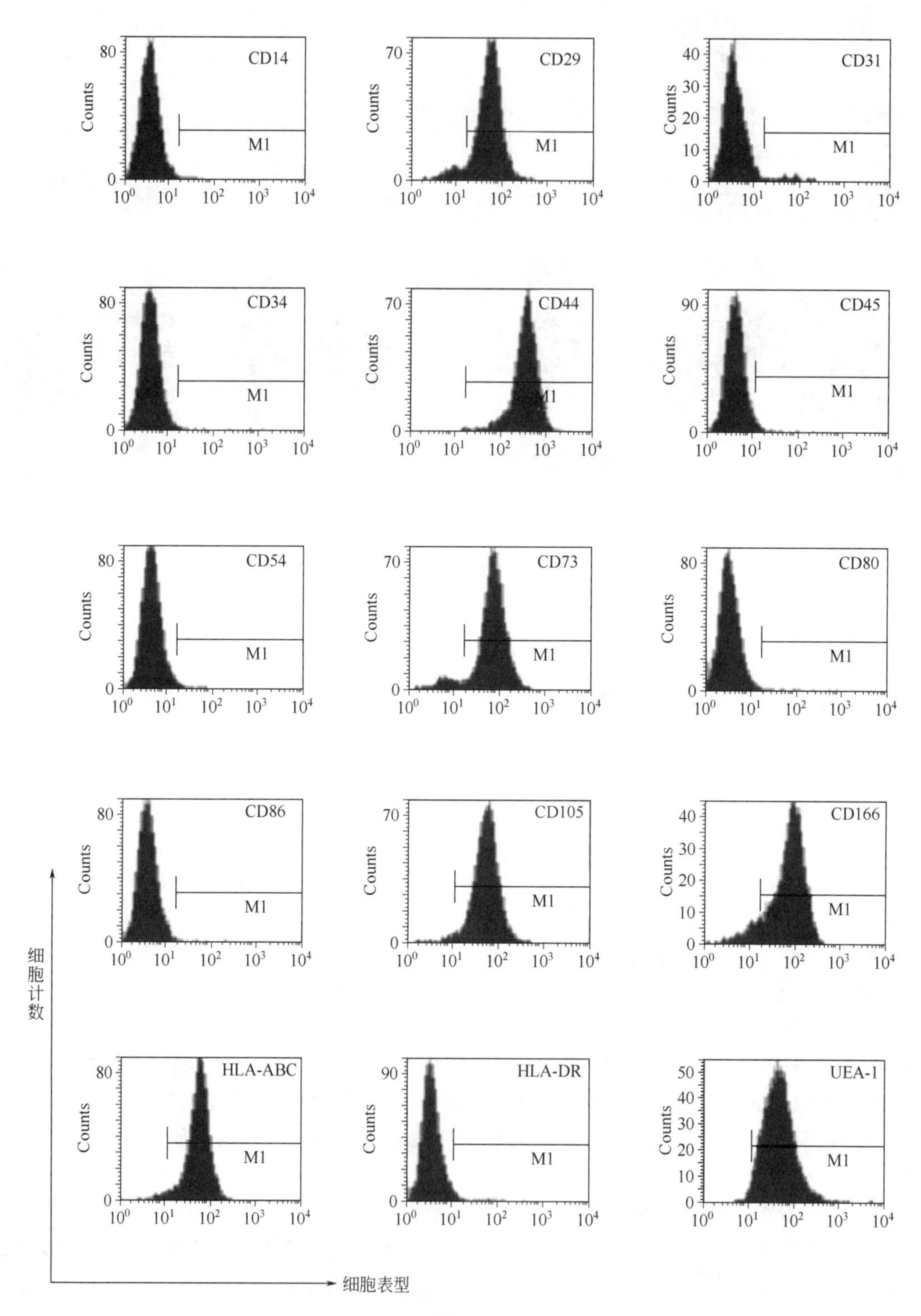

图 15-2 流式细胞术检测胎盘贴壁细胞表型

CD29、CD44、CD73（SH-3、SH-4）、CD105（SH-2）、CD166、HLA-ABC、UEA-1 均为阳性，CD14、CD31、CD34、CD45、CD54、CD80、CD86、HLA-DR 均为阴性

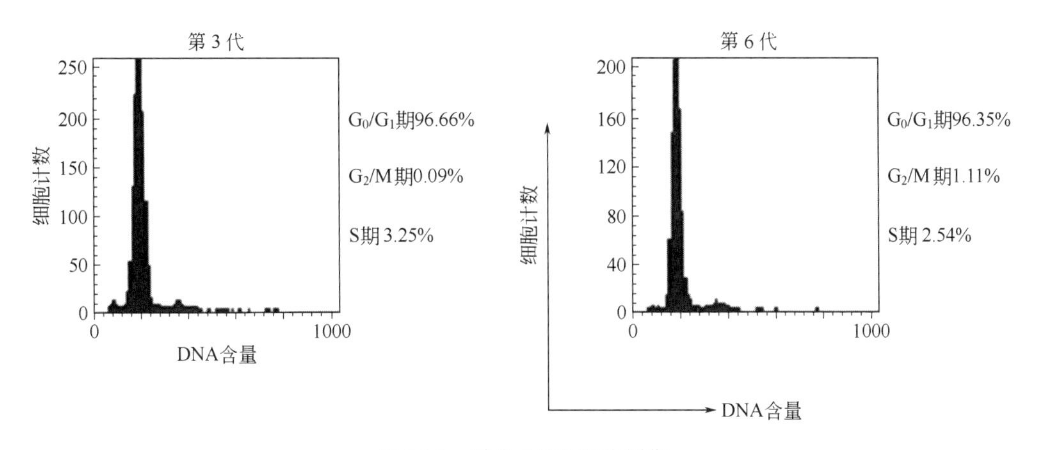

图 15-3 胎盘 MSC 细胞周期

检测第 3、6 代细胞 DNA 含量，分析细胞周期，可见符合干细胞特性，大部分细胞处于静止期（G_0/G_1 期，96.66%和 96.35%），极少细胞处于增殖期（S 期，3.25%和 2.54%）

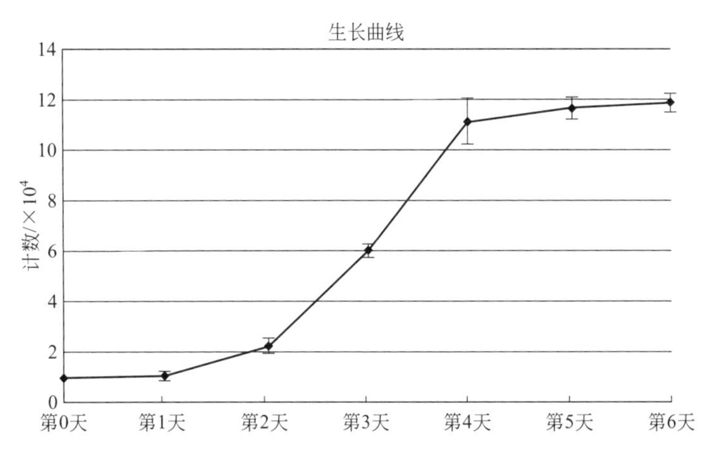

图 15-4 第 5 代胎盘 MSC 生长曲线，细胞在指数生长期的倍增时间为 22.6h（$n=4$）

对照组无蓝染（见图 15-7）。

8. RT-PCR 检测胎盘 MSC 诱导分化后特异性产物的表达

成骨细胞特异性地表达骨桥蛋白，脂肪细胞特异性地表达 PPAR-γ_2，软骨细胞特异性地表达胶原蛋白Ⅱ（collagen-Ⅱ）。MSC 分别诱导 10d，提取总 RNA 进行 RT-PCR，结果显示，上述特异性产物可被明显地检测到，而在未经诱导的细胞中则没有这种特异性产物表达（见图 15-8）。

9. 胎盘 MSC 相关细胞因子的表达情况

通过 Real time-PCR 检测了 PDMSCs 相关造血因子和黏附分子的 mRNA 表达，PDMSCs 稳定表达多种造血因子，包括 IL-6、LIF、G-CSF、GM-CSF、M-CSF、FL、SCF、SDF-1、VEGF，但不表达 IL-3。PDMSCs 还稳定地表达多种细胞黏附分子，包括 Integrinβ1、Integrinα5、ICAM-1、ICAM-2、ICAM-3、VCAM-1（见图 15-9）。上述这些造血因子和黏附分子都是在造血干细胞增殖分化归巢过程中起重要作用的。

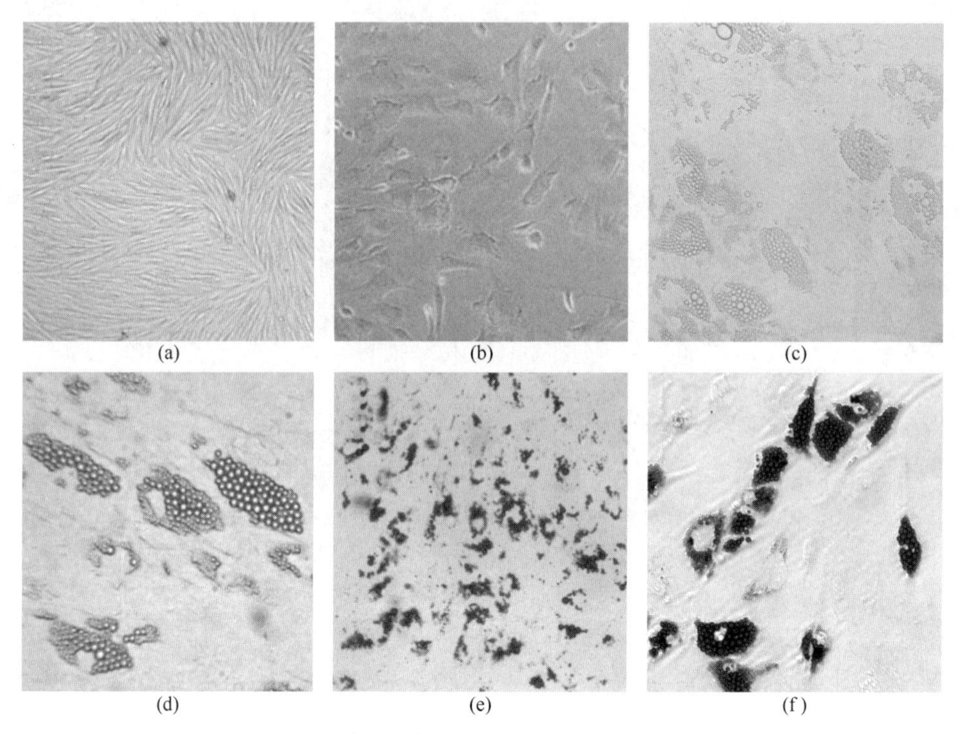

图 15-5 胎盘 MSC 经诱导向脂肪细胞分化（见彩图）

诱导 3d，细胞形态改变（b），与对照组（a）差异明显；诱导 7d，可见细胞质内脂滴形成［(c)、(d)］；油红 O 染色脂滴被特异性染成红色［(e)、(f)］

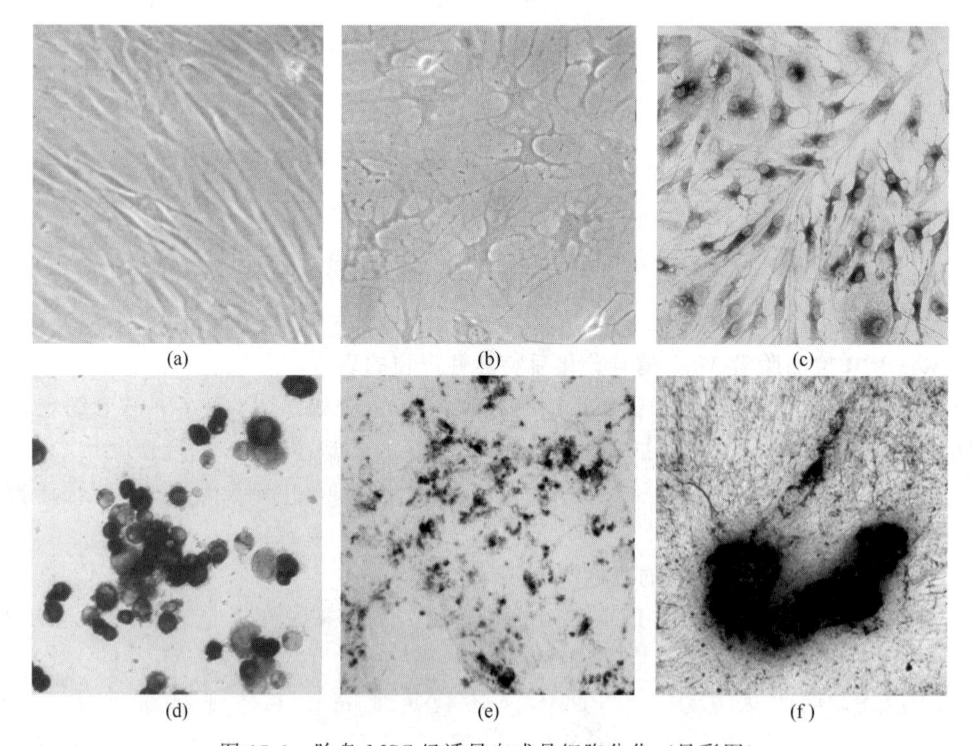

图 15-6 胎盘 MSC 经诱导向成骨细胞分化（见彩图）

诱导 1 周，细胞形态改变（b）与对照组（a）差异显著；诱导 2 周，原位（c）及涂片（d）染色显示碱性磷酸酶表达阳性；诱导 4 周，von Kossa 染色显示有骨结节形成［(e)、(f)］

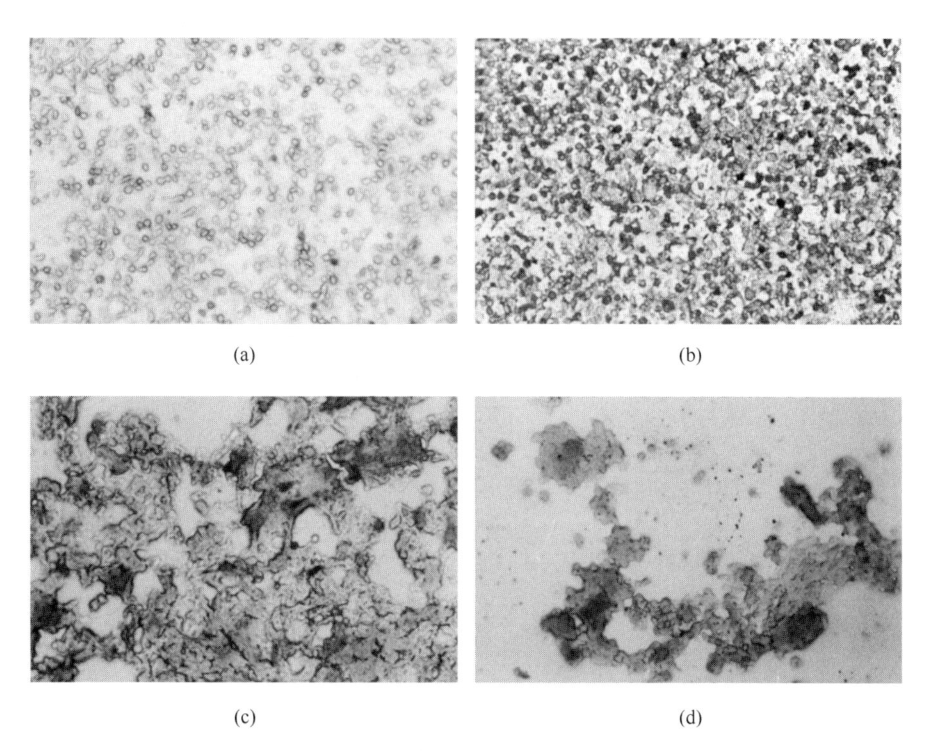

图 15-7　胎盘 MSC 经诱导向软骨细胞分化（见彩图）

诱导 2 周，细胞 Alcian blue 染色（b）与对照组（a）差异显著；高倍镜下可见Ⅱ型胶原形成细胞外基质被特异性染成蓝色［(c)、(d)］

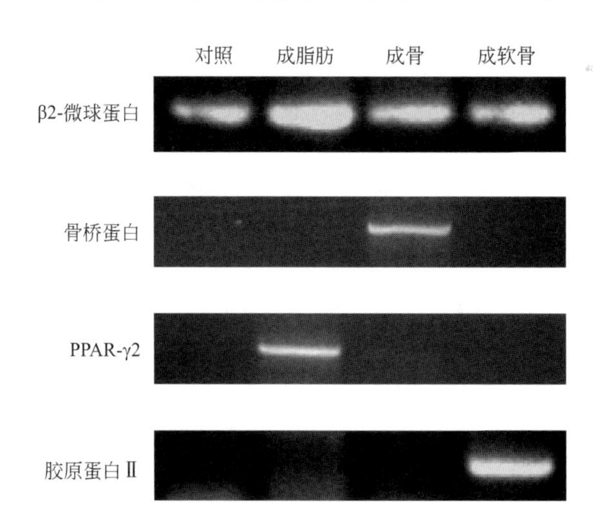

图 15-8　RT-PCR 检测诱导细胞特异性产物

成骨细胞特异性表达骨桥蛋白、脂肪细胞特异性表达 PPAR-γ2、软骨细胞特异性表达胶原蛋白Ⅱ，以 β2-微球蛋白为内参

五、注意事项

① 随时观察组织的消化时间，避免细胞由于消化时间过长，影响细胞活力。

② 获取胎盘时注意无菌操作。

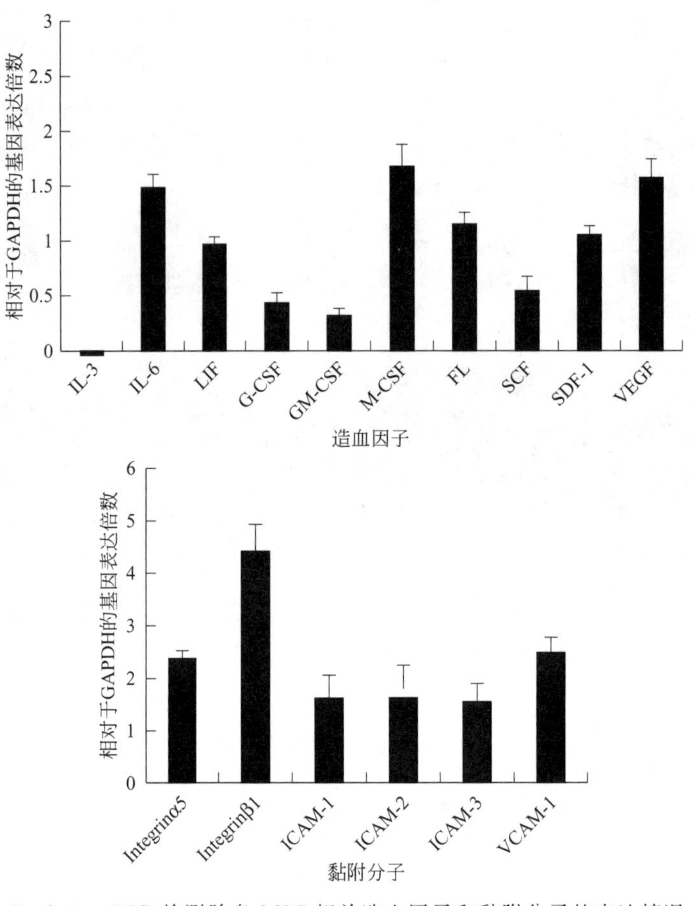

图 15-9 Real time-PCR 检测胎盘 MSC 相关造血因子和黏附分子的表达情况（$n=3$）

③ 对所取胎盘进行至少 3 遍冲洗，避免造血细胞污染。

④ 细胞传代时，注意消化时间，避免其他贴壁细胞的污染。

（张　毅　编）

第二节 小鼠间充质干细胞的分离培养与纯化

一、引言

间充质干细胞最早从骨髓中发现，随后在全身多处组织中被分离鉴定出来[25]。在适宜的条件下，间充质干细胞可以分化为多种类型的组织细胞，如骨、软骨和脂肪等。基于间充质干细胞的促进造血恢复能力、免疫调节特性和参与损伤组织修复的潜能，研究人员已经运用间充质干细胞去治疗多种疾病，如先天性成骨不全[26]、糖尿病[27]、急性移植物抗宿主病[28]、自身免疫性脑脊髓膜炎[29]、类风湿关节炎[30]、心肌梗死[31]和脓毒血症[32]等，并且取得了满意的效果。随着对间充质干细胞治疗方法的探索不断深入，借助动物疾病模型来进行临床前研究就显得愈加重要。

小鼠作为一种重要的实验动物，具有体型小、繁殖能力强、饲养成本低、便于操作等优点，易于建立多种人类疾病模型，是进行干细胞治疗研究的理想实验动物。不过，由于小鼠间充质干细胞培养技术中存在骨髓中造血细胞污染和间充质干细胞比例低等难题，使获得间充质干细胞的纯度和数量受到了影响，限制了小鼠间充质干细胞相关的体外和体内实验的开展。本部分在介绍多种小鼠间充质干细胞分离方法的同时，着重介绍密质骨分离法，旨在提供一种简便可靠的小鼠间充质干细胞分离培养技术[33,34]，能够帮助没有相关研究经验的研究者在短时间内获得大量的纯净度高的小鼠间充质干细胞。

二、骨髓法

Friedenstein 和他的同事利用间充质干细胞贴壁于塑料培养瓶的特性，把骨髓细胞种在间充质干细胞培养体系中，连续传代纯化，直到获得纯度较高的间充质干细胞[35]。这种方法至今仍广泛地应用于人骨髓间充质干细胞分离[2]和多种实验动物的间充质干细胞分离[36~38]。然而，当这种方法应用于小鼠间充质干细胞分离培养时，却遇到了问题。原因之一是，小鼠骨髓细胞中的间充质干细胞比例太低，只有百万分之一左右[39]，这就导致分离效率低下，难以在短时间内获得足够的小鼠间充质干细胞。另外一个原因就是小鼠骨髓细胞中的造血细胞具有较强的贴附于塑料的能力，难以通过传代培养去除，甚至连续传代九次之后，仍然混杂于间充质干细胞中[39]，这就影响了小鼠间充质干细胞相关实验的说服力。为了解决小鼠间充质干细胞分离培养的难题，研究人员尝试了磁珠筛选[40]、病毒转染[41]、专用的培养体系[42]等多种方法，但是这些方法一方面操作复杂，难于标准化，另一方面对间充质干细胞的生物学特性带来了一些影响。Soleimani 和 Nadri 介绍了一种改良的骨髓法[43]，其特点在于扩大原代细胞培养面积和培养早期多次换液，以此除去造血细胞，提高间充质干细胞的纯度。

① 原代培养面积。该方法强调要把较少体积（1mL）的高浓度（2.5×10^7 个/mL）细胞悬液，在较大面积上培养（直径 95mm 的细胞培养皿）。

② 原代培养换液。该方法最早的一次换液在细胞种植后 3h，然后每间隔 8h 换一次液，直到第 3 天。以后每 3～4 天换液一次。两周左右，间充质干细胞能够长满一个直径 95mm 的培养皿 65%～70%的培养面积。

诱导分化实验的结果表明，该方法可以获得具有三系分化能力的小鼠间充质干细胞，细胞表面免疫表型也符合间充质干细胞的特征，掺杂于其中的造血细胞有所减少。但是，其培养所需时间较长，获得的间充质干细胞数量太少，不利于开展大规模的动物实验。

三、密质骨法

曾有研究表明，把小鼠骨片添加到小鼠骨髓间充质干细胞培养体系中，能够提高小鼠间充质干细胞的培养效率[44]，提示骨组织及其含有的细胞对于间充质干细胞培养十分重要。更有研究表明，人的骨组织中富含间充质干细胞[45]。接下来，小鼠密质骨中也发现了多潜能间质祖细胞（mesenchymal progenitor cells，MPCs）[46,47]。进一步优化培养和诱导体系后发现，小鼠密质骨中分离出的细胞具有经典的间充质干细胞的形态和细胞免疫学表型，具有成骨、成脂肪和成软骨三系分化能力[33]。与从小鼠骨髓细胞中分离培养间充质干细胞的方法相比，从小鼠密质骨分离培养间充质干细胞的方法尽可能地避免了造血细胞的污染，而且在培养时间和收获的细胞数量上也具有优势，是一种稳定高效的小鼠间充质干细胞分离培养方法[33,34]。以下部分将对密质骨法的分离培养进行具体介绍。

1. 材料方法

（1）实验动物

2～3 周龄 C57BL/6 和 BALB/c 小鼠，购买自军事医学科学院动物中心。

（2）主要试剂

① 分离培养间充质干细胞的试剂。

a. α-MEM 培养基（Hyclone 公司）；

b. 间充质干细胞培养专用胎牛血清（fetal bovine serum，FBS，GIBCO 公司）；

c. Ⅱ型胶原酶（GIBCO 公司）；

d. 胰蛋白酶（Amresco 公司）。

② 间充质干细胞免疫表型鉴定试剂。

抗体均为 eBioscience 公司产品：FITC-labeled anti-stem cell antigen-1（Sca-1）、FITC-labeled anti-CD11b、PE-labeled anti-CD29、PE-labeled anti-CD31、PE-labeled anti-CD34、PE-labeled anti-CD44、FITC-labeled anti-CD45、PE-labeled anti-CD86、PE-labeled anti-CD105、PE-labeled anti-Ia、FITC-labeled rat IgG2b isotype control、PE-labeled rat IgG2b isotype control、PE-labeled Armenian Hamster IgG isotype control、FITC-labeled rat IgG2a isotype control、PE-labeled rat IgG2a isotype control。碘化丙啶（propidium iodide，PI）为 Sigma 公司产品。

③ 间充质干细胞诱导分化及鉴定试剂。

a. 间充质干细胞诱导分化试剂。高糖-DMEM（HG-DMEM）培养基为 HyClone 公司产品，地塞米松、抗坏血酸磷酸盐、β-磷酸甘油、IBMX、胰岛素、转铁蛋白、亚硒酸钠和丙酮酸盐为 Sigma 公司产品，TGF-β_3 为 R&D 公司产品。

b. 鉴定试剂。油红 O 染液、碱性磷酸酶检测试剂盒、硝酸银、硫代硫酸钠和甲苯胺蓝为 Sigma 公司产品。

（3）仪器设备

25cm^2/75cm^2 培养瓶（corning-costar），24 孔细胞培养板（Falcon，costar），15mL 塑料离心管（corning），细胞培养箱（Thermo Forma），流式细胞仪（Coulter EPICSXL，BD），生物净化工作台（北京中化生物技术研究所/伟达净化技术研究所，X90-3），倒置显微镜（Olympus），DNA thermal cycler（Perkin-Elmer），台式离心机（Beckman），低温高速离心机（GS-1 5R Beckman），分光光度计（BIO-RAD），解剖剪，解剖镊，无菌纱布，0.4mm 1mL 注射器，1.5mL EP 管，35mm、100mm 玻璃平皿。

（4）小鼠密质骨来源的间充质干细胞的分离和培养

① 分离小鼠密质骨。取 2～3 周龄 C57BL/6 或者 BALB/c 小鼠，断颈处死，75%酒精浸泡消毒小鼠 5min，放置于无菌玻璃平皿内，分别于腋窝和腹股沟处离断小鼠前肢与后肢留用。以无菌解剖镊将皮肤拉下至肢体末端，连鼠爪一同剪去。以无菌解剖剪和解剖镊剥离肱骨、股骨和胫骨表面的肌肉及附着组织。如果骨表面附着组织去除不够干净，以无菌纱布包裹骨，轻轻捻搓去附着组织。

② 去除造血细胞。剪去肱骨、股骨和胫骨的两端，只保留骨干。以注射器吸取含有 2% FBS 的 α-MEM 培养基，小心冲洗骨髓腔，反复冲洗至少三遍，直到骨干变白，以尽量去除骨髓腔内的造血细胞。同时收集冲出的小鼠骨髓细胞，种入培养皿内，采用骨髓法培养间充质干细胞作为对照。

③ 胶原酶消化骨片。将洗净的骨干剪碎成1～3mm^3的细小骨片，移入25cm^2培养瓶中，加入3%Ⅱ型胶原酶3mL，37℃消化。消化期间要观察骨片状态，发现骨片轻微相黏，但是轻摇可以打散时，终止消化。

④ 种植骨片。吸出胶原酶弃之，再以含有2%FBS的α-MEM培养基反复冲洗骨片三遍以上，确保消化释放出来的细胞被洗掉。将骨片种入25cm^2塑料培养瓶中，使骨片均匀分布于瓶底。加入间充质干细胞培养体系，内含α-MEM、10%FBS、100U/mL青霉素、100U/mL链霉素，37℃、5%CO_2及饱和湿度条件下培养。培养的头三天避免移动培养瓶，减少对细胞迁出的影响。第三天首次换液。

⑤ 初次传代和骨片回种。第五天，细胞接近70%～80%汇合时，0.25%胰酶消化，按照1∶3的比例传代。将骨片与细胞一起回种，以利于骨片中的细胞继续迁出。

⑥ 连续传代纯化。每2～3天换液。细胞生长接近70%～80%汇合时，0.25%胰酶消化，按照1∶3或者1∶4的比例传代。第二次传代时，去除骨片。每次传代时，分别对单只小鼠的密质骨和骨髓细胞中分离培养得到的间充质干细胞进行计数，比较两种方法收获的细胞数量。

(5) 小鼠密质骨来源的间充质干细胞的细胞免疫表型分析

① 准备细胞。以胰酶消化收获第四代细胞，制备成单细胞悬液，调整细胞数量至每个EP管1×10^6个细胞，洗净后重悬至每个EP管100μL PBS。

② 抗体标记。按照说明书要求，如表15-2所示，分别加入FITC标记的抗小鼠CD11b、CD45和Sca-1，PE标记的抗小鼠CD29、CD31、CD34、CD44、CD86、CD105、Ia抗体和上述抗体相对应的同型抗体。4℃避光孵育30min。同时避光染PI，15min。

表15-2　间充质干细胞免疫表型分析相关抗体及应用

抗原	荧光	应用浓度	对应同型对照
CD11b	FITC	0.5μg/mL	FITC-Rat IgG2b
CD29	PE	1μg/mL	PE-Armenian Hamster IgG
CD31	PE	0.5μg/mL	PE-Rat IgG2a
CD34	PE	1μg/mL	PE-Rat IgG2a
CD44	PE	0.125μg/mL	PE-Rat IgG2b
CD45	FITC	0.25μg/mL	FITC-Rat IgG2b
CD86	PE	0.125μg/mL	PE-Rat IgG2b
CD105	PE	0.5μg/mL	PE-Rat IgG2a
Sca-1	FITC	0.5μg/mL	FITC-Rat IgG2a
Ia	PE	0.02μg/mL	PE-Rat IgG2b
Rat IgG2a 同型抗体	PE	1μg/mL	
Rat IgG2a 同型抗体	FITC	0.5μg/mL	
Rat IgG2b 同型抗体	PE	0.125μg/mL	
Rat IgG2b 同型抗体	FITC	0.5μg/mL	
Armenian Hamster IgG 同型抗体	PE	1μg/mL	

③ 流式分析。用PBS，4℃，300g 离心8min，洗细胞两遍后，上机分析。

(6) 小鼠密质骨来源的间充质干细胞的多向诱导分化及鉴定

① 成骨分化。

a. 成骨诱导。收获第四代间充质干细胞，按照1×10^4个/孔种于24孔培养板内，对照组培养体系为α-MEM、10%FBS、100U/mL青霉素、100U/mL链霉素，诱导组培养体系为对照组体系添加表15-3中的诱导剂。每2～3天换液。

表15-3 成骨诱导体系

诱导剂	终浓度
地塞米松	10^{-7}mol/L
β-磷酸甘油	10mmol/L
维生素C磷酸盐	50μmol/L

b. 碱性磷酸酶染色。诱导第14天，去除培养基；向培养板内加入固定液（柠檬酸40μL＋去离子水2mL＋丙酮3mL）固定30s；向培养板内加入染色液（坚牢蓝RR 62.5μL＋去离子水3mL＋萘酚As-Mx磷酸125μL）；避光反应30min；倒掉染液，加少量PBS，显微镜下照相。

c. Von Kossa染色。诱导第28天，去除培养基；加入4%多聚甲醛固定30min；洗去固定液，加入5%硝酸银溶液，强光下反应30min；洗净后，加入5%硫代硫酸钠溶液，反应5min；洗净后，显微镜下拍照。

② 成脂分化。

a. 成脂诱导。收获第四代间充质干细胞，按照2×10^4个/孔种于24孔培养板内，对照组培养体系为α-MEM、10%FBS、100U/mL青霉素、100U/mL链霉素，诱导组培养体系为对照组体系添加表15-4中的诱导剂。每2～3天换液。

表15-4 成脂诱导体系

诱导剂	终浓度
地塞米松	10^{-6}mol/L
IBMX	0.5μmol/L
胰岛素	10ng/mL

b. 油红O染色。诱导第14天，去除培养基；向培养板内加入染色液（油红O粉剂0.5g＋异丙醇100mL）；避光反应15min；倒掉染液，加少量PBS，显微镜下照相。

③ 成软骨分化。

a. 成软骨诱导。收获第四代间充质干细胞，按照1×10^6个/管种于15mL塑料离心管内，对照组培养体系为HG-DMEM、10%FBS、100U/mL青霉素、100U/mL链霉素，诱导组培养体系为对照组体系添加表15-5中的诱导剂。在4℃，以300g 离心6min。每2～3天换液。

b. 甲苯胺蓝染色。诱导第21天，去除培养基；取出软骨小球，10%甲醛固定1h；常规蜡块包埋，做5μmol/L病理切片；切片脱蜡，复水；向切片上加入染色液（甲苯胺蓝粉剂0.5g＋去离子水100mL）；反应15min；倒掉染液，去离子水洗净，显微镜下照相。

表 15-5　成软骨诱导体系

诱导剂	终浓度
地塞米松	10^{-7}mol/L
ITS	1%(体积分数)
维生素 C 磷酸盐	50μmol/L
丙酮酸钠	1mmol/L
脯氨酸	50μg/mL
TGF-β_3	20ng/mL

2. 结果分析

（1）分离密质骨

无菌条件下离断前后肢，去除皮肤和肌肉，以无菌纱布去除肱骨、股骨和胫骨表面的附着组织。剪去长骨两端，冲净骨髓细胞，小心剪碎成细小骨片，如图 15-10 所示。

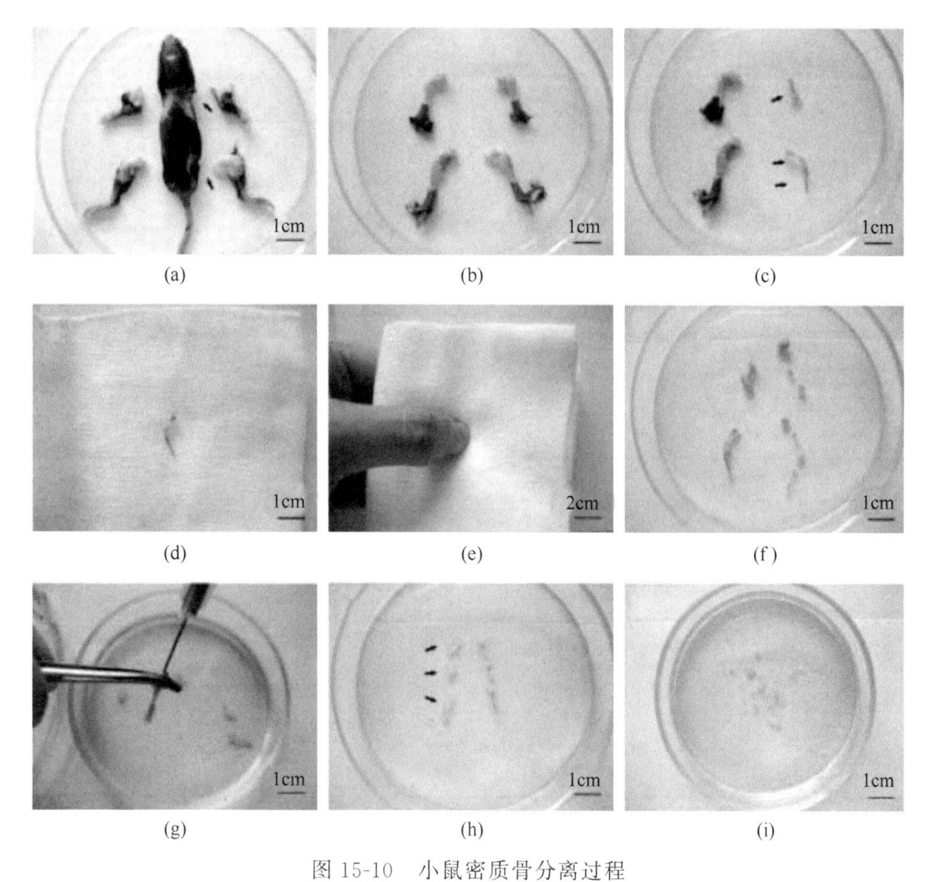

(a)　(b)　(c)　(d)　(e)　(f)　(g)　(h)　(i)

图 15-10　小鼠密质骨分离过程

(a) 离断前后肢；(b) 剥去皮肤和 (c) 肌肉；(d)，(e) 除去表面组织；(f) 剪开髓腔；(g)，(h) 冲净骨髓细胞；(i) 将骨干剪碎

（2）细胞形态

骨片中的间充质干细胞在适合的培养体系内培养 48h 后，可以少量从骨片中“爬出”[见图 15-11(a)]，贴附于塑料培养瓶底部。随着培养时间的延长，更多的细胞迁出 [见图 15-11(b)]。在骨片的周围，可以发现少数的成纤维细胞样的克隆 [见图 15-11(c)]。通常情

况下，5d左右，培养瓶底能够铺满成纤维样细胞，局部呈漩涡样或者纺锤样生长［见图15-11(d)］。小鼠密质骨间充质干细胞原代培养常见问题及解决办法见表15-6。

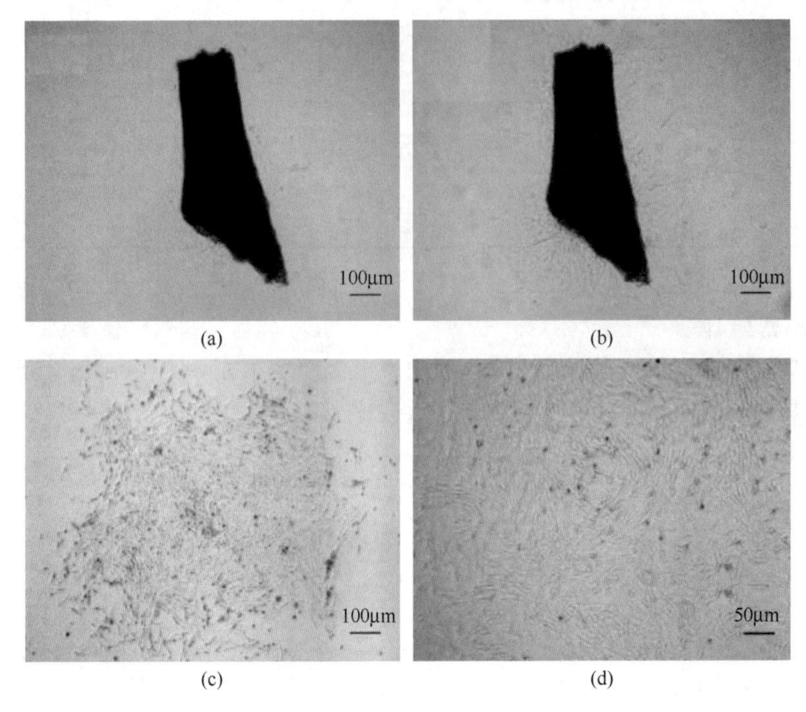

图15-11 小鼠密质骨来源间充质干细胞的形态学特点（见彩图）

(a) 骨片培养48h后，有间充质干细胞“爬出”；(b) 72h后“爬出”得更多；(c) 在骨片周围可见成纤维样细胞的克隆；(d) 培养瓶内的细胞局部呈漩涡样生长

表15-6 小鼠密质骨间充质干细胞原代培养常见问题及解决办法

问题	原因	解决办法
从骨片“爬出”的细胞很少	骨片太大，细胞不易“爬出”	把骨片剪小点
没有细胞从骨片“爬出”	消化时间过长，细胞活力受到影响	随时观察消化进度，控制好消化时间
	细菌污染	避免污染
造血细胞污染	骨髓腔冲洗不够干净	骨髓腔冲洗至少3遍
其他贴壁细胞污染	消化下来的细胞没有完全去除	完全丢弃消化下来的细胞，洗净骨片后再种
	传代时胰酶消化太久，将其他贴壁细胞如巨噬细胞也传代了	胰酶消化时间不超过3min

(3) 细胞免疫表型

图15-12(a)的PI染色结果显示，用于流式分析的间充质干细胞的活细胞的比率大于95%，结果可信度高。然后利用流式细胞术分析小鼠密质骨来源间充质干细胞的免疫学表型，发现其具有经典的间充质干细胞的表型特点。图15-12(b)的结果表明，采用密质骨法分离培养得到的细胞高表达干细胞标记Sca-1（99.1%）和CD105（85.4%）以及间质标记CD29（86.8%）和CD44（96%）；低表达或者不表达造血标记CD11b（0.5%）、CD34（0.5%）和CD45（0.5%），内皮标记CD31（0.6%），共刺激分子CD86（0.6%）和Ia（0.5%）。从表型特点上判断，小鼠密质骨来源的间充质干细胞是一群非造血非内皮间质来

源的干细胞，造血细胞（$CD11b^+CD34^+CD45^+$）污染少，间充质干细胞纯净度高，便于开展相关研究。小鼠密质骨间充质干细胞免疫表型鉴定的常见问题及解决办法见表 15-7。

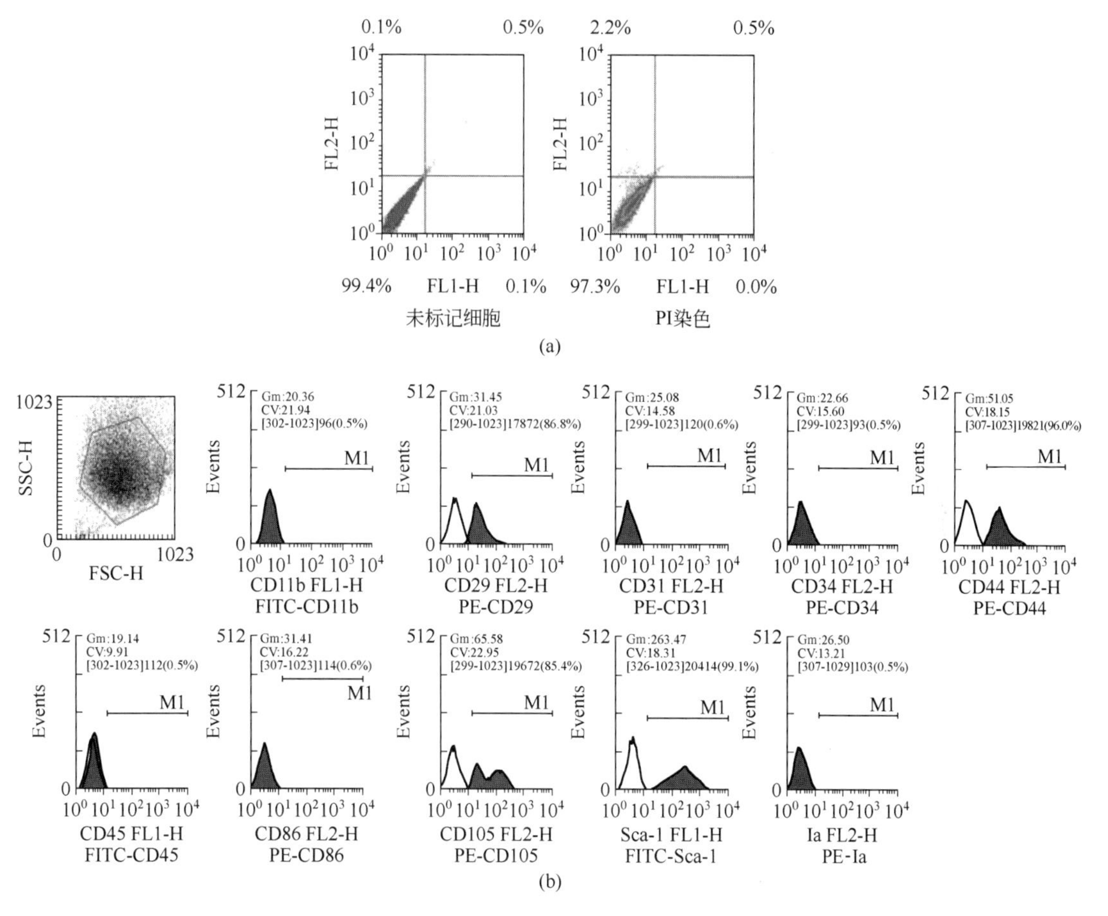

图 15-12　小鼠密质骨来源的间充质干细胞的免疫表型流式细胞术分析结果（见彩图）

(a) PI 染色结果表明用于免疫表型分析的间充质干细胞 95%以上都具有细胞活力。

(b) 免疫表型结果表明密质骨法分离培养得到的间充质干细胞高表达干细胞相关标记 Sca-1（99.1%）和 CD105（85.4%）以及间质标记 CD29（86.8%）和 CD44（96%）；低表达或者不表达造血标记 CD11b（0.5%）、CD34（0.5%）和 CD45（0.5%），内皮标记 CD31（0.6%），共刺激分子 CD86（0.6%）和 Ia（0.5%）

表 15-7　小鼠密质骨间充质干细胞免疫表型鉴定的常见问题及解决办法

问题	原因	解决办法
各标记均高表达	抗体孵育时间过长，没有充分洗涤	抗体孵育时间不大于 30min；PBS 洗涤至少两遍
阴性标记表达比例略高	死细胞比率高	以 PI 染色区分死细胞
	抗体的非特异性着色	加用同型对照抗体
阳性标记表达低	抗体孵育时间不足	抗体孵育时间不小于 15min

（4）多向分化能力

间充质干细胞的鉴定标准之一就是要具有三系以上的分化能力。成骨诱导 14d，间充质干细胞中的碱性磷酸酶活性显著上调，染色后呈红色［见图 15-13(a)］；继续成骨诱导到

28d，有明显的骨结节形成［见图 15-13(b)］。成脂诱导 5d 左右，即可在显微镜下观察到间充质干细胞中出现脂肪小滴。油红 O 具有亲脂肪特性，14d 进行油红 O 染色，可见着色的脂滴充满了胞质［见图 15-13(c)］。进行成软骨诱导第二天，即可观察到细胞小球形成。对软骨小球进行切片染色，可以看到丰富的细胞外基质呈环形包裹着细胞小球，甲苯胺蓝染色后阳性，基质中软骨细胞形态良好［见图 15-13(d)］。

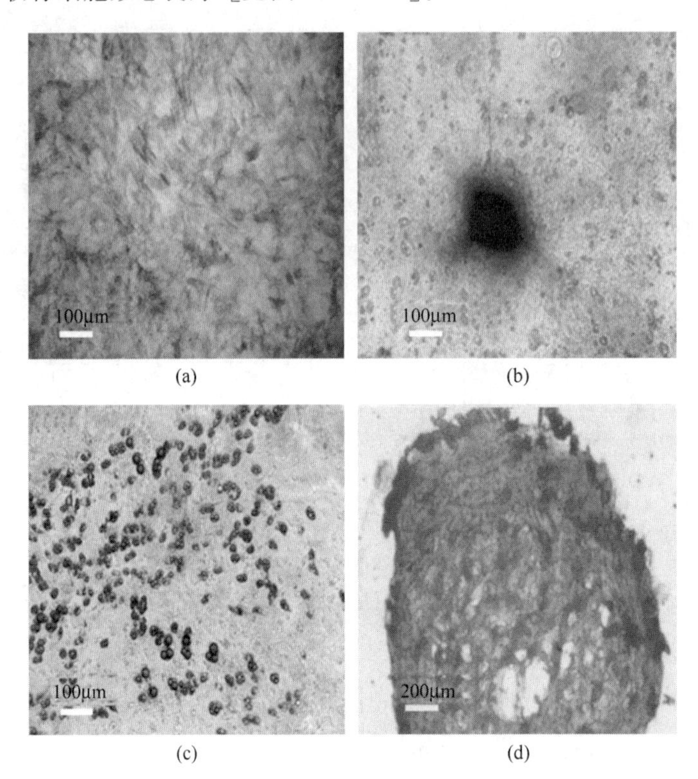

图 15-13 小鼠密质骨来源的间充质干细胞具备三系分化能力（见彩图）
（a）成骨诱导 14d，碱性磷酸酶染色阳性；（b）成骨诱导 28d，von Kossa 结节形成；（c）成脂诱导 14d，胞质内可见大量油红 O 着色的脂肪滴；（d）成软骨诱导 21d，甲苯胺蓝染色可见大量细胞外基质，并可见软骨细胞

经过成骨、成脂和成软骨诱导分化实验证实，小鼠密质骨来源的间充质干细胞具有三系分化能力。

（5）细胞收获数量

除了分离小鼠密质骨用于培养间充质干细胞，从同一只小鼠骨髓腔内冲出的骨髓细胞也被种入间充质干细胞培养体系中，根据文献报道的骨髓法进行间充质干细胞培养[43]。分别对两种方法收获的 P_1、P_2、P_3 和 P_4 代细胞进行计数。发现密质骨法得到的 P_4 代小鼠间充质干细胞数量几乎是骨髓法的 7～8 倍（见图 15-14）。

值得一提的是，目前密质骨法已经在多种哺乳动物的间充质干细胞分离中成功运用，如比格犬、大鼠和新西兰大白兔等[24]。之所以采用密质骨来分离间充质干细胞，是基于：①造血细胞定位于骨髓腔内；②密质骨内没有造血细胞；③人的密质骨中已经发现了间充质干细胞。通过反复冲洗骨髓腔，去除了绝大部分造血细胞。通过对骨片进行胶原酶消化，除去了密质骨髓腔面上附着的造血细胞、内皮细胞、破骨细胞等。更重要的是，胶原酶消化对密质

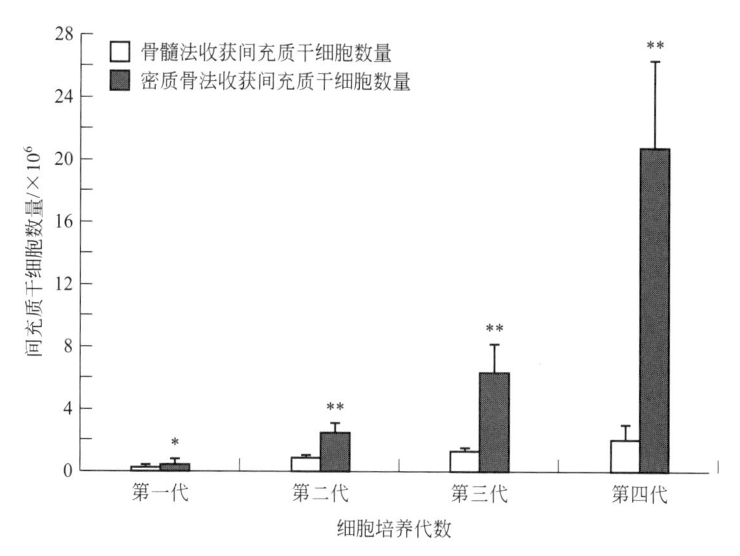

图 15-14 用骨髓法和密质骨法从单只 2～3 周龄小鼠分离得到的间充质干细胞数量的比较

采用均值±方差表示细胞数量，student T Test 进行统计学分析。P 值小于 0.05 认为有统计学意义，* $P<0.05$，** $P<0.01$

骨起到了松解的作用，使其中的间充质干细胞便于迁出。这种细胞的迁移过程会持续数天，因此，第一次传代之后把骨片回种，能够最大限度地获得密质骨中的原代间充质干细胞。从原代分离骨片到间充质干细胞连续传代，多种因素可能影响培养的效果，其中常见的原因及解决办法见表 15-6。

从人[2]和小鼠骨髓[44]中分离培养出的间充质干细胞具有共同的生物学特点：成纤维细胞样贴壁生长，特定的免疫表型，三系以上的分化能力。从小鼠密质骨中获得的间充质干细胞符合经典的形态特点，高表达干细胞相关标记和间质标记，低表达或不表达造血、内皮细胞标记和表达共刺激分子。但是，一些纤维细胞系也表达类似的免疫表型[48,49]，所以三系诱导分化实验就是鉴定间充质干细胞必不可少的。

地塞米松是一种糖皮质激素，能够调节肌肉、脂肪、骨和软骨等的分化[50]。β-磷酸甘油与矿物质沉积和骨质钙化相关[51]。而维生素 C 则参与胶原合成和骨基质钙化[52]。胰岛素能够调节脂滴的合成，而 IBMX 放大这种调节作用[53]。对于软骨分化来说，致密的微球形式能够保证充分的细胞-细胞接触和细胞-胞外基质接触，对于间充质干细胞向软骨细胞分化十分重要[54,55]。$TGF\beta_3$ 是软骨分化的促进因子，其作用超过其他 TGF 家族的因子[2,44]。诱导体系中较高的糖也是促进软骨分化的因素[54]，选用 HG-DMEM 取代 α-MEM 是软骨小球培养成功的原因之一。

密质骨法得到的间充质干细胞数量也远较骨髓法为多。采用不同的方法，从同一只小鼠中分离培养传代到第四代间充质干细胞，细胞数量已经差了 7～8 倍之多[33,34,43]。这样就为开展大规模的动物实验提供了前提。同时，采用密质骨法分离培养小鼠间充质干细胞能够大大减少分离间充质干细胞所需要的小鼠数量，这合乎动物伦理学的要求[33,34]。

综上所述，采用本技术分离得到的小鼠间充质干细胞具有成骨、成脂肪和成软骨三系分化能力，具备经典的细胞形态和免疫表型特点。所需时间短，收获细胞数量多，细胞纯净度好，为开展相关实验打下了良好的基础。

除了以上介绍的骨髓法和密质骨法之外，尚有研究人员尝试从多种组织中分离获得小鼠间充质干细胞[25]，然而其分离培养效率仍有待提高。通过大量分离培养小鼠间充质干细胞，大规模的动物实验得以开展，为探索和优化干细胞治疗技术提供了有力的支持。

（朱 恒 张 毅 编）

第三节 人胚胎干细胞的培养

一、引言

胚胎干细胞（embryonic stem cells，ESCs）简称ES细胞，是胚胎或原生殖细胞经体外分化抑制培养而筛选出的具有发育全能性的细胞。它在发育阶段上类似于早期胚胎的内细胞团细胞，具有与早期胚胎相似的分化潜能和正常二倍体核型，兼有胚胎细胞和体细胞的类似特性，既可进行体外培养、扩增、转化和筛选，又可分化为包括生殖细胞在内的各种组织和细胞[56~62]。作为一种新型材料，ES细胞广泛应用于动物克隆、转基因动物生产、组织工程、哺乳动物基因的表达与调控研究以及发育生物学研究等领域，有望为心肌坏死、帕金森病、糖尿病、白血病、肝功能衰竭、Duchenne's肌营养不良等疾病提供根治手段[63~66]。ES细胞诱人的应用前景使该项技术连续两年被评为世界十大科技新闻，引起越来越多研究者的关注。

二、实验材料

1. 实验器材

100mm、35mm组织培养皿，15mL塑料离心管，2.0mL冻存管（Corning），6孔板、24孔板（Costar），50mL离心管，Eppendorf管（EP管）、吸头（Axygen），针吸式滤器（Millipore），脉管、玻璃瓶、10mL离心管、吸管、滴管、量筒、烧杯、注射器、细胞计数板、计数器等均为国产。

2. 主要试剂

高糖DMEM培养基、Knockout DMEM培养基、血清替代品、1%非必需氨基酸、L-谷氨酰胺、β-巯基乙醇、胎牛血清均购自GIBCO公司。bFGF购自PeproTech公司。明胶、DMSO、胰酶、乙二胺四乙酸、Ⅳ型胶原酶。

3. 实验动物

孕12.5d的ICR孕鼠，由军事医学科学院动物中心提供。

三、实验方法

按照WiCell研究所提供的标准的操作流程，人胚胎干细胞需培养于小鼠成纤维细胞（mouse embryonic fibroblasts，MEF）饲养层上，并添加适量的4ng/mL的碱性成纤维细胞生长因子（bFGF），下面将详细介绍人胚胎干细胞的培养流程。

1. 胎鼠成纤维细胞的制备

（1）分离胎鼠

所有不锈钢器械在实验前于75%酒精中浸泡消毒30min。取孕12.5d的ICR孕鼠一只，脱臼处死后置于75%酒精中浸泡5min，取出小鼠，于超净台内剖开腹壁，见小鼠双角子宫膨大，其内胎鼠整齐排列，自宫角处取出胎鼠，PBS液充分漂洗除去血细胞，用眼科镊在解剖显微镜下除去胎鼠头、四肢和内脏。

（2）消化

将分离的胎鼠躯干和尾部在PBS液中漂洗两遍，转移到无菌血清瓶中，加入0.25%胰酶/0.02%EDTA液10mL，置于4℃冰箱消化过夜。第二天向消化混合物中加入10mL胎牛血清，中止胰酶的消化作用，先用力振荡，再用1mL加样枪反复吹打，将胎鼠组织制成细胞悬液。

（3）接种

取直径10cm的细胞培养皿100个，每皿添加含10%胎牛血清的高糖DMEM培养液6mL，再向每皿中加入MEF细胞悬液约200μL，共可制备100皿细胞，置于含6%CO_2、饱和湿度的37℃细胞培养箱中培养过夜，有活性的MEF细胞贴壁生长，而死细胞漂浮于培养液中。

（4）冻存

更换新的培养基继续培养4～5d，观察到细胞呈梭形，近100%融合，以剂量25Gy的^{60}钴γ射线照射，使细胞丧失有丝分裂活性。照射后再放回细胞培养箱孵育2～3h，弃培养液，PBS液洗一遍，每皿加0.25%胰酶/0.02%EDTA消化液5mL，待细胞变圆相互分离时加入培养基5.0mL中止胰酶消化作用，用滴管反复吹打皿底，使细胞从皿底脱离，将细胞悬液转移至50mL塑料离心管中，1000r/min离心5min，弃培养基，制备100mL含70%MEF培养液、20%胎牛血清、10%DMSO的冻存液，将细胞混合于冻存液中，以1mm/支分装于2mL冻存管中，置于－70℃冰箱过夜，第二天将冻存管转移入液氮罐中冻存。

（5）MEF细胞复苏

设定水浴箱温度为40℃，待水温升至设定温度后，从液氮罐中取一支MEF细胞，于水中迅速晃动，至细胞悬液完全融化，转移至装有8mL高糖DMEM培养基的离心管中，用滴管反复吹打，1000r/min离心5min，弃上清液，加入1mL MEF培养液，混匀后按照悬浮细胞溶液的体积比接种于铺好0.1%明胶的100mm细胞培养皿中，培养过夜，MEF细胞贴壁。

2. hES细胞传代

（1）机械法

在无菌吸管上套上吸球，左手用镊子夹住吸管最前端，右手拿着吸管，在酒精灯上灼烧吸管前部；当灼烧部位软化到可以拉动时，左手固定不动，右手将吸管向右上方提拉；拉伸部位与吸管形成一个120°角的细长针，在距离拐角3cm的地方，用镊子掐断过细的部分，将玻璃吸管末端用酒精灯外焰加热，使其末端钝化，出口缩小，但是不封闭，用来转移切割下来的hES细胞克隆。

（2）消化法

取一皿对数增长期的hES细胞，弃培养液，用EBSS液洗一遍，加入4mL EBSS液和1mL浓度5mg/mL的Ⅳ型胶原酶，37℃消化10min左右，镜下见细胞集落间边界清晰，集落内部细胞松解开，弃消化液，用EBSS液洗一遍，添加ES细胞培养液，反复吹打皿底，细胞脱落并分散成大小均匀的小细胞片（5～10个细胞），按照悬浮细胞溶液的体积比接种于种好MEF细胞的培养皿中，置于37℃、含6%CO_2、饱和湿度的细胞培养箱中培养，每日观察细胞生长状态并更换新培养液，5～6d后细胞集落长大并互相融合，此时中止培养，进行细胞传代或冻存。

传代后 1d，生长于 MEF 饲养层上的胚胎干细胞如图 15-15 所示；传代后 72h，生长于 MEF 饲养层上的胚胎干细胞如图 15-16 所示。

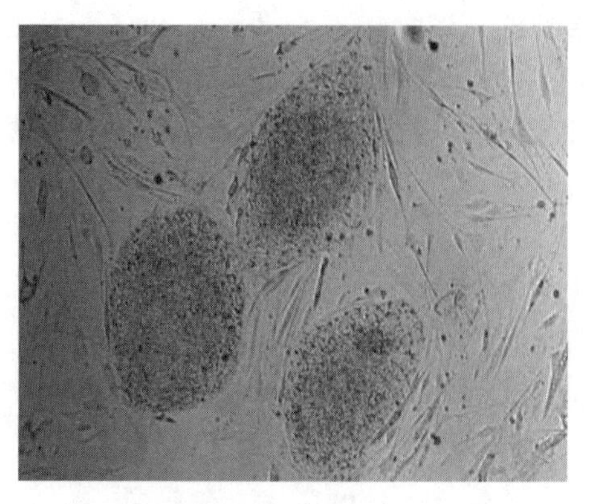

图 15-15 传代后 1d，生长于 MEF 饲养层上的胚胎干细胞（10×）（见彩图）
生长于饲养层上的人胚胎干细胞，克隆较小，形似鸟巢状

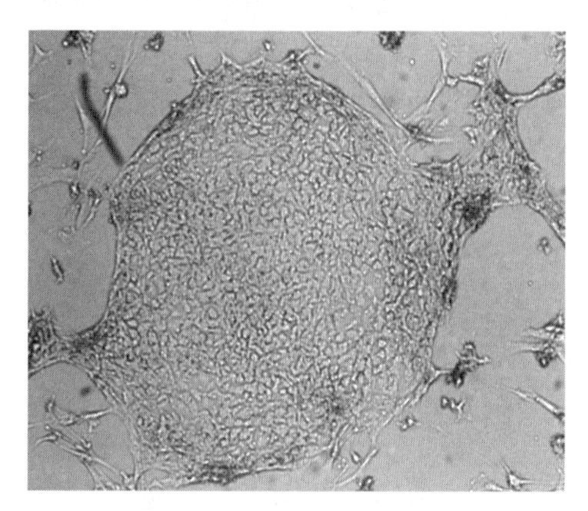

图 15-16 传代后 72h，生长于 MEF 饲养层上的胚胎干细胞（10×）（见彩图）
生长于饲养层上的人胚胎干细胞，克隆较大，边界明显

3. hES 细胞冻存

分两种方法，即常规冻存法和程序降温仪冻存法。

（1）常规冻存法

将 hES 细胞消化后制成细胞悬液，转移至离心管中以 800r/min 的速率离心 5min，弃上清液，以配制 1mL 冻存液为例，按照下列比例配制 A 液和 B 液。

A 液（0.5mL）$\begin{cases}\text{血清替代物：0.3mL}\\ \text{hES 细胞培养液：0.2mL}\end{cases}$　B 液（0.5mL）$\begin{cases}\text{DMSO：0.1mL}\\ \text{hES 细胞培养液：0.4mL}\end{cases}$

细胞离心后弃上清液，先加入 A 液混匀，再加入 B 液轻轻混匀，以 1mL/支转移至冻存管中，置于冻存盒中，放在－70℃冰箱，过夜后取出放入液氮罐中，做好标记。

（2）程序降温仪冻存法

① hES 细胞消化，制成细胞悬液，转移至 1.5mL EP 管中，1000r/min 离心 5min，弃上清液。

② 配制冻存液。血清替代物 0.9mL、DMSO 0.1mL 混合（血清替代物∶DMSO＝9∶1），吸出 0.4mL 作为保护液，剩余 0.6mL 加到离心后的 hES 细胞中，轻轻吹打制成细胞悬液。

③ 装管。取一支照射消毒的脉管，一端安装 1mL 微量注射器，先吸入 1.5cm 高的保护液，再吸入 2mm 高的空气柱，之后吸入 hES 细胞悬液至剩余 2cm 高度，再吸入 2cm 高的空气，最后吸入保护液，盖上脉管塞。

④ 启动冷冻程序。打开程序降温仪，设置降温程序，起始温度：22℃。由 22℃到−7℃，每分钟降 2.5℃，降至−7℃时植冰→停 5min→−7～−30℃，每分钟降低 0.3℃→−30～−150℃，每分钟降 10℃→降至−150℃时取出脉管，放入液氮罐，做好标记。

4. hES 细胞复苏

由于两种冻存法所用的冻存管不同，复苏方法有所不同。

（1）常规法

将装有 400mL 去离子水的 500mL 烧杯高压灭菌后，置于水浴箱中调整温度为 37℃，从液氮罐中取出一支 hES 细胞，迅速投入烧杯中，快速晃动，使冻存液融化，细胞悬液转移至装有 8mL 高糖 DMEM 培养基的离心管中，用滴管反复吹打，1000r/min 离心 5min，弃上清液，再洗一次后加入 1mL hES 细胞培养液，混匀后接种于铺好 MEF 的细胞培养皿中，放回细胞培养箱，剩余少量细胞悬液用台盼蓝染色，计数不着色的细胞数来计算复苏效率。

（2）程序降温法

将冻存管从液氮罐中取出，室温下暴露于空气中 30s，投入水温 37℃的烧杯中，快速晃动，使冻存液融化，酒精棉球擦拭冻存管表面，剪去尾段，细胞悬液转移至装有 8mL 高糖 DMEM 培养基的离心管中，离心洗涤两次，接种于铺好 MEF 的细胞培养皿中，同样取剩余的少量细胞悬液用台盼蓝染色，计数不着色的细胞数来计算复苏效率，两种方法加以比较。

分析：两种不同的方法相比，程序降温法对细胞的损伤较小，复苏后细胞死亡率低，然而该方法步骤烦琐，且对设备的要求较高；常规法操作简单，但复苏后细胞存活率较程序降温法低。

5. hESCs 的鉴定

（1）免疫荧光分析和 hESCs 相关分子标志物表达

取对数生长期的第 112 代 hESCs 一皿，用Ⅳ型胶原酶消化制成细胞悬液，按 1×10^4 个/cm^2 的密度种植到 24 孔板中，置于细胞培养箱中培养 3d，细胞长成中等大小的克隆。弃培养液，PBS 缓冲液洗 2 遍，加入 4%多聚甲醛液室温固定 30min，按如下步骤进行免疫荧光染色。

① 0.3%Triton-X-100（PBS 液配制）室温通透 7min，PBS 液洗 3 次，每次 5min；

② 山羊血清封闭液（原液 1∶20 稀释）室温封闭 30min；

③ 弃血清封闭液，滴加 1∶100 稀释的小鼠抗人 TRI-1-81 等多克隆抗体，阴性对照只加 PBS 液，4℃过夜；

④ PBS 液洗 3 次，每次 5min，加 1∶100 稀释的羊抗小鼠 IgG-TRITC 荧光二抗液，室温避光作用 30min；

⑤ PBS 液洗 3 次，每次 5min，直接在荧光显微镜下观察、拍照。

人胚胎干细胞的免疫荧光染色结果见图 15-17。

（2）流式细胞术分析 hESCs 干细胞相关标志物的表达率

对数生长期的第 113 代 hESC 一皿，用胰酶消化制成单细胞悬液，取 3×10^6 个细胞，PBS 液洗一次，平均分成 3 份，分别置于 1.5mL EP 管中，按如下步骤进行操作。

① 取 1 管用 0.1%Triton-X-100（PBS 液配制）室温破膜 7min，用 PBS 液 1200r/min 离心洗 3 次，每次 5min；

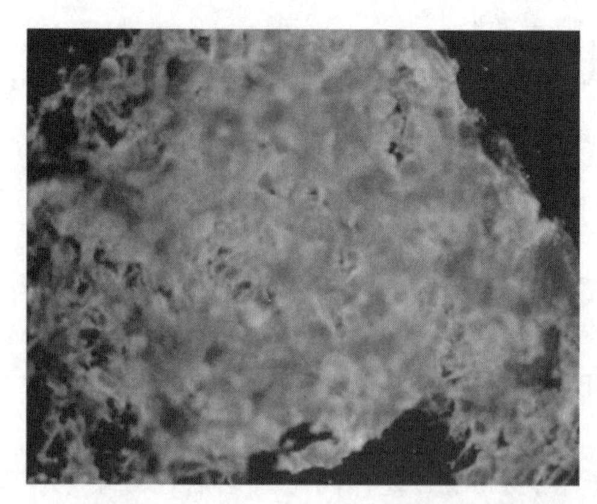

图 15-17 人胚胎干细胞的免疫荧光染色（10×）（见彩图）

② 破膜组加入 1∶50 稀释的小鼠抗人 OCT4 抗体 200μL，其他组加入小鼠抗人 SSEA-4，阴性对照只加 PBS 液，37℃作用 2h；

③ 1200r/min 离心 5min，弃一抗液，PBS 液离心 5min，洗 2 遍，加入 1∶100 稀释的羊抗小鼠 IgG-FITC 荧光二抗液 200μL，室温下避光作用 30min；

④ 离心弃二抗液，PBS 液离心洗 2 遍，流式细胞仪分析所有细胞中 OCT4、SSEA-4 阳性细胞的比例。

流式细胞术检测胚胎干细胞的细胞表型如图 15-18 所示。

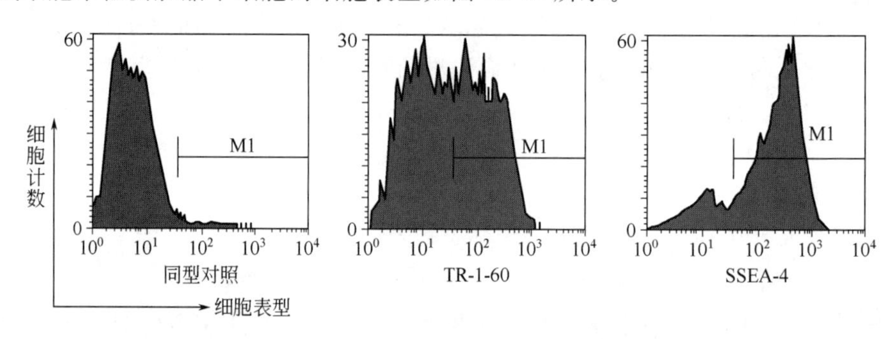

图 15-18 流式细胞术检测胚胎干细胞的细胞表型

四、注意事项

① 原代 MEF 主要由成纤维样细胞组成，贴壁生长。随着细胞传代时间的延长，MEF 分泌的抑制因子将逐渐减少，这直接影响人胚胎干细胞的生长情况，前 5 代的 MEF 较好，因此，一般选择前 5 代 MEF 作饲养层。

② 人胚胎干细胞生长旺盛，因此，必须每天换液。

③ 需观察人胚胎干细胞的生长情况，在传代前一天做好饲养层。

④ 在人胚胎干细胞克隆较少的时候多采用机械法传代，经过一段时间的扩增，克隆较多时则采用消化法传代。

⑤ hES 细胞复苏后在 MEF 上呈克隆样生长，约一周传代一次，hES 细胞在培养过程中会发生自发的分化，除了定期利用 RT-PCR 和免疫荧光检测 hES 细胞特异性标志分子的表达，在平时的培养中主要通过显微镜观察克隆的形态来判断 hES 细胞是否分化。

（刘雨潇　张　毅　编）

第四节　$CD34^+$造血干细胞与$CD14^+$单核细胞向树突状细胞的诱导分化

一、引言

树突状细胞（dendritic cell，DC）作为免疫应答中最重要的专职性抗原递呈细胞，在体内具有摄取、加工、递呈抗原，并将抗原信号传递给T细胞的功能，另外，DC也可以与B细胞和NK细胞相互作用，启动或获得免疫功能[67～69]。由于DC的发育经历了由造血干细胞或单核细胞向未成熟DC再到成熟DC的分化过程，因此，不同成熟状态和活化程度的DC导致免疫反应和免疫耐受两种完全不同的结果，它在调节免疫反应与免疫耐受的平衡中起决定性作用。成熟DC高水平表达MHC-Ⅱ类分子，协同共刺激分子（CD80、CD86等）启动免疫应答，并合成分泌IL-12，增强天然性和获得性免疫反应[70]。在临床肿瘤治疗中，针对肿瘤的免疫逃逸现象，发挥DC的抗原递呈作用，是目前肿瘤免疫治疗的研究热点，且已初见治疗效果。2010年，美国食品药品监督管理局（FDA）发布允许利用DC治疗前列腺癌的晚期患者，标志着未来利用DC进行肿瘤个体化治疗的广阔应用前景；而未成熟DC低表达共刺激分子，摄取抗原却不能提呈给T细胞，从而诱导机体产生免疫耐受[71～73]，此类DC亚群称为调节性DC（regulatory DC，regDC）。regDC作为重要的免疫调节细胞，在诱导和维持免疫耐受上起重要作用。利用DC的摄取抗原但不递呈作用治疗自身免疫性疾病或器官和细胞移植排斥，也是当前细胞治疗的研究热点。因此，在体外诱导分化获得不同亚群的DC对研究DC的发育分化、作用机制与临床应用具有重要的理论和实际意义。

由于DC在体内数量极少，从组织中分离十分困难。为此，人们尝试各种培养DC的方法，并已成功建立了大量DC的体外分离纯化和培养扩增技术。目前已有多种体外诱导扩增方法，根据诱导DC前体细胞来源的不同可分为两种：①从骨髓、脐血或者外周血中分离获得$CD34^+$造血干细胞，与GM-CSF、TNF-α共培养后获得DC；②用GM-CSF加IL-4组合诱导外周血单核细胞分化成DC[74]。

随着对DC体外诱导分化研究的不断深入，各种细胞因子在DC诱导分化中的作用被广泛研究。如GM-CSF是体外DC分化的核心因子，它可促进单核细胞分化为巨噬细胞，通过增强MHC-Ⅱ的表达，增强其作为抗原递呈细胞的代谢和功能[75]。IL-4和TNF-α被认为是诱导DC分化的两种主要因子[76]，IL-4可以抑制DC前体细胞向巨噬细胞分化，促进其向DC生长和成熟，而TNF-α则能增加$CD34^+$细胞来源的DC表达CD1a的比例。在利用这三种常规因子诱导DC的基础上，其他细胞因子的加入对DC的功能产生截然不同的影响。如IL-15、IL-12、IL-6等促进DC前体细胞向DC的发育，提高共刺激分子的表达及异源T细胞的刺激能力[77]，而PGE2、IL-10、G-CSF及TGF-β等因子则诱导具有耐受功能的regDC的形成[78～80]。这种细胞通过分泌IL-10、PGE2等因子抑制Th1介导的免疫反应，也可诱导$CD4^+CD25^+$调节性T细胞的形成，使机体产生免疫耐受。另外，regDC还具有促进血管形成的作用，这种特性在减轻局部炎症的作用中发挥重要作用[81]。

对于实验而言，脐带血$CD34^+$造血干细胞或$CD14^+$单核细胞用于分离纯化与培养扩增DC均可。而用于临床治疗，成人外周血$CD14^+$单核细胞诱导DC则较为方便。临床试验中，更多的DC是通过两步法诱导外周血单核细胞分化为DC的。对比不同实验室诱导成熟DC

的方法，结合笔者自身的经验，下面介绍培养 $CD34^+$ 造血干细胞与 $CD14^+$ 单核细胞诱导分化 DC 的方法。

二、实验材料与方法

1. 材料

（1）标本来源

脐带血（取自医院妇产科）。

健康供者外周血（取自医院血库）。

（2）培养基及细胞因子

胎牛血清（FBS，Hyclone），RPMI1640 培养基（Gibco），0.25%胰酶（Sigma），细胞因子 GM-CSF、TNF-a、IL-4（Pepro Tech），LPS（Sigma）。

（3）主要试剂及抗体

① 鼠抗人单克隆抗体 CD1a-FITC、CD14-PE、CD83-FITC、HLA-DR-FITC、CD80-PE、CD86-PE（BD PharMingen）、CD34-PE、CD3-PE、Dextran-FITC（Sigma）。

② Ficoll 淋巴细胞分离液（1.077mg/mL，中国医学科学院），甲基纤维素 450（Sigma）。

③ $CD3^+$ 细胞免疫磁珠分离试剂盒（Miltenyi Biotech），$CD14^+$ 细胞免疫磁珠分离试剂盒（Miltenyi Biotech），$CD34^+$ 细胞免疫磁珠分离试剂盒（Miltenyi Biotech）。

④ ^3H 标记的脱氧胸腺嘧啶单核苷酸（^3H-TdR，中国原子能科学研究院），闪烁液（Beckman）。

（4）主要器材和仪器

① 细胞培养板、细胞培养瓶（Costa）。

② 生物净化工作台（北京中化生物技术/伟达净化技术研究所 X90-3），细胞培养箱（Thermo Forma），流式细胞仪（Coulter EPICS XL，BD），倒置显微镜，照相机（Olympus），荧光显微镜（Nikon），数码相机（Nikon），离心机（Beckman），低温高速离心机（GS-15R Beckman），旋片真空泵（浙江省临海市真空精工设备厂），恒温水浴箱（北京长风仪器仪表公司），台式低速离心机（Eppendorf 公司）。

2. 方法步骤

（1）树突状细胞的诱导

① 健康成人脐带血 $CD34^+$ 造血干细胞的纯化。

a. 将健康成人脐带血用 PBS 倍比稀释，加入 0.5%甲基纤维素（终浓度为 0.1%）充分混匀，静置 30min；

b. 吸取上层细胞悬液，1200r/min 离心 10min，PBS 重悬；

c. 10mL 离心管中加入 4mL 淋巴细胞分离液，再缓慢沿壁加入 6mL 混匀的细胞悬液，1800r/min×20min 离心；

d. 吸取单个核细胞层，用冷 PBS 洗 2 次，细胞计数，即为单核细胞（mononuclear cell，MNC）；

e. 将 MNC 重悬于 10mL 缓冲液（PBS＋2mmol/L EDTA＋0.5% BSA）中，然后 1200r/min×10min 离心；

f. 弃上清液，将细胞溶于 300μL 缓冲液中，分别加入 $100\mu L/10^8$ 细胞 FcR 阻断试剂和 CD34 Microbeads，4℃孵育 30min；

g. 加入冷的 10mL 缓冲液，1000r/min×10min 离心，彻底去上清液，重悬于 500μL 缓冲液（抽真空）中；

h. 用 500μL（抽真空）冲洗分离柱，将细胞悬液加入分离柱上，让细胞自然流出，用缓冲液（抽真空）洗脱柱子 4 次，500μL/次；

i. 将柱子移离磁铁，加 1mL 缓冲液，用推杆将细胞推出，柱下接瓶子，收集细胞即为 $CD34^+$ 造血干细胞，将分离的 $CD34^+$ 细胞取样计数；

j. 取 2×10^5 个细胞分装 2 个流式检测管（其一为空白对照），各加 1mL PBS，离心 1500r/min×10min；

k. 弃上清液加 500μL PBS，吹打均匀细胞，一管中加入 CD34-PE 抗体 10μL，4℃避光反应 30min；

l. 加入 PBS 然后 1200r/min×10min 离心洗涤，弃上清液，用 0.5%的多聚甲醛固定，流式检测。

② 健康成人外周血 $CD14^+$ 单核细胞的分离纯化。

a. 将健康成人外周血用 PBS 倍比稀释，加入 0.5%甲基纤维素（终浓度为 0.1%）充分混匀，静置 30min；

b. 吸取上层细胞悬液，1200r/min 离心 10min，PBS 重悬；

c. 10mL 离心管中加入 4mL 淋巴细胞分离液，再缓慢沿壁加入 6mL 混匀的细胞悬液，1800r/min×20min 离心；

d. 吸取单个核细胞层，用冷 PBS 洗 2 次，细胞计数，即为单核细胞（mononuclear cell，MNC）；

e. 将 MNC 重悬于 10mL 缓冲液（PBS＋2mmol/L EDTA＋0.5%BSA）中，1200r/min×10min 离心；

f. 弃上清液，将细胞溶于 300μL 缓冲液中，分别加入 $100\mu L/10^8$ 细胞 FcR 阻断试剂和 CD14 Microbeads，4℃孵育 30min；

g. 加入冷的 10mL 缓冲液，1000r/min×10min 离心，彻底去上清液，重悬于 500μL 缓冲液（抽真空）中；

h. 用 500μL 缓冲液（抽真空）冲洗分离柱，将细胞悬液加入分离柱上，让细胞自然流出，用缓冲液（抽真空）洗脱柱子 4 次，500μL/次；

i. 将柱子移离磁铁，加 1mL 缓冲液，用推杆将细胞推出，柱下接高压灭菌的青霉素瓶，收集细胞即为 $CD14^+$ 造血干细胞，将分离的 $CD14^+$ 细胞取样计数；

j. 取 2×10^5 个细胞分装 2 个流式检测管（其一为空白对照），各加 1mL PBS，然后 1500r/min 离心 10min；

k. 弃上清液加 500μL PBS，吹打均匀细胞，一管中加入 CD14-PE 抗体 10μL，4℃避光反应 30min；

l. 加入适量 PBS 然后 1200r/min×10min 离心洗涤，弃上清液，用 0.5%的多聚甲醛固定，流式检测。

③ 未成熟 DC（iDC）的诱导。

a. $CD34^+$ 造血干细胞诱导 iDC。在 24 孔培养板中接种 5×10^4 个/孔的 $CD34^+$ 造血干细胞，加入 DC 诱导培养基，即含 10% FBS 的 RPMI 1640 培养液中加入 20ng/mL GM-CSF、20ng/mL TNF-a，每 3 天半量换液，第 6 天另添加 20ng/mL IL-4。培养到 12d 后，轻轻吹

打细胞，离心后收集细胞用于实验。

b. $CD14^+$外周血单核细胞诱导iDC。在6孔培养板中接种2×10^6个/孔的$CD14^+$单核细胞，加入DC诱导培养基，即含10% FBS的RPMI 1640培养液中加入20ng/mL GM-CSF，20ng/mL IL-4。每3天半量换液，第5天轻轻吹打细胞，离心后收集细胞用于实验。

④ 成熟DC的诱导。在培养iDC的培养体系中加入LPS 1μg/mL，刺激48h后，轻轻吹打上层细胞，收集细胞用于实验。

(2) 流式细胞术鉴定DC表面标志

① 计数DC，加入EP管中，PBS洗一次，1200r/min离心10min；

② 弃上清液，加200μL PBS重悬细胞，吹打混匀细胞；加入抗体CD1a-FITC、CD14-PE、CD80-PE、CD86-PE、CD83-FITC、HLA-DR-FITC各10μL，设一管为空白对照，4℃避光反应30min；

③ PBS洗一次，1200r/min离心10min；

④ 弃上清液，加入400μL 0.5%多聚甲醛固定，放于4℃冰箱，24h内用流式细胞仪检测。

(3) 混合淋巴细胞反应（MLR）

① 健康成人外周血单核细胞的分离及$CD3^+$ T细胞的纯化。

a. 将健康成人外周血用PBS倍比稀释，加入0.5%甲基纤维素（终浓度为0.1%）充分混匀，静置30min；

b. 吸取上层细胞悬液，1200r/min×10min离心，弃上清液，PBS重悬；

c. 10mL离心管中加入4mL淋巴细胞分离液，再缓慢沿壁加入6mL混匀的细胞悬液，1800r/min×20min离心；

d. 吸取单核细胞层，用冷PBS洗2次，细胞计数，即为MNC；

e. 将MNC重悬于10mL缓冲液（配方同前）中，1200r/min×10min离心；

f. 弃上清液，悬于400μL缓冲液中，加入100μL bio-antibody cocktail，4℃孵育10min；

g. 再加入300μL缓冲液，另加入200μL anti-biotin microbeads，4℃孵育10min；

h. 加入10mL冷的缓冲液，1000r/min×10min离心，彻底去上清液，重悬于500μL缓冲液（抽真空）中；

i. 用500μL缓冲液（抽真空）冲洗分离柱，将细胞悬液加入分离柱上，让细胞自然流出，用缓冲液（抽真空）洗脱柱子4次，500μL/次，接流过磁柱的细胞即为$CD3^+$ T细胞；

j. 将分离的$CD3^+$ T细胞取样计数，取1×10^6个细胞分装2个流式检测管（其一为空白对照），各加1mL PBS，离心1200r/min×10min，弃上清液后加500μL PBS，混匀细胞，一管中加入10μL CD3-PE抗体，4℃避光反应30min；

k. 加入适量PBS然后1200r/min×10min离心洗涤，弃上清液，0.5%的多聚甲醛固定，流式检测。

② 混合淋巴细胞反应（MLR）。以$CD3^+$ T细胞为效应细胞（R），按2×10^5个/孔接种于96孔板，DC作为刺激细胞（S），按照1∶1、1∶10、1∶100的浓度梯度与效应细胞混合后悬浮于含20% FBS的RPMI-1640培养基中。于37℃、5% CO_2全湿培养84h后，加入^{3}H-TdR，1μCi/孔，继续培养12h后，用液体闪烁仪检测cpm值。

(4) dextran吞噬实验

调整DC浓度为1×10^6个/mL，于37℃孵育15min后，加入dextran-FITC 1mg/mL，分别置于37℃（实验组）和0℃（对照组）孵育60min，用冷PBS 1200r/min×10min洗涤

2次后，流式细胞仪检测细胞吞噬情况。

三、实验结果

1. 分离目的细胞纯度检测

根据细胞分离试剂盒的说明书操作，分离获得 $CD14^+$ 细胞与 $CD34^+$ 细胞，流式细胞仪检测结果显示：分离获得的 $CD14^+$ 细胞与 $CD34^+$ 细胞的纯度均在95%以上（见图15-19）。

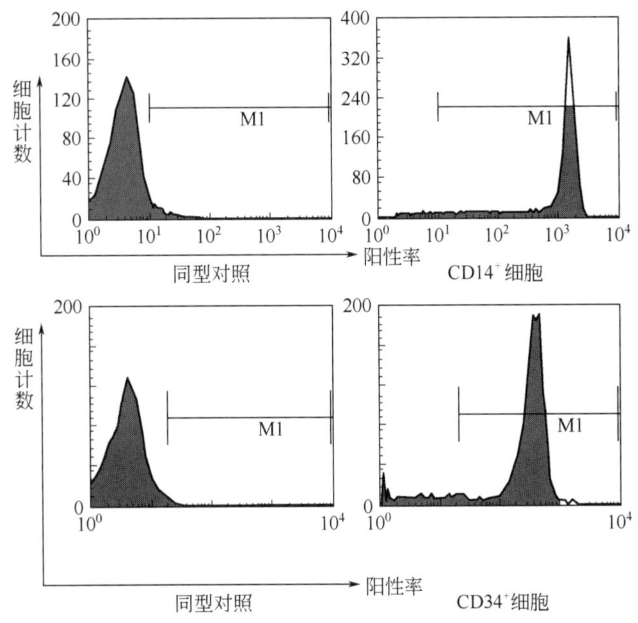

图15-19 流式细胞仪检测结果显示分离获得的 $CD14^+$ 细胞与 $CD34^+$ 细胞的纯度均大于95%

2. DC的形态学特点

树突状细胞以其形态上伸出许多树突状突起而得名。脐血 $CD34^+$ 造血干细胞在诱导培养体系中，在7d左右即可在镜下看见树枝状突起，细胞形态发生明显的变化，14d时细胞数量增多，细胞聚集在一起，树枝状突起更加明显（见图15-20）。

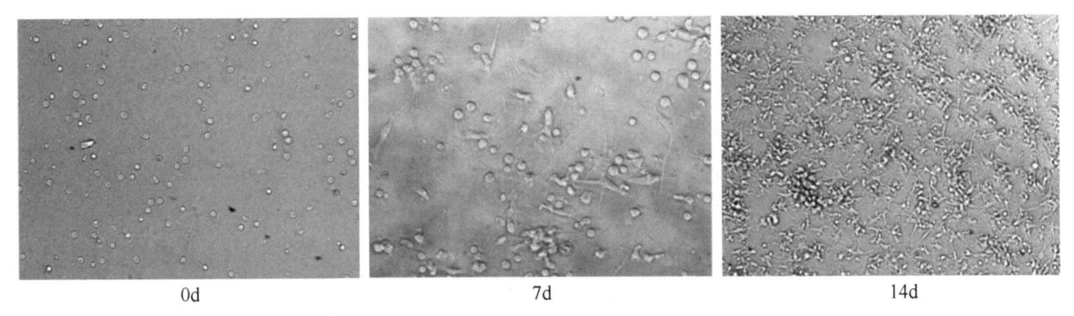

图15-20 不同时间点的DC细胞形态（见彩图）

3. DC的表型分析

分离纯化的 $CD34^+$ 造血干细胞（纯度＞90%）在诱导培养体系中，随着时间的延长，CD1a表达逐渐升高，14d时达到74.91%，共刺激分子CD86、HLA-DR表达分别为92.23%和98.43%，相对特异的表面成熟标志CD83表达为47.92%（见图15-21）。

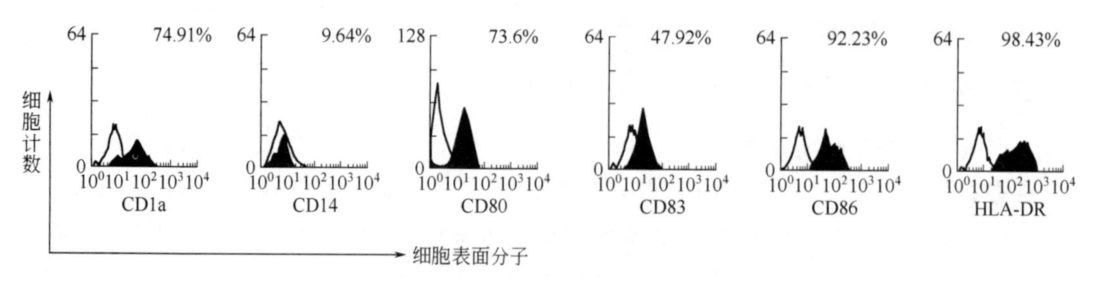

图 15-21 流式细胞术检测成熟 DC 的细胞表型

4. DCs 的功能分析

利用 $CD3^+$ 细胞磁珠分离试剂盒，经过阴性分选，获得形态均一、状态良好的 T 细胞，流式细胞术检测结果显示，$CD3^+$ 细胞的阳性率大于 95%（见图 15-22）。

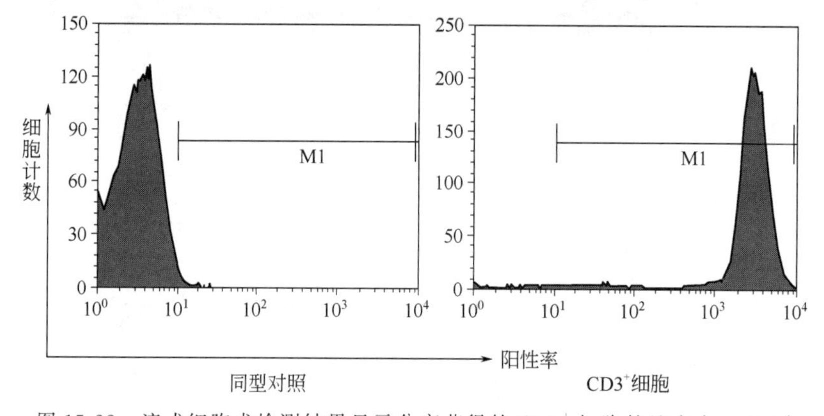

图 15-22 流式细胞术检测结果显示分离获得的 $CD3^+$ 细胞的纯度大于 95%

树突状细胞作为最强的抗原递呈细胞，能够强烈地刺激同种异体 T 细胞的增殖。混合淋巴细胞反应是用来检测 DC 刺激 T 细胞增殖能力的一种检测方法。作为刺激细胞的 DC 刺激 T 细胞增殖能力越强，其 ^3H 掺入量越多，且与刺激细胞的数量成正比（见图 15-23）。

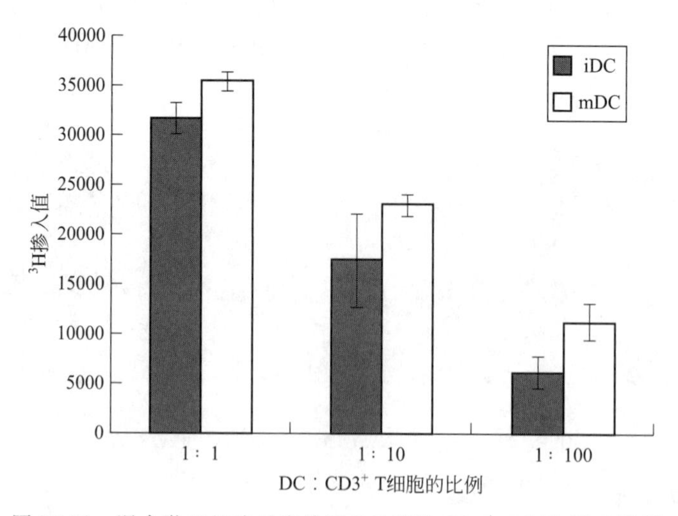

图 15-23 混合淋巴细胞反应检测 DC 刺激 $CD3^+$ T 细胞增殖情况

5. dextran 吞噬实验

iDC 具有强大的吞噬能力。随着 DC 的成熟，吞噬能力逐渐减弱。因此，吞噬能力为评估DC成熟的一个指标。流式细胞术检测iDC吞噬dextran-FITC的比例为67.4%，mDC为3.4%（见图15-24）。

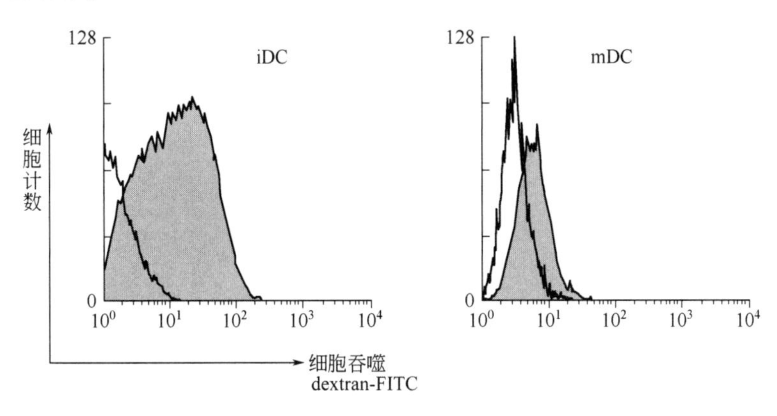

图15-24 iDC与mDC吞噬能力比较

四、注意事项

① 分离单核细胞后，如果含有血小板，可以通过适当降低离心速率至800r/min去除血小板，因为血小板产生的TGF-β能抑制DC的成熟。

② 分离单核细胞时，除了用甲基纤维素沉降红细胞，也可以直接将PBS稀释后的脐血加到Ficoll上，用甲基纤维素沉降红细胞，如果时间掌握不适当，会造成单核细胞数量的损失。

③ 贴壁的单核细胞也可以诱导成DC，但对于实验来说，这种方法可控性较差，不同操作人员得到的结果差异很大。

④ DC刺激T细胞增殖的能力，可以通过直接观察^{3}H掺入量来判断，也可以用刺激指数SI（SI=刺激组均值cpm/未刺激组均值cpm）作为指标来进行比较。

⑤ 增加细胞因子诱导浓度可以相应增加诱导DC共刺激分子的表达，但相应地也会增加DC凋亡率，研究人员应根据个体实验需要调整细胞因子的使用浓度。

（苏永锋 张 毅 编）

参考文献

[1] Caplan A I. Mesenchymal stem cells. J Orthop Res，1991，9：641-650.

[2] Pittenger M F，Mackay A M，Beck S C，et al. Multilineage potential of adult human mesenchymal stem cells. Science，1999，284：143-147.

[3] Ralf H. Isolation of primary and immortalized CD34$^-$ hematopoietic and mesenchymal stem cells from various sources. StemCells，2000，18：1-9.

[4] Deans R J，Moseley A B. Mesenchymal stem cells：biology and potential clinical uses. Exp Hematol，2000，28：875-884.

[5] Meirelles L D S，Chagastelles P C，Nardi N B. Mesenchymal stem cells reside in virtually all post-natal organs and tissues. J Cell Sci，2006，119：2204-2213.

[6] Ambartsumyan G，Clark A T. Aneuploidy and early human embryo development. Human Mol Genet，2008，17（1）：R10-R15.

[7] Georgiades P，Ferguson-Smith A，Burton G J. Comparative developmental anatomy of the murine and human placenta. Placenta，2002，23：3-19.

[8] Demir R，Seval Y，Huppertz B. Vasculogenesis and angiogenesis in the early human placenta. Acta Histochem，

2007，109：257-265.

[9] Gourvas V，Dalpa E，Konstantinidou A，et al. Angiogenic factors in placentas from pregnancies complicated by fetal growth restriction（Review）. Mol Med Reports，2012；6：23-27.

[10] Huppertz B. The anatomy of the normal placenta. J Clin Pathol，2008，61：1296-1302.

[11] Zhang Y，Li C D，Jiang X X，et al. Human placenta-derived mesenchymal progenitor cells support culture expansion of long-term culture-initiating cells from cord blood $CD34^+$ cells. Exp Hematol，2004，32：657-664.

[12] Zhang Y，Li C D，Jiang X X，et al. Comparison of mesenchymal stem cells from human placenta and bone marrow. Chinese Med J，2004，117（6）：882-887.

[13] Barlow S，Brooke G，Chatterjee K，et al. Comparison of human placenta- and bone marrow-derived multipotent mesenchymal stem cells. Stem Cells Dev，2008，17（6）：1095-1107.

[14] Bailo M，Soncini M，Vertua E，et al. Engraftment potential of human amnion and chorion cells derived from term placenta. Transplantation，2004，78（10）：1439-1448.

[15] Wulf G G，Viereck V，Hemmerlein B，et al. Mesengenic progenitor cells derived from human placenta. Tissue Engineering，2004，10：1136-1147.

[16] Semenov O V，Koestenbauer S，Riegel M，et al. Multipotent mesenchymal stem cells from human placenta：critical parameters for isolation and maintenance of stemness after isolation. American J Obstetrics and Gynecol，2010，202（2）：193-203.

[17] Barlow S，Brooke G，Chatterjee K，et al. Comparison of human placenta-and bone marrow-derived multipotent mesenchymal stem cells. Stem Cells Dev. 2008 Dec；17（6）：1095-1107.

[18] Zhang X，Soda Y，Takahashi K，et al. Successful immortalization of mesenchymal progenitor cells derived from human placenta and the differentiation abilities of immortalized cells. Biochem Biophys Res，Commun，2006，351：853-859.

[19] Poloni A，Rosini V，Mondini E，et al. Characterization and expansion of mesenchymal progenitor cells from first-trimester chorionic villi of human placenta. Cytotherapy，2008，10：690-697.

[20] Battula V L，Bareiss P M，TremL S，et al. Human placenta and bone marrow derived MSC cultured in serum-free，b-FGF-containing medium express cell surface frizzled-9 and SSEA-4 and give rise to multilineage differentiation. Differentiation，2007，75：279-291.

[21] Kim M J，Shin K S，Jeon J H，et al. Human chorionic-plate-derived mesenchymal stem cells and Wharton's jelly-derived mesenchymal stem cells：a comparative analysis of their potential as placenta-derived stem cells. Cell Tissue Res，2011；346：53-64.

[22] Vellasamy S，Sandrasaigaran P，Vidyadaran S，et al. Isolation and characterisation of mesenchymal stem cells derived from human placenta tissue. World J Stem Cells，2012，4（6）：53-61.

[23] Rus Ciucă D，Soriţău O，Suşman S，et al. Isolation and characterization of chorionic mesenchyal stem cells from the placenta. Rom J Morphol Embryol，2011，52：803-808.

[24] Shi W，Wang H，Pan G，et al. Regulation of the pluripotency marker Rex-1 by Nanog and Sox2. J Biol Chem，2006，281：23319-23325.

[25] da Silva Meirelles L，Chagastelles P C，Nardi N B. Mesenchymal stem cells reside in virtually all post-natal organs and tissues. J Cell Sci，2006，119（Pt 11）：2204-2213.

[26] Pereira R F，O'Hara M D，Laptev A V，et al. Marrow stromal cells as a source of progenitor cells for nonhematopoietic tissues in transgenic mice with a phenotype of osteogenesis imperfecta. Proc Natl Acad Sci USA，1998，95（3）：1142-1147.

[27] Lee R H，Seo M J，Reger R L，et al. Multipotent stromal cells from human marrow home to and promote repair of pancreatic islets and renal glomeruli in diabetic NOD/scid mice. Proc Natl Acad Sci USA，2006，103（46）：17438-17443.

[28] Le Blanc K，Frassoni F，Ball L，et al. Developmental committee of the european group for blood and marrow transplantation. Mesenchymal stem cells for treatment of steroid-resistant，severe，acute graft-versus-host disease：a

phase II study. Lancet. 2008，371（9624）：1579-1586.

[29] Zappia E，Casazza S，Pedemonte E，et al. Mesenchymal stem cells ameliorate experimental autoimmune encephalomyelitis inducing T-cell anergy. Blood，2005，106（5）：1755-1761.

[30] Augello A，Tasso R，Negrini S M，et al. Cell therapy using allogeneic bone marrow mesenchymal stem cells prevents tissue damage in collagen-induced arthritis. Arthritis Rheum，2007，56（4）：1175-1186.

[31] Mirotsou M，Zhang Z，Deb A，et al. Secreted frizzled related protein 2（Sfrp2）is the key Akt-mesenchymal stem cell-released paracrine factor mediating myocardial survival and repair. Proc Natl Acad Sci USA，2007，104（5）：1643-1648.

[32] Németh K，Leelahavanichkul A，Yuen P S，et al. Bone marrow stromal cells attenuate sepsis via prostaglandin E2-dependent reprogramming of host macrophages to increase their interleukin-10 production. Nat Med，2009，15（1）：42-49.

[33] Zhu H，Guo Z K，Jiang X X，et al. A protocol for isolation and culture of mesenchymalstem cells from mouse compact bone. Nat Protoc，2010，5（3）：550-560.

[34] 朱恒. 间充质干细胞调节破骨细胞发育和功能的研究. 北京：军事医学科学院，2010.

[35] Friedenstein A J，Chailakhjan R K，Lalykina K S. The development of fibroblast colonies in monolayer cultures of guinea-pig bone marrow and spleen cells. Cell Tissue KinetCell Tissue Kinet，1970，3（4）：393-403.

[36] Wakitani S，Saito T，Caplan A I. Myogenic cells derived from rat bone marrow mesenchymal stem cells exposed to 5-azacytidine. Muscle Nerve. 1995；18（12）：1417-1426.

[37] Martin D R，Cox N R，Hathcock T L，et al. Isolation and characterization of multipotential mesenchymal stem cellsfrom feline bone marrow. Exp Hematol，2002，30（8）：879-886.

[38] Kadiyala S，Young R G，Thiede M A，et al. Culture expandedcanine mesenchymal stem cells possess osteochondrogenic potential. Cell Transplant. 1997，6（2）：125-134.

[39] Phinney DG，Kopen G，Isaacson R L，et al. Plastic adherentstromal cells from the bone marrow of commonly used strains of inbredmice：variations in yield，growth，and differentiation. J Cell Biochem，1999，72（4）：570-585.

[40] Jiang Y，Jahagirdar B N，Reinhardt R L，et al. Pluripotency of mesenchymal stem cells derived from adultmarrow. Nature，2002，418（6893）：41-49.

[41] Kitano Y，Radu A，Shaaban A，et al. Selection，enrichment，and culture expansion of murine mesenchymal progenitor cells by retroviral transduction of cycling adherent bone marrow cells. Exp Hematol，2000，28（12）：1460-1469.

[42] Peister A，Mellad J A，Larson B L，et al. Adult stem cells from bone marrow（MSCs）isolated form different strains of inbred mice vary in surface epitopes，rates of proliferation，and differentiation potential. Blood，2004，103（5）：1662-1668.

[43] Soleimani M，Nadri S. A protocol for isolation and culture of mesenchymal stem cells from mouse bone marrow. Nat Protoc，2009，4（1）：102-106.

[44] Sun S，Guo Z，Xiao X，et al. Isolation of mouse marrow mesenchymal progenitors by anovel and reliable method. Stem Cells，2003，21（5）：527-535.

[45] Sottile V，Halleux C，Bassilana F，et al. Stem cell characteristics of human trabecular bone-derived cells. Bone，2002，30（5）：699-704.

[46] Guo Z，Li H，Li X，et al. In vitro characteristics and in vivo immunosuppressiveactivity of compact bone-derived murine mesenchymal progenitor cells. Stem Cells，2006，24（4）：992-1000.

[47] 边素艳，郭子宽，叶平，等. 四种哺乳类动物骨实质中存在间充质干细胞. 中国实验血液学杂志，2010，18（1）：151-154.

[48] Wagner W，Wein F，Seckinger A，et al. Comparative characteristics of mesenchymal stem cells from human bone marrow，adipose tissue，and umbilical cord blood. Exp Hematol，2005，33（11）：1402-1416.

[49] Wagner W，Ho A D. Mesenchymal stem cell preparations—comparing apples and oranges. Stem Cell Rev，2007，3（4）：239-248.

[50] Grigoriadis A E, Heersche J N, Aubin J E. Differentiation of muscle, fat, cartilage, and bone from progenitor cells present in a bone-derived clonal cell population: effect of dexamethasone. J Cell Biol, 1988, 106 (6): 2139-2151.

[51] Bellows C G, Aubin J E, Heersche J N, et al. Mineralized bone nodules formed in vitro from enzymatically released rat calvaria cell populations. Calcif Tissue Int, 1986, 38 (3): 143-154.

[52] Ecarot-Charrier B, Glorieux F H, van der Rest M, et al. Osteoblasts isolated from mouse calvaria initiate matrixmineralization in culture. J Cell Biol, 1983, 96 (3): 639-643.

[53] Rubin C S, Hirsch A, Fung C, et al. Development of hormone receptors and hormonal responsiveness in vitro. Insulin receptors and insulin sensitivity in the preadipocyte and adipocyte forms of 3T3-L1 cells. J Biol Chem, 1978, 253 (20): 7570-7578.

[54] Mackay A M, Beck S C, Murphy J M, et al. Chondrogenic differentiation of cultured human mesenchymal stem cells from marrow. Tissue Eng, 1998, 4 (4): 415-428.

[55] Tavella S, Bellese G, Castagnola P, et al. Regulated expression of fibronectin, laminin and related integrin receptors during the early chondrocyte differentiation. J Cell Sci, 1997, 110 (Pt 18): 2261-2270.

[56] Smith A G. Embryo-derived stem cells: Of mice and men. Annu Rev Cell Dev Biol, 2001, 17: 435-462.

[57] Thomson J A, Itskovitz-Eldor J, Shapiro S S, et al. Embryonic stem cell lines derived from human blastocysts. Science , 1998 , 282: 1145-1147.

[58] Keller G M. In vitro differentiation of embryonic stem cells. Curr Opin Cell Biol, 1995, 7: 862-869.

[59] Odorico J S, Kaufman D S, Thomson J A. Multilineage differentiation from human embryonic stem cell lines. Stem Cells, 2001, 19: 193-204.

[60] Schuldiner M, Yanuka O, Itskovitz-Eldor J, et al. From the cover: effects of eight growth factors on the differentiation of cells derived from human embryonic stem cells. PNAS, 2000, 97: 11307-11312.

[61] Friel R, et al. Embryonic stem cells: Understanding their history, cell biology and signaling. Advanced Drug Delivery Review, 2005, 57: 1894-1901.

[62] Kawasaki H, et al. Induction of midbrain dopaminergic neurons from ES cells by stromal cell-derived inducing activity. Neuron, 2000, 28: 31-42.

[63] 蔡斌，侯铁胜，刘少君. 诱导胚胎干细胞向神经元分化及其在中枢神经系统损伤中的应用. 中国神经科学杂志，2001，17 (2)：153-157.

[64] Klug M G, Soonpaa M H, Koh G Y, et al. Genetically selected cardiomycytes from differentiating embryonic stem cells form stable intracardiac grafts. Clin Invest, 1996, 98: 216-224.

[65] Li M, Pevny L, Lovell-Badge R, et al. Generation of purified neural precursors from embryonic stem cells by lineage selection. Curr Bio, 1998, 8 (17): 971-974.

[66] Shiroi A, Yoshikawa M, Yokota H, et al. Identification of insulin-producing cells derived from embryonic stem cells by zinc-chelating dithizone. Stem Cells, 2002, 20: 284-292.

[67] Banchereau J, Briere F, Caux C, et al. Immunobiology of dendritic cells. Annu Rev Immunol, 2000, 18: 767-811.

[68] Dubois B, Bridon J M, Fayette J, et al. Dendritic cells directly modulate B cell growth and differentiation. J Leukoc Biol, 1999, 66 (2): 224-230.

[69] Gerosa F, Baldani-Guerra B, Nisii C, et al. Reciprocal activating interaction between natural killer cells and dendritic cells. J Exp Med, 2002, 195 (3): 327-333.

[70] Mellman I, Steinman R M. Dendritic cells: specialized and regulated antigen processing machines. Cell, 2001, 106: 255-258.

[71] Banchereau J, Steinman R M. Dendritic cells and the control of immunity. Nature, 1998, 392: 245-252.

[72] Steinman R M, Hawiger D, Nussenzweig M C. Tolerogenic dendritic cells. Annu Rev Immunol, 2003, 221: 685-711.

[73] Yao K, Shi G H . Regulatory dendritic cell therapy in organ transplantation. Transpl Int, 2006, 19 (7): 525-538.

[74] Sallusto F, Lanzavecchia A. Effi cient presentation of soluble antigen by cultured human dendritic cells is maintained by granulocute—macrophage colony stimulating factor plus interleukin 4 and downregulated by tumor necrosisfactor

alpha. J Exp Med，1994，179：1109.

[75] Arpinati M，Green C L，Heimfeld S，et al. Granulocyte-colony stimulating factor mobilizes T helper2-inducing dendritic cell. Blood，2000，95 (8)：2484-2490.

[76] Thurner B，Roder C，Dieckmann D，et al. Generation of large numbers of full mature and stable dendritic cell from leukapheresis products for clinical application. J Immunol Methods，1999，223 (1)：1-15.

[77] Mohamadzadeh M，Berard F，Essert G，et al. Interleukin 15 skews monocyte differentiation into dendritic cells with features of Langerhans cells. Exp Med，2001，194 (7)：1013-1020.

[78] Brandt K，Bulfone-Paus S，Foster D C，et al. Interleukin-21 inhibits dendritic cell activation and maturation. Blood，2003，102 (12)：4090-4098.

[79] Xia C Q，Peng R，Beato F，et al. Dexamethasone induces IL-10-producing monocyte-derived dendritic cells with durable immaturity. Scand Immunol，2005，62 (1)：45-54.

[80] He Q，Moore T T，Eko F O，et al. Molecular basis for the potency of IL-10-deficient dendritic cells as a highly efficient APC system for activating Th1 response. Immunol，2005，174 (8)：4860-4869.

[81] Goerdt S，Orfanos. Other functions，other genes：alternative activation of antigen-presenting cells. Immunity，1999，10：137-142.

第十六章
微 RNA 的构造及实验技术

自从 1993 年 Ambros 等[1]在线虫中发现第一个微 RNA 分子 lin-14 以来，在线虫、小鼠、人、植物等多种生物中均发现了微 RNA（microRNA，miRNA）分子的存在。目前，miRBase 数据库已收录了 2600 多种人 miRNA 分子。miRNA 是一类长度约为 22 个核苷酸的单链非编码 RNA，是具有茎环结构的前体 RNA 分子经由核酸酶切割加工生成。miRNA 在细胞中主要通过与蛋白质形成 RNA-诱导沉默复合体（RNA-induced silencing complex，RISC），以完全或不完全互补的方式与其靶 mRNA 发生作用，导致 mRNA 的降解或翻译抑制[2]。此外，有些 miRNA 还可以激活转录，以及促进 mRNA 翻译[3-4]。miRNA 是一类小调控 RNA 分子，miRNA 在细胞增殖、分化、凋亡、发育、逆境应答等多种生物学过程中发挥重要的调控作用，并且与包括肿瘤和衰老在内的多种疾病的发生和发展密切相关。因此，对 miRNA 的研究具有重要的理论意义和生物医学应用价值。miRNA 的研究方法已经丰富多样，但其基本方法和原理是相近的。本章对常用的 miRNA 克隆发现、检测分析和功能研究等的基本方法加以介绍。

第一节　miRNA 克隆

miRNA 的长度仅为 22nt 左右，因此，在相当长的时间内被忽视。现有的新的 miRNA 鉴定方法主要是直接克隆法[5]、深度测序法[6]和生物信息学预测法[7]。成熟的 miRNA 5′端有一磷酸基团，3′端为羟基，该特点使其不同于大多数寡核苷酸和功能 RNA 降解片段，因此，可以采用分子克隆的方法获得。直接克隆的方法通常是从总 RNA 中提取大约 22nt 的微 RNA 分子，制备微 RNA 的 cDNA 文库，然后进行克隆测序，通过对获得候选序列的基因结构和前 RNA 的结构分析来确认 miRNA 分子。直接克隆法的关键是构建 cDNA 文库，不同方法的主要区别是在 miRNA 两端加上用于反转录和 PCR 扩增的接头序列的方法不同。直接克隆方法的优点是可以获得完整的 miRNA 序列。然而对于在生物体内浓度很低，或者某些只在生物体的特定时期或特定组织器官中表达的 miRNA，通过直接克隆法获取则比较困难。深度测序类同于克隆测序，但效率更高。生物信息学方法预测新的 miRNA 是基于 miRNA 分子的序列和前体的结构特征对基因组序列进行分析，获得候选的 miRNA，可以覆盖全基因组，不足是假阳性率高，需要实验验证。

本节介绍的是基于 poly（A）加尾的直接克隆方法[8]。其基本原理是首先在微 RNA 分子的 3′端用 poly（A）聚合酶加上一段 poly（A）尾，再在加尾后的微 RNA 5′端用 RNA 连接酶加上 RNA 接头，之后使用带有 oligo（dT）*n* 的引物序列进行反转录，获得 cDNA，最后经过用与 RNA 接头序列相同的引物和反转录引物进行 PCR 扩增，获得扩增产物，将扩增产物回收，克隆到克隆载体上，进行测序，通过对获得候选序列的基因结构和前 RNA 的结构进一步分析来确认 miRNA 分子。

一、材料与设备

① DH5α 菌株。

② mirVana™ miRNA 提取试剂盒（Ambion 公司）。

③ DEPC。

④ ATP、dNTP。

⑤ 水饱和酚、Tris 饱和酚、氯仿、无水乙醇。

⑥ 丙烯酰胺、亚甲基双丙烯酰胺、过硫酸铵、TEMED。

⑦ 反转录酶、T4 RNA 连接酶、poly（A）聚合酶、T4 多聚核苷酸激酶、T4 DNA 连接酶、*Taq* DNA 聚合酶、RNaseOut。

⑧ pGEM-T 载体（Promega 公司）。

⑨ LB 培养基。

⑩ 3mol/L CH_3COONa（pH5.2）。

⑪ TBE 缓冲液。

⑫ 0.3mol/L NaCl。

⑬ RNA 接头。

5′-CGACUGGAGCACGAGGACACUGACAUGGACUGAAGGAGUAGAAA-3′（GeneRacer™ RNA Oligo，Invitrogen 公司）。

⑭ RT 引物：5′-ATTCTAGAGGCCGAGGCGGCCGACATG-d（T）$_{30}$（A、G 或 C）（A、G、C 或 T）-3′。

⑮ PCR 引物 1：5′-ATTCTAGAGGCCGAGGCGGCCGACATGT-3′。

PCR 引物 2：5′-GGACACTGACATGGACTGAAGGAGTA-3′。

⑯ 高速低温离心机、PCR 仪、培养箱、恒温水浴锅、电泳仪。

二、实验方法

1. miRNA 制备

人组织及细胞系 miRNA（≤200nt）的提取可以采用不同的方法和试剂盒。下面以 mirVana™ miRNA 提取试剂盒为例，按照说明书简述提取方法。

① 取适量组织（≤250mg），于液氮中研磨成粉末，转移至 600μL 裂解/结合缓冲液中[如果从培养的细胞中提取微 RNA，收集细胞（≤10^7 个细胞）后可直接用裂解/结合缓冲液裂解]，再加入 60μL miRNA 匀浆液，在冰上放置 10min。

② 加入 600μL 酚/氯仿，剧烈混匀 30～60s 后，于室温以 10000r/min 离心 5min（完全分层）。小心吸取上清液转移至新的无 RNase 1.5mL 离心管中。

③ 加入 1/3 体积的无水乙醇，完全混匀后加入装在收集管中的离心柱中（每次最多 700μL），室温以 10000r/min 离心 1min，收集流出液。

④ 在收集的流出液中再加入其 2/3 体积的无水乙醇，完全混匀后再加入装在收集管中的另一新的离心柱中，室温以 10000r/min 离心 1min，弃掉流出液。

⑤ 离心柱中加入 700μL mirVana™ miRNA 提取试剂盒中的洗液 1，离心 5～10s 漂洗。

⑥ 再按上述方法用 500μL 试剂盒中的洗液 2 和 3 各漂洗一次，再离心 1min，以完全去掉乙醇。

⑦ 加 100μL 室温的洗脱液，10000r/min 离心 1min，回收 RNA。

⑧ 紫外分光光度计测其 OD_{260} 及 OD_{280} 的值，OD_{260}/OD_{280} 比值大于 1.8 时，表明 RNA 纯度较好，根据 OD_{260} 计算 RNA 浓度。

2. poly（A）加尾

取 2μg miRNA，分别加入 5μL 10×poly（A）聚合酶缓冲液、5μL 25mmol/L $MnCl_2$、5μL 10mmol/L DTT、0.5μL 100mmol/L ATP、poly（A）聚合酶 4.5U，最后加水补充至 50μL。37℃反应 30min。反应后补充 50μL DEPC 水，再用等体积水饱和酚/氯仿及等体积氯仿分别抽提一次。上清液移至另一微量离心管中，加入 10μL 3mol/L CH_3COONa（pH5.2）及 250μL 无水乙醇，−20℃放置 60min。于 4℃、12000r/min 离心 15min，用 75%乙醇漂洗沉淀，室温干燥后溶于 7μL DEPC 处理水中。

3. 5′RNA 接头连接

取 6μL poly（A）加尾的 miRNA 加入 0.25μg 冻干的 GeneRacer™ RNA Oligo 中，使 RNA 接头完全溶解，于 65℃温育 5min 以去除 RNA 的二级结构，冰上放置 2min 并稍离心。然后依次加入下列成分：1μL 10×T4 RNA 连接酶缓冲液、1μL 10mmol/L ATP、1μL RNaseOut（40U/μL）、1μL T4 RNA 连接酶（5U/μL），总体积 10μL。37℃反应 1h，补充 90μL DEPC 水，用等体积水饱和酚/氯仿及等体积氯仿分别抽提一次。上清液移至另一微量离心管中，加入 10μL 3mol/L CH_3COONa（pH5.2）及 250μL 无水乙醇，−20℃放置 60min。于 4℃、12000r/min 离心 15min，用 75%乙醇漂洗沉淀，室温干燥后溶于 10μL DEPC 处理水中。

4. cDNA 合成

上述经过 poly（A）加尾并连接有 RNA 接头的 miRNA 反转录以后即可作为 PCR 的模板。在上述加接头后得到的 10μL 溶液中加入 1μg RT 引物及 1μL 10mmol/L dNTP，65℃变性 5min 后冰上冷却。再加入 4μL 5×反转录酶反应缓冲液、1μL 0.1mol/L DTT、1μL RNaseOut 及 1μL 反转录酶 SuperScriptⅢ（200U/μL），组成 20μL 的反应体系。于 50℃反应 1h，75℃处理 15min 以灭活反转录酶。制备的 cDNA 可保存于−20℃备用。

5. PCR 扩增 cDNA 及 PCR 产物的回收

取 1μL cDNA，分别加入 2μL PCR 引物 1 和引物 2 的混合物（10pmol）、5μL 10×PCR 缓冲液、4μL 2.5mmol/L dNTP 及 2.5U *Taq* 酶，加水至 50μL。反应条件如下：94℃ 4min，再执行 94℃ 30s、55℃ 30s、72℃ 30s 共 25 个循环，72℃保温 10min。PCR 产物用 10%非变性聚丙烯酰胺凝胶和 1×TBE 缓冲液电泳分离，电泳结束后用溴化乙锭染色。在紫外灯下切下约 110bp 的 DNA 条带。在微量离心管中将凝胶挤压成粉末，然后加入 500μL 洗脱缓冲液（0.3mol/L NaCl），37℃洗脱过夜。于 12000r/min 离心 5min，上清液移至另一新的微量离心管中，再按前述方法用 Tris 饱和酚/氯仿及氯仿分别抽提一次，转移上清液，加入 1/10 体积的 3mol/L CH_3COONa（pH5.2）及 2.5 倍体积的无水乙醇，−20℃沉淀 60min。于 4℃、12000r/min 离心 15min，用 75%乙醇洗沉淀，室温干燥后溶于 10μL 无菌水中。

图 16-1 所示为克隆人胎肝 miRNA 的 PCR 扩增 cDNA 的聚丙烯酰胺凝胶电泳结果。图中第 2、3、4、5 泳道为 PCR 产物。由于 miRNA 的长度为 22nt 左右，加上接头长度和反转录引物的长度，预期的 miRNA 经加接头、加尾后的长度为 109nt 大小。因此，为了准确获得预期条带，在第 1、6 泳道加入了 109nt 的分子量标准。依据电泳结果，即可回收 109nt

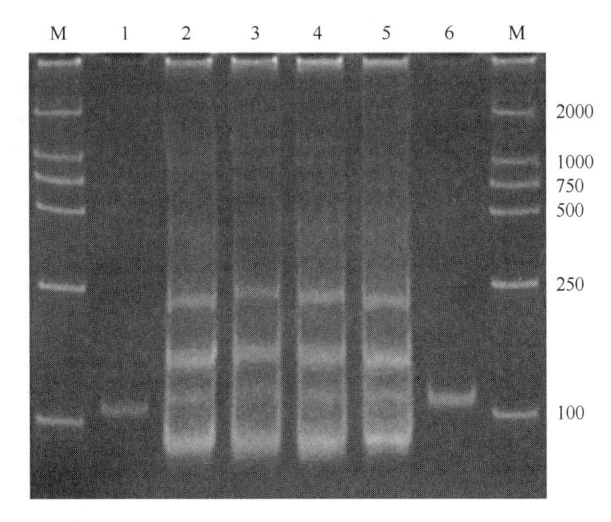

图 16-1　微 RNA PCR 扩增产物 10%非变性聚丙烯酰胺凝胶电泳[9]

M—DL2000 DNA 分子量标准；1,6—109bp DNA；2～5—miRNA PCR 扩增产物

附近的目的条带，用于后续实验。

6. 连接、转化、筛选和测序

（1）连接

回收的 PCR 产物与 pGEM-T 载体进行连接，按照 pGEM-T 载体操作手册操作。在 0.2mL 离心管中依次加入 5μL 2×连接缓冲液、1μL pGEM-T 载体（50ng）、3μL 回收产物、1μL T4 DNA 连接酶，混匀后 4℃连接过夜。

（2）转化

将 10μL 的连接产物用无菌吸头加到 100μL DH5α 感受态细菌中，轻轻吹打混匀，在冰中放置 30min 后，立即转移到 42℃水浴中热激 90s，然后快速转移到冰上，冷却 1～2min，加入 800μL 无抗生素 LB，37℃摇床培养 1h，5000r/min 离心 5min，弃去多余 700μL 上清液，混匀后用弯头玻棒均匀涂布到含抗生素的 LB 平板上，37℃倒置培养 12～16h。

（3）菌落 PCR 鉴定

从转化平板上挑取克隆，接种到 LB 培养基中，37℃培养 5～8h，至对数生长期取出少量菌液用引物 1 及引物 2 进行菌落 PCR 初步鉴定。PCR 体系如下：2μL dNTP（2.5mmol/L），2μL 10×PCR 缓冲液，5pmol 引物 1，5pmol 引物 2，1U *Taq* 聚合酶，加水至 20μL。反应条件：94℃ 2min，94℃ 30s、55℃ 30s、72℃ 60s，共 30 个循环，最后 72℃ 10min。

图 16-2 是制备人胎肝微 RNA 分子克隆的菌落 PCR 鉴定结果。回收图 16-1 中约 109bp 的 DNA 片段，连接到 PGEM-T 载体上，转化后菌落 PCR 鉴定。泳道 1～12 代表不同的菌落，绝大部分菌落的 PCR 产物大小接近预期的 PCR 扩增产物 109nt 左右的大小，选取相应的阳性克隆测序。

（4）测序

对初步鉴定的克隆进行测序。

7. 序列分析

对候选的 miRNA 序列进行分析，获得已知的 miRNA 分子，按照 miRNA 分子标准确认新的 miRNA 及其基因。

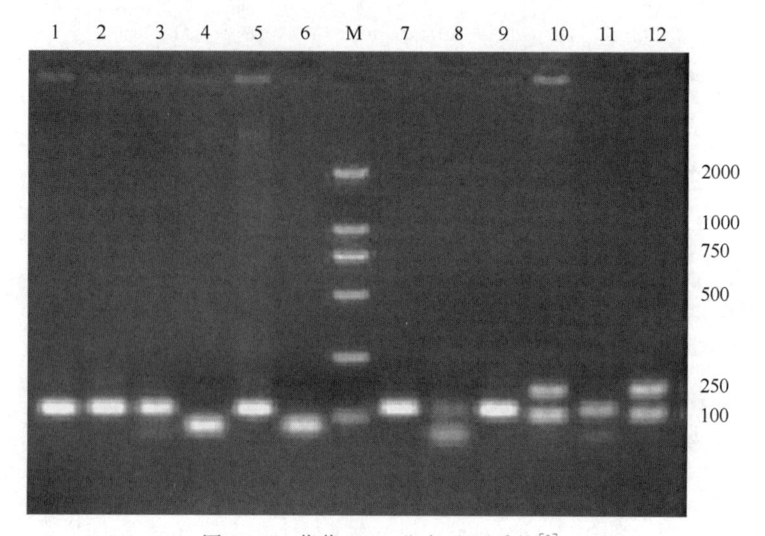

图 16-2 菌落 PCR 鉴定重组质粒[9]

M—DL2000 DNA 分子量标准；1～12—菌落 PCR 产物

三、疑难解析

① 微 RNA 提取试剂盒已有多种产品，可根据提取样品进行选择。

② 涉及微 RNA 制备和回收的步骤要防止 RNA 降解。如果 RNA 的量低，在 RNA 沉淀操作中可以加入糖原助沉。

③ 制备的微 RNA 分子可以用变性聚丙烯酰胺凝胶电泳和银染评估提取的微 RNA 的大小和制备的质量。

④ 从不同公司购买的 poly（A）聚合酶的反应条件不同，有的需要 $MnCl_2$，有的不需要，按照 poly（A）聚合酶的说明书使用。反转录酶可以根据需要选用不同公司的产品。

⑤ 该方法同样适用于其他长度大小的微 RNA 分子的克隆。

⑥ 目前，通过构建单个 miRNA 克隆进行测序发现 miRNA 的方法由于通量低使用很少，新 miRNA 的发现主要是采用建库和高通量测序的方法实现。本节介绍的 poly（A）加尾直接克隆方法可以用于构建文库进行大规模测序，以获得 miRNA 的序列。目前测序公司采用的方法主要是在 miRNA 的 5′和 3′端分别加上接头，在此基础上进行反转录和 PCR 扩增，或在 3′端加接头后环化，构建文库测序[10]。但由于建库方法的局限性，miRNA 的偏倚仍然存在，为了获得更加全面和可靠的结果，需要加大测序的深度，以及倚重更有效的生物信息学分析。

第二节 miRNA Northern Blot

Northern Blot 是一项用于检测特异性 RNA 的常规技术。检测 miRNA 的 Northern Blot 的原理和方法与通常检测 mRNA 的方法基本相同。Northern Blot 检测是鉴定新 miRNA 分子、确定 miRNA 表达量和判别 miRNA 异质性的重要实验方法。

一、材料与设备

① 丙烯酰胺、亚甲基双丙烯酰胺、TEMED、尿素。

② TBE 缓冲液。

③ ^{32}P 标记的 DNA 探针。

④ 0.1%SDS。

⑤ SSC 缓冲液。

⑥ 杂交液：5% SDS、200mmol/L 磷酸缓冲液 pH7.0。

⑦ 3MM 滤纸、尼龙膜、X 线片。

⑧ 电泳仪、凝胶成像仪、半干转电泳槽、紫外交联仪、烘箱、杂交管、杂交炉。

二、实验方法[9,11]

1. RNA 电泳分离

用 15%变性聚丙烯酰胺凝胶电泳对微 RNA 样品或总 RNA 样品进行分离。

2. 转膜

① 取下凝胶，在含 0.5～1μg/mL 溴化乙锭的 1×TBE 中浸泡 5min。用 1×TBE 漂洗 2～5min。在紫外凝胶成像系统中拍照，检测 RNA 的完整性及电泳情况。

② 剪四张 3MM 滤纸及一张尼龙膜（四周均比凝胶大约 1.5cm），浸泡在 0.5×TBE 中。

③ 在两层浸湿的 3MM 滤纸上面铺上浸湿的尼龙膜，再小心地把凝胶放在尼龙膜上，之后在胶上铺两层 3MM 滤纸，操作时不要留气泡。

④ 把凝胶及尼龙膜等小心地转移至半干电转移装置上，于 50mA 恒流转移 4h。

⑤ 取下尼龙膜在 0.5×TBE 中稍稍漂洗一下，去掉残留的凝胶碎片，尼龙膜置滤纸上晾干。

⑥ 在紫外交联仪上用紫外线交联 125mJ。之后于 80℃干烤 1h。

3. 杂交

① 将尼龙膜放在杂交管中，加入 5mL 杂交液，置于杂交炉中于 37℃预杂交 1h，再换用新鲜的 5mL 杂交液，加入溶解的探针并混匀，于 37℃杂交 16h。

② 用含 0.1%SDS 的 2×SSC 溶液在室温洗膜三次，再用 0.5×SSC、0.1%SDS 于室温洗一次。

③ 用滤纸吸去膜上液体，用保鲜膜包好，置暗盒中于－70℃对 X 线片放射自显影 24～48h，显影 5min，定影 5min。

图 16-3 是用 Northern Blot 方法检测胎肝、HepG2、BEL-7402 细胞的 miRNA（≤200nt）提取物中 miR-483、miR-484、miR-485、miR-486、miR-487、miR-151、miR-345 和 miR-410 8 种 miRNA 的表达结果。8 种 miRNA 大部分在胎肝组织、HepG2 及 BEL-7402 细胞中表达。而 miR-483、miR-485 及 miR-487 在胎肝中的表达水平较高。最下面的条带为溴化乙锭染色结果，tRNA 量可以用作内参照。

三、疑难解析

① 电泳时使用纯化的微 RNA 样品，RNA 的用量可依据 miRNA 的丰度调整上样量。如果使用总 RNA，需要加大上样量，特别是检测丰度低的 miRNA。

② 尼龙膜要充分浸湿，不要用手或不干净的手套接触尼龙膜的表面。

③ 尼龙膜紫外交联和烘烤后，可以在 4℃冰箱中保存半年以上。

④ 不同 miRNA 杂交的温度和时间不同，需要进行条件的优化。

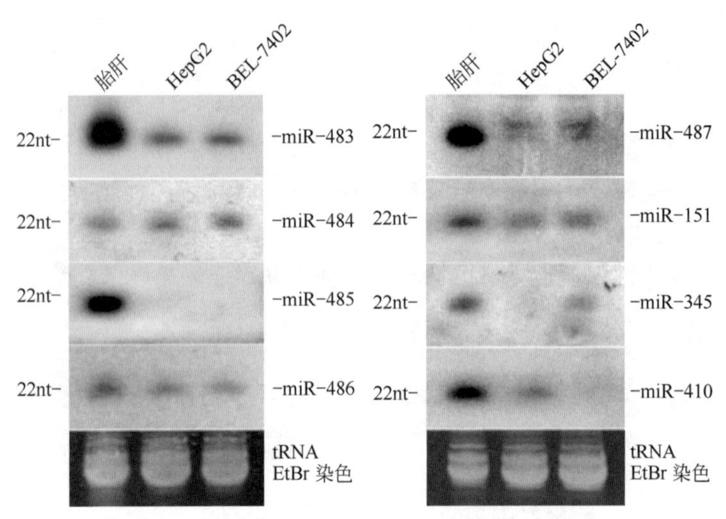

图 16-3 miRNA Northern Blot 检测结果[9]

⑤ miRNA 杂交液的配方有多种，可以根据 miRNA 的不同选用不同的杂交液，也可以购买杂交液成品。

第三节 miRNA 原位杂交

原位杂交（*in situ* hybridization）包括细胞和组织内原位杂交。miRNA 原位杂交技术检测 miRNA 表达能直观地展现 miRNA 的时空表达模式。因此，miRNA 原位杂交技术在 miRNA 表达、功能研究中具有广泛应用，特别是在对不同的组织标本 miRNA 的表达、分布研究中更具有不可替代的重要作用。下面的方法参照 EXIQON 的 miRNA 原位杂交说明书和 Nielsen 等发表的文章[12,13]。

一、材料与设备

① 二甲苯、乙醇、DEPC、甘氨酸、多聚甲醛、甲酰胺、二甲苯、NBT、BClP、核固红。

② PBS 缓冲液、PBST 缓冲液（含 0.1% Tween-20）、蛋白酶 K 缓冲液（5mmol/L Tris・HCl，pH7.4，1mmol/L EDTA，1mmol/L NaCl）。

③ 蛋白酶 K、肝素、酵母 tRNA。

④ 杂交缓冲液（50%甲酰胺，5×SSC，0.1%Tween，用 9.2mmol/L 柠檬酸调 pH6.0）。

⑤ 地高辛标记锁核酸 miRNA 杂交探针。

⑥ 20×SSC。

⑦ 封闭缓冲液（含 2%羊血清和 2mg/mL BSA 的 PBST）。

⑧ 抗地高辛碱性磷酸酶标记 Fab 抗体片段（anti-Dig-AP Fab）。

⑨ 碱性磷酸酶缓冲液（AP 缓冲液）（100mmol/L Tris・HCl pH9.0，50mmol/L $MgCl_2$，100mmol/L NaCl，0.1% Tween 20）。

⑩ 显色液 [10mL AP 缓冲液，45μL 75mg/mL 氯化硝基四氮唑蓝（NBT）（溶于 70% 二甲基甲酰胺），35μL 50mg/mL 5-溴-4-氯-3-吲哚-磷酸盐（BICP）（溶于二甲基甲酰胺），2.4mg 左旋咪唑]。

⑪ 橡胶泥、快干胶。

⑫ 湿盒、烘箱、恒温箱。

二、实验方法

① 石蜡包埋的组织芯片在 50～60℃烘箱中烘 2～3h，至石蜡熔化。

② 迅速放入二甲苯溶液中浸泡 15min，此步骤可延长。

③ 脱蜡后放入 100%乙醇中处理 10min，分别在 75%、50%、25%乙醇中依次处理 5min。

④ 用 DEPC 水洗片 1 次，1min/次。

⑤ 用 PBS 洗片 2 次，5min/次。

⑥ 于 37℃用蛋白酶 K 消化 5～10min，蛋白酶 K 缓冲液中加入蛋白酶 K（终浓度为 10μg/mL）。

⑦ 含 0.2%甘氨酸的 PBS 中处理 30s。再用 PBS 洗片 2 次，30s/次。

⑧ 用 4%多聚甲醛固定 10min。

⑨ 用 PBS 冲洗片 2 次，5min/次。

⑩ 加 100μL 预杂交缓冲液（1mL 杂交液，加入肝素终浓度为 50μg/mL，加入酵母 tRNA 终浓度为 500μg/mL），封片，置于湿盒中室温预杂交 2h。

⑪ 预杂交后，探针于 90℃变性 4min，用杂交缓冲液稀释探针至 20～60nmol/L，每片加 200μL，封片，杂交过夜。杂交温度为 50～60℃。

⑫ 用 2×SSC（4×SSC：甲酰胺＝1：1）洗片，洗片温度为杂交温度，洗 3 次，每次 15min。

⑬ 于室温 PBST 洗片 5 次，每次 5min。

⑭ 将封闭缓冲液加在片上，室温封片 1h。

⑮ 用封闭液稀释 anti-Dig-AP Fab [1：(500～2000)]，加在片上，4℃孵育过夜。

⑯ 用 PBST 洗片 5 次，每次 5min。

⑰ 用 AP 缓冲液浸泡 15min。

⑱ 加显色液（400μL/片），混匀，显色 1～3d。

⑲ 水洗终止反应，核固红染色 1～2min，水洗终止。

⑳ 25%、50%、75%、100%乙醇依次处理 2min，二甲苯固定 2min，加快干胶封片。

图 16-4 为采用原位杂交方法检测肝癌和肝癌旁组织细胞中的 miR-15b 的表达情况。图 16-4(a) 所示肝癌细胞胞质中呈现明显的棕色，表明在此例肝癌组织中 miR-15b 表达，并定位于细胞质中。图 16-4(b) 所示肝癌旁组织细胞中无棕色，表明此例肝癌旁组织细胞中无 miR-15b 表达。

三、疑难解析

① 所有试剂和耗材应均无 RNA 酶污染。

② 蛋白酶 K 用量和消化时间可调整，此步骤对杂交结果有影响。

③ 杂交探针可以是寡聚 DNA、寡聚 RNA，锁核酸（LNA）探针因其具有更好的稳定性是目前 miRNA 原位杂交使用较多的探针。

④ 杂交温度依据具体探针而定。

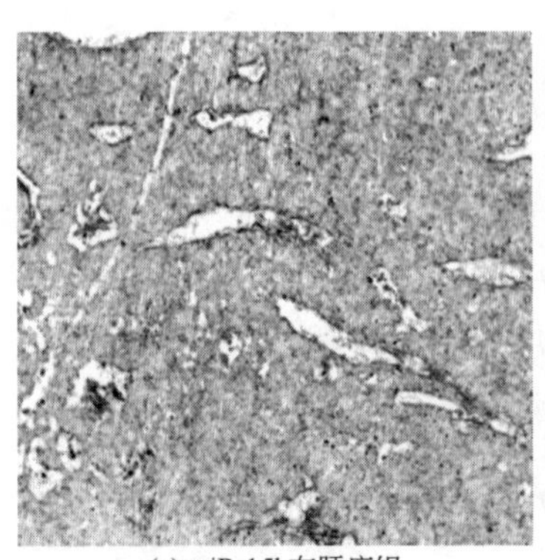

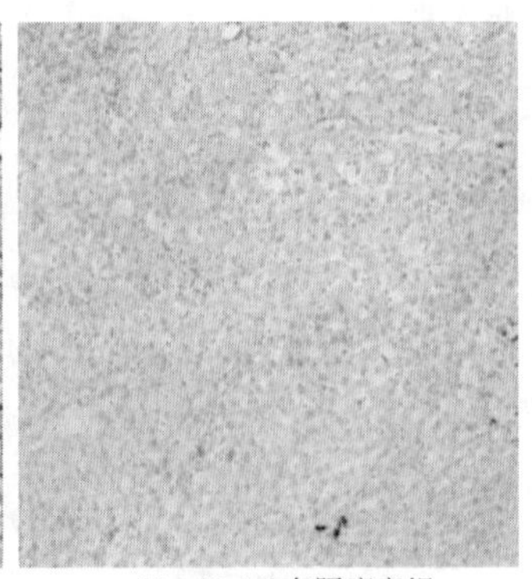

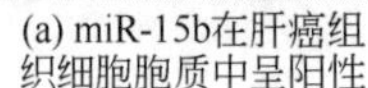

(a) miR-15b在肝癌组织细胞胞质中呈阳性　　(b) miR-15b在肝癌旁组织细胞胞质中呈阴性

图 16-4　原位杂交检测肝癌和癌旁组织 miR-15b 的表达（10×）（见彩图）

⑤ 通常需要设置随机序列探针作为阴性对照，U6 RNA 探针为阳性对照。U6 探针的浓度为 0.1～1nmol/L。如果 U6 探针浓度到达 10nmol/L 仍无信号，需要检查所有试剂是否出现问题。如果 U6 在 0.1～0.5nmol/L 仍有信号，而待检测的 miRNA 没有信号，可以调整蛋白酶 K 的消化条件，降低杂交温度，以及延长显色时间。

⑥ 如果随机对照引物出现信号，需要检查是否是因为组织内源磷酸酶的作用，以及检测抗体的非特异性作用。

第四节　基于 poly（A）加尾的 miRNA RT-PCR

miRNA 生物学功能研究、不同种类 miRNA 表达量的确定，以及 miRNA 作为疾病的标志物在疾病的诊治中的应用都离不开 miRNA 的定量分析。已有多种不同的方法用于检测 miRNA 分子，包括经典的 Northern Blot 法、微 RNA 芯片法、深度测序法和实时定量 PCR 检测方法等[14～19]。实时定量 PCR 检测法是最敏感和常用的检测和验证 miRNA 的方法。现在使用最多的 miRNA 实时定量检测方法：一种是基于茎环的 RT-PCR 方法（stem-loop RT-PCR）[17]；另一种是基于 poly（A）加尾的 RT-PCR 方法[18,19]。茎环法具有灵敏度高、特异性好的特点，不足之处是每检测一种 miRNA 分子均需特定的引物和探针，检测成本高。poly（A）加尾法是利用 poly（A）聚合酶（polyA polymerase）将 miRNA 在体外加上 poly（A）尾后，利用含有寡聚 dT 的通用序列作为反转录引物，寡聚 dT 与 poly（A）尾互补结合，经反转录酶反转录获得 cDNA，再使用通用引物和待检测 miRNA 的特异引物进行 PCR（见图 16-5）。PCR 扩增产物可以经非变性聚丙烯酰胺凝胶电泳溴化乙锭染色观察，也可以在 PCR 扩增体系中加入荧光染料进行实时定量 PCR 分析。加尾法具有灵敏性好，且不需分离微 RNA 的特点。制备的 cDNA 是采用通用反转录引物扩增获得的，一次反转录产物可用于不同的 miRNA 分子检测，实现高通量检测分析。与茎环方法相比，具有简便、低成本的优点。

一、材料与设备

① ATP、dNTP、DTT、DEPC、溴化乙锭。

② 水饱和酚、氯仿、无水乙醇。

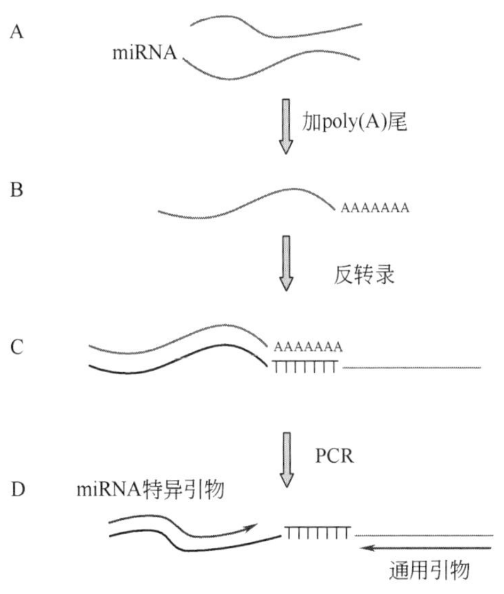

图 16-5　基于 poly（A）加尾的 miRNA RT-PCR 检测方法流程图[19]

③ 3mol/L CH_3COONa（pH5.2）。

④ poly（A）聚合酶、反转录酶、*Taq* 酶。

⑤ 反转录引物（RT 引物）：5′-ATTCTAGAGGCCGAGGCGGCCGACATG-d（T）$_{30}$（A、G 或 C）（A、G、C 或 T）-3′。

⑥ PCR 通用引物：5′-ATTCTAGAGGCCGAGGCGGCCGACATGT-3′。

⑦ miRNA 特异引物。

⑧ 低温高速离心机、实时定量 PCR 仪。

二、实验方法[18,19]

1. 总 RNA poly（A）加尾

取 1μg 总 RNA，分别加入 5μL 10×poly（A）聚合酶缓冲液、5μL 25mmol/L $MnCl_2$、5μL 10mmol/L DTT、100mmol/L ATP 0.5μL、poly（A）聚合酶 4.5U，最后加水补充至 50μL。37℃反应 30min，反应后补充 50μL 无 RNA 核酸酶的水，再用等体积水饱和酚/氯仿及等体积氯仿分别抽提一次。上清液移至另一微量离心管中，加入 10μL 3mol/L CH_3COONa（pH5.2）及 250μL 无水乙醇，−20℃ 放置 60min。于 4℃、12000r/min 离心 15min，用 75%乙醇漂洗沉淀，室温干燥后溶于 11μL 无 RNA 核酸酶的水中。

2. cDNA 合成

在上述 11μL 经过 poly（A）加尾处理的 RNA 中加入 1μL（1μL/μg）RT 引物及 1μL 10mmol/L dNTP，65℃ 变性 5min 后冰上冷却，再加入 4μL 5× 反转录缓冲液、1μL 0.1mol/L DTT、1μL RNaseOut 及 1μL SuperScriptⅢ，组成 20μL 的反应体系。于 50℃反应 1h 后 75℃处理 15min 以灭活反转录酶。制备的 cDNA 保存于−20℃备用。

3. PCR

取 0.5μL cDNA，再分别加入 0.5μL（10pmol）PCR 引物 1 和 0.5μL（10pmol）miRNA 通用引物、2μL 10×PCR 缓冲液、2μL 2.5mmol/L dNTP 及 1U *Taq* 酶，加水至 20μL。反应条件如下：94℃ 4min；94℃ 30s、60℃ 30s、72℃ 30s，共 30 个循环；最后 72℃ 10min。

PCR 产物用 12%非变性聚丙烯酰胺凝胶电泳分离，电泳结束后用溴化乙锭染色。凝胶成像仪观察 PCR 扩增结果。成熟 miRNA 的 PCR 扩增条带位于 80bp 附近。

图 16-6 是利用 poly（A）加尾方法检测了 miR-20 在 HepG2、BEL-7402、HeLa、A549 及 HEK-293 这五种不同细胞系中的表达。

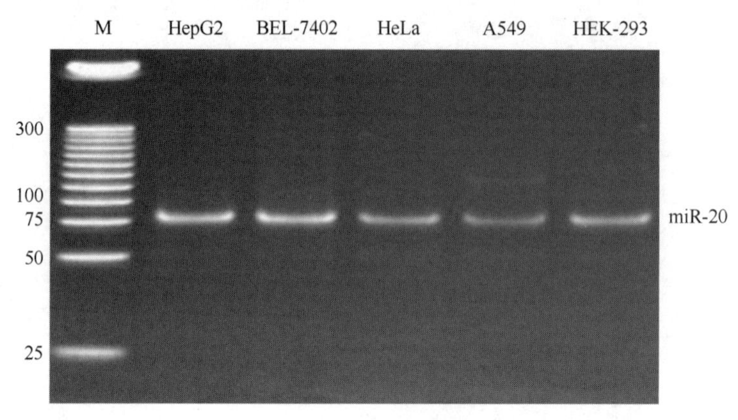

图 16-6　基于 poly（A）加尾 miRNA RT-PCR 检测不同细胞系中 miR-20 的表达[18]

4. 实时定量 PCR

在上述 PCR 扩增体系中加入荧光染料，如 SYBR Green Ⅰ、FAM、Tex Red、FITC 等荧光染料，即可进行 miRNA 分子的实时定量 PCR 检测。以使用 SYBR Green Ⅰ 染料为例，按照 QuantiTect SYBR Green PCR Master Mix 定量 PCR 试剂盒说明书配制 20μL 反应体系如下：10μL 2×SYBR Premix ExTaq，0.64μL 引物混合液（各 10μmol/L），0.8μL cDNA 模板，无菌水 8.56μL，混匀。反应条件：95℃ 15min、95℃ 10s、60℃ 30s、72℃ 30s，共 40 个循环。最后熔解曲线分析：一个循环（95℃ 1min，55℃ 1min，95℃ 1min）；同时扩增 U6 snRNA 为内参对照。

图 16-7 为实时定量 PCR 实验的扩增曲线及熔解曲线图，图中扩增曲线平滑，熔解曲线单一、无双峰，说明实时定量 PCR 扩增产物单一，结果真实可靠。

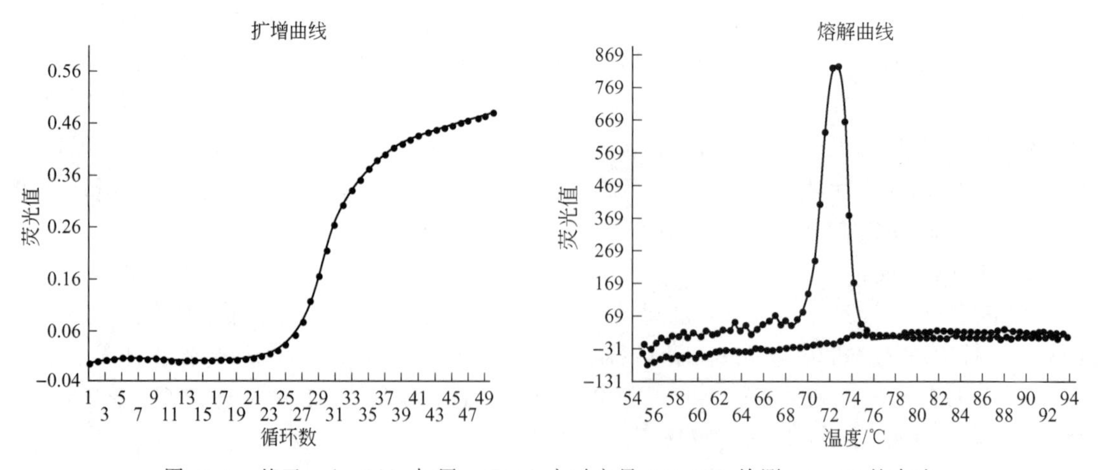

图 16-7　基于 poly（A）加尾 miRNA 实时定量 RT-PCR 检测 miR-25 的表达

三、疑难解析

① RNA 用量可以根据具体实验确定。

② PCR 扩增温度可依据特定的 miRNA 进行相应调整。PCR 扩增循环数可依据 miRNA 的丰度进行相应调整。

③ 通常用 snRNA U6 作参照。也可以在提取 RNA 或在扩增步骤加入特定序列的合成 miRNA 分子作参照。

④ PCR 和实时定量 PCR 除使用开放 PCR 试剂外，目前有多种商品化的试剂盒可供选用。

⑤ 实时定量 PCR 操作过程中要保证 PCR 管壁和管盖洁净，以免影响荧光值的读取。

⑥ 基于 PCR 扩增检测 miRNA 是 miRNA 功能研究和 miRNA 定性和定量检测的重要方法。除了本节介绍的基于 poly（A）加尾的 miRNA RT-PCR 方法，基于茎环的 RT-PCR 方法也是常用方法。由于 miRNA 含量通常较低，为提高检测灵敏度，不同的核酸扩增技术也被用于 miRNA 检测分析，例如滚环扩增、双特异性核酸酶扩增、环介导等温扩增、指数扩增等。基于纳米材料的 miRNA 检测方法、基于量子点检测方法、电化学方法和基于 CRISPR/Cas 技术检测 miRNA 的方法也不断建立，这些方法在不同的检测场景下各具特色和优势，可根据具体生物样品分析需求和具体研究条件选用不同的检测方法。

第五节 miRNA 功能研究

miRNA 分子在哺乳动物细胞中的生物学作用随着研究的进展越来越多样化。但是，其最基本的作用还是通过与 mRNA 以完全或不完全互补的方式发挥作用，通过下调作用靶基因的 mRNA 和蛋白质水平影响靶基因功能的发挥[2]。miRNA 作用的靶基因包括编码蛋白质的 mRNA，也包括不编码蛋白质的非编码 RNA。目前发现的 miRNA 靶基因还是以编码蛋白质的 mRNA 为主。miRNA 作用于靶 mRNA 分子的位置以作用于 3′UTR 区为主，在 mRNA 的编码区和 5′UTR 区也发现存在 miRNA 作用位点。因此，miRNA 功能研究主要包括 miRNA 表达谱检测、miRNA 靶点分析、miRNA 功能筛选。从研究的着眼点不同，基本上可以分为：一是从 miRNA 出发，以确定 miRNA 的生物学功能和 miRNA 调控的靶基因；二是从靶基因出发，寻找调控靶基因的 miRNA。具体的实验操作多属于常规的分子生物学和细胞生物学实验方法，因此，本节主要介绍研究策略和实验设计流程。

一、miRNA 表达检测

对于特定的研究对象，如：组织、细胞等，首先可以采用 miRNA 芯片的方法或 miRNA 测序的方法获得 miRNA 表达谱[14,15]。目前已有包括人、小鼠、大鼠等多种 miRNA 芯片可供使用，通过 miRNA 芯片检测可以获得样本中目前已知的所有 miRNA 的表达情况。对样本数据进行比较分析，可以获得高表达、低表达的 miRNA 分子，对于不同样本间的数据进行分析还能够获得差异表达、共表达的 miRNA。miRNA 测序也是目前常用的获得 miRNA 表达谱的方法，同 miRNA 芯片方法相比，miRNA 测序方法还具有可以发现未知的、新的 miRNA 分子的优势。在依据 miRNA 芯片或 miRNA 测序结果筛选表达候选的差异表达 miRNA 分子时，不仅要考虑表达差异的倍数，还要参考表达的绝对量。由 miRNA 芯片和 miRNA 测序获得的 miRNA 表达结果在 miRNA 功能研究或疾病标志物研究中通常是作为初筛候选 miRNA 的手段，因此，进一步还需要采用 Northern Blot、PCR、原位杂交等方法确认[11,12,18]。实时定量 PCR 是最为常用的定性和定量的 miRNA 表达检测方法。经过确认即可获得开展功能研究的候选 miRNA 分子。绝大部分人 miRNA 是由 pri-miRNA、pre-miRNA 在核酸酶作用下加工生成，在一些特定的研究过程中，需要进一步检测分析 pri-miRNA、pre-miRNA，通过三者之间的关系可以为 miRNA 功能研究提供线索。

二、miRNA 功能筛选鉴定

针对拟开展生物学功能研究的候选 miRNA 分子，通常是通过在选定的细胞系中过表达 miRNA 分子，或抑制内源 miRNA 分子的表达，进而依据所研究的对象和目的的不同，通过检测细胞的形态、增殖、周期、死亡形式、毒性、侵袭、转移等性状的改变，以及检测特定基因、蛋白质表达水平的变化，筛选获得具有相应生物学功能的 miRNA 分子。在筛选功能 miRNA 分子时，在过表达和抑制 miRNA 表达的过程中，依据研究的特殊性，还可以在过表达或抑制 miRNA 的同时，在细胞培养体系中施加干预因素，如添加药物、射线照射、同时过表达其他相关基因等，以增强 miRNA 分子的效用，或观察不同因素间的协同作用。

在细胞系中过表达和抑制 miRNA 的方法主要有体外合成 miRNA 和抑制剂分子经转染进入细胞，以及构建 miRNA 表达和抑制 miRNA 分子的载体转染细胞。合成 miRNA 和构建载体通常有以下几种方法。

① 化学合成 miRNA 模拟物。依据选定的 miRNA 分子序列，分别化学合成两条单链 RNA，经退火获得双链 miRNA 分子的模拟物。为检测转染效率或观察 miRNA 细胞定位等，可以在合成过程中对核苷酸进行修饰，如标记生物素、荧光分子等。此外，为增强合成 miRNA 在细胞内的稳定性，可以对合成的 miRNA 进行修饰，如甲氧基、甲基修饰等。为提高 miRNA 的转染效率，同样可以对其进行化学修饰，如用胆固醇进行修饰。除了合成成熟的 miRNA，也可以合成 pre-miRNA 分子，经转染入细胞后由细胞内的 miRNA 加工机制加工生成 miRNA 分子。化学合成的 miRNA 适用于短时间的功能研究，如经过化学修饰能延长其在细胞内发挥作用的时间。

② 化学合成 miRNA 抑制剂。miRNA 的抑制剂是与 miRNA 分子互补的反义 RNA 寡聚核苷酸，为增加稳定性，通常进行 2′-甲氧基修饰。修饰的抑制剂可以较长时间抑制 miRNA。

③ 酶促合成 pre-miRNA。利用基因合成的方法或设计引物从细胞或组织中进行扩增，获得需要转录的 pre-miRNA 的 DNA 模板，在末端添加 T7 或 SP6 启动子序列。利用体外转录试剂盒进行转录，获得 RNA，经退火获得具有发夹结构的 pre-miRNA。pre-miRNA 转染入细胞，通过细胞内的 miRNA 加工机制生成成熟的 miRNA 分子。

④ 构建真核质粒表达载体。最常用的方法是从基因组上扩增出 pri-miRNA 或 pre-miRNA 序列，连接到真核表达载体上。采用的 pri-miRNA 序列多选择 200～500nt 长度，质粒载体的启动子序列通常无限制。如采用 pre-miRNA 的序列长度多在 60～100nt，可选用 RNA 聚合酶Ⅲ型启动子。可以选择具有表达绿色荧光蛋白等的真核表达载体，有利于观察转染的效率。如果希望获得稳定转染的细胞株，可以选用具有抗性筛选标记的真核表达载体。质粒表达载体转染细胞能达到较长时间表达 miRNA 的效果。

⑤ 构建病毒表达载体。质粒载体转染效率通常较低。为了增加转染效率，或为了进一步在动物体内表达应用，可以构建腺病毒、慢病毒表达载体。病毒表达系统是在哺乳动物细胞中瞬时表达与稳定表达外源 miRNA 的理想工具。

⑥ 构建抑制载体。miRNA 海绵（miRNA sponge）[20,21]是一条 mRNA，其 3′非翻译区（UTR）包含若干个 miRNA 靶定位点，并且这些靶定位点在 RISC（RNA 诱导沉默复合体）切割位点包含一些错配。因此，即使 miRNA 与之结合，海绵 mRNA 也不会降解。海绵

RNA 吸纳了 miRNA，使 miRNA 不能与真正的细胞内的靶 mRNA 结合，通过竞争性抑制作用，达到抑制 mRNA 功能的目的。miRNA 海绵上的多个 miRNA 靶定位点可以是针对同一种 miRNA 分子的，也可以是针对不同 miRNA 分子的，因此，miRNA 海绵可以同时抑制不同的 miRNA 的功能。miRNA 海绵通常是构建在质粒载体上的，也可以构建在病毒载体上。此外，还有构建可转录出具有多个发夹结构的 RNA 表达载体，其原理是转录生成的 RNA 折叠后形成稳定的多个发夹结构，发夹结构能够与细胞中 miRNA 的靶基因竞争性结合 miRNA，从而降低 miRNA 抑制靶基因的活性[22]。另一种 miRNA 的抑制剂是基于载体表达出具有“陷阱结构”的 RNA，其原理是利用 RNA 转录后折叠形成一个稳定的陷阱结构，暴露出两个可以捕捉、结合靶 miRNA 的环，陷阱结构可结合两分子 miRNA，并形成稳定的复合物，阻止了 miRNA 对靶基因的降解或者翻译抑制，上调 miRNA 靶标基因的表达。这种载体的特点是转染细胞后作用持续时间长、特异性好。

⑦ CRISPR/Cas 技术敲除 miRNA。CRISPR/Cas9 技术可以对人基因组特定基因位点进行编辑。因此，该技术是抑制 miRNA 表达的一种重要的方法[23]。由于在基因组水平上破坏 miRNA 基因表达，抑制 miRNA 效率高，应用也越来越受到关注。

需要注意的是，无论是在细胞中转染合成的 miRNA、质粒还是病毒载体，实验中均需要根据所用细胞系的不同选择合适的用量，特别是在瞬时转染实验中。miRNA 和质粒的转染效率影响 miRNA 功能的筛选能否成功，在实验中，如果转染效率低，可以换用不同的转染试剂，以及调整 miRNA 或质粒与转染试剂的配比，多数情况下转染效率可以得到明显改善。选择合适的对照 miRNA 和对照质粒对实验结果也十分重要。miRNA 分子功能的发挥不仅取决于靶 mRNA 是否具有结合位点，同时还需要细胞中辅助因子的参与。因此，对于在某一细胞系中没有显示生物学功能的 miRNA 分子，可以换用不同的细胞系再进行筛选。

三、miRNA 靶基因鉴定

miRNA 可以通过多种不同的方式发挥其生物学作用，但绝大多数 miRNA 分子主要还是通过与靶 mRNA 分子的相互作用，下调基因表达水平起作用的[2]。下面主要介绍如何确定 miRNA 作用的靶 mRNA 的研究方法。

首先，对经过功能筛选得到的 miRNA 分子运用 miRNA 作用靶基因预测软件进行分析，以获得候选的靶 mRNA。目前可用的 miRNA 靶基因预测软件众多，包括 TargetScan、PicTar、miRDB、RNAHybrid、TargetFinder、psRNATarget、Target-Align 等。这些软件采用不同的算法对靶基因样本进行评分及筛选。虽然预测方法各有不同，但都是基于 miRNA 和靶基因间的作用特点来进行预测的，主要考虑了 miRNA 与其靶位点的互补性、形成互补链间的热稳定性、靶点在物种间的保守性、靶 mRNA 的二级结构等，只是不同的算法考虑的侧重点不同。因此，为了得到更为可靠的靶基因预测结果，通常综合多个预测方法，取其共同预测的基因作为研究重点。新建立的 miRTar Hunter 程序整合已经实验验证的 miRNA 作用靶位点的信息，预测的准确度有所提高[24]。即便如此，获得的预测靶基因通常情况下仍然是数目众多。为了减少筛选和确认的工作量和提高筛选的准确度，可以同时参考在筛选 miRNA 分子功能时得到的 miRNA 分子对细胞影响的信息，如是影响细胞的增殖，还是凋亡等信息等，从预测的靶基因中进一步挑选与这些功能有关的候选靶基因进行验证。此外，如果有对应的 mRNA 表达谱数据和蛋白质表达谱数据可以使用，参考细胞的这些数据也是缩小候选靶基因范围的有效方法。

其次，对上述获得的miRNA候选靶基因是否为在该特定条件的真实作用靶mRNA进行验证。依据预测miRNA与靶mRNA的结合位点，设计PCR引物，通常扩增包括结合位点在内的200～400nt的DNA片段。为了避免影响RNA的二级结构、破坏miRNA结合的靶位点，也可以根据具体的miRNA预测结果结合靶基因序列考虑扩增预测靶mRNA的全长3′UTR区，或者1000～2000nt的区域。之后将扩增获得的DNA片段克隆到荧光素酶报告载体的荧光素酶3′端，构建预测靶基因的荧光素酶报告载体。将报告载体和合成的miRNA或miRNA表达载体共转染细胞，检测荧光素酶的活性，如果荧光素酶活性与对照相比降低20%以上，通常可以认为该靶基因有可能被miRNA所调控。下一步就是针对预测的miRNA结合位点，对荧光素酶报告载体上的miRNA结合位点进行点突变，重复上述实验，如果miRNA对突变体的荧光素酶表达水平没有影响，可选定这些靶mRNA进行下一步的验证。在荧光素酶报告载体实验中，选好对照以及确保有较高的转染效率同样是实验成功的重要环节。荧光素酶报告载体实验对初步确认miRNA作用的靶基因固然是十分重要的，但是毕竟不是靶mRNA的真实分子。因此，荧光素酶报告载体实验阴性和阳性结果并不是绝对可靠的，直接检测miRNA分子对内源性的靶mRNA表达水平，特别是蛋白质表达水平的影响更为重要。

再次，对荧光素酶报告载体实验筛选获得的候选靶mRNA需要进一步进行细胞内源性的miRNA对靶mRNA调控作用的认证。在细胞中通过转染合成miRNA或miRNA表达载体后，PCR或Northern Blot检测靶mRNA的表达水平是否下调，Western Blot检测蛋白质表达水平是否下调。如果下调，进一步在细胞中转染miRNA抑制剂或抑制表达载体，检测靶mRNA和蛋白质表达是否上调。如果得到下调结果，miRNA的靶基因即得到进一步的确认。但需要注意的是，由于miRNA可以调控多个靶基因，一个靶基因可以受多个miRNA分子调控，在实验中需要设置靶mRNA的siRNA实验作为对照，使作用的特异性得到进一步的确认。

如果是从mRNA入手寻找调控该mRNA的miRNA分子，实验过程与从miRNA分子入手寻找调控的靶mRNA是相似的。只是在利用软件预测时是用mRNA来预测与之相互作用的候选miRNA分子。miRNA除了调控靶mRNA外，近来发现miRNA分子也能调控非编码RNA分子。目前预测调控长链非编码RNA的miRNA分子的软件主要有miRcode[25]和DIANA-LncBase[26]。长链非编码RNA和环RNA通常是以miRNA海绵方式与mRNA竞争结合miRNA分子，进而发挥调控细胞生物学功能的作用。

四、miRNA非经典功能

miRNA除了直接与mRNA作用发挥生物学功能，近年来发现miRNA还能以非经典的作用机制发挥作用。一些miRNA前体具有编码蛋白短肽的能力，这些短肽通过调控miRNA基因转录对miRNA进行调控[27]。有些miRNA可以与AGO蛋白之外的RNA结合蛋白相互作用，发挥非经典的调控作用[28]。近来研究发现，miRNA不仅能够通过抑制作用影响mRNA的稳定性和翻译效率，进而下调蛋白质表达，miRNA还能够上调蛋白质表达水平。这类miRNA通常调控具有3′UTR AU富含元件的mRNA[29]。在细胞核中miRNA与启动子作用激活基因转录的现象被称为RNA激活[30]。随着研究技术的进步，相信会有越来越多的miRNA功能被发现。

（刘珊珊　郑晓飞　编）

第六节　siRNA 的构造及实验研究

一、引言

1. RNAi 的发现

RNA 干扰（RNA interference，RNAi）技术，又称为 RNA 沉默，是双链 RNA 介导的特异性基因表达沉默的现象。RNA 干扰现象是在 1990 年进行转基因植物有关研究时偶然发现的，将全长或部分基因导入植物细胞后，某些内源性基因不能表达，但这些基因的转录并不受影响，因此，将这种现象称为基因转录后沉默（posttranscriptional gene silencing，PTGS）[31]。1995 年，美国康奈尔大学的 Su Guo 博士和 Kemphues 在利用反义 RNA 技术特异性地阻断秀丽隐杆线虫（*C. elegans*）中的 *par*-1 基因时，同时在对照实验中给线虫注射正义 RNA，却发现反义 RNA 和正义 RNA 都同样切断了 *par*-1 基因的表达途径。这与对反义 RNA 技术的解释正好相反，学者们一直无法解释这种现象。1998 年 2 月，Andrew Fire 和 Craig Mello 证实，Su Guo 博士遇到的正义 RNA 抑制基因表达的现象，以及过去的反义 RNA 技术对基因表达的阻断，都是由体外转录所得的 RNA 中污染了微量双链 RNA 而引起的。当他们将体外转录得到的单链 RNA 纯化后注射线虫发现，基因抑制效应变得十分微弱，而经过纯化的双链 RNA 却正好相反，能够高效特异性地阻断相应基因的表达。实际上每个细胞只要很少的几个分子的双链 RNA 已经足够完全阻断同源基因的表达。后来的实验表明，在线虫中注入双链 RNA 不但可以阻断整个线虫的同源基因表达，还会导致其第一代子代的同源基因沉默，该小组将这一现象称为 RNA 干扰[32]。RNA 干扰是一种进化上保守的抵御转基因或外来病毒侵犯的防御机制，在低等原核生物、植物、真菌、无脊椎动物和哺乳动物中广泛存在。干扰小 RNA（small interfering RNA，siRNA）是受内源或外源（如病毒）双链 RNA 诱导后，细胞内产生的一种长 22～24 个核苷酸的双链小 RNA 分子。能引起特异的靶信使核糖核酸降解，以维持基因组稳定，保护基因组免受外源核酸入侵和调控基因表达。

2. siRNA 的作用机制

（1）siRNA 的起始阶段

外源或内源的 dsRNA（double-stranded RNA）进入细胞后，在 Dicer 酶的作用下加工裂解成长度为 20～25 个核苷酸的小分子干扰 RNA 片段（siRNA）。Dicer 酶是 RNaseⅢ家族中特异识别双链 RNA 的一员，属内切核酸酶，由以下结构域组成：1 个与 Argonaute 家族同源的 PAZ 结构域，2 个 RNase 活性结构域，1 个 dsRNA 结合结构域，1 个 DEAH/DCXH RNA 解旋酶活性结构域。在 Dicer 的处理下，dsRNA 形成 siRNA 的复合物[33]。

（2）siRNA 放大阶段

siRNA 复合物被 RNA 诱导的沉默复合物（RNA-induced silencing complex，RISC）识别。RISC 包含 Argonaute 蛋白家族的多个成员。siRNA 与 RISC 结合后，RISC 被活化，大小为 100 kDa，活化的 RISC 复合物通过 ATP 依赖的过程促进 siRNA 的解旋。解旋的反义链指引活化的 RISC 到互补的 mRNA 并与之结合，然后 siRNA 与 mRNA 换位，由 RISC 将靶 mRNA 切割成 21～23nt 的片段，这些片段由于缺少 poly（A）尾巴及特定的头部而很容易被降解，从而导致翻译受阻，产生转录后基因沉默（PTGS）。siRNA 还可作为一种特殊的引物，利用 RdRp（RNA-dependent RNA polymerase），以靶 mRNA 为模板，合成新的 dsRNA，后者又被 RISC 降解成为新的 siRNA，新合成的 siRNA 又进入上述循环，这一过程被称为随机降解 PCR（random degradative PCR）[34]。siRNA 还可转运出细胞，并扩散至整个机体。

（3）siRNA 的效应阶段

活化的 RISC 在单一位点切割靶标 mRNA，此切割过程要求反义链 5′端的磷酸化，同时，反义链与目标 mRNA 复合物的双螺旋必须是 A 型的[35]。DNA-RNA 杂合子不能诱导 siRNA，其主要原因是双螺旋结构不是 A 型的，因为 A 型双螺旋是发挥 siRNA 效应的决定性因素。RISC 的核酸部分起靶向性作用，蛋白质部分起降解 mRNA 的作用，使得靶基因发生转录后沉默。

siRNA 的作用机制见图 16-8。

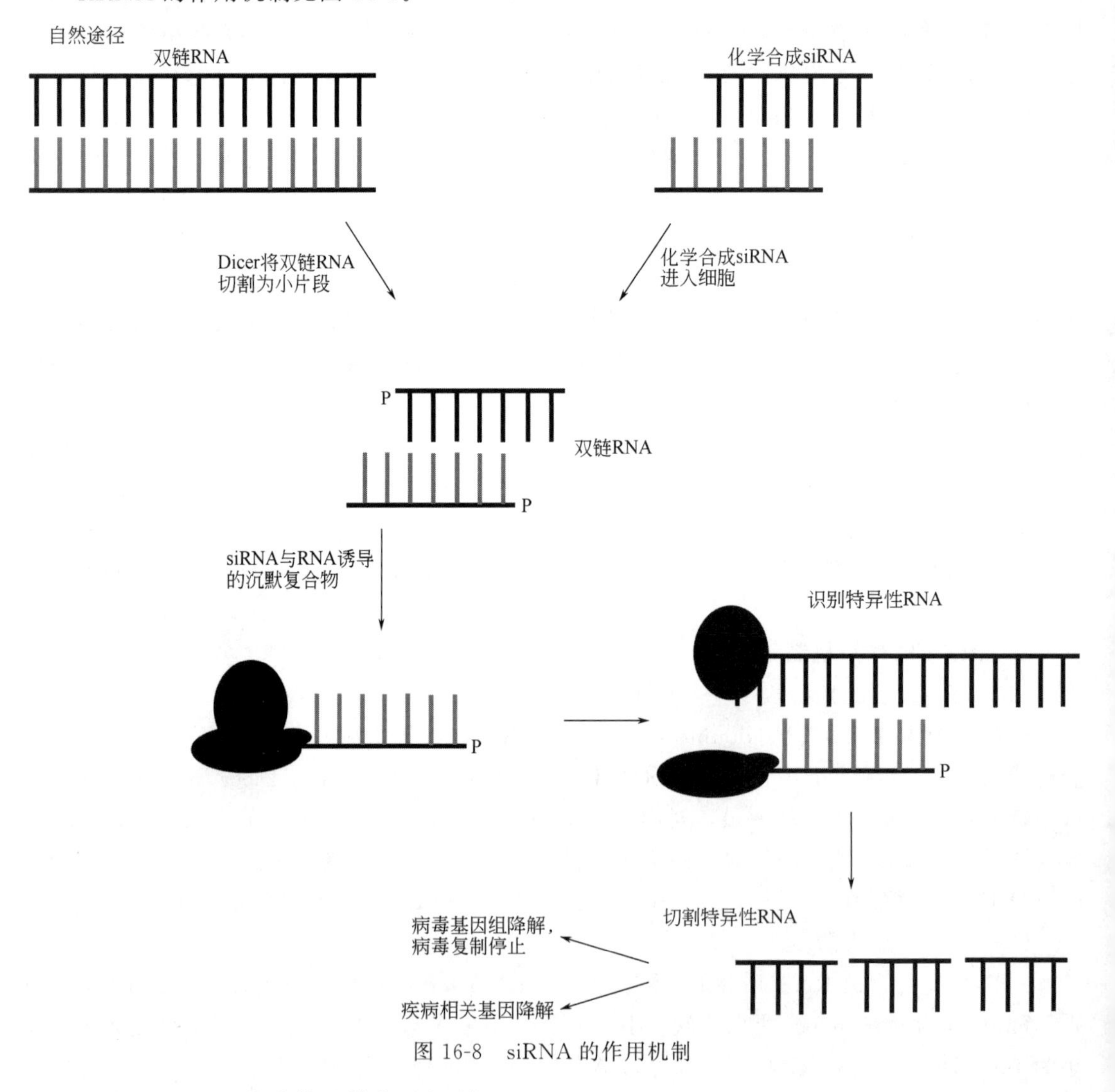

图 16-8 siRNA 的作用机制

3. 内源 siRNA 的功能及其作用机制

现在发现，siRNA 已经不仅仅限于沉默 mRNA，还作用于基因组。这方面的具体机制还不是非常明确，但在植物中发现伴随有 DNA 甲基化现象，研究人员正在对 DNA 甲基化和组蛋白修饰之间的相互作用进行更进一步的研究。综合来看，可将目前报道的内部 siRNA 的功能及其作用机制大致分为以下几类[36]。

（1）抗病毒功能

有研究者分别在植物和果蝇中发现，大多数 RNA 病毒都可启动 siRNA 效应，从而导致病毒基因组降解。在果蝇细胞中，兽棚病毒（Flock house virus，FHV）就能引发果蝇内部的 siRNA 反应，产生 FHV 特异性的 siRNA 来降解感染的 FHV[37]。

（2）基因调控

目前，在人、蠕虫、果蝇和植物等生物体中都发现了 miRNA，有的通过结合 3′端非翻译区（UTR）和靶 mRNA 抑制 mRNA 翻译，有的能破坏靶基因转录本，对基因表达水平进行调控。

（3）染色质浓缩

内源的 siRNA 及一些 miRNA 可能通过使染色质浓缩来调节基因表达。有研究发现，裂殖酵母中内源 siRNA 可介导中心粒区染色质浓缩，导致这个位点的基因转录沉默；dsRNA 可结合到植物启动子区域，通过使 DNA 甲基化导致基因沉默；在蠕虫体内检测到许多 Polycomb 蛋白，此蛋白质通过结合染色质导致基因沉默；在裂殖酵母中，通过合成 shRNA 反式抑制同源位点，导致在 mate 区沉默的 Swi6 染色质浓缩。这些结果都提示一些内源性的 siRNA 通过导致染色质浓缩来调节基因表达水平。

（4）转座子沉默

目前，两方面的证据提示转座子沉默涉及 siRNA：其一，发现蠕虫 *mut*-7 基因参与 siRNA 和转位抑制；其二，从裂殖酵母的中心粒区也分离出 siRNA，并检测到这些 siRNA 介导此区内组蛋白甲基化。由于中心粒区包含重复序列，即转座子片段，在一些减数分裂基因中也发现了通过其附近的逆转录转座子 LTR（长末端重复序列）介导的 siRNA，推测在 siRNA 介导的中心粒区域的组蛋白甲基化可能源于古老的转座子沉默作用。

（5）基因组重组

siRNA 可能参与纤毛虫、四膜虫虫体间结合时的基因重组。结合到重组序列的 siRNA 在虫体之间的结合过程中介导 DNA 缺失和染色体断裂。有趣的是，在这些 siRNA 介导的程序性 DNA 删除事件中，也发现需要重组区域组蛋白的甲基化。

二、如何进行 RNAi 实验

1. siRNA 的设计

（1）在设计 siRNA 实验时，可以先在以下网站进行目标序列的筛选

http://www.ic.sunysb.edu/Stu/shilin/siRNA.htmL

（2）siRNA 目标序列的选取原则

① 从转录本（mRNA）的 AUG 起始密码开始，寻找“AA”二连序列，并记下其 3′端的 19 个碱基序列，作为潜在的 siRNA 靶位点。有研究结果显示，GC 含量在 45%～55%的 siRNA 要比那些 GC 含量偏高的更为有效。在设计 siRNA 时，不要针对 5′端和 3′端的非编码区（untranslated regions，UTRs），原因是这些地方有丰富的调控蛋白结合区域，而这些 UTR 结合蛋白或者翻译起始复合物可能会影响 siRNP 核酸内切酶复合物结合 mRNA，从而影响 RNAi 的效果。

② 将潜在的序列和相应的基因组数据库（人或者小鼠、大鼠等等）进行比较，排除那些

和其他编码序列/EST 同源的序列。例如使用 BLAST（www.ncbi.nlm.nih.gov/BLAST/）进行比对。

③ 选出合适的目标序列进行合成。通常一个基因需要设计多个靶序列的 siRNA，以找到最有效的 siRNA 序列。

（3）阴性对照

一个完整的 siRNA 实验应该有阴性对照，作为阴性对照的 siRNA 应该和选中的 siRNA 序列有相同的组成，但是和 mRNA 没有明显的同源性。通常的做法是将选中的 siRNA 序列打乱，同样要检查结果以保证它和目的靶细胞中其他基因没有同源性。

（4）目前已证实的 siRNA 可以在下面的网页找到

http://www.ambion.com/techlib/tb/tb_502.html

2. siRNA 的制备

到目前为止，较为常用的方法有通过化学合成、体外转录、长片段 dsRNAs 经 RNase Ⅲ类降解（如 Dicer，*E. coli*，RNase Ⅲ）体外制备 siRNA，以及通过 siRNA 表达载体表达制备 siRNA。

（1）体外合成

① 化学合成。直接通过化学方法合成两条互补的 21～23nt RNA 单链，然后退火形成双链 siRNA。化学合成是最早应用的方法，但该方法成本较高。siRNA 进入细胞后容易被降解；进入细胞的 siRNA 在细胞内的 siRNA 效应持续时间短。

② 体外转录合成。通过 T7 RNA 聚合酶体外转录合成两条互补的 21～23nt RNA 单链，然后退火形成双链 siRNA。该方法适用于筛选最有效的 siRNA，但缺点同样是 siRNA 进入细胞后容易被降解，持续时间短，不适用于特定 siRNA 进行长期研究。

③ RNaseⅢ消化法。用体外转录的方法制备 200～1000bp 的 dsRNA，然后用 RNaseⅢ（或 Dicer）在体外消化，得到各种不同的 siRNA 的混合物。该方法省时省力，但缺点是有可能导致非特异性的基因沉默，特别是与靶基因同源或密切相关的基因。

（2）载体表达法

利用质粒或病毒，通过转染含有 RNA 聚合酶Ⅱ的启动子 U6 或 H1，及其下游一小段特殊结构的质粒或病毒载体到宿主细胞体内，转录出短发夹 RNA（short hairpin RNA，shRNA）[38]。转录出的 shRNA 在胞内被 Dicer 酶剪切成 siRNA。该技术操作简便、成本低，与直接导入 siRNA 相比，DNA 质粒更容易导入细胞内，而且质粒导入细胞后存在时间长且稳定，对靶基因的表达抑制效率高，便于进行较长时间的基因功能研究。通过质粒表达 siRNA 大都是用 RNA 聚合酶 Ⅲ启动子启动编码 shRNA 的序列。选用 RNA 聚合酶Ⅲ启动子的原因在于这个启动子总是在离启动子一个固定距离的位置开始转录合成 RNA，遇到 4～5 个连续的 U 即终止，非常精确。当这种带有 RNA 聚合酶 Ⅲ启动子和 shRNA 模板序列的质粒转染哺乳动物细胞时，这种能表达 siRNA 的质粒能够下调特定基因的表达，可抑制外源基因和内源基因[39]。采用质粒的优点在于通过 siRNA 表达质粒的选择标记，siRNA 载体能够更长时间地抑制目的基因的表达。此外，带有抗生素标记的 siRNA 表达载体可用于长期抑制研究，通过抗性辅助筛选，该质粒可以在细胞中持续抑制靶基因的表达长达数星期甚至更久[40]。另外，带有荧光标记的 siRNA 表达载体也受到研究者的重视与欢迎，因为带荧光标记的表达载体，可以让研究人员通过荧光标记很容易地检测到载体的转染效率及目的基因的沉默效率。可通过荧光显微镜观察含有 shRNA 的细胞或通过流式细胞仪富集被转染的细胞。同时，荧光蛋白的表达与 shRNA 的表达是独立的，因此，不影响 shRNA 基因沉默的效果。另外，由于质粒可以复制扩增，相比起其他合成方法来说，这就能够显著降低制备 siRNA 的成本。Cynthnia 等对载体进行了改进，使 siRNA 效率提高到 90%以上，增加了 siRNA 的转录效率及稳定性，同时提高了对靶基因的抑制作用，因而被认为是最完善的质粒载体。

3. siRNA 向细胞内导入的方式

（1）病毒感染

腺病毒是研究人员最常用的在哺乳动物细胞中表达 siRNA 的方法。腺病毒作为载体的优点是对细胞无毒性，并能特异地到达靶区域。缺点是引起基因沉默的效率不是特别理想，这可能与腺病毒载体诱导产生的免疫炎症加速了腺病毒的清除有关。新研制出的 AAV（腺相关病毒）载体克服了上述缺点，降低了体内的排斥反应，对细胞没有毒性，转染效率更高，并且能够在体内长期表达[41]。

（2）转染

将制备好的 siRNA、siRNA 表达载体或表达框架转导至真核细胞中的方法主要有以下几种。

① 磷酸钙共沉淀。将氯化钙、RNA（或 DNA）和磷酸缓冲液混合，形成的沉淀包含 DNA 和极小的不溶的磷酸钙颗粒。磷酸钙-DNA 复合物黏附到细胞膜上，并通过胞饮进入目的细胞的细胞质。沉淀物的大小和质量对于磷酸钙转染的成功至关重要。在实验中使用的每种试剂都必须小心校准，保证质量，因为甚至偏离最优条件十分之一个 pH 都会导致磷酸钙转染的失败。

② 电穿孔法。电穿孔通过将细胞暴露在短暂的高场强电脉冲中转导分子。将细胞悬浮液置于电场中会诱导沿细胞膜的电压差异，这种电压差异会导致细胞膜暂时穿孔。电脉冲和场强的优化对于成功转染非常重要，因为过高的场强和过长的电脉冲时间会不可逆地伤害细胞膜而裂解细胞。一般成功的电穿孔过程都伴随高水平（50%或更高）的毒性。

③ DEAE-葡聚糖和 Polybrene。带正电的 DEAE-葡聚糖或 Polybrene 多聚体复合物和带负电的 DNA 分子使得 DNA 可以结合在细胞表面。通过使用 DMSO 或甘油获得的渗透休克使 DNA 复合体导入。两种试剂都已成功用于转染。DEAE-葡聚糖仅限于瞬时转染。

④ 机械法。转染技术也包括使用机械的方法，比如显微注射和基因枪。显微注射使用一根细针头将 DNA、RNA 或蛋白质直接转入细胞质或细胞核。基因枪使用高压微弹（microprojectile）将大分子导入细胞。

⑤ 阳离子脂质体试剂。在优化条件下将阳离子脂质体试剂加入水中时，可以形成微小的（平均大小为 100～400nm）单层脂质体。这些脂质体带正电，可以靠静电作用结合到 DNA 的磷酸骨架上以及带负电的细胞膜表面。因此，使用阳离子脂质体转染的原理与以前利用中性脂质体转染的原理不同。使用阳离子脂质体试剂，DNA 并没有预先包埋在脂质体中，而是带负电的 DNA 自动结合到带正电的脂质体上，形成 DNA-阳离子脂质体复合物。据报道，一个约 5kb 的质粒会结合 2～4 个脂质体。被俘获的 DNA 就会被导入培养的细胞。现在对 DNA 转导原理的证据来源于内吞体和溶酶体。

（3）直接注射

直接注射主要用于 siRNA 在组织中的研究。如通过尾静脉快速大量注射 siRNA 或表达 siRNA 的质粒，使肝脏瞬间充盈，使用这种方法可使小鼠肝细胞的基因转染效率达到 5%～40%。McCaffrey 等将体外合成的针对萤火虫荧光素酶的 siRNA 和表达荧光素酶的质粒同时注入小鼠尾静脉内，活体动物全身荧光显影显示荧光素酶的表达受到明显的抑制，说明直接注射是一种向组织细胞内导入 siRNA 的有效方式[42]。

（4）干细胞移植

干细胞移植主要用于在血液细胞内表达的靶基因的抑制，可以用造血干细胞移植的方法实现 siRNA 的导入。该方法是在体外将 siRNA 导入从供体小鼠中分离到的造血干细胞，再将导入 siRNA 的造血干细胞移植回致死剂量放射线照射的受体小鼠血液中，观察抑制的效果[43]。

（5）通过转基因技术制备

通过转基因技术在整体水平导入 siRNA，从而在全身组织细胞中抑制靶基因的表达。转基因的具体手段可以分为三类：一是用传统的显微注射的方法将表达 siRNA 的载体导入动物受精卵细胞原核[44]；二是通过电转染将带有 shRNA 编码序列的载体导入胚胎干细胞中，进一步制备转基因动物[45]；三是用带有 shRNA 编码序列的重组慢病毒感染胚胎干细胞或动物早期胚胎，进一步获得转基因动物[46]。

（6）注意事项

为了达到高的转染效率，在转染实验过程中，需要注意以下几点。

① 纯化 siRNA。在转染前要确认 siRNA 的大小和纯度。为得到高纯度的 siRNA，推荐用玻璃纤维结合后再洗脱或通过 15%～20%丙烯酰胺胶除去反应中多余的核苷酸、小的寡核苷酸、蛋白质和盐离子。注意：化学合成的 RNA 通常需要跑胶纯化（即用 PAGE 胶纯化）。

② 避免 RNA 酶污染。微量的 RNA 酶将导致 siRNA 实验失败。由于实验环境中 RNA 酶普遍存在，如存在于皮肤、头发、所有徒手接触过的物品或暴露在空气中的物品等，因此，保证实验每个步骤不受 RNA 酶污染非常重要。

③ 健康的细胞培养物和严格的操作确保转染的重复性。通常，健康细胞的转染效率较高。此外，较低的传代数能确保每次实验所用细胞的稳定性。为了优化实验，推荐用 50 代以下的转染细胞，否则细胞转染效率会随时间明显下降。

④ 避免使用抗生素。Ambion 公司推荐从细胞种植到转染后 72h 期间避免使用抗生素。抗生素会在穿透的细胞中积累毒素。有些细胞和转染试剂在 siRNA 转染时需要无血清的条件。这种情况下，可同时用正常培养基和无血清培养基做对比实验，以得到最佳转染效果。

⑤ 选择合适的转染试剂。针对 siRNA 制备方法以及靶细胞类型的不同，选择好的转染试剂和优化的操作对 siRNA 实验的成功至关重要。

⑥ 通过合适的阳性对照优化转染和检测条件。对于大多数细胞，看家基因是较好的阳性对照。将不同浓度的阳性对照的 siRNA 转入靶细胞（同样适合实验靶 siRNA），转染 48h 后统计对照蛋白质或 mRNA 相对于未转染细胞的降低水平。过多的 siRNA 将导致细胞中毒甚至死亡。

⑦ 通过标记 siRNA 来优化实验。荧光标记的 siRNA 能用来分析 siRNA 的稳定性和转染效率。标记的 siRNA 还可用作 siRNA 胞内定位及双标记实验（配合标记抗体）来追踪转染过程中导入了 siRNA 的细胞，将转染与靶蛋白表达的下调结合起来。

三、常用 RNAi 实验的基本步骤

1. 体外合成 siRNA 的基本步骤

常规化学合成 siRNA 为 21～25nt 的双链小分子 RNA。即用型的 siRNA 已经经过纯

化、退火等处理，只要用灭菌的 ddH_2O 或无 RNase 水溶解并配制成 20μmol/L 液体即可直接转染细胞。

（1）siRNA 的转染浓度

推荐的转染浓度是 50nmol/L，可视具体情况优化转染浓度，最佳转染浓度一般设置浓度梯度和时间曲线进行测试，建议优化的转染梯度为 100nmol/L、50nmol/L、20nmol/L、10nmol/L、5nmol/L、1nmol/L。

（2）使用脂质转染试剂 2000（Invitrogen）转染 siRNA

转染方法请参考转染试剂的使用说明，以下是使用 lipofectamine 2000（lipo2000）转染的参考方法。

① 转染前一天，接种适当数量的细胞至细胞培养板中，使转染时的细胞密度能够达到 30%～50%（不同细胞的生长速率不一样，因此，接种细胞的数量需要根据细胞培养的经验而定），使用无抗生素的培养基。

注意：转染时，细胞密度是影响转染效率的关键因素之一，细胞生长过度会削弱细胞活力，从而降低细胞的转染效率；而细胞密度过低则可能达不到生长的要求，也会因此影响转染效率。

② 对于每个转染样品，按如下步骤准备 siRNA-lipo2000 混合液。

a. 稀释转染试剂 lipo2000。使用前，将 lipo2000 转染试剂轻轻摇匀，然后取适量，用不含血清的优化培养基稀释，轻轻混合，室温孵育 5min。

b. 稀释 siRNA。用培养基稀释 siRNA，轻轻混合。

c. 稀释好的 lipo2000 经过 5min 的孵育后，与上述 b. 稀释好的 siRNA 轻轻混合，室温培养 20min 以形成 siRNA-lipo2000 混合物，溶液可能会变浑浊，不过不会影响转染。注意：稀释好的 lipo2000 如果长时间放置可能导致转染试剂活性的降低，应尽量在 30min 之内与稀释好的 siRNA 混合。

③ 将 siRNA-lipo2000 混合液加入含有细胞以及培养液的细胞培养板中，轻轻摇晃，使之混合。

④ 将培养板置于 37℃ 的 CO_2 培养箱中培养至检测时间（24～96h）。沉默效率的检测一般建议的时间为 24～72h。转染操作完成后，经过 37℃ 培养 4～6h，可以将孔里含有 siRNA-lipo2000 混合液的培养基移去，更换新鲜的生长培养基，这样也不会影响转染的效率。注意：如果转染时使用的是不含血清的培养基（即血清饥饿的条件下进行转染），4～6h 后必须换成完全培养基（含血清、含抗生素），以确保细胞正常生长。

（3）mRNA 水平的检测

siRNA 的作用机制在于其引起靶 mRNA 的降解，因此，mRNA 的降解水平是 siRNA 沉默效率的最直接指标。

① 一般在 siRNA 转染 24～72h 后收集细胞。1mL 1×PBS 洗 1 遍后吸去。

② 每孔加 1mL trizol（$1mL/10cm^2$），用枪吹打数次后吸入 EP 管中。

③ 室温静置 5min 后，加 200μL 氯仿，上下振荡 15s，室温静置 2～3min。

④ 4℃、12000r/min 离心 15min，吸取 400μL 上层无色液体于一新的 EP 管中，注意宁缺毋滥。

⑤ 加入 400μL 异丙醇，上下混匀，室温静置 10min，4℃、12000r/min 离心 10min。

⑥ 缓慢倒出上清液，1mL 75%乙醇（用 DEPC 水配制）洗 1 次，上下混匀，4℃、7500r/min

离心 5min。

⑦ 缓慢倒出上清液，常温下干燥，管口开向侧面。

⑧ 待干燥后加 40μL DEPC 水溶解 RNA，测完浓度均用 DEPC 水稀释为 0.35μg/μL，－70℃保存。

⑨ 进行反转录。

RNA 2μg	6μL	H_2O	8.9μL
Oligo dT 0.5μg	1μL	总体积	15.9μL

70℃保温 5min，迅速放入冰中，使 RNA 与 Oligo dT 退火，然后按下列配方配制反转录反应体系：

M-MLV 5×缓冲液	5μL	M-MLV RT	1.0μL
10mmol/L dNTP	2.5μL	总体积	9.1μL
rRNasin inhibitor	0.6μL		

将上述两混合物混匀，42℃保温 60min 反转录，95℃保温 5min 使反转录酶失活，从而得到 25μL cDNA 第一链，稀释至 100μL（用 1/10 TE），存于－20℃。

⑩ 利用上述得到的 cDNA 进行实时定量 PCR，检测靶基因的表达。注意同时扩增 β-actin 或 GAPDH 基因。

（4）蛋白水平的检测

蛋白水平的检测一般需要具有靶基因蛋白质的抗体或针对融合蛋白的抗体，检测手段一般有 Western Blot、免疫组化等。下面以 Western Blot 为例详细介绍。

① 一般在 siRNA 转染后 24～72h，利用 0.5mL 1×PBS 洗 1 遍后，收集细胞。

② 3000r/min 离心 5min，去上清液。

③ 适量 RIPA 缓冲液重悬细胞，置冰上 10min。

④ 取 10μL 上述样品，加等量 2×SDS 上样缓冲液，沸水煮 10min 变性，进行 SDS-PAGE。

⑤ 转膜后分别利用靶基因特异性抗体进行 Western Blot，并同时利用内参抗体检测以校正靶基因表达量。

2. 载体表达 siRNA 的基本步骤（以 Ambion 公司的 pSilencer2.1-U6 载体为例）

（1）合成模板

合成编码 siRNA 的 DNA 模板的两条单链，模板链后面接有 RNA 聚合酶Ⅲ转录中止位点，同时两端分别设计 *Bam* HⅠ和 *Hin* dⅢ酶切位点，可以克隆到 pSilencer2.1-U6 载体多克隆位点的 *Bam* HⅠ和 *Hin* dⅢ 酶切位点之间。

（2）合成编码 siRNA 的 DNA 双链退火

按照下列配方配制反应体系。

编码 siRNA 的 DNA 链 1	2μg	ddH_2O	45μL
编码 siRNA 的 DNA 链 2	2μg	总体积	50μL
5mol/L NaCl	1μL		

95℃，5min，缓慢退火，使 DNA 单链退火得到 siRNA 的 DNA 双链模板。

（3）酶切表达 siRNA 载体

载体	2μg	*Hin* d Ⅲ	1μL
10×缓冲液	3μL	ddH_2O	23μL
Bam H Ⅰ	1μL	总体积	30μL

37℃保温 2～3h，利用试剂盒进行胶回收。

（4）连接

T4 DNA 连接酶	5U	10×连接酶缓冲液	1μL
线性化载体	2μL	加水补至	10μL
退火后编码 siRNA 的 DNA	2μL		

选择载体和编码 siRNA 的 DNA 的最佳比例，利用 T4 连接酶 16℃连接 4h 或过夜。

（5）转化

① 将 100μL 感受态细胞于冰上解冻。

② 取 5μL 连接产物加入感受态细胞中，轻轻旋转几次以混匀内容物，在冰上放置 30min。

③ 将管放入预加温到 42℃的水浴中，热激 90s。快速将管转移到冰浴中，使细胞冷却 1～2min。

④ 每管中加 700μL LB 培养基，37℃振荡培养 1h，进行复苏。

⑤ 室温 3000r/min 离心 5min，弃去上清液后，用剩余 100μL 培养基重悬细胞并涂布到含抗性的 LB 琼脂平板表面。注意：细胞用量应根据连接效率和感受态细胞的效率进行调整。

⑥ 将平板置于室温直至液体被吸收。

⑦ 倒置平皿，于 37℃培养，12～16h 后可出现菌落。

（6）PCR 鉴定和测序鉴定

在插入编码 shRNA 的 DNA 双链模板两侧设计鉴定 PCR 引物，扩增片段在 100～200bp 之间，并可利用载体上的引物进行测序鉴定。

（7）转染细胞

载体可用常用的转染方法进行细胞转染。按照上述体外合成 siRNA 的方法进行转染。

（8）检测 RNA 干扰效率

可以在蛋白质水平或 mRNA 水平检测 RNA 干扰效率。一般情况下，蛋白质的表达变化与 mRNA 水平的表达变化一致，也有少数情况下 mRNA 表达水平变化不及蛋白质表达下降明显。为检测蛋白质的表达情况，可以使用 Western Blot。为检测 mRNA 表达情况，可以使用逆转录和实时定量 PCR。

（9）筛选稳定表达 siRNA 的克隆

在转染细胞 1～3d 后，利用载体携带的筛选标记如 G418 或嘌呤霉素进行筛选，杀死不含有 siRNA 表达载体的细胞，存活下来的是表达 siRNA 的细胞。

3. 注意事项

① 转染体外合成的 siRNA 时要求环境无 RNA 酶，枪头、EP 管都要经 DEPC 处理；整个实验过程中，siRNA 应于冰上放置，使用完毕，请于－20℃或－70℃保存。

② 为了避免细胞密度、试剂用量、转染效率等因素导致的孔间差异，保证实验的可靠性和重复性，一般建议：

a. 每次转染实验时，每个转染样品至少设置 3 个重复孔；

b. 接种细胞时，保证每孔接种的细胞数量尽量相同，尽量使细胞在各孔的表面平均分布；对于 siRNA 的转染，各孔细胞的密度均达到 30%～50%；对于 siRNA 与质粒 DNA 共转染，各孔细胞的密度均达到 80%～90%；

c. 使用“转染 siRNA 用量参考”的推荐用量和体积，请小心取量，必要时进行相应的优化转染实验。

③ 选择低 GC 含量的 siRNA 序列。Ambion 公司研究发现，GC 含量在 40%～55%的 siRNA 比 55%以上的活性高。

④ 通过阴性对照排除 siRNA 非特异性影响。合适的阴性对照可通过设计打乱活性 siRNA 的核苷酸顺序而得到。必须注意它要进行同源比较，确保相对于所要研究的生物的基因组没有同源性。

四、实验结果说明

p300 是一种能与腺病毒癌蛋白质 E1A 相互作用的多结构域大分子蛋白质，因其相对分子量为 3.0×10^5，因而被命名为 p300[32]。p300 基因广泛存在于各种多细胞生物中，并且在多细胞生物进化中高度保守，显示了它在功能上的重要性。p300 的主要功能有两个：一是转录辅助激活功能，参与众多转录因子的活化，在转录调控过程中相当于通用转录整合子；二是乙酰基转移酶的功能，在不改变基因 DNA 序列的情况下，乙酰化核小体中的组蛋白 N 末端赖氨酸残基，使其染色体疏松而呈活化状态，对靶基因进行表观遗传调控，对细胞的增殖、分化以及器官的发育形成有十分重要的作用。许多研究表明，在众多癌症中，如胃癌、结肠癌、胰腺癌和乳腺癌中[42～44]，p300 基因的结构发生了改变，包括缺失、易位和点突变[45]。并且 p300 的活性也受到了异常调控，其功能表现为抑制肿瘤抑制因子。下面以 p300 为例，介绍利用合成的 siRNA 进行实验的步骤。

1. siRNA 的设计和合成

根据 p300 的 CDS 编码序列，选择合适的网站预测并选择靶序列，如 p300 的靶序列为 CAATGAGTCACAGTCCTTTGAT，根据此靶序列合成微 RNA。

2. 转染

将此合成的微 RNA 及对照微 RNA 利用转染试剂转染至 ZR75-1 细胞，48h 后收细胞，分别进行下面的实时定量 PCR 检测和 Western Blot 检测。

3. 实时定量 PCR 检测

提取上述细胞的总 RNA，反转录为 cDNA 后进行实时定量 PCR 检测，如图 16-9 所示，与对照 siRNA 相比，转染 p300 siRNA 可有效抑制内源性 p300 mRNA 的表达。

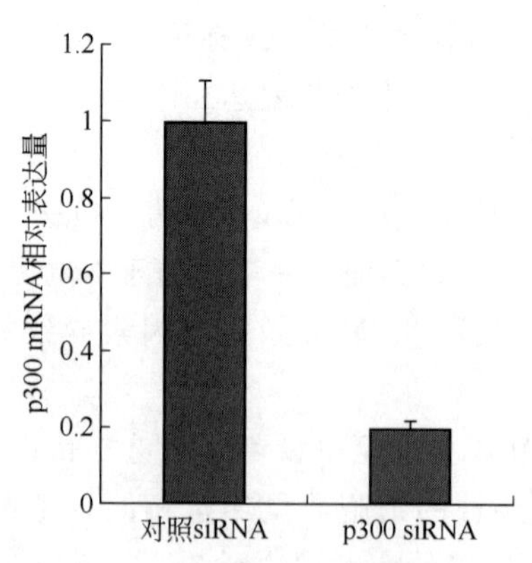

图 16-9　实时定量 PCR 检测 p300 siRNA 对内源性 p300 mRNA 表达的影响

将 ZR75-1 接种至 6 孔板，24h 后分别转染 5mg 对照 siRNA 和 p300 siRNA。48h 后收细胞，进行实时定量 PCR 检测。与对照 siRNA 比较，p300 siRNA 可有效抑制 p300 mRNA 的表达

4. Western Blot 检测

提取上述细胞的总蛋白，分别利用 FHL1 和 GAPDH 抗体进行 Western Blot 实验。结果如图 16-10 所示，与转染对照 siRNA 相比，转染 FHL1 siRNA 明显降低了 p300 的表达，而内参 GAPDH 的表达没有变化。因此，构建的 p300 siRNA 可有效抑制内源性 p300 的表达。

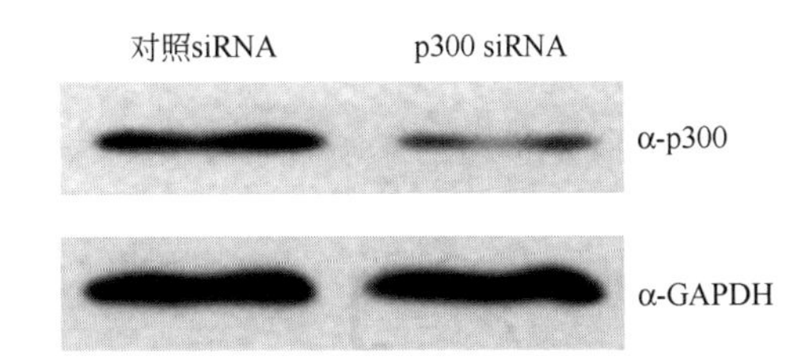

图 16-10 Western Blot 检测 p300 siRNA 对内源性 p300 表达的影响

将 ZR75-1 接种至 6 孔板，24h 后分别转染 5mg 对照 siRNA 和 p300 siRNA。48h 后收细胞，进行 Western Blot 检测。与对照 siRNA 比较，p300 siRNA 可有效抑制 p300 蛋白的表达，而不抑制 GAPDH 的表达，说明构建的 p300 siRNA 特异性抑制 p300 的表达

五、疑难解析

1. 转染效率低

（1）合成的 siRNA 或提取的 siRNA 和表达载体不够纯

需要 PAGE 纯化的 siRNA 片段，或重新提取或纯化 siRNA 表达载体。

（2）转染过程需要优化

转染试剂与细胞、质粒和 siRNA 的比例非常重要，需优化转染比例。

（3）转染试剂失效

选取对于目的细胞最佳的转染试剂。

2. 没有或者只有少量的细胞在抗生素筛选中存活下来

（1）转染效率太低

利用 GFP 作为对照检验转染效率。

（2）G418 或嘌呤霉素（puromycin）浓度太高

不同的细胞株对 G418 和嘌呤霉素的耐受浓度不同，因此，应该首先利用不同浓度的 G418 和嘌呤霉素培养细胞，筛选合适的浓度。

（3）siRNA 的靶基因是细胞存活必需的基因

如果靶基因是细胞存活必需的基因，持续表达 siRNA 的质粒将使细胞死亡。为了鉴定靶基因是否是细胞存活所必需的，可转染表达 siRNA 的表达载体，不加抗生素进行培养。如果有大量细胞死亡，说明此基因是细胞存活所必需的。

3. 未转染细胞依然存活

（1）抗生素浓度太低

（2）细胞密度太高

如果细胞密度太高，抗生素不能有效杀死未转染的细胞。

（3）抗生素失效

抗生素在 37℃时的有效期只有几天，应及时更换含有新鲜抗生素的培养基。

（丁丽华 刘 婕 叶棋浓 编）

参考文献

[1] Lee R C, Feinbaum R L, Ambros V. The *C. elegans* heterochronic gene *lin-4* encodes small RNAs with antisensecomplementarity to lin-14. Cell, 1993, 75: 843-854.

[2] Bartel D P. MicroRNAs: genomics, biogenesis, mechanism, and function. Cell, 2004, 116 (2): 281-297.

[3] Huang V, Place R F, Portnoy V, et al. Upregulation of Cyclin B1 by miRNA and its implications in cancer. Nucleic Acids Res, 2012, 40 (4): 1695-1707.

[4] Vasudevan S, Tong Y, Steitz J A. Switching from repression to activation: microRNAs can up-regulate translation. Science, 2007, 318 (5858): 1931-1934.

[5] Berezikov E, Cuppen E, Plasterk R. Approaches to microRNA discovery. Nature Genetics, 2006, 38: s2-s7.

[6] Ribeiro-dos-SantosÂ, Khayat A S, Silva A, et al. Ultra-deep sequencing reveals the microRNA expression pattern of the human stomach. PLoS One, 2010, 5 (10): e13205.

[7] Lai E C, Tomancak P, Williams R W, et al. Computational identification of *Drosophila* microRNA genes. Genome Biol, 2003, 4 (7): R42.

[8] Fu H, Tie Y, Xu C, et al. Identification of human fetal liver miRNAs by a novel method. FEBS Lett, 2005, 579 (17): 3849-3854.

[9] 付汉江. 非编码 RNA 克隆分析及其功能初步研究. 北京: 军事医学科学院, 2005.

[10] Coenen-Stass A M L, Magen I, Brooks T, et al. Evaluation of methodologies for microRNA biomarker detection by next generation sequencing. RNA Biology, 2018, 15 (8): 1133-1145.

[11] Rauhut R, Lendeckel W, Tuschl T. Identification of novel genes coding for small expressed RNAs. Science, 2001, 294: 853-858.

[12] http://www.exiqon.com/ls/Documents/Scientific/FFPE%20in%20situ%20hybridization.pdf.

[13] Jϕgensen S, Baker A, Mϕler S, et al. Robust one-day in situ hybridization protocol for detection of microRNAsin paraffin samples using LNA probes. Methods, 2010, 52: 375-381.

[14] Barad O, Meiri E, Avniel A, et al. MicroRNA expression detected by oligonucleotide microarrays: system establishment and expression profiling in human tissues. Genome Res, 2004, 14 (12): 2486-2494.

[15] Schmittgen T D, Jiang J, Liu Q, et al. A high-throughput method to monitor the expression of microRNA precursors. Nucleic Acids Res, 2004, 32 (4): e43.

[16] Shi R, Chiang V L. Facile means for quantifying microRNA expression by real-time PCR. Biotechniques, 2005, 39 (4): 519-525.

[17] Chen C, Ridzon D A, BroomerA J, et al. Real-time quantification of microRNAs by stem-loop RT-PCR. Nucleic Acids Res, 2005, 33 (20): e179.

[18] Fu H, Zhu J, Yang M, et al. A novel method to monitor the expression of microRNAs. Mol Biotechnol, 2006, 32 (3): 197-204.

[19] 郑晓飞, 付汉江, 朱捷, 等. miRNA 检测方法. ZL200410083813.8.

[20] Ebert M S, Neilson J R, Sharp P A. MicroRNA sponges: competitive inhibitors of small RNAs in mammalian cells. Nature Methods, 2007, 4: 721-726.

[21] Loya C M, Lu C S, Vactor D V, et al. Transgenic microRNA inhibition with spatiotemporal specificity in intact organisms. Nature Methods, 2009, 6: 897-903.

[22] Medina P P, Slack F J. Inhibiting microRNA function in vivo. Nat Methods, 2009, 6 (1): 37-38.

[23] Yi B, Larter K, Xi Y. CRISPR/Cas9 system to knockdown microRNA *in vitro* and *in vivo*. Methods Mol Biol, 2021, 2300: 133-139.

[24] Park K, Kim K B. miRTar Hunter: A prediction system for identifying human microRNA target sites. Mol Cells, 2013, [Epub ahead of print].

[25] Jeggari A, Marks D S, Larsson E. miRcode: a map of putative microRNA target sites in the long non-coding transcriptome. Bioinformatics, 2012, 28 (15): 2062-2063.

[26] Paraskevopoulou M D, Georgakilas G, Kostoulas N, et al. DIANA-LncBase: experimentally verified and computa-

tionally predicted microRNA targets on long non-coding RNAs. Nucleic Acids Res, 2013, 41 (Database issue): D239-245.

[27] Huffaker A, Dafoe N J, Schmelz E A. ZmPep1, an ortholog of *Arabidopsis* elicitor peptide 1, regulates maize innate immunity and enhances disease resistance. Plant Physiol, 2011, 155 (3): 1325-1338.

[28] Zealy R W, Wrenn S P, Davila S, et al. microRNA-binding proteins: specificity and function. Wiley Interdiscip Rev RNA, 2017, 8 (5): 10.1002/wrna.1414.

[29] Vasudevan S, Tong Y C, Steitz J A. Switching from repression to activation: microRNAs can up-regulate translation. Science, 2007, 318 (5858): 1931-1934.

[30] Huang V, Place R F, Portnoy V, et al. Upregulation of Cyclin B1 by miRNA and its implications in cancer. Nucleic Acids Res, 2012, 40 (4): 1695-1707.

[31] Wassenegger M. Gene silencing. Int Rev Cytol, 2002, 219: 61-65.

[32] Fire A, Xu S, Montgomery M K, et al. Potent and specific genetic interference by double-stranded RNA in Caenorhabditis elegans. Nature, 1998, 391: 806-811.

[33] Brantl S. Antisense-RNA regulation and RNA interference. Biochim Biophys Acta, 2002, 1575: 15-25.

[34] Nykanen A, Haley B, Zamore P D. ATP requirements and small interfering RNA structure in the RNA interference pathway. Cell, 2001, 107: 309-321.

[35] Chiu Y L, Rana T M. siRNA in human cells: basic structural and functional features of small interfering RNA. Mol Cell, 2002, 10: 549-561.

[36] 陈煜，谢小芳. siRNA 的作用机制及抗病毒研究进展. 世界华人消化杂志，2006，14：2123-2129.

[37] Umbach J L, Cullen B R. The role of siRNA and microRNAs in animal virus replication and antiviral immunity. Genes Dev, 2009, 23: 1151-1164.

[38] Sui G, Soohoo C, Affar el B, et al. A DNA vector-based siRNA technology to suppress gene expression in mammalian cells. Proc Natl Acad Sci USA, 2002, 99: 5515-5520.

[39] 刘苏健，邓勇. siRNA 技术及其在哺乳动物基因功能研究中的应用. 山西医科大学学报，2006，374：433-436.

[40] Brummelkamp T R, Bernards R, Agami R. A system for stable expression of short interfering RNAs in mammalian cells. Science, 2002, 296: 550-553.

[41] Xie Q , Bu W. The atomic structure of adeno-associated virus (AAV22), a vector for human gene therapy. Proc Natl Acad Sci, 2002, 99: 10405-10410.

[42] McCaffrey A P, Nakai H, Pandey K, et al. Inhibition of hepatitis B virus in mice by RNA interference. Nat Biotechnol, 2003, 21: 639 -644.

[43] Hemann M T, Fridman J S, Zilfou J T. An epi2allelic series of p53 hypomorphs created by stable siRNA produces distinct tumor phenotypes in vivo. Nat Genet, 2003, 33: 396-400.

[44] Carmell M A , Zhang L, Conklin D S. GermLine transmission of siRNA in mice. Nat Struct Biol, 2003, 10: 91-92.

[45] Kunath T, Gish G, Lickert H. Transgenic RNA interference in ES cell-derived embryos recapitulates a genetic null phenotype. Nat Biotechnol, 2003, 21: 559- 561.

[46] Tiscornia G, Singer O, Ikawa M. A general method for gene knockdown in mice by using lentiviral vectors expressing small interfering RNA. Proc Natl Acad Sci, 2003, 100: 1844-1848.

第十七章

长链非编码 RNA 研究实验技术

lncRNA（long non-coding RNA，长链非编码 RNA）是一类长度大于 200nt 的非编码 RNA 分子，是非编码基因组的重要组成部分，其缺乏开放阅读框，没有或者很少有编码蛋白质能力[1]。过去一直认为非编码 RNA 毫无作用，随着高通量测序技术的兴起和发展，具有生物学功能的 lncRNA 逐渐为人所熟知。大量研究表明，lncRNA 参与多种生物学过程，包括 DNA 甲基化、组蛋白修饰、RNA 转录后调控和蛋白质翻译调控等[2]。lncRNA 被认为在各种生理和病理过程中执行重要的调控功能，与疾病发生发展息息相关。随着对 lncRNA 研究的深入，发现 lncRNA 通过与 DNA/RNA 结合或与蛋白质结合而行使其功能，根据其发挥功能所涉及的分子机制，可将 lncRNA 分为以下四种类型：信号 lncRNA，作为转录活性的分子信号或指示剂；诱饵 lncRNA，与其他调控 RNA 或蛋白质结合并隔离；指导 lncRNA，指导核糖核蛋白复合物定位到特定目标；支架 lncRNA，作为相关分子原件组装的平台[1]。在基因转录翻译过程中，基因是在细胞核内发生转录，然后出核到胞质发生翻译。对于 lncRNA 来说，因为 lncRNA 的功能主要是通过影响其他基因来实现，所以，确定 lncRNA 在细胞内的具体定位，可以为探索其生物学功能和机制提供线索。定位于细胞核内的 lncRNA 可与 DNA、RNA、蛋白质等多种分子相互作用，调控染色体结构和功能，或顺式或反式调节基因的转录，影响 mRNA 的剪接和稳定等；定位于细胞质内的 lncRNA 可通过调节 mRNA 降解及翻译调控基因表达，或参与细胞内信号通路的调控；定位于特殊细胞器如线粒体上的 lncRNA 则可参与线粒体的代谢调控，影响其稳态平衡及氧化反应等[3]。

lncRNA 的表达不仅具有细胞和组织特异性，而且一些 lncRNA 仅在真核生物发育过程的特定阶段表达，研究发现多数 lncRNA 具有精确的时间和空间表达模式。由此可见，lncRNA 与细胞分化和个体发育密切相关[4]。而且，目前已有研究证明，lncRNA 的表达或功能异常与人类疾病的发生密切相关[5]，例如在诸多癌症中发现 lncRNA 差异表达，如白血病[6]、乳腺癌[7]、肝癌[8]、结肠癌[9]、前列腺癌[10]等。此外，lncRNA 表达失调也与心血管疾病[11]、免疫疾病[12]及神经系统疾病[13]相关。因此，对 lncRNA 的研究具有重要的理论意义和生物医学应用价值。针对 lncRNA 的研究方法已逐渐丰富，本章对常用的 lncRNA 克隆、检测分析和功能研究等方法进行介绍。

第一节　lncRNA 克隆

lncRNA 是一类定位于细胞核或细胞质的转录本长度在 200～100000nt 的 RNA 分子，由于不编码蛋白质，过去一直被认为是“转录垃圾”。近些年来研究显示，lncRNA 参与生物学调控，在生命活动中发挥重要作用。当下 lncRNA 的鉴定方法主要分为基于 lncRNA-seq 测序数据的自动注释策略和人工注释[14]。前者是通过将 RNA-seq 数据与参考基因组相匹配，组装得到转录本序列后用软件分析判断转录本的编码性。此方法适用于有参考基因的物种，若物种无参考基因，则可通过从头组装拼接的方式获得转录本并通过软件进行后续分析。人工注释则需要利用多种类型的数据进行综合注释分析目标 RNA，例如使用 cDNA 数据确定转录本主要结构，RNA-seq 判断内含子区域，cDNA 末端快速扩增（CAGE）tags 确定转录本的 5′端，poly（A）测序定位 3′端，之后确定 RNA 编码性。

在目前的 lncRNA 研究过程中，为研究 lncRNA 的具体生物学功能，需对 lncRNA 进行克隆扩增并构建重组质粒，导入宿主体内以进一步验证其调控疾病相关的作用机制。本节将介绍 lncRNA 重组质粒的构建及克隆，其原理是对目标 lncRNA 序列进行分析，设计 lncRNA 序列的引物，并在两侧添加其本身不包含的酶切序列（需确保此酶切位点为质粒载体上含有的酶切位点）及保护碱基，通过 PCR 扩增将酶切序列引入，扩增产物与质粒载体通过酶切酶连获得重组载体后，导入感受态细胞进行扩增筛选。

一、材料与设备

① DH5α 菌株。

② Trizol，焦碳酸二乙酯（DEPC）处理的无核酸酶水（DEPC 水），异丙醇，无水乙醇，氯仿。

③ 5×HiScript® Ⅲ RT Super Mix for qPCR（Vazyme），4×gDNA wiper Mix。

④ KOD PlusNeo 缓冲液，dNTPs，$MgSO_4$，KOD Plus Neo。

⑤ 琼脂糖，TAE 缓冲液，溴化乙锭。

⑥ E. Z. N. A. Gel Extractin kit。

⑦ 质粒载体 pcDNA3. 1。

⑧ Q. cut 缓冲液，针对酶切位点的特异性核酸内切酶。

⑨ 连接酶溶液 1。

⑩ LB 培养基，抗生素。

⑪ 特异性 5′及 3′引物。

⑫ 高速低温离心机，PCR 仪，培养箱，恒温水浴锅，电泳仪，恒温混匀仪。

二、实验方法

1. RNA 制备

以 Trizol（Invitrogen）提取 RNA 为例，进行 RNA 制备。

① 取 250～500 mg 组织，（如果是细胞数量≤10^6 个）转移入 0. 5mL Trizol 试剂中。

② 加入 1/5 Trizol 体积的氯仿，上下振荡，混匀，静置 10min。

③ 离心：4℃，12000r/min，10min。

④ 取离心后的管子 [此时分为三层：上层为 RNA（澄清），中层为蛋白质，下层为细胞碎片]，缓慢吸取 200μL 上清液至新的离心管内。

⑤ 向离心管中加入 2 倍氯仿体积的异丙醇，振荡混匀，室温静置 10min（此处时间可稍长，也可放入－20℃冰箱过夜）。

⑥ 离心：4℃，12000r/min，10min。

⑦ 弃去上清液，留下白色沉淀。

⑧ 向管内加入 1mL 75%乙醇（DEPC 水配制），轻轻翻转几次离心管，使沉淀从底部管壁脱落回溶液，呈悬浮状态。

⑨ 离心：12000r/min，4℃，10min。

⑩ 弃上清液，风干沉淀。

⑪ 加入适量DEPC水溶解RNA沉淀，于恒温混匀仪中促融：750r/min，15min，55℃振荡。

⑫ 紫外分光光度计测其 OD_{260} 及 OD_{280} 的值，OD_{260}/OD_{280} 比值大于1.8时，表明RNA纯度较好，根据 OD_{260} 计算RNA浓度。

2. cDNA制备

取1μg的RNA与4μL 4×gDNA wiper Mix混合，加入DEPC水补足至16μL，移液器吹打混匀后42℃放置2min。取此16μL反应液与4μL 5×HiScript® Ⅲ RT SuperMix混合，混匀后进行逆转录反应。反应条件：37℃ 15min，随后85℃ 5 s，4℃冷却。

3. PCR及扩增产物的回收

于PCR管中依次加入灭菌超纯水（提前计算好加入量，保证终体积为50μL），5μL KOD PlusNeo缓冲液，5μL dNTPs，2μL的 $MgSO_4$，1μL 5′引物和1μL 3′引物和200ng cDNA，涡旋混匀后加入KOD Plus Neo酶。涡旋混匀后进行PCR，反应条件如下：94℃ 4min，再执行94℃ 30s、55℃ 30s、72℃ 30s共25个循环，72℃保温10min。PCR产物用3%琼脂糖凝胶和1×TBE缓冲液电泳分离，电泳结束后用溴化乙锭染色。在紫外灯下切下目的lncRNA分子量附近的DNA条带（图17-1）。随后目的条带的回收参考自E.Z.N.A. Gel Extractin kit的使用说明：

① 对切下的凝胶进行称重后，按1g凝胶加入1 mL结合缓冲液的比例，加入等体积的结合缓冲液55～60℃水浴溶解凝胶（约7～10min）。

② 将HiBind DNA柱子套在2 mL收集管上，将凝胶液（至多700μL）转移至柱子中，10000*g* 离心1min。

③ 弃滤液，加入剩余的凝胶液，重复步骤②，直至所有凝胶液转移结束。

④ 加入300μL结合缓冲液，10000*g* 离心1min，弃滤液。

⑤ 加入700μL SPW洗脱缓冲液（使用前用无水乙醇稀释），10000*g* 离心1min，弃滤液。

⑥ 重复步骤⑤。

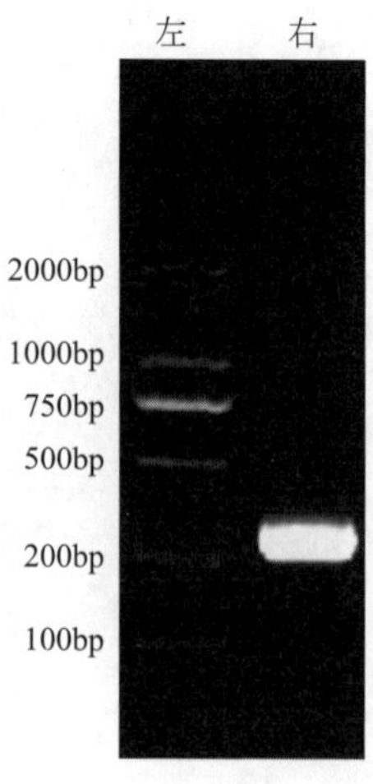

图17-1 lncRNA MSTRG.224114扩增产物3%琼脂糖凝胶电泳[15]

左：DL2000 DNA分子量标准；右：lncRNA MSTRG.224114扩增产物

⑦ 弃滤液，13000g 离心空柱 2min 以甩干柱子基质。

⑧ 将柱子放于干净的 1.5 mL 离心管上，加 30～50μL 65℃预热的稀释缓冲液或灭菌超纯水到柱子基质上，室温静置 2min。随后 13000g 离心 2min 洗脱出 DNA。

图 17-1 所示为克隆 KTM3315A 小麦单核期花药 lncRNA 的 PCR 扩增 cDNA 的琼脂糖凝胶电泳结果。图中左侧为 DL2000 的分子量标准，用于指示分子量区间。右侧为 lncRNA MSTRG. 224114 扩增产物。依据电泳结果，可回收 255bp 附近的目的条带，用于后续实验。

4. 目的基因和载体的酶切

分别构建目的基因及载体的酶切体系。

目的基因如下：于微量离心管中加入 17μL 目的序列，10×Q. cut 缓冲液 2μL，两种设计的引物包含的酶切序列对应的内切酶各 0.5μL。

载体酶切体系如下：200ng 质粒，10×Q. cut 缓冲液 2μL，两种设计的引物包含的酶切序列对应的内切酶各 0.5μL，超纯水补足至 20μL。

37℃水浴 30～60min 后取出样品，重复 3. PCR 及扩增产物的回收中 E. Z. N. A. Gel Extractin kit 步骤⑤～⑧，获得纯化后的酶切目的基因及载体。

5. 连接、转化、筛选和测序

① 连接：于微量离心管中加入 7.5μL 连接酶 Soultion 1、7μL 酶切 DNA 片段及 0.5μL 酶切载体，16℃水浴 1h（若效果不佳可延长反应时间）。

② 转化：将 15μL 的连接产物用无菌吸头加到 100μL DH5α 感受态细菌中，轻轻吹打混匀，在冰中放置 30min 后，立即转移到 42℃水浴中 90s，然后快速转移到冰上，冷却 3～5min，加入 1mL 无抗生素 LB，37℃摇床培养 1h，6000r/min 离心 3min，弃去多余 900μL 上清液，混匀后用弯头玻棒均匀涂布到含抗生素的 LB 平板上，37℃倒置培养 12～16h。

③ 菌落 PCR 鉴定：从转化平板上挑取克隆，接种到 LB 培养基中，37℃培养 5～8h，至对数生长期取出少量菌液用 5′引物及 3′引物进行菌落 PCR 初步鉴定。通过琼脂糖电泳分析，若在目的 lncRNA 分子量附近出现明显条带，可初步判断连接成功（图 17-2）。

④ 测序：取少量菌液送至测序公司进行测序，获得目的 lncRNA 完整序列，确认是否构建成功。

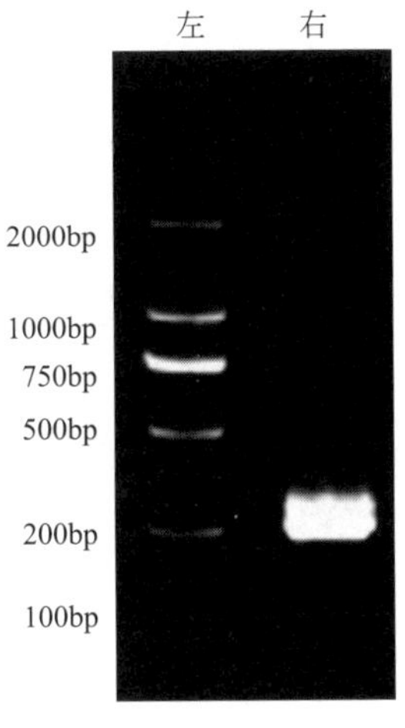

图 17-2　菌落 PCR 鉴定重组质粒[15]

左：DL2000 DNA 分子量标准；右：菌落 PCR 产物

三、实验注意事项

① RNA 提取试剂盒已有多种产品，可根据提取样品进行选择。
② 涉及 RNA 的制备和回收步骤要防止 RNA 降解。
③ 质粒载体可根据 lncRNA 种类及用途进行选择。
④ 若出现重组效果较差的问题，可适当增加酶连的反应时间或提高目的 lncRNA 的用量。
⑤ 引物的设计需添加保护碱基及酶切序列，但应符合引物设计原则。

第二节 lncRNA Northern Blot

Northern Blot 是一项用于检测特异性 RNA 的常规技术。检测 lncRNA 的 Northern Blot 的原理和方法与通常检测 mRNA 的基本相同。Northern Blot 检测可有效鉴定新 lncRNA 分子、确定 lncRNA 表达量和判别 lncRNA 异质性。

一、材料与设备

① 10×变性胶缓冲液、1×MOPS 的电泳缓冲液、RNA 上样缓冲液、RNA 分子量标准(marker)。
② DEPC 水、SSC、3MM 滤纸、X 光片。
③ [^{32}P] 标记的 DNA 探针。
④ 亚甲基蓝染料。
⑤ SDS 溶液。
⑥ 杂交液：5% SDS、200mmol/L 磷酸盐缓冲液 (pH7.0)。
⑦ 电泳仪、电转槽、紫外交联仪、烘箱、杂交管、杂交炉。

二、实验方法

1. RNA 电泳分离

(1) 变性胶的制备

取琼脂糖 1g，加入 DEPC 水 90 mL，加热熔化，于保温状态下在通风橱中加入 10mL 10×上样缓冲液，混匀，避免产生气泡，制胶。待胶凝固后，在 1×MOPS 的电泳缓冲液中预电泳 10min。

(2) 样品制备

取 20～30ng RNA 样品和 3 倍体积的 RNA 上样缓冲液充分混合，42℃温育 15min，以防产生二级结构，立即插入冰中。

(3) 电泳

小心将样品加入胶孔中，不要产生气泡，一侧孔中加入 RNA 分子量标准，80V 电泳(电泳时间约 2h)，直到溴酚蓝染料至胶的三分之二，切断电源。

2. 转膜

① 在 DEPC 水中冲洗胶 2 次，每次 10min，然后将胶浸润在 10×SSC 中备用。用尺子根据胶块大小裁剪一张带正电荷的尼龙膜，在膜上做好标记，然后在 10×SSC 中浸湿备用。
② 用跑琼脂糖凝胶的电泳槽搭盐桥，在两侧的凹槽内倒入 10×SSC，使液面略低于平

台表面，在平台表面放 3 张湿润的 3MM 滤纸，赶走气泡，将凝胶翻转后置于平台上湿润的 3MM 滤纸中央，3MM 滤纸和凝胶之间不能滞留气泡；在凝胶上方放置预先浸湿的尼龙膜，排除膜与凝胶之间的气泡；将 3 张已湿润的与凝胶大小相同的 3MM 滤纸置于膜的上方，排除滤纸与膜之间的气泡。将一叠（5.8cm 厚）略小于 3MM 滤纸的纸巾置于 3MM 滤纸的上方，在上方放置一个重约 500g 的重物，其目的是建立液体自液池经凝胶向膜上行流路，以洗脱凝胶中的 RNA 并使其能聚集在膜上。

③ 使上述 RNA 转移持续进行 16 h 左右。

3. 紫外交联

取出转好的膜，用滤纸夹住，放烘箱 80℃烘干 30min。紫外交联，3000μJ，30s，2 次。

4. 亚甲基蓝染色

染色约 1min，用灭菌的 DEPC 脱色 2min，照相后脱色 5min，置滤纸中晾干备用。

5. 探针标记

将标记好的探针混匀，放在 37℃恒温箱中孵育 30min，迅速放在冰上 5min。

6. 预杂交

将膜放入 2×SSC 中湿润，再将其反面紧贴杂交管（无气泡），加入 5mL 预杂交液，于杂交炉中 42℃杂交 3h。

7. 杂交

将杂交管中预杂交液弃尽后再加入 2mL 杂交液，之后加入标记好的探针于管底（勿加到膜上），于杂交炉中 42℃杂交 12～16h（依据表达丰度定）。

8. 洗膜

用含 0.1%SDS 的 2×SSC 溶液在室温洗膜三次，再用 0.5×SSC、0.1%SDS 于室温洗一次。

9. 放射自显影

用滤纸吸去膜上液体，用保鲜膜包好，置暗盒中于－70℃对 X 光片放射自显影 24～48h，显影 5min，定影 5min（图 17-3）。

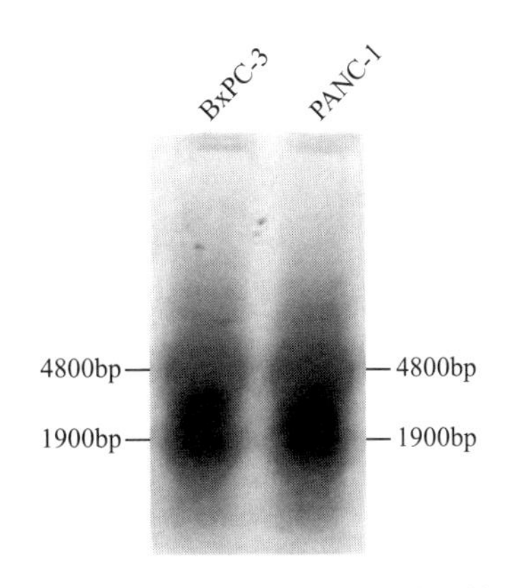

图 17-3 lncRNA Northern Blot 检测结果[16]

图示为用地高辛标记的 RNA 探针对胰腺癌细胞 BxPC-3 和 PANC-1 中的 lncRNA GLS-AS 进行 Northern Blot 分析

三、实验注意事项

① 依据 lncRNA 丰度改变电泳上样量。

② 尼龙膜要充分浸湿，不要用手或不干净的手套接触尼龙膜的表面。

③ 尼龙膜紫外交联和烘烤后，可以在4℃冰箱中保存半年以上。

④ 不同 lncRNA 杂交的温度和时间不同，需要进行条件的优化。

⑤ lncRNA 杂交液的配方有多种，可以根据 lncRNA 的不同选用不同的杂交液，也可以购买杂交液成品。

第三节 lncRNA 原位杂交

RNA 荧光原位杂交（fluorescence *in situ* hybridization）是一种非常重要的非放射性原位杂交技术。其基本原理是利用已知的荧光染料标记的单链核酸作为探针，按照碱基互补的原则，与待检测的 lncRNA 特异性结合，二者经过变性-退火-复性后，即可形成靶 lncRNA 与探针的杂交体，随后即可通过荧光显微镜对待测 lncRNA 进行定量、定性及定位分析。下述方法参考 GenePharma RNA FISH 试剂盒，以贴壁细胞为例，进行阐述。

一、材料与设备

① 缓冲液 A（TritonX-100）、缓冲液 C（20×SSC）、缓冲液 E（杂交缓冲液）、缓冲液 F（吐温 20）、DEPC 水、4′,6′-二脒基-2-苯基吲哚（DAPI）。

② PBS 缓冲液、4%多聚甲醛。

③ 甘油或抗猝灭剂。

④ 恒温培养箱。

⑤ 荧光显微镜。

⑥ 荧光染料标记的杂交探针。

⑦ 恒温水浴锅。

二、实验方法

1. 试剂预配

① 0.1% 缓冲液 A 配制：PBS 999μL，缓冲液 A 1μL，且每次现用现配。

② 缓冲液 C 母液为 20×，用一级纯水稀释成 4×、2×或 1×使用。

③ 0.1% 缓冲液 F 配制：4×缓冲液 C 999μL，缓冲液 F 1μL，且每次现用现配。

④ DAPI 工作液：DAPI 原液用 PBS 1000 倍稀释，需避光保存和使用。

2. 实验步骤

① 按照 1×10^4 个/孔的密度将贴壁细胞接种于 48 孔板（孔内提前放入已处理好的且大小合适的盖玻片）中（建议事先铺在 Confocal 专用培养皿中），于培养箱中培养过夜。

② 吸弃培养基，PBS 洗两次，每次 5min。

③ 吸弃 PBS，每孔加入 100μL 4%多聚甲醛，室温固定 15min。

④ 吸弃 4%多聚甲醛，每孔加入 100μL 0.1% 缓冲液 A（现用现配）室温处理细胞 15min。

⑤ 吸弃 0.1% 缓冲液 A，PBS 洗两次，每次 5min。

⑥ 吸弃 PBS，每孔加入 100μL 2×缓冲液 C，37℃ 培养箱放置 30min。

⑦ 缓冲液 E 提前在 73℃水浴锅孵育 30min，至澄清透亮。

⑧ 探针稀释可参看标签或报告单上所示参数：nmol/OD_{260}（OD_{260} 值是指在 1mL 体积 1cm 光径标准比色杯中，260nm 波长下吸光度为 1 A_{260} 的寡聚体 DNA 溶液被定义为 1 OD_{260}。因此，根据此定义，nmol/OD_{260} 为上述寡聚体 DNA 溶液所对应的纳摩尔数）。例如：nmol/OD_{260}＝4.17，则在每 OD 探针干粉制品中加入 41.7μL 灭菌 DEPC 水，混匀后即得浓度约为 100μmol/L 的储存液，建议进行分装后避光储存于－20℃，避免多次冻融操作。

⑨ 配制探针混合液：以 100μL 探针混合液为例，即探针 XμL（可先做预实验确定所需的探针浓度，使用时可设置不同工作浓度梯度进行预实验，例：0.5μmol/L，1μmol/L，2μmol/L，4μmol/L，8μmol/L）加入缓冲液 E，总体系 100μL，73℃变性 5min。

⑩ 吸弃 2×缓冲液 C，每孔加入 100μL 变性后的探针混合液，采取避光措施后置于 37℃培养箱中杂交过夜。

⑪ 杂交次日，将样本从 37℃培养箱取出，吸弃探针混合液，每孔加入 100μL 42℃预热的 0.1% 缓冲液 F 洗涤 5min。

⑫ 吸弃 0.1% 缓冲液 F，每孔加入 100μL 42℃预热的 2×缓冲液 C 洗涤 5min。

⑬ 吸弃 2×缓冲液 C，每孔加入 100μL 42℃预热的 1×缓冲液 C 洗涤 5min，吸弃洗涤液。

⑭ 每孔加入 100μL 稀释后的 DAPI 工作液，避光染色 10～20min（根据样本的种类，建议适当调整 DAPI 的浓度及染色时间）。

⑮ 吸弃 DAPI 工作液，PBS 洗涤 2 次，每次 5min。

⑯ 滴加甘油或抗猝灭剂于干净的载玻片，将细胞爬片细胞面朝下盖在载玻片上于荧光显微镜下观察（图 17-4）。

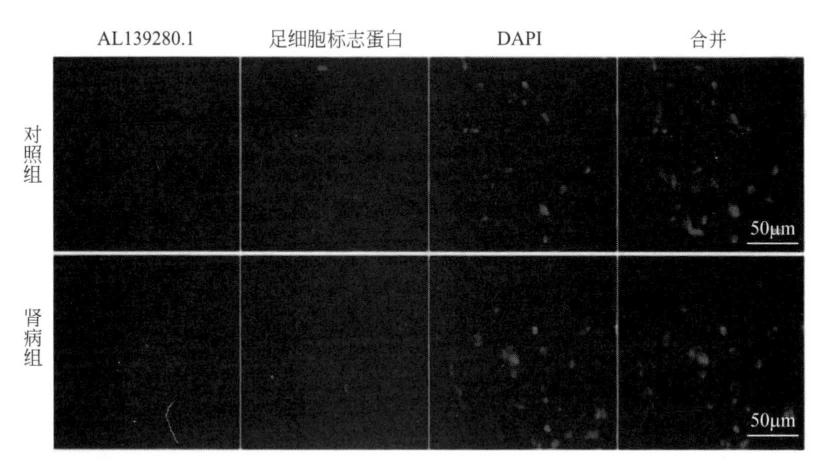

图 17-4　荧光原位杂交检测 lncRNA AL139280.1 在糖尿病肾病患者的肾脏组织中明显上调（见彩图）[17]
图示为 RNA 荧光原位杂交标记 AL139280.1 合并免疫荧光标记足细胞标志蛋白 Podocin，
检测 AL139280.1 在糖尿病肾病患者肾脏组织中的表达和定位。比例尺条＝50μm

三、实验注意事项

① 所有试剂和耗材应均为无 RNA 酶污染。

② 清洗时手法需轻柔，以防将细胞洗掉。

③ 2. 实验步骤⑩之后需避光操作。

④ 杂交温度依据具体探针而定。

第四节 lncRNA 定量检测

lncRNA 可在多种层面（如表观遗传调控、转录调控及转录后调控）调控基因的表达水平，并参与介导多种疾病的发生。因此，对不同种类的 lncRNA 的定量分析对于研究其生物学功能及其作为疾病的标志物在疾病的诊治中的应用都至关重要。已有多种不同的方法用于检测 lncRNA 分子，包括经典的 Northern Blot 法、RNA 芯片法和实时定量 RT-PCR 检测方法等。实时定量 PCR 检测法是最敏感和常用的检测和验证 lncRNA 表达量的方法。在该方法中，总 RNA 首先通过逆转录酶转录成互补 DNA（cDNA），随后，以 cDNA 为模板进行实时定量 RT-PCR 反应。本节所述方法为荧光染料法，参考自 Vazyme 公司的实时定量 RT-PCR 相关试剂的使用说明。

一、材料与设备

① 5×HiScript® Ⅲ RT SuperMix for 实时定量 RT-PCR（Vazyme），2×ChamQ SYBR 实时定量 RT-PCR Master Mix（Vazyme），4×gDNA wiper Mix，DEPC 水。

② lncRNA 的 5′及 3′端引物（10μmol/L）。

③ 移液器。

④ 低温高速离心机、实时定量 PCR 仪。

二、实验方法

1. cDNA 合成

取 1μg 的 RNA（RNA 制备可参考第一节内容）与 4μL 4×gDNA wiper Mix 混合，加入 DEPC 水补足至 16μL，移液器吹打混匀后 42℃放置 2min。取此 16μL 反应液与 4μL 5×HiScript® Ⅲ RT SuperMix 混合，混匀后进行逆转录反应。反应条件：37℃ 15min，随后 85℃ 5 s，4℃冷却。

2. 实时定量 PCR

取 10μL 2×ChamQ SYBR qPCR Master Mix 与 0.4μL 的 lncRNA 的双侧引物混合于 PCR 管中，加入适量 cDNA（取决于待测 lncRNA 的表达量，如果含量较低，可增加上样量，反之减少上样量），超纯水补足至 20μL。随后进行 qPCR 反应，预设程序为预变性：95℃ 30s；循环反应：95℃ 10s，60℃ 30s，循环 40 次；熔解曲线采集：95℃ 15s，60℃ 30s，95℃ 15s。最后熔解曲线分析，通常在测量时需设立一组内参基因（如 GAPDH）作为对照（图 17-5）。

三、实验注意事项

① RNA 用量可以根据具体实验确定。

② PCR 扩增温度可依据特定的 lncRNA 进行相应调整。PCR 扩增循环数可依据 lncRNA 的丰度进行相应的调整。

③ 通常用 GAPDH 作参照。

④ 反转录及实时定量 PCR 目前有多种商品化的试剂盒可供选用。

⑤ 实时定量 PCR 操作过程中要保证 PCR 管壁和管盖洁净，以免影响荧光值的读取。

⑥ 处理样品时要注意离心，进行扩增反应前要仔细检查管内是否有气泡残留，防止曲线异常。

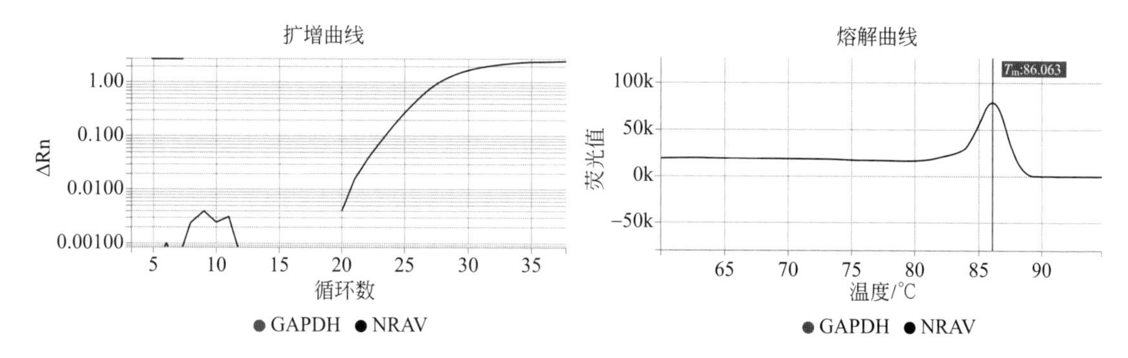

图 17-5　实时定量 RT-PCR 检测 lncRNA NRAV 的表达

图示为实时定量 PCR 实验的扩增曲线及熔解曲线图，图中扩增曲线平滑，熔解曲线单一、无双峰，说明实时定量 PCR 扩增产物单一，结果真实可靠

第五节　lncRNA-蛋白质互作研究技术

绝大多数的 lncRNA 发挥功能依赖其与蛋白质、DNA 或是 RNA 的相互作用。lncRNA 通过与蛋白质形成核糖核蛋白复合体发挥多样性功能，例如染色体调控复合物-转录因子以及 RNP 复合物。因此，研究 lncRNA-蛋白质相互作用的技术可以帮助我们揭开 lncRNA 的生物学功能。目前常用的用于研究 lncRNA-蛋白质相互作用的技术，主要包括以下四种方法：RNA pull-down、RIP、CLIP 和 ChIRP[15-18]。本节将对这四种方法进行详细介绍。

一、RNA pull-down 鉴定特定 lncRNA 结合的蛋白质

lncRNA pull-down 旨在鉴定与特定 lncRNA 结合的蛋白质。该实验方法主要涉及三个部分：首先合成目的 lncRNA，并对其进行标记（生物素化标记）；其次选定目的细胞并从中制备蛋白裂解液；最后利用标记的 lncRNA 和目的蛋白的相互作用，将二者共同分离出来。分离后获得的蛋白质可以通过 Western Blot 或者质谱来进行分析（图 17-6）。

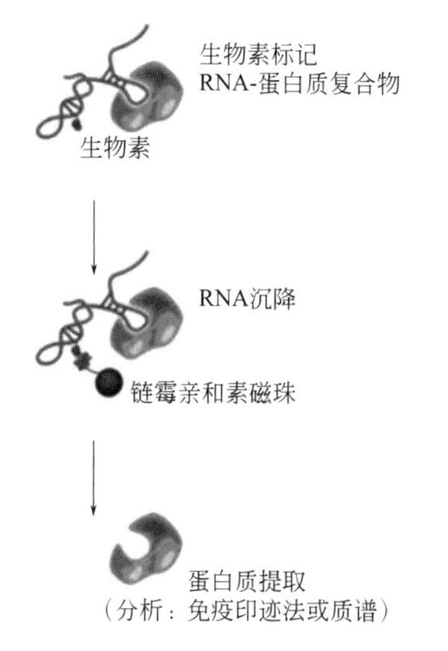

图 17-6　lncRNA pull-down 鉴定特异性结合蛋白[18]

(一) 材料与设备

① 1mol/L Tris-HCl (pH7.4)、1mol/L $MgCl_2$、Triton X-100、1mol/L KCl、NP-40、1mol/L NaCl、1mol/L DTT、10×PBS (无 RNA 酶水进行稀释，4℃存储)。

② DNA 模板。

③ 限制性内切酶。

④ 氧钒核糖核苷复合物 (VRC)。

⑤ 10×生物素化 RNA 标记混合物 (Roche)。

⑥ T7 RNA 聚合酶、5×转录缓冲液 (Agilent)。

⑦ RNA 酶抑制剂。

⑧ 蛋白酶抑制剂混合物。

⑨ DNA 酶Ⅰ 2000U/mL。

⑩ 链霉亲和素琼脂糖磁珠。

⑪ 0.5mol/L EDTA (pH8.0)。

⑫ 酵母 tRNA。

⑬ RIP 缓冲液：150mmol/L KCl，25mmol/L Tris (pH 7.4)，5mmol/L EDTA，0.5% NP-40。分别量取 7.5mL 1mol/L KCl，1.25mL 1mol/L Tris-HCl (pH 7.4)，500μL 0.5mol/L EDTA 和 250μL NP-40，补加无 RNA 酶水至终体积为 48mL，4℃保存。使用前补加 DTT (终浓度为 0.5mmol/L)、RNA 酶抑制剂 (终浓度 100 U/mL) 和蛋白酶抑制剂混合物 (终浓度 1×)。

⑭ NT2 缓冲液：50mmol/L Tris-HCl (pH 7.4)，150mmol/L NaCl，1mmol/L $MgCl_2$，0.05% NP-40，4℃保存。以 50mL 体积的 NT2 缓冲液的配制为例：2.5mL 1mol/L Tris-HCl，5mL 150nmol/L NaCl，1mL 1mmol/L $MgCl_2$，2.5mL 1% NP-40，补加 39mL 不含 RNA 酶的水至终体积为 50mL，过滤原液，4℃存储。用前补加 RNA 酶抑制剂 (终浓度为 100U/mL)、氧钒核糖核苷复合物 (终浓度为 400nmol/L)、DTT (终浓度为 1mmol/L)、EDTA (终浓度为 20mmol/L)，以及蛋白酶抑制剂混合物 (终浓度为 1×)。

⑮ RNA 结构缓冲液：10mmol/L Tris (pH 7.0)，0.1mol/L KCl，10mmol/L $MgCl_2$。

⑯ 杜恩斯匀浆机。

⑰ 琼脂糖凝胶电泳装置。

⑱ 生物素化 RNA 快速纯化试剂盒葡聚糖凝胶 G-50 柱。

⑲ 凝胶提取试剂盒。

⑳ 2×Laemmli 上样缓冲液：4% SDS、120mmol/L Tris-HCl (pH6.8)、0.02% 溴酚蓝和 0.2mol/L DTT。将 4mL 10% SDS、1.2mL 1mol/L Tris-HCl (pH6.8)、200μL 1% 溴酚蓝和 2mL 1mol/L DTT 混合均匀，补加超纯水至终体积为 10mL。按照 500μL 的体积进行分装，避免反复冻融。

(二) 实验方法

1. 生物素标记 RNA 的体外合成

(1) 准备 DNA 模板

限制性内切酶线性化切割 3～4μg 质粒。该质粒包含模板 DNA 片段，且切割位点位于目的基因插入位点的 3′末端。

(2) 纯化 DNA 模板

通过 DNA 凝胶电泳对切割得到的 DNA 片段进行纯化，在合适的位置对胶块进行切割，并对其中的 DNA 进行提取。

（3）T7 RNA 聚合酶介导的转录过程

选择 T7 RNA 聚合酶体外合成生物素标记的 RNA。冰上预冷离心，将表 17-1 中的组分按照对应的体积添加至无 RNA 酶的离心管中，混合均匀，短暂离心，37℃孵育 2h。孵育时间结束后，向离心管中添加 2μL 体积的 DNase Ⅰ（无 RNase），37℃孵育 15min 以消除 DNA 模板。添加 0.9μL 体积的 0.5mol/L EDTA（pH8.0）以终止反应。

表 17-1　反应物及用量

组分	添加量
线性化质粒 DNA(1μg)或 PCR 产物(100～200ng)	
生物素标记的 RNA 混合物(10×)	2μL
5×转录缓冲液	4μL
T7 RNA 聚合酶(20U/μL)	2μL
无 RNA 酶的无菌水	补加至 20μL

（4）纯化生物素标记的 RNA

采用葡聚糖凝胶 G-50 柱对目标 RNA 进行纯化。使用前上下颠倒柱子，随后摘掉柱子顶端的帽子并移除底端的塞子。竖直正置柱子，柱子内缓冲液流尽，1100*g* 离心 2min 除去剩余的缓冲液。直立放置柱子，下端接一新的收集管，将含有 RNA 的样本小心加到柱子的中心，1100*g*、4℃离心 4min。洗脱液中即为纯化得到的生物素标记 RNA。检测 RNA 浓度，－80℃冻存。

注意事项：纯化过程中，保持柱子的直立状态。倾斜柱子会导致 RNA 样本的回流，导致回收率降低。向柱子中添加样本的时候，不要将样本加到柱子的边缘处或是超过柱子的体积，否则目的 RNA 的产率和纯度会降低。

2. 细胞裂解液的制备

① 胰酶消化回收细胞，预冷的 1×PBS 洗涤一次细胞。

② 1mL 预冷的 RIP 缓冲液（包含 RNA 酶和蛋白酶抑制剂）重悬细胞团块。

③ 杜恩思匀浆机处理细胞，其间细胞置于冰上，维持低温条件。

④ 15000*g* 4℃离心 15min 收集包含全细胞裂解产物的上清液。

3. RNA Pull-Down

① 将 10pmol 生物素化 RNA 稀释至 40μL 体积的 RNA 结构缓冲液中，90℃加热 2min 后，迅速将上述产物转移至冰上预冷的离心管中，再孵育 2min。室温放置上述离心管 20min，RNA 在该时间内形成二级结构。

② 向 200μg 的细胞裂解物中加入具有二级结构的 RNA，补加 tRNA 至终浓度为 0.1μg/μL。4℃混悬仪中混悬 2h。

③ 添加 60μL 预洗过的链霉亲和素琼脂糖磁珠，4℃孵育 1h。

④ 孵育结束后，12000*g*、4℃离心 1min，去除上清液。1mL 预冷的 NT2 缓冲液清洗磁珠，4℃清洗 5 次。

⑤ 最后一次清洗后，在不影响磁珠的条件下小心去除上清缓冲液。

⑥ 添加 40μL 体积的 2×Laemmli 上样缓冲液，煮样 5～10min。12000*g* 室温离心 1min，将上清液转移至新的离心管中，－80℃冻存。后续根据蛋白质特点检测蛋白质种类（图 17-7）。

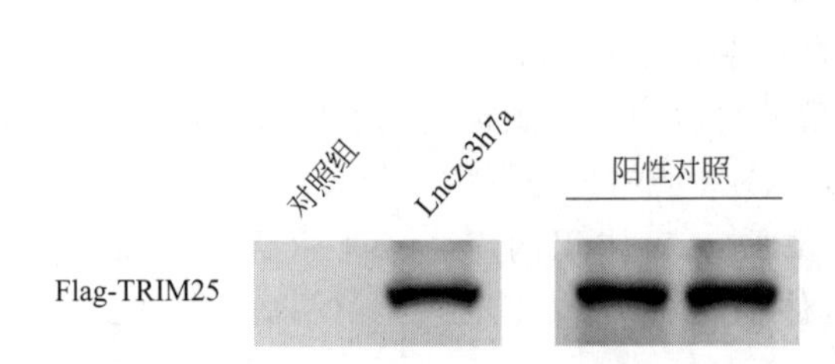

图 17-7 体外合成生物素标记的 Lnczc3h7a 与 Flag-TRIM25 相互作用[19]

（三）实验注意事项

① tRNA 的浓度：tRNA 具有减少非特异性结合的作用，tRNA 的具体补加浓度需根据不同的实验条件进行优化。

② NT2 缓冲液的清洗次数：一定程度上增加清洗次数可以降低背景的干扰。根据具体的实验条件优化清洗次数。

二、RIP 鉴定特定蛋白质结合的 lncRNA 免疫沉淀技术

RNA 免疫沉淀（RNA immunoprecipitation，RIP）可检测某一特定蛋白质所结合的内源性 lncRNA。通过抗原抗体的特异性结合，目的蛋白抗体与目的蛋白特异性结合，同时与目的蛋白结合的内源性 lncRNA 可同目的蛋白共同从细胞溶解物中沉降下来。沉降下来的 RNA 后续可以通过实时定量 PCR、芯片技术及高通量测序技术相结合，鉴定与特定蛋白质结合的 RNA 数量和种类[18,20]（图 17-8）。

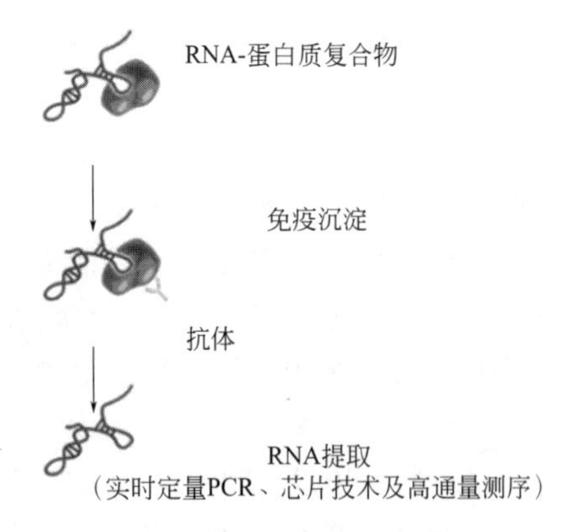

图 17-8 免疫共沉淀鉴定与蛋白质特异性结合的 lncRNA[18]

（一）材料与设备

① 大量表达目的蛋白的细胞。

② PBS 缓冲液。

③ 细胞裂解-免疫沉淀（IP）缓冲液：20mmol/L Tris-HCl（pH8.0），200mmol/L NaCl，1mmol/L EDTA，1mmol/L EGTA，0.5% Triton X-100，0.4U/μL RNA 酶抑制剂，蛋白酶抑制剂混合物。

④ 目的蛋白抗体。

⑤ 蛋白 A/蛋白 G 偶联琼脂糖珠。

⑥ 蛋白酶 K 缓冲液：10mmol/L Tris-HCl（pH8.0），50mmol/L NaCl，5mmol/L EDTA，0.5% SDS。

⑦ 20mg/mL 蛋白酶 K。

⑧ 20μg/μL 糖原。

⑨ Trizol。

⑩ 混悬仪、离心机等。

（二）实验方法

1. 目的蛋白富集沉淀

① 培养含有目的蛋白的细胞，细胞的培养条件和数目取决于细胞的类型以及目的蛋白的表达水平。

② 丢弃细胞上清液，预冷的 PBS 重悬细胞。预冷的 PBS 清洗细胞两次，除去上清液。

③ 细胞裂解液/免疫沉淀缓冲液重悬细胞（1mL 体积对应 10^7 个细胞），上下颠倒离心管数次以混匀细胞。混悬仪 4℃孵育 1h。14000*g*、4℃离心 15min，除去染色质和细胞碎片。将上清液转移到新的离心管中。

④ 向细胞裂解液中添加目的蛋白的特异性抗体。抗体的量取决于细胞中目的蛋白的含量和抗体的亲和力。混悬仪 4℃孵育过夜。

⑤ 20～50 倍磁珠体积的细胞裂解液/免疫沉淀缓冲液洗蛋白 A/蛋白 G 偶联的琼脂糖珠。2 倍磁珠体积的免疫沉淀缓冲液重悬琼脂糖珠（10μL 琼脂糖珠补加 20μL 体积的缓冲液），并向其中添加含有抗体的细胞裂解物至终浓度为 30μL/mL，混悬 1h。

⑥ 2000*g* 离心琼脂糖珠 30s 并去除上清液。细胞裂解液-IP 缓冲液清洗琼脂糖珠三次。每次清洗体积递减为上次的 1/2。

⑦ 5 倍琼脂糖珠体积的细胞裂解液-IP 缓冲液重悬琼脂糖珠，4℃储存。

2. 蛋白酶解

去除细胞裂解液/IP 缓冲液，50μL 体积的蛋白酶 K 缓冲液重悬琼脂糖珠，添加 2μL 体积的蛋白酶 K，50℃孵育 30min。

3. RNA 提取

2000*g* 离心 30s 后将上清液转移至一新离心管中。向其中加入 1μL 的糖原和 1mL 的 Trizol。提取 RNA 并通过 RT-PCR 手段或者 Northern Blot 手段检测和目的蛋白结合的 lncRNA（图 17-9）。

（三）实验注意事项

① 细胞类型：可过表达目的蛋白的细胞，比如 HEK293T 细胞。

② 目的蛋白抗体的用量：通常免疫沉淀实验中最佳抗体使用量为 1～5μg。对于低亲和力的抗体，抗体和细胞裂解物的共孵育需过夜。对于亲和力较高或是事先结合到磁珠上的抗体，共孵育时间最好不超过 4h。

③ 琼脂糖珠的重悬步骤：小心重悬以防止琼脂糖珠黏附在离心管壁上。

三、CLIP 鉴定蛋白质与 lncRNA 的结合位点

紫外交联免疫沉淀（crosslinking-immunoprecipitation，CLIP）是一种利用紫外交联技术以探究 RNA 和蛋白质之间的相互作用位点的实验技术。细胞经紫外交联后，RNA 与其周围的氨基酸形成稳定的共价键，揭示了活细胞中 lncRNA 和蛋白质之间的相互作用。紫外

交联后，利用目的蛋白的特异性抗体可以将目的蛋白和与其相互作用的 lncRNA 共同沉降下来。实验后续添加蛋白酶对目的蛋白进行降解，并通过 RT-PCR 实验技术对免疫沉淀中的 lncRNA 序列进行检测[21]（图 17-10）。

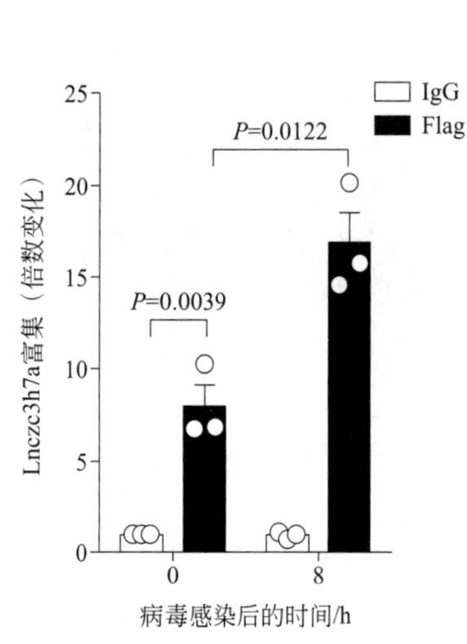

图 17-9　Flag-TRIM25 与 Lnczc3h7a 免疫共沉淀[19]

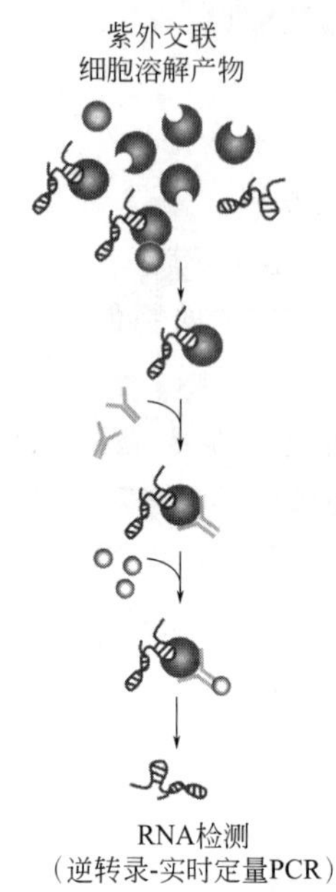

图 17-10　紫外交联免疫沉淀鉴定 lncRNA 和蛋白质之间相互作用[21]

（一）材料与设备

① 缓冲液 A：5mmol/L 乙磺酸（pH8.0），85mmol/L KCl，0.5% NP-40，1×蛋白酶抑制剂混合物，RNA 酶抑制剂。

② 缓冲液 B：1% SDS，10mmol/L EDTA，50mmol/L Tris-HCl（pH8.1），1×蛋白酶抑制剂混合物，RNA 酶抑制剂。

③ 免疫沉淀（IP）缓冲液：0.01% SDS，1.1% Triton X-100，1.2mmol/L EDTA，16.7mmol/L Tris-HCl（pH8.1），167mmol/L NaCl，1×蛋白酶抑制剂混合物，RNA 酶抑制剂。

④ 低盐洗涤缓冲液：0.1% SDS，1% Triton X-100，2mmol/L EDTA，20mmol/L Tris-HCl（pH8.1），150mmol/L NaCl。

⑤ 高盐洗涤缓冲液：0.1% SDS，1% Triton X-100，2mmol/L EDTA，20mmol/L Tris-HCl（pH8.1），500mmol/L NaCl。

⑥ TE 缓冲液（pH 8.0）：0.01mol/L Tris-HCl（pH8.1），1mmol/L EDTA。

⑦ 洗涤缓冲液：1% SDS，0.1mol/L $NaHCO_3$，RNA 酶抑制剂。

⑧ 蛋白酶抑制剂混合物。

⑨ 蛋白 G 偶联的琼脂糖珠。

⑩ RNA 酶抑制剂。

⑪ 紫外交联仪。

⑫ Trizol。

⑬ 逆转录试剂盒。

⑭ SYBR Green 探针。

⑮ LiCl 洗涤缓冲液。

(二) 实验方法

1. 蛋白质-RNA 交联作用

① 10cm 的培养皿中培养 HeLa 细胞至密度为 70%~80%

② 去除培养皿中的培养液，预冷的 1×PBS 洗涤细胞两次。

③ 紫外交联仪中处理细胞：波长为 254nm，强度值为 400MJ/cm^2。

④ 从紫外交联仪中拿出细胞，立即放到冰上。

2. 细胞溶解产物的制备

① 添加 500μL 预冷的缓冲液 A (补加 1×蛋白酶抑制剂混合物和 RNA 酶抑制剂)。

② 将细胞从培养皿中刮下来，轻柔反复吹吸裂解液 5~10 次，冰上放置 10min。

③ 将细胞溶解物转移至 1.5mL 离心管中，5000*g*、4℃离心 5min，收集含有胞质蛋白的上清液。

④ 1mL 体积的缓冲液 A 清洗细胞团块，500μL 的缓冲液 B (补加 1×蛋白酶抑制剂混合物和 RNA 酶抑制剂) 重悬细胞团块。大力度吹吸细胞团块，冰上放置 10min。

⑤ 超声裂解溶解产物：超声时间 20s，次数 4 次，间隔 1min。

⑥ 16000*g*、4℃离心 10min 除去细胞碎片。上清液为细胞核提取物。

3. 准备琼脂糖珠

① 1mL 预冷的 1×PBS 洗涤蛋白 G 偶联的琼脂糖珠，洗涤四次后将琼脂糖珠存放于 IP 缓冲液中 (体积比为 1∶1)，并将其命名为“预处理后的蛋白 G 偶联琼脂糖珠”。

② 1mL DMEM 细胞培养基 (含有 10%的 FBS) 封闭预处理后的蛋白 G 偶联琼脂糖珠，混悬仪 4℃处理 1h。

③ 800*g*、4℃离心 5min。

④ 弃去封闭液，1mL 预冷 1×PBS 洗涤已封闭的蛋白 G 偶联琼脂糖珠，洗涤四次，存放于 IP 缓冲液中 (体积比为 1∶1)。

4. RNA 免疫沉淀

① IP 缓冲液稀释含有目的蛋白的溶解物，稀释比为 1∶10。混合均匀后分出 500μL 体积作为 input 对照，并将其冻存于-80℃冰箱。

② 预处理的 40μL 琼脂糖珠重悬细胞溶解物，混悬仪 4℃处理 1h。1000*g*、4℃离心 2min。

③ 将步骤②中的琼脂糖珠蛋白复合物等分成两份，分别转移至 1.5mL 的微量离心管中。一份与目的蛋白的抗体 (上述 IP 实验中推荐的抗体用量为 0.5~2μg) 共孵育，另一份与种属相同且等量的 IgG 共孵育。

④ 将步骤③中的琼脂糖珠-目的蛋白-目的蛋白抗体复合物放置于混悬仪上，4℃处理 20h 或者处理过夜，以确保目的蛋白抗体和目的蛋白稳定结合。

⑤ 第二天，向复合物中加入 50μL 封闭处理的琼脂糖珠，混悬仪 4℃处理 2h。

⑥ 800*g*、4℃离心 5min，收集底部的蛋白 G 偶联琼脂糖珠-免疫复合物。

5. 洗涤免疫复合物

按照下述缓冲液顺序对获得的复合物进行洗涤：

① 低盐洗涤缓冲液；

② 高盐洗涤缓冲液；

③ LiCl 洗涤缓冲液；

④ TE 缓冲液（pH8.0）；

⑤ TE 缓冲液（pH8.0）。

洗涤方法：1mL 的上述缓冲液加至含有复合物的离心管，混悬仪处理 5min，800*g*、4℃离心 5min。弃掉上清液，注意不要吸到珠子。

6. 洗脱复合物并对其进行解联

① 250μL 体积的新鲜洗脱液重悬蛋白 G 偶联琼脂糖珠，振荡器处理样本 15min，将 RNA-蛋白质复合物从琼脂糖珠上洗脱下来。4000*g*、4℃离心 2min，收集上清液。

② 重复上述洗脱步骤，共获得 500μL 洗脱液。

③ RNA-蛋白质复合物解交联：200mmol/L NaCl 重悬洗脱物和 input 样本，65℃处理 2h。

④ 通过 SDS 上样缓冲液对 input 和 5%洗脱物中的蛋白质进行变性操作，随后通过 Western Blot 对蛋白质进行检测，以分析蛋白质 pull-down 的效率。

⑤ 通过 Trizol RNA 提取试剂对剩余 95%洗脱物中的 RNA 进行提取。

7. 检测 RNA

① 将所得 RNA 进行逆转录后得到 cDNA，除去其中的 gDNA。

② 通过定量 RT-PCR 技术，对复合物中的目的 RNA 进行检测。检测中涉及的荧光探针为 SYBR Green 探针，内参为 GAPDH 或 18SrRNA[21]（图 17-11）。

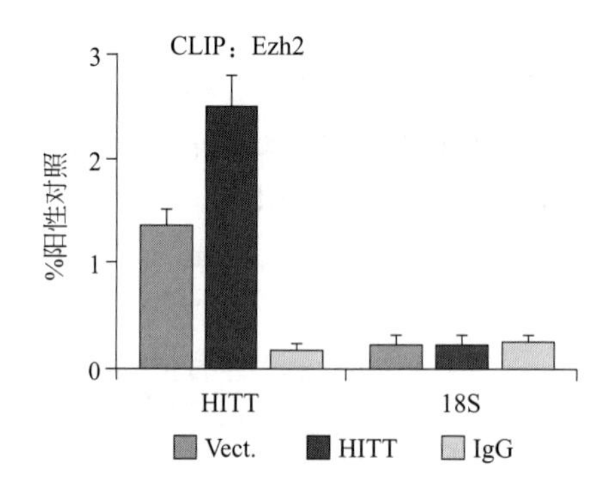

图 17-11 CLIP 检测 lncRNA HITT 和 Ezh2 蛋白之间的相互作用[21]

（三）实验注意事项

① 细胞培养数目取决于细胞的类型、目的细胞和 lncRNA 的表达量。

② RNA 易降解，确保本实验中所涉及的缓冲液为预冷的且不含 RNA 酶。

③ 紫外交联的时间具体实验条件具体优化。

④ 选择裂解缓冲液的种类取决于后续实验所需样本为细胞核、细胞质还是完整的细胞溶解产物。

⑤ 超声温度较高，蛋白质易变性，超声过程需在冰上进行。

⑥ 每一次的洗涤过程中，充分重悬珠子以去除未结合的蛋白质。

四、ChIRP 鉴定与 lncRNA 结合的蛋白质/DNA

RNA 纯化的染色质分离技术（chromatin isolation by RNA purification，ChIRP）是研究体内与 RNA 互作的蛋白质或者 DNA 片段的方法。该技术在特定的时间点条件下，通过甲醛等交联试剂，对样本细胞中的 RNA 与蛋白质及 DNA 的相互作用复合物进行交联处理。利用生物素和链霉亲和素之间的特异性结合，达到纯化目的 RNA 和与其相互作用的蛋白质、DNA 复合物的目的。后续实验过程中，将目的蛋白洗脱下来，通过质谱技术，筛选出与目的 RNA 相互作用的蛋白；也可以通过免疫印迹技术，检测某一特定的蛋白质与目的 RNA 是否存在相互作用的现象；通过深度测序，检测复合物中的 DNA 序列片段。通过此方法可在全基因组范围内鉴定 RNA 与染色质的互作，并对其进行定性、定量和定位分析（图 17-12）。

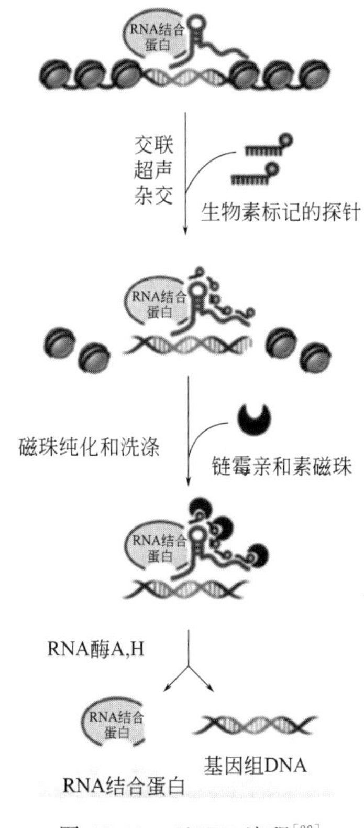

图 17-12 ChIRP 流程[22]

（一）材料与设备

① 裂解缓冲液：50mmol/L Tris-HCl（pH7.0），10mmol/L EDTA，1% SDS。使用前补加 1mmol/L 丝氨酸蛋白酶抑制剂，以及蛋白酶抑制剂、磷酸酶抑制剂、RNA 酶抑制剂。

② 杂交缓冲液：750mmol/L NaCl，1% SDS，50mmol/L Tris-HCl（pH 7.0），1mmol/L EDTA，15%甲酰胺。37℃加入直至完全溶解。使用前补加丝氨酸蛋白酶抑制剂、蛋白酶抑制剂、磷酸酶抑制剂、RNA 酶抑制剂。

③ 洗涤缓冲液：2×枸橼酸钠缓冲液（SSC 缓冲液）添加 0.5% SDS。

④ 蛋白酶 K 缓冲液：100mmol/L NaCl，10mmol/L Tris-HCl（pH 7.0），1mmol/L EDTA 和 0.5% SDS。用前补加 1mg/mL 的蛋白酶 K。

⑤ 4×LDS 缓冲液。

⑥ RIPA 缓冲液：50mmol/L Tris-HCl（pH 7.4），150mmol/L NaCl，0.25% 脱氧胆酸，1% NP-40 和 1mmol/L EDTA。

⑦ 液氮、甲醛、甘氨酸、链霉亲和素磁珠、Trizol、氯仿、异丙醇。

⑧ RNA 提取试剂盒、一步法 RT-qPCR 试剂盒。

⑨ 组织匀浆机、超声仪、离心机、分子杂交炉。

（二）实验方法

1. 设计探针

① ChIRP 探针：设计网站网址为 https://www.biosearchtech.com，在上述网站中设计 DNA 探针，探针的 3′端添加生物素化修饰。

② 探针混合物：设计针对目的 lncRNA 不同区域的探针，将上述探针混合达到终浓度为 100μmol/L。例如，若将五个针对 lncRNA 不同区域的探针混合，每种探针的浓度应为 20μmol/L。

2. 样本的制备

① 样本采集：300mg 动物组织样本于液氮中速冻，并储存于−80℃冰箱。若为细胞样本，则需将细胞消化洗涤收集。

② 样本粉碎：通过手动研磨或者组织匀浆机对样本进行匀浆。

3. lncRNA 和目的蛋白的交联

① 交联处理：4%甲醛/PBS 处理组织样本，室温处理 30～60min。

② 终止交联：0.125mmol/L 甘氨酸处理样本，室温处理 5～10min，对样本的交联进行终止。

③ 离心收集：2000g、4℃条件下离心 5min。

④ 洗涤样本：去除上清液，预冷的 PBS 洗涤样本两次。

⑤ 样本存储：尽可能去除上清液。若不进行后续操作，请将样本置于液氮中速冻，存储于−80℃条件下。

4. 组织裂解

① 组织裂解：将样本放置于 50mL 锥形瓶中，按照样本的质量添加对应体积的裂解缓冲液。1mL 裂解缓冲液对应 100mg 组织或细胞。

② 组织匀浆：利用组织匀浆机对组织进行完全匀浆与裂解。

③ 超声处理：超声处理样本，使样本裂解完全；超声时间 30s，间隔时间 30s，温度 4℃，总时间 30min。

④ 离心收集：16000g、4℃条件下离心 30min，将上清液转移至 15mL 的离心管中。若不立刻进行下一步实验操作，则将溶解物于液氮中速冻，存储于−80℃。

5. 预清洗组织溶解物

① 预清洗：裂解缓冲液预洗链霉亲和素磁珠，1mL 溶解物添加 30μL 磁珠，于分子杂交炉内，37℃条件下旋转孵育 30min。随后重复上述操作。

② 分离上清液：磁分离架分离样本上清液。

③ 对照取样：取 1%体积的②中分离得到的上清液作为 RNA 和蛋白质的 input 组别，存储于−80℃，以便后续的 RNA 提取操作。

6. 内源 lncRNA 与探针的杂交

① 探针孵育：每 1mL 体积的溶解物需添加 1μL 体积的探针混合物和 2mL 体积的杂交缓冲液。分子杂交炉内，37℃条件下旋转孵育过夜。

② 磁珠孵育：向杂交反应液中添加预洗过的链霉亲和素磁珠，比例为 100 pmol 的探针对应 100μL 的磁珠。混合均匀，分子杂交炉内，37℃条件下孵育 30～60min。

7. 清洗复合物

① 清洗样本：磁分离架去除上清液。1mL 体积的洗涤缓冲液于分子杂交炉内洗涤磁珠 5 次，洗涤条件为：时间 10min，温度 37℃。

② 样本分批：洗涤缓冲液重悬磁珠。0.1 倍体积的磁珠转移至新的离心管中，用于后续的 RNA 提取。剩余 0.9 倍体积的样本用于后续蛋白质的洗脱。

8. 蛋白质的洗脱

① 收集磁珠：磁分离架去除上清液。

② 蛋白质变性：向样本管中添加 35μL 的 2×LDS 缓冲液（用 RIPA 缓冲液稀释 4×LDS 缓冲液），混合均匀，煮样 30min，振荡 20s。若不进行后续检测操作，蛋白质样本存储于－80℃。

③ 磁珠分离：磁分离架收集上清液，用于后续的 SDS-PAGE 检测蛋白质。

④ 检测蛋白质：电泳胶后续可通过质谱或免疫印迹法对目的蛋白进行检测。

9. RNA 分离与 qPCR 检测

① 酶解蛋白：向 RNA input 组（100μL）和连有链霉亲和素的样本组（200μL）添加 1mg/mL 的蛋白酶 K 和蛋白酶 K 缓冲液。

② 孵育样本：分子杂交炉中，50℃旋转孵育 45min。

③ 蛋白质变性：95℃煮样 10min。

④ 裂解样本：500μL 的 Trizol 处理样本，振荡 10s。若不立即进行后续萃取操作，将上述处理样本冻存于－80℃。

⑤ 萃取样本：添加 300μL 体积的氯仿，振荡 20s，室温孵育 10min。

⑥ 沉淀上清液：12000g、4℃离心 15min。将上层水相转移至一新离心管中。添加等体积的异丙醇，混合均匀。

⑦ RNA 的提取：将⑥中得到的混合物根据商品化的 RNA 提取试剂盒进行操作。

10. 实时荧光定量 PCR 检测目的 RNA

纯化得到的 lncRNA 量比较少，可能不适用于 RNA 浓度的检测以及后续的 cDNA 的合成。建议采用一步法 RT-qPCR 对目的 RNA 进行检测（图 17-13）。

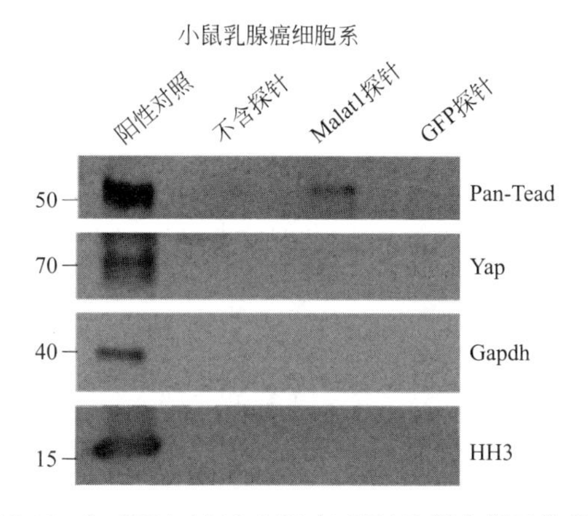

图 17-13　lncRNA MALAT1 与 TEAD 蛋白相互作用[23]

（三）实验注意事项

① 抑制剂的添加：实验最终检测的蛋白质或 RNA 都具有不稳定易降解的特点，所以实验过程中尽量维持低温，以及缓冲液在使用前添加维持蛋白质和 RNA 活性的抑制剂。

② 交联剂的选取：交联所用试剂是采用甲醛或是戊二醛，需根据具体的 lncRNA-蛋白质种类进行摸索。

③ 样本的处理：ChRIP实验涉及的实验样本有组织和细胞两种。上述实验过程适用于组织样本，若样本为细胞，则可适当缩减超声裂解样本的时间。

④ 对照组的设置：ChRIP实验涉及的实验步骤较多，注意设置每一步实验操作的对照组。例如探针和样本孵育的实验操作中，可设置两组对照：样本添加RNA酶后再与探针孵育，以及不含有样本只含有探针和杂交缓冲液的对照组。

（朱娟娟　编）

参考文献

[1] Wilusz J E，Sunwoo H，Spector D L. Long noncoding RNAs：functional surprises from the RNA world [J]. Genes Dev，2009，23（13）：1494-1504.

[2] Herman A B，Tsitsipatis D. Gorospe M. Integrated lncRNA function upon genomic and epigenomic regulation [J]. Mol Cell，2022，82（12）：2252-2266.

[3] Statello L，Guo C J，Chen L L，et al. Gene regulation by long non-coding RNAs and its biological functions [J]. Nat Rev Mol Cell Biol，2021，22（2）：96-118.

[4] Azad F M，Polignano I L，Proserpio V，et al. Long noncoding RNAs in human stemness and differentiation [J]. Trends Cell Biol，2021，31（7）：542-555.

[5] Adnane S，Marino A，Leucci E. LncRNAs in human cancers：signal from noise [J]. Trends Cell Biol，2022，32（7）：565-573.

[6] Liu Y，Cheng Z，Pang Y，et al. Role of microRNAs，circRNAs and long noncoding RNAs in acute myeloid leukemia [J]. J Hematol Oncol，2019，12（1）：51.

[7] Jin H，Du W，Huang W，et al. LncRNA and breast cancer：Progress from identifying mechanisms to challenges and opportunities of clinical treatment [J]. Mol Ther Nucleic Acids，2021，25：613-637.

[8] Huang Z，Zhou JK，Peng Y，et al. The role of long noncoding RNAs in hepatocellular carcinoma [J]. Mol Cancer，2020，19（1）：77.

[9] Chen S，Shen X. Long noncoding RNAs：functions and mechanisms in colon cancer [J]. Mol Cancer，2020，19（1）：167.

[10] Mouraviev V，Lee B，Patel V，et al. Clinical prospects of long noncoding RNAs as novel biomarkers and therapeutic targets in prostate cancer [J]. Prostate Cancer Prostatic Dis，2016，19（1）：14-20.

[11] Lu D，Thum T. RNA-based diagnostic and therapeutic strategies for cardiovascular disease [J]. Nat Rev Cardiol，2019，16（11）：661-674.

[12] Liu D，Zhao X，Tang A，et al. CRISPR screen in mechanism and target discovery for cancer immunotherapy [J]. Biochim Biophys Acta Rev Cancer，2020，1874（1）：188378.

[13] Moreno-Garcia L，Lopez-Royo T，Calvo A C，et al. Competing endogenous RNA networks as biomarkers in neuro-degenerative diseases [J]. Int J Mol Sci，2020，21（24）.

[14] Uszczynska-Ratajczak B，Lagarde J，Frankish A，et al. Towards a complete map of the human long non-coding RNA transcriptome [J]. Nat Rev Genet，2018，19（9）：535-548.

[15] 叶佳丽. 小麦K-TCMS育性转换相关基因的鉴定及lncRNA MSTRG. 224114调控其育性转换的功能解析 [D]. 咸阳：西北农林科技大学，2021.

[16] 邓世江. 长链非编码RNA GLS-AS介导的c-Myc/GLS通路在胰腺癌中的作用及机制 [D]. 武汉：华中科技大学，2019.

[17] 胡锦秀. LncRNA AL139280. 1在糖尿病肾病足细胞损伤中的作用研究 [D]. 济南：山东大学，2021.

[18] Feng Y，Hu X，Zhang Y，et al. Methods for the study of long noncoding RNA in cancer cell signaling [J]. Methods Mol Biol，2014，1165：115-143.

[19] Lin H，Jiang M，Liu L，et al. The long noncoding RNA Lnczc3h7a promotes a TRIM25-mediated RIG-I antiviral innate immune response. Nat Immunol. 2019 Jul；20（7）：812-823.

[20] Bierhoff H. Analysis of lncRNA-Protein interactions by RNA-protein pull-down assays and RNA immunoprecipitation（RIP）[J]. Methods Mol Biol，2018，1686：241-250.

[21] Zhao K, Wang X, Hu Y. Identification of lncRNA-protein interactions by CLIP and RNA pull-down assays. Methods Mol Biol. New York: Humana, 2021: 231-242.

[22] Chu C, Qu K, Zhong F L, et al. Genomic maps of long noncoding RNA occupancy reveal principles of RNA-chromatin interactions. Mol Cell. 2011 Nov 18; 44 (4): 667-678.

[23] Kim J, Piao H L, Kim B J, et al. Long noncoding RNA MALAT1 suppresses breast cancer metastasis [J]. Nat Genet, 2018, 50 (12): 1705-1715.

第十八章

非编码 RNA 数据库及在线分析工具介绍

目前的研究表明，在人基因组中，除去约占百分之二的蛋白质编码区外，还有大量的不编码蛋白质的转录区域，由这些区域产生的转录本或其加工产物通常称为非编码 RNA（ncRNA），这些 ncRNA 在许多生物过程中发挥重要作用。例如，目前研究得比较深入的 microRNA，这类小非编码 RNA 长度在 22nt 左右，通常以不完全互补配对方式与靶标 mRNA 3′UTR 结合发生相互作用，进而参与许多生物过程，如与多种类型的肿瘤发生发展密切相关。事实上，ncRNA 基因不仅存在于人基因组中，还存在于其他物种的基因组中，可以说，ncRNA 基因已成为基因组中的重要组成部分。例如，在与人类生活密切相关的大肠杆菌中就存在大约 80～100 个长度在 40 ～ 500nt 的非编码 RNA（细菌中的 ncRNA 通常称为小调控 RNA、small regulatory RNA 或 sRNA），这些 sRNA 在感知外在环境变化方面发挥重要作用。

为了研究这些 ncRNA 的性质与功能，开展相关的实验研究是非常必要的，而且是最终的手段，但是，现在的研究均是在基因组水平上进行的，如果不进行生物信息学的初步分析实验是极其耗时费力的，而且有时是不现实的。例如，为了研究大肠杆菌中某个 sRNA 的功能，就要考虑该 sRNA 与大肠杆菌基因组中 4000 多个 mRNA 的可能相互作用。显然，采用报告基因策略来寻找该 sRNA 的可能靶标 mRNA 是非常耗时的。为此，目前已发展了多个细菌 sRNA 靶标预测模型来解决此问题。首先通过预测模型获得该 sRNA 的可能靶标 mRNA 集合，然后从中选择最可能的靶标来进行实验验证。目前，该策略（生物信息学预测与实验验证相结合）已成为基因组水平的 ncRNA 研究常用策略。在该策略中，预测模型的准确性是极其重要的。从生物信息学角度来看，如果要构建准确的数学模型，构建实验证实的准确数据集是非常必要的，这也是目前构建各种各样的 ncRNA 数据库的目的之一。

为了使读者了解目前 ncRNA 数据库现状及相关分析工具，我们系统分析了各种各样的 ncRNA 数据库，并选择其中具有一定代表性的数据库及其分析工具进行介绍，内容涉及综合性 ncRNA 数据库、miRNA 数据库、rRNA 数据库、细菌 sRNA 数据库、siRNA 数据库、tRNA 数据库、snoRNA 数据库、lncRNA 数据库和 circRNA 数据库，最终希望这些介绍能够有助于读者开展 ncRNA 相关研究，在 ncRNA 研究方面，少走弯路，多出创新性成果。

第一节　综合性非编码 RNA 数据库

一、概论

非编码 RNA（ncRNA）是指不编码蛋白质的 RNA，ncRNA 在许多生物过程中都发挥着重要作用，如 DNA 的复制、RNA 的转录加工、蛋白质的输运和降解等。

二、非编码 RNA 相关数据库

为了促进 ncRNA 的研究，一些相关研究机构通过收集实验数据或者通过计算预测的方法，构建了对应的 ncRNA 数据库，收录了序列、物种、长度、类别、二级结构等相关信息。通过这些综合性的 ncRNA 数据库，研究人员可以方便地查看和提取自己所需信息，以便开展进一步的研究工作。在接下来的内容中，将分别介绍相应的数据库。

1. NONCODE

NONCODE 数据库[1-4]收录了除 tRNA 和 rRNA 之外的所有提交到 NCBI 上的 ncRNA 数据，为相关研究人员提供了一个分析和研究 ncRNA 的综合数据平台。在当前最新版本 NONCODE V6.0 中有 39 个物种，包括 16 种动物和 23 种植物。相较于上一次更新，NONCODE V6.0 中的 lncRNA 数量从 548640 增加到 644510。该数据库由中国科学院计算技术研究所生物信息学研究组和中国科学院生物物理研究所生物信息学实验室共同开发和维护。

NONCODE 数据库试图呈现最完整的非编码 RNA 的数据和注释。它不仅提供了 lncRNA 的位置、外显子数目、长度和序列等基本信息，还提供了 lncRNA 的表达谱、外泌体表达谱、保守性注释、预测功能和与疾病的关系等信息。下面介绍 NONCODE 数据库的使用方法。

第一步：启动服务器。

在浏览器的地址窗口中输入下列地址 http://www.noncode.org，即可打开 NONCODE 服务器主页，如图 18-1 所示。点击相应链接即可进入感兴趣的页面。

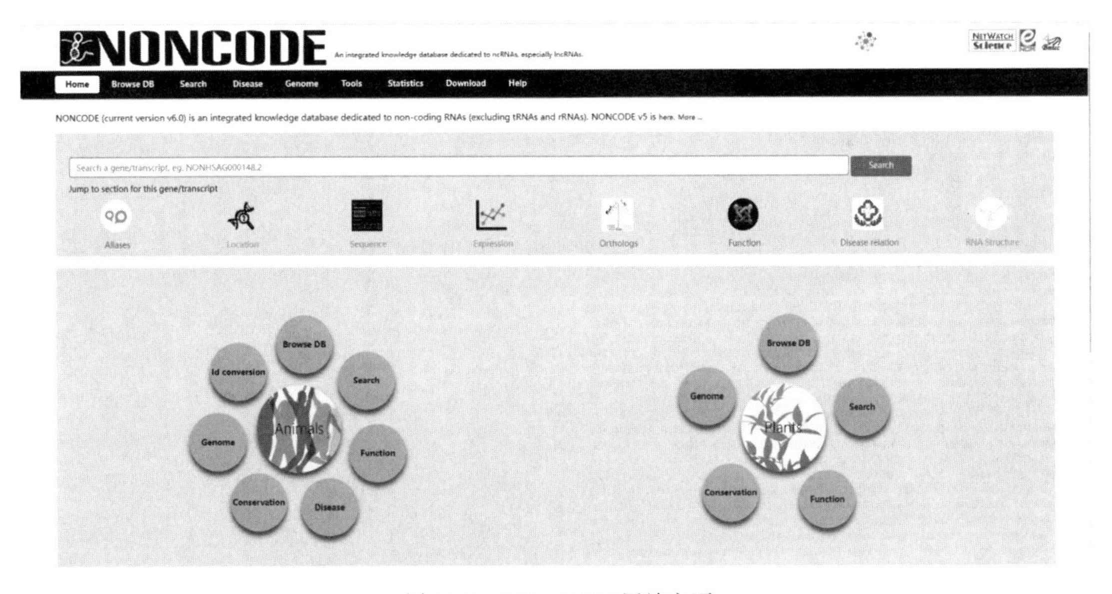

图 18-1　NONCODE 网站主页

第二步：浏览、检索数据或使用其他功能。

（1）浏览数据

NONCODE 数据库按物种分成了动物和植物，如图 18-2 所示，在 Species 栏可选想要查看的物种，并选择查看转录信息或者是基因信息，下方可勾选是否选附带表达谱信息。

如图 18-3 所示，点击列表左侧的 Transcript Id 可进入其基本信息，包括位置、外显子数目、长度和序列等，下方是可直接复制的序列信息。在序列信息下方展示的是勾选的表达谱信息。

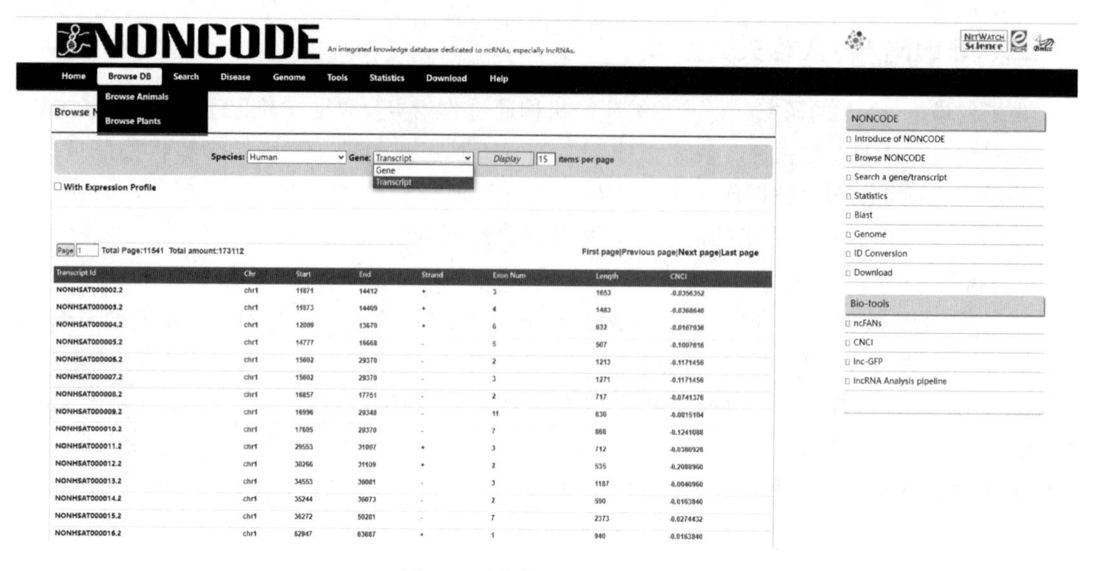

图 18-2　按物种浏览数据库

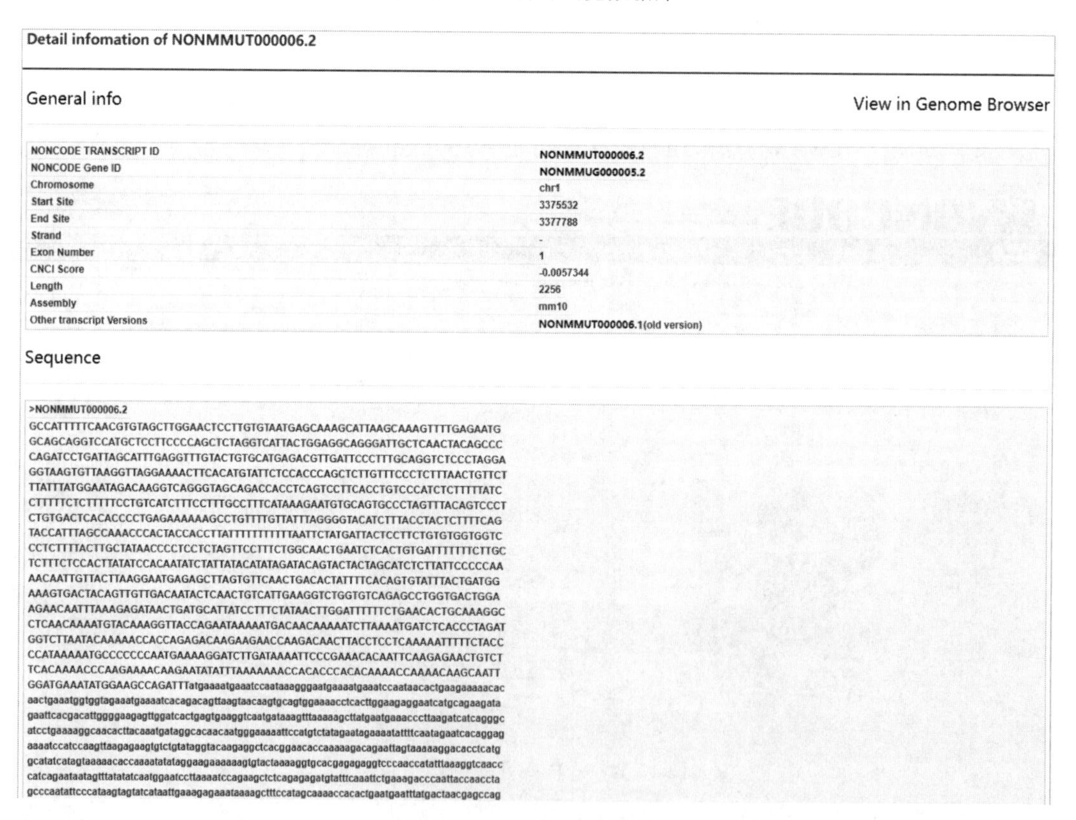

图 18-3　Transcript 信息

（2）检索数据

NONCODE 数据库提供了关键字检索服务，通过点击导航的【Search】菜单，进入关键字检索界面，如图 18-4 所示。

NONCODE 提供的关键字检索支持相同关键字类型下的多关键字检索（关键字之间以空格隔开），支持的 5 种关键字类型如表 18-1 所示。

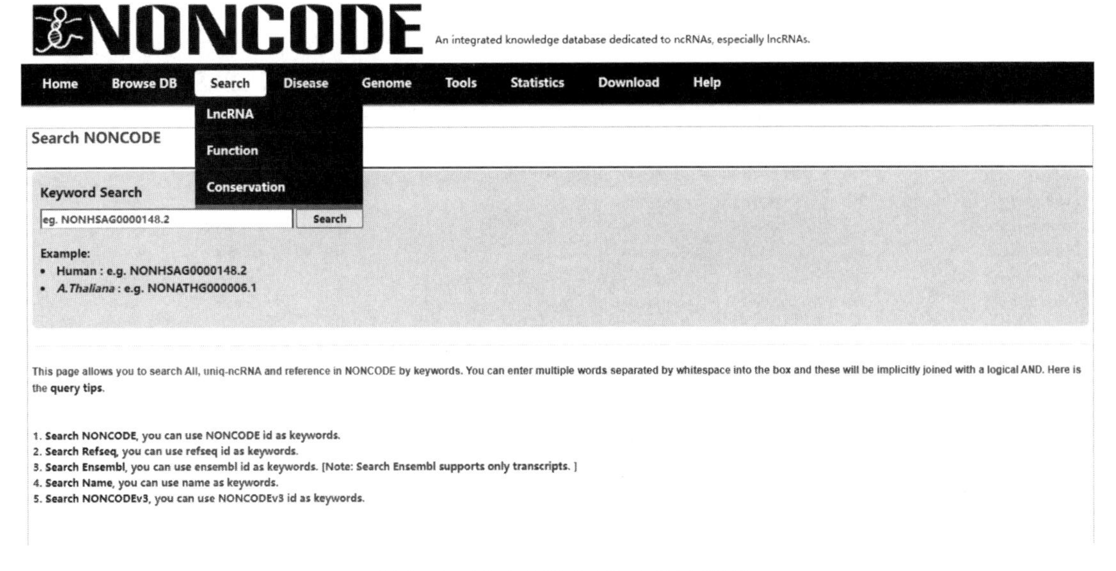

图 18-4　NONCODE V6.0 检索界面

表 18-1　NONCODE 检索关键字类型

关键字类型	列举
ncRNA	ncid，uniqid，accession number，class，class alias，name，name alias，role，mechanism，location，pfclass，specific，note，organism
Accession	accession number，molecule type，division，definition，keywords list，organism
Reference	refid，authors，title，journal，medline id，pubmed id
Class	lincRNA，miRNA，mRNAlike，snmRNA，piRNA，pre_miRNA，tmRNA，RNase PRNA，snoRNA，snRNA，BORG RNA，Bsr RNA，SRP_7SL RNA，ReplicationControlRNA，self-splicing ribozyme RNA，IGF2AS RNA
Function	function of ncRNA such as：muscle system process，spermatogenesis，cell cycle and so on

下面以检索长度大于200nt的人类lncRNA［并查看某一lncRNA（如n133）的详细信息］为例，介绍其检索过程：

① 第一步：检索得到所有长度大于200nt的人类lncRNA。

方法1：在检索页面“Search”下的Subset Search输入框中输入检索信息，如图18-5所示。

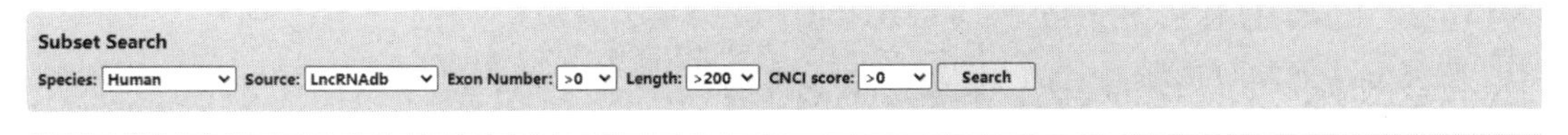

图 18-5　检索输入方式示例

点击Search得到所有ncRNA的结果，在结果页面的“Filter”选项中选择“Human”和“Length>200”，提交得到所有长度大于200nt的人类lncRNA，见图18-6。

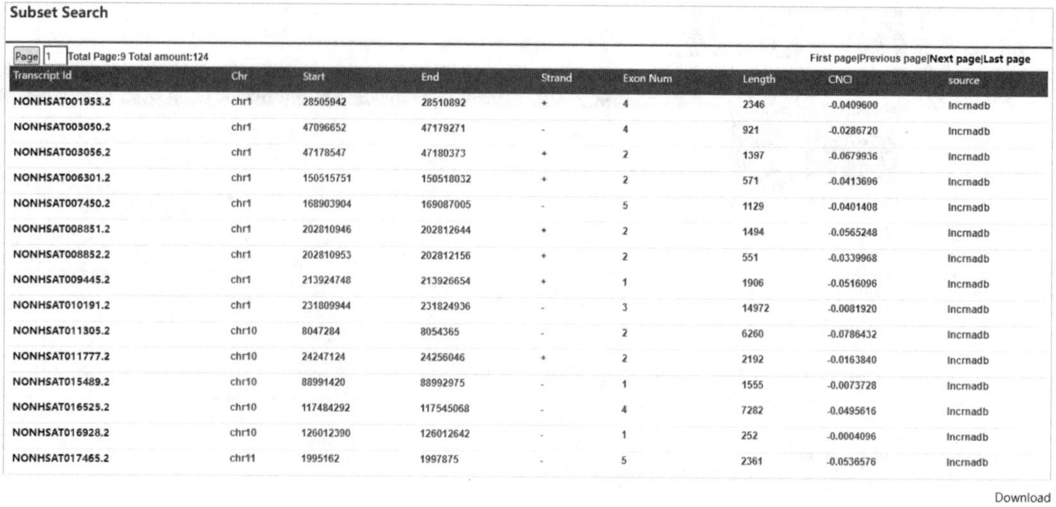

Subset Search

Page 1 Total Page:9 Total amount:124 First page|Previous page|Next page|Last page

Transcript Id	Chr	Start	End	Strand	Exon Num	Length	CNCI	source
NONHSAT001953.2	chr1	28505942	28510892	+	4	2346	-0.0409600	lncrnadb
NONHSAT003050.2	chr1	47096652	47179271	-	4	921	-0.0286720	lncrnadb
NONHSAT003056.2	chr1	47178547	47180373	+	2	1397	-0.0679936	lncrnadb
NONHSAT006301.2	chr1	150515751	150518032	+	2	571	-0.0413696	lncrnadb
NONHSAT007450.2	chr1	168903904	169087005	-	5	1129	-0.0401408	lncrnadb
NONHSAT008851.2	chr1	202810946	202812644	+	2	1494	-0.0565248	lncrnadb
NONHSAT008852.2	chr1	202810953	202812156	+	2	551	-0.0339968	lncrnadb
NONHSAT009445.2	chr1	213924748	213926654	+	1	1906	-0.0516096	lncrnadb
NONHSAT010191.2	chr1	231809944	231824936	-	3	14972	-0.0081920	lncrnadb
NONHSAT011305.2	chr10	8047284	8054365	-	2	6260	-0.0786432	lncrnadb
NONHSAT011777.2	chr10	24247124	24256046	+	2	2192	-0.0163840	lncrnadb
NONHSAT015489.2	chr10	88991420	88992975	-	1	1555	-0.0073728	lncrnadb
NONHSAT016525.2	chr10	117484292	117545068	-	4	7282	-0.0495616	lncrnadb
NONHSAT016928.2	chr10	126012390	126012642	-	1	252	-0.0004096	lncrnadb
NONHSAT017465.2	chr11	1995162	1997875	-	5	2361	-0.0536576	lncrnadb

Download

图 18-6 lncRNA 检索结果页面

方法 2：在【Search】页面直接输入“n133”，如图 18-7 所示。

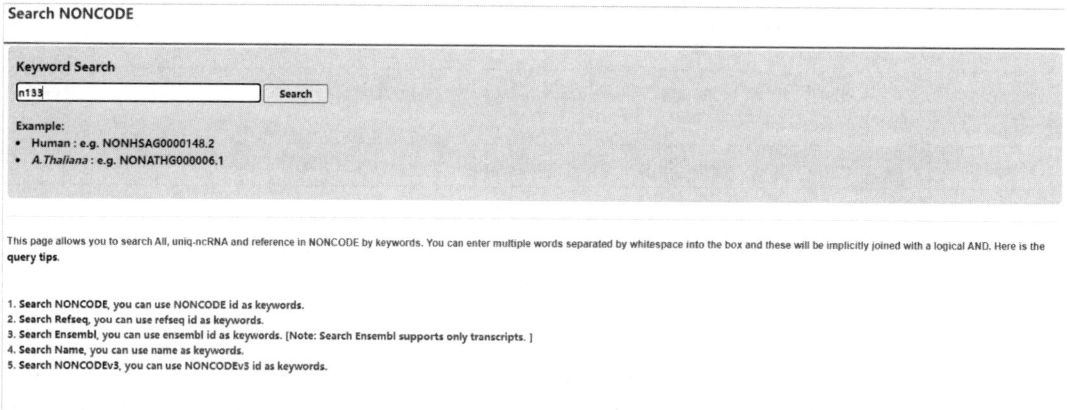

Search NONCODE

Keyword Search

n133 Search

Example:

- Human : e.g. NONHSAG0000148.2
- *A.Thaliana* : e.g. NONATHG000006.1

This page allows you to search All, uniq-ncRNA and reference in NONCODE by keywords. You can enter multiple words separated by whitespace into the box and these will be implicitly joined with a logical AND. Here is the **query tips**.

1. **Search NONCODE**, you can use NONCODE id as keywords.
2. **Search Refseq**, you can use refseq id as keywords.
3. **Search Ensembl**, you can use ensembl id as keywords. [Note: Search Ensembl supports only transcripts.]
4. **Search Name**, you can use name as keywords.
5. **Search NONCODEv3**, you can use NONCODEv3 id as keywords.

图 18-7 lncRNA 搜索页面

以上两种方式都可以得到人类 lncRNA 列表。

在检索结果页面，用户可以方便地浏览到结果中所有非编码 RNA 的基本信息，如序列号、ID、物种、类别和长度等信息。

② 第二步：查看某一 ncRNA 的详细信息（以 n133 为例）。

在关键字搜索页面输入“n133”，可进入该 ncRNA 的详细信息页面，如图 18-8 所示。

在 n133 的详细信息页面，可以看到该 ncRNA 相关的 NCBI 网址、基本描述信息、序列信息，一些 ncRNA 还有来源于 HBM（Human Body Map）的表达谱信息和来源于 GEO 的外泌体表达谱信息，以及 RNA 二级结构预测的可视化表示、功能预测等信息。

NONCODE 还提供搜索关于长链非编码 RNA 的突变和疾病关系的信息。可输入 NONCODE ID 或突变名称或疾病名称来进行搜索。如图 18-9 所示。

（3）在线服务

网站还提供了在线 Blast、Genome 浏览、ID conversion、iLncRNA，用户可以在线提交自己的 ncRNA 数据。如图 18-10 所示。

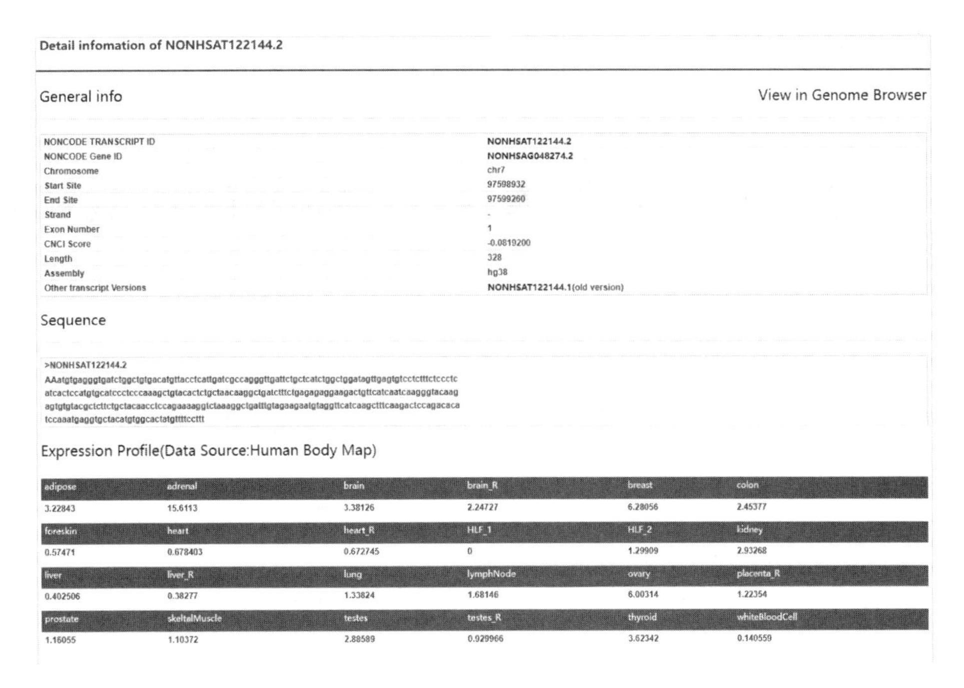

图 18-8　ncRNA 详细信息页面

Mutations and diseases of gene: NONHSAG000195.3

Disease:

NONCODE ID	Gene Symbol	Disease name	Source Database	Source PMID
NONHSAG000195.3	TP73-AS1	non-small cell lung carcinoma	Lnc2Cancer	25590602
NONHSAG000195.3	TP73-AS1	multiple myeloma	Lnc2Cancer	26410378
NONHSAG000195.3	TP73-AS1	esophageal squamous cell carcinoma.	LncRNAWiki	0
NONHSAG000195.3	TP73-AS1	non-small cell lung cancer	Lnc2Cancer	25590602

Mutations:

NONCODE ID	SNP ID	GWAS trait	Source PMID
NONHSAG000195.3	rs12562437	Visceral adipose tissue/subcutaneous adipose tissue ratio	22589738
NONHSAG000195.3	rs12562437	Visceral adipose tissue to subcutaneous adipose tissue ratio (male)	22589738
NONHSAG000195.3	rs10910018	Visceral adipose tissue (male)	22589738
NONHSAG000195.3	rs10910018	Visceral fat	22589738
NONHSAG000195.3	rs3903158	Cystatin C in serum	20383146
NONHSAG000195.3	rs12117836	Serum ratio of (10-undecenoate (11:1n1))/(glycocholate)	21886157
NONHSAG000195.3	rs2298222	Gene expression of KIAA0495 [transcript NM_207306, probe A_32_P73775] in liver	21637794
NONHSAG000195.3	rs3737589	Lung function (forced expiratory volume in 1 second)	24023788
NONHSAG000195.3	rs3737589	Serum ratio of (cysteine-glutathione disulfide)/(piperine)	21886157
NONHSAG000195.3	rs3737589	Gene expression of [probe 3450056 centered at chr1:3643759] in blood	21829388

图 18-9　非编码 RNA 突变与疾病关系的搜索详细信息页面

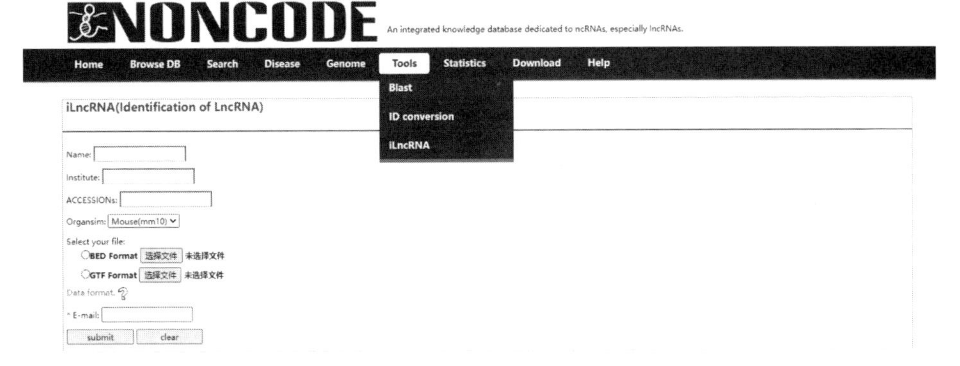

图 18-10　NONCODE 在线工具

（4）下载数据

用户可以直接通过“Download”进入下载中心，下载网站提供的数据，如图 18-11 所示。

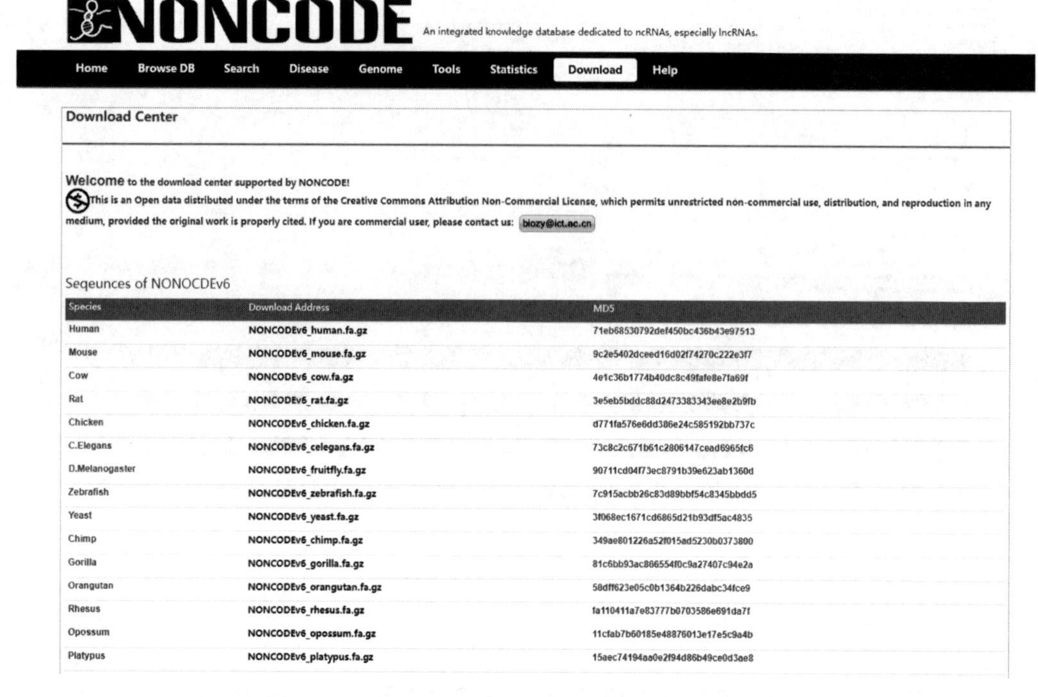

图 18-11　NONCODE 下载中心

2. Rfam

Rfam 数据库是由 Sanger 实验室所构建并维护的一个 ncRNA 相关数据库[5-6]。其最新版本为 14.9（截止到 2022 年 11 月），收录了 4108 个 RNA 家族的数据。

第一步：启动服务器。

在浏览器的地址窗口中输入下列地址 http://rfam.xfam.org/，即可打开 Rfam 数据库服务器主页。如图 18-12 所示。

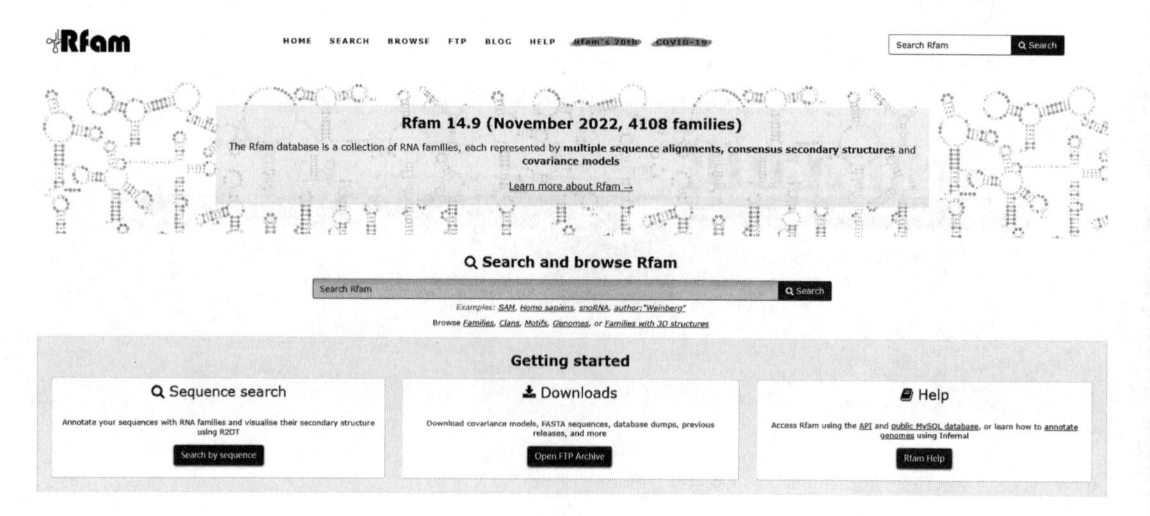

图 18-12　Rfam 网站主页

第二步：检索数据。

Rfam 数据库网站提供了 6 种检索方式，如表 18-2 所示。

表 18-2　Rfam 6 种检索方式

快速链接	检索数据方式
SEQUENCE SEARCH(序列检索)	检索与输入序列匹配的 RNA 数据
BATCH SEARCH(批量检索)	输入包含多个核苷酸序列的 FASTA 格式文件,以搜索匹配的 Rfam
KEAWORD SEARCH(关键字检索)	输入关键字进行检索
TAXONOMY SEARCH(分类检索)	输入 NCBI 物种名检索家族或序列
ENTRY TYPESEARCH(目录检索)	输入 NCBI 分类名检索家族或序列
TEXT SEARCH(精确检索)	输入任何形式的提取号或 ID 直接跳转到家族或序列页面

下面举例说明每种检索方式的使用方法。

（1）序列检索

若用户希望根据 ncRNA 序列检索数据库中匹配的 ncRNA 或者根据序列号得到序列的详细信息，可以选择序列检索方式，如图 18-13 所示。

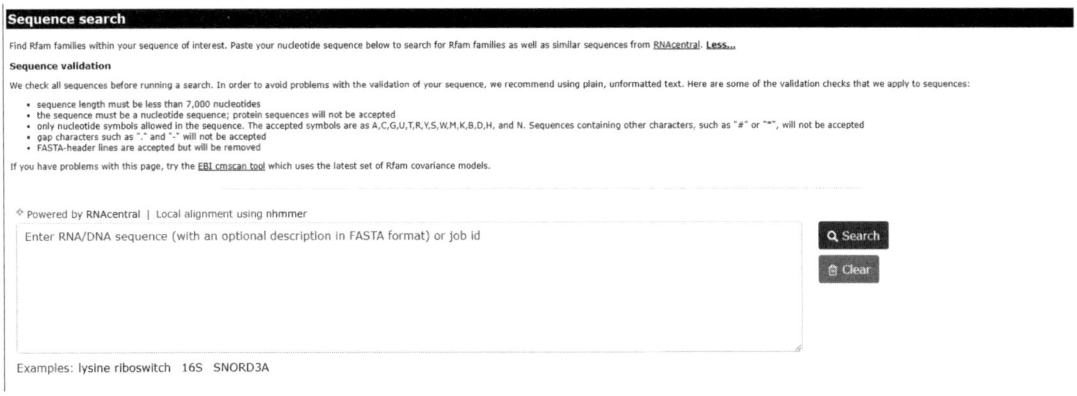

Sequence search

Find Rfam families within your sequence of interest. Paste your nucleotide sequence below to search for Rfam families as well as similar sequences from RNAcentral. Less...

Sequence validation

We check all sequences before running a search. In order to avoid problems with the validation of your sequence, we recommend using plain, unformatted text. Here are some of the validation checks that we apply to sequences:

- sequence length must be less than 7,000 nucleotides
- the sequence must be a nucleotide sequence; protein sequences will not be accepted
- only nucleotide symbols allowed in the sequence. The accepted symbols are as A,C,G,U,T,R,Y,S,W,M,K,B,D,H, and N. Sequences containing other characters, such as "#" or "*", will not be accepted
- gap characters such as "." and "-" will not be accepted
- FASTA-header lines are accepted but will be removed

If you have problems with this page, try the EBI cmscan tool which uses the latest set of Rfam covariance models.

Powered by RNAcentral | Local alignment using nhmmer

Enter RNA/DNA sequence (with an optional description in FASTA format) or job id

Search

Clear

Examples: lysine riboswitch　16S　SNORD3A

图 18-13　Rfam 数据库 Sequence search 页面

在“Sequence”输入框输入要检索的 RNA 序列或 EMBL 序列号，点击 Submit 提交即可。

例如输入 16S 的序列，提交后可以查看该 RNA 的基本描述、所属物种及家族、二级结构、相似序列等信息，如图 18-14 所示。

（2）批量检索

当用户需要检索的序列数量较多时，可以采用批量检索方式。界面如图 18-15 所示。用户需要将检索的所有序列以 FASTA 格式保存为一个文件，然后点击“浏览”按钮，将本地的 FASTA 文件上传到网站，同时在 Email 栏中填写好用来接收结果文件的邮箱地址，点击 Submit 按钮提交即可。

（3）关键字检索

如果用户希望通过某些关键字（如“lncRNA、tRNA”等）进行检索，那么可以使用关键字检索的方式，界面如图 18-16 所示。

以检索 tRNA 为例，在 Keyword (s) 栏中输入 tRNA，然后点击 Submit 按钮。检索结果如图 18-17 所示。

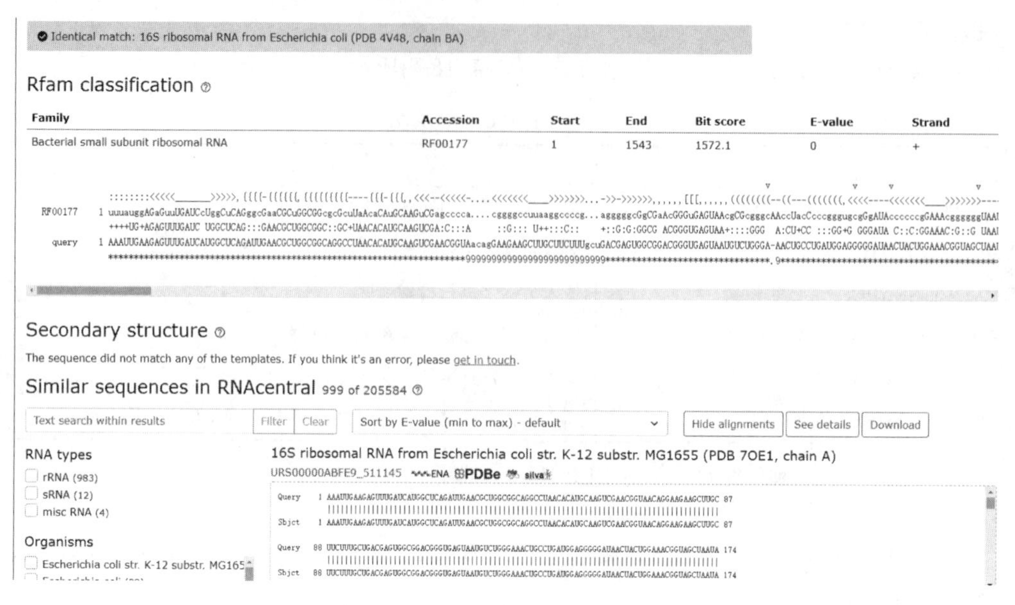

图 18-14 Rfam 序列检索结果页面

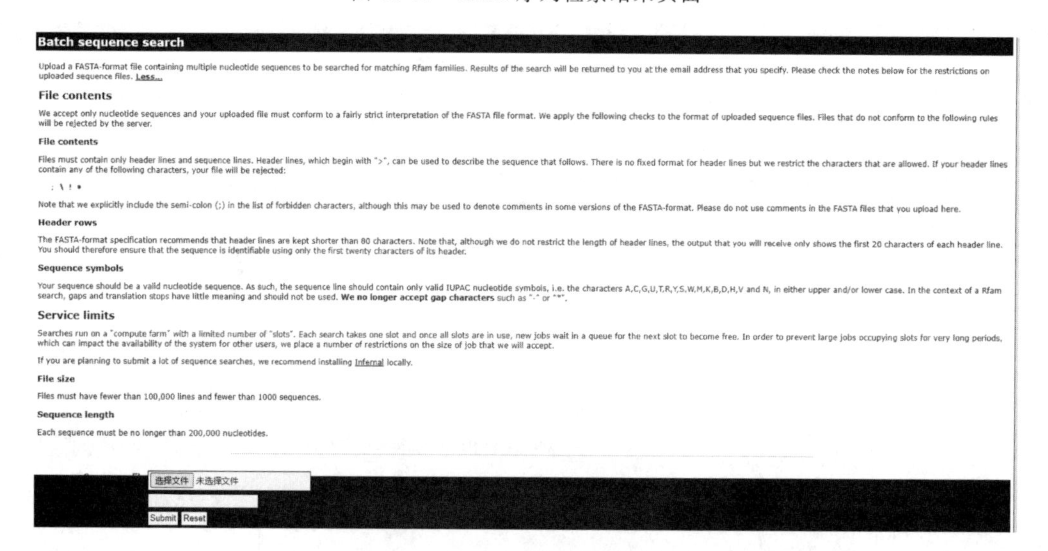

图 18-15 Rfam 批量序列检索界面

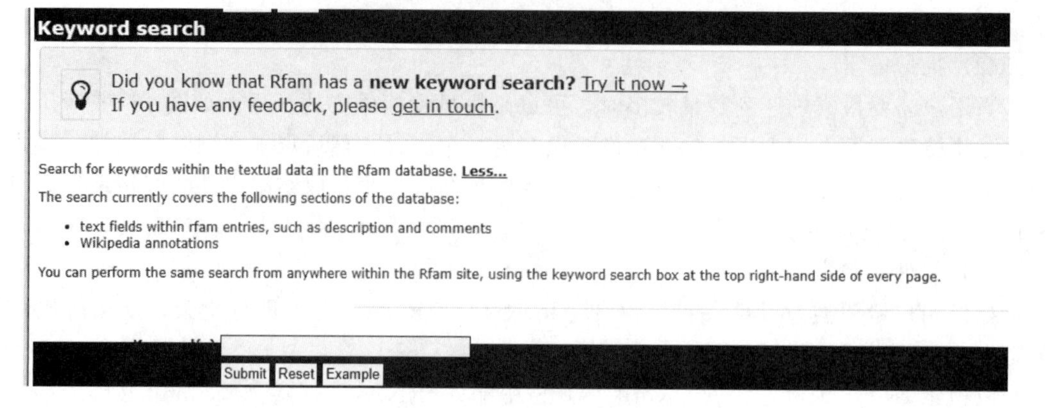

图 18-16 Rfam 关键字检索页面

Rfam　HOME　SEARCH　BROWSE　FTP　BLOG　HELP　Rfam's 20th　COVID-19　Search Rfam　Search

Keyword search results

We found **569** unique results for your query ("*tRNA*"), in **4** sections of the database. Your query also appears to be a match for Rfam entry ***tRNA*** (**RF00005**) and this row is highlighted in the results table.

Section	Description	Number of hits
Rfam	Text fields for Rfam entries	9
Wikipedia	Wikipedia annotations	557
Literature	Literature references	33
Pdb	PDB structures	0
Clan	Clan details	7

This key shows a brief description of each of the database sections, in the order that they were searched, along with the number of hits found in each one. The table of results may be sorted by clicking on the column titles, or restored to the original order here. Note that the final list of hits shows only unique Rfam accessions.

Accession	ID	Description	Rfam	Wikipedia	Literature	Clan
RF00005	tRNA	tRNA	✓	✓	✓	✓
RF01852	tRNA Sec	Selenocysteine transfer RNA	✓	✓	✓	✓
RF00233	Tymo tRNA like	Tymovirus Pomovirus Furovirus tRNA like UTR element	✓	✓	✓	
RF01075	TLS PK1	Pseudoknot of tRNA like structure	✓	✓	✓	
RF01077	TLS PK2	Pseudoknot of tRNA like structure	✓	✓	✓	
RF01084	TLS PK3	Pseudoknot of tRNA like structure	✓	✓	✓	
RF01085	TLS PK4	Pseudoknot of tRNA like structure	✓	✓	✓	
RF01088	TLS PK5	Pseudoknot of tRNA like structure	✓	✓	✓	
RF01101	TLS PK6	Pseudoknot of tRNA like structure	✓	✓	✓	
RF00009	RNaseP nuc	Nuclear RNase P		✓	✓	
RF00010	RNaseP bact a	Bacterial RNase class A		✓	✓	
RF00011	RNaseP bact b	Bacterial RNase class B		✓	✓	
RF00230	T box	T box leader		✓	✓	
RF00373	RNaseP arch	Archaeal RNase P		✓	✓	
RF00390	UPSK	UPSK RNA		✓	✓	
RF00966	mir 676	mir 676 microRNA precursor family		✓	✓	
RF01072	TMV UPD PK3	Pseudoknot of upstream pseudoknot domain UPD of the UTR		✓	✓	
RF01103	UPD PKc	Pseudoknot of upstream pseudoknot domain UPD of the UTR		✓	✓	
RF01684	mascRNA menRNA	MALAT1 associated small cytoplasmic RNA MEN beta RNA		✓	✓	
RF01991	SECIS 5	Selenocysteine insertion sequence 5		✓	✓	
RF02163	sR tMet	Small nucleolar RNA sR tMet		✓	✓	
RF00023	tmRNA	transfer messenger RNA		✓		✓

图 18-17　Rfam 关键字检索结果页面

检索结果页面中提供了所有匹配的 ncRNA 的序列号、描述信息以及在 Rfam、Wikipedia 和 Literature 中的匹配情况（图 18-17 中的对勾表示有相关信息）。点击某个 ncRNA 的序列号可以浏览该条目的详细信息，包含概述信息、序列、二级结构、物种和参考数据库等信息，如图 18-18 所示。

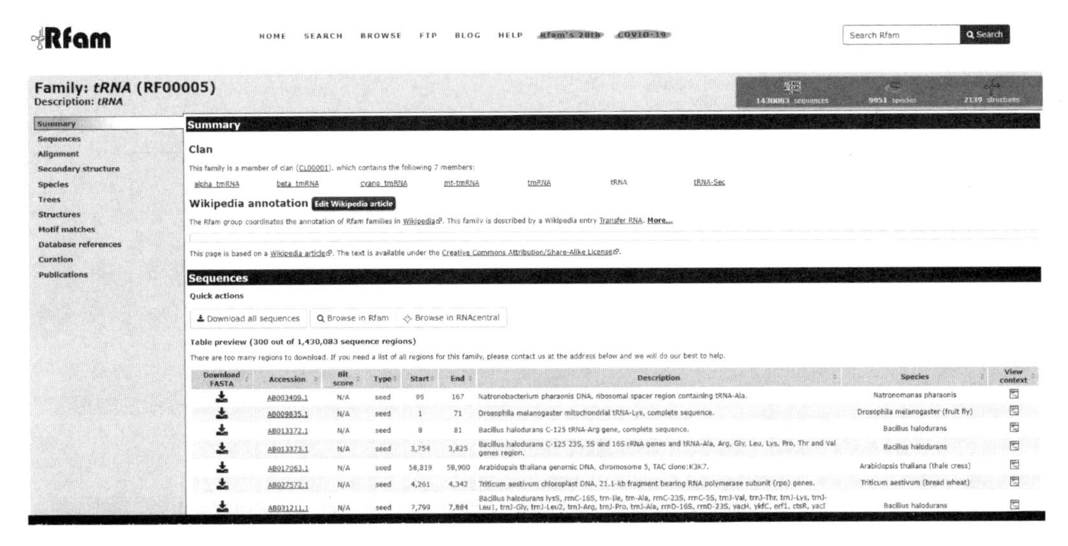

图 18-18　Rfam 数据库中某 ncRNA 的详细信息

（4）分类检索

用户如果希望得到某一分类下所有 ncRNA 的信息，可以使用分类检索方式，其界面如图 18-19 所示。

在“Query”框输入一个物种分类名，点击 Submit 即可得到该物种的 RNA 家族列表信息，此外该检索方式还支持 AND、NOT 和 OR 的逻辑组合方式进行检索。如输入“Caenorhabditis elegans AND NOT Homo sapiens”，将得到存在于线虫中但不存在于人中的 RNA 家族列表。当输入一个物种名检索时，还可以勾选“Find families unique to query term”选项，勾选后将筛选出该物种特有的 RNA 家族列表。

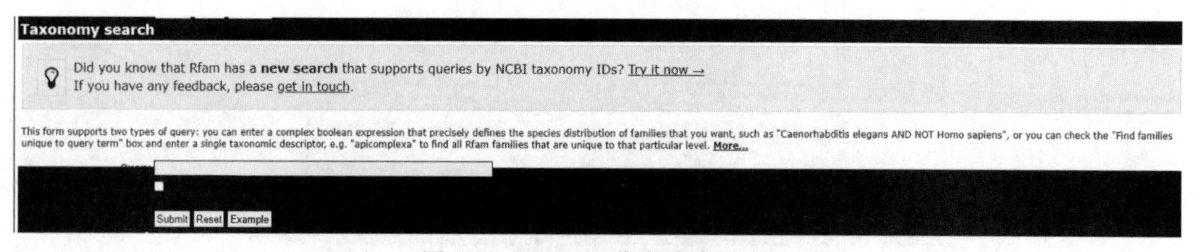

图 18-19 Rfam 分类检索界面

（5）目录检索

RNA 家族是按照层级分类的，最顶层是三个大类：Gene、Intro 和 Cis-regulatory element。每个大类又分为若干小类。从该检索窗口可以方便地浏览各个层级相关类型的 RNA 数据。例如，要浏览所有 tRNA、sRNA 和 rRNA，只需按图 18-20 所示勾选后点击提交即可。

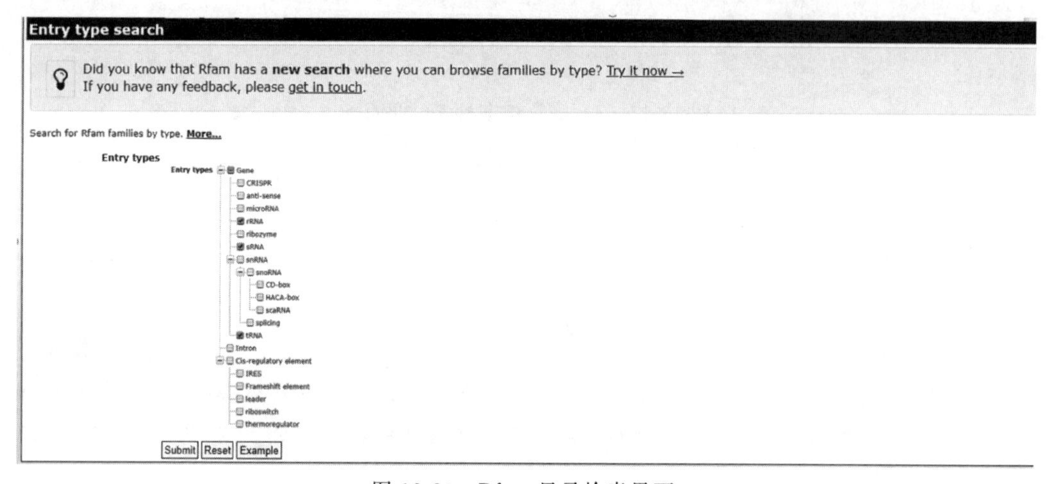

图 18-20 Rfam 目录检索界面

（6）精确检索

当用户已知 ncRNA 的序列号或 ID，希望准确查看该 ncRNA 的详细信息时，可采用精确检索的方式。只需在“Text Search”输入框输入该 ncRNA 的序列号或 ID，提交即可快速跳转至结果页面。

如要查看“Clan：Telomerase（CL00004）”的详细信息，可以在输入框输入 Telomerase 或 CL00004 进行精确检索，如图 18-21 所示。

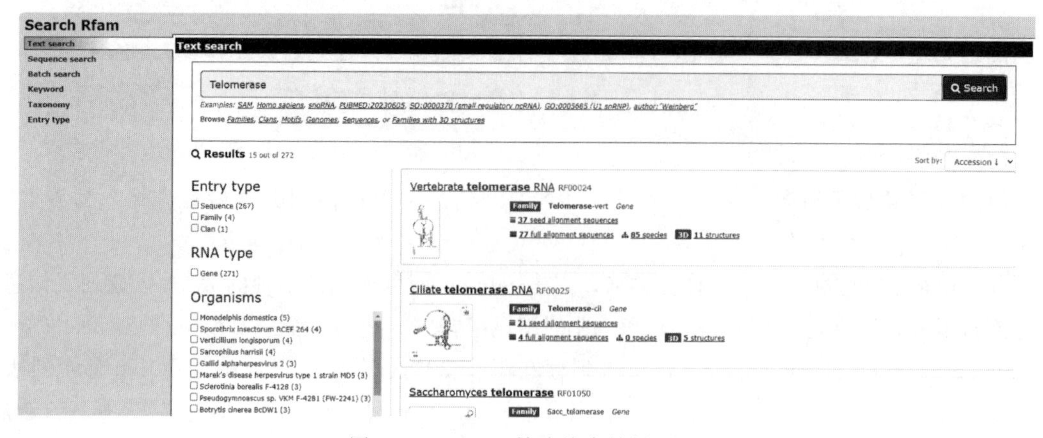

图 18-21 Rfam 精确检索结果页面

三、小结

本节简要介绍了几个综合性 ncRNA 数据库，并通过示例对 NONCODE、Rfam 等数据库提供的服务进行了介绍。

第二节 miRNA 相关数据库及预测工具

一、概论

miRNA，即 microRNA，是广泛存在于真核生物中的一类内源性的非编码 RNA，通常长度为 20～24nt，具有调控其他基因表达的作用。miRNA 可以与靶 mRNA 特异性结合，抑制 mRNA 转录或促使其降解，从而在调控基因表达、细胞分化、动物发育等方面起到重要作用。

随着 miRNA 研究的深入，越来越多针对 miRNA 的数据库及相应的预测工具也应运而生。其中，数据库包括 miRBase[7-8]、miR2Disease[9]、miRTarBase[10] 等，靶标软件包括 TargetScan[11-14]、PicTar[15-18]、miRDB[19-20] 等，在接下来的章节中，我们将逐一对这些数据库及工具进行介绍。

二、miRNA 相关数据库

1. miRBase

miRBase 是最重要的 miRNA 数据库之一，该数据库收录了已发表的 miRNA 序列及其注释。数据库中的每个条目包含了 miRNA 序列信息、茎环结构、成熟 miRNA 序列的位置信息等内容。另外，miRBase 还提供了 microCosm、TargetScan 和 Pictar 预测的靶标链接，实现了序列信息与靶标预测信息的整合。截至 2019 年 1 月，miRBase 数据库共收录了 38589 个条目。下面介绍其使用方法。

第一步：启动服务器。

在浏览器地址栏中输入 www. mirbase. org，即可打开 miRBase 数据库服务器主页，界面如图 18-22 所示。

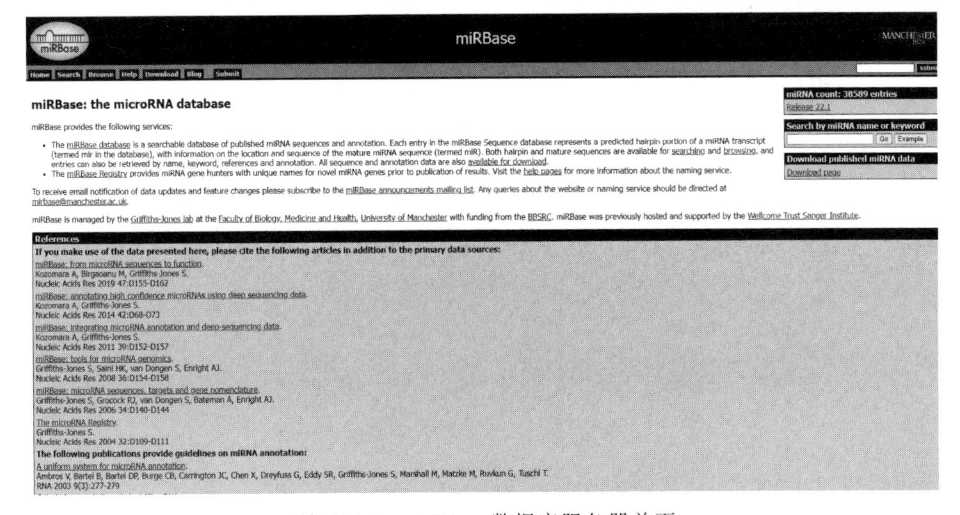

图 18-22 miRBase 数据库服务器首页

第二步：进行检索。

miRBase 提供的检索方式有 4 种，在首页点击 Search 链接即可进入搜索页面，如图 18-23 所示。

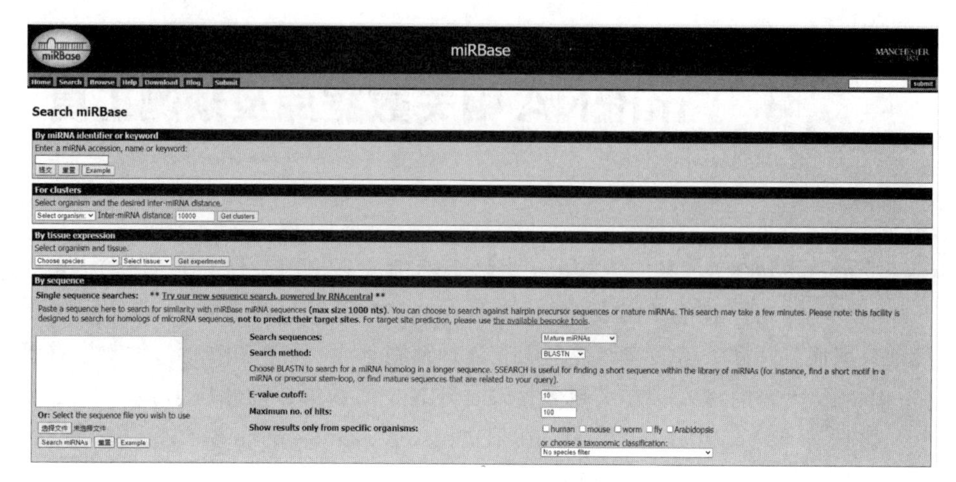

图 18-23 miRBase 搜索页面

这 4 种检索方式分别是：①通过 Accession 号、名称或者关键字进行检索；②通过选取物种进行检索；③通过选取组织或者器官进行检索；④通过输入序列进行检索。

在此，我们以第一种方式为例来进行检索，检索的对象是与果蝇（*Drosophila melanogaster*）相关的 miRNA。如图 18-24 所示，在输入框输入 Drosophila melanogaster，点击提交按钮即可获得相应结果，如图 18-25 所示。

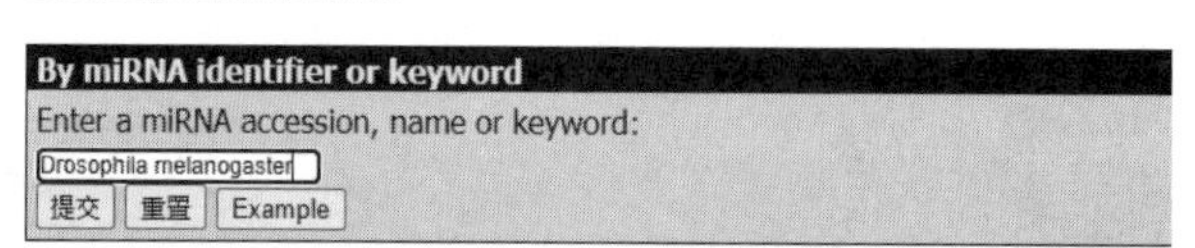

图 18-24 通过关键字检索

Accession	ID	Description	Comments	Literature reference	Links
MI0000116	dme-mir-1	✓		✓	PubMed ID:12812784
MI0000117	dme-mir-2a-1	✓		✓	PubMed ID:12812784
MI0000118	dme-mir-2a-2	✓		✓	PubMed ID:12812784
MI0000119	dme-mir-2b-1	✓		✓	PubMed ID:12812784
MI0000120	dme-mir-2b-2	✓		✓	PubMed ID:12812784
MI0000121	dme-mir-3	✓		✓	PubMed ID:12812784
MI0000122	dme-mir-4	✓		✓	PubMed ID:12812784
MI0000123	dme-mir-5	✓		✓	PubMed ID:12812784
MI0000124	dme-mir-6-1	✓		✓	PubMed ID:12812784
MI0000125	dme-mir-6-2	✓		✓	PubMed ID:12812784
MI0000126	dme-mir-6-3	✓		✓	PubMed ID:12812784
MI0000127	dme-mir-7	✓		✓	PubMed ID:12812784
MI0000128	dme-mir-8	✓		✓	PubMed ID:12812784
MI0000129	dme-mir-9a	✓		✓	PubMed ID:12812784
MI0000130	dme-mir-10	✓		✓	PubMed ID:12812784

图 18-25 检索结果页面

第三步：查看 miRNA 详细信息。

从图 18-24 中可以看出，有多个与果蝇相关的 miRNA。如果想了解其中某个 miRNA 的详细信息，可以点击其 ID 号，从而获得该 miRNA 的详细信息。例如，我们点击 dme-mir-10 条目，进入该条目详细信息页面。在详细信息页面，共有 4 部分内容，第一部分为该 miRNA 的茎环结构序列，如图 18-26 所示，该部分提供描述、注释、序列信息以及深度测序情况链接。第二部分为该成熟 miRNA 5′端序列信息，如图 18-27 所示，提供了序列信息、深度测序链接、验证方法以及预测靶标的数据库链接。第三部分为该成熟 miRNA 3′端序列信息，如图 18-28 所示，提供的信息与 5′端相同。第四部分为参考文献。

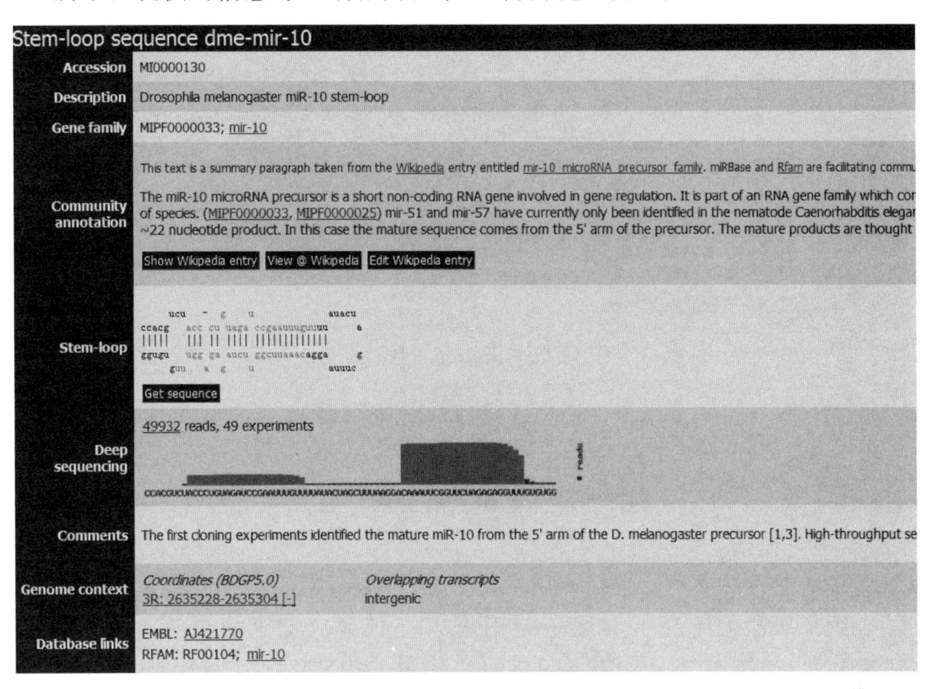

图 18-26　miRNA 详细信息（一）

Mature sequence dme-miR-10-5p	
Accession	MIMAT0000115
Previous IDs	dme-miR-10;dme-miR-10*
Sequence	9 - accuguagauccgaauuugu - 30 Get sequence
Deep sequencing	9866 reads, 48 experiments
Evidence	experimental; cloned [1,3], Northern [1-3], 454 [4-5], Solexa [5]
Predicted targets	DIANA-MICROT: dme-miR-10-5p MICRORNA.ORG: dme-miR-10-5p RNA22-DME: dme-miR-10-5p MIRTE: miR-10 PICTAR-FLY: dme-miR-10

图 18-27　miRNA 详细信息（二）

Mature sequence dme-miR-10-3p	
Accession	MIMAT0012531
Previous IDs	dme-miR-10
Sequence	49 - caaauucggauuagaggu - 71 Get sequence
Deep sequencing	40130 reads, 48 experiments
Evidence	experimental; cloned [1,3], Northern [1-3], 454 [4-5], Solexa [5]
Predicted targets	MICRORNA.ORG: dme-miR-10-3p RNA22-DME: dme-miR-10-3p MIRTE: miR-10 PICTAR-FLY: dme-miR-10

图 18-28　miRNA 详细信息（三）

除检索之外，用户还可以在首页点击 Browse 链接浏览所有收录的 miRNA，如图 18-29 所示。

Browse miRBase by species (271 organisms)

Click taxa to expand and collapse the tree. Click species names to list microRNAs.
Jump to: human, mouse, rat, fly, worm, Arabidopsis.

Key: species name (miRNA count) [assembly version]

Expand all | Collapse all

- Alveolata
- Chromalveolata
- Metazoa
  - Bilateria
  - Cnidaria
    - Hydra magnipapillata (17 precursors, 20 mature)
    - Nematostella vectensis (141 precursors, 140 mature) [JGI1.0]
  - Porifera
    - Amphimedon queenslandica (8 precursors, 16 mature)
    - Leucosolenia complicata (1 precursors, 1 mature)
    - Sycon ciliatum (1 precursors, 2 mature)
- Mycetozoa
  - Dictyostelium discoideum (17 precursors, 20 mature) [DictyBase2009]
- Viridiplantae
- Viruses

Expand all | Collapse all

图 18-29 miRBase 浏览页面

最后，通过点击 Submit 标签，用户还可以向 miRBase 提交新发现的 miRNA。

2. miR2Disease

miR2Disease 是一个人工注释的 miRNA 相关数据库，它收录了与人类疾病相关的 miRNA 信息。

miR2Disease 中的每个条目包括 miRNA 序号（ID）、疾病名称、miRNA 与疾病的简要关系说明、miRNA 表达情况（上调还是下调）、miRNA 表达的检测方法、实验证实的 miRNA 靶基因以及参考文献。所有条目都可以通过 miRNA 序号、疾病名称或是靶基因来进行检索。

目前，miR2Disease 共包含数据 3273 例，涉及 miRNA 349 个，疾病 163 种。下面介绍其使用方法。

第一步：打开服务器。

在浏览器地址栏中输入 http://www.mir2disease.org/，即可启动 miR2Disease 数据库服务器主页面，界面如图 18-30 所示。

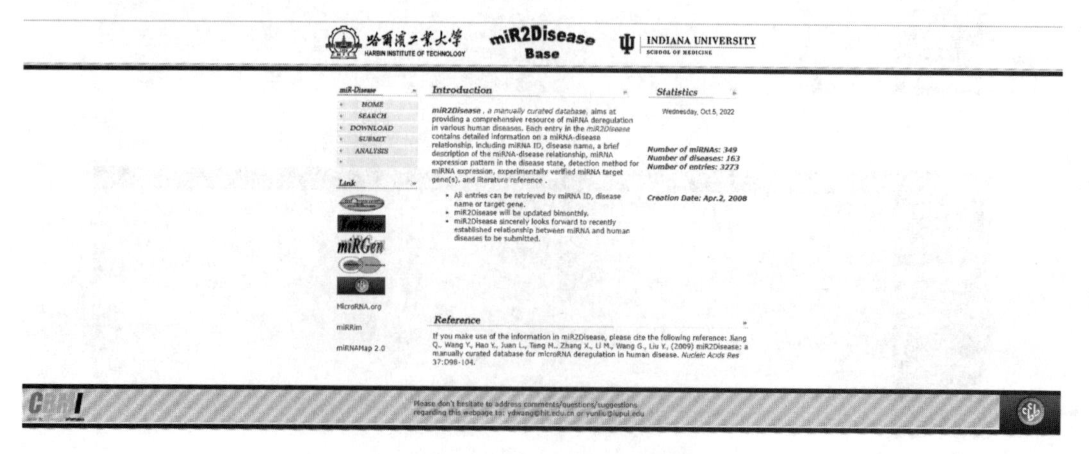

图 18-30 miR2Disease 数据库首页

第二步：进行检索。

点击首页中的 Search 链接进入搜索页面，该数据库提供 3 种检索方式，如图 18-31 所示。下面，我们以乳腺癌为例来进行检索。

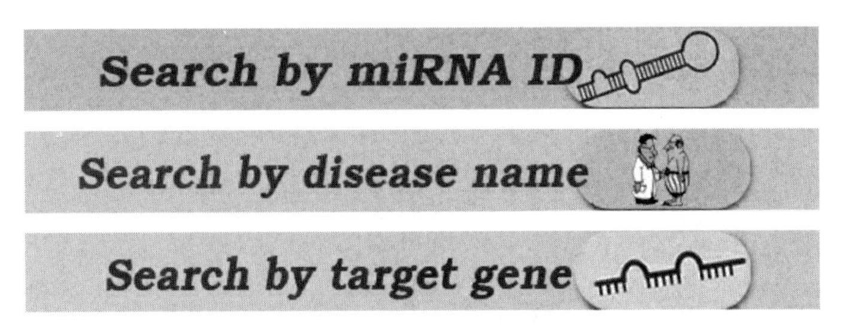

图 18-31　miR2Disease 的三种检索方式

点击 Search by disease name，进入搜索页面（图 18-32）。在搜索框输入乳腺癌（breast cancer），点击 Search 按钮后，得到了如图 18-33 所示的结果页面。在结果页面中，点击 Breast Carcinoma 进入与乳腺癌相关的 miRNA 列表，如图 18-34 所示。

Disease

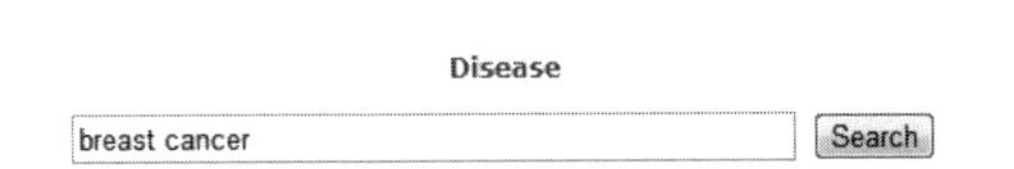

ase : stomach cancer, breast cancer, heart disease, Cholangiocarcinoma, cardi
(fuzzy search)

Click here to get back to homepage.

图 18-32　按疾病名称搜索页面

+ Disease
  + Primary Breast Cancer
    + Breast Carcinoma
      Stage III Inflammatory Breast Cancer
      + Breast Cancer Stage III
        Breast Cancer Stage IIIA
        + Breast Cancer Stage IIIB
      + Breast Cancer Stage IV
        Cutaneous Breast Cancer
      Breast Cancer, Recurrent
      + Bilateral Breast Cancer
      + Breast Cancer Stage II
        Breast Cancer Stage IIB
        Breast Cancer Stage IIA
      Breast Cancer Stage I
      Sporadic Breast Cancer
  + Sarcoma
    Site Specific Early Onset Breast Cancer Syndrome
  + disease of skin
+ temp holding

图 18-33　检索乳腺癌所得结果页面

miRNA	Disease	Relationship type	
hsa-let-7a	breast cancer	Causal	let-7 regulates self renewal and tumorigenicity of br
hsa-let-7a-3	breast cancer	Unspecified	MicroRNA gene expression deregulation in human br
hsa-let-7d	breast cancer	Unspecified	MicroRNA gene expression deregulation in human br
hsa-let-7f	breast cancer	Unspecified	MicroRNA miR-21 overexpression in human breast ca prognosis.
hsa-let-7f-1	breast cancer	Unspecified	Real-time expression profiling of microRNA precursor
hsa-let-7f-2	breast cancer	Unspecified	MicroRNA gene expression deregulation in human br
hsa-let-7i	breast cancer	Unspecified	MicroRNA gene expression deregulation in human br
hsa-miR-101-1	breast cancer	Unspecified	MicroRNA gene expression deregulation in human br
hsa-miR-10b	breast cancer	Unspecified	MicroRNA gene expression deregulation in human br
hsa-miR-10b	breast cancer	Causal	Tumour invasion and metastasis initiated by microRN
hsa-miR-122a	breast cancer	Unspecified	MicroRNA gene expression deregulation in human br
hsa-miR-124a	breast cancer	Causal	Genetic unmasking of an epigenetically silenced micr
hsa-miR-124a-3	breast cancer	Unspecified	Epigenetic inactivation of microRNA gene hsa-mir-9-1
hsa-miR-124a-3	breast cancer	Unspecified	Epigenetic inactivation of microRNA genes in mamma
hsa-miR-125a	breast cancer	Unspecified	MicroRNA gene expression deregulation in human br

图 18-34　与乳腺癌相关的 miRNA 列表

第三步：查看 miRNA 详细信息。

在图 18-34 中，每一行代表一个 miRNA 条目，选取第一行进行示例。点击 has-let-7a 最后一列的 More 链接进入该条目详细信息页面，如图 18-35 所示。在图中，可以看到该 miRNA 与乳腺癌的关系、检测 miRNA 表达的方法、miRNA 表达情况、靶基因位点以及预测靶基因位点的链接，另外图中还提供了较为详细的描述以及对应的参考文献信息。

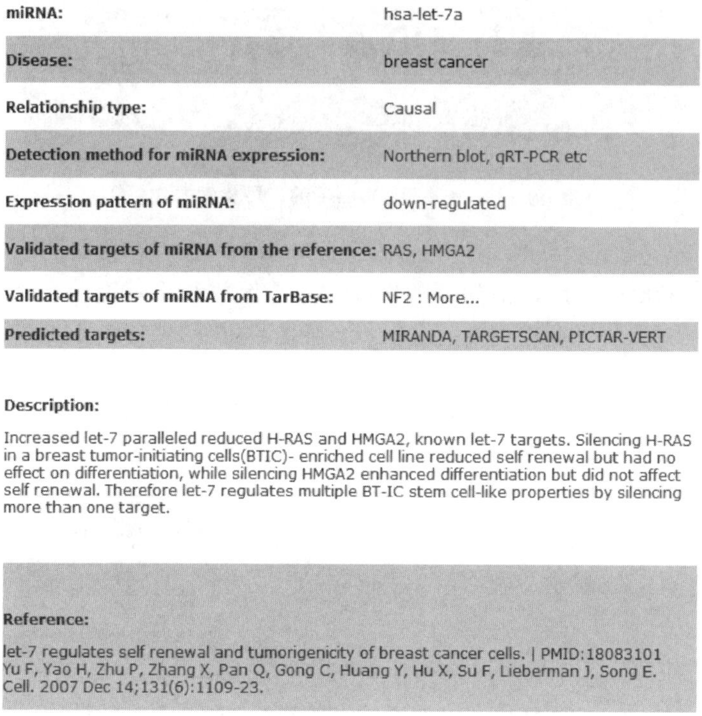

miRNA:	hsa-let-7a
Disease:	breast cancer
Relationship type:	Causal
Detection method for miRNA expression:	Northern blot, qRT-PCR etc
Expression pattern of miRNA:	down-regulated
Validated targets of miRNA from the reference:	RAS, HMGA2
Validated targets of miRNA from TarBase:	NF2 : More...
Predicted targets:	MIRANDA, TARGETSCAN, PICTAR-VERT

Description:

Increased let-7 paralleled reduced H-RAS and HMGA2, known let-7 targets. Silencing H-RAS in a breast tumor-initiating cells(BTIC)- enriched cell line reduced self renewal but had no effect on differentiation, while silencing HMGA2 enhanced differentiation but did not affect self renewal. Therefore let-7 regulates multiple BT-IC stem cell-like properties by silencing more than one target.

Reference:

let-7 regulates self renewal and tumorigenicity of breast cancer cells. | PMID:18083101
Yu F, Yao H, Zhu P, Zhang X, Pan Q, Gong C, Huang Y, Hu X, Su F, Lieberman J, Song E.
Cell. 2007 Dec 14;131(6):1109-23.

图 18-35　has-let-7a 与乳腺癌的详细关系

3. miRTarBase

miRTarBase 数据库收集了经过实验证实的 miRNA 靶标。通过对相关数据进行挖掘以及人工文献调研，该数据库已经收录了超过 4000 例经过实验证实的 miRNA 与靶标的相互作用。miRTarBase 作为一个 miRNA-靶标互作的数据库，前后经历了五次修改和增强。

截至目前，miRTarBase 涉及 miRNA 4630 个，靶标基因 27172 个，覆盖 37 个物种。下面介绍其使用方法（以下示例 miRTarBase 数据库为旧版）。

第一步：打开服务器。

在浏览器地址栏中输入 https://miRTarBase. cuhk. edu. cn/，即可打开 miRTarBase 数据库服务器主页，界面如图 18-36 所示。

第二步：进行检索。

点击首页中的 Search 链接进入检索页面（图 18-37），可以看到多种检索方式，通过 miRNA 检索、通过靶基因检索、通过实验方法检索以及通过文献检索。

在此，我们以人 let-7 家族为例来进行示例。选择 Species Human 并输入 let-7 后，点击 Submit 即可得到符合条件的条目列表，如图 18-38 所示。

第三步：查看 miRNA 详细信息。

在图 18-38 所示结果中，我们以第一条为例，来查看其详细信息。点击 ID 号 MIRT000396

图 18-36　miRTarBase 数据库首页

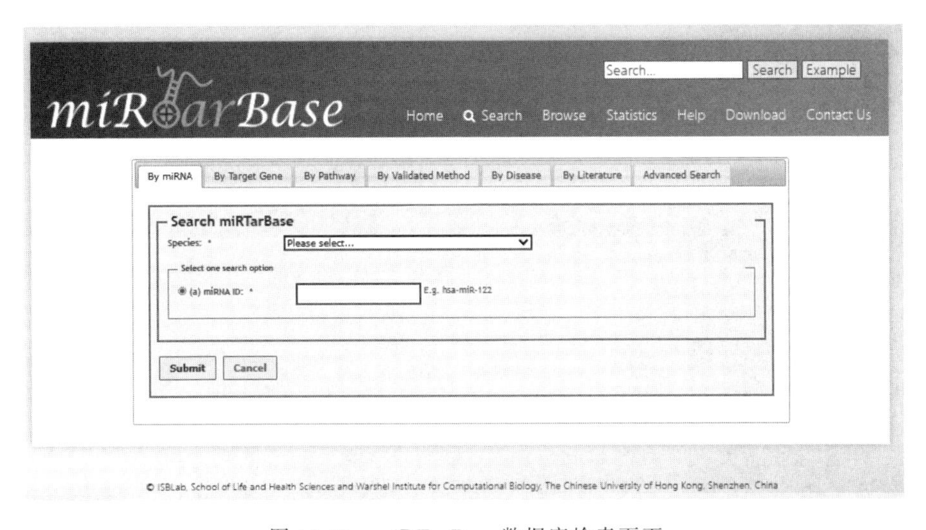

图 18-37　miRTarBase 数据库检索页面

进入详细信息页面，可以获得如下信息：①该 miRNA 前体相关信息，包括它的二级结构，如图 18-39 所示。②成熟体相关信息，包括表达谱和几种靶标预测的链接，如图 18-40 所示。③miRNA 表达谱，如图 18-41 所示。④靶标基因详细信息，如图 18-42 所示。⑤确认该相互关系实验的详细说明，如图 18-43 所示。

Download search result

Filter for miRNA and target | Search | Example

ID	Species (miRNA)	Species (Target)	miRNA	Target	Validation methods: Strong evidence: Reporter assay	Western blot	qPCR	Less strong evidence: Microarray	NGS	pSILAC	Other	CLIP-Seq	Sum	# of papers
MIRT000396	Homo sapiens	Homo sapiens	hsa-let-7g-5p	CDK6							✔		1	1
MIRT000397	Homo sapiens	Homo sapiens	hsa-let-7g-5p	CDC25A							✔		1	1
MIRT000399	Homo sapiens	Homo sapiens	hsa-let-7g-5p	KRAS	✔						✔		2	2
MIRT000401	Homo sapiens	Homo sapiens	hsa-let-7d-5p	BDNF							✔		1	1
MIRT000402	Homo sapiens	Homo sapiens	hsa-let-7d-5p	CDK6							✔		1	1
MIRT000403	Homo sapiens	Homo sapiens	hsa-let-7d-5p	CDC25A							✔		1	1
MIRT000405	Homo sapiens	Homo sapiens	hsa-let-7d-5p	BCL2							✔		1	1
MIRT000406	Homo sapiens	Homo sapiens	hsa-let-7d-5p	KRAS							✔		1	1
MIRT000407	Homo sapiens	Homo sapiens	hsa-let-7c-5p	CDK6							✔		1	1

图 18-38 let-7 家族的 miRNA 与人的相互作用列表

pre-miRNA Information	
pre-miRNA	hsa-let-7g miRBase
Genomic Coordinates	chr3: 52268278 - 52268361
Synonyms	LET7G, MIRNLET7G, hsa-let-7g, MIRLET7G
Description	Homo sapiens let-7g stem-loop
Comment	let-7g-3p cloned in has a 1 nt 3' extension (U), which is incompatible with the genome sequence.
RNA Secondary Structure	

图 18-39 miRNA 前体相关信息

Mature miRNA Information	
Mature miRNA	hsa-let-7g-5p
Sequence	5| UGAGGUAGUAGUUUGUACAGUU |26
Evidence	Experimental
Experiments	Cloned
Editing Events in miRNAs	(see table below)
DRVs in miRNA	(see table below)
Putative Targets	TargetScan 7.1 miRDB microRNA.org

Editing Events in miRNAs:

Modification Type	Position on miR	Chromosome	DNA Strand	Genomic Position (hg38)	List of PMIDs	Variant details
A-to-I	7	3	-	52268351	18684997	MiREDiBase
A-to-I	10	3	-	52268348	18684997, 29950133, 29233923	MiREDiBase
A-to-I	17	3	-	52268341	29233923	MiREDiBase

DRVs in miRNA:

Mutant ID	Mutant Position	Mutant Source
COSN1278471	5	COSMIC

图 18-40 成熟 miRNA 相关信息

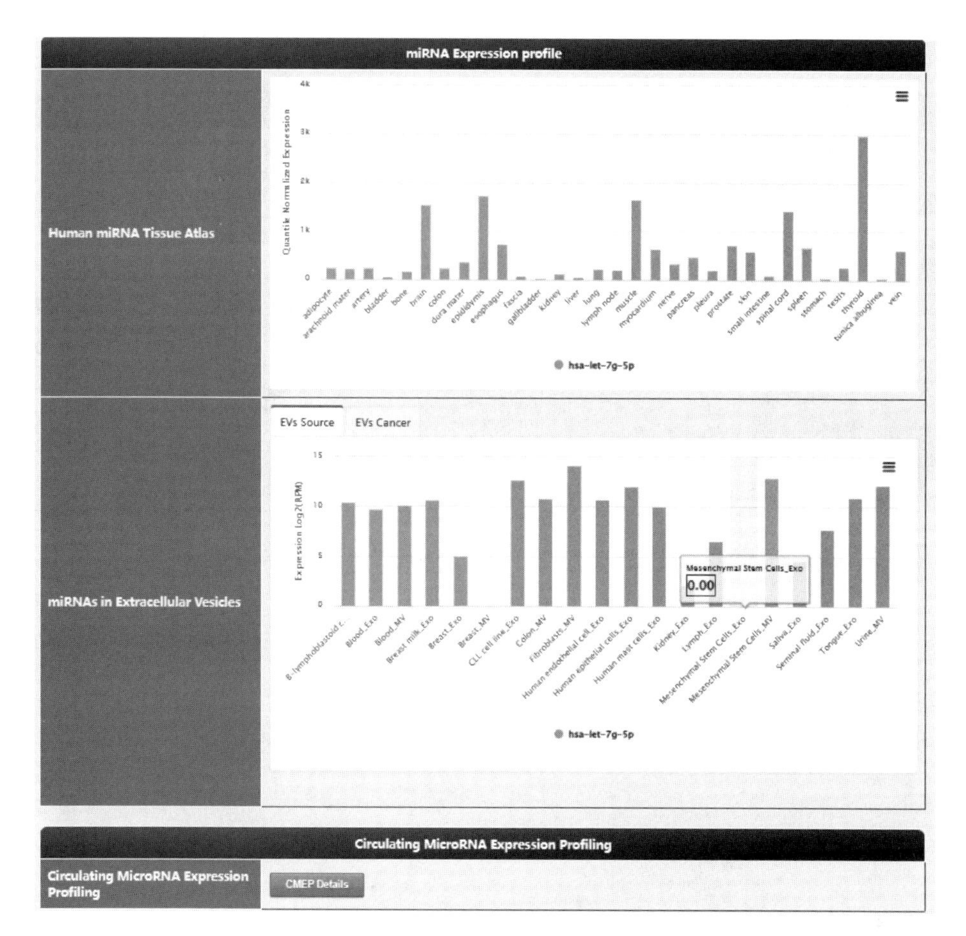

图 18-41　miRNA 表达谱信息

图 18-42　靶标基因详细信息

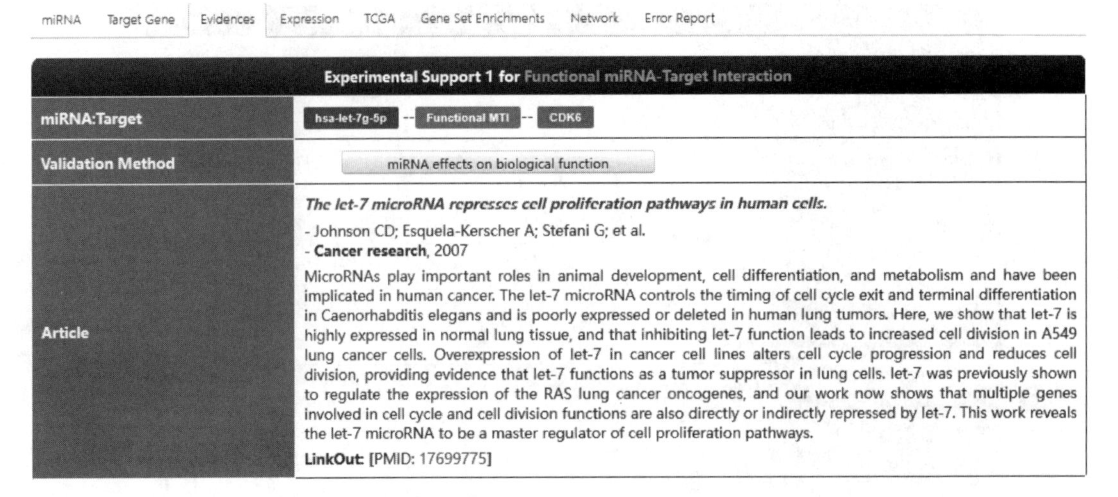

图 18-43 确认相互作用的实验说明

用户也可以在数据库首页点击 Browser 链接对数据库进行浏览，如图 18-44 所示。

Browse by MicroRNA, Target Genes, Disease, or Species

Browser by miRNA

hsa-miR-548c-3p (14463)
hsa-miR-4728-5p (13630)
hsa-miR-3613-3p (12928)
hsa-miR-3689a-3p (11999)
hsa-miR-3689c (11999)
hsa-miR-590-3p (11940)
hsa-miR-8485 (11395)
hsa-miR-4775 (11024)
hsa-miR-1827 (10635)
hsa-miR-4768-3p (10018)
hsa-miR-940 (9901)
hsa-miR-4684-5p (9821)
hsa-miR-3122 (9476)
hsa-miR-3913-5p (9476)
hsa-miR-4459 (9456)
hsa-miR-371b-5p (9288)
hsa-miR-485-5p (9036)
hsa-miR-3652 (8785)
hsa-miR-4430 (8785)
hsa-miR-661 (8703)
hsa-miR-4735-5p (8650)
hsa-miR-4722-5p (8624)
hsa-miR-3135b (8443)
hsa-miR-1976 (8325)
hsa-miR-362-3p (8264)

图 18-44 miRTarBase 浏览页面

三、miRNA 相关预测工具

1. TargetScan

TargetScan 是一个动物 miRNA 靶基因预测软件。它通过搜索能与种子区域匹配上的保守的 8-mer 和 7-mer 序列来预测 miRNA 的靶标。对于哺乳动物，TargetScan 引入了 context score 来对预测的准确性进行排名，排名靠前的有较高的概率是具有功能的 miRNA 靶点。另外，还可以选择通过 PCT 值（probability of conserved targeting）进行排名。

TargetScan 可以下载至本地运行，也可以在网页上提交数据进行处理，本章介绍其网页版的操作。

第一步：打开服务器。

在浏览器地址栏中输入 http://www.targetscan.org/，即可启动 TargetScan 预测软件网页服务器，界面如图 18-45 所示。

图 18-45 TargetScan 预测服务器首页

从网站首页我们可以看出，TargetScan 分为多个版本：TargetScanHuman、TargetScan-Mouse、TargetScanWorm、TargetScanFly、TargetScanFish，分别对应 5 种模式生物的 miRNA 预测，针对每种模式生物的特点，各个版本所使用的算法稍有区别，但软件的操作方法基本一致。

第二步：参数设置。

我们以 TargetScanHuman 为例进行介绍。参数输入分为三个部分，如图 18-46 所示。首先，选择种族，该项为必须输入的选项；其次，输入感兴趣的基因；最后，选择感兴趣的

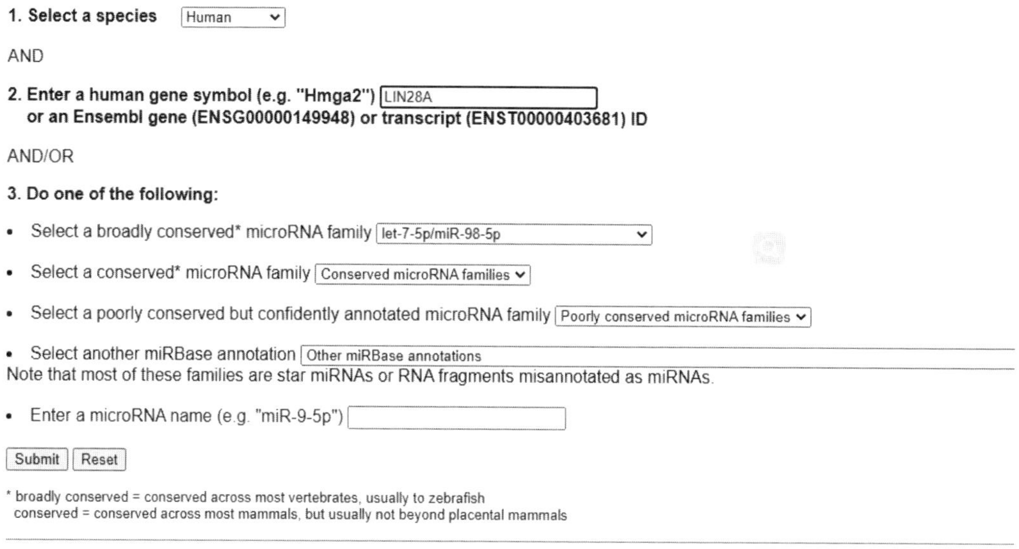

图 18-46 TargetScan 检索参数输入页面

miRNA。在最后一步下面有 4 个选项，用户只能选择其中一个来限定检索结果。

我们以 LIN28A 基因，let-7-5p/miR-98-5p 家族为例，进行检索，结果如图 18-45 所示。

第三步：查看预测结果。

在图 18-46 中点击 Submit 按钮后，进入结果页面。结果页面有三部分的内容，见图 18-47～图 18-49。

第一部分如图 18-47 所示，该图最上方区域①是基因 LIN28A 的 3′端区域，从左向右延伸；序列下方的区域②中的带有颜色的小点则是各 miRNA 预测出的作用位点。这些 miRNA 中带方框的即是我们之前选择的 let-7-5p/miR-98-5p miRNA 家族；区域③是一些选项，可以供用户来查看详细结果；区域④是各物种在该结合位点的序列对比，包括人、猩猩、小鼠等。

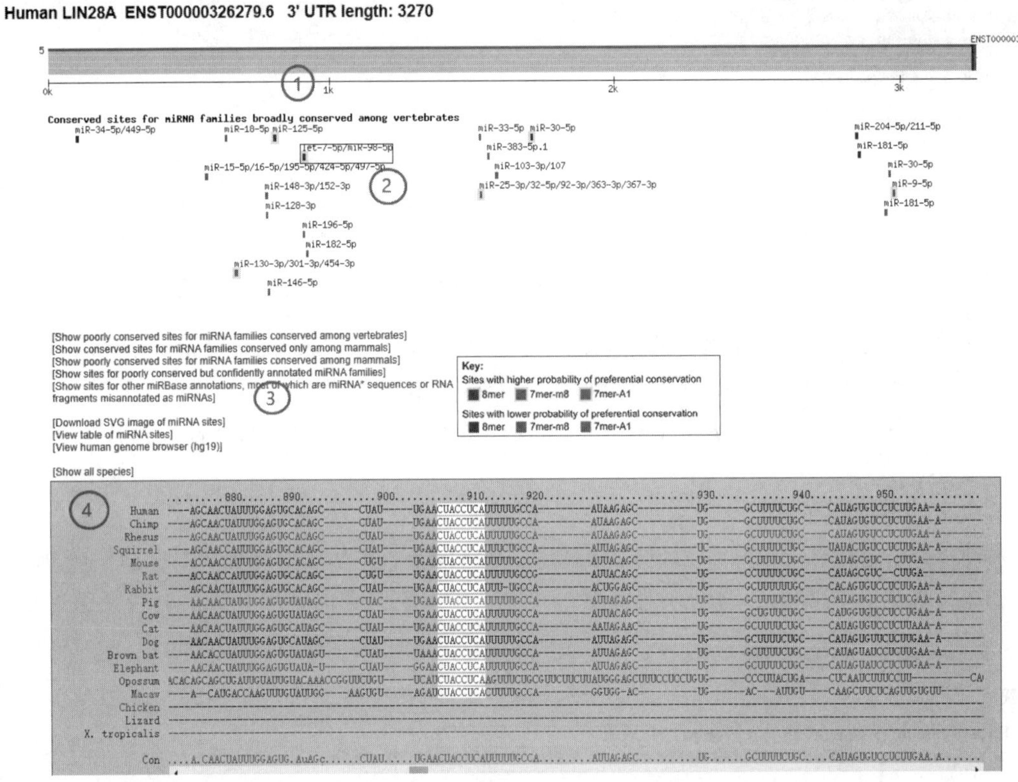

图 18-47　TargetScan 预测结果（一）（见彩图）

第二部分是对家族中的 miRNA 与人的基因作用位点的预测结果展示，如图 18-48 所示。点击各列的标题即可弹出该列的解释窗口。其中第一列为 miRNA 名称与可能的靶基因位置；第二列是具体的基因匹配情况；第三列是匹配类型，8mer 是一种最为精确的匹配；第四、第五和第六列与 context＋score 有关；第七列反映了保守区域长度；第八列为 P_{CT} 值，该值越大，则是作用位点的概率越大；第九列为使用卷积神经网络预测 miRNA 和 12-nt 序列之间相互作用的预测值。

第三部分是对不保守区域的预测，如图 18-49 所示（本样例的结果为空）。表中各项的解释与第二部分类似。通过对以上结果的查看和分析，便可以得到如下预测结果：let-7-5p/miR-98-5p 家族与 LIN28A 基因可能的作用位点位于 LIN28A 基因 3′UTR 端 905-912 区域。

	Predicted consequential pairing of target region (top) and miRNA (bottom)	Site type	Context++ score	Context++ score percentile	Weighted context++ score	Conserved branch length	P_{CT}	Predicted relative K_D
Position 905-912 of LIN28A 3' UTR hsa-miR-98-5p	5' ...GCACAGCCUAUUGAACUACCUCA... ||||||| 3' UUGUUAUGUUGAAUGAUGGAGU	8mer	-0.48	98	-0.48	5.286	0.95	-6.828
Position 905-912 of LIN28A 3' UTR hsa-let-7f-5p	5' ...GCACAGCCUAUUGAACUACCUCA... ||||||| 3' UUGAUAUGUUAGAUGAUGGAGU	8mer	-0.48	98	-0.48	5.286	0.95	-6.828
Position 905-912 of LIN28A 3' UTR hsa-let-7a-5p	5' ...GCACAGCCUAUUGAACUACCUCA... ||||||| 3' UUGAUAUGUUGGAUGAUGGAGU	8mer	-0.48	98	-0.48	5.286	0.95	-6.828
Position 905-912 of LIN28A 3' UTR hsa-let-7d-5p	5' ...GCACAGCCUAUUGAACUACCUCA... ||||||| 3' UUGAUACGUUGGAUGAUGGAGA	8mer	-0.51	98	-0.51	5.286	0.95	-6.211
Position 905-912 of LIN28A 3' UTR hsa-miR-4500	5' ...GCACAGCCUAUUGAACUACCUCA... ||||||| 3' UUCUUUGAUGAUGGAGU	8mer	-0.49	98	-0.49	5.286	0.95	-6.828
Position 905-912 of LIN28A 3' UTR hsa-let-7c-5p	5' ...GCACAGCCUAUUGAACUACCUCA... ||||||| 3' UUGGUAUGUUGGAUGAUGGAGU	8mer	-0.48	98	-0.48	5.286	0.95	-6.828
Position 905-912 of LIN28A 3' UTR hsa-miR-4458	5' ...GCACAGCCUAUUGAACUACCUCA... ||||||| 3' AAGAAGGUGUGGAUGGAGA	8mer	-0.50	98	-0.50	5.286	0.95	-5.432
Position 905-912 of LIN28A 3' UTR hsa-let-7g-5p	5' ...GCACAGCCUAUUGAACUACCUCA... ||||||| 3' UUGACAUGUUUGAUGAUGGAGU	8mer	-0.48	98	-0.48	5.286	0.95	-6.828
Position 905-912 of LIN28A 3' UTR hsa-let-7e-5p	5' ...GCACAGCCUAUUGAACUACCUCA... ||||||| 3' UUGAUAUGUUGGAGGAUGGAGU	8mer	-0.48	98	-0.48	5.286	0.95	-5.995
Position 905-912 of LIN28A 3' UTR hsa-let-7b-5p	5' ...GCACAGCCUAUUGAACUACCUCA... ||||||| 3' UUGGUGUGUUGGAUGAUGGAGU	8mer	-0.49	98	-0.49	5.286	0.95	-6.828
Position 905-912 of LIN28A 3' UTR hsa-let-7i-5p	5' ...GCACAGCCUAUUGAACUACCUCA... ||||||| 3' UUGUCGUGUUUGAUGAUGGAGU	8mer	-0.50	98	-0.50	5.286	0.95	-6.828

图 18-48　TargetScan 预测结果（二）

Poorly conserved

Predicted consequential pairing of target region (top) and miRNA (bottom)	Site type	Context++ score	Context++ score percentile	Weighted context++ score	Conserved branch length	P_{CT}	Predicted relative K_D

图 18-49　TargetScan 预测结果（三）

2. PicTar

PicTar 是一个 miRNA 靶基因预测工具，可以在脊椎动物、线虫和果蝇中预测 miRNA 的靶基因。它既能预测单个 miRNA 结合位点的靶基因，也能预测多个 miRNA 协同作用的靶基因。下面介绍其使用方法。

第一步：打开服务器。

在浏览器地址栏中输入 http://www.pictar.org，即可打开 PicTar 预测网站首页，界面如图 18-50 所示。

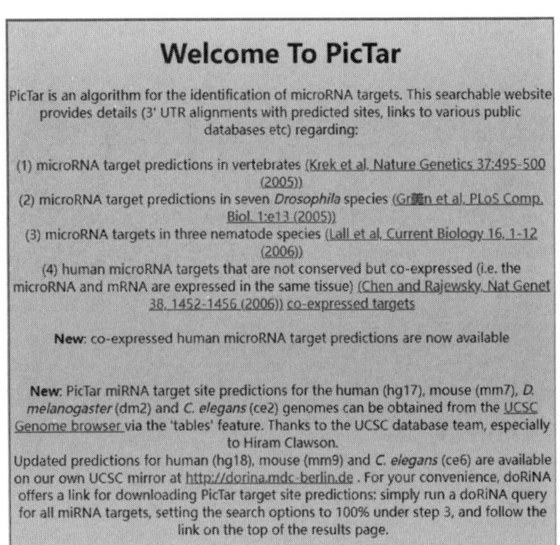

图 18-50　PicTar 预测服务器首页

第二步：参数设置。

PicTar 的预测选项位于首页的下方，如图 18-51 所示。共三个选项，第一个选项是基于 Krek 算法的脊椎动物相关预测和基于 Grün 算法的果蝇相关预测；第二个选项是基于 Lall 算法的脊椎动物、果蝇和线虫的相关预测；第三个选项是基于 17 个脊椎动物基因组的小鼠相关预测。

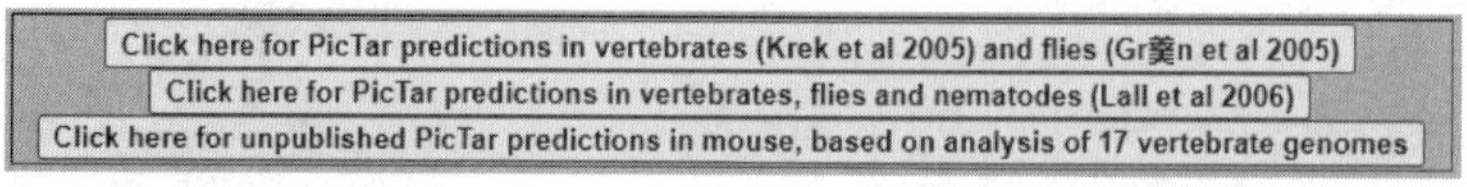

图 18-51 PicTar 预测选项

我们以第一项为例进行说明。点击进入预测参数设置页面，如图 18-52 所示。

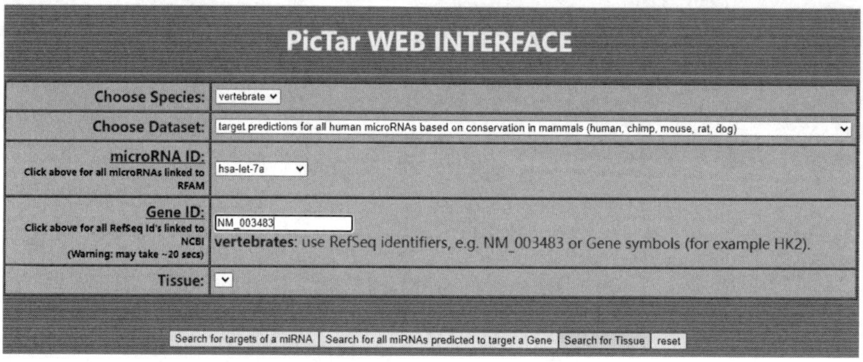

图 18-52 PicTar 预测参数设置页面

首先，选择物种。在此，选择脊椎动物；其次，选择数据集，在此，选择 target predictions for all human microRNAs based on conservation in mammals（human，chimp，mouse，rat，dog）这一项；第三，选择 microRNA ID，在此，选择 has-let-7a；最后，选择 Gene ID，在此，输入 NM _ 003483。

输入参数，可以进行三种搜索：①搜索给定 miRNA 的靶基因；②预测与给定靶基因相关的所有 miRNA；③搜索给定组织的 miRNA。

在此，选择搜索 has-let-7a 的靶基因。点击 Search for targets of a miRNA，进入结果页面，如图 18-53 所示。

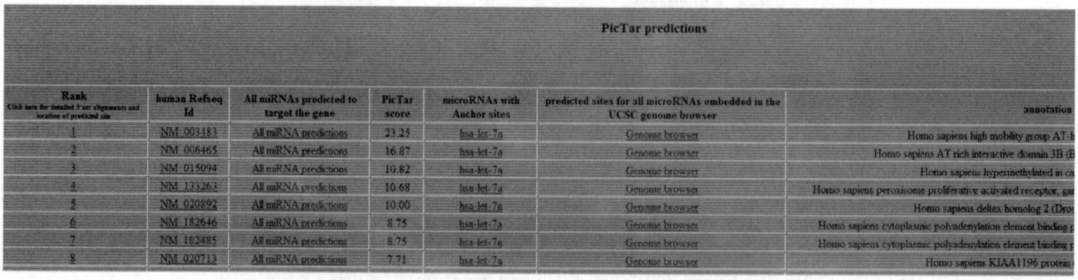

PicTar predictions

Rank Click here for detailed 3'utr alignments and location of predicted site	human Refseq Id	All miRNAs predicted to target the gene	PicTar score	microRNAs with Anchor sites	predicted sites for all microRNAs embedded in the UCSC genome browser	annotation
1	NM_003483	All miRNA predictions	23.25	hsa-let-7a	Genome browser	Homo sapiens high mobility group AT-h
2	NM_006465	All miRNA predictions	16.87	hsa-let-7a	Genome browser	Homo sapiens AT rich interactive domain 3B (B
3	NM_015094	All miRNA predictions	10.82	hsa-let-7a	Genome browser	Homo sapiens hypermethylated in ca
4	NM_133263	All miRNA predictions	10.68	hsa-let-7a	Genome browser	Homo sapiens peroxisome proliferative activated receptor, gar
5	NM_020892	All miRNA predictions	10.00	hsa-let-7a	Genome browser	Homo sapiens deltex homolog 2 (Dro
6	NM_182646	All miRNA predictions	8.75	hsa-let-7a	Genome browser	Homo sapiens cytoplasmic polyadenylation element binding p
7	NM_182485	All miRNA predictions	8.75	hsa-let-7a	Genome browser	Homo sapiens cytoplasmic polyadenylation element binding p
8	NM_020713	All miRNA predictions	7.71	hsa-let-7a	Genome browser	Homo sapiens KIAA1196 protein

图 18-53 PicTar 预测结果页面

第三步：查看预测结果。

图 18-53 所给出的列表是按得分排序的，排名越靠前则该项是靶标的概率越大。点击序号可以得到更详细的信息。例如，点击序号 1 之后，得到如图 18-54 与图 18-55 所示的结果。

图 18-54 中灰色序列即为靶基因与 miRNA 的作用位点，其中 hs、pt、mm 等表示不同物种，包括人类、黑猩猩、小鼠等；图 18-55 为一组数据的预测情况，其中最后一列为配对的结构信息，点击可下载 pdf 文件，内容如图 18-56 所示。

```
13097_hs_NM_003483.0 GGGGCGCCAACGTTCGATTTCTACCTCAGCAGCAGTTGGATCTTTTGAAGGGAG,
13097_pt_NM_003483.0 GGGGCGCCAACGTTCGATTTCTACCTCAGCAGCAGTTGGATCTTTTGAAGGGAG,
13097_mm_NM_003483.0 GGGGCGCCGACATTCAATTTCTACCTCAGCATCAGTTGGATCTTTTGAAGGGAG,
13097_rn_NM_003483.0 GGGGCGCCGACATTCAATTTCTACCTCAGCATCAGTTTGATCTTTCGAAGGGAG,
13097_cf_NM_003483.0 GGGGCGCCCACGTTCGATTTCTACCTCAGCAGCAGTTGGATCTTTTGAAGGGAG,
13097_gg_NM_003483.0 GAGACCGCACCATGCAATTTCTACCTCATCAGCAGTTGGGTCTTTTGAAGGGAG,
13097_fr_NM_003483.0 -------------------------------------------------------
13097_dr_NM_003483.0 -------------------------------------------------------
                              10        20        30        40        50
```

图 18-54　PicTar 预测结果（一）

Org	PicTar score	PicTar score per species	microRNA	Probabilities	Nuclei mapped to alignments	Nuclei mapped to sequence	Free Energies kcal/mol	
hs	23.25	24.27	hsa-let-7a	0.96 0.96 0.98 0.96 0.98 0.98 0.96	22 1357 1515 2027 2076 3063 3083	22 1107 1256 1619 1668 2521 2541	-22.8 -21.6 -22.4 -17.9 -22.2 -27.1 -23.5	AAC___CGAUUU_CUACCUCA_:_UUG___GUI ACUA_CAAU_ACUACCUC_:_I GACUA_UGACUUGC______UACCUC_:_UUGAU_(
pt	23.25	24.23	hsa-let-7a	0.96 0.96 0.98 0.96 0.98 0.98 0.96	22 1357 1515 2027 2076 3063 3083	22 1117 1266 1629 1678 2531 2551	-22.8 -21.6 -22.4 -17.9 -22.2 -27.1 -23.5	AAC___CGAUUU_CUACCUCA_:_UUG___GUI ACUA_CAAU_ACUACCUC_:_I GACUA_UGACUUGC______UACCUC_:_UUGAU_(
				0.96 0.96 0.97	22 1357 1515	22 1107 1259	-22.5 -21.3 -	GAC_AU_CAAUUU_CUACCUCA_:_UU(

图 18-55　PicTar 预测结果（二）

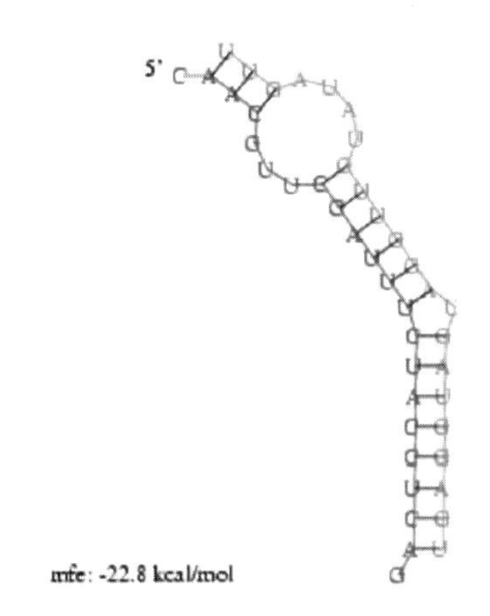

图 18-56　miRNA 与靶基因作用的二级结构

回到最初的 PicTar 预测结果（图 18-53），第三列为预测到的与该行基因相互作用的所有 miRNA，相当于搜索选项（图 18-52）的第二项，即 Search for all miRNAs predicted to target a Gene。选择第一行、第三列中的 All miRNA predictions 进入另一结果页面，如图 18-57 所示，该页面对每一个可能与该基因相互作用的 miRNA 做了介绍，与之前的结果类似，在此不作赘述。

3. miRDB

miRDB 是一个用于 miRNA 靶点预测和功能注释的在线数据库，miRDB 中的所有靶点都是由 MirTarget 通过分析数千个来自高通量测序实验的 miRNA-target 相互作用预测的。下面介绍其使用方法。

第一步：打开服务器。

在浏览器地址栏中输入 http://mirdb.org，即可打开 miRDB 预测服务器，界面如图 18-58 所示。

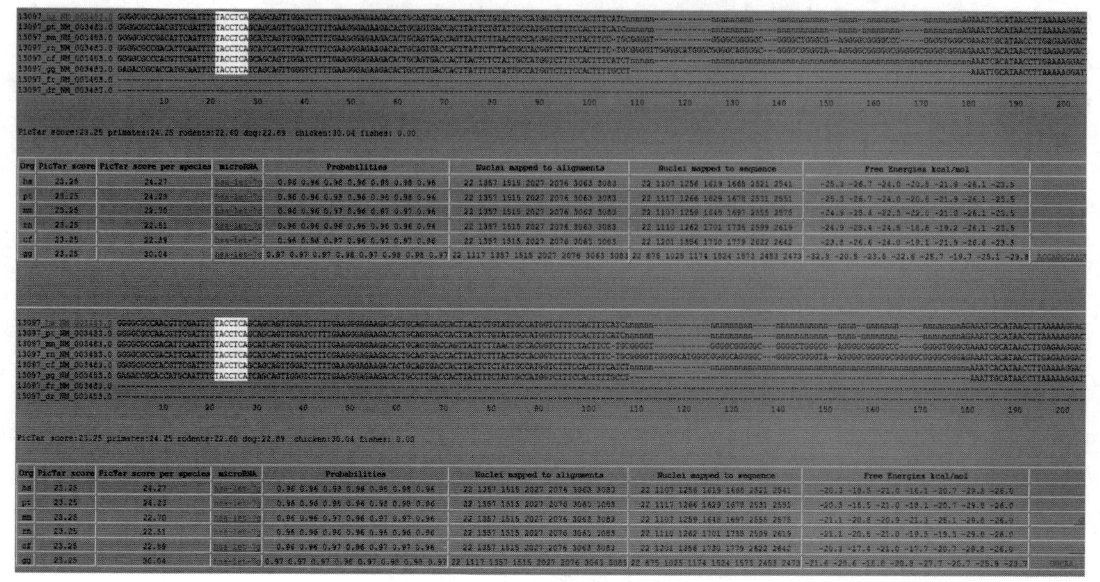

图 18-57 PicTar 预测结果（三）

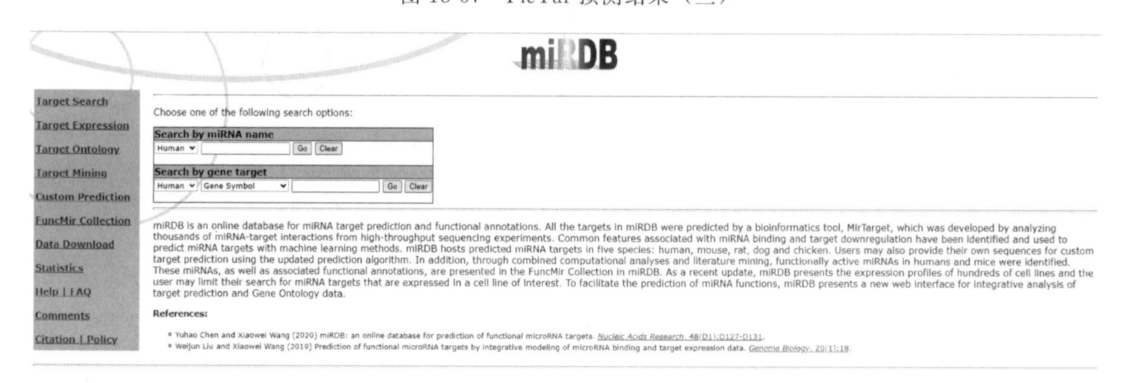

图 18-58 miRDB 预测服务器首页

第二步：参数设置。

miRDB 根据不同的需求设置了多种查询及预测方法，如图 18-58 左侧导航栏所示 Target Search、Target Mining、Custom Prediction 等。点击 Target Search 可根据 miRNA 名称或靶基因查询其对应的 miRNA 或靶基因，按照靶基因搜索的关键字可以是 GenBank Accession、NCBI Gene ID 或 Gene Symbol。如图 18-59 所示，在 Search by gene target 下方选择人类物种，并在 Gene Symbol 栏输入“TP53”点击 GO 后即可进入搜索结果页面；点击 Target Mining 可输入 miRNA 名称或基因列表（以空格或逗号隔开），两个可选复选框用于排除具有过多预测目标或

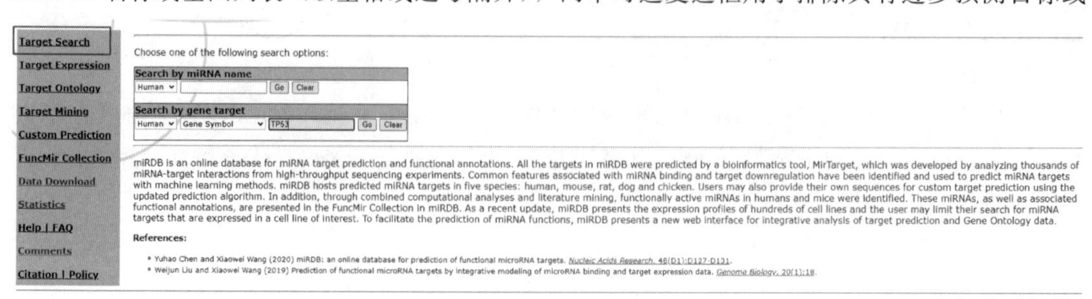

图 18-59 Target Search

低分数目标的 miRNA。如图 18-60 所示，选择 Search gene targets for miRNAs，以示例的 target gene submission 为例，点击 GO 即可进入搜索结果页面。点击 Custom Prediction 可以通过提供用户的序列来搜索目标，如图 18-61 所示，除了检索 3′UTR 区外，还可以对编码区或 5′-UTR 中的非常规位点进行目标搜索。

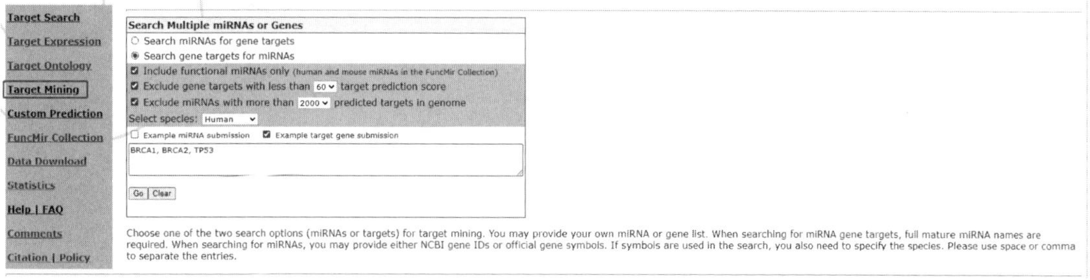

图 18-60　Target Mining

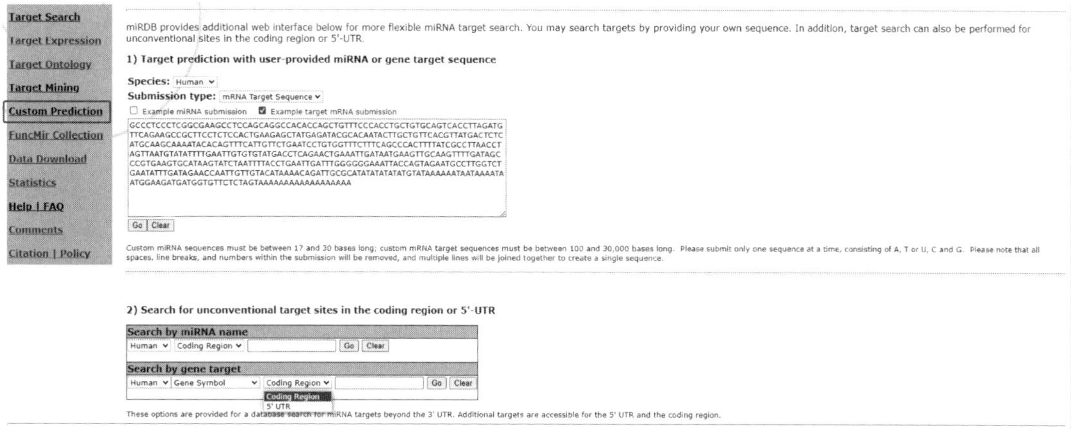

图 18-61　Custom Prediction

第三步：查看预测结果。

以第二步示例的用户提供的靶基因序列进行预测为例，点击 GO 查看预测结果，如图 18-62 所示。预测结果按其预测分数排列，所有预测目标的目标预测分数都在 50～100 之间。

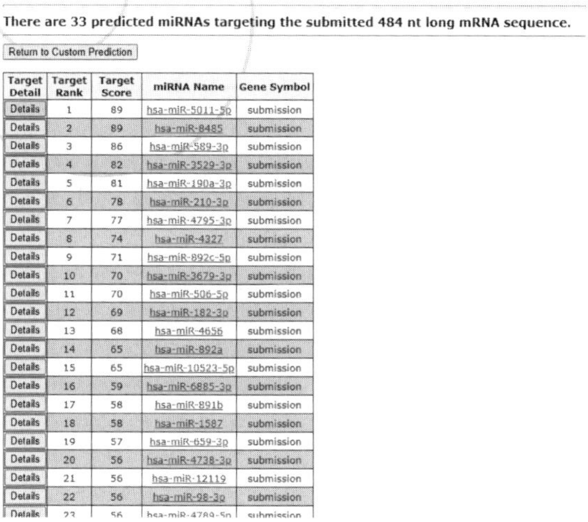

There are 33 predicted miRNAs targeting the submitted 484 nt long mRNA sequence.

Return to Custom Prediction

Target Detail	Target Rank	Target Score	miRNA Name	Gene Symbol
Details	1	89	hsa-miR-5011-5p	submission
Details	2	89	hsa-miR-8485	submission
Details	3	86	hsa-miR-589-3p	submission
Details	4	82	hsa-miR-3529-3p	submission
Details	5	81	hsa-miR-190a-3p	submission
Details	6	78	hsa-miR-210-3p	submission
Details	7	77	hsa-miR-4795-3p	submission
Details	8	74	hsa-miR-4327	submission
Details	9	71	hsa-miR-892c-5p	submission
Details	10	70	hsa-miR-3679-3p	submission
Details	11	70	hsa-miR-506-5p	submission
Details	12	69	hsa-miR-182-3p	submission
Details	13	68	hsa-miR-4656	submission
Details	14	65	hsa-miR-892a	submission
Details	15	65	hsa-miR-10523-5p	submission
Details	16	59	hsa-miR-6885-3p	submission
Details	17	58	hsa-miR-891b	submission
Details	18	58	hsa-miR-1587	submission
Details	19	57	hsa-miR-659-3p	submission
Details	20	56	hsa-miR-4738-3p	submission
Details	21	56	hsa-miR-12119	submission
Details	22	56	hsa-miR-98-3p	submission
Details	23	56	hsa-miR-4789-5p	submission

图 18-62　靶基因序列预测结果

分数越高，预测的准确性越大。根据数据库开发者的经验，预测分数大于 80 的预测目标最有可能是真实的；如果分数在 60 以下，则对其结果的采纳需要谨慎。在预测结果展示页面，点击条目中的 miRNA Name 可查看该 miRNA 在其他相关数据库中的其他相关信息，如图 18-63 所示。

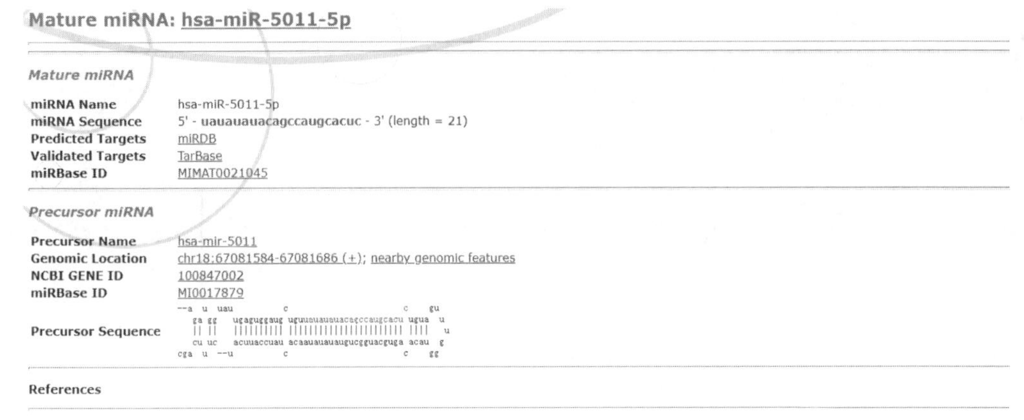

图 18-63 miRNA 在相关数据库的其他信息

四、小结

本节介绍了 miRNA 相关数据库 miRBase、miR2Disease 和 miRTarBase 的使用，以及 miRNA 靶标预测软件 TargetScan、PicTar 和 miRDB 的使用。通过这些介绍，希望读者能够借助相关软件开展 miRNA 发现及其功能研究。

第三节 rRNA 相关数据库及预测工具

一、概述

核糖体 RNA（rRNA）是数量最多的一类 RNA，约占 RNA 总量的 82%。其功能是与蛋白质结合形成核糖体，从而作为 mRNA 合成蛋白质的场所。原核生物的 rRNA 分为三类，即 5SrRNA、16SrRNA 和 23SrRNA。

二、rRNA 相关数据库

由于 rRNA 具有重要的生物学意义，现已有数个 rRNA 相关数据库。其中具有代表性的是 Silva[21] 和 The Ribosomal Database Project（RDP）[22]。Silva 是一个包含细菌、古菌、真核生物三域的所有 rRNA 亚基数据的大型数据库。RDP 是一个针对 16s rRNA 的综合性数据库。RDP 数据库建立于 1992 年，经过不断改进和更新，目前的第 11 版已收录了 3356809 条经比对和注释的 16srRNA，为研究核糖体提供了相关的数据服务。下面以 RDP 为例介绍其使用方法。

第一步：启动服务器。

浏览器地址栏中输入 http://rdp.cme.msu.edu/，即可启动服务器，如图 18-64 所示。数据库支持用户免费注册并保存自有数据，从而便于后续分析。

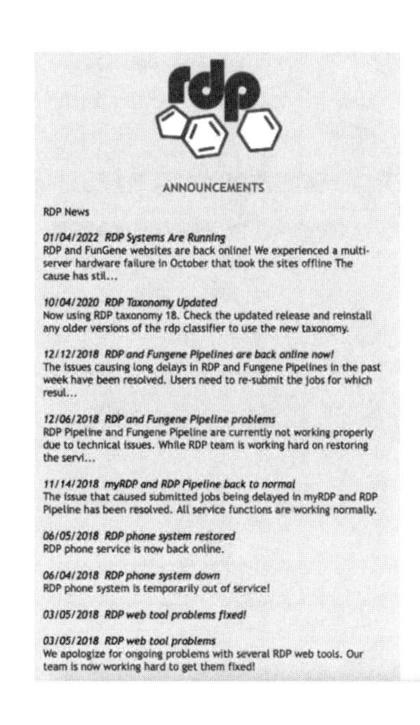

RDP Taxonomy 18 :: August 14, 2020

RDP Release 11, Update 5 :: September 30, 2016

3,356,809 16S rRNAs :: 125,525 Fungal 28S rRNAs
Find out what's new in RDP Release 11.5 *here*.

my rdp
login

Cite RDP's latest tool articles.

RDP provides quality-controlled, aligned and annotated Bacterial and Archaeal 16S rRNA sequences, and Fungal 28S rRNA sequences, and a suite of analysis tools to the scientific community. New to RDP release 11:

- RDP tools have been updated to work with the new fungal 28S rRNA sequence collection.
- A new Fungal 28S Aligner and updated Bacterial and Archaeal 16S Aligner. We optimized the parameters for these secondary-structure based Infernal aligners to provide improved handling for partial sequences.
- Updated RDPipeline offers extended processing and analysis tools to process high-throughput sequencing data, including single-strand and paired-end reads.
- Most of the RDP tools are now available as open source packages for users to incorporate in their local workflow.

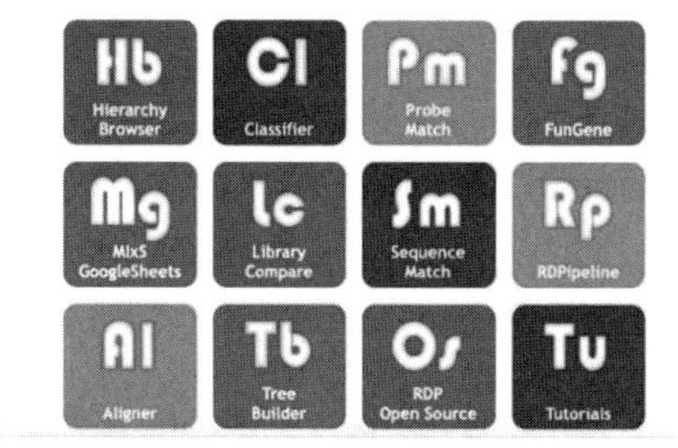

图 18-64　RDP 主页

第二步：浏览、检索数据或使用其他功能。

该数据库为综合性数据库，除了浏览、检索数据等基本功能外还有 rRNA 分类、文库间比较、序列比对、探针比对、构建进化树等功能。下面分别进行说明。

（1）浏览数据

点击 Browse 链接可以浏览数据库中的数据。在浏览时，可以根据需要增加限定条件。例如：株型、来源、序列长度等参数。如图 18-65 所示。

Hierarchy Browser - Start

[help]

Strain:	Type	Non Type	Both
Source:	Uncultured	Isolates	Both
Size:	≥1200	<1200	Both
Quality:	Good	Suspect	Both
Taxonomy:	Nomenclatural	NCBI	

Browse

Note: Javascript must be enabled on your browser to use most RDP tools

Options

Strain: Type strain information is provided by bacterial taxonomy. *Hint:* Type strains link taxonomy with phylogeny. Include type strain sequences in your analysis to provide documented landmarks.

Source: View only environmental (uncultured) sequences, only sequences from individual isolates, or both. Source classification is based on sequence annotation and the NCBI taxonomy.

Size: View only near-full-length sequences (≥1200 bases), short partials, or both.

Quality: View only good quality sequences, suspect quality sequences, or both. Sequences were flagged (*) as suspect quality. [more quality detail]

Taxonomy: View sequences placed into a new phylogenetically consistent higher-order bacterial taxonomy overlaid on the 16S rRNA classification. For the nomenclatural taxonomy, a set of well characterized (vetted) sequences was provided by these workers. Other sequences were placed into this scheme using the RDP Naïve Bayesian classifier.

Note: You must start a new Hierarchy Browser session to change your taxonomy choice.

图 18-65　浏览条件选择页面

RDP 数据库以树状视图组织数据，可以根据需要点击每一条目前方的“+”号以查看不同层次的数据，同时，对于每一条目，RDP 数据库提供了 FASTA 和 GenBank 两种格式的数据用于下载，如图 18-66 所示。

（2）检索数据

在检索框中输入关键字即可进行搜索，并且支持 * 和? 通配符。以检索 proteobacteria 为例，在搜索文本框中输入 proteobacteria，然后点击 Search，即可得到搜索结果，如图 18-67 所示。

Hierarchy Browser

0 sequences selected; 0 match your data set

[start over | help | publication view | genome browser | download]

Display depth: Auto

Search More search tips

No search string specified.

Lineage (click node to return it to hierarchy view):

Hierarchy View:

rootrank Root (0/1558788/0) (selected/total/search matches) [options]

domain Bacteria (0/1502570/0)

phylum Actinobacteria (0/226275/0)

phylum Aquificae (0/1013/0)

phylum Bacteroidetes (0/173949/0)

phylum Caldiserica (0/26/0)

phylum Chlamydiae (0/800/0)

phylum Chlorobi (0/409/0)

phylum Chloroflexi (0/22149/0)

phylum Chrysiogenetes (0/12/0)

phylum Deferribacteres (0/1103/0)

phylum Deinococcus-Thermus (0/2183/0)

phylum Dictyoglomi (0/20/0)

phylum Elusimicrobia (0/382/0)

phylum Fibrobacteres (0/2652/0)

phylum Fusobacteria (0/11982/0)

图 18-66 Browse 分类页面

Hierarchy Browser

0 sequences selected; 0 match your data set

[start over | help | publication view | genome browser | download]

Display depth: Auto

proteobacteria Search More search tips

1328 sequence(s) matched your query. Show both hits and non-hits

Lineage (click node to return it to hierarchy view):

Root (0/1558788/1328)

Hierarchy View:

domain Bacteria (0/1502570/1328) (selected/total/search matches) [options]

phylum Actinobacteria (0/226275/7)

class Actinobacteria (0/213578/5)

▶ unclassified_Actinobacteria (0/2014/2)

phylum Aquificae (0/1013/1)

class Aquificae (0/1013/1)

phylum Bacteroidetes (0/173949/58)

class Bacteroidia (0/117507/14)

class Flavobacteriia (0/33501/40)

class Cytophagia (0/6941/3)

▶ unclassified_Bacteroidetes (0/3063/1)

phylum Caldiserica (0/26/2)

class Caldisericia (0/26/2)

图 18-67 搜索 proteobacteria 结果

如果选择 Search 按钮下方的 show both hits and non-hits 则会在总数据库中展示搜索结果。如图 18-68 所示，然后可以按照前述方法查看相关数据。

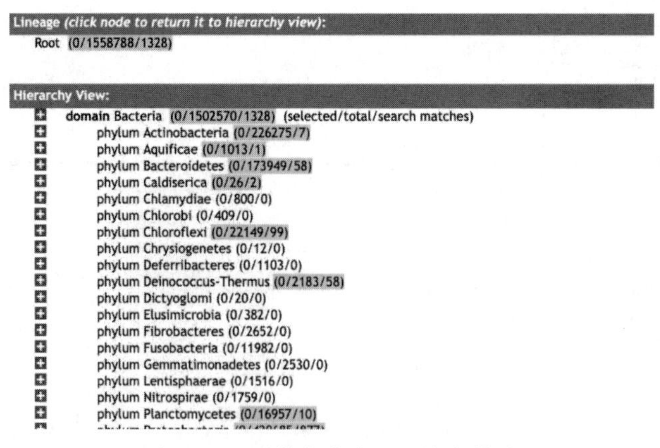

图 18-68 总数据库中展示搜索结果

（3）分类器

该数据库分类器利用已知的具有代表性的 16s rRNA 作为训练集，基于贝叶斯算法，将每个未分类的 rRNA 归类到不同层次的数据集中。RDP 支持两种方式提交待分类序列：通过上传本地文件提交序列，或者直接复制粘贴序列到文本框中。如图 18-69 所示。

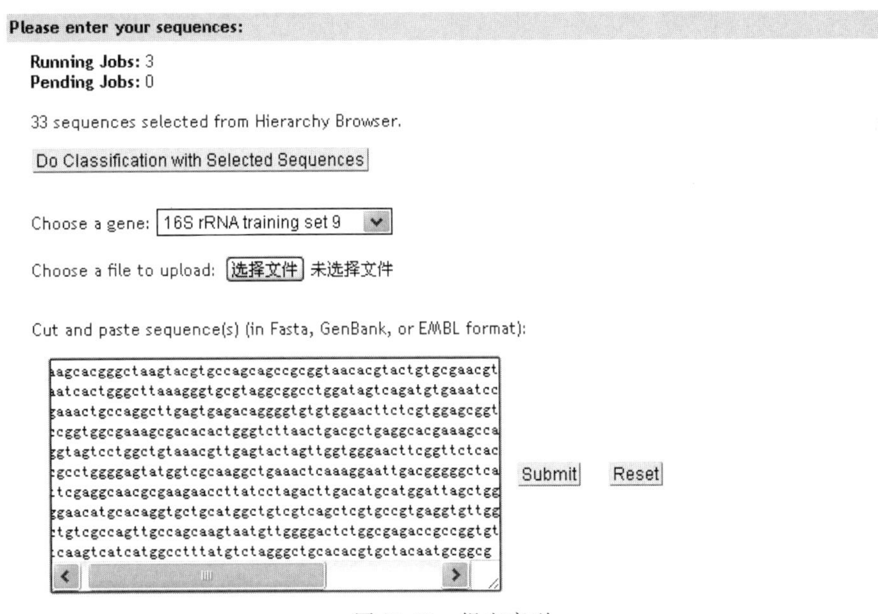

图 18-69 提交序列

点击 submit 后即可得到分类结果，如图 18-70 所示。

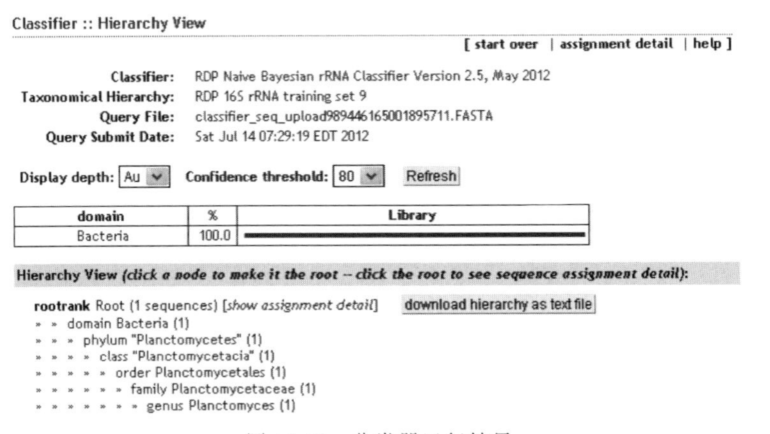

图 18-70 分类器运行结果

（4）文库比较

RDP 数据库比较工具可以用来比较微生物群落 16S rRNA 基因序列库之间的差异。首先启动分类器，然后上传待比较的序列文件。上传的序列文件需要满足以下条件：①仅允许 Fasta、GenBank 或 EMBL 格式；②序列长度介于 200nt 至 4000nt 之间（序列小于 200nt 不能得到较好的结果，如果序列大于 4000nt 可以发邮件到 rdpstaff@msu.edu 获得帮助）。比较结果可以通过三种形式展示：①表格形式展示（图 18-71）；②饼状图展示（图 18-72）；③层次结构图中展示（图 18-73）。同时，也可以点击 download comparison results as text 按钮下载比较结果。

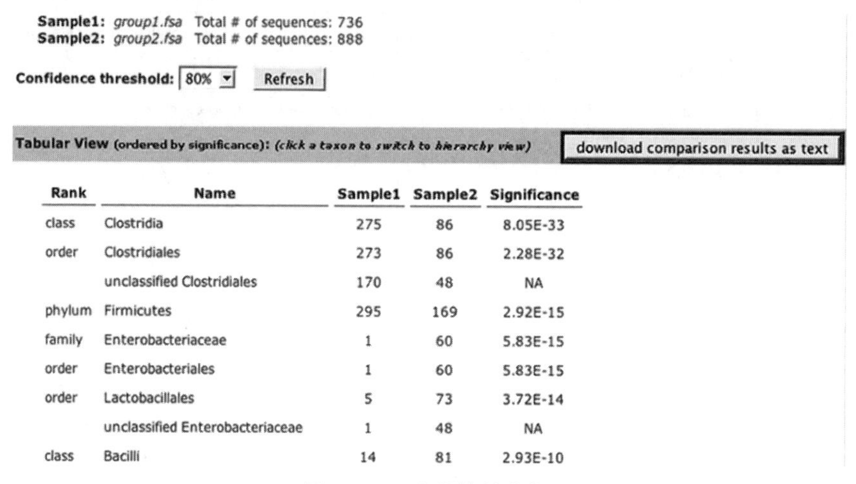

Sample1: *group1.fsa* Total # of sequences: 736
Sample2: *group2.fsa* Total # of sequences: 888

Confidence threshold: 80% Refresh

Tabular View (ordered by significance): *(click a taxon to switch to hierarchy view)* download comparison results as text

Rank	Name	Sample1	Sample2	Significance
class	Clostridia	275	86	8.05E-33
order	Clostridiales	273	86	2.28E-32
	unclassified Clostridiales	170	48	NA
phylum	Firmicutes	295	169	2.92E-15
family	Enterobacteriaceae	1	60	5.83E-15
order	Enterobacteriales	1	60	5.83E-15
order	Lactobacillales	5	73	3.72E-14
	unclassified Enterobacteriaceae	1	48	NA
class	Bacilli	14	81	2.93E-10

图 18-71　比较结果表格

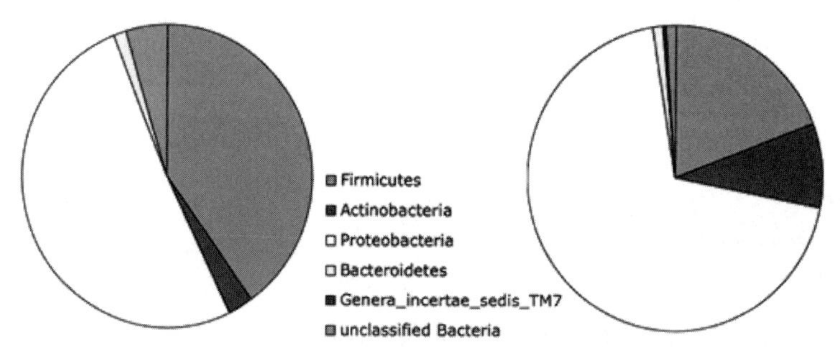

图 18-72　比较结果饼状图

Display depth: 2 **Confidence threshold:** 80% Refresh

Sample1	%	phylum	%	Sample2
	51.1	Proteobacteria	69.6	
	40.1	Firmicutes	19.0	
	2.7	Actinobacteria	9.0	
	1.4	Bacteroidetes	0.9	
	0.1	Genera_incertae_sedis_TM7	0.2	
	4.6	unclassified Bacteria	1.2	

Hierarchy View: *(click a node to make it the root -- click the root to see sequence assignment detail)*

domain Bacteria (736/888/9.98E-1) (sample1/sample2/significance value) [*show assignment detail*]
» » phylum Proteobacteria (376/618/1.83E-6)
» » phylum Firmicutes (295/169/2.92E-15)
» » phylum Actinobacteria (20/80/1.46E-7)
» » phylum Bacteroidetes (10/8/3.84E-1)
» » phylum Genera_incertae_sedis_TM7 (1/2/7.72E-1)
» » unclassified Bacteria (34/11/NA)

图 18-73　文库比较结果层次结构图

(5) 序列比对

数据库提供了序列比对的功能，可以通过上传序列文件或者直接粘贴序列进行比对，如图 18-74 所示。

Seqmatch - Start

[video tutorial | help]

Did you know you can select sequences from *myRDP* and Hierarchy Browser to do seqmatch?
Percent identity scores will be reported for aligned sequences (limited to 2000).

Please enter your sequences:

Running Jobs: 0
Pending Jobs: 0

33 sequences selected from Hierarchy Browser.

Do Seqmatch with Selected Sequences

Choose a file to upload: 选择文件 未选择文件

Cut and paste sequence(s) (in Fasta, GenBank, or EMBL format):

Strain:	Type	Non Type	Both
Source:	Uncultured	Isolates	Both
Size:	>1200	<1200	Both
Quality:	Good	Suspect	Both
Taxonomy:	Nomenclatural	NCBI	
KNN matches:	20		

Submit Reset

Note: Javascript must be enabled on your browser to use this RDP tool

图 18-74 序列比对页面

(6) 探针比对

探针比对工具可以用于查询探针在数据库中匹配的序列，如图 18-75 所示。比对结果可以在 RDP 层次结构图中查看（图 18-76），也可以通过列表形式查看（图 18-77）。

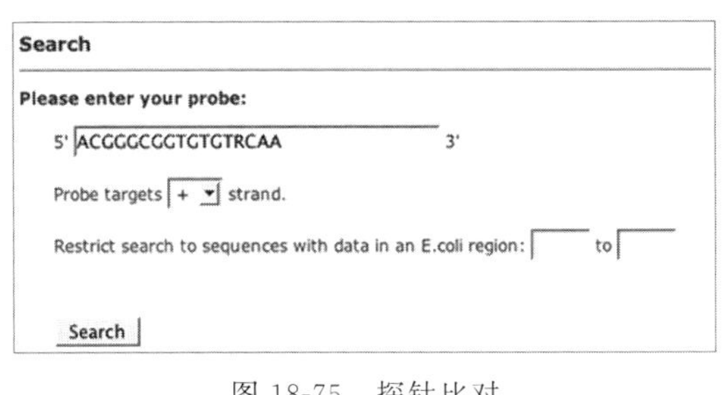

图 18-75 探针比对

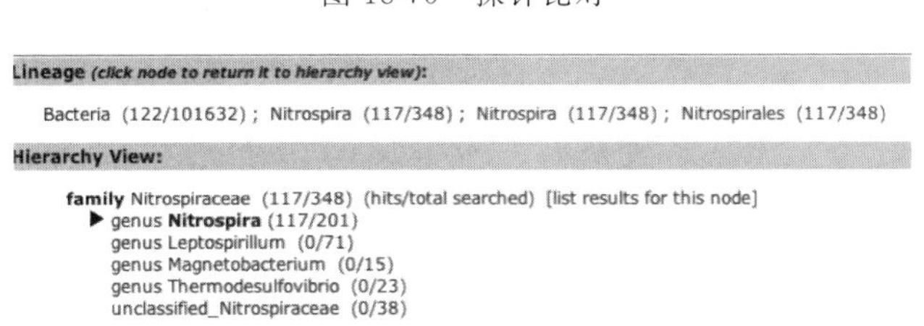

图 18-76 探针比对结果层次结构图

(7) 构建进化树

RDP 数据库提供了进化树构建功能（需安装 JAVA 运行环境）。利用该工具构建进化树分为如下三步：

S000020099 0	T5 'TTSTACHCACCGCCCGT P3 'AACRTGTGTGGCGGGCA	Pantoea toletana; A37; AF130910
S000022746 1	T5 'TTGTASTCACCGCCCGT P3 'AACRTGTGTGGCGGGCA	Pantoea endophytica; A1; AF130888
S000029867 2	T5 'TTGTACACA-CGCGCGT P3 'AACRTGTGTGGCGGGCA	Arthrobacter sp.; Y13324
S000104093 2	T5 'TTGTACACACCGCCC-- P3 'AACRTGTGTGGCGGGCA	Serratia quinovorans; CP6b; AJ279046

图 18-77 结果列表

首先选择用于进化树构建的序列。例如，选择 Kordiimonadales 和 Parvularculales 两目（图 18-78）。在序列数目方面，RDP 数据库建议序列数目介于 4～50 条之间，过多的序列会导致服务器崩溃。

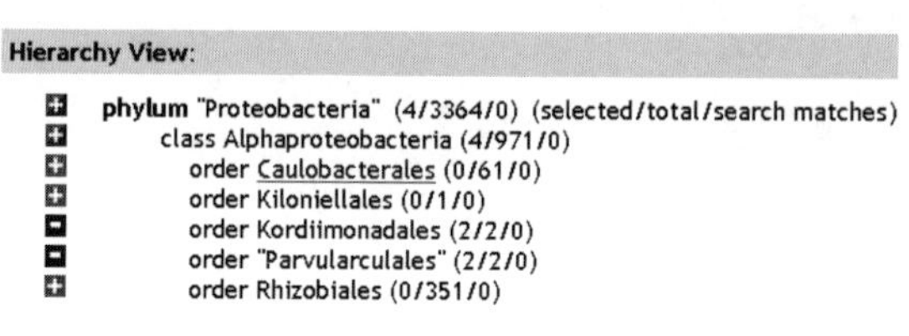

图 18-78 选择序列

然后，点击页面上方的 TREE BUILDER 按钮。

最后点击 CREATE TREE 按钮，如图 18-79 所示。等待程序运行结束后，就可以查看和保存结果，如图 18-80 所示。

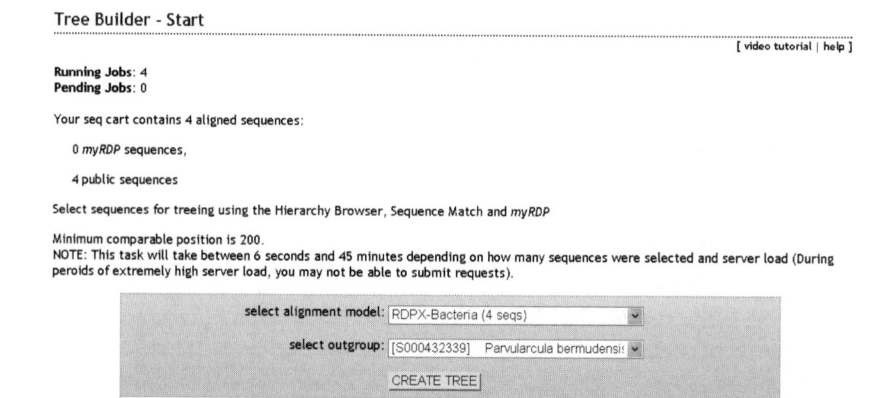

图 18-79 构建进化树页面

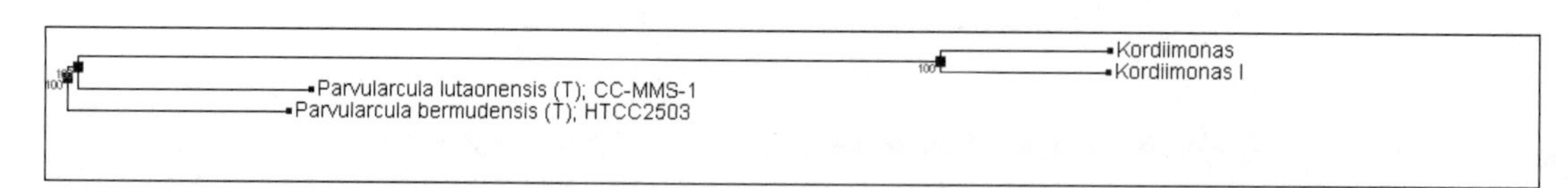

图 18-80 构建进化树结果

三、rRNA 相关预测工具

RNAmmer[23]是目前应用较广的 rRNA 预测工具，该工具将已知的 5S rRNA 数据和欧洲核糖体数据库中收录的数据作为训练集，利用隐马尔可夫模型对 rRNA 进行预测。在浏览器的地址栏中输入 https://services.healthtech.dtu.dk/service.php? RNAmmer-1.2 即可下载应用软件，目前其在线版本已停用。本地版 RNAmmer 只向科研用户免费提供。科研单位用户按照提示填写个人信息进行软件的申请，注意邮箱务必使用校园邮箱或科研机构邮箱，之后将在邮箱中收到软件的下载链接。

本地版的 RNAmmer 需运行在 UNIX 平台上，如 Linux，且执行文件 rnammer 是一个 perl 脚本，需安装 perl 语言模块 Getopt：：Long，RNAmmer 依赖 hmmer2.0 版本，还需要先安装 HMMER 的搜索程序 hmmersearch 来配置 HMM。

rnammer 脚本使用方法为：rnammer -S arc/bac/euk（-multi）（-m tsu，lsu，ssu）（-f）（-k）（-gff [gff file]）（-xml [xml file]）（-f [fasta file]）（-h [HMM report]）[sequence]，示例如图 18-81 所示。

```
(base) ./rnammer -S bac -multi -f ./test/rRNA.fasta -h ./test/rRNA.hmmreport -x ./test/rRNA.xml -gff ./test/rRNA.gff2 ./genome/genome.fasta
```

图 18-81 运行脚本 rnammer 示例

脚本参数表述如下：

-S 执行要预测物种的门，arc 代表古菌，bac 代表细菌；

-h 输出 HMM 的报告，指定 html 格式的输出结果；

-m 预测分子的类型，tsu 代表 5S 或者 5.8S rRNA，ssu 代表 16S 或者 18S 的 rRNA，lsu 代表 23S 或者 28S 的 rRNA，如果都需要预测，用逗号分隔开；

-f 为输出结果文件，fasta 格式的结果，一般核糖体的扩展名都为 frn；

-gff 指定 GFF 格式的输出结果；

-xml 指定 XML 格式的输出结果。

在 gff 和 fasta 文件中可以看到 5S rRNA、16S rRNA、28S rRNA 的预测结果及其序列，如图 18-82、图 18-83 所示。

```
(base) cat rRNA.gff2
##gff-version2
##source-version RNAmmer-1.2
##date 2022-10-11
##Type DNA
# seqname           source                      feature     start       end   score   +/-  frame  attribute
# ---------------------------------------------------------------------------------------------------------
QGKT01000001.1  RNAmmer-1.2     rRNA    83740   83847   39.9    +       .       5s_rRNA
QGKT01000001.1  RNAmmer-1.2     rRNA    283010  283117  39.9    -       .       5s_rRNA
QGKT01000001.1  RNAmmer-1.2     rRNA    80836   83702   2934.9  +       .       23s_rRNA
QGKT01000001.1  RNAmmer-1.2     rRNA    283155  286020  3024.3  -       .       23s_rRNA
QGKT01000001.1  RNAmmer-1.2     rRNA    79053   80574   1749.5  +       .       16s_rRNA
QGKT01000001.1  RNAmmer-1.2     rRNA    286273  287793  1767.4  -       .       16s_rRNA
# ---------------------------------------------------------------------------------------------------------
(base)
```

图 18-82 预测结果的 gff 文件

```
(base) cat rRNA.fasta
>rRNA_QGKT01000001.1_83740-83847_DIR+ /molecule=5s_rRNA /score=39.9
TGGTGCATAAAACTAAGGGGCAACACCTGTTCCCATCCCGAACACAGCAGTTAAGTCCTT
AGTACTGACAATAGTTCTTTATTGAGCGAAGATAGGGAGTGCCAAGGT
>rRNA_QGKT01000001.1_283010-283117_DIR- /molecule=5s_rRNA /score=39.9
TGGTGCATAAAACTAAGGGGCAACACCTGTTCCCATCCCGAACACAGCAGTTAAGTCCTT
AGTACTGACAATAGTTCTTTATTGAGCGAAGATAGGGAGTGCCAAGGT
>rRNA_QGKT01000001.1_80836-83702_DIR+ /molecule=23s_rRNA /score=2934.9
CAAAGGAACTAAGGGCGCACAGCGGATGCCTTGGCACTAAGAGCCGATGAAGGACGCAAT
TAACGGCGAAAACGCCACGGGAAGCTGTAAAATAAGTGAAGATCCGTGGGTCTCCGAATG
GGAAACCCATTACATTGAAGATGTAATATTCTTCTAATCCGATTTATCTTGTTAGAAGAA
AGGAAACGCGGCGAACTGAAATATCTAAGTAACCGCAGGGAAAAGAAAGTAATAACGATT
CTGGTAGTAGTGACGAGCAGAACCCAGAACAGCCTGATACCATTTCTAGTTACAAAATTT
TAACGAAGTAGAAGCTTTTGGAAAGAAGCACCAAAGAAGGTGACAGTCCCGTAAACGTAA
GTTAAAATCTAGGGTATCAATAAGTACGGCGAGACACGAGAAATCTTGTCGGAAGATGGG
```

图 18-83 预测结果的 fasta 文件

四、小结

本节以 RDP 数据库为例，介绍了 rRNA 相关数据库。以 RNAmmer 为例，介绍了 rRNA 的相关预测软件。在数据库方面，除了 RDP 数据库，silva 和欧洲核糖体 RNA 数据库（the European ribosomal RNA database）也是常用的 rRNA 数据库。在 rRNA 预测方面，有 RNAmmer、Meta-RNA 等工具可供选择。

第四节 sRNA相关数据库及预测工具

一、概述

细菌 sRNA（small regulatory RNA）是一类主要位于基因间区的小分子调控 RNA，长度约为 40～500nt。自 1971 年首次发现以来，sRNA 的功能研究受到越来越多的关注。相关研究显示，sRNA 主要通过碱基互补配对的方式结合靶标 mRNA 以调控 mRNA 的表达和稳定性，部分 sRNA 还可以竞争性结合靶标蛋白以调控靶标蛋白的生物学活性。因此，确定细菌 sRNA 的靶标成为推断其功能的重要途径。

二、sRNA相关数据库

随着研究的不断深入，目前已有多个 sRNA 及其靶标相关数据库，例如：由 Huang 等人开发的 sRNAMap[24] 收录了原核生物中的 sRNA 以及相关调控因子和靶标的信息；Huerta 等人开发的 RegulonDB[25] 则收录了大肠杆菌 K-12 转录调控网络的信息，其中包括大肠杆菌中的 sRNA 信息；而 Cao 等人开发的 sRNATarBase[26] 则系统收集了经过各种实验加以证实的细菌 sRNA 靶标数据；Sassi 等人[27] 开发的 SRD 数据库是首个葡萄球菌 sRNA 数据库，对每条 sRNA 提供基因组坐标、基因序列和实验证据等信息，还整合了 BLAST 比较、细菌 sRNA 靶标预测模块 IntaRNA 和 Mfold 预测的 sRNA 二级结构。下面以 SRD 为例，介绍相关数据库的使用方法。

第一步：启动服务器。

在浏览器地址栏输入 http://srd.genouest.org/，即可打开 SRD 主页。其界面如图 18-84 所示。

图 18-84 SRD 数据库主页

第二步：浏览数据或使用其他功能。

通过对菌株 N315、NCTC8325 和 Newman 等进行 RNAseq 分析，展示了对 RNAseq 转录的 sRNA 注释信息，包括基因位置、序列和其他特征，如图 18-85 所示。在页面上方可点击下载按钮下载用户所需要的基因数据。

SRD: Staphylococcal Regulatory RNAs Database

Home　sRNAs in SRDs reference strains ▾　SRD's RNAseq transcribed sRNA　Browse predictions ▾　Blast　IntaRNA　Contact　References

Staphylococcus aureus subsp. aureus str. JKD6008 (NC_017341.1)
Staphylococcus aureus subsp. aureus N315 (BA000018.3)
Staphylococcus aureus subsp. aureus NCTC 8325 (NC_007795.1)
Staphylococcus aureus subsp. aureus str. Newman (NC_009641.1)
Staphylococcus aureus subsp. aureus str. USA300_FPR3757 (CP000255.1)

SRD identifier	Most commun name	Start	End	Strand	Length	Other names	SRD's RNAseq evidence	Category
srn_0010	sRNA412	314	512	+	199	sRNA412	5'UTR	
srn_0020	sRNA1	8422	8593	-	172	sRNA1	ND	
srn_0030	Teg35	12499	12724	+	226	Teg35_sRNA2	Transcript	T-box_uptream_of_serS
srn_0040	Sau6817	14274	14364	-	91	Sau6817	ND	
srn_0050	Teg1	15813	16041	+	229	Teg1_sRNA3	Transcript	S-box-SAM_riboswitch
srn_0060	Sau65	21730	21787	-	58	Sau65	Antisense	
srn_0070	sRNA4	24983	25217	-	235	sRNA4	ND	
srn_0080	Teg107	29790	29976	+	187	Teg107	5'UTR	
srn_0090	sRNA5	31581	31913	-	333	sRNA5	ND	
srn_0100	sRNA6	33872	34171	-	300	sRNA6	ND	
srn_0250	Sau6372	42661	42722	+	62	Sau6372	ND	
srn_0260	Teg15as	60843	61086	-	244	Teg15as_sRNA14	Antisense	
srn_0270	Teg16as	65612	65818	+	207	Teg16as_sRNA15	ND	
srn_0275	tsr6	66046	66158	+	113	tsr6	Transcript	
srn_0280	sRNA16	73471	73842	+	372	sRNA16	ND	

图 18-85　sRNA 信息浏览页面

点击“SRD identifier”按钮可查看该条目的详细信息，如图 18-86 所示。包括基因位置、基因序列、长度、验证信息、Mfold 二级结构预测、与其他平台的靶标和结构预测的链接等。

Organism

Newman

SRD identifier	Common name	IntaRNA	Start	End	Strand	Length	Other names	Experimental Validation	RNA-seq Validation	Category	Authors (references)
srn_0010	sRNA412		314	512	+	199	sRNA412		5'UTR		

Sequence

>Newman_srn_0010_sRNA412
ataagtcgtccaactcatgatttataaggatttatttattgatttttacataaaaatactgtgcataactaataagcaagataaagttatccaccgattgttattaactgtggataattattaacatggtgtgtttagaagttatccacggctgttattttgtgtataacttaaaaatttaagaaagatggagtaa

Structure prediction (MFold)

srn_0010_1.png
srn_0010_2.png
srn_0010_3.png
srn_0010_4.png
srn_0010_5.png
srn_0010_6.png
srn_0010_7.png
srn_0010_8.png

External links to target and structure prediction

Target RNA2
RNA predator
MFold
CopraRNA

图 18-86　srn _ 0010 条目详细信息

点击“IntaRNA”下方查看按钮页面跳至 sRNA 靶标预测模块，如图 18-87 所示。

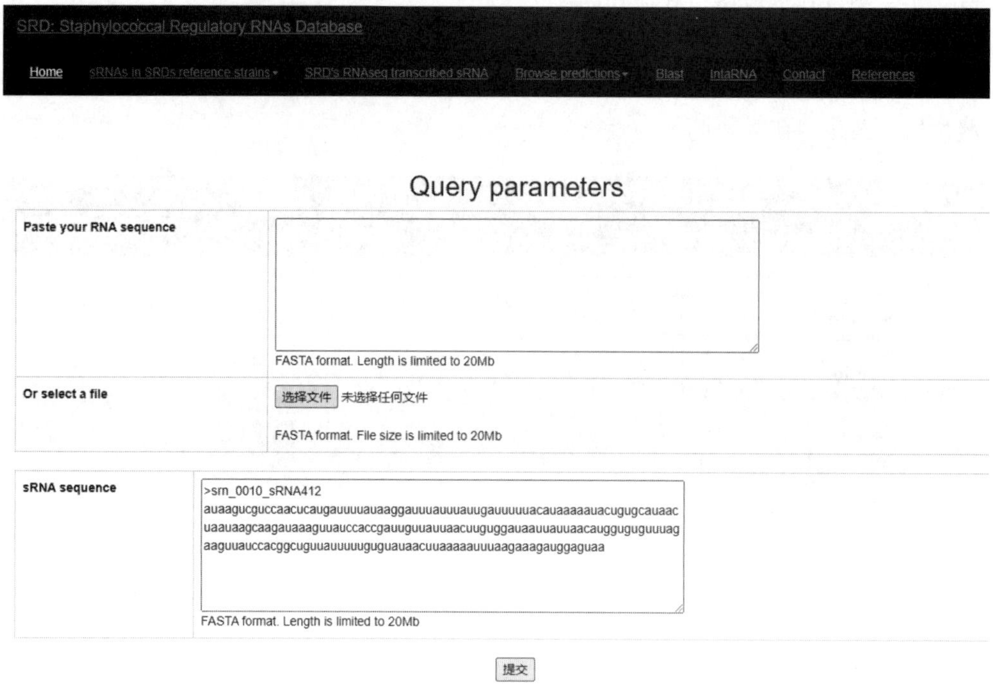

图 18-87　IntaRNA 预测模块

三、sRNA 靶标相关预测工具

目前细菌 sRNA 靶标预测方法主要有两类：基于序列比对的方法和机器学习方法。基于序列比对的方法主要是对 smith-waterman 局部序列比对算法进行改进并添加部分特征信息进行预测，代表模型是 Tjaden 等开发的 TargetRNA[28,29]。机器学习方法则是通过能量和种子区域等特征进行分类从而预测 sRNA 靶标，代表的模型有 Busch 等人开发的 IntaRNA[30] 和 Ying 等人开发的 sTarPicker[31]。下面以 TargetRNA 为例，介绍 sRNA 靶标预测使用方法。

TargetRNA 分为单碱基和碱基堆积两种预测模型。前者主要针对结合区域较短的相互作用，通过改进 smith-waterman 算法的比较积分系统来预测 sRNA 靶标；后者则是针对结合区域较长的相互作用，通过计算 RNA 二级结构的自由能来预测 sRNA 靶标。下面介绍其使用方法。

第一步：启动服务器。

在浏览器的地址窗口中输入下列地址 http://cs. wellesley. edu/～btjaden/TargetRNA3/ 即可启动预测服务器，界面如图 18-88 所示。

第二步：输入序列。

① 在基因组选择框中，选择待预测的 sRNA 所在的基因组。

② 选择或者输入序列。

此服务器已包含大部分已知的 sRNA，用户可根据名称直接选择相应 sRNA。在此以 *Escherichia coli* 作为示例，如图 18-89 所示。

第三步：结果分析。

输入预测 sRNA 序列后，点击 Click here to search for targets! 按钮，即可开始预测。

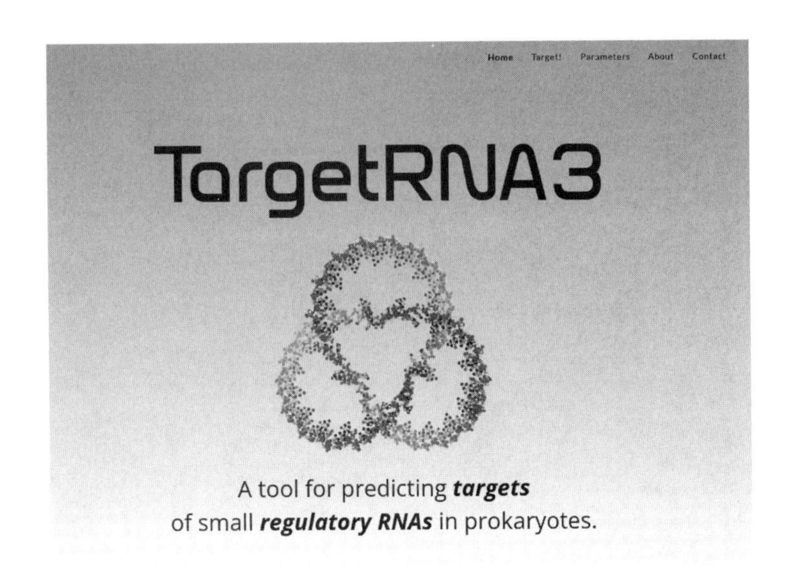

图 18-88　TargetRNA3 服务器的运行界面

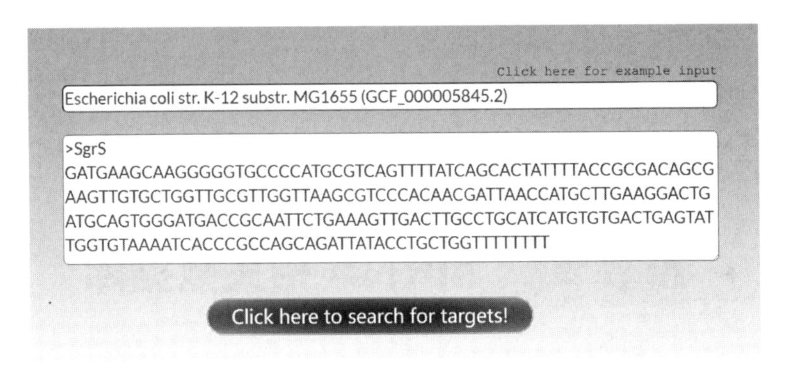

图 18-89　TargetRNA 序列输入窗口

TargetRNA 预测得到的结果包括两部分：包含分值、P 值和位置等信息的靶标列表（图 18-90），以及每一个靶标与 sRNA 的碱基互补配对情况（图 18-91）。

Rank	Target	Energy	p-value	Probability
1	sgrR (b0069)	-201.02	2.8e-07	0.72
2	ypjA (b2647)	-13.03	2.7e-05	0.63
3	yghJ (b4466)	-13.32	1.7e-04	0.59
4	yifB (b3765)	-29.14	2.5e-04	0.58
5	mraZ (b0081)	-17.65	3.4e-04	0.57
6	ompF (b0929)	-15.11	5.7e-04	0.56
7	ivbL (b3672)	-26.23	7.5e-04	0.55
8	fepA (b0584)	-27.73	1.3e-03	0.53
9	cadC (b4133)	-15.67	1.5e-03	0.53
10	dtpA (b1634)	-15.54	1.5e-03	0.53
11	emrE (b0543)	-23.68	1.7e-03	0.52
12	oppA (b1243)	-11.74	1.7e-03	0.52
13	malT (b3418)	-18.32	1.9e-03	0.52
14	frlA (b3370)	-23.94	2.3e-03	0.52
15	aceB (b4014)	-15.13	2.3e-03	0.51
16	malP (b3417)	-14.22	2.7e-03	0.51
17	dppB (b3543)	-28.47	3.4e-03	0.50
18	infB (b3168)	-12.35	3.6e-03	0.50

图 18-90　靶标列表展示

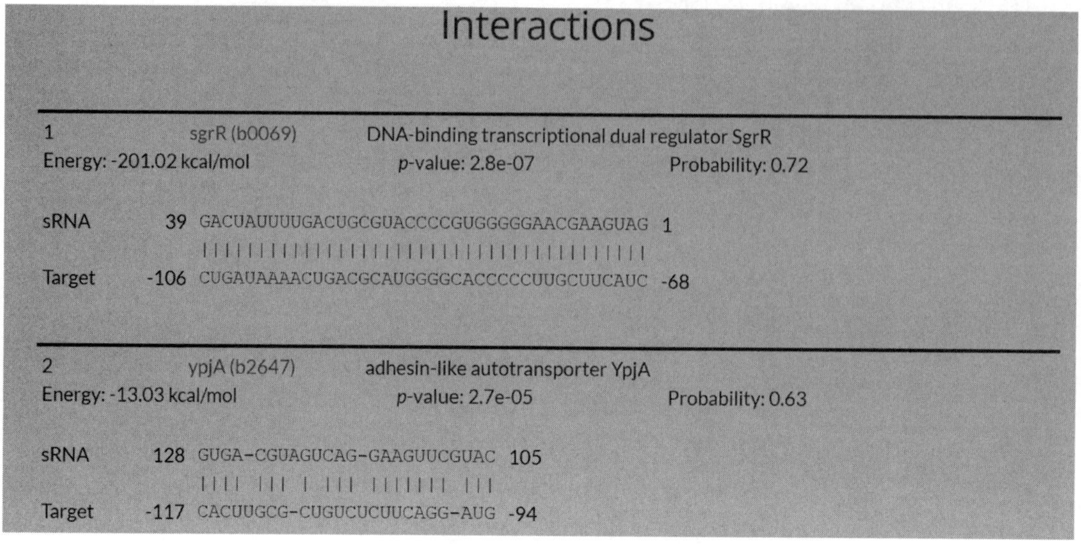

Interactions

1 sgrR (b0069) DNA-binding transcriptional dual regulator SgrR
Energy: -201.02 kcal/mol *p*-value: 2.8e-07 Probability: 0.72

```
sRNA      39  GACUAUUUUGACUGCGUACCCCGUGGGGGAACGAAGUAG  1
              |||||||||||||||||||||||||||||||||||||||
Target  -106  CUGAUAAAACUGACGCAUGGGGCACCCCCUUGCUUCAUC  -68
```

2 ypjA (b2647) adhesin-like autotransporter YpjA
Energy: -13.03 kcal/mol *p*-value: 2.7e-05 Probability: 0.63

```
sRNA     128  GUGA-CGUAGUCAG-GAAGUUCGUAC  105
              ||||  |||  | |||  |||||||  |||
Target  -117  CACUUGCG-CUGUCUCUUCAGG-AUG  -94
```

图 18-91　TargetRNA 碱基互补配对情况

四、小结

本节介绍了目前主要的 sRNA 相关数据库，对 SRD 的使用方法进行了具体介绍；此外，对细菌 sRNA 靶标预测模型做了相关介绍，以软件 TargetRNA 为例，具体介绍了 sRNA 靶标的预测步骤。

第五节　siRNA 相关数据库

一、概述

siRNA 是长度为 21～25nt 的一种小 RNA 分子，能够参与形成 RNA 介导的沉默复合物（RISC），从而使相应的 mRNA 发生降解。这使得 siRNA 成为一种非常有用的实验工具，广泛应用于功能基因组学、药物研究等诸多方面。

二、siRNA 相关数据库

由于 RNA 干扰（RNAi）实验的大量开展，目前，已有多个 siRNA 相关的数据库，收录了大量经过实验验证的 siRNA 序列。在开展 RNA 干扰实验之前，可以通过查询 MIT/ICBP siRNA 数据库获得相应的 siRNA 序列。

MIT/ICBP siRNA 数据库收录了经实验验证的超过 100 个基因的 siRNA 和 shRNA 序列，这些数据的来源包括：

① MIT 研究者设计和验证的序列；

② Qiagen 公司设计、Natasha Caplen 课题组验证（该数据集是由 Natasha Caplen 课题组提供的，他们分析了能起到 RNA 干扰效果的 siRNA 库，并收录了其中能在至少一种细胞系中对 mRNA 抑制效率大于 70%的序列，作用靶标包括大部分已知和潜在的癌症相关功能基因）的序列；

③ Greg Hannon 和 Steve Elledge 设计、ICBP 和 CGAP 项目组验证的序列［该部分序列为 shRNA 序列，是由 The Integrative Cancer Biology Program（ICBP）和 The Cancer Gene Anatomy Project（CGAP）发起的联合项目——shRNA 验证项目（shRNA Validation Project）证实的序列。数据库中收录了能在两个细胞系中对 mRNA 的抑制率大于 70%，或在一个细胞系中对 mRNA 的抑制率大于 80%，且实验结果重复了 4 次的序列］。

MIT/ICBP siRNA 数据库收录了众多实验验证的 siRNA 和 shRNA，其主要提供检索、浏览和上传等服务，下面介绍该数据库的使用方法。

第一步：启动服务器。

在浏览器的地址窗口输入网址 http://web.mit.edu/sirna/ ，进入 MIT/ICBP siRNA 数据库主页面，如图 18-92 所示。

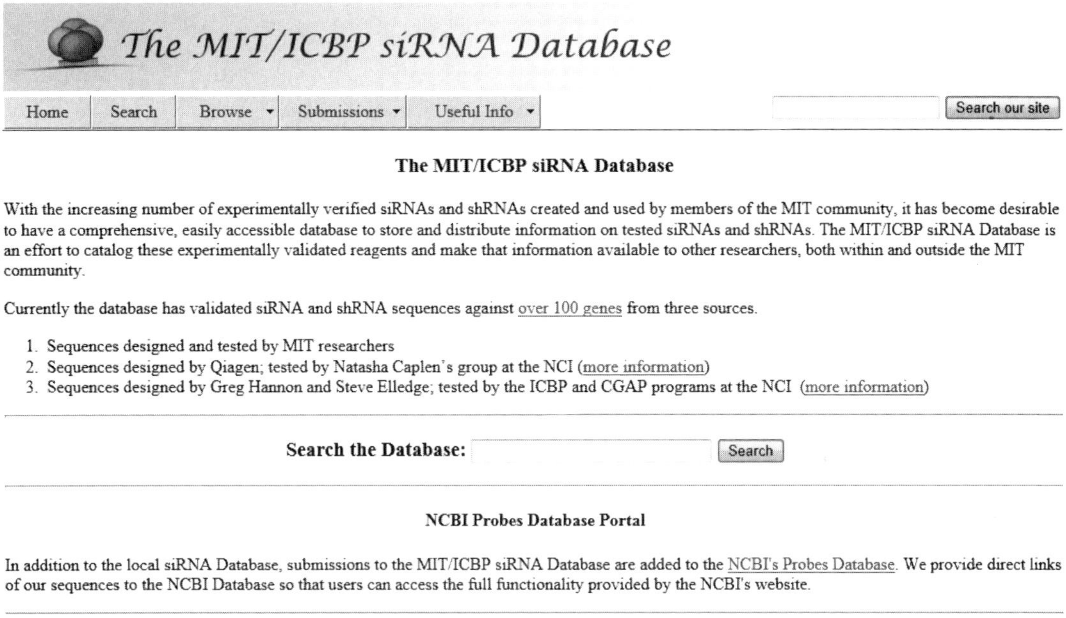

The MIT/ICBP siRNA Database

Home　Search　Browse　Submissions　Useful Info　Search our site

The MIT/ICBP siRNA Database

With the increasing number of experimentally verified siRNAs and shRNAs created and used by members of the MIT community, it has become desirable to have a comprehensive, easily accessible database to store and distribute information on tested siRNAs and shRNAs. The MIT/ICBP siRNA Database is an effort to catalog these experimentally validated reagents and make that information available to other researchers, both within and outside the MIT community.

Currently the database has validated siRNA and shRNA sequences against over 100 genes from three sources.

1. Sequences designed and tested by MIT researchers
2. Sequences designed by Qiagen; tested by Natasha Caplen's group at the NCI (more information)
3. Sequences designed by Greg Hannon and Steve Elledge; tested by the ICBP and CGAP programs at the NCI (more information)

Search the Database: Search

NCBI Probes Database Portal

In addition to the local siRNA Database, submissions to the MIT/ICBP siRNA Database are added to the NCBI's Probes Database. We provide direct links of our sequences to the NCBI Database so that users can access the full functionality provided by the NCBI's website.

图 18-92　MIT/ICBP siRNA Database 主页

第二步：检索、浏览或上传数据。

（1）检索数据

在“Search the Database”的检索框内输入靶基因名称，例如 *p53*，如图 18-93 所示。然后点击“Search”，进入结果页面，如图 18-95 所示；或者点击“Search”链接，进入检索页面，然后在检索框内输入检索词即可，如图 18-94 所示。

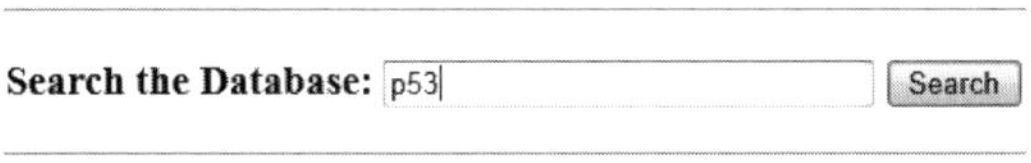

Search the Database: p53 Search

图 18-93　数据库主页面上的 siRNA 检索框

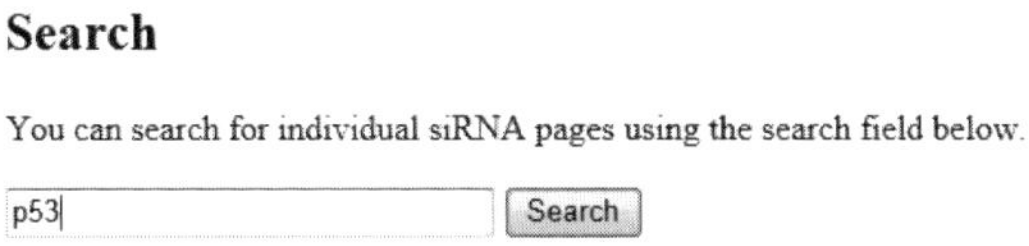

Search

You can search for individual siRNA pages using the search field below.

p53 Search

图 18-94　Search 页面的 siRNA 检索框

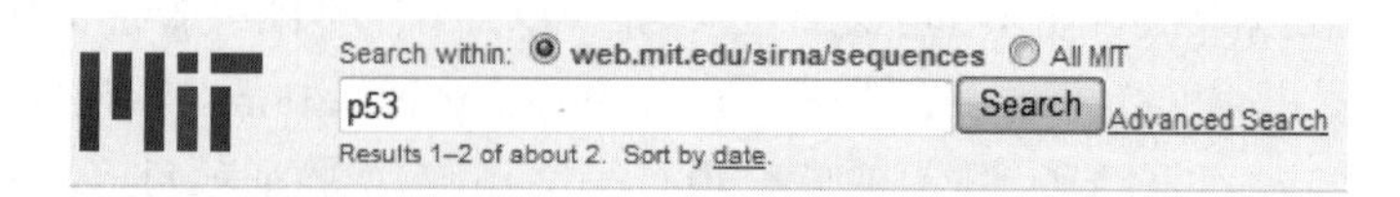

siRNA at MIT: TP53 (#1146)
return to gene table. TP53 (Tumor protein **p53**). Target gene: TP53 (NM_000546), Probe type: shRNA. Sequence: TGCTGTTGACAGTGAGCG ...
web.mit.edu/sirna/sequences/results-1146.html - 11k - 2009-01-09

siRNA at MIT: TP53 (#1099)
return to gene table. TP53 (tumor protein **p53**). Target gene: TP53 (NM_000546), Probe type: siRNA. Sense sequence ...
web.mit.edu/sirna/sequences/results-1099.html - 10k - 2009-01-09

图 18-95　检索 *p53* 基因的 siRNA 结果页面

点击所需的 siRNA 的链接，即可进入该 siRNA 的详细信息页面，见图 18-96（a）～(c)；在该页面上，可以查看该靶标 siRNA 的详细信息，例如，靶基因名称（Target gene）、探针类型（Probe Type）、siRNA 序列（Sequence）、靶标序列（Target Sequence）、验证实验（Validation Experiment）所用的物种（Organism）、细胞类型（Cell Type）、细胞系（Cell lines）、mRNA 抑制效率（mRNA suppression）以及上传者信息（Submitter Information）等。

TP53
(Tumor protein p53)

Target gene:
TP53 (NM_000546)

Probe type:
shRNA

Sequence:
TGCTGTTGACAGTGAGCG
CGGAGGATTTCATCTCTTGTAT
TAGTGAAGCCACAGATGTA
ATACAAGAGATGAAATCCTCCA
TGCCTACTGCCTCGGA

NCBI Database ID#:
Not available

Target sequence:
GAGGATTTCATCTCTTGTA

Comments:

This sequence is part of the shRNA Validation Project.
This shRNA is available for purchase from Open Biosystems
(Oligo ID =V2LHS_93615)

Publications

This dataset is unpublished. Further information on the validation experiments can be found at the shRNA Validation Project website.

(a)

Validation Experiments

Organism:
Human

Experiment subject:
Cell culture

Cell type:
Ovarian cancer / Breast cancer

Cell line:
OVCAR-8 / MCF-7

Gene of origin:
Endogenous

Treatment prior to RNAi:
N/A

Vector:
pGIPZ lentiviral expression vector

Delivery method:
Viral infection

mRNA suppression (%):
93% in OVCAR-8 cells
71% in MCF-7 cells

Method of mRNA detection:
Quantitive real-time PCR

Protein suppression (%):
Not tested

Method of protein suppression:
N/A

Phenotype observed:

Notes:
For further information on this and other shRNA Validation Project entries, visit http://cgap.nci.nih.gov/RNAi/ICBP.

(b)

Submitters Information

Submitted by:
Mary Lindstrom, based on information provided by the shRNA Validation Project.

Location
NCI

(c)

图 18-96　*p53* 基因 shRNA（#1146）结果页面

（2）浏览数据

点击“Browse”，即可进入数据浏览界面，如图 18-97 所示，然后选择浏览方式。数据库提供了三种排序方式：通过基因名称排序（by gene name）、通过物种排序（by species）、通过研究者排序（by investigator）。点击相应的链接，如通过基因名称排序，即可浏览相应数据，如图 18-98 所示。

You have the ability to browse the list of submitted sequences by either gene target or investigator.

View siRNAs by gene name

View siRNAs by species: human, mouse

View siRNAs by investigator

图 18-97　数据浏览页面

siRNAs/shRNAs sorted by gene name

by gene name	human reactive	mouse reactive

For more specific information on each siRNA, click the siRNA ID.
For the NCBI Probe's page of each siRNA, click the NCBI Probe #.

Target Gene	ID#	siRNA	shRNA	Mouse	Human	NCBI Probe #	mRNA knockdown	Protein knockdown
ABCB1	1053	x			x	8809956	80-90%	---
ABCC1	1106	x			x	8809962	70-80%	---
ADAM8	1085	x			x	8809972	70-80%	---
AKT1	1107		x		x	N/A*	50-85%	---
AKT2	1047	x			x	8809979	80-90%	---
AKT3	1097	x			x	8809982	70-80%	---
AKT3	1098	x			x	8809981	70-80%	---
ANP32A	1103	x			x	8809983	70-80%	---
ANXA8	1108		x		x	N/A*	80-95%	---
ARD1A	1049	x			x	8809987	80-90%	---
ARHGDIB	1066	x			x	8809991	80-90%	---
ARHGDIB	1026	x			x	8809992	90-100%	---
ARHGEF12	1067	x			x	8809990	80-90%	---

图 18-98　以基因名称为浏览方式的页面

（3）上传数据

点击“Submissions”进入数据上传页面，如图 18-99 所示。点击“siRNA submissions”或“shRNA submissions”分别上传 siRNA 和 shRNA 序列信息。用户也可以在“Submissions”栏下直接选择“siRNA submission”或“shRNA submission”进入相应的上传页面。

Submissions

Thank you for your interest in submitting sequences to the MIT/ICBP siRNA Database. Submissions are currently accepted from members of the MIT/ICBP community. If you are not affiliated with MIT but are interested in submitting sequences, contact us.

Before submitting your siRNA data, please review our submission FAQs.

siRNA submission	shRNA submission

图 18-99　MIT/ICBP siRNA 数据库上传页面

下面以 siRNA 上传为例，简单介绍如何上传 siRNA 序列信息以及注意事项。上传 siRNA 序列需要填写以下几个方面的信息：

① 个人信息（Personal Information）：包括姓名（Name）、电子邮件（Email）等，如图 18-100 所示。

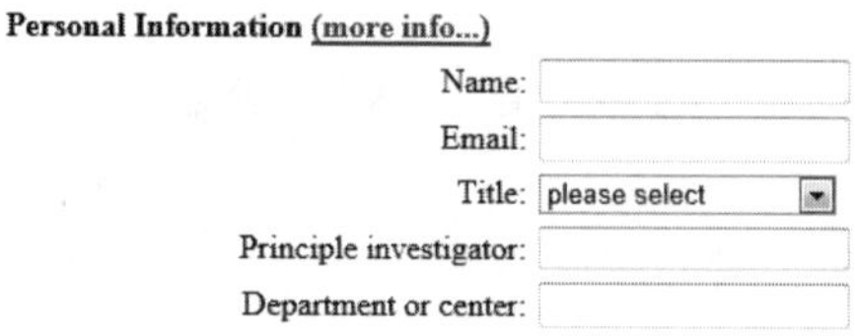

Personal Information (more info...)
Name:
Email:
Title: please select
Principle investigator:
Department or center:

图 18-100　上传 siRNA 或 shRNA 的个人信息

② NCBI 探针数据库（NCBI Probe Database）：如果先前已上传相应序列到 NCBI 探针数据库，则需要提供 NCBI Probe ID 号码，如果没有上传，网站会自动上传到 NCBI 探针数据库，如图 18-101 所示。

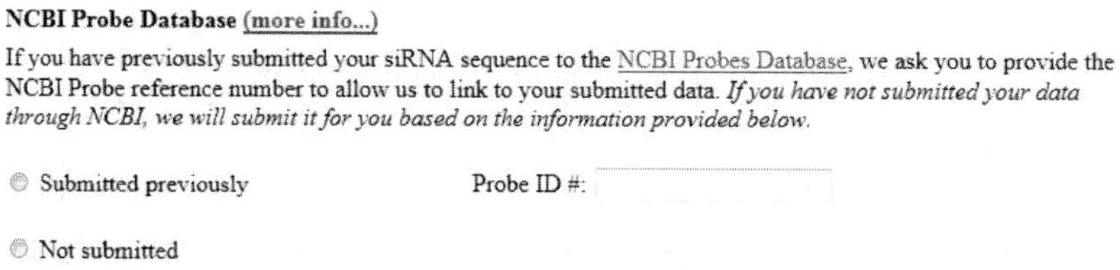

NCBI Probe Database (more info...)
If you have previously submitted your siRNA sequence to the NCBI Probes Database, we ask you to provide the NCBI Probe reference number to allow us to link to your submitted data. *If you have not submitted your data through NCBI, we will submit it for you based on the information provided below.*

Submitted previously　　Probe ID #:

Not submitted

图 18-101　上传 siRNA 或 shRNA NCBI 探针数据库相关内容

③ 参考文献（Reference）：如果关于该上传序列的文章已发表，则需要提供该文章的 Pubmed ID 号。如果已接收未发表，则需要提供文章题目（Title）、作者（Author）、期刊名（Journal）；如果未投稿，则填写相关研究人员的信息，如图 18-102 所示。

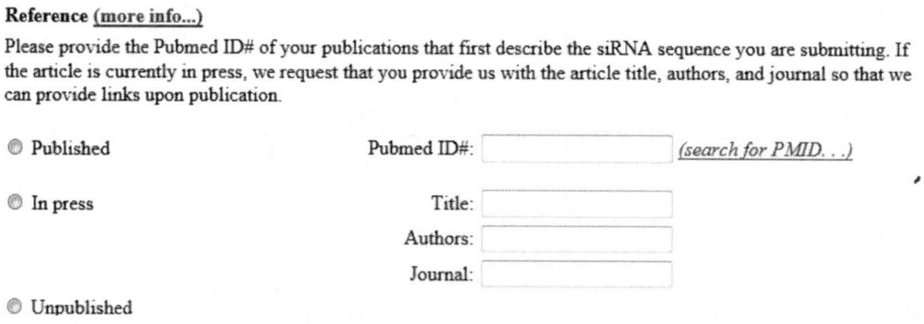

Reference (more info...)
Please provide the Pubmed ID# of your publications that first describe the siRNA sequence you are submitting. If the article is currently in press, we request that you provide us with the article title, authors, and journal so that we can provide links upon publication.

Published　　Pubmed ID#:　　*(search for PMID. . .)*

In press　　Title:
Authors:
Journal:

Unpublished

图 18-102　上传 siRNA 或 shRNA 的参考文献

④ 探针（Probes）：需要填写探针名（Probe name）、靶标 mRNA 的 NCBI 序列号（NCBI accession）、靶标 mRNA 名称（Target mRNA name，若有多个名称，可全部列出）、全长 siRNA 反义序列（Full anti-sense sequence）、反义序列碱基起始位置（anti-sense sequence position）、反义序列悬挂头碱基起始位置（overhang position）、全长 siRNA 正义链序列（Full siRNA sense sequence）、正义序列碱基起始位置（siRNA sense sequence position）、正义序列悬挂头碱基起始位置（overhang position）、评论（Comment，可选）等信息，如图 18-103 所示。

⑤ 结果（Results）：需要填写实验名称（Experiment name）、物种（Organism）、实验类型（Experiment subject）、细胞类型（Cell type）、细胞系（Cell line）、基因来源（Gene of origin）、RNA 干扰实验前的处理（可选）、所用剂量（Dose）（可选）、转染方法（Delivery method）、

Probes (more info...)

Please provide information on your siRNA below. If you have additional information regarding the siRNA, please enter that information in the "comments" field.

Probe name: [?]

Probe type: siRNA shRNA

Please provide the mRNA RefSeq accession number (NM_ or XM_ accession number) for your target gene. You may follow the link out to the NCBI site to search for the gene. Please see our "Faqs" for additional tips on obtaining the proper accesion number.

Target mRNA accession #: *(search for accession number . . .)*

Target mRNA name:

Full siRNA anti-sense sequence (5'-3'):

Please provide the *nucleotide positions* of both the "anti-sense" and "overhang" sequence in your siRNA.

anti-sense sequence position: (ex. 0:18)

overhang position: (ex. 19:20)

Full siRNA sense sequence (5'-3'):

Please provide the *nucleotide positions* of both the "sense" and "overhang" sequence in your siRNA.

siRNA sense sequence position: (ex. 0:18)

overhang position: (ex. 19:20)

Comments (optional):

图 18-103 上传的 siRNA 或 shRNA 探针的相关信息

mRNA 抑制率（mRNA suppression）、蛋白质抑制率（Protien suppression）、检测方法等，如图 18-104 所示。

Results (more info)

The MIT/ICBP siRNA Database will only accept siRNAs that have been shown to work experimentally.

Experiment name:

(ex. Rb knockdown in HeLa Cells, 3/28/07)

Organism: please select *If "other", please specify

Experiment subject: Cell culture *In vivo*

If cell culture, please fill out following two fields.

Cell type:

Cell line:

Gene of origin : Endogenous gene target Transfected gene target

Treatment prior to RNAi (optional):

Dose (optional):

Delivery method: please select *If "other", please specify

siRNA validation can be in the form of mRNA suppression and/or protein suppression levels.
You must supply one of these for your submission to be accepted.

mRNA suppression: please select (% reduction)

Method of mRNA detection: Northern blot real-time PCR

other . . . please specify

Protein suppression: please select (% reduction)

Method of protein detection: Western blot Luciferase assay

other . . . please specify

Phenotype observed (optional):

Notes (optional) :

图 18-104 上传的 siRNA 或 shRNA 的实验结果

与 siRNA 上传相比，上传 shRNA 仅在序列格式上略有不同。对于 shRNA，以下列格式提供克隆的寡核苷酸序列：[克隆结束位点]-正义链-环-反义链-[TTTTT]-[克隆结束位点]，以及正义序列起始位置（如 7∶25）和反义序列起始位置（如 36∶54）。

第六节　tRNA 相关数据库及预测工具

一、概述

转运 RNA（transfer RNA，tRNA）是一类长度约为 74～95nt，起转运氨基酸作用的小分子 RNA。tRNA 的主要功能是将氨基酸转运至核糖体，使之在 mRNA 指导下合成蛋白质。tRNA 主要通过密码子与反密码子相互作用来识别 mRNA。下面介绍 tRNA 相关数据库及预测工具。

二、tRNA 相关数据库

目前，tRNA 相关数据库中，较为完善的是 tRNADB-CE（tRNA gene database curated manually by experts）数据库[32]。该数据库是由 Takashi 等构建的，目前版本为 13.0。通过分析 15365 个完整细菌基因组和 132956 个原始细菌基因组、491 个完整病毒基因组、2886 个完整噬菌体基因组、1515 个完整质粒基因组、2325 个完整叶绿体基因组、12 个完整真核生物（植物和真菌）基因组以及来自环境宏基因组的约 780 万个 DNA 序列条目，构建了 tRNA 基因数据库，共收录了 14580858 个 tRNA 基因。下面介绍其使用方法。

第一步：启动服务器。

在浏览器的地址窗口输入下列地址 http://trna.ie.niigata-u.ac.jp/cgi-bin/trnadb/index.cgi 进入数据库主页，如图 18-105 所示。

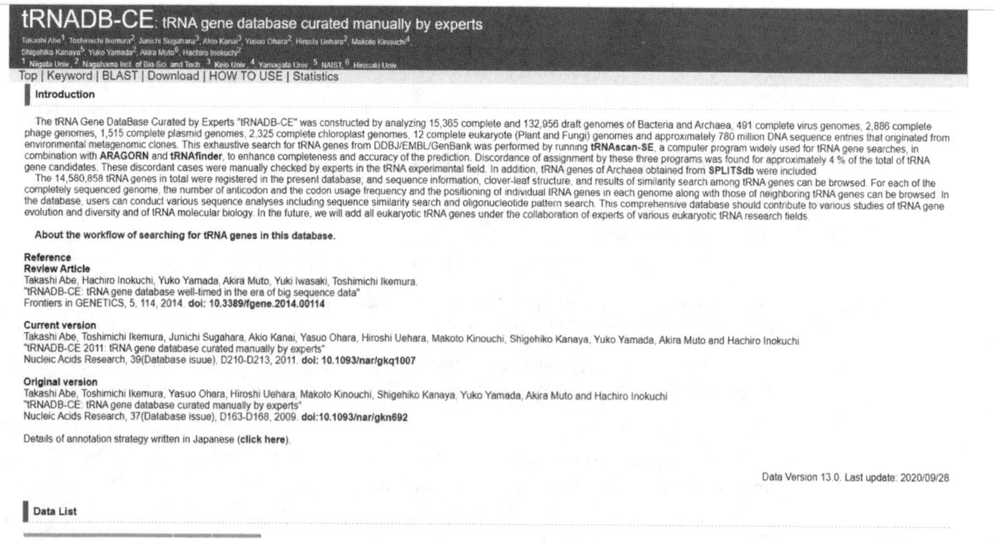

tRNADB-CE: tRNA gene database curated manually by experts

Takashi Abe[1], Toshimichi Ikemura[2], Junichi Sugahara[3], Akio Kanai[3], Yasuo Ohara[2], Hiroshi Uehara[2], Makoto Kinouchi[4], Shigehiko Kanaya[5], Yuko Yamada[2], Akira Muto[6], Hachiro Inokuchi[2]
[1] Niigata Univ, [2] Nagahama Inst. of Bio-Sci. and Tech., [3] Keio Univ, [4] Yamagata Univ, [5] NAIST, [6] Hirosaki Univ

Top | Keyword | BLAST | Download | HOW TO USE | Statistics

Introduction

The tRNA Gene DataBase Curated by Experts "tRNADB-CE" was constructed by analyzing 15,365 complete and 132,956 draft genomes of Bacteria and Archaea, 491 complete virus genomes, 2,886 complete phage genomes, 1,515 complete plasmid genomes, 2,325 complete chloroplast genomes, 12 complete eukaryote (Plant and Fungi) genomes and approximately 780 million DNA sequence entries that originated from environmental metagenomic clones. This exhaustive search for tRNA genes from DDBJ/EMBL/GenBank was performed by running **tRNAscan-SE**, a computer program widely used for tRNA gene searches, in combination with **ARAGORN** and **tRNAfinder**, to enhance completeness and accuracy of the prediction. Discordance of assignment by these three programs was found for approximately 4 % of the total of tRNA gene candidates. These discordant cases were manually checked by experts in the tRNA experimental field. In addition, tRNA genes of Archaea obtained from **SPLITSdb** were included.

The 14,580,858 tRNA genes in total were registered in the present database, and sequence information, clover-leaf structure, and results of similarity search among tRNA genes can be browsed. For each of the completely sequenced genome, the number of anticodon and the codon usage frequency and the positioning of individual tRNA genes in each genome along with those of neighboring tRNA genes can be browsed. In the database, users can conduct various sequence analyses including sequence similarity search and oligonucleotide pattern search. This comprehensive database should contribute to various studies of tRNA gene evolution and diversity and of tRNA molecular biology. In the future, we will add all eukaryotic tRNA genes under the collaboration of experts of various eukaryotic tRNA research fields.

About the workflow of searching for tRNA genes in this database.

Reference
Review Article
Takashi Abe, Hachiro Inokuchi, Yuko Yamada, Akira Muto, Yuki Iwasaki, Toshimichi Ikemura.
"tRNADB-CE: tRNA gene database well-timed in the era of big sequence data"
Frontiers in GENETICS, 5, 114, 2014. **doi: 10.3389/fgene.2014.00114**

Current version
Takashi Abe, Toshimichi Ikemura, Junichi Sugahara, Akio Kanai, Yasuo Ohara, Hiroshi Uehara, Makoto Kinouchi, Shigehiko Kanaya, Yuko Yamada, Akira Muto and Hachiro Inokuchi
"tRNADB-CE 2011: tRNA gene database curated manually by experts"
Nucleic Acids Research, 39(Database isuue), D210-D213, 2011. **doi: 10.1093/nar/gkq1007**

Original version
Takashi Abe, Toshimichi Ikemura, Yasuo Ohara, Hiroshi Uehara, Makoto Kinouchi, Shigehiko Kanaya, Yuko Yamada, Akira Muto and Hachiro Inokuchi
"tRNADB-CE: tRNA gene database curated manually by experts"
Nucleic Acids Research, 37(Database issue), D163-D168, 2009. **doi:10.1093/nar/gkn692**

Details of annotation strategy written in Japanese (**click here**).

Data Version 13.0. Last update: 2020/09/28

Data List

图 18-105　tRNADB-CE 数据库主页

第二步：浏览、检索数据或使用其他功能。

tRNADB-CE 数据库的功能主要包括以下几个部分：浏览数据（Data List）、关键词检索（Keyword Search）、BLASTN 或模式检索（BLASTN/Pattern Search）、tRNA 数据下载（tRNA gene data download)、相同序列组（Identical Sequence Group）几部分。下面分别进行介绍。

（1）浏览数据（Data List）

① 点击Data List链接，进入浏览界面，如图18-106所示。点击“Genomes”栏的相应数字，可进入该门/类包含的物种列表，括号内的数字代表该分类tRNA基因的总数，如图18-107所示。

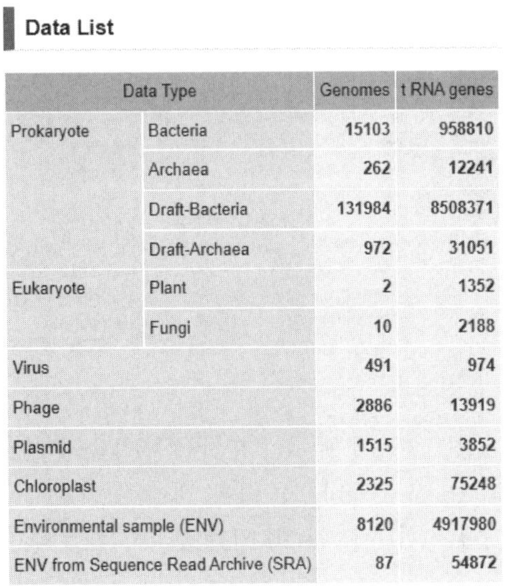

Data List

Data Type		Genomes	t RNA genes
Prokaryote	Bacteria	15103	958810
	Archaea	262	12241
	Draft-Bacteria	131984	8508371
	Draft-Archaea	972	31051
Eukaryote	Plant	2	1352
	Fungi	10	2188
Virus		491	974
Phage		2886	13919
Plasmid		1515	3852
Chloroplast		2325	75248
Environmental sample (ENV)		8120	4917980
ENV from Sequence Read Archive (SRA)		87	54872

图 18-106 Data List

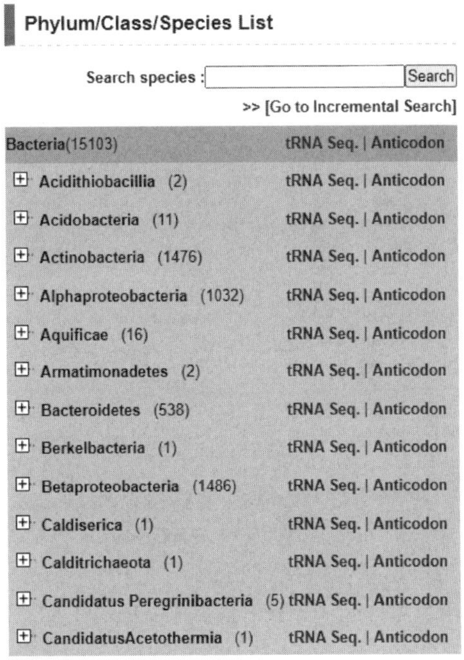

Phylum/Class/Species List

Search species : [Search]

>> [Go to Incremental Search]

Bacteria(15103)	tRNA Seq. | Anticodon
⊞ Acidithiobacillia (2)	tRNA Seq. | Anticodon
⊞ Acidobacteria (11)	tRNA Seq. | Anticodon
⊞ Actinobacteria (1476)	tRNA Seq. | Anticodon
⊞ Alphaproteobacteria (1032)	tRNA Seq. | Anticodon
⊞ Aquificae (16)	tRNA Seq. | Anticodon
⊞ Armatimonadetes (2)	tRNA Seq. | Anticodon
⊞ Bacteroidetes (538)	tRNA Seq. | Anticodon
⊞ Berkelbacteria (1)	tRNA Seq. | Anticodon
⊞ Betaproteobacteria (1486)	tRNA Seq. | Anticodon
⊞ Caldiserica (1)	tRNA Seq. | Anticodon
⊞ Calditrichaeota (1)	tRNA Seq. | Anticodon
⊞ Candidatus Peregrinibacteria (5)	tRNA Seq. | Anticodon
⊞ CandidatusAcetothermia (1)	tRNA Seq. | Anticodon

图 18-107 物种列表

② 点击“+”，查看该门/类包含的详细信息，如图18-108所示。

③ 也可以在“Search species”文本框中输入物种名称（如 *Acidobacterium capsulatum* ATCC 51196），搜索结果以粉色高亮显示，如图18-109所示。

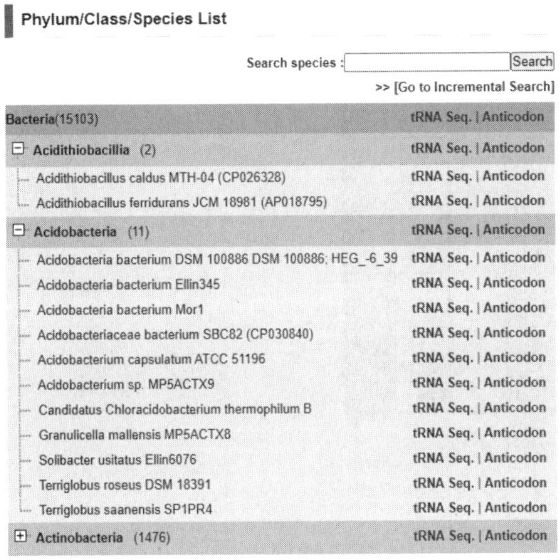

Phylum/Class/Species List

Search species : [Search]

>> [Go to Incremental Search]

Bacteria(15103)	tRNA Seq. | Anticodon
⊟ Acidithiobacillia (2)	tRNA Seq. | Anticodon
Acidithiobacillus caldus MTH-04 (CP026328)	tRNA Seq. | Anticodon
Acidithiobacillus ferridurans JCM 18981 (AP018795)	tRNA Seq. | Anticodon
⊟ Acidobacteria (11)	tRNA Seq. | Anticodon
Acidobacteria bacterium DSM 100886 DSM 100886; HEG_-6_39	tRNA Seq. | Anticodon
Acidobacteria bacterium Ellin345	tRNA Seq. | Anticodon
Acidobacteria bacterium Mor1	tRNA Seq. | Anticodon
Acidobacteriaceae bacterium SBC82 (CP030840)	tRNA Seq. | Anticodon
Acidobacterium capsulatum ATCC 51196	tRNA Seq. | Anticodon
Acidobacterium sp. MP5ACTX9	tRNA Seq. | Anticodon
Candidatus Chloracidobacterium thermophilum B	tRNA Seq. | Anticodon
Granulicella mallensis MP5ACTX8	tRNA Seq. | Anticodon
Solibacter usitatus Ellin6076	tRNA Seq. | Anticodon
Terriglobus roseus DSM 18391	tRNA Seq. | Anticodon
Terriglobus saanensis SP1PR4	tRNA Seq. | Anticodon
⊞ Actinobacteria (1476)	tRNA Seq. | Anticodon

图 18-108 门/类条目下的详细信息

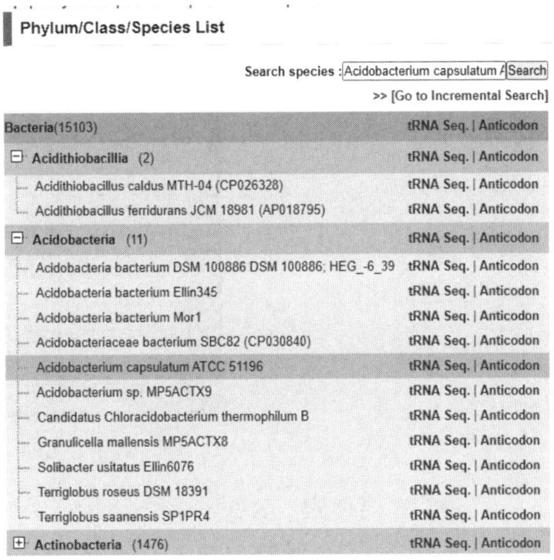

Phylum/Class/Species List

Search species : Acidobacterium capsulatum A [Search]

>> [Go to Incremental Search]

Bacteria(15103)	tRNA Seq. | Anticodon
⊟ Acidithiobacillia (2)	tRNA Seq. | Anticodon
Acidithiobacillus caldus MTH-04 (CP026328)	tRNA Seq. | Anticodon
Acidithiobacillus ferridurans JCM 18981 (AP018795)	tRNA Seq. | Anticodon
⊟ Acidobacteria (11)	tRNA Seq. | Anticodon
Acidobacteria bacterium DSM 100886 DSM 100886; HEG_-6_39	tRNA Seq. | Anticodon
Acidobacteria bacterium Ellin345	tRNA Seq. | Anticodon
Acidobacteria bacterium Mor1	tRNA Seq. | Anticodon
Acidobacteriaceae bacterium SBC82 (CP030840)	tRNA Seq. | Anticodon
Acidobacterium capsulatum ATCC 51196	tRNA Seq. | Anticodon
Acidobacterium sp. MP5ACTX9	tRNA Seq. | Anticodon
Candidatus Chloracidobacterium thermophilum B	tRNA Seq. | Anticodon
Granulicella mallensis MP5ACTX8	tRNA Seq. | Anticodon
Solibacter usitatus Ellin6076	tRNA Seq. | Anticodon
Terriglobus roseus DSM 18391	tRNA Seq. | Anticodon
Terriglobus saanensis SP1PR4	tRNA Seq. | Anticodon
⊞ Actinobacteria (1476)	tRNA Seq. | Anticodon

图 18-109 在门/类列表中检索物种

④ 点击“Go to Incremental Search”以增加搜索条目。

⑤ 点击“tRNA seq”将进入 tRNA gene 列表页面，如图 18-110 所示。

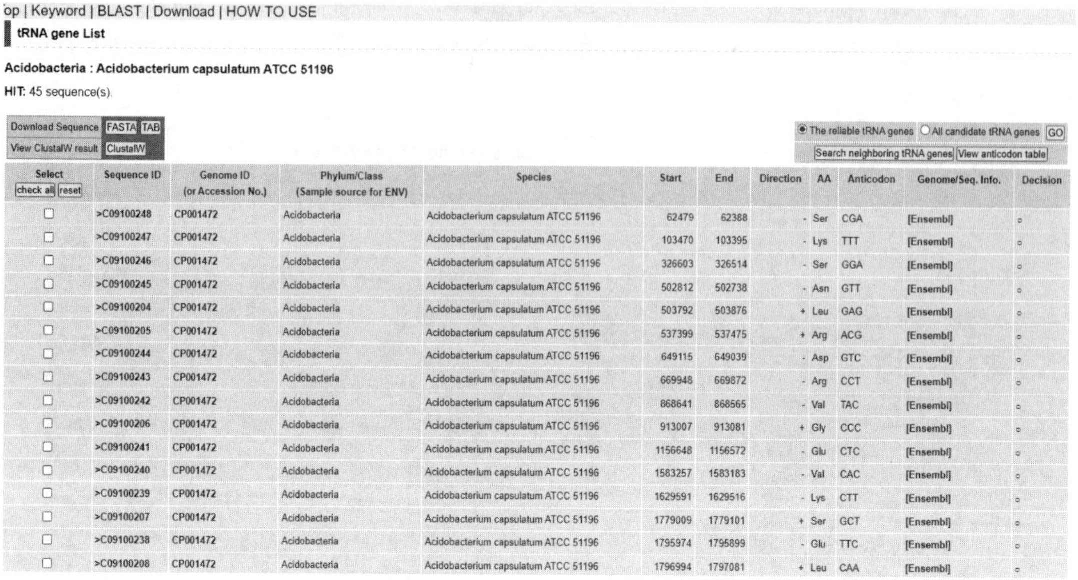

op | Keyword | BLAST | Download | HOW TO USE

tRNA gene List

Acidobacteria : Acidobacterium capsulatum ATCC 51196

HIT: 45 sequence(s).

Download Sequence [FASTA] [TAB]
View ClustalW result [ClustalW]

◉ The reliable tRNA genes ○ All candidate tRNA genes [GO]
[Search neighboring tRNA genes] [View anticodon table]

Select (check all / reset)	Sequence ID	Genome ID (or Accession No.)	Phylum/Class (Sample source for ENV)	Species	Start	End	Direction	AA	Anticodon	Genome/Seq. Info.	Decision
□	>C09100248	CP001472	Acidobacteria	Acidobacterium capsulatum ATCC 51196	62479	62388	-	Ser	CGA	[Ensembl]	○
□	>C09100247	CP001472	Acidobacteria	Acidobacterium capsulatum ATCC 51196	103470	103395	-	Lys	TTT	[Ensembl]	○
□	>C09100246	CP001472	Acidobacteria	Acidobacterium capsulatum ATCC 51196	326603	326514	-	Ser	GGA	[Ensembl]	○
□	>C09100245	CP001472	Acidobacteria	Acidobacterium capsulatum ATCC 51196	502812	502738	-	Asn	GTT	[Ensembl]	○
□	>C09100204	CP001472	Acidobacteria	Acidobacterium capsulatum ATCC 51196	503792	503876	+	Leu	GAG	[Ensembl]	○
□	>C09100205	CP001472	Acidobacteria	Acidobacterium capsulatum ATCC 51196	537399	537475	+	Arg	ACG	[Ensembl]	○
□	>C09100244	CP001472	Acidobacteria	Acidobacterium capsulatum ATCC 51196	649115	649039	-	Asp	GTC	[Ensembl]	○
□	>C09100243	CP001472	Acidobacteria	Acidobacterium capsulatum ATCC 51196	669948	669872	-	Arg	CCT	[Ensembl]	○
□	>C09100242	CP001472	Acidobacteria	Acidobacterium capsulatum ATCC 51196	868641	868565	-	Val	TAC	[Ensembl]	○
□	>C09100206	CP001472	Acidobacteria	Acidobacterium capsulatum ATCC 51196	913007	913081	+	Gly	CCC	[Ensembl]	○
□	>C09100241	CP001472	Acidobacteria	Acidobacterium capsulatum ATCC 51196	1156648	1156572	-	Glu	CTC	[Ensembl]	○
□	>C09100240	CP001472	Acidobacteria	Acidobacterium capsulatum ATCC 51196	1583257	1583183	-	Val	CAC	[Ensembl]	○
□	>C09100239	CP001472	Acidobacteria	Acidobacterium capsulatum ATCC 51196	1629591	1629516	-	Lys	CTT	[Ensembl]	○
□	>C09100207	CP001472	Acidobacteria	Acidobacterium capsulatum ATCC 51196	1779009	1779101	+	Ser	GCT	[Ensembl]	○
□	>C09100238	CP001472	Acidobacteria	Acidobacterium capsulatum ATCC 51196	1795974	1795899	-	Glu	TTC	[Ensembl]	○
□	>C09100208	CP001472	Acidobacteria	Acidobacterium capsulatum ATCC 51196	1796994	1797081	+	Leu	CAA	[Ensembl]	○

图 18-110 tRNA 基因列表

⑥ 点击“Anticodon”进入反密码子页面，如图 18-111 所示。在此页面上，点击“to Codon table”，链接到密码子表格；点击“ to Composite table”，链接到组成表格；点击“to tRNA Seq. table”，链接到 tRNA 基因列表［详见（7）tRNA 基因列表］。

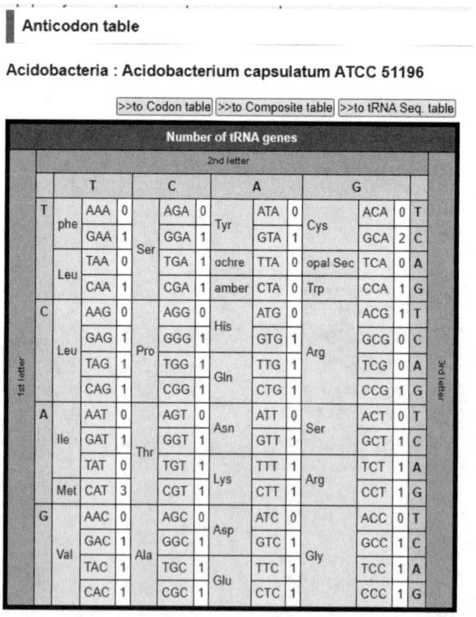

Anticodon table

Acidobacteria : Acidobacterium capsulatum ATCC 51196

[>>to Codon table] [>>to Composite table] [>>to tRNA Seq. table]

Number of tRNA genes

1st letter	T			C			A			G			3rd letter
T	phe	AAA	0	Ser	AGA	0	Tyr	ATA	0	Cys	ACA	0	T
		GAA	1		GGA	1		GTA	1		GCA	2	C
	Leu	TAA	0		TGA	1	ochre	TTA	0	opal Sec	TCA	0	A
		CAA	1		CGA	1	amber	CTA	0	Trp	CCA	1	G
C	Leu	AAG	0	Pro	AGG	0	His	ATG	0	Arg	ACG	1	T
		GAG	1		GGG	1		GTG	1		GCG	0	C
		TAG	1		TGG	1	Gln	TTG	1		TCG	0	A
		CAG	1		CGG	1		CTG	1		CCG	1	G
A	Ile	AAT	0	Thr	AGT	0	Asn	ATT	0	Ser	ACT	0	T
		GAT	1		GGT	1		GTT	1		GCT	1	C
		TAT	0		TGT	1	Lys	TTT	1	Arg	TCT	1	A
	Met	CAT	3		CGT	1		CTT	1		CCT	1	G
G	Val	AAC	0	Ala	AGC	0	Asp	ATC	0	Gly	ACC	0	T
		GAC	1		GGC	1		GTC	1		GCC	1	C
		TAC	1		TGC	1	Glu	TTC	1		TCC	1	A
		CAC	1		CGC	1		CTC	1		CCC	1	G

图 18-111 反密码子表格

（2）关键词搜索（Keyword Search）

① 如图 18-112 所示，在“Keyword Search”检索框内输入关键词（如 *Acidobacterium capsulatum* ATCC 51196），可勾选“Targets”或“Data Types”以限定搜索范围。

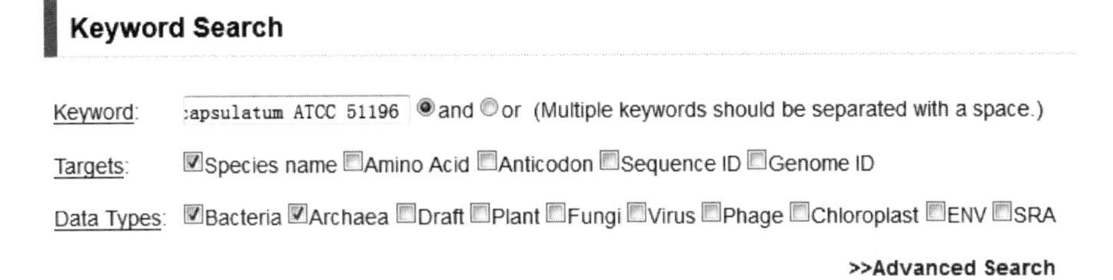

图 18-112　关键词检索

② 点击“Advanced Search”，进入高级检索界面，如图 18-113 所示。

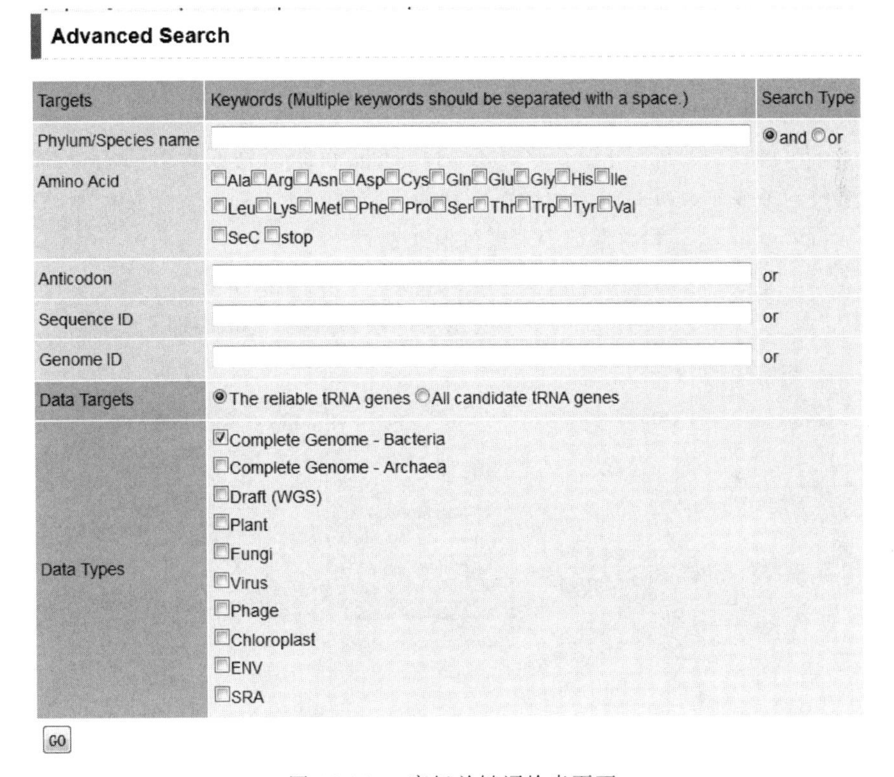

图 18-113　高级关键词检索页面

③ 高级检索界面中，在 Targets 一栏，需要输入物种名称以及（或者）氨基酸类型、反密码子、序列 ID、基因组 ID。

④ 在“Data Targets”一栏，可以选择目标数据。

⑤ 在“Data Types”一栏，可以选择数据来源。

⑥ 填写完成检索关键词后，点击“GO”进行高级检索。

注：在“Phylum/Species name”文本框内可以使用通配符“*”；在“Anticodon”文本框内可以使用 R 代表嘌呤，Y 代表嘧啶，N 代表任意核苷酸。

(3) BLASTN 或模式检索（BLASTN/Pattern Search）

① 如图 18-114 所示，在文本框内输入一条核苷酸序列或者点击“浏览”选择本地 FASTA 格式文件上传。

BLASTN / Pattern Search

Query Sequence:

MultiFASTA file upload (BLASTN only)

浏览…

Search Type:

BLASTN

e-value 10

Number of sequences to show 50 (max=500)

Advanced BLAST option

Pattern

Acceptor-stem D-stem D-loop Anticodon-stem

Anticodon-loop Variable-loop T-stem T-loop

Data Types:

Bacteria Archaea Draft Plant Fungi Virus Phage Chloroplast ENV SRA

GO

>>Advanced Pattern Search

图 18-114 BLASTN 或模式检索

② 选择 BLASTN 或 Pattern 选项。

BLASTN：进行 BLASTN 检索。对收录在数据库中所有 tRNA 基因序列进行相似性检索，用户也可以选择数据来源：完整基因组（Complete genomes）、草图基因组（Draft genome，WGS）和环境基因组（Environmental genomes，ENV）。

Pattern：进行模式检索。可以在文本框内输入准确的序列或者含有特异标识的序列，如：R 表示嘌呤，Y 表示嘧啶，N 表示任意核苷酸。此外，还可以限定靶标区域的结构［如茎（stem）和环（loop）区域］和数据类型来进行模式检索。

③ 点击“GO”执行 BLASTN 检索或模式检索。

④ 点击“Advanced Pattern Search”进入高级检索界面，如图 18-115 所示。

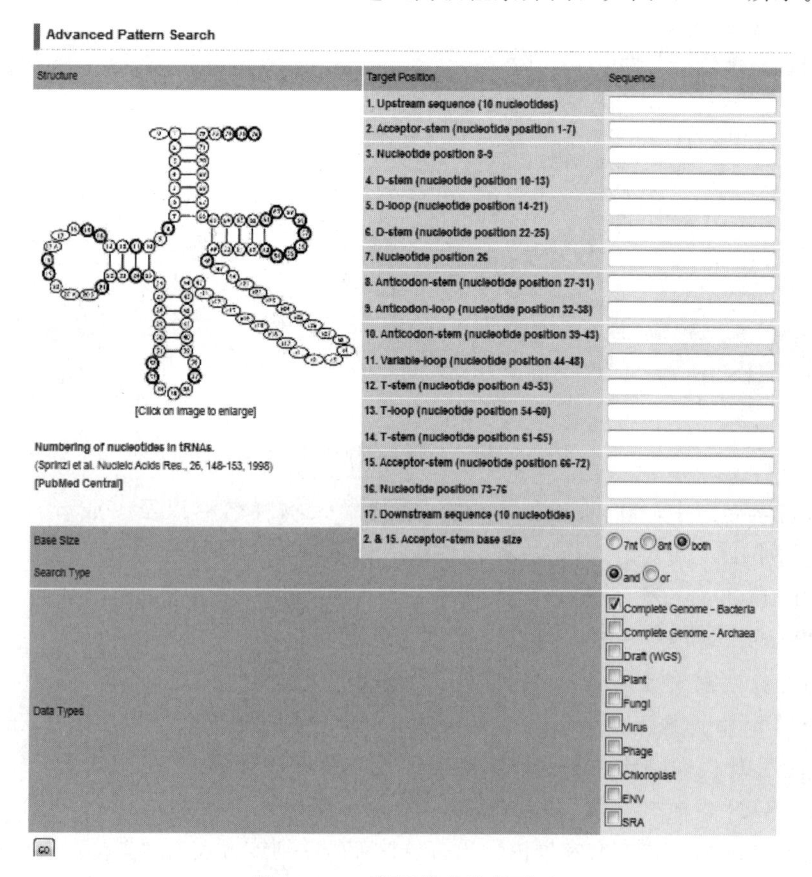

图 18-115 高级模式检索页面

⑤ 在高级的模式检索中（如寡核苷酸序列检索），用户可以将检索区域集中在三叶草结构的茎/环部分，并结合各种模式的区域（如图 18-115 中所示靶标的代表区域位置的模型）。

(4) tRNA 数据下载（tRNA gene data download）

① 如图 18-116 所示，选择文件类型“File Type”，FASTA 格式或者制表符分隔数据（Tab delimited data）。

② 选择数据类型“Data Types”，即子数据库，如 Bacteria。

③ 选择靶标“Target”（分为可信的和全部的）。

④ 点击“Download”，执行下载。

图 18-116　tRNA 数据下载

(5) 相同序列组（Identical Sequence Group）

① 相同序列组是指序列相同的 tRNA 组，是利用 CD-HIT 对原核基因组进行序列比对得到的结果。如图 18-117 所示，Genomes 列的数目代表每个种系型的基因组数目，“Sequence groups”列的数目代表每个种系型的相同序列组的数目。点击“Genomes”和“Sequence groups”列的数字可链接进入 Phylum/Class/Species 列表，如图 18-118 所示，同样括号内数目分别代表该种系型数目及其相同序列组的数目。

Identical Sequence Group

Data Type		Genomes	Sequence groups
Prokaryote	Bacteria	147392	291552
	Archaea	262	5694
Plant	Plant	2	438
	Fungi	10	511
Virus		176	478
Phage		2294	4822
Plasmid		886	1980
Chloroplast		2325	9340
ENV		8120	591656
ENV from Sequence Read Archive (SRA)		87	26188

Identical Sequence Group (ENV vs Prokaryote Genome)

100% (Identical) | 97% (2-nt difference) | 95% (3-nt difference)

Identical Sequence Group (SRA vs Prokaryote Genome)

100% (Identical) | 97% (2-nt difference) | 95% (3-nt difference)

图 18-117　相同序列组列表

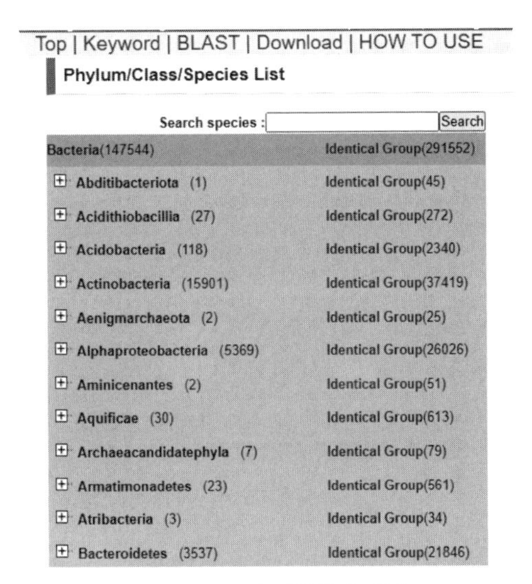

图 18-118　门/类物种列表

② 点击“Identical Group”链接，即可浏览该种系型的相同序列组列表，如图 18-119 所示，每个反密码子后的数字代表该反密码子的相同序列组数目。

Bacteria

Abditibacteriota

[100 % / within this phylotype]

>> tRNA | >> Identical Group (97%) | >> Identical Group (within this phylotype) | >> Identical Group (outside this phylotype)

Number of tRNA clusters

1st letter		2nd letter T			2nd letter C			2nd letter A			2nd letter G			3rd letter
T	phe	AAA	0	Ser	AGA	0	Tyr	ATA	0	Cys	ACA	0	T
		GAA	1		GGA	1		GTA	1		GCA	1	C
	Leu	TAA	1		TGA	1	ochre	TTA	0	opal Sec	TCA	0	A
		CAA	1		CGA	1	amber	CTA	0	Trp	CCA	1	G
C	Leu	AAG	0	Pro	AGG	0	His	ATG	0	Arg	ACG	0	T
		GAG	0		GGG	0		GTG	1		GCG	0	C
		TAG	1		TGG	1	Gln	TTG	0		TCG	0	A
		CAG	1		CGG	1		CTG	1		CCG	0	G
A	Ile	AAT	0	Thr	AGT	0	Asn	ATT	0	Ser	ACT	0	T
		GAT	1		GGT	1		GTT	1		GCT	1	C
		TAT	0		TGT	1	Lys	TTT	1	Arg	TCT	1	A
	Met	CAT	3		CGT	0		CTT	1		CCT	1	G
G	Val	AAC	0	Ala	AGC	0	Asp	ATC	0	Gly	ACC	0	T
		GAC	1		GGC	1		GTC	1		GCC	1	C
		TAC	0		TGC	1	Glu	TTC	1		TCC	1	A
		CAC	1		CGC	1		CTC	1		CCC	1	G

图 18-119　Abditibacteriota 门的相同序列组列表

③ 点击“tRNA gene numbers”，进入该反密码子的相同序列组 tRNA 列表，如图 18-120 所示，根据每个 tRNA 的种系型信息及相同序列组（ISG），对每个反密码子类型的 tRNA 进行分类并列表。

tRNA genes clustered and arranged according to each identical group

Abditibacteriota

HIT: 38 Group(s).

Download Sequence FASTA TAB Representative sequence of each cluster

View ClustalW result ClustalW

Sort by Identical group No. Sort by the number of tRNAs in the Identical group GO

Select check all reset	Sequence ID	Genome ID (or Accession No.)	Phylum/Class (Sample source for ENV)	Species	Start	End	Direction	AA	Anticodon	Genome/Seq. Info.	Decision
Identical group No.22476 (1 seq.)											
☐	>W1910922602	NIGF01000001	Abditibacteriota	Abditibacterium utsteinense LMG 29911 (NIGF)	91051	90962	-	Ser	GCT	[ENA]	○
Identical group No.52564 (1 seq.)											
☐	>W1910922628	NIGF01000008	Abditibacteriota	Abditibacterium utsteinense LMG 29911 (NIGF)	57253	57166	-	Ser	CGA	[ENA]	○
Identical group No.93172 (1 seq.)											
☐	>W1910922609	NIGF01000003	Abditibacteriota	Abditibacterium utsteinense LMG 29911 (NIGF)	240759	240675	-	Ser	TGA	[ENA]	○
Identical group No.93173 (1 seq.)											
☐	>W1910922629	NIGF01000008	Abditibacteriota	Abditibacterium utsteinense LMG 29911 (NIGF)	57083	56996	-	Ser	GGA	[ENA]	○
Identical group No.122788 (1 seq.)											
☐	>W1910922630	NIGF01000009	Abditibacteriota	Abditibacterium utsteinense LMG 29911 (NIGF)	79850	79933	+	Leu	CAA	[ENA]	○
Identical group No.160261 (1 seq.)											
☐	>W1910922599	NIGF01000001	Abditibacteriota	Abditibacterium utsteinense LMG 29911 (NIGF)	59406	59488	+	Leu	TAA	[ENA]	○
Identical group No.160262 (1 seq.)											
☐	>W1910922619	NIGF01000006	Abditibacteriota	Abditibacterium utsteinense LMG 29911 (NIGF)	85665	85583	-	Leu	CAG	[ENA]	○
Identical group No.160263 (1 seq.)											
☐	>W1910922625	NIGF01000008	Abditibacteriota	Abditibacterium utsteinense LMG 29911 (NIGF)	103068	103150	+	Tyr	GTA	[ENA]	○

图 18-120　选定反密码子的相同序列组 tRNA 列表

④ 在搜索结果中，缺省状态下，默认选择“Sort by Identical group No.”，即以同一组的组号排序；若想以同一组中包含的 tRNA 数目排序，则选择“Sort by the number of tRNAs in the Identical group”按钮，然后点击“GO”。

（6）在环境样本（ENV）和测序片段归档（SRA）中的相同序列组信息［Identical Sequence Group（ENV vs Prokaryote Genome）&（SRA vs Prokaryote Genome）］

① 如图 18-117 所示，在相同序列组列表的下方，有两个列表，分别为环境样本（ENV）和 SRA（Sequence Read Archive）与原核基因组的相同序列组列表。

② 点击列表下方超链接，即“100%（Identical）”、“97%（2-nt difference）”和“95%（3-nt difference）”，分别代表环境样本或测序片段样本中 tRNA 基因与已知原核基因的序列一致性分别为 100%、97%和 95%；点击超链接进入环境样本与原核基因组的相同序列组列表（图 18-121），或测序片段归档与原核基因组的相同序列组列表（图 18-122）。

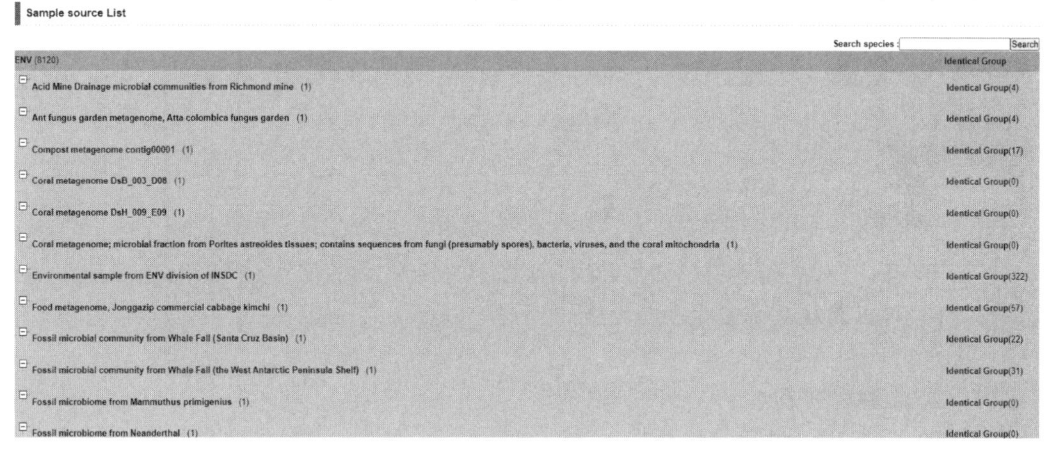

Sample source List

Search species : Search

ENV (8120)	Identical Group
Acid Mine Drainage microbial communities from Richmond mine (1)	Identical Group(4)
Ant fungus garden metagenome, Atta colombica fungus garden (1)	Identical Group(4)
Compost metagenome contig00001 (1)	Identical Group(17)
Coral metagenome DsB_003_D08 (1)	Identical Group(0)
Coral metagenome DsH_009_E09 (1)	Identical Group(0)
Coral metagenome; microbial fraction from Porites astreoides tissues; contains sequences from fungi (presumably spores), bacteria, viruses, and the coral mitochondria (1)	Identical Group(0)
Environmental sample from ENV division of INSDC (1)	Identical Group(322)
Food metagenome, Jonggazip commercial cabbage kimchi (1)	Identical Group(57)
Fossil microbial community from Whale Fall (Santa Cruz Basin) (1)	Identical Group(22)
Fossil microbial community from Whale Fall (the West Antarctic Peninsula Shelf) (1)	Identical Group(31)
Fossil microbiome from Mammuthus primigenius (1)	Identical Group(0)
Fossil microbiome from Neanderthal (1)	Identical Group(0)

图 18-121　环境样本列表（ENV）

Sample source List

Search species : Search

SRA (87)	Identical Group
454 Sequencing (SRP001803) (1)	Identical Group(16)
454 Sequencing (SRP001804) (1)	Identical Group(651)
454 Sequencing (SRP001805) (1)	Identical Group(22)
454 Sequencing (SRP001806) (1)	Identical Group(6)
454 Sequencing (SRP001807) (1)	Identical Group(12)
454 Sequencing (SRP001808) (1)	Identical Group(38)
454 Sequencing (SRP001809) (1)	Identical Group(63)
454 Sequencing (SRP001810) (1)	Identical Group(36)
454 Sequencing (SRP001811) (1)	Identical Group(581)
454 Sequencing (SRP001812) (1)	Identical Group(16)
454 Sequencing (SRP001813) (1)	Identical Group(4)
454 Sequencing (SRP001814) (1)	Identical Group(50)
454 Sequencing (SRP001815) (1)	Identical Group(6)
454 Sequencing (SRP001816) (1)	Identical Group(8)
454 Sequencing (SRP001817) (1)	Identical Group(9)
454 Sequencing (SRP001819) (1)	Identical Group(101)
454 Sequencing (SRP001820) (1)	Identical Group(128)
Analysis of diversity of coastal microbial mats using 454 technology (SRP001219) (1)	Identical Group(0)
Bacterial carbon processing by generalist species in the coastal ocean. (SRP000056) (1)	Identical Group(5)

图 18-122　测序片段归档列表（SRA）

③ 点击“ENV”或“SRA”中“Identical Group”，可进入以同一序列组排列的种系列表，可以获取有关环境样本中的微生物数目信息。

④ 点击 identical group No. 栏的数字，可以查看从环境样本或 SRA 中获取的 tRNA 列表，如图 18-123 所示。

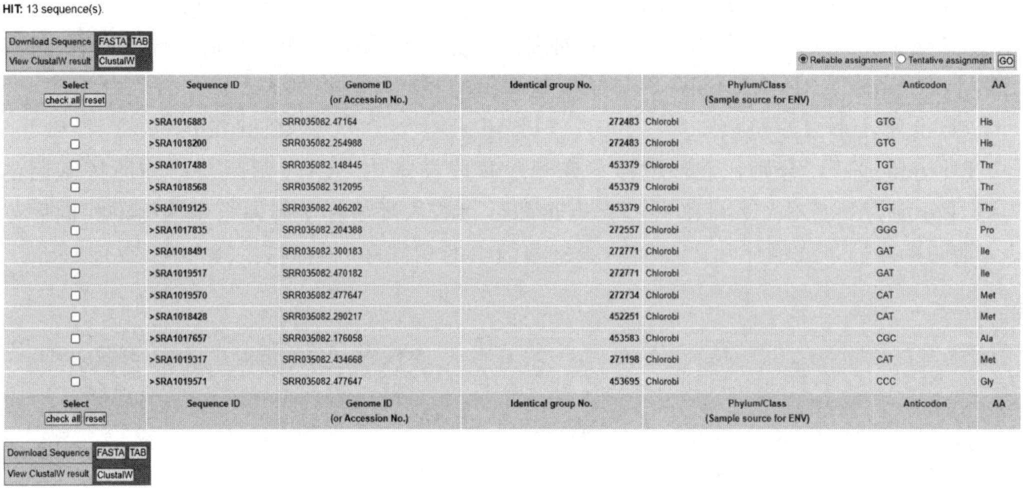

HIT: 13 sequence(s).

Download Sequence FASTA TAB
View ClustalW result ClustalW

◉ Reliable assignment ○ Tentative assignment GO

Select check all reset	Sequence ID	Genome ID (or Accession No.)	Identical group No.	Phylum/Class (Sample source for ENV)	Anticodon	AA
☐	>SRA1016883	SRR035082.47164	272483	Chlorobi	GTG	His
☐	>SRA1018200	SRR035082.254988	272483	Chlorobi	GTG	His
☐	>SRA1017488	SRR035082.148445	453379	Chlorobi	TGT	Thr
☐	>SRA1018568	SRR035082.312095	453379	Chlorobi	TGT	Thr
☐	>SRA1019125	SRR035082.406202	453379	Chlorobi	TGT	Thr
☐	>SRA1017835	SRR035082.204388	272557	Chlorobi	GGG	Pro
☐	>SRA1018491	SRR035082.300183	272771	Chlorobi	GAT	Ile
☐	>SRA1019517	SRR035082.470182	272771	Chlorobi	GAT	Ile
☐	>SRA1019570	SRR035082.477647	272734	Chlorobi	CAT	Met
☐	>SRA1018428	SRR035082.290217	452251	Chlorobi	CAT	Met
☐	>SRA1017657	SRR035082.176058	453583	Chlorobi	CGC	Ala
☐	>SRA1019317	SRR035082.434668	271198	Chlorobi	CAT	Met
☐	>SRA1019571	SRR035082.477647	453695	Chlorobi	CCC	Gly
Select check all reset	Sequence ID	Genome ID (or Accession No.)	Identical group No.	Phylum/Class (Sample source for ENV)	Anticodon	AA

Download Sequence FASTA TAB
View ClustalW result ClustalW

图 18-123 tRNA 列表

注：(a) 当一个唯一组含有已知物种的 5 个以上的 tRNA，我们称为“Rellable assignment”。

(b) 可以获取系统发生分类结果，但当“Phylum/Class”栏为空时则不能进行物种分类。

(7) tRNA 基因列表

在第 (1) 小节中，提到点击“tRNA seq.”链接进入 tRNA 基因列表，如图 18-124 所示，这里，将做详细介绍。

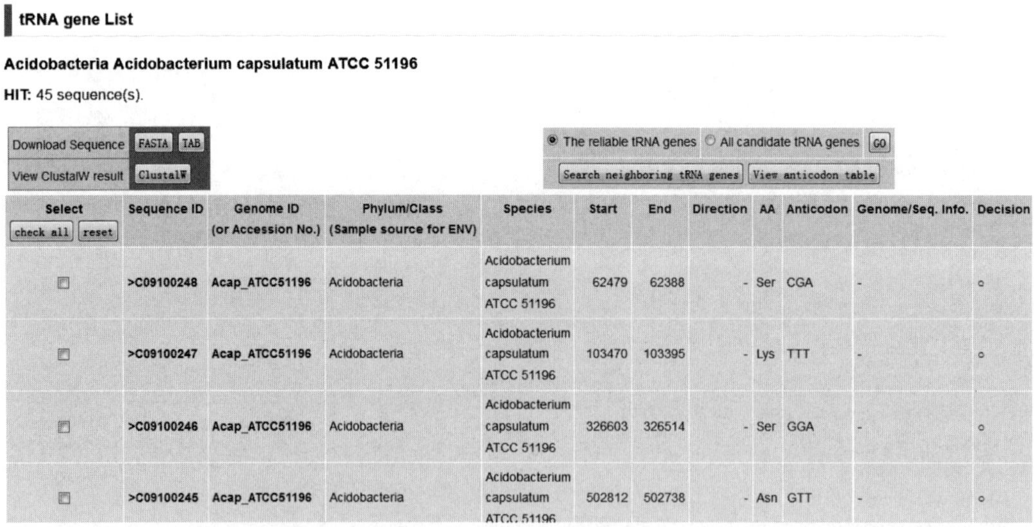

tRNA gene List

Acidobacteria Acidobacterium capsulatum ATCC 51196

HIT: 45 sequence(s).

Download Sequence FASTA TAB
View ClustalW result ClustalW

◉ The reliable tRNA genes ○ All candidate tRNA genes GO

Search neighboring tRNA genes View anticodon table

Select check all reset	Sequence ID	Genome ID (or Accession No.)	Phylum/Class (Sample source for ENV)	Species	Start	End	Direction	AA	Anticodon	Genome/Seq. Info.	Decision
☐	>C09100248	Acap_ATCC51196	Acidobacteria	Acidobacterium capsulatum ATCC 51196	62479	62388	-	Ser	CGA	-	○
☐	>C09100247	Acap_ATCC51196	Acidobacteria	Acidobacterium capsulatum ATCC 51196	103470	103395	-	Lys	TTT	-	○
☐	>C09100246	Acap_ATCC51196	Acidobacteria	Acidobacterium capsulatum ATCC 51196	326603	326514	-	Ser	GGA	-	○
☐	>C09100245	Acap_ATCC51196	Acidobacteria	Acidobacterium capsulatum ATCC 51196	502812	502738	-	Asn	GTT	-	○

图 18-124 tRNA 基因列表

① 缺省状态下，默认模式为“The reliable tRNA genes”；也可以点击“All candidate tRNA genes”，选择显示全部候选 tRNA 基因。

② 点击“Search neighboring tRNA gene”，查找基因组定位附近的 tRNA 基因。

③ 点击“View anticodon table”进入反密码子表格页面。

④ 点击列表条目（如 AA. anticodon），可以按照字母或数字顺序进行排序。

⑤ 点击“Sequence ID”栏的条目，查看各个 tRNA 基因的详细信息，详见第（8）部分。

⑥ 标记“Select”栏的复选框，则选择该行条目，然后点击“Download Sequence”下载相应序列，或者点击“ClustalW”对所选序列进行序列比对。

⑦ 可以选择“FASTA”或“TAB 分隔的文本文件（tab delimited data）”两种格式下载序列。

（8）tRNA 基因序列的详细信息

图 18-125 所示为 tRNA 基因的详细信息列表，是组成该数据库的基本单位。该页面记录了该 tRNA 基因相关信息，也可以通过点击相关链接进入其他页面。

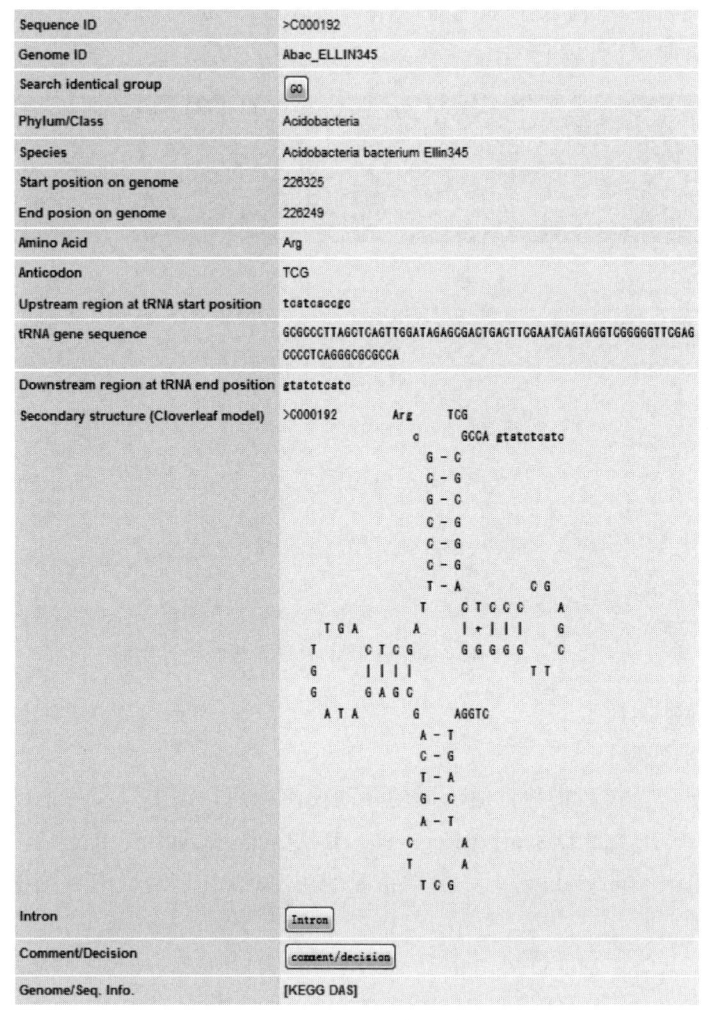

Sequence ID	>C000192
Genome ID	Abac_ELLIN345
Search identical group	GO
Phylum/Class	Acidobacteria
Species	Acidobacteria bacterium Ellin345
Start position on genome	226325
End posion on genome	226249
Amino Acid	Arg
Anticodon	TCG
Upstream region at tRNA start position	tcatcaccgc
tRNA gene sequence	GCGCCCTTAGCTCAGTTGGATAGAGCGACTGACTTCGAATCAGTAGGTCGGGGGTTCGAG CCCCTCAGGGCGCGCCA
Downstream region at tRNA end position	gtatctcatc
Secondary structure (Cloverleaf model)	>C000192 Arg TCG (see below)
Intron	Intron
Comment/Decision	comment/decision
Genome/Seq. Info.	[KEGG DAS]

```
>C000192        Arg     TCG
            c    GCCA gtatctcatc
             G - C
             C - G
             G - C
             C - G
             C - G
             C - G
             T - A        C G
             T   C T C C G   A
  T G A     A    | + | | |   G
T     C T C G    G G G G G   C
G     | | | |             T T
G     G A G C
  A T A     G   AGGTC
            A - T
            C - G
            T - A
            G - C
            A - T
           C     A
           T     A
            T C G
```

图 18-125　tRNA 基因详细信息列表

① 点击“Genome ID”行的数字，进入 European Nucleotide Archive（ENA）浏览该基因组的详细信息。

② 点击“Search identical group”行的“GO”按钮，查找此数据库中与该 tRNA 序列一致的所有 tRNA 基因集合。

③ 点击“Intron”行的“Intron”按钮，可获取内含子信息。

④ 点击“Comment/Decision”行的“comment/decision”按钮，可获得相关评论，用户也可以在最后的评论栏内对该 tRNA 基因进行评论。

⑤ 点击［KEGG DAS］浏览该 tRNA 基因组上周围基因的详细信息。

三、tRNA 相关预测工具

目前使用最为广泛的 tRNA 预测软件是加利福尼亚大学开发的 tRNAscan-SE 软件[33-34]，它综合了多个识别和分析程序，并增加了去除假阳性结果的步骤，从而得到较为可靠的 tRNA 预测结果。下面介绍其使用方法。

第一步：启动服务器。

在浏览器的地址栏中输入下列地址 http://lowelab.ucsc.edu/tRNAscan-SE/即可启动预测服务器，界面如图 18-126 所示。

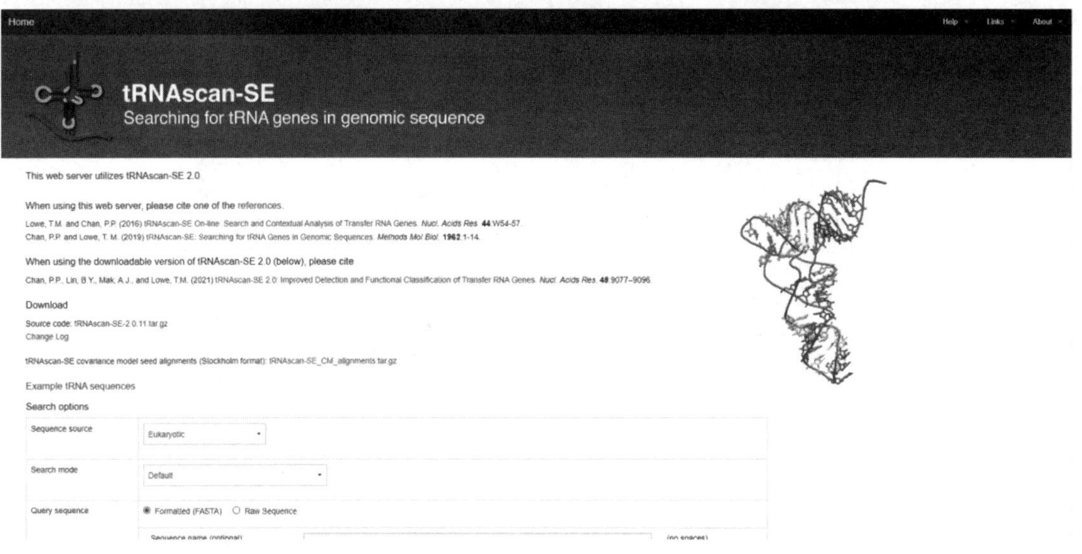

图 18-126　tRNAscan-SE 预测服务器的运行界面

第二步：选择预测模型。

（1）选择预测模型

此程序根据搜索模式和物种分成不同的预测模型，用户需要选择搜索模式和物种。其中搜索模式分为以下几类：Default、Legacy（tRNAscan＋EufindtRNA->Cove）、Infernal without HMM filter（very slow），一般的情况使用 Default 即可具有很高的灵敏度。

（2）选择物种

物种分为如下几类：Mixed（general tRNA model）、Eukaryotic、Bacterial、Archaeal、Mammalian mitochondrial、Vertebrate mitochondrial、other mitochondrial，用户可以根据预测的物种选择相应选项或者保持默认的 Mixed 选项。

（3）输入待预测序列

此程序中用户可以输入 Raw 原始序列或输入 FASTA、GenBank 等格式的序列。选定序列格式后可以直接将序列粘贴至窗口或者点击“浏览”按钮，上传相应格式的本地文件。本示例中搜索模式和物种分别选择默认的 Default 和 Mixed 选项，序列采用 tRNAscan-SE 提供的样例序列，如图 18-127 所示。

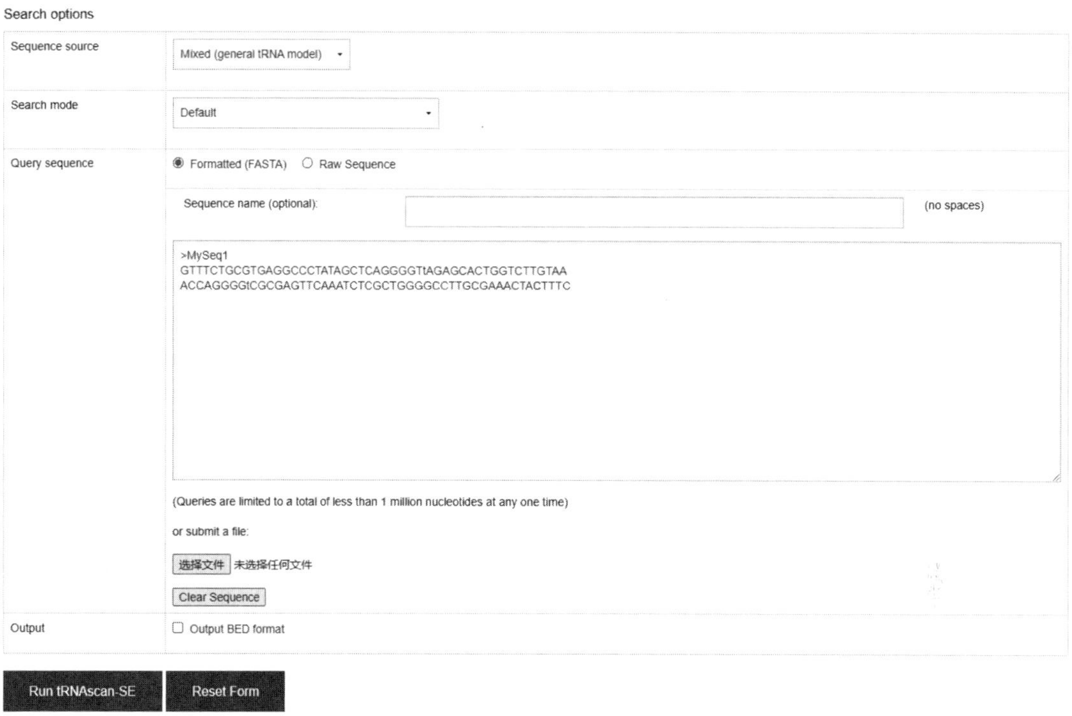

Search options

Sequence source	Mixed (general tRNA model)
Search mode	Default
Query sequence	◉ Formatted (FASTA) ○ Raw Sequence Sequence name (optional): (no spaces) >MySeq1 GTTTCTGCGTGAGGCCCTATAGCTCAGGGGTtAGAGCACTGGTCTTGTAA ACCAGGGGtCGCGAGTTCAAATCTCGCTGGGGCCTTGCGAAACTACTTTC (Queries are limited to a total of less than 1 million nucleotides at any one time) or submit a file: 选择文件 未选择任何文件 Clear Sequence
Output	☐ Output BED format

Run tRNAscan-SE　Reset Form

图 18-127　tRNAscan-SE 服务器查询序列输入窗口

第三步：参数配置。

用户可以对预测的参数进行自定义配置，如图 18-128 所示。在本例中，保持服务器默认参数。

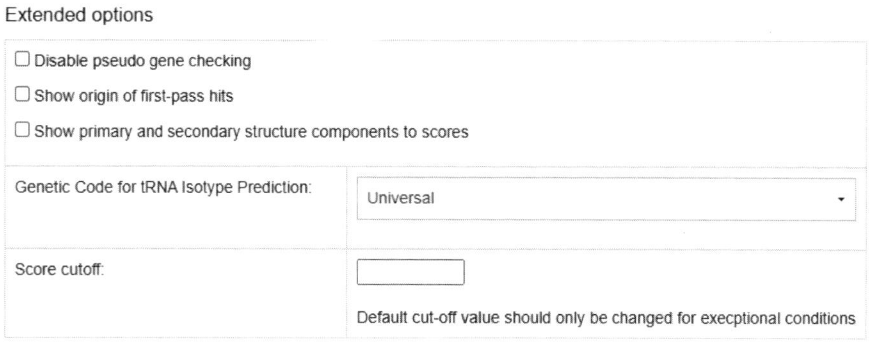

Extended options

☐ Disable pseudo gene checking
☐ Show origin of first-pass hits
☐ Show primary and secondary structure components to scores

Genetic Code for tRNA Isotype Prediction:	Universal
Score cutoff:	Default cut-off value should only be changed for execptional conditions

图 18-128　tRNAscan-SE 服务器参数配置界面

第四步：结果分析。

输入查询序列并配置好参数之后，点击 Run tRNAscan-SE 按钮即可开始预测，用户可以选择在浏览器中显示结果或者通过电子邮件接收预测结果。tRNAscan-SE 的预测结果如图 18-129 所示。

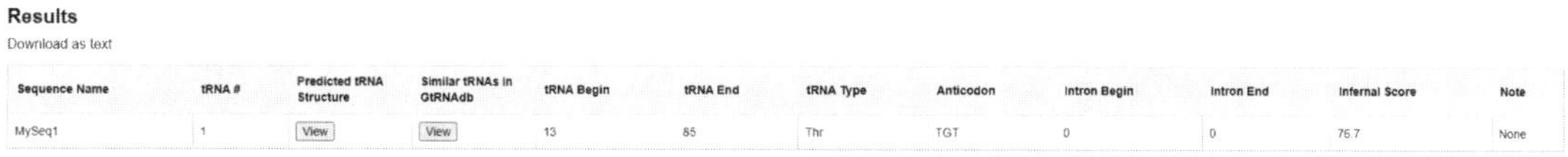

Results

Download as text

Sequence Name	tRNA #	Predicted tRNA Structure	Similar tRNAs in GtRNAdb	tRNA Begin	tRNA End	tRNA Type	Anticodon	Intron Begin	Intron End	Inferal Score	Note
MySeq1	1	View	View	13	85	Thr	TGT	0	0	76.7	None

图 18-129　tRNAscan-SE 服务器运行结果展示

最后，程序还提供了所预测 tRNA 序列的二级结构，用户可以点击“View”按钮来查看二级结构，如图 18-130 所示。

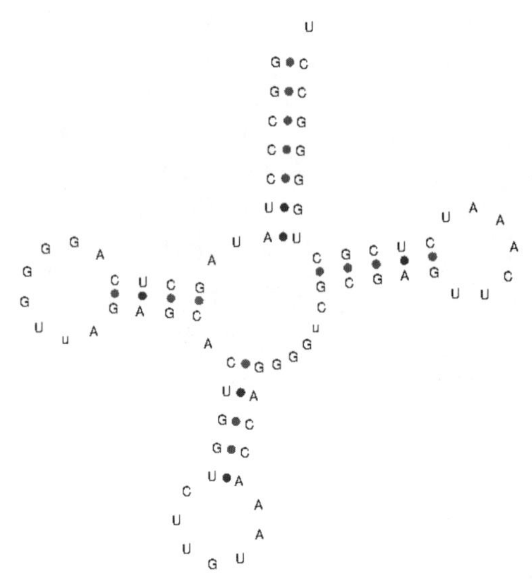

图 18-130 tRNA 二级结构

四、小结

本节主要介绍了 tRNA 相关数据库以及其预测工具，并对预测软件 tRNAscan-SE 的使用方法进行了具体的介绍和演示。

第七节 snoRNA 相关数据库及预测工具

一、概述

snoRNA（small nucleolar RNA，核仁小 RNA）是一类小 RNA 分子，主要功能是引导和促进核糖体 RNA（rRNA）或其他 RNA 分子的化学修饰，如甲基化、伪尿苷（pseudouridine）修饰等。根据 MeSH 的分类，snoRNA 属于小核 RNA（snRNA）的一种，可分为 C/D box snoRNA 与 H/ACA box snoRNA 两种。C/D box snoRNA 的特点是含有 4 个 Box：Box C、Box D、BoxC′和 BoxD′；H/ACA box snoRNA 的特点则是形成一个双 stem，中间加一个 loop 区，中间的 loop 区中有一个 box H，而在尾部有个 box ACA。

二、snoRNA 相关数据库

目前，在 snoRNA 相关数据库中，较为完善的是 snOPY 数据库[35]。snOPY 主要提供三种类型的信息：snoRNAs、snoRNA 基因位点和靶基因。下面介绍其使用方法。

第一步：启动服务器。

在浏览器地址栏输入 http://snoopy.med.miyazaki-u.ac.jp/即可进入数据库主页，如图 18-131 所示。

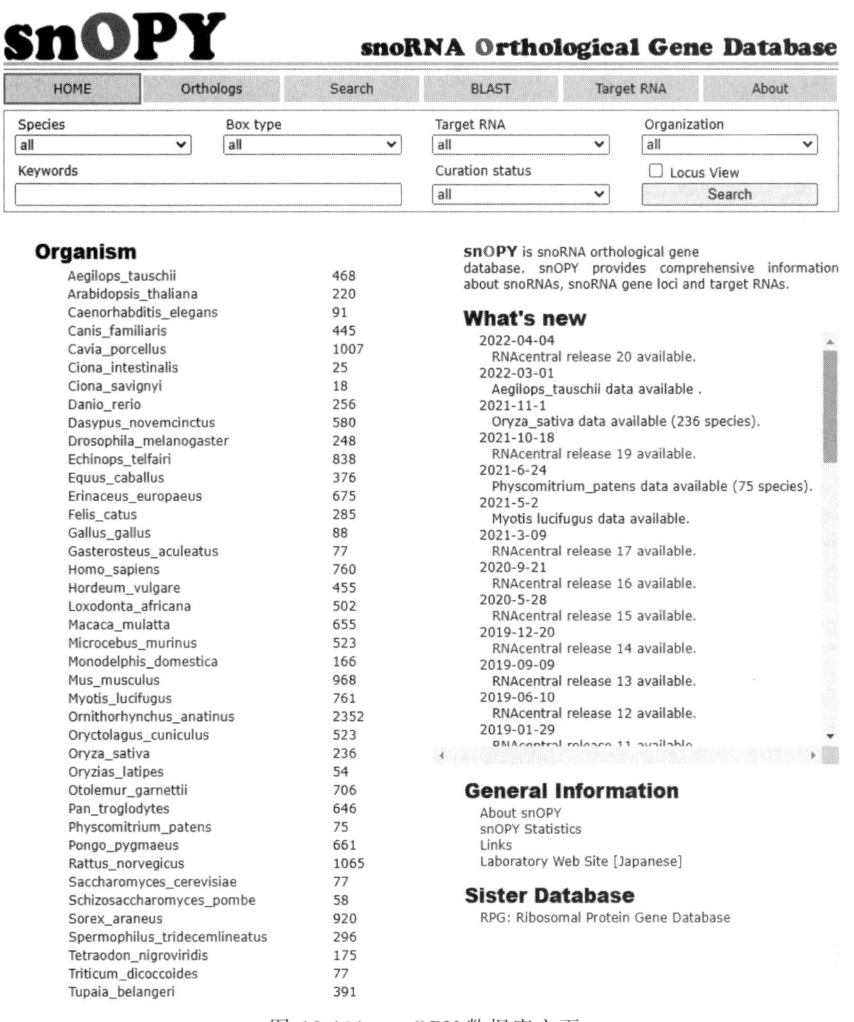

图 18-131　snOPY 数据库主页

第二步：浏览、检索或使用其功能。

snOPY 数据库的页面非常简单，点击“Search”显示的列表展示了大部分信息，如图 18-132 所示。用户按其下拉菜单选择物种、类型、target RNA、组织，点击“Search”按钮即展示搜索结果，在结果的最下方，可点击“Get FASTA”按钮获取所选基因序列，如图 18-133 所示。

snOPY 还提供 BLAST 在线比对工具，使用 ClustalW 对来自不同物种的目标 RNA 进行序列比对，丰富了数据库的 snoRNA orthologues 直系同源基因相关信息。

三、snoRNA 相关预测工具

目前应用较为广泛的 snoRNA 预测软件有 snoScan[36]、snoGPS[37]。snoScan 的主要功能是在基因组序列中预测潜在的引导甲基化的 C/D box snoRNA，预测服务器地址为：http://lowelab. ucsc. edu/snoscan/；snoGPS 则专门预测基因组中可能的 H/ACA box snoRNA，预测服务器地址为：http://lowelab. ucsc. edu/snoGPS/。下面以 snoScan 为例介绍 snoRNA 的预测方法。

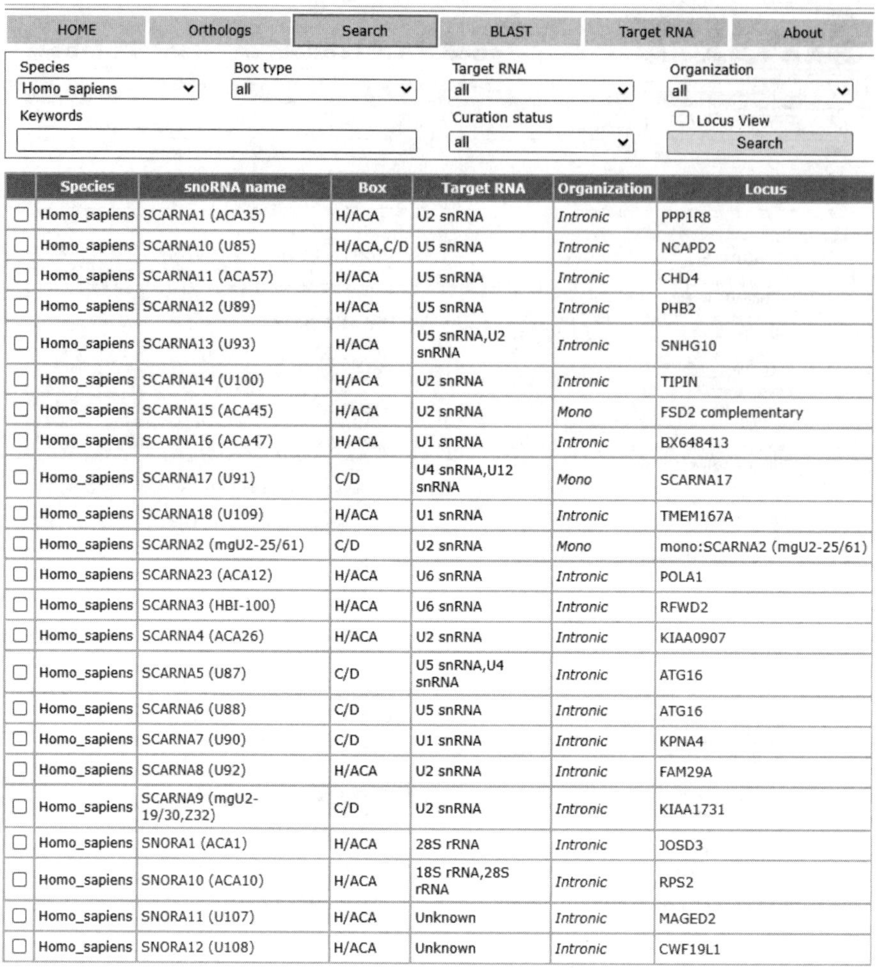

HOME | Orthologs | Search | BLAST | Target RNA | About

Species: Homo_sapiens　Box type: all　Target RNA: all　Organization: all

Keywords:　Curation status: all　☐ Locus View　Search

	Species	snoRNA name	Box	Target RNA	Organization	Locus
☐	Homo_sapiens	SCARNA1 (ACA35)	H/ACA	U2 snRNA	*Intronic*	PPP1R8
☐	Homo_sapiens	SCARNA10 (U85)	H/ACA,C/D	U5 snRNA	*Intronic*	NCAPD2
☐	Homo_sapiens	SCARNA11 (ACA57)	H/ACA	U5 snRNA	*Intronic*	CHD4
☐	Homo_sapiens	SCARNA12 (U89)	H/ACA	U5 snRNA	*Intronic*	PHB2
☐	Homo_sapiens	SCARNA13 (U93)	H/ACA	U5 snRNA,U2 snRNA	*Intronic*	SNHG10
☐	Homo_sapiens	SCARNA14 (U100)	H/ACA	U2 snRNA	*Intronic*	TIPIN
☐	Homo_sapiens	SCARNA15 (ACA45)	H/ACA	U2 snRNA	*Mono*	FSD2 complementary
☐	Homo_sapiens	SCARNA16 (ACA47)	H/ACA	U1 snRNA	*Intronic*	BX648413
☐	Homo_sapiens	SCARNA17 (U91)	C/D	U4 snRNA,U12 snRNA	*Mono*	SCARNA17
☐	Homo_sapiens	SCARNA18 (U109)	H/ACA	U1 snRNA	*Intronic*	TMEM167A
☐	Homo_sapiens	SCARNA2 (mgU2-25/61)	C/D	U2 snRNA	*Mono*	mono:SCARNA2 (mgU2-25/61)
☐	Homo_sapiens	SCARNA23 (ACA12)	H/ACA	U6 snRNA	*Intronic*	POLA1
☐	Homo_sapiens	SCARNA3 (HBI-100)	H/ACA	U6 snRNA	*Intronic*	RFWD2
☐	Homo_sapiens	SCARNA4 (ACA26)	H/ACA	U2 snRNA	*Intronic*	KIAA0907
☐	Homo_sapiens	SCARNA5 (U87)	C/D	U5 snRNA,U4 snRNA	*Intronic*	ATG16
☐	Homo_sapiens	SCARNA6 (U88)	C/D	U5 snRNA	*Intronic*	ATG16
☐	Homo_sapiens	SCARNA7 (U90)	C/D	U1 snRNA	*Intronic*	KPNA4
☐	Homo_sapiens	SCARNA8 (U92)	H/ACA	U2 snRNA	*Intronic*	FAM29A
☐	Homo_sapiens	SCARNA9 (mgU2-19/30,Z32)	C/D	U2 snRNA	*Intronic*	KIAA1731
☐	Homo_sapiens	SNORA1 (ACA1)	H/ACA	28S rRNA	*Intronic*	JOSD3
☐	Homo_sapiens	SNORA10 (ACA10)	H/ACA	18S rRNA,28S rRNA	*Intronic*	RPS2
☐	Homo_sapiens	SNORA11 (U107)	H/ACA	Unknown	*Intronic*	MAGED2
☐	Homo_sapiens	SNORA12 (U108)	H/ACA	Unknown	*Intronic*	CWF19L1

图 18-132　snOPY 检索页面

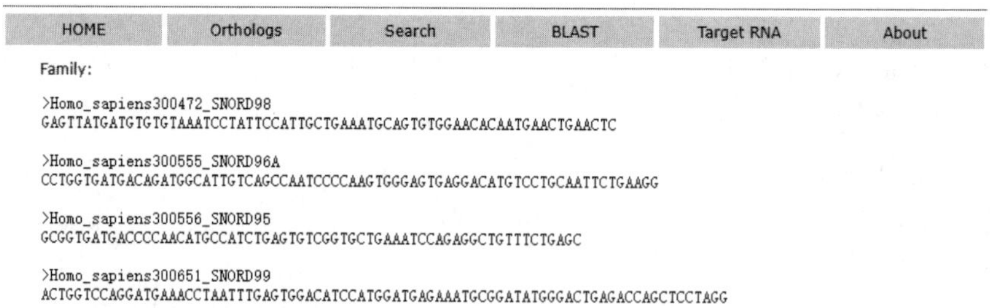

HOME | Orthologs | Search | BLAST | Target RNA | About

Family:

```
>Homo_sapiens300472_SNORD98
GAGTTATGATGTGTGTAAATCCTATTCCATTGCTGAAATGCAGTGTGGAACACAATGAACTGAACTC

>Homo_sapiens300555_SNORD96A
CCTGGTGATGACAGATGGCATTGTCAGCCAATCCCCAAGTGGGAGTGAGGACATGTCCTGCAATTCTGAAGG

>Homo_sapiens300556_SNORD95
GCGGTGATGACCCCAACATGCCATCTGAGTGTCGGTGCTGAAATCCAGAGGCTGTTTCTGAGC

>Homo_sapiens300651_SNORD99
ACTGGTCCAGGATGAAACCTAATTTGAGTGGACATCCATGGATGAGAAATGCGGATATGGGACTGAGACCAGCTCCTAGG
```

图 18-133　获取所选基因序列信息

第一步：启动服务器。

在浏览器地址栏中输入 http://lowelab.ucsc.edu/snoscan/即可启动服务器，界面如图 18-134 所示。

第二步：选择类型并输入查询序列。

(1) 选择预测模型

不同的物种使用不同的预测模型，目前服务器提供三种可选的预测模型：哺乳动物（Mammalian）、酵母（Yeast）和古菌（Archaea）。用户可以根据预测的物种选择对应模型，

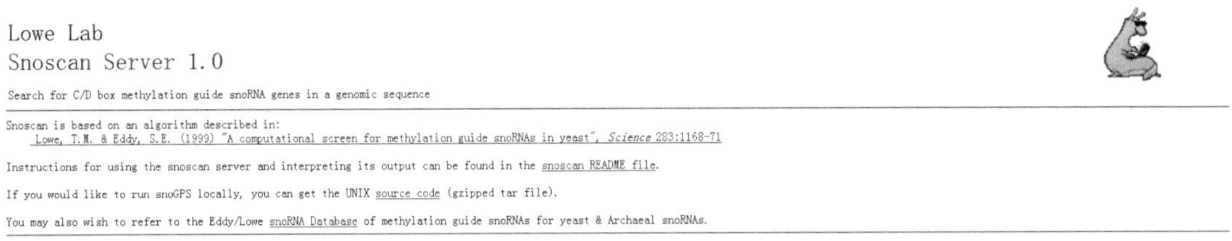

Lowe Lab
Snoscan Server 1.0

Search for C/D box methylation guide snoRNA genes in a genomic sequence

Snoscan is based on an algorithm described in:
Lowe, T.M. & Eddy, S.E. (1999) "A computational screen for methylation guide snoRNAs in yeast", *Science* 283:1168-71

Instructions for using the snoscan server and interpreting its output can be found in the snoscan README file.

If you would like to run snoGPS locally, you can get the UNIX source code (gzipped tar file).

You may also wish to refer to the Eddy/Lowe snoRNA Database of methylation guide snoRNAs for yeast & Archaeal snoRNAs.

图 18-134 snoScan 预测服务器的运行界面

如果没有合适的模型，可以选择相近的物种模型进行预测。

（2）输入查询序列

此程序中用户可以输入 RAW 原始文件或者 FASTA、GenBank 等格式序列文件。选定序列格式后可以直接将序列粘贴至窗口或者点击“浏览”按钮，上传相应格式的本地文件。本例中选择酵母预测模型（Yeast），序列采用 snoScan 提供的示例序列，如图 18-135 所示。

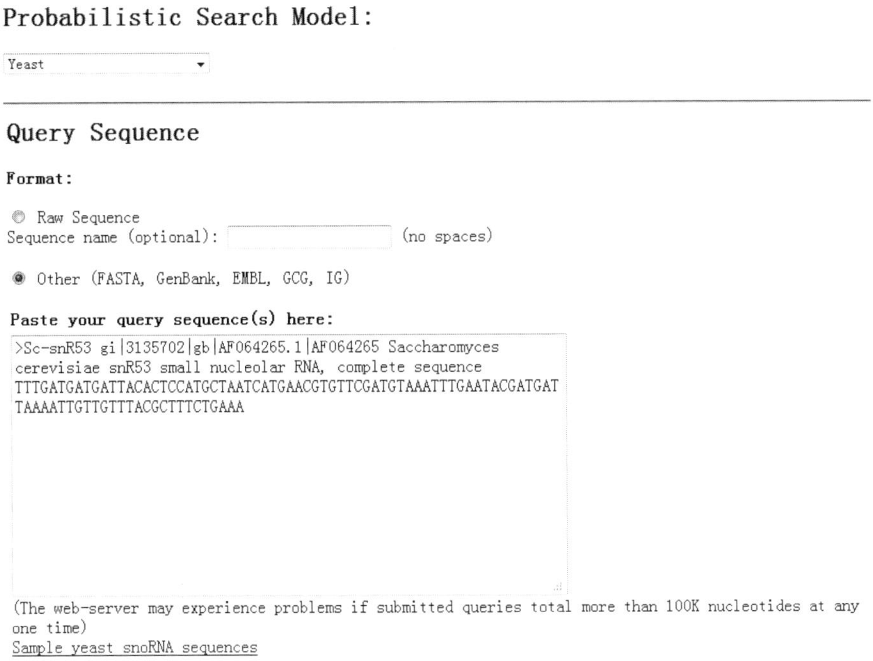

Probabilistic Search Model:

Yeast

Query Sequence

Format:

Raw Sequence
Sequence name (optional): (no spaces)

Other (FASTA, GenBank, EMBL, GCG, IG)

Paste your query sequence(s) here:

>Sc-snR53 gi|3135702|gb|AF064265.1|AF064265 Saccharomyces cerevisiae snR53 small nucleolar RNA, complete sequence
TTTGATGATGATTACACTCCATGCTAATCATGAACGTGTTCGATGTAAATTTGAATACGATGAT
TAAAATTGTTGTTTACGCTTTCTGAAA

(The web-server may experience problems if submitted queries total more than 100K nucleotides at any one time)
Sample yeast snoRNA sequences

图 18-135 snoScan 服务器查询序列输入窗口

第三步：输入靶标序列。

此程序提供三种方式输入靶标序列：

① 输入自定义的靶标序列，这种输入方式和查询序列相同；

② 可以选择程序预存的靶标序列，其中包括人、酵母和其他模式生物的 rRNA 序列等；

③ 用户可以上传一个包含一系列甲基化位点的文件。服务器提供了酵母和人类的甲基化文件，用户可以选择使用。

本例使用第②种方式中的 *S. cerevisiae* ribosomal RNA 作为靶标，如图 18-136 所示。

第四步：参数配置。

用户可以对结果显示的内容和形式进行配置，同时也可以修改预测的参数设置。本例采用服务器默认参数设置，如图 18-137 所示。

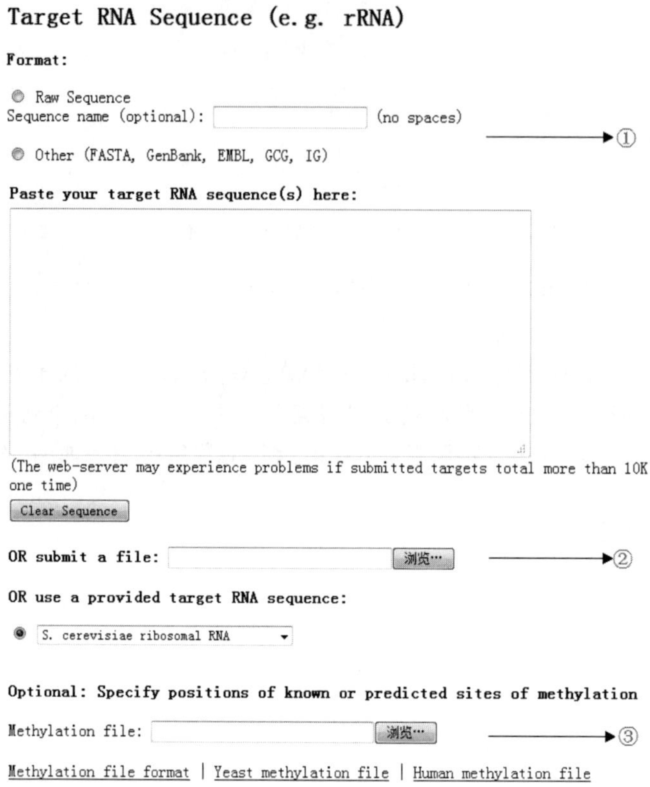

Target RNA Sequence (e.g. rRNA)

Format:

Raw Sequence
Sequence name (optional): (no spaces)

Other (FASTA, GenBank, EMBL, GCG, IG) ①

Paste your target RNA sequence(s) here:

(The web-server may experience problems if submitted targets total more than 10K nucleotides at any one time)

Clear Sequence

OR submit a file: 浏览… ②

OR use a provided target RNA sequence:

S. cerevisiae ribosomal RNA

Optional: Specify positions of known or predicted sites of methylation

Methylation file: 浏览… ③

Methylation file format | Yeast methylation file | Human methylation file

图 18-136 snoScan 服务器靶标序列输入窗口

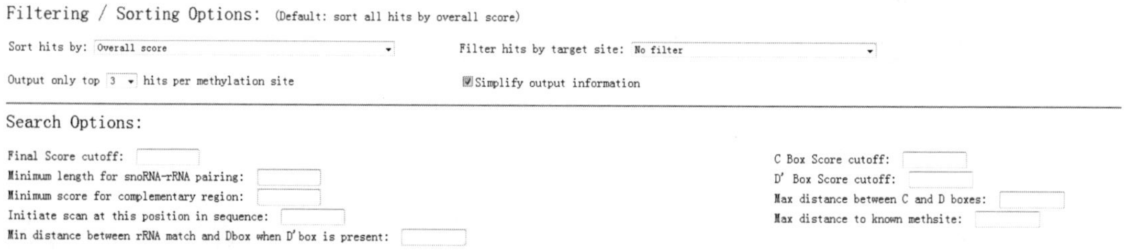

Filtering / Sorting Options: (Default: sort all hits by overall score)

Sort hits by: Overall score   Filter hits by target site: No filter

Output only top 3 hits per methylation site   Simplify output information

Search Options:

Final Score cutoff:
Minimum length for snoRNA-rRNA pairing:
Minimum score for complementary region:
Initiate scan at this position in sequence:
Min distance between rRNA match and Dbox when D' box is present:

C Box Score cutoff:
D' Box Score cutoff:
Max distance between C and D boxes:
Max distance to known methsite:

图 18-137 snoScan 服务器参数配置界面

第五步：结果分析。

输入查询序列和靶标序列，并配置好参数之后，点击 Run Snoscan! 按钮即可开始预测，同时用户可以选择在浏览器显示结果或者通过电子邮件获取。

预测结果包含每个预测的 snoRNA 详细信息以及预测的 snoRNA 列表两个部分。snoRNA 详细信息中包括查询序列的名称、snoRNA 的起始位点和终止位点、snoScan 评分、靶标序列名称和靶标甲基化位点、碱基互补配对的数量以及错配数、引导区是 D′ box 或者是 D box、序列的长度、是否存在终止结构等，如图 18-138 所示。

最后程序给出预测的所有 snoRNA 列表，如图 18-139 所示。

四、小结

本节介绍了 snoRNA 的相关数据库，并以 snoScan 为例，介绍了 snoRNA 相关预测软件的使用。

```
snoRNA Hit Information (Jump to Sequence Listing)

>> Sc-snR53  19.12  (1-91)  Cmpl: ySc-18S-Am796 (-)  11/0 bp  Gs-DpBox: 18 (18)  Len: 91

No known meth site found        Guide Seq Sc: 0.11  (20.32 -1.12 -18.10 -1.00)

                                       *
Db seq:  5'-                    AUUAGCAUGGA -3'   ySc-18S        (793-804)
                                |||||||||||
Qry seq: 3'-                 AGUACUAAUCGUACCU -5'  Sc-snR53       (28-18)

No terminal stem:            +-[C Box] -N- UUU - 5'              Stem Sc: -1.65 (2 bp)
                             |             ||
                             +---[D Box] - AA - 3'               Stem Transit Sc: -0.90

>Summary      [ C Box ] --         -- [ Cmpl/ Mism ]  X [D'Bx] --        -- [D Bx]  Length
>Meth Am 796  [AUGAUGA] --   6 bp  -- [  11 / 0    ]  1 [AUGA] -- 52 bp -- [CUGA]   91 bp
>Sc     19.12 [ 12.73 ] --  -1.59  -- [ 20.32 bits ]    [3.82]    -2.44    [8.05]

Candidate sequence:
>Sc-snR53  19.12  (1-91)  Cmpl: ySc-18S-Am796  Len: 91
TTTGATGATGATTACACTCCATGCTAATCATGAACGTGTTCGATGTAAATTTGAATACGA
TGATTAAAATTGTTGTTTACGCTTTCTGAAA
```

图 18-138　snoScan 服务器运行结果 A

```
snoRNA Hits - Sequences in FASTA format

>Sc-snR53-1-91-ySc-18S-Am796-1-19.12
TTTGATGATGATTACACTCCATGCTAATCATGAACGTGTTCGATGTAAATTTGAATACGA
TGATTAAAATTGTTGTTTACGCTTTCTGAAA
>Sc-snR53-1-91-ySc-18S-Am796-2-16.30
TTTGATGATGATTACACTCCATGCTAATCATGAACGTGTTCGATGTAAATTTGAATACGA
TGATTAAAATTGTTGTTTACGCTTTCTGAAA
>Sc-snR53-1-65-ySc-18S-Am796-3-14.52
TTTGATGATGATTACACTCCATGCTAATCATGAACGTGTTCGATGTAAATTTGAATACGA
TGATT

Go back to top of snoRNA Hit Information
```

图 18-139　snoScan 服务器运行结果 B

第八节　lncRNA 及 circRNA 相关数据库

一、概论

长链非编码 RNA（lncRNA）是一类长度大于 200nt 的长链非编码 RNA，是非编码基因组的重要组成部分。大量研究表明，lncRNA 参与了多种生物学过程，包括 DNA 甲基化、组蛋白修饰、RNA 转录后调控和蛋白质翻译调控等，并且参与了各种生理和病理过程的调节。

环状 RNA（circRNA）是一类特殊的非编码 RNA 分子，在细胞和组织内特异性表达，行使各种调控功能。与传统的线性 RNA（linear RNA，含 5′和 3′末端）不同，circRNA 分子呈封闭环状结构，不受 RNA 外切酶影响，表达更稳定，不易降解。

二、lncRNA 及 circRNA 相关数据库

随着 lncRNA 研究的展开，研究人员开发了许多数据库和相关预测工具。由国家基因组科学数据中心开发的 lncRNA 数据库 LncExpDB[38] 对 lncRNA 表达谱进行了全面整合和管理，从而为人类 lncRNA 的功能研究提供了基础资源；Liu 等人[39] 开发的 LncRNAWiki 整合了 2512 个 lncRNA 和 106242 个与疾病、功能、药物、相互作用、分子标签、实验样本、CRISPR 设计等的关联关系，提供了一个全面和最新的人类 lncRNA 功能注释数据库；LncBook[40] 数据库整合了 270044 个 lncRNA 的转录本，并在此基础上提供了 lncRNA 表达、甲基化、变异、

与 miRNA 互作等多组学层面的深层次数据分析，使用户能够了解 lncRNA 在人类疾病和不同生物学背景下的功能；北京大学高歌教授课题组开发的 AnnoLnc[41] 系统地注释新的人类和小鼠 lncRNA，其功能涵盖序列、结构、表达、调控、遗传关联和进化。

首都医科大学研究团队开发的 circRNA Disease[42] 数据库通过文献检索 circRNA 和疾病（disease）的所有相关研究结果构建而成，截至 2017 年 11 月，一共收集了 354 项研究结果，得到了 330 种 circRNA 和相关的 48 种人类疾病的信息；circMine[43] 是第一个专门设计用于整合、标准化和研究人类疾病的 circRNA 转录组的数据库，提供了由 136871 个 circRNA、87 种疾病和 120 个 circRNA 转录组数据组成的 1821448 条数据，涉及 31 个人体部位的 1107 个样本；复旦大学附属肿瘤医院的研究团队开发的 exoRBase[44] 数据库提供了 exLRs 的全面注释和表达，包含信使 RNA（mRNA）、长链非编码 RNA（lncRNA）和环状 RNA（circRNA），它将有助于从人体体液中识别新的 exLR 标签，发现新的循环生物标志物，以改善肿瘤的诊断和治疗；哈尔滨医科大学研究团队开发的 Lnc2Cancer[45] 数据库通过调研超过 15000 篇已发表的论文，记录了 2659 个人类 lncRNA、743 个 circRNA 和 216 个人类癌症亚型之间的 10303 个关联条目。下面以 LncBook、Lnc2Cancer 和 circRNA Disease 数据库为例，详细介绍数据库的用法。

1. LncBook

第一步：启动服务器。

在浏览器地址栏中输入 https://ngdc.cncb.ac.cn/lncbookv1/index，进入 LncBook 数据库主页，如图 18-140 所示。

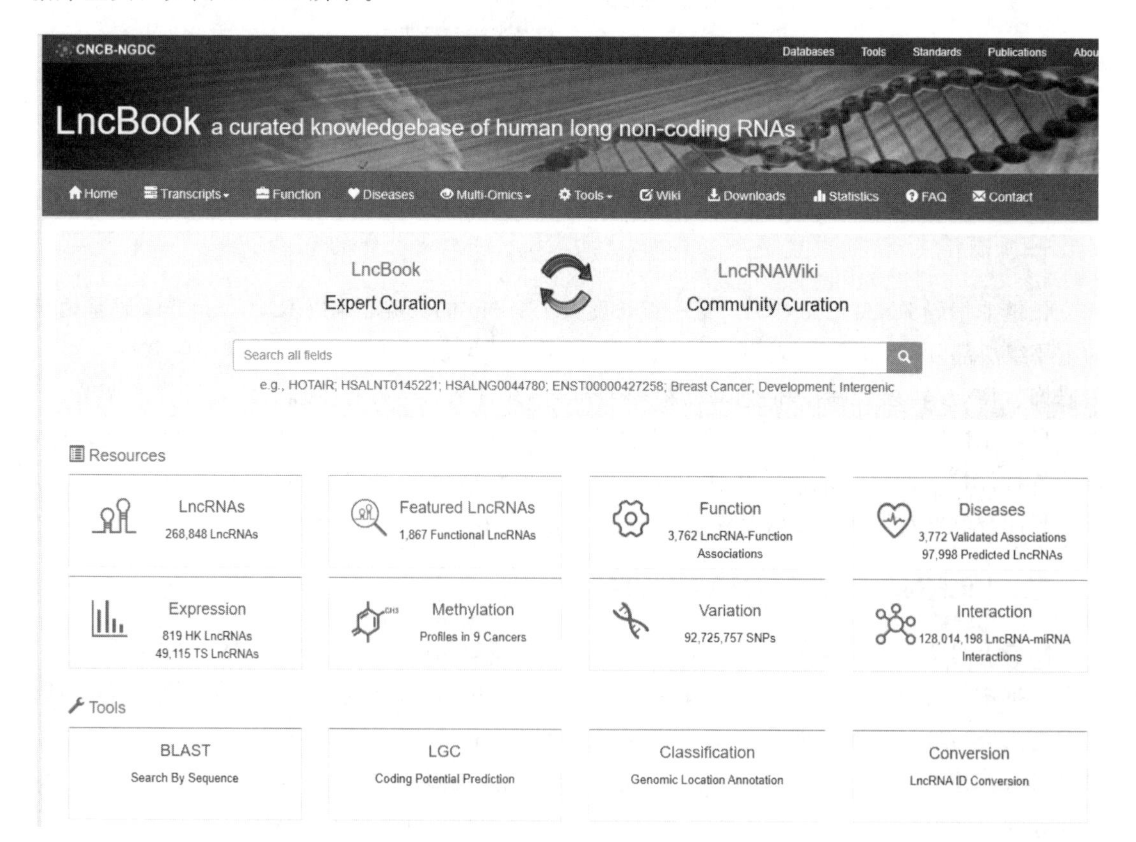

图 18-140　LncBook 数据库主页

第二步：浏览检索数据或使用其他功能。

（1）快速检索

检索框位于页面正中，可以输入的关键词类型包括 lncRNA ID、LncBook 数据库的 ID（HSALNT 或者 HSALNC 开头，前者为转录本，后者为基因）、Ensemble ID、疾病、功能以及 lncRNA 分子类型。以“HOTAIR”为例，点击搜索后展示图 18-141 所示结果信息。

HOTAIR

e.g., HOTAIR; HSALNT0145221; HSALNG0044780; ENST00000427258; Breast Cancer; Development; Intergenic

Transcript ID	Gene ID	Symbol	Classification	Biological Process	Disease
HSALNT0189447	HSALNG0091318		Antisense		
HSALNT0189446	HSALNG0091318		Intergenic		
HSALNT0289004	HSALNG0091318	HOTAIR	Intergenic	pathogenic process	oral squamous cell cancer; prostate cancer; glioma; cancer; breast cancer; osteosarcoma; renal cancer; glioblastoma; non-small cell lung cancer; sarcoma; pancreatic cancer; large B-Cell lymphoma; bladder transitional cell cancer; B-cell neoplasms; melanoma; asthenozoospermia; hepatocelluar cancer; bladder cancer; acute myeloid leukemia; aortic valve calcification; infiltrating ductal cancers ; ovarian cancer; diffuse large B-cell lymphoma; gastrointestinal stromal tumor; atypical teratoid rhabdoid tumor; urothelial cancer; triple-negative breast cancer; gastric cardia adenocarcinoma; cervical cancer; temporomandibular joint osteoarthritis; gallbladder cancer; esophageal squamous cell cancer; colorectal cancer; Pancreatic ductal adenocarcinoma; rheumatoid arthritis; gastric cancer ; pre-eclampsia; acute leukemia; small cell lung cancer; multiple myeloma; gastric cancer; osteoarthritis; LPS-induced sepsis; endometrial cancer; head and neck squamous cell cancer; gastric adenocarcinoma; lung cancer; liver cancer; ischemic stroke; ischemic heart failure; laryngeal squamous cell cancer; pituitary adenoma; hepatocellular cancer; nasopharyngeal cancer; lung adenocarcinoma; papillary thyroid cancer; Parkinson's disease; renal cell cancer; gastrointestinal cancer
HSALNT0189448	HSALNG0091318		Intergenic		
HSALNT0120323	HSALNG0056850		Intergenic		
HSALNT0120317	HSALNG0056850	HOTAIRM1	Intergenic	pathogenic process; developmental process	colorectal cancer; Pancreatic ductal adenocarcinoma; promyelocytic leukemia; acute myeloid leukemia; infiltrating ductal cancers ; acute promyelocytic leukemia; leukemia; glioma
HSALNT0120312	HSALNG0056850		Antisense		
HSALNT0120313	HSALNG0056850		Antisense		

图 18-141　“HOTAIR”搜索结果信息

基本信息包括：转录本 ID、基因 ID、名称、分类、生物学过程和相关疾病。分类是根据它们在蛋白质编码基因中的基因组位置，将 lncRNA 分为 7 组：Intergenic、Intronic（S）、Intronic（AS）、Overlapping（S）、Overlapping（AS）、Sense 和 Antisense。“S”表示 lncRNA 在同一条蛋白质编码 RNA 链中，“AS”表示 lncRNA 在蛋白质编码 RNA 的反义链中；生物学过程包括该 lncRNA 是参与疾病的病理过程（pathogenic process）还是发育阶段（developmental process）。

（2）浏览数据

点击“Transcript ID”或“Gene ID”可进一步查看该 lncRNA 的具体信息，如图 18-142 所示。包括转录本 ID 和基因 ID、染色体位置、长度、外显子、参考基因组、ORF 长度、GC 比例、别名以及分类等。

除基本信息外，还包括 Alias、Coding potential、Sequence、Genome Browser、Expression、Methylation、Variation、Interaction、Function、Disease 栏，下面来详细介绍其内容。

Alias 显示了该 lncRNA 在不同数据库中的不同代号 ID，如图 18-143 所示。

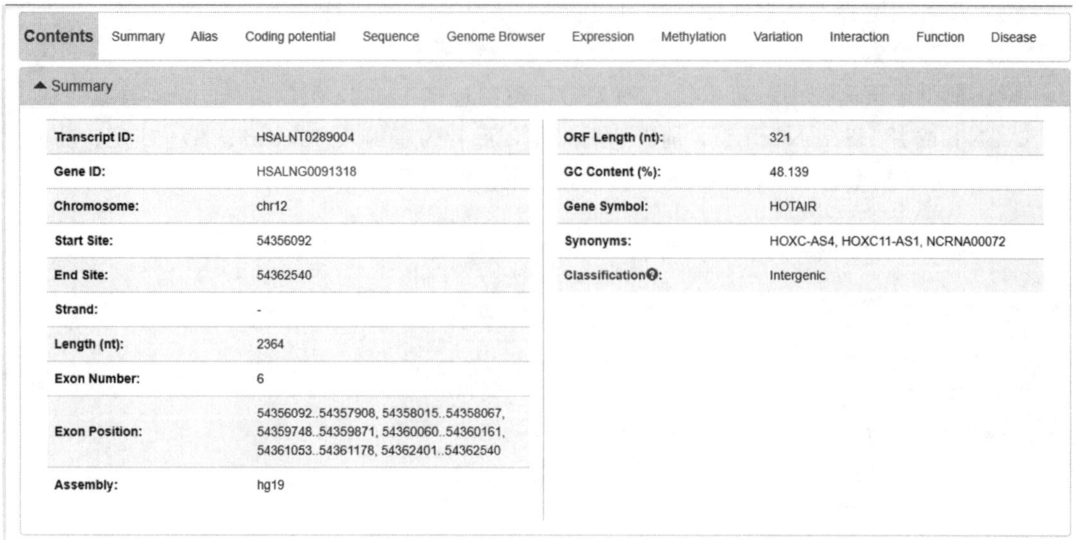

Contents | Summary | Alias | Coding potential | Sequence | Genome Browser | Expression | Methylation | Variation | Interaction | Function | Disease

▲ Summary

Transcript ID:	HSALNT0289004
Gene ID:	HSALNG0091318
Chromosome:	chr12
Start Site:	54356092
End Site:	54362540
Strand:	-
Length (nt):	2364
Exon Number:	6
Exon Position:	54356092..54357908, 54358015..54358067, 54359748..54359871, 54360060..54360161, 54361053..54361178, 54362401..54362540
Assembly:	hg19

ORF Length (nt):	321
GC Content (%):	48.139
Gene Symbol:	HOTAIR
Synonyms:	HOXC-AS4, HOXC11-AS1, NCRNA00072
Classification:	Intergenic

图 18-142 浏览 lncRNA 基本信息

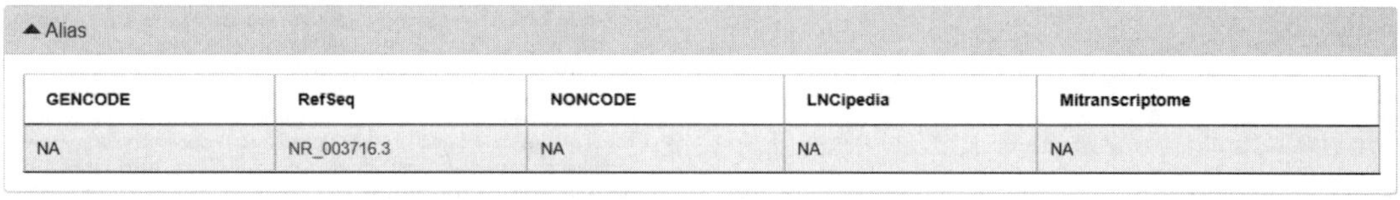

▲ Alias

GENCODE	RefSeq	NONCODE	LNCipedia	Mitranscriptome
NA	NR_003716.3	NA	NA	NA

图 18-143 lncRNA 在不同数据库中的 ID

Coding potential 用了三种方法（包括 LGC、CPAT、PLEK）预测了 lncRNA 的编码能力。“Coding RNA”代表为 mRNA ，“Noncoding RNA”代表为 lncRNA，如图 18-144 所示。

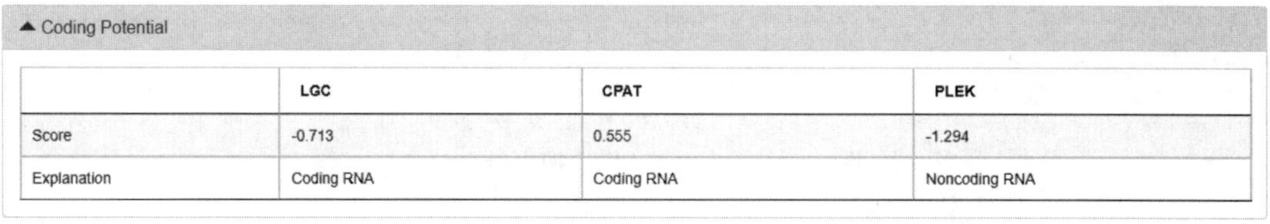

▲ Coding Potential

	LGC	CPAT	PLEK
Score	-0.713	0.555	-1.294
Explanation	Coding RNA	Coding RNA	Noncoding RNA

图 18-144 预测 lncRNA 的编码能力

“Sequence”一栏提供了 lncRNA 的具体序列，点击右侧的下载按钮可以进行下载，如图 18-145 所示。

Genome Browser 可以查看 HOTAIR 不同转录本在基因组中的位置，如图 18-146 所示。

Expression 主要是通过分析 HPA 和 GTEx 两个公共的转录组数据给出 lncRNA 在各个组织中的 FPKM 表达量，并判断该 lncRNA 是组织特异 lncRNA（TS lncRNA）还是持家 lncRNA（HK lncRNA）。若 T-Value 大于等于 0.95，则认为是 TS lncRNA；若 T-Value 小于等于 0.5 且 CV 小于等于 0.5，则认为是 HK lncRNA，如图 18-147 所示。

Methylation 是通过分析 TCGA 以及 ENCODE 数据库的数据所得到的 lncRNA 相关的甲基化信息，包括 lncRNA 启动子区域以及 Body 区域的甲基化信息，如图 18-148 所示。

Variation 是从 dbSNP 数据库中收录的 SNP 位点，同时提供了来自 COSMIC 和 ClinVar 数据库的注释信息，以及 1000 Genomes Project 中的频率信息，如图 18-149 所示。

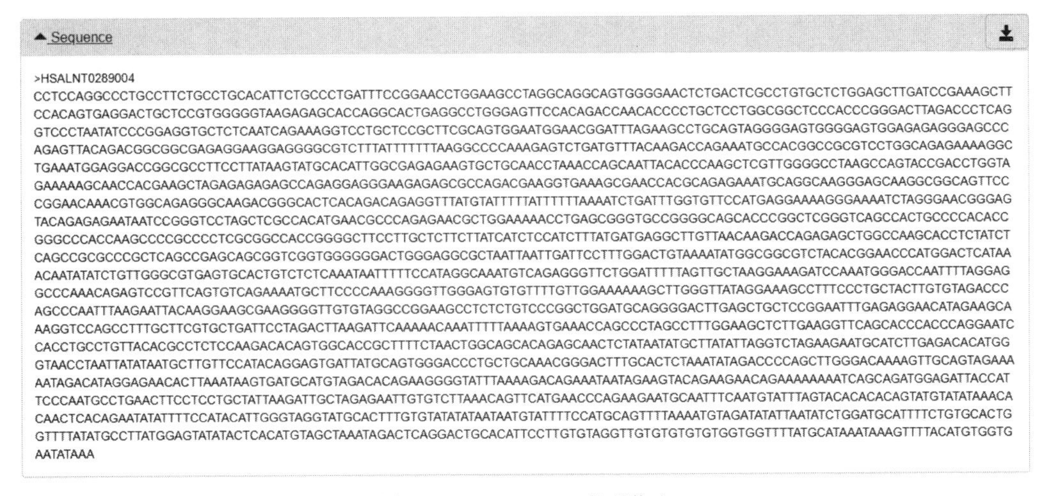

图 18-145　lncRNA 序列信息

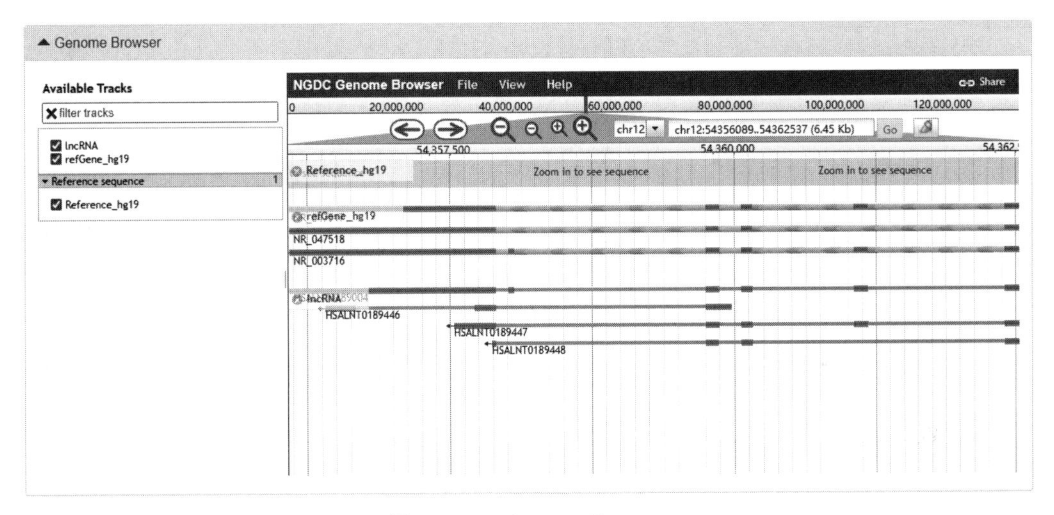

图 18-146　Genome Browser

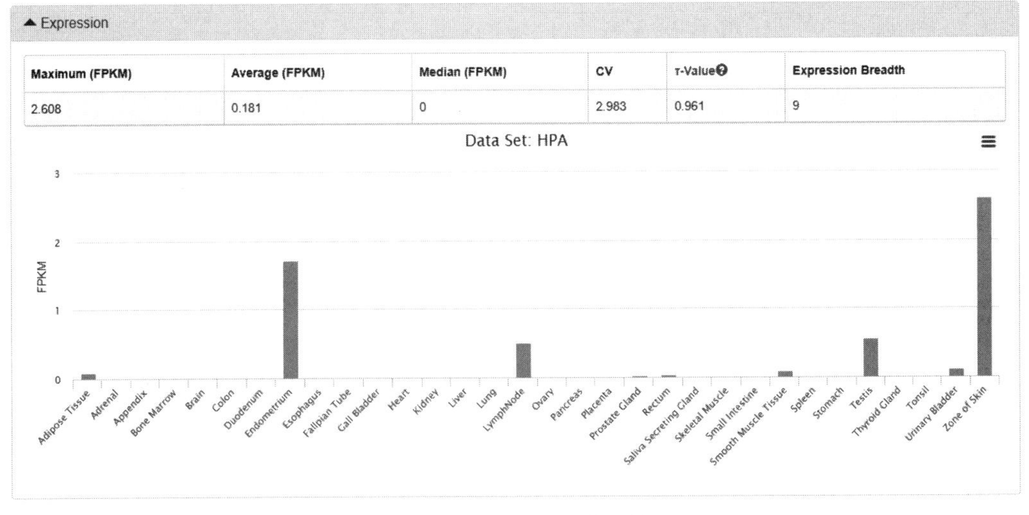

图 18-147　lncRNA 的表达情况

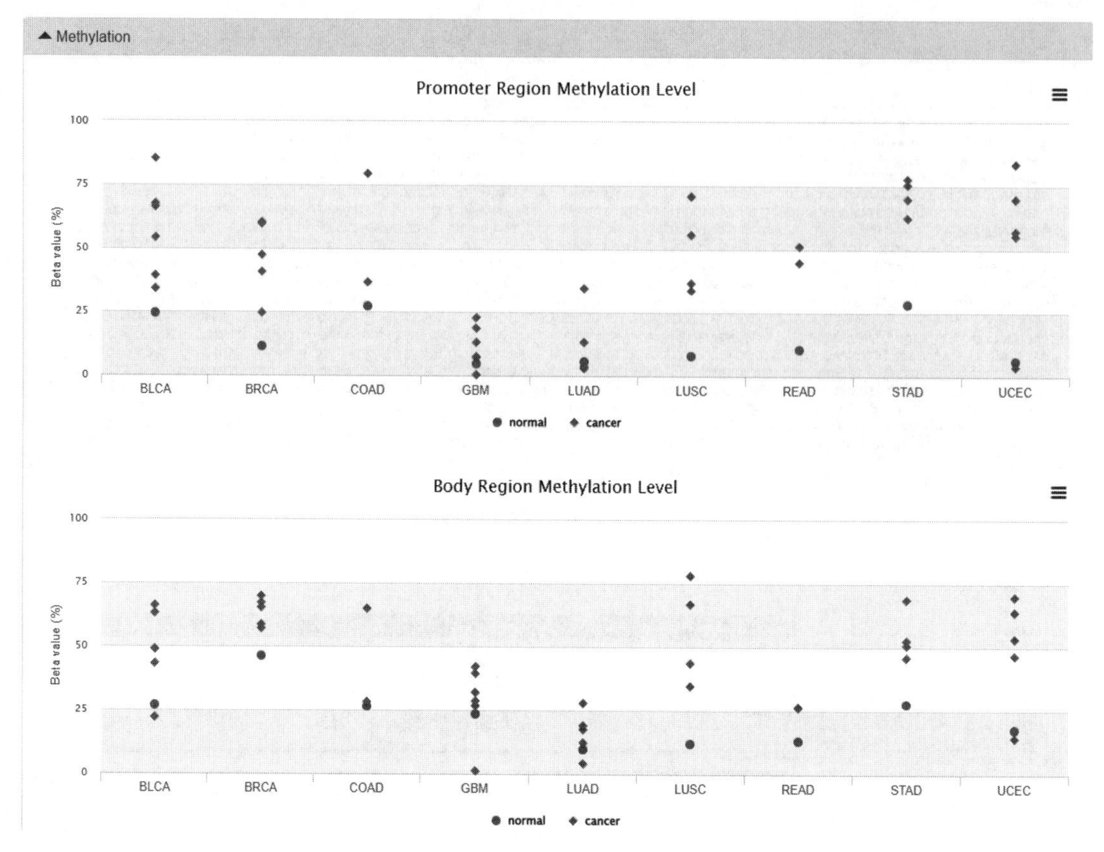

图 18-148　lncRNA 相关甲基化情况

▲ Variation

Copy　CSV　　Search:

Transcript ID	dbSNP ID	Chromosome	Locus	Ref	Alt	ClinVar	COSMIC	1000 Genomes Project					
								All	Eur	Eas	Amr	Sas	
HSALNT0289004	rs1838169	chr12	54357495	C	G	.	.	0.346246	0.2962	0.2054	0.3977	0.3548	0.
HSALNT0289004	rs200571747	chr12	54358047	C	A	.	.	.	.	.	.	.	.
HSALNT0289004	rs201203822	chr12	54358052	C	T	.	.	.	.	.	.	.	.
HSALNT0289004	rs920778	chr12	54360232	G	A	.	.	0.559904	0.6968	0.7272	0.5879	0.5552	0.
HSALNT0289004	rs920777	chr12	54360429	A	G	.	.	0.904952	0.993	0.9335	0.9827	0.91	0.
HSALNT0289004	rs1899663	chr12	54360994	C	A	.	.	0.253794	0.2684	0.2054	0.3617	0.3139	0.

Showing 1 to 6 of 6 entries　　Previous　1　Next

图 18-149　lncRNA 突变信息

Interaction 展示了 lncRNA 与 miRNA 的互作情况。LncBook 数据库采用 targetscan 和 miRanda 两款软件来预测 lncRNA 和 miRNA 的相互作用，取交集作为最终的结果，其实验证据来自 StarBase 数据库，如图 18-150 所示。

Function 部分给出了 lncRNA 的生物学功能注释和参与的生物学过程，功能注释包含：transcriptional regulation、ceRNA、splicing regulation、protein localization、translational control 以及 RNAi，另外列表后两列给出了其文献支持以及引用情况，如图 18-151 所示。

▲ Interaction

Transcript ID	MiRNA ID	Score	Energy	Binding Start	Binding End	Experimental Evidence
HSALNT0289004	hsa-miR-8485	164.00	-26.93	2302	2325	no
HSALNT0289004	hsa-miR-8078	155.00	-31.66	202	226	no
HSALNT0289004	hsa-miR-8078	148.00	-18.66	1527	1550	no
HSALNT0289004	hsa-miR-8077	144.00	-28.75	1041	1064	no
HSALNT0289004	hsa-miR-8068	148.00	-16.65	686	707	no
HSALNT0289004	hsa-miR-8060	150.00	-23.33	1515	1537	no
HSALNT0289004	hsa-miR-8060	141.00	-18.91	973	999	no
HSALNT0289004	hsa-miR-8057	146.00	-13.82	597	617	no
HSALNT0289004	hsa-miR-8056	159.00	-17.72	1619	1637	no
HSALNT0289004	hsa-miR-7845-5p	148.00	-29.55	1442	1462	no

Showing 1 to 10 of 814 rows　10　rows per page　‹ 1 2 3 4 5 ... 82 ›

图 18-150　lncRNA 与 miRNA 的互作信息

▲ Function

Show 10 entries

Gene Symbol	Functional Mechanism	Biological Process	Tag	PMID	Citation
HOTAIR	ceRNA	pathogenic process	biomarker	25979172	35
HOTAIR	ceRNA	pathogenic process	NA	27186394	14
HOTAIR	ceRNA	pathogenic process	NA	25070049	83
HOTAIR	ceRNA	pathogenic process	biomarker	26187665	18
HOTAIR	ceRNA	pathogenic process	biomarker	24775712	250
HOTAIR	ceRNA	pathogenic process	NA	24953832	79
HOTAIR	ceRNA	pathogenic process	NA	26117268	15
HOTAIR	ceRNA	pathogenic process	NA	26826873	7
HOTAIR	ceRNA	pathogenic process	biomarker	26935047	20
HOTAIR	ceRNA	pathogenic process	NA	27484896	14

图 18-151　lncRNA 的 Function 注释信息

最后显示的是 lncRNA 相关的疾病信息，以及相应的 pubmed 文献，如图 18-152 所示。该数据库的其他功能在以上浏览信息结果中均有展示，这里不再赘述。

2. Lnc2Cancer

第一步：启动服务器。

在浏览器地址栏中输入 http://bio-bigdata.hrbmu.edu.cn/lnc2cancer，进入 Lnc2Cancer 数据库主页，如图 18-153 所示。

第二步：浏览检索数据或使用其他功能。

（1）浏览数据库

如图 18-154 所示，有三种不同的分类浏览方式可供用户选择，通过点击右侧 Cancer、lncRNA、circRNA 三个按钮可以直接选择浏览想要了解的子分类；也可以通过点击中间的徽标（不同调节机制、不同生物学功能、不同临床应用）以浏览相应的 lncRNA 和 circRNA；还可以根据组织来获取 lncRNA 和 circRNA 信息。

▲ Disease

Show 10 entries

Gene Symbol	Disease	MeSH Ontology	Dysfunction Type	Description	PMID	Citation
HOTAIR	urothelial cancer	Neoplasms	expression	HOTAIR overexpression may affect differentiation state and aggressiveness of UC cells, but in a cell-type dependent manner.	25994132	21
HOTAIR	triple-negative breast cancer	Neoplasms; Skin and Connective Tissue Diseases	expression	We found that the expression levels of TCONSNAI2NA00003938, ENST00000460164, ENST00000425295, MALAT1 and HOTAIR were significantly higher in tumor tissues than non-tumor tissues, whereas there were no significant differences in the expression levels of the other 3 lncRNAs. Our study identified a set of lncRNAs that were consistently aberrantly expressed in TNBC, and these dysregulated lncRNAs may be involved in the development and/or progression of TNBC.	25996380	12
HOTAIR	temporomandibular joint osteoarthritis	Musculoskeletal Diseases	regulation	Upregulation of lncRNA HOTAIR contributes to IL-1β induced MMP overexpression and chondrocytes apoptosis in temporomandibular joint osteoarthritis.	27063559	14
HOTAIR	small cell lung cancer	Neoplasms; Respiratory Tract Diseases	regulation	HOTAIR mediates chemoresistance of SCLC by regulating HOXA1 methylation and could be utilized as a potential target for new adjuvant therapies against chemoresistance.	26707824	19
HOTAIR	small cell lung cancer	Neoplasms; Respiratory Tract Diseases	regulation	Long noncoding RNA HOTAIR is relevant to cellular proliferation, invasiveness, and clinical relapse in small-cell lung cancer.	24591352	55
HOTAIR	sarcoma	Neoplasms	expression	High level expression of both of MTDH/AEG1 and HOTAIR in the primary tumor correlated with a likelihood to metastasize. High levels of both MTDH/AEG-1 and HOTAIR in primary sarcoma are correlated with a high probability of metastasis. By contrast, reduced expression of both MTDH/AEG-1 and HOTAIR is correlated with a good response to treatment in terms of necrosis, suggesting that levels of MTDH and HOTAIR are potential biomarkers for treatment efficacy.	23543869	3

图 18-152 lncRNA 相关的疾病信息

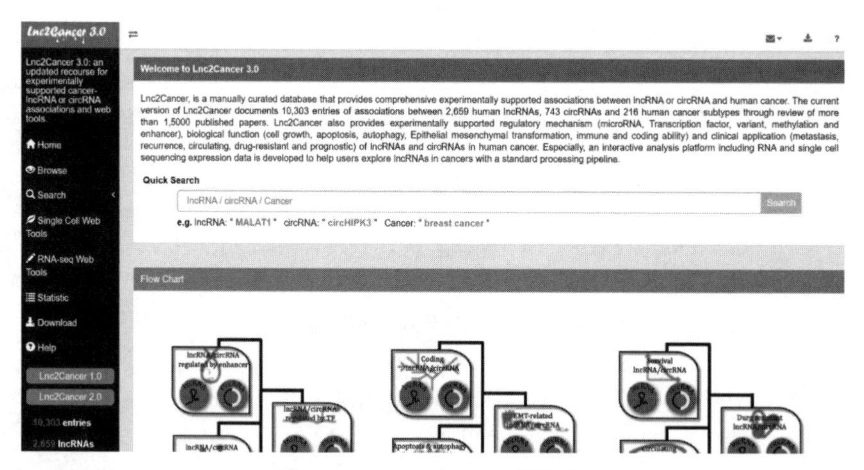

图 18-153 Lnc2Cancer 数据库

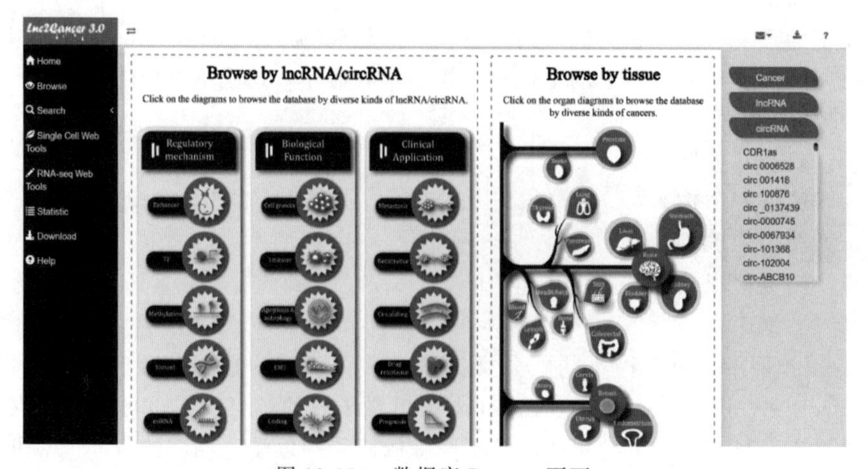

图 18-154 数据库 Browse 页面

以急性早幼粒细胞白血病（acute promyelocytic leukemia）为例，点击浏览结果如图 18-155 所示。左上角可以下载三种不同格式的数据，每一行的关联数据包含 lncRNA 名称、癌症名称、实验方法、表达模式、生物标志物类型和 PubMed ID。其中点击 Details 可以看到对应癌症的基本信息、分类信息如 TF 甲基化和癌症的收录信息，如图 18-156 所示。

8 entries related with acute promyelocytic leukemia.

CSV Excel Copy Search:

LLnc/ CircRNA name	Cancer name	Methods	Expression pattern	Mechanism	Function	Clinical	Pubmed ID	Details	Box Plot	Stage Plot	Survival	Similar	Network
H19	acute pr...	qPCR etc.	up-regul...	✗	✗	✓	29703210	details					
HOTAIRM1	acute pr...	qPCR etc.	down-re...	✓	✗	✓	26436590	details					
HOTAIRM1	acute pr...	qPCR	down-re...	✗	✗	✗	27146823	details					
HOTAIRM1	acute pr...	qPCR	up-regul...	✗	✗	✗	24824789	details					
NEAT1	acute pr...	qPCR, ...	down-re...	✓	✗	✓	29111326	details					
NEAT1	acute pr...	qPCR, ...	down-re...	✓	✗	✓	25245097	details					
PVT1	acute pr...	qPCR, R...	up-regul...	✗	✓	✓	26545364	details					
ZFAS1	acute pr...	RT-qPC...	up-regul...	✗	✓	✗	31807158	details					

Showing 1 to 8 of 8 entries First Previous 1 Next Last

图 18-155 急性早幼粒白血病（acute promyelocytic leukemia）检索信息

Detail

Basic Information

LncRNA/CircRNA Name	H19
Synonyms	H19, ASM, ASM1, BWS, D11S813E, LINC00008, NCRNA00008, WT2
Region	GRCh38_11:1995176-2001470
Ensemble	ENSG00000130600
Refseq	NR_002196

Classification Information

Regulatory Mechanism		Biological Function		Clinical Application	
TF	✗	Immune	✗	Survival	✗
Enhancer	✗	Apoptosis	✗	Drug	retinoids
Variant	✗	Cell Growth	✗	Circulating	✗
MiRNA	✗	EMT	✗	Metastasis	✗
Methylation	✗	Coding Ability	✗	Recurrence	✗

Cancer&Entry Information

Cancer Name	acute promyelocytic leukemia
ICD-0-3	NA
Methods	qPCR etc.
Sample	cell lines (NB4, APL, NB4-LR1 and NB4-LR1SFD)
Expression Pattern	up-regulated
Function Description	We showed both in retinoid-treated cell lines and in APL patient cells an inverse relationship between the expression of H19 and the expression and activity of hTERT. Exploring the mechanistic link between H19 and hTERT regulation, we showed that H19 is able to impede telomerase function by disruption of the hTERT-hTR interaction.
Pubmed ID	29703210
Year	2018
Title	Telomerase regulation by the long non-coding RNA H19 in human acute promyelocytic leukemia cells.

External Links

Links for H19	GenBank HGNC NONCODE
Links for acute promyelocytic leukemia	OMIM COSMIC

图 18-156 特定 lncRNA 与癌症关联的详细信息

（2）检索数据库

如图 18-157 所示，Lnc2Cancer 3.0 提供简单搜索和高级搜索。简单搜索可输入 lncRNA、circRNA 或 cancer 关键字进行搜索。高级搜索如图 18-158 所示，除了需要输入 lncRNA 或 circRNA ID 和癌种外，可以选择（失调模式）（Dysregulation Pattern）（包括上调、下调和差异表达）、Sample（包括组织、细胞系和血液）、RNA Type（选择只显示 lncRNA 和 circRNA，或者全部显示），还可以选定 Regulatory Mechanism、Biological Function、Clinical Application 区域来过滤显示的结果。

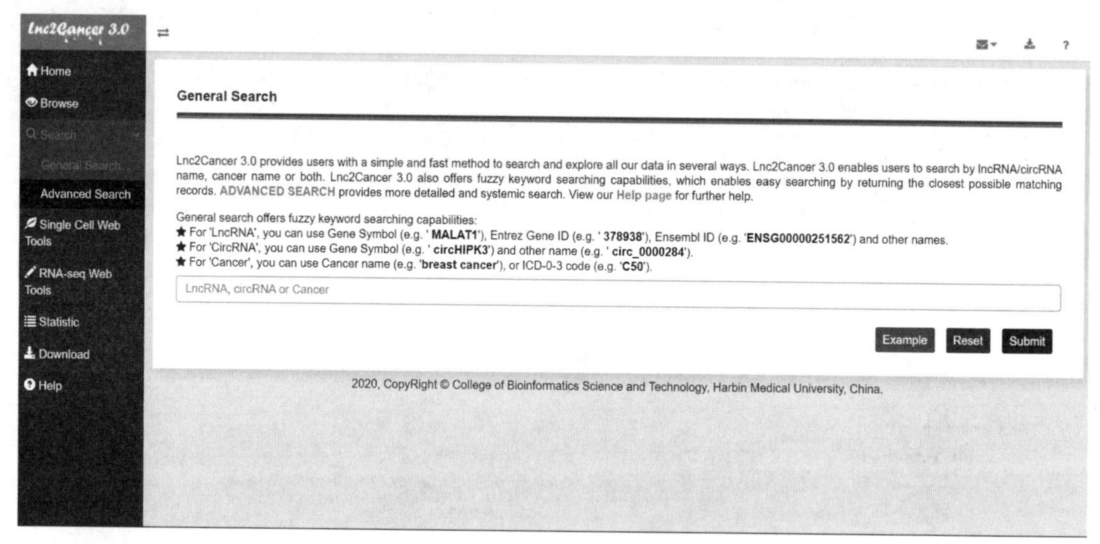

图 18-157 Lnc2Cancer 3.0 搜索模式

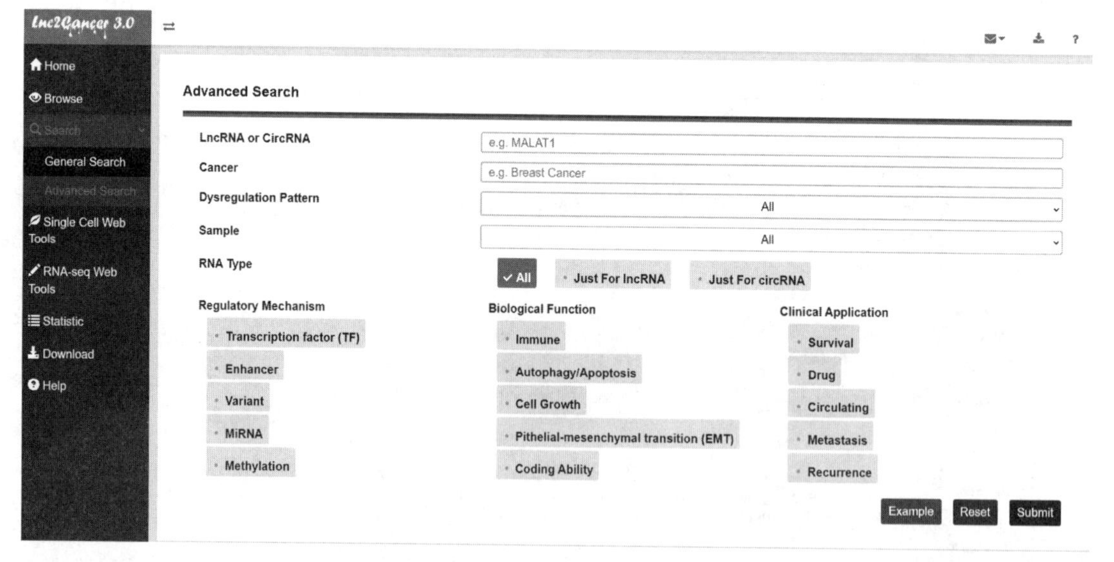

图 18-158 高级搜索页面

（3）单细胞网络工具

单细胞网络工具（Single Cell Web Tools）提供关键交互式和可自定义功能，包括如图 18-159 所示的基于 49 个单细胞数据集的 lncRNA 的一般信息、聚类、热图和差异表达分析，图 18-160 所示为单细胞网络工具主页信息。

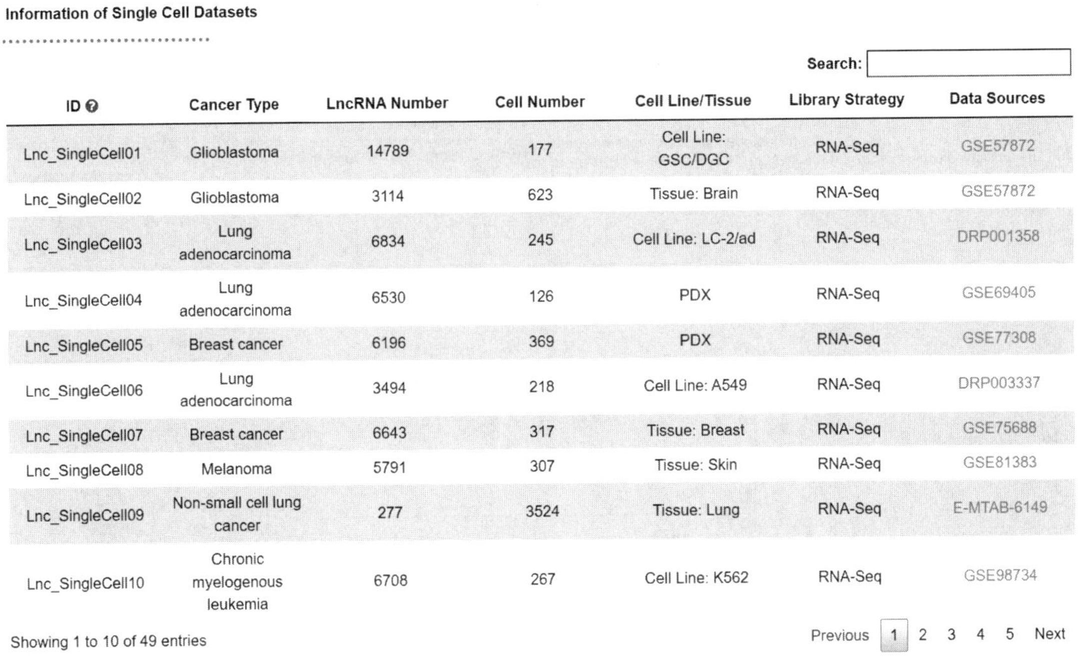

Information of Single Cell Datasets

Search:

ID	Cancer Type	LncRNA Number	Cell Number	Cell Line/Tissue	Library Strategy	Data Sources
Lnc_SingleCell01	Glioblastoma	14789	177	Cell Line: GSC/DGC	RNA-Seq	GSE57872
Lnc_SingleCell02	Glioblastoma	3114	623	Tissue: Brain	RNA-Seq	GSE57872
Lnc_SingleCell03	Lung adenocarcinoma	6834	245	Cell Line: LC-2/ad	RNA-Seq	DRP001358
Lnc_SingleCell04	Lung adenocarcinoma	6530	126	PDX	RNA-Seq	GSE69405
Lnc_SingleCell05	Breast cancer	6196	369	PDX	RNA-Seq	GSE77308
Lnc_SingleCell06	Lung adenocarcinoma	3494	218	Cell Line: A549	RNA-Seq	DRP003337
Lnc_SingleCell07	Breast cancer	6643	317	Tissue: Breast	RNA-Seq	GSE75688
Lnc_SingleCell08	Melanoma	5791	307	Tissue: Skin	RNA-Seq	GSE81383
Lnc_SingleCell09	Non-small cell lung cancer	277	3524	Tissue: Lung	RNA-Seq	E-MTAB-6149
Lnc_SingleCell10	Chronic myelogenous leukemia	6708	267	Cell Line: K562	RNA-Seq	GSE98734

Showing 1 to 10 of 49 entries　　Previous 1 2 3 4 5 Next

图 18-159　单细胞数据集详细信息

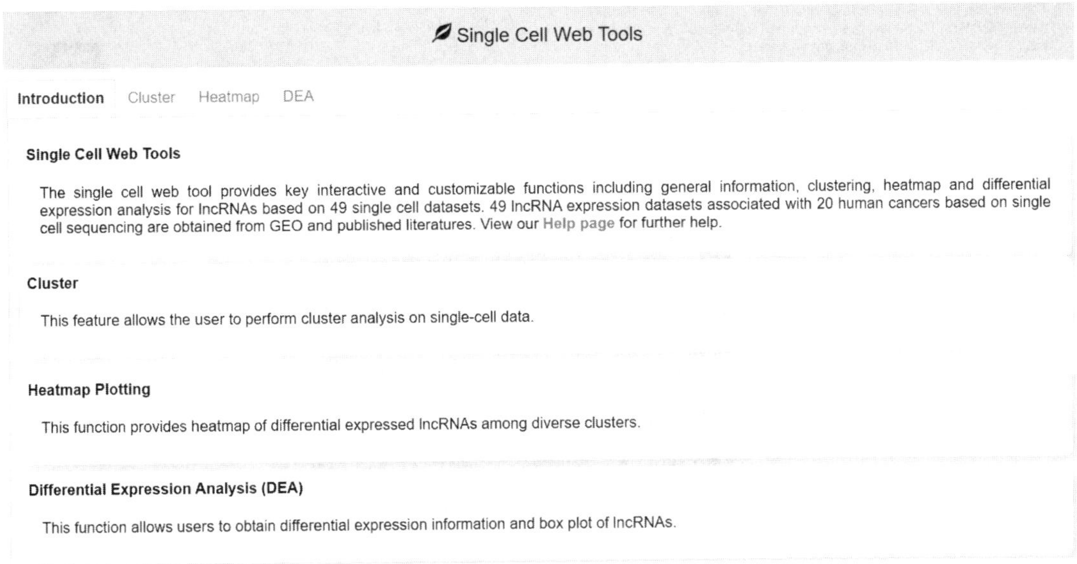

Single Cell Web Tools

Introduction　Cluster　Heatmap　DEA

Single Cell Web Tools

The single cell web tool provides key interactive and customizable functions including general information, clustering, heatmap and differential expression analysis for lncRNAs based on 49 single cell datasets. 49 lncRNA expression datasets associated with 20 human cancers based on single cell sequencing are obtained from GEO and published literatures. View our Help page for further help.

Cluster

This feature allows the user to perform cluster analysis on single-cell data.

Heatmap Plotting

This function provides heatmap of differential expressed lncRNAs among diverse clusters.

Differential Expression Analysis (DEA)

This function allows users to obtain differential expression information and box plot of lncRNAs.

图 18-160　单细胞网络工具（Single Cell Web Tools）主页信息介绍

Cluster 功能允许用户根据 lncRNA 表达进行聚类分析，选择一个样本进行聚类，点击“Cluster”按钮，Cluster 函数将使用高维回归方法 tNSE 和 UMAP 生成基于 lncRNA 表达的聚类分析的聚类图，如图 18-161 所示。

Heatmap 功能提供了不同簇之间差异表达 lncRNA 的热图，如图 18-162 所示。选择一个样本进行聚类，点击“Heatmap”按钮，Heatmap 功能会根据选中的单细胞数据集生成聚类分析的热图。

差异表达分析［Differential Expression Analysis（DEA）］允许用户获得 lncRNA 的差

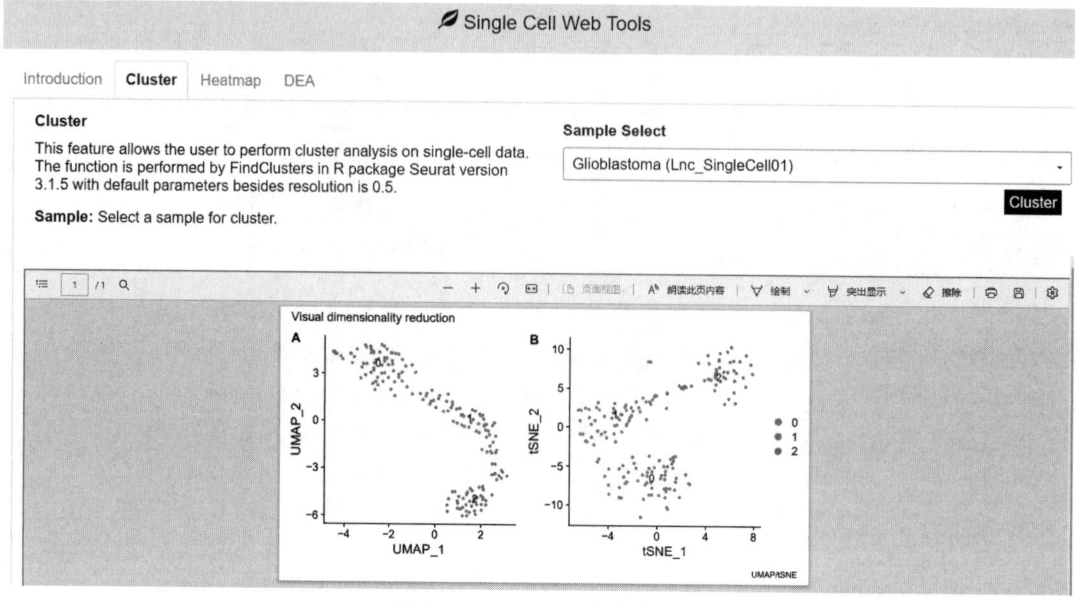

图 18-161 Cluster 聚类分析

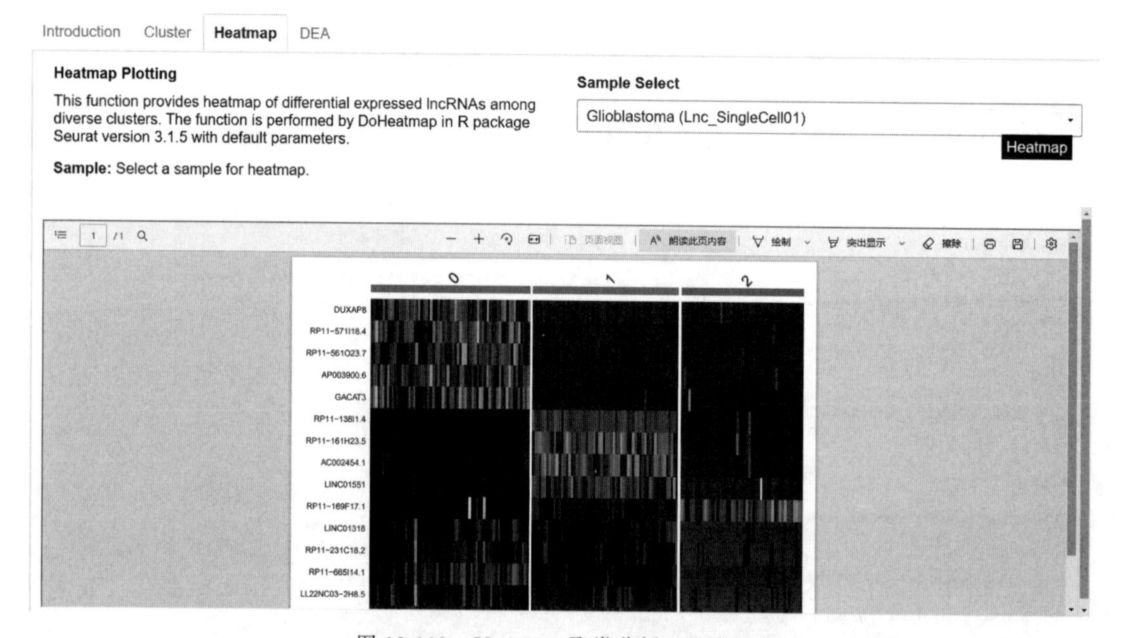

图 18-162 Heatmap 聚类分析（见彩图）

异表达信息和箱形图。该功能由 R 软件包 Seurat 3.1.5 版中的 VlnPlot 使用默认参数执行。如图 18-163 所示，选择一个样本进行差异分析，并选择差异分析的倍数和 P 值的阈值进行差异分析，点击“List”按钮，DEA 函数将根据输入参数生成差异表达的 lncRNA 列表，单击“👁”按钮，DEA 函数将根据输入参数生成差异表达 lncRNA 的小提琴图。

（4）RNA-seq web 工具

RNA-seq web 工具包含一般信息、差异表达分析、框图、分期图、生存分析、相似 lncRNA 鉴定、相关性分析、网络构建和 TF 基序预测等复杂的功能，可用于挖掘癌症相关 lncRNA。目前的 RNA-seq 网络工具中的数据集来自 TCGA，包含 15878 个 lncRNA、33 种癌症类型、

Introduction　Cluster　Heatmap　**DEA**

Differential Expression Analysis (DEA)

This function allows users to obtain differential expression information and box plot of lncRNAs. The function is performed by VlnPlot in R package Seurat version 3.1.5 with default parameters.

Sample: Select a sample for differential analysis.

log2FC: Select a threshold value of fold change for differential analysis.

FDR: Select a threshold value of fdr for differential analysis.

Sample Select　Glioblastoma (Lnc_SingleCell01)

log2FC　1

FDR　0.01

List

CSV　Excel　Copy　　**Search:**

LncRNA	Cluster	PCT.1	PCT.2	log2FC	FDR	violin
ABCA9-AS1	2	0.216	0.778	3.768	0.003703	
AC000099.1	0	0.667	0.351	1.089	0.003114	
AC002127.4	2	0.000	0.492	-2.069	2.758e-05	
AC002310.12	2	0.157	0.603	-1.733	0.00731	
AC002451.3	2	0.059	0.595	-2.673	2.598e-06	
AC002454.1	1	0.883	0.316	4.013	3.225e-15	
AC002454.1	2	0.078	0.683	-3.755	1.062e-07	
AC002480.2	2	0.216	0.690	-1.219	0.0001194	
AC002480.3	2	0.118	0.556	-1.200	0.005875	

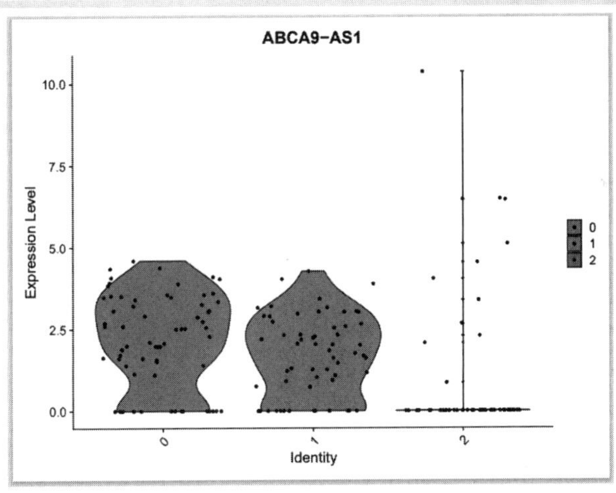

图 18-163　差异表达分析

9664 个肿瘤和 711 个正常对照样本。

General Information 功能提供一般信息，在“LncRNA”字段中输入具体的 lncRNA 名称，点击“Plot”按钮搜索感兴趣的 lncRNA，信息包括 lncRNA 名称、Ensembl ID、别名、基因类型、位点、功能机制、生物学过程，以及显示 lncRNA 中实验报告条目、机制、功能、临床、基于人体图谱的 lncRNA 统计数据的全局视图和基于癌症类型的 lncRNA 统计图，如图 18-164 所示。

Differential Expression Analysis（DEA）差异表达分析功能允许用户获得特定癌症中 lncRNA 的差异表达分析和热图。如图 18-165 所示，选择癌种、差异分析方法、差异分析的倍数和 FDR 的阈值进行差异分析，点击“List”按钮，DEA 函数将根据输入参数生成差异表达的 lncRNA 列表，点击“Plot”按钮，DEA 函数将根据输入参数生成差异表达 lncRNA 的热图。

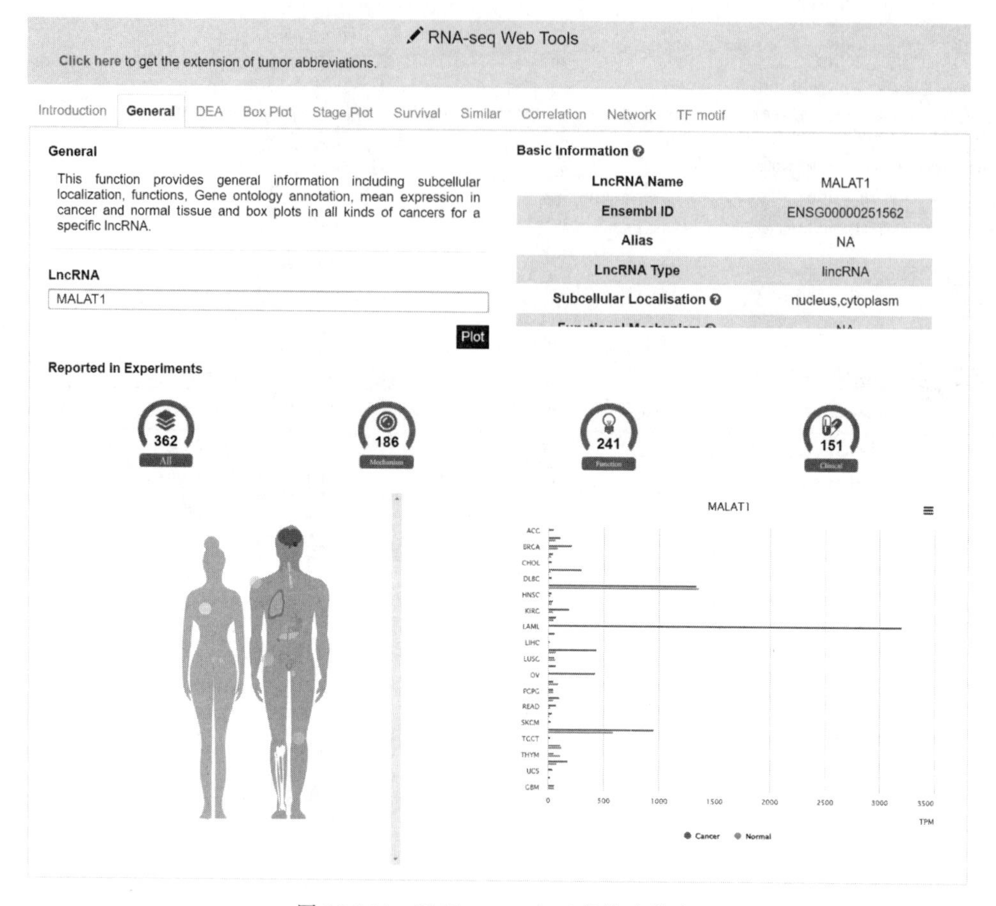

图 18-164 RNA-seq web 工具基本信息

Introduction General **DEA** Box Plot Stage Plot Survival Similar Correlation Network TF motif

Differential Expression Analysis (DEA)

This function allows user to obtain differential expression analysis and heatmap for lncRNAs in a specific cancer. This feature allows user to apply custom statistical methods and thresholds on a given kind of cancer.

CancerName: Select a cancer for differential analysis.

Method: Select a method for differential analysis.

log2FC: Select a threshold value of fold change for differential analysis.

FDR: Select a threshold value of fdr for differential analysis.

Dataset Select (Cancer Name) CHOL

Methods limma edgeR DEseq2

log2FC 2

FDR 0.01

List Plot

CSV Excel Copy Search:

LncRNA	Mean(Cancer)	Mean(Normal)	log2FC	FDR
ABHD11-AS1	11.230	0.176	2.424	0.0005149
AC002398.13	7.845	0.564	2.421	1.486e-12
AC004447.2	24.700	3.939	2.320	3.982e-12
AC004540.5	10.930	0.368	2.645	6.901e-06
AC004862.6	0.874	5.362	-2.128	4.761e-08
AC005083.1	11.860	0.463	2.827	3.446e-08
AC006042.6	12.230	0.743	2.683	2.56e-07
AC006273.5	26.720	0.807	3.358	1.331e-06
AC009005.2	8.987	0.366	2.369	1.26e-05

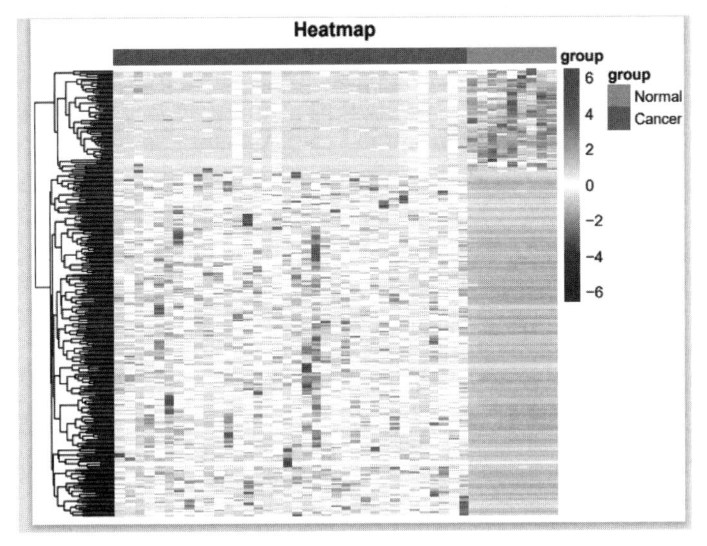

图 18-165　RNA-seq 差异表达分析（见彩图）

Box Plot 箱形图功能用于比较癌症和正常样品之间特定 lncRNA 的表达。此功能允许用户为癌症和正常人群的箱形图应用自定义颜色，如图 18-166 所示。选择特定的 lncRNA、癌种、颜色来绘制箱形图，点击“Plot”按钮，Boxplot 函数将根据输入参数生成箱形图。

Introduction　General　DEA　**Box Plot**　Stage Plot　Survival　Similar　Correlation　Network　TF motif

Expression on Box Plots

This function generates box plots for comparing expression of a specific lncRNA between cancer and normal samples. This feature allows user to apply custom color for box plots of cancer and normal group.
Kruskal-Wallis test was used to analyze the difference of the gene expression level between cancer and normal samples.

LncRNA: Select a lncRNA for drawing the boxplot.

CancerName: Select a cancer for drawing the boxplot.

Color Select: Select a color for drawing the boxplot.

LncRNA　**Dataset Select (Cancer Name)**　**Color Select**

MALAT1　BLCA　**Cancer**　**Normal**

Input a gene symbol of lncRNA

Plot

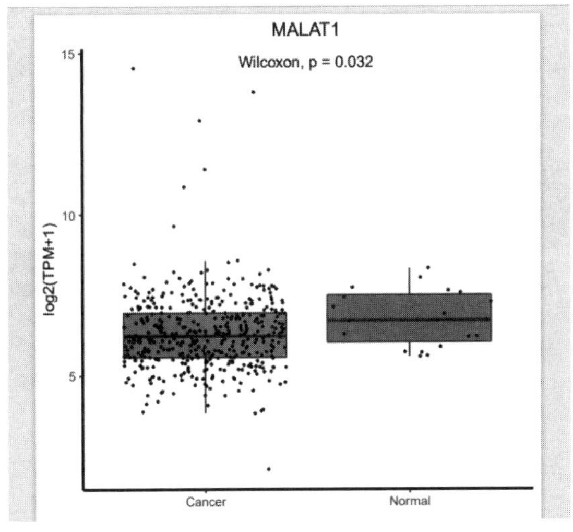

图 18-166　Box Plot 箱形图

Stage Plot 功能可根据患者病理分期生成特定 lncRNA 的表达小提琴图。如图 18-167 所示，选择特定的 lncRNA、癌种、患病周期、绘图颜色绘制小提琴图，点击“Plot”按钮，Stage Plot 功能将根据输入参数生成一个小提琴图，用于比较病理阶段的表达。

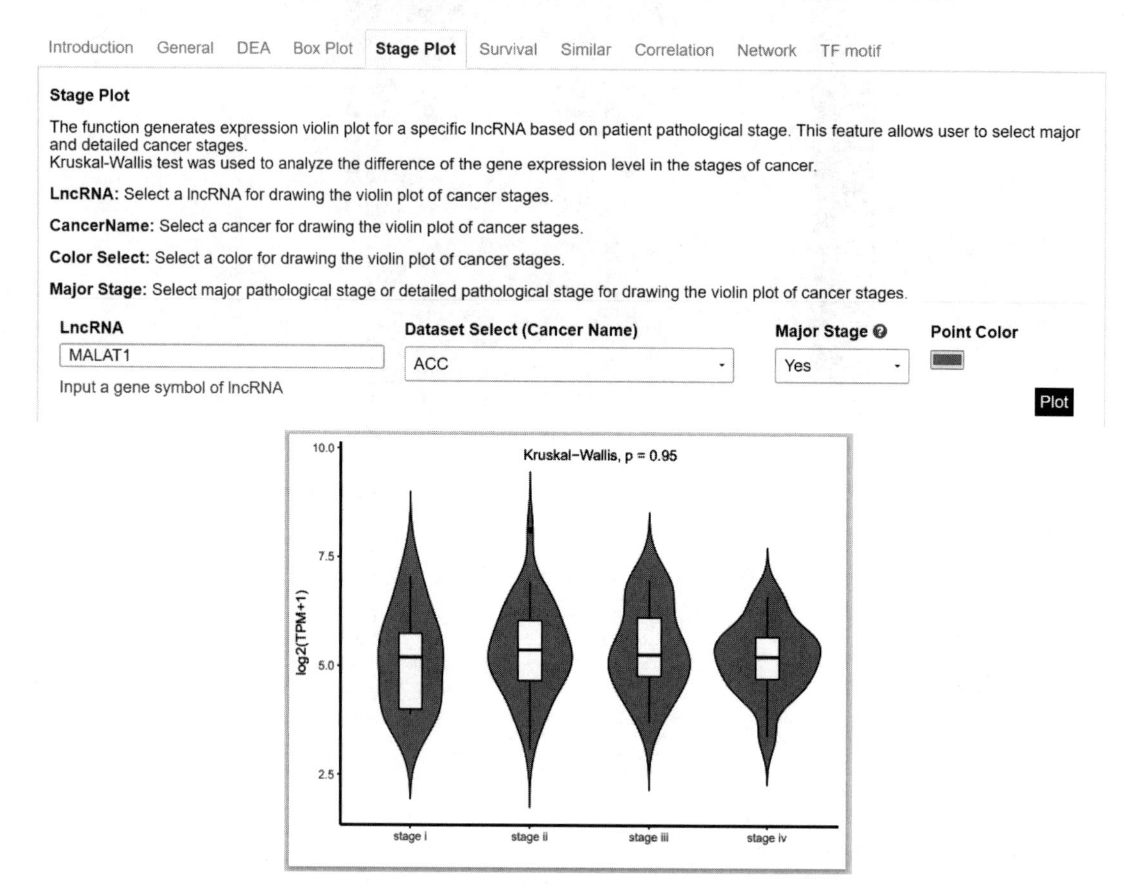

图 18-167 Stage Plot 功能

生存分析功能基于特定的 lncRNA 表达进行整体生存（OS）或无病生存（DFS，也称为无复发生存和 RFS）分析，如图 18-168 所示。选择特定的 lncRNA、生存曲线的阈值、癌种绘制生存曲线，点击“Plot”按钮，生存函数将根据输入参数生成总生存或无病生存的生存曲线。

Introduction General DEA Box Plot Stage Plot **Survival** Similar Correlation Network TF motif

LncRNA Survival

This function performs overall survival (OS) or disease free survival (DFS, also called relapse-free survival and RFS) analysis based on a specific lncRNA expression. This feature allows user to apply custom OS, DFS, median and quantile expression value of a lncRNA. Kaplan-Meier survival analysis is performed for the two clustered groups and statistical significance assessed using the log-rank test.

LncRNA: Select a lncRNA for drawing the Survival curve.

Group Cutoff: Select a threshold value for drawing the Survival curve.

Methods: Select a method for drawing the Survival curve.

Dataset Select: Select a Cancer for drawing the Survival curve.

LncRNA MALAT1 Input a gene symbol of lncRNA

Group Cutoff Median Quantile

Methods Overall Survival (OS) Disease Free Survival (DFS)

Dataset Select (Cancer Name) BRCA

Plot

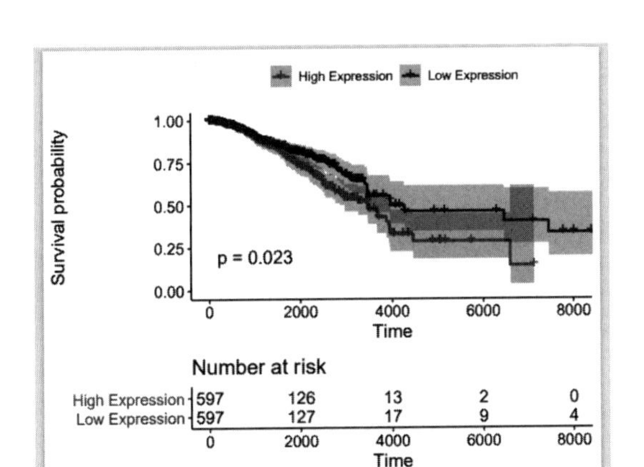

图 18-168 生存分析

相似 lncRNAs 识别功能为输入的 lncRNA 和选定的数据集标识具有相似表达模式的 lncRNA 列表，所选数据集如图 18-169 所示。选择一个特定的 lncRNA、癌种、定义相似 lncRNA 的方法来定义相似的 lncRNA，单击“List”按钮，函数将生成具有相似表达模式的 lncRNA 列表。

Introduction General DEA Box Plot Stage Plot Survival **Similar** Correlation Network TF motif

Similar LncRNA

This function identifies a list of lncRNAs with similar expression pattern for an input lncRNA and selected datasets. The constraint condition of the identified lncRNAs and the input lncRNA is that the correlation coefficient is greater than 0.8 and p < 0.05.

LncRNA: Select a lncRNA for defining similar lncRNAs.

Dataset Select: Select a cancer for defining similar lncRNAs.

Correlation Coefficient: Select a method for defining similar lncRNAs.

LncRNA: MALAT1 — Input a gene symbol of lncRNA

Dataset Select (Cancer Name): KIRC

Correlation Coefficient: Pearson / Spearman

List

CSV Excel Copy — Search:

LncRNA	Cor	P value
AC000123.2	0.854	2.02e-154
AC002117.1	0.856	6.99e-156
AC003104.1	0.966	1.11e-308
AC004041.2	0.940	5.92e-253
AC004837.5	0.814	7.09e-129
AC005540.3	0.820	5.87e-132
AC005740.5	0.970	0
AC005785.5	0.857	1.75e-156
AC006159.5	0.867	6.02e-165
AC007038.7	0.870	2.71e-167

图 18-169 相似 lncRNA 识别

相关性分析功能为癌症中两个 lncRNA 提供了 lncRNA 表达相关性分析。该功能允许用户应用自定义的相关分析方法，包括 Pearson、Spearman 和 Kendall，如图 18-170 所示。选择两个 lncRNA 、癌种、颜色、绘图方法绘制散点图，点击“Plot”按钮，Correlation 函数将根据输入参数进行相关性分析，生成两个 lncRNA 的散点图。

网络构建功能提供了相互作用的 miRNA-lncRNA 和 mRNA-lncRNA 共表达网络，如图 18-171 所示。选择一个特定的 lncRNA、癌种、P 值、绘制网络的 RNA 类型来绘制网络，

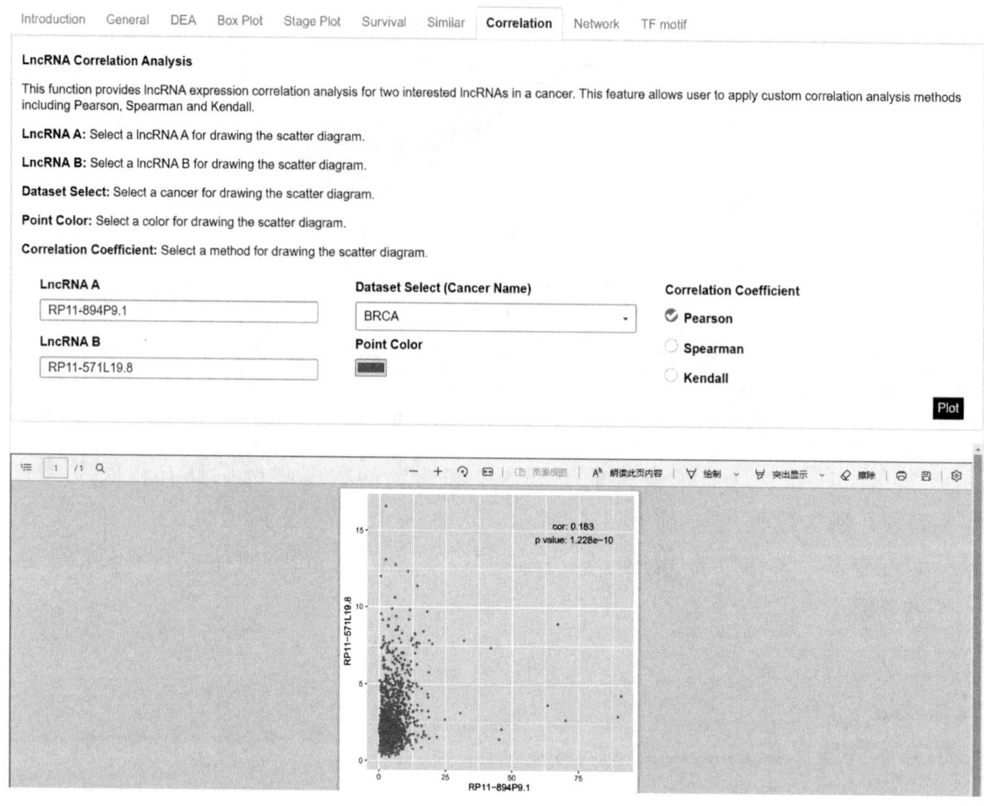

图 18-170 lncRNA 关联分析

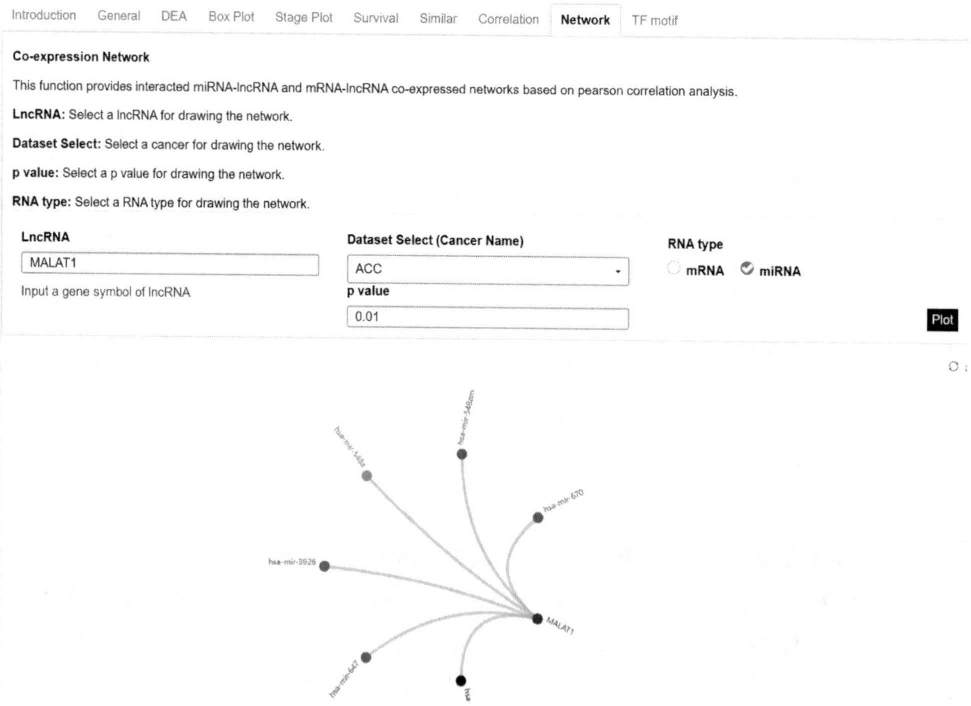

Introduction General DEA Box Plot Stage Plot Survival Similar Correlation Network TF motif

Co-expression Network

This function provides interacted miRNA-lncRNA and mRNA-lncRNA co-expressed networks based on pearson correlation analysis.

LncRNA: Select a lncRNA for drawing the network.

Dataset Select: Select a cancer for drawing the network.

p value: Select a p value for drawing the network.

RNA type: Select a RNA type for drawing the network.

LncRNA: MALAT1 (Input a gene symbol of lncRNA)　Dataset Select (Cancer Name): ACC　p value: 0.01　RNA type: mRNA / miRNA　Plot

hsa-mir-548am　hsa-mir-548a　hsa-mir-670　hsa-mir-3926　MALAT1　hsa-mir-647

图 18-171 共表达网络分析

点击“Plot”按钮，网络函数将根据输入参数生成一个 miRNA-lncRNA 或 mRNA-lncRNA 的共表达网络。

TF motif 预测功能可预测特定 lncRNA 的 TF 基序，并提供 TF 基序序列 LOGO 图形，如图 18-172 所示，选择一个特定的 lncRNA 和 q 值来获取 TF 基序，单击“List”按钮，TF 基序函数将根据输入参数生成一个特定的 lncRNA 列表及其预测的 TF 基序，点击“👁”按钮，将生成所选的 TF 序列 LOGO 图。

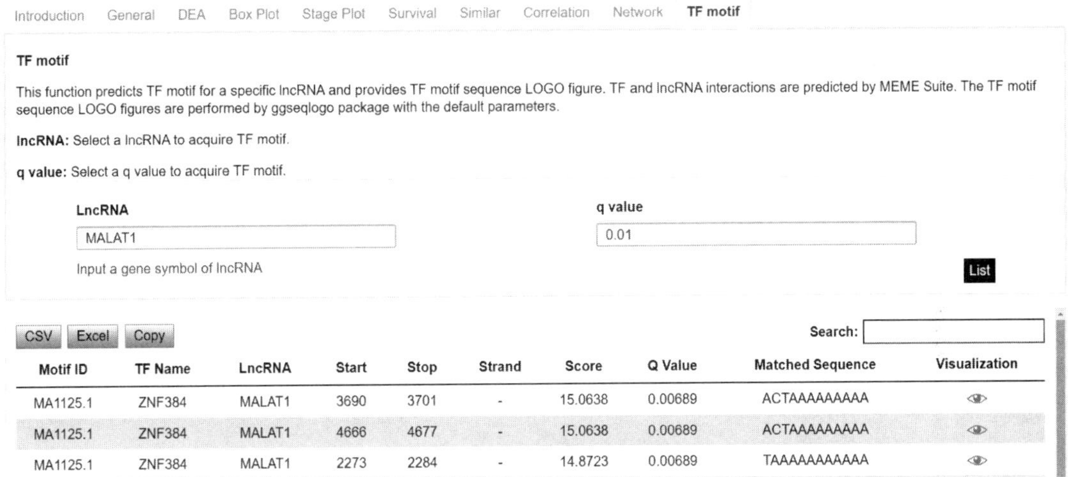

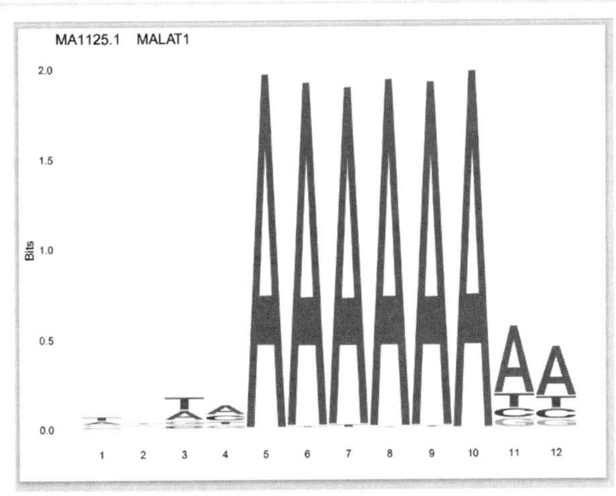

图 18-172 TF motif 预测

3. circRNADisease

第一步：启动服务器。

在浏览器地址栏中输入 http://cgga.org.cn:9091/circRNADisease/，进入 circRNADisease 数据库主页，如图 18-173 所示。

第二步：浏览检索数据或使用其他功能。

（1）浏览数据库

如需浏览数据库中的 circRNA-疾病关联数据，请选择菜单“Browse”，如图 18-174 所示。用户可以通过两种方式浏览所有条目，即根据 circRNA 或根据疾病。以膀胱癌“bladder cancer”相关 circRNA 为例，请点击“Diseases”并选择“bladder cancer”选项。

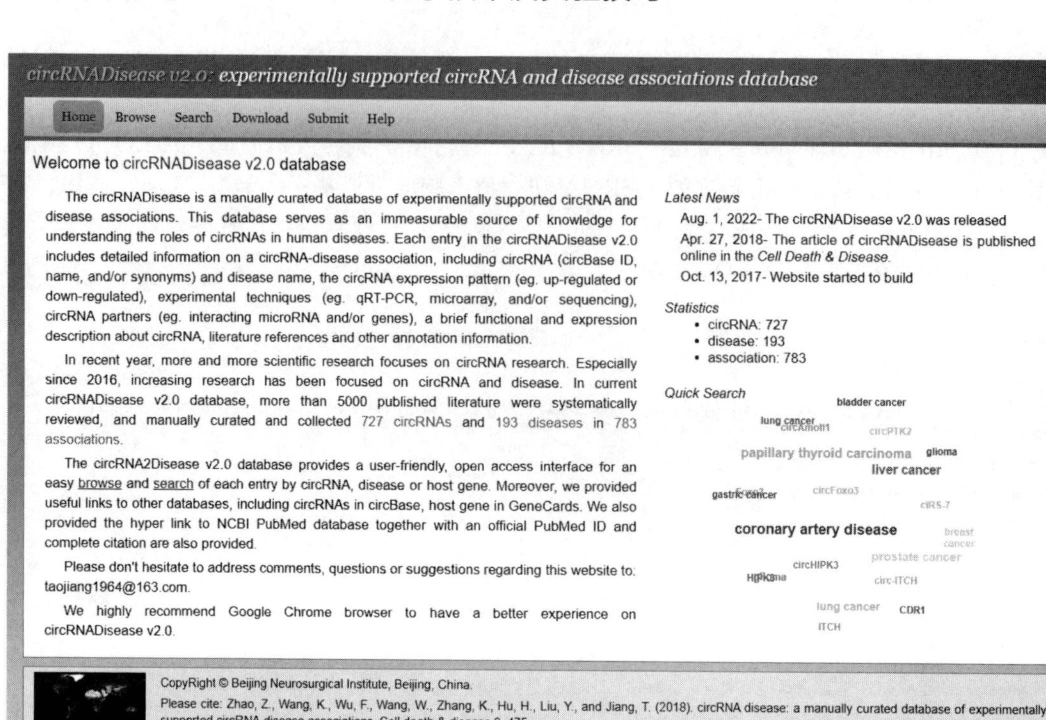

图 18-173　circRNADisease 数据库

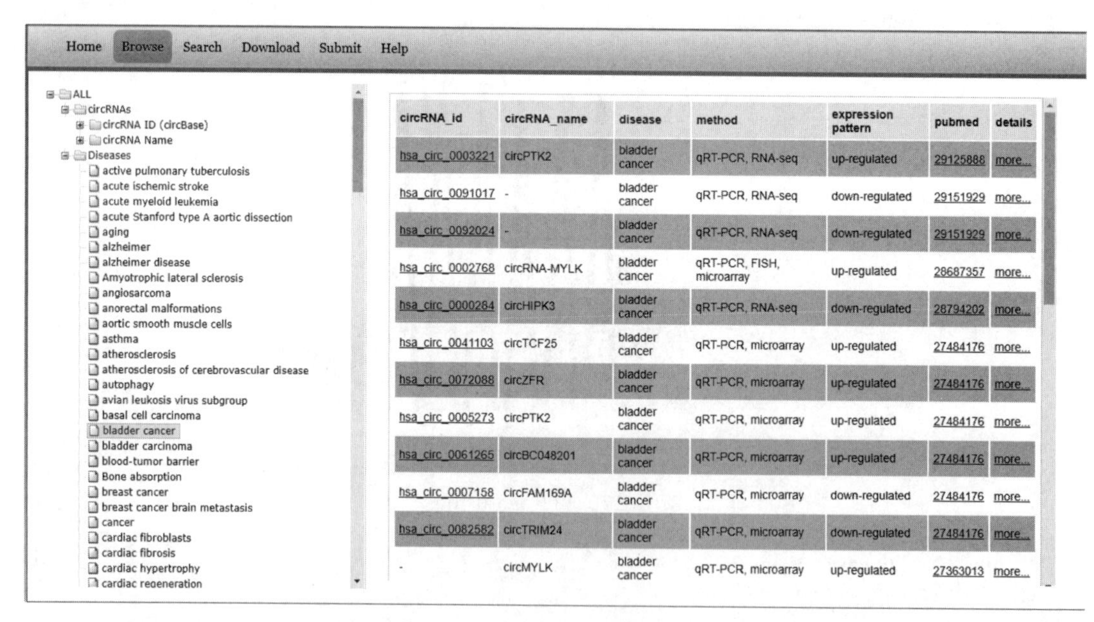

图 18-174　circRNADisease 数据库浏览页面

（2）检索数据库

在 circRNADisease 数据库中，用户可以通过 circRNA 搜索、宿主基因搜索或疾病搜索三种方式搜索所有条目，如图 18-175 所示。搜索结果见图 18-176，显示的详细信息如图 18-177 所示，包括 circRNA 基本信息（circRNA 名称、circRNA 检测方法、circRNA 表达模式、关联子、宿主基因）、疾病信息（疾病、物种、组织/细胞系/PDX、circRNA 与疾病关系简要描述）和其他信息（文章标题、期刊、发表时间、PubMed ID）。

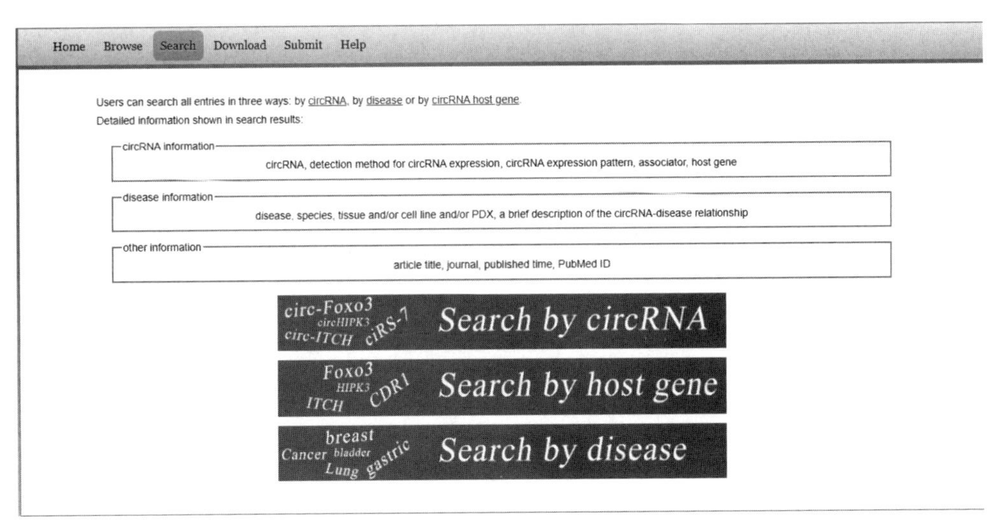

图 18-175　circRNADisease 检索页面

Home > Search > Search by circRNA > Result　　Back

search option: [circRNA like %circFoxo3%]

circRNA_id	circRNA_name	disease	host gene	method	expression pattern	pubmed	details
-	circFoxo3	cardiac senescence	Foxo3	qRT-PCR	up-regulated	26873092	more...
-	circFoxo3	cardiac senescence	Foxo3	qRT-PCR, FISH	up-regulated	26873092	more...
-	circFoxo3	breast cancer	FOXO3	qRT-PCR	down-regulated	27886165	more...
-	circFoxo3	cardiac fibroblasts	Foxo3	qRT-PCR	up-regulated	27713910	more...
-	circFoxo3	breast cancer	Foxo3	qRT-PCR	down-regulated	26657152	more...
-	circFoxo3	breast cancer	Foxo3	qRT-PCR	down-regulated	26861625	more...
-	circFoxo3	melanoma	Foxo3	qRT-PCR	down-regulated	26861625	more...

图 18-176　circRNADisease 检索结果

circRNA basic information

circRNA ID:	-
circRNA Name:	circFoxo3
Method:	qRT-PCR
Expression Pattern:	up-regulated
Associator:	ID-1, E2F1, FAK, HIF1a
Host Gene:	Foxo3

Disease basic information

Disease:	cardiac senescence
Species:	human
Tissue/Cell/PDX:	tissue
Description:	We also found that silencing circ-Foxo3 inhibited senescence of mouse embryonic fibroblasts and that ectopic expression of circ-Foxo3 induced senescence.

Other information

Title:	Foxo3 circular RNA promotes cardiac senescence by modulating multiple factors associated with stress and senescence responses
Journal:	*Eur Heart J*
Published:	2017 May 7
PubMed ID:	26873092

图 18-177　circRNADisease 检索详细信息

与其他数据库的一般功能类似，circRNADisease 同样具有下载和提交数据的功能，下载数据 circRNADisease 提供了可下载文件的两种格式，分别为 TEXT 和 Excel 格式。

三、小结

本节主要介绍了 lncRNA 及 circRNA 的一些现有数据库，并对 LncBOOK、Lnc2Cancer 和 circRNADisease 数据库的使用方法进行了具体的介绍和演示。

（宋秋月　查　磊　王　江　陈垚文　李宗城　陆启轩　徐　淞　应晓敏　李伍举　编）

参 考 文 献

[1] Bu D, Yu K, Sun S, et al. NONCODE v3.0: integrative annotation of long noncoding RNAs [J]. Nucleic acids research, 2012, 40 (D1): D210-D215.

[2] Zhao Y, Li H, Fang S, et al. NONCODE 2016: an informative and valuable data source of long non-coding RNAs [J]. Nucleic acids research, 2016, 44 (D1): D203-D208.

[3] He S, Liu C, Skogerbø G, et al. NONCODE v2.0: decoding the non-coding [J]. Nucleic acids research, 2007, 36 (suppl_1): D170-D172.

[4] Liu C, Bai B, Skogerbø G, et al. NONCODE: an integrated knowledge database of non-coding RNAs [J]. Nucleic acids research, 2005, 33 (suppl_1): D112-D115.

[5] Kalvari I, Nawrocki E P, Ontiveros-Palacios N, et al. Rfam 14: expanded coverage of metagenomic, viral and microRNA families [J]. Nucleic Acids Research, 2021, 49 (D1): D192-D200.

[6] Gardner P P, Daub J, Tate J, et al. Rfam: Wikipedia, clans and the "decimal" release [J]. Nucleic acids research, 2010, 39 (suppl_1): D141-D145.

[7] Kozomara A, Birgaoanu M, Griffiths-Jones S. miRBase: from microRNA sequences to function [J]. Nucleic acids research, 2019, 47 (D1): D155-D162.

[8] Kozomara A, Griffiths-Jones S. miRBase: integrating microRNA annotation and deep-sequencing data [J]. Nucleic acids research, 2010, 39 (suppl_1): D152-D157.

[9] Jiang Q, Wang Y, Hao Y, et al. miR2Disease: a manually curated database for microRNA deregulation in human disease [J]. Nucleic acids research, 2009, 37 (suppl_1): D98-D104.

[10] Huang H Y, Lin Y C D, Cui S, et al. miRTarBase update 2022: an informative resource for experimentally validated miRNA-target interactions [J]. Nucleic acids research, 2022, 50 (D1): D222-D230.

[11] Lewis B P, Burge C B, Bartel D P. Conserved seed pairing, often flanked by adenosines, indicates that thousands of human genes are microRNA targets [J]. cell, 2005, 120 (1): 15-20.

[12] Friedman R C, Farh K K H, Burge C B, et al. Most mammalian mRNAs are conserved targets of microRNAs [J]. Genome research, 2009, 19 (1): 92-105.

[13] Grimson A, Farh K K H, Johnston W K, et al. MicroRNA targeting specificity in mammals: determinants beyond seed pairing [J]. Molecular cell, 2007, 27 (1): 91-105.

[14] Garcia D M, Baek D, Shin C, et al. Weak seed-pairing stability and high target-site abundance decrease the proficiency of lsy-6 and other microRNAs [J]. Nature structural & molecular biology, 2011, 18 (10): 1139-1146.

[15] Krek A, Grün D, Poy M N, et al. Combinatorial microRNA target predictions [J]. Nature genetics, 2005, 37 (5): 495-500.

[16] Grün D, Wang Y L, Langenberger D, et al. microRNA target predictions across seven Drosophila species and comparison to mammalian targets [J]. PLoS computational biology, 2005, 1 (1): e13.

[17] Lall S, Grün D, Krek A, et al. A genome-wide map of conserved microRNA targets in C. elegans [J]. Current biology, 2006, 16 (5): 460-471.

[18] Chen K, Rajewsky N. Natural selection on human microRNA binding sites inferred from SNP data [J]. Nature genetics, 2006, 38 (12): 1452-1456.

[19] Chen Y, Wang X. miRDB: an online database for prediction of functional microRNA targets [J]. Nucleic acids research, 2020, 48 (D1): D127-D131.

[20] Liu W, Wang X. Prediction of functional microRNA targets by integrative modeling of microRNA binding and target expression data [J]. Genome biology, 2019, 20: 1-10.

[21] Pruesse E, Quast C, Knittel K, et al. SILVA: a comprehensive online resource for quality checked and aligned ribosomal RNA sequence data compatible with ARB [J]. Nucleic acids research, 2007, 35 (21): 7188-7196.

[22] Cole J R, Wang Q, Fish J A, et al. Ribosomal Database Project: data and tools for high throughput rRNA analysis [J]. Nucleic acids research, 2014, 42 (D1): D633-D642.

[23] Lagesen K, Hallin P, Rødland E A, et al. RNAmmer: consistent and rapid annotation of ribosomal RNA genes [J].

Nucleic acids research, 2007, 35 (9): 3100-3108.
[24] Huang H Y, Chang H Y, Chou C H, et al. sRNAMap: genomic maps for small non-coding RNAs, their regulators and their targets in microbial genomes [J]. Nucleic acids research, 2009, 37 (suppl _ 1): D150-D154.
[25] Huerta A M, Salgado H, Thieffry D, et al. RegulonDB: a database on transcriptional regulation in *Escherichia coli* [J]. Nucleic acids research, 1998, 26 (1): 55-59.
[26] Cao Y, Wu J, Liu Q, et al. sRNATarBase: a comprehensive database of bacterial sRNA targets verified by experiments [J]. Rna, 2010, 16 (11): 2051-2057.
[27] Sassi M, Augagneur Y, Mauro T, et al. SRD: a *Staphylococcus* regulatory RNA database [J]. Rna, 2015, 21 (5): 1005-1017.
[28] Tjaden B. TargetRNA: a tool for predicting targets of small RNA action in bacteria [J]. Nucleic acids research, 2008, 36 (suppl _ 2): W109-W113.
[29] Kery M B, Feldman M, Livny J, et al. TargetRNA2: identifying targets of small regulatory RNAs in bacteria [J]. Nucleic acids research, 2014, 42 (W1): W124-W129.
[30] Busch A, Richter A S, Backofen R. IntaRNA: efficient prediction of bacterial sRNA targets incorporating target site accessibility and seed regions [J]. Bioinformatics, 2008, 24 (24): 2849-2856.
[31] Ying X, Cao Y, Wu J, et al. sTarPicker: a method for efficient prediction of bacterial sRNA targets based on a two-step model for hybridization [J]. PLoS One, 2011, 6 (7): e22705.
[32] Abe T, Ikemura T, Ohara Y, et al. tRNADB-CE: tRNA gene database curated manually by experts [J]. Nucleic acids research, 2009, 37 (suppl _ 1): D163-D168.
[33] Lowe T M, Eddy S R. tRNAscan-SE: a program for improved detection of transfer RNA genes in genomic sequence [J]. Nucleic acids research, 1997, 25 (5): 955-964.
[34] Chan P P, Lin B Y, Mak A J, et al. tRNAscan-SE 2.0: improved detection and functional classification of transfer RNA genes [J]. Nucleic Acids Research, 2021, 49 (16): 9077-9096.
[35] Yoshihama M, Nakao A, Kenmochi N. snOPY: a small nucleolar RNA orthological gene database [J]. BMC research notes, 2013, 6 (1): 1-5.
[36] Lowe T M, Eddy S R. A computational screen for methylation guide snoRNAs in yeast [J]. Science, 1999, 283 (5405): 1168-1171.
[37] Schattner P, Decatur W A, Davis C A, et al. Genome-wide searching for pseudouridylation guide snoRNAs: analysis of the Saccharomyces cerevisiae genome [J]. Nucleic acids research, 2004, 32 (14): 4281-4296.
[38] Li Z, Liu L, Jiang S, et al. LncExpDB: an expression database of human long non-coding RNAs [J]. Nucleic Acids Research, 2021, 49 (D1): D962-D968.
[39] Liu L, Li Z, Liu C, et al. LncRNAWiki 2.0: a knowledgebase of human long non-coding RNAs with enhanced curation model and database system [J]. Nucleic Acids Research, 2022, 50 (D1): D190-D195.
[40] Ma L, Cao J, Liu L, et al. LncBook: a curated knowledgebase of human long non-coding RNAs [J]. Nucleic acids research, 2019, 47 (D1): D128-D134.
[41] Ke L, Yang D C, Wang Y, et al. AnnoLnc2: the one-stop portal to systematically annotate novel lncRNAs for human and mouse [J]. Nucleic Acids Research, 2020, 48 (W1): W230-W238.
[42] Zhao Z, Wang K, Wu F, et al. circRNA disease: a manually curated database of experimentally supported circRNA-disease associations [J]. Cell death & disease, 2018, 9 (5): 475.
[43] Zhang W, Liu Y, Min Z, et al. circMine: a comprehensive database to integrate, analyze and visualize human disease-related circRNA transcriptome [J]. Nucleic Acids Research, 2022, 50 (D1): D83-D92.
[44] Lai H, Li Y, Zhang H, et al. exoRBase 2.0: an atlas of mRNA, lncRNA and circRNA in extracellular vesicles from human biofluids [J]. Nucleic acids research, 2022, 50 (D1): D118-D128.
[45] Gao Y, Shang S, Guo S, et al. Lnc2Cancer 3.0: an updated resource for experimentally supported lncRNA/circRNA cancer associations and web tools based on RNA-seq and scRNA-seq data [J]. Nucleic acids research, 2021, 49 (D1): D1251-D1258.

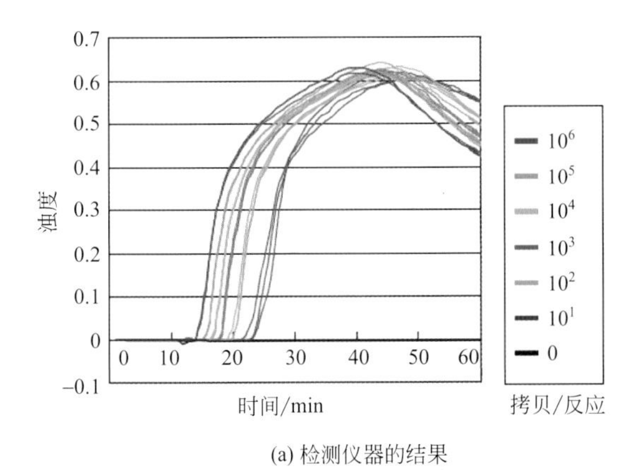

(a) 检测仪器的结果

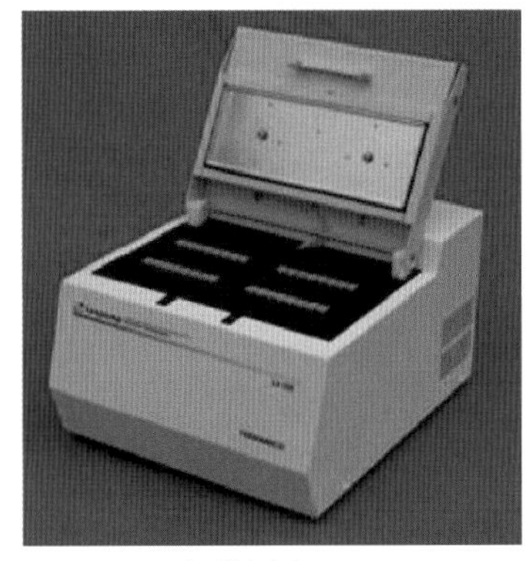

(b) 实时浊度仪LA-320c

图 3-25　浊度法检测结果图与检测仪器（文见第 60 页）

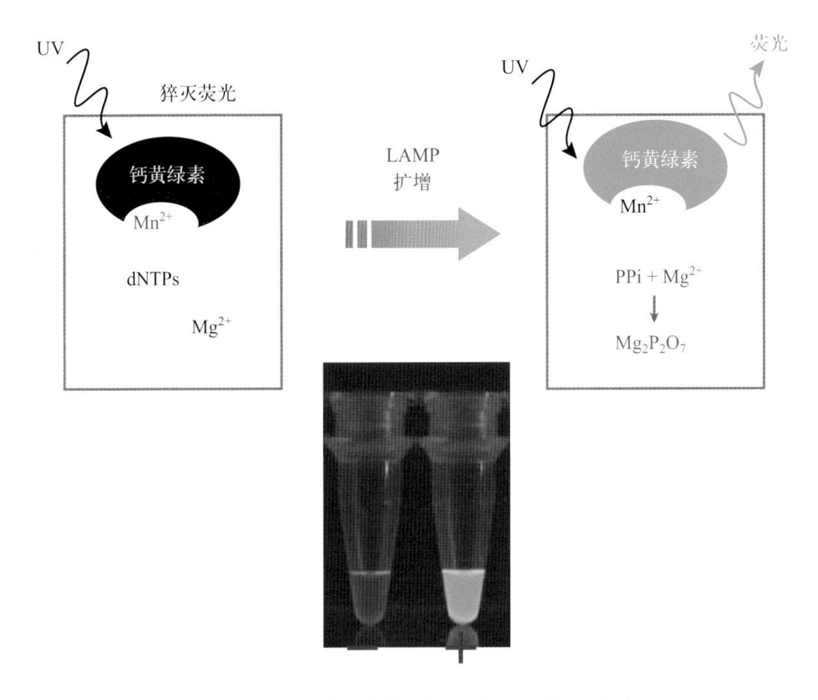

图 3-26　钙黄绿素检测原理（文见第 61 页）

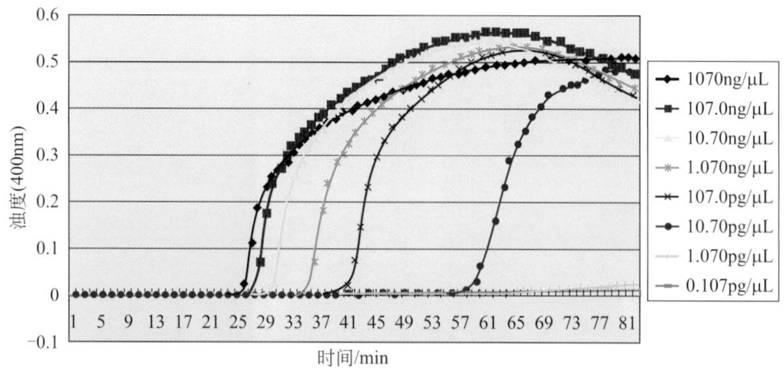

(a) 实时浊度法检测

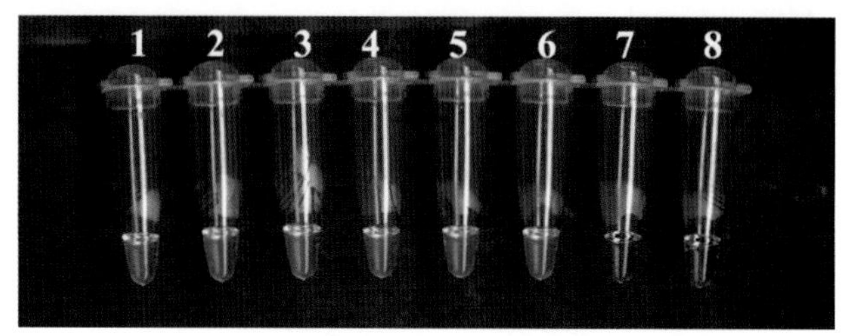

(b) 钙黄绿素荧光染料法检测

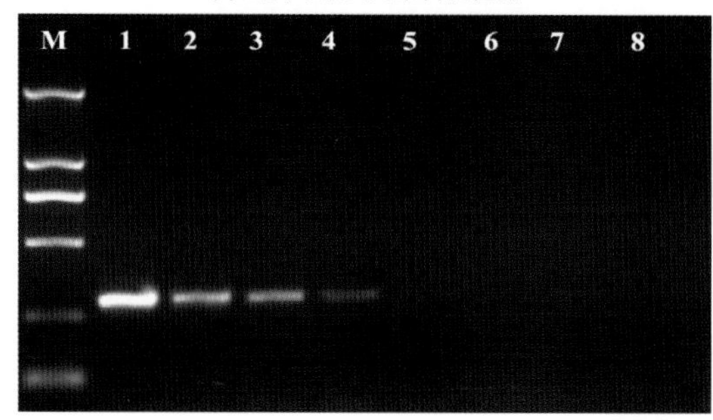

(c) PCR法检测

图 3-29　LAMP 检测敏感性与 PCR 的比较（文见第 68 页）

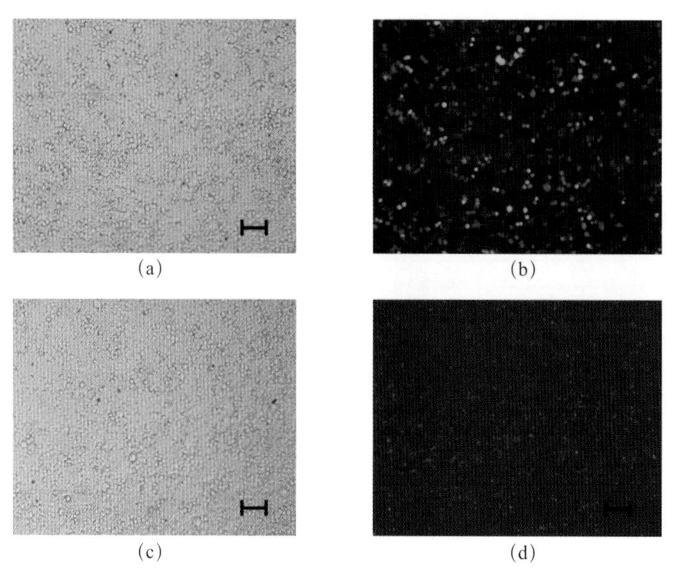

图 5-2　细胞中转染 pEGFP-C 质粒和 FAM 标记的 siRNA 的效果图（文见第 110 页）

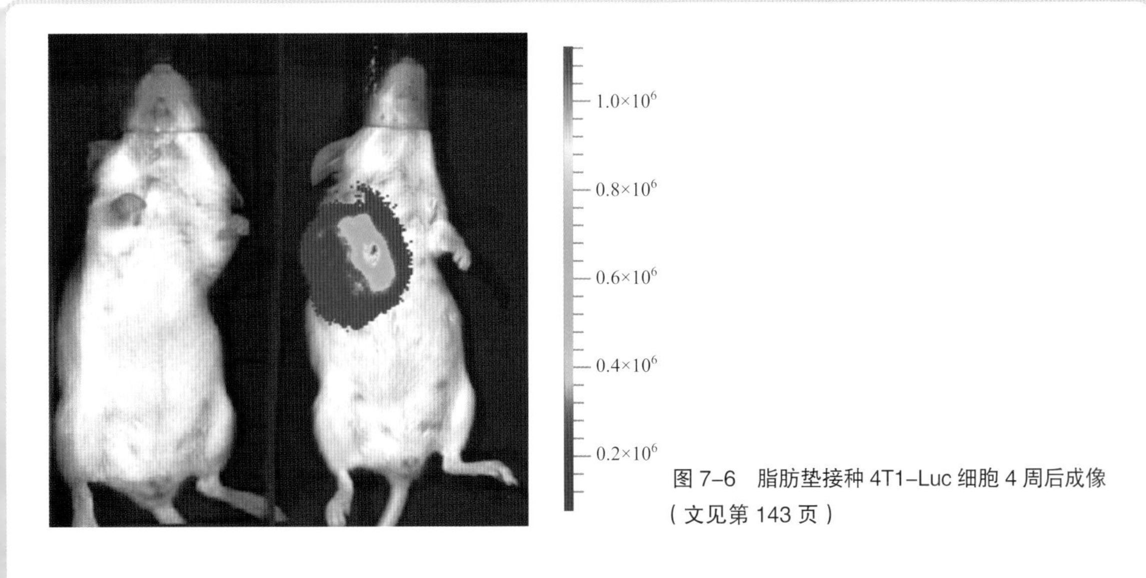

图 7–6　脂肪垫接种 4T1–Luc 细胞 4 周后成像
（文见第 143 页）

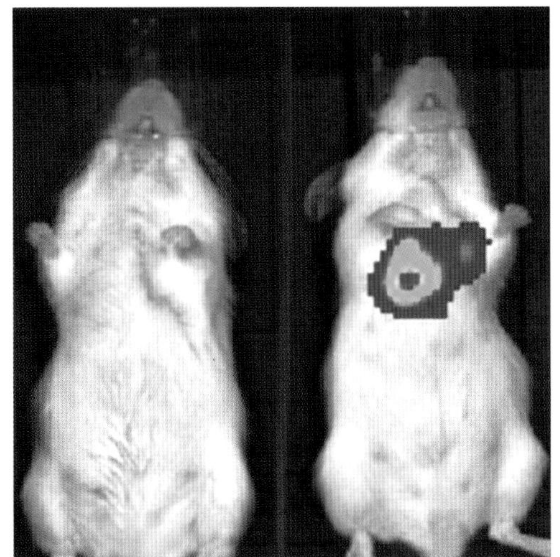

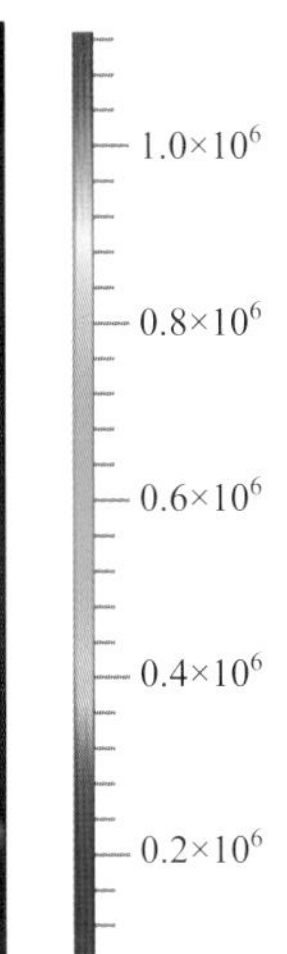

图 7–7　尾静脉接种 4T1–Luc 细胞 5 周后成像
（文见第 144 页）

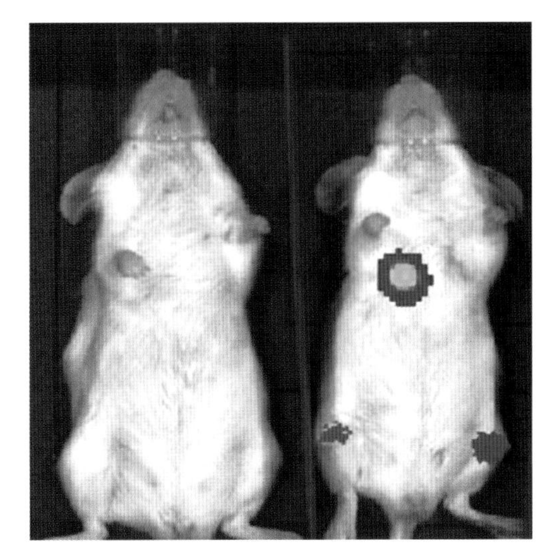

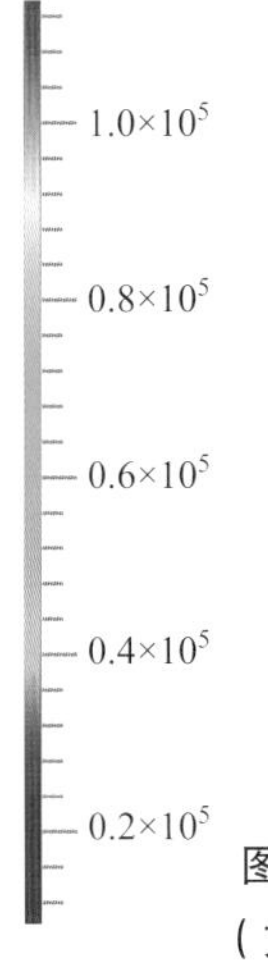

图 7–8　左心室接种 4T1–Luc 细胞 5 周后成像
（文见第 144 页）

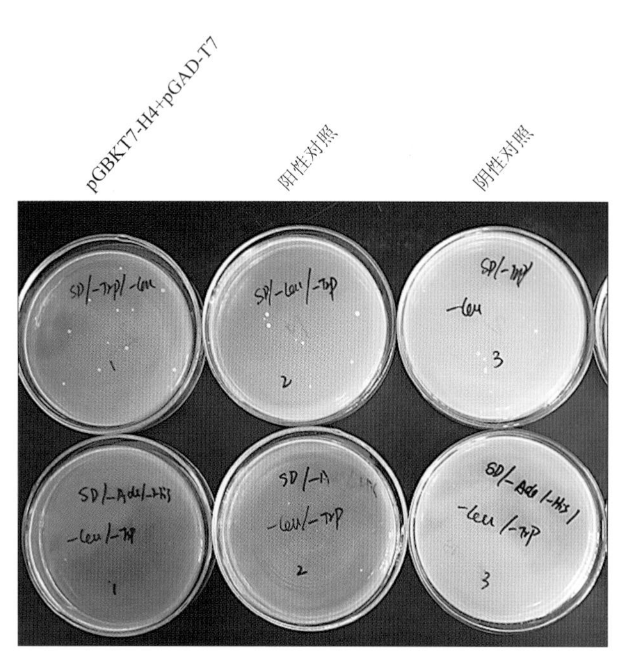

图 10-9　组蛋白 H4 转化的酵母 AH109 细胞在营养缺陷型琼脂平板中的生长情况（文见第 212 页）

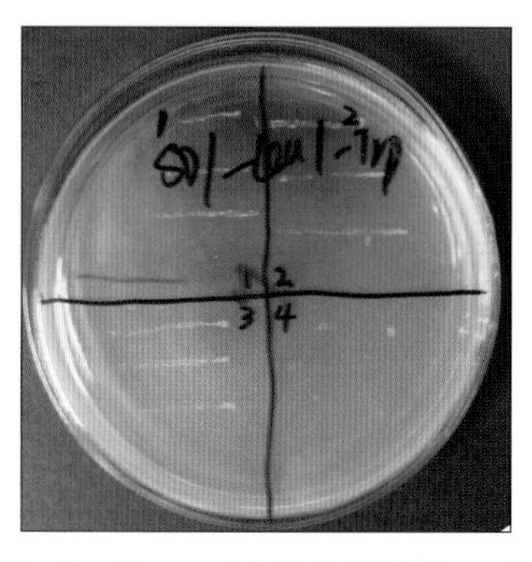

图 10-10　X-α-gal 实验（文见第 212 页）

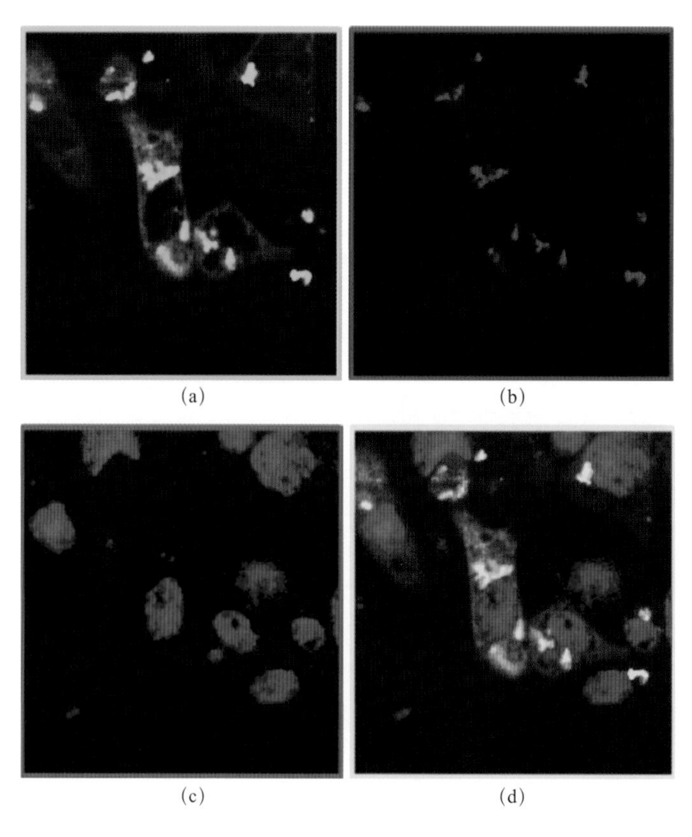

(a)　(b)

(c)　(d)

图 10-27　Sema4C 全长与 GIPC 全长在 293T 细胞中的荧光共定位（文见第 230 页）

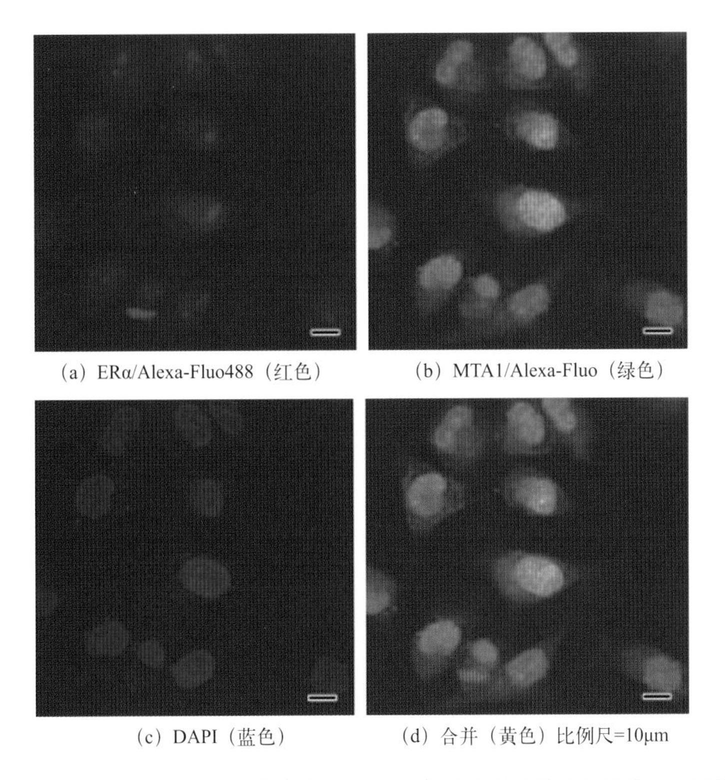

图 10–28　ERα 和 MTA1 在乳腺癌 MCF–7 细胞内共定位（文见第 230 页）

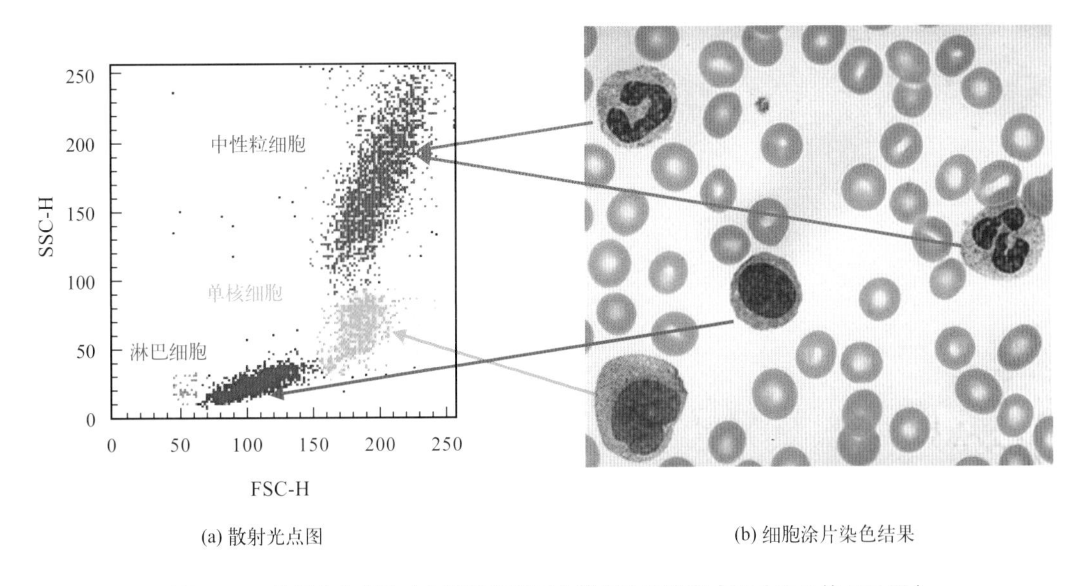

图 14–4　外周全血细胞（红细胞溶解后）散射光双参数点图（文见第 307 页）

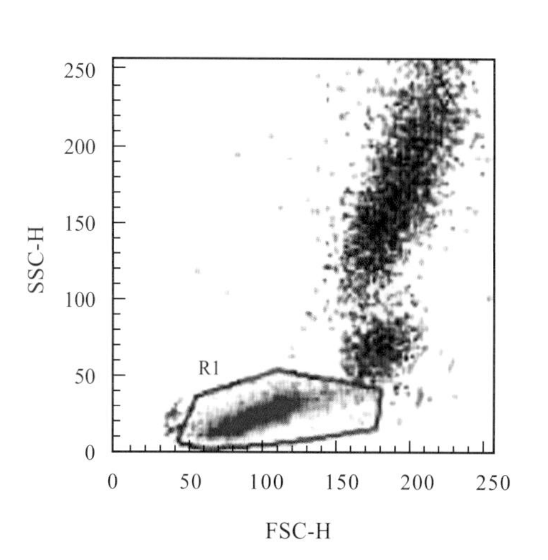

图 14-6　FSC/SSC 设门散点图指定条件设门（文见第 314 页）

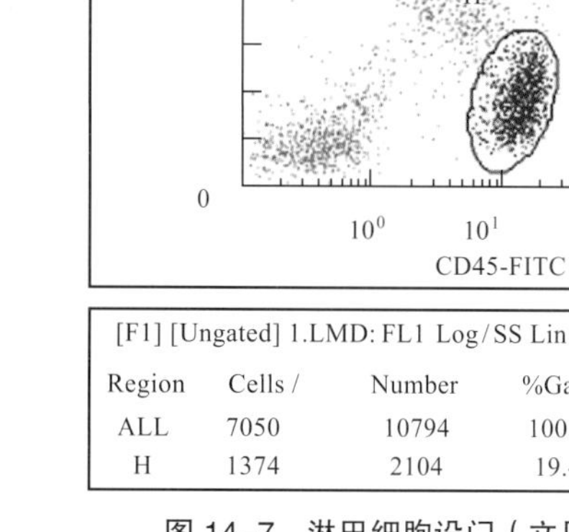

[F1] [Ungated] 1.LMD: FL1 Log/SS Lin

Region	Cells /	Number	%Gated	X-Mean	Y
ALL	7050	10794	100.00	152	5
H	1374	2104	19.49	14.6	1

图 14-7　淋巴细胞设门（文见第 314 页）

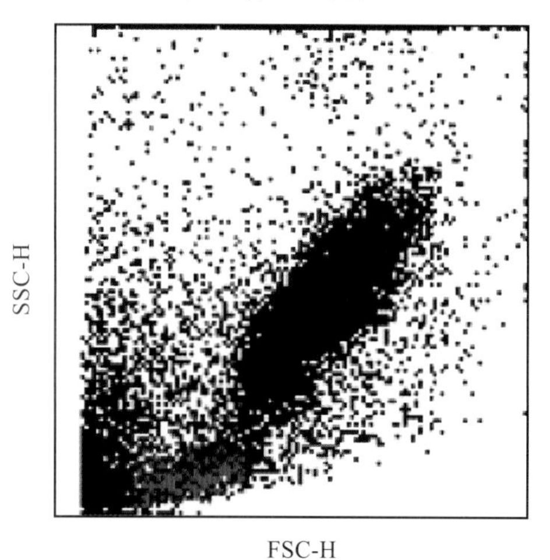

图 14-12　FSC/FL2 散点图上设定门（文见第 319 页）

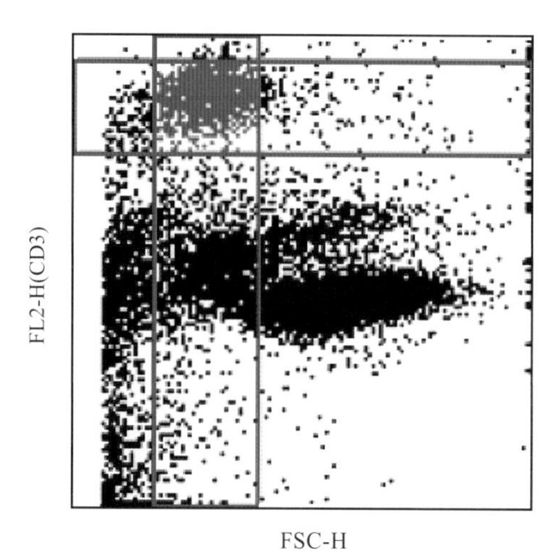

图 14-13　测前向角散射光和 CD3 PE 的散点图（文见第 319 页）

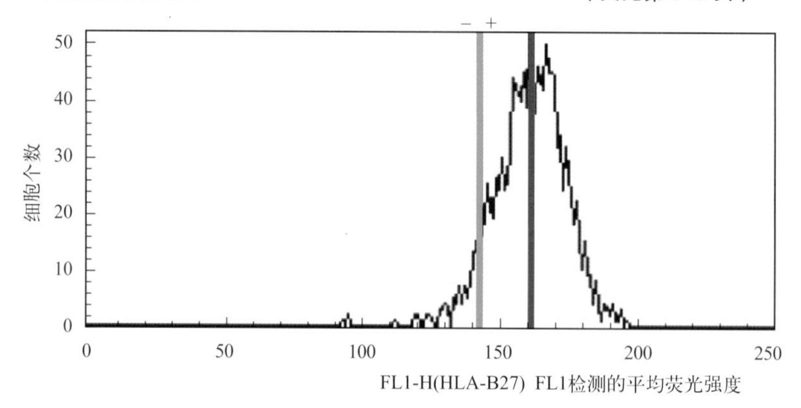

图 14-14　HLA-B27 阳性直方图（文见第 319 页）

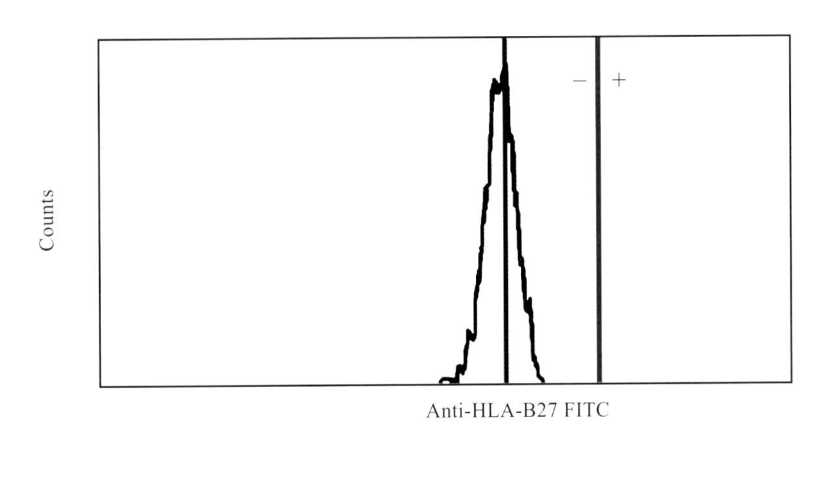

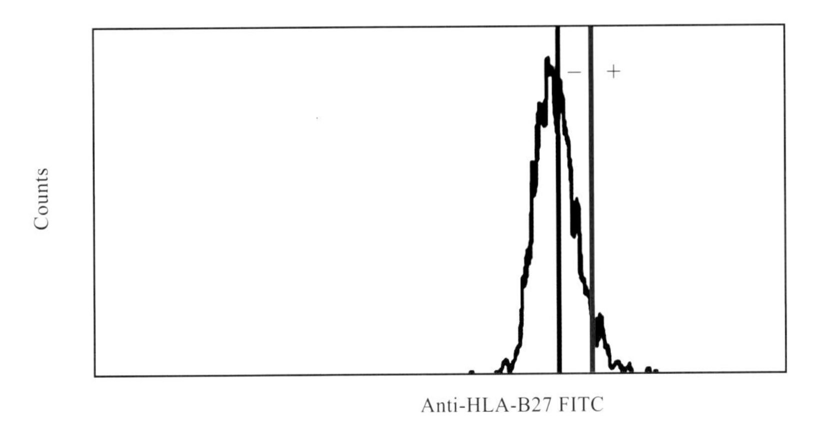

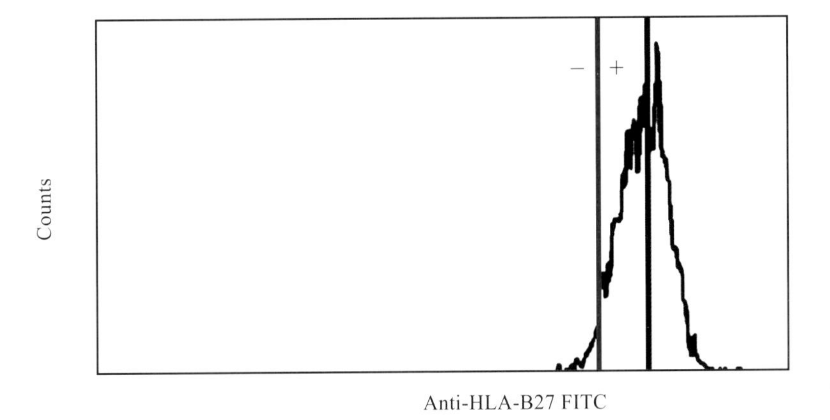

图 14-15　HLA-B27 阴性、阳性临床样本检测结果（文见第 320 页）

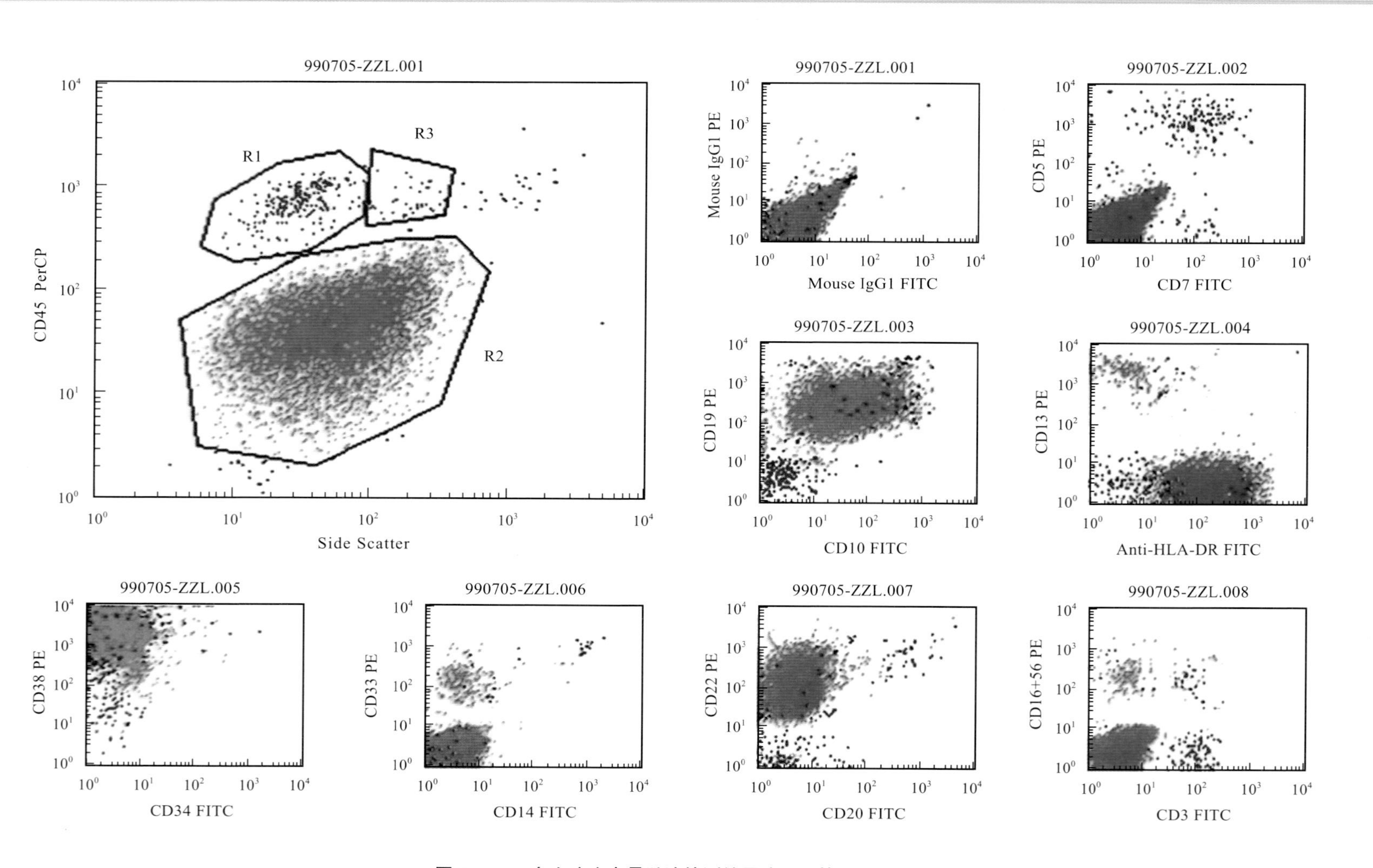

图 14–16　白血病患者骨髓液检测结果（文见第 322 页）

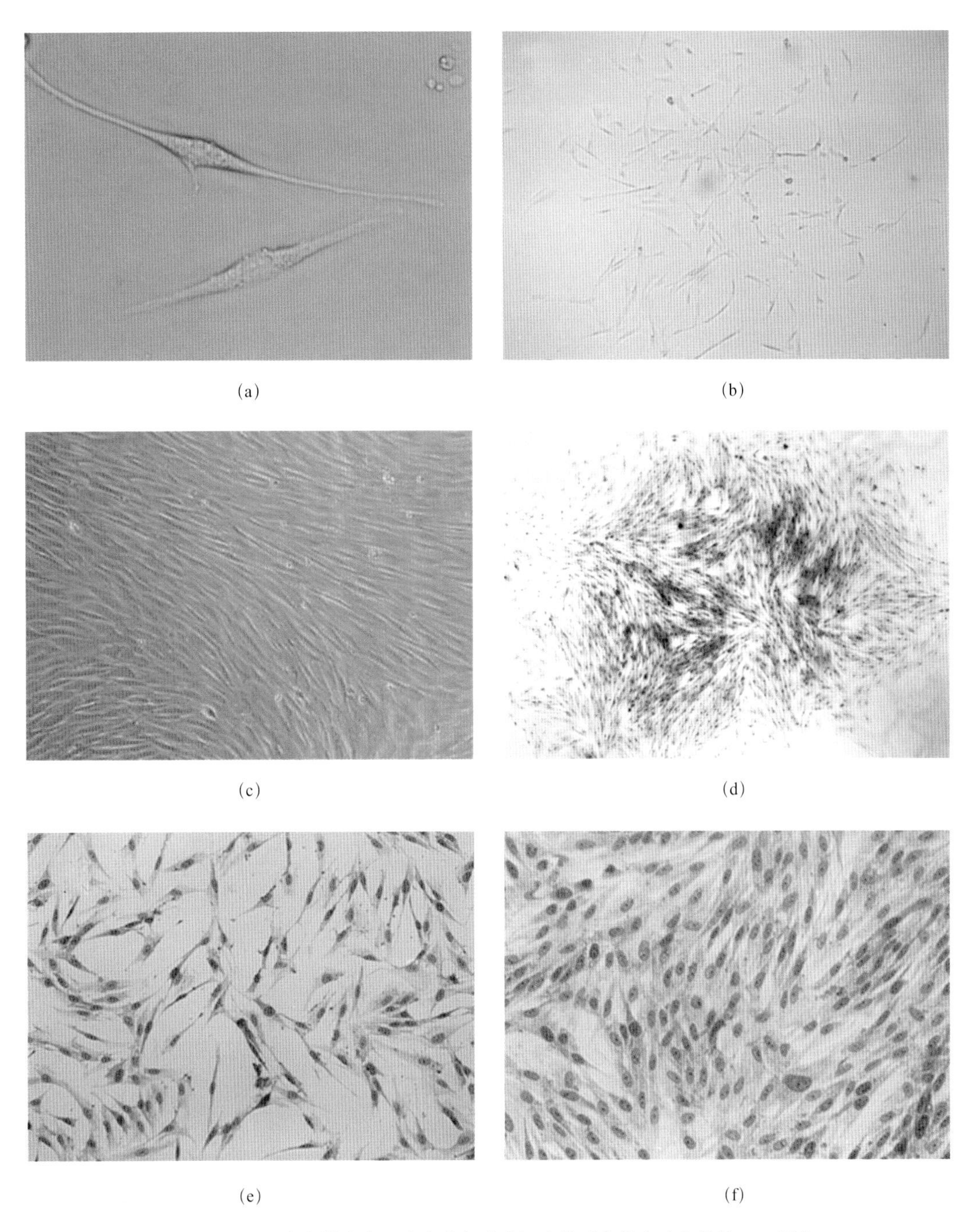

图 15-1　经密度梯度离心分离胎盘贴壁细胞的形态特点（文见第 333 页）

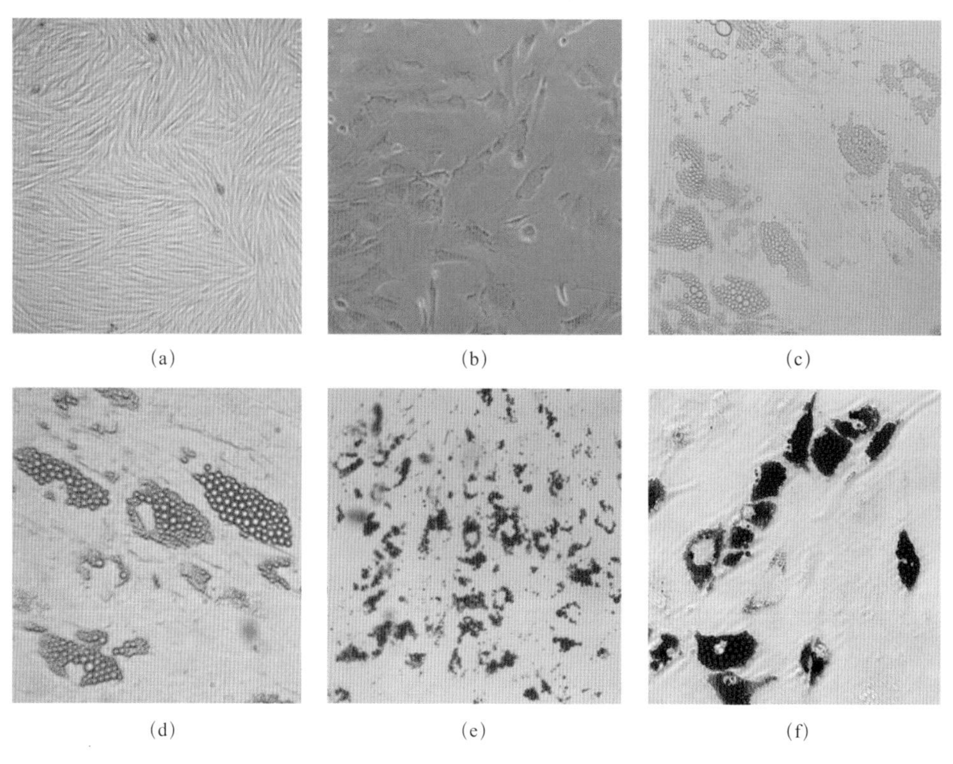

图 15-5　胎盘 MSC 经诱导向脂肪细胞分化（文见第 336 页）

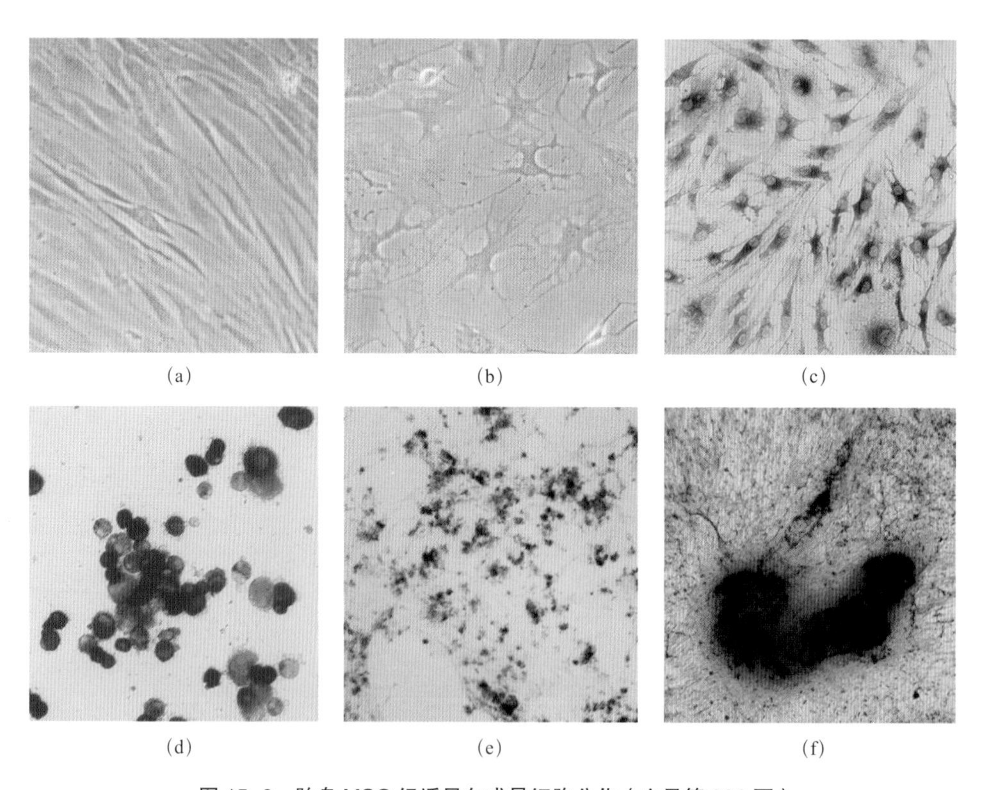

图 15-6　胎盘 MSC 经诱导向成骨细胞分化（文见第 336 页）

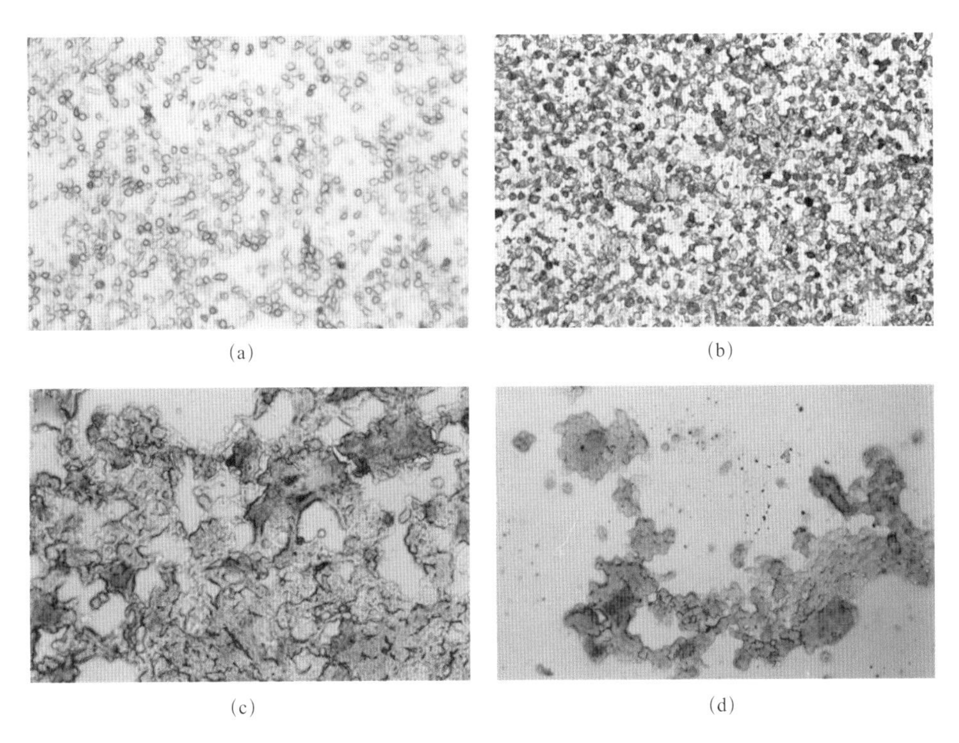

(a) (b)

(c) (d)

图 15-7　胎盘 MSC 经诱导向软骨细胞分化（文见第 337 页）

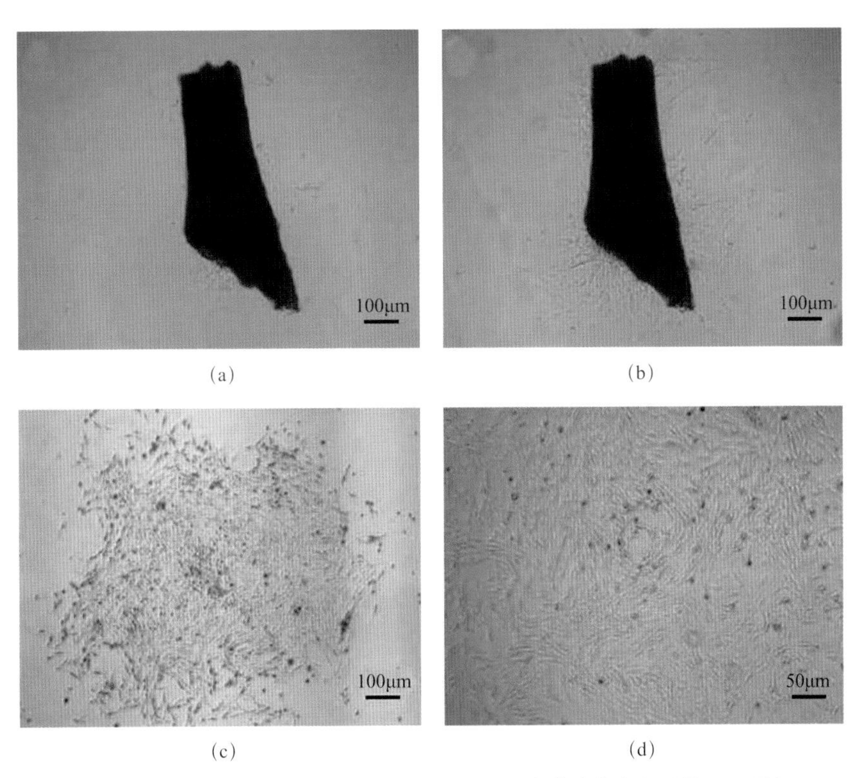

(a) (b)

(c) (d)

图 15-11　小鼠密质骨来源间充质干细胞的形态学特点（文见第 344 页）

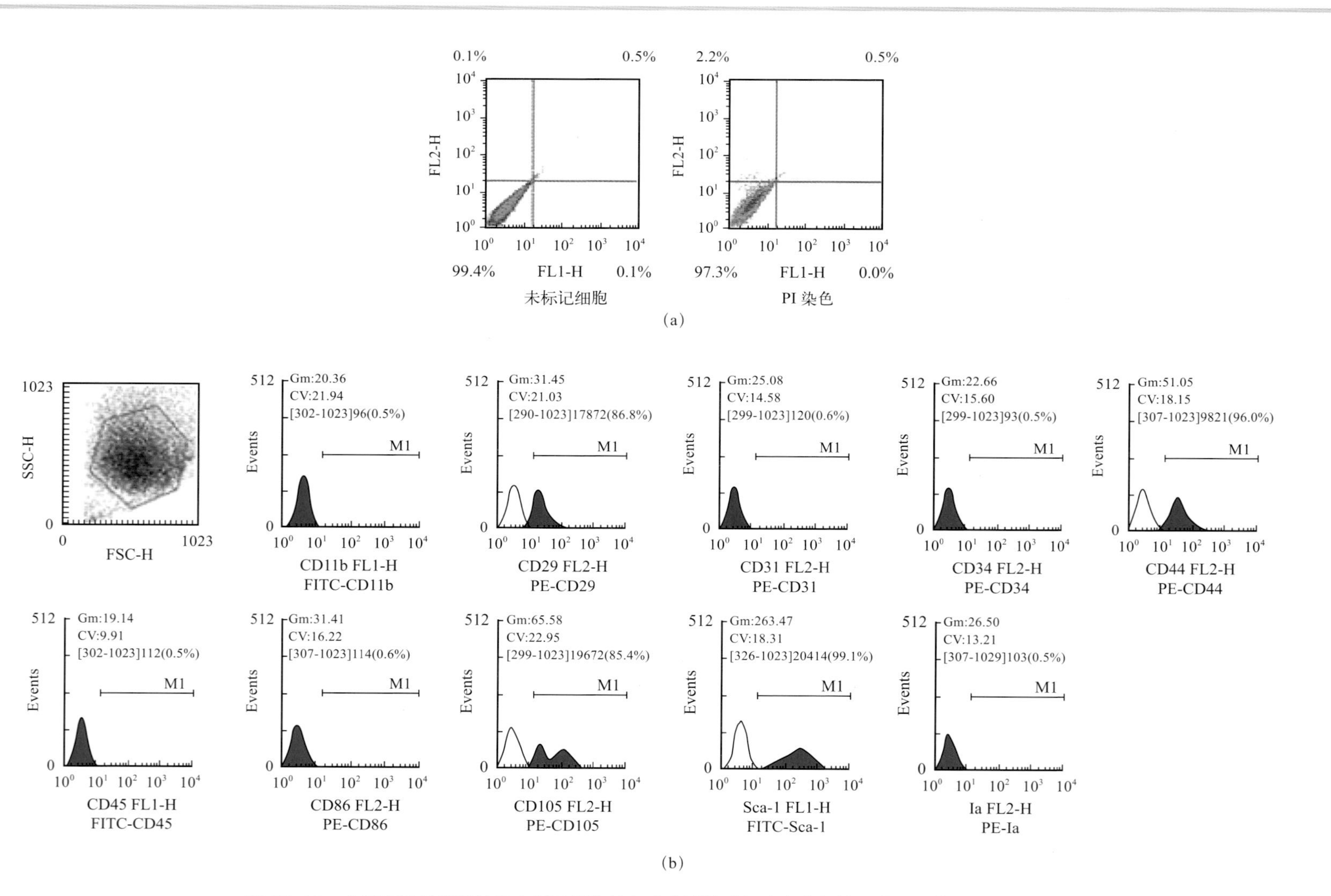

图 15-12　小鼠密质骨来源的间充质干细胞的免疫表型流式细胞术分析结果（文见第 345 页）

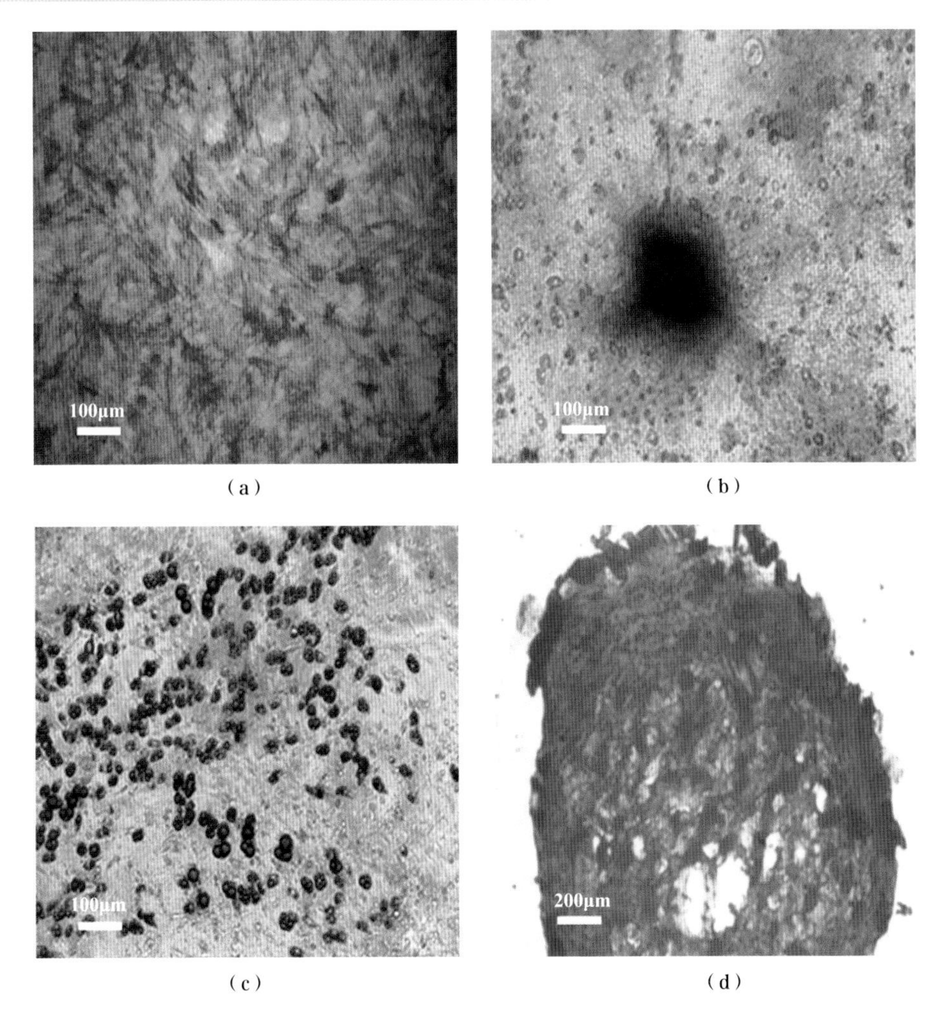

图 15-13　小鼠密质骨来源的间充质干细胞具备三系分化能力（文见第 346 页）

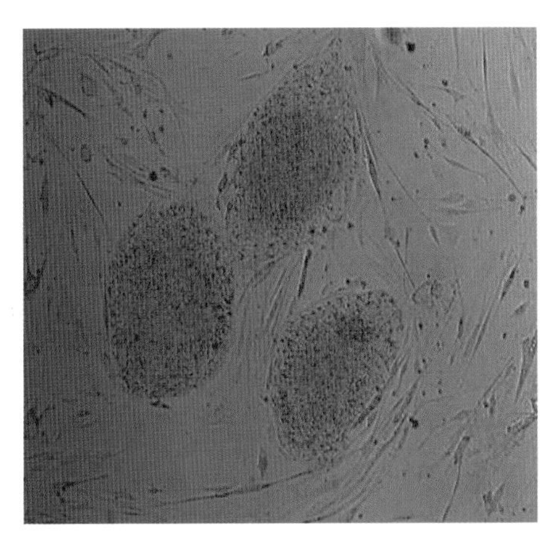

图 15-15　传代后 1d，生长于 MEF 饲养层上的胚胎干细胞（10×）（文见第 350 页）

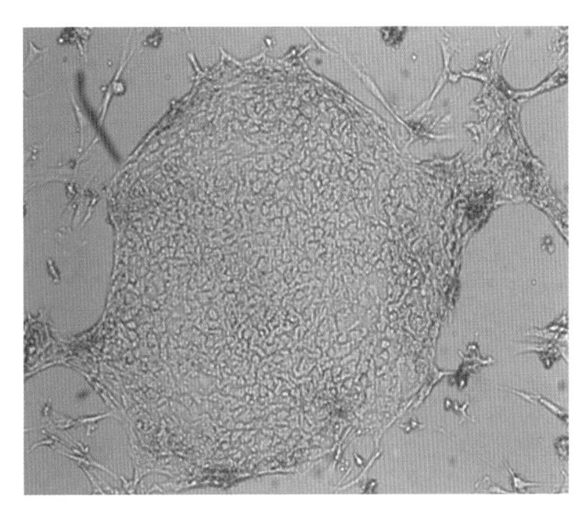

图 15-16　传代后 72h，生长于 MEF 饲养层上的胚胎干细胞（10×）（文见第 350 页）

图 15-17　人胚胎干细胞的免疫荧光染色 (10×)（文见第 352 页）

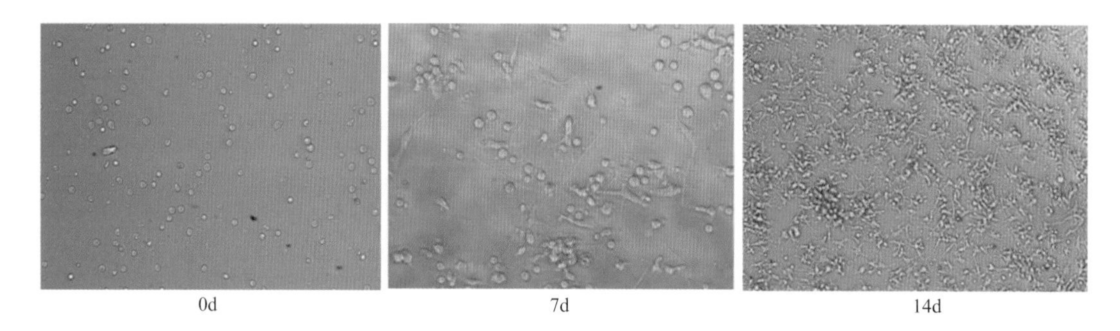

图 15-20　不同时间点的 DC 细胞形态（文见第 357 页）

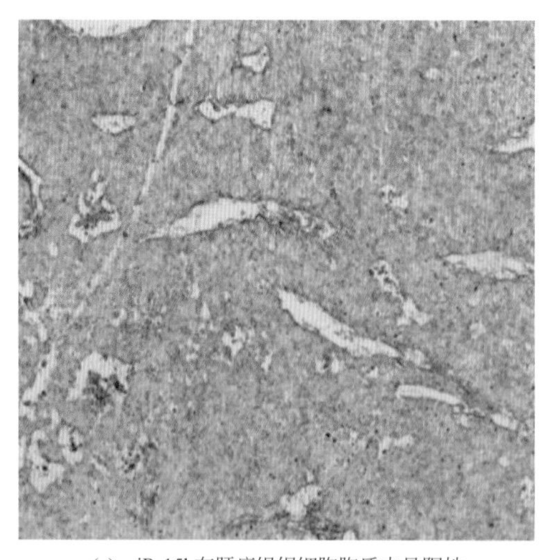

(a) miR-15b在肝癌组织细胞胞质中呈阳性

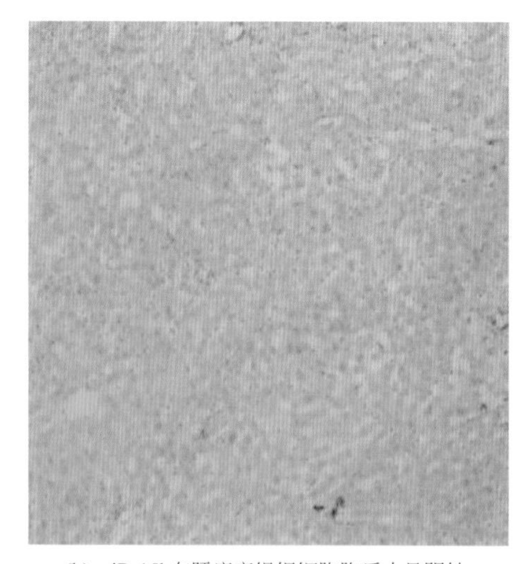

(b) miR-15b在肝癌旁组织细胞胞质中呈阴性

图 16-4　原位杂交检测肝癌和癌旁组织 miR-15b 的表达 (10×)（文见第 372 页）

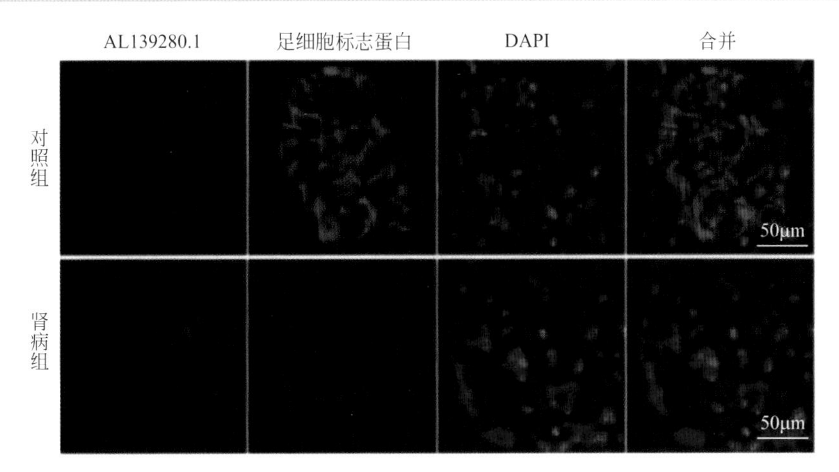

图 17-4　荧光原位杂交检测 lncRNA AL139280.1 在糖尿病肾病患者的肾脏组织中明显上调（文见第 399 页）

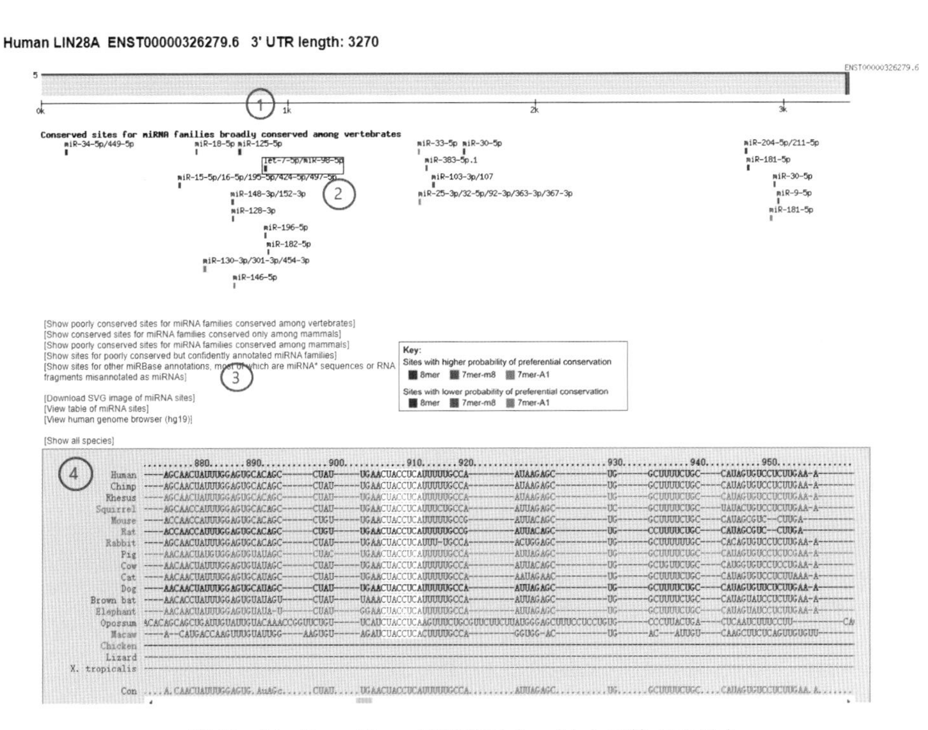

图 18-47　TargetScan 预测结果（一）（文见第 436 页）

Introduction　Cluster　**Heatmap**　DEA

Heatmap Plotting

This function provides heatmap of differential expressed lncRNAs among diverse clusters. The function is performed by DoHeatmap in R package Seurat version 3.1.5 with default parameters.

Sample: Select a sample for heatmap.

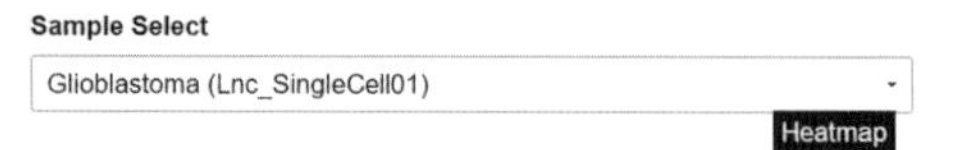

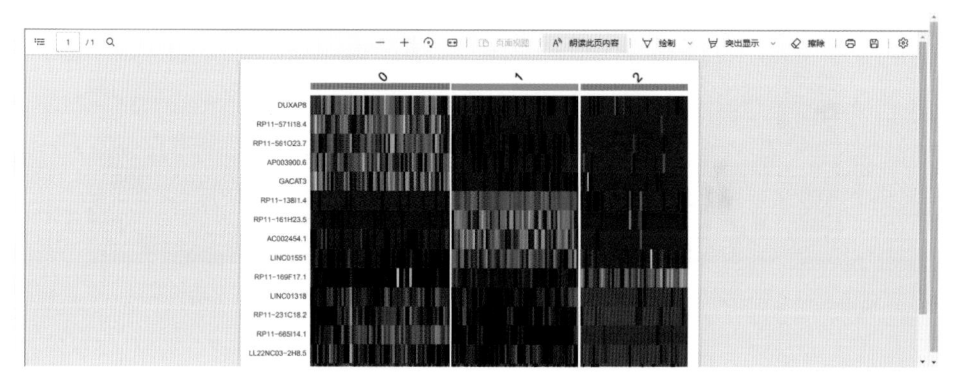

图 18-162　Heatmap 聚类分析（文见第 488 页）

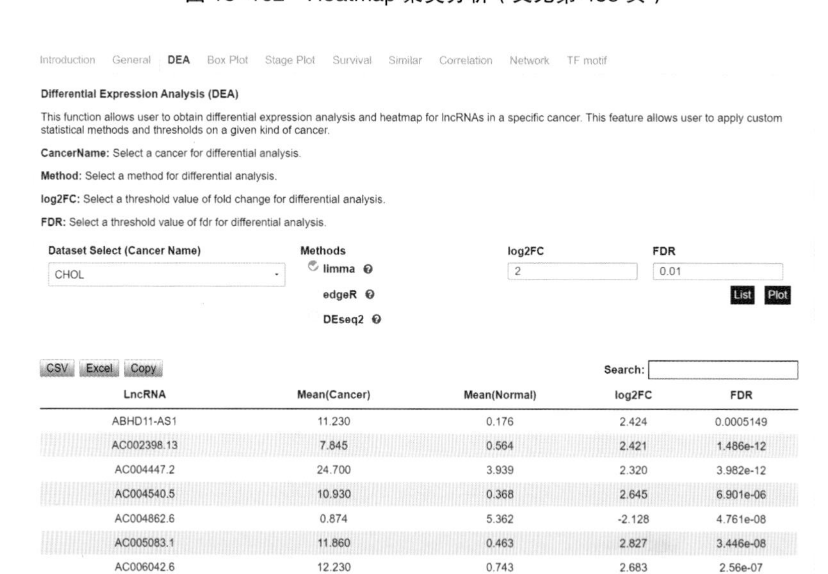

LncRNA	Mean(Cancer)	Mean(Normal)	log2FC	FDR
ABHD11-AS1	11.230	0.176	2.424	0.0005149
AC002398.13	7.845	0.564	2.421	1.486e-12
AC004447.2	24.700	3.939	2.320	3.982e-12
AC004540.5	10.930	0.368	2.645	6.901e-06
AC004862.6	0.874	5.362	-2.128	4.761e-08
AC005083.1	11.860	0.463	2.827	3.446e-08
AC006042.6	12.230	0.743	2.683	2.56e-07
AC006273.5	26.720	0.807	3.358	1.331e-06
AC009005.2	8.987	0.366	2.369	1.26e-05

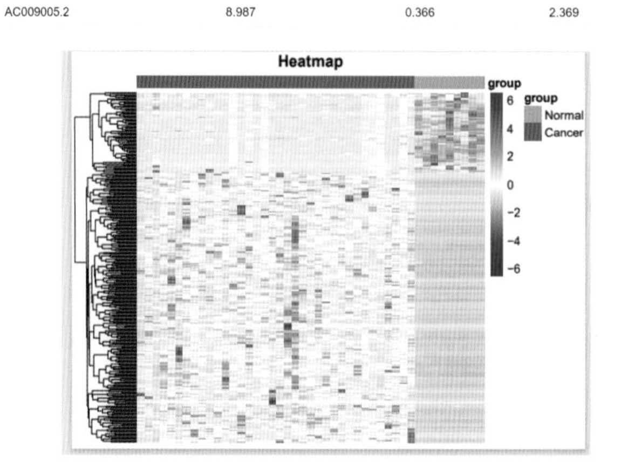

图 18-165　RNA-seq 差异表达分析（文见第 491 页）